すべての生物に 共通 している特徴がある
地球上に存在するあらゆる生物には，いくつもの共通点がある。
例えば，生物のもっとも基本的な単位は細胞で，
すべての生物のからだは細胞でできている。
また，からだを形づくる情報は，
すべての生物で DNA という物質が担っている。
生物には，ほかにどのような共通点があるのだろうか。
また，なぜ生物にはこのような共通性が見られるのだろうか。
アジサイ
アオカビ
イヌワ
ヤマドリタケモドキ
ライオン
ブナ
ハンドウイルカ
ナイルワニ
ナナホシテントウ
アブラゼミ
アカシマシラヒゲエビ
オキクラゲ
ザトウクジラ

光学顕微鏡の回折限界を超えた「超解像顕微鏡法」

関連 p.12 〜 13　顕微鏡の種類と構造

見えなかったものが，見えるようになった

顕微鏡を手にして初めて人類は，生命の基本単位が細胞であることに気づいた。広く実験で利用される光学顕微鏡は，可視光で試料を観察するため，その分解能は 200 nm 程度が限界である。一方，細胞機能を支えている多くの細胞小器官や細胞骨格，タンパク質などの分子はそれよりも小さい。可視光よりも波長の短い電子線を用いた電子顕微鏡を使えば，この限界を超えられる。しかし，電子顕微鏡では試料を真空中に置いて観察する必要があり，基本的には生きている細胞は観察できない。また，生体分子は C，H，O，N などの軽い元素から構成されるため，試料に照射された電子線を散乱させるには十分でない。そのため，電子顕微鏡では試料を固定し，オスミウムや鉛などの重い元素で染色する必要がある。

生きている細胞で，細胞小器官やタンパク質などの動きを観測したい場合，それらを蛍光分子で標識し，蛍光顕微鏡で観察する。さらに，オワンクラゲの緑色蛍光タンパク質(GFP)を利用することで，細胞内でさまざまな分子や構造が“生きている”ようすを捉えることが容易になる。ところが，小さい分子を光らせているため，細胞小器官の詳細な構造や厳密な分子の位置は光の輝きの中にぼやけてしまう。例えば，GFP 分子の実際のサイズは 3 nm 程度だが，一般的な蛍光顕微鏡では 200 nm 程度の光の点として観察される。この蛍光顕微鏡の問題を克服する方法が最近開発された。その一つが，光活性化局在性顕微鏡法である。これまでに観測できなかった，生きた微細構造を鮮明に見ることで，研究者は生命現象をより正確に理解できるようになった。まさに，百聞は一見に如かずである。

•…活性化した蛍光分子

弱い励起光を短時間照射し，活性化した蛍光 1 分子を検出する。蛍光分子は確率的に活性化するため，操作をくり返すことで，蛍光分子の場所を鮮明に把握できる

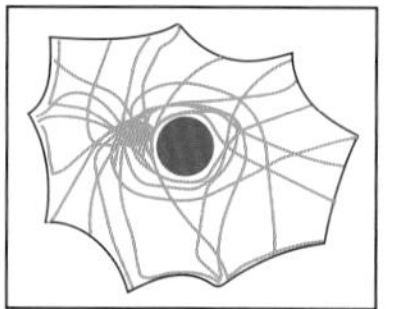

細胞骨格などが蛍光分子の集合として把握できる

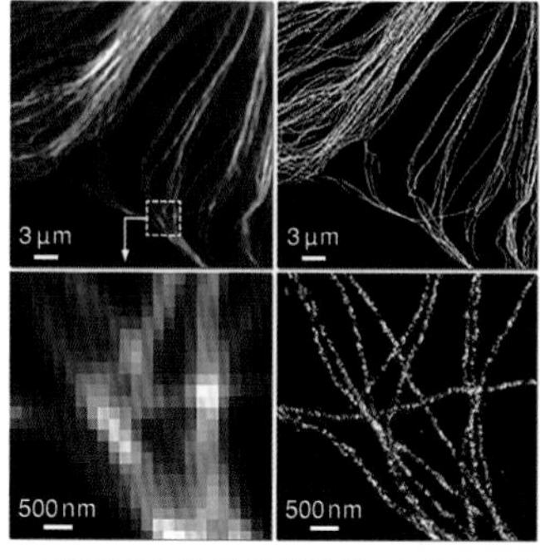
3 μm
3 μm
500 nm
500 nm

細胞内の微小管を染色した像
左上(赤)：通常の蛍光観察像
右上(緑)：光活性化局在性顕微鏡法による観察像

左上の写真の枠内の拡大図。通常の蛍光顕微鏡ではぼやけてしまう(左下)のに対して，光活性化局在性顕微鏡による観察像(右下)では，微小管が 1 本ずつ分離して観察できる

▲光活性化局在性顕微鏡法の原理と観察像

キーワード
超解像顕微鏡，蛍光分子，1 分子

AI が変えるタンパク質研究

関連 p.24 〜 25　タンパク質

タンパク質構造解析の飛躍的なスピード化が革命をもたらす

タンパク質は多数のアミノ酸が鎖状につながった分子で，各アミノ酸が相互作用し，複雑に折りたたまれた立体構造をとっている。その形はタンパク質の機能と深くかかわっており，体内でタンパク質が担っている役割を知るうえでとても重要である。さらに，タンパク質の構造を知り，特異的に結合する化合物をデザインすることは，薬の開発にもつながる。1958 年のミオグロビンの立体構造の決定を皮切りに，タンパク質の立体構造はさかんに研究されてきた。しかし，タンパク質がどのような構造をとっているかを実験によって決定するには，膨大な時間が必要であった。過去 60 年の研究で構造が判明したタンパク質は約 20 万種類程度と非常に多いが，遺伝子配列の解析からは，現在 2 億種類以上のタンパク質の存在が示されている。つまり，99.9% のタンパク質の構造が不明のままということである。また，膜に埋めこまれたタンパク質など，実験的に取り扱うのが難しい場合もある。そのようなタンパク質の研究に革命をもたらしたのが，AI を利用したタンパク質の構造予測である。タンパク質のアミノ酸配列から立体構造を予測する試みは 20 世紀後半から行われてきたが，既知の構造と似たものしか予測できなかったり，構造を予測できる配列の長さが短かったりするなど，制約が多かった。しかし，AI を利用した新しい方法では，実験に匹敵しうる高い精度の構造予測が，短時間で可能になった。タンパク質の構造解明が進めば，それらの体内でのはたらき，ひいては生命現象の理解が大きく進むことが期待できる。生物学研究の最前線では，すでに AI が研究者たちの重要なパートナーとなりつつある。しかし，研究に終わりはない。今後，抗体が抗原と結合する部位の構造予測や，薬の候補を高い精度で設計できる手法など，多くの課題が控えている。

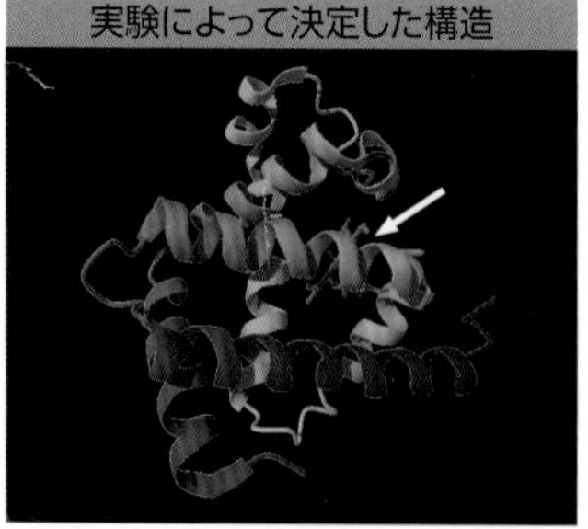

実験によって決定した構造　AI が予測した構造

▲ミオグロビンの立体構造
左は実験により決定された立体構造で，右は AI による構造予測で得られた立体構造。2 つがよく似ていることから，AI による予測の精度が非常に高いことがわかる。矢印はミオグロビンと結合したヘムを示している。

キーワード
タンパク質，立体構造，アミノ酸配列，AI

生物学の世界では，今も日々，多くの研究者によってさまざまな事象の研究が進められている。
ここでは，近年の新たな発見にまつわるトピックを 8 つ紹介する。生物学の「今」を，少しだけ覗いてみよう。

植物ホルモンをつくる昆虫たち

関連 p.204 ～ 221 植物の環境応答
p.227 ～ 228 異種個体群間の相互作用

植物を操り，食べ物やすみかをつくらせる

植物の成長や反応は，植物ホルモンとよばれるさまざまな物質によって調節されている。「植物ホルモン」という名前からは，植物だけがもつ専用の物質のように思えるが，実はそうではない。最近の研究で，多くの昆虫が体内で植物ホルモンと同じ物質を合成しており，さらに一部の昆虫は，その物質を使って植物の成長を操作しているらしいことがわかってきた。

このような昆虫の中には，植物の異常な成長を促し，植物に「虫こぶ」をつくらせるものがいる。虫こぶは，植物体に形成される厚い皮におおわれた栄養豊富なこぶ状の組織で，寄生した昆虫に中身を食べられてもたえず補充を続ける。昆虫は虫こぶの中に住むことで，安全かつ食べ放題の環境を得ることができる。

▲植物の葉に形成された虫こぶ
カのなかまによってつくられた虫こぶ(左)と，タマバチのなかまによってつくられた虫こぶ(右)。果実のように見えるが，昆虫が自分のために植物を操ってつくらせたものである。

最近の研究で，植物に虫こぶをつくらせる昆虫は，細胞分裂を促進する植物ホルモンの一種であるサイトカイニンを体内で合成することがわかってきた。その一方で，虫こぶをつくらない，あるいはそもそも植物を食べない昆虫には，サイトカイニンを合成しないものが多い。つまり，植物に寄生した昆虫が，自身の合成した植物ホルモンを植物に作用させて，その植物本来の成長を混乱させて，「住み心地のよい家」をつくらせている可能性がある。

サイトカイニンとともに細胞分裂や，根・茎などの形成にはたらく植物ホルモンにオーキシンがある。オーキシンは，虫こぶの形成に必要であることが知られていたので，さまざまな昆虫の体内のオーキシンの濃度を調べて，その役割を明らかにしようとしたところ，予想に反して，植物を食べないものも含めて，すべての昆虫がオーキシンをもっていることが明らかになった。このことは，植物に虫こぶをつくらせたり，植物を食べたりすることだけでなく，より昆虫にとって本質的なはたらきにオーキシンがかかわっている可能性を示している。将来研究が進めば，オーキシンが実は昆虫のホルモンでもあったという可能性さえあるかもしれない。

キーワード
植物ホルモン，サイトカイニン，寄生

カマキリの脳を操る寄生虫ハリガネムシ

関連 p.196 ～ 201 動物の行動
p.227 ～ 228 異種個体群間の相互作用

視覚を操作し，水面を見つけて飛びこませる

寄生生物の中には，自らの利益(感染率向上)のために宿主の行動を改変(操作)する種がおり，多くの生物学者を魅了してきた。その一例として，類線形動物門に属するハリガネムシがいる。ハリガネムシの幼生は水中でカゲロウなどの水生昆虫の幼虫に寄生し，シストとよばれる休眠状態になる。水生昆虫が羽化して陸上に移動し，カマキリに捕食されると，カマキリの体内に移動して成長し，成体になる。ハリガネムシの成体はカマキリの脳を操作して池などに入水(じゅすい)させ，ハリガネムシはカマキリの体内から脱出して水域にもどり，繁殖して一生を終える。

水生昆虫の成虫
(捕食)
移動
カマキリ(終宿主)
カマキリの体内で成熟
(羽化)
シスト
若い個体
カマキリの入水行動を誘引
体外に脱出
(陸域)
(水域)
寄生
生殖・世代交代
水生昆虫の幼虫(中間宿主)
幼生
成体

▲ハリガネムシの一生　　　　はハリガネムシの成長段階を表す。

ハリガネムシがカマキリの脳を操ることは以前から知られていたが，宿主を正確に水場へと誘導するメカニズムは未知のままだった。カマキリは水面からの反射光の明るさに引き寄せられて入水するといわれていたが，川や池以外にも，路面や葉など光を反射する環境は多くある。単純な光への誘引だけでは，入水行動がなぜ生じるのかは説明できていなかった。

光の性質の一つに，振動方向に偏りのある「偏光」があり，水面の反射光は水平偏光を多く含んでいる。この光の性質に着目し，カマキリの入水行動を調査した実験がある。その実験からは，次のような結果が得られた。

①室内において，一方から偏光を，他方から非偏光を照射する装置を作製し，ハリガネムシに感染したカマキリ(感染カマキリ)と感染していないカマキリ(非感染カマキリ)を入れて 10 分後の居場所を記録した。すると，感染カマキリは非感染カマキリに比べて偏光側に多く集まる傾向が見られた。

②屋外において，「明るくないが水平偏光を多く反射する池 A」と「明るいが水平偏光をほとんど反射しない池 B」を用意し，感染カマキリを放したところ，ほとんどの個体が水平偏光の強い池 A に飛びこんだ。

これらの結果から，感染カマキリは，水面からの反射光に多く含まれる水平偏光に誘引されることで，水を選んで飛びこんでいると結論づけられた。

キーワード
寄生，ハリガネムシ，水平偏光

自分の姿を認識する魚

関連 p.196 ～ 201　動物の行動

鏡を知らない動物が，鏡を理解する

みなさんは自分の姿かたちをどうやって認識しているだろう。スマートフォンで撮った写真や動画を見るなど方法はいろいろあるが，最もオーソドックスなのは鏡だろう。私たちは鏡に映った自分の姿を見て「これはわたしだ」と理解できる。これを「鏡像認知(鏡像自己認知)」という。

それでは，人間以外の動物ではどうだろうか。ガラスに映った自分の姿を見て盛んに攻撃を仕掛けている鳥を見ると，鳥には鏡像認知能力がないように思える。このような発想から，さまざまな動物に対して鏡像認知能力があるかを調べる実験が行われてきた。しかし，動物を対象にした場合に，鏡に映っているのが自分だとわかっているのかどうかを，どのように判定したらよいのだろうか。

そこで考え出されたのが「マークテスト」という手法である。動物に初めて鏡を見せたときには，チンパンジーでも鏡の向こうに見知らぬ別個体がいるかのように威嚇や攻撃を行う。しかし，しばらくすると鏡に向かって自分の口を開けてみるなど，鏡像が自分だと気づいたような行動を示す。これだけでは，まだ確証とはならない。そのあと，気づかれないように，直接見ることができないチンパンジーの額(ひたい)に印をつける。印には刺激がないので，チンパンジーは鏡を見るまで額に印がつけられたことはわからない。そして，チンパンジーに鏡を見せると，鏡のなかの自分の額の印に気づいて，額の印を触る仕草を見せることで，チンパンジーには鏡像認知能力があることを確かめることができる。

これまで類人猿，ゾウ，イルカ，カササギなどで，マークテストによって鏡像認知能力があることが確認された。いわゆる「頭がよい」とされる動物である。しかし，この鏡像認知能力が魚にも備わっていることが実証された。ホンソメワケベラという魚で，マークテストによって鏡に映るのが自分だとわかっていることが実証されたのだ。私たちが思っているよりも魚はずっと「頭がよい」のかもしれない。今後，脳の構造や機能と関連させて，認知のメカニズムに迫る研究が進むことが期待されている。

▲ホンソメワケベラ(左)とカササギ(右)
魚の一種であるホンソメワケベラは，カラスのなかまであるカササギと同じく，鏡に映った姿を自分であると認識することができる。

キーワード
動物の行動，学習，鏡像認知

菌根菌がつなぐ森林の地下ネットワーク

関連 p.238 ～ 239　生態系の構造
p.242　物質の循環とエネルギーの流れ

菌類を介して，木々が養分を渡しあう

森林を構成する樹木は，日光を求めて競争している。しかしながら，競争しているはずの樹木どうしが，根と共生する菌根菌のネットワークを通じて互いにつながり，栄養を供給しあっていることがわかってきた。

菌根とは，植物の根に菌類(菌根菌)が侵入した共生体である。古生代デボン紀の化石からも菌根に似た構造が発見されており，植物の陸上への進出には菌根のはたらきが重要だったことが示唆されている。熱帯から亜寒帯にかけて森林を優占する，フタバガキ科，ブナ科，カバノキ科，マツ科などの樹種は特に外生菌根をもつことが知られている。また，アカマツと共生関係にあるマツタケのように，樹木と外生菌根菌の間には一定の種特異性がある。

外生菌根では，菌糸が細根を覆って菌鞘ができ，根の細胞間で菌糸が分枝してハルティヒネットという構造が発達している。水域と異なり，土壌中では，栄養分は土壌粒子の表面に強く結合していてほとんど移動しない。そのため，菌糸の量が多いほど，広範囲にわたって腐葉土や土壌鉱物を包みこみ，土壌粒子の表面上の養分を引き剥がして植物に供給することができる。1Lの土には，しばしば総延長5km以上の菌糸が詰めこまれている。外生菌根はハルティヒネットによって広範囲から養分を集めることができるため，森林で優占する樹木には必須のアイテムになっている。

最近，大規模な野外実験で，ハルティヒネットでつながる根系ネットワークを通じて，隣接する樹木の間で水や養分のやりとりが行われていることが立証された。さらに，同種の樹木どうしだけでなく，菌根菌を共有する他種の樹木とも栄養の交換が行われていることも示唆されている。また，別のタイプの菌根が介するネットワークもあり，地上からはわからない地下の世界が，森林生態系の維持や遷移に大きくかかわっていることが解明されつつある。

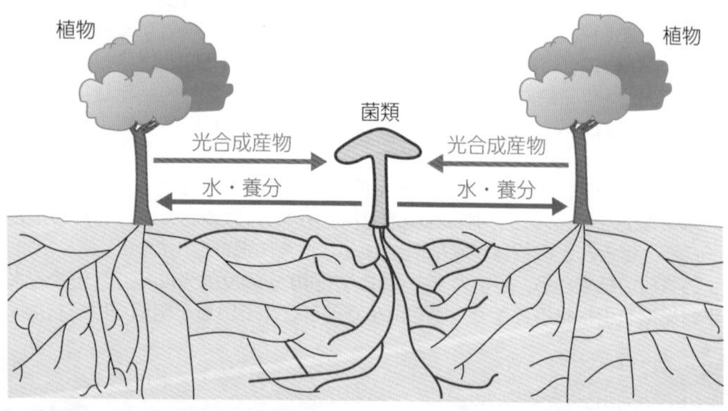
植物
植物
菌類
光合成産物
光合成産物
水・養分
水・養分

▲菌根によるネットワークのイメージ

キーワード
共生，菌根，森林生態系

「高速進化大腸菌」を用いた共生進化の研究

関連 p.227〜228 異種個体群間の相互作用
p.280〜286 進化のしくみ

実験室で生物を進化させ，観察する

最先端の研究では，生物が進化するさまを観察することができる。生物学的に正しい意味の「いくつもの世代を重ねて，生物の形や性質が変化する」進化である。

進化の観察は微生物を用いて行われる。「高速進化大腸菌」と呼ばれる大腸菌は，遺伝子操作を行うことで，野生型の大腸菌よりはるかに高い頻度で突然変異が起こり，遺伝情報が変化するようになっている。進化は遺伝情報の変化によって引き起こされるので，突然変異が起こりやすいということは，すなわち，進化の速度が速いということである。

チャバネアオカメムシという昆虫は，特定の共生細菌が体内にいないと生存することができない。最近行われた実験では，このカメムシの体内から共生細菌を除去し，かわりに高速進化大腸菌を感染させて，個体の体色や成長速度に選抜をかけ，複数世代飼育を続けた。大腸菌は共生細菌ではないため，最初はカメムシの生存率はとても低い。しかし，飼育を続けていくと，数ヶ月から1年ほどの期間のうちに，カメムシの羽化率が向上し（右図），体色は褐色から緑色へと変化した。これは，カメムシに感染した高速進化大腸菌が共生細菌に進化（共生進化）し，カメムシの生存を支える存在となったことを示唆している。

共生進化した大腸菌に感染した個体
共生進化する前の大腸菌に感染した個体
▲チャバネアオカメムシ
撮影：産業技術総合研究所 森山実 主任研究員

羽化率（%）
世代

▲チャバネアオカメムシの羽化率の変化
各世代，孵化後35日までに羽化した個体を集計。1世代は35日，10世代で約1年となる。

本研究により，宿主の生存に必須な共生微生物の進化が，従来考えられていたよりも迅速かつ容易に起こりうることが示された。分子生物学のモデル生物として用いられる細菌の中では最も研究が進んでいる大腸菌を共生細菌に進化させることができたことは，画期的である。このような昆虫と大腸菌の共生進化系を用いることにより，今後，共生進化の過程や機構の解明が飛躍的に進展することが期待される。

キーワード
高速進化大腸菌，共生，実験進化学

古代ゲノム学の確立でノーベル賞を受賞

関連 p.260〜261 ヒトの進化

私たちの祖先はネアンデルタール人と交配していた

2022年のノーベル生理学・医学賞は，古代人ゲノムを解読し，現生人類の起源を探る古人類学に大きく貢献したスバンテ・ペーボ博士に贈られた。

これまでの古人類学では，発掘された骨や歯の化石の形態をもとに，その進化や分類が論じられてきたが，正確に系譜をたどることは困難であった。一方，DNAの塩基配列を複数の生物で解読し比較することで，進化の道すじを推定できる。DNAは4種類の塩基が並んだ構造で，そこに生物の設計図ともいえる遺伝情報があるためである。しかし，DNAは時間の経過に伴って分解され断片化してしまうため，化石としてしか残っていない生物のDNAを解析することは容易ではない。

そこでペーボ博士は，当時開発されたばかりの「PCR法」を採用してDNAの増幅を試みた。ただし，この手法では空気中のちりなどから混入した微量の現代のDNAも増幅してしまう場合がある。ペーボ博士は，クリーンルームを導入したりDNA抽出法を工夫したりしてこの問題を解決した。さらに，2000年代半ばに登場したDNAの塩基配列を高速で解読できるシーケンサーも駆使することで，ついに古代人のゲノム解読に成功した。

▲スバンテ・ペーボ博士

まず，4万年ほど前に絶滅し，現生人類（ホモ・サピエンス）とは無関係と考えられていたネアンデルタール人（ホモ・ネアンデルターレンシス）の骨から抽出したDNAの解析を行い，アフリカ人を除く現生人類の全DNAの1〜4％がネアンデルタール人から受け継がれており，現生人類の祖先がネアンデルタール人と交配していることを明らかにした。同様に，デニソワ人との交配についても明らかにした。ペーボ博士の研究からは，アフリカで誕生した現生人類が，世界へ広がっていく過程で，他の古代人との交配を重ねていったことがわかる（図）。

現生人類
ネアンデルタール人
デニソワ人
DNAの一部を受け継いだ
絶滅

▲現生人類の祖先が世界へ広がっていく過程で古代人と交配した系譜

ノーベル生理学・医学賞はiPS細胞を樹立した山中伸弥博士やがん免疫治療に貢献した本庶佑博士など，医療の進展に直接的に貢献した人物に贈られることが多いが，古代ゲノム学の確立が現生人類にかかわる多くの学問分野に大きなインパクトを与えたことが評価されたのだろう。

キーワード
ゲノム，DNA，人類学，化石，PCR，高速シーケンサー

改訂版 フォトサイエンス
生物図録

■本書の特徴

①図解が充実していて，複雑なメカニズムもよくわかる。

生物では呼吸・光合成・発生などの複雑なメカニズムが登場します。本書では，これらのメカニズムを見やすい図でわかりやすく表現しました。また,「図だけでは実物のイメージがわかない」「写真だけでは細部がわからない」といったものは，図を写真と対比させ，構造やメカニズムがつかみやすくなるようにしました。

②生きものの写真が豊富。

生物にはたくさんの生きものも登場します。それらはふつう目にすることが難しく，なかなか実物を見る機会がありません。本書は，教科書や参考書に登場する多くの生きものを豊富な写真でお見せします。

③実験の手順や結果が一目瞭然。

実験のページでは，操作手順や結果を見やすい写真とわかりやすい解説文で紹介しました。顕微鏡の使い方と基本的な実験を序章で 8 ページにわたって詳しく解説。さらに，おもな実験(探究活動)については，本文中でページを割いて手順を説明しています。背景に色  がついているところが，実験のページです。

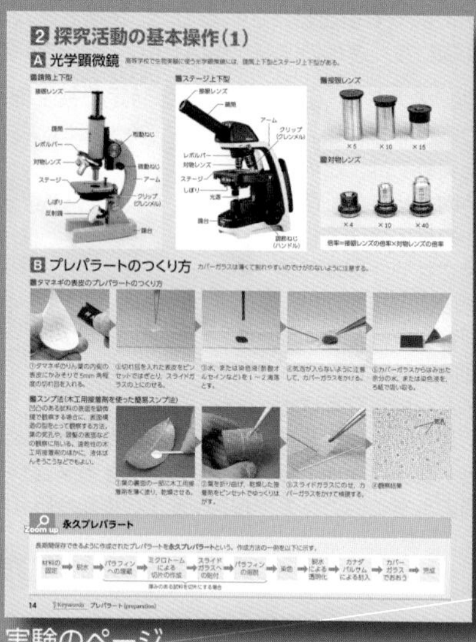

2 探究活動の基本操作(1)
A 光学顕微鏡
B プレパラートのつくり方
永久プレパラート

実験のページ

④最新の話題を「特集 生物学の最前線」で紹介。

ニュースなどでよく取り上げられている話題やわたしたちの実生活に関わることについて，見開きで特集を組みました。各分野それぞれ興味深い内容ばかりですので，より深く幅広い知識を得ることができます。

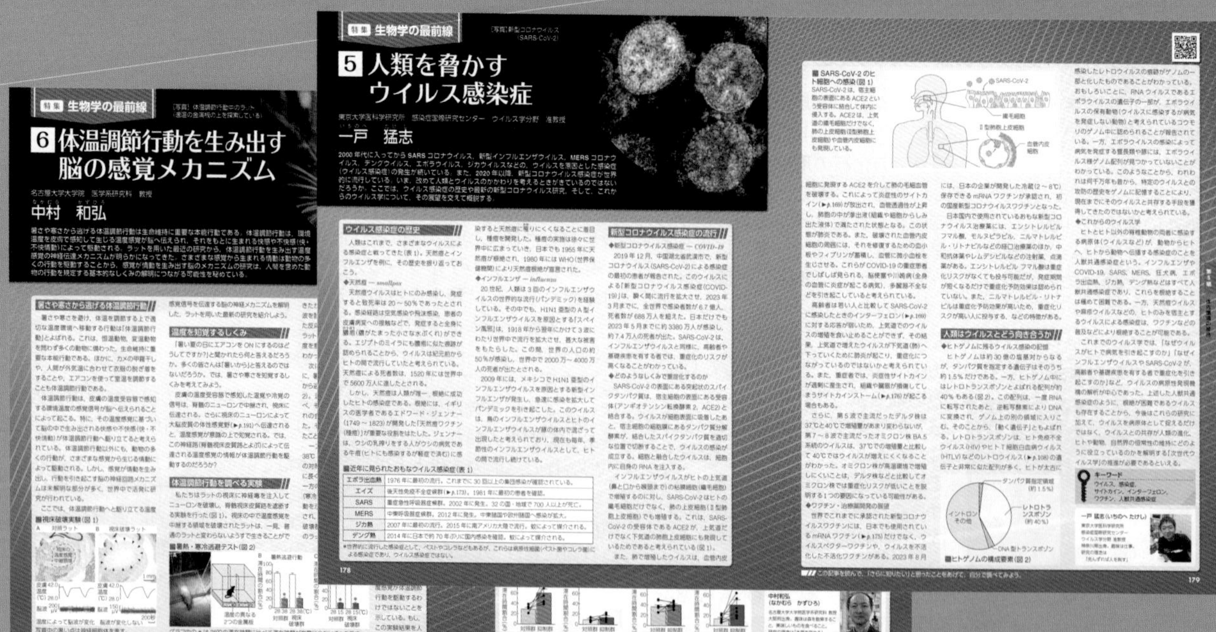

特集 生物学の最前線
5 人類を脅かすウイルス感染症
一戸 猛志
6 体温調節行動を生み出す脳の感覚メカニズム
中村 和弘

「特集 生物学の最前線」のページ

■本書の構成

本書は写真と図を中心としたビジュアルな構成です。次のような構成要素があり，幅広く学べるようになっています。
また，項目の横に科目名をアイコンで示しています。「生物基礎」の内容・・・ 生物基礎 基，「生物」の内容・・・ 生 物 生

生物に関連した興味深い話題を取り上げています。

注意したいことや，覚えておくとよいことを整理しています。

参照すべきページと参照事項を案内しています。

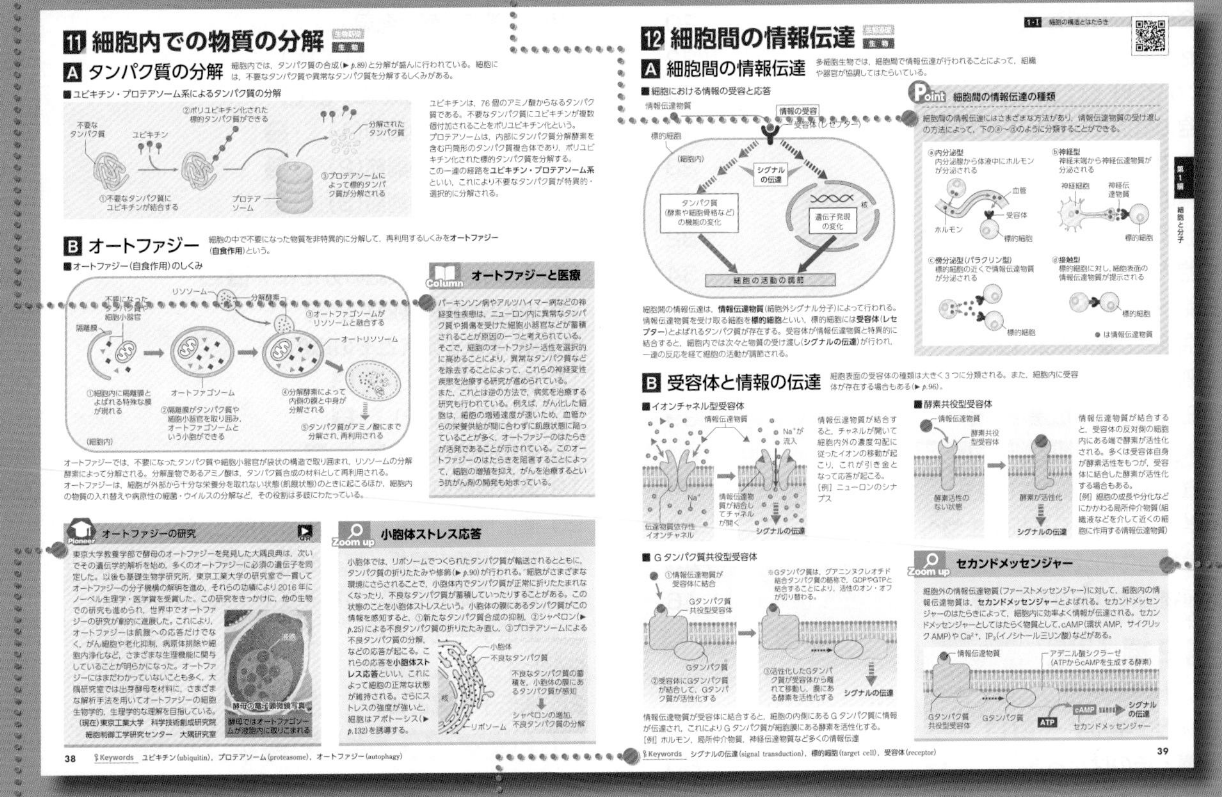

11 細胞内での物質の分解
A タンパク質の分解
B オートファジー
オートファジーと医療
オートファジーの研究
小胞体ストレス応答
12 細胞間の情報伝達
A 細胞間の情報伝達
細胞間の情報伝達の種類
B 受容体と情報の伝達
セカンドメッセンジャー
38
39

最先端の研究を行っている研究所や研究室を紹介しています。

Keywords　その項目で重要な用語と英語表記を示しています。

少しレベルの高い内容や，細かい知識にふれています。

デジタルコンテンツ

QR マークがついているものは，学習事項に関連する 映像・アニメーション・Web サイト などを見ることができます。左記および各ページ右上の QR コード または下記の URL からアクセスできます。

https://cds.chart.co.jp/books/oot0w93xyy

※学校や公共の場所では，先生の指示やマナーを守ってスマートフォンなどをご利用ください。
※ Web ページへのアクセスにはネットワーク接続が必要となります。ネットワーク接続に際し発生する通信料はお客様のご負担となります。
＊ QR コードは株式会社デンソーウェーブの登録商標です。

▶▶ 収録コンテンツの一覧は *p.*11 に掲載

CONTENTS

目次

Column

Zoom up

Point

生物基礎分野の目次

生物基礎で学習する分野のみを抜粋した目次です。

◆映像・アニメーション コンテンツ一覧◆

紙面の QR コードからアクセスできる映像・アニメーションの一覧です。※

［映像］…実験映像や資料映像などの映像コンテンツ　［アニメ］…ボタンを押して動かすものや解説動画などのアニメーションコンテンツ

※紙面の QR コードからは，映像・アニメーションのほかに，学習内容に関連した Web サイトにアクセスすることもできます。「特集」・「Pioneer」で取り上げている研究室・研究所のホームページや，その先生の研究紹介・講演の動画などを視聴することができます。

国立環境研究所
動画チャンネル ▶

序章 生物実験の基本

1 顕微鏡の種類と構造

A 光学顕微鏡

■研究用光学顕微鏡

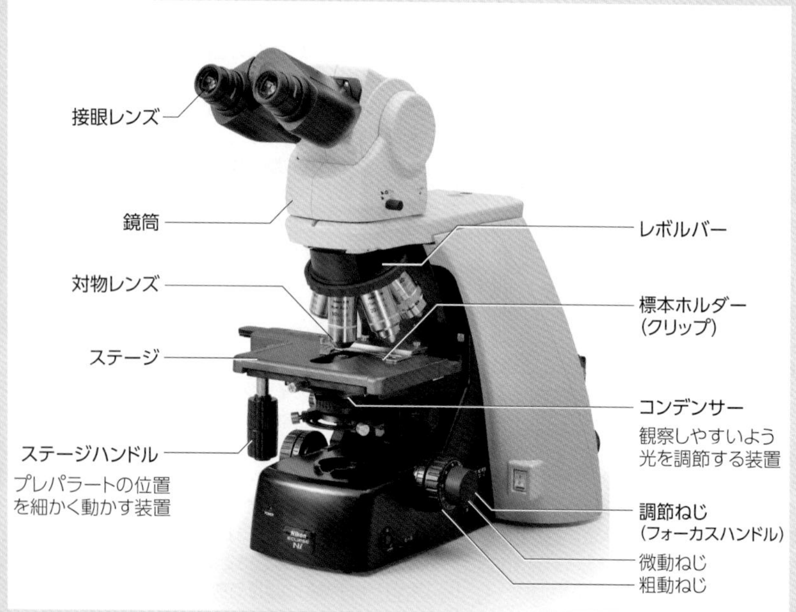

接眼レンズ
鏡筒
対物レンズ
ステージ
ステージハンドル
プレパラートの位置を細かく動かす装置
レボルバー
標本ホルダー（クリップ）
コンデンサー
観察しやすいよう光を調節する装置
調節ねじ（フォーカスハンドル）
微動ねじ
粗動ねじ

■光学顕微鏡の原理

光学顕微鏡は，対物レンズで拡大した実像(a)をつくり，この実像を再び接眼レンズで拡大してできる虚像(b)を見るしくみになっている。このような光学顕微鏡では，像は上下左右が逆に見える(試料と同じ向きに見えるようにした顕微鏡もある)。

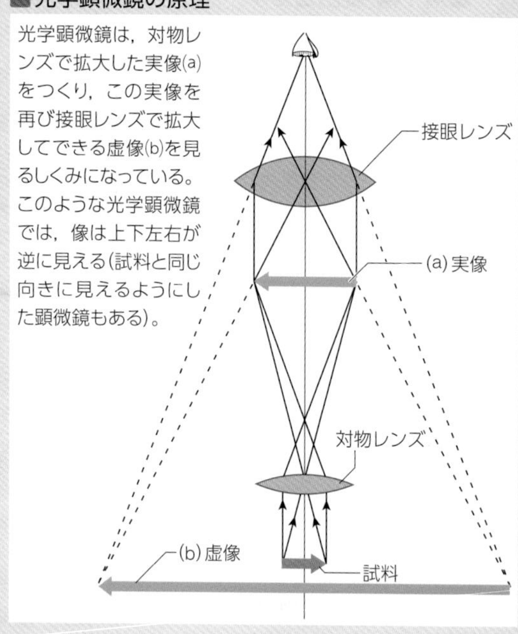

接眼レンズ
(a) 実像
対物レンズ
(b) 虚像
試料

B 電子顕微鏡

電子線を利用した電子顕微鏡は，光学顕微鏡より高い分解能をもつ。電子顕微鏡には，透過型電子顕微鏡と走査型電子顕微鏡がある。

■透過型電子顕微鏡(TEM)

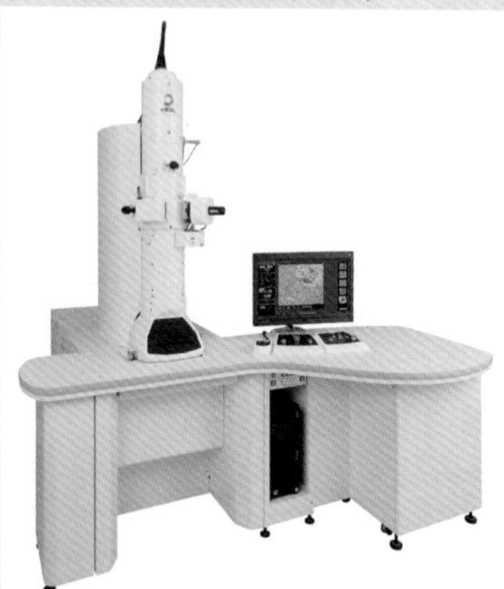

・薄い切片にした試料を透過した電子線を電磁コイルで屈折させて，拡大像を得る。
・スクリーン上に得られる像は白黒の平面的な像である。
・おもに細胞などの内部構造を調べるのに利用される。

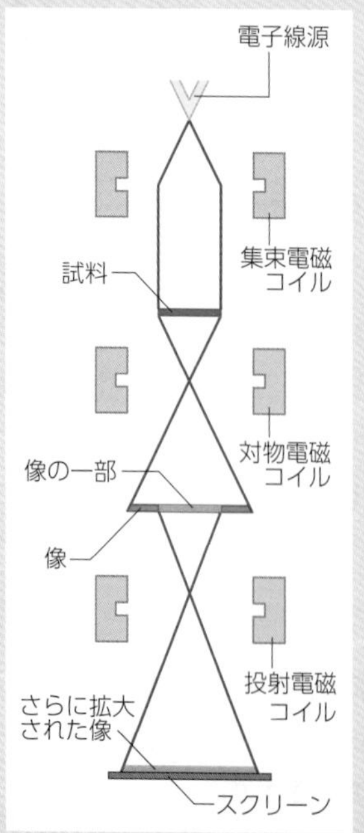

電子線源
試料
集束電磁コイル
像の一部
対物電磁コイル
像
投射電磁コイル
さらに拡大された像
スクリーン

■走査型電子顕微鏡(SEM)

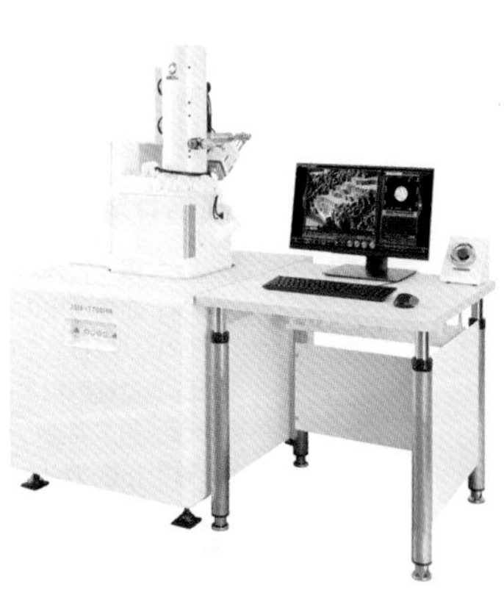

・試料の表面に電子線を照射し，試料表面から発生する二次電子線を検出器で検出して，拡大像を得る。
・モニタ上に得られる像は白黒の立体的な像である。
・おもに細胞などの表面構造を調べるのに利用される。

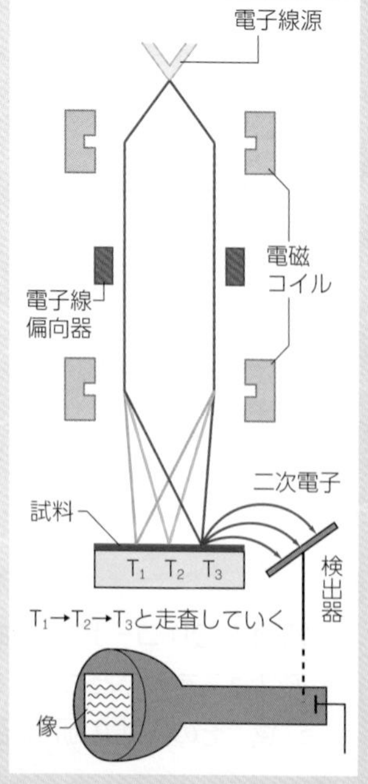

電子線源
電磁コイル
電子線偏向器
二次電子
試料
T_1 T_2 T_3
検出器
T_1→T_2→T_3と走査していく
像

Keywords 光学顕微鏡(light microscope)，電子顕微鏡(electron microscope)

C 光学顕微鏡と電子顕微鏡の観察像

電子顕微鏡の観察像は白黒であるが，コンピューターを使い着色したものもある。

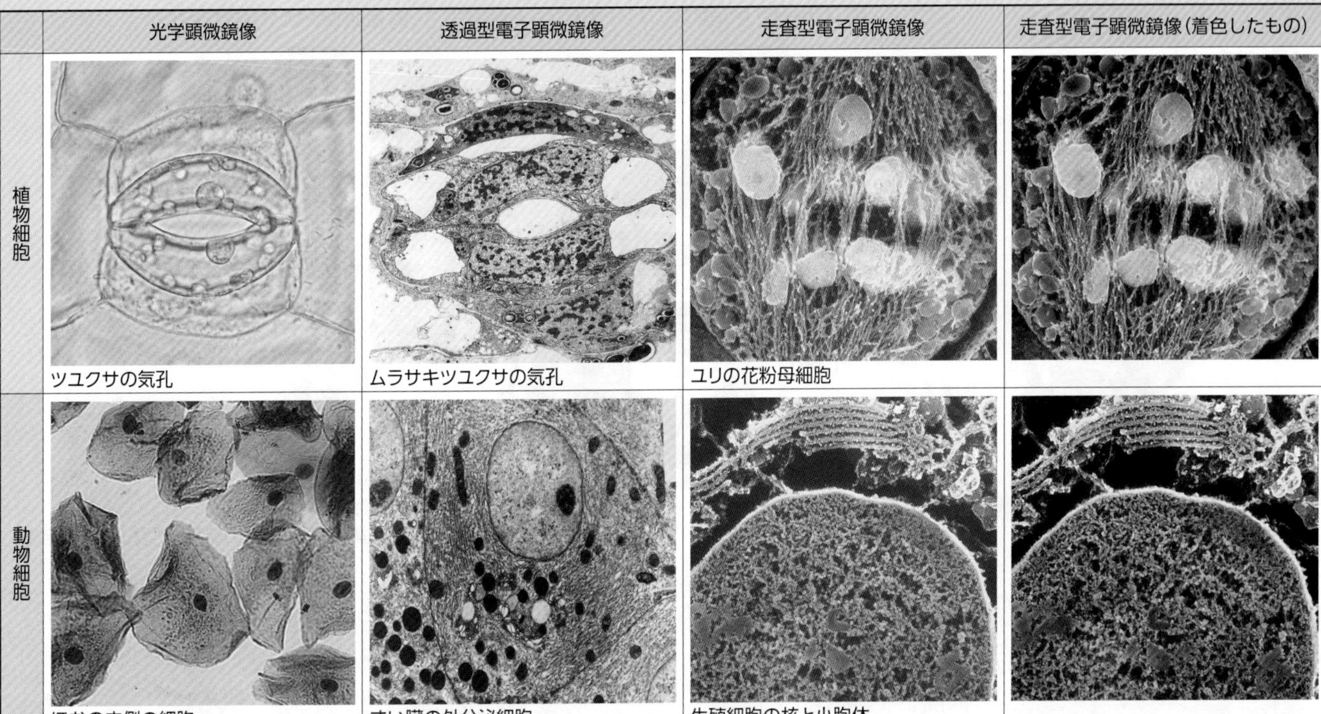
光学顕微鏡像
透過型電子顕微鏡像
走査型電子顕微鏡像
走査型電子顕微鏡像（着色したもの）
植物細胞
ツユクサの気孔
ムラサキツユクサの気孔
ユリの花粉母細胞
動物細胞
ほおの内側の細胞
すい臓の外分泌細胞
生殖細胞の核と小胞体

D いろいろな顕微鏡と装置

試料をいろいろな面から観察できるような光学顕微鏡と付属装置が開発されている。

位相差顕微鏡

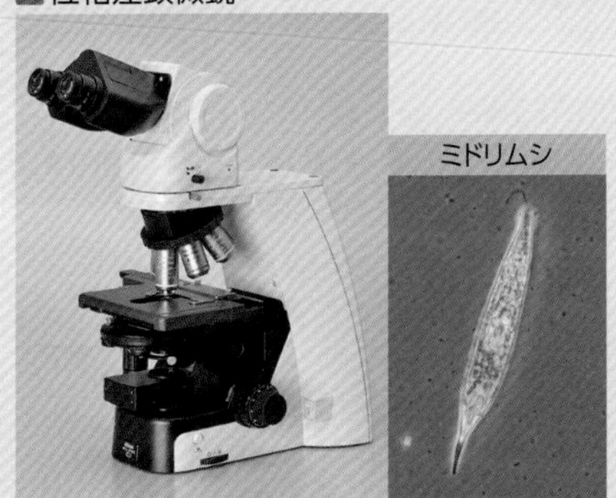
ミドリムシ

細胞分裂・細胞質流動・アメーバ運動・繊毛運動の観察に使用。

偏光顕微鏡

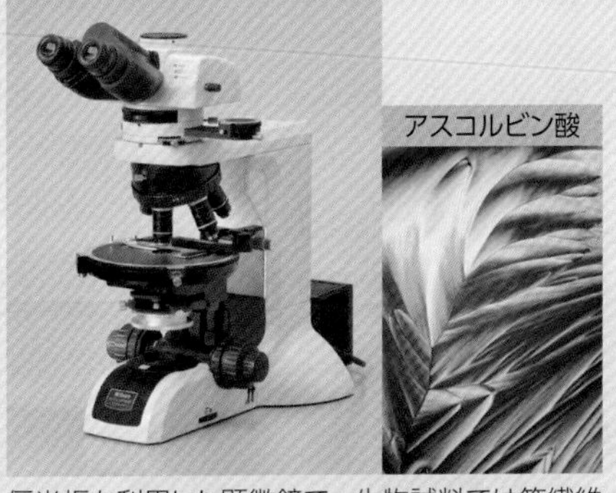
アスコルビン酸

偏光板を利用した顕微鏡で，生物試料では筋繊維や歯の微細構造の観察などに使用。

蛍光顕微鏡

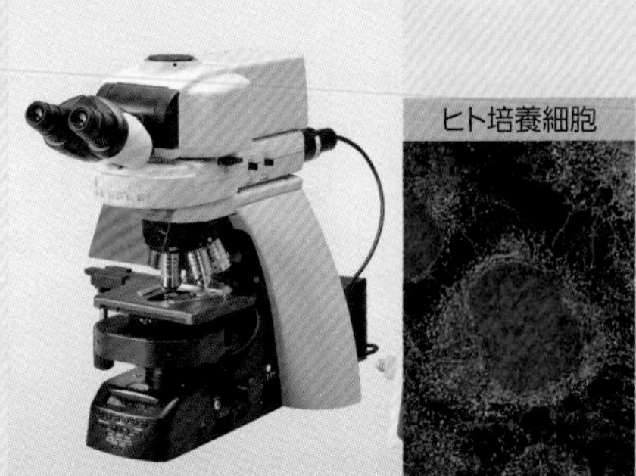
ヒト培養細胞

自ら蛍光を発する試料や蛍光色素で染色した試料に励起光を照射し，試料の発する蛍光を観察する。

培養顕微鏡

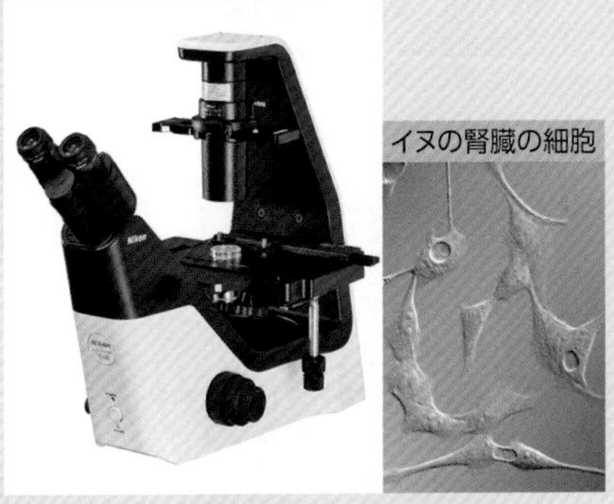
イヌの腎臓の細胞

培養容器に入った細胞などの観察に使う。

マイクロマニピュレーター

ウシの核移植

顕微受精や DNA 注入などに利用する付属装置。

実体顕微鏡

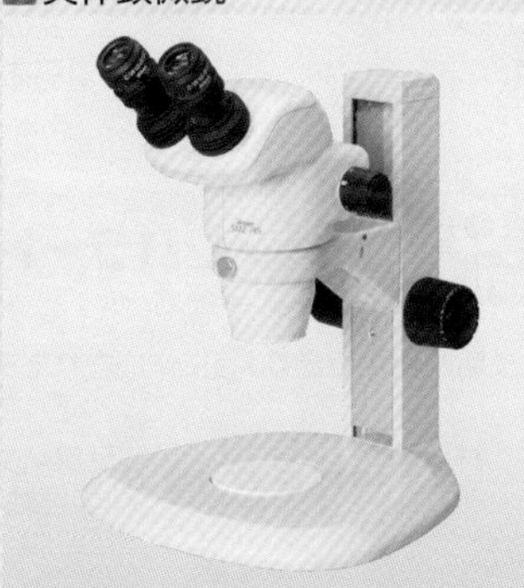

生試料を正立像で立体的に観察できる。

2 探究活動の基本操作(1)

A 光学顕微鏡

高等学校で生物実験に使う光学顕微鏡には，鏡筒上下型とステージ上下型がある。

鏡筒上下型

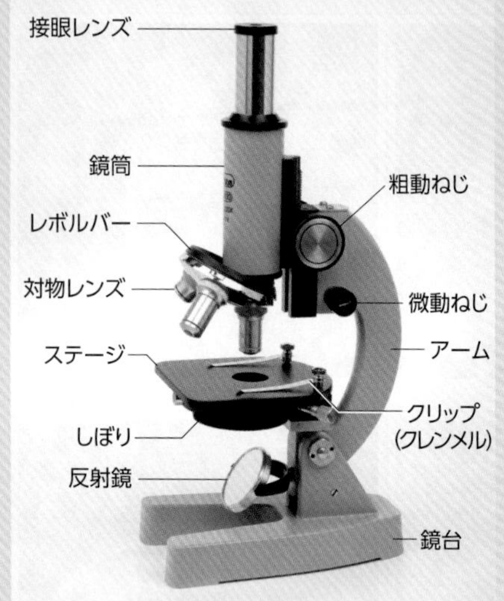

接眼レンズ
鏡筒
粗動ねじ
レボルバー
対物レンズ
微動ねじ
ステージ
アーム
クリップ
(クレンメル)
しぼり
反射鏡
鏡台

ステージ上下型

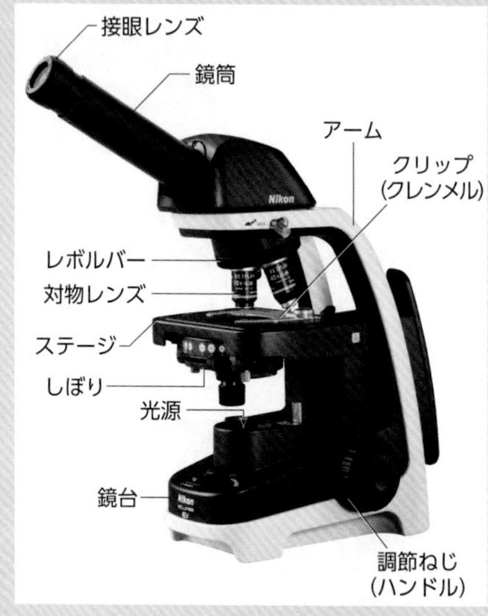

接眼レンズ
鏡筒
アーム
クリップ
(クレンメル)
レボルバー
対物レンズ
ステージ
しぼり
光源
鏡台
調節ねじ
(ハンドル)

接眼レンズ

×5
×10
×15

対物レンズ

×4
×10
×40

倍率=接眼レンズの倍率×対物レンズの倍率

B プレパラートのつくり方

カバーガラスは薄くて割れやすいのでけがのないように注意する。

タマネギの表皮のプレパラートのつくり方

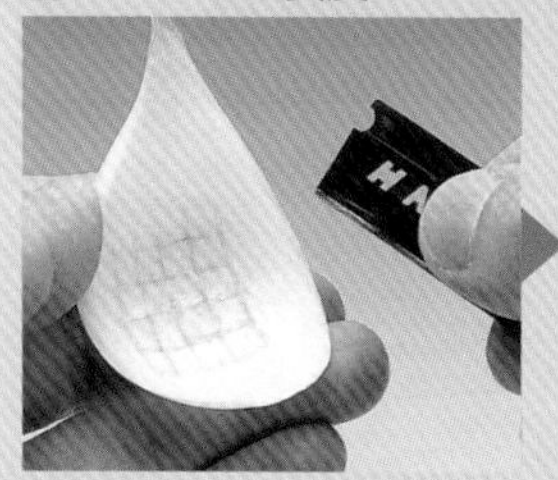
①タマネギのりん葉の内側の表皮にかみそりで5mm角程度の切れ目を入れる。

②切れ目を入れた表皮をピンセットではぎとり，スライドガラスの上にのせる。

③水，または染色液(酢酸オルセインなど)を1～2滴落とす。

④気泡が入らないように注意して，カバーガラスをかける。

⑤カバーガラスからはみ出た余分の水，または染色液を，ろ紙で吸い取る。

スンプ法(木工用接着剤を使った簡易スンプ法)

凹凸のある試料の表面を顕微鏡で観察する場合に，表面構造の型をとって観察する方法。葉の気孔や，頭髪の表面などの観察に用いる。速乾性の木工用接着剤のほかに，液体ばんそうこうなどでもよい。

①葉の裏面の一部に木工用接着剤を薄く塗り，乾燥させる。

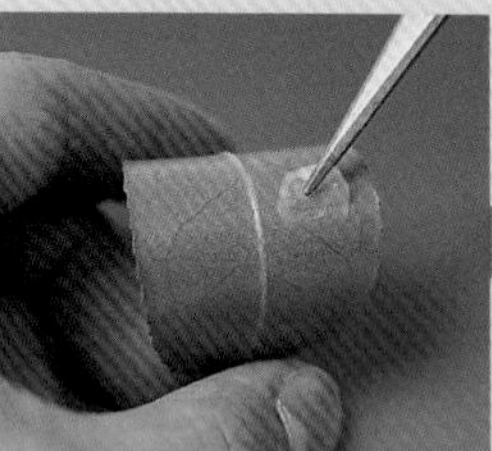
②葉を折り曲げ，乾燥した接着剤をピンセットでゆっくりはがす。

③スライドガラスにのせ，カバーガラスをかけて検鏡する。

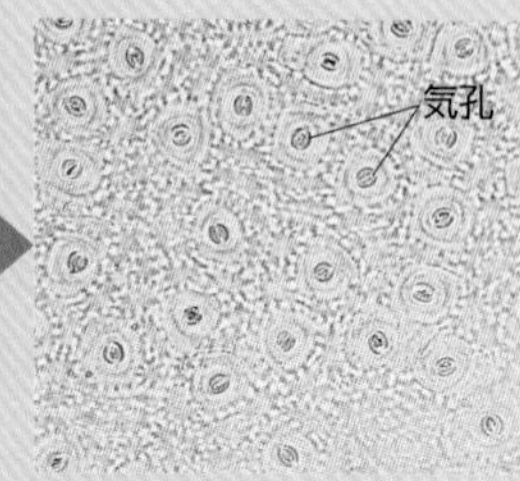

気孔

④観察結果

Zoom up 永久プレパラート

長期間保存できるように作成されたプレパラートを**永久プレパラート**という。作成方法の一例を以下に示す。

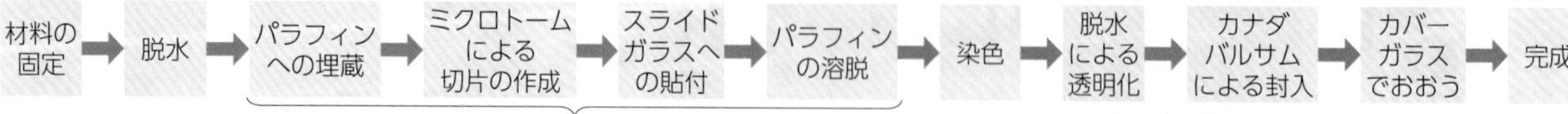

材料の固定
脱水
パラフィンへの埋蔵
ミクロトームによる切片の作成
スライドガラスへの貼付
パラフィンの溶脱
染色
脱水による透明化
カナダバルサムによる封入
カバーガラスでおおう
完成
厚みのある試料を切片にする場合

 Keywords プレパラート(preparation)

C 光学顕微鏡の使い方

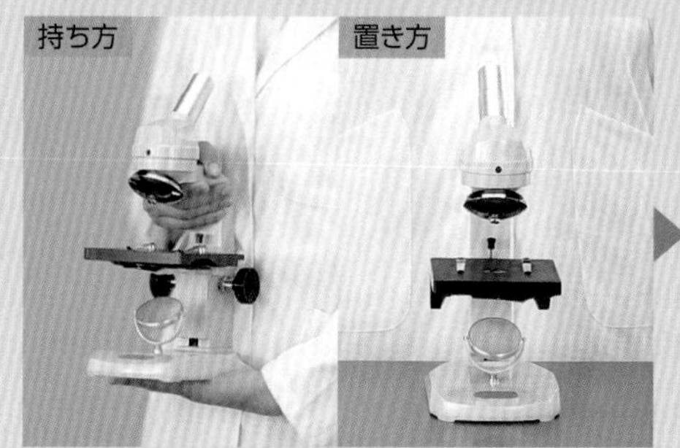
持ち方
置き方

一方の手でアームを持ち，もう一方の手を鏡台の下にそえて水平にして運ぶ。観察する場合には，直射日光の当たらない，明るい水平な場所に置く。

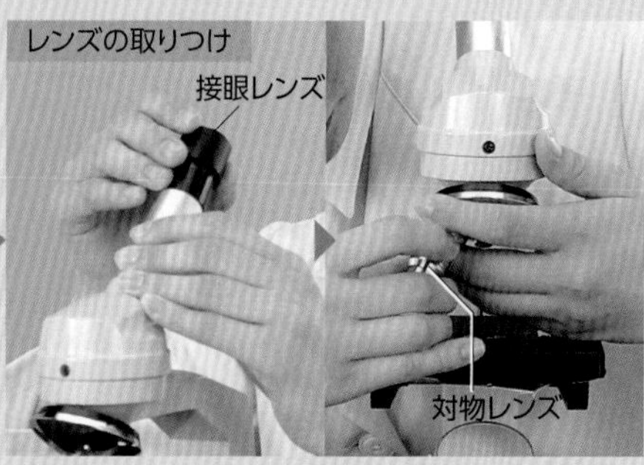
レンズの取りつけ
接眼レンズ
対物レンズ

接眼レンズと対物レンズを取りつける※。鏡筒内にゴミが落ちないように，接眼レンズを先に取りつける。低倍率の対物レンズをセットする。

※レンズを取りつけたまま保管している場合もある。

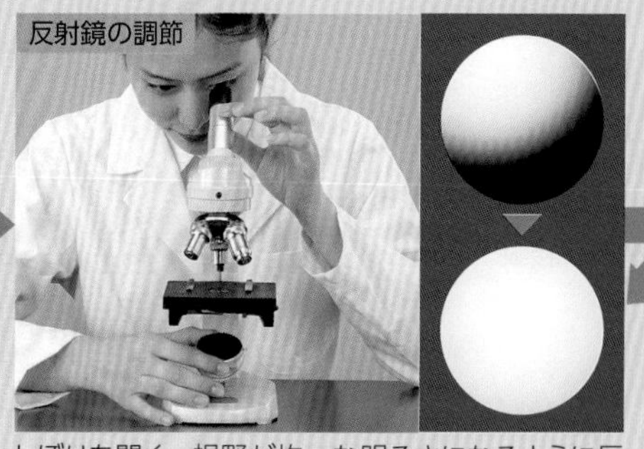
反射鏡の調節

しぼりを開く。視野が均一な明るさになるように反射鏡を調節する。光源装置付の顕微鏡の場合は，調光機能を用いて適当な明るさにする。

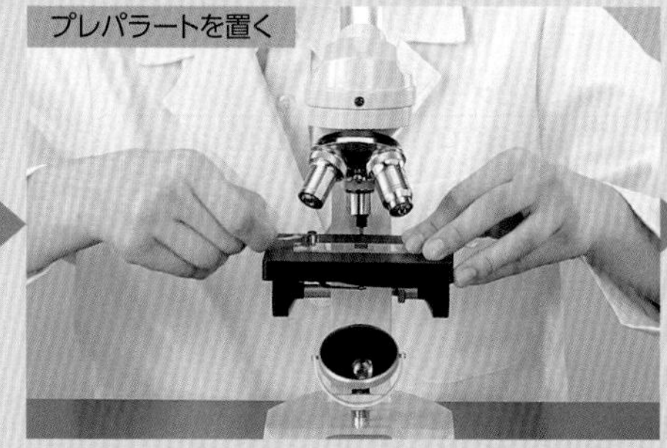
プレパラートを置く

プレパラートをステージの上に置き，試料が対物レンズの真下になるよう調整し，クリップでとめる。

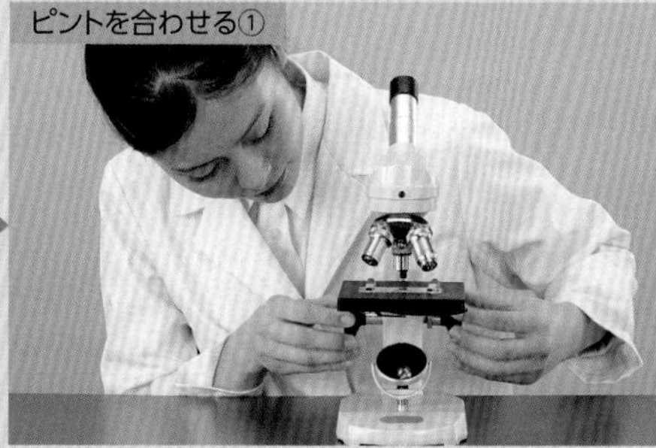
ピントを合わせる①

横から見ながら調節ねじを回して，対物レンズとプレパラートを近づける。

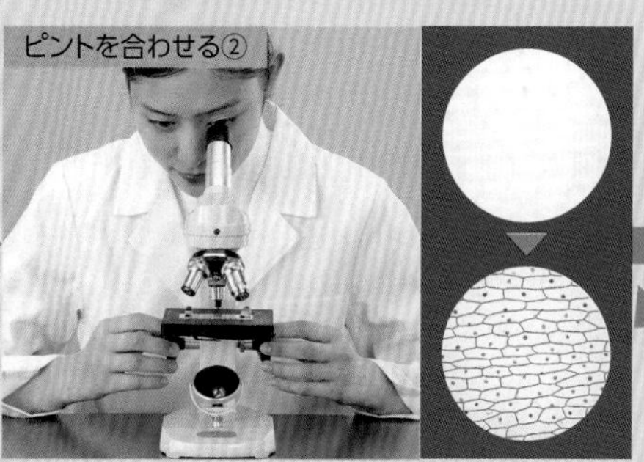
ピントを合わせる②

接眼レンズをのぞきながら，対物レンズをプレパラートからゆっくり遠避け，ピントを合わせる。

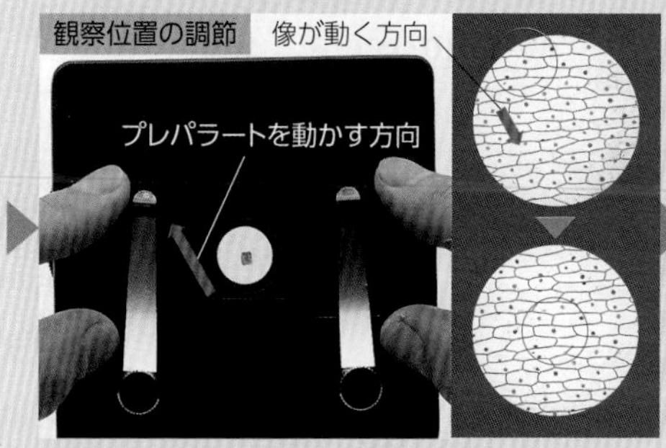
観察位置の調節
像が動く方向
プレパラートを動かす方向

観察しやすい像をさがし，視野の中央に移動させる。像を動かしたい方向とは反対の方向にプレパラートを動かす（上下左右が逆に見える顕微鏡の場合）。

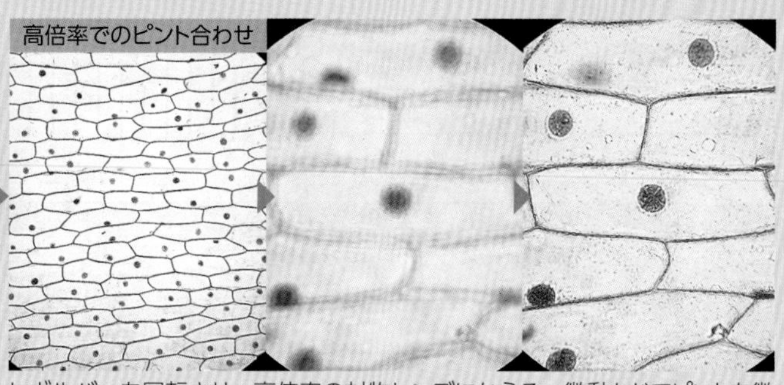
高倍率でのピント合わせ

レボルバーを回転させ，高倍率の対物レンズにかえる。微動ねじでピントを微調整する。しぼりを調節して鮮明な像が得られるようにする。光源装置付の顕微鏡の場合は光量を調節する。

よくないプレパラート

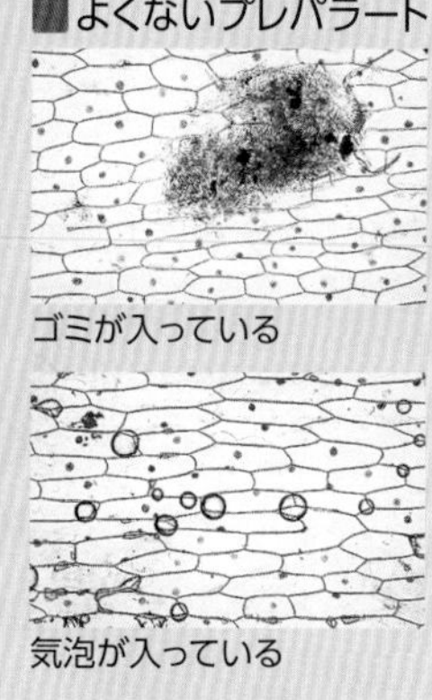

ゴミが入っている

気泡が入っている

D スケッチの方法

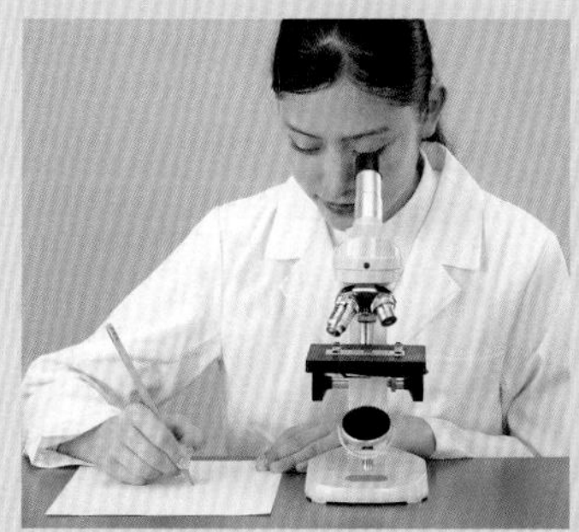

右利きの場合，左眼で顕微鏡をのぞいたまま，右眼でスケッチ用紙を見ながらスケッチする。

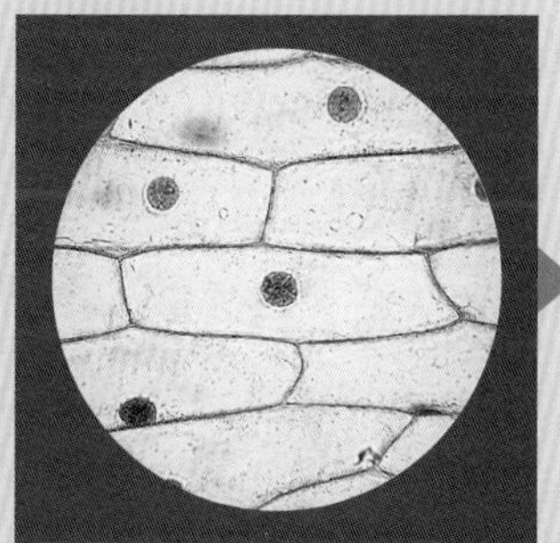

スケッチの例

全体の輪郭を確認して図の大きさを決め，輪郭線を一続きの実線でかく。色の濃淡は点の密度でつける。図で表せないところは説明を入れる。

よくないスケッチの例

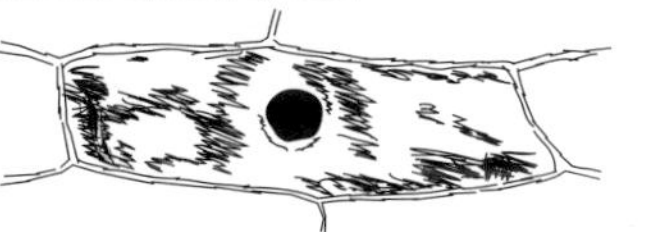

× 輪郭があいまい。黒く塗りつぶさない

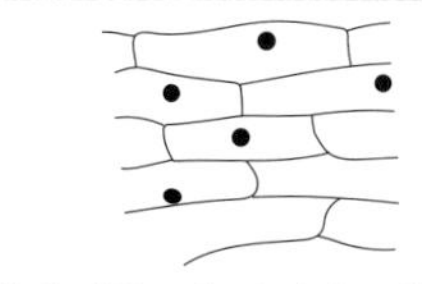

× 倍率が低すぎて細胞内の構造が観察できていない

3 探究活動の基本操作（2）

A ミクロメーターの使い方

顕微鏡下での試料の大きさの測定には，ミクロメーターを用いる。

ミクロメーターの準備

接眼ミクロメーター

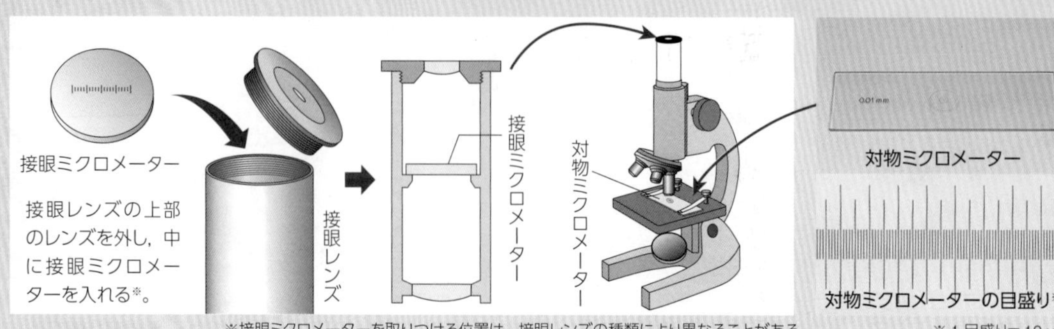

接眼ミクロメーター
接眼レンズの上部のレンズを外し，中に接眼ミクロメーターを入れる※。
接眼レンズ
接眼ミクロメーター
対物ミクロメーター

対物ミクロメーター

接眼ミクロメーターの目盛り

対物ミクロメーターの目盛り※

※接眼ミクロメーターを取りつける位置は，接眼レンズの種類により異なることがある。

※ 1 目盛り= 10 µm

接眼ミクロメーターの 1 目盛りが示す長さの測定

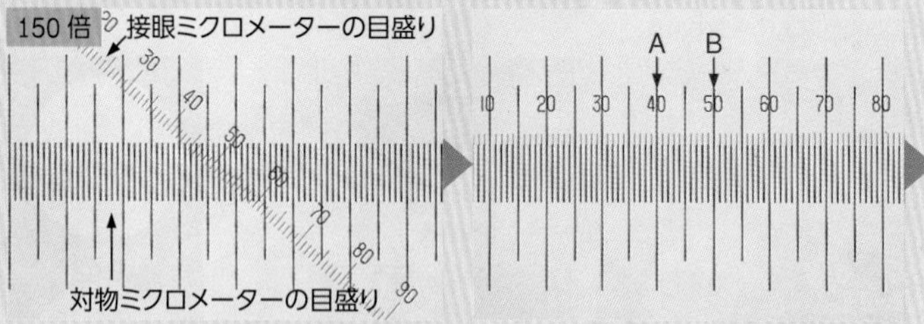

150 倍
接眼ミクロメーターの目盛り
対物ミクロメーターの目盛り
A
B

①目的の倍率に合わせ，対物ミクロメーターの目盛りにピントを合わせる。

②両方のミクロメーターの目盛りが平行に重なるように調節し，目盛りが一致する 2 点をさがす。

③両目盛りが一致した 2 点間のそれぞれの目盛りの数を読み取り，以下の式より接眼ミクロメーターの 1 目盛りの長さを求める。

$$\text{接眼ミクロメーターの1目盛りが示す長さ} = \frac{\text{対物ミクロメーターの目盛りの数} \times 10\ \mu\text{m}}{\text{接眼ミクロメーターの目盛りの数}}$$

AB 間の対物ミクロメーターの目盛りの数= 10
AB 間の接眼ミクロメーターの目盛りの数= 10

$$\frac{10\text{ 目盛り} \times 10\ \mu\text{m}}{10\text{ 目盛り}} = 10\ \mu\text{m}$$

1 目盛り 10 µm

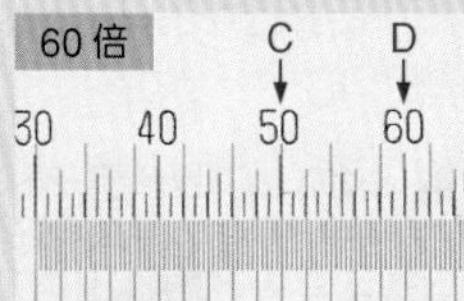

60 倍
C
D

CD 間の対物ミクロメーターの目盛りの数= 25
CD 間の接眼ミクロメーターの目盛りの数= 10

$$\frac{25\text{ 目盛り} \times 10\ \mu\text{m}}{10\text{ 目盛り}} = 25\ \mu\text{m}$$

1 目盛り 25 µm

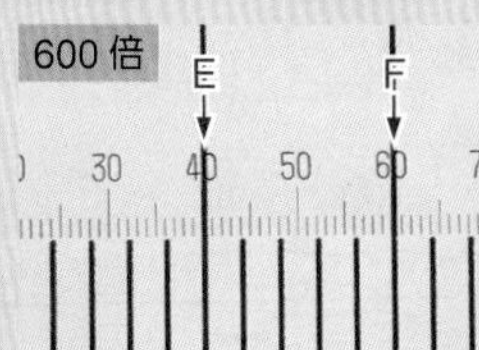

600 倍
E
F

EF 間の対物ミクロメーターの目盛りの数= 5
EF 間の接眼ミクロメーターの目盛りの数= 20

$$\frac{5\text{ 目盛り} \times 10\ \mu\text{m}}{20\text{ 目盛り}} = 2.5\ \mu\text{m}$$

1 目盛り 2.5 µm

試料の大きさの測定

タマネギのりん片葉各部の表皮細胞の大きさを測定する。

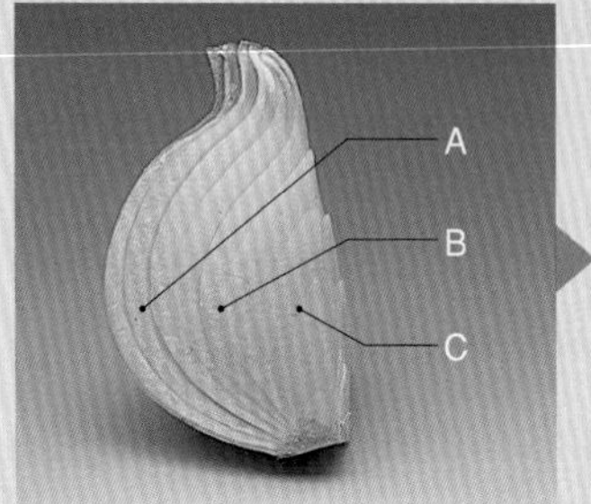

A
B
C

①A，B，C の部分のりん片葉の内側の表皮のプレパラートを作成する。

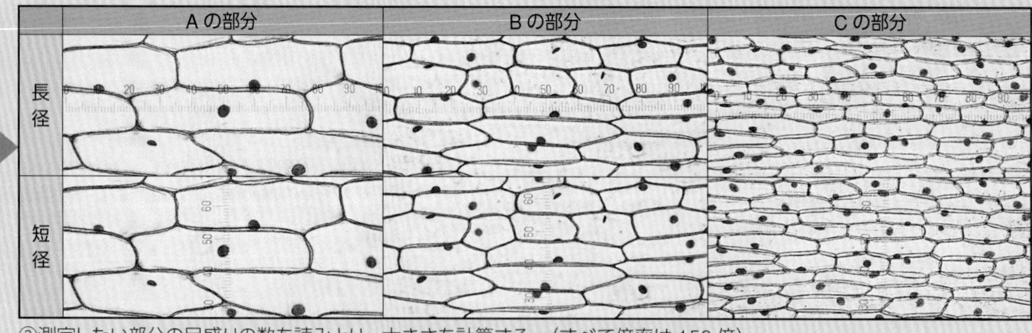

A の部分
B の部分
C の部分
長径
短径

②測定したい部分の目盛りの数を読みとり，大きさを計算する。（すべて倍率は 150 倍）

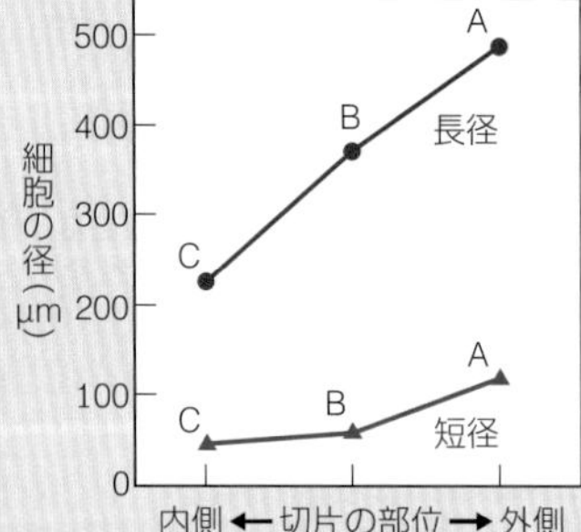

細胞の径（µm）
500
400
300
200
100
0
A
B
C
長径
短径
内側 ← 切片の部位 → 外側

③グラフにまとめる。

Point なぜ対物ミクロメーターに直接試料をのせて検鏡してはいけないのか？

対物ミクロメーターに試料をのせてプレパラートをつくった場合，右の写真のように試料か目盛りのどちらか一方にしかピントが合わないため，正確な大きさを測定することはできない。また，測りたい場所に目盛りを移動させることができない。そのため，接眼ミクロメーター 1 目盛りの長さを求める必要がある。

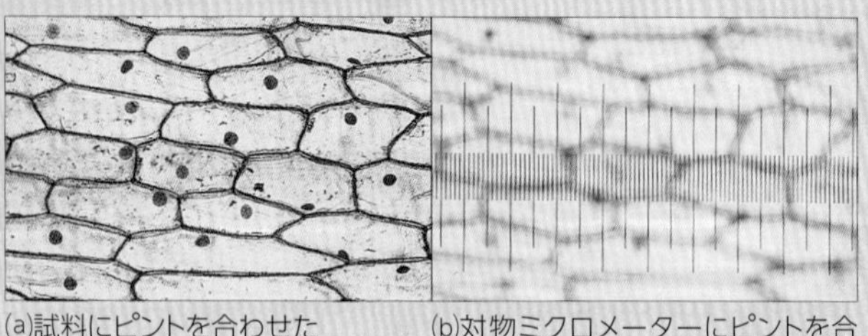

(a)試料にピントを合わせた

(b)対物ミクロメーターにピントを合わせた

Keywords ミクロメーター（micrometer）

B 染色

試料の特定の場所や細部を観察しやすいように色素で着色することを**染色**という。

顕微鏡観察に使われるいろいろな染色液

試薬	染色部位	色
酢酸カーミン	DNA（核）	赤
酢酸オルセイン	DNA（核）	赤
メチレンブルー	DNA（核）	青
	ペクチン（細胞壁）	青
ヤヌスグリーン	ミトコンドリア	青緑

試薬	染色部位	色
メチルグリーン	DNA	緑青
ピロニン	RNA	赤桃
スダンⅢ	脂肪	黄～赤
	コルク質	赤
サフラニン	木化した細胞壁	赤

タマネギ（草本）のりん片葉の表皮細胞をいろいろな染色液で染色

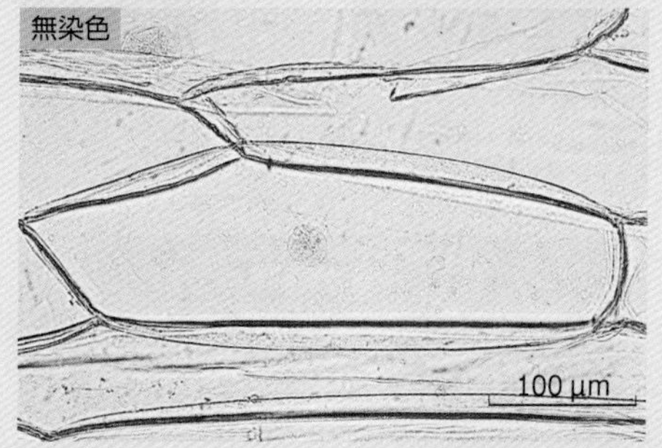
100 µm
無染色

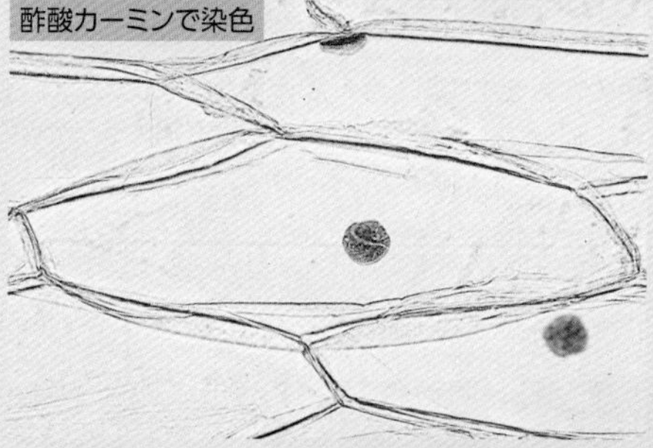
酢酸カーミンで染色

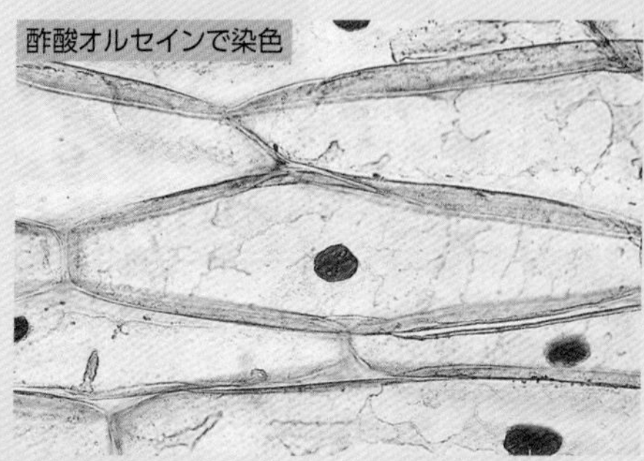
酢酸オルセインで染色

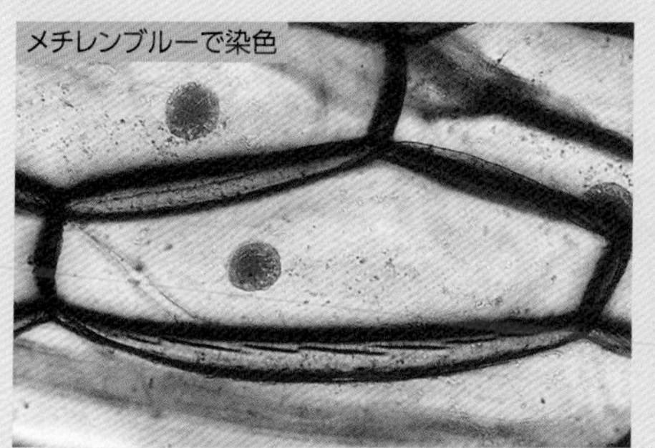
メチレンブルーで染色

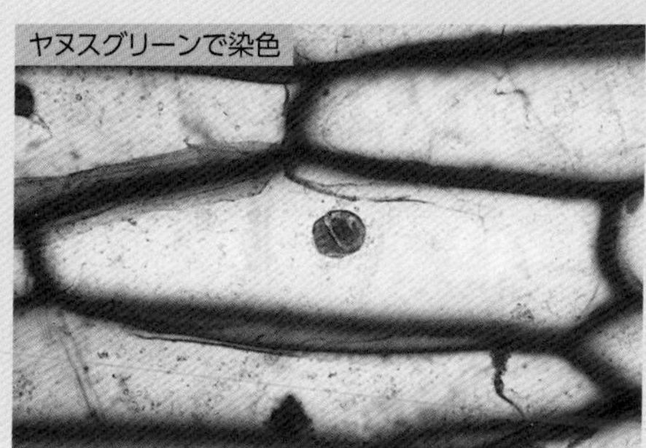
ヤヌスグリーンで染色

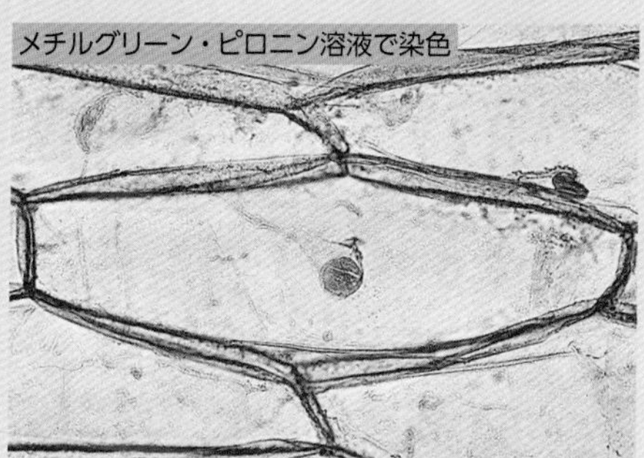
メチルグリーン・ピロニン溶液で染色

ムクゲ（木本）の茎をいろいろな染色液で染色

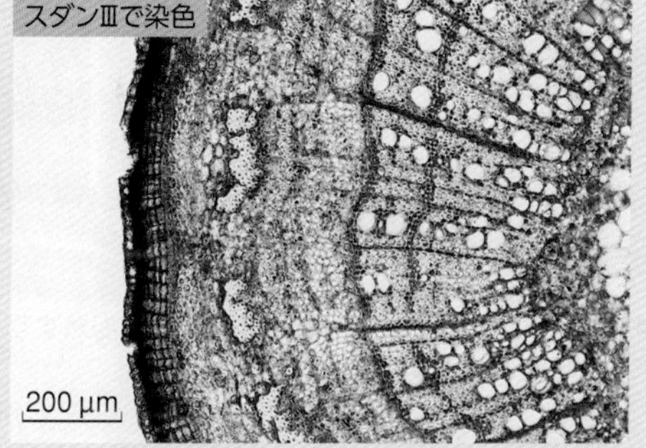
200 µm
スダンⅢで染色

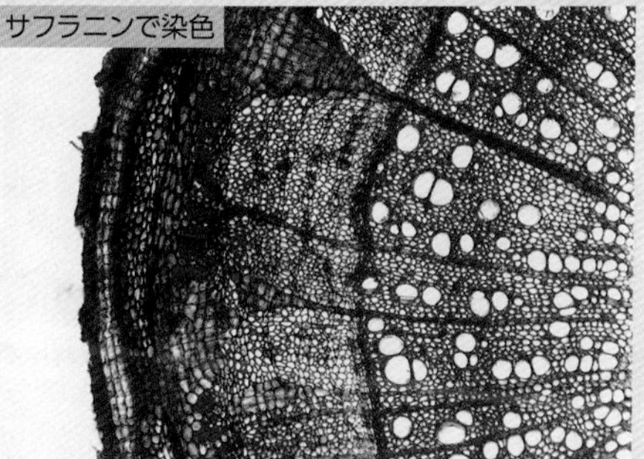
サフラニンで染色

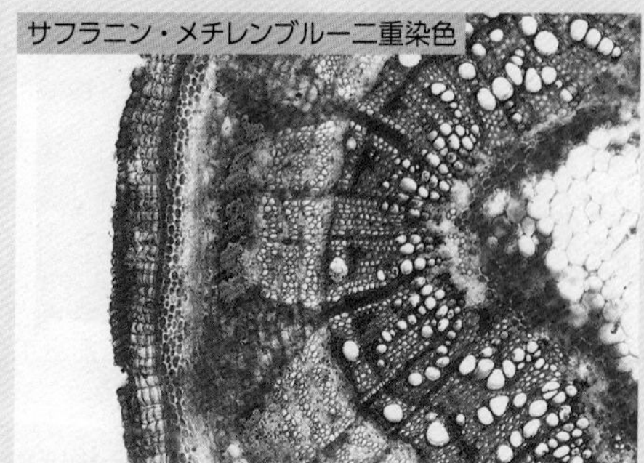
サフラニン・メチレンブルー二重染色

Column 染色せずに観察する方法

通常の光学顕微鏡では，透明な部分は染色しないと観察できない。しかし，位相差顕微鏡，微分干渉顕微鏡，暗視野顕微鏡では染色しなくても透明な部分が観察できる。

位相差顕微鏡による像

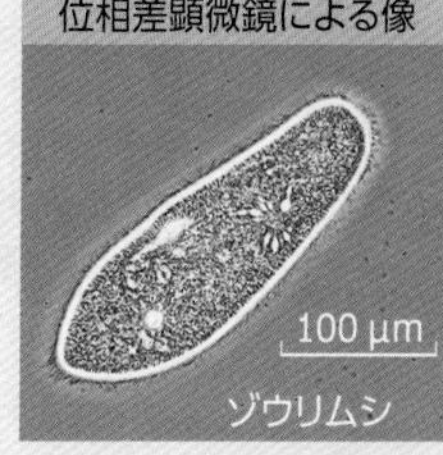
100 µm
ゾウリムシ

透明な試料の各部の屈折率の微小な違いを明暗のコントラストに変えることにより，観察できるようにしたもの。

微分干渉顕微鏡による像

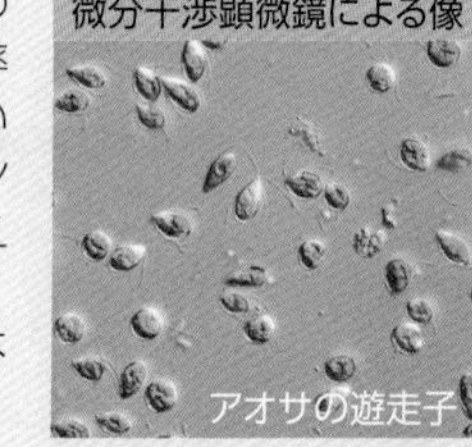
アオサの遊走子

光の干渉によって生じる干渉色や明暗のコントラストによって，観察できるようにしたもの。

暗視野顕微鏡による像

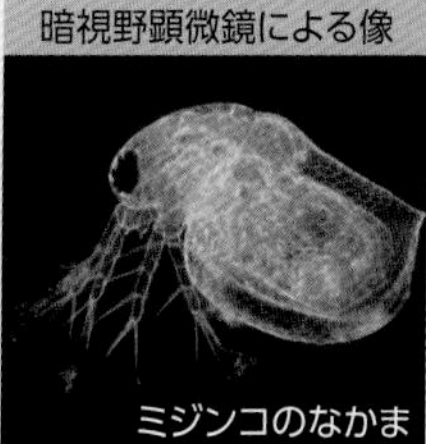
ミジンコのなかま

試料に斜めから光を照射し，試料によって散乱した光を観察できるようにしたもの。

染色（staining），試料（sample）

4 探究活動の基本操作(3)

A 生物実験でよく使われる検出反応

特定の検出反応によって目的の物質や生成物を検出することができる。

タンパク質の検出

①キサントプロテイン反応

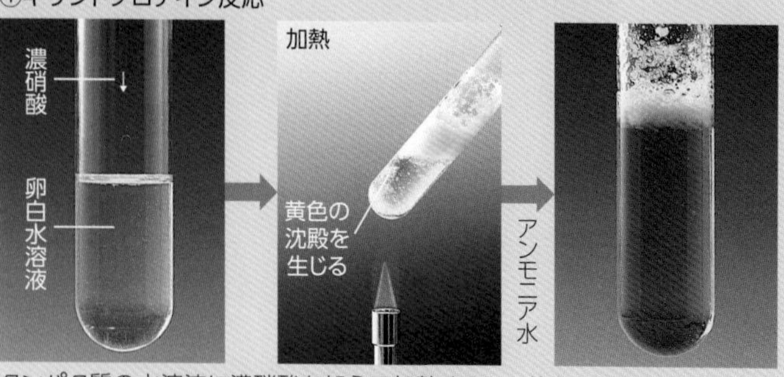
濃硝酸
卵白水溶液
加熱
黄色の沈殿を生じる
アンモニア水

タンパク質の水溶液に濃硝酸を加えて加熱すると，黄色の沈殿を生じる。冷却後，アンモニア水を加えると橙色になる。

②ビウレット反応

卵白水溶液
加熱

水酸化ナトリウム水溶液と硫酸銅(Ⅱ)水溶液を加えると赤紫色になる。

③ニンヒドリン反応

ニンヒドリン溶液を加えて加熱すると青紫色になる。

デンプンの検出(ヨウ素デンプン反応)

ヨウ素溶液を加えると青紫色を示す。

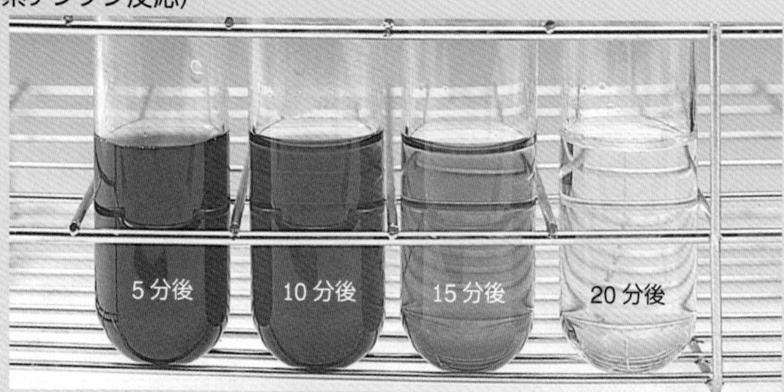
5 分後
10 分後
15 分後
20 分後

デンプン水溶液にアミラーゼを加えて 35 ℃に保ち，デンプンを分解すると，時間の経過に伴い，青，紫，赤褐色と変化し，最後には呈色しなくなる。

ヨウ素溶液

ジャガイモの切断面にヨウ素溶液をたらすと，青紫色に変化する。→デンプンが存在する。

還元糖の検出(フェーリング反応)

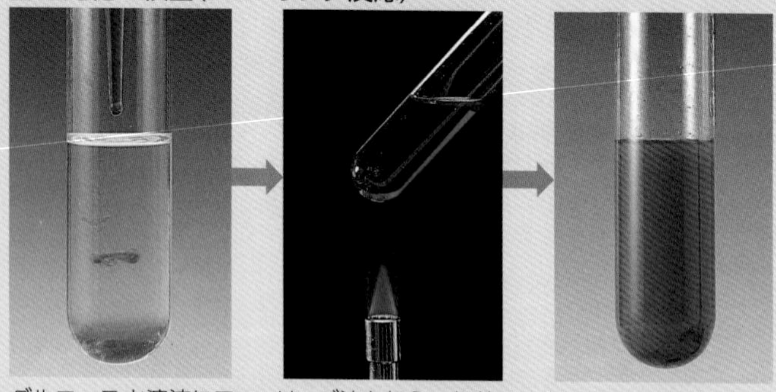

グルコース水溶液にフェーリング液を加えて加熱すると，フェーリング液は還元され，酸化銅(Ⅰ)Cu_2O の赤色沈殿が生じる。

エタノールの検出(ヨードホルム反応)

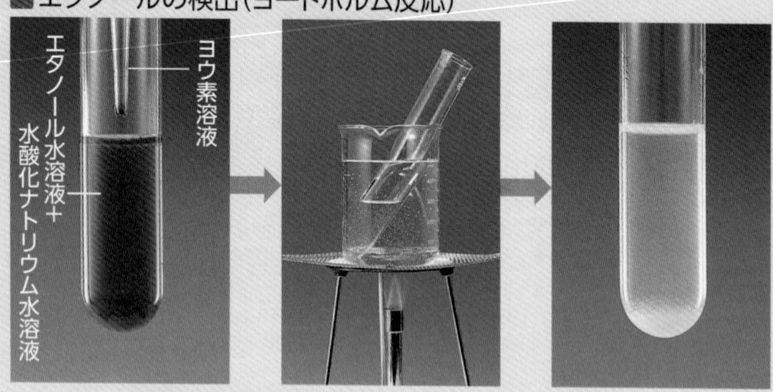
ヨウ素溶液
エタノール水溶液＋水酸化ナトリウム水溶液

エタノール水溶液に水酸化ナトリウム水溶液とヨウ素溶液を加えて加熱すると，特有のにおいをもったヨードホルム CHI_3 の黄色沈殿が生じる。

酸素の検出(インジゴカーミンによる検出)

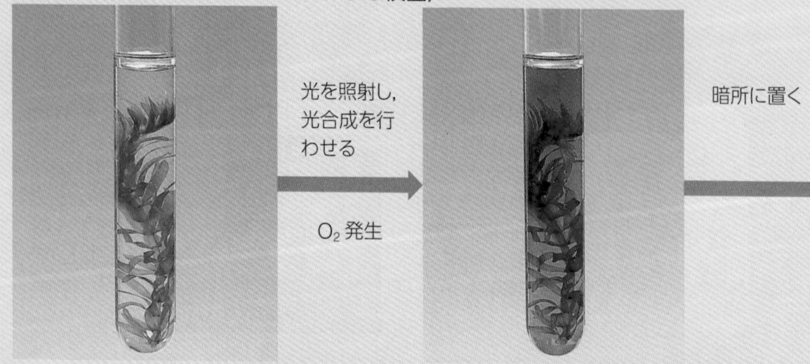
光を照射し，光合成を行わせる
O_2 発生
暗所に置く

インジゴカーミン(青色)は，還元されると淡黄色に変化し，酸化されると青色にもどる。
オオカナダモの光合成により，O_2 が発生すると液は青色となり，暗所で呼吸により O_2 が消費されると青色は脱色される。

Keywords　タンパク質(protein)，デンプン(starch)，酸素(oxygen)，ヨウ素(iodine)

B pHの測定

pHを測定するためにさまざまな方法がある。

pH試験紙

万能pH試験紙

UNIV
pH
1-11

簡易pHメーター

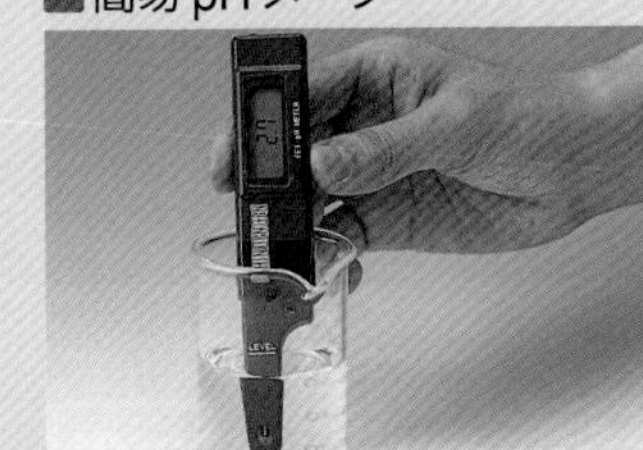

pHメーター

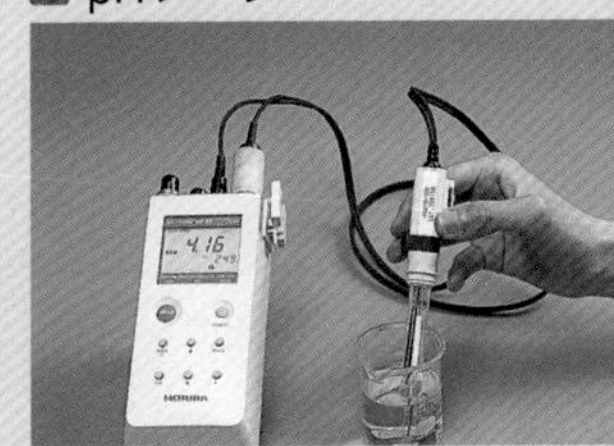

pH指示薬

メチルオレンジ

pH2
pH3
pH4
pH5
pH6

ブロモチモールブルー（BTB）

pH5
pH6
pH7
pH8
pH9

フェノールフタレイン

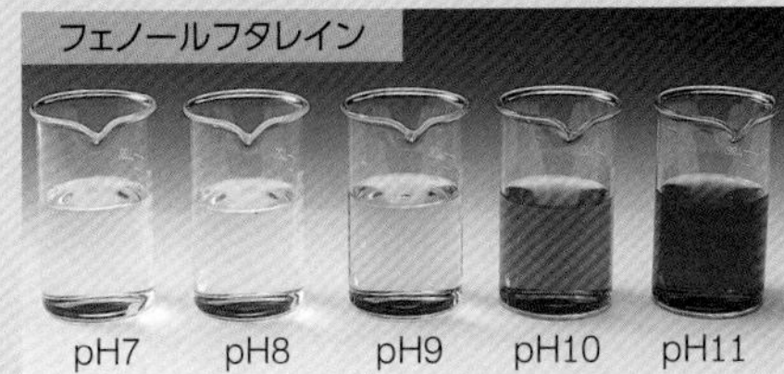
pH7
pH8
pH9
pH10
pH11

C 器具の使い方

電子てんびんの各部の名称とゼロ点調整

表示パネル
ゼロ点調整スイッチ
電源

水平調節ネジで調節

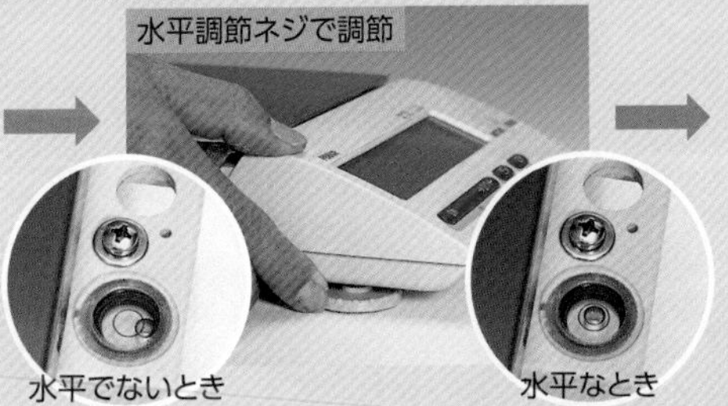
水平でないとき
水平なとき

電源を入れる

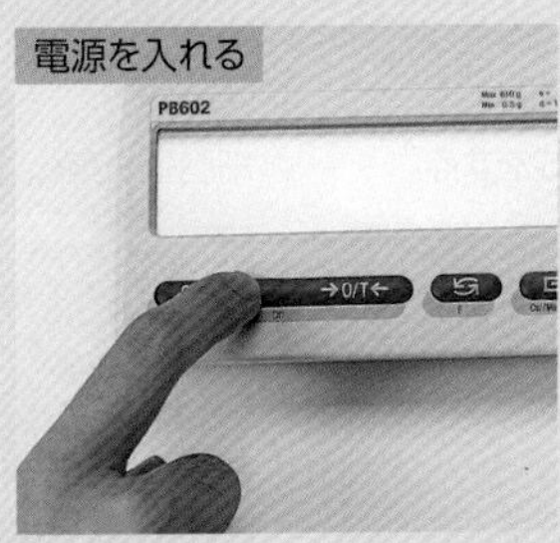

ゼロ点調整

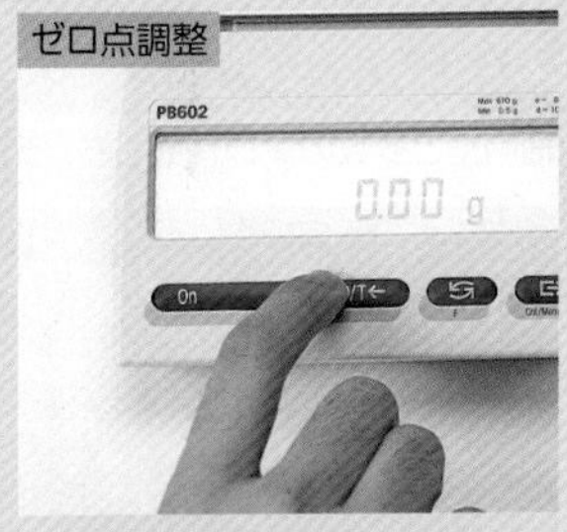
0.00 g

一定量の試薬をはかり取る

0.00 g

試薬を入れる容器をのせて，ゼロ点調整を行う。

2.44 g

目的の質量まで試薬を入れる。

液面と目盛り

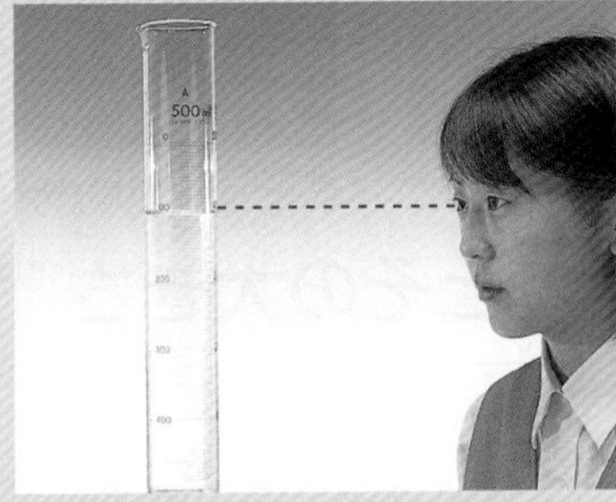

目盛りを読むときは，湾曲した液面の底に目の高さをそろえ，液面の底の値を読む。

駒込ピペットの持ち方

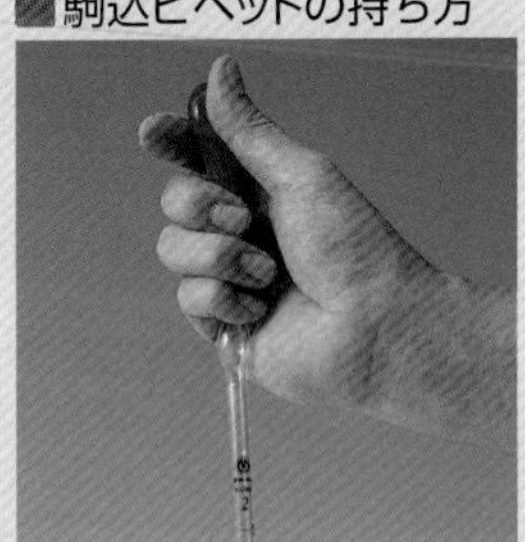

親指と人差し指でゴムの部分を押さえ，それ以外の指でピペットを包むように握る。

マイクロピペットの使い方

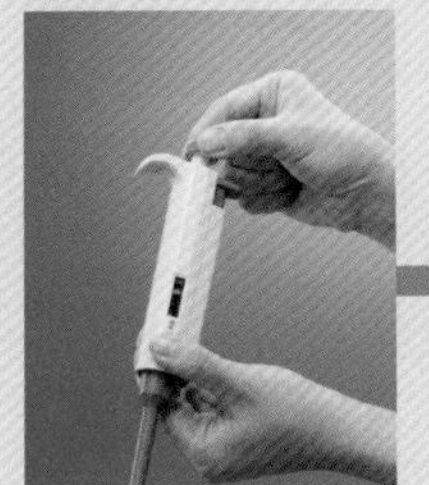

①調節ダイヤルを回してはかりとる液量を設定する。

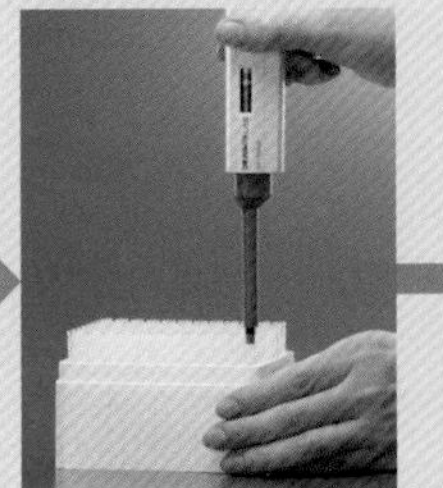

②チップを取りつける。ピペットとの間にすき間が残らないよう軽く押しつける。

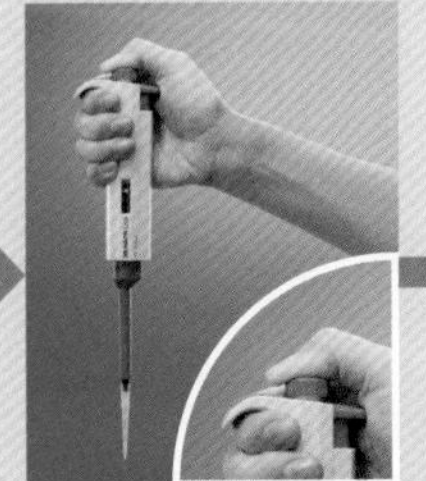

③プッシュボタンを第1ストップまで押しこむ。

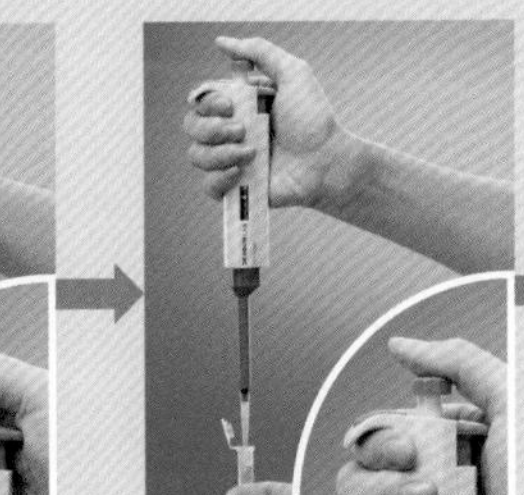

④はかりとる液中でプッシュボタンをゆっくりはなし，液を吸いとる。

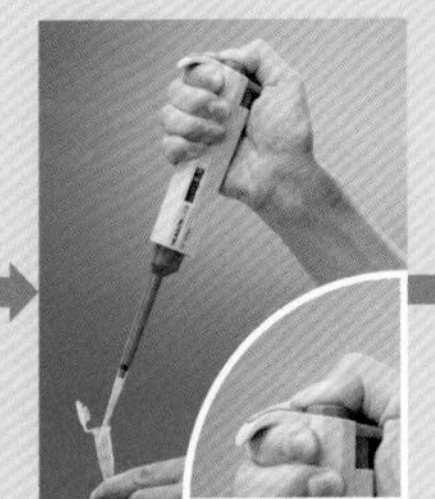

⑤プッシュボタンを第2ストップまで押しこんで液をはき出す。

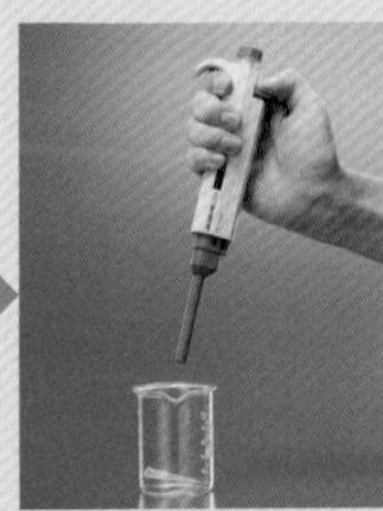

⑥イジェクターボタンを押してチップを外す。

第1編
細胞と分子
第Ⅰ章　細胞の構造とはたらき
第Ⅱ章　細胞と個体の成り立ち

第1編 細胞と分子

第Ⅰ章　細胞の構造とはたらき
第Ⅱ章　細胞と個体の成り立ち

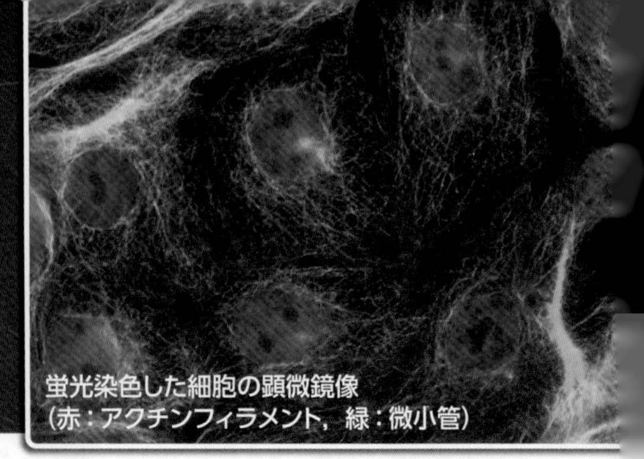
蛍光染色した細胞の顕微鏡像
（赤：アクチンフィラメント，緑：微小管）

1 生命の単位－細胞

生物基礎
生　物

A いろいろな細胞

細胞には，DNA が明瞭な核膜で包まれた**真核細胞**と，DNA が核膜で包まれていない**原核細胞**がある。いずれの細胞も細胞膜で包まれている。

■植物のからだをつくる細胞（真核細胞）

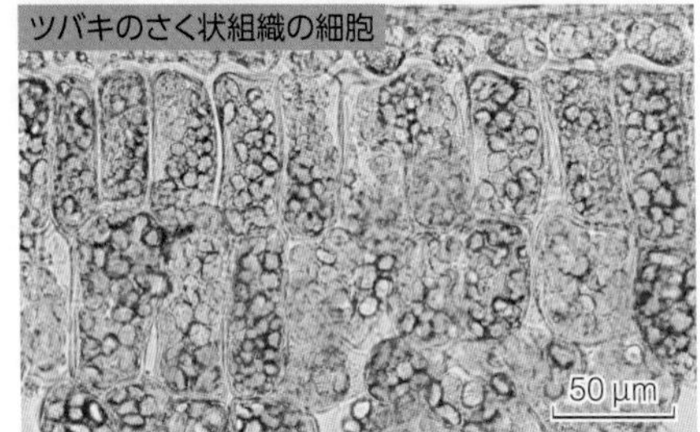

ツバキのさく状組織の細胞
50 μm

細胞壁と多数の葉緑体をもち，光合成をする。

タマネギの表皮細胞

150 μm

細胞壁をもつが，葉緑体をもたない。

■動物のからだをつくる細胞（真核細胞）

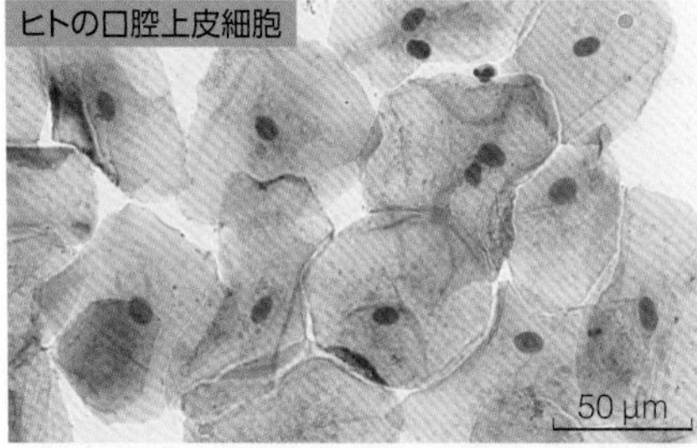

ヒトの口腔上皮細胞
50 μm

細胞壁も葉緑体ももたない。

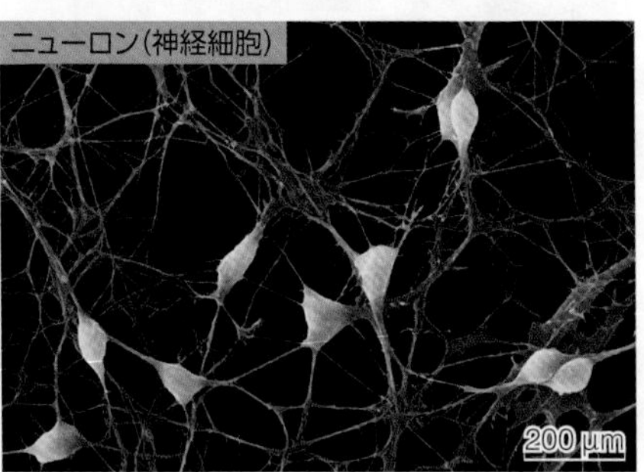

ニューロン（神経細胞）
200 μm

細胞壁も葉緑体ももたない。多数の突起をもつ。

■核をもたない細胞（原核細胞）

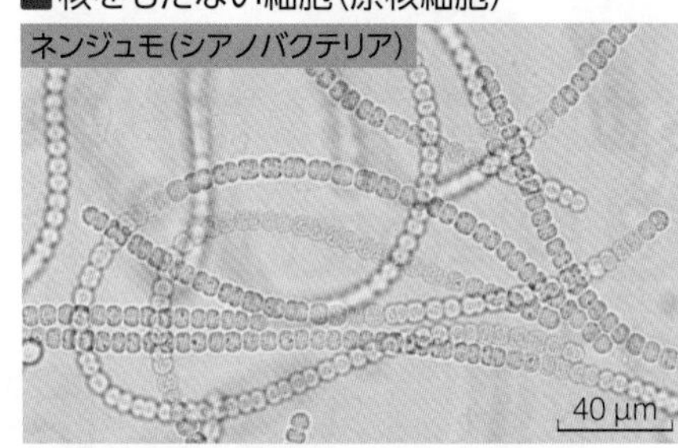

ネンジュモ（シアノバクテリア）
40 μm

細胞壁をもち，葉緑体をもたないが光合成をする。

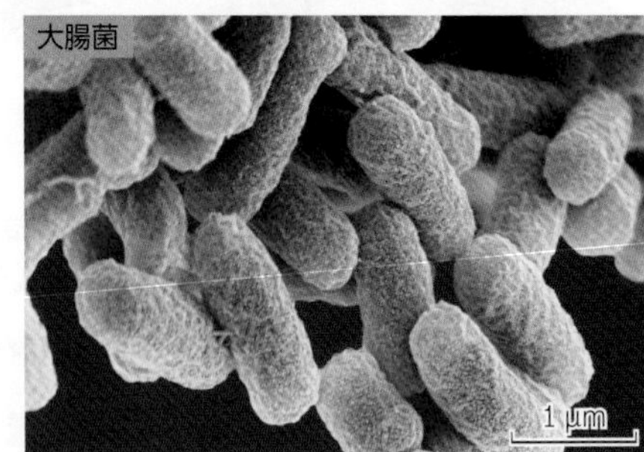

大腸菌
1 μm

細胞壁をもつが，葉緑体をもたず光合成もしない。

B いろいろな細胞とその大きさ

長さの単位　1 m = 1000 mm，1 mm = 1000 μm（マイクロメートル），
1 μm = 1000 nm（ナノメートル）

分解能	0.1～0.2 nm ← 電子顕微鏡				約 0.2 μm ← 光学顕微鏡		約 0.1 mm ← ヒトの肉眼	
長さの単位	0.1 nm (1 Å)※	1 nm	10 nm	100 nm	可視光の波長　1 μm	10 μm	100 μm	1 mm
	10^{-10} m	10^{-9} m	10^{-8} m	10^{-7} m	10^{-6} m	10^{-5} m	10^{-4} m	10^{-3} m

細胞（○）や構造体など

- ・水素原子 0.1 nm
- ・単糖類・アミノ酸の分子
- ・DNA 分子（太さ）2 nm
- ・ヘモグロビン分子 6 nm
- ・細胞膜（厚さ）5～10 nm
- ・リボソーム 20 nm
- ・日本脳炎ウイルス 40～50 nm
- ・コロナウイルス 100 nm
- ・T_2 ファージ 200 nm
- ・天然痘ウイルス 300 nm
- ○ブドウ球菌 1 μm
- ・ミトコンドリア 0.5×2 μm
- ○大腸菌 1.5×3 μm
- ・葉緑体 2×5 μm
- ○ヒトの赤血球 7～8 μm
- ○酵母 5～10 μm
- ○ヒトの肝臓の細胞 20 μm
- ○スギの花粉 30～40 μm
- ○ヒトの精子 2.5×60 μm
- ○ヒトの卵 140 μm
- ○ゾウリムシ 200～300 μm
- ○マツの仮道管 50 μm×1 mm

※1 Å（オングストローム）＝10^{-10} m＝0.1 nm

Keywords　生命の単位（unit of life），細胞（cell），真核細胞（eukaryotic cell），原核細胞（prokaryotic cell），分解能（resolving power），可視光（visible light）

Column 細胞の発見と細胞説

■フック(1665年，イギリス)
自作の顕微鏡でコルクの切片を観察し，それが多数の小室でできていることを発見した。彼はその小室を**細胞(cell)**とよんだ(著書『ミクログラフィア』)。

フックの顕微鏡

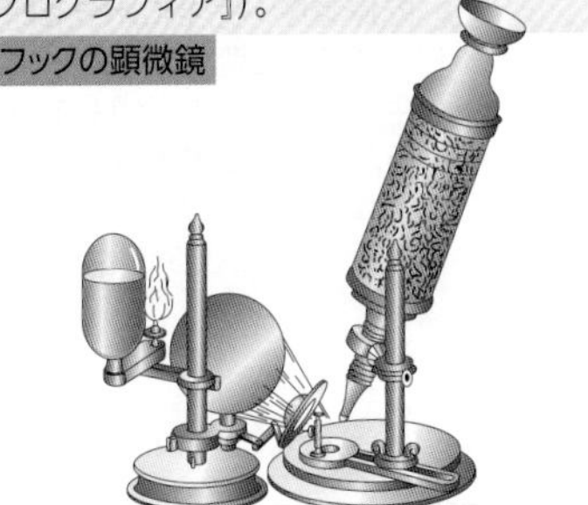

■レーウェンフック(1674年ころ，オランダ)
直径1mm程度の球形のレンズ1個を用いる単レンズ式の顕微鏡(拡大鏡)を自作し，身のまわりのいろいろなものを観察して，原生動物や細菌などの微生物を発見した。

レーウェンフックの顕微鏡とスケッチ

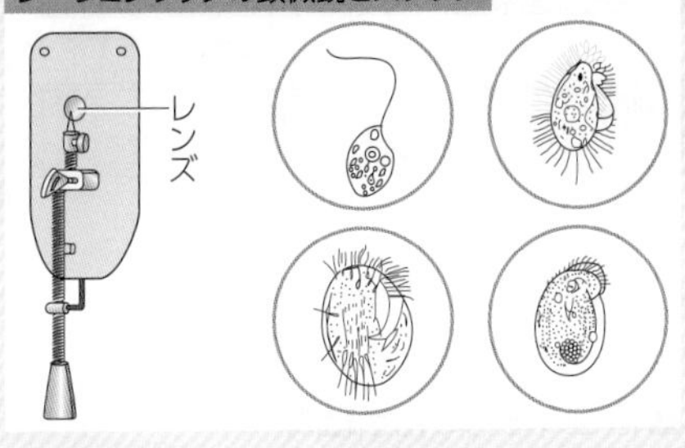
レンズ

■ブラウン(1831年，イギリス)
ランの葉の表皮を観察して，どの細胞にも球形で不透明な構造があることを発見して，これを**核**とよんだ。

コチョウランの表皮細胞の核

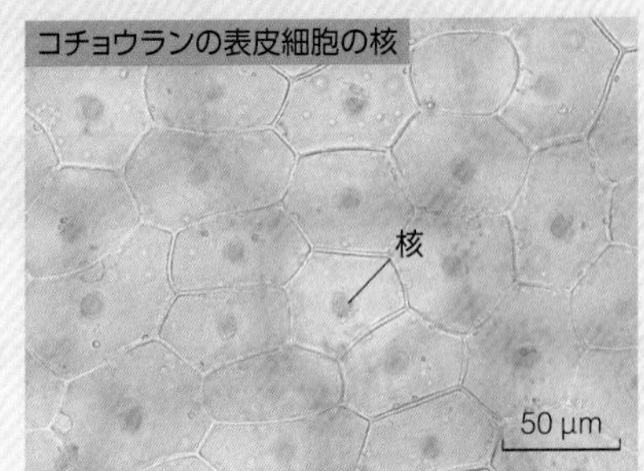
核
50 µm

■シュライデン(1838年，ドイツ)
植物に関する研究から，「植物体の構造と機能の単位は細胞である」とする**細胞説**を提唱した(著書『植物発生論』)。

シュライデンが描いた細胞のスケッチ

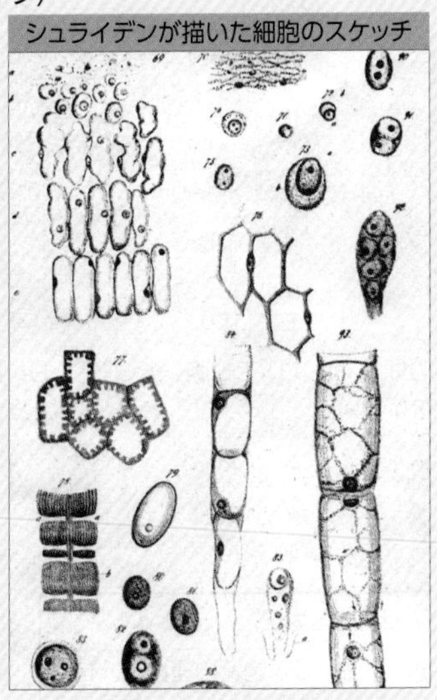

■シュワン(1839年，ドイツ)
動物に関する研究から，「動物体の構造と機能の単位は細胞である」とする**細胞説**を提唱した(著書『動物および植物の構造と成長の一致に関する顕微鏡的研究』)。シュワンは，消化に関する研究も行い，胃液中のタンパク質分解酵素を発見して，それにペプシンと名づけた(1836年)。

■フィルヒョー(1858年，ドイツ)
シュライデンやシュワンは，細胞内や細胞外に細胞のもとになるものが生じて，それから細胞が形成されると考えていた。フィルヒョーは，その後の顕微鏡の改良とそれによる細胞分裂の観察・研究の結果から，「すべての細胞は細胞から」と唱えて，分裂が細胞増殖の普遍的方法であることを示した。

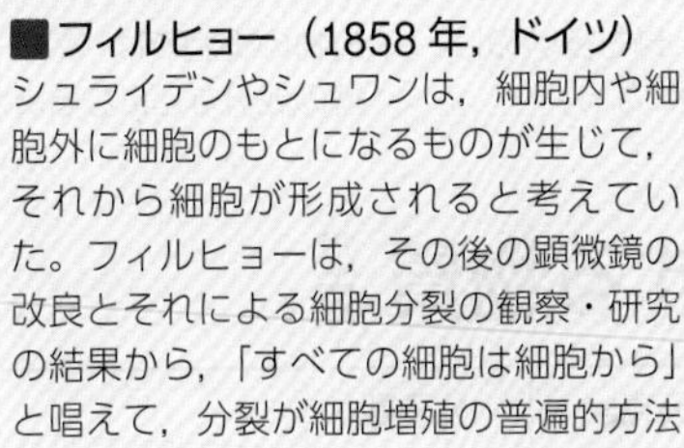

近接した2点を2点として見分けられる最小の間隔を**分解能**という。

1mm	10mm	100mm	1m
10^{-3}m	10^{-2}m	10^{-1}m	

○カエルの卵 1〜3mm
○ヒトの横紋筋細胞 100µm×10mm
○ニワトリの卵(卵黄) 25mm
○カサノリ 50〜100mm
○ダチョウの卵(卵黄) 70mm
○ヒトの座骨神経のニューロン(長さ1m以上)

Zoom up ウイルス

1935年，アメリカのスタンリーは，タバコモザイクウイルス(TMV)の結晶化に成功し，それがタンパク質と核酸からなることを明らかにした。ところが，この物質のようなTMVの結晶をタバコの葉にすりこむと，TMVは生物のようにたちまち増殖して，多数のウイルスをつくった。ウイルスは自分自身で増殖することはできず，宿主に寄生して増殖する。また，代謝系(▶p.48)ももたない。生物のようにふるまうが生物にはない特徴をもつウイルスは，生物と無生物の中間的な存在であると考えられている。

TMVの電顕像と構造(右図)

150 nm

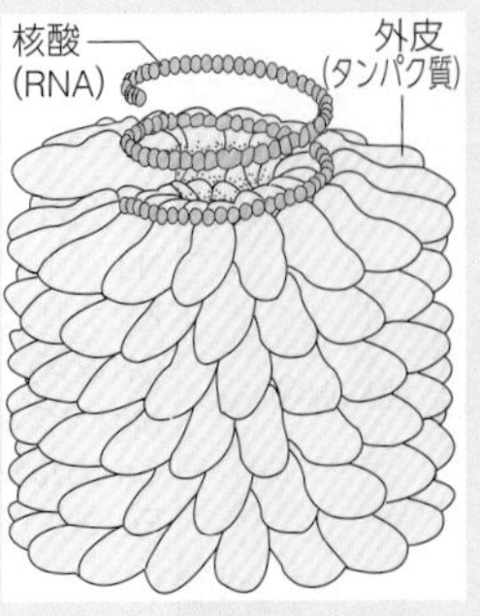
核酸(RNA)
外皮(タンパク質)

2 細胞を構成する物質 生物基礎 生物

A 細胞を構成する元素 基 生

生物のからだはいろいろな物質からできている。それらはいくつかの元素からできているが，それは特別なものでなく，地球上に広く見られるものである。

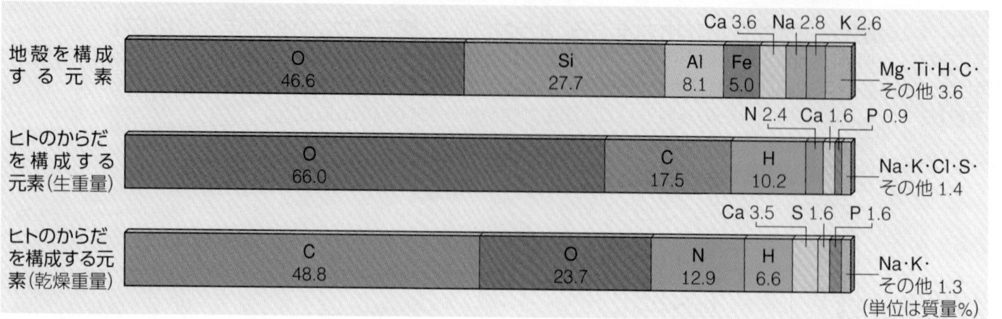

地殻を構成する元素
O 46.6
Si 27.7
Al 8.1
Fe 5.0
Ca 3.6
Na 2.8
K 2.6
Mg・Ti・H・C・その他 3.6
ヒトのからだを構成する元素（生重量）
O 66.0
C 17.5
H 10.2
N 2.4
Ca 1.6
P 0.9
Na・K・Cl・S・その他 1.4
ヒトのからだを構成する元素（乾燥重量）
C 48.8
O 23.7
N 12.9
H 6.6
Ca 3.5
S 1.6
P 1.6
Na・K・その他 1.3
（単位は質量%）

Point 生重量と乾燥重量

生重量…生きている状態とかわらない状態で測った質量

乾燥重量…完全に水分を除いた状態で測った質量

生体の大部分は水（H_2O）であるため，生重量と水を除いた乾燥重量とでは元素の割合が異なることになる。

B 細胞の化学組成 基 生

細胞は，大きくは，タンパク質，脂質，炭水化物，核酸などの有機物と，水をはじめとする無機物とからできている。

■動物の細胞の化学組成

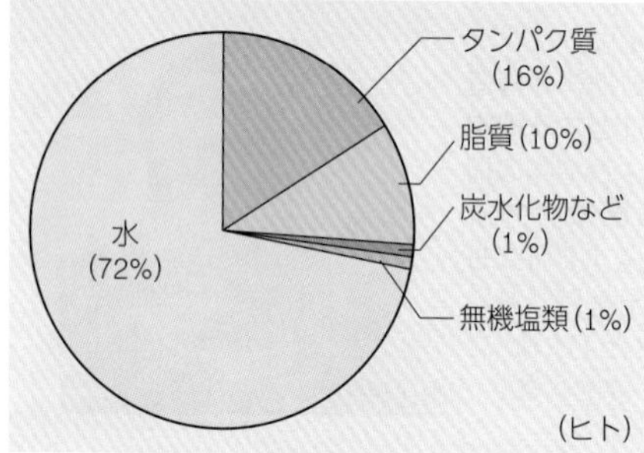

タンパク質（16%）
脂質（10%）
炭水化物など（1%）
無機塩類（1%）
水（72%）
（ヒト）

動物の細胞を構成する物質の中で，最も多いのは水で，次いでタンパク質，脂質の順になる。

■植物の細胞の化学組成

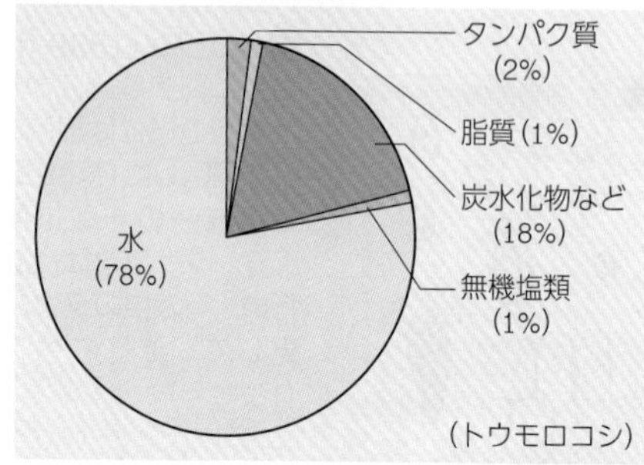

タンパク質（2%）
脂質（1%）
炭水化物など（18%）
無機塩類（1%）
水（78%）
（トウモロコシ）

植物の細胞では，最も多いのは水で，次いで細胞壁の成分などになる炭水化物が多い。

■細菌の細胞の化学組成

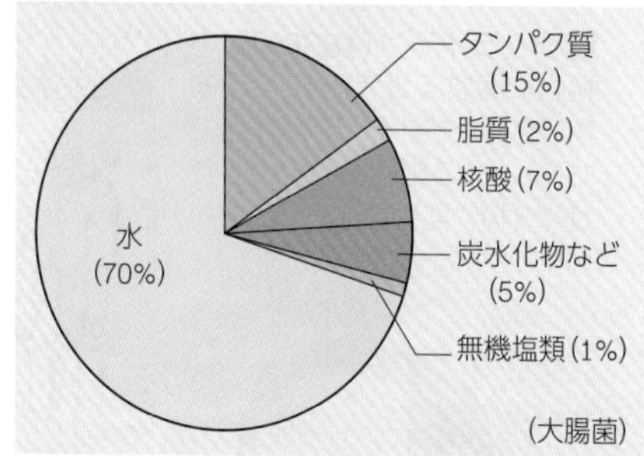

タンパク質（15%）
脂質（2%）
核酸（7%）
炭水化物など（5%）
無機塩類（1%）
水（70%）
（大腸菌）

細菌でも，最も多いのは水で，次いでタンパク質が多い。

C 細胞を構成する物質 基 生

物質名		構成する元素	分子量	特徴とはたらきなど
水		H，O	18	溶媒としていろいろな物質を溶かし，物質の運搬や，化学反応の場としてはたらく。また，比熱が大きく，体温の急激な変化を防ぐ
有機物	タンパク質	C，H，O，N，S	$10^3 \sim 10^6$	多数の**アミノ酸**がペプチド結合によって鎖状につながった高分子化合物。原形質（▶p.27）の主成分であり，酵素・ホルモン・抗体などの成分にもなる
有機物	核酸	C，H，O，N，P	$10^4 \sim 10^{10}$	塩基と糖（五炭糖）にリン酸が結合した**ヌクレオチド**が鎖状に多数結合した高分子化合物。**DNA** と **RNA** があり，DNAは遺伝子の本体である。RNAはタンパク質合成にはたらく
有機物	炭水化物	C，H，O	$10^2 \sim 10^5$	グルコース（ブドウ糖）などの**単糖類**と，それらが多数結合した**多糖類**などに分けられる。主としてエネルギー源になる。セルロースは植物細胞の細胞壁の主成分になる
有機物	脂質	C，H，O，（P）	$10^2 \sim 10^3$	水に溶けず有機溶媒に溶ける物質。**脂肪**はグリセリンと脂肪酸とからなり，エネルギー源となる。リン酸化合物を含む**リン脂質**は細胞膜などの成分となる
無機塩類		P（リン） Na（ナトリウム） K（カリウム） Cl（塩素） Mg（マグネシウム） Ca（カルシウム） Fe（鉄） など	$\sim 10^2$	多くは水に溶けてイオンとして存在し，細胞の浸透圧（▶p.36）やはたらきを調節したり，生体物質の構成成分となる P…骨や歯の成分 Na…pHや浸透圧の調節，活動電位の発生（▶p.187） K…膜電位の発生 Cl…浸透圧の調節 Mg…クロロフィルの成分 Ca…骨や歯の成分，筋収縮・血液凝固に関係 Fe…ヘモグロビンの成分

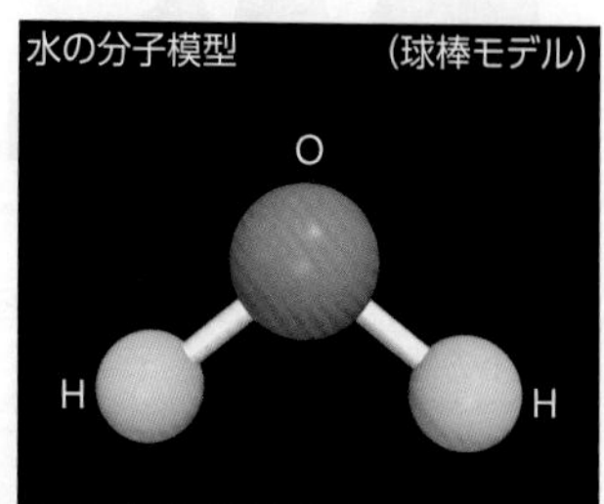

水の分子模型
（球棒モデル）
O
H
H

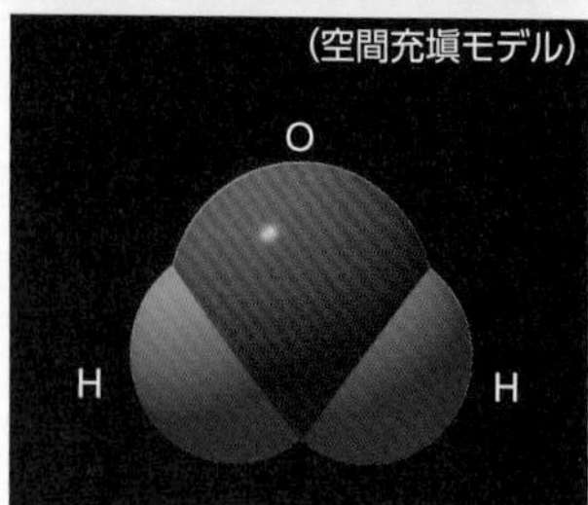

（空間充塡モデル）
O
H
H

分子模型 分子の立体的な構造を示す分子模型には，いくつかのタイプがある。

①**球棒モデル** 原子を球で，その結合を棒で示したモデル。

②**空間充塡モデル** 原子の大きさを反映した球で示したモデル。

Keywords 元素（element），水（water），有機物（organic matter），無機塩類（inorganic salts），タンパク質（protein），核酸（nucleic acid）

D 細胞を構成する有機物の構造 基 生

細胞を構成する有機物には，炭水化物，脂質，タンパク質，核酸などがある。

■炭水化物

①**単糖類**　炭水化物の最小の構成単位となる。

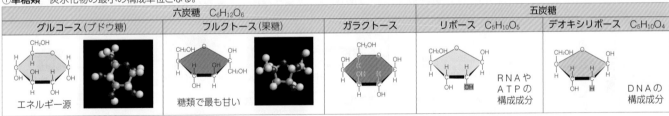

六炭糖　$C_6H_{12}O_6$			五炭糖	
グルコース（ブドウ糖）	フルクトース（果糖）	ガラクトース	リボース　$C_5H_{10}O_5$	デオキシリボース　$C_5H_{10}O_4$
エネルギー源	糖類で最も甘い		RNAやATPの構成成分	DNAの構成成分

②**二糖類**　単糖類が2分子結合したもの。$C_{12}H_{22}O_{11}$

マルトース（麦芽糖）　グルコース＋グルコース	スクロース（ショ糖）　グルコース＋フルクトース	ラクトース（乳糖）　ガラクトース＋グルコース
水あめの成分	砂糖の主成分。甘味が強い	ヒトの母乳の成分

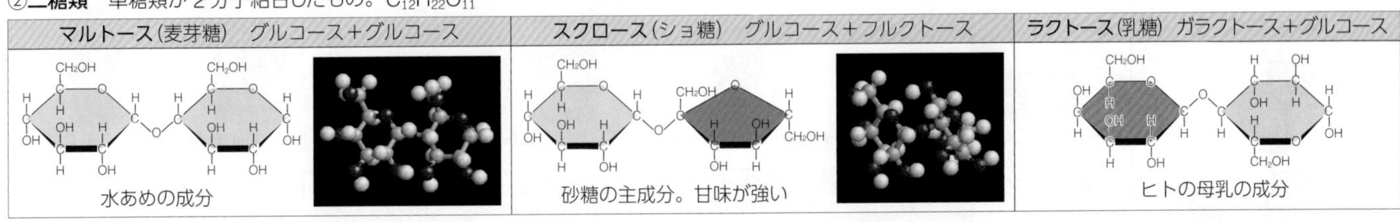

③**多糖類**　単糖類が多数結合した高分子化合物。$(C_6H_{10}O_5)_n$

デンプン		グリコーゲン	セルロース
アミロース（直鎖状）	アミロペクチン（枝分かれがある）　おもに植物に含まれるエネルギー貯蔵物質	おもに動物に含まれるエネルギー貯蔵物質（枝分かれが多く，直鎖部分が短い）	植物細胞の細胞壁の主成分

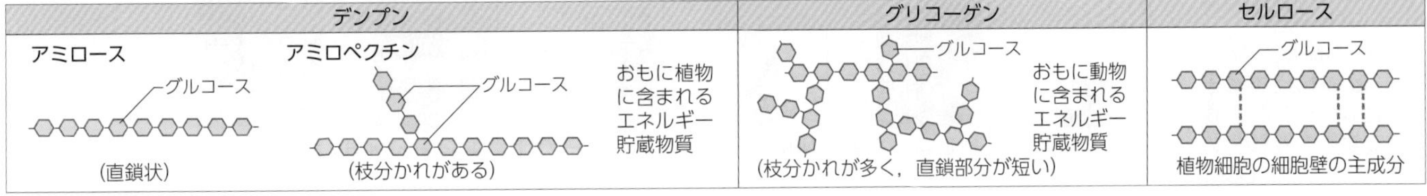

グルコース

■脂質

①**脂肪**　1分子のグリセリンと3分子の脂肪酸が結合

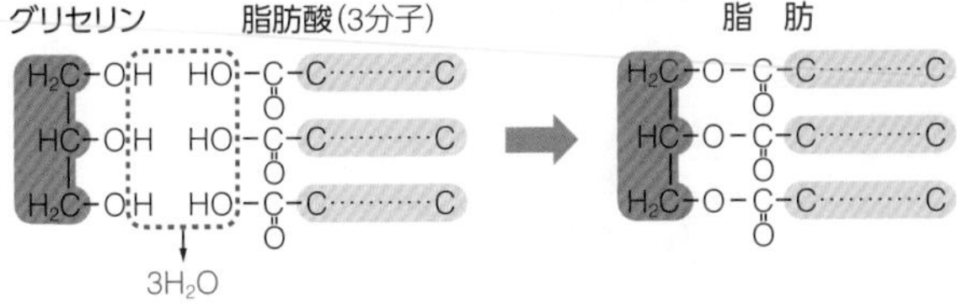

グリセリン
脂肪酸（3分子）
脂　肪
3H₂O

②**リン脂質**　脂肪酸の1個がリン酸化合物と置換

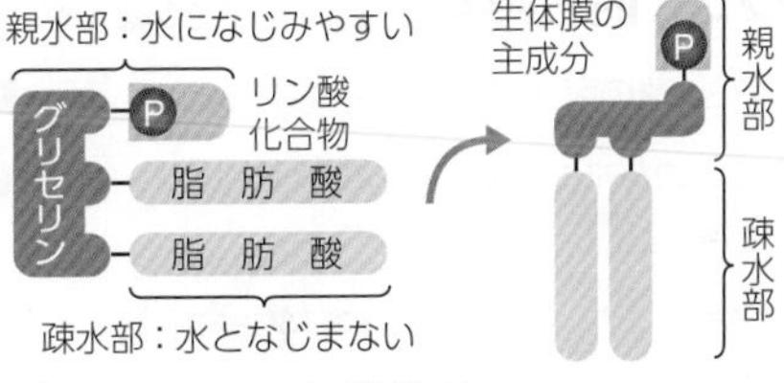

親水部：水になじみやすい
生体膜の主成分
グリセリン
リン酸化合物
脂　肪　酸
脂　肪　酸
親水部
疎水部
疎水部：水となじまない

③**糖脂質**

脂肪酸の1個が糖に置換

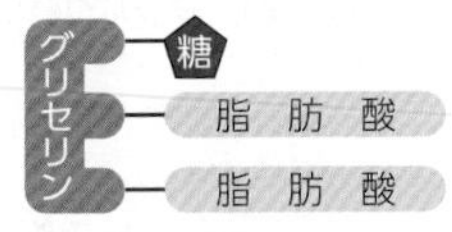

糖
グリセリン
脂　肪　酸
脂　肪　酸

脂肪酸にはパルミチン酸 $C_{15}H_{31}COOH$，オレイン酸 $C_{17}H_{33}COOH$，リノール酸 $C_{17}H_{31}COOH$ などがある。

■タンパク質

①**アミノ酸**　側鎖(R)の違いによって20種類のアミノ酸がある(▶ p.24)。

②**タンパク質**　多数のアミノ酸がつながった鎖状の化合物。結合するアミノ酸の数と種類と配列順序によって種類が異なり，それぞれ特有の立体構造をもっている(▶ p.25)。

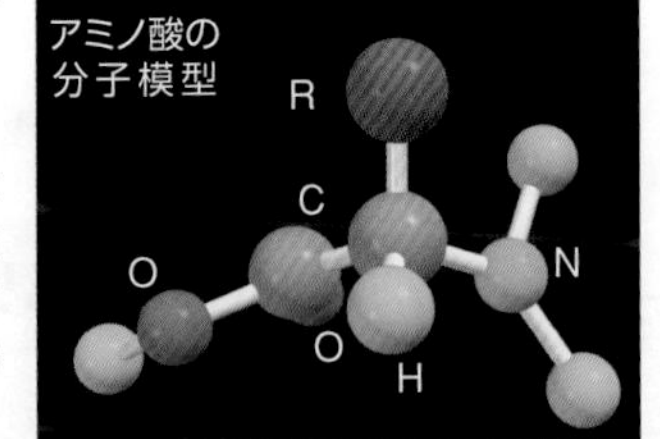

アミノ酸の分子模型
R
C
O
N
O
H

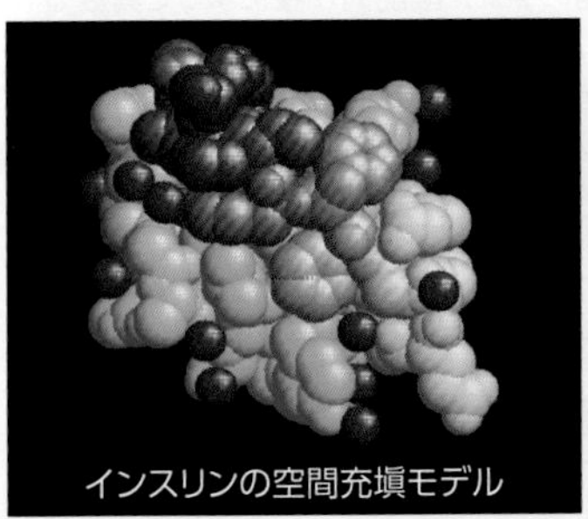
インスリンの空間充塡モデル

インスリンのリボンモデル

※インスリンはすい臓から分泌されるホルモン(▶ p.150)

■核酸

① **DNA（デオキシリボ核酸）**
塩基と糖（デオキシリボース）とリン酸からなるヌクレオチドが多数結合した鎖状の化合物。塩基は，A（アデニン），T（チミン），G（グアニン），C（シトシン）の4種類(▶ p.78)。

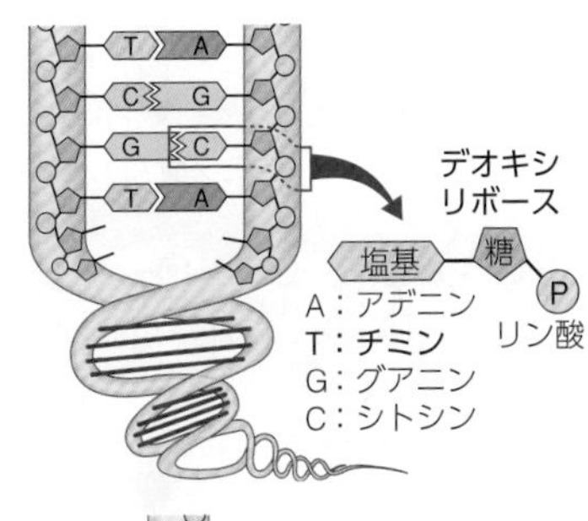

T A
C G
G C
T A
デオキシリボース
塩基
糖
P
A：アデニン
T：チミン
G：グアニン
C：シトシン
リン酸

② **RNA（リボ核酸）**
塩基と糖（リボース）とリン酸からなるヌクレオチドが多数結合した鎖状の化合物。塩基は，A，G，CとU（ウラシル）の4種類。

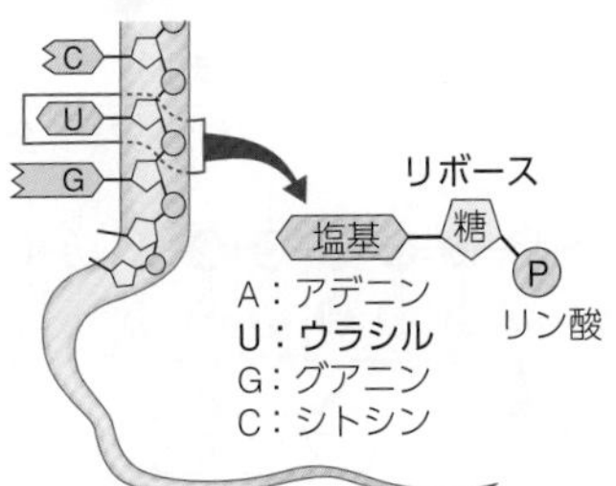

C
U
G
リボース
塩基
糖
P
A：アデニン
U：ウラシル
G：グアニン
C：シトシン
リン酸

炭水化物(carbohydrate)，脂質(lipid)，糖(sugar, saccharide)，デンプン(starch)，脂肪(fat)，脂肪酸(fatty acid)

3 タンパク質 生物基礎 生物

A タンパク質を構成するアミノ酸 基 生

アミノ酸はアミノ基とカルボキシ基をもつ比較的小さな分子で，多数の種類がある。生体のタンパク質を構成するアミノ酸は 20 種類である。

■アミノ酸の基本構造

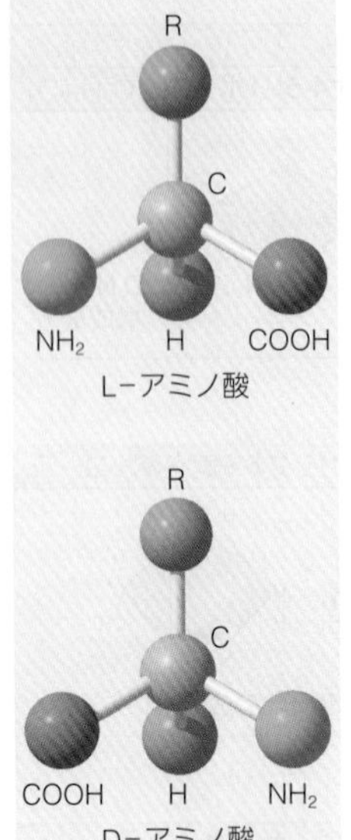

R
C
NH_2
H
COOH
L－アミノ酸
R
C
COOH
H
NH_2
D－アミノ酸

グリシンを除くすべてのアミノ酸には 2 種類の光学異性体があるが，生体を構成するタンパク質のアミノ酸は，すべて L 型のアミノ酸に限られている。

■生体に含まれるアミノ酸

グリシン (Gly)	アラニン (Ala)	＊バリン (Val)	＊ロイシン (Leu)	＊イソロイシン (Ile)	セリン (Ser)	プロリン (Pro)
H NH_2-CH-COOH	CH_3 NH_2-CH-COOH	CH_3 CH-CH_3 NH_2-CH-COOH	CH_3 CH-CH_3 CH_2 NH_2-CH-COOH	CH_3 CH_2 CH-CH_3 NH_2-CH-COOH	OH CH_2 NH_2-CH-COOH	CH_2 CH_2 CH_2 NH-CH-COOH
＊トレオニン (Thr)	アスパラギン酸 (Asp)	アスパラギン (Asn)	グルタミン酸 (Glu)	グルタミン (Gln)	＊ヒスチジン (His)	＊リシン (Lys)
CH_3 CH-OH NH_2-CH-COOH	COOH CH_2 NH_2-CH-COOH	NH_2 C=O CH_2 NH_2-CH-COOH	COOH CH_2 CH_2 NH_2-CH-COOH	NH_2 C=O CH_2 CH_2 NH_2-CH-COOH	CH HN N C=CH CH_2 NH_2-CH-COOH	NH_2 CH_2 CH_2 CH_2 CH_2 NH_2-CH-COOH
システイン (Cys)	アルギニン (Arg)	＊メチオニン (Met)	＊フェニルアラニン (Phe)	チロシン (Tyr)	＊トリプトファン (Trp)	
SH CH_2 NH_2-CH-COOH	NH_2-C=NH NH CH_2 CH_2 CH_2 NH_2-CH-COOH	CH_3 S CH_2 CH_2 NH_2-CH-COOH	H H-C=C-C-H H-C=C-C-H CH_2 NH_2-CH-COOH	OH H-C=C-C-H H-C=C-C-H CH_2 NH_2-CH-COOH	H H C-C H-C C-H C=C NH C=C H CH_2 NH_2-CH-COOH	

▒は左図のRにあたる原子団（側鎖）を表す。＊はヒトの必須アミノ酸

B タンパク質の立体構造 基 生

タンパク質は，多数のアミノ酸がペプチド結合でつながった**ポリペプチド**からなる分子である。タンパク質はその種類ごとに特有の**立体構造**をしている。

■一次構造　タンパク質におけるアミノ酸の配列順序を一次構造という。

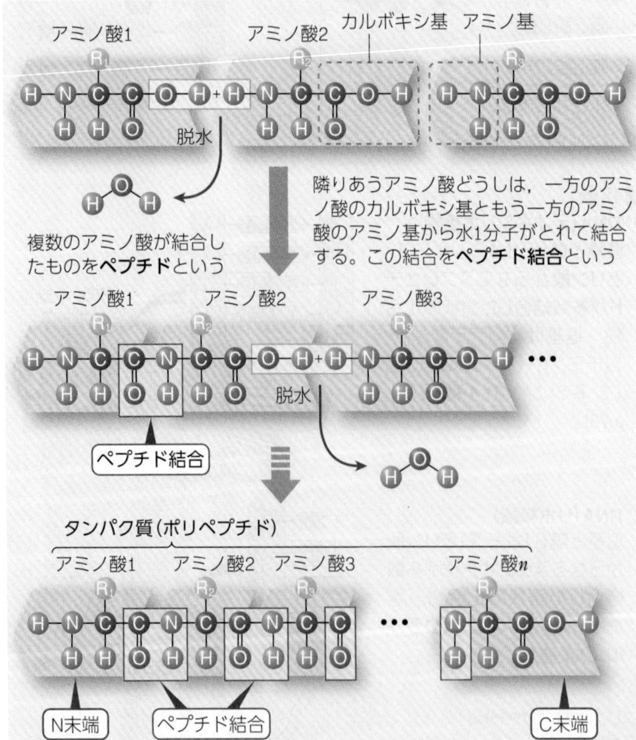

アミノ酸1
アミノ酸2
カルボキシ基
アミノ基
脱水
複数のアミノ酸が結合したものを**ペプチド**という
隣りあうアミノ酸どうしは，一方のアミノ酸のカルボキシ基ともう一方のアミノ酸のアミノ基から水1分子がとれて結合する。この結合を**ペプチド結合**という
アミノ酸1
アミノ酸2
アミノ酸3
脱水
ペプチド結合
タンパク質（ポリペプチド）
アミノ酸1
アミノ酸2
アミノ酸3
アミノ酸n
N末端
ペプチド結合
C末端

■インスリンの構造

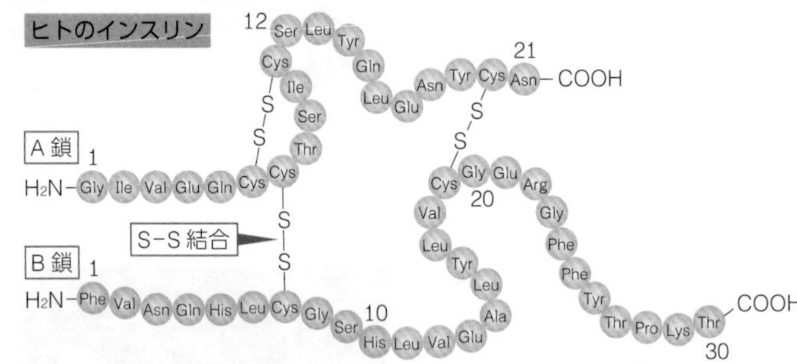

ヒトのインスリン
A 鎖
B 鎖
S-S 結合
H_2N-Gly Ile Val Glu Gln Cys Cys Thr Ser Ile Cys Ser Leu Tyr Gln Leu Glu Asn Tyr Cys Asn-COOH
H_2N-Phe Val Asn Gln His Leu Cys Gly Ser His Leu Val Glu Ala Leu Tyr Leu Val Cys Gly Glu Arg Gly Phe Phe Tyr Thr Pro Lys Thr-COOH
1
12
21
1
10
20
30

Zoom up 哺乳類のインスリン

ヒトとブタ・ウシ・ヒツジのインスリンのアミノ酸配列を調べると，A 鎖の 8，9，10 番目と B 鎖の 30 番目のアミノ酸配列が種によって異なるだけで，その他は共通していることがわかる。

	A 鎖						B 鎖		
	1	…	8	9	10	…	21	1	…	30
ヒ　ト	Gly		Thr	Ser	Ile		Asn	Phe		Thr
ブ　タ	Gly		Thr	Ser	Ile		Asn	Phe		Ala
ウ　シ	Gly		Ala	Ser	Val		Asn	Phe		Ala
ヒツジ	Gly		Ala	Gly	Val		Asn	Phe		Ala

Keywords　アミノ酸 (amino acid)，ペプチド結合 (peptide bond)，ポリペプチド (polypeptide)，一次構造 (primary structure)，二次構造 (secondary structure)

■二次構造

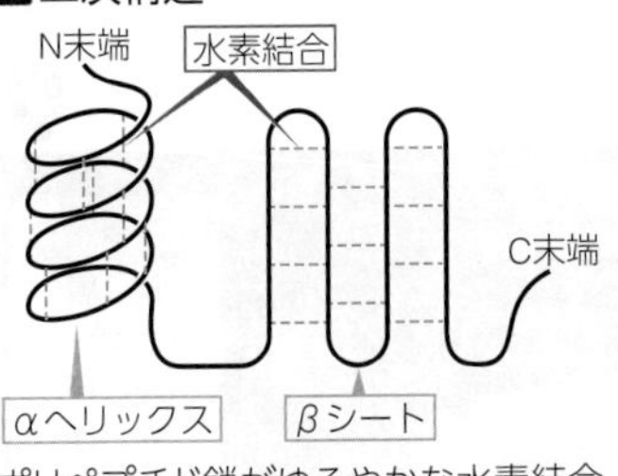
N末端
水素結合
C末端
αヘリックス
βシート

ポリペプチド鎖がゆるやかな水素結合などによって部分的につくる，らせん構造やシート状構造を二次構造という。

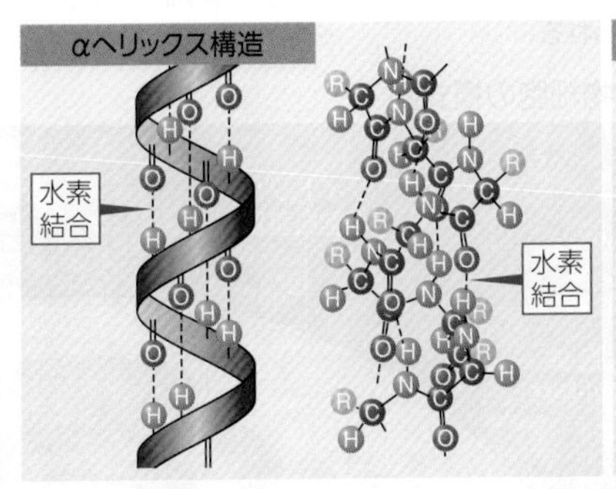
αヘリックス構造
水素結合
水素結合

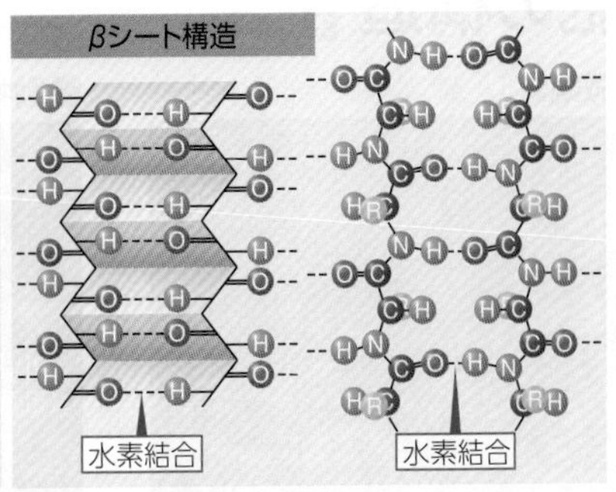
βシート構造
水素結合
水素結合

水素結合　ポリペプチド鎖の C=O と H-N との間に見られるゆるやかな結合を**水素結合**という。水素結合は，二次構造などの立体構造の決定に重要である。

■**三次構造**　部分的な二次構造をとったポリペプチド鎖はさらに複雑に折れ曲がり，**S-S 結合**(ジスルフィド結合)やイオン結合によってつながり合い，それぞれ特有の立体構造をとる。

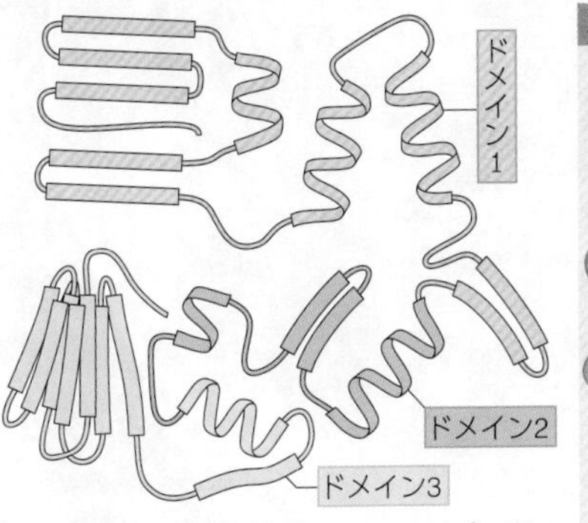
ドメイン1
ドメイン2
ドメイン3

1 本のポリペプチド鎖からなるタンパク質でも，いくつかのはたらきの異なる部分からできていることが多い。このような部分的なまとまりを**ドメイン**という。

ミオグロビン

ヘム

ミオグロビンは筋肉中の酸素貯蔵にはたらくタンパク質

■**四次構造**　タンパク質が複数のサブユニット(三次構造をもつポリペプチド鎖)からなるとき，その全体の立体構造を四次構造という。

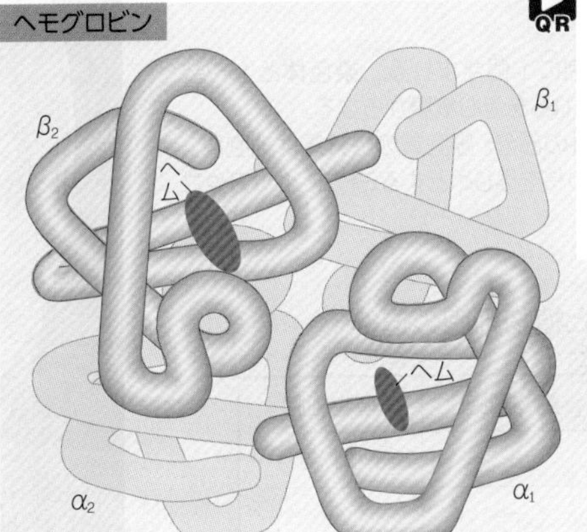
ヘモグロビン
β_2
β_1
ヘム
ヘム
α_2
α_1

ヘモグロビンは赤血球中の酸素運搬にはたらくタンパク質で，α・βの2種類のポリペプチドが2つずつ，合計4つのサブユニットから構成される

S-S 結合　硫黄(S)を含むシステインどうしが，たがいの SH 基から H を失ってできる硫黄どうしの結合。

C いろいろなタンパク質 基生

■タンパク質の種類とはたらき

分　類	はたらき	具体例と機能
構造タンパク質	細胞や個体の構造に関与する	**ケラチン**　皮膚や爪・羽毛などの強度を高める **コラーゲン**　骨や軟骨・腱・血管の強度と弾性を高める **ヒストン**　DNA と結合し，染色体を構成する
酵素タンパク質	生体内の代謝を触媒する	**アミラーゼ・ペプシン**など　食物中の栄養分の消化を行う **カタラーゼ**など　生命現象に伴う化学反応を促進する
貯蔵タンパク質	アミノ酸などを貯蔵し供給する	**卵アルブミン**　胚発生の栄養分 **カゼイン**　母乳中のタンパク質
輸送タンパク質	生体内で物質の輸送を行う	**ヘモグロビン**　血液中で酸素を運搬する **イオンチャネル**など　細胞膜にうめこまれて，細胞内外の物質輸送に関与する
収縮タンパク質とモータータンパク質	運動や構造の変化を起こす	**アクチン・ミオシン**　筋収縮を行う **ダイニン・キネシン**　繊毛や鞭毛の運動，細胞小器官の移動などに関与する
ホルモンタンパク質	生体の各種活動を調節する	**インスリン**　血糖濃度を低下させる **グルカゴン**　血糖濃度を上昇させる
受容体タンパク質	情報を受容し伝達する	**ホルモンレセプター**　ホルモンを受容し，細胞のはたらきを調節する
防御タンパク質	生体防御にはたらく	**免疫グロブリン**　抗体として異物である抗原と結合する

Point　タンパク質の変性

タンパク質のさまざまなはたらきは，その立体構造によって決まる。
熱や酸・アルカリ，重金属などによってタンパク質の S-S 結合や水素結合が切れ，立体構造が変化することで本来の性質が変化することを，タンパク質の**変性**という。また，タンパク質の変性によって酵素などがそのはたらき(活性)を失うことを**失活**という(▶ p.51)。

Zoom up　シャペロン

ポリペプチドが折りたたまれ，タンパク質特有の立体構造が形成されることを**フォールディング**という。このとき，正しく折りたたまれるように補助するタンパク質があり，このようなタンパク質を**シャペロン**という。
シャペロンは，誤って折りたたまれたポリペプチド鎖を正しく折りたたんだり，古くなったタンパク質の分解の補助などにもはたらく。

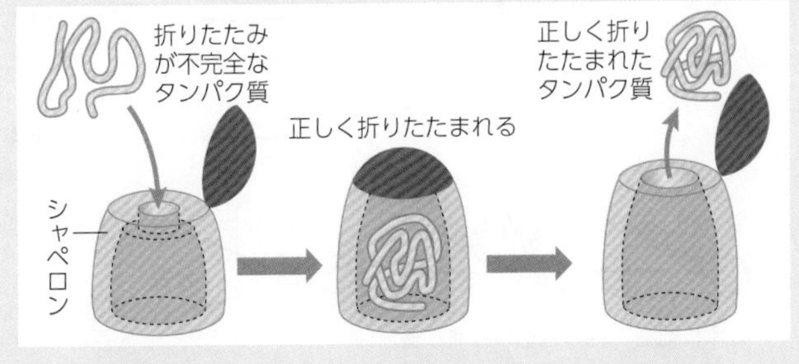
折りたたみが不完全なタンパク質
正しく折りたたまれる
正しく折りたたまれたタンパク質
シャペロン

αヘリックス(α-helix)，水素結合(hydrogen bond)，三次構造(tertiary structure)，四次構造(quaternary structure)，シャペロン(chaperone)

4 細胞の構造とはたらき 生物基礎 生物

A 真核細胞の構造 基 生

細胞の形や大きさはさまざまであるが，どの細胞も基本的な構造は同じで，大きくは**核**と**細胞質**に分けられる。

■動物細胞の電子顕微鏡像

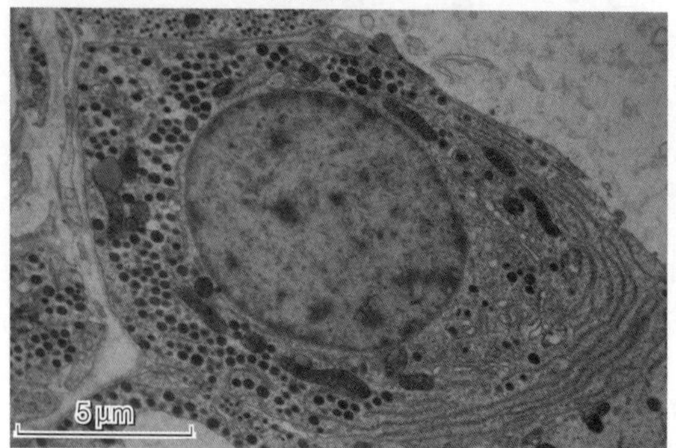

5 µm

■動物細胞の模式図

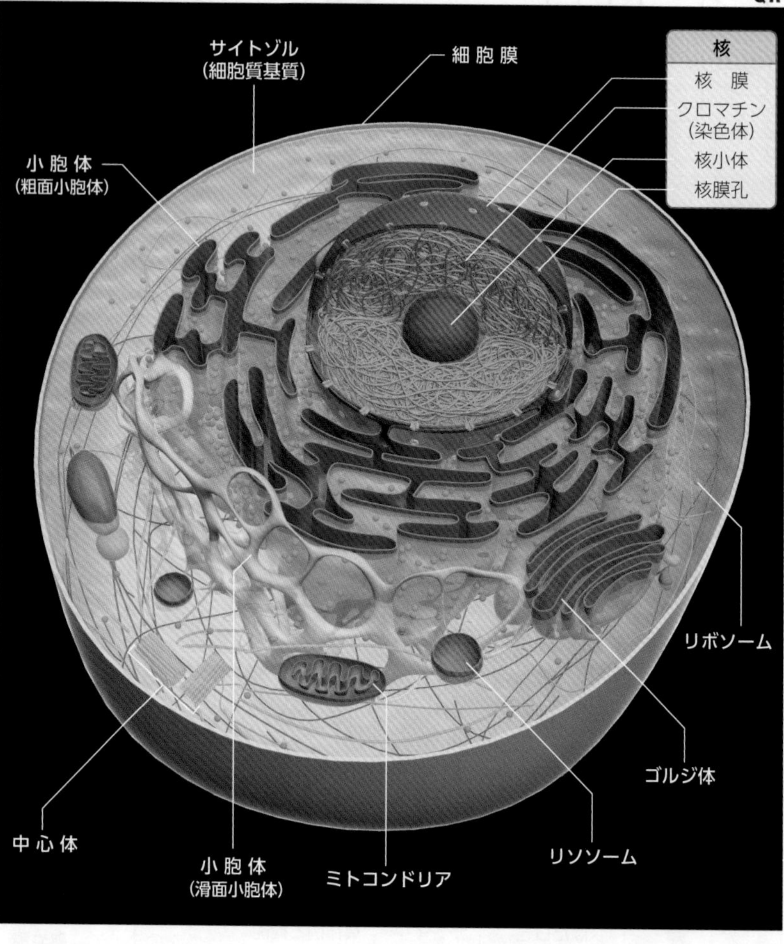

サイトゾル
(細胞質基質)
細胞膜
核
核膜
クロマチン
(染色体)
核小体
核膜孔
小胞体
(粗面小胞体)
リボソーム
ゴルジ体
中心体
小胞体
(滑面小胞体)
ミトコンドリア
リソソーム

■細胞の基本構造

①**核**　ふつう1個の細胞に1個含まれる。**染色体**と1～数個の**核小体**，そしてそれらを包む**核膜**からなる。

②**細胞質**　細胞の核以外の部分。細胞質の最外層は細胞膜。

③**細胞小器官**　細胞内の核をはじめとするミトコンドリアやゴルジ体などの構造体。

Point 動物細胞と植物細胞の違い

	動物細胞	植物細胞
中心体	＋	種子植物では－
葉緑体	－	＋
細胞壁	－	＋
発達した液胞	－※	＋

(＋は「存在する」，－は「存在しない」を示す)

※液胞はあるが，植物細胞ほどには発達しない。

B 核のはたらき 基 生

単細胞生物を用いた次のような実験から，核は細胞のはたらきや形質を支配していることがわかる。

■アメーバの実験

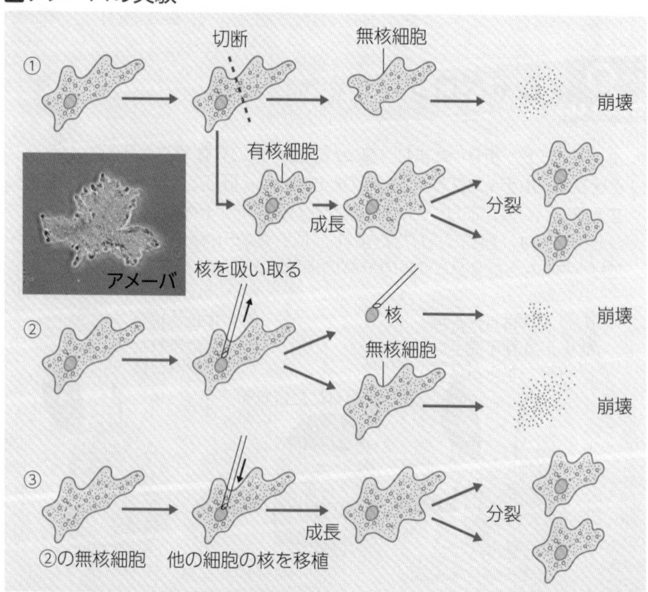

①
切断
無核細胞
崩壊
有核細胞
成長
分裂
アメーバ
核を吸い取る
②
核
崩壊
無核細胞
崩壊
③
成長
分裂
②の無核細胞　他の細胞の核を移植

■カサノリのつぎ木実験

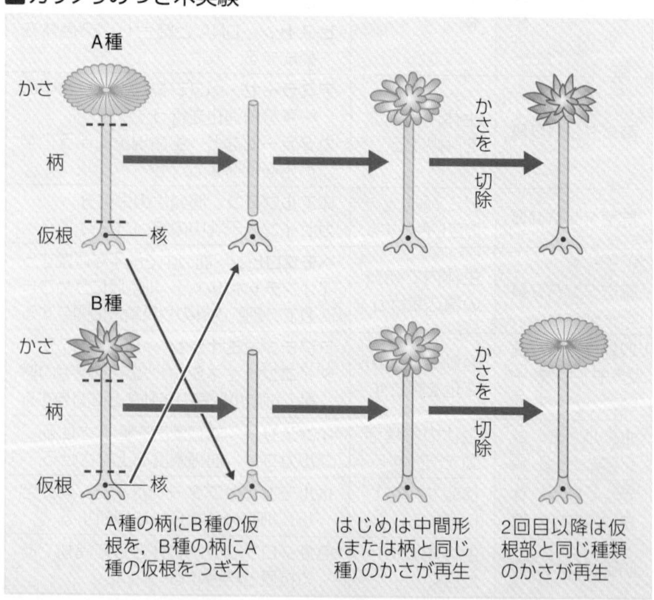

A種
かさ
柄
仮根
核
B種
かさ
柄
仮根
核
かさを切除
かさを切除
A種の柄にB種の仮根を，B種の柄にA種の仮根をつぎ木
はじめは中間形(または柄と同じ種)のかさが再生
2回目以降は仮根部と同じ種類のかさが再生

Keywords　核(nucleus)，核膜(nuclear envelope)，細胞質(cytoplasm)，染色体(chromosome)，核小体(nucleolus)，細胞膜(cell membrane)

■植物細胞の模式図

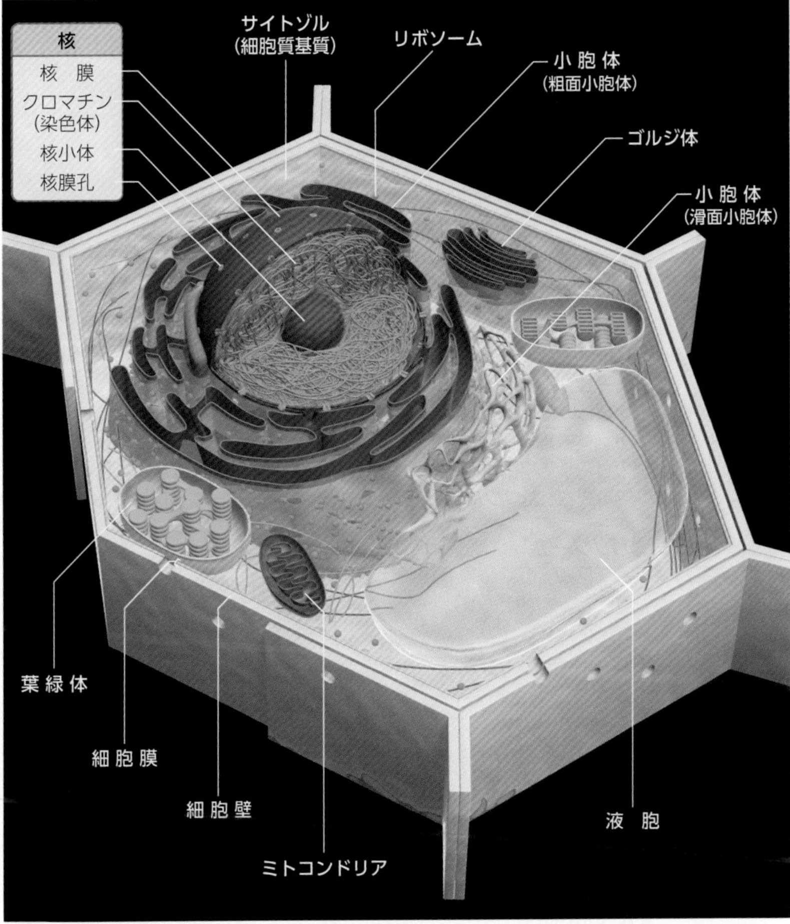
核
核膜
クロマチン
(染色体)
核小体
核膜孔
サイトゾル
(細胞質基質)
リボソーム
小胞体
(粗面小胞体)
ゴルジ体
小胞体
(滑面小胞体)
葉緑体
細胞膜
細胞壁
ミトコンドリア
液胞

■植物細胞の電子顕微鏡像

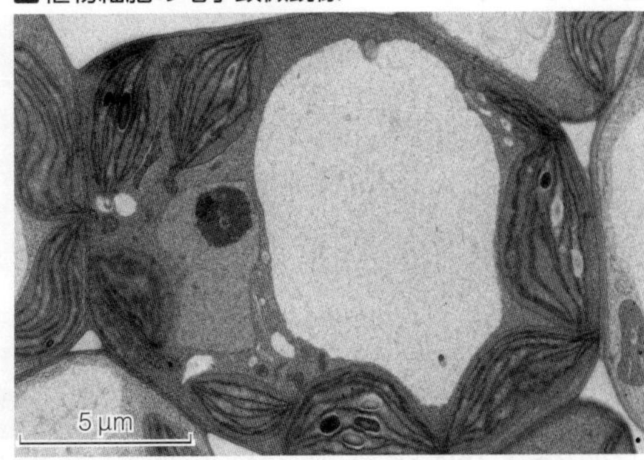
5 µm

Point 真核細胞の構造(動物細胞・植物細胞)

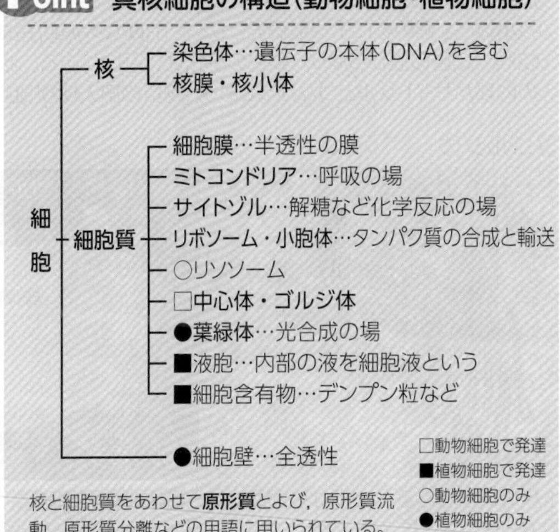
核
染色体…遺伝子の本体(DNA)を含む
核膜・核小体
細胞
細胞質
細胞膜…半透性の膜
ミトコンドリア…呼吸の場
サイトゾル…解糖など化学反応の場
リボソーム・小胞体…タンパク質の合成と輸送
○リソソーム
□中心体・ゴルジ体
●葉緑体…光合成の場
■液胞…内部の液を細胞液という
■細胞含有物…デンプン粒など
●細胞壁…全透性
□動物細胞で発達
■植物細胞で発達
○動物細胞のみ
●植物細胞のみ

核と細胞質をあわせて**原形質**とよび，原形質流動，原形質分離などの用語に用いられている。

C 真核細胞と原核細胞 基生

■真核細胞 核膜をもち，はっきりとした核が見られる。真核細胞からなる生物を**真核生物**という。真核生物は原核生物から進化したものと考えられている。

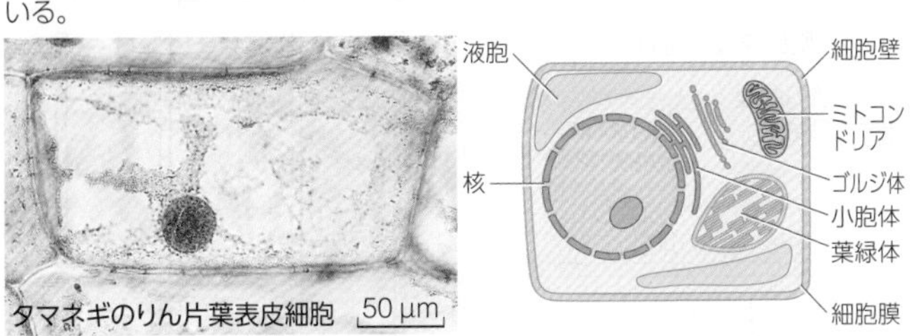
50 µm
液胞
核
細胞壁
ミトコンドリア
ゴルジ体
小胞体
葉緑体
細胞膜

タマネギのりん片葉表皮細胞

■原核細胞 大腸菌やシアノバクテリアなど細菌の細胞。核膜がなく，はっきりとした核をもたない。また，ミトコンドリアや葉緑体などの細胞小器官も見られない。原核細胞からなる生物を**原核生物**という。

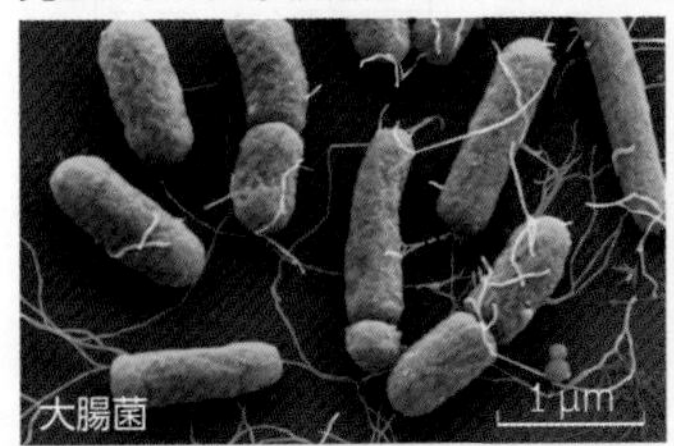
1 µm

大腸菌

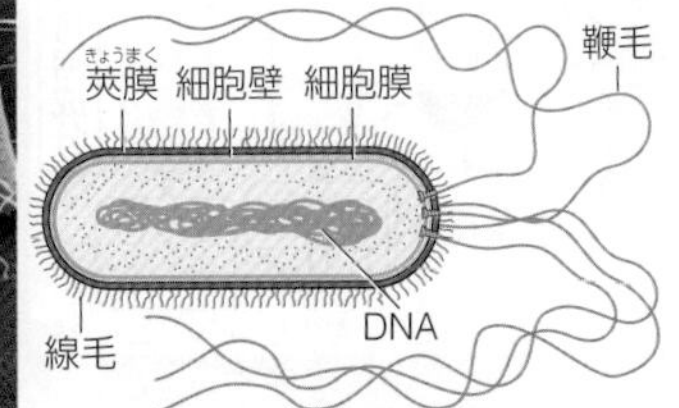
莢膜
細胞壁
細胞膜
鞭毛
DNA
線毛

■真核細胞と原核細胞の比較 (+は「存在する」，−は「存在しない」を示す)

構造体＼細胞	真核細胞			原核細胞	
	ゾウリムシ(原生動物)	クロレラ(緑藻類)	アオカビ(菌 類)	大腸菌(細菌)	ユレモ※(細菌)
細胞壁	−	+	+	+	+
細胞膜	+	+	+	+	+
DNA	+	+	+	+	+
核(核膜)	+	+	+	−	−
ミトコンドリア	+	+	+	−	−
葉緑体	−	+	−	−	−
ゴルジ体	+	+	+	−	−

※ユレモはシアノバクテリアの一種である。

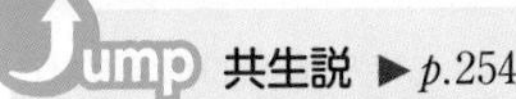

Jump 共生説 ▶ *p*.254

原核生物が細胞内に共生することによって，真核生物のミトコンドリアや葉緑体などの細胞小器官ができたとする説。

細胞小器官(organelle)，サイトゾル(cytosol)，細胞壁(cell wall)，真核生物(eukaryote)，原核生物(prokaryote)

5 細胞の微細構造(1) 生物基礎 生物

A 真核細胞の微細構造 基 生

電子顕微鏡の発達などによって，細胞や細胞小器官の微細な構造が明らかになってきた。電子顕微鏡では色の識別ができないため，コンピュータを使い着色している写真もある。

■核　ふつう1個の細胞に1個含まれる。

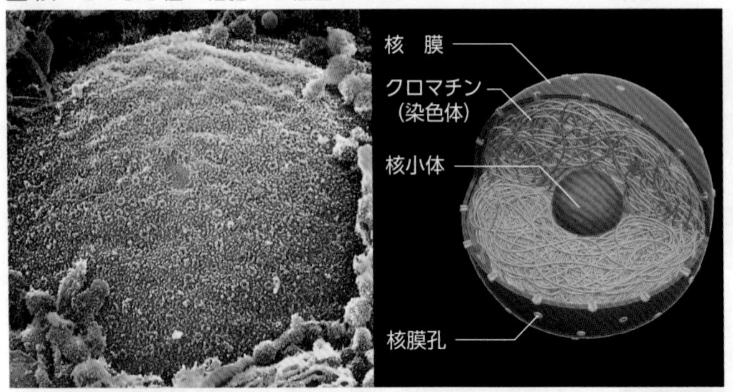

核膜
クロマチン（染色体）
核小体
核膜孔

①**クロマチン**　DNAとヒストンというタンパク質からなる複合体。**染色体**とよばれることもある。細胞分裂時には，凝縮して太いひも状の染色体になる(▶p.80)。**カーミン**や**オルセイン**などの塩基性色素で赤色に染まる。
②**核小体**　1個の核に1～数個見られる。rRNA(▶p.89)合成の場。
③**核膜**　二重の膜からなり，多数の小孔(**核膜孔**)がある。核膜孔を通して核の内部がサイトゾルとつながっており，物質の出入りの調節などを行う。

■リボソームと小胞体

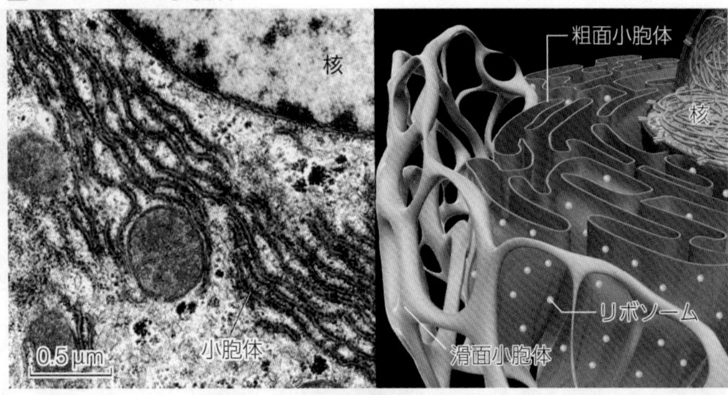

核
0.5 μm
小胞体
粗面小胞体
核
リボソーム
滑面小胞体

①**リボソーム**　20 nmぐらいのだるま形の粒子で，タンパク質とrRNA(リボソームRNA)とからなる。**タンパク質合成**の場(▶p.88)。小胞体に付着しているものと，サイトゾル中に遊離しているものがある。
②**小胞体**　細胞質中に広がるへん平な膜構造で，物質の輸送路。リボソームの付着した**粗面小胞体**と，付着していない**滑面小胞体**がある。リボソームで合成されたタンパク質は，粗面小胞体の中を通って運ばれる(▶p.34)。

■ゴルジ体

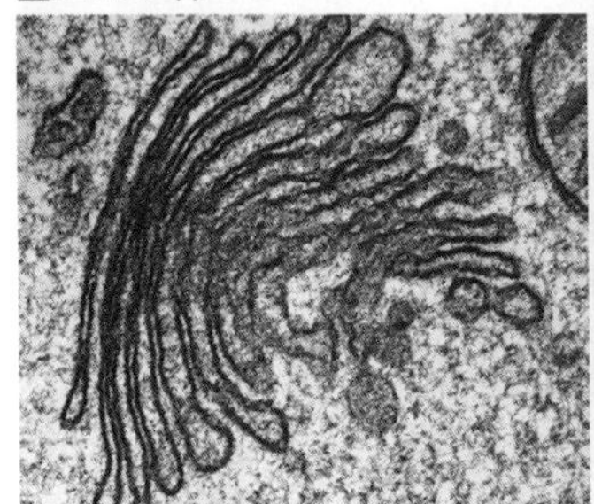
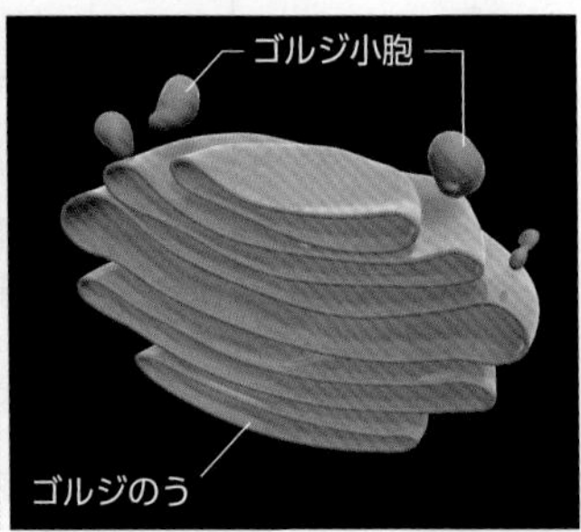

ゴルジ小胞
ゴルジのう

1枚の膜からなるへん平な袋が重なった構造。分泌細胞に多く見られ，小胞体から受け取ったタンパク質を加工し，リソソームへ送ったり細胞外へ分泌したりする(▶p.34)。

■リソソーム

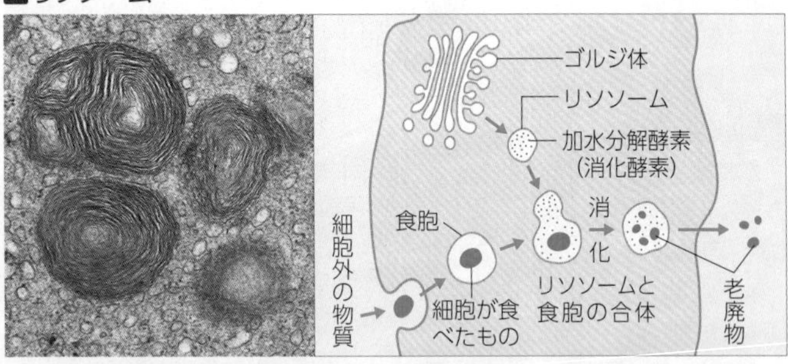

ゴルジ体
リソソーム
加水分解酵素（消化酵素）
細胞外の物質
食胞
消化
細胞が食べたもの
リソソームと食胞の合体
老廃物

ゴルジ体から生じる小さな球状の袋で，各種の**加水分解酵素**を含む。細胞内で不要になった物質や細胞外から取りこんだ物質の分解(**細胞内消化**)にはたらく(▶p.34, 38)。

Zoom up 細胞分画法

細胞小器官のはたらきや性質を調べるため，細胞をすりつぶして遠心分離機にかけ，細胞小器官を分け取る方法を**細胞分画法**といい，分画遠心法や密度勾配遠心法などがある。
分画遠心法は，低温下で，スクロース溶液などの等張の溶液中で行う。低温下で行うのは，低温にすることで細胞内に含まれる酵素のはたらきを抑え，細胞内の物質が変化してしまわないようにするためである。また，等張の溶液にするのは，水などの低張液中だと細胞小器官の中に水が入って膨張し，膜が破裂してしまうためである。さらに，緩衝液を加える場合があるが，これは液胞が壊れて出てくる有機酸などによってpH(▶p.312)が変化して細胞小器官に影響を与えるのを防ぐためである。

■分画遠心法

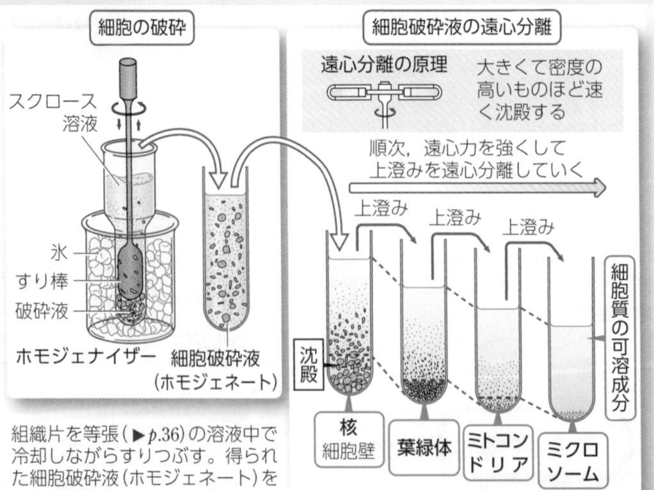

細胞の破砕
スクロース溶液
氷
すり棒
破砕液
ホモジェナイザー
細胞破砕液（ホモジェネート）
組織片を等張(▶p.36)の溶液中で冷却しながらすりつぶす。得られた細胞破砕液(ホモジェネート)を遠心分離機にかける。
細胞破砕液の遠心分離
遠心分離の原理
大きくて密度の高いものほど速く沈殿する
順次，遠心力を強くして上澄みを遠心分離していく
上澄み
上澄み
上澄み
沈殿
核 細胞壁
葉緑体
ミトコンドリア
ミクロソーム
細胞質の可溶成分
※ミクロソームは，おもに小胞体とリボソームを含む

■密度勾配遠心法

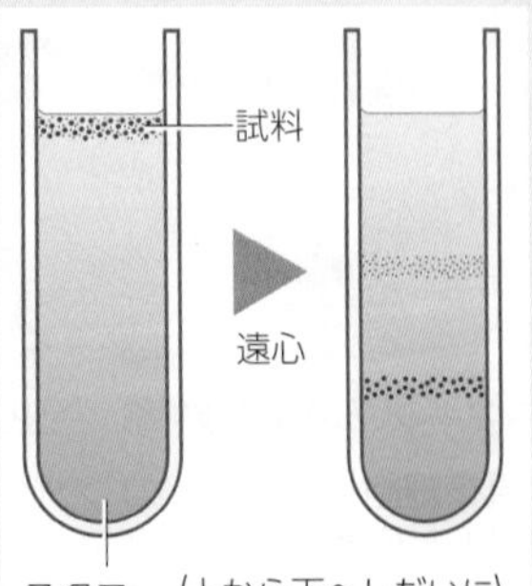

試料
遠心
スクロース溶液
上から下へしだいに密度が高くなっている

密度の異なる溶液を層状に重ねた上に試料をおいて遠心分離を行うと，それぞれの密度に見合う位置に分離する。密度の似たものをさらに精密に分離することができる。

Keywords　核膜孔(nuclear pore)，リボソーム(ribosome)，小胞体(endoplasmic reticulum)，ゴルジ体(Golgi body)，リソソーム(lysosome)

■ミトコンドリア

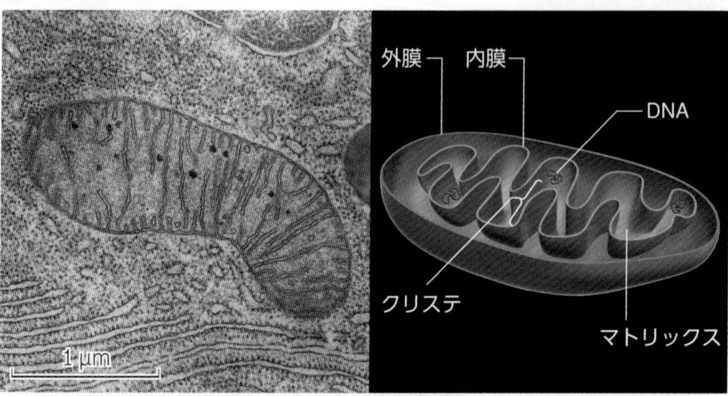
外膜
内膜
DNA
クリステ
マトリックス
1 μm

外膜と内膜の2枚の膜からなる，棒状・粒状の小体(形状はきわめて多様である)。**呼吸**によってATPを合成する(▶*p*.56)。内膜は内側に突き出て**クリステ**とよばれる構造をつくる。また，独自のDNAをもつ。

■中心体

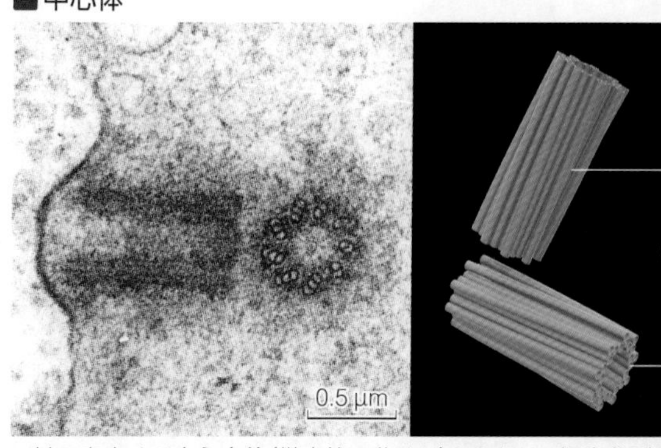
中心小体
0.5 μm

1対の直交する**中心小体**(微小管の集まり)からなり，細胞分裂時に紡錘体形成の起点になる。動物細胞ではふつうに見られるが，植物細胞では，コケ植物やシダ植物の精子をつくる細胞など一部にしか見られない。

■**色素体**　植物細胞に特有の構造体で，**葉緑体**・**有色体**・**白色体**などに分けられる。

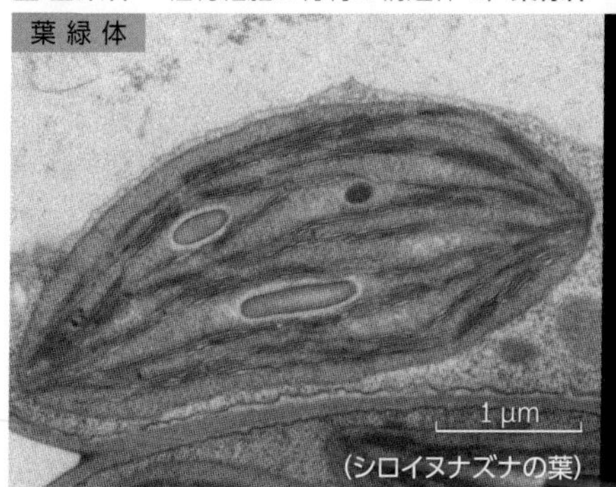
葉緑体
1 μm

(シロイヌナズナの葉)

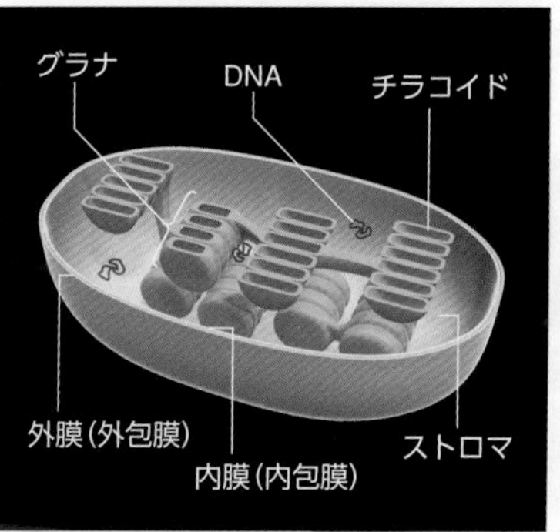
グラナ
DNA
チラコイド
外膜(外包膜)
内膜(内包膜)
ストロマ

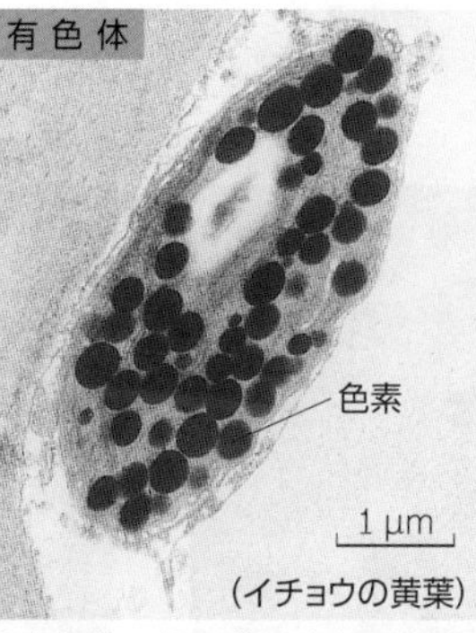
有色体
色素
1 μm

(イチョウの黄葉)

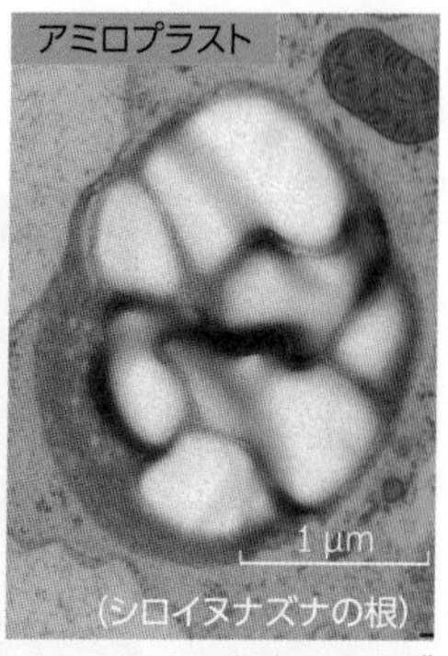
アミロプラスト
1 μm

(シロイヌナズナの根)

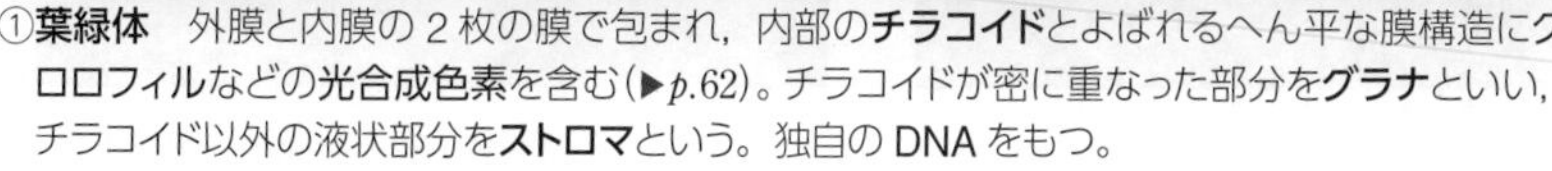

①**葉緑体**　外膜と内膜の2枚の膜で包まれ，内部の**チラコイド**とよばれるへん平な膜構造に**クロロフィル**などの**光合成色素**を含む(▶*p*.62)。チラコイドが密に重なった部分を**グラナ**といい，チラコイド以外の液状部分を**ストロマ**という。独自のDNAをもつ。

②**有色体**　花弁などの細胞に見られ，黄色や橙色の色素(**カロテノイド**)を含む。

③**白色体**　根や茎の内部の細胞によく見られる。色素を含まず白色で，内部の膜状構造は未発達である。

④**アミロプラスト**　白色の小体で，デンプンの合成・貯蔵を行う。根冠の細胞内では重力の感知にはたらく(▶*p*.209)。

■細胞壁

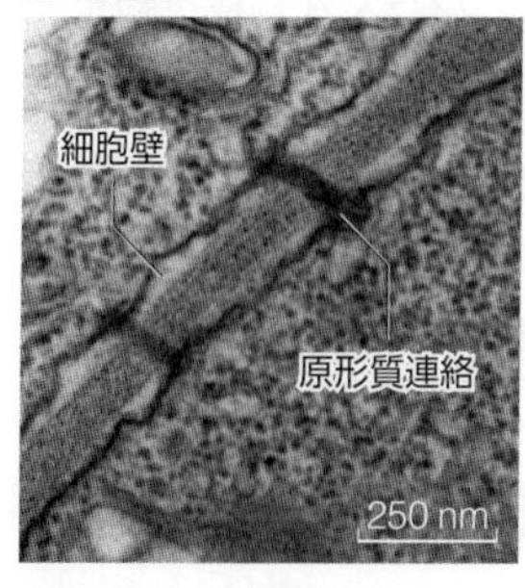
細胞壁
原形質連絡
250 nm

細胞膜の外側にある構造で，細胞の保護と支持に役立っている。植物細胞の細胞壁は**セルロース**に**ペクチン**などが組み合わさってできている。植物細胞の細胞壁には小さな孔が開いており，隣接する細胞の細胞質がつながっている(原形質連絡▶*p*.31)。

■液胞

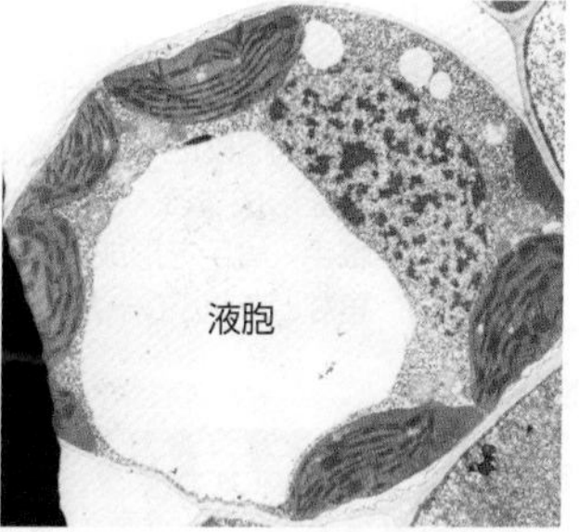
液胞

成長した植物細胞で発達。1枚の**液胞膜**でできており，中には**細胞液**をたくわえている。細胞液には無機塩類，有機酸，糖類，タンパク質，アミノ酸のほかに，**アントシアン**とよばれる色素や酵素を含む。

■ペルオキシソーム

1枚の膜でできている小胞。カタラーゼ(▶*p*.52)などのさまざまな酵素を含んでいる。過酸化水素の分解や脂肪酸の酸化をはじめとする代謝にかかわる。

Point 生体膜

細胞膜や核膜，ミトコンドリアの内膜や外膜，ゴルジ体の膜，小胞体の膜など，細胞や細胞小器官を構成する厚さ5～10 nmの膜を**生体膜**といい，基本構造はすべて同じである。
生体膜は，**リン脂質**(▶*p*.23)と**タンパク質**が組み合わさってできている。リン脂質分子には疎水性の部分(疎水部)と親水性の部分(親水部)があり，親水部を外側に，疎水部を内側に向けて並ぶことによって生体膜の基本構造となる脂質二重層を形成する(▶*p*.32)。

Point 互いに関連してはたらく細胞小器官・構造体

真核細胞には，さまざまな細胞小器官や構造体が存在する。これらの細胞小器官や構造体は互いに関連してはたらくことで，細胞の活動が維持されている。

・遺伝情報からタンパク質をつくる(▶*p*.88)…核，リボソーム
・タンパク質を運ぶ(▶*p*.34)…小胞体，ゴルジ体，リソソーム
・エネルギーを供給する(▶*p*.56, 62)…ミトコンドリア，葉緑体
・形をつくる(▶*p*.30)…細胞骨格，中心体
・仕切る・通す(▶*p*.32)…細胞膜

ミトコンドリア(mitochondrion)，中心体(centrosome)，葉緑体(chloroplast)，液胞(vacuole)，細胞分画(cell fractionation)，生体膜(biomembrane)

6 細胞の微細構造(2)

生物基礎
生 物

A 真核細胞の細胞骨格

細胞質内に存在する繊維状の構造で，細胞の運動や，細胞の形・細胞内の構造を支えるのにはたらく。

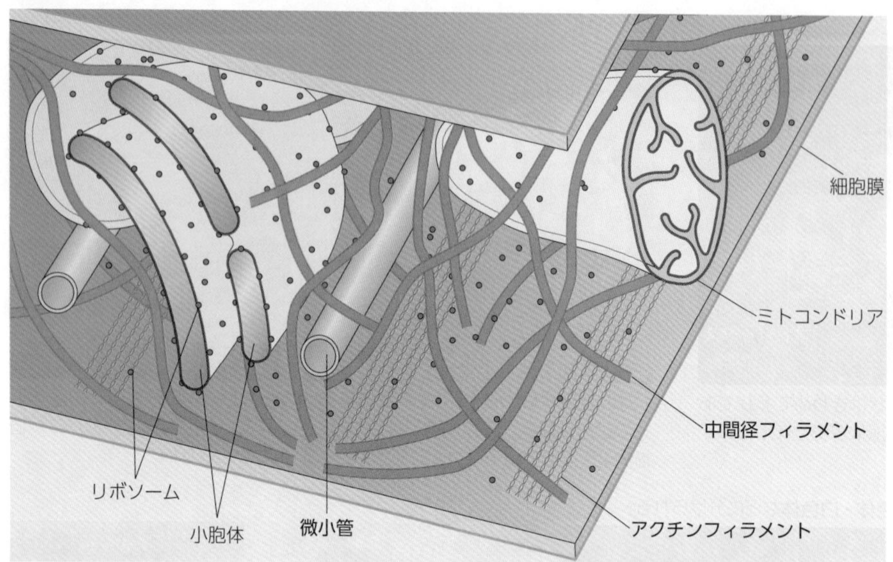

細胞膜
ミトコンドリア
中間径フィラメント
リボソーム
小胞体
微小管
アクチンフィラメント

光学顕微鏡で観察すると，透明なサイトゾル(細胞質基質)の部分には，特別な構造はないように見える。しかし，電子顕微鏡などの発達に伴って，実際には，多数の微細な繊維状の構造が細胞内に張り巡らされていることがわかってきた。

このような構造を**細胞骨格**といい，細胞骨格は，細胞の形を保つとともに，細胞内のいろいろな膜系の変形や移動，細胞小器官の配置や移動にはたらいている。また，細胞骨格は細胞分裂，筋収縮，鞭毛運動，繊毛運動などに重要な役割を果たしている。

細胞骨格をつくっている繊維は，**アクチンフィラメント**(ミクロフィラメント)，**微小管**，**中間径フィラメント**とよばれる３種類に大別される。

■アクチンフィラメント

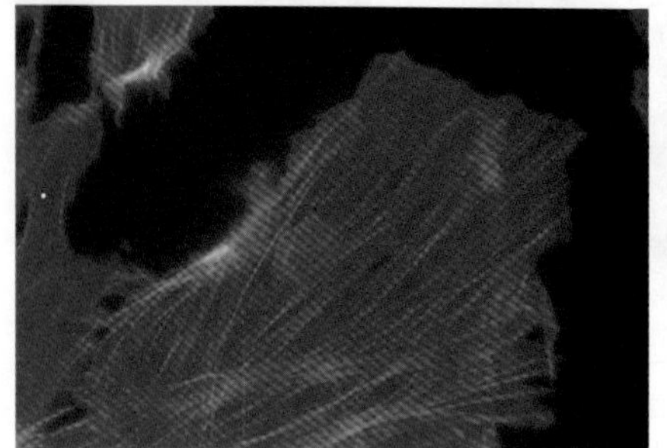

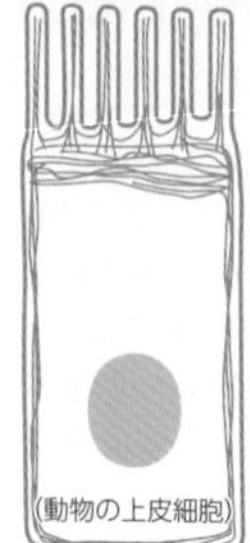

(動物の上皮細胞)

直径７nm。細胞骨格の３つのフィラメントの中で最も細い。細胞全体に分散しているが，ほとんどは左図のように細胞膜の直下に集中して，細胞の形を保つ。２本のアクチン鎖がよりあわさった構造で，細胞分裂のときにも重要な役割をはたす。また，ミオシンと共同して骨格筋をつくったり，細胞質流動を引き起こす(▶ *p.*34)。

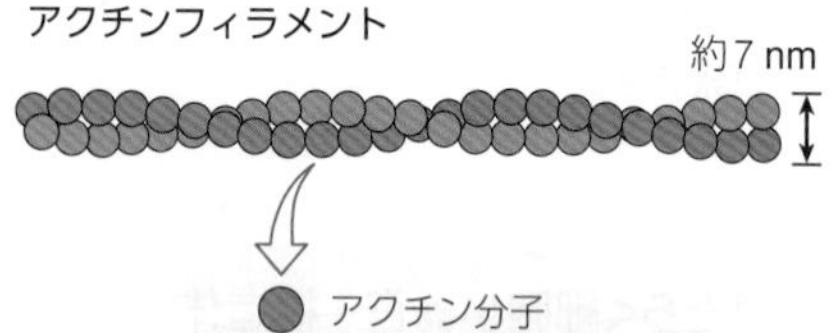

アクチンフィラメント
約７nm
アクチン分子

アクチン分子のリボンモデル

■微小管

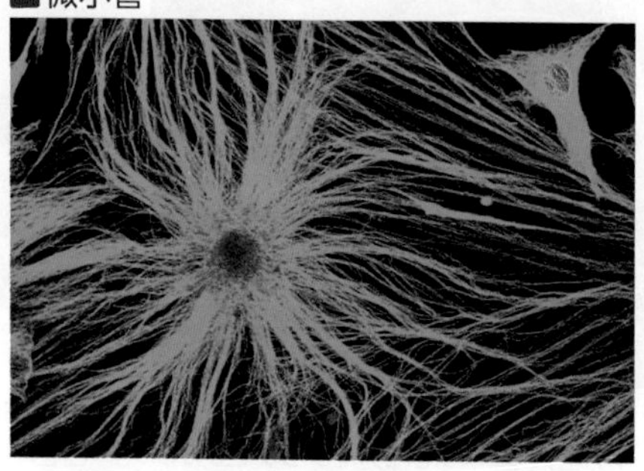

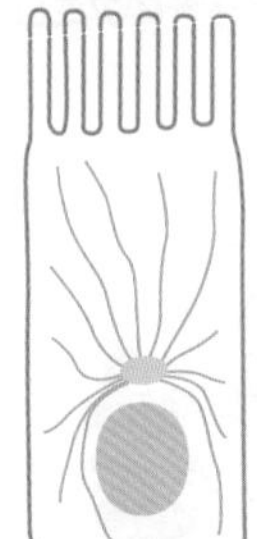

直径約 25 nm。３つのフィラメントの中で最も太い。2種類のチューブリン分子が交互に並んだプロトフィラメントが 13 本集まって円筒状の構造をしている。動物細胞では一端は中心体に付着している。細胞分裂のとき紡錘糸として紡錘体を形成する。また，中心小体や鞭毛・繊毛を形成する。細胞小器官などを運ぶレールの役割もする。

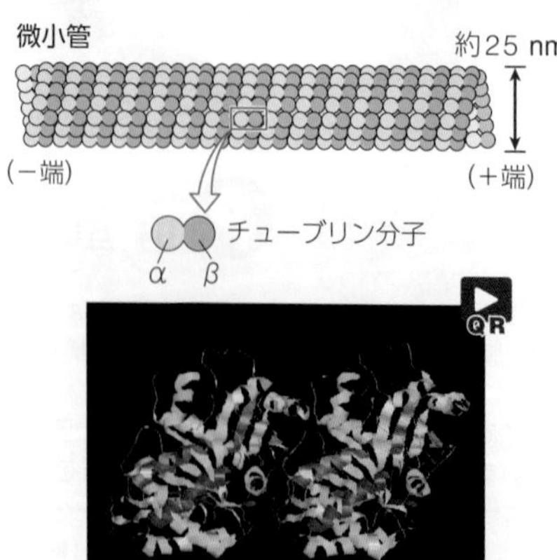

微小管
約25 nm
(－端)
(＋端)
チューブリン分子
α
β

チューブリン分子のリボンモデル

■中間径フィラメント

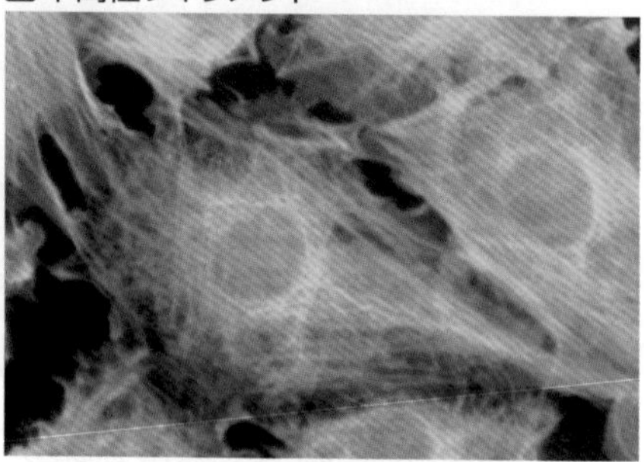

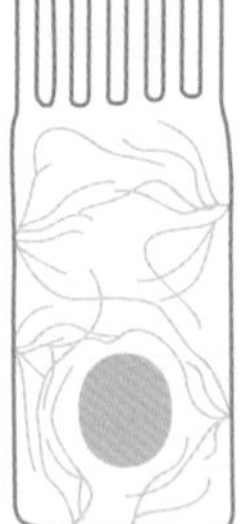

直径約８～12 nm。アクチンフィラメントと微小管の中間の太さであり，強度がきわめて高い。アクチンフィラメント同様，張力に抵抗して細胞の形態を保つ。上皮細胞の細胞間結合にはたらく構造(▶ *p.*31)から細胞内に張り巡らされたもの(ケラチン)や，核膜の真下でラミナとよばれる網目状構造を形成するものなどがある。

中間径フィラメント

約８～12 nm

ⓐ ⓑを単位とするくり返しで繊維をつくる

ⓑ ⓒが２本，向きを逆にして並ぶ

ⓒ ⓓが２本よりあわされる

ⓓ 繊維状タンパク質分子

Keywords 細胞骨格(cytoskeleton)，アクチンフィラメント(actin filament)，微小管(microtubule)，中間径フィラメント(intermediate filament)

■細胞分裂と微小管

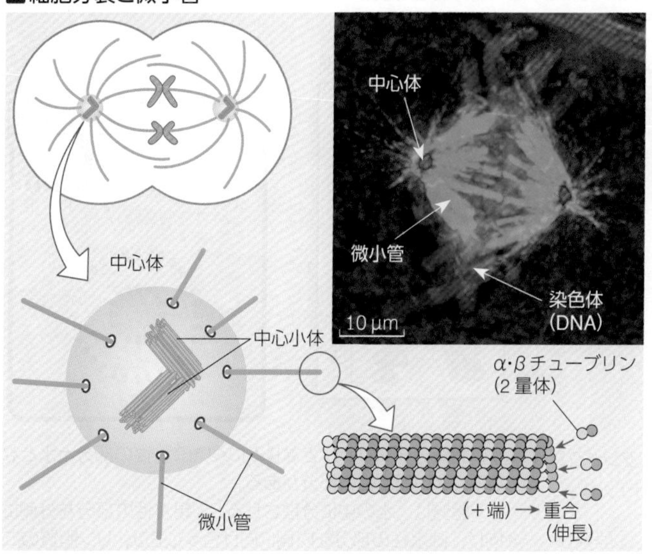
中心体
微小管
染色体
(DNA)
10 μm
中心体
中心小体
α·βチューブリン
(2量体)
(＋端)→重合
(伸長)
微小管

動物細胞の分裂では，中心体を起点として紡錘糸(微小管)が伸長し，紡錘体が形成される。このとき，微小管の－(マイナス)端は中心体に束ねられているが，＋(プラス)端ではチューブリンの重合が盛んに行われる。

Zoom up 原核細胞の細胞骨格

近年，細胞内微細構造の観察方法が発達し，原核細胞にも細胞骨格が存在することがわかった。また，真核細胞の細胞骨格をつくるタンパク質と似たものが原核細胞でも発見されている。
原核細胞の細胞骨格をつくる物質には，FtsZ，MreB，クレセンチンなどのタンパク質が知られている。

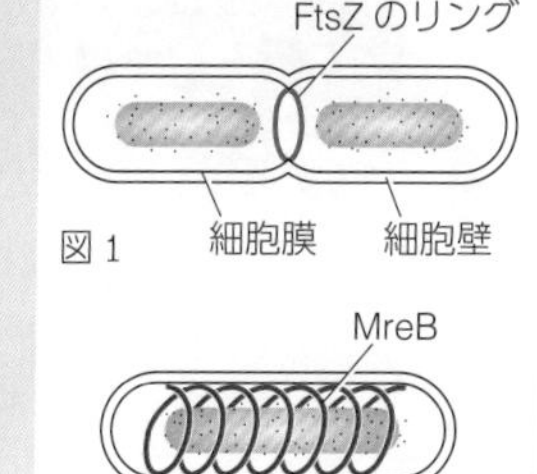
FtsZ のリング
図1
細胞膜
細胞壁
MreB
図2
細胞膜

① **FtsZ**　真核細胞の微小管を形成するチューブリンと似た構造をもつ。細胞分裂のとき，細胞中央にリングを形成し，細胞をしぼりこむようにして二分する(図1)。

② **MreB**　真核細胞のアクチンフィラメントと似た構造で，細胞膜の直下にらせん状に配置されている。大腸菌などの細菌の円筒状の形を維持するのにはたらく。物質輸送のルートとしてもはたらく(図2)。

③ **クレセンチン**　真核細胞の中間径フィラメントと似た構造で，細菌の円筒形を折り曲げたりして，三日月形など細菌に特徴的な形態をつくるのに関係している。

B 細胞間結合

多細胞生物の細胞は，**細胞間結合**とよばれる結合を形成している。細胞間結合は，密着結合，固定結合，連絡結合に大別できる。

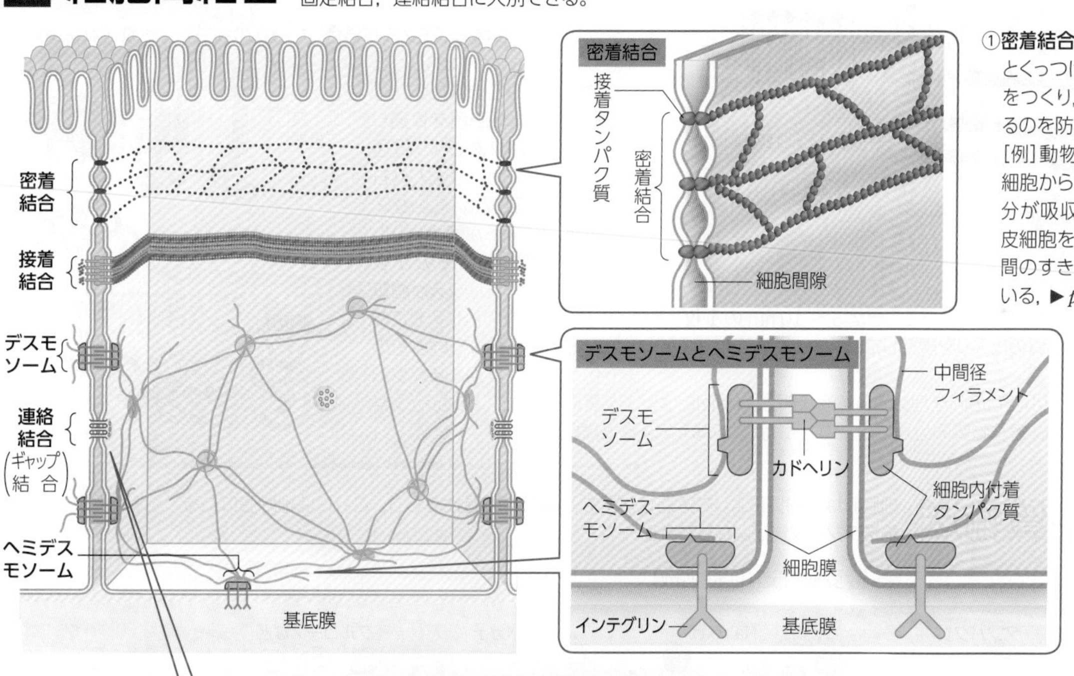
密着結合
接着結合
デスモソーム
連絡結合
(ギャップ結合)
ヘミデスモソーム
基底膜
密着結合
接着タンパク質
密着結合
細胞間隙
デスモソームとヘミデスモソーム
中間径フィラメント
デスモソーム
カドヘリン
細胞内付着タンパク質
ヘミデスモソーム
細胞膜
インテグリン
基底膜

①**密着結合**　細胞膜をすき間なくピッタリとくっつける結合で，シート状の細胞層をつくり，物質が細胞間のすき間を通るのを防いでいる。
[例]動物の消化管内壁の上皮(一層の細胞からなるシート状)。消化管で栄養分が吸収されるとき，密着結合した上皮細胞を通って毛細血管中に入る(細胞間のすき間を通ることがないようにしている，▶ *p*.33)。

②**固定結合**　接着結合と，**デスモソーム**や**ヘミデスモソーム**による結合。**カドヘリン**などの接着タンパク質が結合に重要な役割をはたしている。
デスモソームやヘミデスモソームには，細胞骨格の1つである中間径フィラメントが結合する細胞内付着タンパク質(円板状)がある。

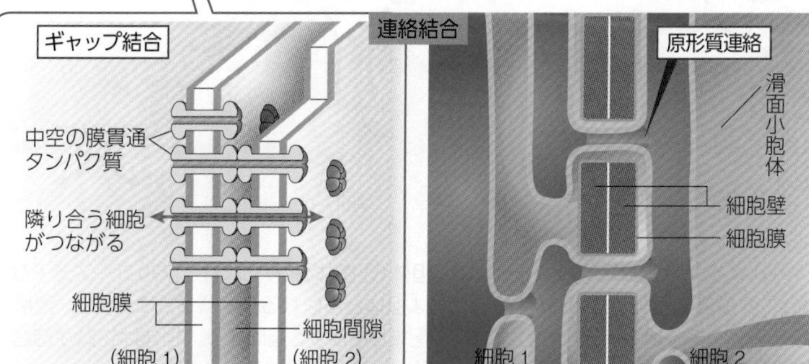
ギャップ結合
中空の膜貫通タンパク質
隣り合う細胞がつながる
細胞膜
細胞間隙
(細胞1)
(細胞2)
連絡結合
原形質連絡
滑面小胞体
細胞壁
細胞膜
細胞1
細胞2

③**連絡結合**　2つの細胞の細胞質をつなぐ結合で，化学物質や電気的な信号を直接隣りの細胞に伝える。
[例]動物細胞ではギャップ結合，植物細胞では原形質連絡という。
[動物細胞のギャップ結合]6個の膜貫通タンパク質の集合がつくる**コネクソン**という構造からなる。細胞が傷害を受けたりするとギャップ結合の通路は閉じられ，傷害を受けた細胞からほかの細胞にその傷害が広がるのを防ぐ。
[植物細胞の原形質連絡]植物細胞では細胞膜の外側が細胞壁で囲まれているため，細胞壁の穴を通して細胞質の連絡が行われている。これを**原形質連絡**という。

細胞間結合(cell junction)，カドヘリン(cadherin)，原形質連絡(plasmodesm)

7 細胞膜を介した物質輸送 生物基礎 生物

A 細胞膜

リン脂質の二重層の中にタンパク質がモザイク状に含まれていて，これらの分子は比較的自由に動くことができると考えられている(流動モザイクモデル)。

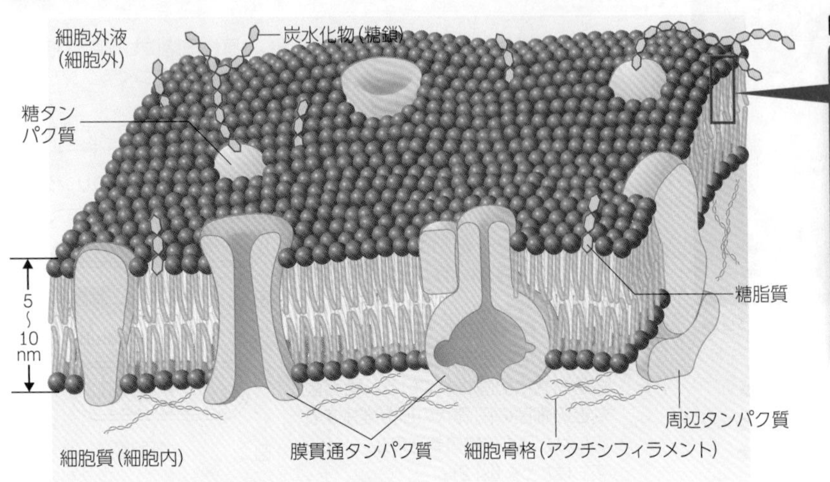

細胞外液
(細胞外)
炭水化物(糖鎖)
糖タン
パク質
5
～
10
nm
糖脂質
周辺タンパク質
細胞質(細胞内)
膜貫通タンパク質
細胞骨格(アクチンフィラメント)

膜タンパク質には，①物質輸送や，②細胞の結合(▶p.31)にはたらくもののほか，③酵素(▶p.50)や，④受容体などとしてはたらくものがある。また，炭水化物(糖鎖)の結合した糖タンパク質には，その細胞に固有の標識としてはたらくものがある。

■リン脂質と生体膜

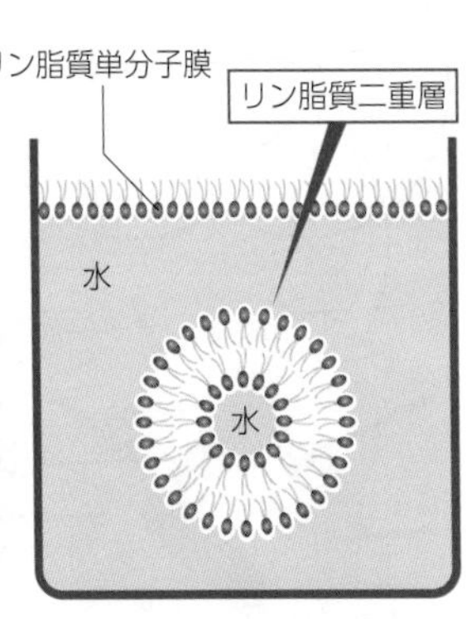

リン脂質分子
頭部(親水性)
O
P
C
H
尾部(疎水性)
リン脂質単分子膜
リン脂質二重層
水
水

リン脂質分子には，水となじみにくい疎水性の部分と水となじみやすい親水性の部分がある。
リン脂質は，水の中に分散させると，親水性の部分を外側に向け，疎水性の部分を内側に向け合って並び，リン脂質の二重層で囲まれた小胞を形成しやすい。

■細胞膜とサイトゾル(細胞質基質)

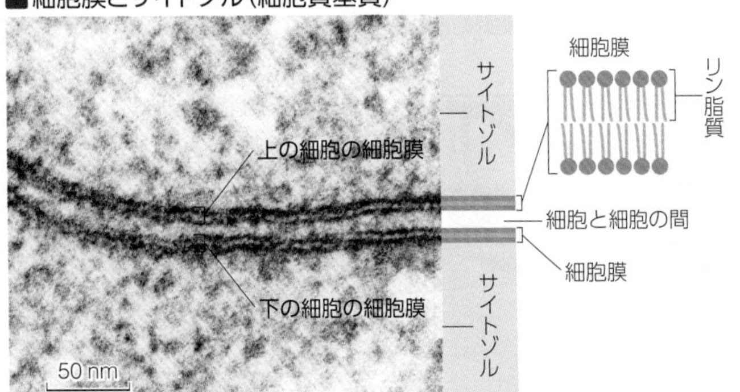

サイトゾル
上の細胞の細胞膜
下の細胞の細胞膜
サイトゾル
50 nm
細胞膜
リン脂質
細胞と細胞の間
細胞膜

①**細胞膜**　リン脂質とタンパク質が組み合わさってできた5～10 nmの1枚の膜。細胞の内外をしきり，物質の出入りを調節している。上の写真は，2つの細胞が接している部分の写真。
②**サイトゾル(細胞質基質)**　細胞小器官の間を埋めている液状部分。呼吸における**解糖系**(▶p.56)をはじめ，各種物質の分解や合成などが行われている。

Zoom up いろいろな膜タンパク質

タンパク質は多数のアミノ酸が結合した鎖状の物質で，それぞれ特有の立体構造をもつ(▶p.25)。
細胞膜に組みこまれたタンパク質のうち，細胞膜を貫通しているタンパク質では，貫通部分に，1本のαヘリックス(右図①)か，複数のαヘリックス(②)か，βシートが筒状(③)になった構造をもつものが多い。また，αヘリックスが脂質二重層の一方の層に入りこむことで膜と結合しているもの(④)や，膜を貫通するタンパク質に結合しているもの(⑤や⑥)などもある。

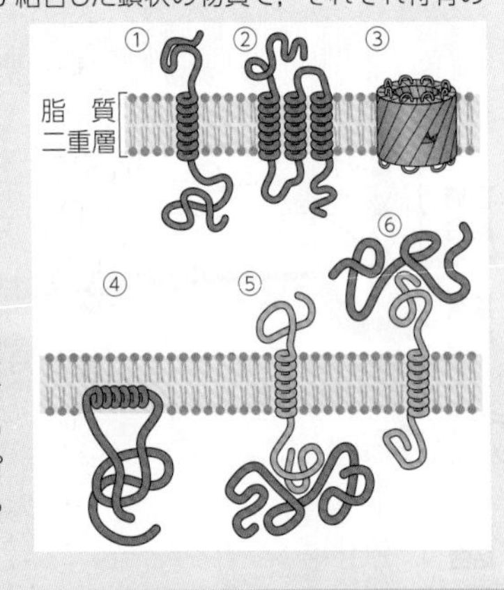

①
②
③
脂質二重層
④
⑤
⑥

B 細胞膜と物質輸送

細胞膜は，物質によって透過性が異なる**選択的透過性**をもち，これには細胞膜にある**輸送タンパク質**が関係している。

■受動輸送(単純拡散)

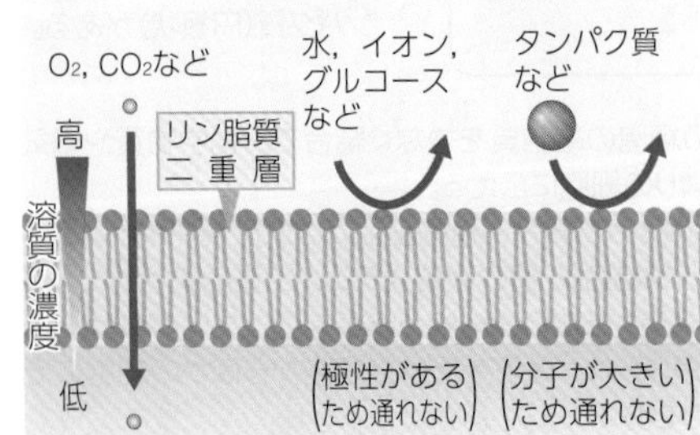

O_2, CO_2など
水，イオン，グルコースなど
タンパク質など
高
リン脂質二重層
溶質の濃度
低
(極性があるため通れない)
(分子が大きいため通れない)

① O_2 や CO_2 などの疎水性(無極性)分子は，脂質二重層を透過するが，イオンやグルコースなどの親水性(極性)分子はあまり透過せず，タンパク質などの大きな分子は透過できない。

■受動輸送(促進拡散)

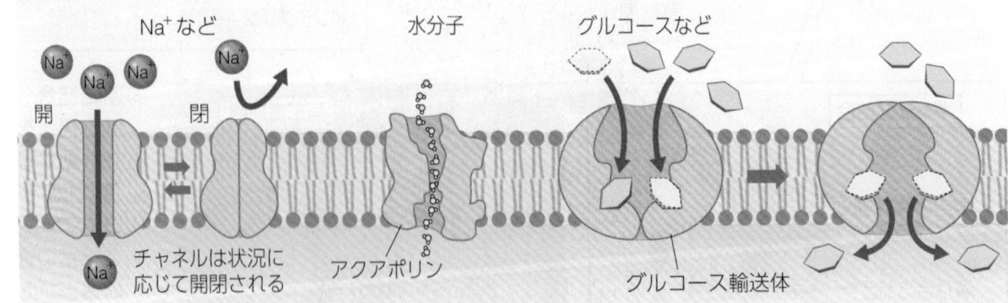

Na^+など
開
閉
チャネルは状況に応じて開閉される
水分子
アクアポリン
グルコースなど
グルコース輸送体

②**チャネル**　Na^+やK^+などは，タンパク質でできた**チャネル**を通って，**濃度勾配**にしたがった**受動輸送**で細胞膜を透過する。水分子を透過させる**アクアポリン(水チャネル)**もある。

③**担体(運搬体タンパク質)**　グルコース分子などは**担体**とよばれるタンパク質によって，濃度勾配にしたがって運ばれる。担体は物質が結合すると構造が変化する。

Keywords　流動モザイクモデル(fluid mosaic model)，リン脂質(phospholipid)，脂質二重層(lipid bilayer)，選択的透過性(selective permeability)

■能動輸送

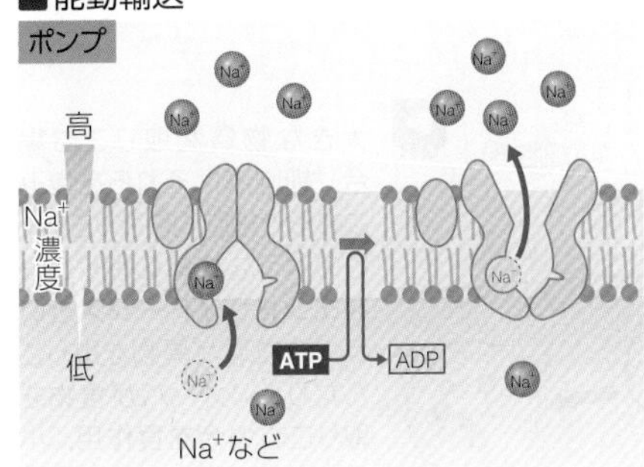
ポンプ
高
低
Na+濃度
ATP
ADP
Na+など

④**ポンプ**　Na^+やK^+などは，ATPのエネルギーを利用する**能動輸送**によって，濃度勾配に逆らって運ばれる。
[例] ナトリウムポンプ

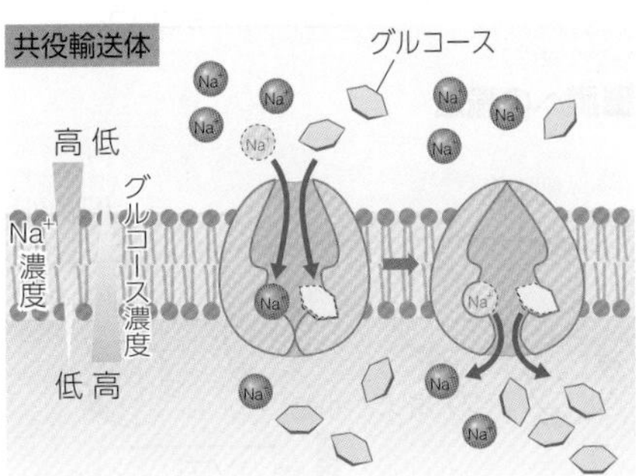
共役輸送体
グルコース
高 低
Na+濃度
グルコース濃度
低 高

⑤**共役輸送体**　グルコースなどの濃度勾配に逆らった能動輸送では，濃度勾配にしたがったNa^+やH^+の輸送に伴って生じるエネルギーが利用される(共役輸送)。このような能動輸送を二次性能動輸送という。
[例] 小腸上皮細胞

Zoom up 小腸上皮細胞のグルコース輸送

動物の消化管内では，デンプンはグルコースに分解される。小腸上皮細胞の細胞膜では，次の①と②の輸送によって，グルコースが効率よく吸収され，小腸の毛細血管に運ばれる。

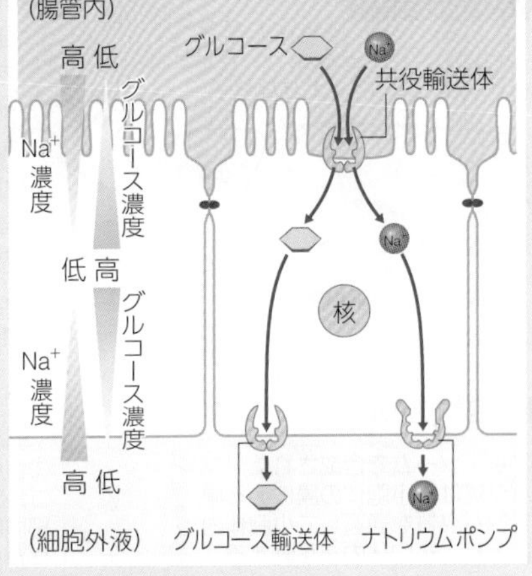
(腸管内)
グルコース
共役輸送体
高 低
Na+濃度
グルコース濃度
低 高
核
高 低
(細胞外液)
グルコース輸送体
ナトリウムポンプ

①**小腸上皮細胞の腸管側(吸収側)**　濃度勾配にしたがってNa^+が細胞外から細胞内へ受動輸送され，そのとき生じるエネルギーを利用してグルコースの能動輸送(共役輸送)が行われる。

②**腸管の反対側(細胞外液に放出する側)**　グルコース輸送体によってグルコースが細胞外へ受動輸送され，毛細血管に入る。

■ナトリウムポンプのしくみ

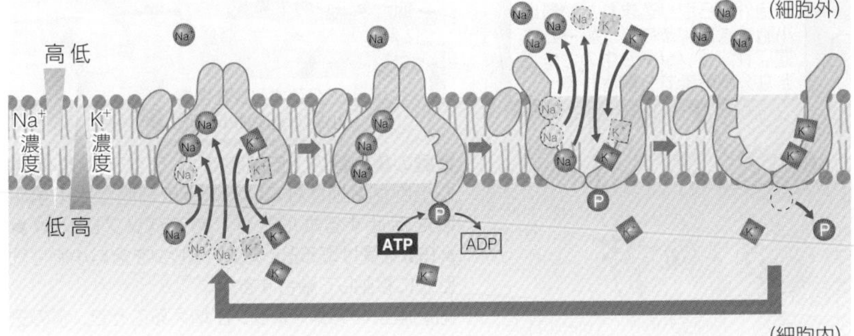
QR
(細胞外)
高 低
Na+濃度
K+濃度
低 高
ATP
ADP
P
(細胞内)

細胞膜には**ナトリウム－カリウムATPアーゼ**とよばれる酵素があって，これはATPの分解で生じるエネルギーを使って，Na^+を細胞外に排出し，K^+を細胞内に取りこむ。

Jump プロトンポンプ ▶p.67

葉緑体では，クロロフィルなどで吸収した光エネルギーを使って，水素イオン(H^+，プロトン)をストロマからチラコイドの内側へ能動輸送しており，生じたH^+の濃度勾配を使ってATPが合成される。ミトコンドリアでも，電子伝達系においてプロトンポンプがはたらいている(▶p.57)。

Jump ニューロンの興奮 ▶p.187

ニューロンは，刺激を受けると興奮する。このとき，細胞の刺激を受けた部位では，細胞膜内外で電位の変化が起こる。これは，イオンチャネルの開閉によるナトリウムイオンとカリウムイオンの出入りによるものである。

Column アクアポリン(水チャネル)

細胞は多量の水を含むが，リン脂質二重層はあまり水を通さないので，水がどのようにして細胞に出入りするかは，長い間謎であった。しかし1992年になって，細胞膜には水を選択的に通すタンパク質のチャネル(**アクアポリン**)があることがアメリカのピーター アグレによって発見された。アグレはこの発見により，2003年にノーベル化学賞を受賞した。

アクアポリン分子は脂質二重層を貫通しており，中央の小さな穴を水分子が1列に並んで通る。

腎臓の集合管の上皮細胞では，細胞膜に多くのアクアポリンが分布し，アクアポリンの数を変化させることで水の再吸収を調節している(▶p.34)。

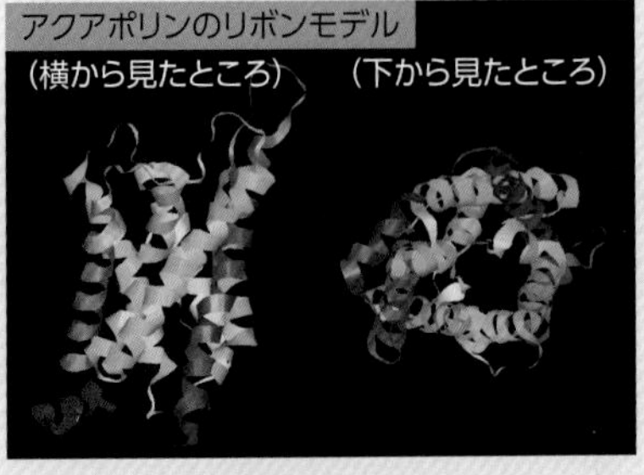
(横から見たところ)
(下から見たところ)
アクアポリンのリボンモデル

Pioneer 細胞膜の研究

細胞を取り囲む細胞膜は，物質や情報の関所となっている。細胞膜は脂質分子と膜タンパク質などからなる。情報伝達や物質の透過にはこの膜タンパク質が関係している。東京工業大学の村上研究室では，X線結晶構造解析の手法を使って膜タンパク質の立体構造を調べ，その機能を本質的に理解しようとする研究が行われている。2002年には，多剤排出トランスポーターとよばれる膜輸送体の結晶構造の解析に世界で初めて成功した(右図)。このタンパク質は，細胞から薬剤を排出して，薬剤に対する耐性化を引き起こすもので，細菌からヒトに至るまで，細胞レベルでの最も基本的な生体防御機構の一つとなっているものである。

東京工業大学　生命理工学院
生命理工学系　村上研究室

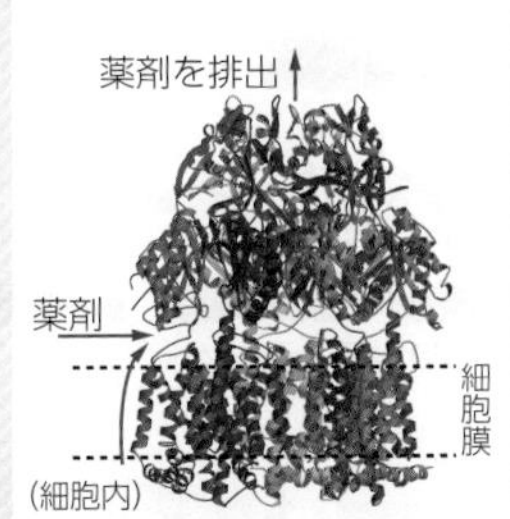
薬剤を排出
薬剤
細胞膜
(細胞内)
多剤排出トランスポーターのリボンモデル

拡散(diffusion)，受動輸送(passive transport)，能動輸送(active transport)，共役輸送(coupled transport)

8 細胞内での物質輸送 生物基礎 生物

A 小胞輸送 基 生

脂質二重層や，膜にはめ込まれた輸送タンパク質を通過できない大きな分子は，生体膜によって包まれた小胞を形成することで，細胞内外を出入りしている。

■小胞による物質の出入り

エキソサイトーシス

(細胞外) 細胞膜 大きな分子 分泌小胞 (細胞内)

ホルモンや消化酵素などのような大きな分子は，細胞膜を通過できない。このような大きな分子を細胞外に分泌する場合，それらを含む分泌小胞が細胞膜と接着・融合することによって，細胞外に放出する。このような小胞と細胞膜の融合による分泌を**エキソサイトーシス**という。

エンドサイトーシス

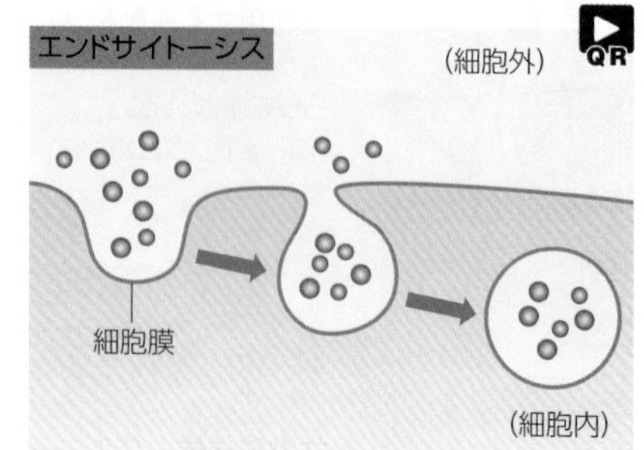

(細胞外)
細胞膜
(細胞内)

大きな物質を取りこむ場合，細胞膜はそれらを包みこむ形で細胞内に取りこむ。このような物質の取りこみを**エンドサイトーシス**という。白血球が異物を取りこんだり，アメーバが食物を取りこむ場合を**食作用**，小さな粒子や液体を取りこむ場合を**飲作用**という。

■小胞輸送のしくみ

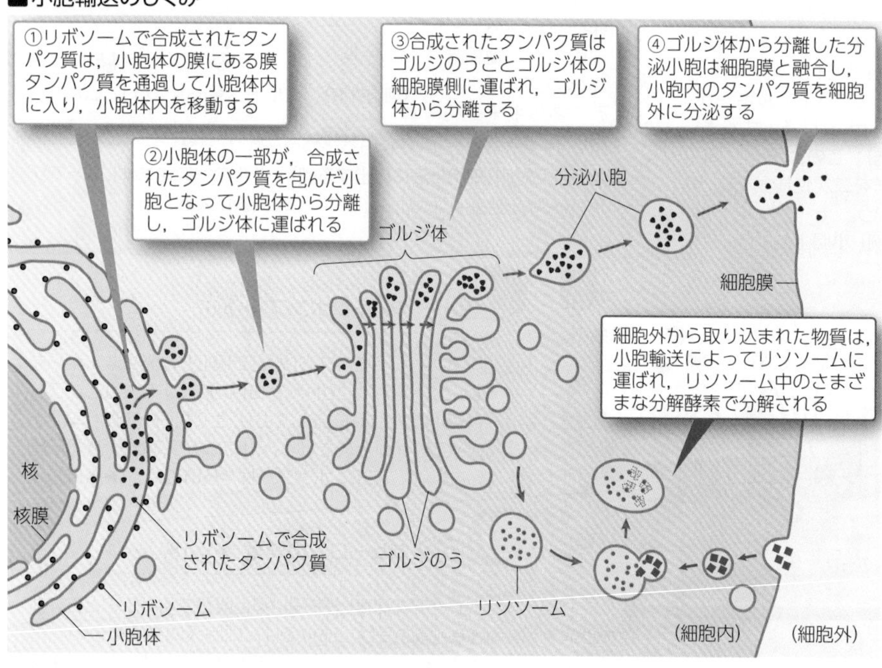

①リボソームで合成されたタンパク質は，小胞体の膜にある膜タンパク質を通過して小胞体内に入り，小胞体内を移動する
②小胞体の一部が，合成されたタンパク質を包んだ小胞となって小胞体から分離し，ゴルジ体に運ばれる
③合成されたタンパク質はゴルジのうごとゴルジ体の細胞膜側に運ばれ，ゴルジ体から分離する
④ゴルジ体から分離した分泌小胞は細胞膜と融合し，小胞内のタンパク質を細胞外に分泌する
分泌小胞
ゴルジ体
細胞膜
細胞外から取り込まれた物質は，小胞輸送によってリソソームに運ばれ，リソソーム中のさまざまな分解酵素で分解される
核
核膜
リボソームで合成されたタンパク質
ゴルジのう
リボソーム
小胞体
リソソーム
(細胞内)
(細胞外)

■膜への輸送

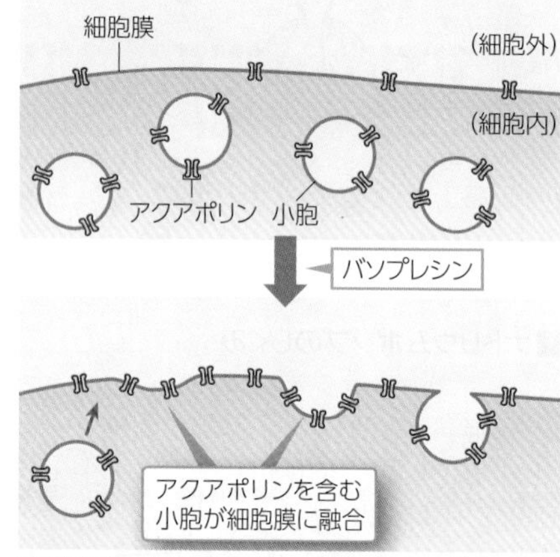

細胞膜
(細胞外)
(細胞内)
アクアポリン
小胞
バソプレシン
アクアポリンを含む小胞が細胞膜に融合

腎臓の集合管の上皮細胞では，アクアポリンを含む小胞が準備されている。上皮細胞が水の再吸収を促進するホルモンであるバソプレシン(▶ p.153)を受け取ると，アクアポリンを含む小胞は細胞膜に移動して融合する。

細胞膜上のアクアポリンが増えることで，水の透過性が上昇し，水の再吸収が促進される。

B モータータンパク質 基 生

細胞の内部の小胞の移動や細胞の運動は，ATP などのエネルギーで細胞骨格上を移動する**モータータンパク質**のはたらきによるものである。

■ミオシン

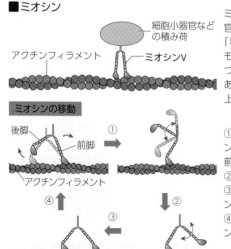

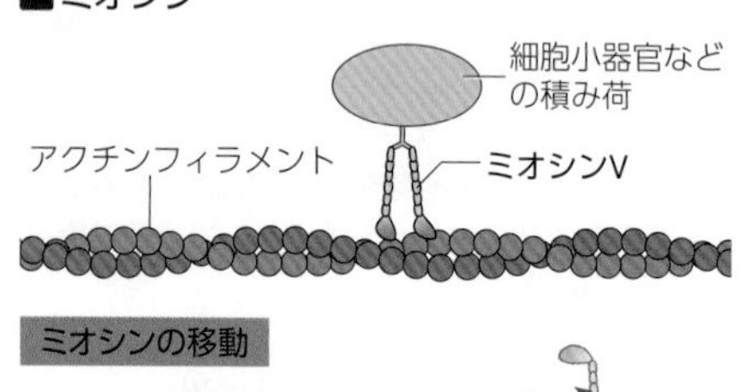

細胞小器官などの積み荷
アクチンフィラメント
ミオシンV

ミオシンVは，細胞小器官や小胞，mRNA などの「積み荷」をのせて運ぶモータータンパク質の1つで，細胞骨格の1つであるアクチンフィラメント上を移動する。

ミオシンの移動

後脚 前脚 アクチンフィラメント ① ② ③ ④ ~70 nm

①後脚がアクチンフィラメントから離れると，前脚が前に倒れる。
②後脚が回転運動をする。
③後脚がアクチンフィラメントに着いて前脚になる。
④後脚がアクチンフィラメントから離れる。

アメーバ運動

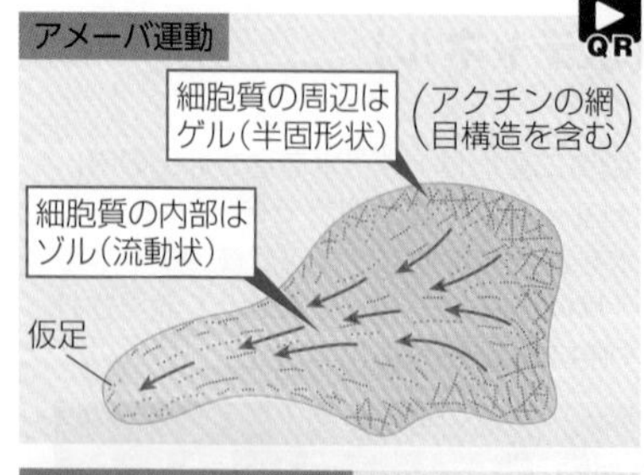

細胞質の周辺はゲル(半固形状)
(アクチンの網目構造を含む)
細胞質の内部はゾル(流動状)
仮足

アメーバ運動では，細胞の移動方向の反対側(後端)付近にあるアクチンフィラメントの網目構造のゲル(半固形状)部分で，アクチンとミオシンの相互作用が起こり，細胞内部のゾル(流動状)をしぼるようにして仮足の方向に送りこむことで前進する。

植物細胞の細胞質流動

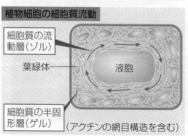

細胞質の流動層(ゾル) 葉緑体 液胞 細胞質の半固形層(ゲル) (アクチンの網目構造を含む)

細胞内に平行に並んだアクチンフィラメントの上を細胞質が周回する。このときミオシンは細胞質の流動層(ゾル)の部分を細胞小器官と結合しながら，アクチンとの相互作用で移動する。これによって細胞質流動(原形質流動)が起こる。

Keywords エキソサイトーシス(exocytosis)，エンドサイトーシス(endocytosis)，モータータンパク質(motor protein)

■キネシンとダイニン

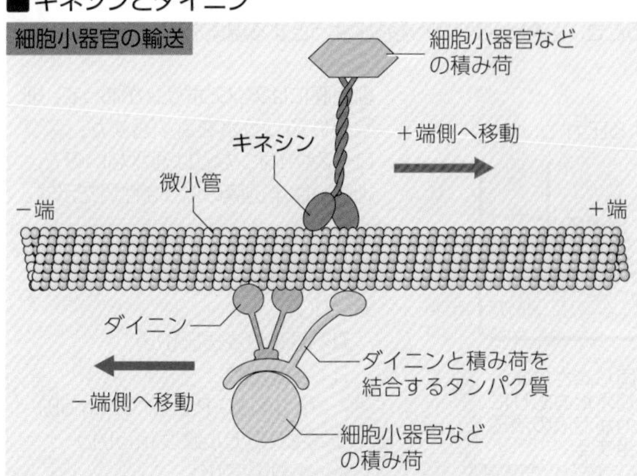
細胞小器官の輸送
細胞小器官など
の積み荷
キネシン
＋端側へ移動
微小管
－端
＋端
ダイニン
ダイニンと積み荷を
結合するタンパク質
－端側へ移動
細胞小器官など
の積み荷

キネシンとダイニンは，微小管上を移動して，ミトコンドリアやゴルジ体などの細胞小器官，分泌果粒を運ぶ。また，細胞分裂のときの紡錘体の形成，染色体を分離させ両極に運ぶはたらきもしている。ダイニンは微小管上を－端（中心体のある方向）へ，キネシンは＋端（中心体のない方向）へ移動し，細胞小器官などをそれぞれ逆方向に輸送する。

魚類のうろこにある色素胞の色素果粒の拡散と凝集

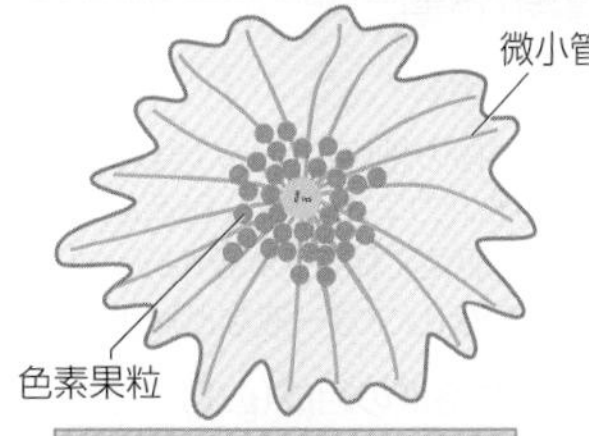
微小管
色素果粒

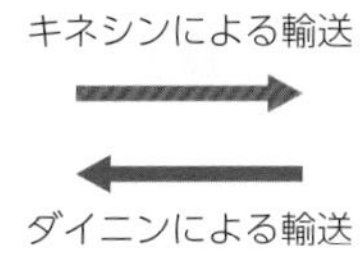
キネシンによる輸送
ダイニンによる輸送

色素果粒凝集（明るい体色）

色素果粒拡散（暗い体色）

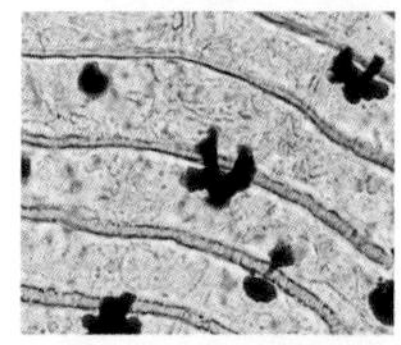

色素果粒がダイニンによって微小管の－端方向へ移動し，色素果粒が色素胞の中心に凝集することで体色が明るくなる。

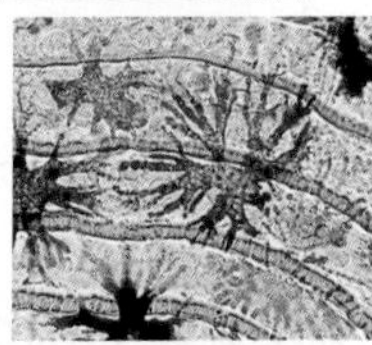

色素果粒がキネシンによって微小管の＋端方向へ移動し，色素果粒が色素胞全体に広がることで体色が暗くなる。

Zoom up 細菌の鞭毛モーター

大腸菌などの細菌の鞭毛は，プロペラのように回転することで細菌に運動を与える。この鞭毛の回転運動は，さまざまなタンパク質が組み合わされてできている分子モーターのはたらきによるものである。

細菌の鞭毛の基部には図のようなモーターがあって，水素イオン（H^+）が通過することで回転運動が起こる。水素イオンの濃度勾配を利用して回転のためのエネルギーを得ているのは，ATP 合成酵素のしくみ（▶ *p*.58）とよく似ている。

細菌の鞭毛は，真核生物とは異なりフラジェリンというタンパク質からできている。細菌の鞭毛には，真核生物の鞭毛のような 9＋2 構造（▶ *p*.195）は見られない。

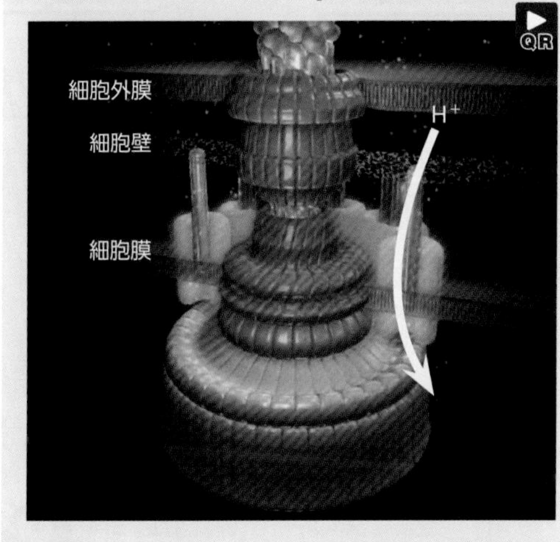
QR
細胞外膜
H+
細胞壁
細胞膜

C 探究 植物細胞の細胞質流動 基生

オオカナダモの葉などの細胞では，葉緑体などの細胞小器官や色素果粒などが一定方向にゆっくりと流動しているのが見られる。これを**細胞質流動**（**原形質流動**）という。

■細胞質流動の観察

①顕微鏡の接眼レンズに，あらかじめ 1 目盛りの長さを求めておいた接眼ミクロメーターを入れる。

②オオカナダモの若い葉を 1 枚とり，水で封じてプレパラートをつくる。

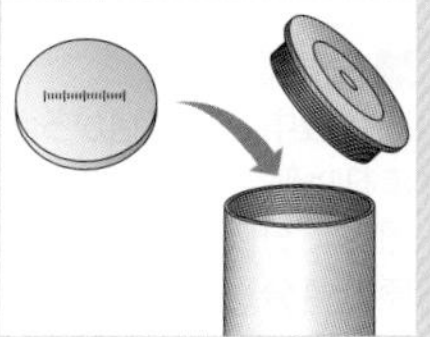

水を 1 滴落としてカバーガラスをかける

③ ②を検鏡すると右上の写真のように見える。

④一定方向に動いている葉緑体を探し，10 秒間で，葉緑体が接眼ミクロメーターの何目盛りを移動したかを測定する。

⑤葉緑体の流動速度を計算する。

■オオカナダモの葉の細胞の細胞質流動

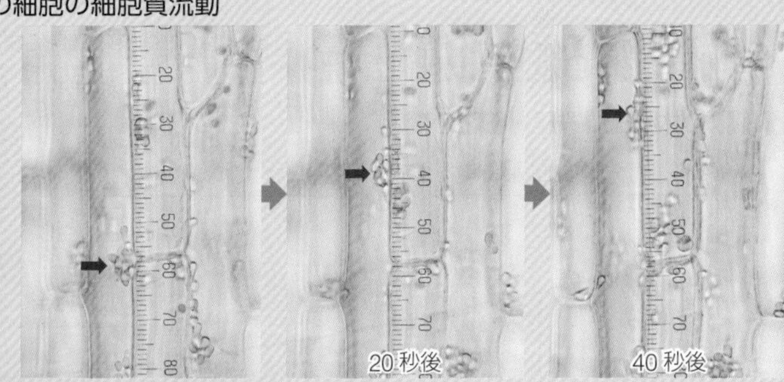
20
30
40
50
60
70
80
20秒後
40秒後

■ムラサキツユクサのおしべの毛の細胞の細胞質流動

おしべ

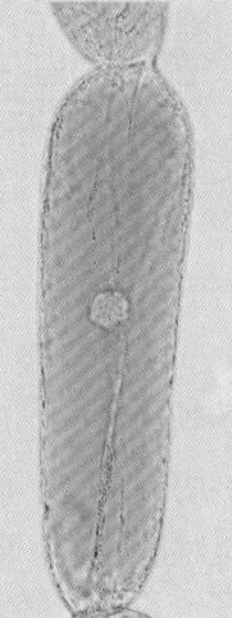

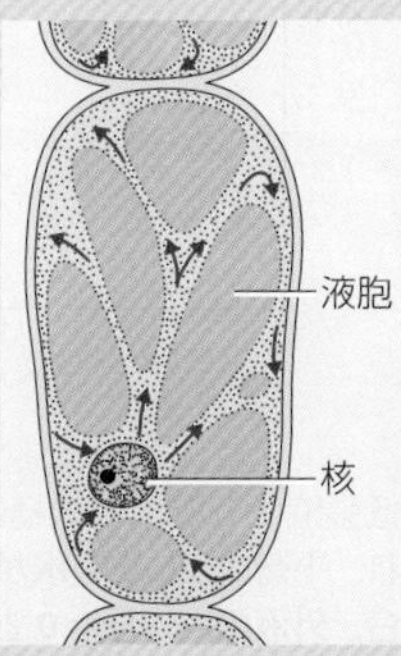
液胞
核

第1編 細胞と分子

うろこ（scale），鞭毛（flagellum），細胞質流動（plasma streaming）

9 細胞への物質の出入り

生物基礎
生　物

A 膜の透過性と浸透 基 生

溶液のどの成分も通す膜を**全透膜**，ある成分は通すが，ある成分は通さない膜を**半透膜**という。
半透膜をはさんで水と水溶液が存在するとき，水が水溶液側へ移動しようとする現象を**浸透**という。

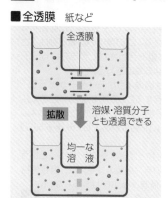

■全透膜　紙など　■半透膜　セロハンなど　■浸透圧

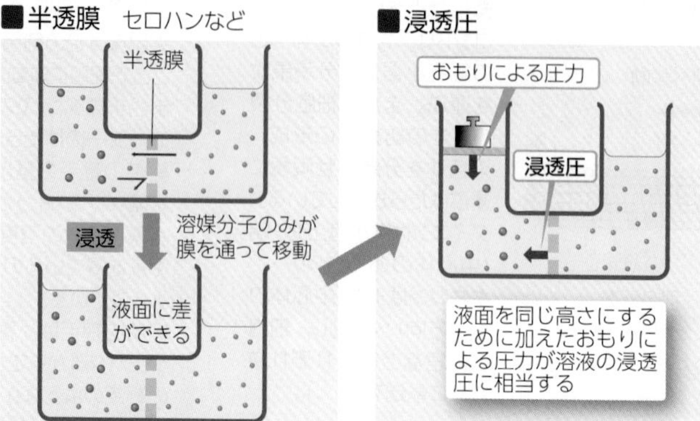

全透膜
拡散
溶媒・溶質分子とも透過できる
均一な溶液
半透膜
浸透
溶媒分子のみが膜を通って移動
液面に差ができる
おもりによる圧力
浸透圧
液面を同じ高さにするために加えたおもりによる圧力が溶液の浸透圧に相当する

細胞膜にはアクアポリンがあって，細胞膜はふつう水をよく通すが，スクロースやイオンなどは通さないので，細胞膜は半透膜のような性質を示す。

（ファントホッフの式）

$\Pi = RCT$

Π：溶液の浸透圧(Pa)

R：気体定数

$(8.3 \times 10^3 \mathrm{Pa \cdot L/(K \cdot mol)})$

C：溶液のモル濃度(mol/L)

T：絶対温度(K)

B 動物細胞と浸透 基 生

細胞膜は半透性をもち，いろいろな濃度の溶液に細胞を浸すと，外液との浸透圧の差によって水の出入りが起こる。

■ヒトの赤血球と浸透

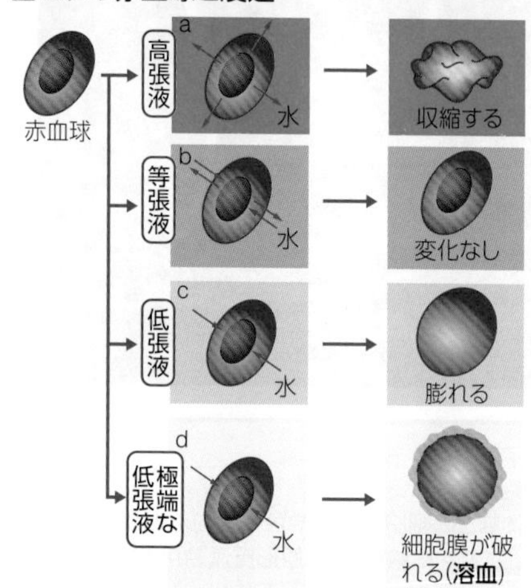

赤血球
a 高張液
水
収縮する
b 等張液
変化なし
c 低張液
膨れる
d 極端な低張液
細胞膜が破れる(溶血)

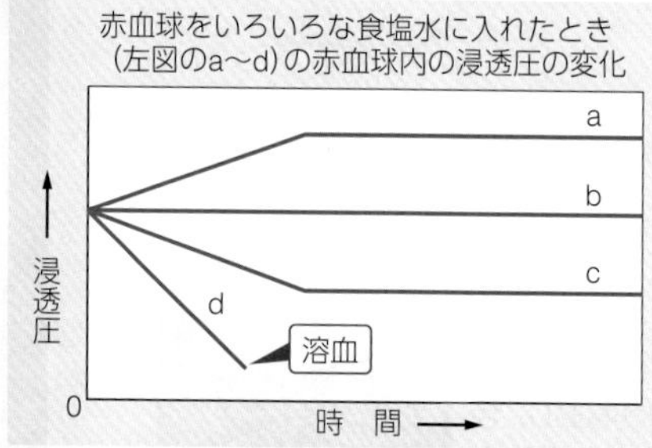

赤血球をいろいろな食塩水に入れたとき（左図のa～d）の赤血球内の浸透圧の変化
浸透圧
時　間
0
a
b
c
d
溶血

Point 外液と細胞への水の出入り

①高張液　細胞から水が出ていく溶液
②低張液　細胞に水が入ってくる溶液
③等張液　見かけ上水の出入りがない溶液

■**生理食塩水**　動物の細胞と等張な食塩水。ヒト(哺乳類)では 0.9%，カエルでは 0.65%。
食塩と各種の塩類を加えて体液の成分に近づけた溶液を**生理的塩類溶液**(リンガー液など)という。

生理的塩類溶液の組成(g/L)

	恒温動物	カエル	メダカ
NaCl	9.0	6.5	7.5
KCl	0.42	0.14	0.2
$CaCl_2$	0.24	0.12	0.2
$NaHCO_3$	0.2	0.1～0.2	0.02

ナメクジに塩をかけると収縮する

C 植物細胞と浸透 基 生

植物細胞の細胞膜の外側には，全透性で丈夫な細胞壁がある。高張液中では**原形質分離**が起こり，低張液中では膨圧が生じて，**緊張状態**となる。

■細胞の体積と浸透圧・膨圧の変化

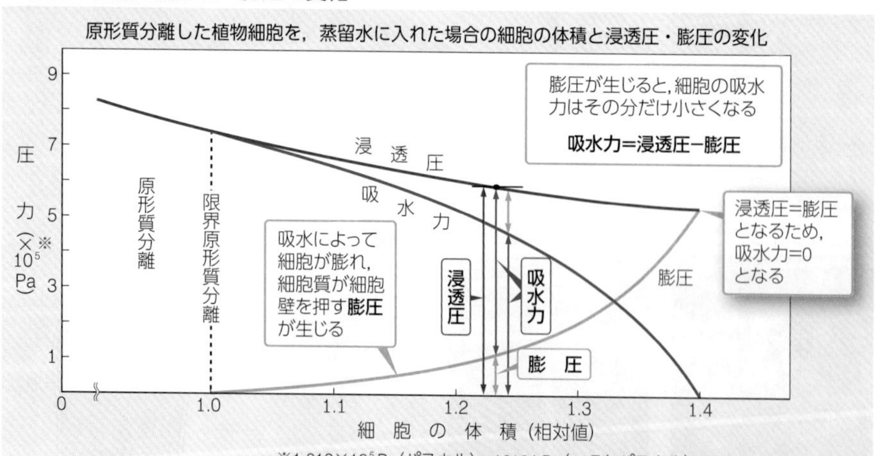

原形質分離した植物細胞を，蒸留水に入れた場合の細胞の体積と浸透圧・膨圧の変化
膨圧が生じると，細胞の吸水力はその分だけ小さくなる
吸水力=浸透圧−膨圧
浸透圧
吸水力
原形質分離
限界原形質分離
吸水によって細胞が膨れ，細胞質が細胞壁を押す膨圧が生じる
浸透圧
吸水力
膨　圧
浸透圧=膨圧となるため，吸水力=0となる
膨圧
圧力(×10⁵Pa)※
9
7
5
3
1
0
1.0
1.1
1.2
1.3
1.4
細胞の体積(相対値)

※1.013×10^5 Pa(パスカル)＝1013 hPa(ヘクトパスカル)＝760 mmHg＝1気圧

低張液中で吸水中の植物細胞の吸水力は　**吸水力＝(細胞内の浸透圧−外液の浸透圧)−膨圧**　で表され，平衡に達して吸水が止まった状態では，吸水力＝0 となる。上図のように，細胞を蒸留水に入れた場合，**外液の浸透圧＝0** となるので，この場合の吸水力は　**吸水力＝細胞内の浸透圧−膨圧**　で表される。

■**原形質分離**

高張液中では細胞から水が出ていき，細胞膜で囲まれた部分が収縮する。
原形質分離が起こるか起こらないかの状態を**限界原形質分離**という。

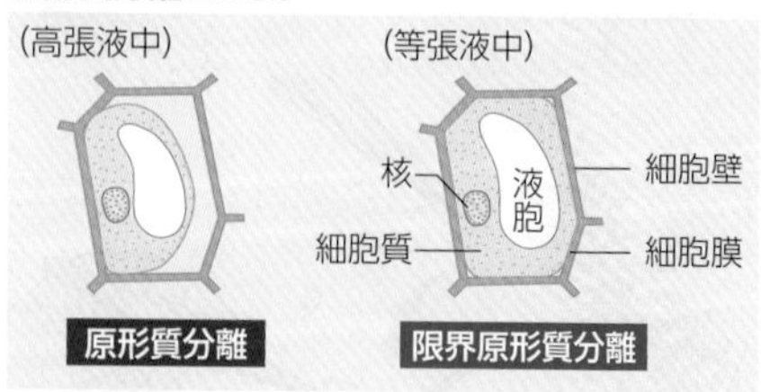

(高張液中)
(等張液中)
核
液胞
細胞壁
細胞質
細胞膜
原形質分離
限界原形質分離

■**原形質復帰**

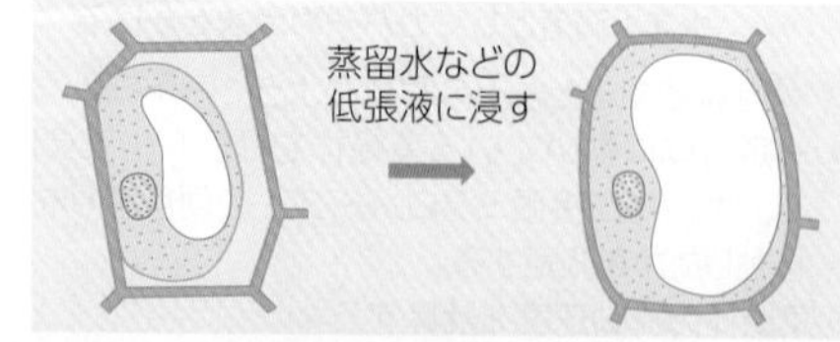

蒸留水などの低張液に浸す

Keywords　半透性(semipermeability)，浸透圧(osmotic pressure)，膨圧(turgor pressure)，吸水力(suction force)，原形質分離(plasmolysis)

10 原形質分離の観察 生物基礎 生物

A 探究 ユキノシタの葉の原形質分離 基 生

ユキノシタの葉の赤い裏面表皮は，液胞中にアントシアンを含んでおり，原形質分離の観察に適している。

■観察の手順

①ユキノシタの葉の赤い裏面表皮は，表皮細胞が一層に並んでいてはぎ取りやすく，液胞中には赤色の色素(アントシアン)が含まれている。

②裏面の表皮にかみそりの刃で 5 mm 四方の切れこみを入れ，葉を軽く折り曲げるようにして，ピンセットではぎ取る。

③はぎ取った表皮を，32，16，8，4 % の各濃度のスクロース溶液および蒸留水に 15 分程度浸しておく。

④スクロース溶液に浸した切片をスライドガラスに取り，浸していたスクロース溶液をたらしてカバーガラスで封じ，すばやく検鏡する。

■観察の結果

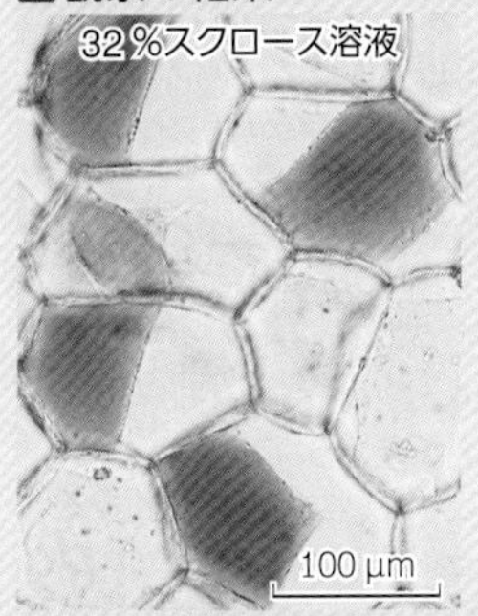
32 %スクロース溶液
100 μm

16 %スクロース溶液

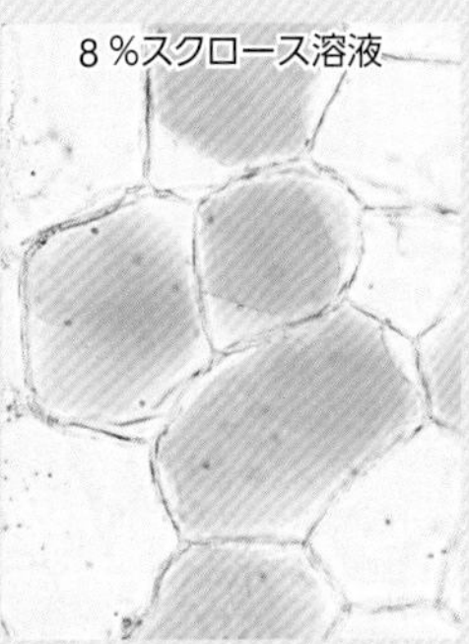
8 %スクロース溶液

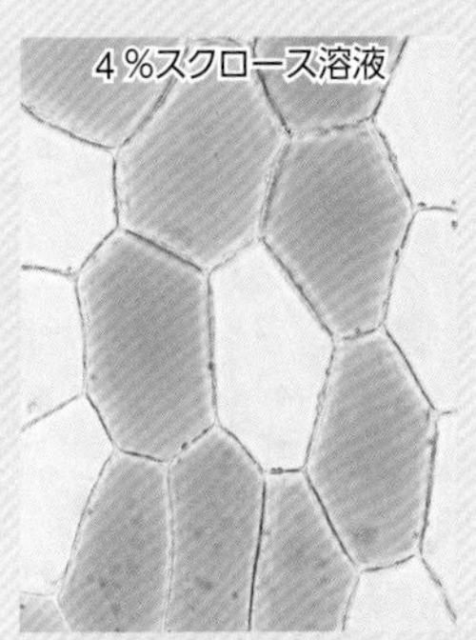
4 %スクロース溶液

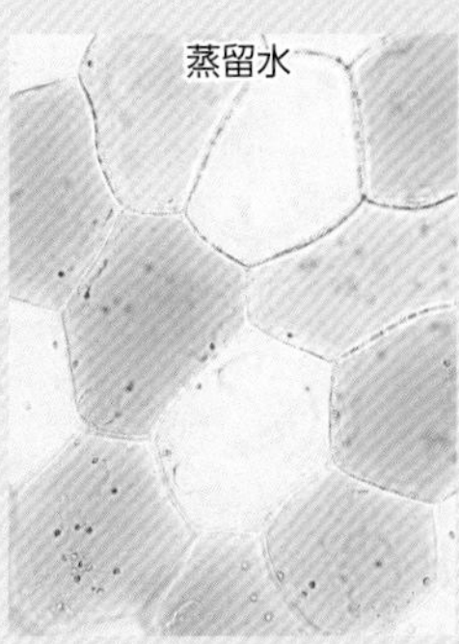
蒸留水

■原形質復帰の実験

原形質分離の状態にある細胞を蒸留水など低張液に浸すと，自然の状態にもどる。

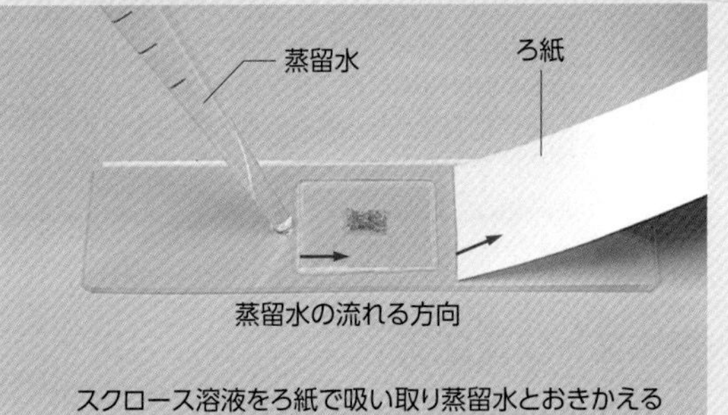
蒸留水
ろ紙
蒸留水の流れる方向
スクロース溶液をろ紙で吸い取り蒸留水とおきかえる

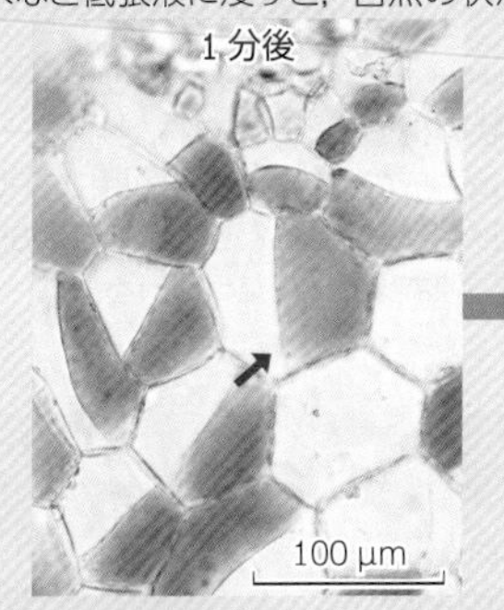
1 分後
100 μm

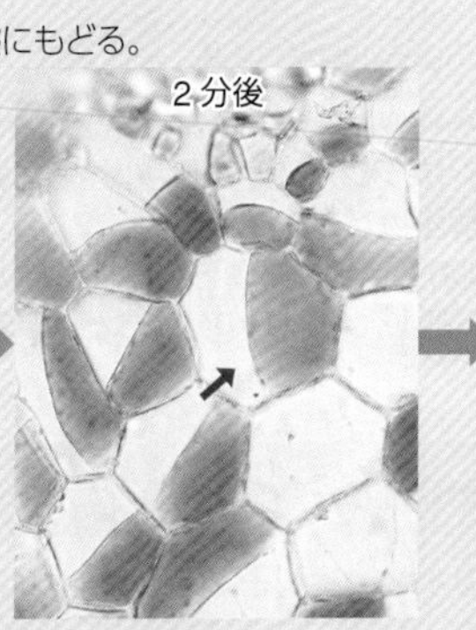
2 分後

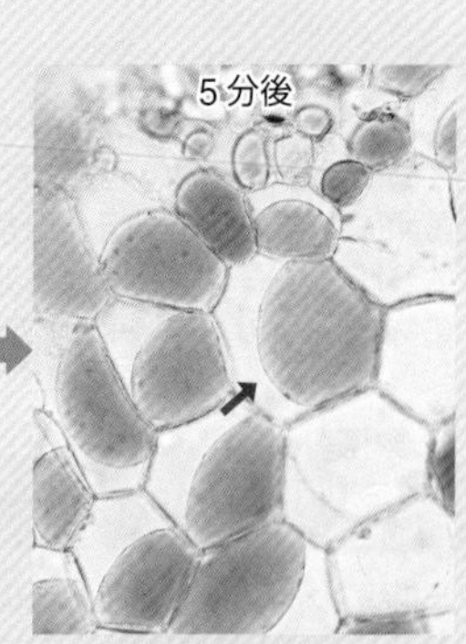
5 分後

B 探究 いろいろな細胞の原形質分離 基 生

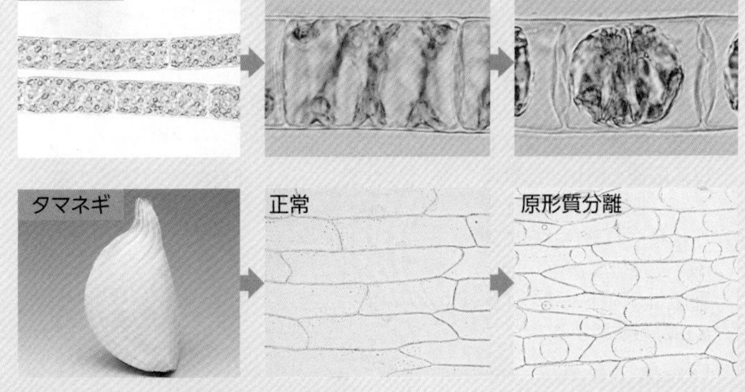
アオミドロ
正常
原形質分離
タマネギ
正常
原形質分離

ムラサキツユクサ

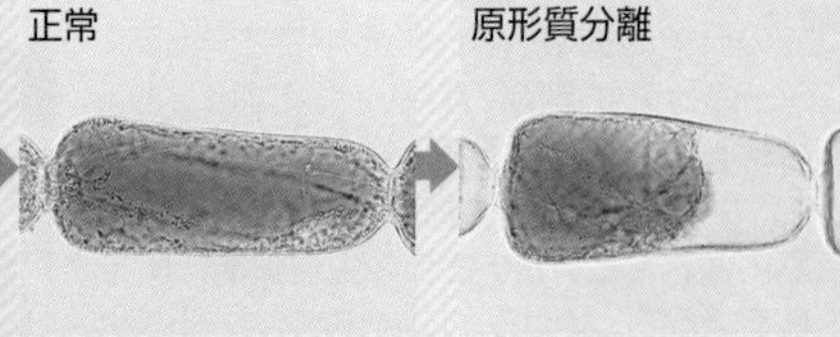
正常
原形質分離

オオカナダモ
正常

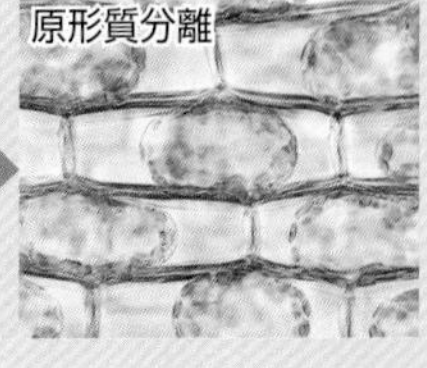
原形質分離

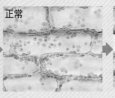

Keywords 原形質復帰(deplasmolysis)

11 細胞内での物質の分解

生物基礎 生物

A タンパク質の分解

細胞内では，タンパク質の合成（▶ p.89）と分解が盛んに行われている。細胞には，不要なタンパク質や異常なタンパク質を分解するしくみがある。

■ユビキチン・プロテアソーム系によるタンパク質の分解

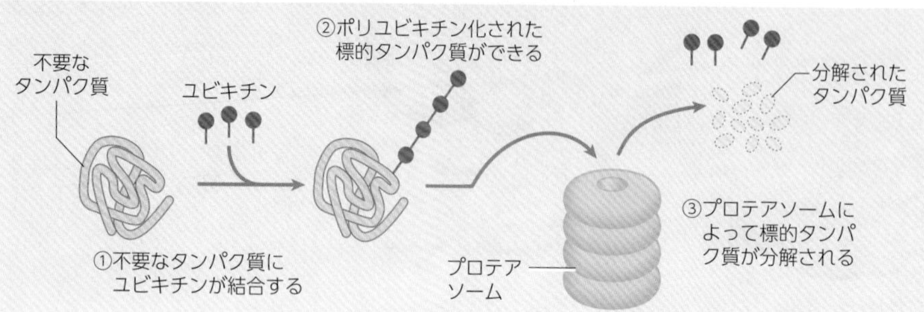
不要な
タンパク質
ユビキチン
②ポリユビキチン化された
標的タンパク質ができる
分解された
タンパク質
①不要なタンパク質に
ユビキチンが結合する
プロテア
ソーム
③プロテアソームに
よって標的タンパ
ク質が分解される

ユビキチンは，76 個のアミノ酸からなるタンパク質である。不要なタンパク質にユビキチンが複数個付加されることをポリユビキチン化という。
プロテアソームは，内部にタンパク質分解酵素を含む円筒形のタンパク質複合体であり，ポリユビキチン化された標的タンパク質を分解する。
この一連の経路を**ユビキチン・プロテアソーム系**といい，これにより不要なタンパク質が特異的・選択的に分解される。

B オートファジー

細胞の中で不要になった物質を非特異的に分解して，再利用するしくみを**オートファジー**（**自食作用**）という。

■オートファジー（自食作用）のしくみ

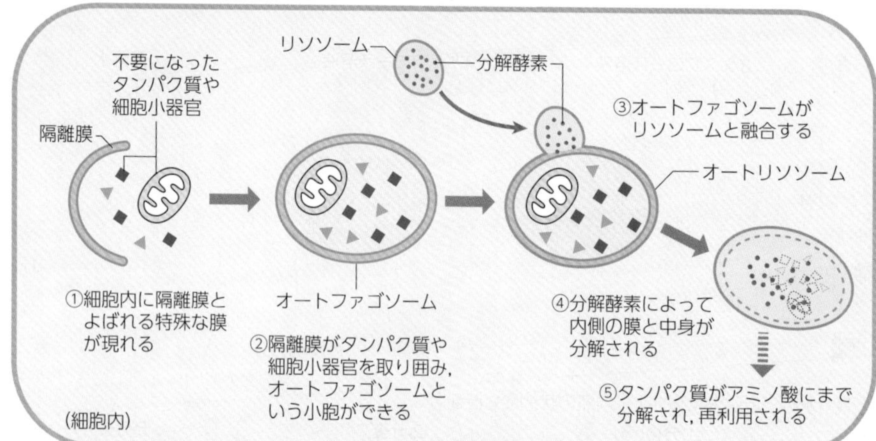
リソソーム
分解酵素
不要になった
タンパク質や
細胞小器官
隔離膜
③オートファゴソームが
リソソームと融合する
オートリソソーム
①細胞内に隔離膜と
よばれる特殊な膜
が現れる
オートファゴソーム
②隔離膜がタンパク質や
細胞小器官を取り囲み，
オートファゴソームと
いう小胞ができる
④分解酵素によって
内側の膜と中身が
分解される
⑤タンパク質がアミノ酸にまで
分解され，再利用される
（細胞内）

オートファジーでは，不要になったタンパク質や細胞小器官が袋状の構造で取り囲まれ，リソソームの分解酵素によって分解される。分解産物であるアミノ酸は，タンパク質合成の材料として再利用される。
オートファジーは，細胞が外部から十分な栄養分を取れない状態（飢餓状態）のときに起こるほか，細胞内の物質の入れ替えや病原性の細菌・ウイルスの分解など，その役割は多岐にわたっている。

Column オートファジーと医療

パーキンソン病やアルツハイマー病などの神経変性疾患は，ニューロン内に異常なタンパク質や損傷を受けた細胞小器官などが蓄積されることが原因の一つと考えられている。そこで，細胞のオートファジー活性を選択的に高めることにより，異常なタンパク質などを除去することによって，これらの神経変性疾患を治療する研究が進められている。
また，これとは逆の方法で，病気を治療する研究も行われている。例えば，がん化した細胞は，細胞の増殖速度が速いため，血管からの栄養供給が間に合わずに飢餓状態に陥っていることが多く，オートファジーのはたらきが活発であることが示されている。このオートファジーのはたらきを阻害することによって，細胞の増殖を抑え，がんを治療するという抗がん剤の開発も始まっている。

Pioneer オートファジーの研究

QR

東京大学教養学部で酵母のオートファジーを発見した大隅良典は，次いでその遺伝学的解析を始め，多くのオートファジーに必須の遺伝子を同定した。以後も基礎生物学研究所，東京工業大学の研究室で一貫してオートファジーの分子機構の解明を進め，それらの功績により 2016 年にノーベル生理学・医学賞を受賞した。この研究をきっかけに，他の生物での研究も進められ，世界中でオートファジーの研究が劇的に進展した。これにより，オートファジーは飢餓への応答だけでなく，がん細胞や老化抑制，病原体排除や細胞内浄化など，さまざまな生理機能に関与していることが明らかになった。オートファジーにはまだわかっていないことも多く，大隅研究室では出芽酵母を材料に，さまざまな解析手法を用いてオートファジーの細胞生物学的，生理学的な理解を目指している。

（現在）東京工業大学　科学技術創成研究院
細胞制御工学研究センター　大隅研究室

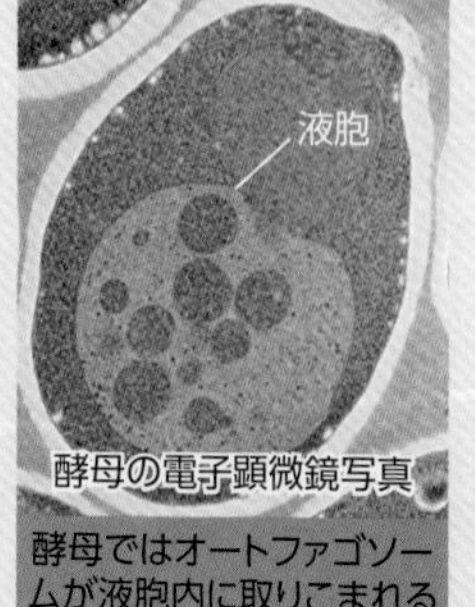
液胞
酵母の電子顕微鏡写真
酵母ではオートファゴソームが液胞内に取りこまれる

Zoom up 小胞体ストレス応答

小胞体では，リボソームでつくられたタンパク質が輸送されるとともに，タンパク質の折りたたみや修飾（▶ p.90）が行われる。細胞がさまざまな環境にさらされることで，小胞体内でタンパク質が正常に折りたたまれなくなったり，不良なタンパク質が蓄積していったりすることがある。この状態のことを小胞体ストレスという。小胞体の膜にあるタンパク質がこの情報を感知すると，①新たなタンパク質合成の抑制，②シャペロン（▶ p.25）による不良タンパク質の折りたたみ直し，③プロテアソームによる不良タンパク質の分解，などの応答が起こる。これらの応答を**小胞体ストレス応答**といい，これによって細胞の正常な状態が維持される。さらにストレスの強度が強いと，細胞はアポトーシス（▶ p.132）を誘導する。

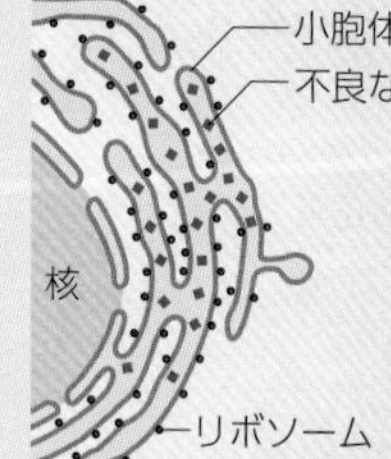
小胞体
不良なタンパク質
核
リボソーム

不良なタンパク質の蓄積を，小胞体の膜にあるタンパク質が感知
⬇
シャペロンの増加，不良タンパク質の分解

Keywords　ユビキチン（ubiquitin），プロテアソーム（proteasome），オートファジー（autophagy）

12 細胞間の情報伝達 生物基礎 生物

A 細胞間の情報伝達

多細胞生物では，細胞間で情報伝達が行われることによって，組織や器官が協調してはたらいている。

■細胞における情報の受容と応答

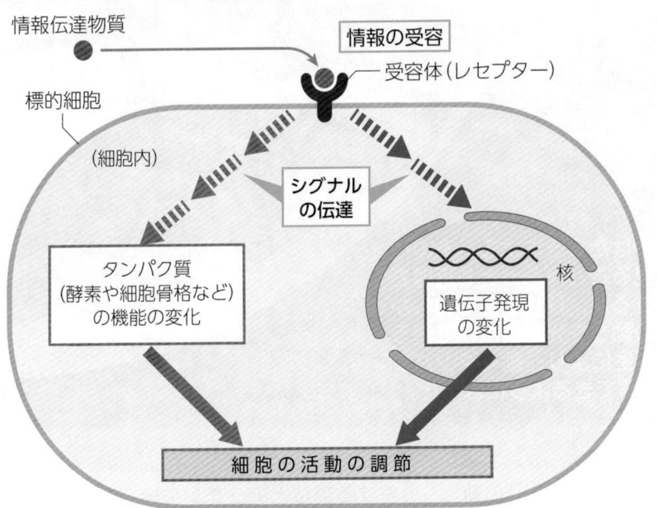
情報伝達物質
情報の受容
受容体(レセプター)
標的細胞
(細胞内)
シグナルの伝達
タンパク質
(酵素や細胞骨格など)
の機能の変化
核
遺伝子発現
の変化
細胞の活動の調節

細胞間の情報伝達は，**情報伝達物質**(細胞外シグナル分子)によって行われる。情報伝達物質を受け取る細胞を**標的細胞**といい，標的細胞には**受容体**(**レセプター**)とよばれるタンパク質が存在する。受容体が情報伝達物質と特異的に結合すると，細胞内では次々と物質の受け渡し(**シグナルの伝達**)が行われ，一連の反応を経て細胞の活動が調節される。

Point 細胞間の情報伝達の種類

細胞間の情報伝達にはさまざまな方法があり，情報伝達物質の受け渡しの方法によって，下のⓐ〜ⓓのように分類することができる。

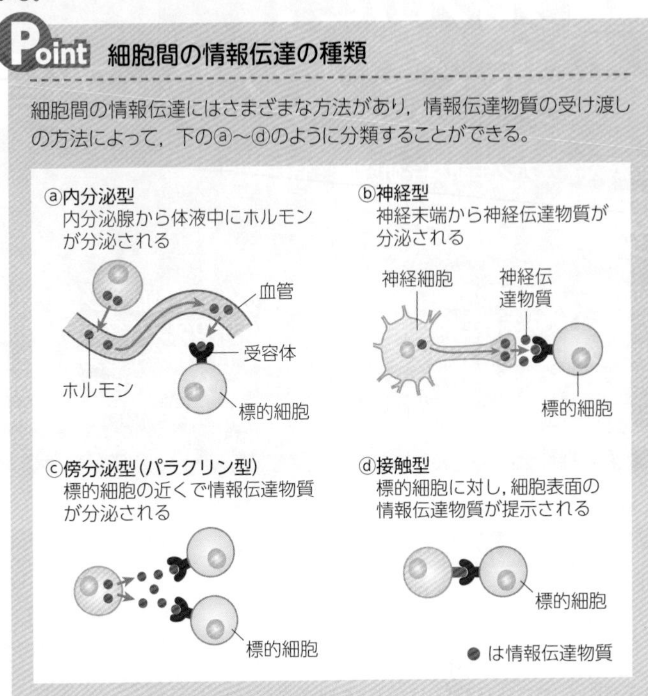
ⓐ内分泌型
内分泌腺から体液中にホルモンが分泌される
血管
受容体
ホルモン
標的細胞
ⓑ神経型
神経末端から神経伝達物質が分泌される
神経細胞
神経伝達物質
標的細胞
ⓒ傍分泌型(パラクリン型)
標的細胞の近くで情報伝達物質が分泌される
標的細胞
ⓓ接触型
標的細胞に対し，細胞表面の情報伝達物質が提示される
標的細胞
● は情報伝達物質

B 受容体と情報の伝達

細胞表面の受容体の種類は大きく３つに分類される。また，細胞内に受容体が存在する場合もある(▶ *p*.96)。

■イオンチャネル型受容体

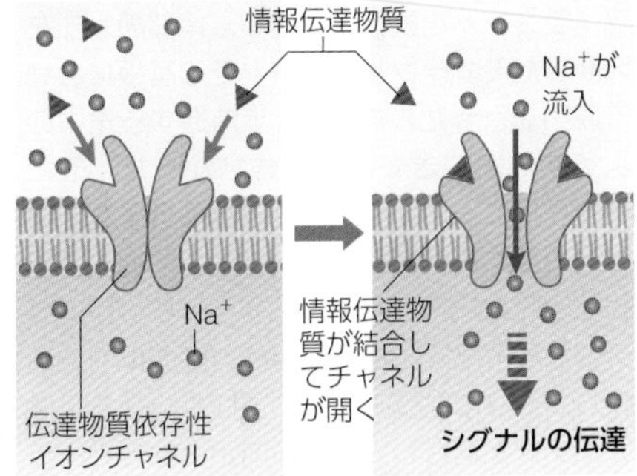
情報伝達物質
Na⁺が
流入
Na⁺
情報伝達物質が結合してチャネルが開く
伝達物質依存性
イオンチャネル
シグナルの伝達

情報伝達物質が結合すると，チャネルが開いて細胞内外の濃度勾配に従ったイオンの移動が起こり，これが引き金となって応答が起こる。
[例] ニューロンのシナプス

■酵素共役型受容体

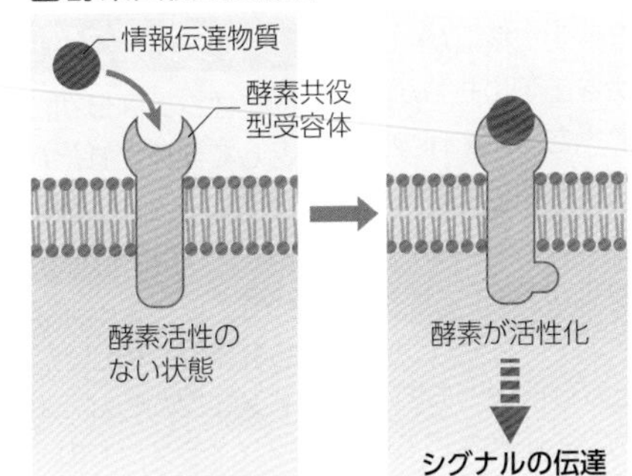
情報伝達物質
酵素共役
型受容体
酵素活性の
ない状態
酵素が活性化
シグナルの伝達

情報伝達物質が結合すると，受容体の反対側の細胞内にある端で酵素が活性化される。多くは受容体自身が酵素活性をもつが，受容体に結合した酵素が活性化する場合もある。
[例] 細胞の成長や分化などにかかわる局所仲介物質(組織液などを介して近くの細胞に作用する情報伝達物質)

■ Gタンパク質共役型受容体

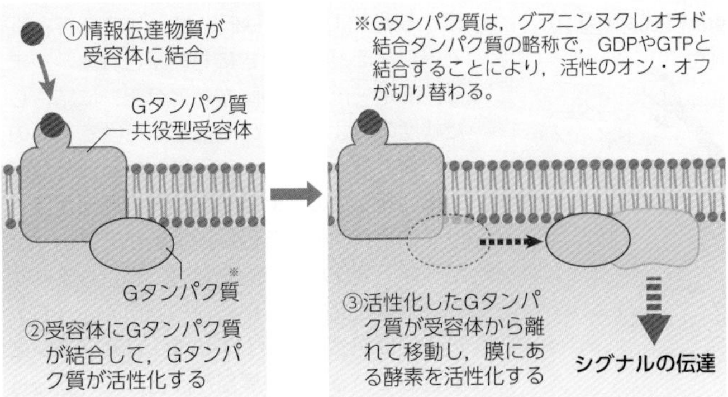
①情報伝達物質が
受容体に結合
Gタンパク質
共役型受容体
Gタンパク質※
②受容体にGタンパク質が結合して，Gタンパク質が活性化する
※Gタンパク質は，グアニンヌクレオチド結合タンパク質の略称で，GDPやGTPと結合することにより，活性のオン・オフが切り替わる。
③活性化したGタンパク質が受容体から離れて移動し，膜にある酵素を活性化する
シグナルの伝達

情報伝達物質が受容体に結合すると，細胞の内側にあるGタンパク質に情報が伝達され，これによりGタンパク質が細胞膜にある酵素を活性化する。
[例] ホルモン，局所仲介物質，神経伝達物質など多くの情報伝達

Zoom up セカンドメッセンジャー

細胞外の情報伝達物質(ファーストメッセンジャー)に対して，細胞内の情報伝達物質は，**セカンドメッセンジャー**とよばれる。セカンドメッセンジャーのはたらきによって，細胞内に効率よく情報が伝達される。セカンドメッセンジャーとしてはたらく物質として，cAMP(環状AMP，サイクリックAMP)やCa^{2+}，IP_3(イノシトール三リン酸)などがある。

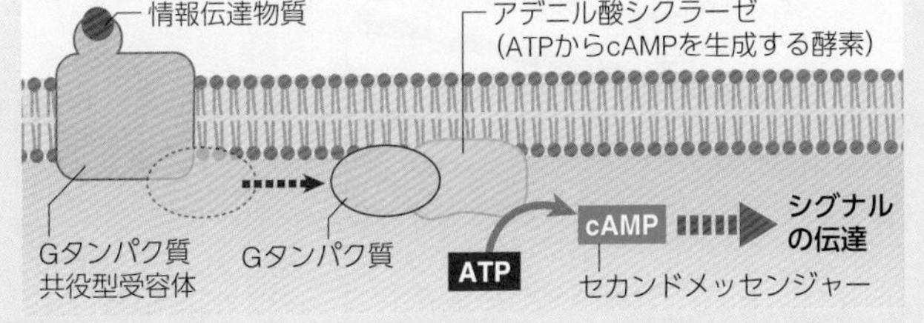
情報伝達物質
アデニル酸シクラーゼ
(ATPからcAMPを生成する酵素)
Gタンパク質
共役型受容体
Gタンパク質
ATP
cAMP
シグナル
の伝達
セカンドメッセンジャー

Keywords　シグナルの伝達(signal transduction)，標的細胞(target cell)，受容体(receptor)

[写真]
高速 AFM 装置の操作風景

1 見えた！歩くタンパク質

金沢大学　ナノ生命科学研究所　特任教授
安藤（あんどう）　敏夫（としお）

筋収縮，染色体の複製，記憶・学習などの生命活動はタンパク質分子のはたらきによる。そのはたらくしくみを詳しく理解するには，動作中のタンパク質分子を直接見ることがもっとも近道であろう。電子線やX線を使って小さいタンパク質分子を見ることはできるが，静止したものしか見ることができない。タンパク質分子に光る分子を付けて，その輝点の動きを光学顕微鏡で追うことはできるが，タンパク質分子そのものは見えない。高速 AFM の誕生により，動くタンパク質分子を直接見ることがようやく可能になり，はたらくしくみを深く理解できるようになった。

高速原子間力顕微鏡（高速 AFM）

原子間力顕微鏡（AFM）は，カンチレバーとよばれるレバーの先端についたとがった針でステージにのせた試料の表面を触って観察する顕微鏡である（図 1）。試料をのせるステージは，スキャナとよばれる機械についている。上下にカンチレバーを振動させ，スキャナを前後左右に動かしながら，探針で試料の表面を叩く。叩くとカンチレバーの振幅が減る。2 つのダイオードでとらえた振幅が一定に保たれるようにスキャナを上下にも動かすことで，探針が試料を叩く力を一定に保つ。このスキャナの上下の動きは試料の高さに相当するので，試料表面各点でのこの上下の移動量をコンピュータに取りこんで，試料表面の形状を求める。このようなしくみをもつ AFM は，原子を観察できる分解能をもち，液中の試料も観察可能だが，1 画像を撮るのに 1 分以上の時間がかかるため，動く分子は観察できない。そこで，AFM に含まれる要素（カンチレバーやスキャナ，回路など）の動きをすべて高速化した高速 AFM が開発され，1 秒間に 10 画像撮ることが可能になった。2023 年現在では，そこからさらに 10 倍近く速くなっている。

こうした観察装置の発達により，生体内の微細な分子の動きを観察できるようになり，タンパク質のはたらきなどをより詳細に理解できるようになってきた。

■ AFM 装置の基本部分の模式図（図 1）

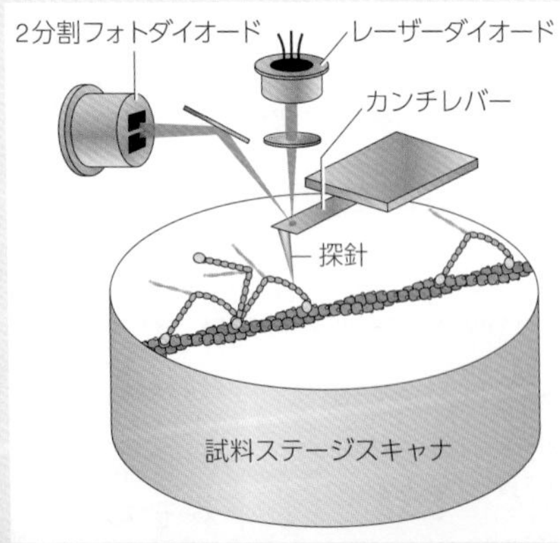
2分割フォトダイオード
レーザーダイオード
カンチレバー
探針
試料ステージスキャナ

歩くタンパク質－ミオシンVの観察

ミオシンは最初，筋肉の主要なタンパク質として発見されたが，現在ではあらゆる真核細胞に存在し，35 種類あることが知られている。5 番目に見つかったミオシンVは二量体で，モータードメインとネックドメインからなる 2 本の足と，尾部，カーゴ（荷物）結合ドメインからなる（図 2）。この分子はアクチンフィラメントの－端から＋端に向かって動き，細胞内で荷物を目的地に運搬する機能をもつ。モータードメインは，ATP を結合して分解する部位とアクチンに結合する部位をもっている。ミオシンV分子に付けた蛍光分子が発する光の観察から，ミオシンVは，ATP を 1 分子分解するごとに 36nm 歩くことが知られている。この歩行は，全く同じ 2 本の足（モータードメインとネックドメインの両方を合わせた部分）を前足と後ろ足に交互に切り替えることで行われる。

■ ミオシンVの分子形態の模式図（図 2）

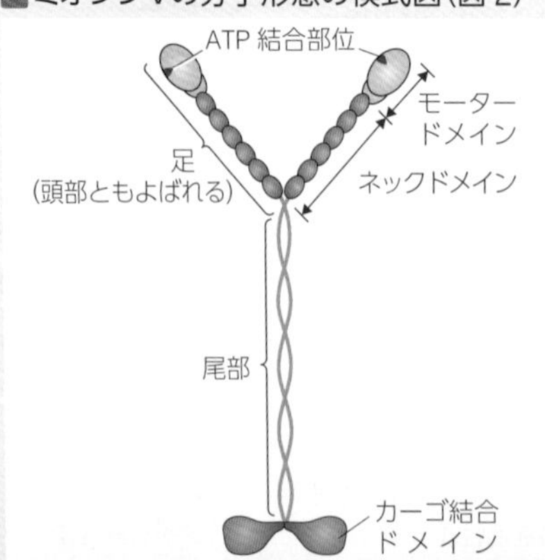
ATP 結合部位
モーター
ドメイン
足
（頭部ともよばれる）
ネックドメイン
尾部
カーゴ結合
ドメイン

アクチンフィラメントの上を歩くミオシンVを高速 AFM で観察するために，アクチンフィラメントを基板に固定し，尾部の一部を切断したミオシンVの溶液をその基板にのせて観察を行った。だが，1 歩前進する途中のようすは速すぎて観察できなかった。そこで，基板に緩やかな障害物となる分子をまいたところ，速度が遅くなって 1 歩前進する過程が明瞭に観察された（図 3）。後ろ足がアクチンから解離すると，前足は自動的に前方回転し，それに従って前方に運ばれた後ろ足はアクチンと結合し，新しい前足となって一歩前進が完了する。

前足がアクチンに固定されたまま前方に回転する動作は，頻度は低いが，ADP の存在下で尾部がほどけたときにも観察された。つまり，前足・後ろ足の両方がアクチンに結合した状態のミオシンVの尾部がほどけて 2 つの単量体となったとき，前足にあたる部分が前方に回転したのである（図 4ⓐ）。尾部がほどけて前足が回転するのは，前足がアクチンに無理な角度（後方に約 135 度）で結合してひずみ，張力を発生しているからである。一方，後ろ足は自然な角度（約 45 度）でアクチンに結合しているので，尾部がほどけても回転しない。これまで，ミオシンVが移動するしくみについては「ATP の分解で供給されるエネ

障害物をまいて撮影されたミオシンVの動き(図 3)

左が高速 AFM 像，右がその模式図。
ミオシンVが障害物に引っかかって移動速度が遅くなり，移動途中のようすを高速 AFM でとらえられる速さになったため，1 歩前進している途中のミオシンVを撮影することができた。

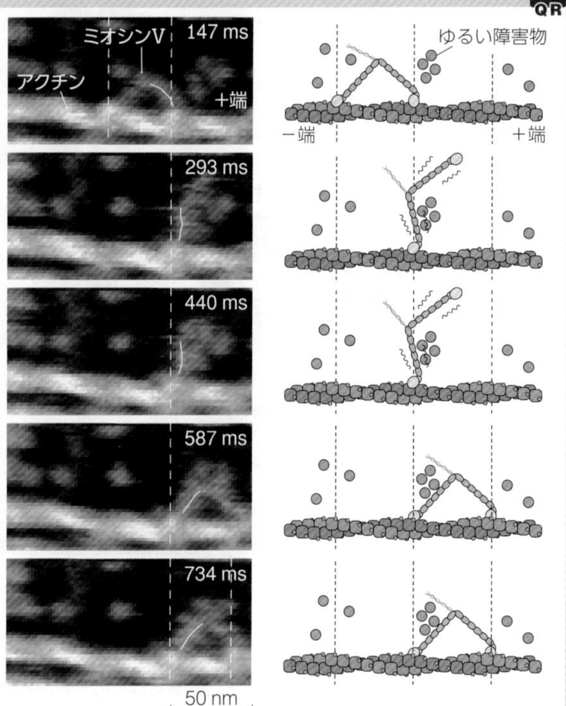

ミオシンV
147 ms
アクチン
+端
ゆるい障害物
一端
＋端
293 ms
440 ms
587 ms
734 ms
50 nm

ミオシンVの前足の角度(図 4)

ⓐ尾部がほどける前(上)とほどけた後(下)

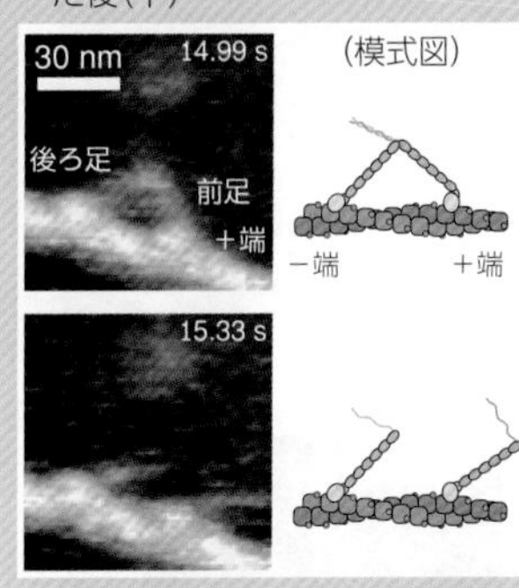

30 nm
14.99 s
(模式図)
後ろ足
前足
＋端
一端
＋端
15.33 s

ⓑADPが結合していない状態(上)と結合した状態(下)の前足の形状の違い

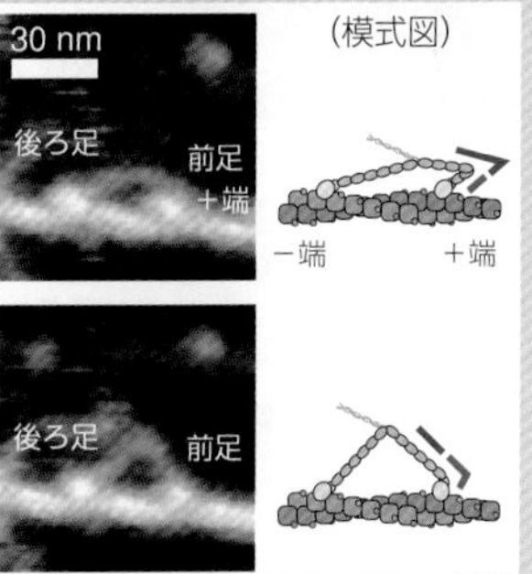

30 nm
(模式図)
後ろ足
前足
＋端
一端
＋端
後ろ足
前足

ミオシンVが歩くしくみ(図 5)

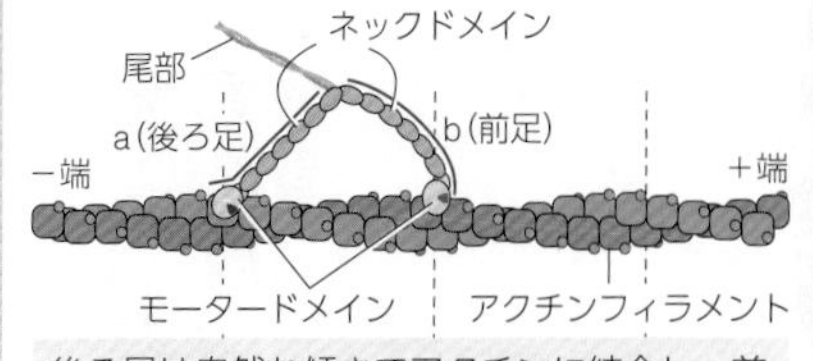

ネックドメイン
尾部
a(後ろ足)
b(前足)
一端
＋端
モータードメイン
アクチンフィラメント

後ろ足は自然な傾きでアクチンに結合し，前足は不自然にたわんで結合し張力を発生する

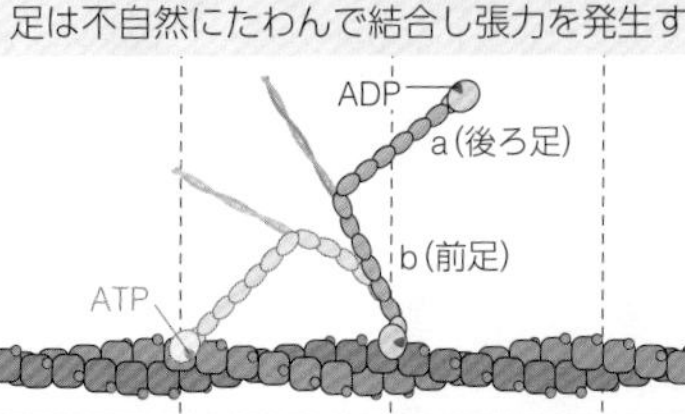

ADP
a(後ろ足)
b(前足)
ATP

ATPが結合するとa(後ろ足)がアクチンから離れる。アクチンから離れたa(後ろ足)は前方に回転するb(前足)にひっぱられる。aのATPが分解され，ADPとリン酸になる

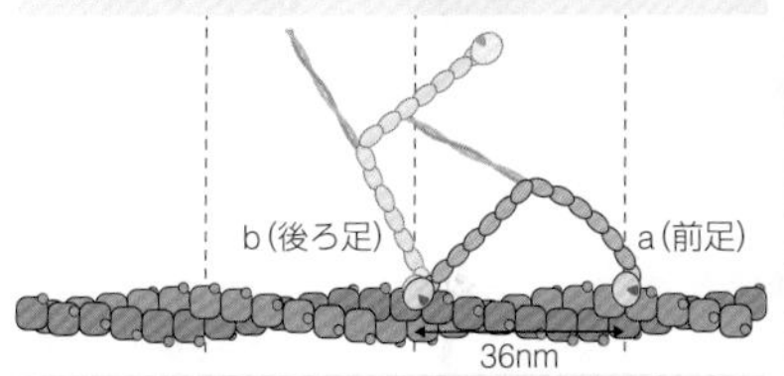

b(後ろ足)
a(前足)
36nm

aが前足となってアクチンに結合する。この後，b(後ろ足)からADPが外れ，ATPが新たに結合するとb(後ろ足)がアクチンから離れる。ADPは後ろ足からのみ外れるので，必ず後ろ足が前へ歩を進め，一方向に歩くことになる

ルギーが前進運動(前足の前方回転)の駆動力の源である」と考えられてきたが，これらの観察結果から，「ミオシンVの前足に発生する張力が，前進運動の駆動力の源である」ということがわかった。すなわち，この発見はこれまでの常識を覆すこととなった。

次に，前足の張力と ADP の関係を調べるため，ATP も ADP もない状態(空状態)と ADP を加えた状態のそれぞれで前足の形状を観察した。すると，空状態では前足がするどく曲がるのに対し(図 4ⓑ上━)，ADP 結合状態では前足はほぼまっすぐだった(同図下━)。空状態では，ほぼまっすぐなままでは前足のひずみが大きくなりすぎるため，モータードメインに近いネック部分を後ろ足と同様に自然な向きにすることでひずみを小さくしていると考えられる(同図上━)。一方，ADP 結合状態では，前足は無理な向きのままで張力を発生していると考えられる(同図下━)。

ここで，いろいろな濃度の ADP 中で，前足が 曲がる⇔まっすぐになる の変化(ADP の解離と結合)がどのくらい速く起こるかを観察した。その結果，曲がる頻度(ADP が解離する頻度)は平均で10秒間に1回であった。ATP 中でミオシンVは 1 秒間に 10 歩程度歩けるので，1 歩の動作の間に前足から ADP は解離しないことになる。

こうした観察の結果から，ミオシンVは次のようなしくみで歩くと結論づけられた(図 5)。まず，自然な傾きでアクチンに結合した後ろ足に ATP が結合すると，後ろ足のモータードメインがアクチンから離れる。すると，前足はネックを無理に曲げた姿勢から自然な傾きになるように前方に回転し，その回転により，ネックの接合部でつながっている後ろ足が前方にひっぱられ，前足を越して前方のアクチンに結合し，1 歩前進する。この間に ATP は ADP となっているが，この新しい前足に結合した ADP は解離しないため，新しい前足はアクチンに結合したままになる。新しい後ろ足からは ADP が解離して ATP が結合するので，後ろ足はアクチンから離れ，新しい前足の張力で再び前方に送られる。これこそが，ミオシンVが前足と後ろ足を交互に切り替えて連続歩行するしくみである。

今後のタンパク質分子機械の研究

これまでは機能中のタンパク質分子のふるまいを直接見ることは不可能であったため，タンパク質が動作するしくみを理解するのに多くの実験と時間を必要とした。しかし，高速 AFM の誕生により，機能中の分子の動的な姿，動作を直接見ることが可能になり，迅速な理解が可能になった。すでに高速 AFM は世界中で利用されるようになっているが，1 秒間に 100 画像の撮影速度が達成されれば，更に多くの分子プロセスが高速 AFM によって観察され，多様なタンパク質の分子機械がはたらくしくみの詳細な理解が一層進むものと期待される。

キーワード
高速原子間力顕微鏡，ミオシン，アクチン，モータータンパク質，分子機械

安藤敏夫(あんどう としお)
金沢大学
ナノ生命科学研究所 特任教授
東京都出身。趣味は音楽，園芸。
研究の理念は
「独創性(ものまねはしない)」

この記事を読んで，「さらに知りたい」と思ったことをあげて，自分で調べてみよう。

第1編 細胞と分子

13 単細胞生物から多細胞生物へ

生物基礎
生物

A 単細胞生物

からだがただ１つの細胞からなる生物を**単細胞生物**という。

■原核生物

細菌

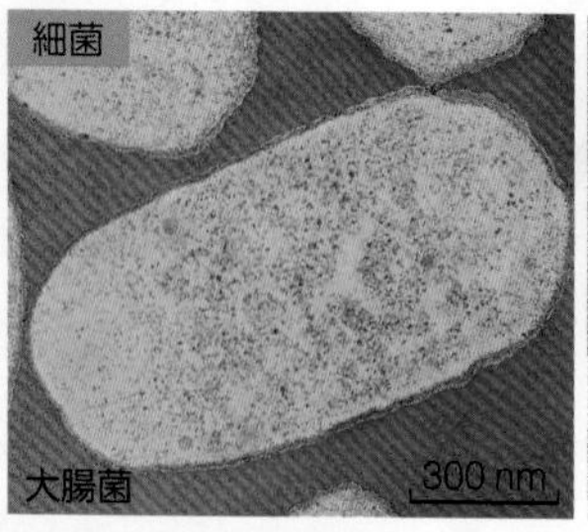
300 nm
大腸菌

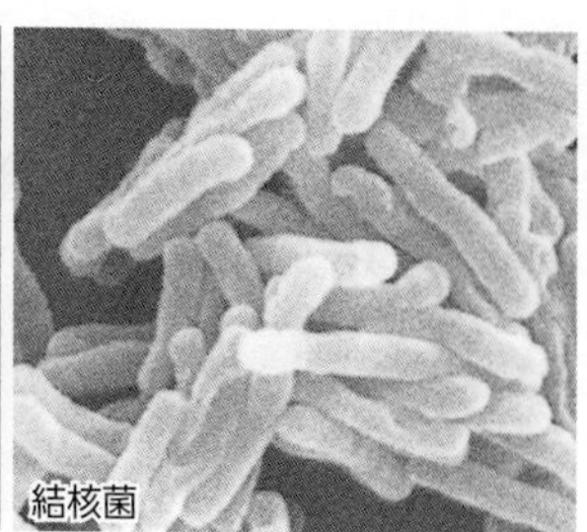
結核菌

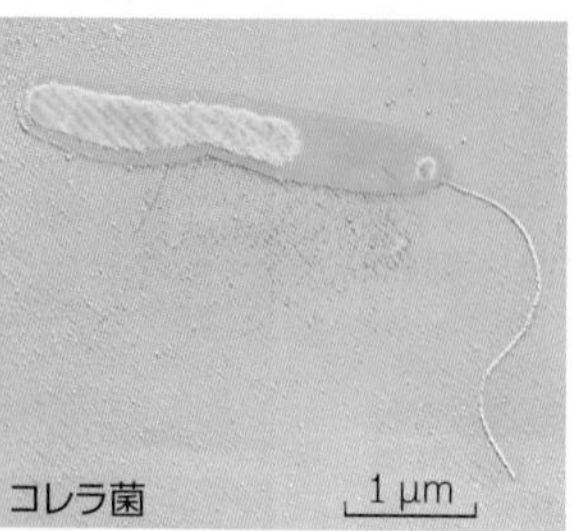
1 μm
コレラ菌

シアノバクテリア

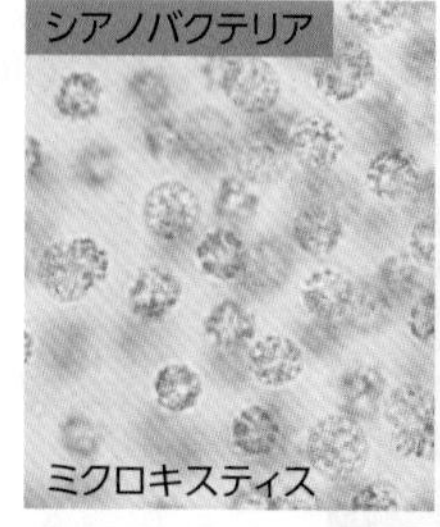
ミクロキスティス

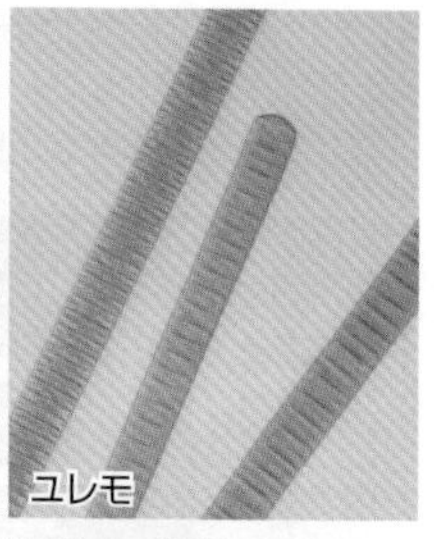
ユレモ

■真核単細胞生物－単細胞の藻類

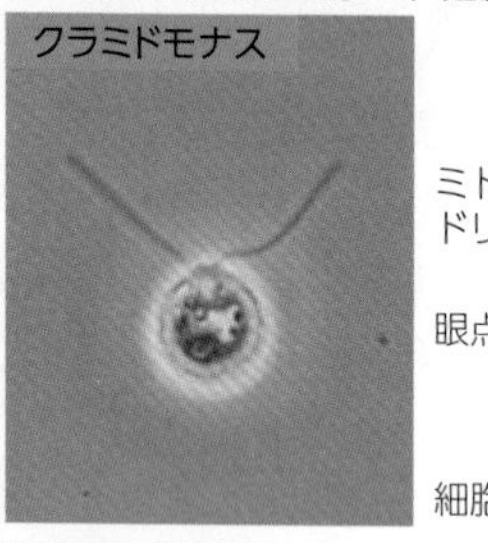
クラミドモナス

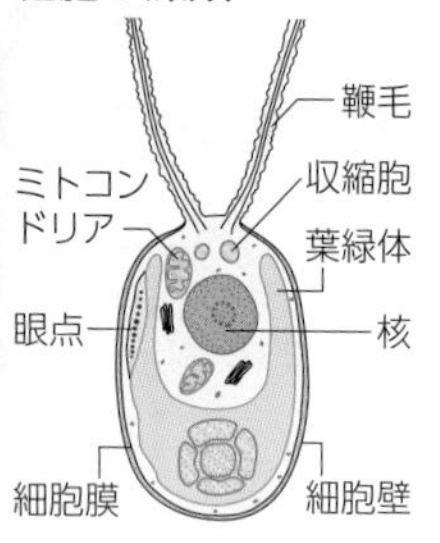
鞭毛
ミトコンドリア
収縮胞
葉緑体
眼点
核
細胞膜
細胞壁

カサノリ

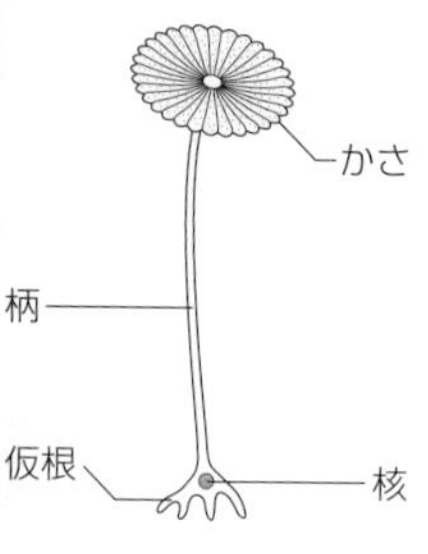
かさ
柄
仮根
核

■真核単細胞生物－単細胞の菌類

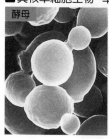

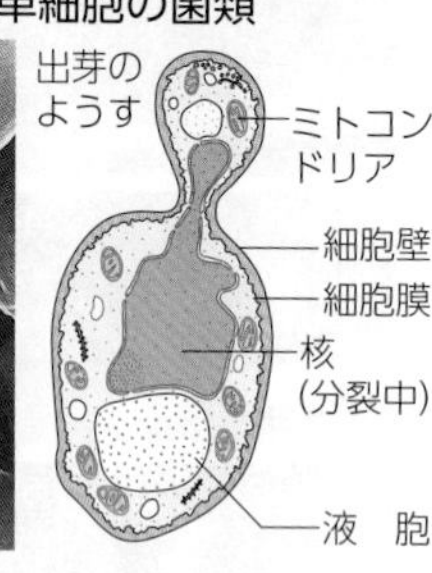
出芽のようす
ミトコンドリア
細胞壁
細胞膜
核
(分裂中)
液　胞
酵母

■真核単細胞生物－原生動物

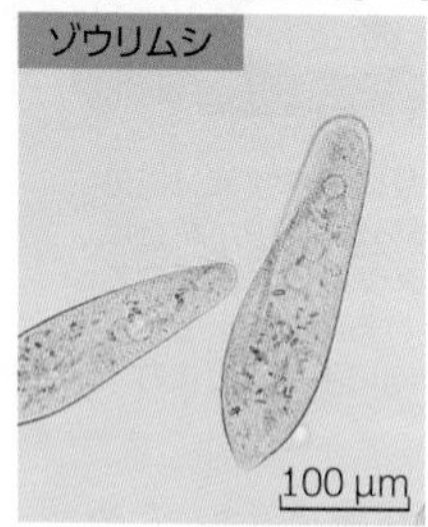
100 μm
ゾウリムシ

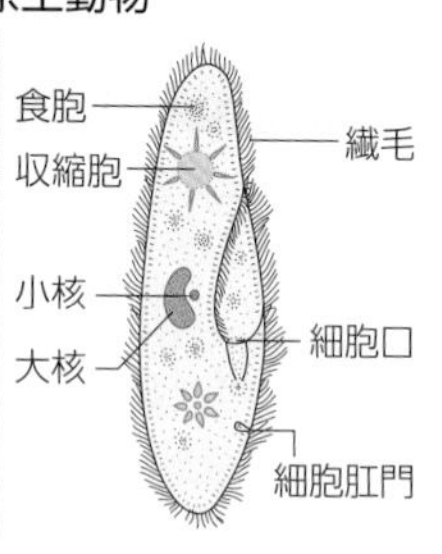
食胞
収縮胞
繊毛
小核
大核
細胞口
細胞肛門

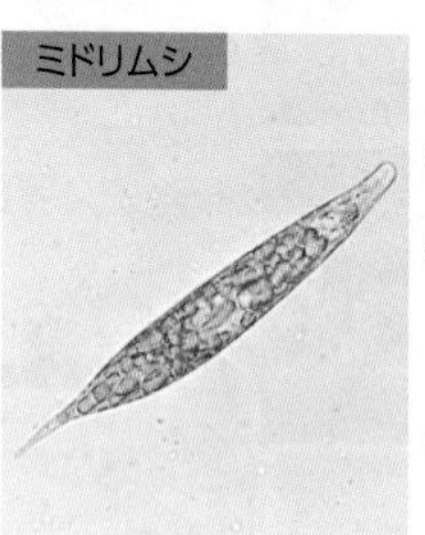
ミドリムシ

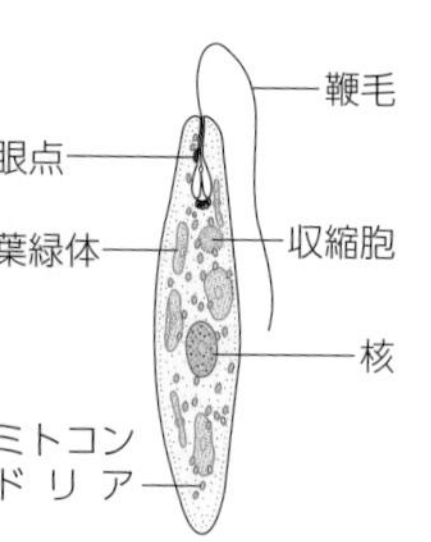
鞭毛
眼点
葉緑体
収縮胞
核
ミトコンドリア

細胞小器官	はたらき
細胞口	食物の取り入れ
食胞	食物の消化
収縮胞	水の排出，浸透圧の調節
鞭毛・繊毛	運動
眼点	光(またはその方向)の受容に関与
細胞肛門	不消化物の排出

B 細胞群体

単細胞生物が集まって１つの個体のような集合体をつくっているものを**細胞群体**(**定数群体**)という。単細胞生物と多細胞生物の中間的な生物と考えられる。

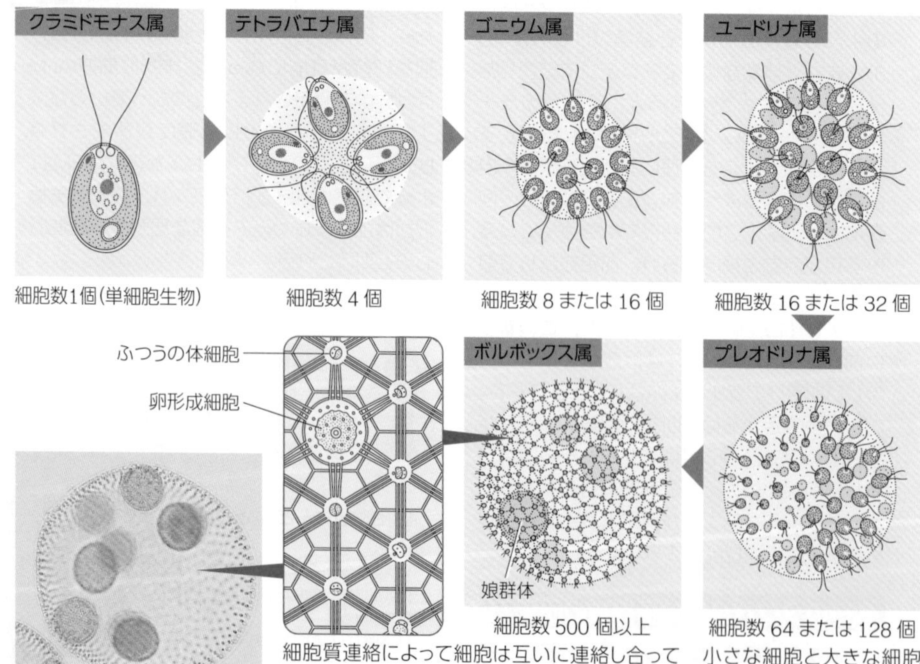
クラミドモナス属
テトラバエナ属
ゴニウム属
ユードリナ属
細胞数1個(単細胞生物)
細胞数 4 個
細胞数 8 または 16 個
細胞数 16 または 32 個
ふつうの体細胞
卵形成細胞
ボルボックス属
プレオドリナ属
娘群体
細胞数 500 個以上
細胞質連絡によって細胞は互いに連絡し合っている。細胞には一部，分化と分業が見られる

細胞数 64 または 128 個
小さな細胞と大きな細胞に分かれている

Zoom up 細胞群体と群体

単細胞生物が集まって１つの個体のような集合体となっているものを**細胞群体**(**定数群体**)という。また，分裂や出芽などで増殖して生じた多数の単細胞または多細胞の個体が集まっているものを**群体**という。なかには多細胞生物が共通のからだや組織として互いに連絡している生物集団もあり，このようなものだけを指して群体とよぶこともある。
群体の例　サンゴ，カツオノエボシなど

ハナヤサイサンゴ

Keywords 単細胞生物(unicellular organism)，眼点(eye spot)，藻類(algae)，原生動物(protozoan(s))，菌類(fungi)，細胞群体(cell colony)

C 多細胞生物

からだが多数の細胞からなる生物を**多細胞生物**という。多細胞生物の細胞は，それぞれ特定のはたらきをするように分化し，互いに協調して個体の生命活動を維持している。

■多細胞生物の成り立ち

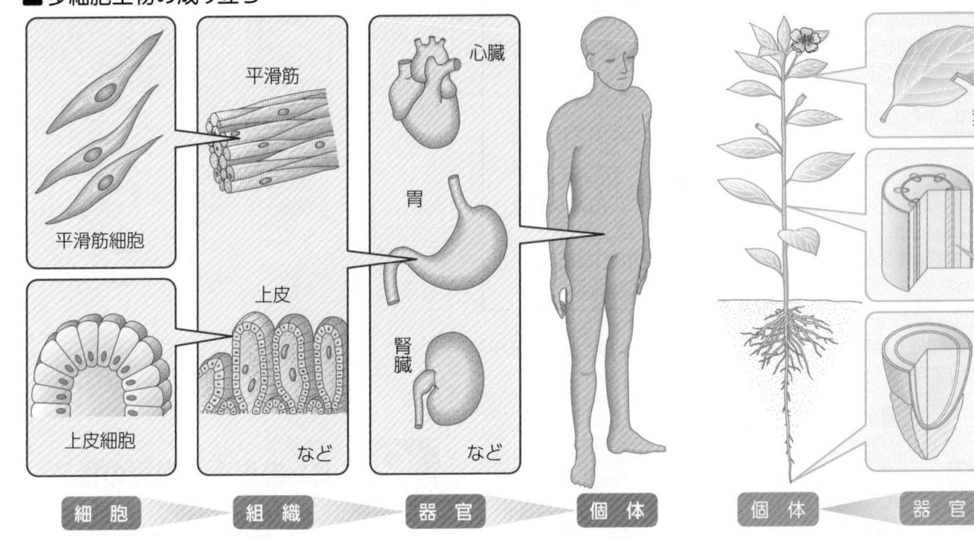

平滑筋細胞
平滑筋
心臓
胃
腎臓
上皮
上皮細胞
など
など
細胞
組織
器官
個体

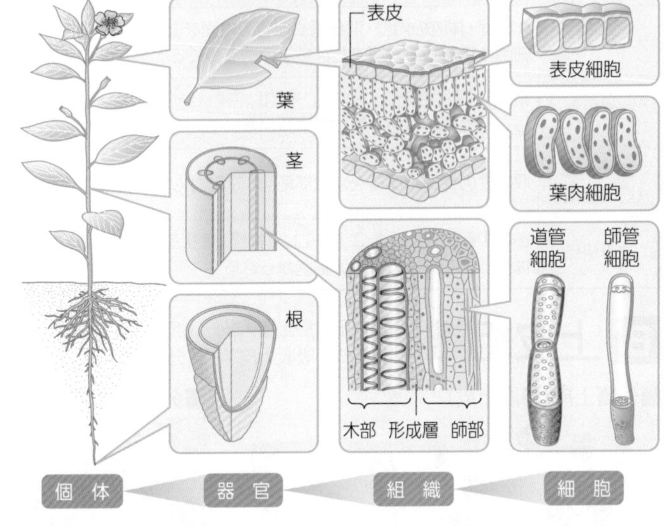

葉
茎
根
表皮
表皮細胞
葉肉細胞
道管細胞
師管細胞
木部
形成層
師部
個体
器官
組織
細胞

発達した多細胞生物では，同じような形やはたらきをもった細胞が集まって**組織**を形成し，いくつかの組織が集まって**器官**をつくっている。このような組織や器官が集まって生物(**個体**)のからだができている。

注)動物では，器官の数が多く，はたらきのよく似た器官をまとめて**器官系**とよぶ(▶p.45)。また，植物では，いくつかの組織をまとめたものを**組織系**という(▶p.46)。

Point 個体の成り立ち

細胞 → 組織 → 器官 → (器官系) → 個体(動物)

細胞 → 組織 → (組織系) → 器官 → 個体(植物)

Zoom up 細胞性粘菌の生活環

キイロタマホコリカビ(細胞性粘菌類，▶p.293)の生活環では，単細胞の時期と多細胞の時期が交互に出現する。

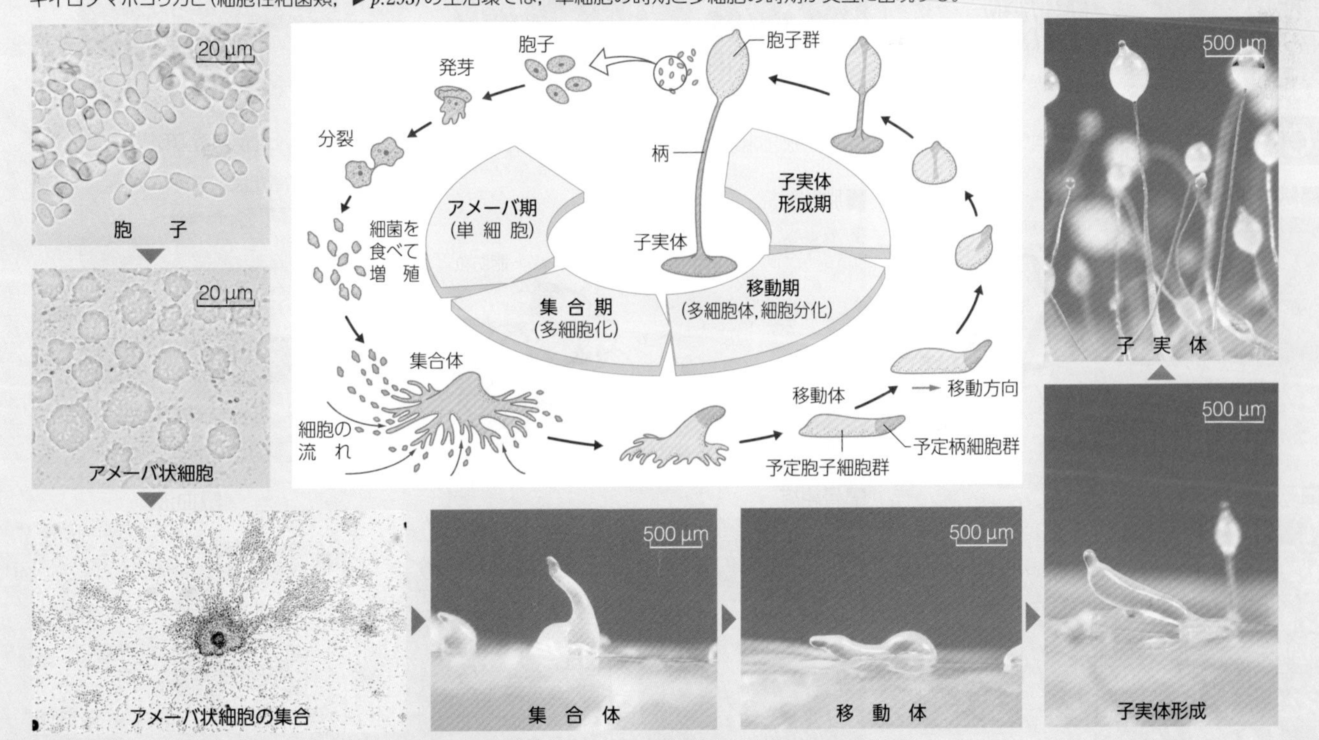

20 μm
胞子
20 μm
アメーバ状細胞
アメーバ状細胞の集合
胞子
発芽
分裂
細菌を食べて増殖
胞子群
柄
子実体
アメーバ期
(単細胞)
集合期
(多細胞化)
移動期
(多細胞体,細胞分化)
子実体形成期
集合体
細胞の流れ
移動体
移動方向
予定柄細胞群
予定胞子細胞群
500 μm
子実体
500 μm
500 μm
500 μm
集合体
移動体
子実体形成

14 動物個体の成り立ち 生物基礎 生物

A 動物の組織

刺胞動物以上の動物の組織は，上皮組織・結合組織・筋組織・神経組織の 4 つに大別される。

組　織	構　造	はたらきなど
上皮組織	体表面・体腔の内壁・消化管や血管の内面をおおう。細胞は密着して一層または多層の層をつくる	内部の保護・刺激の受容・物質の吸収や分泌など
結合組織	組織や器官の間を満たす。細胞は密着せずに散在し，その間を埋める細胞間物質が多い	組織間の結合やからだの支持など
筋組織（筋肉組織）	収縮性のタンパク質を含む筋細胞（筋繊維）からなる	からだや胃・腸などの内臓の運動
神経組織	多数の突起をもったニューロン（神経細胞）と，そのはたらきを助けるグリア細胞からなる	刺激による興奮を中枢に伝え，中枢からの命令を全身に伝える

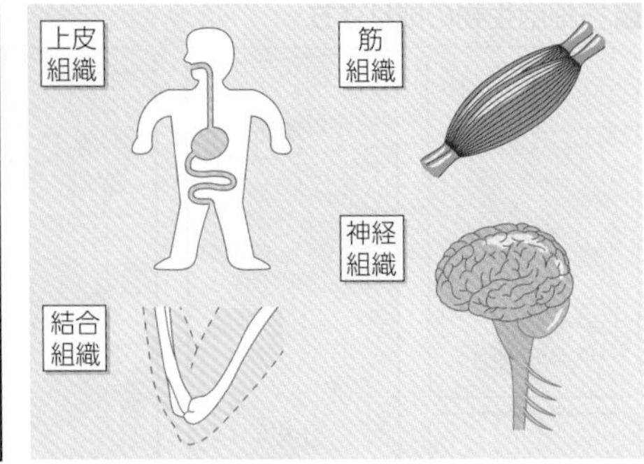

上皮組織
筋組織
神経組織
結合組織

B 上皮組織

構造から単層上皮・多層上皮・繊毛上皮などに分けられ，はたらきから分泌上皮・感覚上皮・吸収上皮などに分けられる。

保護上皮（単層上皮）

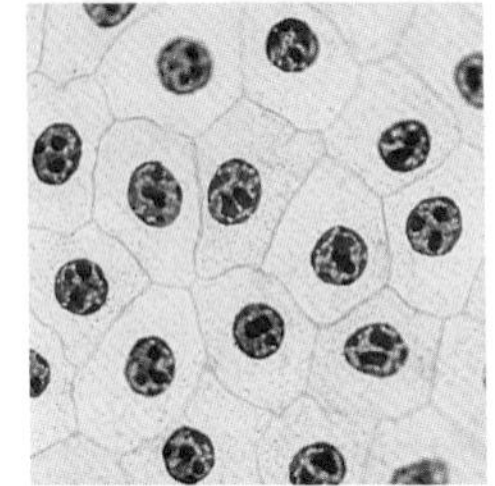
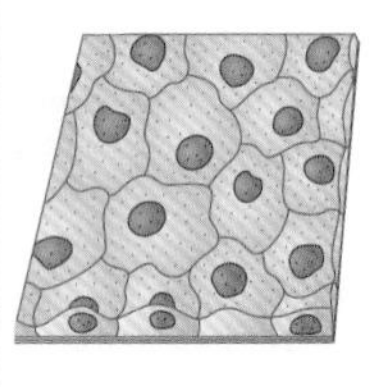

（カエルの腸間膜）

分泌上皮（腺上皮）

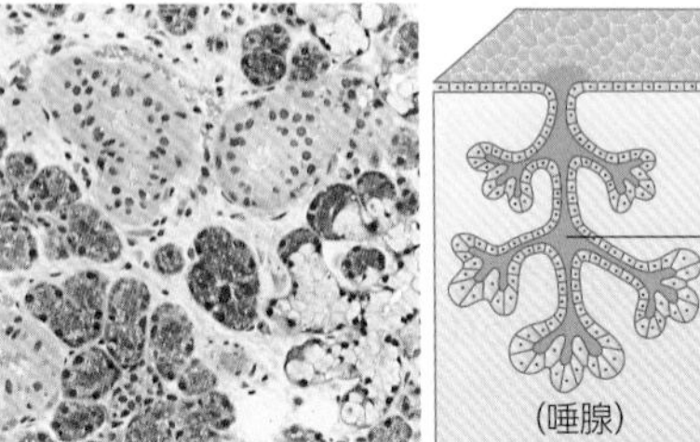
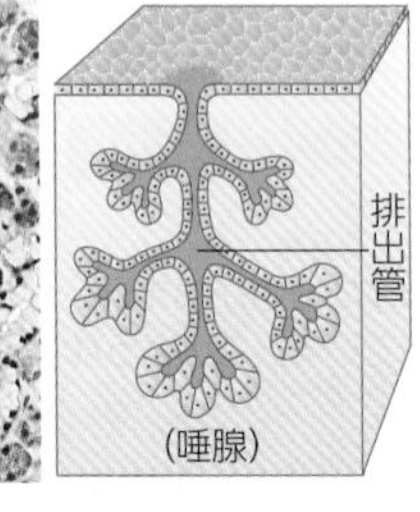

排出管

（唾腺）

感覚上皮

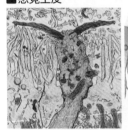

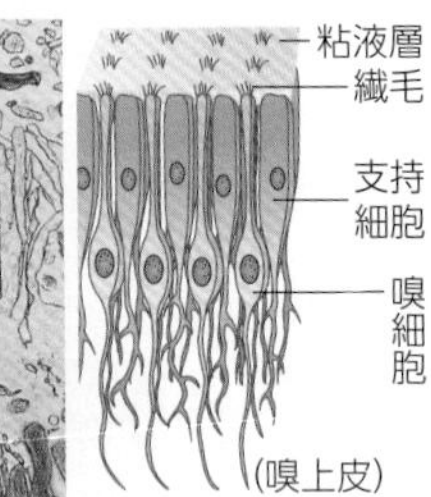

粘液層
繊毛
支持細胞
嗅細胞

（嗅上皮）

吸収上皮

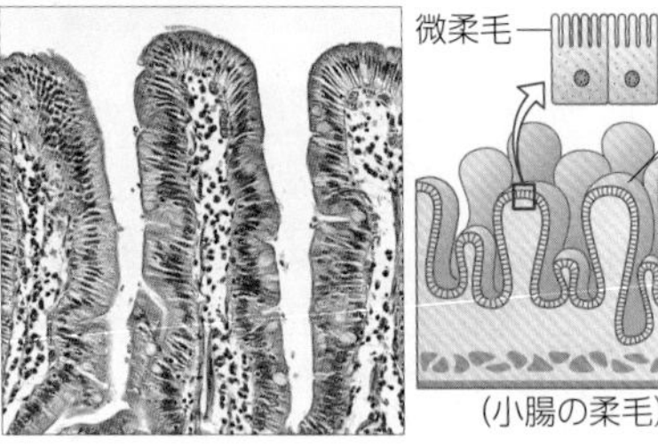

微柔毛
柔毛

（小腸の柔毛）

C 結合組織

細胞間物質が多いのが特徴で，細胞間物質の性質をもとに分類される。

繊維性結合組織

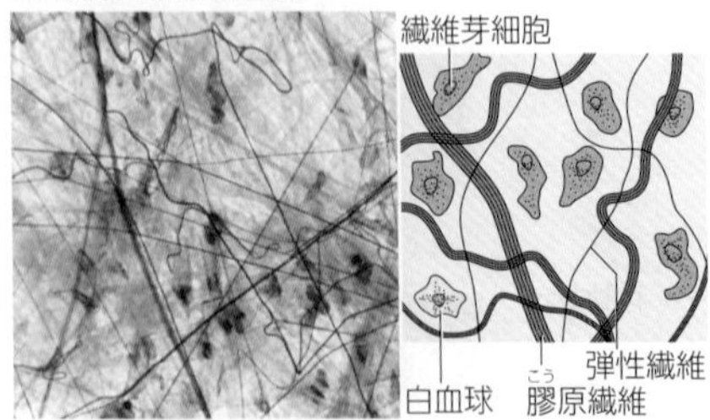

繊維芽細胞
弾性繊維
白血球
膠原繊維

脂肪組織

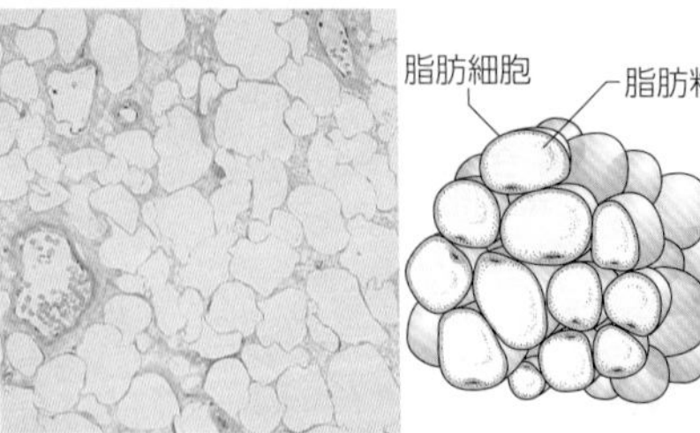
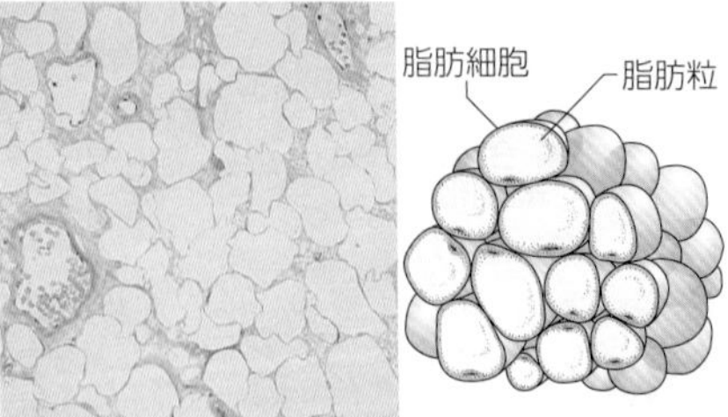

脂肪細胞
脂肪粒

Zoom up ヒトの皮膚と血管の構造

ヒトの皮膚の構造

ヒトの皮膚 ＝ 表　皮 ＋ 真　皮
（上皮組織）（結合組織）

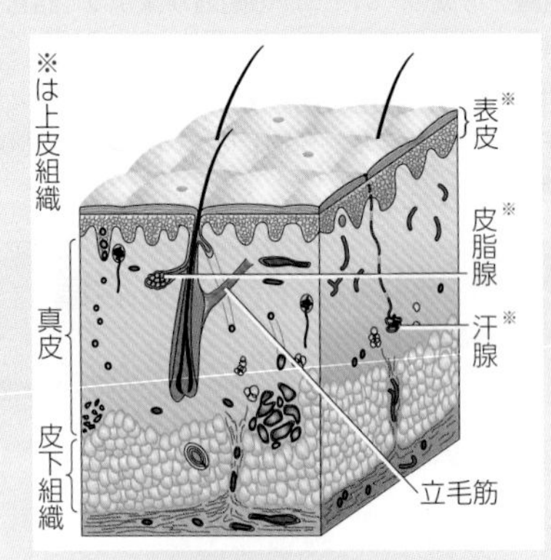

※は上皮組織
表皮※
皮脂腺※
汗腺※
真皮
皮下組織
立毛筋

ヒトの血管の構造

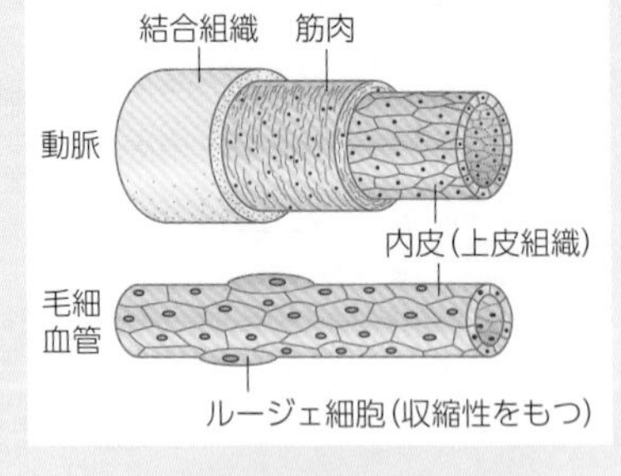

結合組織
筋肉
動脈
内皮（上皮組織）
毛細血管
ルージェ細胞（収縮性をもつ）

軟骨組織

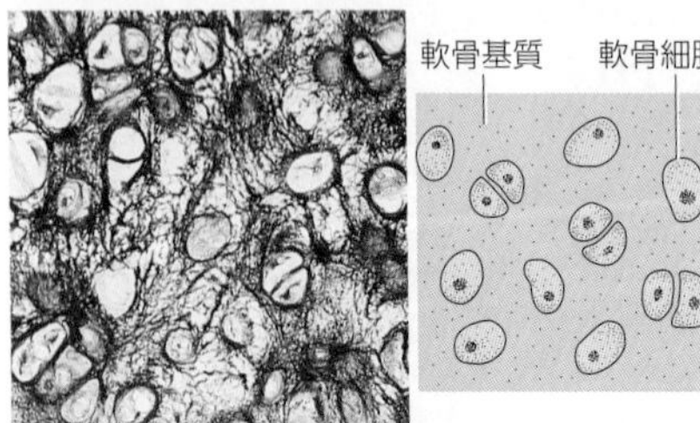

軟骨基質
軟骨細胞

骨組織

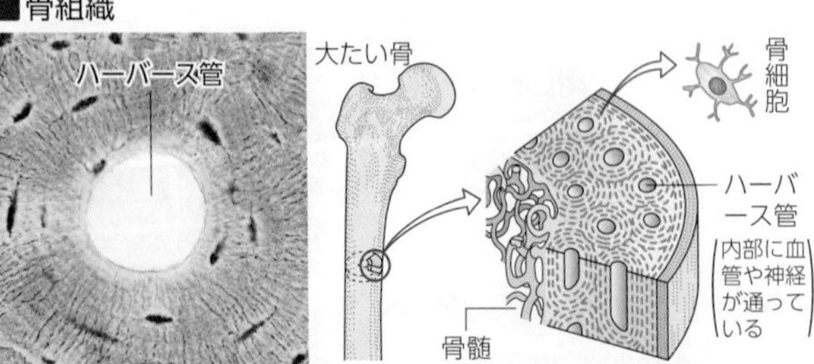

ハーバース管
大たい骨
骨細胞
ハーバース管
内部に血管や神経が通っている
骨髄

血液

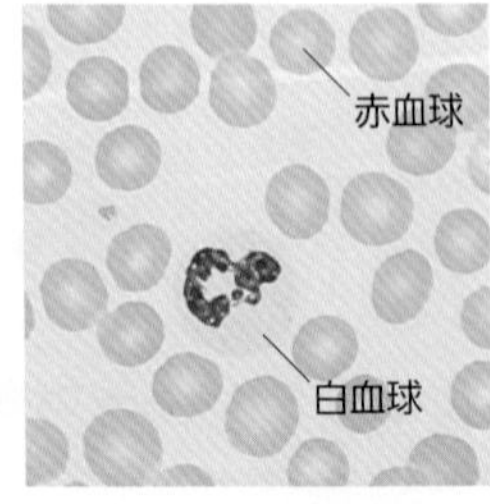

赤血球
白血球

Keywords 上皮組織（epithelial tissue），結合組織（connective tissue），脂肪細胞（fat cell），軟骨（cartilage），骨（bone）

D 筋組織

意識によって収縮させることができる**随意筋**と，意識によって収縮させることができない**不随意筋**に分けられ，形態から次の 3 つに大別される(▶ *p*.193)。

■横紋筋(骨格筋)

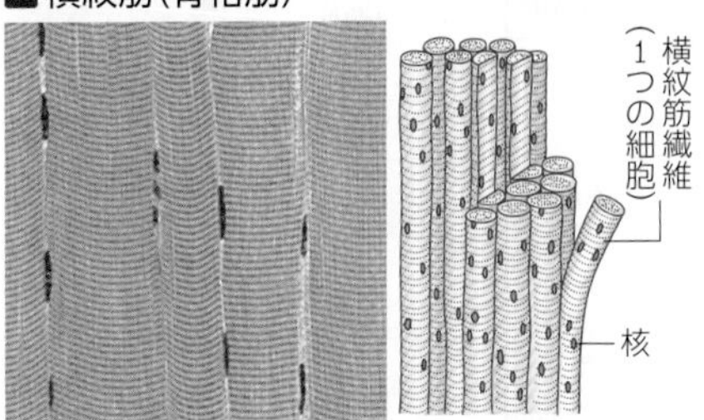
横紋筋繊維(1つの細胞)
核

随意筋。細胞は長大で多核。横じま(横紋)が見られる。敏速に収縮するが，疲労しやすい。

■横紋筋(心筋)

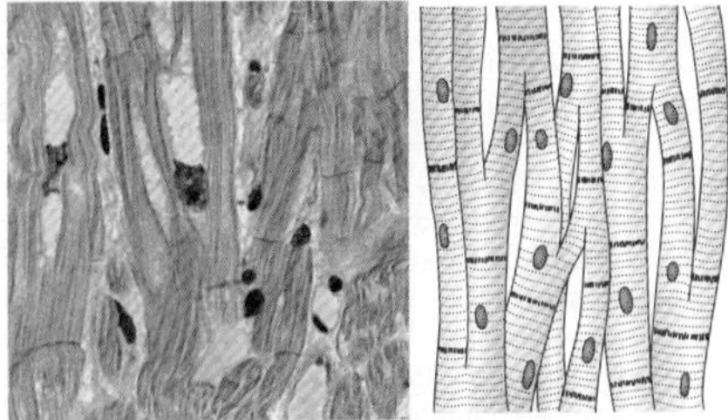

不随意筋。細胞は単核で枝分かれがあり，横紋が見られる。敏速に収縮し，疲労しにくい。

■平滑筋(内臓筋)

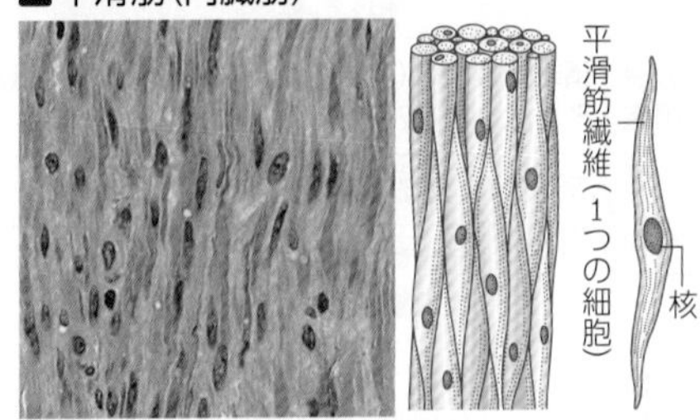
平滑筋繊維(1つの細胞)
核

不随意筋。細胞は紡錘形で単核。横紋は見られない。ゆるやかに収縮し，疲労しにくい。

E 神経組織

ニューロンとグリア細胞からなる。ニューロンは神経細胞ともよばれる。

■ニューロン(神経細胞) (▶ *p*.186)

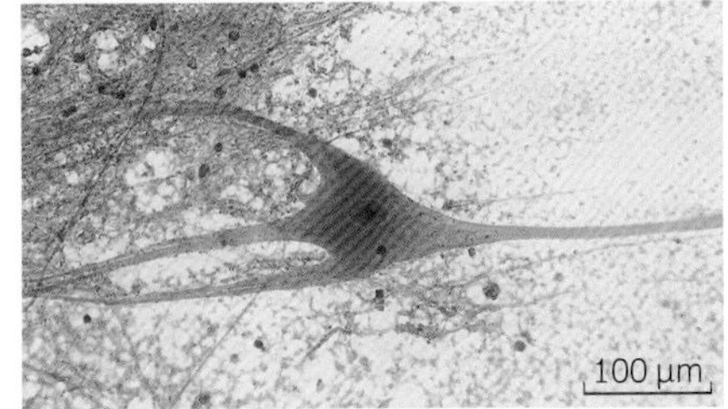
100 µm

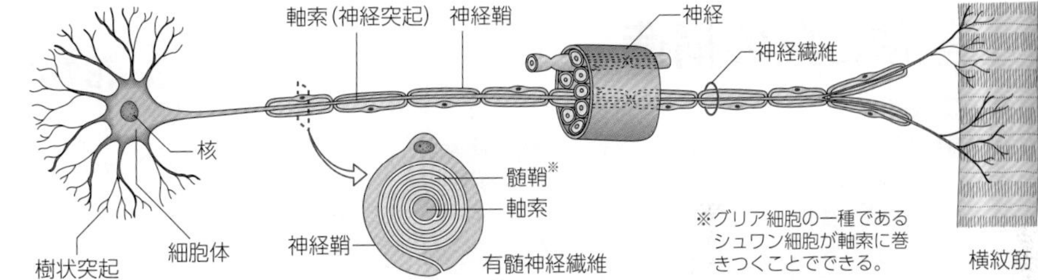
軸索(神経突起)
神経鞘
神経
神経繊維
核
髄鞘※
軸索
神経鞘
有髄神経繊維
樹状突起
細胞体
※グリア細胞の一種であるシュワン細胞が軸索に巻きつくことでできる。
横紋筋

F ヒトの器官系

動物には多数の器官があり，共同して一定のはたらきをする器官をまとめて**器官系**という。

■呼吸系と消化系

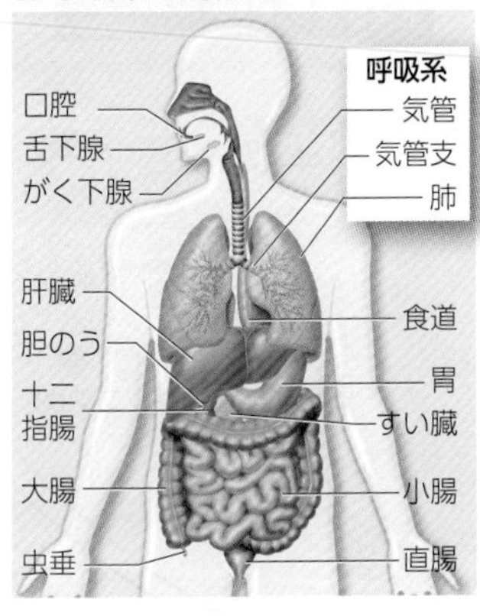
呼吸系
気管
気管支
肺
口腔
舌下腺
がく下腺
肝臓
胆のう
十二指腸
大腸
虫垂
食道
胃
すい臓
小腸
直腸

■血管系と排出系

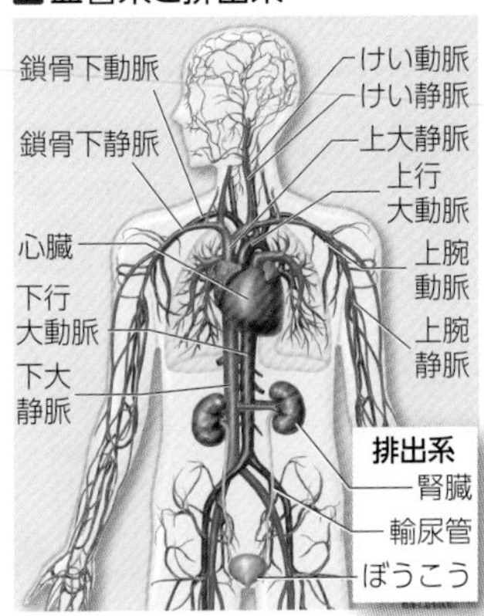
鎖骨下動脈
鎖骨下静脈
心臓
下行大動脈
下大静脈
けい動脈
けい静脈
上大静脈
上行大動脈
上腕動脈
上腕静脈
排出系
腎臓
輸尿管
ぼうこう

■骨格系と筋肉系

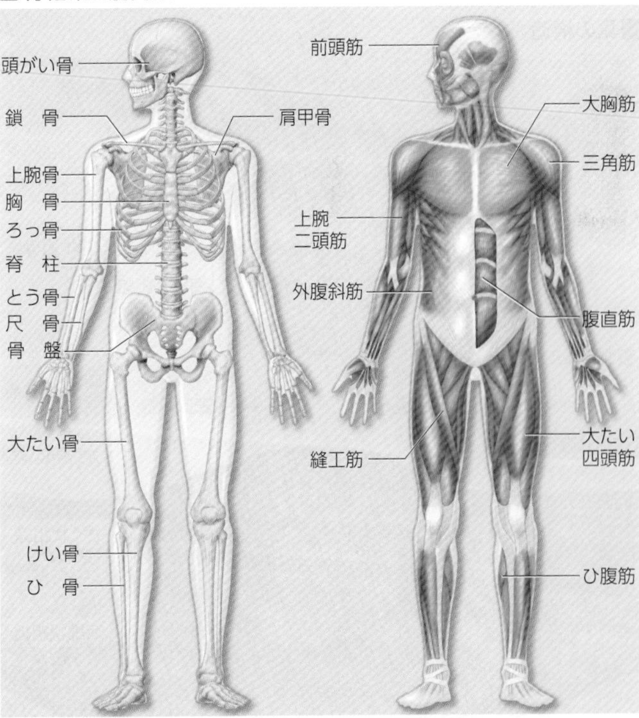
頭がい骨
鎖　骨
上腕骨
胸　骨
ろっ骨
脊　柱
とう骨
尺　骨
骨　盤
大たい骨
けい骨
ひ　骨
肩甲骨
前頭筋
大胸筋
三角筋
上腕二頭筋
外腹斜筋
腹直筋
縫工筋
大たい四頭筋
ひ腹筋

■神経系と内分泌系

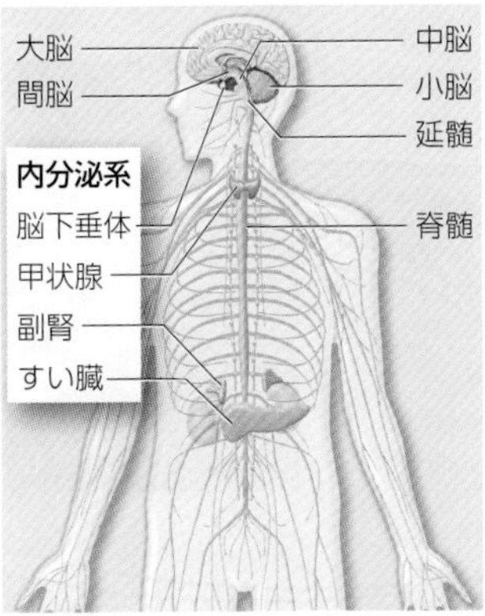
大脳
間脳
中脳
小脳
延髄
内分泌系
脳下垂体
甲状腺
副腎
すい臓
脊髄

■リンパ系

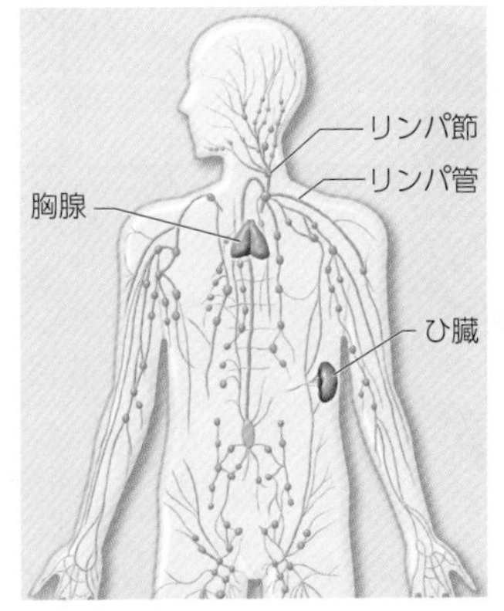
リンパ節
リンパ管
胸腺
ひ臓

■その他の器官系

①**生 殖 系**　生殖腺(卵巣・精巣)・輸卵管・輸精管・子宮・胎盤
②**感 覚 系**　眼・耳・鼻・舌

筋肉(muscle)，随意筋(voluntary muscle)，不随意筋(involuntary muscle)，神経組織(nervous tissue)

15 植物個体の成り立ち

生物基礎
生物

A 植物の組織

分裂組織と分化した組織に大別され，後者の分化した組織は，おもにそのはたらきから３つの組織系（表皮系，維管束系，基本組織系）にまとめられる。

組織			はたらきなど	組織系
分裂組織	頂端分裂組織（茎頂分裂組織・根端分裂組織） 形成層（双子葉類の根や茎）		細胞分裂を盛んに行い，根と茎の伸長成長をもたらす 細胞分裂を盛んに行い，根と茎の肥大成長をもたらす	
分化した組織	表皮組織（表皮細胞・孔辺細胞・根毛）		からだの外表面をおおい，内部を保護する	表皮系
	木部	道管※・仮道管※ 木部繊維※・木部柔組織	死細胞の外壁からなる。根で吸収した水・無機養分の通路 木部を保護する	維管束系
	師部	師管 伴細胞・師部繊維※・師部柔組織	師板で仕切られた生細胞からなる。同化産物の通路 師管のはたらきを助ける。師部を保護する	
	柔組織	同化組織（さく状組織・海綿状組織） 貯蔵組織（根・茎の皮層や髄）	植物体の生命活動の中心。細胞壁のうすい大形の細胞からなる デンプンなどの栄養分を蓄える	基本組織系
	機械組織	厚壁組織※ 厚角組織	細胞壁の全面が厚くなった細胞からなる。植物体を支える 細胞壁の角が厚く，植物体を支える。若い茎などに見られる	

※死細胞からなる

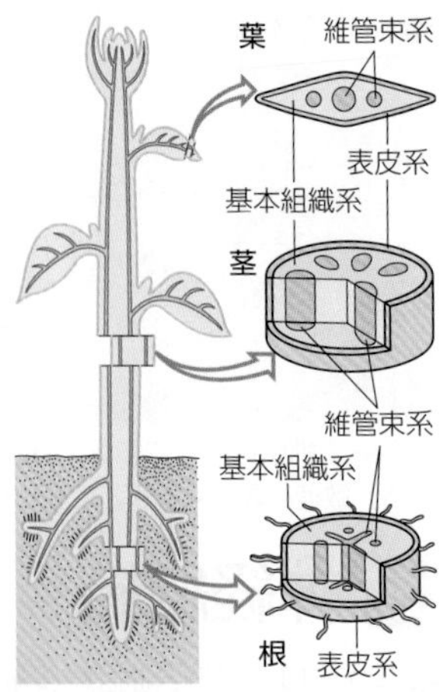
葉
維管束系
表皮系
基本組織系
茎
維管束系
基本組織系
根
表皮系

B 茎頂と葉の構造

■茎頂の構造

スギナの茎頂
茎頂分裂組織

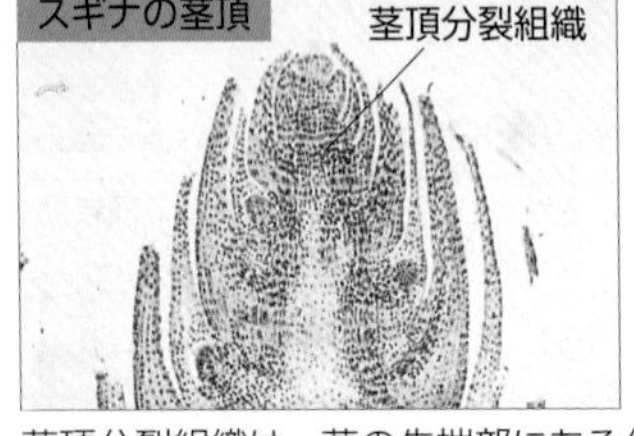

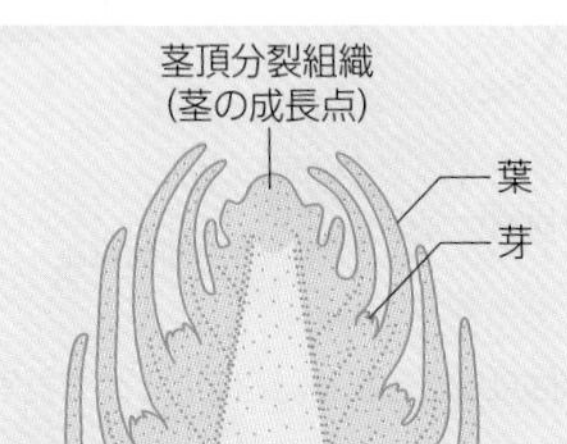
茎頂分裂組織
（茎の成長点）
葉
芽

茎頂分裂組織は，茎の先端部にある分裂組織で，茎や葉，花などに分化する。

■葉の構造

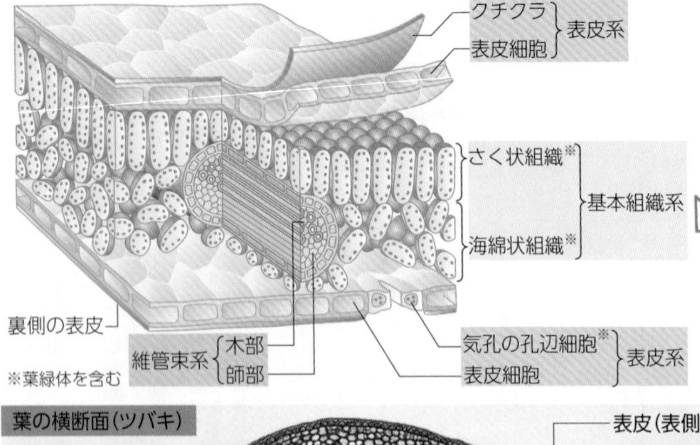
クチクラ
表皮細胞
表皮系
さく状組織※
海綿状組織※
基本組織系
裏側の表皮
維管束系
木部
師部
気孔の孔辺細胞※
表皮細胞
表皮系
※葉緑体を含む

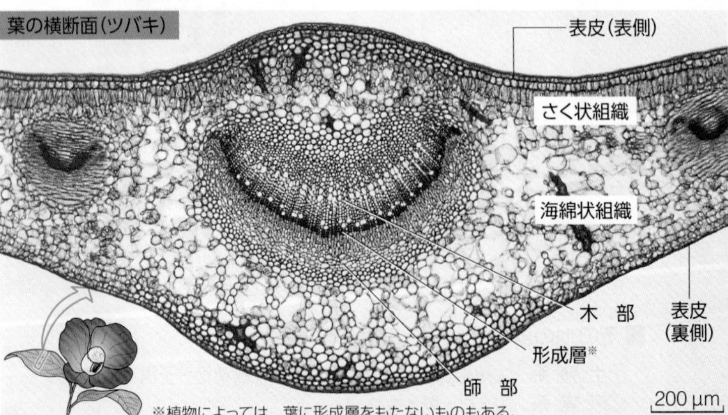
葉の横断面（ツバキ）
表皮（表側）
さく状組織
海綿状組織
木部
表皮（裏側）
形成層※
師部
200 μm

※植物によっては，葉に形成層をもたないものもある。

Zoom up 花の構造（被子植物）

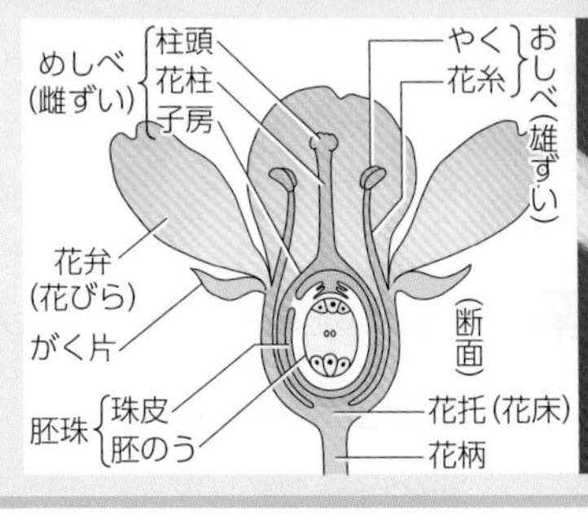
めしべ（雌ずい）
柱頭
花柱
子房
やく
花糸
おしべ（雄ずい）
花弁（花びら）
がく片
（断面）
胚珠
珠皮
胚のう
花托（花床）
花柄

ヤマザクラ

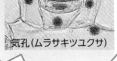

50 μm
気孔（ムラサキツユクサ）

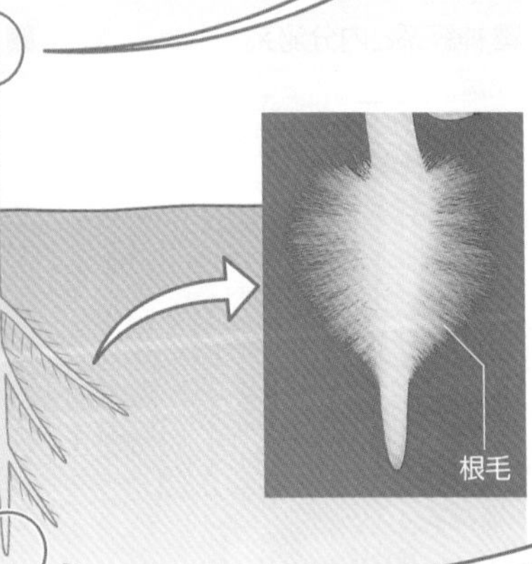
根毛

Keywords 葉（leaf），茎（stem），維管束（fibrovascular bundle），形成層（cambium），根毛（root hair）

C 茎の構造

双子葉類(子葉が２枚)と単子葉類(子葉が１枚)では，維管束の配列に違いが見られる。

■茎の構造(双子葉類)

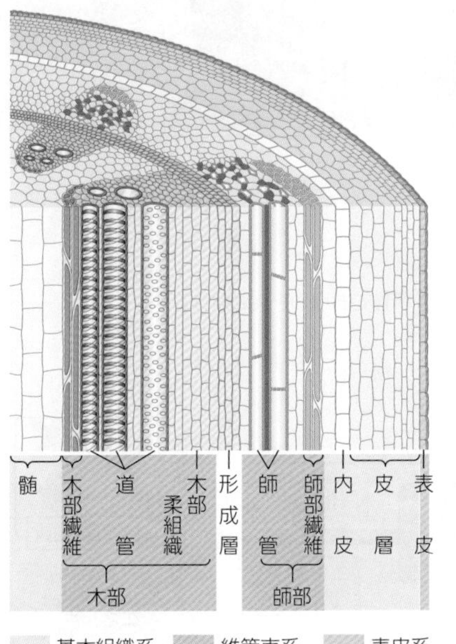
髄
木部繊維
道管
木部柔組織
形成層
師管
師部繊維
内皮
皮層
表皮
木部
師部
基本組織系
維管束系
表皮系

■双子葉類と単子葉類の比較

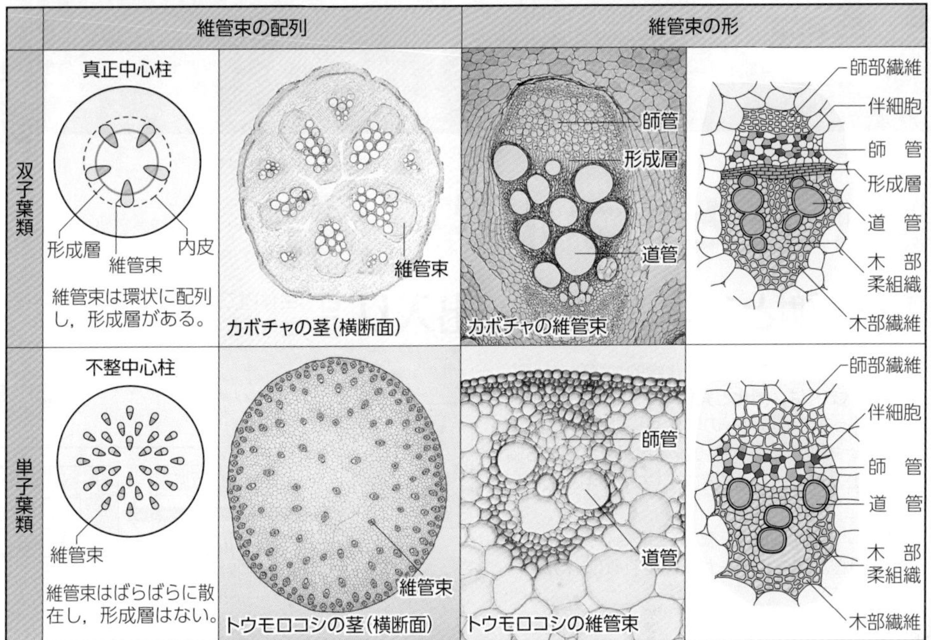
維管束の配列
維管束の形
双子葉類
真正中心柱
形成層
維管束
内皮
維管束は環状に配列し，形成層がある。
維管束
カボチャの茎(横断面)
師管
形成層
道管
カボチャの維管束
師部繊維
伴細胞
師管
形成層
道管
木部柔組織
木部繊維
単子葉類
不整中心柱
維管束
維管束はばらばらに散在し，形成層はない。
維管束
トウモロコシの茎(横断面)
師管
道管
トウモロコシの維管束
師部繊維
伴細胞
師管
道管
木部柔組織
木部繊維

■道管・仮道管・師管

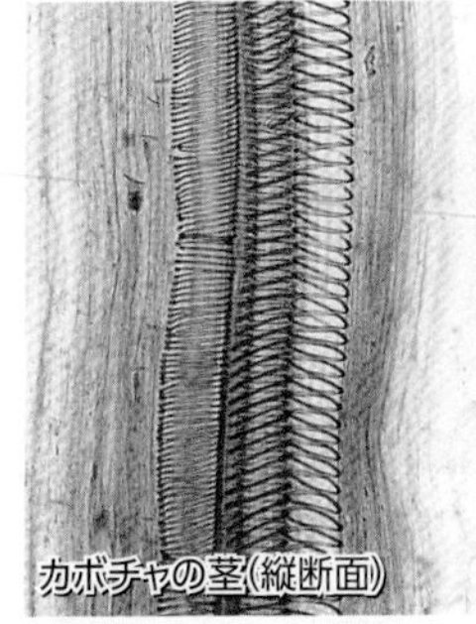
カボチャの茎(縦断面)

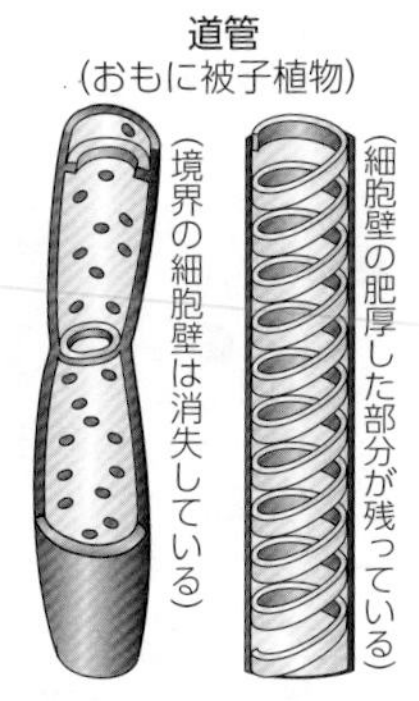
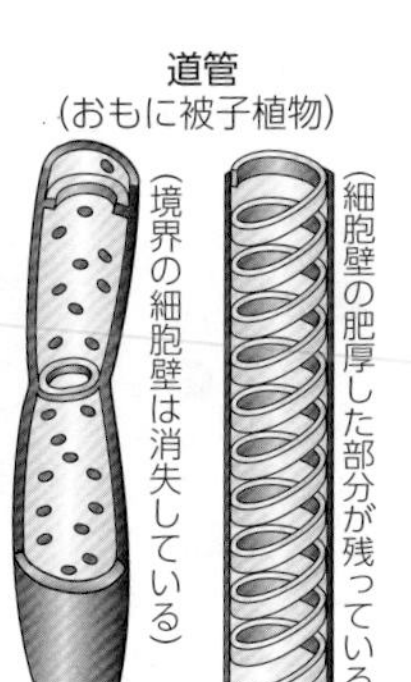
道管
(おもに被子植物)
(境界の細胞壁は消失している)
(細胞壁の肥厚した部分が残っている)

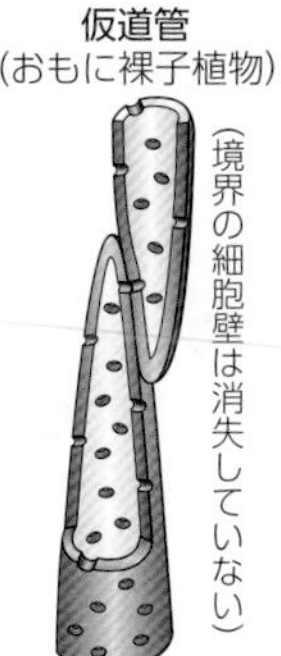
仮道管
(おもに裸子植物)
(境界の細胞壁は消失していない)

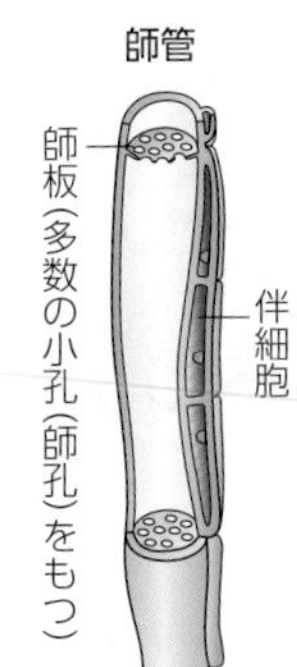
師管
師板(多数の小孔(師孔)をもつ)
伴細胞

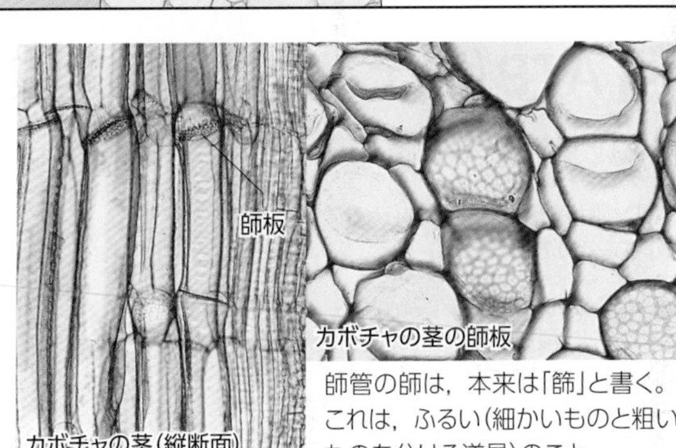
師板
カボチャの茎(縦断面)　カボチャの茎の師板

師管の師は，本来は「篩」と書く。これは，ふるい(細かいものと粗いものを分ける道具)のこと。

D 根の構造

■根の構造

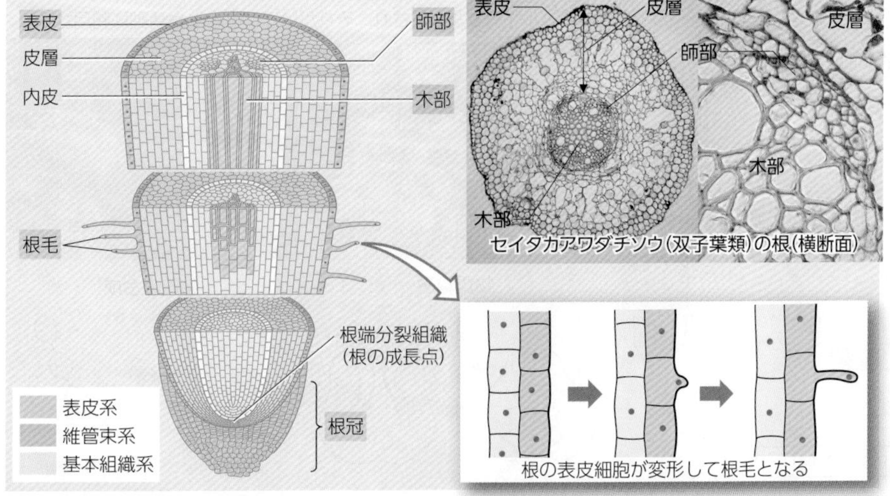
表皮
皮層
内皮
師部
木部
根毛
根端分裂組織
(根の成長点)
根冠
表皮系
維管束系
基本組織系
表皮
皮層
師部
木部
皮層
木部
根の表皮細胞が変形して根毛となる
セイタカアワダチソウ(双子葉類)の根(横断面)

■根から茎への移行(双子葉類)

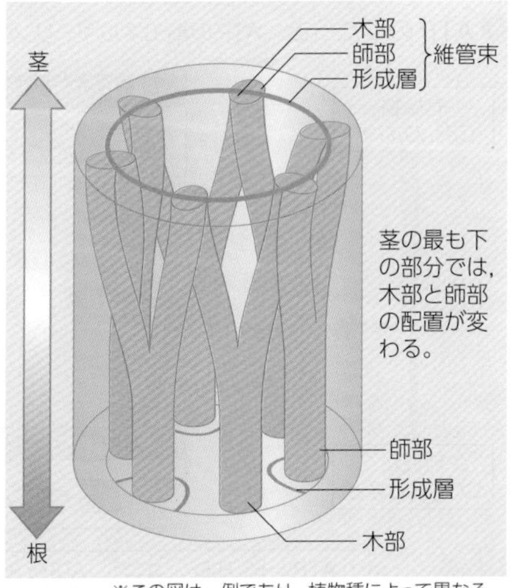
茎
根
木部
師部
形成層
維管束
茎の最も下の部分では，木部と師部の配置が変わる。
師部
形成層
木部

※この図は一例であり，植物種によって異なる。

道管(vessel)，師管(sieve tube)，木部(xylem)，師部(phloem)，根(root)

第2編

代謝

第Ⅰ章　代謝と酵素のはたらき
第Ⅱ章　呼吸
第Ⅲ章　光合成

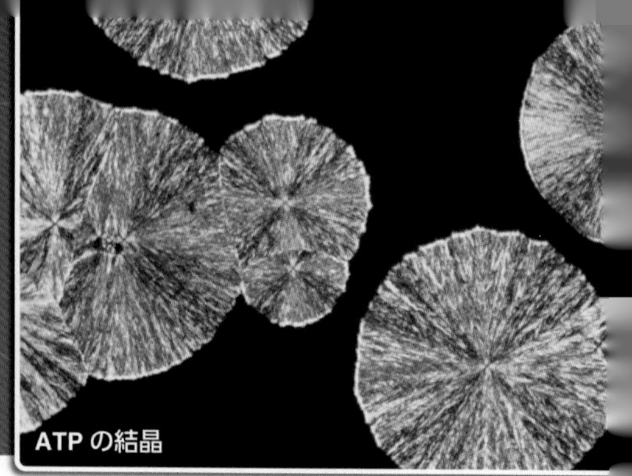
ATP の結晶

1 代謝とエネルギー　生物基礎　生物

A 代謝とエネルギーの出入り　基 生

生体内では，非常に多くの化学反応が進行しており，それに伴ってエネルギーの変化や出入りが起こっている。

■**代謝**　生体内での物質の化学的な変化を**代謝**という。大きくは，**同化**と**異化**の2つに分けられる。代謝に伴ってエネルギーの変化や移動が起こる。

① **同化**　単純な物質から複雑な物質を合成する過程。エネルギーを必要とする（**エネルギー吸収反応**）。

② **異化**　複雑な物質（有機物）を単純な物質に分解する過程。エネルギーが放出される（**エネルギー放出反応**）。

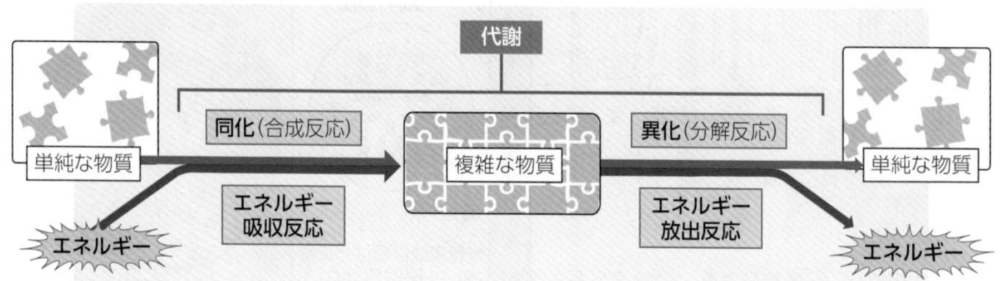
代謝
同化（合成反応）
異化（分解反応）
単純な物質
複雑な物質
単純な物質
エネルギー吸収反応
エネルギー放出反応
エネルギー
エネルギー

B ATP（アデノシン三リン酸）　基 生

すべての生物において，細胞内での代謝におけるエネルギーのやりとりは，ATP を仲立ちとして行われており，ATP は生体内における「エネルギーの通貨」といわれる。

■ **ATP の構造**　ATP は，**塩基**（アデニン）に**糖**（リボース）と3分子の**リン酸**が結合した化合物（ヌクレオチドの一種）である。

■**高エネルギーリン酸結合**　ATP のリン酸どうしの結合が切れると，多量のエネルギーが放出される。ATP1mol（ATP 分子 6.0×10^{23} 個，約 507g）当たり，ADP に分解されると約 31kJ，AMP にまで分解されると約 46kJ が放出される。

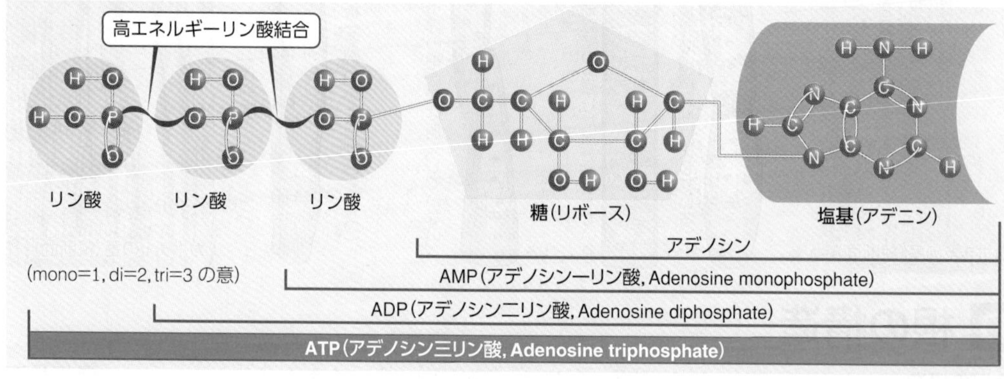
高エネルギーリン酸結合
リン酸
リン酸
リン酸
糖（リボース）
塩基（アデニン）
アデノシン
(mono=1, di=2, tri=3 の意)
AMP（アデノシン一リン酸, Adenosine monophosphate）
ADP（アデノシン二リン酸, Adenosine diphosphate）
ATP（アデノシン三リン酸, Adenosine triphosphate）

■ **ATP のはたらき**　ATP の高エネルギーリン酸結合が切れて ADP とリン酸になるときにエネルギーが取り出され，それがいろいろな生命活動に利用される。

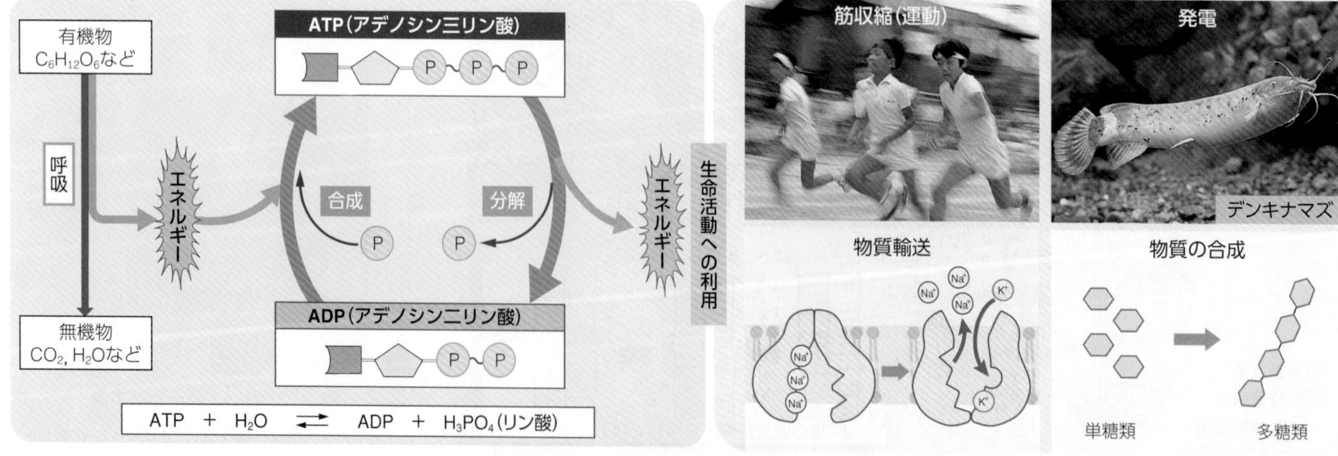
有機物
$C_6H_{12}O_6$など
呼吸
無機物
CO_2, H_2Oなど
エネルギー
ATP（アデノシン三リン酸）
合成
分解
ADP（アデノシン二リン酸）
エネルギー
生命活動への利用
ATP ＋ H_2O ⇄ ADP ＋ H_3PO_4（リン酸）
筋収縮（運動）
発電
デンキナマズ
物質輸送
物質の合成
単糖類
多糖類

Keywords　代謝（metabolism），同化（anabolism），異化（catabolism），ATP（アデノシン三リン酸）（adenosine triphosphate）

C 生物とエネルギー

基 生

生物がさまざまな生命活動を行うためには，エネルギーが必要である。生物は光合成や呼吸を行うことによって，生命活動に必要なエネルギーを獲得している。

細胞内における ATP の獲得とエネルギーの流れ

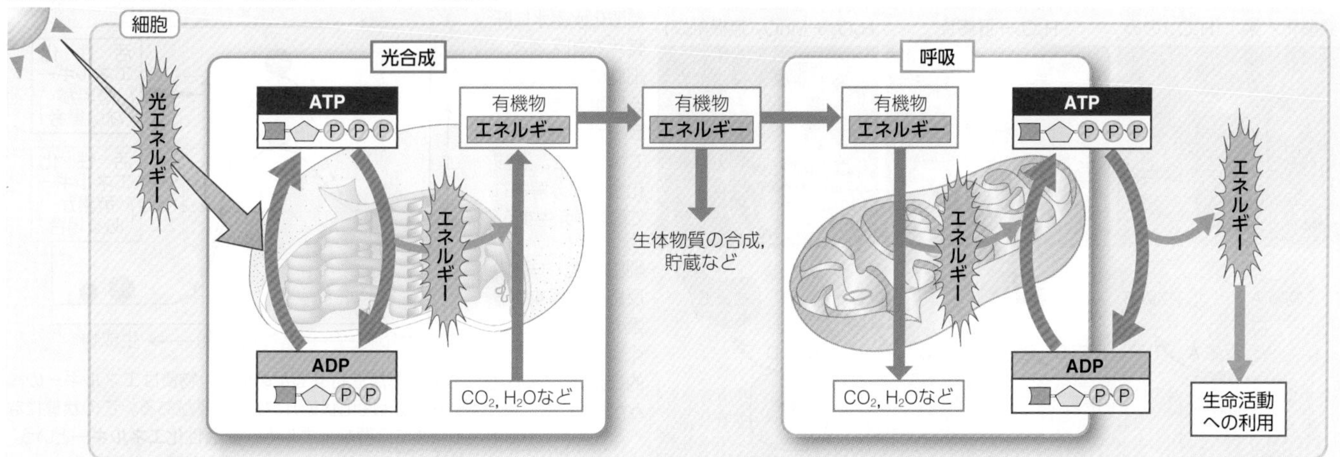

細胞
光エネルギー
光合成
ATP
エネルギー
ADP
有機物
エネルギー
CO_2, H_2Oなど
生体物質の合成，貯蔵など
呼吸
エネルギー
生命活動への利用

細胞では，光合成(▶ *p.*66)によって，太陽の光エネルギーを利用して ATP を合成し，そのエネルギーを用いて有機物を合成している。また，呼吸(▶ *p.*56)によって有機物を分解し，そのときに取り出されるエネルギーを利用して ATP を合成している(ただし，すべての反応が 1 つの細胞内で行われるわけではない)。

独立栄養生物と従属栄養生物

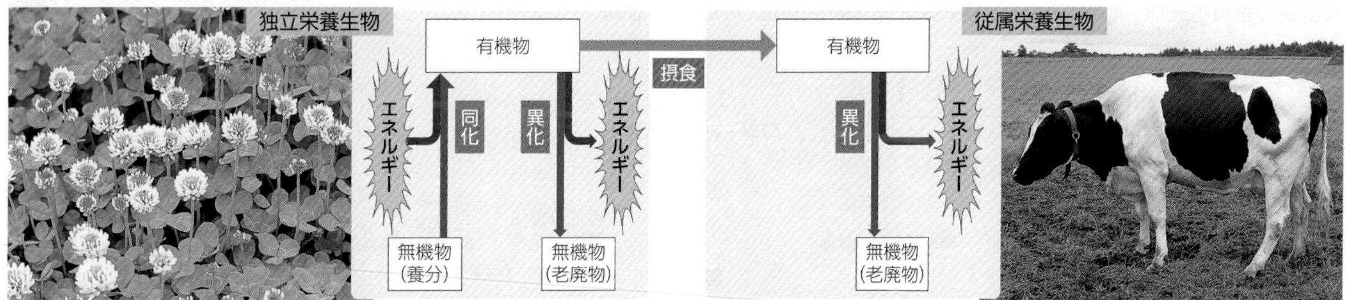

独立栄養生物
有機物
エネルギー
同化
異化
無機物(養分)
無機物(老廃物)
摂食
従属栄養生物

植物など，外界から取り入れた無機物だけを用いて有機物を合成することができる(体外から有機物を取りこむ必要がない)生物を**独立栄養生物**という。

動物や菌類など，無機物だけから有機物を合成することができず，植物または他の動物などの有機物を栄養分として取り入れる生物を**従属栄養生物**という。

Column ホタルの発光と ATP

ホタルやウミホタルは，ルシフェリンと総称される有機物をルシフェラーゼとよばれる酵素によって酸素で酸化する際のエネルギーを用いて発光する。

$$\text{ルシフェリン} + O_2 \xrightarrow{\text{ルシフェラーゼ}} (\text{生成物}) + \textbf{光エネルギー}$$

多くの発光する生物は同じようなしくみで光を出すが，生物の種類によって，何がルシフェリンとしてはたらき，何がルシフェラーゼとしてはたらくかは異なり，また他の物質を反応に必要とする場合もある。ホタルの場合は，反応に先立ってルシフェリンを活性化するために ATP を必要とするので，発光の有無によって ATP の存在を検出するのに使うことができる。例えば，光合成の反応において水素イオンの濃度勾配により ATP が合成される(▶ *p.*67)ことは，1966 年にヤーゲンドルフによって証明されたが，このことは，光合成にかかわるチラコイド膜の pH の状態を変化させたときに合成される ATP を，加えておいたホタルの乾燥粉末からの発光により検出することで明らかにされた。

ホタル
ウミホタル

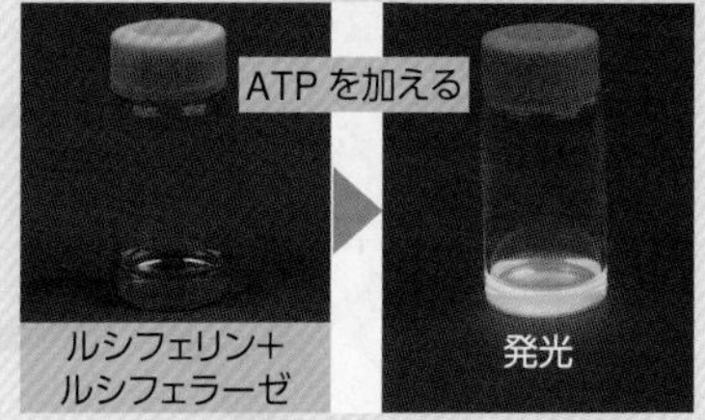

ATP を加える
ルシフェリン+ルシフェラーゼ
発光

Zoom up ATP のエネルギーの貯蔵

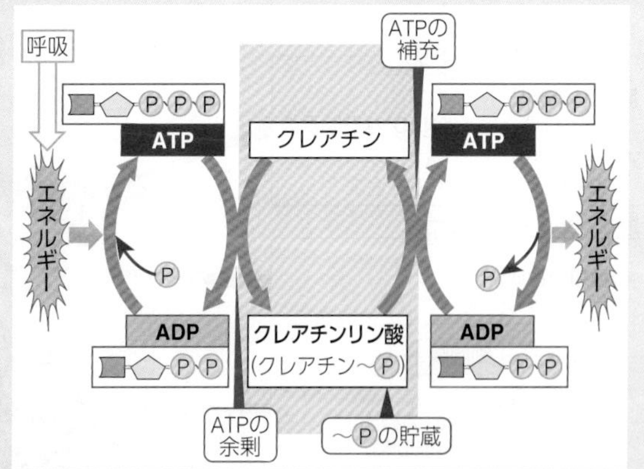

呼吸
ATPの補充
ATP
クレアチン
エネルギー
P
ADP
クレアチンリン酸
(クレアチン〜Ⓟ)
ATPの余剰
〜Ⓟの貯蔵

筋肉は運動時に多量の ATP を必要とするが，静止時でもそれほど多く含まれていない。静止時の ATP に余裕があるときには，ATP からリン酸(〜Ⓟ)がクレアチンに移されて**クレアチンリン酸**の形で貯蔵される。運動開始時には ATP の消費で生じた ADP に，クレアチンリン酸から〜Ⓟが移されて ATP が速やかに再合成される(▶ *p.*194)。

ADP(アデノシン二リン酸)(adenosine diphosphate)，独立栄養(autotrophism)，従属栄養(heterotrophism)

2 酵素とそのはたらき(1)

生物基礎 生物

A 酵素のはたらきと活性化エネルギー

基 化学反応を促進するが自身は変化しない物質を**触媒**という。
生 生体内の化学反応は，**酵素**によって促進されている。

■酵素による化学反応の促進

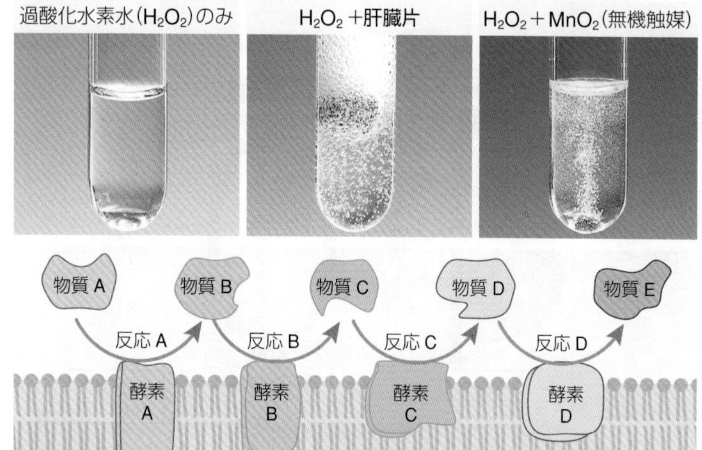

過酸化水素水(H_2O_2)のみ
H_2O_2＋肝臓片
H_2O_2＋MnO_2(無機触媒)
物質A
物質B
物質C
物質D
物質E
反応A
反応B
反応C
反応D
酵素A
酵素B
酵素C
酵素D

過酸化水素水に肝臓片を加えると，細胞に含まれている酵素であるカタラーゼが触媒としてはたらき，過酸化水素が分解されて酸素が発生する。

細胞では，一連の反応に関係する酵素が反応系をつくっており，連鎖的に反応が進むことが多い。

■酵素のはたらきと活性化エネルギー

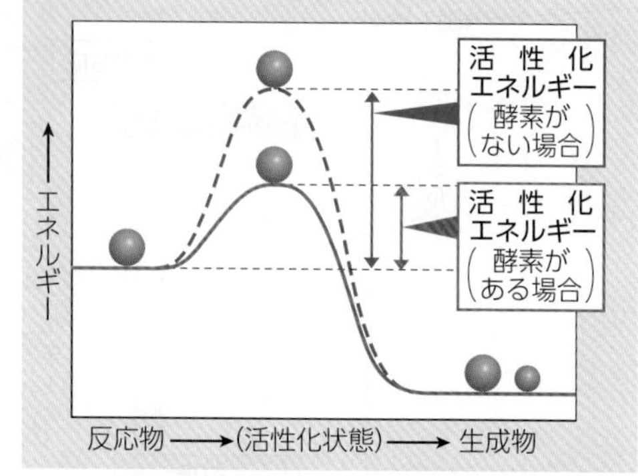

活性化エネルギー(酵素がない場合)
活性化エネルギー(酵素がある場合)
エネルギー
反応物 ——→(活性化状態)——→ 生成物

化学反応が進行するためには，物質はエネルギーの高い状態(活性化状態)になる必要がある。この状態になるために必要なエネルギーを**活性化エネルギー**という。酵素は，この活性化エネルギーを小さくする。

B 酵素の立体構造と基質特異性

基 酵素反応は，酵素の活性部位に基質が結合して**酵素－基質複合体**
生 をつくることによって起こる。

■酵素の基質特異性

酵素はそれぞれ特定の決まった物質(基質)にしかはたらかない。

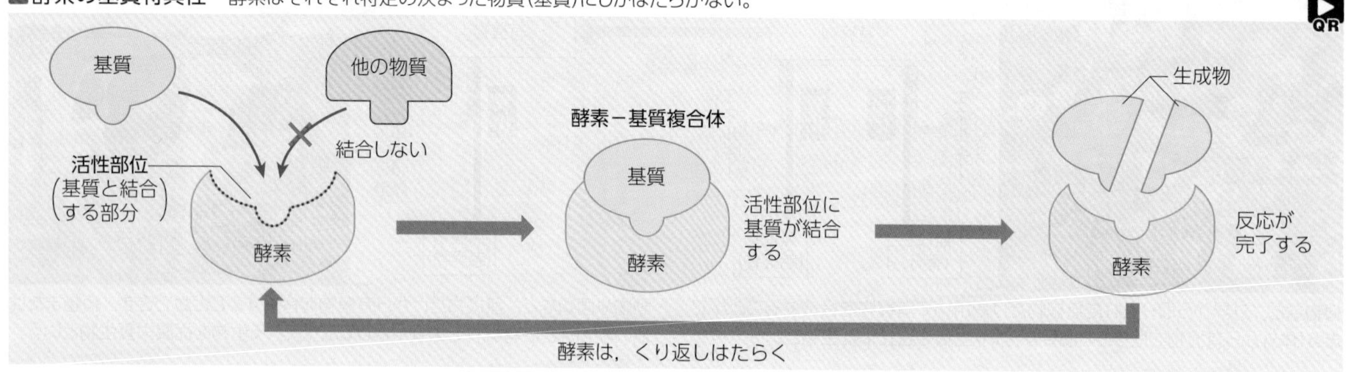

QR
基質
他の物質
結合しない
活性部位(基質と結合する部分)
酵素
酵素－基質複合体
基質
酵素
活性部位に基質が結合する
生成物
反応が完了する
酵素
酵素は，くり返しはたらく

C 細胞のはたらきと酵素

基 酵素は細胞内で合成され，細胞内の細胞小器官や細胞膜，サイトゾルなどで
生 はたらくものと，細胞外に分泌されてはたらくものとがある。

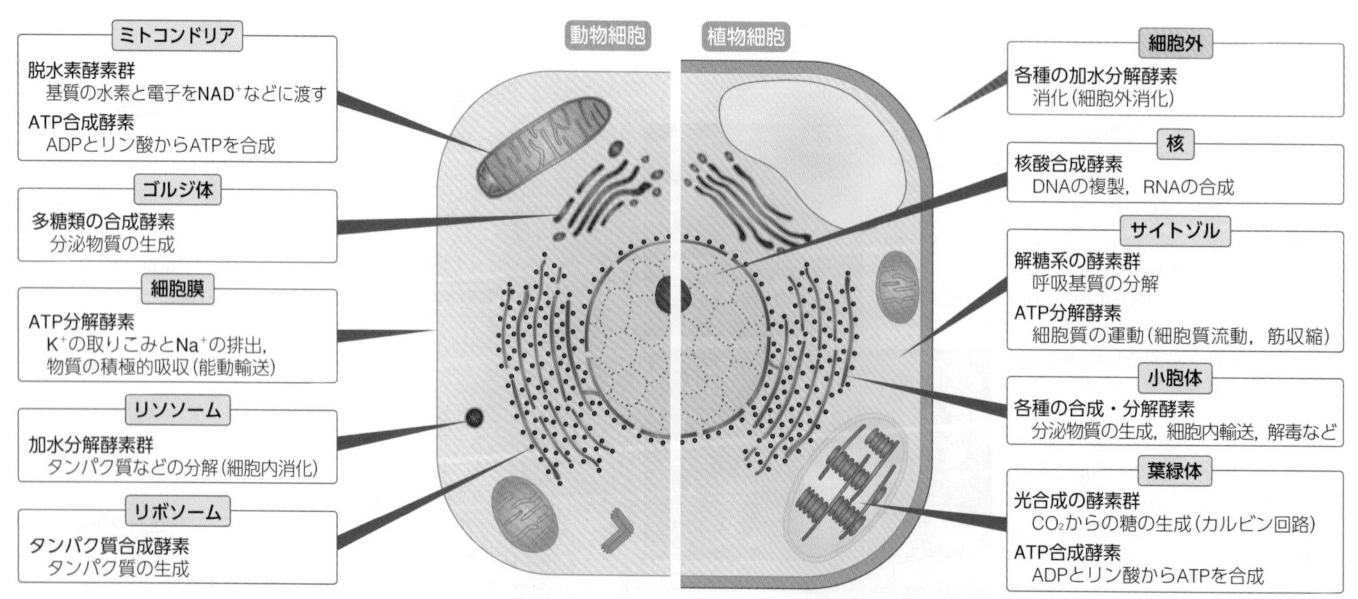

動物細胞
植物細胞
ミトコンドリア
脱水素酵素群
基質の水素と電子をNAD^+などに渡す
ATP合成酵素
ADPとリン酸からATPを合成
ゴルジ体
多糖類の合成酵素
分泌物質の生成
細胞膜
ATP分解酵素
K^+の取りこみとNa^+の排出，
物質の積極的吸収(能動輸送)
リソソーム
加水分解酵素群
タンパク質などの分解(細胞内消化)
リボソーム
タンパク質合成酵素
タンパク質の生成
細胞外
各種の加水分解酵素
消化(細胞外消化)
核
核酸合成酵素
DNAの複製，RNAの合成
サイトゾル
解糖系の酵素群
呼吸基質の分解
ATP分解酵素
細胞質の運動(細胞質流動，筋収縮)
小胞体
各種の合成・分解酵素
分泌物質の生成，細胞内輸送，解毒など
葉緑体
光合成の酵素群
CO_2からの糖の生成(カルビン回路)
ATP合成酵素
ADPとリン酸からATPを合成

Keywords 酵素(enzyme)，触媒(catalyst)，活性化エネルギー (activation energy)，基質(substrate)，基質特異性(substrate specificity)

D 酵素のはたらきと外的条件 基生

温度

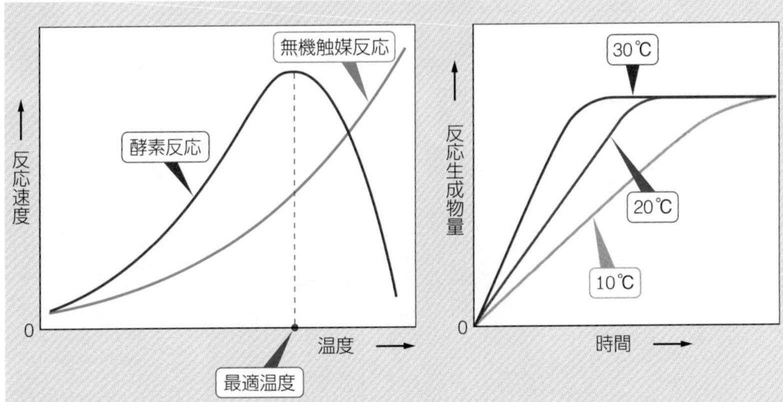
無機触媒反応
酵素反応
反応速度
0
温度
最適温度
30℃
20℃
10℃
反応生成物量
時間

化学反応は一般的に温度が高いほど反応速度が大きくなるが，酵素には，最もよくはたらく**最適温度**がある(ふつうは 35 ～ 40℃)。酵素は，60 ～ 70℃以上の高い温度では，酵素本体のタンパク質が**変性**するので，ほとんどの酵素ははたらきを失う(**失活**)。

pH

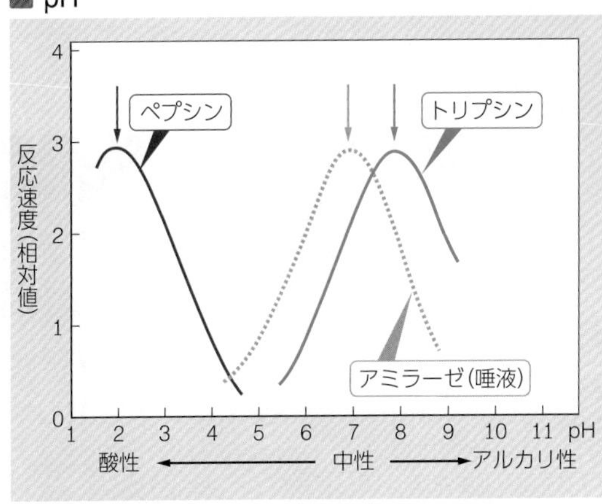
ペプシン
トリプシン
アミラーゼ(唾液)
反応速度(相対値)
酸性
中性
アルカリ性
pH

酵素の反応は pH(▶ *p*.312)の影響を受ける。酵素には最もよくはたらく**最適 pH** があり，最適 pH はそれぞれ酵素によって異なる。

基質濃度

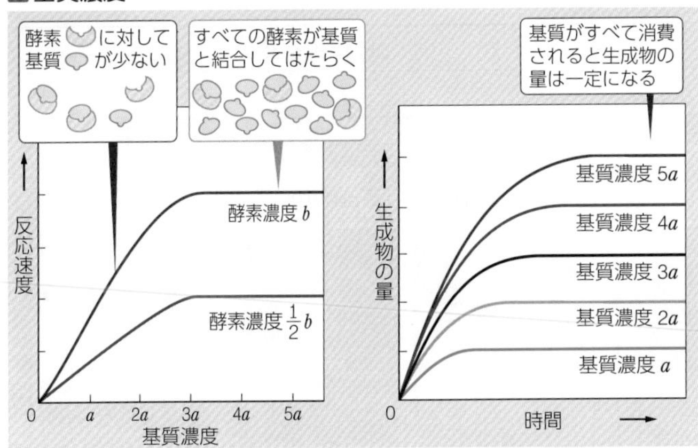
酵素 に対して 基質 が少ない
すべての酵素が基質と結合してはたらく
基質がすべて消費されると生成物の量は一定になる
酵素濃度 b
酵素濃度 1/2 b
反応速度
基質濃度
基質濃度 5a
基質濃度 4a
基質濃度 3a
基質濃度 2a
基質濃度 a
生成物の量
時間

基質濃度が低いとき，反応速度は基質濃度に比例して増加するが，一定以上の濃度では，反応速度は一定になる。

酵素濃度

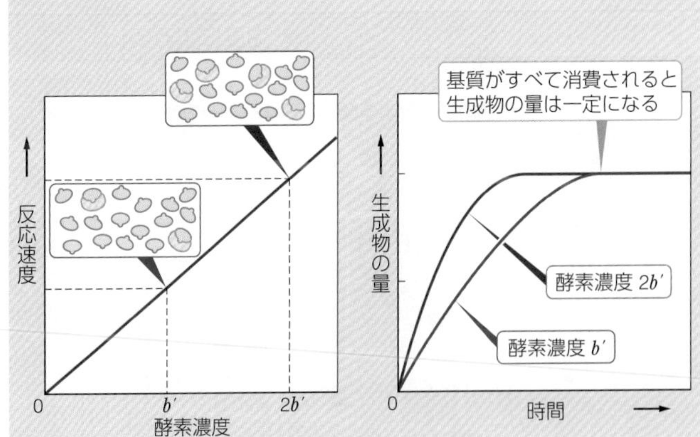
基質がすべて消費されると生成物の量は一定になる
反応速度
酵素濃度
生成物の量
酵素濃度 2b′
酵素濃度 b′
時間

基質が十分にある場合，反応速度は酵素濃度に比例し，酵素濃度が 2 倍になると反応速度も 2 倍になる。

Zoom up 酵素の親和性と K_m 値

横軸に基質濃度，縦軸に反応速度をとると，次のようなグラフが得られる。反応速度は基質濃度の増加に伴って上昇し，やがて最大値(V_{max})となる。V_{max} は酵素が基質で飽和したときの速度である。また，反応速度が $\frac{V_{max}}{2}$ となるときの基質濃度を K_m 値(ミカエリス定数)という。

K_m 値は，酵素と基質の組み合わせにより一定の値となるが，K_m 値が小さいほど，酵素の基質に対する親和性が高いことになる。

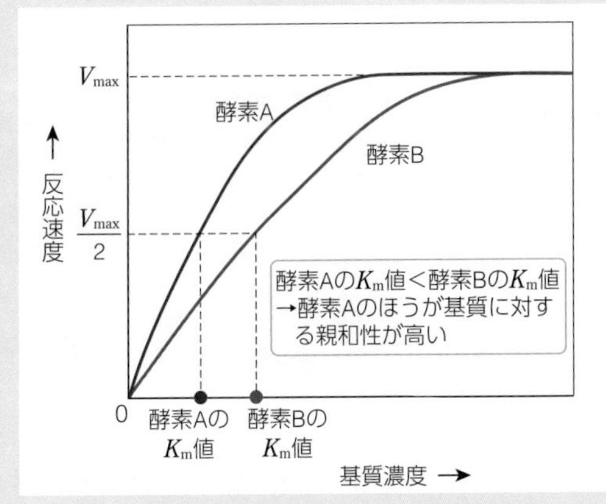
Vmax
Vmax/2
反応速度
酵素A
酵素B
酵素AのKm値＜酵素BのKm値
→酵素Aのほうが基質に対する親和性が高い
酵素AのKm値
酵素BのKm値
基質濃度

Column チマーゼの発見とウレアーゼの結晶化

1897 年，それまでパスツールらによって，アルコール発酵(▶ *p*.60)は生きた酵母のはたらきによると考えられていたが，ブフナー(ドイツ)はすりつぶした酵母のしぼり汁で発酵が起こることを発見し，アルコール発酵が酵母の細胞の中の成分によることを明らかにした。ブフナーはそれが単独の成分によるものであると考えて，それをチマーゼとよんだ。しかし，現在では発酵のはたらきは，数多くの酵素によって進むことが明らかになっている。

1926 年，サムナー(アメリカ)は，ナタマメに含まれる酵素ウレアーゼ(尿素の分解にはたらく酵素)の結晶化に成功し，酵素の本体がタンパク質であることを明らかにした。

ナタマメ

酵素－基質複合体(enzyme-substrate complex)，活性部位(active site)，生成物(product)，変性(タンパク質の)(denaturation)，失活(inactivation)

3 酵素とそのはたらき(2)

生物基礎
生 物

A 探究 酵素のはたらき 基 生

肝臓片には酸化マンガン(Ⅳ)(二酸化マンガン，MnO_2)と同じ触媒作用をする物質が含まれている。

過酸化水素水

過酸化水素は水素と酸素の化合物(H_2O_2)である。3%の水溶液はオキシドールとよばれ，傷の消毒に使われる。

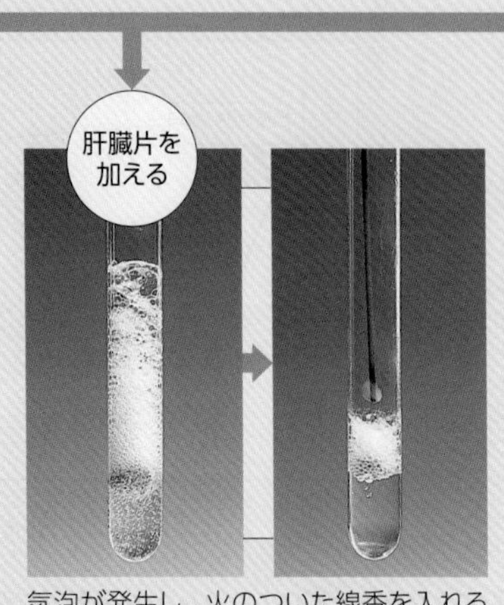
肝臓片を加える

気泡が発生し，火のついた線香を入れるとはげしく燃える。→ 酸素が発生

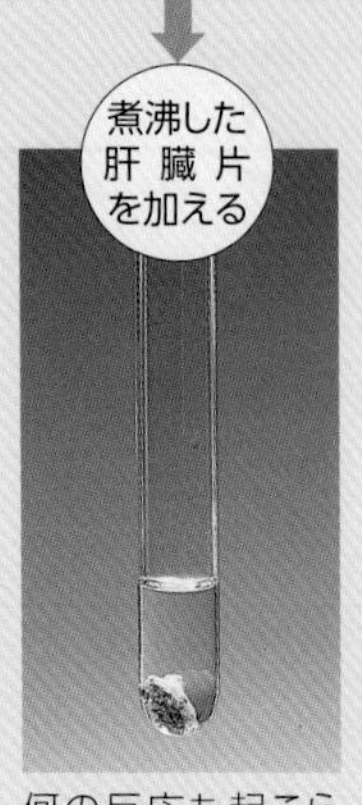
煮沸した肝臓片を加える

何の反応も起こらない。

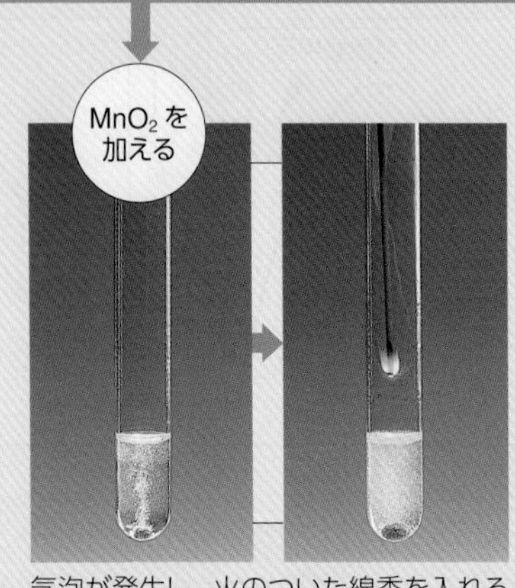
MnO2 を加える

気泡が発生し，火のついた線香を入れるとはげしく燃える。→ 酸素が発生

石英を加える

何の反応も起こらない。

B 探究 酵素の性質 基 生

無機触媒(MnO_2)は高温ほど反応しやすくpHの影響も受けないが，酵素(カタラーゼ)は35～40℃ぐらいが最適温度で，pHの影響も受ける。

肝臓片

それぞれの条件にした3%過酸化水素水(H_2O_2)に，肝臓片を加える。

	温度による変化			pHによる変化		
	4℃	30℃	80℃	pH2(酸性)	pH7(中性)	pH11(アルカリ性)
反応	+	++	−	−	++	−
考察	酵素の反応速度は温度上昇とともに大きくなるが，高温ではそのはたらきを失う			酵素反応はpHの影響を受ける		

酸化マンガン(Ⅳ)(MnO_2)

それぞれの条件にした3%過酸化水素水(H_2O_2)に，MnO_2を加える。

	温度による変化			pHによる変化		
	4℃	30℃	80℃	pH2(酸性)	pH7(中性)	pH11(アルカリ性)
反応	+	++	+++	+++	++	+++
考察	無機触媒の反応速度は温度上昇とともに大きくなり，高温でもそのはたらきを失わない			無機触媒のはたらきはpHの影響をほとんど受けない		

C 酵素の種類とはたらき 基生

酵素には非常に多くの種類がある。酵素は，それがはたらく反応の型や基質によって分類・命名されている。

酵素の種類		酵素名	はたらき
加水分解酵素	炭水化物分解酵素	アミラーゼ	デンプン → デキストリン → マルトース
		マルターゼ	マルトース → グルコース
		スクラーゼ	スクロース → グルコース ＋ フルクトース
		ラクターゼ	ラクトース → グルコース ＋ ガラクトース
		セルラーゼ	セルロースを分解
		ペクチナーゼ	ペクチンを分解
	タンパク質分解酵素	ペプシン	タンパク質 → ポリペプチド
		トリプシン	タンパク質 → ポリペプチド
		キモトリプシン	タンパク質 → ポリペプチド
		ペプチダーゼ	ポリペプチド → アミノ酸
	脂肪分解酵素	リパーゼ	脂肪 → 脂肪酸 ＋ モノグリセリド
	尿素分解酵素	ウレアーゼ	尿素 $(CO(NH_2)_2)$ → アンモニア ＋ 二酸化炭素
	ATP 分解酵素	ATP アーゼ	ATP → ADP ＋ リン酸
	核酸分解酵素	DNA アーゼ	DNA → ヌクレオチド
		RNA アーゼ	RNA → ヌクレオチド
酸化還元酵素	酸化酵素	オキシダーゼ	基質に酸素を結合させる
	脱水素酵素	デヒドロゲナーゼ	基質（有機物）の水素と電子を NAD^+，FAD などに渡す
	過酸化水素分解酵素	カタラーゼ	過酸化水素 (H_2O_2) → 水 ＋ 酸素
脱離酵素（リアーゼ）	脱炭酸酵素	デカルボキシラーゼ	有機酸のカルボキシ基から CO_2 を取り出す
	炭酸脱水酵素	カーボニックアンヒドラーゼ	炭酸 (H_2CO_3) → 水 ＋ 二酸化炭素
転移酵素	アミノ基転移酵素	トランスアミナーゼ	アミノ酸からアミノ基をとって他の物質に移す
合成酵素（リガーゼ）	アセチル CoA 合成酵素		酢酸＋ CoA ＋ ATP →アセチル CoA ＋ ADP ＋リン酸
	DNA 連結酵素	DNA リガーゼ	DNA をつなぐ
	RNA 連結酵素	RNA リガーゼ	RNA をつなぐ

①加水分解酵素　ある物質に水が加わる形で起こる分解反応を触媒。

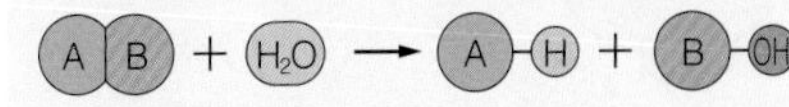
A B ＋ H₂O → A H ＋ B OH

②酸化還元酵素　ある物質の酸化反応や還元反応を触媒。

A–H₂ ＋ B → A ＋ B–H₂

③脱離酵素　ある物質から特定の基（原子団）を取り出す。

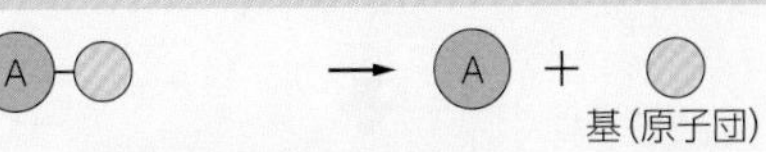
A → A ＋
基（原子団）

④転移酵素　ある物質から別の物質へ特定の基（原子団）を移動させる。

A ＋ B → A ＋ B

⑤合成酵素　ATP のエネルギーを使って 2 つの分子の結合をつくる。

A ＋ B → A B（ATP → ADP ＋ ～Ⓟ）

⑥異性化酵素　酵素は，上記の 5 つに異性化酵素を加えた 6 つに大別されるが，異性化酵素（分子内反応を触媒する酵素）は高校では扱わない。

栄養分の消化と酵素

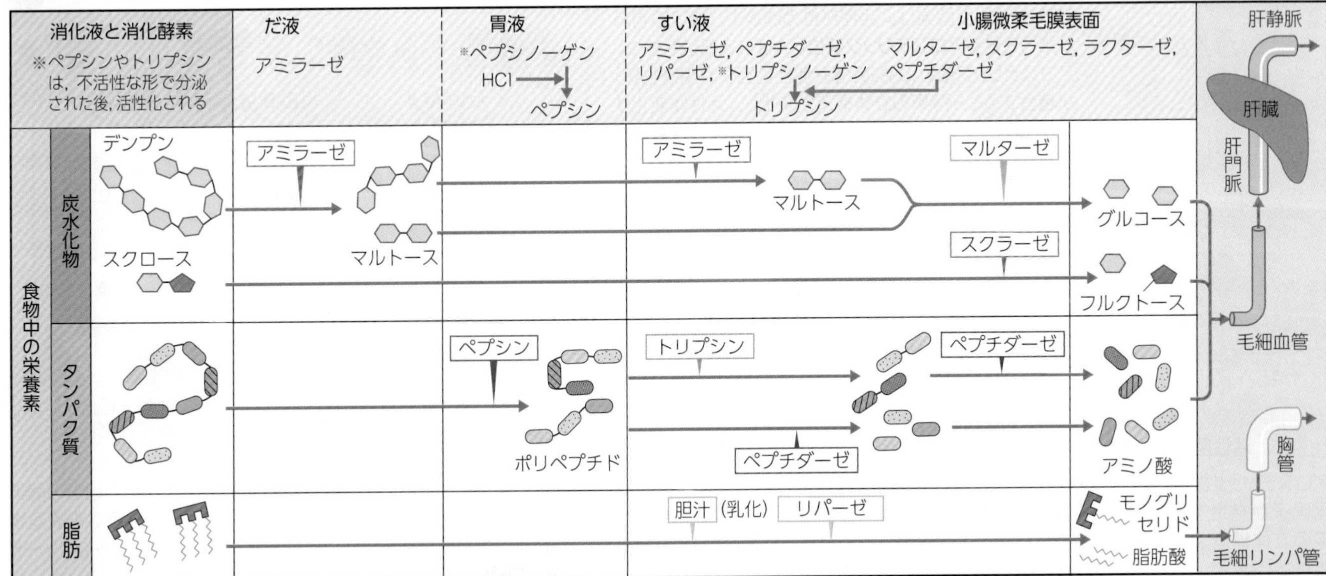
消化液と消化酵素
※ペプシンやトリプシンは，不活性な形で分泌された後，活性化される
だ液
アミラーゼ
胃液
※ペプシノーゲン
HCl
ペプシン
すい液
アミラーゼ，ペプチダーゼ，リパーゼ，※トリプシノーゲン
トリプシン
小腸微柔毛膜表面
マルターゼ，スクラーゼ，ラクターゼ，ペプチダーゼ
食物中の栄養素
炭水化物
デンプン
スクロース
アミラーゼ
マルトース
マルターゼ
スクラーゼ
グルコース
フルクトース
タンパク質
ペプシン
ポリペプチド
トリプシン
ペプチダーゼ
アミノ酸
脂肪
胆汁（乳化）
リパーゼ
モノグリセリド
脂肪酸
肝静脈
肝臓
肝門脈
毛細血管
胸管
毛細リンパ管

Keywords　アミラーゼ(amylase)，ペプシン(pepsin)，カタラーゼ(catalase)，DNA リガーゼ(DNA ligase)

4 酵素とそのはたらき(3) 生物基礎 生物

A 酵素反応の阻害

酵素反応は，基質以外の物質が酵素に結合することで阻害されることがある。酵素反応の阻害には，競争的阻害と非競争的阻害がある。

酵素と基質の結合(阻害物質なし)

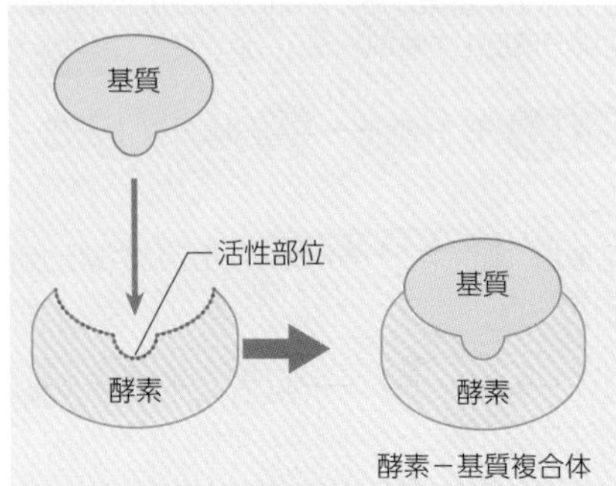

基質
活性部位
酵素
基質
酵素
酵素－基質複合体

基質は，酵素の活性部位に結合する。

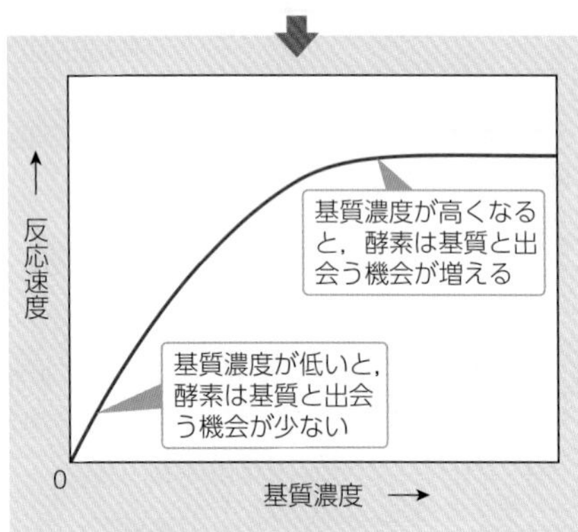

反応速度
基質濃度が高くなると，酵素は基質と出会う機会が増える
基質濃度が低いと，酵素は基質と出会う機会が少ない
0
基質濃度

基質濃度が高くなると，酵素が基質と出会う機会が増え，反応速度は大きくなる。

競争的阻害

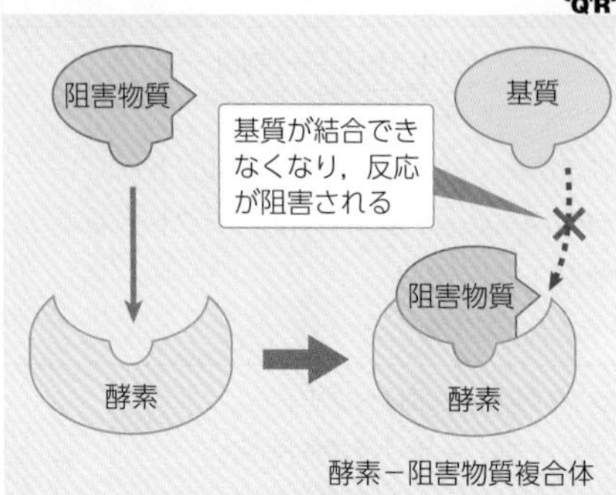

阻害物質
基質
基質が結合できなくなり，反応が阻害される
阻害物質
酵素
酵素
酵素－阻害物質複合体

基質と立体構造がよく似た物質(阻害物質)が，酵素の活性部位に結合することによって，基質と酵素の結合を妨げて，酵素活性を低下させる。

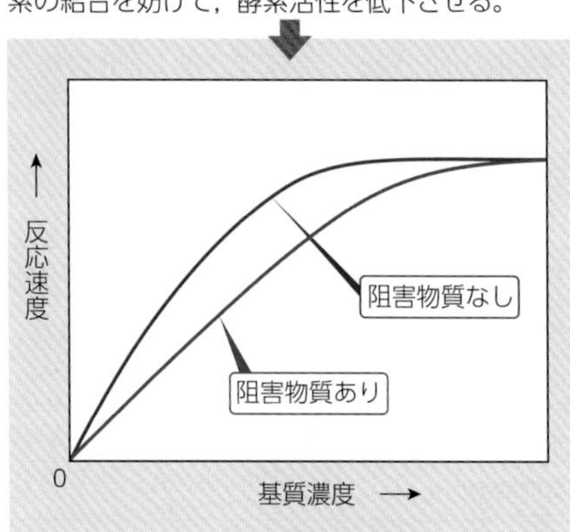

反応速度
阻害物質なし
阻害物質あり
0
基質濃度

基質濃度を高くすると，阻害物質に対して基質の割合が大きくなるため，基質が活性部位と結合しやすくなる。そのため，阻害物質の影響は小さくなる。

非競争的阻害

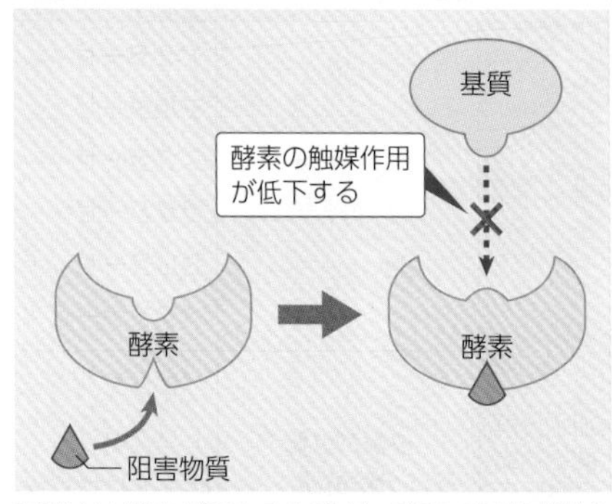

基質
酵素の触媒作用が低下する
酵素
酵素
阻害物質

基質とは構造が異なる物質が，酵素の活性部位とは異なる部位に結合することによって，酵素の立体構造を変化させ，酵素の触媒作用を低下させる。

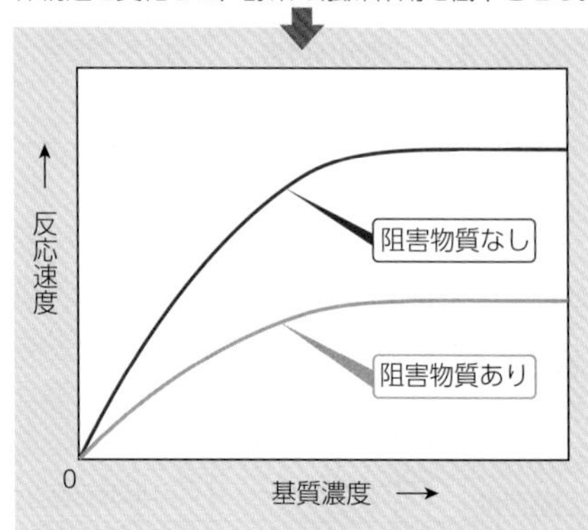

反応速度
阻害物質なし
阻害物質あり
0
基質濃度

基質濃度を高くしても，酵素が阻害を受ける確率は変化しない。これは，阻害物質が基質と活性部位を取りあうことなく，一定の割合で酵素と結合するためである。

B 酵素反応の調節

生体内では，適切な場所で適切な化学反応が進行するように調節が行われている。その一つが，酵素活性の調節によるものである。

アロステリック酵素

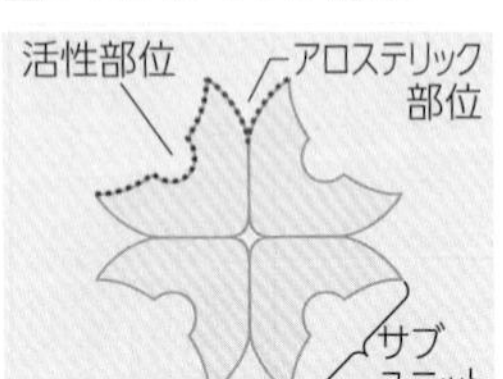

活性部位
アロステリック部位
サブユニット

アロステリック酵素は，活性部位のほかに，特定の物質が結合できる**アロステリック部位**とよばれる部位をもつ。アロステリック部位に調節物質(活性化因子や阻害物質)が結合すると，酵素の立体構造が変化し，活性が変化する(**アロステリック効果**)。アロステリック酵素は複数のサブユニットからなるものが多い。

※図のアロステリック酵素は4つのサブユニットからなる。

アロステリック効果の例

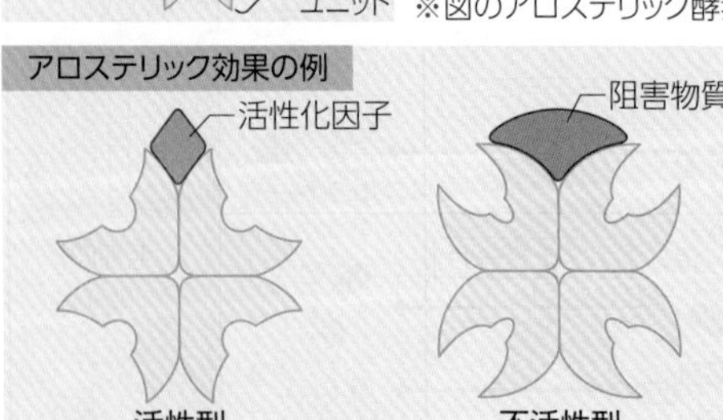

活性化因子
阻害物質
活性型
不活性型

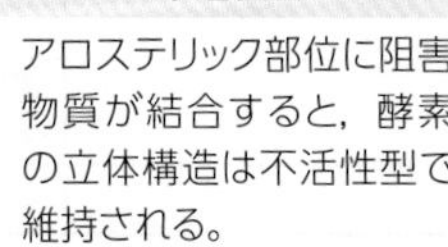

アロステリック部位に活性化因子が結合すると，酵素の立体構造は活性型で維持される。

アロステリック部位に阻害物質が結合すると，酵素の立体構造は不活性型で維持される。

その他の活性調節

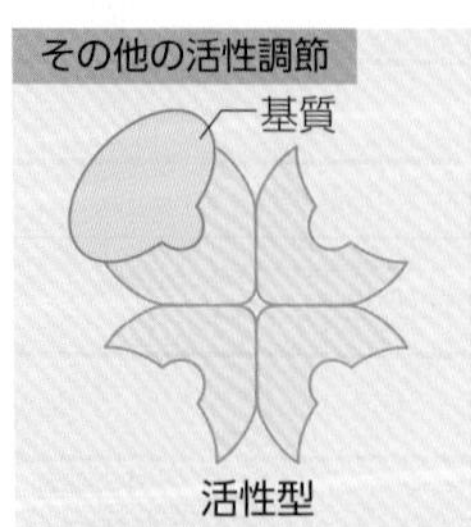

基質
活性型

活性部位のうち1つに基質が結合すると，他の活性部位も基質と結合しやすくなるものもある。

フィードバック調節

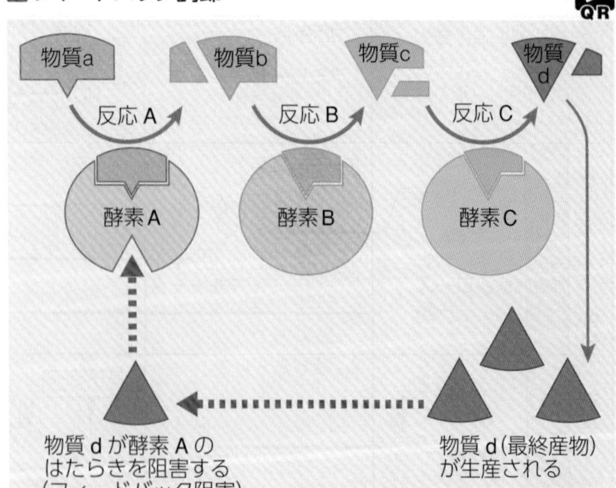

物質a
物質b
物質c
物質d
反応A
反応B
反応C
酵素A
酵素B
酵素C
物質dが酵素Aのはたらきを阻害する(フィードバック阻害)
物質d(最終産物)が生産される

一連の酵素反応系において，最終産物(物質d)が初めの段階の酵素Aに作用して，酵素Aによる反応を抑制する。このような最終産物が初めの段階にもどって反応全体の進行を調節するしくみを**フィードバック調節**という。

Keywords 競争的阻害(competitive inhibition)，非競争的阻害(noncompetitive inhibition)，アロステリック酵素(allosteric enzyme)

C 酵素とともにはたらく物質

酵素の中には，低分子の有機物や金属などが結合しなければ活性をもたないものがある。このような低分子の有機物や金属などを**補助因子**という。

補助因子　補酵素の多くはビタミンとして知られている。

	補助因子	関係する酵素
低分子の有機化合物（補酵素）	TPP（チアミン二リン酸） ピリドキサルリン酸 NAD$^+$，NADP$^+$ CoA	脱炭酸酵素 アミノ基転移酵素 脱水素酵素 アシル基転移酵素
補欠分子族	FAD	脱水素酵素
金属	Fe（鉄） Mg（マグネシウム） Zn（亜鉛） Cu（銅）	カタラーゼ ATP アーゼ，ピルビン酸キナーゼ ペプチダーゼ，炭酸脱水酵素 チロシナーゼ

酵素と補助因子

酵素が反応を触媒するのに補助因子を必要とする場合，そのような酵素活性に必要な部分を失ったタンパク質のみの酵素をアポ酵素という。一方，酵素と補助因子の複合体をホロ酵素という。

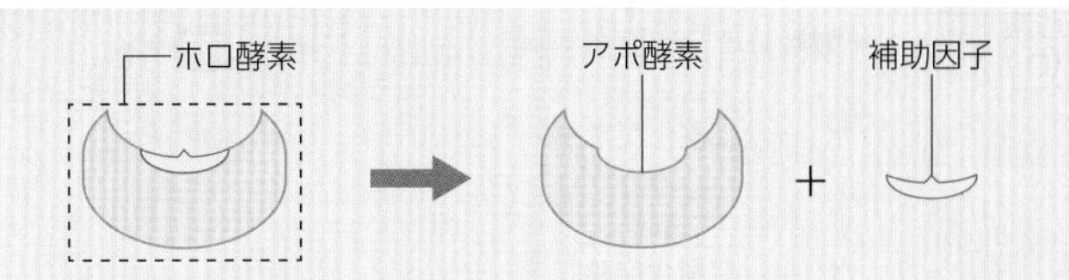
ホロ酵素
アポ酵素
補助因子
+

補助因子のうち，補酵素は酵素本体から比較的離れやすく，透析によって分離できる。一方，補欠分子族は酵素タンパク質との結合が強く，容易に分離できない。

NAD$^+$／NADH のはたらき

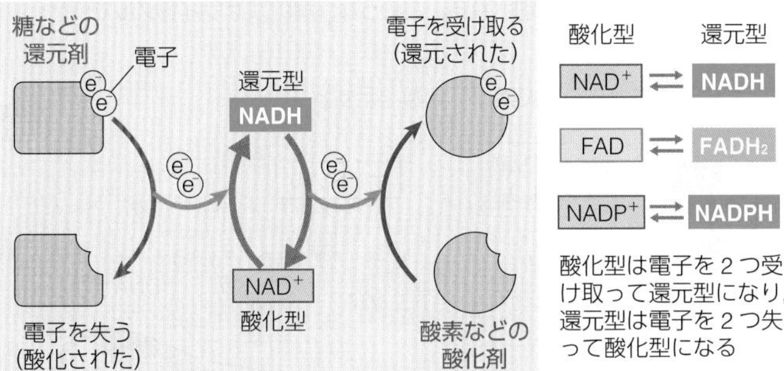
糖などの還元剤
電子
還元型
NADH
NAD$^+$
酸化型
電子を受け取る（還元された）
電子を失う（酸化された）
酸素などの酸化剤
酸化型
還元型
NAD$^+$ ⇄ NADH
FAD ⇄ FADH$_2$
NADP$^+$ ⇄ NADPH
酸化型は電子を２つ受け取って還元型になり，還元型は電子を２つ失って酸化型になる

呼吸の反応では，酸化還元反応に伴う電子の出入りが起こる。NAD$^+$は他の物質（糖など）から電子を受け取り，還元される際に水素イオンを結合して，還元型の NADH となる。NADH は他の物質（酸素など）に電子を渡して還元し，自身は酸化型の NAD$^+$にもどる。呼吸の反応では FAD と $FADH_2$ も同様のはたらきをしており，光合成の反応では NADP$^+$と NADPH がはたらいている。

Jump 呼吸における NAD$^+$ / NADH の役割 ▶ p.57

呼吸の反応において，基質から NAD$^+$に渡された電子は，電子伝達系へと運ばれる。電子伝達系では，その電子がタンパク質複合体の間を受け渡しされるときのエネルギーを用いて，ATP が合成される。

酸化還元反応を触媒する酵素

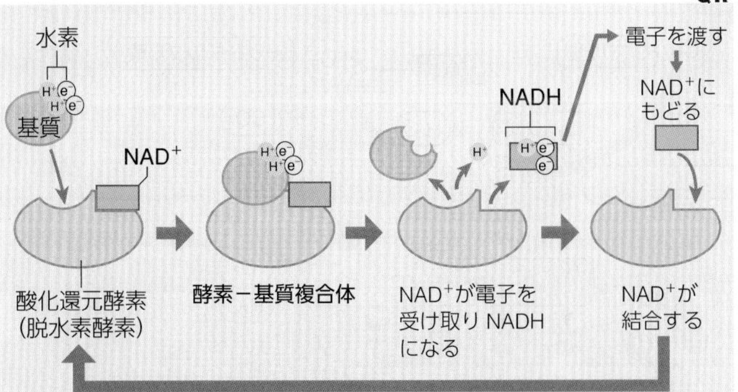
水素
基質
NAD$^+$
NADH
電子を渡す
NAD$^+$にもどる
酸化還元酵素（脱水素酵素）
酵素－基質複合体
NAD$^+$が電子を受け取り NADH になる
NAD$^+$が結合する

酸化還元酵素のはたらきによって，基質から NAD$^+$に水素（水素イオン＋電子）が渡される。基質から２個の水素イオン（H$^+$）と２個の電子（e$^-$）が外される（基質は酸化される）。NAD$^+$は１個の水素イオン（H$^+$）と２個の電子を受け取り，NADH となる（NAD$^+$は還元される）。残りの H$^+$は，溶液中に放出される。酸化還元反応では，H$^+$が電子とともに移動する場合が多く，そのような反応を触媒する酸化還元酵素は一般的に脱水素酵素とよばれる。

Zoom up 補酵素の構造

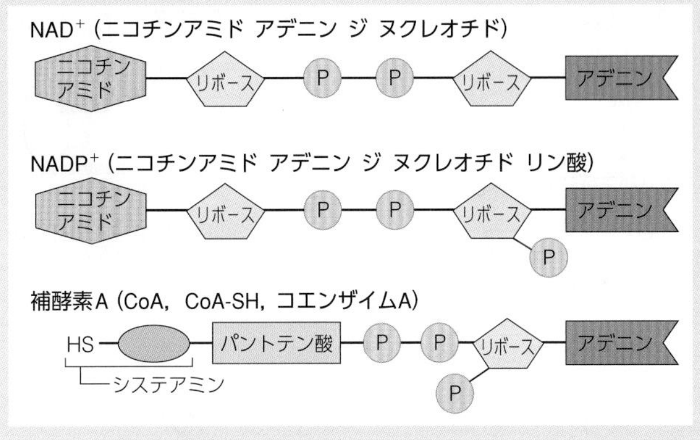
NAD$^+$（ニコチンアミド アデニン ジ ヌクレオチド）
ニコチンアミド
リボース
P
P
リボース
アデニン
NADP$^+$（ニコチンアミド アデニン ジ ヌクレオチド リン酸）
補酵素 A（CoA，CoA-SH，コエンザイム A）
HS
パントテン酸
システアミン

Column 酵素と補酵素の性質

酵母のしぼり汁を透析すると，アルコール発酵にはたらく酵素を小さい分子から分離することができる。分離されたそれぞれをグルコース溶液に加えても酵素作用を示さないが，再び混合すると酵素としてはたらく。このような作用を示す小分子は，酵素を助けるものとして補酵素と名づけられた。

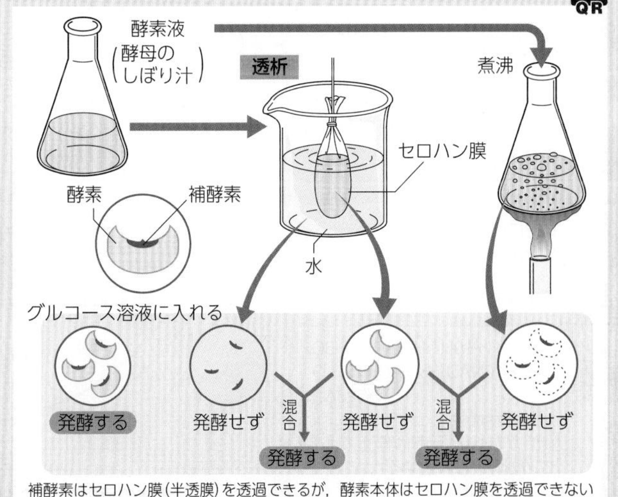
酵素液（酵母のしぼり汁）
透析
煮沸
セロハン膜
酵素
補酵素
水
グルコース溶液に入れる
発酵する
発酵せず
混合
発酵する
発酵せず
混合
発酵する
発酵せず
補酵素はセロハン膜（半透膜）を透過できるが，酵素本体はセロハン膜を透過できない

アロステリック効果（allosteric effect），フィードバック調節（feedback regulation），NAD$^+$（nicotinamide adenine dinucleotide）

5 呼吸のしくみ(1)　生物基礎　生物

A 呼吸　基　生

酸素のある条件下で，グルコースなどの有機物(呼吸基質)を分解してエネルギーを取り出すはたらきが**呼吸(細胞呼吸)**である。真核生物の呼吸の反応には**ミトコンドリア**がかかわっている。

■呼吸の概要

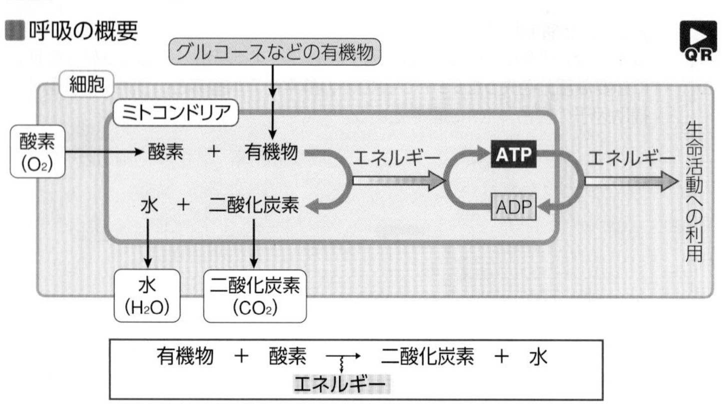

グルコースなどの有機物
細胞
ミトコンドリア
酸素 (O_2)
酸素 ＋ 有機物
水 ＋ 二酸化炭素
エネルギー
ATP
ADP
エネルギー
生命活動への利用
水 (H_2O)
二酸化炭素 (CO_2)
有機物 ＋ 酸素 → 二酸化炭素 ＋ 水
エネルギー

呼吸では，細胞内で酸素を用いて有機物を分解し，このとき取り出されたエネルギーを用いてATPを合成する。有機物は最終的に，二酸化炭素と水に分解される。

■ミトコンドリア

呼吸の場となる**ミトコンドリア**には，呼吸にはたらくさまざまな酵素が含まれている。

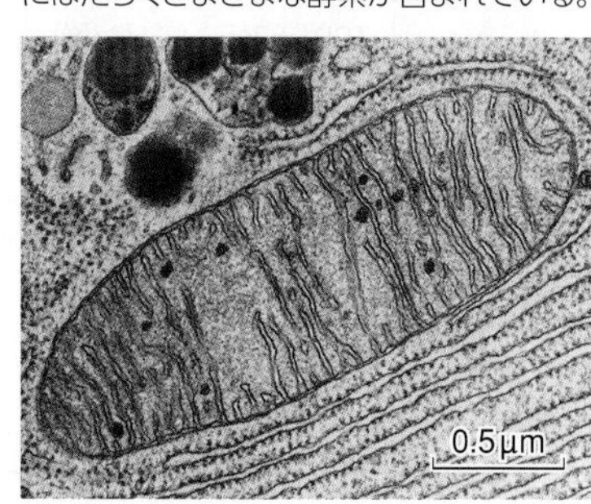

0.5μm

B 呼吸のしくみ　基　生

呼吸の過程は，**解糖系・クエン酸回路・電子伝達系**の3つに大別される。このうち，解糖系は**サイトゾル**で，クエン酸回路と電子伝達系は**ミトコンドリア**で行われる。

■呼吸のしくみ(解糖系・クエン酸回路・電子伝達系)　C_3，C_6 などの数字は，1分子中に含まれる炭素原子の数を示す。

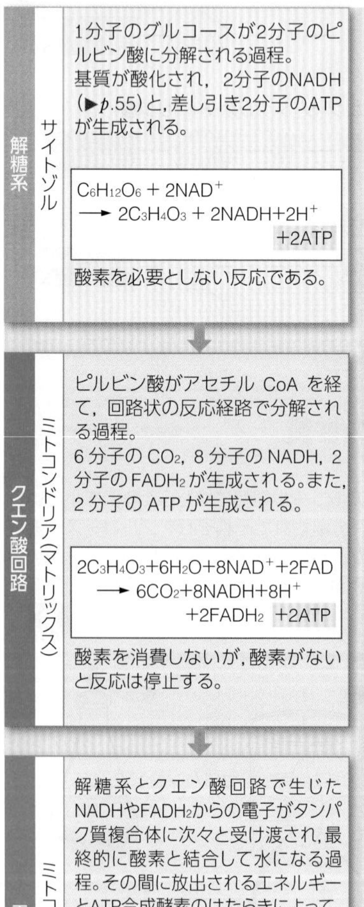

解糖系　サイトゾル
1分子のグルコースが2分子のピルビン酸に分解される過程。
基質が酸化され，2分子のNADH(▶p.55)と，差し引き2分子のATPが生成される。
$C_6H_{12}O_6 + 2NAD^+ \longrightarrow 2C_3H_4O_3 + 2NADH + 2H^+ + 2ATP$
酸素を必要としない反応である。
クエン酸回路　ミトコンドリア(マトリックス)
ピルビン酸がアセチル CoA を経て，回路状の反応経路で分解される過程。
6分子の CO_2，8分子の NADH，2分子の $FADH_2$ が生成される。また，2分子の ATP が生成される。
$2C_3H_4O_3 + 6H_2O + 8NAD^+ + 2FAD \longrightarrow 6CO_2 + 8NADH + 8H^+ + 2FADH_2 + 2ATP$
酸素を消費しないが，酸素がないと反応は停止する。
電子伝達系　ミトコンドリア(内膜)
解糖系とクエン酸回路で生じたNADHや$FADH_2$からの電子がタンパク質複合体に次々と受け渡され，最終的に酸素と結合して水になる過程。その間に放出されるエネルギーとATP合成酵素のはたらきによって，約28分子のATPが生成される。
$10NADH + 10H^+ + 2FADH_2 + 6O_2 \longrightarrow 10NAD^+ + 2FAD + 12H_2O + 約28ATP$
酸素がないと反応は停止する(クエン酸回路も停止する)。

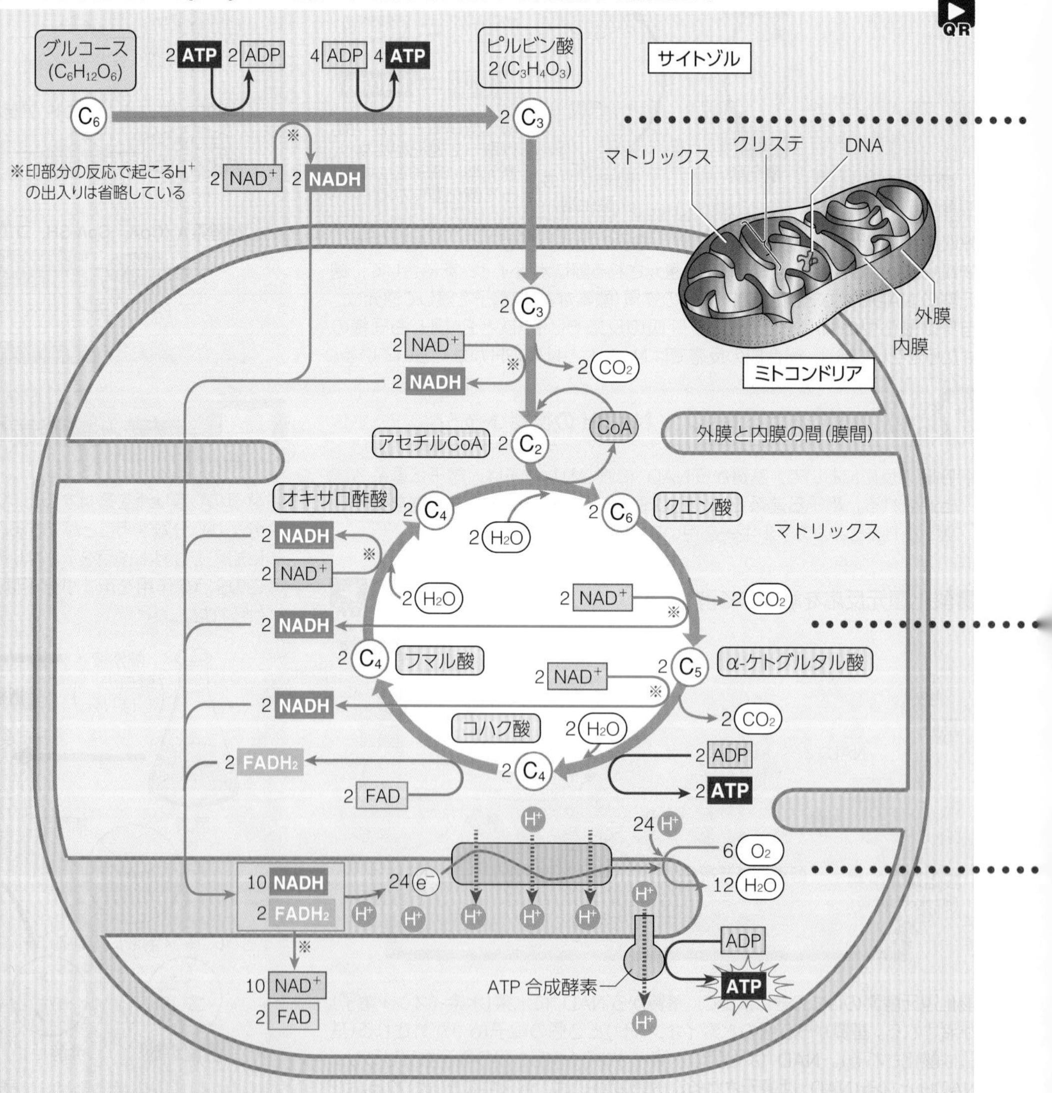

グルコース ($C_6H_{12}O_6$)　2 ATP　2 ADP　4 ADP　4 ATP　ピルビン酸 $2(C_3H_4O_3)$　サイトゾル

C_6　2 C_3　2 NAD^+　2 NADH

※印部分の反応で起こるH^+の出入りは省略している

マトリックス　クリステ　DNA　外膜　内膜　ミトコンドリア

2 C_3　2 NAD^+　2 NADH　2 CO_2　CoA　アセチルCoA　2 C_2　外膜と内膜の間(膜間)

オキサロ酢酸　2 C_4　2 C_6　クエン酸　マトリックス　2 H_2O　2 NADH　2 NAD^+　2 H_2O　2 NAD^+　2 CO_2　2 NADH

2 C_4　フマル酸　2 NAD^+　2 C_5　α-ケトグルタル酸　2 NADH　2 CO_2　コハク酸　2 H_2O　2 $FADH_2$　2 C_4　2 ADP　2 ATP　2 FAD

H^+　24 H^+　6 O_2　12 H_2O　10 NADH　2 $FADH_2$　24 e^-　ADP　ATP　ATP 合成酵素　10 NAD^+　2 FAD

全体の反応式　$C_6H_{12}O_6 + 6H_2O + 6O_2 \rightarrow 6CO_2 + 12H_2O +$ 約32ATP

Keywords　呼吸(respiration)，解糖系(glycolysis system)，クエン酸回路(citric acid cycle)，電子伝達系(electron transport system)

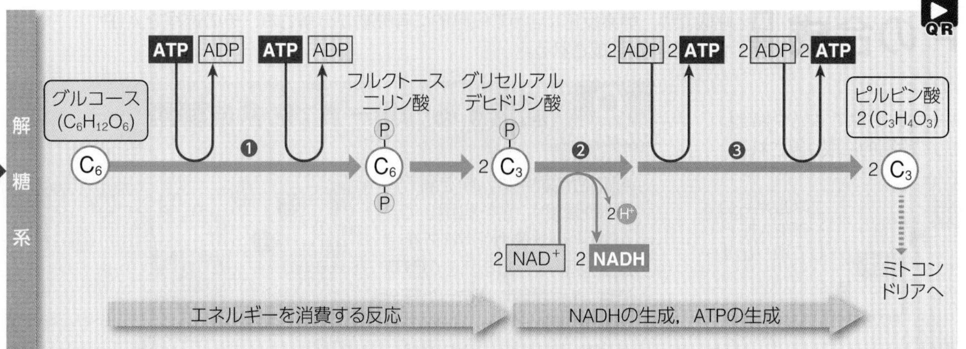

解糖系
ATP ADP
ATP ADP
グルコース ($C_6H_{12}O_6$)
C_6
❶
フルクトース ニリン酸
グリセルアル デヒドリン酸
C_6
2 C_3
❷
2 H^+
2 NAD$^+$
2 NADH
2 ADP 2 ATP
2 ADP 2 ATP
❸
ピルビン酸 2($C_3H_4O_3$)
2 C_3
ミトコンドリアへ
エネルギーを消費する反応
NADHの生成，ATPの生成

❶ 1分子のグルコースはフルクトースニリン酸を経て，2分子のグリセルアルデヒドリン酸に分解される。この過程では2分子のATPが使われる。

❷酸化還元酵素のはたらきにより，2分子のNADHが生成される。

❸グリセルアルデヒドリン酸は，最終的にピルビン酸まで分解される。その過程で4分子のATPが生成される(**基質レベルのリン酸化**)。したがって，解糖系では差し引き2分子のATPが生成される。

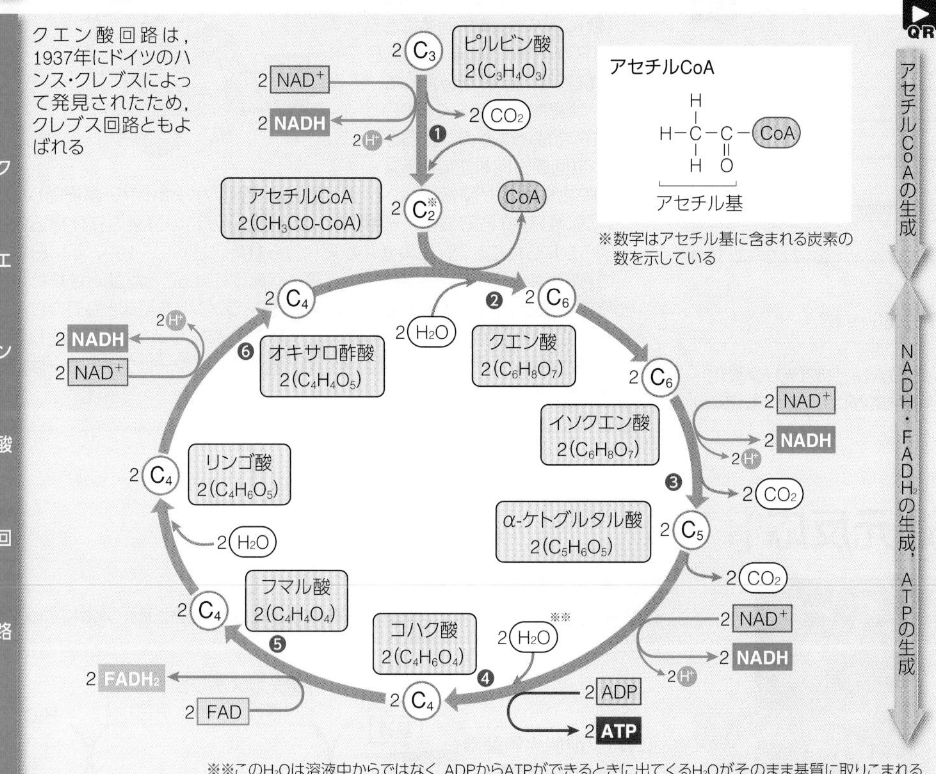

クエン酸回路
クエン酸回路は，1937年にドイツのハンス・クレブスによって発見されたため，クレブス回路ともよばれる
2 C_3
ピルビン酸 2($C_3H_4O_3$)
2 NAD$^+$
2 NADH
2 H^+
2 CO_2
❶
アセチルCoA 2(CH_3CO-CoA)
2 C_2※
CoA
アセチルCoA
アセチル基
※数字はアセチル基に含まれる炭素の数を示している
アセチルCoAの生成
NADH・FADH2の生成，ATPの生成
2 C_4
❷
2 C_6
2 H_2O
クエン酸 2($C_6H_8O_7$)
オキサロ酢酸 2($C_4H_4O_5$)
❻
2 NADH
2 NAD$^+$
2 C_6
イソクエン酸 2($C_6H_8O_7$)
2 NAD$^+$
2 NADH
❸
2 CO_2
α-ケトグルタル酸 2($C_5H_6O_5$)
2 C_5
2 C_4
リンゴ酸 2($C_4H_6O_5$)
2 H_2O
2 C_4
フマル酸 2($C_4H_4O_4$)
❺
コハク酸 2($C_4H_6O_4$)
2 H_2O ※※
2 C_4
❹
2 NAD$^+$
2 NADH
2 FADH2
2 FAD
2 ADP
2 ATP
※※このH_2Oは溶液中からではなく，ADPからATPができるときに出てくるH_2Oがそのまま基質に取りこまれる

❶ミトコンドリアに入った2分子のピルビン酸は，コエンザイムA(CoA)と結合して，アセチルCoAとなる。その過程で，2分子のNADHが生成され，脱炭酸反応によって2分子のCO_2が放出される。

❷アセチルCoAは，オキサロ酢酸と結合して，クエン酸となる。

❸クエン酸はイソクエン酸を経て，α-ケトグルタル酸となる。この過程で，2分子のNADHが生成され，2分子のCO_2が放出される。

❹α-ケトグルタル酸はコハク酸となる。この過程で，2分子のNADHが生成され，2分子のCO_2が放出される。基質レベルのリン酸化によって，2分子のATPが生成される。

❺コハク酸はフマル酸となる。この過程で，2分子の$FADH_2$が生成される。

❻フマル酸はリンゴ酸を経て，オキサロ酢酸にもどる。この過程で，2分子のNADHが生成される。したがって，クエン酸回路全体では，6分子のCO_2が放出され，8分子のNADH，2分子の$FADH_2$，2分子のATPがそれぞれ生成される。

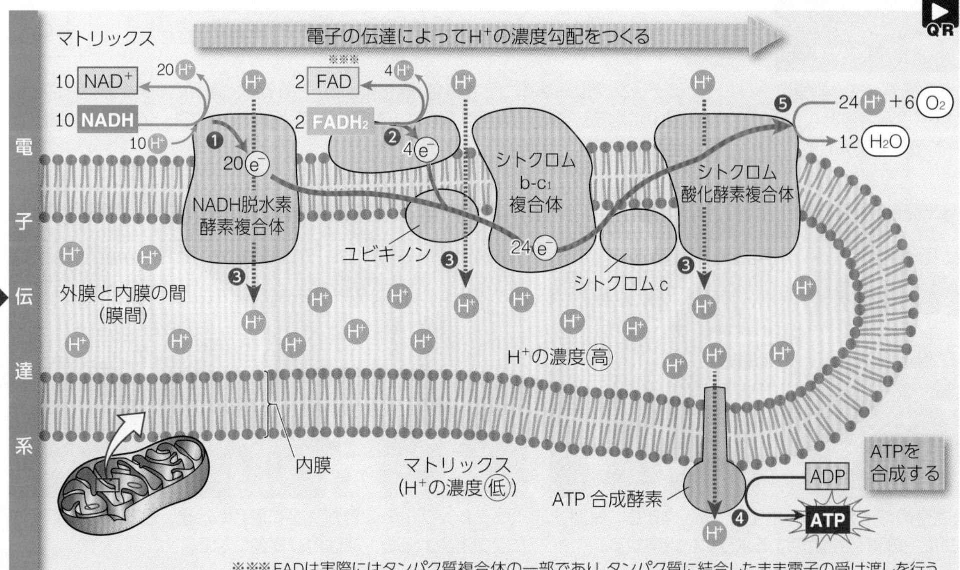

電子伝達系
マトリックス
電子の伝達によってH^+の濃度勾配をつくる
10 NAD$^+$
10 NADH
20 H^+
10 H^+
※※※
2 FAD
2 FADH2
4 H^+
❶
20 e^-
❷
4 e^-
NADH脱水素酵素複合体
ユビキノン
シトクロム b-c1 複合体
24 e^-
シトクロム c
シトクロム酸化酵素複合体
❺
24 H^+ +6 O_2
12 H_2O
❸
外膜と内膜の間 (膜間)
H^+の濃度(高)
内膜
マトリックス (H^+の濃度(低))
ATP合成酵素
ADP
ATP
ATPを合成する
❹
※※※FADは実際にはタンパク質複合体の一部であり，タンパク質に結合したまま電子の受け渡しを行う

❶ NADHがミトコンドリア内膜に埋めこまれたNADH脱水素酵素複合体に電子(e^-)を渡して，NAD$^+$とH^+にもどる。

❷ $FADH_2$は電子伝達系の途中のタンパク質複合体に電子を渡して，FADとH^+にもどる。

❸ NADH脱水素酵素複合体などを電子が通過するときに放出されるエネルギーによって，H^+がマトリックス側から外膜と内膜の間(膜間)へとくみ出される。

❹膜間のH^+濃度が高くなり，マトリックス側とのH^+濃度差が大きくなると，H^+は濃度勾配にしたがって，ATP合成酵素を通って膜間からマトリックス側に流れこむ。このとき，ATP合成酵素はADPとリン酸からATPを合成する(**酸化的リン酸化**)。
このとき合成されるATPの数は，生物種によって異なる。

❺シトクロム酸化酵素複合体のはたらきによって，酸素が電子を受け取り，さらにH^+が結合して水(H_2O)となる。

アセチルCoA (acetyl coenzyme A)，基質レベルのリン酸化 (substrate-level phosphorylation)，酸化的リン酸化 (oxidative phosphorylation)

6 呼吸のしくみ(2) 生物基礎 生物

A 呼吸における ATP の合成 基 生

呼吸では，酵素反応によって段階的に有機物が分解され，その過程で ATP や NADH が生成される。

呼吸と燃焼の比較

有機物(グルコース)に蓄えられていたエネルギーが，燃焼では光や熱として一度に放出されるのに対して，呼吸では ATP として段階的に取り出される。

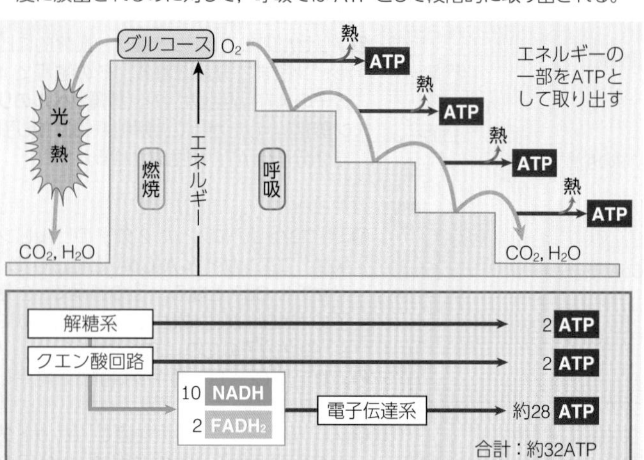

グルコース
O_2
光・熱
燃焼
エネルギー
呼吸
熱
ATP
エネルギーの一部をATPとして取り出す
CO_2, H_2O
CO_2, H_2O
解糖系
2 ATP
クエン酸回路
2 ATP
10 NADH
2 $FADH_2$
電子伝達系
約28 ATP
合計：約32ATP

Jump 光合成における ATP の合成 ▶ p.66 〜 67

光合成においても ATP 合成が行われる。光合成の ATP 合成(**光リン酸化**)にも，呼吸と同じような電子伝達系や ATP 合成酵素がはたらいている。

Zoom up 回転する酵素ー ATP 合成酵素

ATP 合成酵素は，膜を隔てた H^+の濃度勾配を利用して，ADP とリン酸から ATP を合成する酵素である。この酵素では，H^+が膜に埋まった部分(❶)を通過すると，心棒の部分(❷)が回転し，球状の部分(❸)の中で心棒が回ることで ATP が合成される。ATP 合成酵素は，ATP を分解して，H^+の濃度勾配をつくるという ATP 合成とは逆のはたらきもする(回転方向も逆になる)。

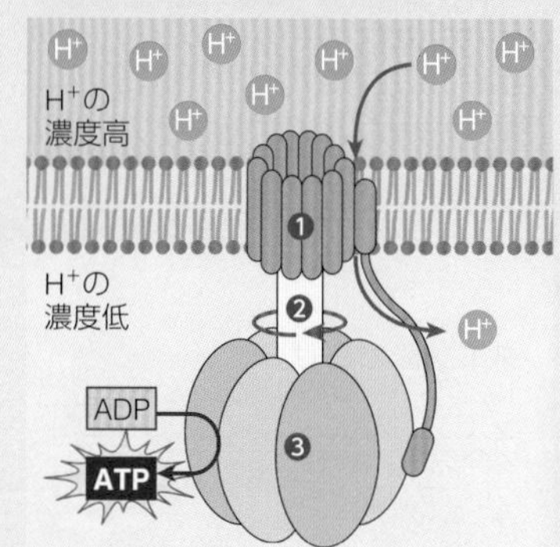

H^+
H^+の濃度高
H^+の濃度低
❶
❷
❸
ADP
ATP

ATP 合成酵素が回転しているという説は，アメリカのボイヤーが提唱した(回転触媒説)。その後，イギリスのウォーカーがこの酵素の立体構造を明らかにしたことで，この考えが裏付けられた。さらに，1997 年に日本の吉田・木下らの手法によって，実際に回転していることが証明された。その手法とは，ATP 合成酵素にアクチンフィラメントを目印としてつけ，そこに ATP を加えると，酵素の回転がアクチンフィラメントの回転として観察されたというものである。そして，同年にボイヤーとウォーカーは，ノーベル化学賞を受賞した。

B 探究 酵素による酸化還元反応 基 生

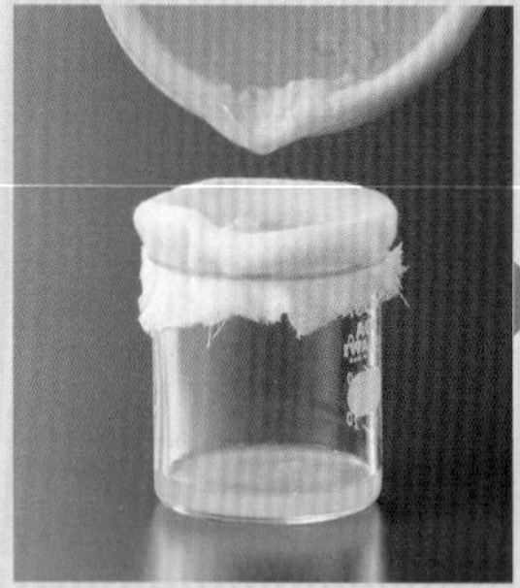

①ニワトリの胸筋 5 g に蒸留水 20 mL を加えてよくすりつぶし，ガーゼでろ過する。

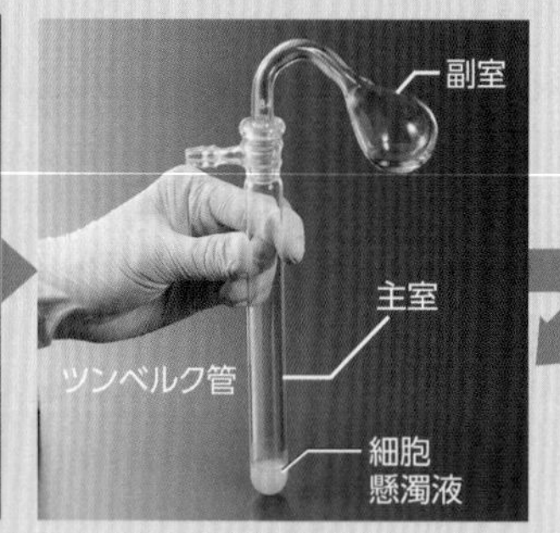

副室
主室
ツンベルク管
細胞懸濁液

②主室に①の細胞懸濁液を，副室に 8% コハク酸ナトリウム溶液と 0.1% メチレンブルー溶液を数滴入れる。

メチレンブルーの性質

次のような性質をもつメチレンブルーを指示薬として，酸化還元酵素によって基質が酸化されていることを確かめる。

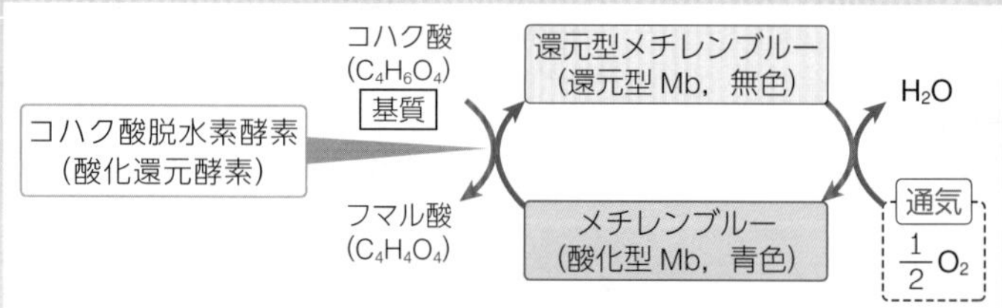

コハク酸脱水素酵素(酸化還元酵素)
コハク酸 ($C_4H_6O_4$)
基質
フマル酸 ($C_4H_4O_4$)
還元型メチレンブルー(還元型 Mb，無色)
メチレンブルー(酸化型 Mb，青色)
H_2O
通気
$\frac{1}{2}O_2$

メチレンブルーはふつうは青色(酸化型 Mb)であるが，還元されると無色(還元型 Mb)になる。また，還元型 Mb は，酸素があると酸化されてもとの酸化型 Mb(青色)にもどる。

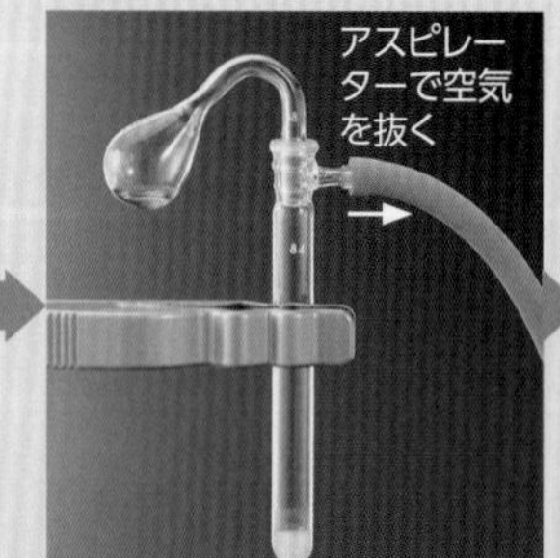

アスピレーターで空気を抜く

③アスピレーターにつないで十分に排気した後，副室を回して管を密閉する。

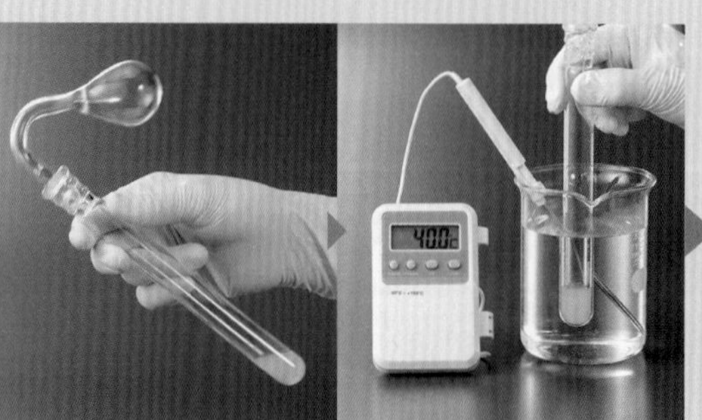

④副室の液と主室の液を混合し，主室を 35 〜 40 ℃に保温する。メチレンブルーの青色が脱色するようすを観察する。

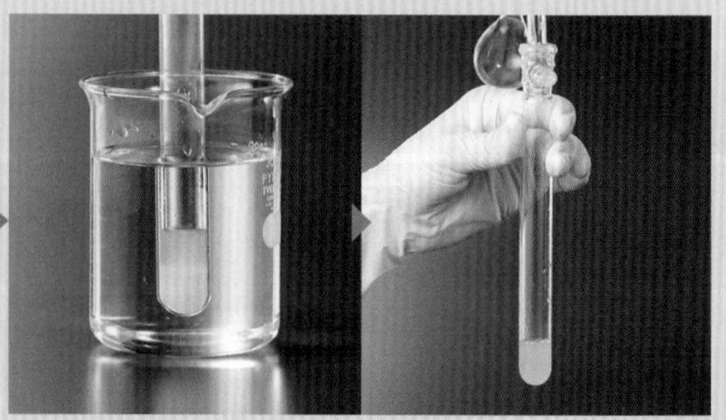

⑤メチレンブルーの色が完全に脱色した後，副室を回して管内に空気を入れると，液は再び青色になる。

Keywords ATP 合成酵素(ATP synthase)，酸化還元反応(oxidation-reduction reaction)，酸化還元酵素(oxidoreductase)

C 脂肪とタンパク質の分解経路 基生

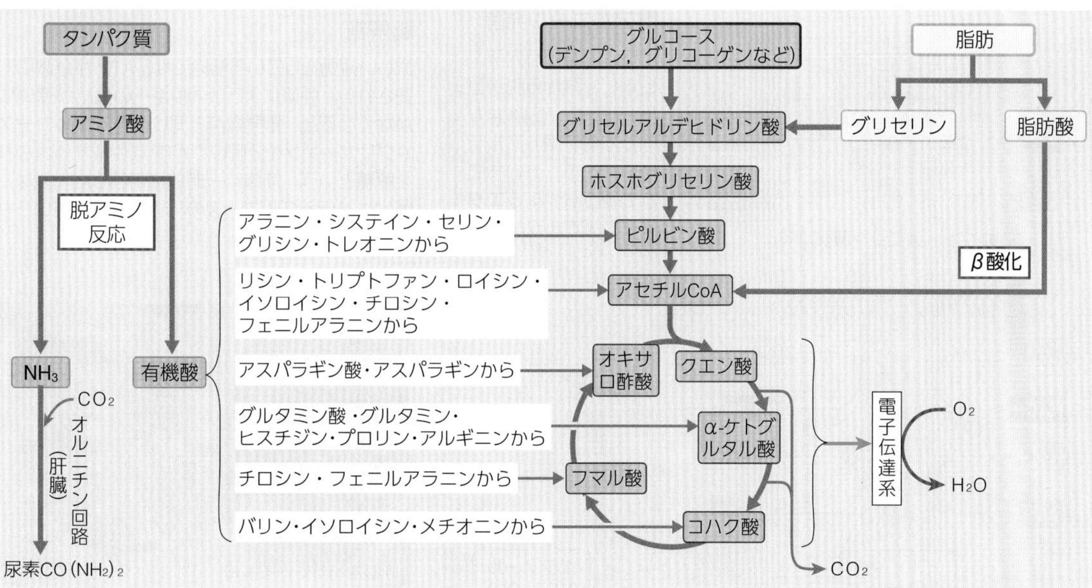

タンパク質
アミノ酸
脱アミノ反応
NH3
CO2
オルニチン回路
(肝臓)
尿素CO(NH2)2
有機酸
グルコース(デンプン，グリコーゲンなど)
脂肪
グリセリン
脂肪酸
グリセルアルデヒドリン酸
ホスホグリセリン酸
ピルビン酸
アセチルCoA
β酸化
アラニン・システイン・セリン・グリシン・トレオニンから
リシン・トリプトファン・ロイシン・イソロイシン・チロシン・フェニルアラニンから
アスパラギン酸・アスパラギンから
グルタミン酸・グルタミン・ヒスチジン・プロリン・アルギニンから
チロシン・フェニルアラニンから
バリン・イソロイシン・メチオニンから
オキサロ酢酸
クエン酸
α-ケトグルタル酸
フマル酸
コハク酸
電子伝達系
O2
H2O
CO2

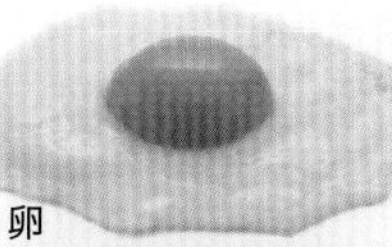
卵
(タンパク質を多く含む)

ごはん
(デンプンを多く含む)

落花生の豆
(脂肪を多く含む)

脱アミノ反応

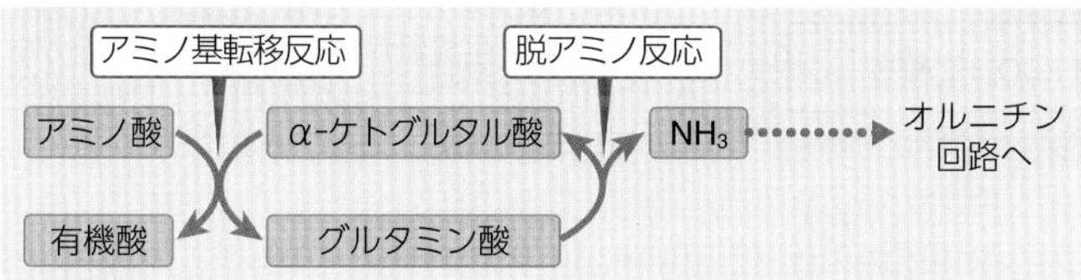

アミノ基転移反応
脱アミノ反応
アミノ酸
α-ケトグルタル酸
NH3
オルニチン回路へ
有機酸
グルタミン酸

アミノ酸からアミノ基を取り外してアンモニア(NH_3)が遊離する反応。ヒトでは肝臓で行われる。アミノ酸はこの反応を経て，ピルビン酸やそのほかの有機酸となり，クエン酸回路などに入って分解される。アンモニアは，ヒトでは肝臓で毒性の低い尿素に変えられる(▶ *p*.159)。

β酸化

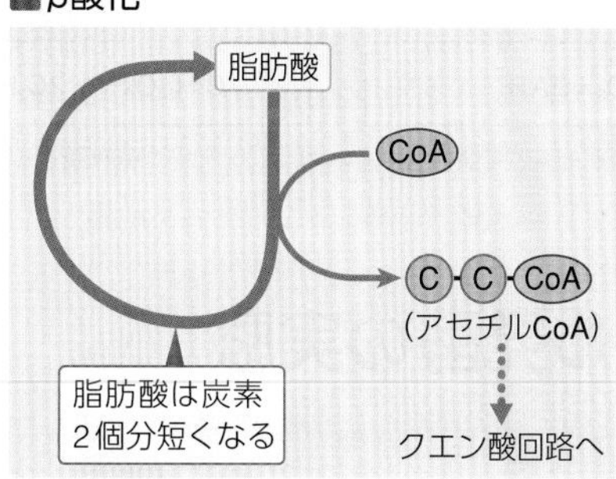

脂肪酸
CoA
C C CoA
(アセチルCoA)
脂肪酸は炭素2個分短くなる
クエン酸回路へ

脂肪酸の端から炭素2個を含む部分が切り取られ，これがコエンザイムAと結合してアセチルCoAとなる過程。これがくり返されて，脂肪酸はアセチルCoAとしてクエン酸回路に入って分解される。

D 呼吸商 基生

呼吸において，消費された酸素(O_2)の体積に対する放出された二酸化炭素(CO_2)の体積の割合を**呼吸商**という。

呼吸商

$$呼吸商 = \frac{放出された\ CO_2\ の体積}{吸収された\ O_2\ の体積}$$

呼吸商の測定

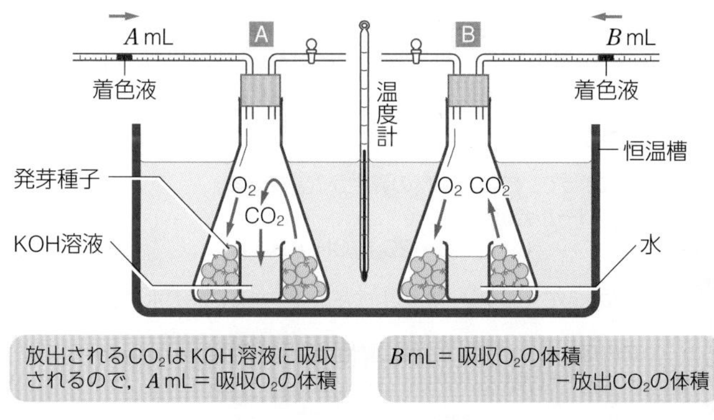

A mL
A
B
B mL
着色液
温度計
着色液
恒温槽
発芽種子
O2
CO2
O2 CO2
KOH溶液
水
放出されるCO2はKOH溶液に吸収されるので，A mL＝吸収O2の体積
B mL＝吸収O2の体積－放出CO2の体積

$$呼吸商 = \frac{放出されたCO_2の体積}{吸収されたO_2の体積} = \frac{A-B}{A}$$

呼吸基質と呼吸商

呼吸基質	反応式	呼吸商
炭水化物	$C_6H_{12}O_6 + 6H_2O + 6O_2 \rightarrow 6CO_2 + 12H_2O$	6/6 ＝ **1.0**
タンパク質	$2C_6H_{13}O_2N + 15O_2 \rightarrow 12CO_2 + 10H_2O + 2NH_3$ (ロイシン)	12/15 ＝ **0.8**
脂質	$2C_{57}H_{110}O_6 + 163O_2 \rightarrow 114CO_2 + 110H_2O$ (トリステアリン)	114/163 ≒ **0.7**

種子の発芽と呼吸商

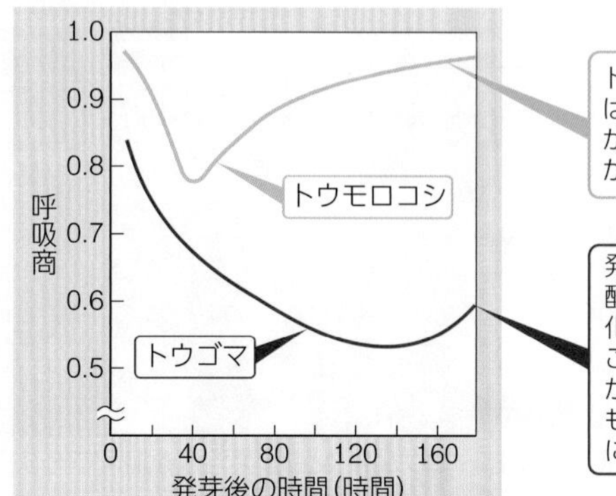

1.0
0.9
0.8
0.7
0.6
0.5
呼吸商
トウモロコシ
トウゴマ
0
40
80
120
160
発芽後の時間(時間)

トウモロコシの呼吸基質はおもに炭水化物であるが，発芽初期には脂肪もかなり使われる

発芽初期のトウゴマでは酸素を用いて脂肪を炭水化物に変換する反応が起こるため，酸素の吸収量が多い。やがて脂肪とともにその炭水化物も呼吸に使われる

ピルビン酸(pyruvic acid)，発芽(germination)，呼吸基質(respiratory substrate)，呼吸商(respiratory quotient)

7 発酵 生物基礎 生物

A 発酵

微生物が酸素のない条件下で有機物を分解し，ATP を生成する過程を**発酵**という。発酵では，電子伝達系がはたらかないため，NADH はピルビン酸やアセトアルデヒドによって酸化されて NAD^+にもどり，再利用される。

乳酸発酵

乳酸菌の行う発酵。グルコースの分解で生じたピルビン酸が還元されて，**乳酸**ができる。

アルコール発酵

酵母などが行う発酵。ピルビン酸から脱炭酸反応によって CO_2 が除かれてアセトアルデヒドができ，その後これが還元されて**エタノール**ができる。

グルコース ($C_6H_{12}O_6$)

解糖系

2 ATP → 2 ADP

フルクトースニリン酸 (C_6)

グリセルアルデヒドリン酸 ($2C_3$)

2 NAD^+ → 2 NADH　2H^+

4 ADP → 4 ATP

ピルビン酸 2($C_3H_4O_3$)

乳酸 2($C_3H_6O_3$)　(還元)　2H^+

アセトアルデヒド 2(CH_3CHO)　$2CO_2$

エタノール 2(C_2H_5OH)　(還元)　2H^+

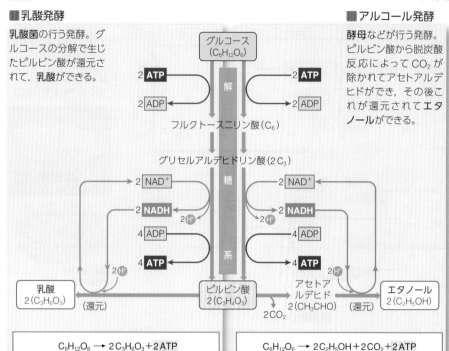

$C_6H_{12}O_6 \rightarrow 2C_3H_6O_3 + 2ATP$

$C_6H_{12}O_6 \rightarrow 2C_2H_5OH + 2CO_2 + 2ATP$

解糖

激しい運動をしている筋肉では，ATP が急激に消費される。呼吸によるエネルギーの供給が追いつかなくなると，乳酸発酵と同じ過程でグルコースやグリコーゲンを分解して ATP を生成する。これを**解糖**という。筋肉に一時的に蓄積した乳酸は，肝臓におけるグルコースの再合成などに用いられる。

パスツール効果

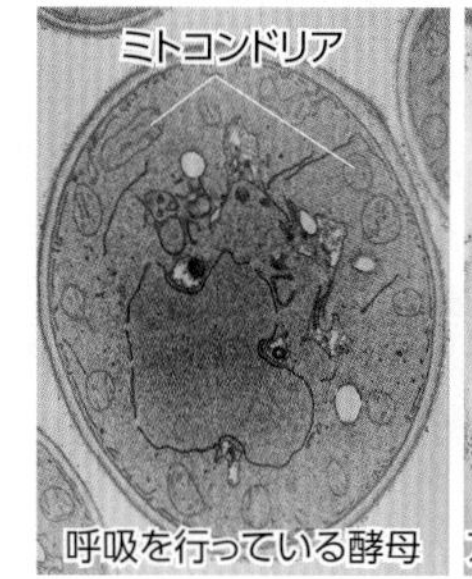
ミトコンドリア
呼吸を行っている酵母

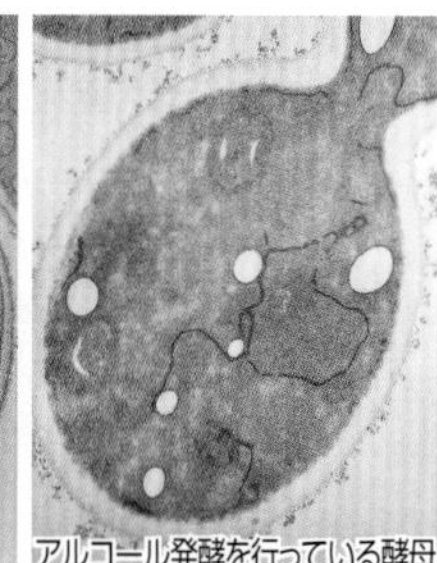
アルコール発酵を行っている酵母

酵母は，酸素のない状態ではアルコール発酵のみを行うが，酸素の存在下では，グルコース 1 分子当たりの ATP 生成量が多い呼吸を行う場合がある。この現象をパスツール効果という。呼吸を行っている酵母ではミトコンドリアが発達している。

B 探究 アルコール発酵の実験

QR

①グルコース溶液に乾燥酵母を加えてよくかき混ぜ，発酵液とする。

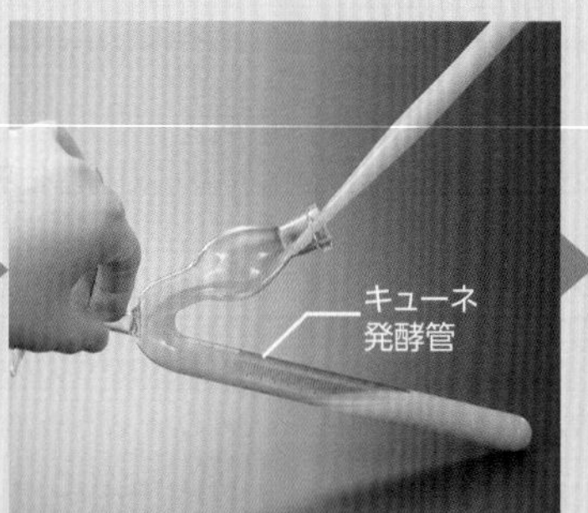
キューネ
発酵管
②発酵液をキューネ発酵管に入れる。気泡が入らないように注意する。

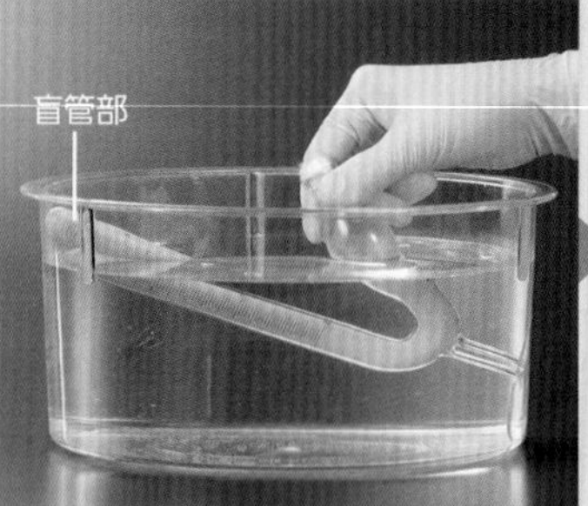
盲管部
③綿栓をし，発酵管を約 35 ℃に保温し，1 ～ 2 分ごとに盲管部に集まった気体の量を測定する。

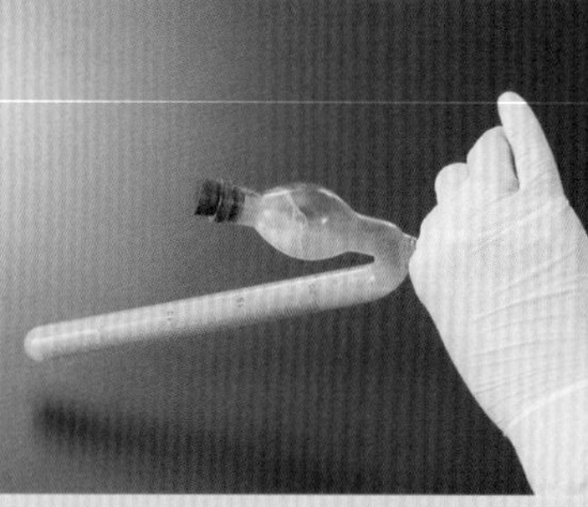
④発酵液に水酸化ナトリウム溶液を加え，ゴム栓をしてゆるやかにかくはんする。盲管部の気体が液体に溶けることを確認する※。

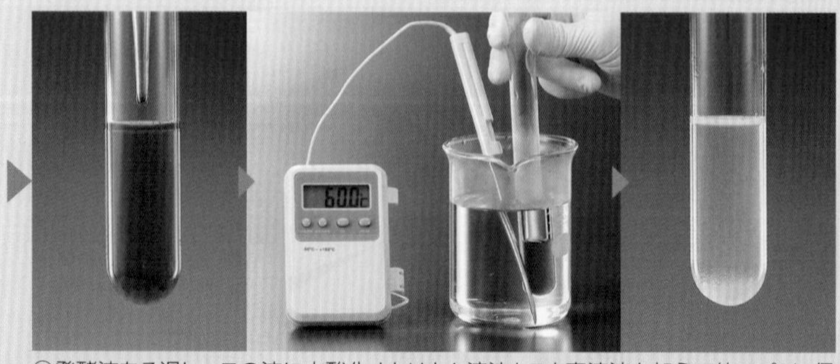
60.0
⑤発酵液をろ過し，この液に水酸化ナトリウム溶液とヨウ素溶液を加えて約 60 ℃に保温すると，特有のにおいをもった黄色沈殿(ヨードホルム)が生じる。

考察

④によって，二酸化炭素の発生が確認できる。
アルコール発酵の反応式

$$C_6H_{12}O_6 \rightarrow 2C_2H_5OH + 2CO_2$$

⑤によって，エタノールの生成が確認できる(ヨードホルム反応)。

このほかに，ガス検知管(二酸化炭素用，アルコール用)を用いて調べることもできる。

※気体が溶けるとキューネ発酵管の内部の気圧が下がるため，例えば，ゴム栓を抜くと管内に空気が吸いこまれる。

Keywords　発酵(fermentation)，乳酸発酵(lactic fermentation)，アルコール発酵(alcoholic fermentation)

C 発酵の利用と腐敗

いろいろな発酵

発酵によって炭水化物などの有機物が分解され，人間にとって有用な物質ができる場合がある。発酵は，古くからアルコール飲料をはじめとするいろいろな食品の製造に利用されている。

種類	微生物名	反応式	利用の例
アルコール発酵	酵母	$C_6H_{12}O_6 \rightarrow 2C_2H_5OH + 2CO_2$（$C_2H_5OH$：エタノール）	酒類・ビール・ワイン・パンの製造
乳酸発酵	乳酸菌	$C_6H_{12}O_6 \rightarrow 2C_3H_6O_3$（$C_3H_6O_3$：乳酸）	ヨーグルト・漬物やチーズの一部の製造
酪酸発酵	酪酸菌	$C_6H_{12}O_6 \rightarrow C_4H_8O_2 + 2CO_2 + 2H_2$（$C_4H_8O_2$：酪酸）	チーズ・香料・ワニスの製造

※**酢酸発酵**　酢酸菌が酸素を消費してエタノールを酸化し，酢酸を生成する反応。酸素を必要とするため，アルコール発酵や乳酸発酵と区別して，酸化発酵ともよばれる。

C_2H_5OH(エタノール) $+ O_2 \rightarrow CH_3COOH$(酢酸) $+ H_2O$

腐敗

おもにタンパク質などの有機窒素化合物が微生物によって分解され，悪臭を伴う有害な物質ができる場合を特に**腐敗**という。

腐敗には，アオカビやクモノスカビなどのカビ類も関係する。

種類	微生物名	反応	特徴
腐敗	枯草菌 大腸菌 ボツリヌス菌 蛍光菌 など	タンパク質→ アンモニア スカトール(糞臭) インドール(糞臭) アミン類 (ヒスタミンなど) 硫化物	有害物質を生じて食中毒の原因になることもある。 分解者として生態系での物質循環に貢献する

発酵にはたらく微生物と発酵を利用した食品

5μm
酵母
ビール
1μm
乳酸菌
明治
ブルガリア
ヨーグルト
ヨーグルト
1μm
酢酸菌
ミツカン酢
食酢

Column バイオエタノール

サトウキビやトウモロコシなどの生物資源(**バイオマス**)を原料にして，微生物による発酵によってつくられたエタノールを**バイオエタノール**という。バイオエタノールは，現在，自動車の燃料などとして使用されている。

バイオエタノールの燃焼によって排出される二酸化炭素は，植物の光合成によって大気中から吸収した二酸化炭素に由来するため，環境全体としての二酸化炭素の量は変わらないと考えられている。したがって，バイオエタノールの利用が進めば，石油などの化石燃料の消費に伴う二酸化炭素排出を削減できると考えられている。

しかし，現在実用化されているバイオエタノールの原料は，多くの場合，食料でもあるため，食料不足や穀物の価格高騰などの問題が起こる懸念もある。最近では，このような問題に対応するべく，木材やわらを原料とした製造技術の開発など，さまざまな研究が進められている。

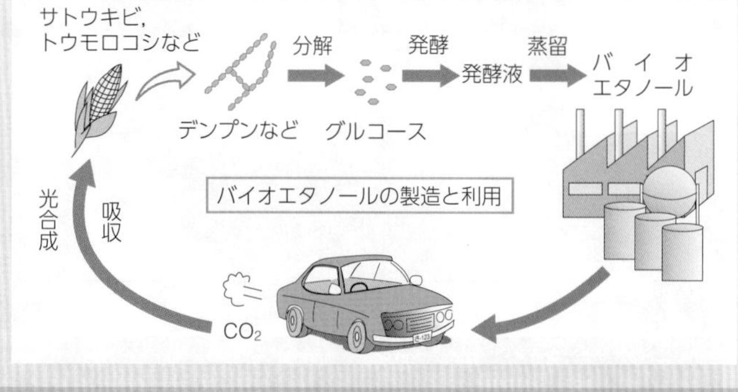
サトウキビ，
トウモロコシなど
分解
発酵
蒸留
発酵液
バイオエタノール
デンプンなど
グルコース
バイオエタノールの製造と利用
光合成
吸収
CO2

Zoom up バイオリアクター

バイオリアクターとは，酵素や微生物のはたらきを利用して物質の合成・分解などを行う反応装置のことである。この装置では酵素や微生物をビーズ状に固定して，特定の化学反応を連続的に行わせることで，生成物を大量に得ることができる。

例えば，アルコール発酵のバイオリアクターでは，酵母をビーズ状に固定化し，糖化液を流しこむとアルコールが得られる。また，酵母とアルコールの分離も容易にできる。

このような技術は，酵母だけでなく，いろいろな酵素でも用いられており，清涼飲料水などの甘味料(果糖ブドウ糖液糖)の生産にも利用されている。

また，物質の生産だけでなく，特定の物質の検出にも利用されてきている。

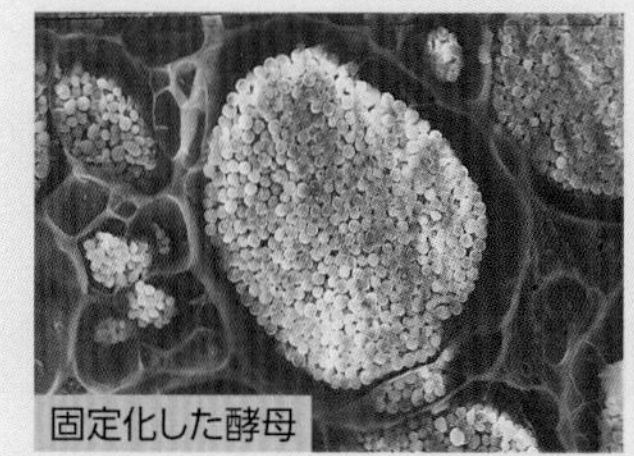

固定化した酵母

原材料
酵母や酵素をビーズ状に封じこめたもの
生成物

バイオリアクター

腐敗(putrefaction)，バイオエタノール(bioethanol)，バイオリアクター (bioreactor)

8 葉緑体と光合成色素 生物基礎 生物

A 葉緑体

葉緑体の構造

葉緑体の形は，ふつうは凸レンズ状であるが，種によって帯状や粒状・星形などのものもある。
内部には**チラコイド**とよばれる袋状の膜構造があり，それが多数層状に重なった部分を**グラナ**という。
葉緑体は，独自のDNAをもち，分裂によって増える。

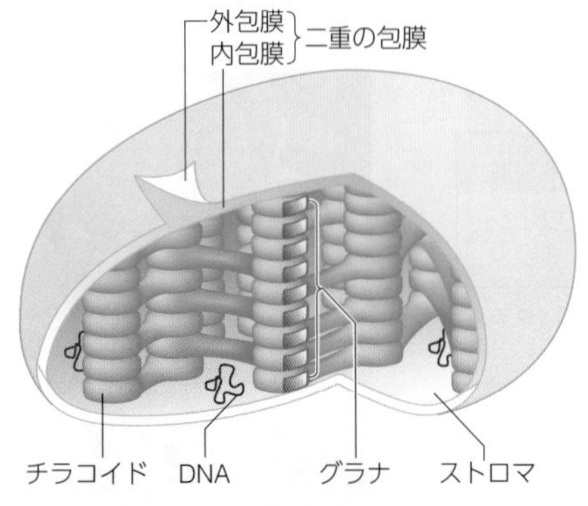

外包膜
内包膜
二重の包膜
チラコイド
DNA
グラナ
ストロマ

葉緑体の構造と植物の進化

進化に伴ってチラコイドは多重化し，しだいにグラナ構造をつくるようになった。

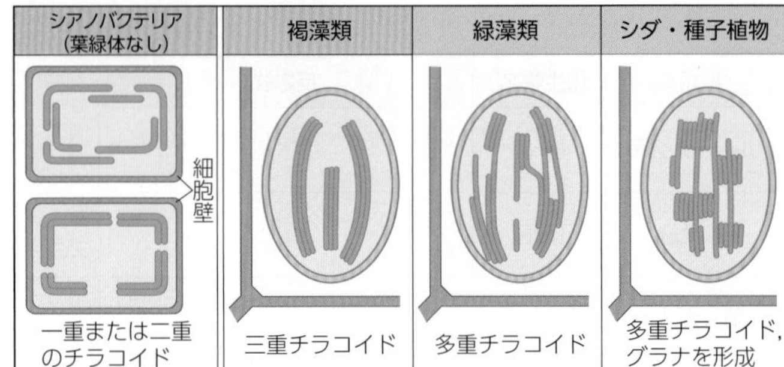

シアノバクテリア(葉緑体なし)
褐藻類
緑藻類
シダ・種子植物
細胞壁
一重または二重のチラコイド
三重チラコイド
多重チラコイド
多重チラコイド，グラナを形成

B 光合成色素

①**クロロフィル** a　すべての植物，藻類，シアノバクテリアにみられ，光合成のおもな色素としてはたらく。
②クロロフィル a 以外のクロロフィルは，クロロフィル a とはやや異なる波長(色)の光を吸収して，そのエネルギーを反応中心のクロロフィル a に渡す。植物では，クロロフィル $a:b≒3:1$ の割合で存在する。
③カロテンやキサントフィルには，強すぎる光から葉緑体を守るはたらきがある(▶ p.66)。
④紅色硫黄細菌などの光合成細菌は，クロロフィル a によく似た構造のバクテリオクロロフィルをもつ。

○はその生物がその光合成色素をもつことを示す				光合成細菌	シアノバクテリア	紅藻類	ケイ藻類	褐藻類	緑藻類	種子植物コケ・シダ
色素	化学的性質	光合成色素	色							
クロロフィル	Mgを中心金属とする環状構造に，長い炭化水素鎖が結合した脂溶性物質	クロロフィル a	青緑		○	○	○	○	○	○
		クロロフィル b	黄緑						○	○
		クロロフィル c	黄				○	○		
		バクテリオクロロフィル	青	○						
カロテノイド	鎖状の長い不飽和炭化水素で，脂溶性	カロテン　β－カロテン	橙黄	○	○	○	○	○	○	○
		キサントフィル　ルテイン	黄			○			○	○
		キサントフィル　フコキサンチン	褐				○	○		
フィコビリン	中心金属をもたない。水溶性	フィコシアニン	青		○	○				
		フィコエリトリン	紅		○	○				

クロロフィル a の分子構造

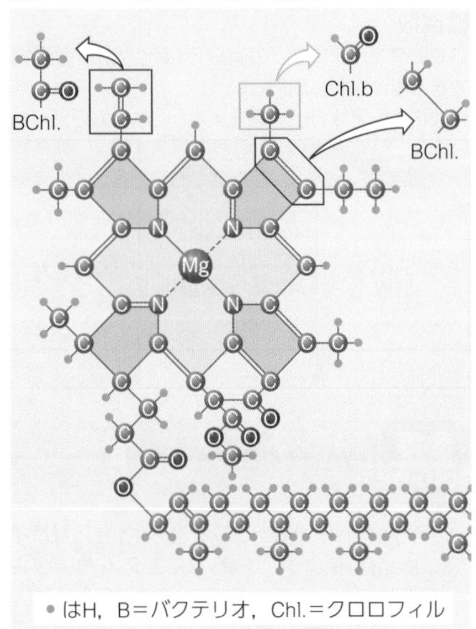

BChl.
Chl.b
BChl.
Mg
N
C

• はH，B＝バクテリオ，Chl.＝クロロフィル

C 光の吸収とスペクトル

エンゲルマンの実験(1882年)

アオミドロに光が当たると帯状の葉緑体で酸素が発生し，好気性細菌が葉緑体の部分に集まる。また，緑藻類のシオグサに自然光の連続スペクトルを当てると，赤色光と青色光が当たっている部分に好気性細菌が多く集まる。

光合成が葉緑体で行われること，光合成には特定の波長の光が有効であることを発見。

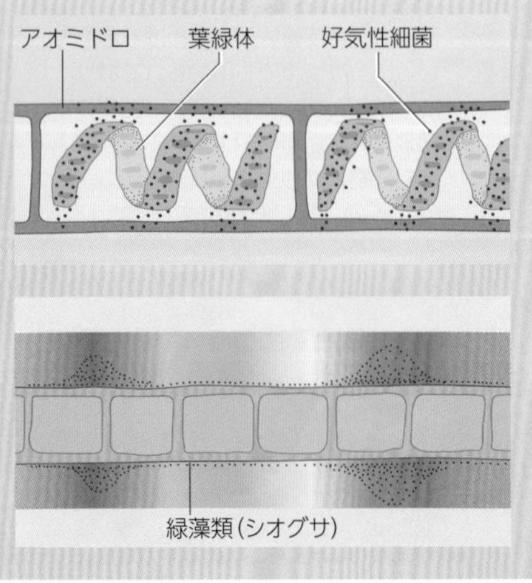

アオミドロ
葉緑体
好気性細菌
緑藻類(シオグサ)

白色光とクロロフィルによる光の吸収

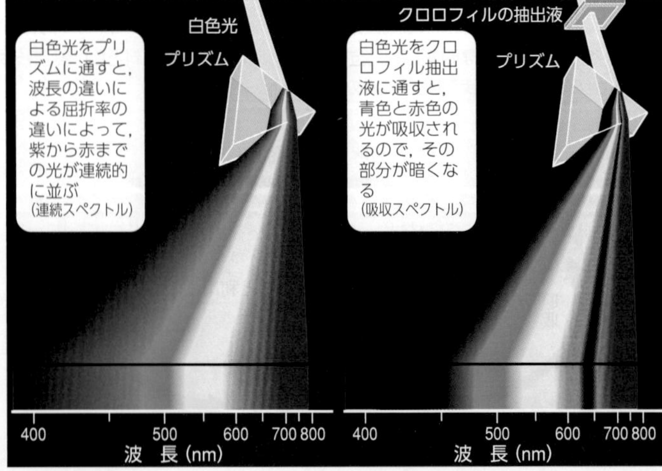

白色光
プリズム
白色光をプリズムに通すと，波長の違いによる屈折率の違いによって，紫から赤までの光が連続的に並ぶ(連続スペクトル)
クロロフィルの抽出液
プリズム
白色光をクロロフィル抽出液に通すと，青色と赤色の光が吸収されるので，その部分が暗くなる(吸収スペクトル)
400 500 600 700 800
波　長(nm)
400 500 600 700 800
波　長(nm)

Keywords　葉緑体(chloroplast)，チラコイド(thylakoid)，ストロマ(stroma)，光合成色素(photosynthetic pigment)，クロロフィル(chlorophyll)

D 探究 光合成色素の分離

薄層クロマトグラフィー用のシート(TLC シート)を用いて，緑葉中の光合成色素を分離する。

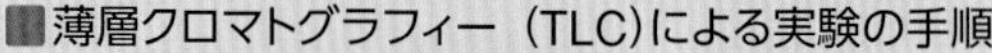

薄層クロマトグラフィー（TLC)による実験の手順

①ホウレンソウなどの緑葉を乳鉢に入れてすりつぶし，少量のシリカゲルをまぜてエタノールを加え，抽出液とする。

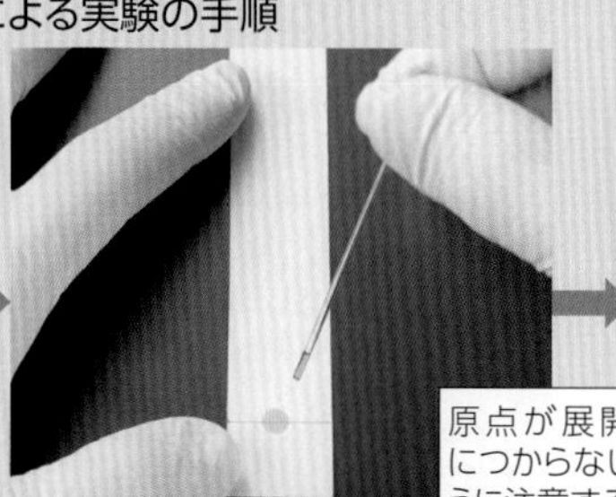
原点が展開液
につからないよ
うに注意する

②ガラス毛細管で①の色素抽出液をTLC シートの原点につけ，乾いたら再びつけ，十分な濃さになるまでこの操作をくり返す。

③展開液(石油エーテル：アセトン=7：3)を入れた試験管に②の TLC シートを入れて展開する。

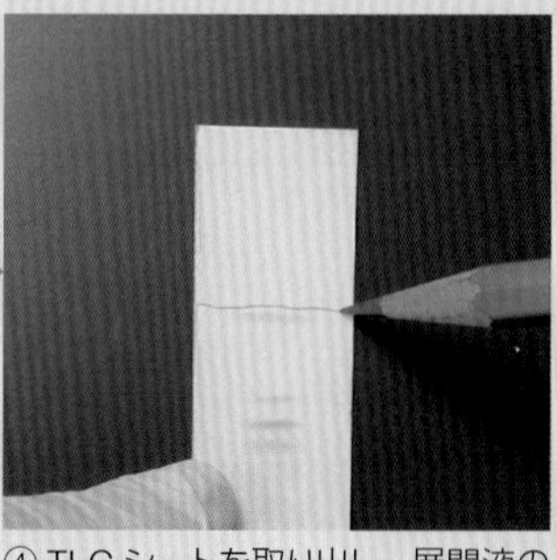

④ TLC シートを取り出し，展開液の先端の位置(前線)に鉛筆で線を引く。

実験結果(薄層クロマトグラフィー)と Rf 値の求め方

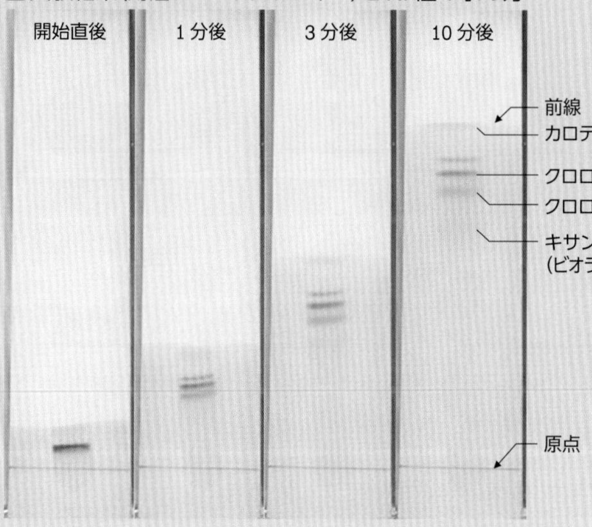
開始直後
1 分後
3 分後
10 分後
前線
カロテン
クロロフィル a
クロロフィル b
キサントフィル類
(ビオラキサンチン)
原点

Rf 値は，TLC シート・展開液・温度などの条件が同じなら，色素の種類によって一定になる。

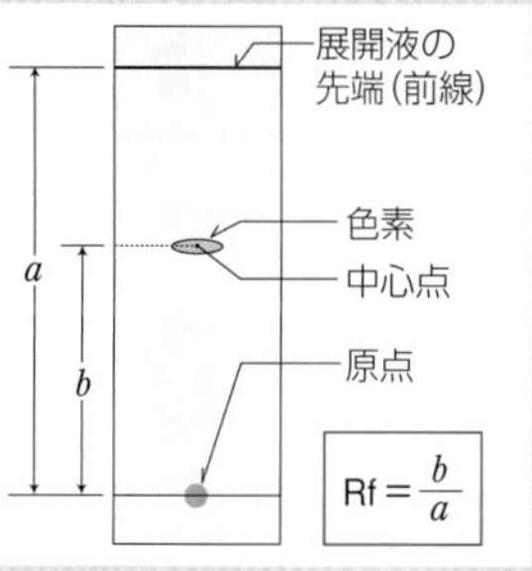
展開液の
先端(前線)
色素
中心点
原点
a
b
Rf = b/a

[Rf 値の一例]

色素		色	Rf 値
カロテン		橙黄	0.98
クロロフィル *a*		青緑	0.86
クロロフィル *b*		黄緑	0.79
キサントフィル類	ルテイン	黄	0.78
	ビオラキサンチン	黄	0.70

薄層クロマトグラフィーとペーパークロマトグラフィーのおもな違い

・キサントフィル類とクロロフィル *a*，*b* が分離する順番が異なる。
・薄層クロマトグラフィーのほうが，分離された色素が鮮明に見える。
・分離にかかる時間は，一般に薄層クロマトグラフィーのほうが短い。

ペーパークロマトグラフィー

TLC シートの代わりにろ紙を用いて行う方法。

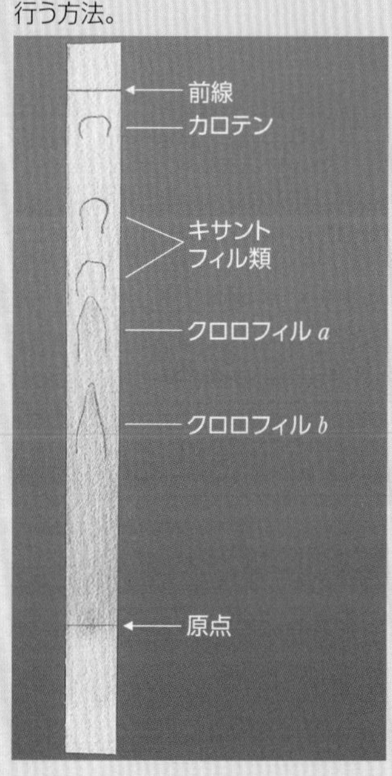
前線
カロテン
キサントフィル類
クロロフィル a
クロロフィル b
原点

光合成色素の吸収スペクトル

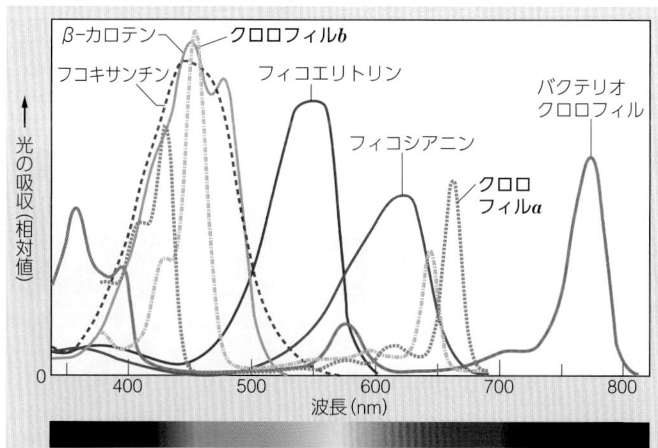
β-カロテン
クロロフィルb
フコキサンチン
フィコエリトリン
バクテリオ
クロロフィル
フィコシアニン
クロロ
フィルa
光の吸収(相対値)
0
400
500
600
700
800
波長(nm)

光合成の作用スペクトル

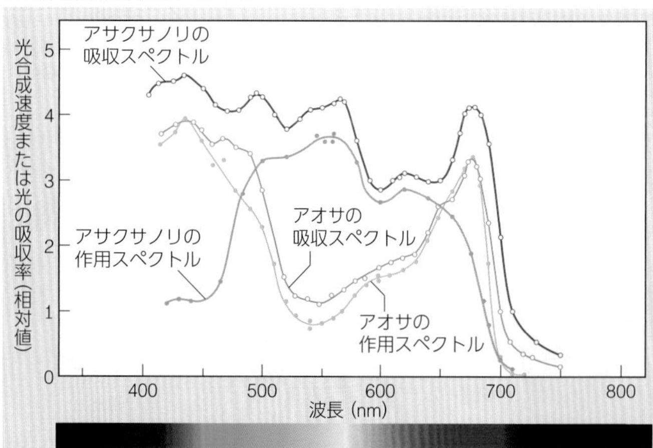
アサクサノリの
吸収スペクトル
アサクサノリの
作用スペクトル
アオサの
吸収スペクトル
アオサの
作用スペクトル
光合成速度または光の吸収率(相対値)
0
1
2
3
4
5
400
500
600
700
800
波長 (nm)

薄層クロマトグラフィー（thin-layer chromatography：TLC)，吸収スペクトル(absorption spectrum)，作用スペクトル(action spectrum)

9 光合成の研究の歴史 生物基礎 生物

A 光合成の発見

アリストテレスの時代(紀元前 4 世紀ころ)

アリストテレスは，多くの動物について詳細な観察や分類を行い，生物学の創始者・動物学の祖といわれる。

当時，植物は土を食べて生きている(必要な栄養分を土から得ている)と考えられていた。

ヘルモントの実験(1648 年)

水だけを与えてヤナギを 5 年間育てた。
ヤナギの重量は，約 74.5kg 増えたが土の重量は約 57 g しか減らなかった。

ヤナギの成長は，土中の栄養分ではなく，与えた水に由来すると考えた。

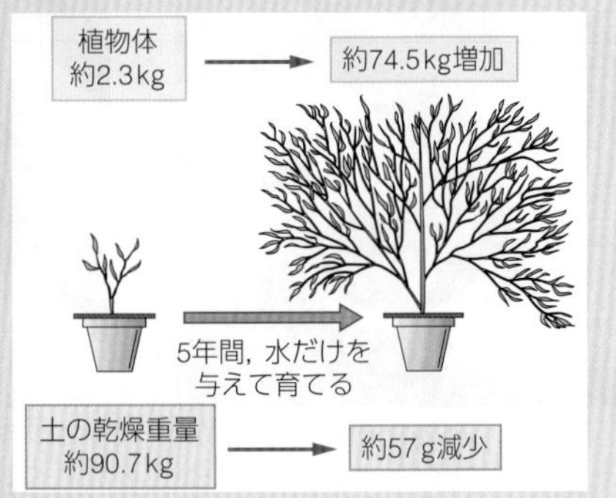
植物体
約2.3kg
約74.5kg増加
5年間，水だけを
与えて育てる
土の乾燥重量
約90.7kg
約57 g減少

プリーストリーの実験(1772 年)

ガラス鐘内のろうそくはやがて消えるが，植物をしばらく入れておくと，ろうそくは再び燃えるようになった。

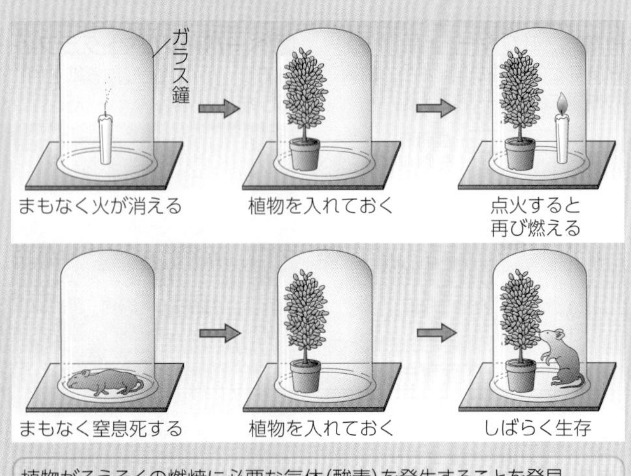
ガラス鐘
まもなく火が消える
植物を入れておく
点火すると
再び燃える
まもなく窒息死する
植物を入れておく
しばらく生存

植物がろうそくの燃焼に必要な気体(酸素)を発生することを発見。

インゲンホウスの実験(1779 年)

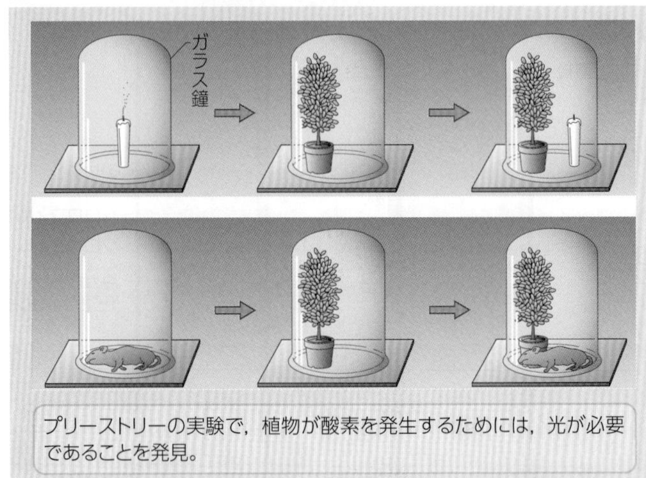
ガラス鐘

プリーストリーの実験で，植物が酸素を発生するためには，光が必要であることを発見。

セネビエの実験(1788 年)

植物に光を当てたとき，二酸化炭素があると酸素を発生するが，二酸化炭素がないと酸素を発生しなかった。

植物は，二酸化炭素のあるところで光が当たると光合成を行い，酸素を発生する。

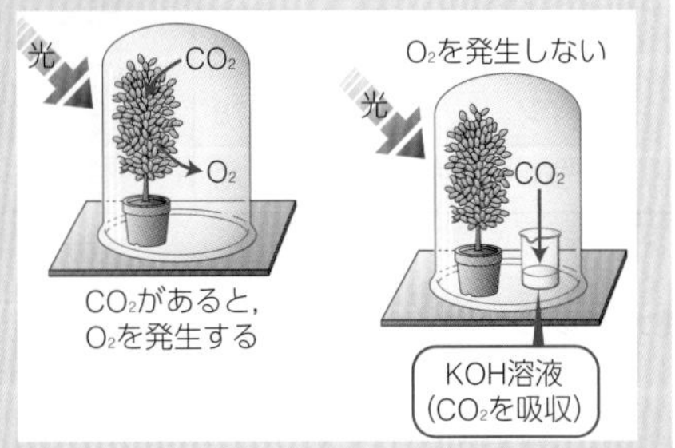
光
CO_2
O_2
CO_2があると，
O_2を発生する
O_2を発生しない
光
CO_2
KOH溶液
(CO_2を吸収)

ソシュールの実験(1804 年)

植物を入れた密閉容器内の気体の変化を調べたところ，二酸化炭素が減少し，酸素が増加した。また，植物体の炭素量が増加した。

光合成によって，空気中の二酸化炭素が取りこまれる。

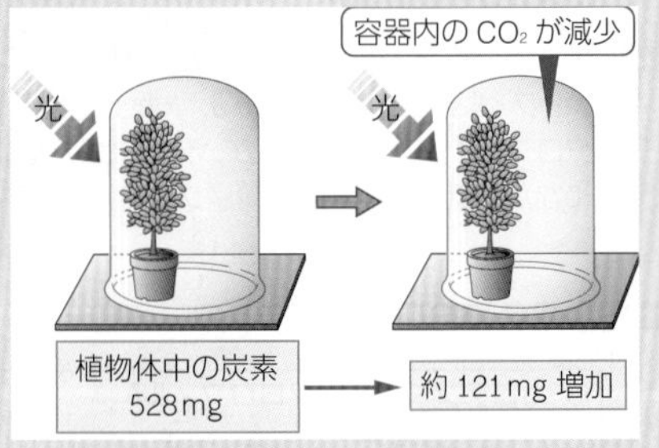
容器内の CO_2 が減少
光
光
植物体中の炭素
528mg
約 121mg 増加

ザックスの実験(1864 年)

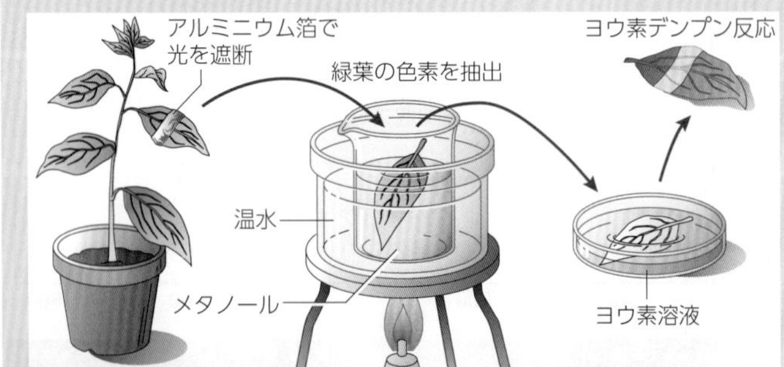
アルミニウム箔で
光を遮断
緑葉の色素を抽出
ヨウ素デンプン反応
温水
メタノール
ヨウ素溶液

葉の一部をおおって光合成を行わせ，その葉をヨウ素溶液に入れると，ヨウ素デンプン反応によって，光が当たっていたところではデンプンができているが，光が当たっていなかったところではデンプンができていないことがわかった。

植物は光合成によってデンプンをつくっている。

Keywords 光合成(photosynthesis)，二酸化炭素(carbon dioxide)

B 光合成のしくみの研究

ブラックマンの研究(1905年)

光合成速度と，①光の強さ，②温度，③ CO_2 濃度との関係を調べた実験結果から，光合成は次のような2つの過程からなると考えた(▶p.71)。

	光	温度	CO_2 濃度
明反応	必要とする	影響を受けない	影響を受けない
暗反応	必要としない	影響を受ける	影響を受ける

ヒルの実験(1939年)

葉をすりつぶした液にシュウ酸鉄(Ⅲ)を加えて光を照射すると O_2 が放出された。このとき，シュウ酸鉄(Ⅲ)(Fe^{3+}，黄褐色)は電子を受け取って(還元されて)，シュウ酸鉄(Ⅱ)(Fe^{2+}，淡緑色)になった(ヒル反応)。

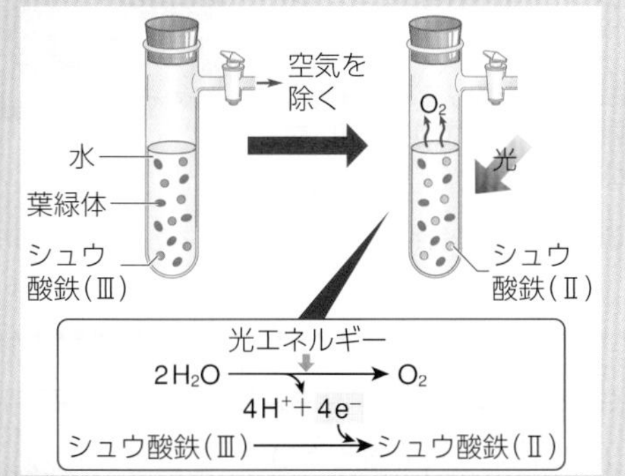
空気を除く
O_2
光
水
葉緑体
シュウ酸鉄(Ⅲ)
シュウ酸鉄(Ⅱ)
光エネルギー
$2H_2O$ → O_2
$4H^+ + 4e^-$
シュウ酸鉄(Ⅲ) → シュウ酸鉄(Ⅱ)

光合成では，まず水の分解による酸素の発生が起こると考えた。

ベンソンの実験(1949年)

A→Bでは光合成(CO_2 の吸収)は起こらないが，B→Cでは光合成(CO_2 の吸収)が起こる。

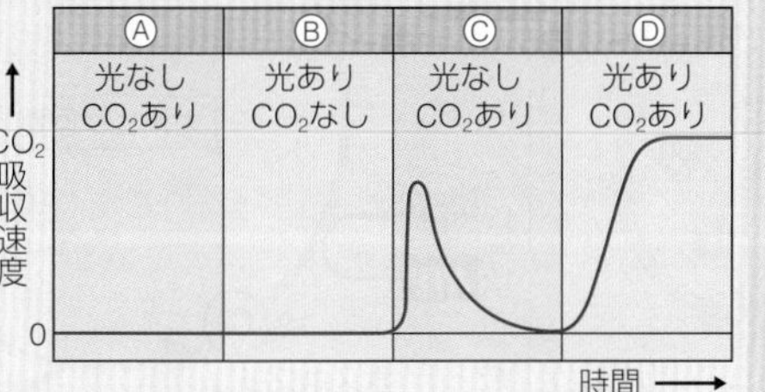
Ⓐ 光なし CO_2 あり
Ⓑ 光あり CO_2 なし
Ⓒ 光なし CO_2 あり
Ⓓ 光あり CO_2 あり
CO_2 吸収速度
0
時間

光合成では，光エネルギーを使ってある反応(明反応)が起こり，その後，その生成物を使って CO_2 の固定が行われることを示した。

カルビンの実験(1957年)

^{14}C(炭素の放射性同位体)からなる $^{14}CO_2$ を与えて光合成を行わせ，一定時間後にその一部を取り出して，^{14}C がどのような物質に取りこまれているかを二次元ペーパークロマトグラフィーを用いて調べた。

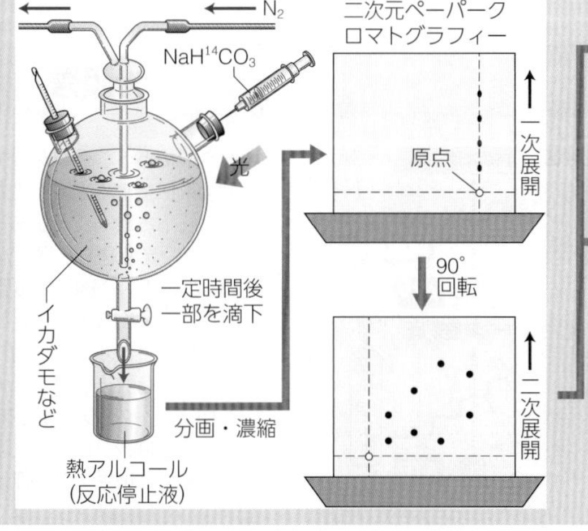
N_2
$NaH^{14}CO_3$
光
イカダモなど
一定時間後一部を滴下
熱アルコール(反応停止液)
分画・濃縮
二次元ペーパークロマトグラフィー
原点
一次展開
90°回転
二次展開

エマーソンとアーノルドの実験(1932年)

暗黒中で一定間隔ごとに瞬間的な閃光を与える実験を行った。

低温では暗黒時間が短いと暗反応が遅れるので，光合成量が落ちるが，暗黒時間がある長さ以上になると暗反応が追いつくので，光合成量が落ちなくなる。

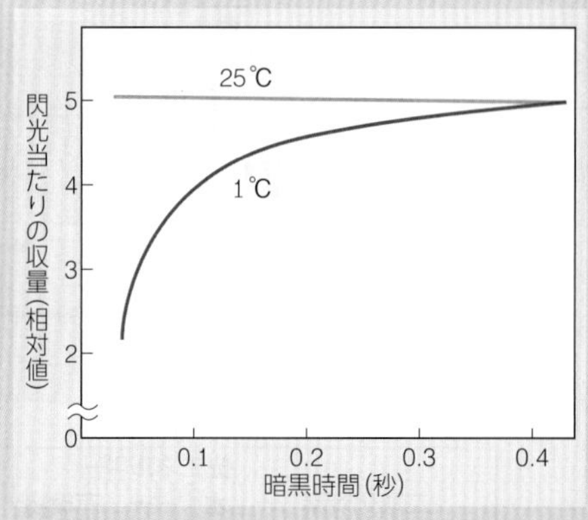
25℃
1℃
閃光当たりの収量(相対値)
暗黒時間(秒)
0
0.1
0.2
0.3
0.4
2
3
4
5

光合成には，光がなくても進む反応(暗反応)と，光を必要とする反応(明反応)があることを証明。

ルーベンの実験(1941年)

酸素の同位体 ^{18}O からなる水 $H_2{}^{18}O$ と $C^{18}O_2$ を用いて，クロレラに光合成を行わせた。

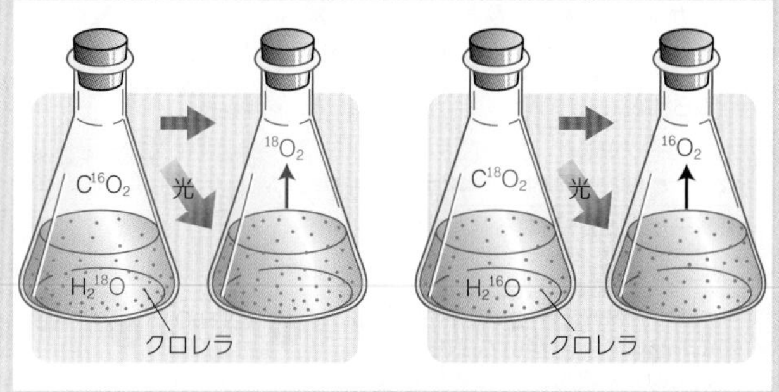
$C^{16}O_2$
光
$^{18}O_2$
$H_2{}^{18}O$
クロレラ
$C^{18}O_2$
$^{16}O_2$
$H_2{}^{16}O$
クロレラ

光合成で発生する酸素は水に由来することを証明。

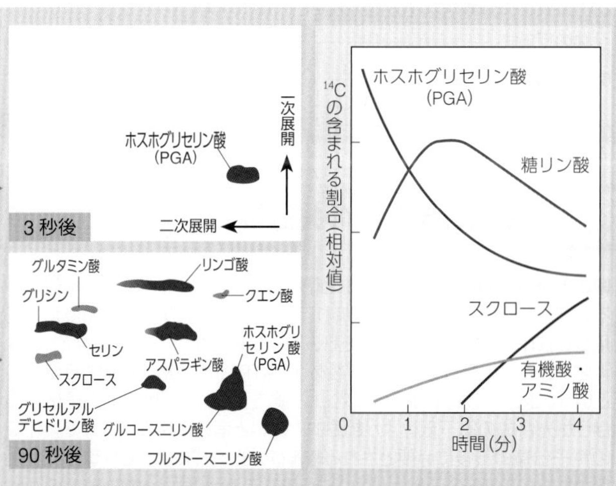
ホスホグリセリン酸(PGA)
一次展開
二次展開
3秒後
グルタミン酸
リンゴ酸
グリシン
クエン酸
セリン
アスパラギン酸
ホスホグリセリン酸(PGA)
スクロース
グリセルアルデヒドリン酸
グルコースニリン酸
フルクトースニリン酸
90秒後
^{14}C の含まれる割合(相対値)
ホスホグリセリン酸(PGA)
糖リン酸
スクロース
有機酸・アミノ酸
0
1
2
3
4
時間(分)

$^{14}CO_2$ が取りこまれて最初にできるのは**ホスホグリセリン酸(PGA)**で，^{14}C はその後いろいろな化合物に移っていく。このようにして，カルビン回路(カルビン・ベンソン回路)を明らかにした。

ホスホグリセリン酸(phosphoglycerate)

10 光合成のしくみ(1)

生物基礎 生物

A 光合成

基 生 植物は，太陽の光エネルギーを用い，大気中の二酸化炭素と，根から吸収した水から有機物を合成している。このはたらきが**光合成**である。

■光合成の概要

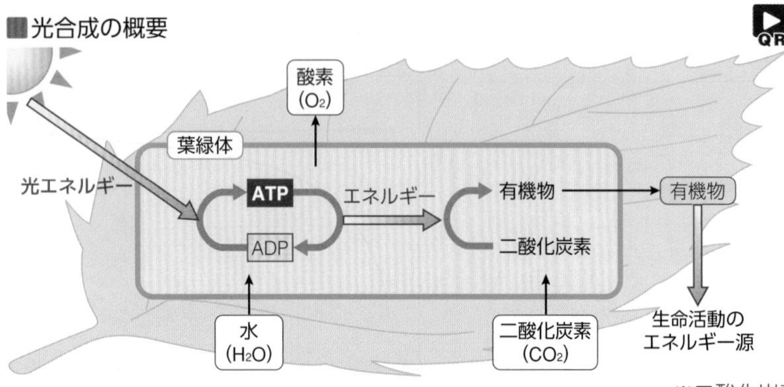

酸素
(O_2)
葉緑体
光エネルギー
ATP
エネルギー
有機物
有機物
ADP
二酸化炭素
水
(H_2O)
二酸化炭素
(CO_2)
生命活動の
エネルギー源

光エネルギー
二酸化炭素 ＋ 水 ⟶ 有機物 ＋ 酸素

光合成では，まず光エネルギーを利用してATPが合成される。次に，そのATPを利用して，外界から取り入れた二酸化炭素からデンプンなどの有機物が合成※される。

※二酸化炭素を取りこみ，有機物を合成するはたらきを**炭素同化**(**炭酸同化**)という。

■光合成の場－葉緑体

光合成の場となる**葉緑体**には，光合成に関するさまざまな酵素が含まれている。

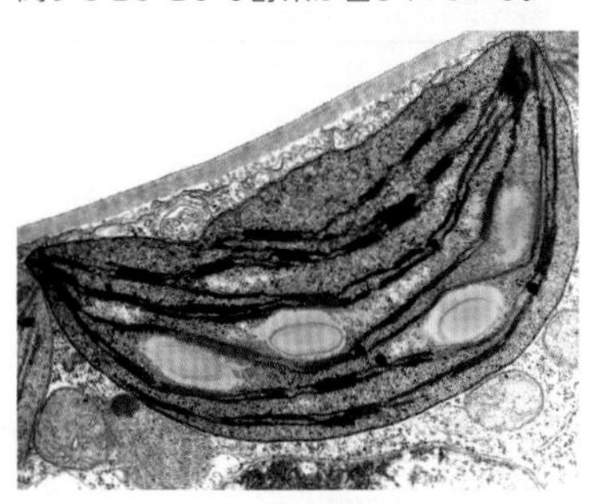

B 光合成のしくみ

基 生 光合成の過程は，葉緑体(▶p.62)の**チラコイド**で行われる反応と**ストロマ**で行われる反応に大きく分けられる。

■光合成のしくみ

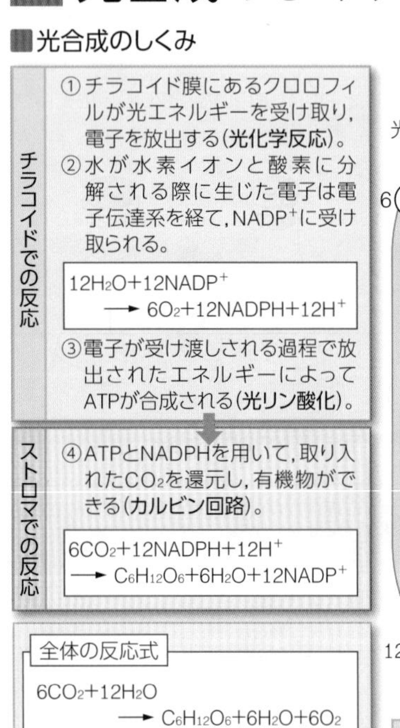

チラコイドでの反応

①チラコイド膜にあるクロロフィルが光エネルギーを受け取り，電子を放出する(**光化学反応**)。

②水が水素イオンと酸素に分解される際に生じた電子は電子伝達系を経て，$NADP^+$に受け取られる。

$12H_2O+12NADP^+ \longrightarrow 6O_2+12NADPH+12H^+$

③電子が受け渡しされる過程で放出されたエネルギーによってATPが合成される(**光リン酸化**)。

ストロマでの反応

④ATPとNADPHを用いて，取り入れたCO_2を還元し，有機物ができる(**カルビン回路**)。

$6CO_2+12NADPH+12H^+ \longrightarrow C_6H_{12}O_6+6H_2O+12NADP^+$

全体の反応式

$6CO_2+12H_2O \longrightarrow C_6H_{12}O_6+6H_2O+6O_2$

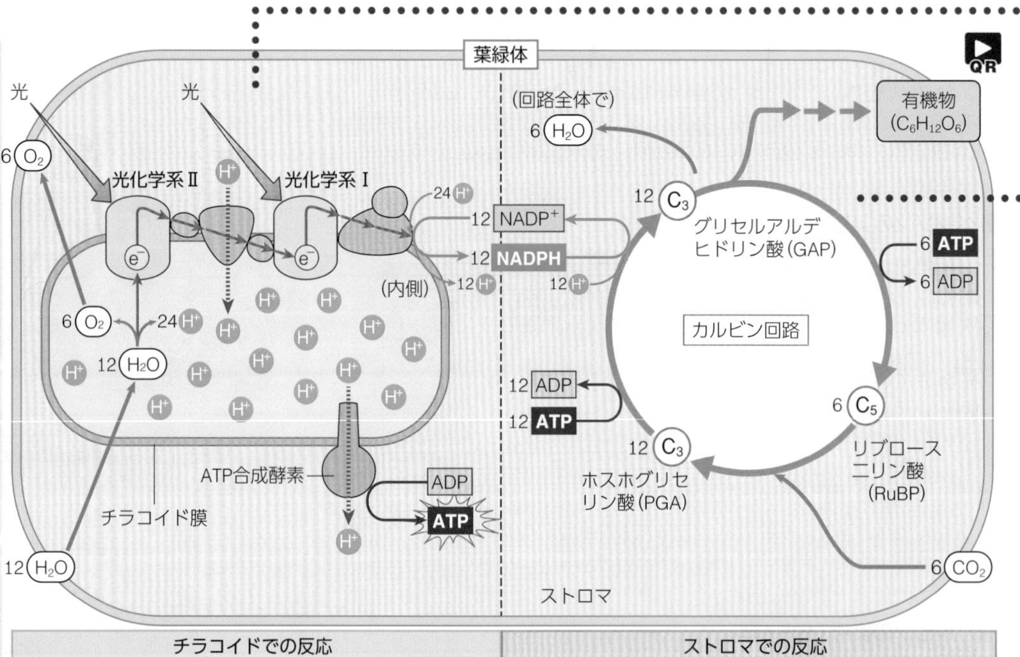

葉緑体
光
光
$6O_2$
光化学系Ⅱ
光化学系Ⅰ
H^+
$24H^+$
$12NADP^+$
$12NADPH$
$12H^+$
e^-
(内側)
$6O_2$
$24H^+$
$12H_2O$
ATP合成酵素
ADP
ATP
チラコイド膜
$12H_2O$
(回路全体で)
$6H_2O$
有機物
($C_6H_{12}O_6$)
$12C_3$
グリセルアルデヒドリン酸(GAP)
6 ATP
6 ADP
カルビン回路
12 ADP
12 ATP
$6C_5$
$12C_3$
ホスホグリセリン酸(PGA)
リブロースニリン酸(RuBP)
$6CO_2$
ストロマ
チラコイドでの反応
ストロマでの反応

Column 呼吸と光合成の共通性

呼吸と光合成の電子伝達でATPが合成されるしくみは互いによく似ている。どちらにおいても，電子が流れる際に，膜を隔てたH^+の濃度差を利用してATPを合成する。それぞれの電子伝達にかかわる複合体の中には非常によく似た構造をもつものもあり，ATP合成酵素の構造もほぼ同じといってよい。共通にはたらくタンパク質を調べると，呼吸の電子伝達のほうが光合成の電子伝達より起源的に古いと考えられる。一方で，呼吸の電子伝達の最後に必要とされる酸素は，光合成によって地球上にもたらされた。これらのことは，互いに矛盾するように思えるが，酸素のかわりに無機イオンなどを使う電子伝達による呼吸がまず進化し，そこから光合成の電子伝達が進化して，そののちに呼吸の電子伝達で酸素が利用されるように進化したと考えればつじつまが合うだろう。

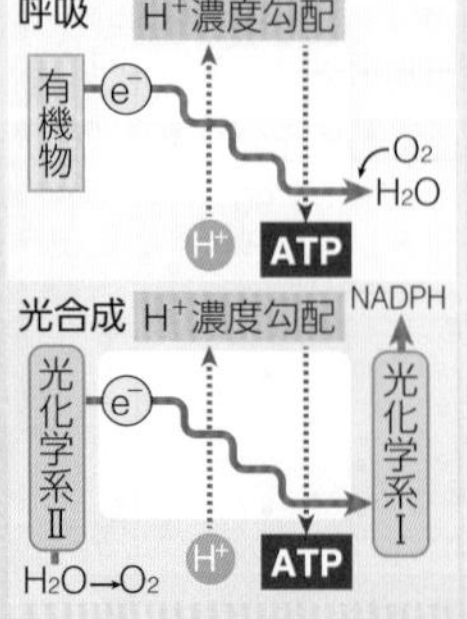

呼吸
H^+濃度勾配
有機物
e^-
O_2
H_2O
H^+
ATP
光合成
H^+濃度勾配
NADPH
光化学系Ⅱ
e^-
光化学系Ⅰ
$H_2O \to O_2$
H^+
ATP

Zoom up 光阻害

光合成にとって重要な光も，強すぎると光化学系に損傷を起こしてかえって光合成速度を低下させることがある。これを**光阻害**という。光阻害から葉緑体を守る機構の例として，以下のものがある。

①カロテノイドの一種であるβ－カロテンは過剰に生成された電子によって生じる活性酸素を除去する。

②カロテノイドの一種であるキサントフィルの一部は，クロロフィルが吸収した過剰な光エネルギーを，無害な熱に変える。

Keywords 光化学系Ⅰ(photosystem Ⅰ)，光化学系Ⅱ(photosystem Ⅱ)，電子伝達系(electron transport system)，光リン酸化(photophosphorylation)

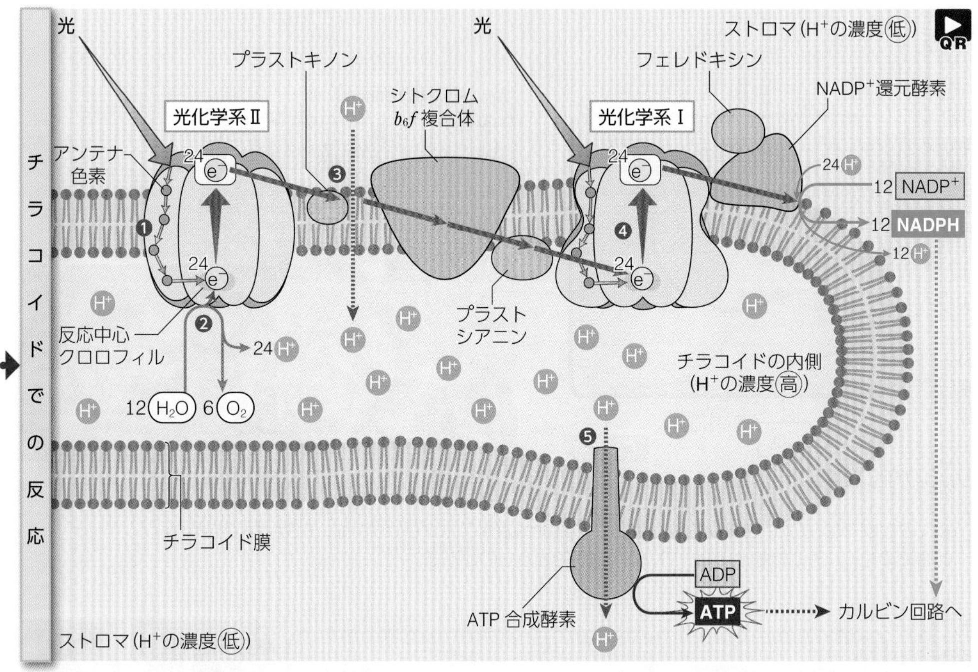
チラコイドでの反応
光
光
ストロマ(H^+の濃度㊦)
プラストキノン
シトクロム
b_6f 複合体
フェレドキシン
NADP$^+$還元酵素
光化学系Ⅱ
光化学系Ⅰ
アンテナ色素
24
24
24
24
24 H$^+$
12 NADP$^+$
12 NADPH
12 H$^+$
反応中心クロロフィル
24 H$^+$
プラストシアニン
チラコイドの内側
(H^+の濃度㊤)
12 H_2O 6 O_2
チラコイド膜
ADP
ATP
ATP 合成酵素
カルビン回路へ
ストロマ(H^+の濃度㊦)

チラコイドでの反応

❶チラコイド膜には，クロロフィルなどの光合成色素がタンパク質といっしょになった色素タンパク質複合体がある。その中の反応中心クロロフィルに，吸収した光エネルギーが集められる。

❷光化学系Ⅱの反応中心から電子(e^-)が電子受容体に渡される。e^-を失った光化学系Ⅱの反応中心クロロフィルは，水からe^-を引き抜いて還元された状態にもどり，水は酸素と水素イオンに分解される。

❸光化学系Ⅱから出たe^-は，複数の電子伝達物質によって光化学系Ⅰへと受け渡される。このときに生じるエネルギーによってH^+がストロマ側からチラコイドの内側に輸送される。

❹光化学系Ⅰの反応中心からe^-が電子受容体に渡される。電子を失って酸化状態になった反応中心は，光化学系Ⅱから電子伝達物質を経てやってきたe^-によって還元された状態にもどる。光化学系Ⅰの受容体は$NADP^+$にe^-を渡して NADPH へと還元する。

❺ H^+が濃度勾配に従ってチラコイド膜にある ATP 合成酵素を通ってストロマ側にもどる。このとき ATP が合成される。このような光エネルギーに依存する ATP 合成を**光リン酸化**という。

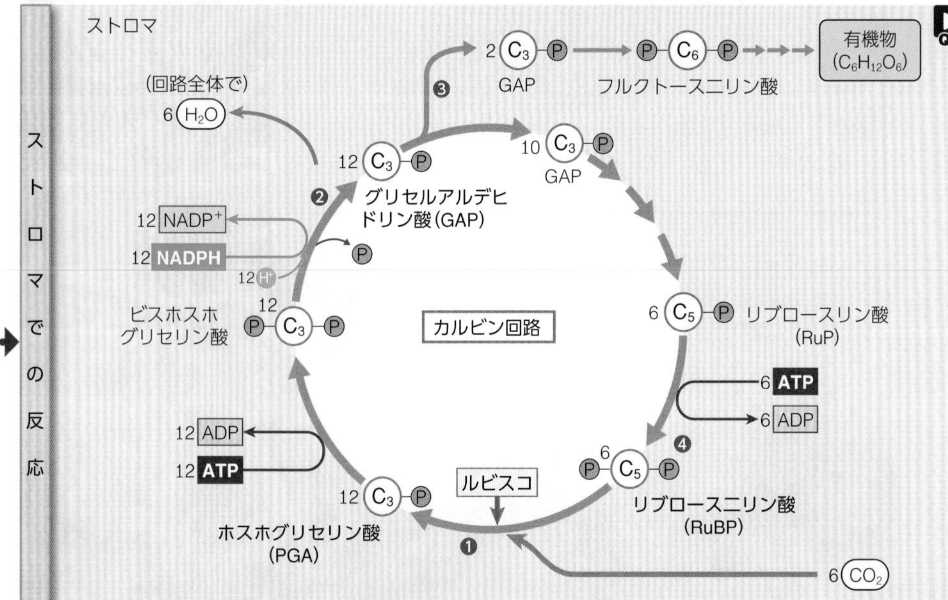
ストロマでの反応
ストロマ
2 C_3-P
GAP
P-C_6-P
フルクトースニリン酸
有機物
($C_6H_{12}O_6$)
(回路全体で)
6 H_2O
12 C_3-P
グリセルアルデヒドリン酸(GAP)
10 C_3-P
GAP
12 NADP$^+$
12 NADPH
12 H$^+$
P
ビスホスホグリセリン酸
12 P-C_3-P
カルビン回路
6 C_5-P リブロースリン酸
(RuP)
6 ATP
6 ADP
12 ADP
12 ATP
6 P-C_5-P
リブロースニリン酸
(RuBP)
ルビスコ
12 C_3-P
ホスホグリセリン酸
(PGA)
6 CO_2

ストロマでの反応

❶気孔から取り入れられた二酸化炭素は，ルビスコという酵素のはたらきによって，リブロースニリン酸(RuBP，C_5化合物)と結合して，2つに分解され，2分子のホスホグリセリン酸(PGA，C_3化合物)となる。

❷ PGA は ATP のエネルギーによって，ビスホスホグリセリン酸となり，さらに NADPH によって還元されて，グリセルアルデヒドリン酸(GAP)となる。

❸グリセルアルデヒドリン酸の一部は有機物の合成に利用される。

❹残りの GAP は，ATP のエネルギーを使って，再び RuBP にもどる。

Zoom up ルビスコと光呼吸

ルビスコ(リブロースニリン酸カルボキシラーゼ / オキシゲナーゼ，Rubisco)は，カルビン回路において RuBP に CO_2 を付加して 2 分子の PGA を生成する反応を触媒する(図中 ⟵)。しかしルビスコは，RuBP に O_2 を付加して 1 分子の PGA と 1 分子のホスホグリコール酸を生成する反応も触媒する(図中 ⟵)。ホスホグリコール酸はカルビン回路では利用されず，また，葉緑体中の酵素のはたらきを阻害するため，植物には，生成されたホスホグリコール酸を他の物質に変換して利用する代謝経路が存在する。

RuBP からできたホスホグリコール酸は，ペルオキシソーム(▶ p.29)とよばれる細胞小器官とミトコンドリアを通って複数の反応を経て，PGA に変換される。一連の反応において O_2 が消費されて CO_2 が発生するため，この代謝経路は**光呼吸**とよばれる。光呼吸でつくられた PGA はカルビン回路に送られ，再び光合成に利用される。

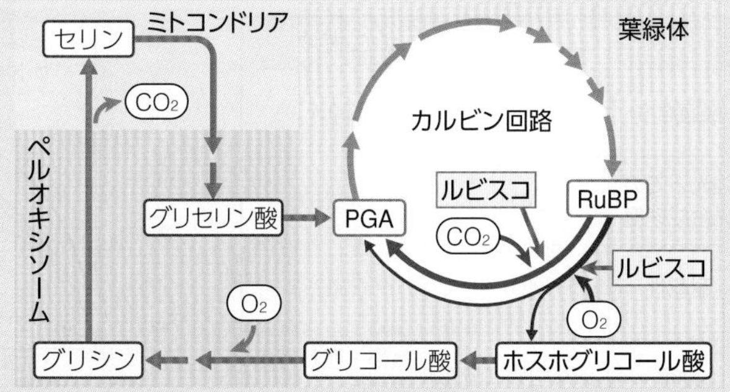
セリン
ミトコンドリア
葉緑体
CO_2
カルビン回路
ペルオキシソーム
グリセリン酸
PGA
ルビスコ
RuBP
CO_2
ルビスコ
O_2
O_2
グリシン
グリコール酸
ホスホグリコール酸

11 光合成のしくみ(2)

生物基礎
生物

A C_3 植物の光合成

C_3 植物

外界から取り入れた CO_2 が固定されてできる最初の有機物がホスホグリセリン酸(PGA，C_3 化合物)である場合，この植物を C_3 植物という。

C_3 植物の光合成

C_3 植物の場合，気温が高く，乾燥した条件下では，気孔を閉じるため，葉肉細胞内の CO_2 濃度は下がり，光合成で生じた O_2 によって O_2 濃度が上がる。O_2 濃度が上がると，カルビン回路で CO_2 をPGAに固定する酵素(ルビスコ)のはたらきが阻害される※ため，光合成の効率が低下する。そのため，C_3 植物は高温・乾燥下では生育しにくくなる。

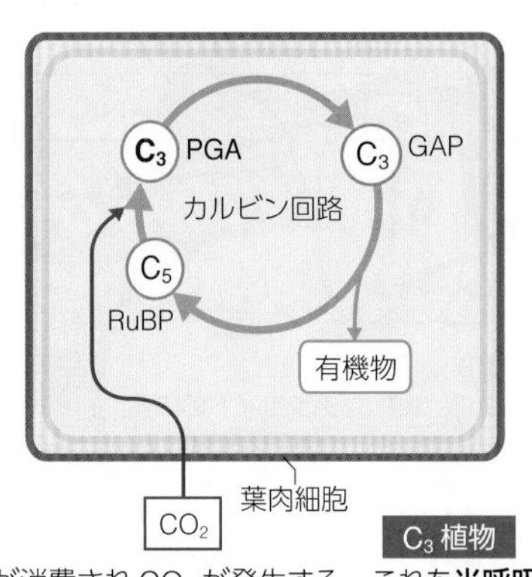

C3 PGA
C3 GAP
カルビン回路
C5
RuBP
有機物
CO2
葉肉細胞
C3 植物

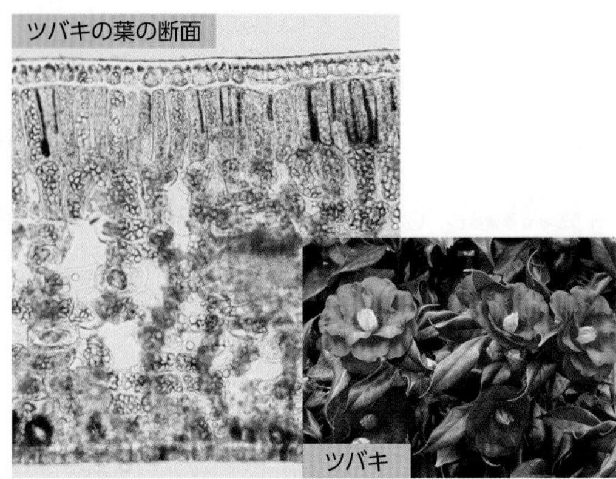

ツバキの葉の断面
ツバキ

※この阻害反応は光が当たっているときに起こり，O_2 が消費され CO_2 が発生する。これを**光呼吸**といい，通常の呼吸と違って ATP は生成されない(▶p.67)。

B C_4 植物の光合成

多くの植物では，CO_2 を取りこんで最初に C_3 化合物(ホスホグリセリン酸，PGA)ができるが，熱帯での生育に適した植物では，C_4 化合物ができるものがある。

C_4 植物

トウモロコシ・サトウキビ・ススキ・アワなど1000 種以上がみつかっている。カルビン回路のほかに，CO_2 を効率よく固定する C_4 ジカルボン酸回路をもっている。

C_4 植物の光合成

C_4 植物の場合，気孔から取りこんだ CO_2 を C_3 化合物(ホスホエノールピルビン酸)と結合させて，C_4 化合物のオキサロ酢酸とした後，C_4 化合物のリンゴ酸に変換する。リンゴ酸は維管束鞘細胞に運ばれて，CO_2 を放出してピルビン酸になる。ピルビン酸は ATP のエネルギーを利用してリン酸化されてホスホエノールピルビン酸にもどる。このようにして放出された CO_2 によって維管束鞘細胞の葉緑体では CO_2 濃度が上がるため，光合成が効率よく進められ，気孔を閉じることの多い高温・乾燥地域でも光合成速度を高く保つことができる。

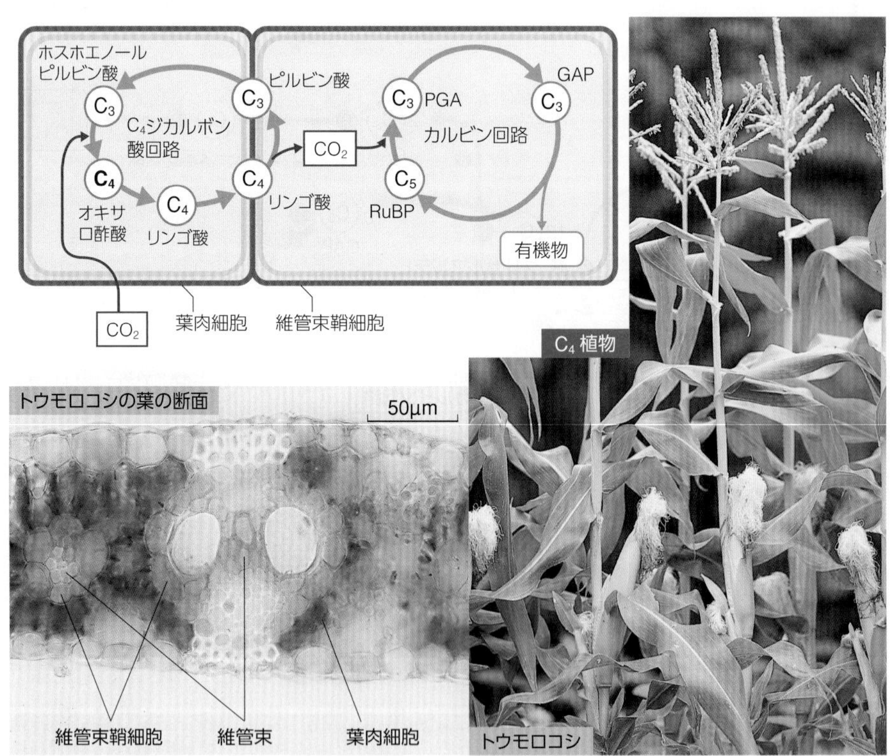

ホスホエノール
ピルビン酸
C3
C4ジカルボン
酸回路
C3
ピルビン酸
C4
オキサ
ロ酢酸
C4
リンゴ酸
C4
リンゴ酸
CO2
C3 PGA
C3 GAP
カルビン回路
C5
RuBP
有機物
CO2
葉肉細胞
維管束鞘細胞
C4 植物
トウモロコシの葉の断面
50μm
維管束鞘細胞
維管束
葉肉細胞
トウモロコシ

光合成の特性の比較

	C_3 植物	C_4 植物
最適温度	低い	高い
強光下での光合成速度	小さい	大きい
耐乾性	低い	高い
分布	広く世界に分布	熱帯・亜熱帯の草原に多い

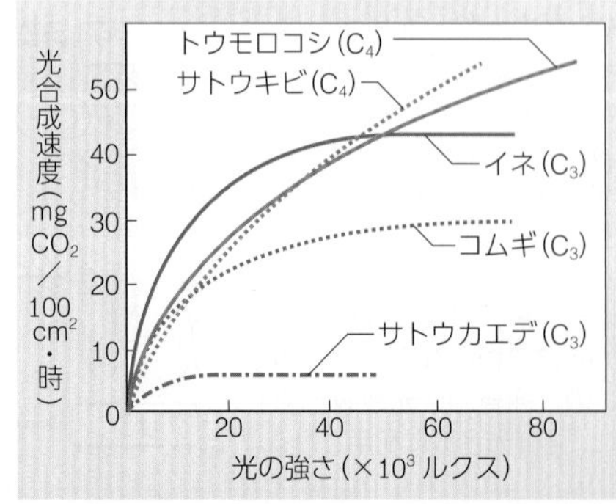

光合成速度(mg CO2/100 cm²・時)
トウモロコシ(C4)
サトウキビ(C4)
イネ(C3)
コムギ(C3)
サトウカエデ(C3)
0
10
20
30
40
50
20
40
60
80
光の強さ(×10³ ルクス)

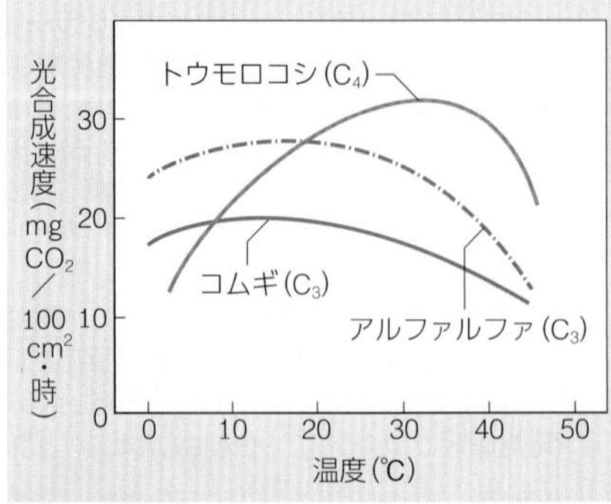

光合成速度(mg CO2/100 cm²・時)
トウモロコシ(C4)
コムギ(C3)
アルファルファ(C3)
0
10
20
30
0
10
20
30
40
50
温度(℃)

Keywords C_3 植物(C_3 plant)，C_4 植物(C_4 plant)，維管束(fibrovascular bundle)，葉肉細胞(mesophyll cell)

C CAM 植物

乾燥地に適応したベンケイソウ科やサボテン科の植物は，夜間に気孔を開いて CO_2 を吸収する。

CAM 植物（ベンケイソウ型有機酸代謝植物）

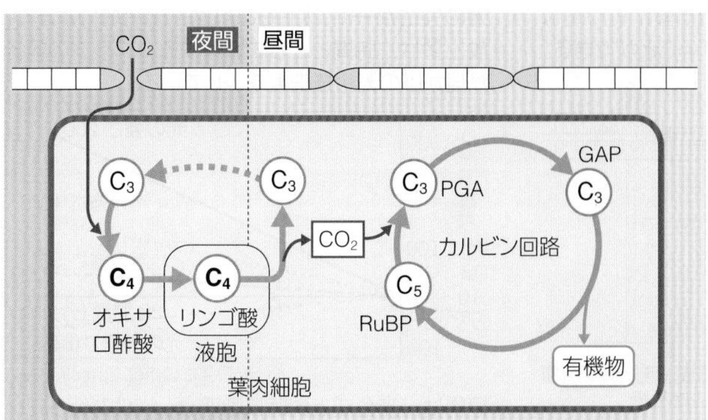

CO2
夜間
昼間
C3
C3
C4
C4
オキサロ酢酸
リンゴ酸
液胞
CO2
C3 PGA
GAP
C3
カルビン回路
C5
RuBP
有機物
葉肉細胞

乾燥地に適したベンケイソウ科やサボテン科の植物では，水分の蒸発を防ぐために昼間は気孔を開かず，夜間に気孔を開いて C_4 植物と似た経路で CO_2 を固定し，リンゴ酸の形で液胞に蓄えるものがある。

CAM 植物の二酸化炭素の固定

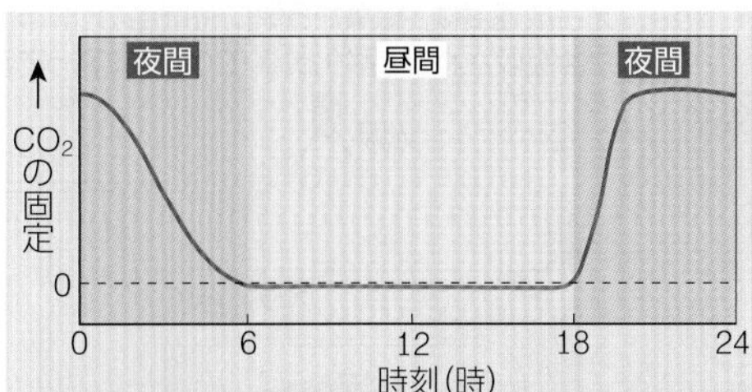

夜間
昼間
夜間
CO2の固定
0
0
6
12
18
24
時刻(時)

CAM 植物は昼間は気孔を閉じ，夜間に気孔を開いて CO_2 を固定する。

オオベンケイソウ

パイナップル

サボテンのなかま

D 同化産物の移動

光合成で生じた有機物は葉緑体から細胞質に運ばれ，スクロースとなって師管を通って植物体の各部に運ばれる。

同化産物の移動

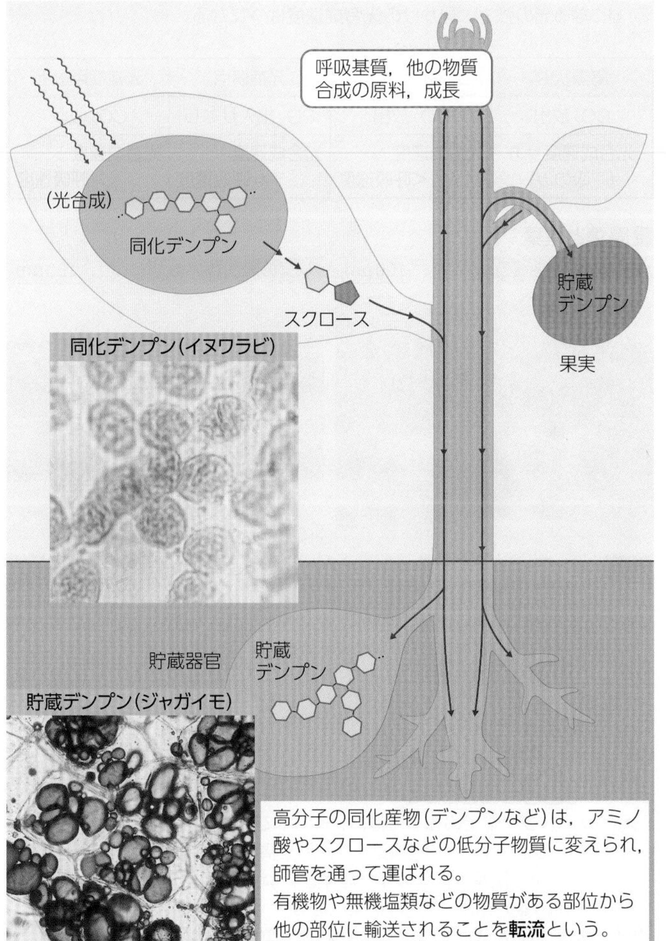

呼吸基質，他の物質合成の原料，成長
(光合成)
同化デンプン
スクロース
貯蔵デンプン
果実
同化デンプン(イヌワラビ)
貯蔵器官
貯蔵デンプン
貯蔵デンプン(ジャガイモ)

高分子の同化産物（デンプンなど）は，アミノ酸やスクロースなどの低分子物質に変えられ，師管を通って運ばれる。
有機物や無機塩類などの物質がある部位から他の部位に輸送されることを**転流**という。

植物の生育に必要な元素

	元素	はたらき	欠乏症
必要十元素	C	炭水化物・脂肪・タンパク質の成分。CとOは気孔から入る	
	H		
	O		
	N	タンパク質・核酸などの成分	成長停止，黄変，落葉
	Mg	クロロフィルの成分，酵素の補助因子	光合成阻害，黄変
	Ca	細胞壁の成分	細胞分裂異常，奇形葉
	K	イオンバランスの維持	古い葉の黄変
	S	アミノ酸（シスチン・システインなど）の成分	若い葉から黄変
	P	核酸・リン脂質・ATP などの成分	成長不良
	Fe	光化学系Ⅰ・シトクロムなどの成分	黄変
微量元素		Mn（マンガン），Cu（銅），Zn（亜鉛），B（ホウ素），Mo（モリブデン）など	

農地では，育った植物を収穫物として持ちさってしまうので，自然の林や草原でみられる物質の循環（▶ *p*.242）が妨げられる。したがって，農地では特に不足しやすい N（窒素）・P（リン）・K（カリウム）を肥料として与える必要がある。

Column 植物のソースとシンク

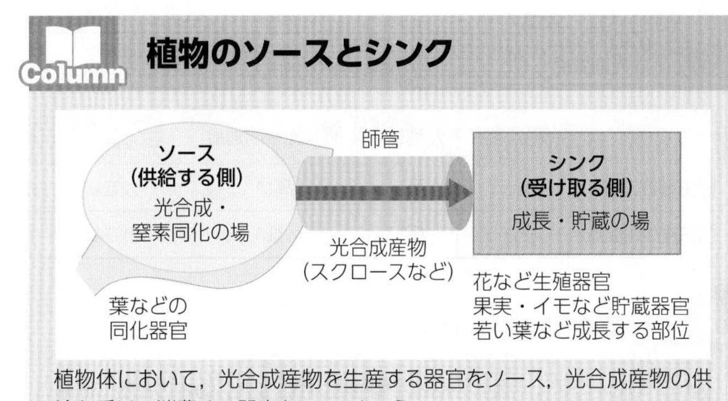

ソース
(供給する側)
光合成・
窒素同化の場
師管
シンク
(受け取る側)
成長・貯蔵の場
光合成産物
(スクロースなど)
葉などの
同化器官
花など生殖器官
果実・イモなど貯蔵器官
若い葉など成長する部位

植物体において，光合成産物を生産する器官をソース，光合成産物の供給を受け，消費する器官をシンクという。

CAM 植物（CAM plant），転流（translocation）

12 植物の生活と光 生物基礎 生物

A 植物と光

光合成での気体の出入り

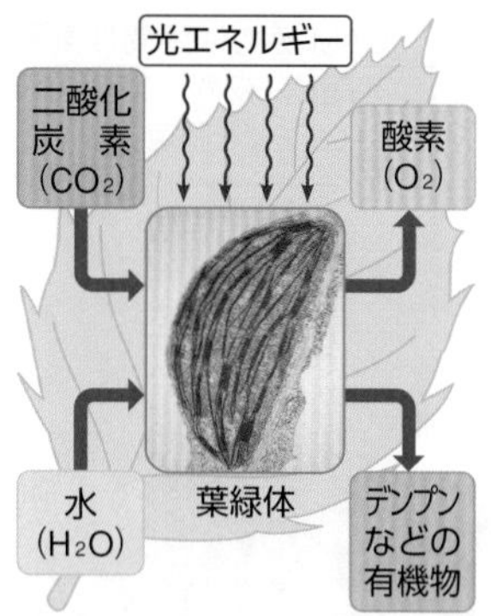

光エネルギー
二酸化炭素(CO_2)
酸素(O_2)
水(H_2O)
葉緑体
デンプンなどの有機物

光合成では，二酸化炭素を吸収して，酸素を放出する。

測定装置

光合成速度は，緑葉から単位時間当たりに放出される酸素(O_2)量または吸収される二酸化炭素(CO_2)量によって測定することができる。

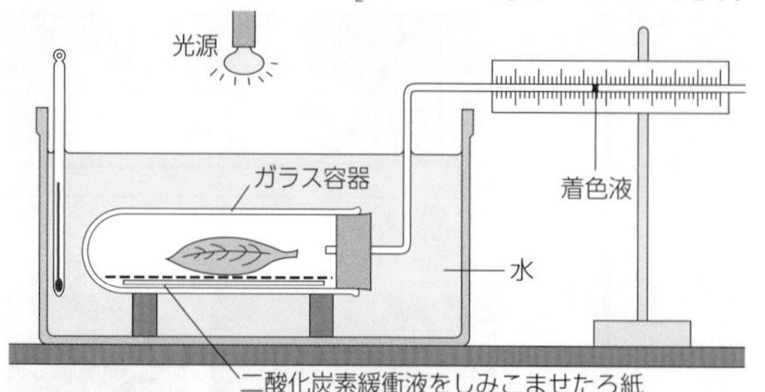

光源
ガラス容器
着色液
水
二酸化炭素緩衝液をしみこませたろ紙

二酸化炭素緩衝液(炭酸カルシウムと炭酸カリウムの混合液)は，容器内の CO_2 濃度を一定に保つ。水槽の水は，温度を一定に保つ。

呼吸と見かけの光合成

光の強さが一定以上であれば，光合成による O_2 放出量は，時間とともに増加する。グラフの傾きが見かけの光合成速度を表している。

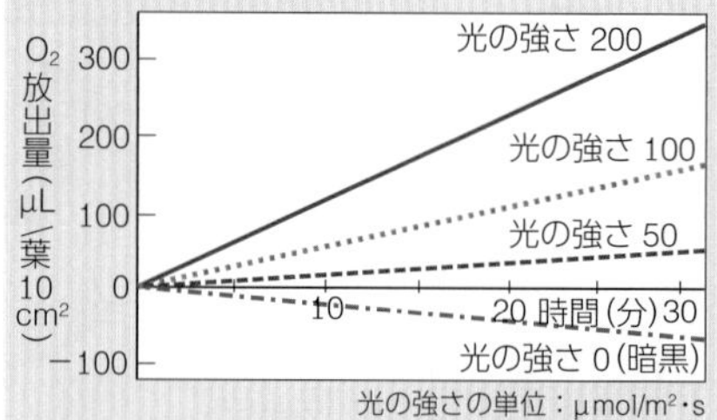

O_2 放出量(μL/葉 10 cm²)
300
200
100
0
−100
10
20
30
時間(分)
光の強さ 200
光の強さ 100
光の強さ 50
光の強さ 0(暗黒)
光の強さの単位：μmol/m²·s

植物は，光合成と同時に呼吸(▶ *p.*56)も行っている。光の強さが 0 のグラフは，呼吸による O_2 吸収量を表しており，傾きは呼吸速度を表す。

光合成速度と呼吸速度

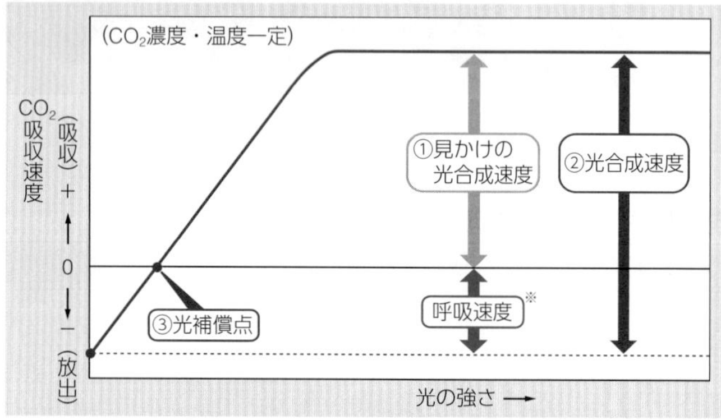

(CO_2濃度・温度一定)
CO_2 吸収速度
(吸収) + ↑ 0 ↓ − (放出)
①見かけの光合成速度
②光合成速度
呼吸速度※
③光補償点
光の強さ →

※呼吸速度は光の強さが増加するにつれて減少することが知られているが，この図では，呼吸速度は一定であるものとして示している。

①**見かけの光合成速度**　光合成と同時に呼吸も行われているので，放出される O_2 量や吸収される CO_2 量で測定される光合成速度は，**見かけの光合成速度**である。

②**光合成速度**　見かけの光合成速度に呼吸速度を加えたもの。真の光合成速度といわれることもある。

光合成速度 ＝ 見かけの光合成速度 ＋ 呼吸速度

③**光補償点**　光合成による CO_2 吸収速度と呼吸による CO_2 放出速度が同じになる光の強さ。見かけの光合成速度は 0 になる。

暗黒状態	光補償点以下	光補償点	光補償点以上
CO_2 放出	CO_2 放出	CO_2 出入りなし	CO_2 吸収
光合成速度＝0 (呼吸のみ)	光合成速度 ＜呼吸速度	光合成速度 ＝呼吸速度	光合成速度 ＞呼吸速度

陽生植物と陰生植物

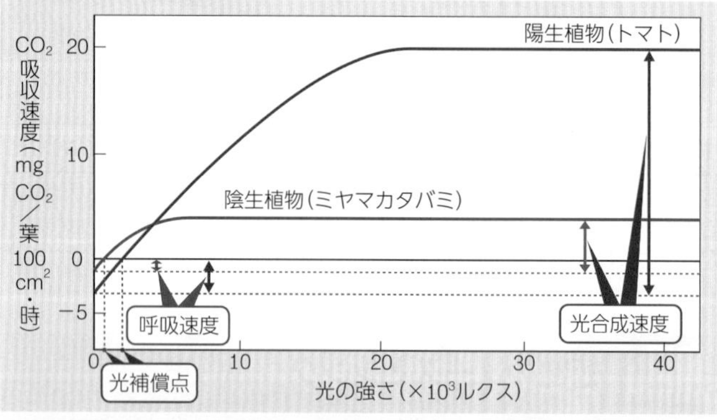

CO_2 吸収速度(mg CO_2/葉 100 cm²・時)
20
10
0
−5
陽生植物(トマト)
陰生植物(ミヤマカタバミ)
呼吸速度
光合成速度
光補償点
0
10
20
30
40
光の強さ(×10³ルクス)

	呼吸速度	光補償点	最大光合成速度	強光下での光合成速度
陽生植物(陽葉)	大きい	高い	高い	大きい
陰生植物(陰葉)	小さい	低い	低い	小さい

陽葉と陰葉

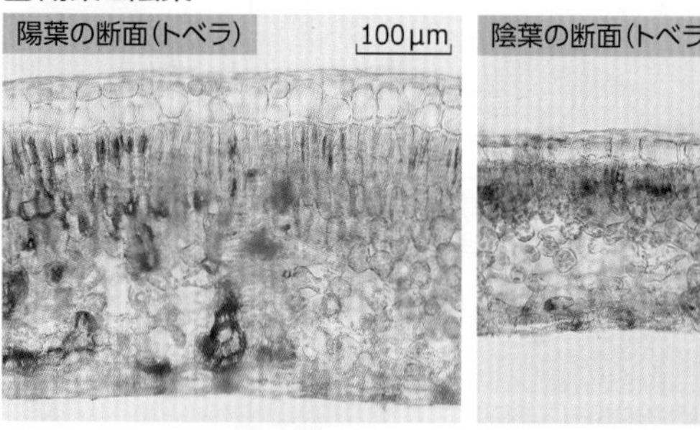

陽葉の断面(トベラ)
100 μm
陰葉の断面(トベラ)
100 μm

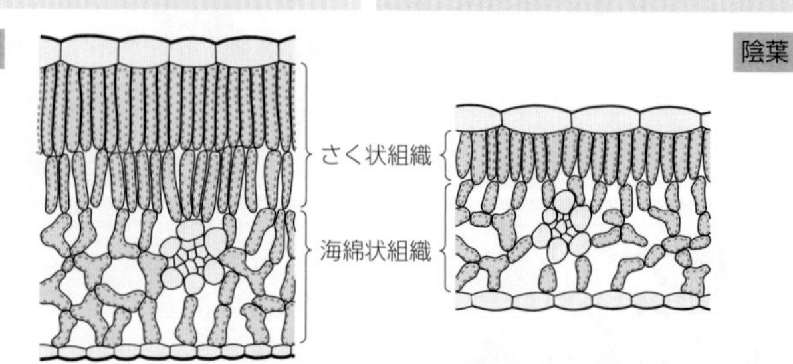

陽葉
陰葉
さく状組織
海綿状組織

シイ・カシ・ブナなどの樹木では，1 本の木でも日当たりのよいところの葉と日当たりのよくないところの葉とで，形や構造に違いが見られることがある。前者の葉を**陽葉**，後者の葉を**陰葉**といい，陽葉は，一般に小形であるが，さく状組織の発達した肉厚の葉になる。

陽葉と陰葉の光合成の特徴は，陽生植物と陰生植物の特徴と一致する。

Jump 陽樹と陰樹 ▶ *p.*232

強い光のもとでよく成長する樹木を**陽樹**という。また，幼木のときには耐陰性が高く，成木になると強い光のもとでよく成長する樹木を**陰樹**という。

Keywords　光補償点(light compensation point)，陽生植物(sun plant)，陰生植物(shade plant)

B 光合成速度と外的条件

光合成速度は，光の強さ，温度，二酸化炭素濃度などの環境要因の影響を受け，変化する。

光の強さ

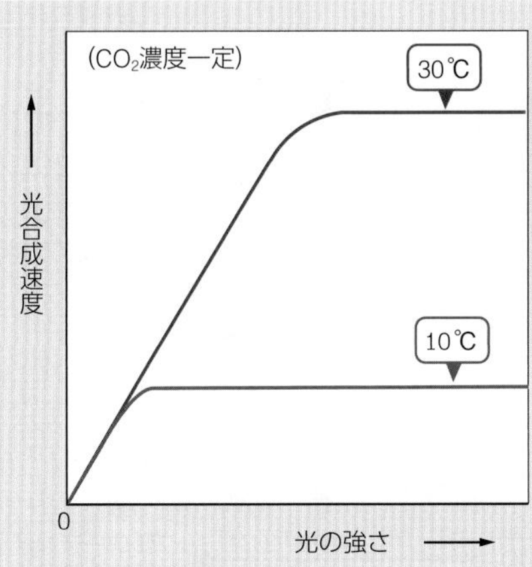

(CO$_2$濃度一定)
30℃
10℃
光合成速度
0
光の強さ

光合成速度は，光が弱いときは光の強さとともに増加する。

温度

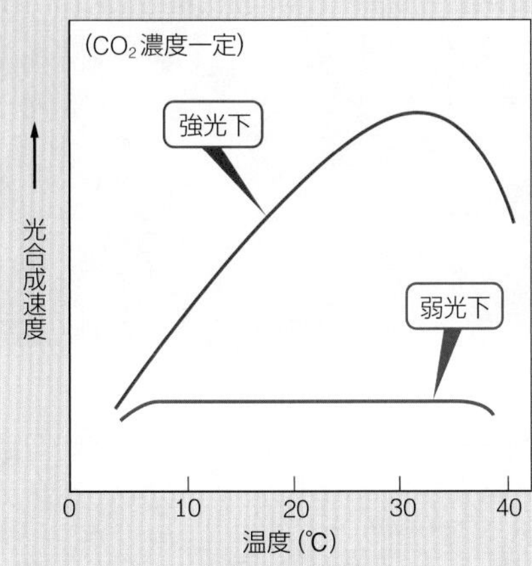

(CO$_2$濃度一定)
強光下
弱光下
光合成速度
0
10
20
30
40
温度(℃)

光合成速度は，強光下では温度とともに増加するが弱光下では温度の影響をほとんど受けない。

二酸化炭素(CO_2)濃度

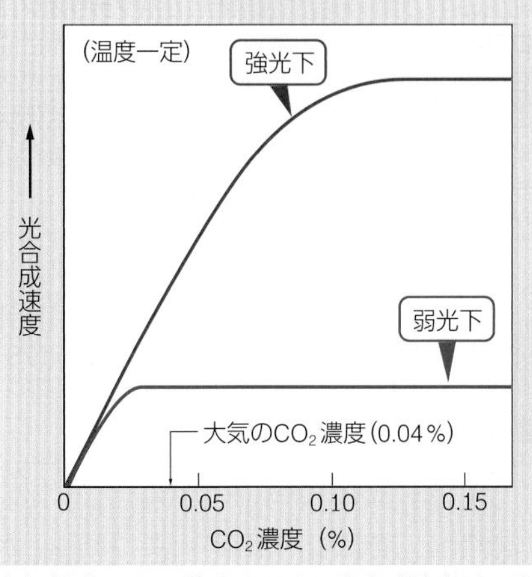

(温度一定)
強光下
弱光下
大気のCO$_2$濃度(0.04％)
光合成速度
0
0.05
0.10
0.15
CO$_2$濃度 (％)

大気程度のCO_2濃度における光合成速度は，強光下ではCO_2濃度に依存して変化するが，弱光下ではほぼ変化しない。

光合成速度の限定要因

光合成速度は，光の強さや温度・CO_2濃度などの植物を取り巻く外的な要因の影響を受ける。光合成速度は，これらの要因のうち，最も不足しているものによって決まる。このような要因を**限定要因**という。

長さの異なる板で容器をつくると，水は最も短い板の高さまでしか入れることができない。この場合，最短の板の長さが限定要因となっている。

Point 何が限定要因か?

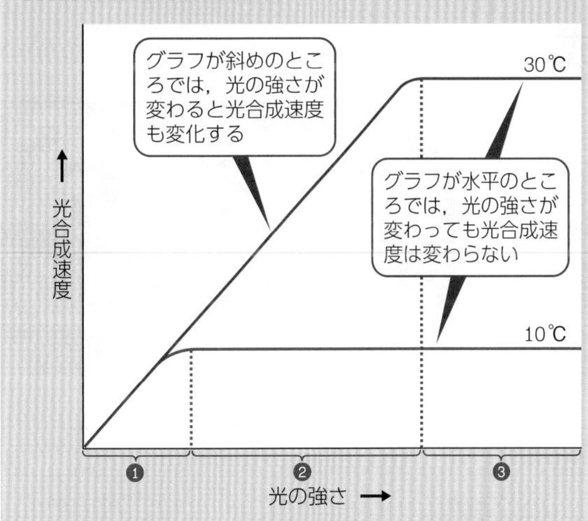

グラフが斜めのところでは，光の強さが変わると光合成速度も変化する
グラフが水平のところでは，光の強さが変わっても光合成速度は変わらない
30℃
10℃
光合成速度
❶
❷
❸
光の強さ

❶ 10℃でも30℃でも，グラフは斜めで，光合成速度は光の強さの影響を受ける(光の強さが限定要因)。

❷ 30℃では，グラフは斜めで光の強さが限定要因である。しかし，10℃では，グラフは水平になり，光合成速度は光の強さの影響を受けない(温度が限定要因)。

❸ 10℃でも30℃でもグラフは水平になり，光の強さの影響を受けない(光の強さは限定要因ではない)。

Zoom up 光合成・呼吸と温度

右図のグラフ①は見かけの光合成速度と温度との関係を，②は呼吸速度と温度との関係を調べた結果で，一般に呼吸速度は温度とともに増加する。

これから，①+②のグラフを描くと，③のようになり，これは，(真の)光合成速度と温度との関係を示している。

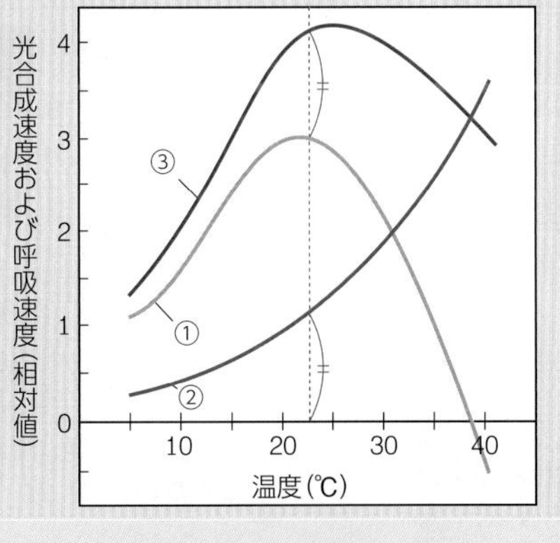

光合成速度および呼吸速度(相対値)
0
1
2
3
4
③
①
②
10
20
30
40
温度(℃)

Column 明反応と暗反応

ブラックマンは光合成と外的条件の関係を調べ，光合成を次のように明反応と暗反応の2つの過程に分けた。

第1段階(明反応)…光の強さの影響を受ける反応
→光化学反応

第2段階(暗反応)…CO_2濃度や温度の影響を受ける反応
→酵素化学反応

光が弱く，CO_2濃度や温度が十分な場合→明反応の能力<暗反応の能力
→明反応(光の強さ)が限定要因となる。

光が強く，CO_2濃度や温度が不十分な場合→明反応の能力>暗反応の能力
→暗反応(CO_2濃度や温度)が限定要因となる。

しかし，光合成の詳しいしくみ(▶ *p*.66 ～ 67)がわかると，単純に明反応と暗反応に分かれるわけではないことが明らかとなったので，この用語は使われなくなってきている。

環境要因(environmental factor)，限定要因(limiting factor)

13 細菌の炭素同化 生物基礎 生物

A 細菌の光合成

原核生物である細菌は葉緑体をもたないが，中には光合成色素をもち，光合成を行うものがいる。このような細菌を**光合成細菌**という。

酸素非発生型の光合成細菌

細菌の中には，光合成色素として**バクテリオクロロフィル**をもち，光エネルギーを利用して光合成を行うものがある。これらの細菌は，二酸化炭素の還元に必要な電子は水(H_2O)ではなく，**硫化水素**(H_2S)などから得ている。したがって，酸素の発生は見られない。

［例］　紅色硫黄細菌，緑色硫黄細菌，
紅色非硫黄細菌

$$6CO_2 + 12H_2S \xrightarrow{\text{光エネルギー}} C_6H_{12}O_6 + 6H_2O + 12S$$

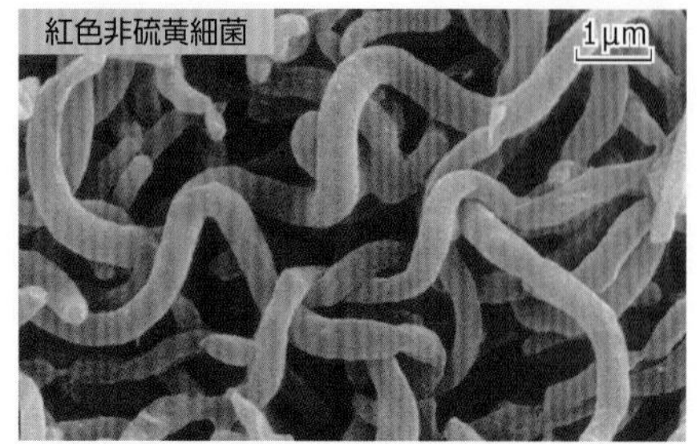

紅色非硫黄細菌
1µm

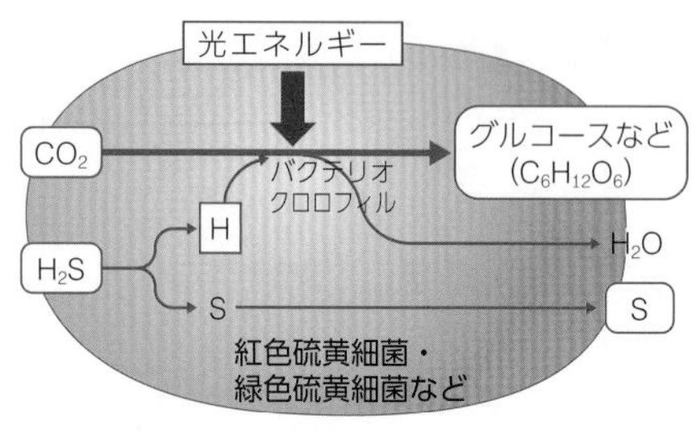

光エネルギー
CO_2
グルコースなど ($C_6H_{12}O_6$)
バクテリオクロロフィル
H
H_2O
H_2S
S
S
紅色硫黄細菌・緑色硫黄細菌など

酸素発生型の光合成細菌

ネンジュモなどのシアノバクテリアは，クロロフィル *a* をもち，光化学系Ⅰと光化学系Ⅱを使って光合成を行う。二酸化炭素の還元に必要な電子は，水の分解によって得るため，酸素が発生する※。

$$6CO_2 + 12H_2O \xrightarrow{\text{光エネルギー}} C_6H_{12}O_6 + 6H_2O + 6O_2$$

※シアノバクテリアは，酸素を発生するなど植物とよく似た光合成を行うため，光合成細菌に含めないという考え方もある。

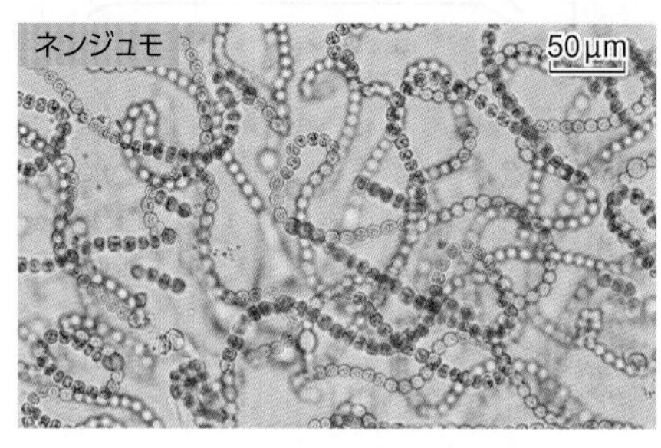

ネンジュモ
50µm

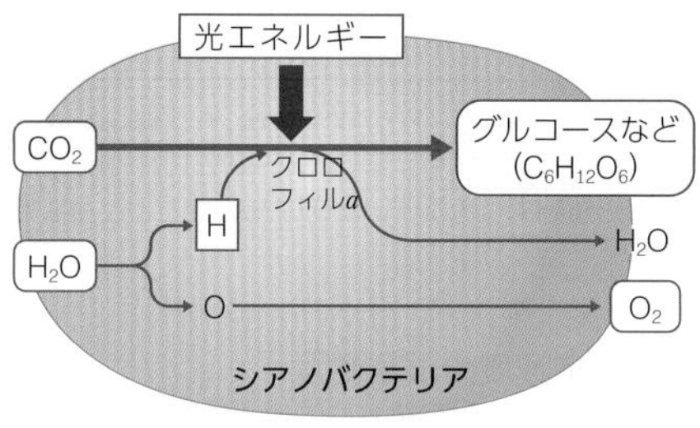

光エネルギー
CO_2
グルコースなど ($C_6H_{12}O_6$)
クロロフィル*a*
H
H_2O
H_2O
O
O_2
シアノバクテリア

B 細菌の化学合成

化学合成細菌

細菌の中には，おもに無機物を酸化したときに発生する化学エネルギーを用いて ATP を合成し，そのエネルギーを使って炭水化物などを合成するものがある。このような細菌を**化学合成細菌**という。また，化学物質を同化などのエネルギー源とすることを**化学合成**という。

化学合成細菌の中には，土壌中や深海底で太陽光に依存しない生態系の生産者として生態系を支えているものもある。

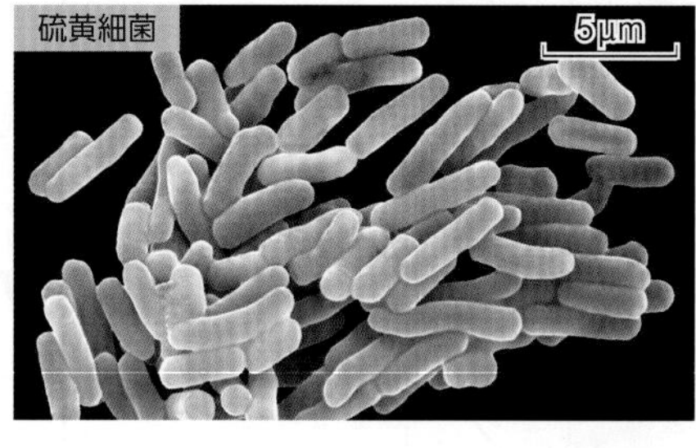

硫黄細菌
5µm

O_2
無機物 → 酸化物
化学エネルギー
CO_2 → グルコースなど ($C_6H_{12}O_6$)
H
水素源
化学合成細菌
H_2O

細菌		酸化反応	生息場所
硝化菌	亜硝酸菌	$2NH_4^+ + 3O_2 \longrightarrow 2NO_2^- + 4H^+ + 2H_2O +$ 化学エネルギー （アンモニウムイオン，亜硝酸イオン）	土壌中
	硝酸菌	$2NO_2^- + O_2 \longrightarrow 2NO_3^- +$ 化学エネルギー （亜硝酸イオン，硝酸イオン）	土壌中
硫黄細菌		$2H_2S + O_2 \longrightarrow 2S + 2H_2O +$ 化学エネルギー （硫化水素，硫黄） $2S + 3O_2 + 2H_2O \longrightarrow 2H_2SO_4 +$ 化学エネルギー （硫黄，硫酸）	含硫黄水中
鉄細菌		$4FeSO_4 + O_2 + 2H_2SO_4 \longrightarrow 2Fe_2(SO_4)_3 + 2H_2O +$ 化学エネルギー （硫酸鉄(Ⅱ)，硫酸鉄(Ⅲ)）	含鉄水中
水素細菌		$2H_2 + O_2 \longrightarrow 2H_2O +$ 化学エネルギー （水素）	土壌中

↓ カルビン回路などで CO_2 から有機物を合成

Jump 硝化菌のはたらき ▶ *p*.73，242

亜硝酸菌と硝酸菌は，土壌中のアンモニウムイオンを亜硝酸イオンや硝酸イオンに変える。このはたらきを**硝化作用**といい，多くの植物は土壌中の硝酸イオンを取り入れて窒素同化に利用している(▶ *p*.73)。また，硝化菌のこのはたらきは，自然界での窒素の循環に重要なはたらきをしている(▶ *p*.242)。

Column 深海底の化学合成細菌

光の届かない深海底には，生物は生存しないと考えられてきたが，海嶺付近の深海底にある熱水噴出孔の周辺で，シロウリガイやチューブワーム(ハオリムシ)などからなる生物群集がみつかっている。これらの生物は，体内に硫黄細菌(化学合成細菌)を共生させており，硫黄細菌が化学合成でつくった有機物を利用して生活している。したがって，チューブワームには口も消化管も見られない。

チューブワーム

Keywords　光合成細菌(photosynthetic bacteria)，バクテリオクロロフィル(bacteriochlorophyll)，化学合成(chemosynthesis)

14 植物の窒素同化 生物基礎 生物

A 窒素同化のしくみ

多くの植物は，NO_3^-やNH_4^+などの無機窒素化合物を取りこみ，タンパク質やATPなどの有機窒素化合物を合成している。これを**窒素同化**という。

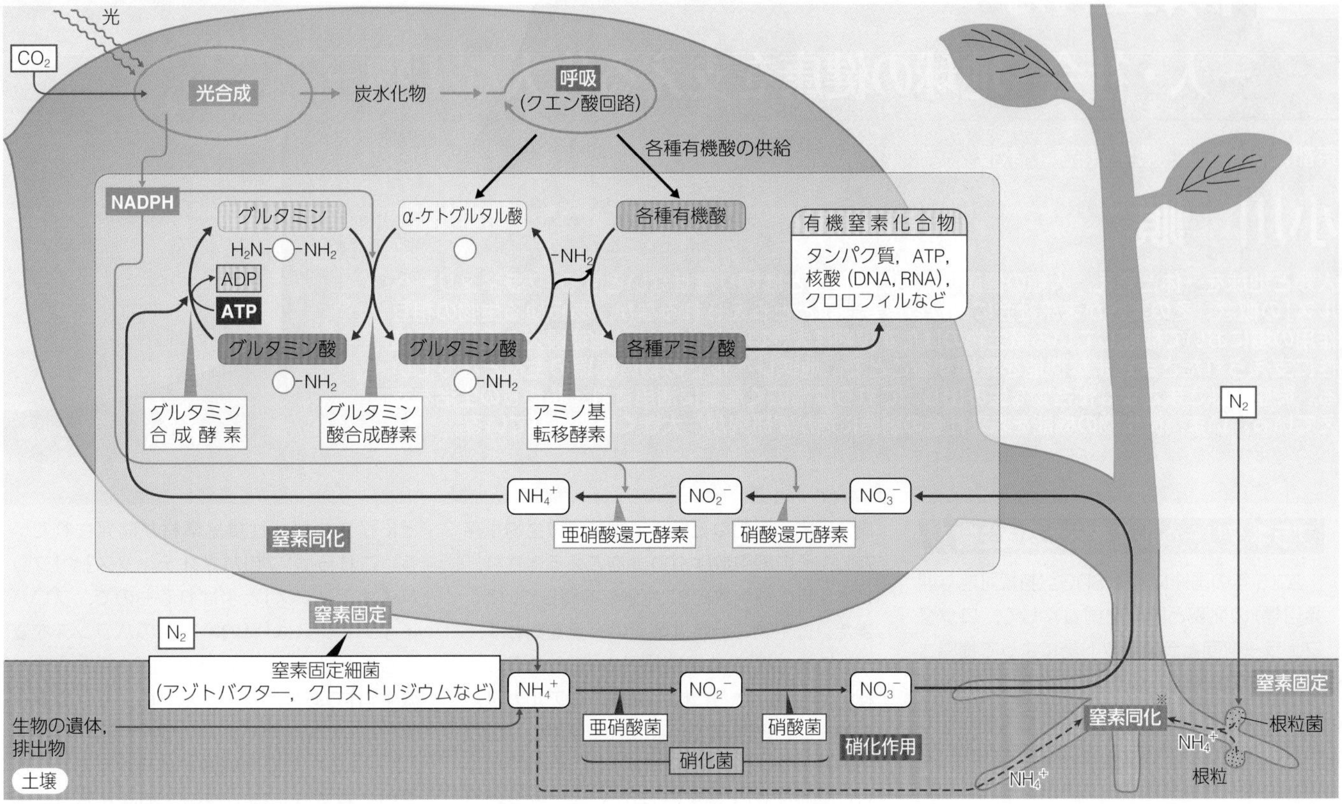

光
CO_2
光合成
炭水化物
呼吸（クエン酸回路）
各種有機酸の供給
NADPH
グルタミン
H_2N-○-NH_2
ADP
ATP
グルタミン酸
○-NH_2
α-ケトグルタル酸
○
グルタミン酸
○-NH_2
-NH_2
各種有機酸
各種アミノ酸
有機窒素化合物
タンパク質，ATP，核酸（DNA，RNA），クロロフィルなど
グルタミン合成酵素
グルタミン酸合成酵素
アミノ基転移酵素
NH_4^+
NO_2^-
NO_3^-
亜硝酸還元酵素
硝酸還元酵素
窒素同化
窒素固定
N_2
窒素固定細菌（アゾトバクター，クロストリジウムなど）
生物の遺体，排出物
土壌
NH_4^+
NO_2^-
NO_3^-
亜硝酸菌
硝酸菌
硝化菌
硝化作用
窒素同化※
NH_4^+
NH_4^+
N_2
窒素固定
根粒菌
根粒

※ NH_4^+が植物体に取りこまれる場合は，根の細胞で窒素同化が行われる。

B 窒素固定

細菌やシアノバクテリアの一部には，空気中の窒素を直接取り入れてNH_4^+をつくり，アミノ酸などの合成に利用するものがある。このはたらきを**窒素固定**という。

窒素固定生物

	生物名	生活場所など
好気性細菌	アゾトバクター	土壌中・水中に広く生息
	根粒菌（リゾビウム）	マメ科植物の根に根粒をつくって共生
	放線菌（フランキア）	ハンノキなどの根に根粒※をつくって共生
嫌気性細菌	クロストリジウム	酸素の少ない酸性土壌中に生息
	紅色硫黄細菌 緑色硫黄細菌	光合成細菌（▶ p.72）。酸素の少ない土壌中・水中に生息
シアノバクテリア（好気性）	アナベナ ネンジュモ	水中・湿地に生息。アナベナにはソテツの根やアカウキクサの葉に共生するものもある

2μm
アゾトバクター

※根粒をつくる放線菌は広義には根粒菌に含められることもある。

マメ科植物と根粒菌

ダイズやゲンゲの根には根粒があり，根粒菌が窒素固定を行うので，窒素分の少ないやせた土地でも生育できる。

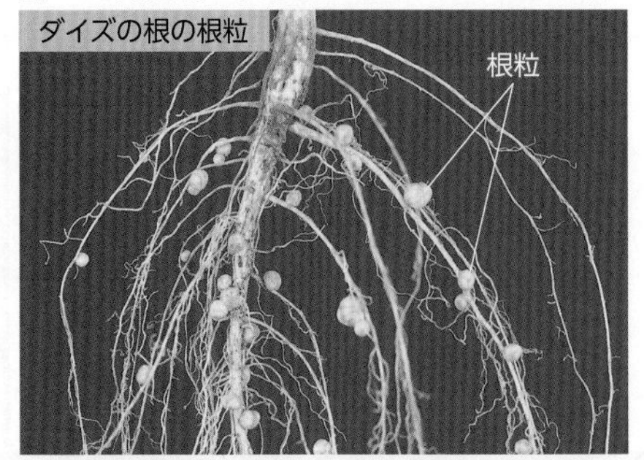
根粒
ダイズの根の根粒

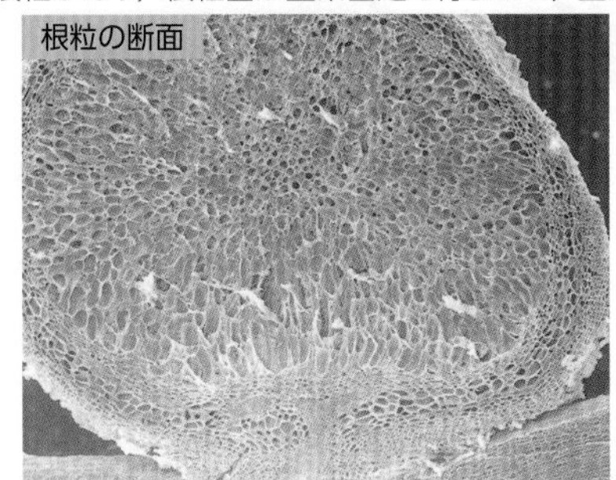
根粒の断面

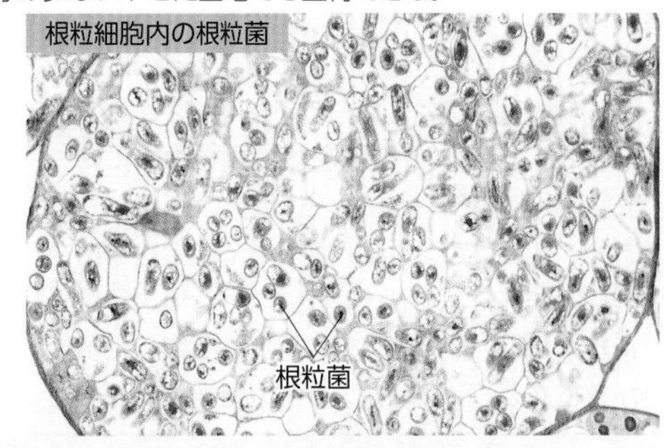
根粒菌
根粒細胞内の根粒菌

Keywords 窒素同化（nitrogen assimilation），硝化菌（nitrifying bacteria），窒素固定（nitrogen fixation），窒素固定細菌（nitrogen fixation bacteria）

［写真］左上：油糧微生物（*Mortierella alpina*）
右上：プロバイオティクス乳酸菌（*Lactobacillus brevis*）
下：アゾ色素分解菌（*Shewanella* sp.）

2 微生物

－人・社会・地球の健康を支える偉大な生物－

京都大学大学院　農学研究科　教授
小川　順（おがわ　じゅん）

人類と地球を一体と考え，人類の健康は，地球の健康とは切り離せないとする「プラネタリーヘルス」の概念。その実践が未来社会における重要課題ととらえられるなか，あらゆる生物の相互作用の場において機能している微生物のはたす役割は大きい。微生物は，地球最大の遺伝的多様性に支えられたさまざまな機能を発揮することで，地球レベルでの物質循環の主役となっている。微生物はさまざまな化合物を生み出し，これらは幅広く産業に活用され，私たちの生活を支えている。いま，微生物の機能を未来社会の創造に活かす研究が，大きく展開されている。

プラネタリーヘルスを支える微生物

2015年の国連によるSDGs（持続可能な開発目標）の発表と時期を同じくして，ロックフェラー財団とランセット誌によって提唱された「プラネタリーヘルス」の概念は，人・社会・地球の健康を一体としてとらえるものであり，地球環境の維持，社会の持続性の実現，個人の健康増進が，未来社会における重要課題だと指摘している。そのいずれの課題においても，微生物が解決の中核を担っている。例えば，二酸化炭素吸収を担う植物の健全な生育には，微生物による有機物中の窒素の無機化が欠かせない。また，微生物による物質生産は，資源循環や省エネルギーの鍵となる。内閣府は2019年以来バイオ戦略を発信し，バイオテクノロジーによる新たな産業創出の重要性を提示している。近年では，ヒトを“常在微生物を含めた超生命体”としてとらえ，ヒトに付随する生態系の機能維持が健康の要であるとの概念が確立されつつある。このように，微生物の機能は，多面的に未来社会の創造を支援する。

多様な微生物の世界

微生物は意外性と多様性に満ちている。カビやキノコも微生物で，肉眼で見えるのは細胞1個1個が集合したものである。オニナラタケというキノコの1個体の大きさは，約10km²と東京ドーム約200個分の広がりを有し，地球最大の生物といわれる。生息数についてもあなどることはできず，土壌1g中に約1億と，日本の人口に匹敵する数の細菌が存在する。我々自身のからだを見ても，皮膚，口内，腸内などにさまざまな微生物が存在し，その細胞数は100兆をこえるとされ，ヒト自身の細胞数約37兆個を凌駕（りょうが）している。また，微生物の分布は酸素の有無を問わず，100℃をこえる熱水噴出孔から氷点下の北極・南極域，さらには，強酸，強アルカリ，高塩分など極限環境とよばれる環境にも広がる。最近では，分子系統（▶ *p.*290）の解析により，地球上の生物多様性の大半を微生物が担っていることが明らかにされてきている。このように，土壌・根圏，水環境，腸管内など，さまざまな環境での生物間相互作用における微生物の存在と役割が解明され，農業，工業などに広く応用展開されている（図1）。

人の健康を支える微生物

伝統的な発酵醸造の科学が，食を介して現代人の健康を支えている。例えば，体脂肪率70％という驚異的なカビの発見を契機に，機能性食品素材として注目を集めるアラキドン酸，EPA，DHAなどの発酵生産技術が開発された。また，乳酸菌や腸内細菌における食事成分の代謝解析を通して，腸内環境改善などに役立つ機能性食品素材が開発されている。これらは「プロバイオティクス」や「プレバイオティクス」とよばれるもので，プロバイオティクスは「腸内常在菌のバランスを変えることにより宿主に保健効果を示す生きた微生物」であり，ヨーグルトのような発酵食品として供給される。プレバイオティクスは，「常在する有用腸内細菌を増殖させるか，あるいは有害な細菌の増殖を抑制する食品成分」であり，食物繊維やオリゴ糖などがある。最近では，食事成分の腸内細菌代謝物がヒトの体内で多様な生理活性を発揮し，健康維持に機能していることが見いだされている。これらの代謝物は「ポストバイオティクス」とよばれ，抽出された食事成分に単一の微生物を作用させる手法で生産され，機能性食品素材や医薬品素材として開発が進められている。

社会の健康を支える微生物

バイオエコノミーを構築する産業への展開

微生物の物質変換機能（代謝）とそれにより生じる化合物が，さまざまな産業に活用されている（図2）。微生物によるものづくりは，

循環型社会における微生物機能（図1）

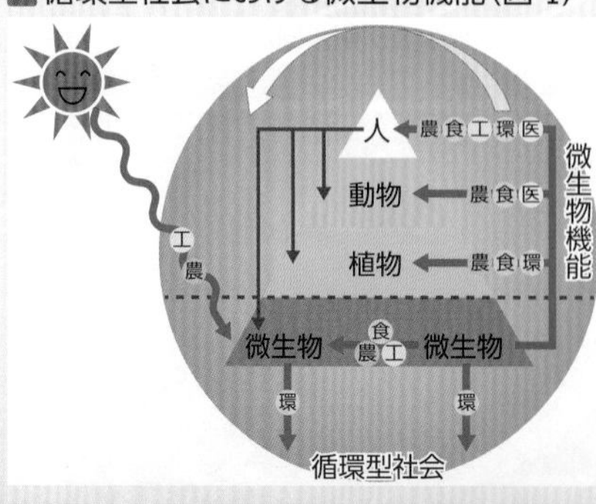
人
農 食 工 環 医
動物
農 食 医
植物
農 食 環
微生物機能
工
農
微生物
食
農 工
微生物
環
環
循環型社会

微生物の機能と産業とのかかわり（図2）

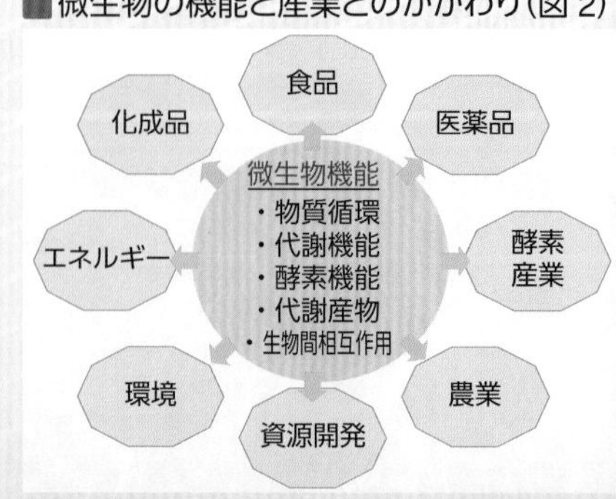
食品
化成品
医薬品
微生物機能
・物質循環
・代謝機能
・酵素機能
・代謝産物
・生物間相互作用
エネルギー
酵素産業
環境
農業
資源開発

常温・常圧で運用できるため，化学工業プロセスより環境調和型であり，低炭素社会の構築に貢献しうる。また，化石資源からバイオマスへの原料転換においても，生物素材に親和性の高い微生物の代謝が有効である。代謝により生じる化合物としては，食卓を彩る発酵食品などの一次代謝産物，抗生物質などの二次代謝産物，物質変換能力を合成化合物に適用して生産される医薬品・化成品などの非天然化合物が産業に利用されている。このような微生物を活用した産業がもたらす経済活動は「バイオエコノミー」と称され，経済の健全な循環と持続性をもたらす社会活動の一つのあり方として期待されている。

1．物質循環機能の利用

微生物の物質変換機能を活用する代表例が，排水処理である。酸素が多い条件下では，有機物は微生物により二酸化炭素や硝酸へと酸化され，酸素が少ない条件下では，メタンや窒素ガスへと還元される。これらを交互にくり返すことにより，排水中の有機物を除去している。近年，微生物の物質分解機能が，難分解性有害物質（分解されにくい有害物質）で汚染された自然環境の修復に活用されている。この技術は「バイオレメディエーション」とよばれ，低コストで処理が行えるため，処理対象の面積が広大な場合に優位となる。ダイオキシンや，テトラクロロエチレンなどの有害物質の処理が検討されている。

2．代謝機能の利用－発酵生産

生合成代謝を人為的に制御することで，発酵生産の多様化が進んでいる。最初に実用化された代謝制御発酵はアミノ酸発酵であり，日本の協和発酵工業株式会社のグループによるグルタミン酸発酵菌の発見（1955年）がその始まりである。現在，「味の素」などで有名な調味料用途のグルタミン酸の世界生産量は年間200万tをこえている。この高生産は，生合成を制限する代謝調節の解除や，酵素反応の調節機構の制御などを駆使した発酵生産菌の育種により実現された。この技術は，調味料，抗ウイルス薬原料としての核酸関連化合物の発酵生産技術を経て，生産に多量のエネルギーや還元力を要求する油脂発酵技術へと発展している。油脂発酵は，石油資源に由来する燃料や化学工業原料をバイオマス由来に転換しうる技術として注目を集めている（図3）。近年，代謝経路を人工的に設計構築する合成生物学とよばれる分野が開拓され，非天然物の発酵生産も可能になっている。

■油脂発酵に用いられる油糧糸状菌（図3）

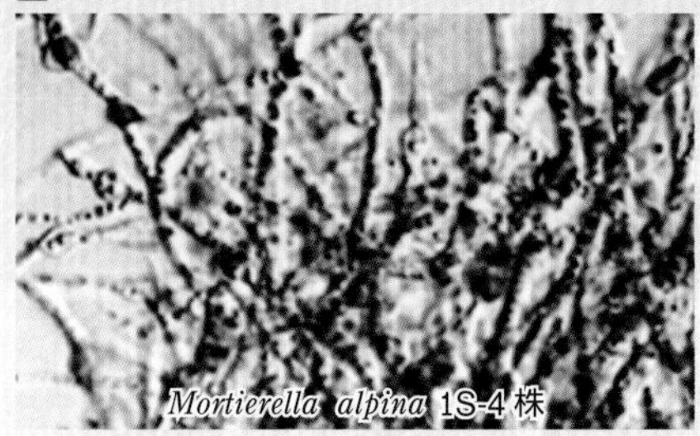
Mortierella alpina 1S-4株

3．酵素機能の利用－酵素法

代謝を構成する酵素反応を活用する物質生産技術を酵素法という。酵素のもつ選択性を活用し，医薬品中間体（医薬品をつくる複数の化学反応のうち途中段階まで進んだ化合物）などの精密合成へ応用されている。酵素法は汎用化成品生産にも応用されており，アクリロニトリルを原料とした水和酵素（ニトリルヒドラターゼ）によるアクリルアミドの生産が有名である。アクリルアミドは合成樹脂などの原料として利用されている。近年，酵素反応のバリエーションを増やすべく，補酵素やATPを要求する酵素の開発が行われている。補酵素・ATPを供給する代謝との共役により，酸化還元酵素や転移酵素などの活用が可能となってきている。

4．代謝産物の利用

微生物の代謝産物には，薬理活性を示す化合物が存在する。これらは生理活性物質とよばれ，広く医療に活用されている。この代表例が，2015年ノーベル生理学・医学賞を受賞した大村智博士のイベルメクチンの開発である。大村博士は，微生物の代謝産物を広く探索し，*Streptomyces avermitilis* という放線菌が生産するエバーメクチンに，線虫や昆虫類への殺虫活性を認めた。メルク・アンド・カンパニー社との共同研究により，エバーメクチンを改良したイベルメクチンが開発され，寄生虫により失明に至るアフリカの風土病オンコセルカ症に対する特効薬となった。

地球の健康を支える微生物

植物の生育は，微生物が駆動する窒素循環に大きく依存する。有機物中の窒素の無機化（硝化）を実現する土壌の微生物の生態系を水耕栽培系に構築することで，有機物を肥料としうる水耕栽培技術が開発されている。この技術は，宇宙での農業をも視野に入れた人工土壌の開発へと展開されている（図4）。また，硝化と脱窒を組み合わせた水環境制御技術が，水の再利用を伴う閉鎖循環型養殖に応用されている。このように，微生物と植物・動物などの生物間相互作用における微生物機能の活用が，食料や環境を支える技術の核となっている。

■人工土壌を用いる作物栽培（図4）

また，腸内細菌と宿主との関連性を紐解く研究が展開されている。腸内細菌叢（そう）（腸内の細菌の集まり）のバランスが崩れることは，病気の一因となる。さらには，腸脳相関と言われるように，精神状態にも影響を与える。したがって，健康状態にある腸内細菌叢を維持することが重要となる。

生物間で発現する微生物機能の多くは，単離培養できない微生物群に担われており，これまでその科学的解明は困難であった。近年のゲノミクス，プロテオミクス，メタボロミクスなどの網羅的解析技術（オミクス技術）の発達，バイオ技術と情報技術との融合が，環境中での微生物機能の解明を加速させた。

微生物に無限の可能性を求めて

プラネタリーヘルスの実現には，地球全体を大きな一つの生態系としてとらえ，その絶妙な平衡状態をよい形で継承することが求められる。さまざまな生物の間を取りもつ微生物の機能が活躍する局面はますます拡張される。そのためには，微生物の多様性にユニークな機能を探索することが欠かせない。自然界からさまざまな微生物が収集され，多くの役立つ機能が開発されることを期待したい。

キーワード

微生物，生態系，環境，食料，健康，ものづくり，代謝，発酵，酵素

小川　順（おがわ じゅん）

京都大学大学院
農学研究科　教授
滋賀県生まれ徳島県育ち。
趣味はクラシック音楽鑑賞，美食探訪。
研究の理念は「探・観・拓」

この記事を読んで，「さらに知りたい」と思ったことをあげて，自分で調べてみよう。

第3編 遺伝情報の発現

第Ⅰ章　DNA の構造と複製
第Ⅱ章　遺伝情報の発現
第Ⅲ章　遺伝子研究とその応用

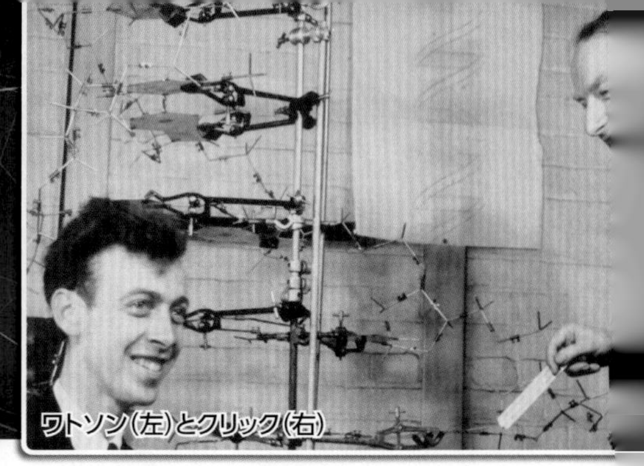
ワトソン(左)とクリック(右)

1 「DNA ＝遺伝子の本体」の研究の歴史

生物基礎
生　物

A 遺伝子の探究

メンデルの遺伝の法則(▶ p.264)の再発見の後，メンデルのいうエレメント(遺伝する因子)が何であるのかの探究が始まった。

■遺伝子研究の過程

年	研究者	内容
1865	メンデル	遺伝する因子を仮定
1900	ド フリース コレンス チェルマク	メンデルの法則の再発見
1903	サットンら	遺伝子の染色体説を提唱
1904	ベーツソンら	連鎖・組換えの発見
1926	モーガン	染色体地図の作成

染色体の主成分は**タンパク質**とDNA

多くの研究者は，**タンパク質**が遺伝子としてふさわしいと考えた

DNAが遺伝子ではないかと考える研究者も少数いた

年	研究者	内容
1928・1944	グリフィス エイブリーら	肺炎球菌の形質転換に関する研究
1948	ボアヴァン	核の物質量に関する研究
1952	ハーシーとチェイス	T_2ファージの増殖に関する研究

(西暦)

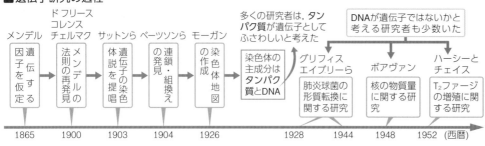

■核 1 個当たりの DNA 量

	ニワトリ	ウ　シ
肝　臓	2.66	7.05
すい臓	2.61	7.15
胸　腺	2.55	7.26
赤血球	2.49	−
精　子	1.26	3.42

精子(生殖細胞)では体細胞に比べてDNA量が半減している(単位は 10^{-9}mg)。

B 肺炎球菌の形質転換

グリフィスとエイブリーらによる肺炎球菌(以前は肺炎双球菌とよばれていた)を用いた実験で，DNA が遺伝子の本体であることが強く示唆された。

■肺炎球菌

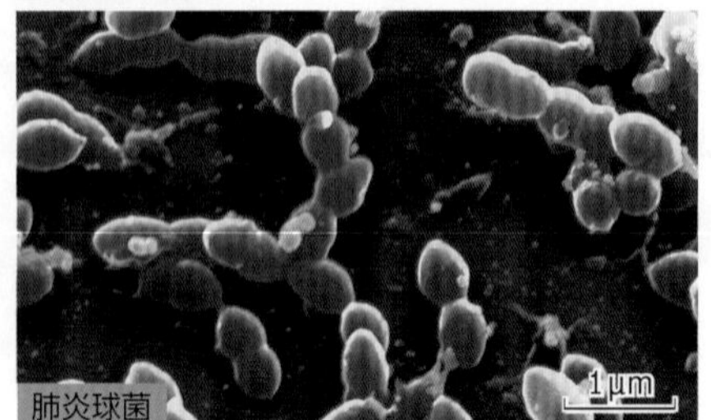
肺炎球菌
1 μm

肺炎球菌には，さやをもち，なめらかなコロニーをつくる **S 型菌**(病原性あり)と，さやをもたず，表面にでこぼこの多いコロニーをつくる **R 型菌**(非病原性)がある。なお，1 つの細胞が増殖してできた細胞の集団をコロニー(集落)という。

■グリフィスの実験

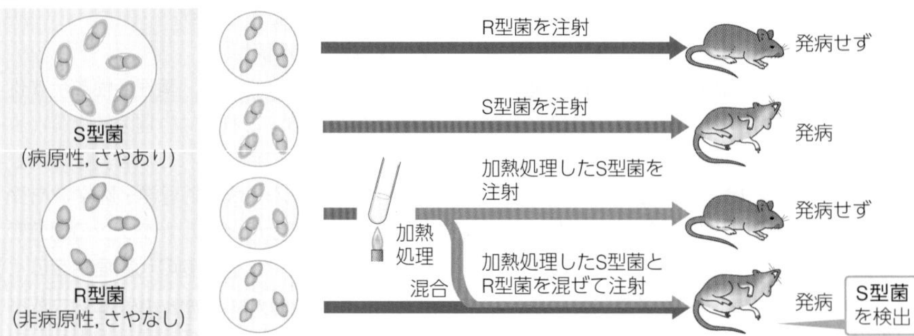
S型菌
(病原性，さやあり)
R型菌
(非病原性，さやなし)
R型菌を注射
発病せず
S型菌を注射
発病
加熱処理したS型菌を注射
発病せず
加熱処理
混合
加熱処理したS型菌とR型菌を混ぜて注射
発病
S型菌を検出

グリフィスは，病原性のない R 型菌と加熱殺菌した S 型菌を混ぜてハツカネズミに注射すると，ハツカネズミは肺炎を起こし，R 型菌が S 型菌の形質をもつようになることを発見した(1928 年)。このような遺伝形質の変化を**形質転換**という。

■エイブリーらの実験　エイブリーらは，R 型菌を S 型菌に形質転換させた原因物質が，DNA であることを証明した(1944 年)。

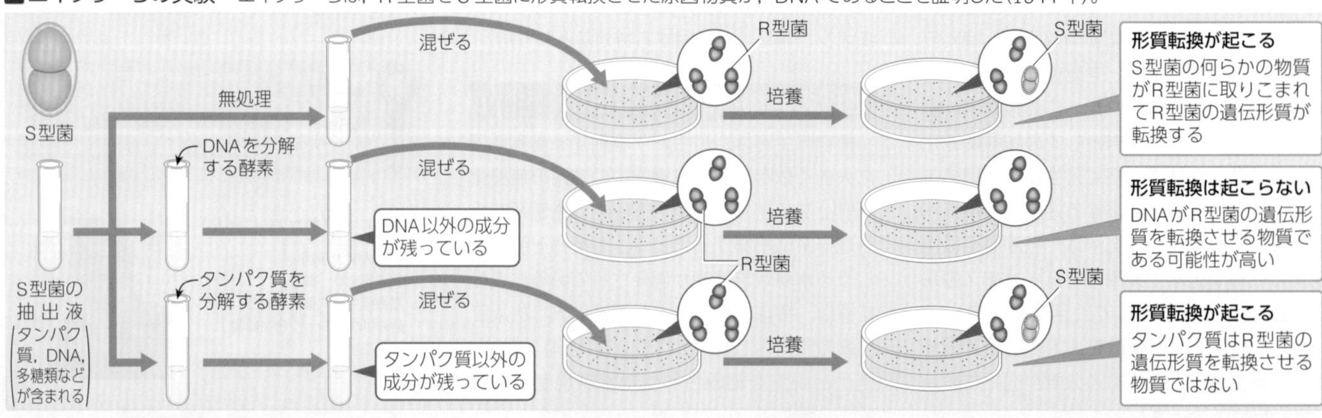
S型菌
S型菌の抽出液
(タンパク質，DNA，多糖類などが含まれる)
無処理
DNAを分解する酵素
タンパク質を分解する酵素
混ぜる
R型菌
培養
S型菌
DNA以外の成分が残っている
タンパク質以外の成分が残っている
形質転換が起こる
S型菌の何らかの物質がR型菌に取りこまれてR型菌の遺伝形質が転換する
形質転換は起こらない
DNAがR型菌の遺伝形質を転換させる物質である可能性が高い
形質転換が起こる
タンパク質はR型菌の遺伝形質を転換させる物質ではない

Keywords　形質転換(transformation)

C バクテリオファージの増殖

バクテリオファージの増殖の研究から，遺伝子の本体がDNAであることが証明された。

■ウイルスとバクテリオファージ　細菌よりもはるかに小形で，宿主細胞内でのみ増殖する感染性の構造体を**ウイルス**という。ウイルスのうち，細菌を宿主とするものを，**バクテリオファージ**(またはファージ)という。

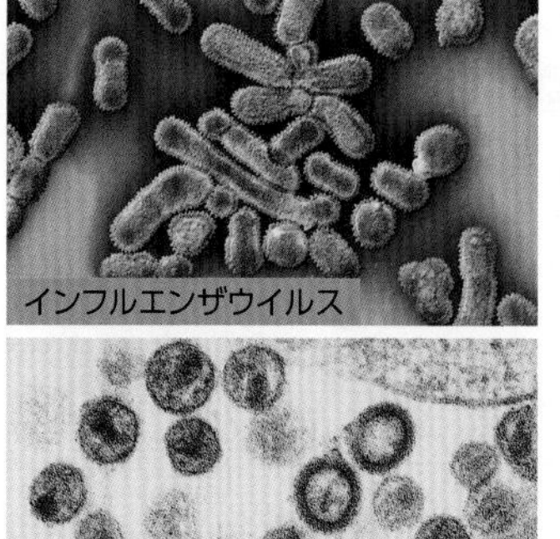
インフルエンザウイルス
エイズのウイルス

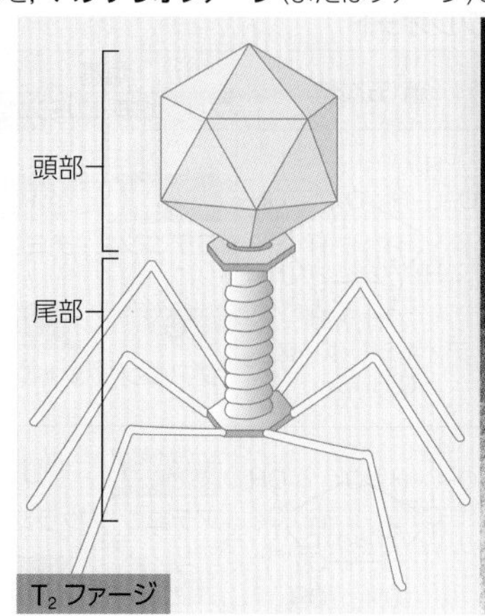
頭部
尾部
T2ファージ

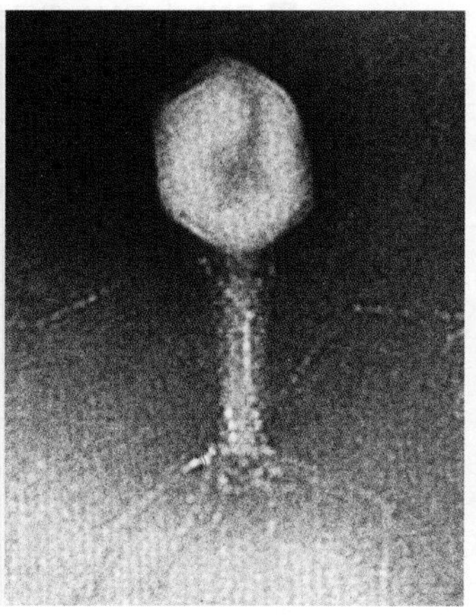

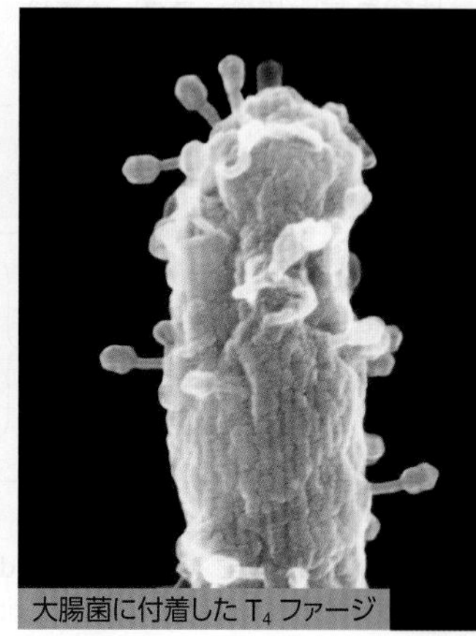
大腸菌に付着したT4ファージ

■バクテリオファージの増殖過程　バクテリオファージは細菌に感染して，自身のDNAを菌体内で増やすことにより増殖する。

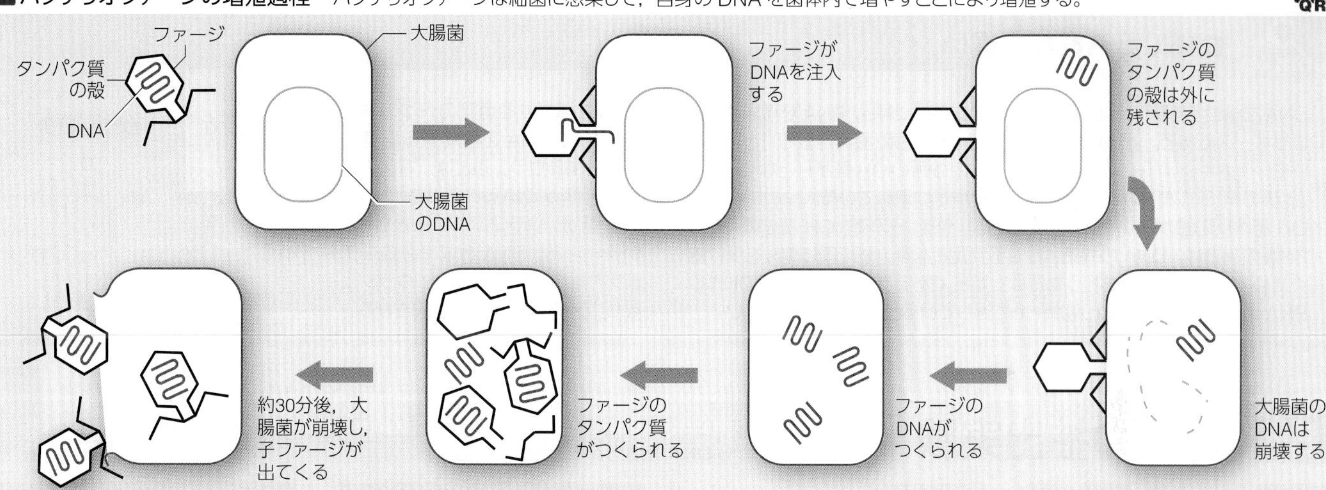
ファージ
タンパク質の殻
DNA
大腸菌
大腸菌のDNA
ファージがDNAを注入する
ファージのタンパク質の殻は外に残される
大腸菌のDNAは崩壊する
ファージのDNAがつくられる
ファージのタンパク質がつくられる
約30分後，大腸菌が崩壊し，子ファージが出てくる

■ハーシーとチェイスの実験　ハーシーとチェイスは，大腸菌に寄生して増殖するT_2ファージの外殻(タンパク質でできている)と頭部に収納されているDNAをそれぞれ硫黄とリンの放射性同位体^{35}Sと^{32}Pで標識し，ファージの増殖に伴うタンパク質とDNAのゆくえを追跡した(1952年)。

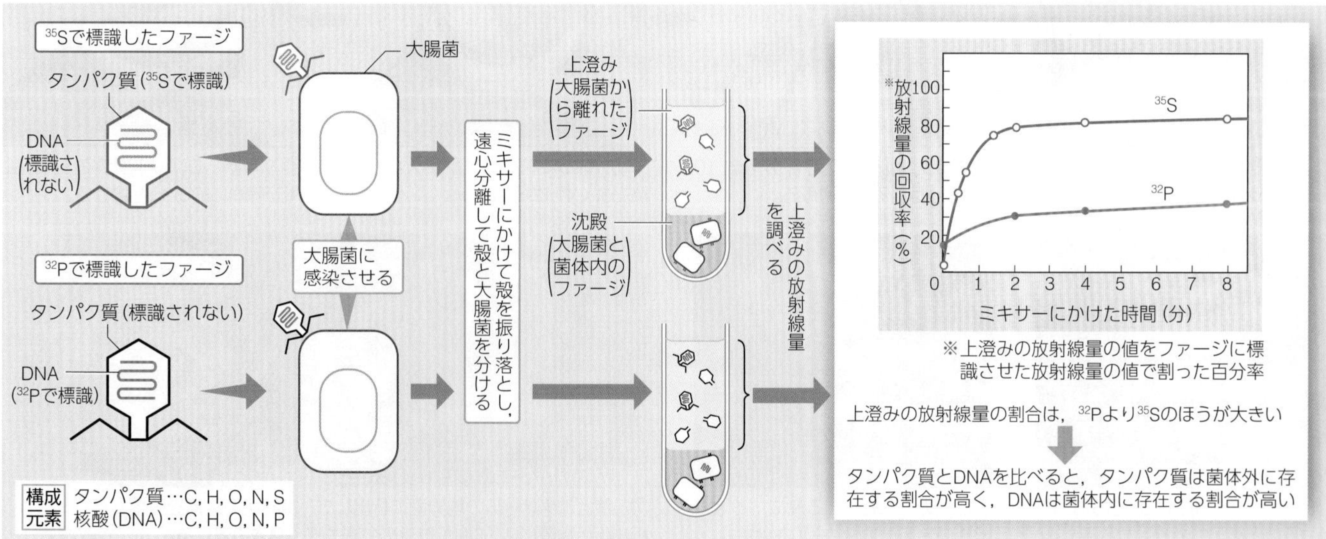
35Sで標識したファージ
タンパク質(35Sで標識)
DNA(標識されない)
32Pで標識したファージ
タンパク質(標識されない)
DNA(32Pで標識)
大腸菌
大腸菌に感染させる
ミキサーにかけて殻を振り落とし，遠心分離して殻と大腸菌を分ける
上澄み(大腸菌から離れたファージ)
沈殿(大腸菌と菌体内のファージ)
上澄みの放射線量を調べる
※放射線量の回収率(%)
100
80
60
40
20
0
1 2 3 4 5 6 7 8
ミキサーにかけた時間(分)
35S
32P
※上澄みの放射線量の値をファージに標識させた放射線量の値で割った百分率
上澄みの放射線量の割合は，32Pより35Sのほうが大きい
タンパク質とDNAを比べると，タンパク質は菌体外に存在する割合が高く，DNAは菌体内に存在する割合が高い
構成元素
タンパク質…C, H, O, N, S
核酸(DNA)…C, H, O, N, P

ウイルス(virus)，バクテリオファージ(bacteriophage)，放射性同位体(radioactive isotope(=RI))

2 DNA 生物基礎 生物

すべての生物は，遺伝情報を担う物質として，**DNA**(デオキシリボ核酸)をもっている。

A 核酸の構造 基 生

核酸は**ヌクレオチド**が多数結合した高分子化合物であり，ヌクレオチドはリン酸・糖・塩基からできている。

核酸の基本構造ーヌクレオチド

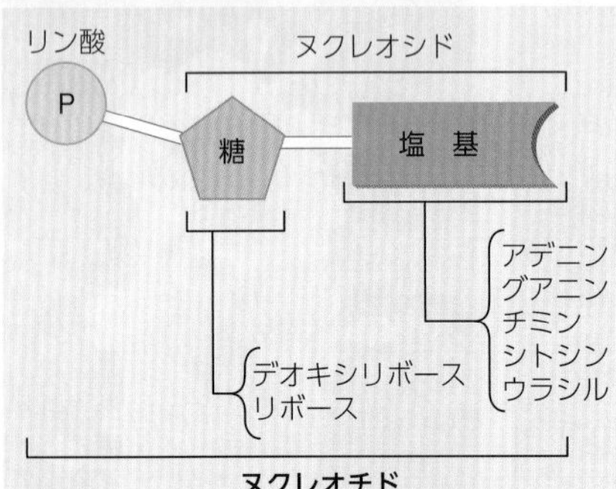

リン酸
P
ヌクレオシド
糖
塩 基
アデニン
グアニン
チミン
シトシン
ウラシル
デオキシリボース
リボース
ヌクレオチド

核酸には，DNA(デオキシリボ核酸，**d**eoxyribo**n**ucleic **a**cid)と，RNA(リボ核酸，**r**ibo**n**ucleic **a**cid)の2種類がある。

DNAとRNAのヌクレオチド

	リン酸	糖(五炭糖)	塩基		ヌクレオチド鎖
			プリン塩基	ピリミジン塩基	
DNA	HO—P(=O)(OH)—OH	デオキシリボース $C_5H_{10}O_4$	A アデニン G グアニン	T チミン C シトシン	A-T, T-A, G-C, C-G, A-T
RNA	HO—P(=O)(OH)—OH	リボース $C_5H_{10}O_5$	A アデニン G グアニン	U ウラシル C シトシン	A, U, G, C

Zoom up DNAとRNAの違い

DNAを構成する糖はデオキシリボースであるのに対し，RNAを構成する糖はリボースである。「デオキシ(de-oxy)」は「脱酸素(酸素を取る)」という意味で，デオキシリボースでは，リボースの1か所のOH基がHとなっていて(上表の糖(五炭糖)の構造を参照)，酸素が1つ取れている。

OH基は反応性が高い(他の物質と反応しやすい)ので，OH基を多くもつRNAの構造は，DNAの構造よりも不安定となる。子に同じ情報を受け継ぐためには，遺伝情報を担う物質は安定的であることが望ましく，DNAはRNAよりも遺伝情報を担う物質として適しているといえるかもしれない。

DNAを構成する塩基の一つであるチミンと，RNAを構成する塩基の一つであるウラシルとは，右図のように異なっている。チミンにあるCH_3基が，ウラシルではHとなっている。なお，DNA合成に必要なチミンをもつヌクレオチドは，ウラシルをもつヌクレオチドから合成される。

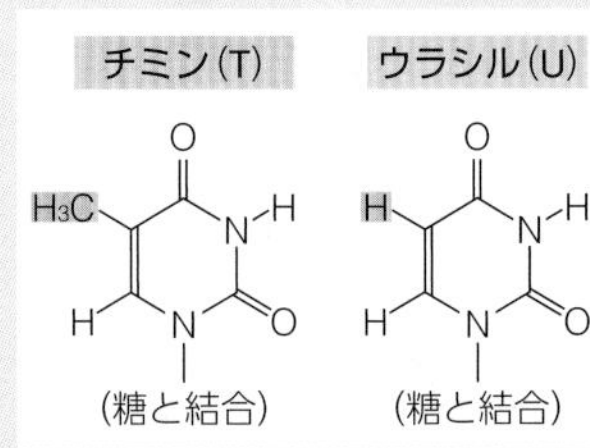

チミン(T)
ウラシル(U)
H3C
N-H
H
N
O
(糖と結合)

B 探究 DNAの抽出実験 基 生

すべての生物はDNAをもっている。ブロッコリーのほか，ニワトリの肝臓や魚の精巣，タマネギなどからDNAを抽出することができる。

DNA抽出液作製

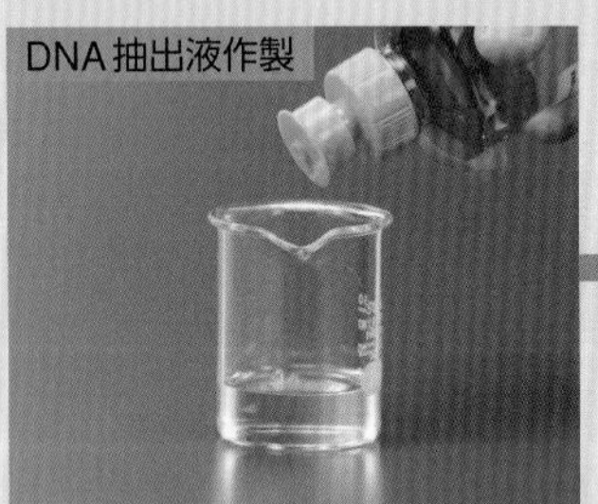

①15％食塩水25 mLに，中性洗剤を1滴加えてかき混ぜる。

DNAの抽出

②ブロッコリーの花芽部分を約10～15 gはさみで切り取る。

③切り取った花芽を乳鉢に入れ，乳棒でよくすりつぶす。

④③に①のDNA抽出液を入れ，乳棒で静かに約3分間混ぜる。

⑤ビーカーの口をガーゼでおおい，輪ゴムでとめたもので③をろ過する。

⑥ビーカーにとったろ液に，ろ液と同量の冷えたエタノールを注ぐ。

結果

側面から見たようす

上面から見たようす

⑦ろ液とエタノールの境界面に析出した，繊維状の物質を確認する。析出した物質には，DNA以外の物質も多く含まれている。

Keywords 遺伝情報(genetic information)，核酸(nucleic acid)，DNA(deoxyribonucleic acid)，RNA(ribonucleic acid)，ヌクレオチド(nucleotide)

C DNAの構造 基 生

化学的な成分の研究(シャルガフ)やX線回折(ウィルキンス，フランクリン)の結果などから，1953年にワトソンとクリックがDNAの立体構造モデルを提唱した。

DNAのX線回折像

■ DNAの二重らせん構造

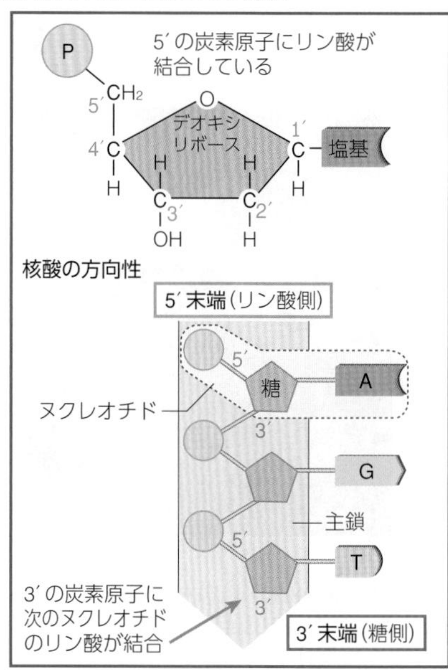
P
5′の炭素原子にリン酸が結合している
デオキシリボース
塩基
核酸の方向性
5′末端(リン酸側)
糖
ヌクレオチド
主鎖
3′の炭素原子に次のヌクレオチドのリン酸が結合
3′末端(糖側)

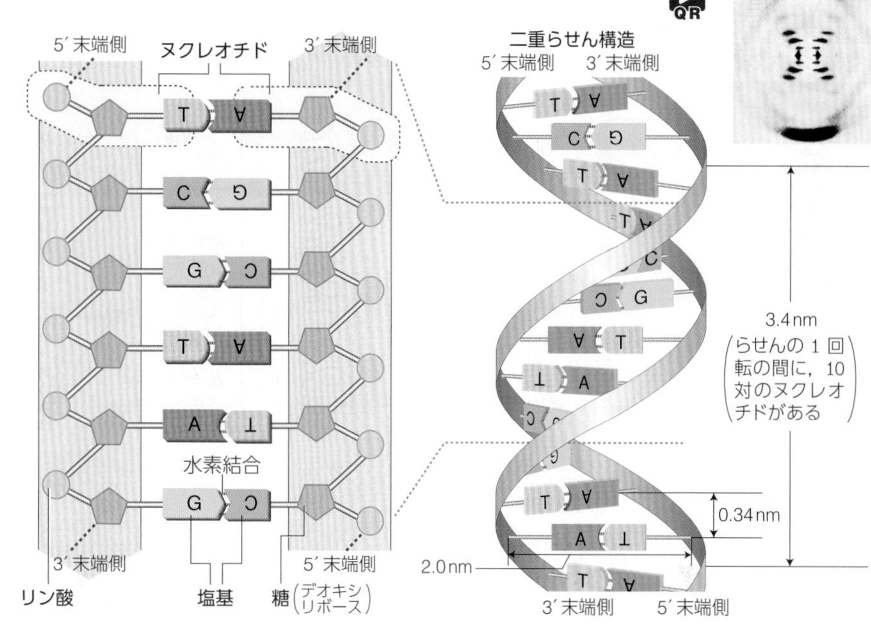
5′末端側
ヌクレオチド
3′末端側
水素結合
リン酸
塩基
糖(デオキシリボース)
二重らせん構造
3.4nm
らせんの1回転の間に，10対のヌクレオチドがある
0.34nm
2.0nm

■シャルガフの規則

シャルガフはDNA分子中の塩基の含有量を調べ，アデニン(A)とチミン(T)，グアニン(G)とシトシン(C)の量(数の割合，%)がほぼ等しいことを発見した(1949年)。

生物名	A	T	G	C	A/T	G/C
天然痘ウイルス	29.5	29.9	20.6	20.3	0.99	1.01
大腸菌	26.1	23.9	24.9	25.1	1.09	0.99
バッタの精子	29.3	29.3	20.5	20.7	1.00	0.99
ヒトの精子	31.0	31.5	19.1	18.4	0.98	1.04
ニワトリの赤血球	28.8	29.2	20.5	21.5	0.99	0.95
ウシの肝臓	28.8	29.0	21.2	21.1	0.99	1.00
ヒトの肝臓	30.3	30.3	19.5	19.9	1.00	0.98

■塩基の相補的結合

DNAの塩基どうしの結合による対を**塩基対**といい，アデニン(A)とチミン(T)，グアニン(G)とシトシン(C)が向かい合って，**水素結合**という弱い結合で**相補的**につながりあっている(**塩基の相補性**)。

AとTは水素結合する部分を2つずつもっているが，GとCは3つずつもっている。そのため，AはTと，GはCと水素結合したときに安定した構造になる。

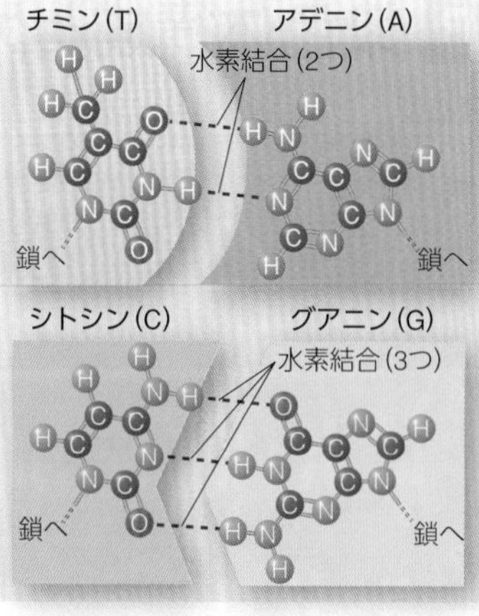
チミン(T)
アデニン(A)
水素結合(2つ)
鎖へ
シトシン(C)
グアニン(G)
水素結合(3つ)

D 遺伝情報とDNA 基 生

DNAを構成する4種類の塩基の並び順(**塩基配列**)がタンパク質の情報をもっている。つまり，遺伝情報はDNAの塩基配列に存在する。

■ DNAの塩基配列

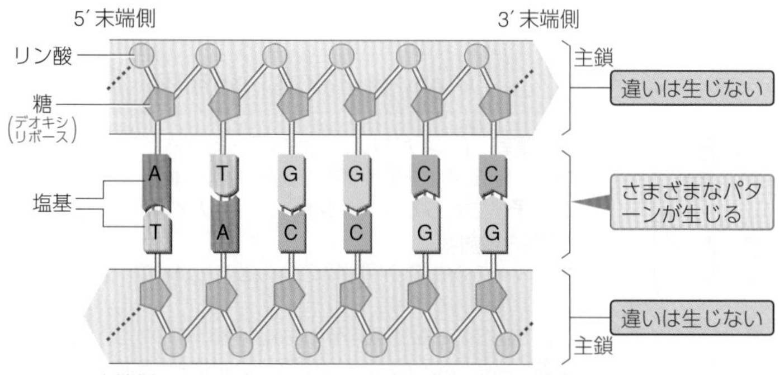
5′末端側
3′末端側
リン酸
糖(デオキシリボース)
塩基
主鎖
違いは生じない
さまざまなパターンが生じる
3′末端側
5′末端側

塩基が異なる4種類のヌクレオチドをどんな順に並べても，主鎖はリン酸と糖が交互に結合した同じ構造になる。一方，塩基の並び順(塩基配列)は，ヌクレオチドの結合順によって変化する。塩基配列が異なることで異なる形質をもつ生物となる。

Zoom up 遺伝子の塩基配列

DNAを構成する2本のヌクレオチド鎖は，一方の塩基配列がわかれば他方の塩基配列もわかる相補的な関係にある。そこで，例えば，「ある遺伝子の塩基配列を示す」といった場合には，一方の塩基配列のみが示されることが多い。このときに示される塩基配列は，その遺伝子が転写されてできるmRNA(▶ p.88)とほぼ同じ塩基配列となるほうのヌクレオチド鎖(センス鎖，または非鋳型鎖とよばれる)であり，左から右へ5′→3′のように示される。

ヒトインスリン遺伝子の塩基配列の一部 (T→UとするとmRNAと同じ配列)

```
   5′
 1 ATGGCCCTGT  GGATGCGCCT  CCTGCCCCTG
31 CTGGCGCTGC  TGGCCCTCTG  GGGACCTGAC
61 CCAGCCGCAG  CCTTTGTGAA  CCAACACCTG
91 TGCGGCTCAC  ACCTGGTGGA  AGCTCTCTAC…3′
```

二重らせん構造(double helix structure)，相補性(complementarity)

第3編 遺伝情報の発現

3 染色体 生物基礎 生物

A 染色体の構造 基 生

染色体は，DNA と，ヒストンなどのタンパク質からなる構造である。
細胞周期(▶ p.86)の進行に伴って形態が大きく変化する。

DNA と染色体

真核細胞では，DNA は**ヒストン**とよばれる球状のタンパク質に巻きついて**ヌクレオソーム**を形成している。このような DNA とタンパク質との複合体を**クロマチン**(染色質)とよび，ヌクレオソームはその基本単位である。通常，クロマチンは折りたたまれている。

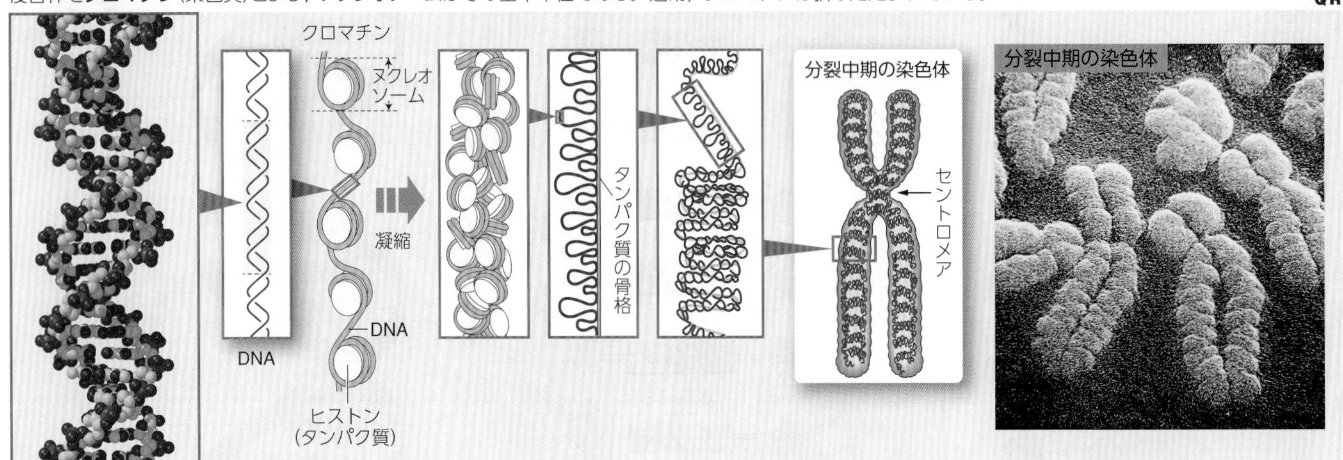

クロマチン
ヌクレオソーム
凝縮
DNA
DNA
ヒストン(タンパク質)
タンパク質の骨格
分裂中期の染色体
セントロメア
分裂中期の染色体

細胞分裂に際しては，分裂に先立ってクロマチンがほどかれ，もととまったく同じ塩基配列をもつ DNA が合成(複製)される(▶ p.82)。複製されてできた DNA はくっついたままそれぞれがクロマチンを再形成し，さらに凝縮して何重にも折りたたまれて，太く短い染色体になる。したがって，この染色体は複製されてできた 2 本の DNA によって構成されており，2 本の DNA は，特定の塩基配列を含むセントロメアとよばれる領域(動原体ができる部分)でくっついている。

B 染色体構成とゲノム 基 生

細胞分裂の中期には，染色体が凝縮して太く短くなるため，
その形態や本数など染色体の構成を調べやすい。

核型

その生物の染色体の数や形態を示したものを**核型**という。

ヒト(男性)の染色体(大きさの順に並べたもの)

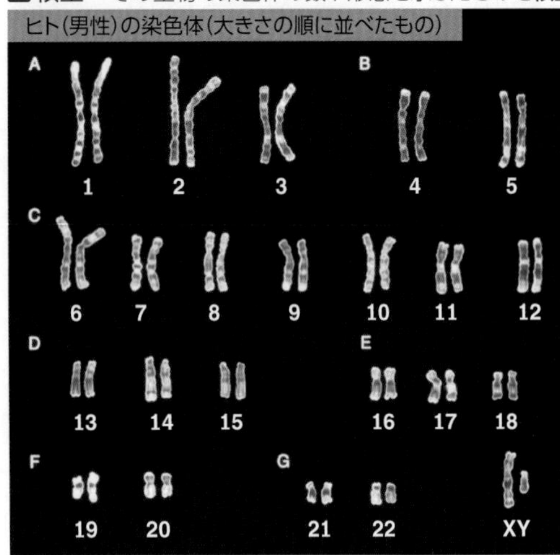

A
1
2
3
B
4
5
C
6
7
8
9
10
11
12
D
13
14
15
E
16
17
18
F
19
20
G
21
22
XY

常染色体：雌雄で共通して見られる染色体
性染色体：雌雄によって形や数が異なる染色体

《ヒトの場合》
- 常染色体は 22 対 44 本(染色体 1 ～ 22 が 2 本ずつある)
- 性染色体は，
  男性　X 染色体と Y 染色体
  女性　X 染色体が 2 本
- 性決定の様式(▶ p.272)は雄ヘテロの XY 型

ショウジョウバエの核型

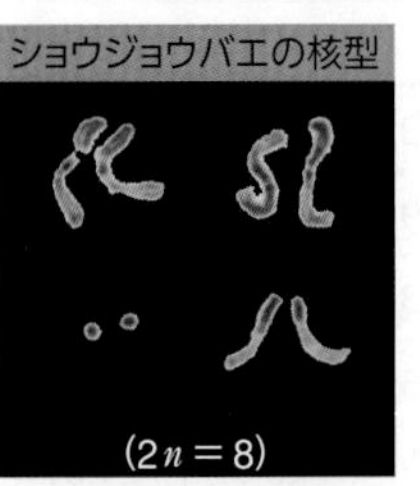

($2n=8$)

ハムスターの核型

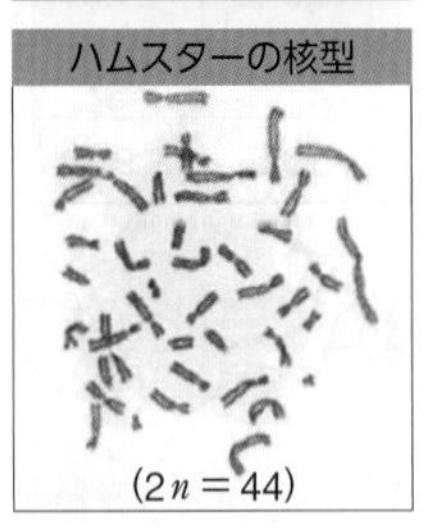

($2n=44$)

相同染色体

分裂中期の染色体

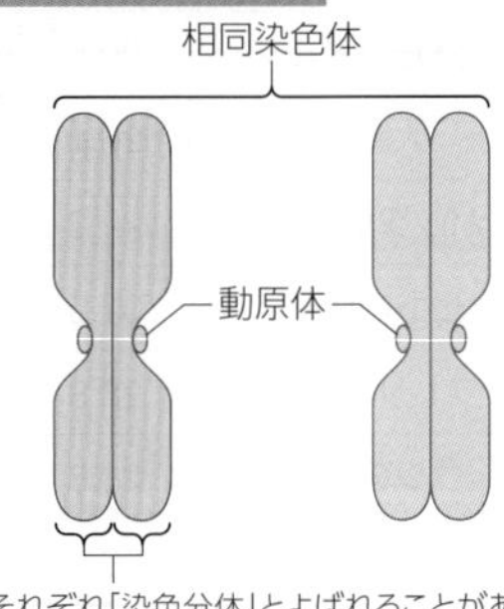

相同染色体
動原体

それぞれ「染色分体」とよばれることがある。

減数分裂の過程で対合(▶ p.118)する染色体を**相同染色体**という。相同染色体は，常染色体では形と大きさが等しく，体細胞においては 2 本ずつ対になって存在する。

生物の体細胞の染色体数

生 物 名	染色体数
タマネギ	16
サトウダイコン	18
トウモロコシ	20
イ ネ	24
ダイズ	40
サツマイモ	90
キイロショウジョウバエ	8
アフリカツメガエル	36
ヒ ト	46
チンパンジー	48
カイコガ	56
ニワトリ	78

ゲノム

$2n=8$

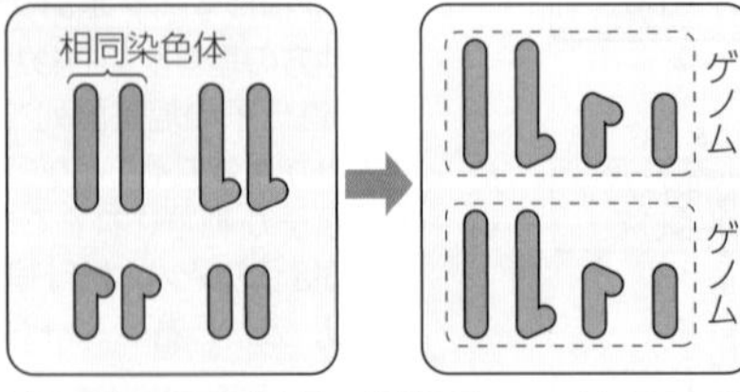

相同染色体
ゲノム
ゲノム

ゲノム(genome)とは，「遺伝子 gene」とラテン語の ome(=全体)あるいは「染色体 chromosome」を合わせた言葉である。有性生殖を行う生物では配偶子に含まれる全遺伝情報をゲノムとするが，体細胞の核に含まれる全遺伝情報をゲノムとする考え方もある。

Point DNA や遺伝子に関する用語

遺伝情報　DNA が担い，親から子へ受け継がれる情報。
DNA　遺伝情報を担う物質。遺伝子の本体。
遺伝子　主としてタンパク質をつくるための情報をもつ DNA の領域。
ゲノム　ある生物の相同染色体のどちらか一方を集めた 1 組に含まれるすべての遺伝情報，またはその 1 組の染色体を指すこともある。その生物が個体を形成し，生命活動を営むのに必要な一通りの遺伝情報が含まれる。
核型・核相　ある生物の染色体構成を，染色体の数や形態で示したものが核型，「$2n=46$」のように染色体のセットの数で示したものが核相。

Keywords　ヒストン(histone)，クロマチン(chromatin)，相同染色体(homologous chromosome(s))，ゲノム(genome)

C 染色体と遺伝子座

基 生 特定の遺伝子は，同じ生物種では同じ染色体上の同じ位置を占めている。このような染色体上で遺伝子が占める位置を**遺伝子座**という。

染色体の構造と遺伝子座

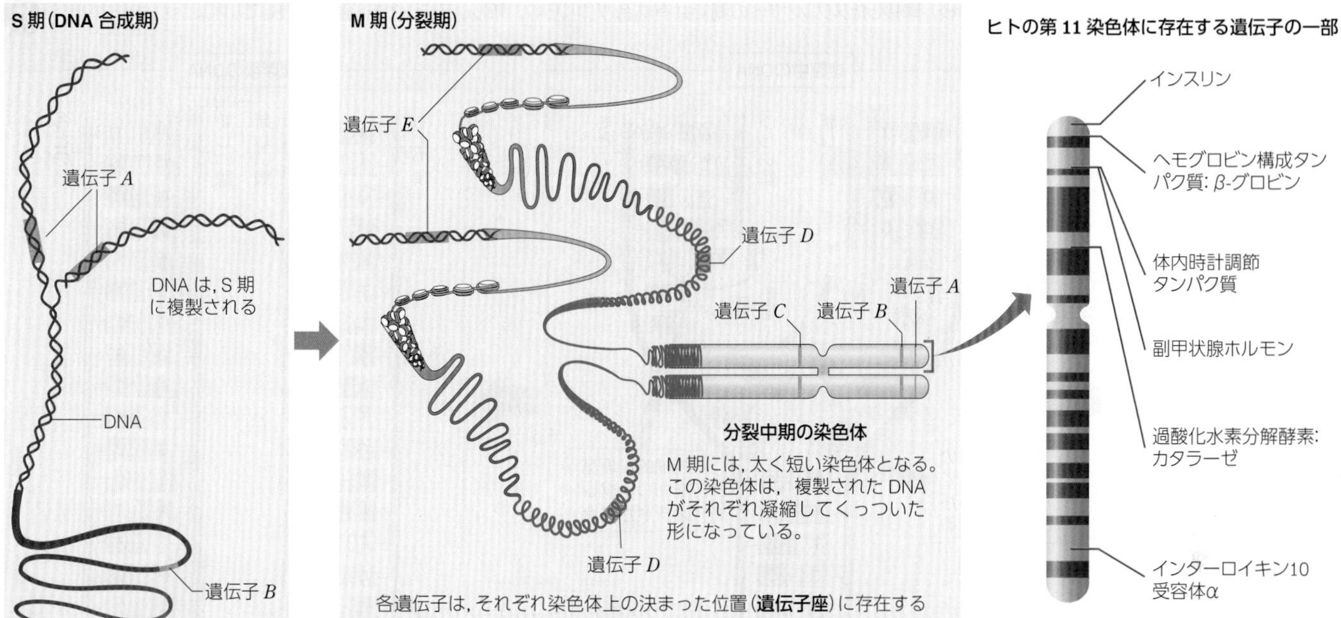

S 期（DNA 合成期）
遺伝子 A
DNA は，S 期に複製される
DNA
遺伝子 B
M 期（分裂期）
遺伝子 E
遺伝子 D
遺伝子 A
遺伝子 C
遺伝子 B
分裂中期の染色体
M 期には，太く短い染色体となる。この染色体は，複製された DNA がそれぞれ凝縮してくっついた形になっている。
遺伝子 D
各遺伝子は，それぞれ染色体上の決まった位置（遺伝子座）に存在する
ヒトの第 11 染色体に存在する遺伝子の一部
インスリン
ヘモグロビン構成タンパク質: β-グロビン
体内時計調節タンパク質
副甲状腺ホルモン
過酸化水素分解酵素: カタラーゼ
インターロイキン10 受容体α

D 対立遺伝子

基 生 1 つの遺伝子座に，異なる形質を現す遺伝子が複数存在する場合，異なる遺伝子それぞれを**対立遺伝子（アレル）**という。

対立遺伝子

ヒトの第 11 染色体の対立遺伝子

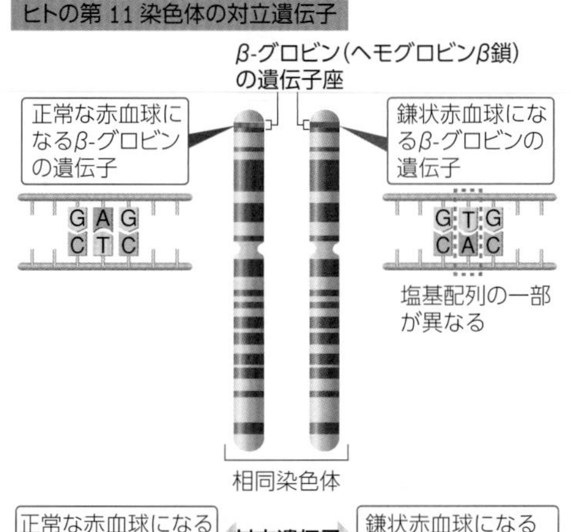

β-グロビン（ヘモグロビンβ鎖）の遺伝子座
正常な赤血球になるβ-グロビンの遺伝子
鎌状赤血球になるβ-グロビンの遺伝子
G A G
C T C
G T G
C A C
塩基配列の一部が異なる
相同染色体

正常な赤血球になるβ-グロビンの遺伝子 ← **対立遺伝子** → 鎌状赤血球になるβ-グロビンの遺伝子

Column allele—対立遺伝子とアレル

左図に示したように，一方の相同染色体の遺伝子座に「正常な赤血球になる」β-グロビンの遺伝子があり，もう一方の相同染色体の同じ遺伝子座には，「鎌状赤血球になる」β-グロビンの遺伝子が存在した場合，これらの遺伝子を「対立遺伝子」という。ただし，近年では「アレル」とよばれることも多い。

「対立遺伝子」は allele の訳語で，このように訳されたのは，訳語がつくられた時代には，エンドウの種子の「丸」と「しわ」のように遺伝子は対になるものととらえられていたためであると考えられている。現在では，同じ遺伝子座には通常，2 つ以上の異なるタイプの遺伝子が存在することが明らかになっており，また，遺伝子以外の部分に対しても allele が用いられることから，研究者の間では「アレル」とよばれることが増えているようである。

このように，生物学では，研究の進展などに伴って，用語や訳語が変化したり，用語の意味自体が変わったりすることも多い。例えば，細胞質流動と原形質流動，適応免疫と獲得免疫など，本書でも 2 つの用語が併記されているものがある。それぞれの語の由来を調べてみると，そこから研究の歴史にふれることができるかもしれない。

遺伝子型と表現型

遺伝子記号……A，a

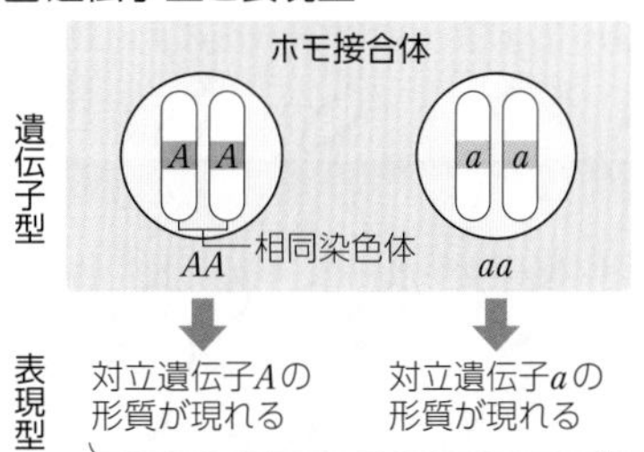

ホモ接合体
遺伝子型
A A
相同染色体
AA
a a
aa

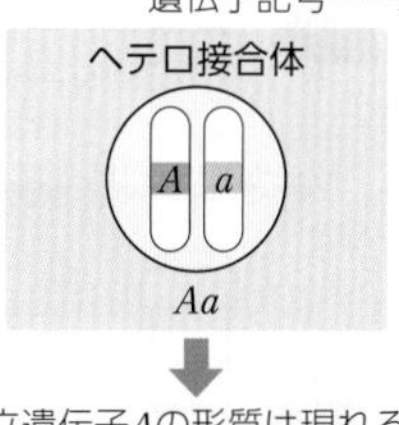

ヘテロ接合体
A a
Aa

表現型：
- 対立遺伝子Aの形質が現れる
- 対立遺伝子aの形質が現れる
- 対立遺伝子Aの形質は現れるが，対立遺伝子aの形質は現れない

対立遺伝子A → 顕性の対立遺伝子
対立遺伝子Aの形質 → **顕性形質**

対立遺伝子a → 潜性の対立遺伝子
対立遺伝子aの形質 → **潜性形質**

個体や配偶子がもつ遺伝子をアルファベットなどの記号で表したものを**遺伝子記号**という。このとき，対立遺伝子は A, a のように大文字と小文字で表すことが多い。この遺伝子記号で表された遺伝子の組み合わせを**遺伝子型**といい，個体においてある遺伝子が現す形質を**表現型**という。

体細胞では，相同染色体が対になっているため，遺伝子型は，AA，Aa，aa などと表す。

遺伝子型が AA や aa のように，対立遺伝子が同じ個体を**ホモ接合体**，Aa のように異なる個体を**ヘテロ接合体**という。

ヘテロ接合体のときに現れる形質を**顕性形質**（優性形質）といい，その形質を現す遺伝子の遺伝子記号は一般に大文字で表す。

ホモ接合体では現れるが，ヘテロ接合体では現れない形質を**潜性形質**（劣性形質）といい，その形質を現す遺伝子の遺伝子記号は一般に小文字で表す。

遺伝子座（gene locus），対立遺伝子（アレル）（allele），遺伝子型（genotype），表現型（phenotype），ホモ接合体（homozygote），ヘテロ接合体（heterozygote）

4 DNAの複製(1) 生物基礎 生物

A 半保存的複製

基 DNAは，もとと同じものが正確に複製されて，等しく分配される。
生 DNAの複製では，もとの2本の鎖がほどけ，それぞれを鋳型として新しいDNAがつくられる。

■半保存的複製　DNAは二重らせん構造がほどけたのち，もとのヌクレオチド鎖(鋳型鎖)の塩基に相補的な塩基が運ばれてきて，塩基どうしが水素結合によって結合する。その後，隣接したヌクレオチドの間で共有結合がつくられ，新しいヌクレオチド鎖が伸長していく。

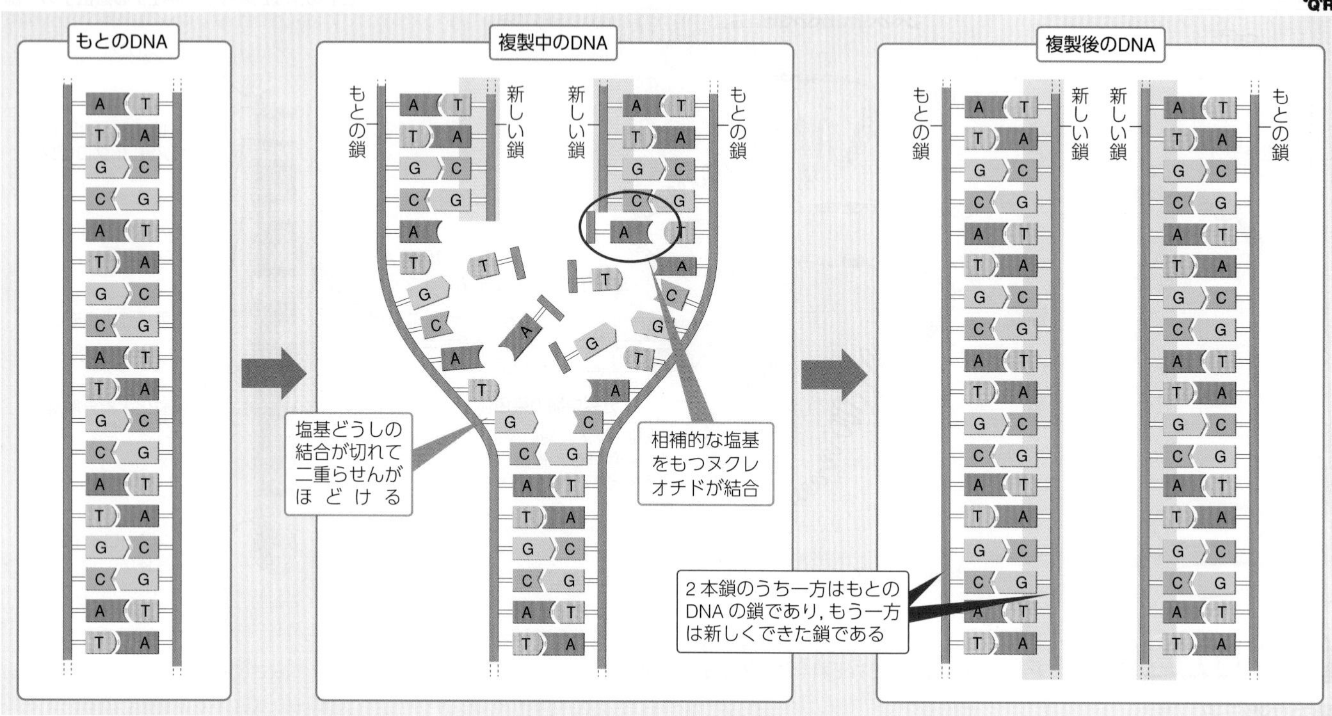

もとのDNA
複製中のDNA
複製後のDNA
もとの鎖
新しい鎖
塩基どうしの結合が切れて二重らせんがほどける
相補的な塩基をもつヌクレオチドが結合
2本鎖のうち一方はもとのDNAの鎖であり，もう一方は新しくできた鎖である

■ DNA複製の仮説　複製のしくみが明らかになる前，DNAの複製には3つの説が考えられた。

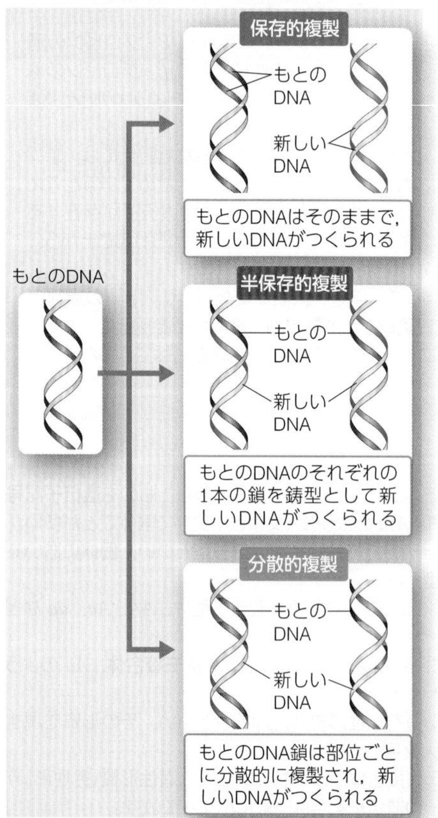

もとのDNA
保存的複製
もとのDNA
新しいDNA
もとのDNAはそのままで，新しいDNAがつくられる
半保存的複製
もとのDNAのそれぞれの1本の鎖を鋳型として新しいDNAがつくられる
分散的複製
もとのDNA鎖は部位ごとに分散的に複製され，新しいDNAがつくられる

■メセルソンとスタールの実験(1958年)

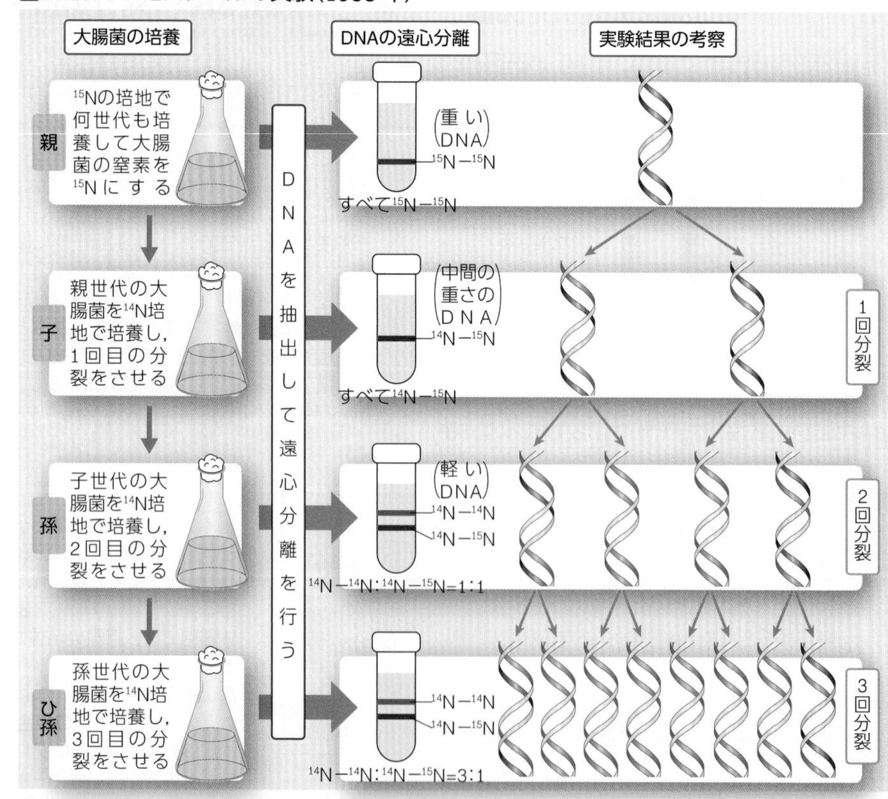

大腸菌の培養
DNAの遠心分離
実験結果の考察
親
15Nの培地で何世代も培養して大腸菌の窒素を15Nにする
(重いDNA)
15N−15N
すべて15N−15N
子
親世代の大腸菌を14N培地で培養し，1回目の分裂をさせる
(中間の重さのDNA)
14N−15N
すべて14N−15N
1回分裂
孫
子世代の大腸菌を14N培地で培養し，2回目の分裂をさせる
(軽いDNA)
14N−14N
14N−15N
14N−14N:14N−15N=1:1
2回分裂
ひ孫
孫世代の大腸菌を14N培地で培養し，3回目の分裂をさせる
14N−14N
14N−15N
14N−14N:14N−15N=3:1
3回分裂
DNAを抽出して遠心分離を行う

各世代のDNAの重さとその割合は，半保存的複製が行われると仮定した場合の結果と一致した。これにより，DNAが半保存的に複製されることが実験的に証明された。

Keywords　複製(replication)，半保存的複製(semiconservative replication)，DNAポリメラーゼ(DNA polymerase)

B DNA 複製の詳しいしくみ

基 DNA の複製には方向性があり，5′末端から 3′末端の方向にだけ複製が進む。
生 3′末端から 5′末端方向の複製には**岡崎フラグメント**が関与する。

■ DNA の複製のしくみ

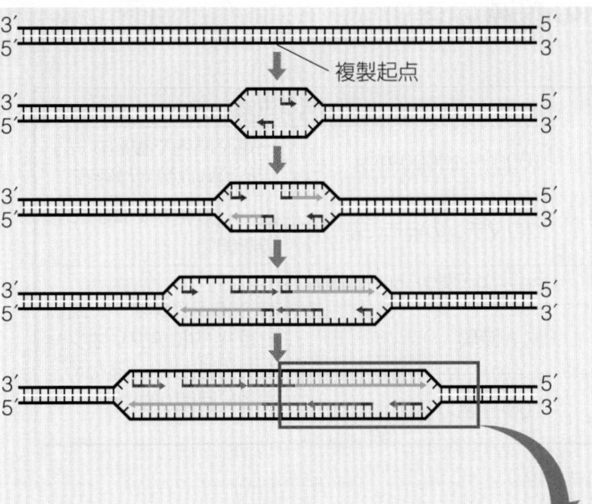
3′
5′
複製起点
5′
3′

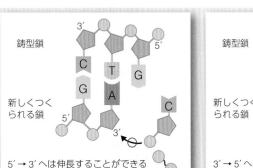

鋳型鎖
新しくつくられる鎖
5′→3′へは伸長することができる

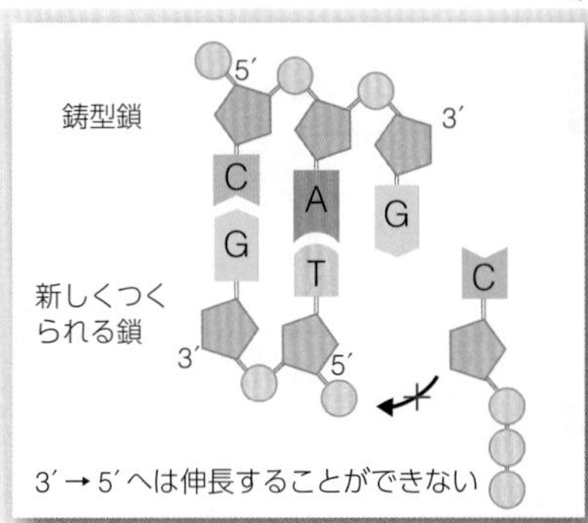
鋳型鎖
新しくつくられる鎖
C
G
A
T
G
C
5′
3′
3′→5′へは伸長することができない

鋳型鎖が3′→5′の場合，新しい鎖(**リーディング鎖**)は5′から3′方向へ連続的に複製される

※リーディング(leading, 先行)
ラギング　(lagging, 遅延)

TACCGGGACACCTACGCGGAGGACGGGGACGA
ATGGCCCTGTGGATGCGCCTCCTGCCCCT

リーディング鎖※　DNA ポリメラーゼ　鋳型鎖

複製の方向

DNA リガーゼ　岡崎フラグメント　プライマー　プライマー　ラギング鎖※　DNA ヘリカーゼ　鋳型鎖

③DNAリガーゼによって先につくられた新しいDNA鎖と結合する

②RNAのプライマーを起点に5′から3′方向へ伸長する

①相補的な短いRNA(プライマー)がつくられる

鋳型鎖が5′→3′の場合，新しい鎖(**ラギング鎖**)は断続的に5′から3′方向への複製をくり返して，全体的には3′から5′方向に伸長する

プライマーは最終的にDNAにおきかえられる

Jump 5′末端と 3′末端 ▶ p.79

ヌクレオチド鎖の一方の端はリン酸で，他方の端は糖である。核酸には方向性があり，リン酸側は 5′末端，糖側は 3′末端とよばれる。
ヌクレオチドがつながってヌクレオチド鎖をつくるとき，ヌクレオチド鎖は 5′→ 3′の方向に伸長する。

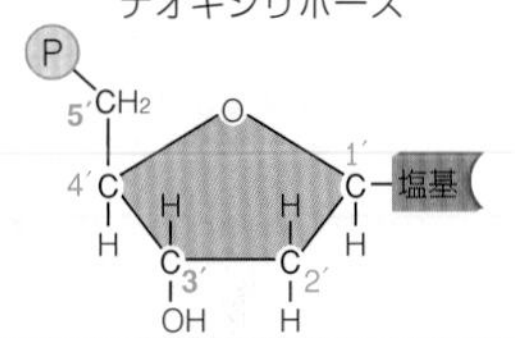
デオキシリボース
P
5′CH2
O
4′C
H
H
C 1′
塩基
H
C 3′
OH
C 2′
H

■ DNA の複製にはたらくタンパク質

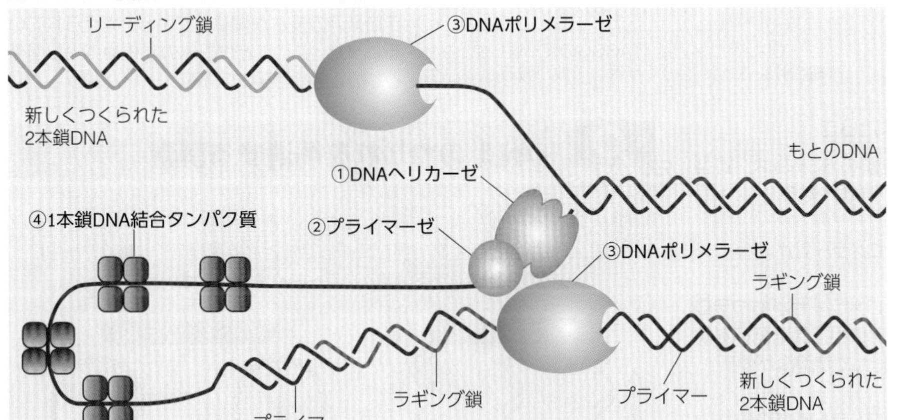
リーディング鎖
③DNAポリメラーゼ
新しくつくられた
2本鎖DNA
もとのDNA
①DNAヘリカーゼ
④1本鎖DNA結合タンパク質
②プライマーゼ
③DNAポリメラーゼ
ラギング鎖
ラギング鎖
プライマー
新しくつくられた
2本鎖DNA
プライマー

① **DNA ヘリカーゼ**　もとの DNA の二重らせんをほどいて，1 本鎖の状態にする。
② **プライマーゼ**　岡崎フラグメントをつくる起点になるプライマー（RNA 断片）を合成する。DNA ヘリカーゼとプライマーゼは複合体を形成している。
③ **DNA ポリメラーゼ**　鋳型鎖にそって新しい DNA 鎖を合成する。ラギング鎖ではプライマーを分解して DNA におきかえるはたらきをもつ DNA ポリメラーゼもはたらく。
④ **1 本鎖 DNA 結合タンパク質**　ほどけた 1 本鎖 DNA の状態を安定させる。

Column 岡崎夫妻の功績

1950 年代後半，DNA 複製には大きな謎があった。DNA ポリメラーゼが 5′→ 3′の方向にしかヌクレオチド鎖を伸長しないことは知られていたが，DNA 複製を観察すると，Y 字型に 2 本鎖がほどけ，同一方向に複製が進むように見えたのである。この謎に取り組んだのが岡崎令治・恒子夫妻であった。彼らは，3′→ 5′に伸長するように見える鎖は，逆向きに不連続な複製をくり返し，それをつなぎながら複製するという仮説を立てた。まず，彼らは 1000 ～ 2000 塩基対の短い DNA 鎖を発見し，それらが DNA リガーゼでつながれて長い DNA 鎖がつくられることを示した。その後，RNA プライマーの実体を解明する研究の途上，令治は亡くなるが，恒子がやり遂げ，不連続複製モデルが認められるようになった。岡崎の名は，彼らが発見した短い DNA 鎖の名称「**岡崎フラグメント**」として今日まで残っている。

岡崎フラグメント(Okazaki fragment)，プライマー (primer)，リーディング鎖(leading strand)，ラギング鎖(lagging strand)

5 DNAの複製(2)

生物基礎
生 物

A DNA複製の進行

DNAの複製では，一定の割合でミスが生じる。DNAポリメラーゼは，複製中に誤って結合したヌクレオチドを取り除き，正しいヌクレオチドをつなぎ直している。

■複製の誤りと修復

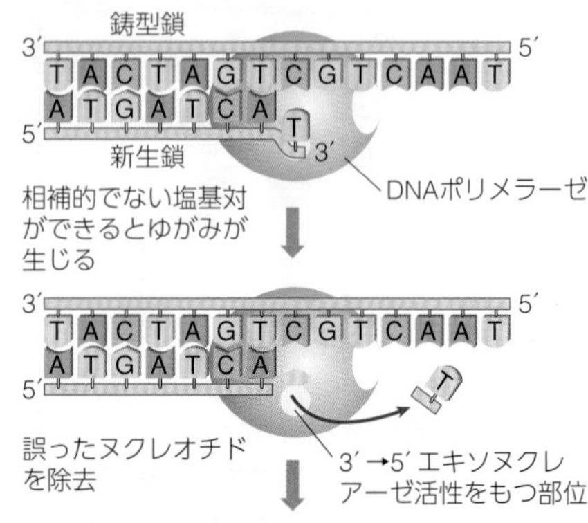
鋳型鎖
3′
5′
T A C T A G T C G T C A A T
A T G A T C A
T
5′
3′
新生鎖
DNAポリメラーゼ

相補的でない塩基対ができるとゆがみが生じる

3′ T A C T A G T C G T C A A T 5′
5′ A T G A T C A

誤ったヌクレオチドを除去

3′→5′エキソヌクレアーゼ活性をもつ部位

3′ T A C T A G T C G T C A A T 5′
5′ A T G A T C A G 3′

正しいヌクレオチドが結合

DNAポリメラーゼ活性をもつ部位

複製時，鋳型鎖と相補的でない塩基をもつヌクレオチドが結合すると，DNAポリメラーゼの別の触媒部位にある「3′→5′エキソヌクレアーゼ活性」がはたらいてこれを取り除く。

Column 真核生物と原核生物の複製の違い

(約37℃の条件の場合)

	大腸菌(原核生物)	ヒト(真核生物)	
複製起点の数	1か所	1000～10000か所	一定時間内で複製が完了する過剰な数だけ存在
複製起点の位置	特定の塩基配列をもつ領域	クロマチンの構造に基づく	20～80か所で同時に複製を開始
複製速度	約850ヌクレオチド/秒	60～90ヌクレオチド/秒	約200ヌクレオチド間隔で反復的にヌクレオソームを形成しているため，複製に時間がかかる
複製にかかる時間	約40分間	約8時間	
岡崎フラグメントの大きさ	1000～2000ヌクレオチド	100～200ヌクレオチド	

Point DNAポリメラーゼのはたらき

①**5′→3′の方向**にのみはたらく。
②はたらくときには**プライマーが必要**である。
③複製の誤りを見つけて**修復する機能**をもつ。

Jump 複製後のミスの修復 ▶p.277

複製過程で見のがされたミスは，さらに別の機構で修復されることで，より正確な複製が実現する。

B DNA末端の複製

線状のDNAをもつ真核生物の場合，複製されたDNAはもとのDNAと完全に同じではない。新生鎖の5′末端(鋳型鎖の3′末端)は複製されず，2本鎖にならない。

■真核生物のDNA末端の複製

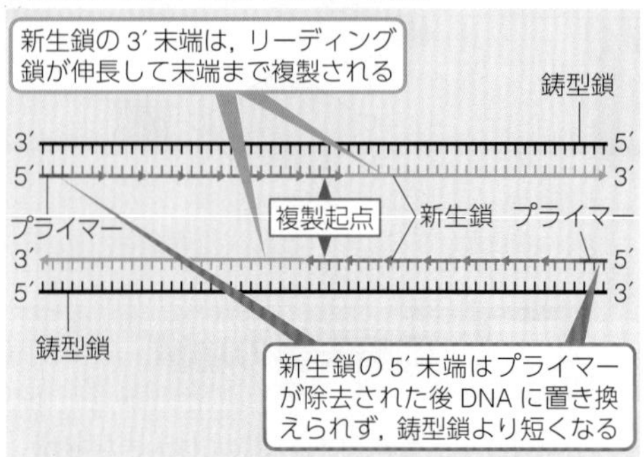
新生鎖の3′末端は，リーディング鎖が伸長して末端まで複製される
鋳型鎖
3′
5′
5′
3′
プライマー
複製起点
新生鎖
プライマー
3′
5′
5′
3′
鋳型鎖
新生鎖の5′末端はプライマーが除去された後DNAに置き換えられず，鋳型鎖より短くなる

■テロメア

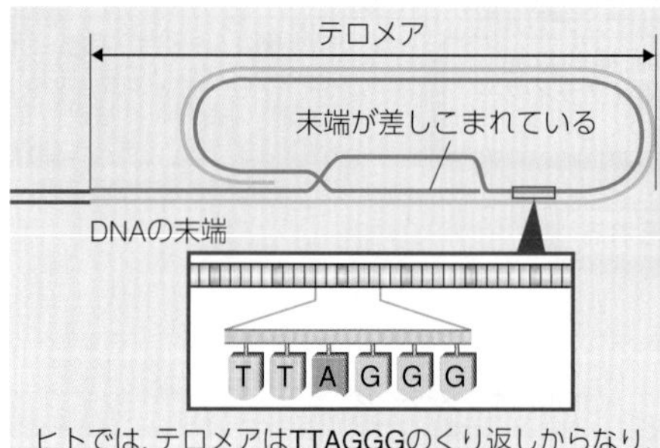
テロメア
末端が差しこまれている
DNAの末端
T T A G G G

ヒトでは，テロメアはTTAGGGのくり返しからなり，細胞分裂ごとにこのくり返しの数が減る

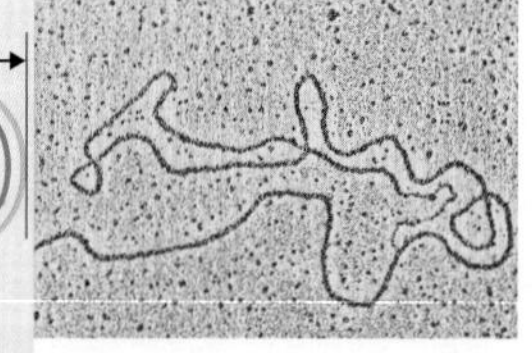

ループ構造をとることで，分解や，他のDNAのテロメアとの結合が妨げられていると考えられている。

真核生物のDNA末端には**テロメア**とよばれる構造がある。細胞分裂の回数には限界があり，テロメアの長さが関係していると考えられている。また，このことが個体の老化や寿命に関係していると考えられている。

■テロメラーゼ(テロメアを伸長させる酵素)のはたらき

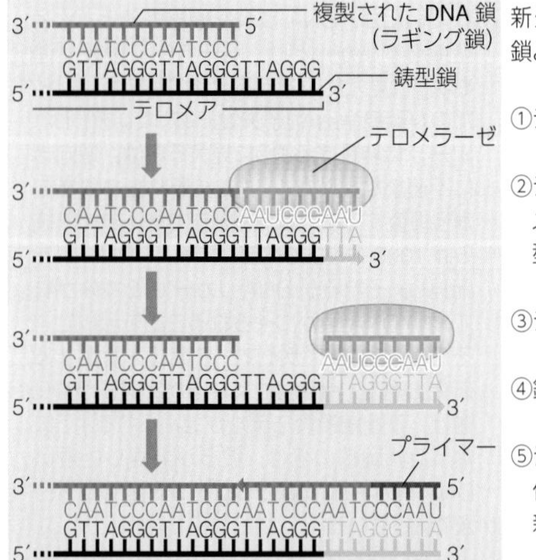
複製されたDNA鎖(ラギング鎖)
3′
5′
CAATCCCAATCCC
GTTAGGGTTAGGGTTAGGG
5′
3′
鋳型鎖
テロメア
テロメラーゼ
CAATCCCAATCCCAAUCCCAAU
GTTAGGGTTAGGGTTAGGGTTA
AAUCCCAAU
TTAGGGTTA
プライマー
CAATCCCAATCCCAATCCCAATCCCAAU
GTTAGGGTTAGGGTTAGGGTTAGGGTTA

新生鎖の5′末端は，鋳型鎖よりも短くなる。

①テロメラーゼが結合

②テロメラーゼがもつテロメアに相補的な配列を鋳型として鋳型鎖が伸長

③テロメラーゼが移動

④鋳型鎖が伸長

⑤テロメラーゼがはずれ，伸長した鋳型鎖をもとに新生鎖が伸長

Zoom up DNAのねじれを解消する酵素

DNAは二重らせん構造をしているため，複製の際，ほどいて新生鎖を合成し，鋳型鎖と新生鎖で再び二重らせんとなる過程で"ねじれ"が生じる。このねじれを解消する酵素として**トポイソメラーゼ**がある。

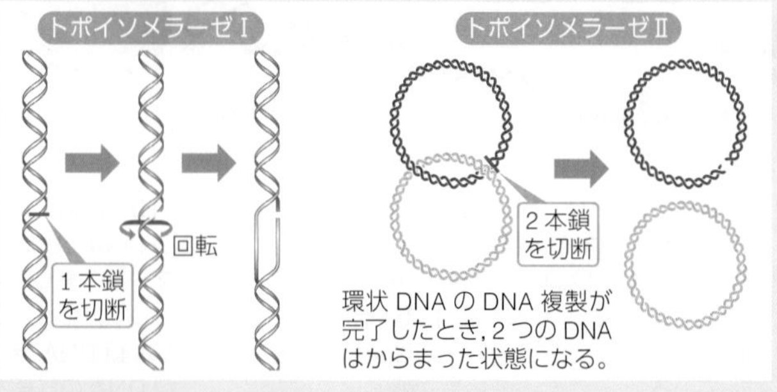
トポイソメラーゼⅠ
1本鎖を切断
回転
トポイソメラーゼⅡ
2本鎖を切断
環状DNAのDNA複製が完了したとき，2つのDNAはからまった状態になる。

Keywords テロメア(telomere)，テロメラーゼ(telomerase)

6 細胞周期の観察 生物基礎 生物

A 探究 タマネギの根端を使った実験

タマネギの根端を用いて，押しつぶし法によって体細胞分裂の過程を観察する。

■観察の手順

①タマネギの種子を水につけて発根させる。りん茎を水につけて発根させてもよい。

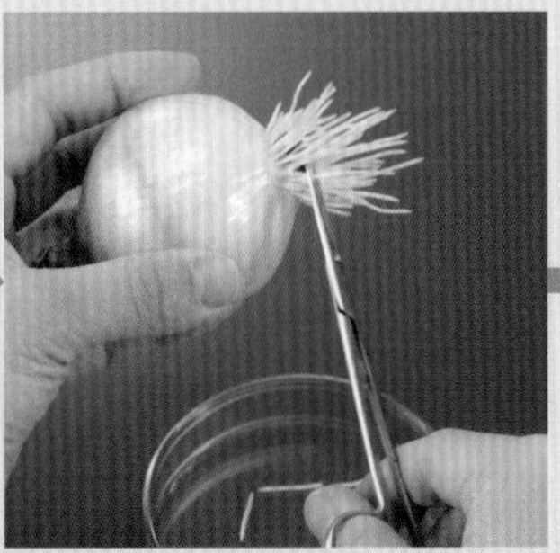

②りん茎の場合，根の先端部 1 cm ほどのところをはさみで切り取る。

③根端部を，酢酸アルコールの中に入れ，10 ～ 15 分間浸して固定する。その後，水に移して洗う。

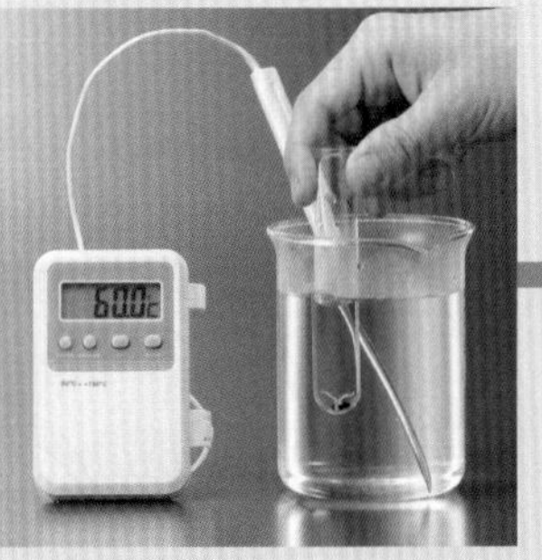
60.0℃

④固定した根端を 3 ～ 4 % 塩酸を入れた試験管に入れ，60 ℃の湯に 1 分程度浸して解離しやすくする。

⑤根端を，水で洗った後，スライドガラスにのせ，先端部の 2 ～ 3 mm を切り取り，他は捨てる。

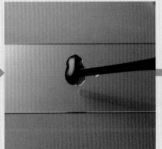

⑥柄付き針の先端でたたいて広げた後，酢酸オルセイン液を 1 滴落とし，4 ～ 5 分おいて染色する。

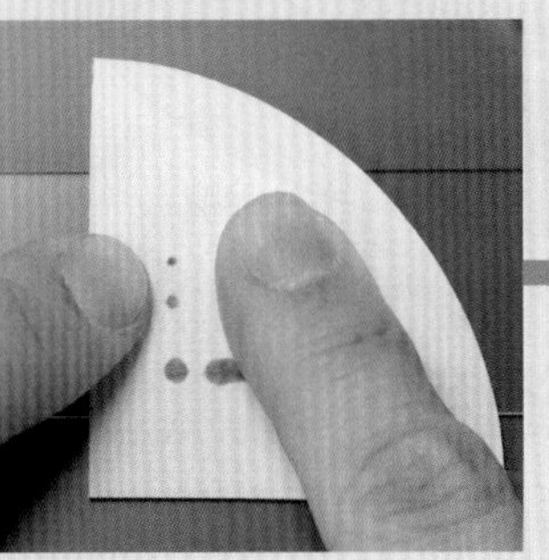

⑦余分な水分を除いた後，カバーガラスをかけてその上にろ紙をおき，指の腹で軽く押し広げる。

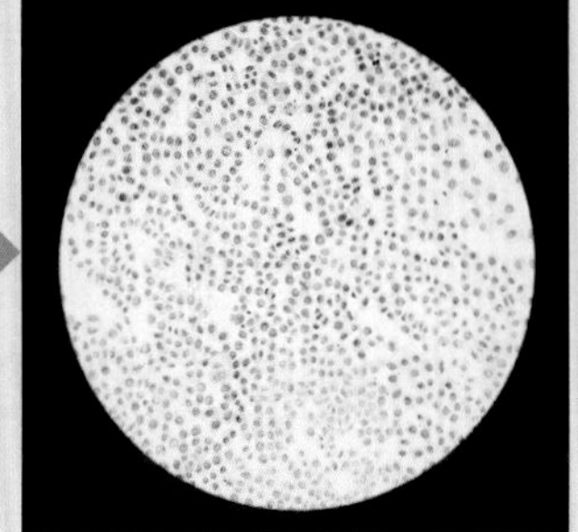

⑧ 100 倍ぐらいの低倍率で検鏡し，分裂像が多く見られる部分をさがして，その後，高倍率で検鏡する。

■実験の結果

右の写真のような像が見られる。

① **間期(母細胞)**　核の中に核小体が白っぽく見える。
② **前期**　染色体が凝縮して太いひも状になる。
③ **中期**　染色体が赤道面に並ぶ。
④ **後期**　染色体が両極へ移動。
⑤ **終期**　染色体が分散して娘核ができる。
⑥ **間期**(娘細胞)　大きさは母細胞の約半分。

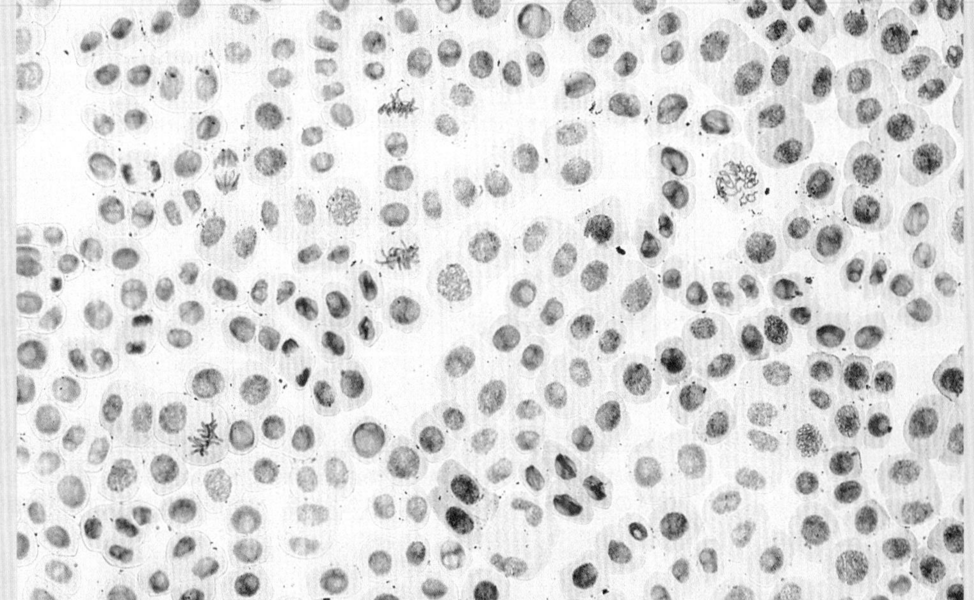

■各期の時間の推定

右のような写真から前期・中期・後期・終期・間期の時間を推定することができる。

各期の時間は，視野内で観察される細胞数に比例していると考えられるので，各期の細胞数を全細胞数で割ってその割合を求め，タマネギの根端細胞の細胞周期の時間をかけると，各期の時間が求められる。

タマネギの根端細胞の細胞周期の時間を25時間として，各期の時間を求めてみよう。

観察結果の一例

時期	観察細胞数	観察細胞数／全細胞数(%)	各期の時間
間　期	234	78 %	19.5　時間
前　期	36	12 %	3　時間
中　期	15	5 %	1.25　時間

時期	観察細胞数	観察細胞数／全細胞数(%)	各期の時間
後　期	6	2 %	0.5　時間
終　期	9	3 %	0.75　時間
全　体	300	100 %	25　時間

7 細胞分裂と遺伝情報の分配

生物基礎
生　物

A 細胞周期

分裂によってできる娘細胞は，分化するか再び分裂を行う。分裂をくり返す場合，分裂が終了してから次の分裂が終了するまでを**細胞周期**という。大きくは，**分裂期**（M 期）と**間期**の 2 つに分けられる。

■細胞周期

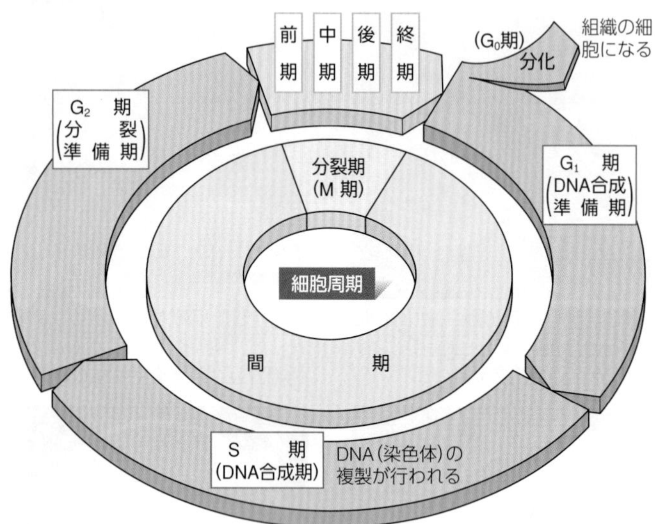
前期
中期
後期
終期
(G0期)
分化
組織の細胞になる
G2 期（分裂準備期）
分裂期（M 期）
G1 期（DNA合成準備期）
細胞周期
間　期
S 期（DNA合成期）
DNA（染色体）の複製が行われる

M は mitosis（有糸分裂）から，G は gap（間）から，S は synthesis（合成）からとったものである。

■細胞周期の長さ　（単位は時間）

細胞の種類	G_1 期	S 期	G_2 期	M 期
ヒトの結腸上皮細胞	15.0	20.0	3.0	1.0
マウスの小腸上皮細胞	9.0	7.5	1.5	1.0
キンギョの腸上皮細胞	5.0	9.0	1.0	2.0
タマネギの根端細胞	10.0	7.0	3.0	5.0
ムラサキツユクサの根端細胞	1.0 ～ 4.0	10.5	2.5 ～ 3.0	3.0

Zoom up 細胞周期の制御

細胞周期の進行は，① DNA の複製を始めるかどうかを決定する（G_1 チェックポイント），② DNA の複製が完了する前に分裂期が始まらないようにする（G_2 チェックポイント），③分裂期ですべての染色体が赤道面に並ぶまで後期が始まらないようにする（M 期チェックポイント），などのチェックポイントで制御されている。これらのチェックポイントで OK が出れば次の段階に進むことができるが，何か問題があるとその段階で細胞周期が停止し，異常な細胞分裂を起こさないように制御している。

C 体細胞分裂の過程

からだをつくっている細胞（体細胞）の分裂では，1 個の**母細胞**から母細胞と同じ遺伝情報（同じ染色体数）をもつ 2 個の**娘細胞**ができる。体細胞分裂の過程は，**核分裂**と**細胞質分裂**の 2 つの過程からなり，核分裂の →

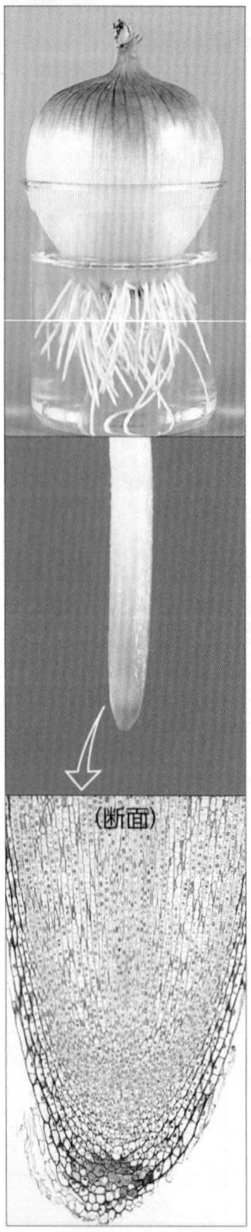

タマネギの根端細胞の体細胞分裂

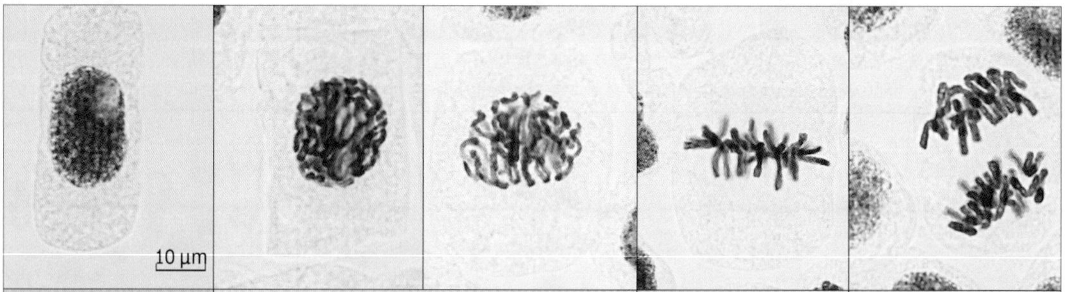

10 μm

（断面）

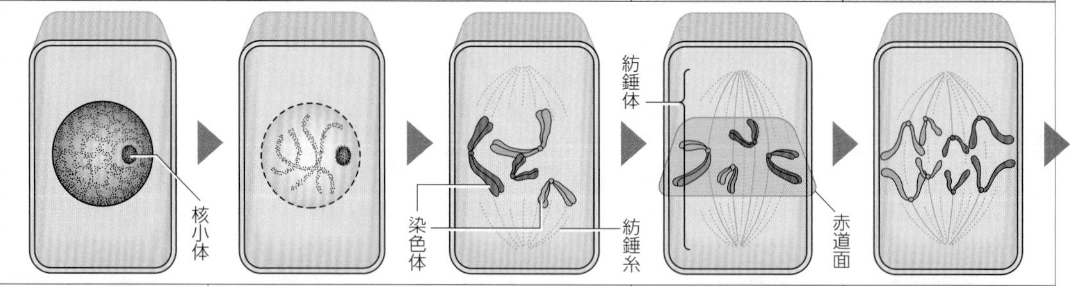

間　期	前　期	中　期	後　期
染色体は核内に分散し，**DNA の複製**が行われる	DNA の複製後，染色体はくっついたままそれぞれ凝縮して太く短くなる。核膜・核小体が消失する	染色体が赤道面に並び，**紡錘体**が形成される	染色体が分離して両極へ移動する

植物細胞：核小体，染色体，紡錘体，紡錘糸，赤道面

動物細胞：中心体，核小体，星状体，染色体，紡錘体，紡錘糸，赤道面

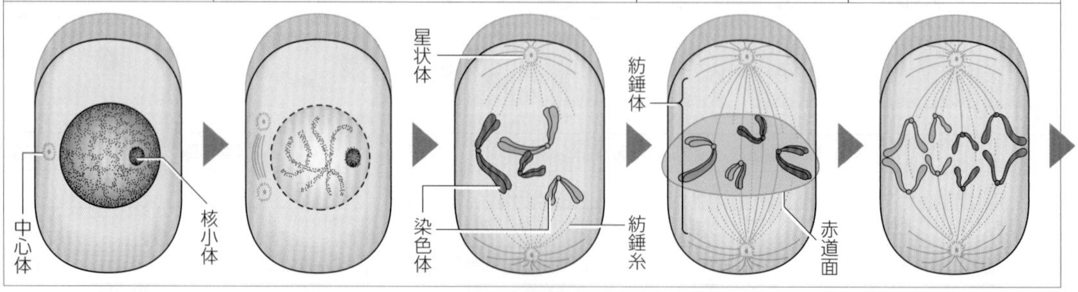

Keywords　細胞周期（cell cycle），体細胞分裂（somatic division），複製（replication），紡錘体（mitotic spindle）

B DNA の複製と遺伝情報の分配

■体細胞分裂と DNA 量の変化 DNA は間期の DNA 合成期(S 期)にもとと同じものが複製(▶ p.82)されて量が 2 倍になる。これが，分裂期の後期に分かれて 2 つの娘細胞に分配される。娘細胞は母細胞とまったく同じ DNA の遺伝情報をもつことになる。

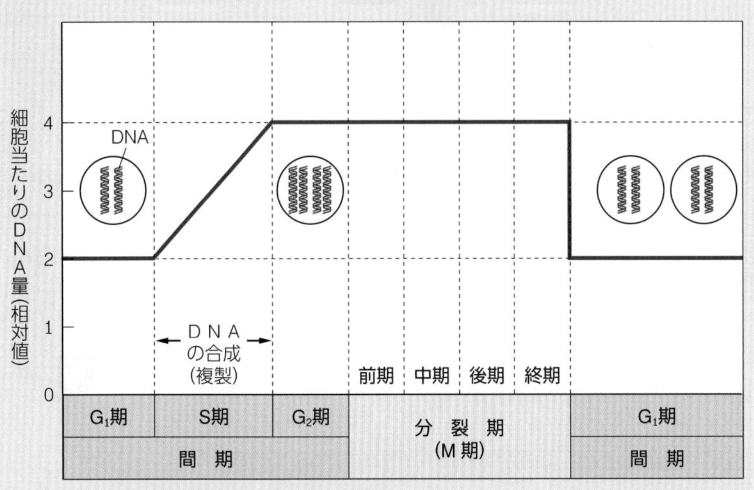

細胞当たりのDNA量(相対値)
4
3
2
1
0
DNA
← DNA の合成(複製) →
前期
中期
後期
終期
G₁期
S期
G₂期
間 期
分 裂 期(M 期)
G₁期
間 期

→過程は染色体の形や動きによって，**前期・中期・後期・終期**の 4 つの時期に分けられる。

Zoom up 細胞当たりの DNA 量と細胞数

根端分裂組織など，細胞が体細胞分裂をくり返す組織において，それぞれの細胞の体細胞分裂は互いに同調するのではなく，ランダムに起こっていると考えられる。

このような組織の細胞の集団を取り出し，DNA と結合すると蛍光を発する色素で各細胞を染色すると，各細胞が発する蛍光の強さは，それぞれの細胞内の DNA 量を反映したものになる。

各細胞がもつ DNA 量を調べるために，個々の細胞が発する蛍光の強さを細胞ごとに測定すると，細胞 1 個当たりの DNA 量と細胞数の関係は右図のようになる。

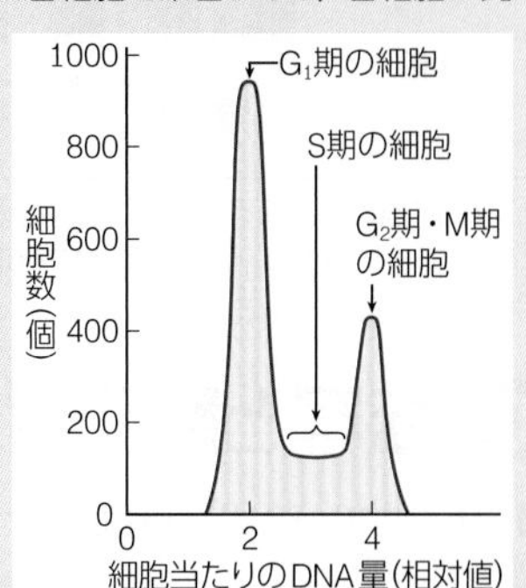

1000
800
600
400
200
0
細胞数(個)
G₁期の細胞
S期の細胞
G₂期・M期の細胞
0
2
4
細胞当たりのDNA量(相対値)

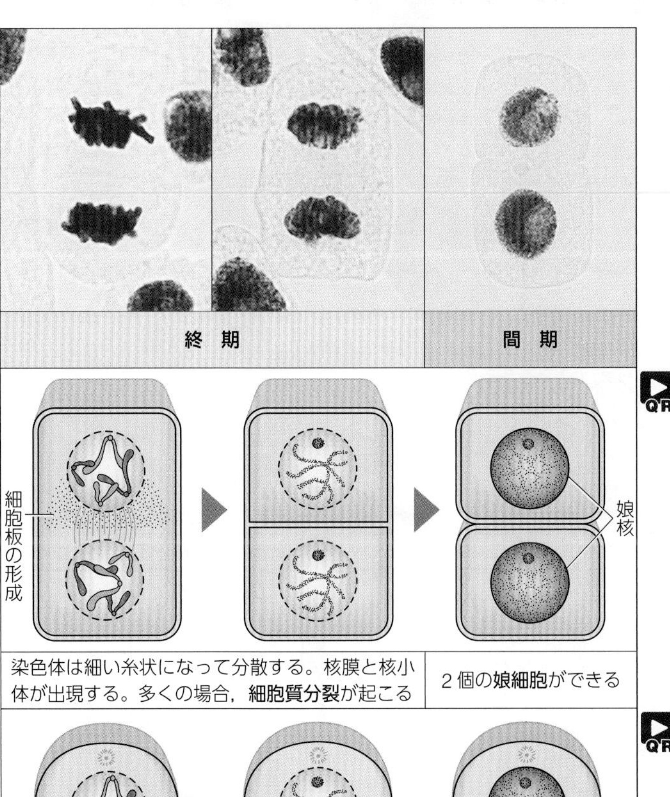

終 期
間 期
細胞板の形成
娘核
染色体は細い糸状になって分散する。核膜と核小体が出現する。多くの場合，細胞質分裂が起こる
2 個の娘細胞ができる
赤道面でくびれる
娘核

Zoom up 分裂装置

動物の細胞と藻類やコケ・シダ植物の一部の細胞には，1 対の**中心小体**とそのまわりの透明な部分とからなる**中心体**があり，2 つの中心小体は互いに直交するように位置している。中心体は間期に複製され，分裂期の前期には**星状体**を形成し，両極に移動して多数の微小管を伸ばし，中期には**紡錘体**を形成する。このとき，両極から伸びてきた微小管(紡錘糸)の一部は染色体の動原体に付着する。後期には，各染色体は紡錘糸に引かれるように両極に移動するが，そのしくみは次のように考えられている。

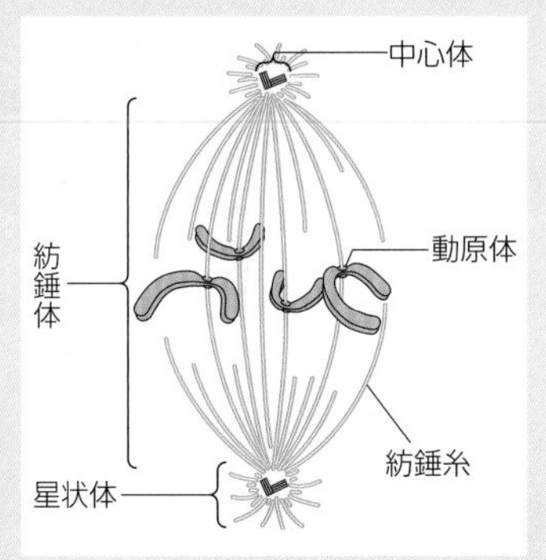

中心体
紡錘体
動原体
紡錘糸
星状体

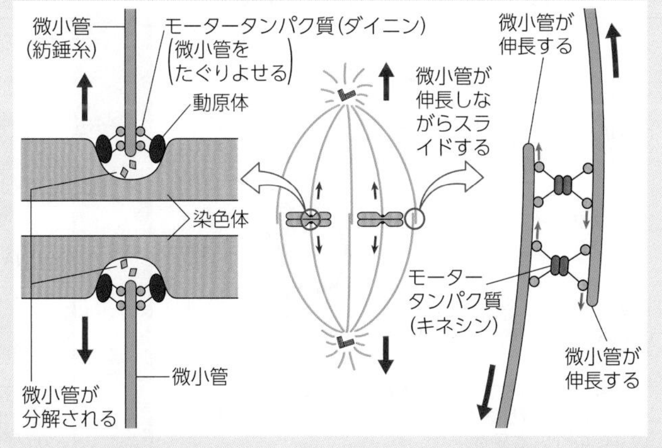

微小管(紡錘糸)
モータータンパク質(ダイニン)(微小管をたぐりよせる)
動原体
染色体
微小管が分解される
微小管
微小管が伸長しながらスライドする
微小管が伸長する
モータータンパク質(キネシン)
微小管が伸長する

前期(prophase)，**中期**(metaphase)，**後期**(anaphase)，**終期**(telophase)，**間期**(interphase)，**動原体**(kinetochore)

8 タンパク質の合成(1) 生物基礎 生物

A DNAと遺伝情報 基 生

親から子に伝えられる遺伝情報は，DNAの塩基配列という形で細胞内に保持されており，それはタンパク質のアミノ酸配列の情報である。

■トリプレット説

塩基の数	指定できるアミノ酸の数	
1個	A T G C	4種類
2個	AA AT AG AC TA TT TG TC …	16種類
3個	AAA AAT AAG AAC ATA AGA ACA… TTA TTT TTG TTC TAT TGT TCT…	64種類

タンパク質に含まれるアミノ酸は20種類あるが，DNAの塩基は4種類しかない。アミノ酸を4種類の塩基で指定するためには，3個の塩基の配列(トリプレット)が必要である。

■遺伝情報の流れ

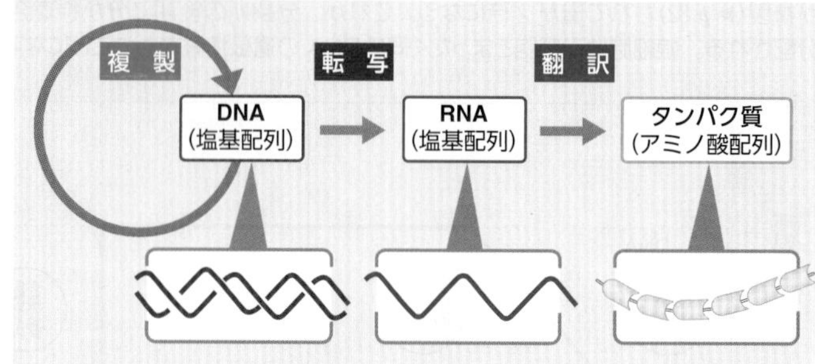

複製
転写
翻訳
DNA
(塩基配列)
RNA
(塩基配列)
タンパク質
(アミノ酸配列)

DNAの遺伝情報(塩基配列)はRNAに写し取られ，RNAの情報(塩基配列)をもとにアミノ酸がつながれてタンパク質が合成される。これはすべての生物に共通するもので，クリックは，生物学の**セントラルドグマ**(中心教義)とよんだ。

C 転写と翻訳 基 生

DNAの遺伝情報をもとに酵素などのタンパク質がつくられることを遺伝子が**発現**するといい，その過程は**転写**と**翻訳**の2つの段階に分けられる。真核生物では，転写は核内で，翻訳は細胞質中で起こる。

QR

■真核生物のタンパク質合成の過程

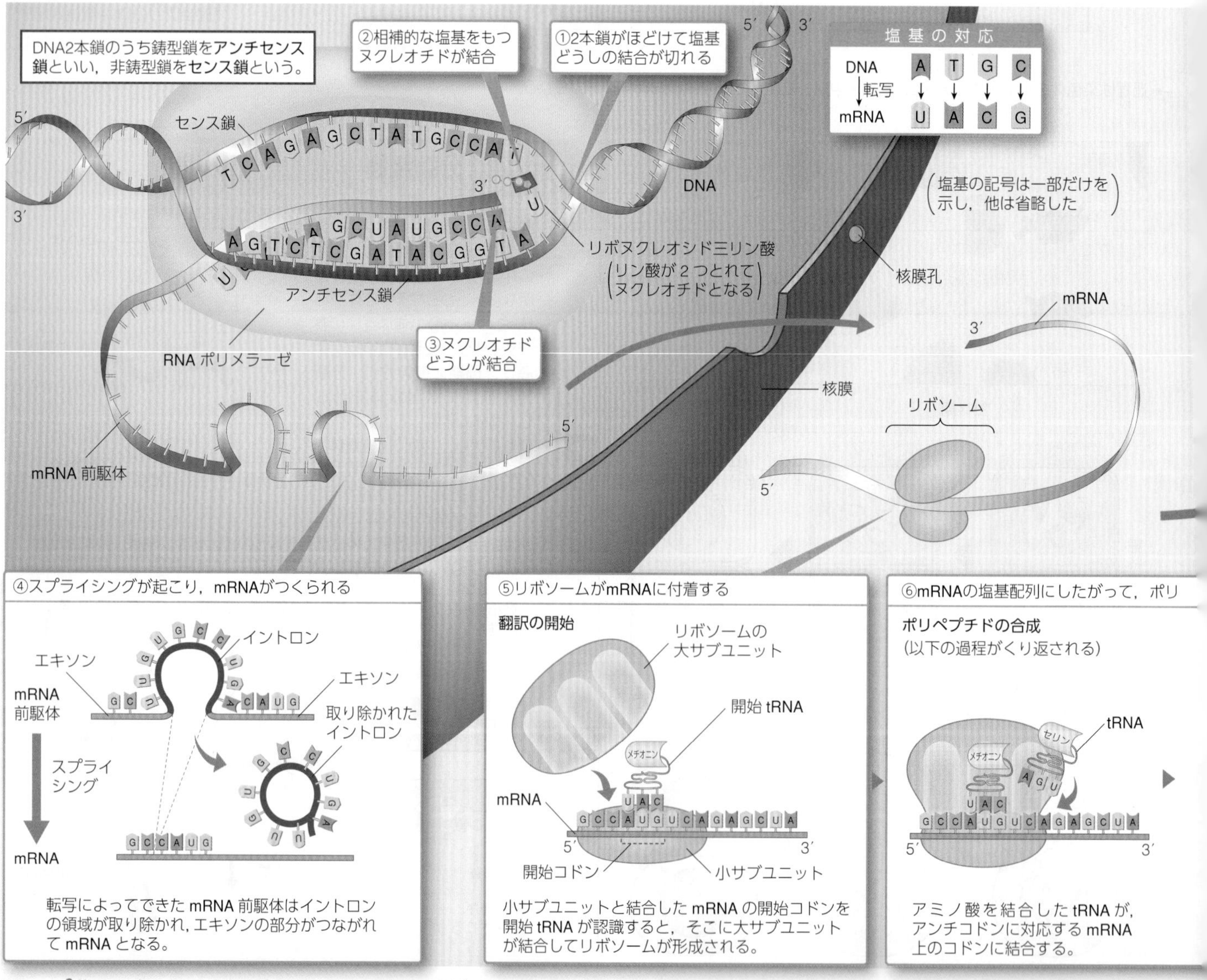

DNA2本鎖のうち鋳型鎖をアンチセンス鎖といい，非鋳型鎖をセンス鎖という。
②相補的な塩基をもつヌクレオチドが結合
①2本鎖がほどけて塩基どうしの結合が切れる
5′
3′
塩基の対応
DNA A T G C
転写
mRNA U A C G
センス鎖
TCAGAGCTATGCCAT
DNA
(塩基の記号は一部だけを示し，他は省略した)
AGUCUAUGCCA
AGTCTCGATACGGTA
リボヌクレオシド三リン酸
(リン酸が2つとれてヌクレオチドとなる)
核膜孔
アンチセンス鎖
mRNA
RNAポリメラーゼ
③ヌクレオチドどうしが結合
核膜
リボソーム
mRNA前駆体

④スプライシングが起こり，mRNAがつくられる

イントロン
エキソン
mRNA前駆体
エキソン
取り除かれたイントロン
スプライシング
mRNA

転写によってできたmRNA前駆体はイントロンの領域が取り除かれ，エキソンの部分がつながれてmRNAとなる。

⑤リボソームがmRNAに付着する

翻訳の開始

リボソームの大サブユニット
開始tRNA
メチオニン
mRNA
UAC
GCCAUGUCAGAGCUA
5′
3′
開始コドン
小サブユニット

小サブユニットと結合したmRNAの開始コドンを開始tRNAが認識すると，そこに大サブユニットが結合してリボソームが形成される。

⑥mRNAの塩基配列にしたがって，ポリ

ポリペプチドの合成
(以下の過程がくり返される)

tRNA
セリン
メチオニン
AGU
UAC
GCCAUGUCAGAGCUA
5′
3′

アミノ酸を結合したtRNAが，アンチコドンに対応するmRNA上のコドンに結合する。

Keywords セントラルドグマ(central dogma)，mRNA(messenger RNA)，tRNA(transfer RNA)，rRNA(ribosomal RNA)

B RNA の種類とはたらき 基 生

DNA の遺伝情報にもとづくタンパク質の合成では，もう 1 つの核酸である **RNA** が重要なはたらきをする。RNA には次の 3 つがある。

mRNA（伝令 RNA）

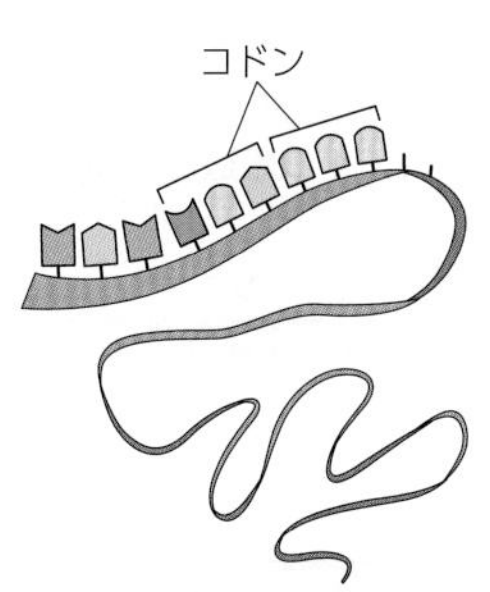
コドン

タンパク質の情報をもつ RNA。連続する塩基3つの配列（**コドン**という）で 1 個のアミノ酸を指定する。

tRNA（転移 RNA）

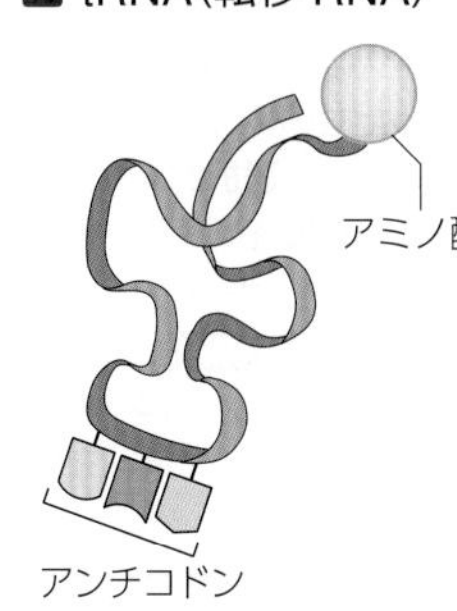
アミノ酸
アンチコドン

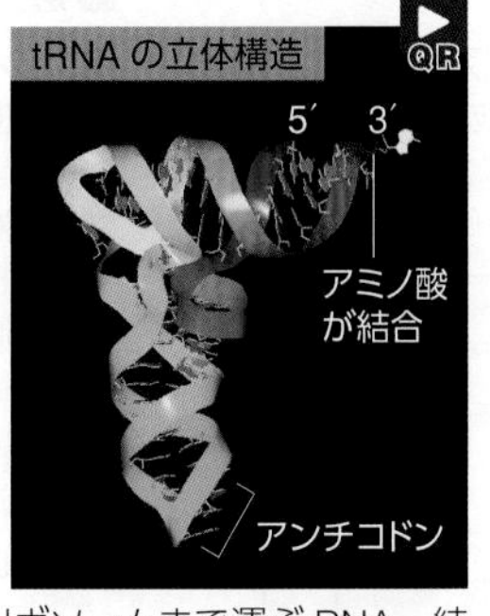
tRNA の立体構造
QR
5′
3′
アミノ酸が結合
アンチコドン

特定のアミノ酸を結合し，リボソームまで運ぶ RNA。結合するアミノ酸に応じた特定の塩基配列（**アンチコドン**）をもち，この部分で mRNA のコドンと結合する。

rRNA（リボソーム RNA）

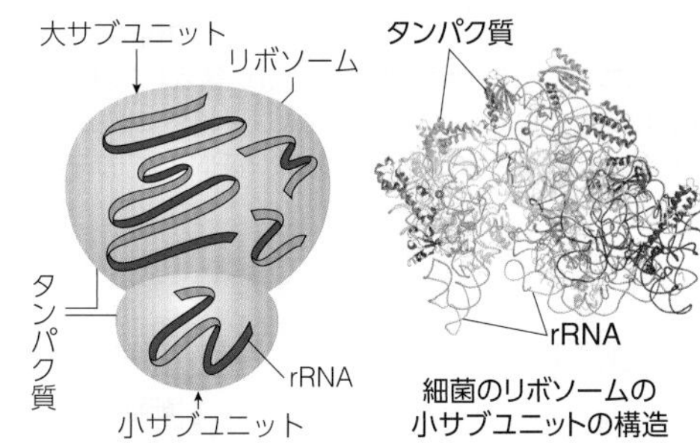
大サブユニット
リボソーム
タンパク質
タンパク質
rRNA
小サブユニット
rRNA
細菌のリボソームの小サブユニットの構造

タンパク質合成の場であるリボソームを構成する RNA。真核生物の場合，大サブユニットには 3 種類の rRNA，小サブユニットには 1 種類の rRNA が含まれる。

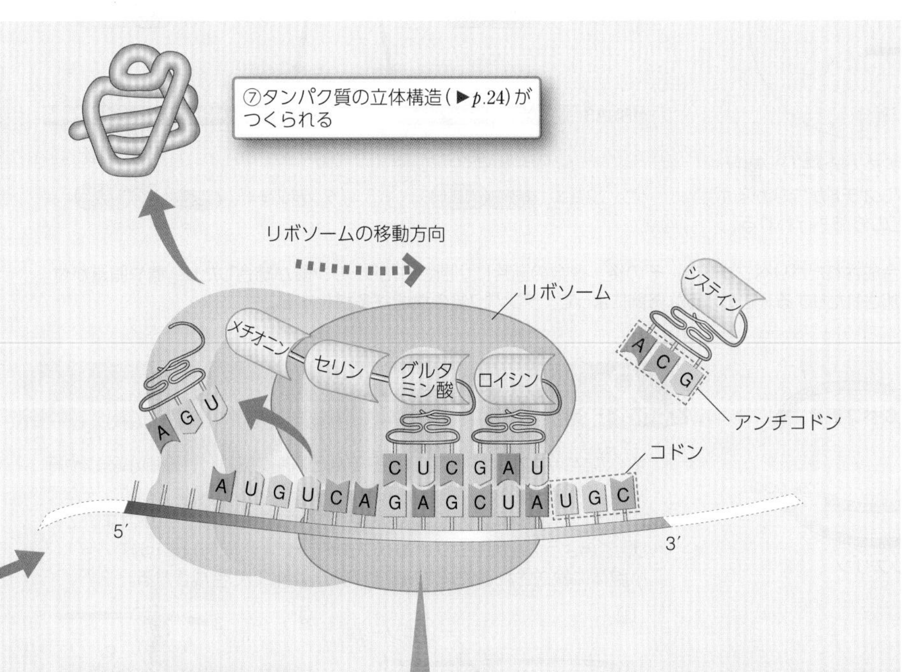
⑦タンパク質の立体構造（▶p.24）がつくられる
リボソームの移動方向
リボソーム
システイン
メチオニン
セリン
グルタミン酸
ロイシン
A
C
G
アンチコドン
A
G
U
C U C G A U
コドン
A U G U C A G A G C U A U G C
5′
3′

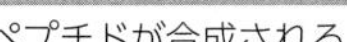
ペプチドが合成される

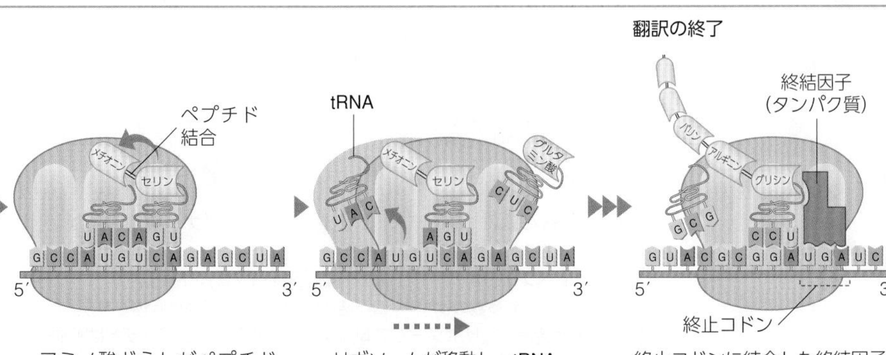
ペプチド結合
メチオニン
セリン
U A C A G U
G C C A U G U C A G A G C U A
5′
3′
tRNA
メチオニン
セリン
グルタミン酸
U A C
A G U
C U C
G C C A U G U C A G A G C U A
5′
3′
翻訳の終了
終結因子（タンパク質）
バリン
アルギニン
グリシン
C G G
C C U
G U A C G C G G A U G A U C
5′
3′
終止コドン

アミノ酸どうしがペプチド結合によってつなげられる。

リボソームが移動し，tRNA が mRNA から離れる。

終止コドンに結合した終結因子のはたらきで，tRNA からポリペプチドが解離する。

細菌（原核生物）のタンパク質合成の過程

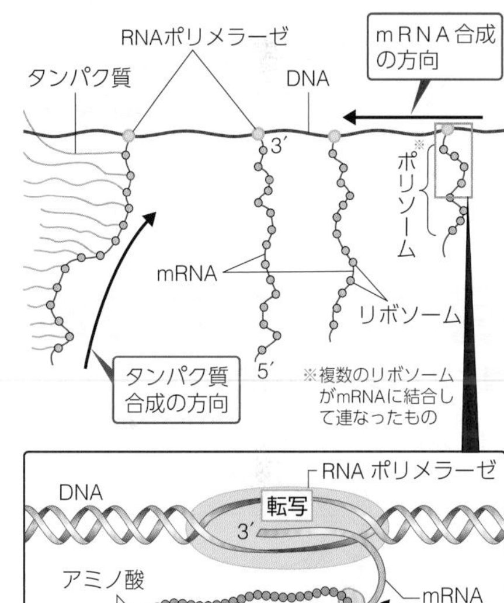
RNAポリメラーゼ
mRNA合成の方向
タンパク質
DNA
3′
ポリソーム
mRNA
リボソーム
タンパク質合成の方向
5′
※複数のリボソームがmRNAに結合して連なったもの
DNA
RNA ポリメラーゼ
転写
3′
アミノ酸
mRNA
リボソーム
できつつあるポリペプチド鎖
翻訳
5′

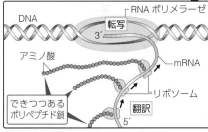

大腸菌などの原核生物では，核膜がないため，DNA の遺伝情報が RNA ポリメラーゼのはたらきで mRNA に転写されると直ちにタンパク質の合成が行われる。

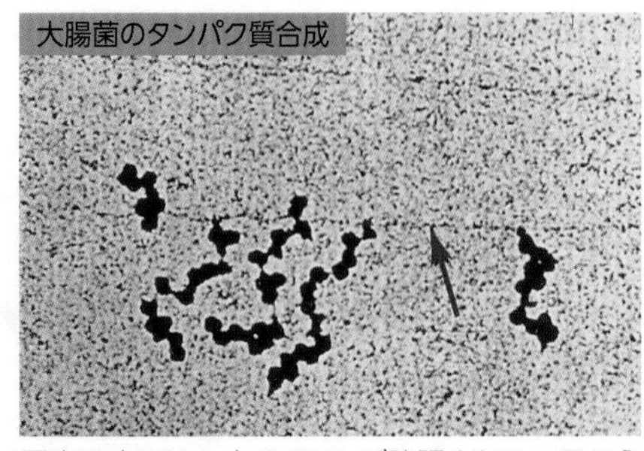
大腸菌のタンパク質合成

写真の中には 2 本の DNA が確認される。そのうち矢印で示しているもので転写が起こっている。

コドン（codon），アンチコドン（anticodon），発現（expression），転写（transcription），翻訳（translation）

9 タンパク質の合成(2)

生物基礎
生物

A 真核生物の mRNA 合成 基 生

■スプライシング

真核生物では，DNA の塩基配列にタンパク質のアミノ酸配列を指示する領域(**エキソン**)とアミノ酸配列に関与しない領域(**イントロン**)があり，DNA の塩基配列にもとづいてつくられた RNA は，核外に出るまでにイントロンの部分が取り除かれ(**スプライシング**という)，mRNA が完成する。

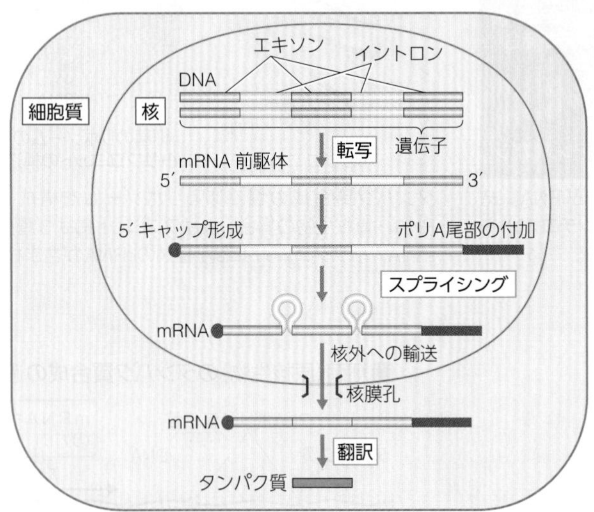

細胞質
核
DNA
エキソン
イントロン
遺伝子
転写
mRNA 前駆体
5′
3′
5′キャップ形成
ポリA尾部の付加
スプライシング
mRNA
核外への輸送
核膜孔
mRNA
翻訳
タンパク質

スプライシングのほかに，5′末端にメチル化した GTP(グアノシン三リン酸)がつく 5′キャップ形成や，3′末端に多数のアデニン(A)ヌクレオチドがつながるポリ A 尾部(mRNA の分解抑制などにはたらく)の付加などの修飾も行われる。

■選択的スプライシング

スプライシングの際に，どのエキソンが残されるかによってできあがる mRNA の情報は違ったものになり，できあがるタンパク質も違ったものになる可能性がある。このような**選択的スプライシング**によって，1 つの遺伝子領域から複数種類のタンパク質をつくることが可能である。

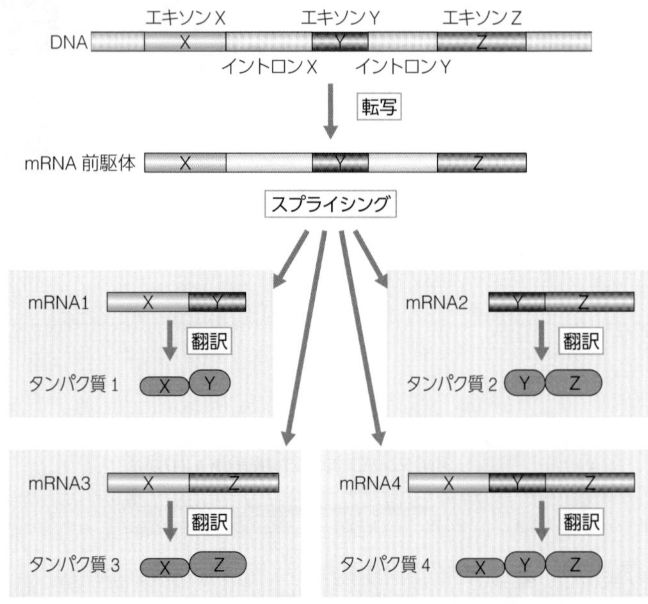

エキソンX
エキソンY
エキソンZ
DNA
X
Y
Z
イントロンX
イントロンY
転写
mRNA 前駆体
スプライシング
mRNA1
翻訳
タンパク質 1
mRNA2
タンパク質 2
mRNA3
タンパク質 3
mRNA4
タンパク質 4

B タンパク質の修飾 基 生

合成されたポリペプチドは，その後，複数の断片に切断されたり，リン酸が結合したり，糖や脂質が付加されたりする。このような修飾によって，タンパク質の機能が多様化する。

■インスリンの合成過程(ヒト)

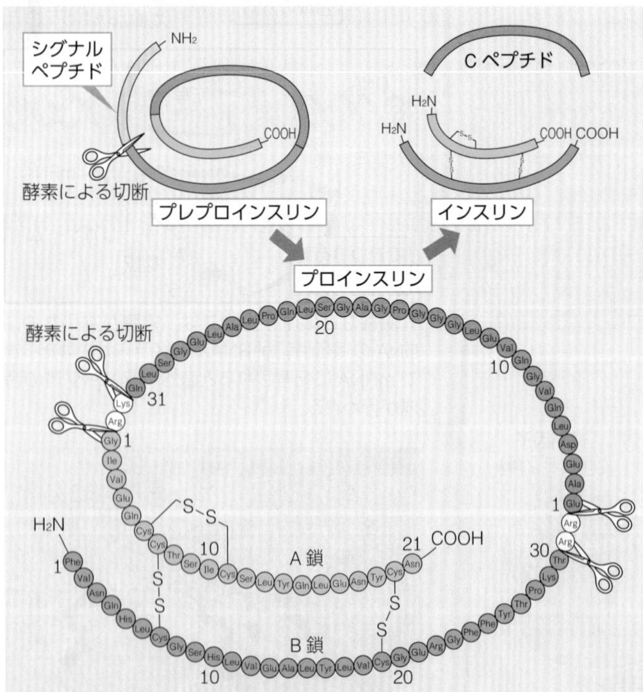

シグナルペプチド
NH_2
COOH
酵素による切断
プレプロインスリン
C ペプチド
H_2N
COOH COOH
インスリン
プロインスリン
酵素による切断
A 鎖
B 鎖

リボソームで合成されたポリペプチドはプレプロインスリンとよばれる。これは，小胞体でシグナルペプチドが切断されてプロインスリンとなり，ゴルジ体で C ペプチドの部分が切断されて，2 本のポリペプチドからなるインスリンができる。

Zoom up シグナルペプチド

多くのタンパク質は，細胞質からそれぞれ特定の部分(細胞小器官や細胞外)に輸送されてはたらく。このようなタンパク質では，リボソームで合成されたポリペプチドに輸送先を指定するアミノ酸配列が含まれており，このような配列を**シグナルペプチド**(シグナル配列)という。

小胞体に輸送されるタンパク質は，次のようにして合成される。

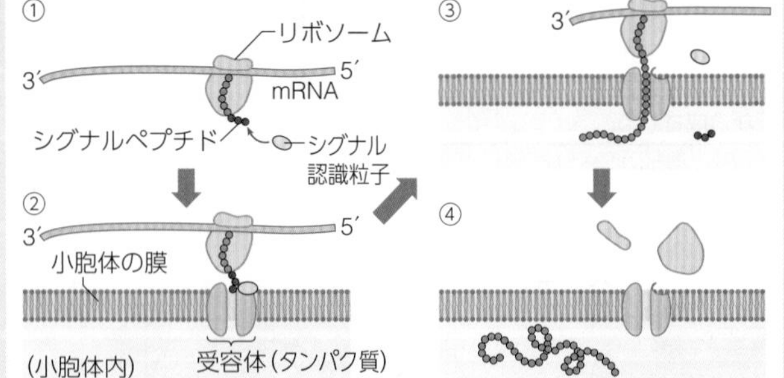

①
リボソーム
3′
5′
mRNA
シグナルペプチド
シグナル認識粒子
②
小胞体の膜
(小胞体内)
受容体(タンパク質)
③
④

①リボソームでシグナルペプチドが合成される。シグナル認識粒子がシグナルペプチドを認識する。

②シグナルペプチドは小胞体上の受容体(タンパク質)に結合する。

※このようにして多数のリボソームが結合した小胞体が粗面小胞体である。

③小胞体と結合したリボソームで翻訳が進行する。ポリペプチドは伸長するとともに小胞体の中に入る。

④翻訳が終了するとリボソームがはずれる。

Keywords　スプライシング(splicing)，エキソン(exon)，イントロン(intron)，選択的スプライシング(alternative splicing)

C 遺伝暗号の解読 基 生

アメリカのオチョアによって RNA が人工的に合成されるようになり(1955 年)，ニーレンバーグらはそれを用いて，遺伝暗号の解読を進めた。

■ニーレンバーグの実験 ニーレンバーグは人工的に合成した mRNA を使い，試験管内でのタンパク質合成を試みた(1961 年)。

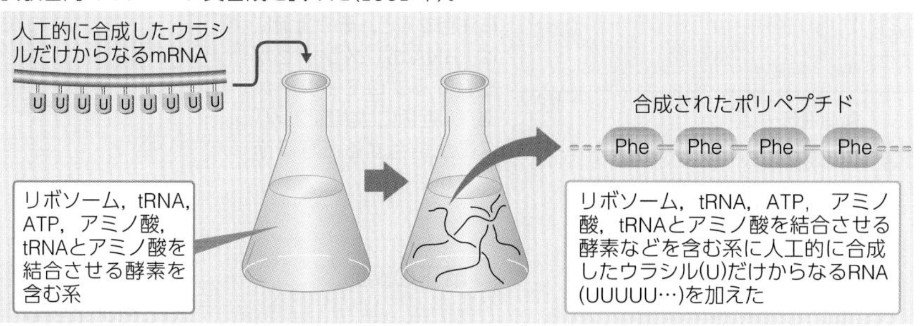
人工的に合成したウラシルだけからなるmRNA
U U U U U U U U U
リボソーム，tRNA，ATP，アミノ酸，tRNAとアミノ酸を結合させる酵素を含む系
合成されたポリペプチド
Phe Phe Phe Phe
リボソーム，tRNA，ATP，アミノ酸，tRNAとアミノ酸を結合させる酵素などを含む系に人工的に合成したウラシル(U)だけからなるRNA(UUUUU…)を加えた

実験の結果，UUUU……の塩基配列の mRNA から，フェニルアラニンだけのポリペプチドが合成された。ゆえに，mRNA の UUU という 3 個の塩基が指定するアミノ酸はフェニルアラニンである(mRNA の UUU はフェニルアラニンを指定する遺伝暗号である)と考えられる。

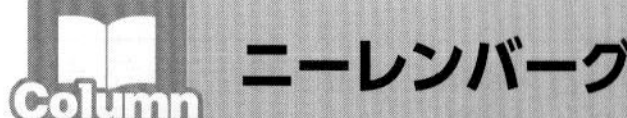

Column ニーレンバーグ

ニーレンバーグは，その後，同様の実験を行い，AAA はリシンを指定し，CCC はプロリンを指定することなどを明らかにした。彼は遺伝暗号の解読に関する研究によって，コラナとともに，1968 年のノーベル生理学・医学賞を受賞した。

ニーレンバーグ

■コラナの実験 コラナは，人工的に合成した mRNA を用いて，遺伝暗号の解読をさらに進めた(1963 年)。

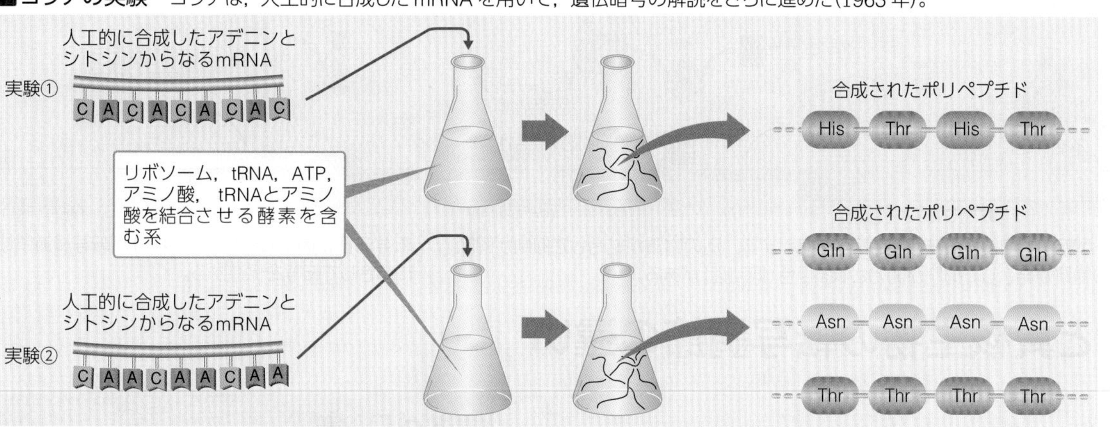
人工的に合成したアデニンとシトシンからなるmRNA
実験①
C A C A C A C A C
リボソーム，tRNA，ATP，アミノ酸，tRNAとアミノ酸を結合させる酵素を含む系
合成されたポリペプチド
His Thr His Thr
合成されたポリペプチド
Gln Gln Gln Gln
Asn Asn Asn Asn
Thr Thr Thr Thr
人工的に合成したアデニンとシトシンからなるmRNA
実験②
C A A C A A C A A

①・②の実験で共通しているトリプレットは ACA であり，共通するアミノ酸はトレオニンである。このことから，mRNA の ACA はトレオニンを指定する遺伝暗号であり，さらに①の結果から，CAC はヒスチジンを指定する遺伝暗号であることがわかる。

D mRNA の遺伝暗号表 基 生

ニーレンバーグやコラナなどの研究の結果，1960 年代中にすべての遺伝暗号(**コドン**)とアミノ酸の対応関係が明らかになった。

1番目の塩基	2番目の塩基 U	2番目の塩基 C	2番目の塩基 A	2番目の塩基 G	3番目の塩基
U	UUU フェニルアラニン(Phe)	UCU セリン(Ser)	UAU チロシン(Tyr)	UGU システイン(Cys)	U
U	UUC	UCC	UAC	UGC	C
U	UUA ロイシン(Leu)	UCA	UAA 終止コドン	UGA 終止コドン	A
U	UUG	UCG	UAG	UGG トリプトファン(Trp)	G
C	CUU ロイシン(Leu)	CCU プロリン(Pro)	CAU ヒスチジン(His)	CGU アルギニン(Arg)	U
C	CUC	CCC	CAC	CGC	C
C	CUA	CCA	CAA グルタミン(Gln)	CGA	A
C	CUG	CCG	CAG	CGG	G
A	AUU イソロイシン(Ile)	ACU トレオニン(Thr)	AAU アスパラギン(Asn)	AGU セリン(Ser)	U
A	AUC	ACC	AAC	AGC	C
A	AUA	ACA	AAA リシン(Lys)	AGA アルギニン(Arg)	A
A	AUG メチオニン(Met) 開始コドン	ACG	AAG	AGG	G
G	GUU バリン(Val)	GCU アラニン(Ala)	GAU アスパラギン酸(Asp)	GGU グリシン(Gly)	U
G	GUC	GCC	GAC	GGC	C
G	GUA	GCA	GAA グルタミン酸(Glu)	GGA	A
G	GUG	GCG	GAG	GGG	G

[表の読み方] mRNA のコドンが CAG とすると，表の 1 番目の塩基の C の行，2 番目の塩基の A の列の交さするわくの中の 4 番目の塩基の G の欄を見て，mRNA の CAG はグルタミンを指定することがわかる。

開始コドン mRNA の AUG は，メチオニンを指定するが，読み始め側の最初にくる AUG はタンパク質合成の開始を指定する。タンパク質合成は常にメチオニンから始まるが，最初のメチオニンはタンパク質合成終了後に切り離される。

終止コドン mRNA の UAA，UAG，UGA は 対応するアミノ酸がなく，タンパク質合成の終了を指定する。この 3 つのコドンには tRNA のかわりに終結因子とよばれるタンパク質が結合する(▶ p.89)。

この表は mRNA の 3 つの塩基に対応するもので，DNA の 3 つの塩基に対応するものではない。

遺伝暗号(genetic code)，開始コドン(initiation codon)，終止コドン(termination codon)

10 遺伝子発現の調節(1)

生物基礎
生物

A 転写調節のしくみ

遺伝子の発現はおもに転写段階で調節される。転写の調節には，負の調節と正の調節があり，その基本的なしくみは，原核生物と真核生物で共通である。

■遺伝子の構造

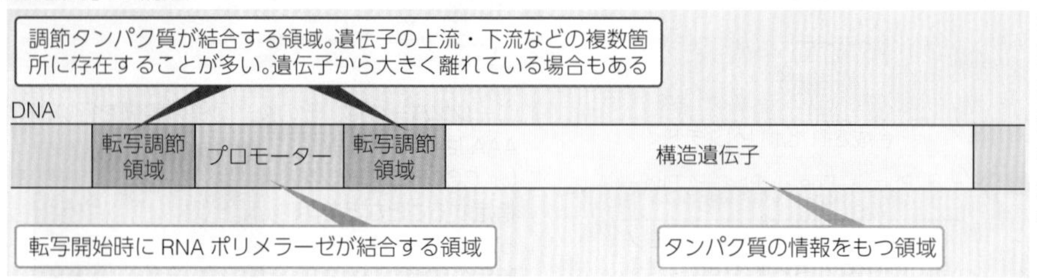
調節タンパク質が結合する領域。遺伝子の上流・下流などの複数箇所に存在することが多い。遺伝子から大きく離れている場合もある
DNA
転写調節領域
プロモーター
転写調節領域
構造遺伝子
転写開始時にRNAポリメラーゼが結合する領域
タンパク質の情報をもつ領域

ある遺伝子(構造遺伝子)に注目すると，その上流には，RNAポリメラーゼが結合するプロモーターがあり，近辺には調節タンパク質が結合する転写調節領域がある。

■負の調節

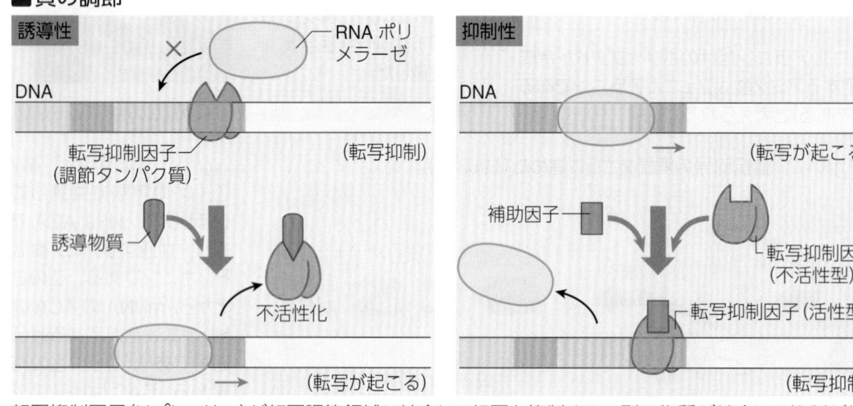
誘導性
RNAポリメラーゼ
DNA
転写抑制因子(調節タンパク質)
(転写抑制)
誘導物質
不活性化
(転写が起こる)
抑制性
DNA
(転写が起こる)
補助因子
転写抑制因子(不活性型)
転写抑制因子(活性型)
(転写抑制)

転写抑制因子(リプレッサー)が転写調節領域に結合して転写を抑制する。別の物質が結合して抑制が解除される場合(誘導性)と，別の物質が結合して抑制が開始される場合(抑制性)がある。

■正の調節

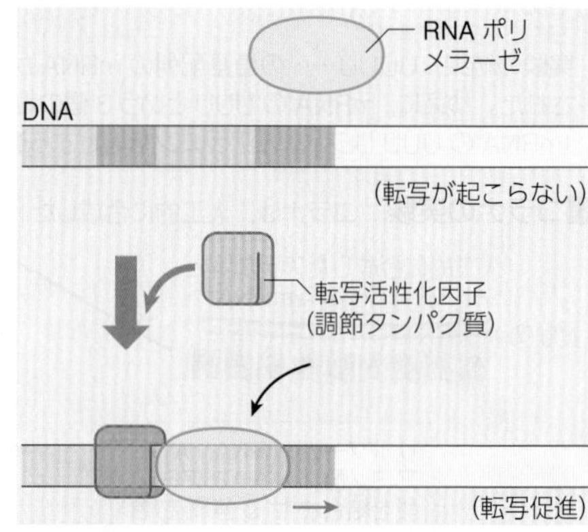
RNAポリメラーゼ
DNA
(転写が起こらない)
転写活性化因子(調節タンパク質)
(転写促進)

転写活性化因子(アクチベーター)が転写調節領域に結合して転写を促進する。

B 原核生物と真核生物の転写調節の違い

■原核生物の転写調節

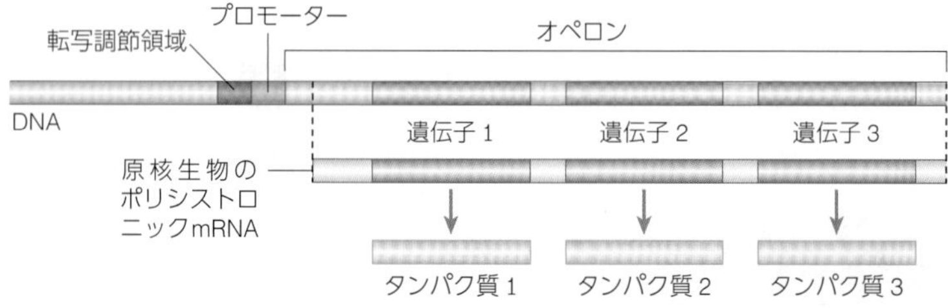
プロモーター
転写調節領域
オペロン
DNA
遺伝子1
遺伝子2
遺伝子3
原核生物のポリシストロニックmRNA
タンパク質1
タンパク質2
タンパク質3

一連の化学反応にはたらく複数の酵素の遺伝子が隣りあって存在する場合がある。これらは1つのプロモーターのもとで転写調節を受け，1本のmRNA(ポリシストロニックmRNA)として転写される。原核生物に見られるこのような転写単位を**オペロン**という。ただし，原核生物の遺伝子もその多くは単独で存在する。

■真核生物の転写調節

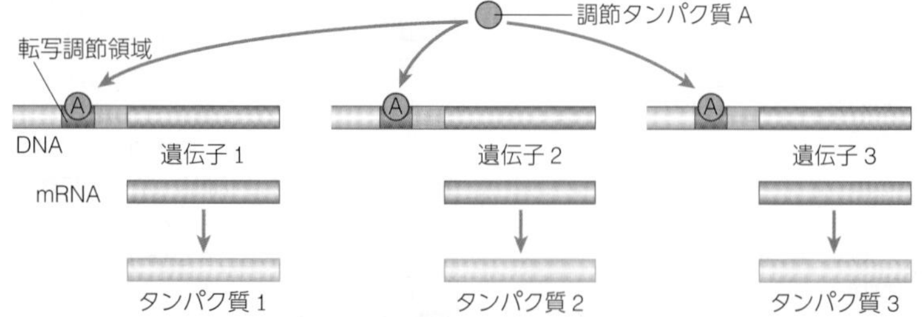
調節タンパク質A
転写調節領域
A
DNA
遺伝子1
遺伝子2
遺伝子3
mRNA
タンパク質1
タンパク質2
タンパク質3

関連する構造遺伝子はばらばらに存在していることが多い。複数の遺伝子が同じ転写調節領域をもち，同じ調節タンパク質による調節を受けることで，関連する遺伝子の発現を同時に調節している。遺伝子の前後には複数の転写調節領域があり，多くの調節タンパク質が関与して複雑に調節されている。

Column オペロン説

ジャコブとモノーは，大腸菌の構造遺伝子の発現を調節するしくみについて，「ある生命活動に関連する複数の構造遺伝子が，1つの転写調節領域(オペレーター)とセットになってオペロンを形成することで，同時に転写調節される」と考え，遺伝子発現調節のモデルとしてラクトースオペロンについてオペロン説を提唱した(1961年)。

Point 転写調節に出てくる用語

プロモーター RNAポリメラーゼが結合するDNAの領域

調節タンパク質(転写調節因子) 遺伝子発現の調節にはたらくタンパク質。転写を抑制するはたらきをもつ**転写抑制因子**(リプレッサー)や，転写を促進するはたらきをもつ**転写活性化因子**(アクチベーター)がある

転写調節領域 調節タンパク質が結合する領域。リプレッサーが結合するとき，とくに**オペレーター**という場合がある

調節遺伝子 他の遺伝子の発現を調節する調節タンパク質の遺伝子

構造遺伝子 調節タンパク質による調節を受けて発現する，酵素などのタンパク質の遺伝子

Keywords 転写調節(transcriptional regulation)，プロモーター (promoter)，オペロン(operon)

C 原核生物の負の転写調節

原核生物では，負の転写調節が行われていることが多い。ラクトースオペロンとトリプトファンオペロンは，大腸菌の代表的なオペロンである。

大腸菌のラクトースオペロン(誘導性の転写)

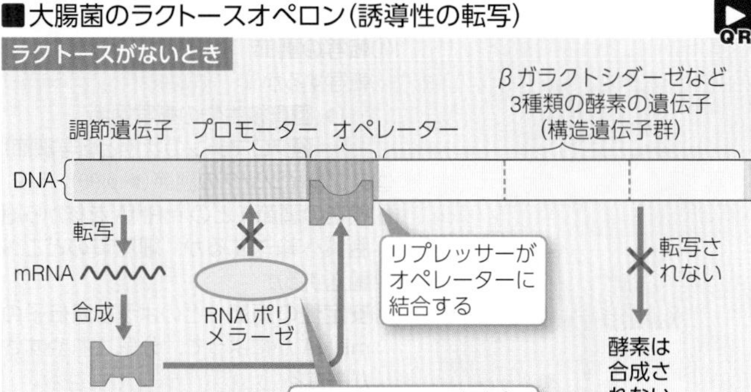
ラクトースがないとき
βガラクトシダーゼなど
3種類の酵素の遺伝子
(構造遺伝子群)
調節遺伝子
プロモーター
オペレーター
DNA
転写
mRNA
合成
RNA ポリメラーゼ
リプレッサーがオペレーターに結合する
転写されない
酵素は合成されない
リプレッサー
(調節タンパク質)
RNAポリメラーゼがプロモーターに結合できない

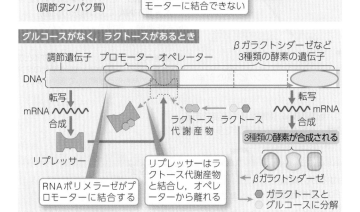

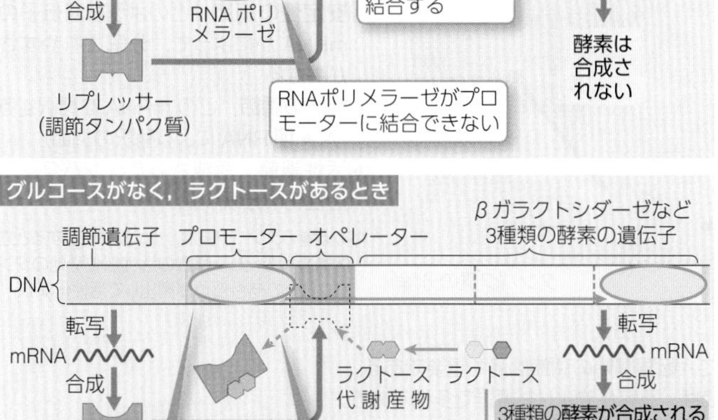
グルコースがなく，ラクトースがあるとき
βガラクトシダーゼなど
3種類の酵素の遺伝子
調節遺伝子
プロモーター
オペレーター
DNA
転写
mRNA
合成
ラクトース代謝産物
ラクトース
3種類の酵素が合成される
リプレッサー
βガラクトシダーゼ
RNAポリメラーゼがプロモーターに結合する
リプレッサーはラクトース代謝産物と結合し，オペレーターから離れる
ガラクトースとグルコースに分解

大腸菌のトリプトファンオペロン(抑制性の転写)

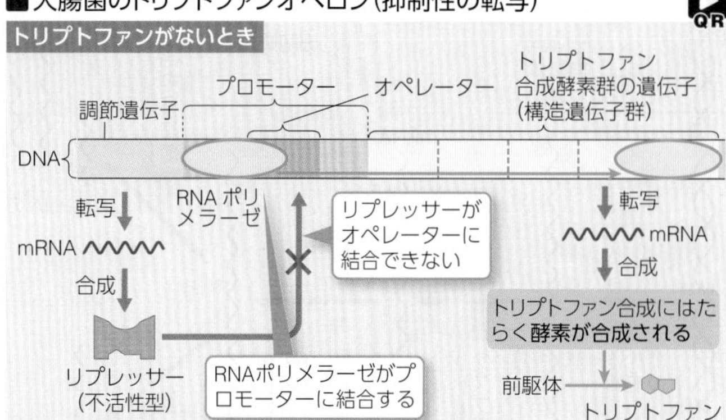
トリプトファンがないとき
トリプトファン
合成酵素群の遺伝子
(構造遺伝子群)
プロモーター
オペレーター
調節遺伝子
DNA
転写
mRNA
合成
RNA ポリメラーゼ
リプレッサーがオペレーターに結合できない
トリプトファン合成にはたらく酵素が合成される
リプレッサー
(不活性型)
RNAポリメラーゼがプロモーターに結合する
前駆体
トリプトファン

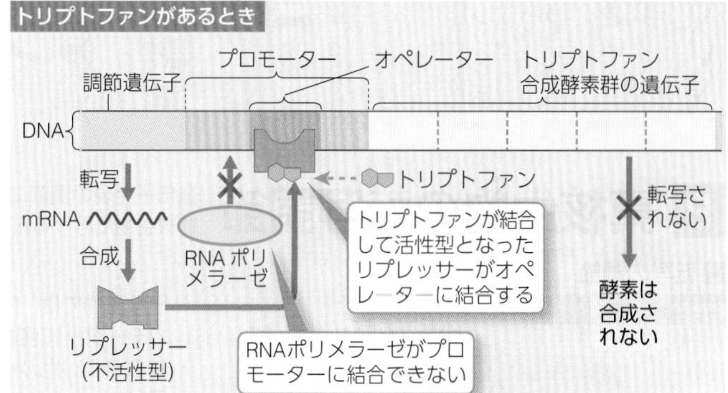
トリプトファンがあるとき
プロモーター
オペレーター
トリプトファン
合成酵素群の遺伝子
調節遺伝子
DNA
転写
mRNA
合成
トリプトファン
RNA ポリメラーゼ
トリプトファンが結合して活性型となったリプレッサーがオペレーターに結合する
転写されない
酵素は合成されない
リプレッサー
(不活性型)
RNAポリメラーゼがプロモーターに結合できない

D 原核生物の正の転写調節

アラビノースオペロンではたらく調節タンパク質は，アラビノースがないときは転写を抑制しているが，アラビノースが結合すると，転写を促進して正の調節を行う。

大腸菌のアラビノースオペロン

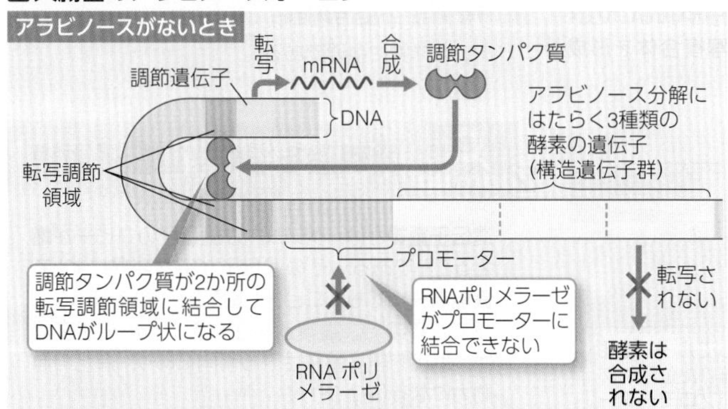
アラビノースがないとき
転写
mRNA
合成
調節タンパク質
調節遺伝子
DNA
アラビノース分解にはたらく3種類の酵素の遺伝子
(構造遺伝子群)
転写調節領域
プロモーター
調節タンパク質が2か所の転写調節領域に結合してDNAがループ状になる
RNAポリメラーゼがプロモーターに結合できない
転写されない
酵素は合成されない
RNA ポリメラーゼ

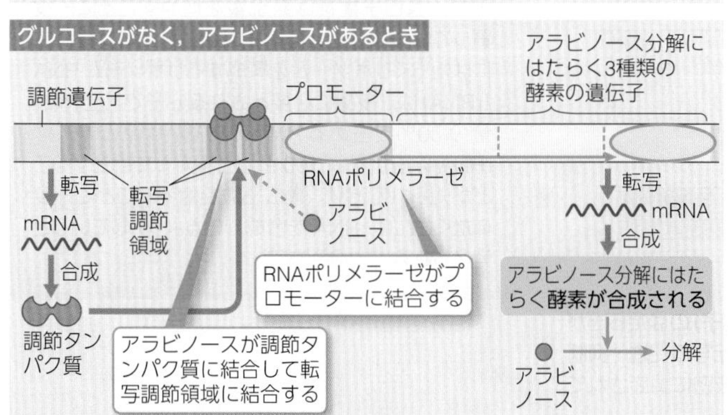
グルコースがなく，アラビノースがあるとき
アラビノース分解にはたらく3種類の酵素の遺伝子
調節遺伝子
プロモーター
転写
mRNA
合成
転写調節領域
RNAポリメラーゼ
アラビノース
RNAポリメラーゼがプロモーターに結合する
アラビノース分解にはたらく酵素が合成される
調節タンパク質
アラビノースが調節タンパク質に結合して転写調節領域に結合する
分解
アラビノース

Column グルコース効果

パスツールは，ぶどう酒の発酵について研究していたとき，酵母はグルコースがあればまずグルコースを利用し，フルクトースやスクロースなど他の糖があってもそれらの利用を抑制することを発見した。このような現象は，生物に普遍的に見られ，**グルコース効果**とよばれている。

大腸菌がラクトースやアラビノースを利用する場合でも，グルコースがあるとグルコースの利用が優先されることが知られている。これは，グルコース以外の糖を細胞内に取りこむ透過酵素(ラクトースの場合はβガラクトシドパーミアーゼ)の合成が抑制されるためであることが明らかになっている。

Point 大腸菌の転写調節

ラクトースオペロン(負の転写調節，誘導性)
…ラクトースがあるとき，リプレッサーにラクトース代謝産物が結合し，転写の抑制が解除される。

トリプトファンオペロン(負の転写調節，抑制性)
…トリプトファンがあるとき，リプレッサーにトリプトファンが結合し，転写が抑制される。

アラビノースオペロン(正の転写調節，誘導性)
…アラビノースがあるとき，調節タンパク質にアラビノースが結合し，転写が促進される。

調節遺伝子(regulator gene)，構造遺伝子(structural gene)，リプレッサー (repressor)，オペレーター (operator)

第3編 遺伝情報の発現

11 遺伝子発現の調節(2)

生物基礎
生物

A 真核生物の遺伝子発現調節

原核生物と異なり，真核生物では，タンパク質合成までの各段階でさまざまな調節が行われている。

■遺伝子発現調節の全体像

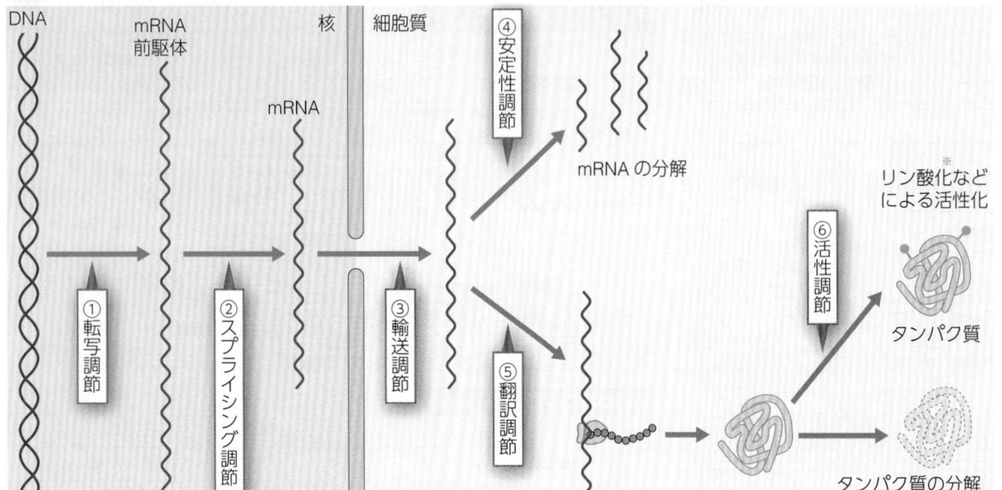

DNA
mRNA
前駆体
mRNA
核
細胞質
①転写調節
②スプライシング調節
③輸送調節
④安定性調節
⑤翻訳調節
⑥活性調節
mRNAの分解
リン酸化など※による活性化
タンパク質
タンパク質の分解

①**転写の調節**　遺伝子をいつどれだけ転写するか
(▶ B真核生物の転写調節，C クロマチンの状態と転写調節)

②**スプライシングの調節**(▶ p.90)

③**輸送の調節**　どの mRNA を核から細胞質へ輸送するか，細胞質のどこへ輸送するか

④**安定性の調節**　どのような遺伝子の mRNA かによって，分解されやすさが異なる

⑤**翻訳の調節**　どの mRNA を翻訳するか(▶ D RNA による翻訳の調節)

⑥**活性調節**　合成されたタンパク質の活性化や分解

※ある種のタンパク質は，リン酸が付加すると立体構造が変化し，酵素の活性部位や他のタンパク質との結合部位が露出して活性化する。

B 真核生物の転写調節

遺伝子発現の調節において，転写開始の調節は最も重要である。真核生物における転写調節は，原核生物よりも複雑で多様である。

■転写の調節

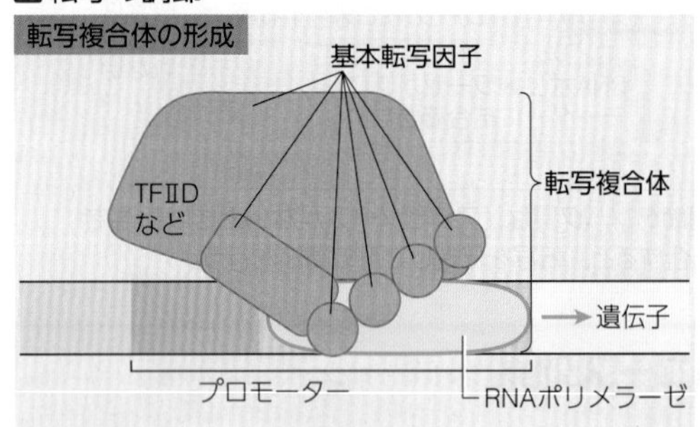

転写複合体の形成
基本転写因子
TFⅡD
など
転写複合体
遺伝子
プロモーター
RNAポリメラーゼ

原核生物では，RNA ポリメラーゼがプロモーターに直接結合するが，真核生物の RNA ポリメラーゼは，**基本転写因子**がないと DNA に結合できない。

多くの遺伝子では，最初に TFⅡD などの基本転写因子がプロモーターにある特定の塩基配列(TATA ボックスとよばれる塩基配列)を認識して結合する。そこに，他の基本転写因子や RNA ポリメラーゼが結合して**転写複合体**を形成し，転写が開始する。

発現量の調節

転写調節領域※

※転写の促進にはたらく領域をエンハンサー，転写の抑制にはたらく領域をサイレンサーという。

プロモーター　遺伝子

調節タンパク質

DNAが折れ曲がってループを形成することで，離れた位置にある転写調節領域がプロモーターの近くに集まる。

転写複合体

プロモーター

基本転写因子の存在だけでは転写はあまり起こらず，**調節タンパク質(転写調節因子)**のはたらきが必要である。真核生物では，遺伝子の前後に複数の**転写調節領域**がある。ここに転写の促進・抑制にはたらく数十もの調節タンパク質が複雑に関与することで，遺伝子の発現量が厳密に調節されている。

Point 基本転写因子

基本転写因子は，真核生物における遺伝子の転写に必須のタンパク質であり，複数のタンパク質から構成されている。また，基本転写因子はどの遺伝子でも共通である。一方で，調節タンパク質は，遺伝子によって異なっている。

基本転写因子や調節タンパク質などによるタンパク質どうしの相互作用は，真核生物の転写調節において非常に重要である。

Zoom up 発現量を増やす遺伝子重複

遺伝子重複とは，ゲノム内に遺伝子のコピーが増えることである。その遺伝子が突然変異によって機能を失っても，コピー(重複遺伝子)で補うことができるので，重複遺伝子に起こった突然変異は，世代を経て蓄積される傾向にあり，進化の原動力になる(▶ p.281)。

一方，遺伝子重複は発現量を増やすことに一役買っている場合もある。例えば，タンパク質合成にはたらくリボソームを構成するリボソーム RNA (rRNA)は，多量に必要とされる分子で，全 RNA 量の 80%を占める RNA である。ゲノム中には rRNA の遺伝子が 100 個以上連なって存在することが知られており，遺伝子数を増やすことで一度にたくさんの rRNA を合成できるようにしていると考えられる。

Keywords　基本転写因子(general transcription factor)，転写複合体(transcription complex)，転写調節領域(transcriptional regulatory region)

C クロマチンの状態と転写調節

転写の調節には，染色体のクロマチンの状態も重要である。

■クロマチンの状態と転写

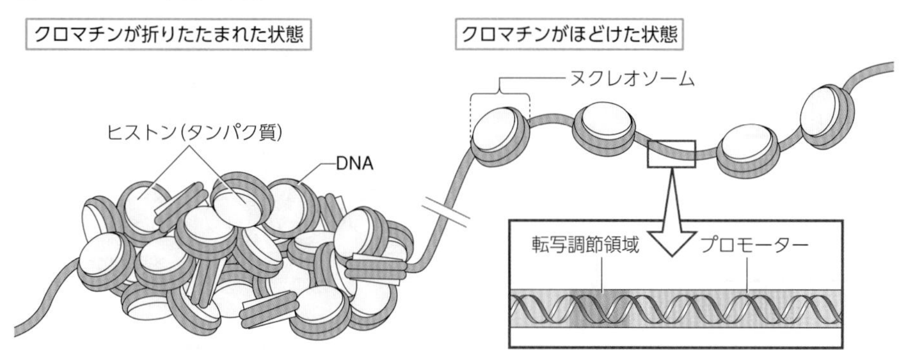
クロマチンが折りたたまれた状態
クロマチンがほどけた状態
ヌクレオソーム
ヒストン(タンパク質)
DNA
転写調節領域
プロモーター

RNA ポリメラーゼなどの転写にかかわるタンパク質がプロモーターに結合することができない

RNAポリメラーゼなどの転写にかかわるタンパク質がプロモーターに結合できる

真核生物の DNA は，核内でクロマチンを形成している(▶ *p*.80)。クロマチンが折りたたまれた状態では，DNA に基本転写因子や RNA ポリメラーゼなどが結合できない。一方，クロマチンがほどけた状態になると，DNA に基本転写因子や RNA ポリメラーゼなどが結合できるようになる。
クロマチンの凝縮には，ヒストンのメチル化やアセチル化が関係している(▶ *p*.96)。

Zoom up クロマチンの凝縮

クロマチンの凝縮が弱い部分を**ユークロマチン**といい，遺伝子が活発に転写されている。一方，クロマチンが強く凝縮している部分を**ヘテロクロマチン**といい，遺伝子がほとんど転写されておらず，遺伝子の発現が抑えられている(▶ *p*.96)。ヘテロクロマチンは，おもに核膜に沿って存在している。

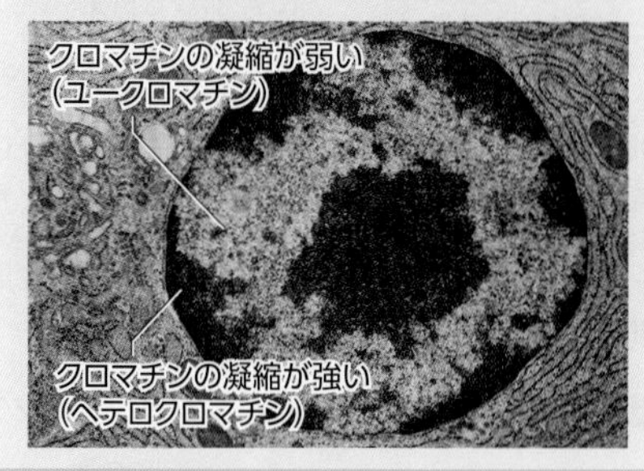
クロマチンの凝縮が弱い
(ユークロマチン)
クロマチンの凝縮が強い
(ヘテロクロマチン)

D RNA による翻訳の調節

RNA には，tRNA や rRNA 以外にも，翻訳されない短い RNA がある。この短い RNA は，翻訳の調節にかかわっている。

■ RNA 干渉(RNAi)のしくみ

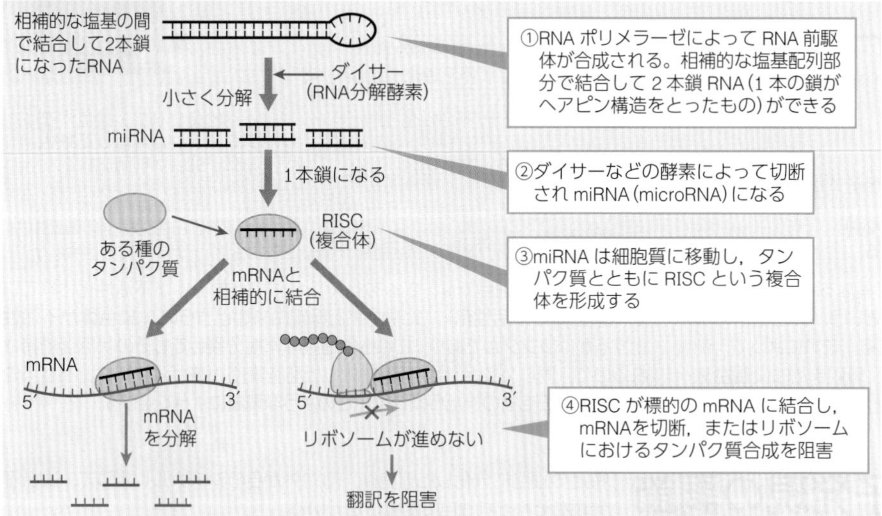
相補的な塩基の間で結合して2本鎖になったRNA
ダイサー
(RNA分解酵素)
小さく分解
miRNA
1本鎖になる
ある種のタンパク質
RISC
(複合体)
mRNAと相補的に結合
mRNA
5′
3′
mRNAを分解
リボソームが進めない
翻訳を阻害
①RNA ポリメラーゼによって RNA 前駆体が合成される。相補的な塩基配列部分で結合して 2 本鎖 RNA(1 本の鎖がヘアピン構造をとったもの)ができる
②ダイサーなどの酵素によって切断され miRNA(microRNA)になる
③miRNA は細胞質に移動し，タンパク質とともに RISC という複合体を形成する
④RISC が標的の mRNA に結合し，mRNAを切断，またはリボソームにおけるタンパク質合成を阻害

細胞内で 2 本鎖 RNA が，相補的な塩基配列をもつ mRNA を分解したり，翻訳を阻害したりする現象を **RNA 干渉**(RNA interference, RNAi)という。
真核生物では，2 本鎖 RNA がダイサーによって分解されて生じた miRNA(micro RNA)が 1 本鎖になり，mRNA と相補的に結合することで，翻訳を抑制している。miRNA は，ヒトゲノムでは 1500 種類以上が知られており，タンパク質を合成する遺伝子の 3 分の 1 以上を調節していると考えられている。
また，外来の 2 本鎖 RNA(ウイルスなどに含まれるものや人工的に合成して投与したもの)が，miRNA と同様にダイサーによって小さい断片に切断されたものを siRNA(small interefering RNA)といい，基本的には miRNA と同様のしくみで利用される。

Column RNA 干渉の発見と応用

RNA 干渉は，1998 年にファイアーとメローによって，センチュウを用いた研究で発見された。センチュウの筋遺伝子の mRNA と相補的に結合する RNA を合成し，センチュウに注入すると，そのセンチュウは筋遺伝子を欠損した変異型のような行動を示した。このような，RNA によって遺伝子の発現がほぼ完全に抑制されるという現象が発見され，「RNA 干渉」と名づけられた。その後の研究で，多くの生物のさまざまな遺伝子でもあてはまることが明らかになり，ファイアーとメローは 2006 年にノーベル生理学・医学賞を受賞した。
また，遺伝情報にもとづいて合成されるタンパク質の中には，病気の直接の原因になるものや，病気を発症するプロセスに関与するものもある。これまでの薬は，このタンパク質などをターゲットとするものだったが，RNA 干渉の技術を用いることで，病気に関与するタンパク質の合成に必要な mRNA を分解することによって，病気を抑制できることが知られている。

ファイアー(アメリカ)

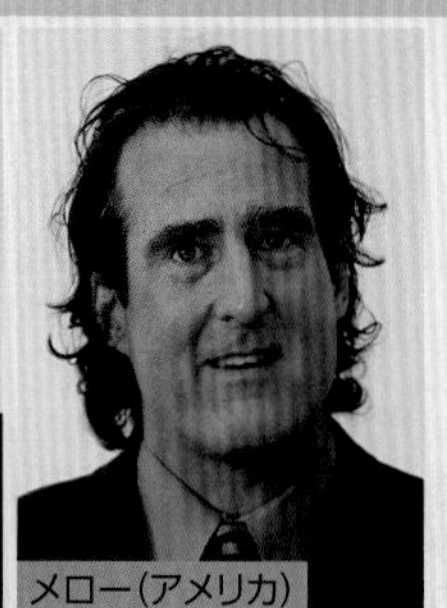
メロー(アメリカ)

調節タンパク質(regulatory protein)，遺伝子重複(gene duplication)，RNA 干渉(RNA interference)

12 遺伝子発現の調節(3)

生物基礎 生物

A エピジェネティック制御

DNA の塩基配列が変化することなく，DNA やヒストンの修飾によって，特定の遺伝子領域の転写が制御されるしくみがある。これを**エピジェネティック制御**という。

■ DNA のメチル化

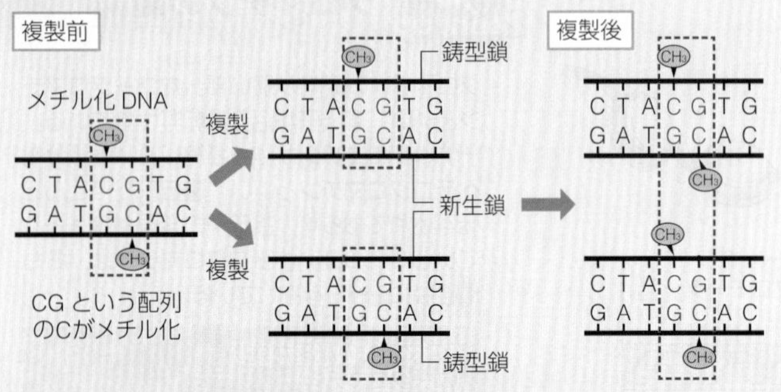

複製前
メチル化 DNA
CTACGTG
GATGCAC
CGという配列のCがメチル化
複製
複製
鋳型鎖
新生鎖
鋳型鎖
複製後

DNA 中の特定の塩基の炭素原子にメチル基(CH_3-)が付加されると，DNA に転写調節因子などが結合できなくなるなどして，転写が抑制される。

メチル化される塩基はシトシン(C)であることが多い。鋳型鎖の CG 配列のメチル基を目印に新生鎖の CG 配列の C もメチル化される。これによって，DNA のメチル化は複製後も維持される。

■ ヒストンの修飾

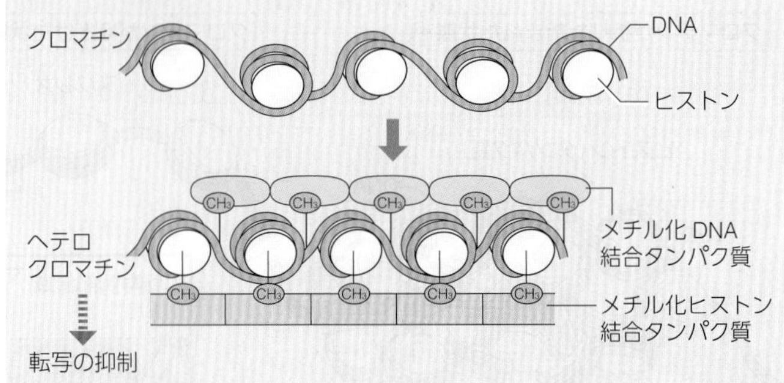

クロマチン
DNA
ヒストン
ヘテロクロマチン
メチル化 DNA 結合タンパク質
メチル化ヒストン結合タンパク質
転写の抑制

ヒストンが化学的な修飾を受けることで，クロマチンの構造が変化する。ヒストンのメチル化によって，クロマチンは凝縮し(ヘテロクロマチン化)，転写因子が結合しにくくなり，転写が抑制される。逆に，ヒストンのアセチル化によって，クロマチンの凝縮がほどかれ(ユークロマチン化)，転写が開始される。

■ ゲノムの刷込み(ゲノムインプリンティング)

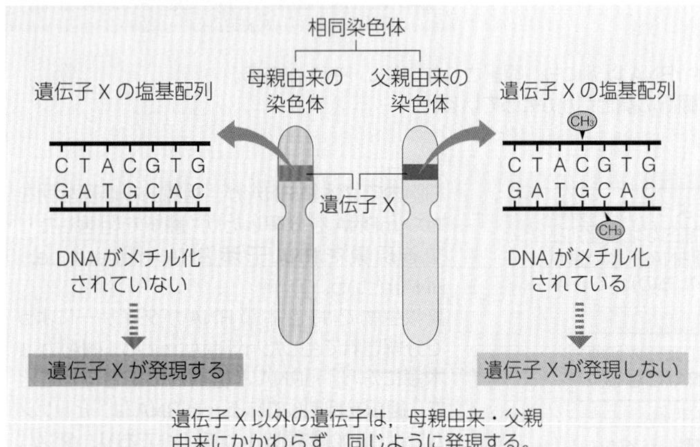

相同染色体
母親由来の染色体
父親由来の染色体
遺伝子 X の塩基配列
CTACGTG
GATGCAC
遺伝子 X
DNA がメチル化されていない
DNA がメチル化されている
遺伝子 X が発現する
遺伝子 X が発現しない
遺伝子 X 以外の遺伝子は，母親由来・父親由来にかかわらず，同じように発現する。

ある特定の遺伝子では，母親由来か父親由来かによって異なる調節を受ける。この現象を**ゲノムの刷込み**(**ゲノムインプリンティング**)という。卵と精子の形成過程で DNA がメチル化されることなどによって起こる。これによって，例えば，一方の対立遺伝子の発現がほぼ完全に抑制され，母親または父親由来のどちらか一方の遺伝子のみが発現する。

■ X 染色体の不活性化

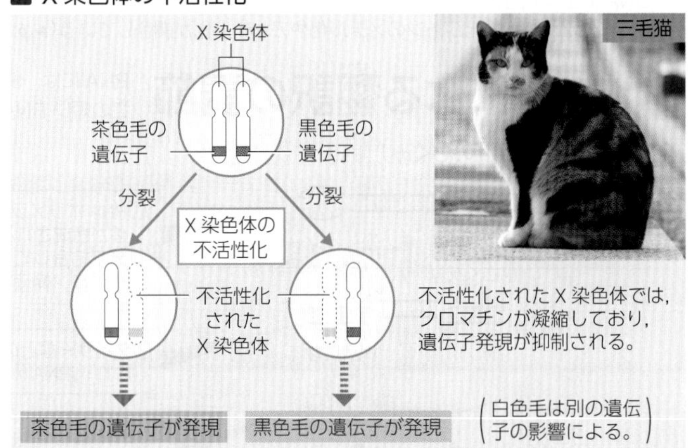

X 染色体
茶色毛の遺伝子
黒色毛の遺伝子
分裂
分裂
X 染色体の不活性化
不活性化された X 染色体
三毛猫
不活性化された X 染色体では，クロマチンが凝縮しており，遺伝子発現が抑制される。
茶色毛の遺伝子が発現
黒色毛の遺伝子が発現
(白色毛は別の遺伝子の影響による。)

哺乳類の雌の体細胞では，2 本ある X 染色体のうち 1 本が不活性化されている(**X染色体の不活性化**)。父親由来と母親由来のどちらの X 染色体が不活性化するかはランダムであり，これらの細胞は何度分裂してもその状態は維持されるので，同じ X 染色体が不活性化した細胞集団がモザイク状に分布することになる。三毛猫のまだら模様は，このような現象によって生じる。

B ホルモンによる遺伝子発現の調節

特定の細胞に分化した細胞は，細胞外からのシグナルに応じて，遺伝子発現をそれぞれ独自に変化させている。

■ 脂溶性ホルモンによる遺伝子発現の調節

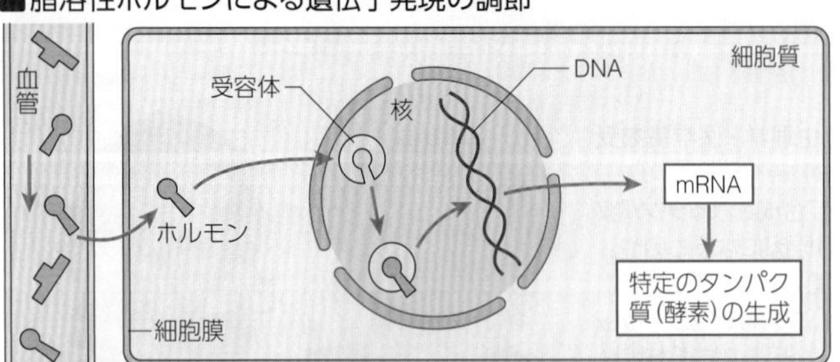

血管
細胞質
受容体
核
DNA
ホルモン
mRNA
特定のタンパク質(酵素)の生成
細胞膜

脊椎動物の生殖腺ホルモンや糖質コルチコイドのようなステロイドホルモン(▶ p.150)やチロキシンなどの脂溶性ホルモンは，細胞膜を透過して標的細胞の細胞内(細胞質または核内)にある受容体と結合する。これが，調節タンパク質として遺伝子発現を調節する。

■ 水溶性ホルモンによる遺伝子の調節

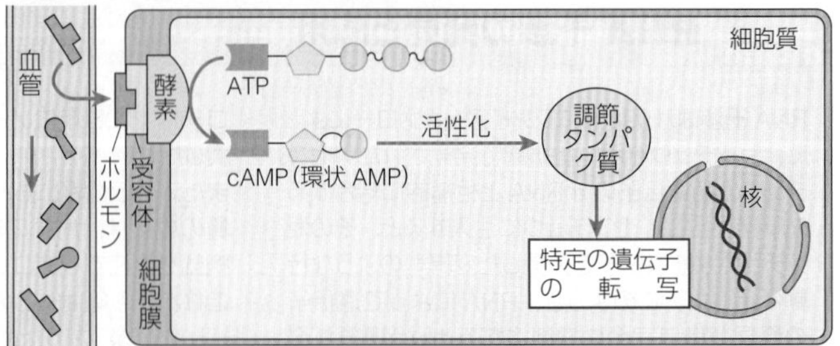

血管
細胞質
酵素
ATP
活性化
cAMP(環状 AMP)
調節タンパク質
核
ホルモン
受容体
細胞膜
特定の遺伝子の転写

ペプチドホルモンやアドレナリンなどは水溶性ホルモンであり，細胞膜を透過できない。水溶性ホルモンは細胞膜表面の受容体と結合し，その結果つくられる cAMP(▶ p.39)が調節タンパク質を活性化することで転写を調節する。細胞内の酵素を活性化して他の反応を促進する場合もある。

Keywords エピジェネティック制御(epigenetic control)，DNA のメチル化(methylation of DNA)

13 遺伝子発現と細胞の分化(1) 生物基礎 生物

A 細胞の分化と遺伝子発現 基 生

体細胞分裂によって生じた細胞が，骨や筋肉など特定の形やはたらきをもつ細胞に変化することを，細胞の**分化**という。

■細胞の分化と遺伝子発現

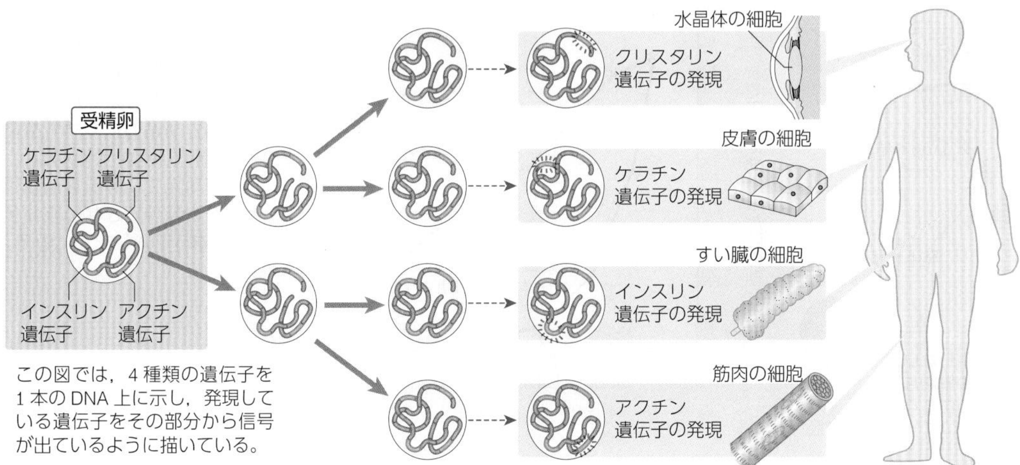
受精卵
ケラチン遺伝子
クリスタリン遺伝子
インスリン遺伝子
アクチン遺伝子
水晶体の細胞
クリスタリン遺伝子の発現
皮膚の細胞
ケラチン遺伝子の発現
すい臓の細胞
インスリン遺伝子の発現
筋肉の細胞
アクチン遺伝子の発現

この図では，4 種類の遺伝子を 1 本の DNA 上に示し，発現している遺伝子をその部分から信号が出ているように描いている。

個体を形成する細胞はすべて同じ遺伝子(DNA の塩基配列)をもつが，すべての遺伝子が常にはたらいているわけではない。組織や器官によって，はたらく遺伝子が異なっている。
図のように，ヒトのからだを構成するすべての細胞は，クリスタリン，ケラチン，インスリン，アクチンの遺伝子をもっているが，クリスタリンの遺伝子は水晶体の細胞でのみ，インスリンの遺伝子はすい臓の細胞でのみ発現している。

■調節遺伝子と細胞の分化

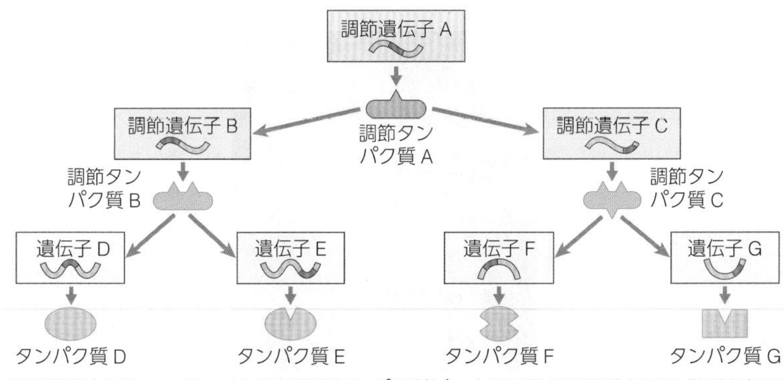
調節遺伝子 A
調節タンパク質 A
調節遺伝子 B
調節遺伝子 C
調節タンパク質 B
調節タンパク質 C
遺伝子 D
遺伝子 E
遺伝子 F
遺伝子 G
タンパク質 D
タンパク質 E
タンパク質 F
タンパク質 G

ある調節遺伝子によってつくられた調節タンパク質が，さらに別の調節遺伝子の発現を促す場合がある。このしくみが連続的に起こり，細胞がそれぞれ特有の形やはたらきをもつようになる。

Zoom up ハウスキーピング遺伝子

ATP の合成や分解，糖・脂質・アミノ酸の代謝，核酸やタンパク質の合成などの細胞の基本的なはたらきに関する酵素は，生命維持に不可欠であり，これらをつくる遺伝子は，からだ中のどの細胞でも発現している。このような遺伝子を**ハウスキーピング遺伝子**という。
一方，多細胞生物のからだを構成する細胞が多様なのは，それぞれの細胞の特徴に応じた遺伝子が特異的に発現しているためである。
ハウスキーピング遺伝子のように，細胞の生存のために常に遺伝子が発現していることを**構成的発現**，細胞の種類や発生段階，細胞の状況に応じて発現の状態が変化する場合，これを**調節的発現**という。

Column 細胞の分化とエピジェネティック制御

ヒトのからだを構成する細胞は，約 270 種類もの細胞からできている。からだは受精卵，つまり 1 つの細胞が分裂・増殖をくり返して，その細胞が皮膚や神経といった特定のはたらきをもつ細胞へと分化することでつくられる。からだを構成するすべての細胞が，同じ DNA の塩基配列をもつにもかかわらず，異なる機能や形態をもつ細胞になることができるのは，発生や分化の過程において，DNA やヒストンへの化学的な修飾(メチル化やアセチル化)により，細胞ごとに，それぞれ異なる遺伝子の発現が促進されたり抑制されたりするためである。このような化学的な修飾(細胞の「記憶」)は，その後，細胞が分裂をくり返しても引き継がれる。このように，細胞の遺伝子発現を制御し，その記憶を継承するしくみがエピジェネティック制御である。
1942 年に，イギリスのウォディントンは，「エピジェネティクス」(「エピ(上や後)を意味する接頭語」+ジェネティクス(遺伝学)」)という用語をつくり，その概念を山頂からボールが上から下へと転がり落ちていくイメージに例えて表現した(右図)。山頂が最も未分化な状態(受精卵)で，細胞は分岐した谷間を転げ落ちるように一方向に分化して，もとにはもどらないという概念である。
2003 年のヒトゲノム解明後，各細胞ごとの DNA やヒストンに付与された化学的な修飾(エピゲノム)を解読する研究が進められている。また，がんなどの疾患細胞を含めたさまざまな細胞のエピゲノム解読も進められている。

ウォディントンが提唱したエピジェネティクスの概念図

受精卵
未分化
分化
さまざまな種類の細胞に分化する

一度分化した細胞は，もとにもどったり，別の細胞に分化したりすることはない。

14 遺伝子発現と細胞の分化(2)

生物基礎
生物

A 発生と遺伝子

発生の過程で，細胞はさまざまな形態と機能をもつように分化していく。しかし，細胞の形やはたらきが変化しても，核の中の遺伝情報は変わらない。

■カエルの核移植実験(▶ p.135)

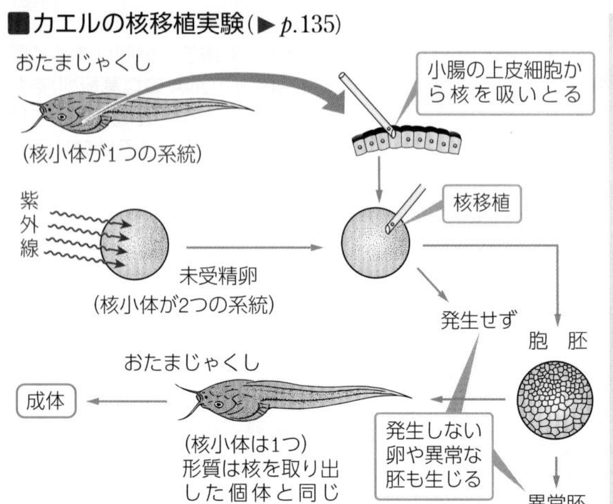
おたまじゃくし
(核小体が1つの系統)
小腸の上皮細胞から核を吸いとる
紫外線
核移植
未受精卵
(核小体が2つの系統)
発生せず
胞胚
おたまじゃくし
成体
(核小体は1つ)
形質は核を取り出した個体と同じ
発生しない卵や異常な胚も生じる
異常胚

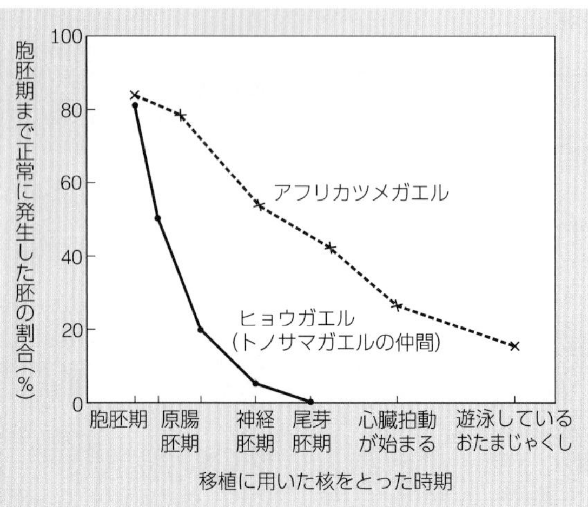
胞胚期まで正常に発生した胚の割合(%)
100
80
60
40
20
0
アフリカツメガエル
ヒョウガエル
(トノサマガエルの仲間)
胞胚期
原腸胚期
神経胚期
尾芽胚期
心臓拍動が始まる
遊泳しているおたまじゃくし
移植に用いた核をとった時期

この実験(ガードン，1962)から，分化した細胞の核も，基本的に受精卵の核と同じ遺伝情報をもつ(=同じ能力をもつ)ことと，発生が進むにつれて核の機能も変化していくため，初期発生に必要な遺伝情報を発現できない核が多くなっていくことがわかる。

B 発生に伴う遺伝子発現の変化

ショウジョウバエやユスリカの幼虫の唾腺染色体に見られる**パフ**を観察すると，時期や状況によって転写が活性化している部位が変化することがわかる。

■パフ

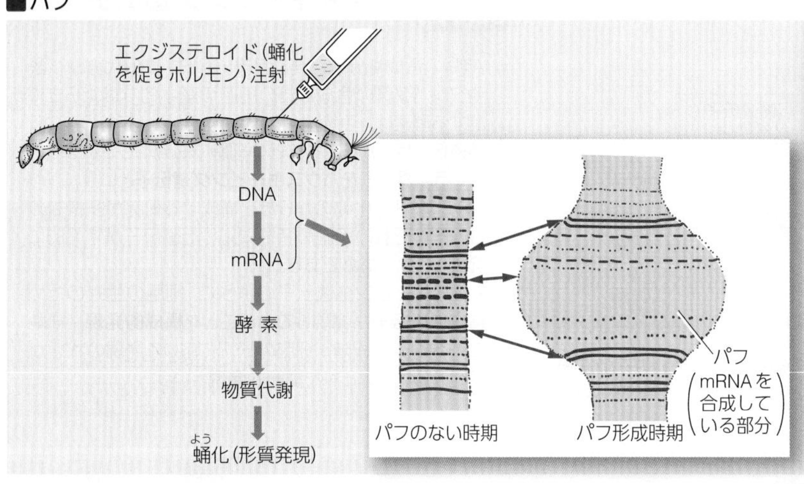
エクジステロイド(蛹化を促すホルモン)注射
DNA
mRNA
酵素
物質代謝
蛹化(形質発現)
パフのない時期
パフ形成時期
パフ
mRNAを合成している部分

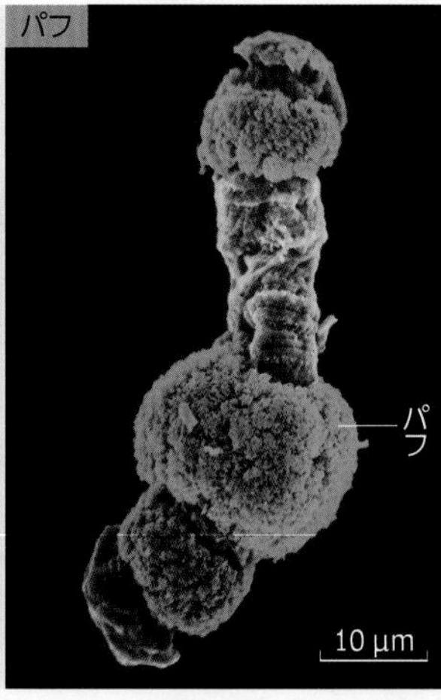
パフ
パフ
10 μm

ハエやカの仲間の幼虫にエクジステロイドを注射すると蛹化(ようか)のための遺伝子が活性化されて代謝を調節し，蛹化を起こす。このとき，唾腺などの細胞の巨大染色体では，染色体の一部がほどけて外にはみ出したパフとよばれる膨らみを観察することができる。この部分では，mRNAの合成(転写)が行われている。

■変態に伴うパフの変化

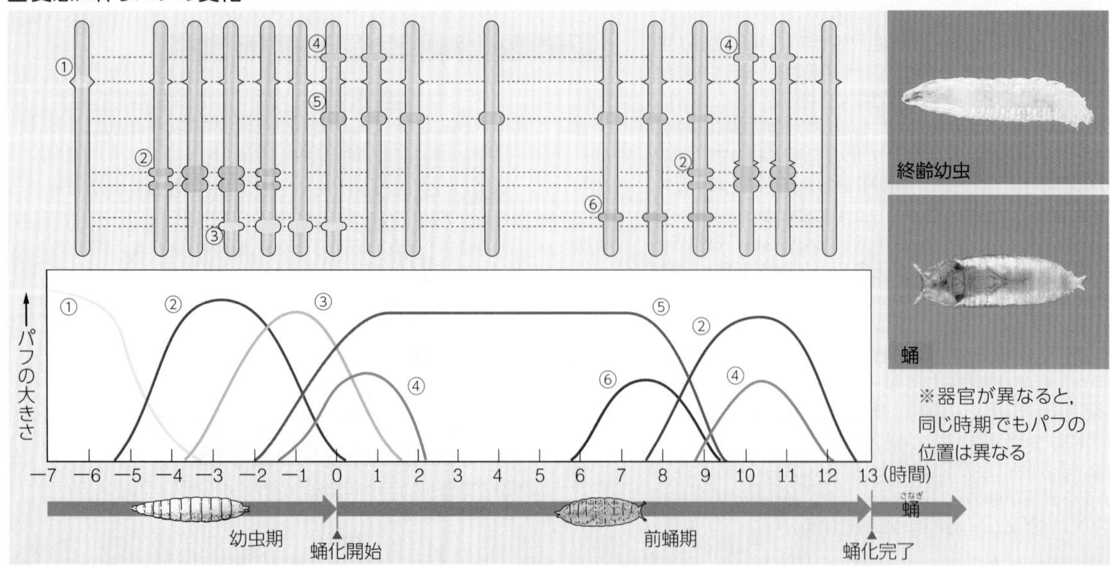
①
②
③
④
⑤
⑥
パフの大きさ
−7 −6 −5 −4 −3 −2 −1 0 1 2 3 4 5 6 7 8 9 10 11 12 13 (時間)
幼虫期
蛹化開始
前蛹期
蛹化完了
蛹
終齢幼虫
蛹

※器官が異なると，同じ時期でもパフの位置は異なる

左図はキイロショウジョウバエの唾腺染色体のうち第Ⅲ染色体のパフの位置が，発生に伴って変化するようす，および発生の過程で現れる各パフの大きさと持続時間を示したものである。特定の位置のパフは，脱皮・変態の直前など特定の時期や発生段階に限って現れる。このように，発生段階に伴い異なる遺伝子が活性化することによって分化が進行し，からだの構造ができあがっていくと考えられている。

Keywords 核移植(nuclear transplantation)，パフ(puff)

15 唾腺染色体の観察 生物基礎 生物

A 探究 ユスリカの幼虫の唾腺染色体の観察 基 生

ユスリカ

ユスリカの成虫

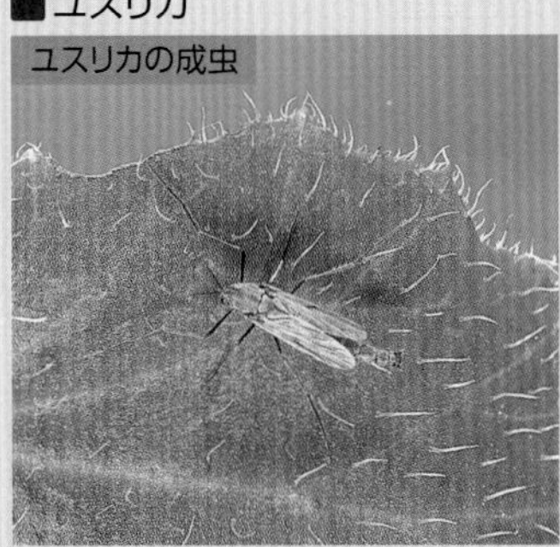

ユスリカの幼虫（アカムシ）

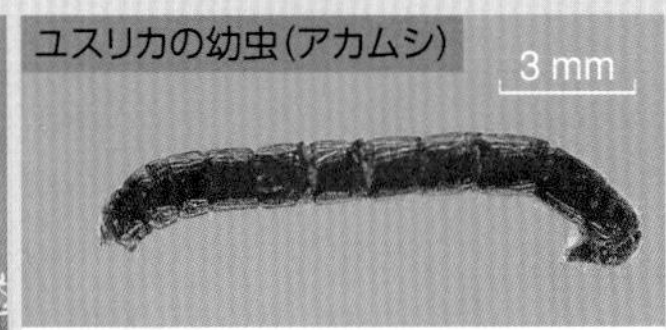
3 mm

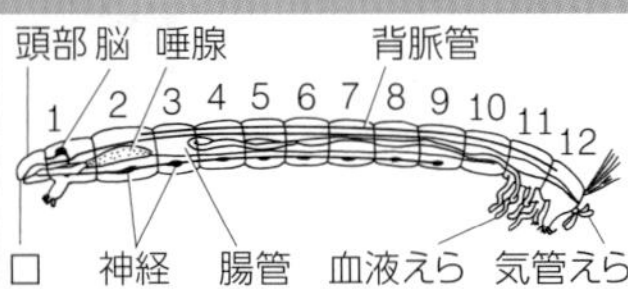
頭部
脳
唾腺
背脈管
1 2 3 4 5 6 7 8 9 10 11 12
口
神経
腸管
血液えら
気管えら

ユスリカ科の幼虫のうち，赤色を呈（てい）するものをアカムシという。釣具店やペットショップで市販されるアカムシは，オオユスリカ($2n=6$)やアカムシユスリカ($2n=6$)で，汚れた水のたまった側溝などで採取できるアカムシは，セスジユスリカ($2n=8$)である。

唾腺染色体

唾腺染色体は，ユスリカやキイロショウジョウバエなどの双翅（そうし）類の幼虫の，唾腺にある細胞中に見られる。

①複製をくり返した染色体が分離せず束状になっており，ふつうの体細胞の染色体より 100 ～ 150 倍の大きさになっている。

②染色体ごとに特有の多数のしま模様が見られ，ところどころにパフ(▶ p.98)とよばれる膨らんだ部分が観察できる。

③相同染色体が対合した状態になっているため，その本数は，体細胞の半分である。

観察方法

①柄付き針でアカムシの頭部を押さえ，ピンセットで 3 ～ 5 節目をつかんで内臓を引き抜く。

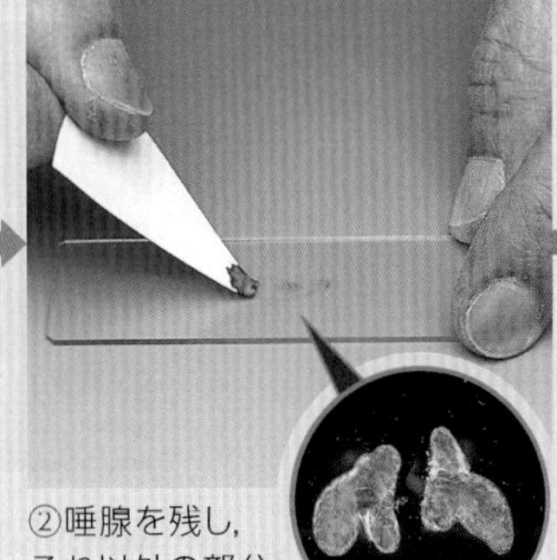

②唾腺を残し，それ以外の部分をろ紙で取り除く。

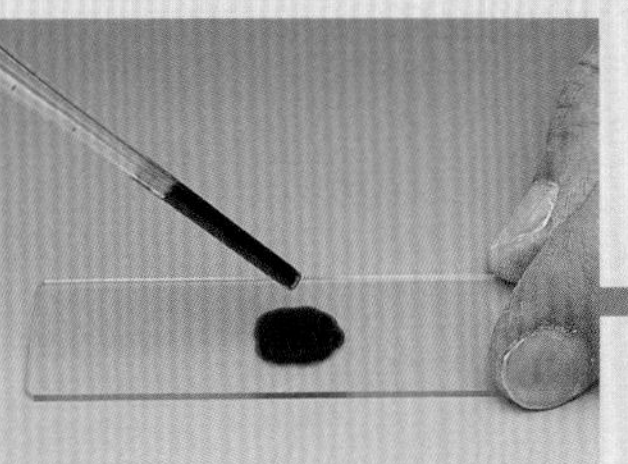

③酢酸オルセイン液を 1 滴落とし，5 ～ 10 分おいて染色する。

④カバーガラスをかけて，アルコールランプの炎に軽くかざす。

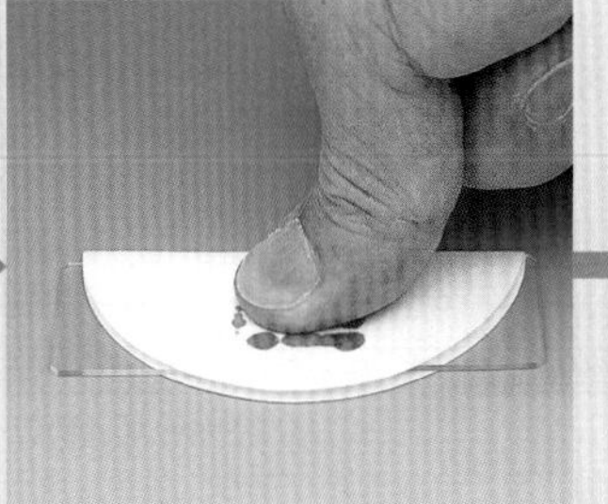

⑤プレパラートを 2 つに折ったろ紙にはさみ，親指の腹で上から静かに押しつぶす。

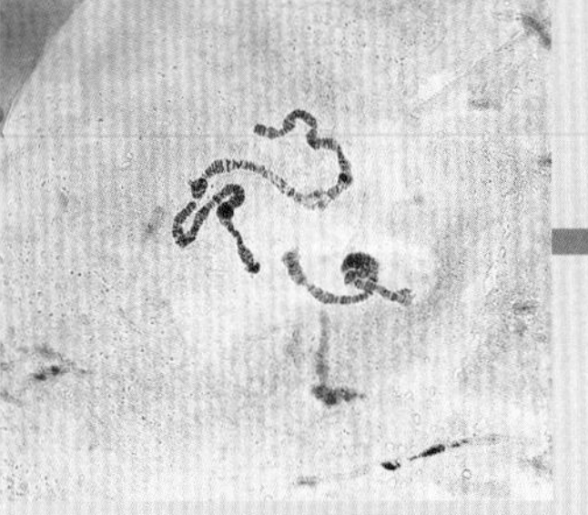

⑥ 100 ～ 150 倍程度の低倍率で唾腺細胞をさがし，600 倍程度の高倍率に変えて観察する。

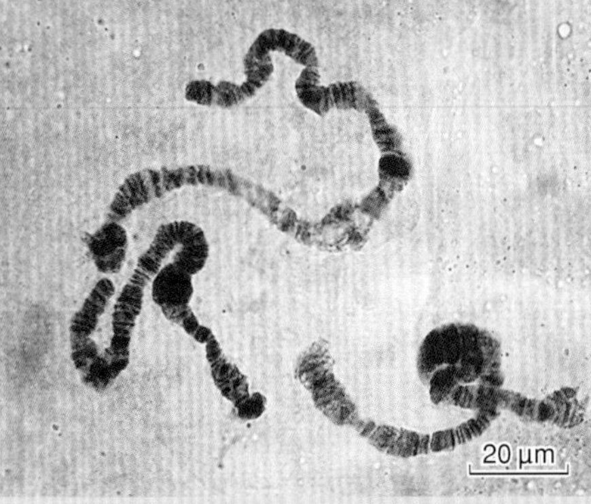
20 µm

⑦唾腺染色体は，分裂期でないのに太く凝集している。染色体が膨らんでしま模様がわかりにくくなっている部分はパフ(▶ p.98)とよばれ，その部分の遺伝子が活性化している。

B 探究 いろいろな唾腺染色体 基 生

キイロショウジョウバエ

キイロショウジョウバエの成虫

キイロショウジョウバエの幼虫

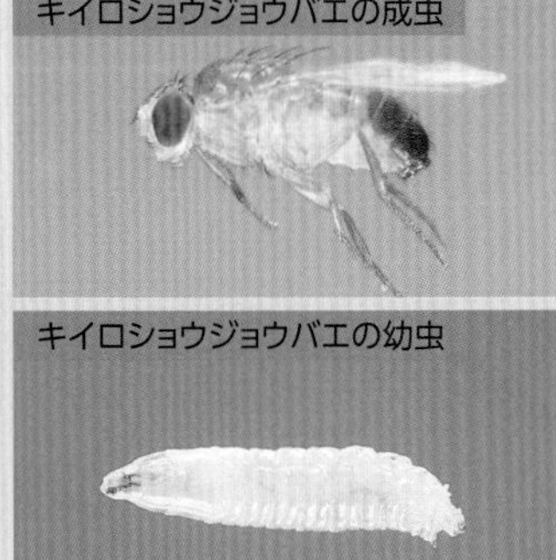
1 mm

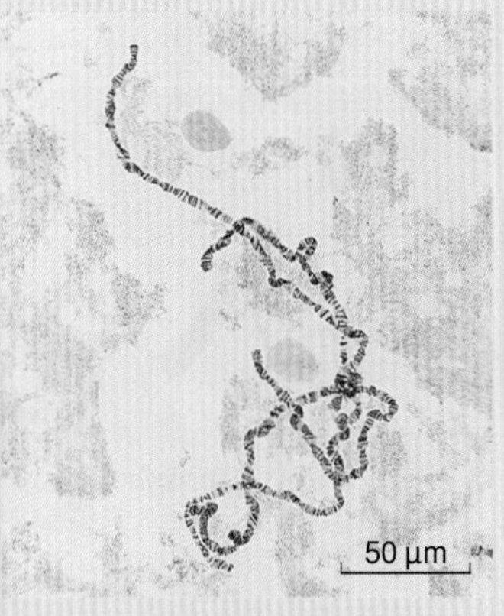
50 µm

セスジユスリカ

セスジユスリカの成虫

セスジユスリカの幼虫

5 mm

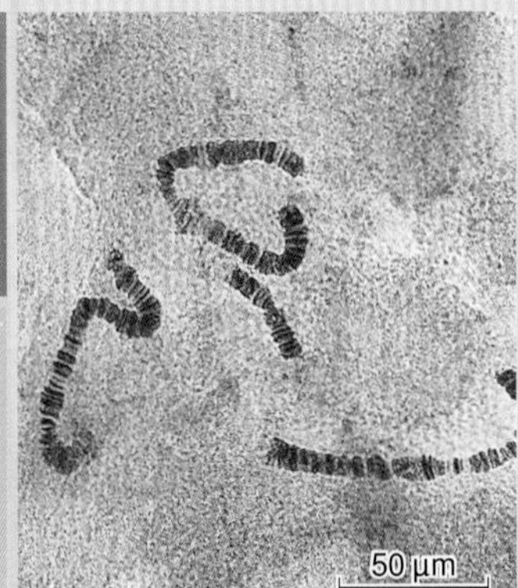
50 µm

第3編 遺伝情報の発現

16 遺伝子導入(1)

生物基礎　生物

A 遺伝子組換え

遺伝子の運び屋(**ベクター**)を用い，特定の遺伝子を生物の細胞に導入し，従来の生殖ではありえない，他の生物の遺伝子をもつ生物をつくり出すことが可能になった。

■大腸菌によるヒトインスリンの生産

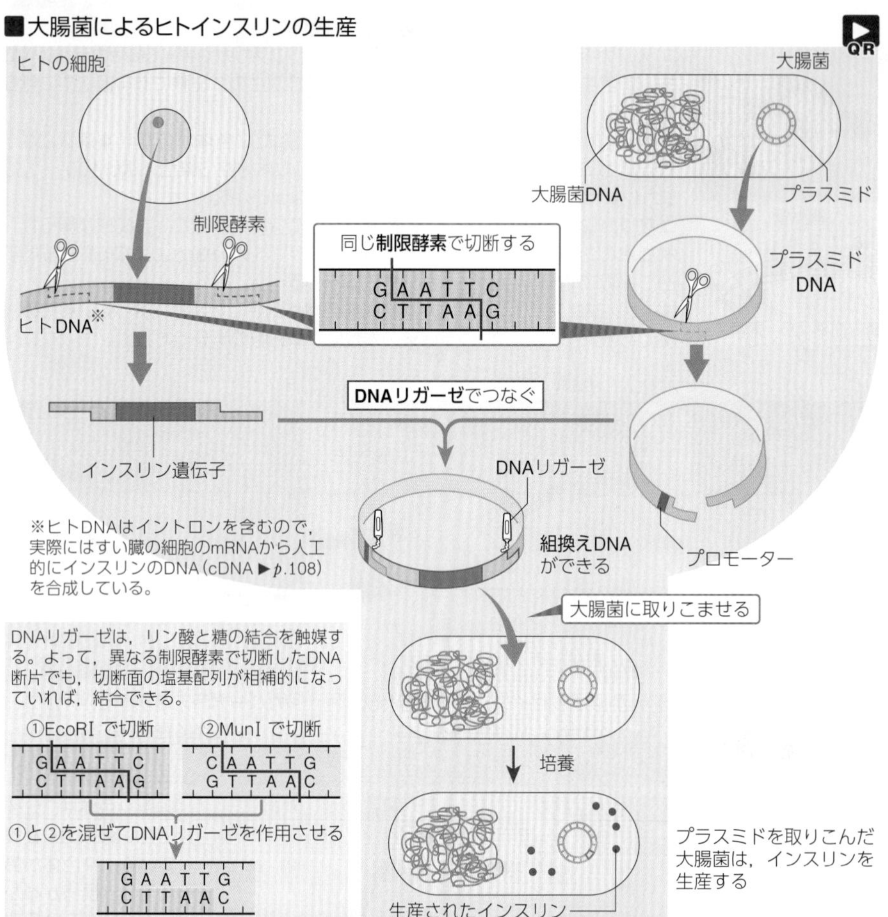

ヒトの細胞
大腸菌
大腸菌DNA
プラスミド
制限酵素
同じ制限酵素で切断する
G A A T T C
C T T A A G
ヒトDNA※
プラスミドDNA
DNAリガーゼでつなぐ
インスリン遺伝子
DNAリガーゼ
組換えDNAができる
プロモーター
※ヒトDNAはイントロンを含むので，実際にはすい臓の細胞のmRNAから人工的にインスリンのDNA(cDNA ▶p.108)を合成している。
大腸菌に取りこませる
DNAリガーゼは，リン酸と糖の結合を触媒する。よって，異なる制限酵素で切断したDNA断片でも，切断面の塩基配列が相補的になっていれば，結合できる。
①EcoRI で切断
②MunI で切断
G A A T T C
C T T A A G
C A A T T G
G T T A A C
①と②を混ぜてDNAリガーゼを作用させる
G A A T T G
C T T A A C
培養
プラスミドを取りこんだ大腸菌は，インスリンを生産する
生産されたインスリン

制限酵素　特定の塩基配列の部分でDNAを切断する酵素。細菌がもつ酵素で，細胞内に侵入するウイルスのDNAなど，外来のDNAを特異的に切断して，細胞を守るはたらきがある。

プラスミド　細菌などの細胞内にある自律的に増殖する小さな環状のDNAで，切り出した有用遺伝子を細胞内に導入するベクターとしてよく利用される。

DNAリガーゼ　DNAどうしをつなぎ合わせる酵素。複製における岡崎フラグメントの結合や，DNAの修復に使われる。大腸菌から発見された。

■インスリンを生産する大腸菌

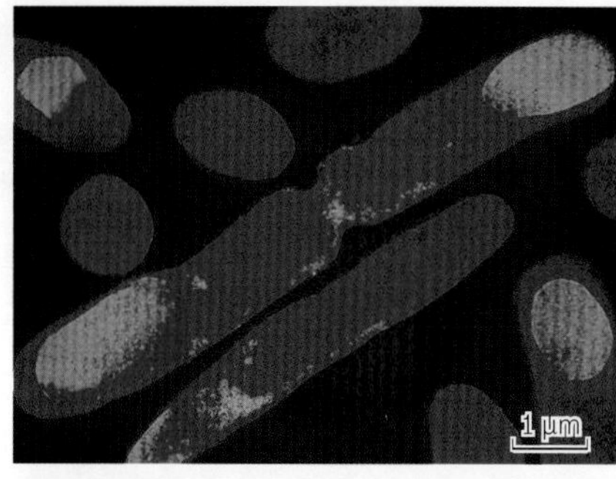

1 µm

■大腸菌のプラスミド

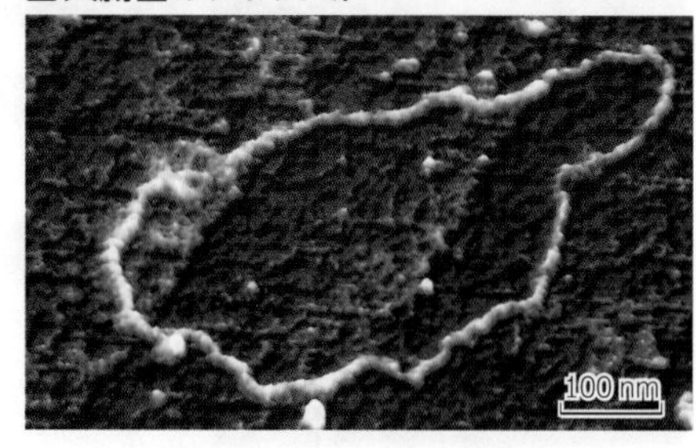

100 nm

■制限酵素

BamHI (バムエイチワン)
・・・・G G A T C C・・・・
・・・・C C T A G G・・・・

EcoRI (エコアールワン)
・・・・G A A T T C・・・・
・・・・C T T A A G・・・・

PstI (ピーエスティーワン / プストワン)
・・・・C T G C A G・・・・
・・・・G A C G T C・・・・

SmaI (スマワン)
・・・・C C C G G G・・・・
・・・・G G G C C C・・・・

――切断部位

制限酵素にはさまざまな種類があり，種類によって切断する部位の塩基配列や切断の仕方は異なる。

■ベクターの種類

ベクター	導入細胞	性　質
プラスミド	細菌	もともと細菌間で移動するDNAであり，細菌への遺伝子導入で最もよく用いられる
ウイルス	真核細胞 細菌	プラスミドよりも大きいDNA断片を運べるので，導入したい遺伝子のサイズが大きいときに用いられる
アグロバクテリウム	植物	植物に感染する細菌で，この細菌がもつプラスミドに導入したい遺伝子を組みこむ
人工染色体	真核細胞	宿主染色体とは独立に存在できる必要最小限の染色体として開発された。大きいDNA断片の運搬が可能で，制限酵素の切断部位やマーカー遺伝子も組みこむことができる

アデノウイルス　センダイウイルス　アグロバクテリウム

■プラスミドの構造の例

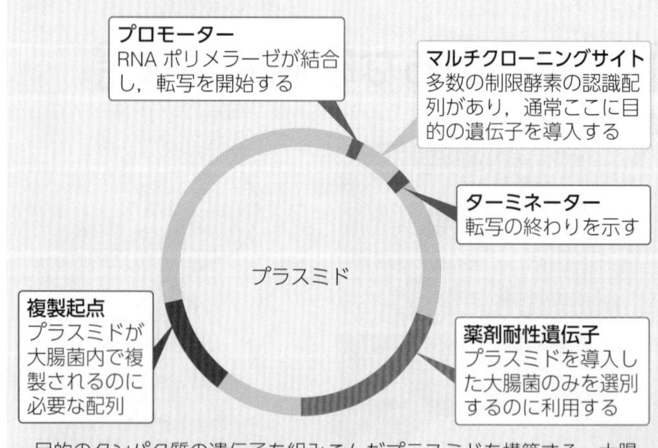

プロモーター
RNAポリメラーゼが結合し，転写を開始する
マルチクローニングサイト
多数の制限酵素の認識配列があり，通常ここに目的の遺伝子を導入する
ターミネーター
転写の終わりを示す
プラスミド
複製起点
プラスミドが大腸菌内で複製されるのに必要な配列
薬剤耐性遺伝子
プラスミドを導入した大腸菌のみを選別するのに利用する

目的のタンパク質の遺伝子を組みこんだプラスミドを構築する。大腸菌に取りこませることで形質転換を行い，大腸菌の体内で目的の遺伝子を発現させる。

Keywords　遺伝子組換え(gene recombination)，制限酵素(restriction enzyme)，DNAリガーゼ(DNA ligase)，組換えDNA(recombinant DNA)

B 組換え体の選別(スクリーニング)

■マーカー遺伝子(選択マーカー)

遺伝子が実際に導入される確率は低いため，遺伝子が導入された細胞を選別する必要がある。そのために用いられるのが**マーカー遺伝子**である。

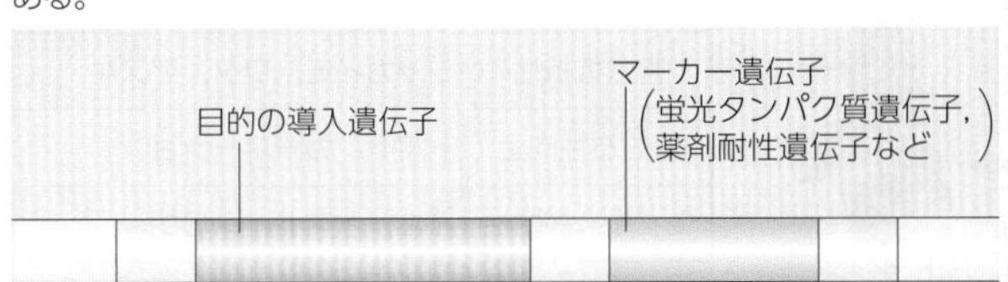

目的の導入遺伝子
マーカー遺伝子
(蛍光タンパク質遺伝子，薬剤耐性遺伝子など)

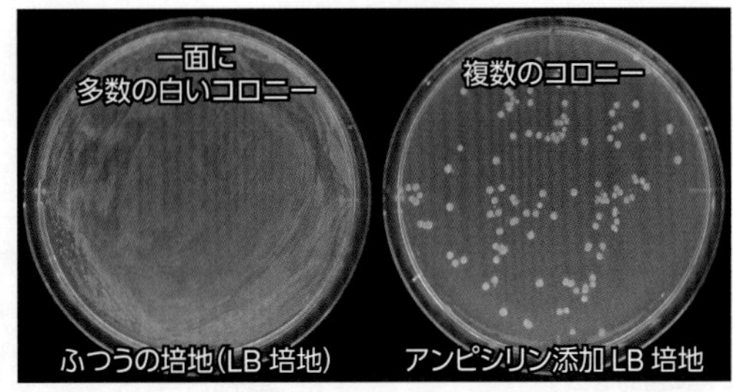

一面に
多数の白いコロニー
複数のコロニー
ふつうの培地(LB 培地)
アンピシリン添加 LB 培地

アンピシリン耐性遺伝子をマーカー遺伝子として用いた場合，ふつうの培地ではすべての大腸菌が生育するが，アンピシリン添加培地では，導入したい遺伝子を取りこんだ大腸菌のみがアンピシリン耐性をもつことになり，生育してコロニーを形成する。

■青白選択(ブルー・ホワイトセレクション)　ベクターを用いて遺伝子を導入し，目的の遺伝子が導入された細胞を色によって識別する方法。

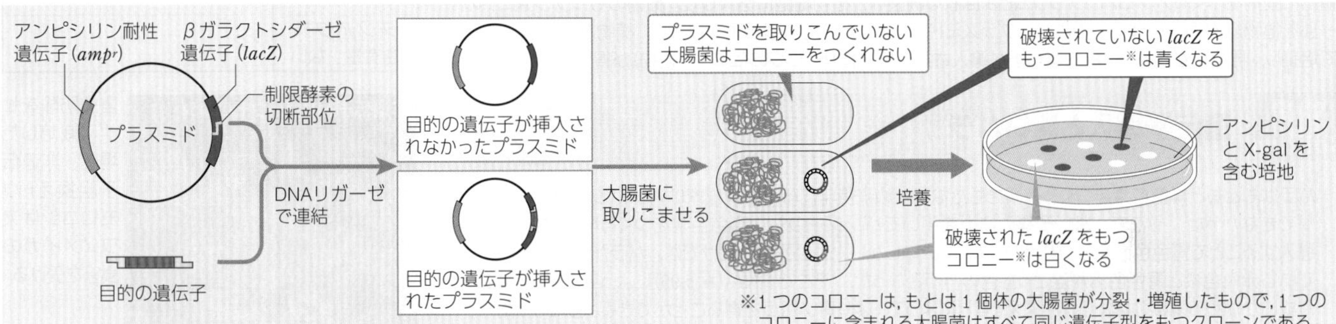

アンピシリン耐性
遺伝子(amp^r)
βガラクトシダーゼ
遺伝子(*lacZ*)
制限酵素の
切断部位
プラスミド
DNAリガーゼ
で連結
目的の遺伝子
目的の遺伝子が挿入されなかったプラスミド
目的の遺伝子が挿入されたプラスミド
大腸菌に
取りこませる
プラスミドを取りこんでいない
大腸菌はコロニーをつくれない
培養
破壊されていない *lacZ* を
もつコロニー※は青くなる
アンピシリンと X-gal を含む培地
破壊された *lacZ* をもつ
コロニー※は白くなる

※1つのコロニーは，もとは1個体の大腸菌が分裂・増殖したもので，1つのコロニーに含まれる大腸菌はすべて同じ遺伝子型をもつクローンである。

①プラスミドにはあらかじめ amp^r(アンピシリン耐性遺伝子)と *lacZ*(βガラクトシダーゼ遺伝子。βガラクトシダーゼはラクトースを分解する酵素だが，ラクトースの類縁体である X-gal も分解し，X-gal が分解されると青色の化合物が生じる)が含まれている。*lacZ* の内部には，②で用いる制限酵素の切断部位がある。
②目的の遺伝子とプラスミドを同じ制限酵素で切断する。これらを混合し，DNA リガーゼで連結する(ライゲーション)。
③②を *lacZ* に変異をもつ大腸菌と混合し，大腸菌にプラスミドを取りこませる。
④大腸菌を，アンピシリンと X-gal を含む培地で培養する。すると，プラスミドを取りこんだ大腸菌(amp^r をもつ)のみが増殖できる。また，目的の遺伝子が導入された細胞は *lacZ* が破壊されているため白いコロニー，目的の遺伝子が導入されていない細胞は *lacZ* がはたらくため青いコロニーとなる。

C ゲノム編集

DNA の塩基配列の特定の部分を認識して切断する酵素を用い，遺伝子を導入・破壊・置換する技術。

■CRISPR-Cas9(クリスパー キャスナイン)システムによるゲノム編集

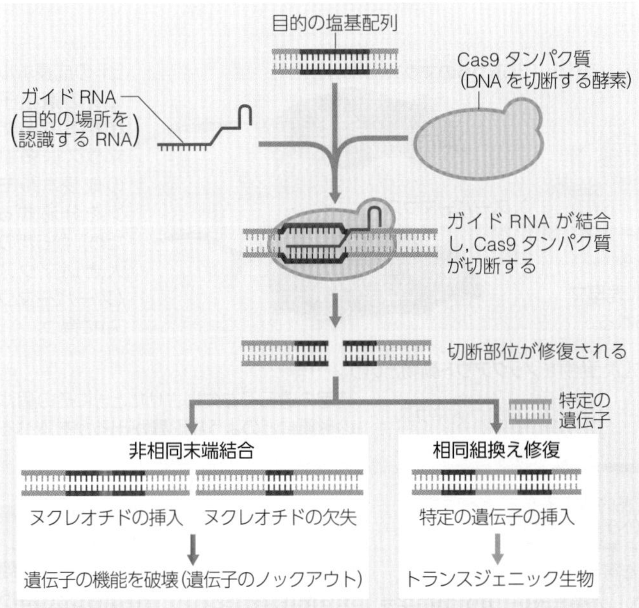

目的の塩基配列
Cas9 タンパク質
(DNA を切断する酵素)
ガイド RNA
(目的の場所を認識する RNA)
ガイド RNA が結合し，Cas9 タンパク質が切断する
切断部位が修復される
特定の
遺伝子
非相同末端結合
相同組換え修復
ヌクレオチドの挿入
ヌクレオチドの欠失
特定の遺伝子の挿入
遺伝子の機能を破壊(遺伝子のノックアウト)
トランスジェニック生物
ゲノム編集では，DNAと相補的に結合するガイドRNAを使うことで，目的の場所に対して操作することができる

■食品の遺伝子操作と規制

	品種改良	ゲノム編集		遺伝子組換え
方法	人工交配など	遺伝子を破壊する	外来の遺伝子を導入する	外来の遺伝子を導入する
精度	低い	高い	高い	低い
規制	規制対象外	届け出制	遺伝子組換え食品の規制対象	遺伝子組換え食品の規制対象

※最終的に他の生物の核酸(DNA や RNA)が残っていなければ規制の対象にならない。

Column 細菌の免疫システムーCRISPR-Cas9

ゲノム編集に用いられるCRISPR-Cas9は，細菌(バクテリア)やアーキア(古細菌)がもつ免疫システムを利用したものである。細菌の体内にバクテリオファージなどのウイルスが侵入すると，細菌はファージがもつDNA を分解し，その一部を自身の DNA に取りこむ。そして，再び侵入を受けると，保存した DNA から合成された CRISPR RNA が侵入したDNA を認識し，Cas9 タンパク質が侵入した DNA を切断する。このようなシステムによって，細菌は体内に侵入したファージなどを排除している。

ベクター (vector)，プラスミド(plasmid)，コロニー (colony)，クローン(clone)，ゲノム編集(genome editing)

17 遺伝子導入(2) 生物基礎 生物

A トランスジェニック植物

本来もっていない外来の遺伝子を導入された生物を**トランスジェニック生物**という。植物ではアグロバクテリウムを用いて導入されることが多い。

■アグロバクテリウムによる遺伝子導入

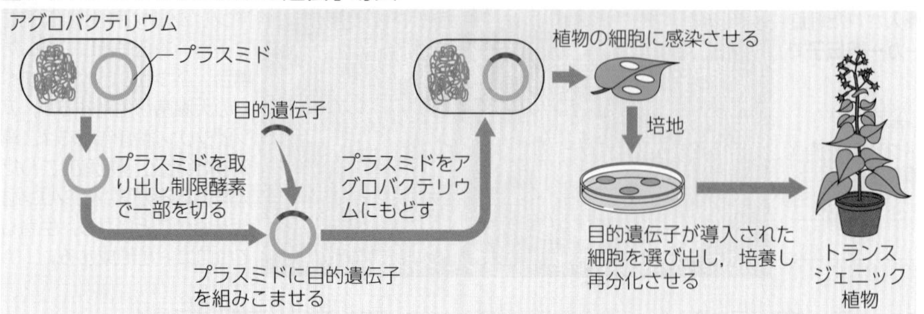

アグロバクテリウム
プラスミド
目的遺伝子
プラスミドを取り出し制限酵素で一部を切る
プラスミドをアグロバクテリウムにもどす
プラスミドに目的遺伝子を組みこませる
植物の細胞に感染させる
培地
目的遺伝子が導入された細胞を選び出し，培養し再分化させる
トランスジェニック植物

植物に腫瘍をつくるアグロバクテリウムとよばれる細菌は，植物細胞に感染して，細菌のもつプラスミドの一部を植物細胞の染色体に組みこむ。プラスミドに導入したい目的遺伝子を挿入し，植物細胞に感染させて培養し，再分化させると，目的遺伝子が導入された植物体(トランスジェニック植物)が得られる。

■遺伝子組換え植物の例

形質	植物例
除草剤耐性	ダイズ，ナタネ，トウモロコシ
害虫抵抗性	ジャガイモ，ワタ，アズキ
日もち性向上	トマト，カーネーション
ウイルス病耐性	イネ，トマト，メロン
アレルギーの原因物質の低減	イネ
花の色変わり	カーネーション，トレニア
タンパク質含有量少ない	イネ

非遺伝子組換えトウモロコシ

害虫防除をせずに栽培した場合，非遺伝子組換えトウモロコシはアワノメイガの食害を受ける。

遺伝子組換えトウモロコシ

害虫抵抗性の遺伝子組換えトウモロコシは，アワノメイガの幼虫に対して抵抗性を示すため，食害を受けずにすむ。

Column 遺伝子導入と青いバラ

バラはもともと青色色素をつくる酵素をもたないため，長年，バラの育種家は青いバラをつくることができなかった。そこで，遺伝子導入技術を用いてパンジーのもつ青色色素をつくる酵素をバラに導入することで青色色素をもつバラがつくられた。しかし，遺伝子導入だけでは，バラがもともともっている赤色色素と青色色素が混ざった色のバラとなった。そこでRNAi(▶ p.95)によってバラの色素合成にかかわる酵素のはたらきを抑えることによって，より青いバラを得ることができるようになった。

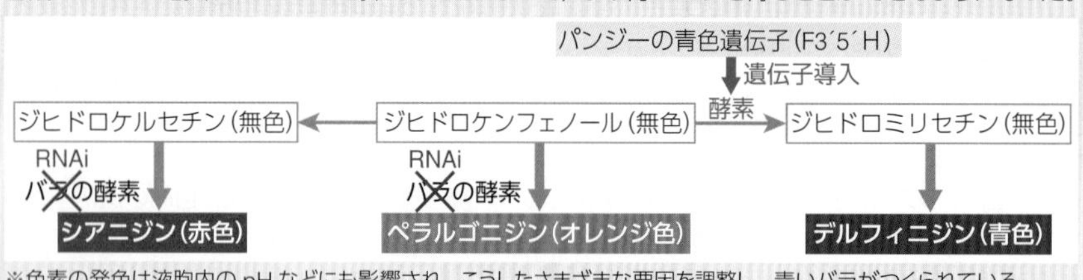

パンジーの青色遺伝子(F3´5´H)
遺伝子導入
酵素
ジヒドロケルセチン(無色)
ジヒドロケンフェノール(無色)
ジヒドロミリセチン(無色)
RNAi
バラの酵素
RNAi
バラの酵素
シアニジン(赤色)
ペラルゴニジン(オレンジ色)
デルフィニジン(青色)

※色素の発色は液胞内のpHなどにも影響され，こうしたさまざまな要因を調整し，青いバラがつくられている。

B トランスジェニック動物

動物の遺伝子導入では，受精卵やES細胞に直接注入したり，ウイルスをベクターとして導入したりすることが多い。

■マイクロインジェクション法による遺伝子導入

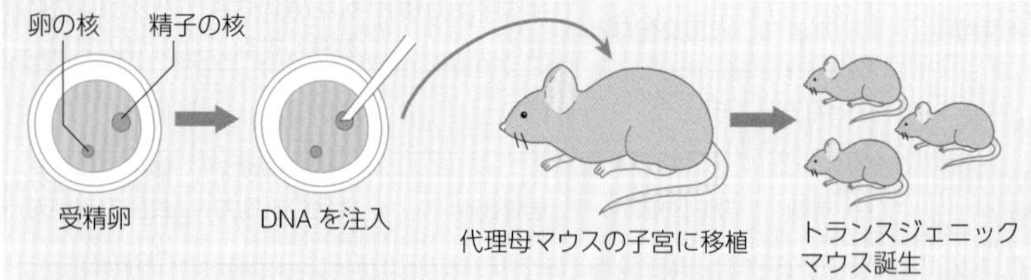

卵の核
精子の核
受精卵
DNAを注入
代理母マウスの子宮に移植
トランスジェニックマウス誕生

受精卵に目的の遺伝子を含むDNAを微量注入して染色体に組みこませる。これを代理母マウスの子宮に移植してそのまま発生させると，目的遺伝子が導入されたマウスが得られる。

ふつうのマウス
スーパーマウス

ヒトの成長ホルモンの遺伝子を組みこんだマウスは多量の成長ホルモンを分泌するため，からだの大きいマウス(スーパーマウス)に育つ。

■ノックアウト動物

特定の遺伝子(標的遺伝子)を欠損させてはたらかないようにした動物を**ノックアウト動物**という。

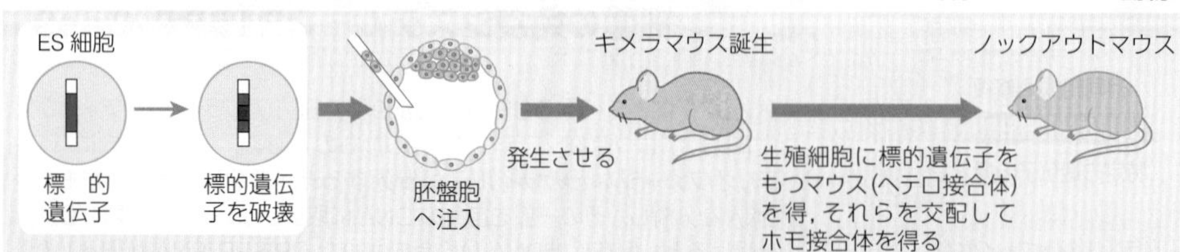

ES細胞
標的遺伝子
標的遺伝子を破壊
胚盤胞へ注入
発生させる
キメラマウス誕生
生殖細胞に標的遺伝子をもつマウス(ヘテロ接合体)を得，それらを交配してホモ接合体を得る
ノックアウトマウス

ES細胞(▶ p.142)から標的遺伝子を欠損した細胞をつくり，この細胞を胚盤胞に注入して発生させ，標的遺伝子を欠損した細胞が混ざったキメラマウス(▶ p.145)をつくる。このキメラマウスの子孫に，受精卵の段階から標的遺伝子の欠損したノックアウトマウスが生じる。

特定の遺伝子を欠損させたときにその個体の形質にどのような影響が出るかを調べることで，その特定の遺伝子の役割を調べる研究が進められている。
近年，ノックアウト動物の作製にもゲノム編集技術(▶ p.101)が用いられるようになり，ES細胞が得られない動物でも効率よく簡便な操作でノックアウト個体が得られるようになっている。

Keywords トランスジェニック生物(transgenic organisms)，アグロバクテリウム(agrobacterium)

18 遺伝子組換え実験

生物基礎
生物

A 探究 大腸菌の形質転換実験

緑色蛍光タンパク質(GFP)の遺伝子が組みこまれたプラスミドとβガラクトシダーゼ(lacZ)の遺伝子が組みこまれたプラスミドを大腸菌に導入して形質転換させてみよう。

■ LB 寒天培地の作製

※ X-gal は lacZ によって分解されると青くなる。

LB 寒天培地(LB)，アンピシリン(抗生物質)を含む LB 寒天培地(LB/amp)，アンピシリンと IPTG および X-gal※を含む LB 寒天培地(LB/amp・X-gal・IPTG)の 3 種類を作製する。

① LB 粉末，寒天などの材料に精製水を加え，オートクレーブで加熱・加圧滅菌する。

②①の溶液をゆっくりゆらしてよく混合し，プレートに分けて注ぐ。

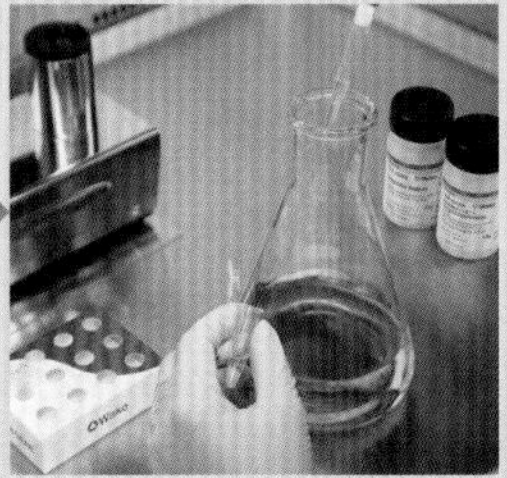

③アンピシリンや IPTG などは，①の溶液が 60 ℃未満に低下してから加える。

■プラスミド　2 種類を混合して使用する。

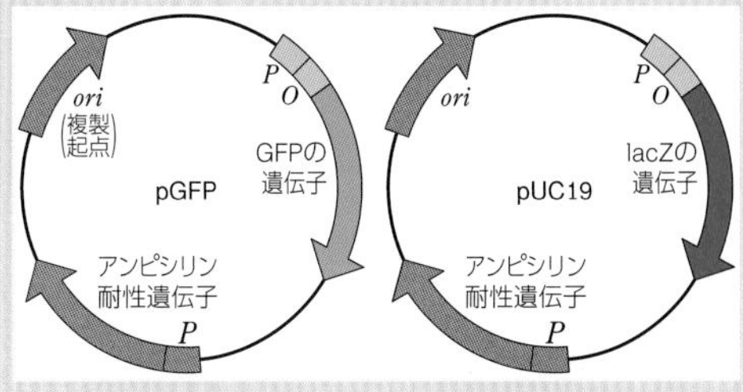
ori
(複製起点)
P
O
GFPの
遺伝子
pGFP
アンピシリン
耐性遺伝子
P
ori
P
O
lacZの
遺伝子
pUC19
アンピシリン
耐性遺伝子
P

アンピシリン耐性遺伝子をもつため，これらのプラスミドを取りこんだ大腸菌は LB/amp 培地で生育できる。*GFP*，*lacZ* は，ラクトースオペロンのプロモーター (*P*) とオペレーター (*O*) につながっており，誘導物質である IPTG によって発現が誘導される。

■形質転換実験

「遺伝子組換え生物等規制法」およびこの法に基づく省令に則って行うこと。詳しくは文部科学省のホームページなどで確認できる。

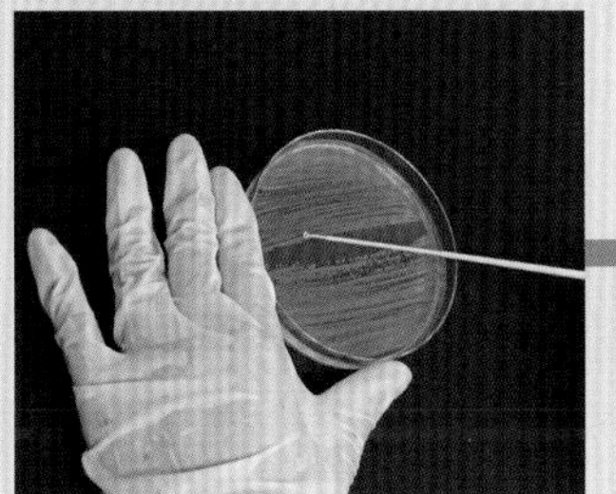

①大腸菌を培養している LB 培地からループを用いてコロニーを 1 つかき取る。

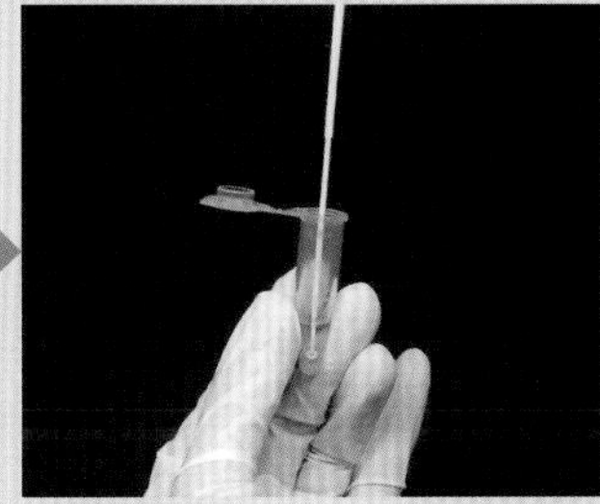

②形質転換溶液を入れたマイクロチューブに①の大腸菌を加え，よく混合した後，氷上に5分間静置する。

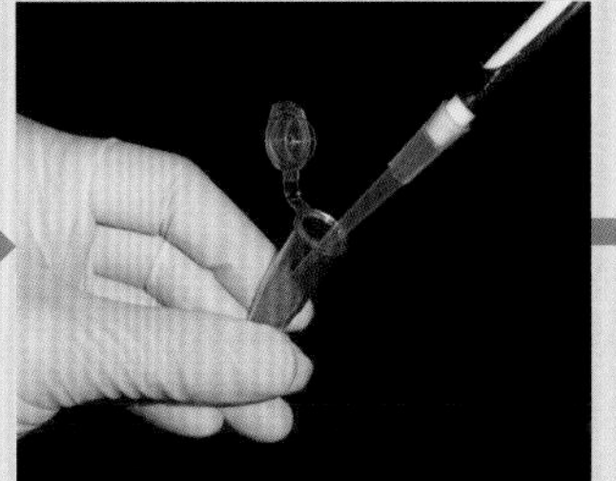

③②に 2 種類のプラスミドを含むプラスミド溶液を加えてよく混合した後，氷上に 10 分間静置する。

③でプラスミド溶液を加えない試料も用意し，対照実験も含めて，次のような試料と培地の組み合わせで実験を行う。

プラスミド溶液	使用培地
なし	LB
なし	LB/amp
あり	LB/amp
あり	LB/amp・X-gal・IPTG

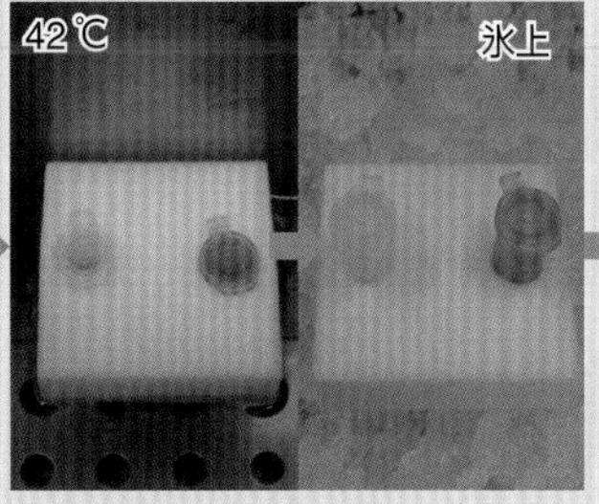
42 ℃
氷上

④③を42 ℃の恒温槽に1分間浸した後，すばやく氷上にもどす(ヒートショック)。

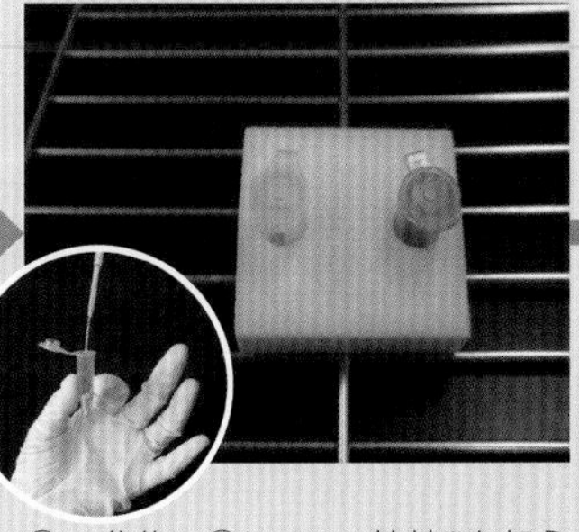

⑤ 2 分後，④に SOC 培地※を加えて混合し，37 ℃で 10 分間静置する。

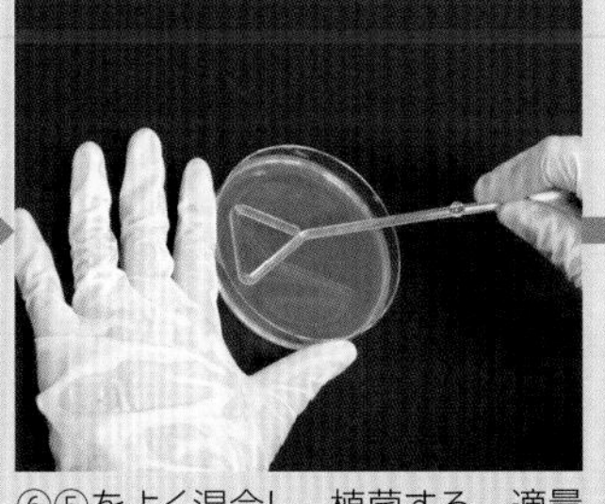

⑥⑤をよく混合し，植菌する。適量を培地に滴下しコンラージ棒で広げる。

⑦培地にふたをして逆さまにし，37 ℃で 1 日静置して培養する。

※ SOC 培地は，ヒートショックによってダメージを受けた大腸菌を回復させ，形質転換効率を上げる。

■実験結果

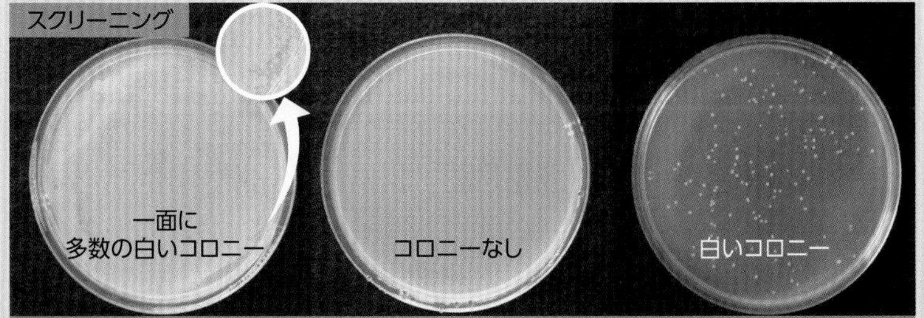
スクリーニング
一面に
多数の白いコロニー
コロニーなし
白いコロニー

プラスミドなし，LB 培地　プラスミドなし，LB/amp 培地　プラスミドあり，LB/amp 培地

プラスミドが大腸菌に導入される割合はきわめて低いため，導入できた大腸菌だけを選び出す必要がある。プラスミドを取りこんだ大腸菌は LB/amp 培地でも生育できるが，取りこんでいない大腸菌は生育できない。これを利用して遺伝子導入した大腸菌だけを選択する(スクリーニング)。

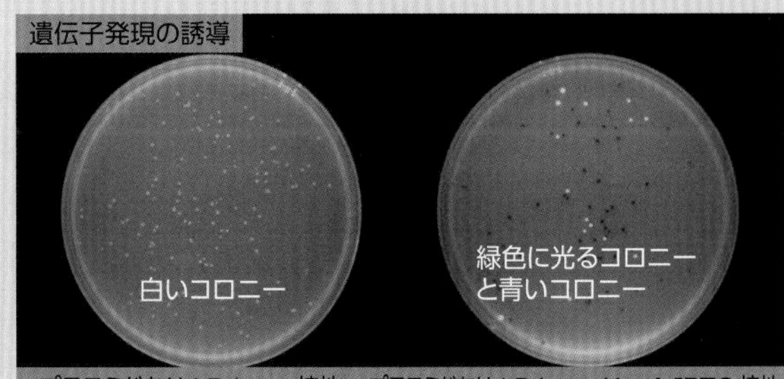
遺伝子発現の誘導
白いコロニー
緑色に光るコロニー
と青いコロニー

プラスミドあり，LB/amp 培地　プラスミドあり，LB/amp・X-gal・IPTG 培地

LB/amp 培地では，プラスミドを取りこんだ大腸菌は生育するが，*GFP* や *lacZ* は発現しない。IPTG を含む LB/amp・X-gal・IPTG 培地では，pGFP を取りこんだ大腸菌は *GFP* の発現が誘導されて紫外線照射により緑色蛍光を発し，同様に，pUC19 を取りこんだ大腸菌は *lacZ* の発現が誘導されてコロニーが青くなる※。

Keywords　寒天培地(agar medium)

※大腸菌にプラスミドが取りこまれる確率は非常に低く，通常，いずれか一方のプラスミドしか取りこまれない。

19 遺伝情報の解析－DNA の増幅

生物基礎
生　物

A PCR 法

遺伝子を使ったバイオテクノロジーには，同じ塩基配列の DNA が大量に必要となる。アメリカのマリスらは，PCR(ポリメラーゼ連鎖反応)法によって特定の部位の DNA の大量複製を可能にした(1983 年)。

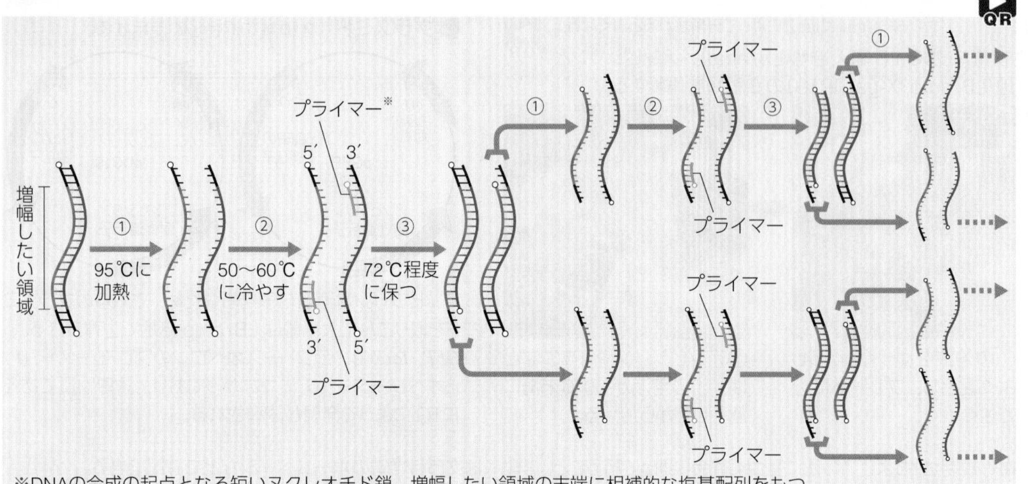

増幅したい領域
①
95℃に加熱
②
50～60℃に冷やす
③
72℃程度に保つ
プライマー※
5′
3′
3′
5′
プライマー
①
②
③
プライマー
プライマー
プライマー
プライマー

※DNAの合成の起点となる短いヌクレオチド鎖。増幅したい領域の末端に相補的な塩基配列をもつ

■ PCR 法の手順

①高温処理によって，DNA の塩基どうしの水素結合を切り 1 本鎖にする。

②温度を下げて，DNA 合成開始に必要な特定の塩基配列のプライマーを1 本鎖DNA に付着させる。

③比較的高温の状態ではたらくDNA ポリメラーゼ(好熱菌がもつ耐熱性 DNA ポリメラーゼ)を利用して，プライマー部を開始点とするDNA の複製を行う。

①・②・③をくり返す。

現在ではこの方法により，3 時間程度で，特定の部位の DNA を数百億倍に増やすことができる。

Zoom up さまざまな PCR 法

■ RT-PCR(reverse transcription PCR)法

試料の RNA から逆転写酵素(▶ *p*.108)を用いて cDNA を合成したのち，PCR 法により DNA を増幅させる。一般的には mRNA を用い，発現している遺伝子を検出するために使われる。異なる組織由来の cDNA の RT-PCR により，各組織間での遺伝子発現の比較ができる。

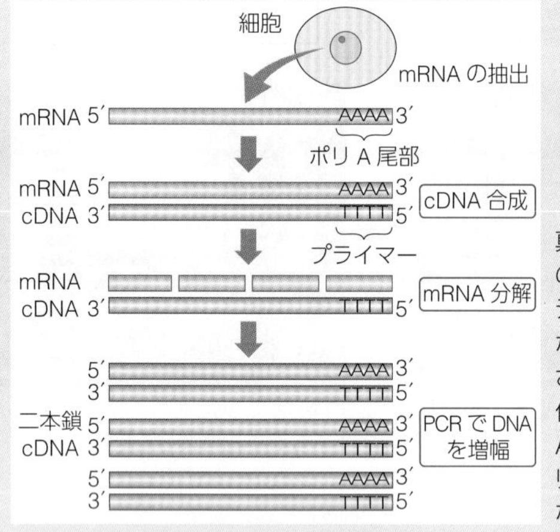

細胞
mRNA の抽出
mRNA 5′ AAAA 3′
ポリ A 尾部
mRNA 5′ AAAA 3′
cDNA 3′ TTTT 5′
cDNA 合成
プライマー
mRNA
cDNA 3′ TTTT 5′
mRNA 分解
5′ AAAA 3′
3′ TTTT 5′
二本鎖 5′ AAAA 3′
cDNA 3′ TTTT 5′
PCR で DNA を増幅
5′ AAAA 3′
3′ TTTT 5′

真核生物の mRNA の 3′末端には，A(アデニン)が連続したポリ A 尾部が付加される。cDNA の作成には，このポリ A 尾部に相補的なオリゴ dT プライマーなどが利用される。

■ リアルタイム PCR 法

蛍光物質を用いて微量の PCR 産物を検出することにより，増幅する DNA 量をモニタリングし，もとになった DNA の濃度を調べる。

濃度がわからない DNA 試料を用いて PCR 反応を行い，一定の増幅量(蛍光強度)に達するまでのサイクル数を測定する。さまざまな濃度に希釈した既知量の DNA サンプルの PCR 反応の結果と比較することで，試料の濃度が推定できる。

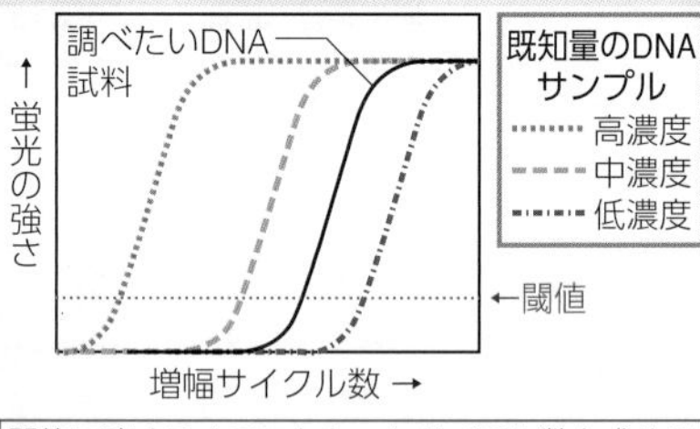

調べたいDNA試料
↑蛍光の強さ
既知量のDNAサンプル
高濃度
中濃度
低濃度
←閾値
増幅サイクル数 →

閾値に達するまでにかかったサイクル数を求める

DNA 増幅によって蛍光を発するしくみにはさまざまなものがあるが，タックマンプローブ法では，蛍光分子と消光分子が結合したタックマンプローブを用いる。DNA 合成が進行すると，DNA ポリメラーゼがタックマンプローブを分解し，蛍光分子と消光分子が離れることによって蛍光が発せられるようになる。

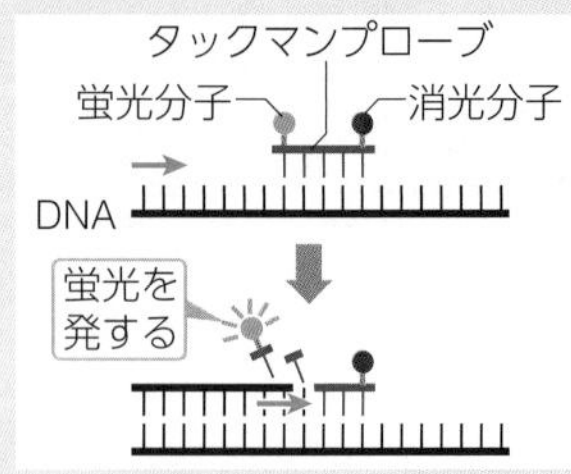

タックマンプローブ
蛍光分子
消光分子
DNA
蛍光を発する

Column PCR 法による新型コロナウイルスの検出

新型コロナウイルスは，遺伝物質として RNA をもつウイルスである(▶ *p*.176)。PCR 法による新型コロナウイルスの検出は，逆転写反応が必要な RT-PCR であり，リアルタイム PCR と組み合わせることによって検査時間の短縮が図られている。

リアルタイム PCR 法の検査の流れ

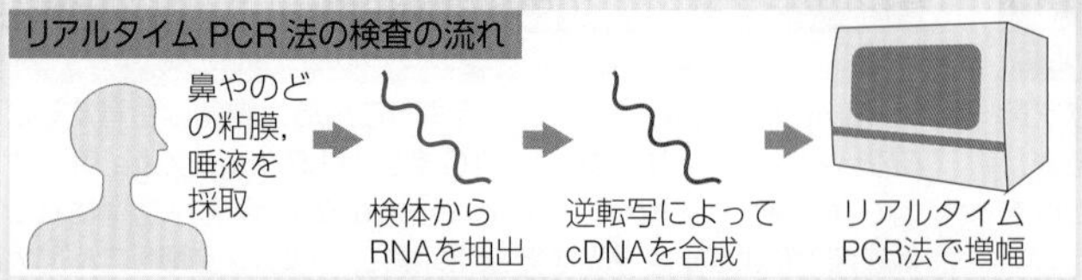

鼻やのどの粘膜，唾液を採取
検体からRNAを抽出
逆転写によってcDNAを合成
リアルタイムPCR法で増幅

新型コロナウイルスの PCR 検査の結果

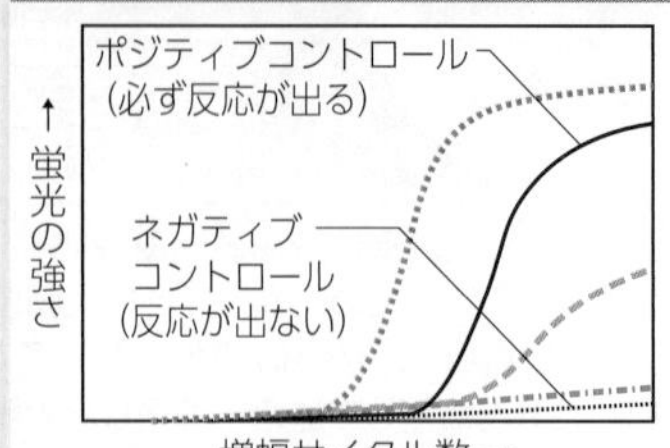

ポジティブコントロール(必ず反応が出る)
ネガティブコントロール(反応が出ない)
↑蛍光の強さ
増幅サイクル数 →

陽性(感染している)
感染初期または感染の疑い
陰性(感染していない)

ウイルスの数に比例してRNAから逆転写されてできるDNAも多く，PCRによる増幅が早い

Keywords　PCR(ポリメラーゼ連鎖反応)(polymerase chain reaction)，プライマー(primer)

20 遺伝情報の解析－DNAの分離

生物基礎 生物

A 電気泳動法

電気泳動法では，いろいろな長さをもつ DNA 断片を，その塩基対(bp)の数によって分けることができる。DNA の塩基対数や塩基配列などさまざまな解析に利用されている。

■電気泳動法の原理

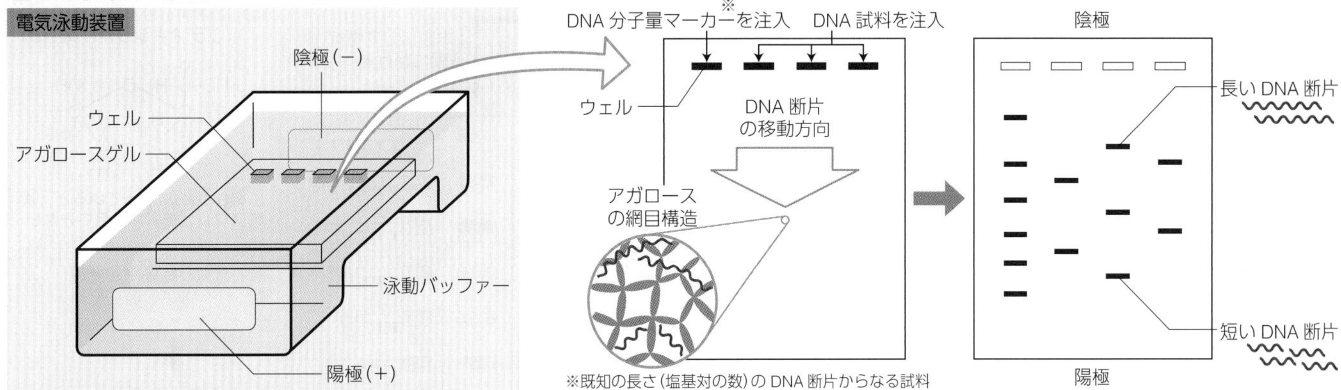

電気泳動装置
陰極(－)
ウェル
アガロースゲル
泳動バッファー
陽極(＋)
DNA 分子量マーカーを注入※
DNA 試料を注入
ウェル
DNA 断片の移動方向
アガロースの網目構造
陰極
長い DNA 断片
短い DNA 断片
陽極

※既知の長さ(塩基対の数)の DNA 断片からなる試料

DNA は負(－)の電荷をもつため，電気泳動装置で電圧を加えると陽極(＋)へ向かって移動する。

アガロースゲルは小さな網目構造をしているため，長い DNA 断片はゲル中を移動しにくい。その結果，短い DNA 断片ほど速く移動するため，DNA 断片をその長さによって分けることができる。DNA 分子量マーカーとの比較により，試料の DNA 断片の長さを推定できる。

B 探究 電気泳動実験

大腸菌を宿主とするバクテリオファージ(λファージ)の DNA を，制限酵素を用いて断片化し，電気泳動を行って，できた DNA 断片の塩基対数を推定する。

■実験の手順

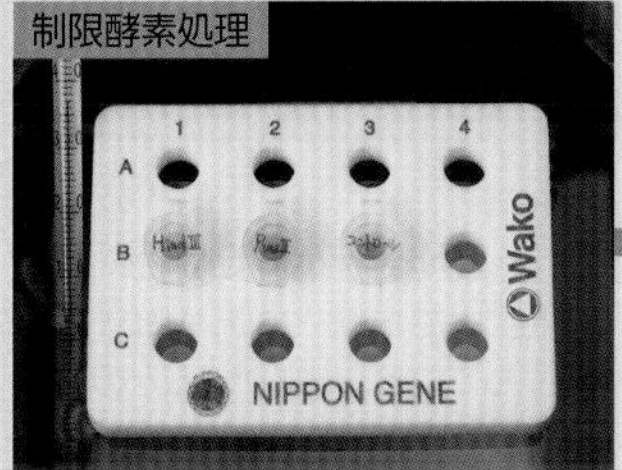

制限酵素処理
Wako
NIPPON GENE

① Hind Ⅲや Pvu Ⅱなどの制限酵素溶液にλ DNA 溶液を加えて混合し，37 ℃で 15 分間反応させる。

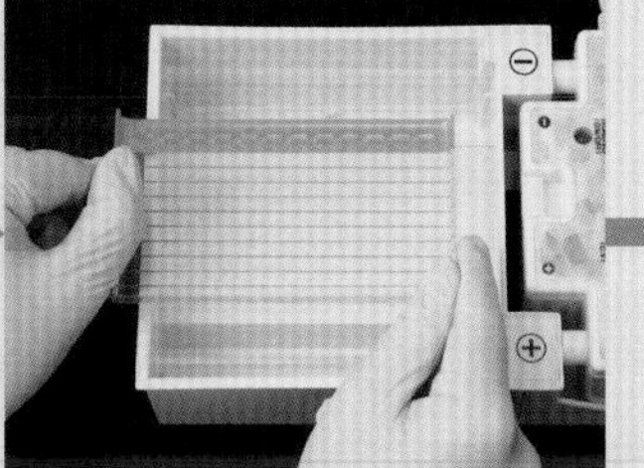

②ウェルが上向き，陰極側になるように，アガロースゲルを電気泳動装置にセットする。

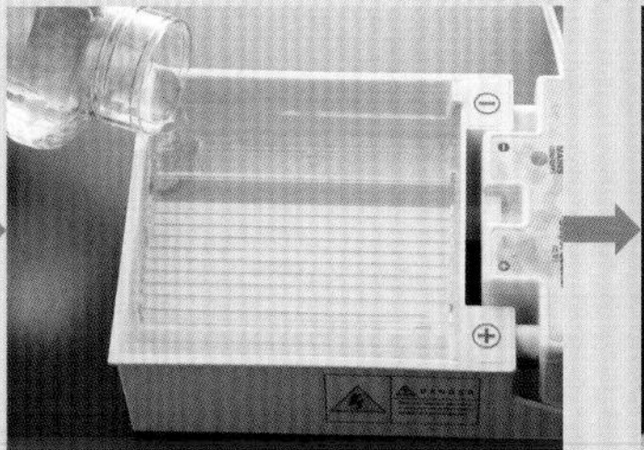

③ゲルが完全に浸るように緩衝液(泳動バッファー)を入れる。

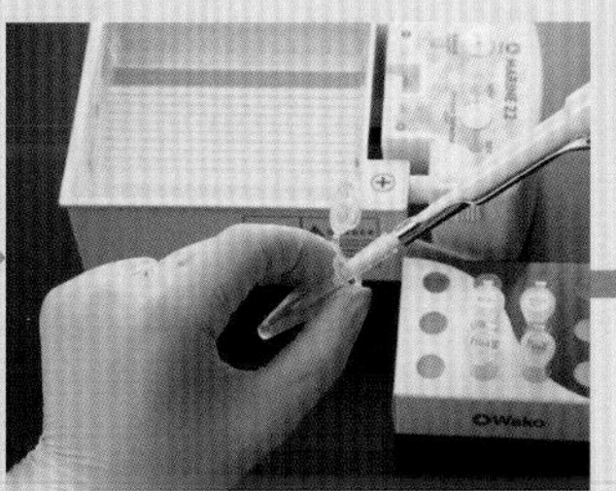

④ DNA 試料にローディングバッファーを加えて混合する。

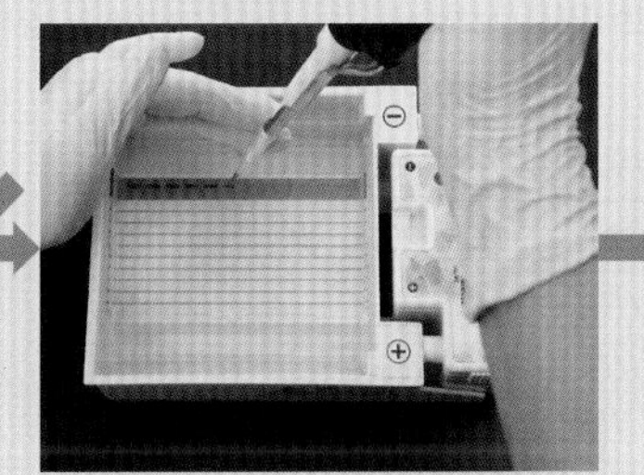

⑤DNA試料とDNA分子量マーカーをそれぞれ別のウェルに注入する。

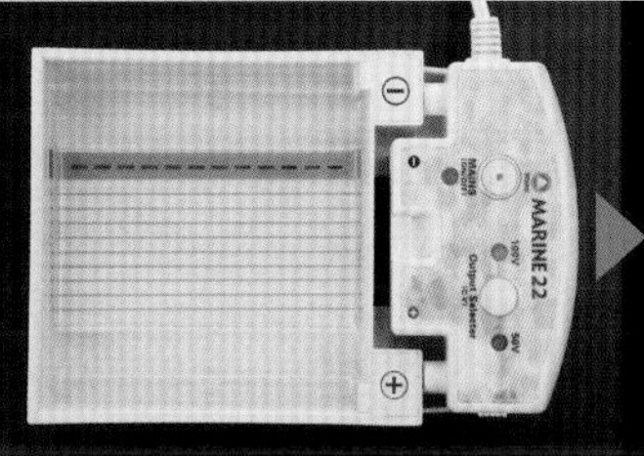

MARINE 22

⑥電圧を設定して電気泳動を行う。ローディングバッファーに含まれる色素がゲルの 7 ～ 8 割移動したところで電源を切る。

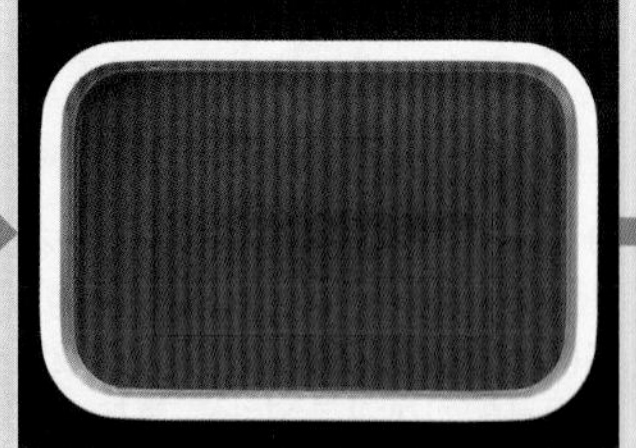

⑦ゲルを DNA 染色液で染色する。

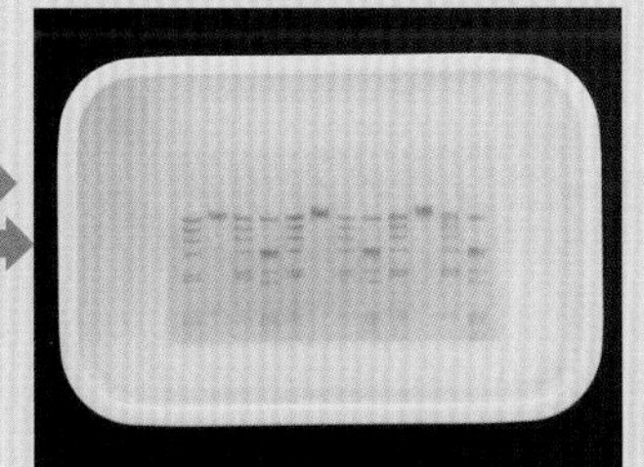

⑧ゲルを脱色する。

■実験結果

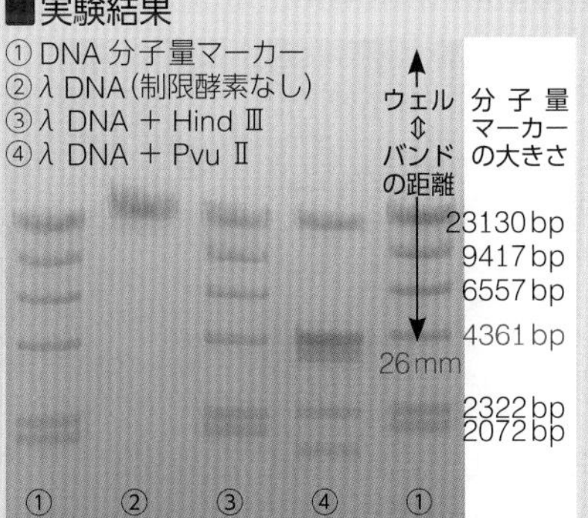

① DNA 分子量マーカー
② λ DNA(制限酵素なし)
③ λ DNA ＋ Hind Ⅲ
④ λ DNA ＋ Pvu Ⅱ
ウェル⇕バンドの距離
分子量マーカーの大きさ
23130 bp
9417 bp
6557 bp
4361 bp
26 mm
2322 bp
2072 bp
① ② ③ ④ ①

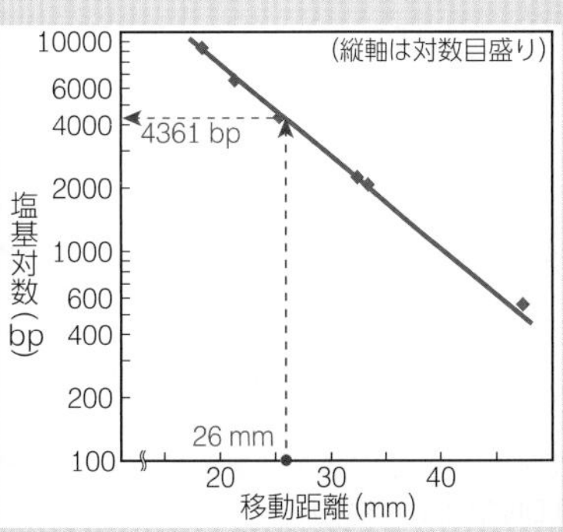

(縦軸は対数目盛り)
塩基対数(bp)
10000
6000
4000
4361 bp
2000
1000
600
400
200
100
26 mm
20
30
40
移動距離(mm)

DNA 分子量マーカーのバンドと比較して，各 DNA 断片の塩基対数を推定する。移動距離を横軸，塩基対数を縦軸(対数目盛り)にして DNA 分子量マーカーの結果をグラフ化し，このグラフをもとに，求めたい DNA 断片の移動距離から塩基対数を求める。

Keywords 電気泳動法(electrophoresis)，塩基対(base pair)

21 遺伝情報の解析－塩基配列の解析

生物基礎
生　物

A DNA の塩基配列の決定

DNA の塩基配列は，複製停止を引き起こす特殊なヌクレオチドを少量混合して DNA を複製させ，それを電気泳動することで調べられる(サンガー法)。

■サンガー法(ジデオキシ法)

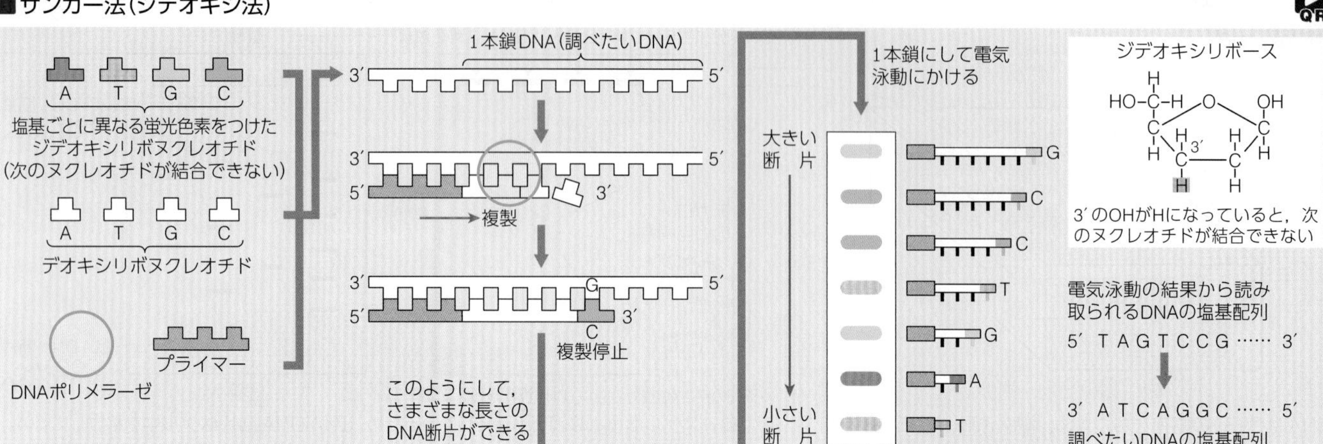
A T G C
塩基ごとに異なる蛍光色素をつけたジデオキシリボヌクレオチド(次のヌクレオチドが結合できない)
A T G C
デオキシリボヌクレオチド
DNAポリメラーゼ
プライマー
1本鎖DNA(調べたいDNA)
複製
複製停止
このようにして，さまざまな長さのDNA断片ができる
1本鎖にして電気泳動にかける
大きい断片
小さい断片
ジデオキシリボース
3′のOHがHになっていると，次のヌクレオチドが結合できない
電気泳動の結果から読み取られるDNAの塩基配列
5′ TAGTCCG …… 3′
3′ ATCAGGC …… 5′
調べたいDNAの塩基配列

①ジデオキシリボースという五炭糖を含んだ，A，G，C，T のいずれかをもった 4 種類のジデオキシリボヌクレオチドに，それぞれ違った色を発する蛍光色素を結合させる。

②①を少量混ぜた溶液中で DNA を複製させると，ジデオキシリボヌクレオチドが結合したところで DNA 合成が停止する。

③②で得られたさまざまな長さの DNA 断片を電気泳動で分離し，レーザー光を照射すると，検出される蛍光の色の順で塩基の配列がわかる。

注)上図は，サンガー法の一つである「ダイターミネーター法」を示しており，サンガー法にはいくつかの変法がある。

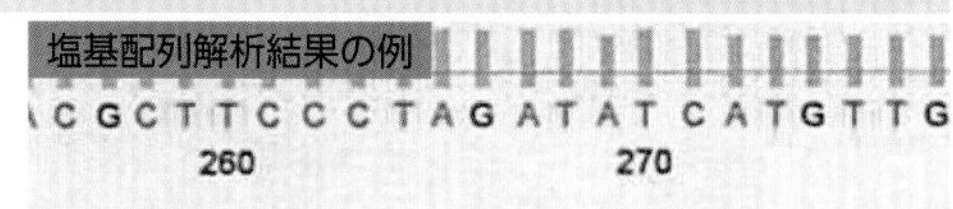
塩基配列解析結果の例
CGCTTCCCTAGATATCATGTTG
260
270

■ゲノムの塩基配列解析

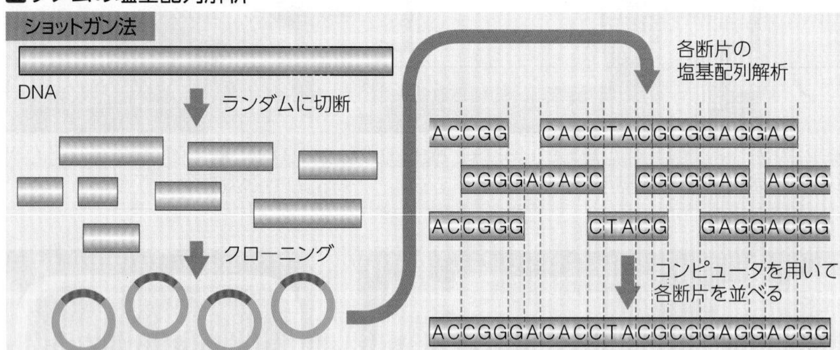
ショットガン法
DNA
ランダムに切断
クローニング
各断片の塩基配列解析
ACCGG
CACCTACGCGGAGGAC
CGGGACACC
CGCGGAG
ACGG
ACCGGG
CTACG
GAGGACGG
コンピュータを用いて各断片を並べる
ACCGGGACACCTACGCGGAGGACGG

サンガー法で塩基配列が決定できるのは約1000塩基対で，ある生物の全ゲノムのように長いDNA(ヒトの染色体 1 本で平均約 1.2 億塩基対)の塩基配列を決定するためには，DNA を短く断片化し，各断片の塩基配列を決定する必要がある。ショットガン法では，DNA をランダムに切断して各断片の塩基配列が決まったら，重なった部分の塩基配列を手がかりに，コンピュータを使って各断片を並べて全体を決定する。最近は一度に多くの配列を決定できる高速シーケンサーが利用されている。

■ゲノムプロジェクト

ある生物の塩基配列をすべて明らかにしようというプロジェクトがゲノムプロジェクトであり，30 万種以上の生物のゲノムの解読が完了している。ヒトゲノムとの比較解析も行われている。

生物	ゲノムサイズ(塩基対)	推定遺伝子数
ヒト	30 億	20500
ハツカネズミ	26 億	22000
イネ	4 億 3000 万	42000
ショウジョウバエ	1 億 6500 万	14000
シロイヌナズナ	1 億 2000 万	27000
センチュウ	1 億	20100
パン酵母	1200 万	6300
大腸菌	460 万	4400

B クローニング

特定の DNA 断片のコピーを大量につくって増やすことを**クローニング**という。PCR 法(▶ p.104)もクローニングの 1 つの手法である。

■大腸菌を利用したクローニングの方法

目的の DNA 断片
プラスミドに組みこむ
プラスミド
大腸菌に取りこませる
大腸菌を培養して増殖させる
プラスミドを取り出す
目的の DNA 断片
目的の DNA 断片が多数得られる

プラスミド(あるいはウイルス)に目的の DNA 断片を組みこんで大腸菌に取りこませ，そのプラスミドを増やすことで，目的の DNA 断片も増やす。

Zoom up クローニングベクター

クローニングに用いられるプラスミドやウイルスを**クローニングベクター**という。クローニングベクターは，DNA 断片を組みこみやすく，宿主細胞で維持・増幅されやすい性質がある。遺伝子組換えに用いられるベクターは，**発現ベクター**とよばれ，発現に必要なプロモーターなどももつ。

Keywords 塩基配列(base sequence)，ゲノム(genome)，クローニング(cloning)

C DNA 型鑑定

DNA には，同じ塩基配列がいくつもくり返される領域がある。そのくり返しの回数はヒトによって異なる。このような DNA のくり返しの特徴を調べることで，個人の識別や血縁関係を調べることができる。

■ DNA 型鑑定の原理

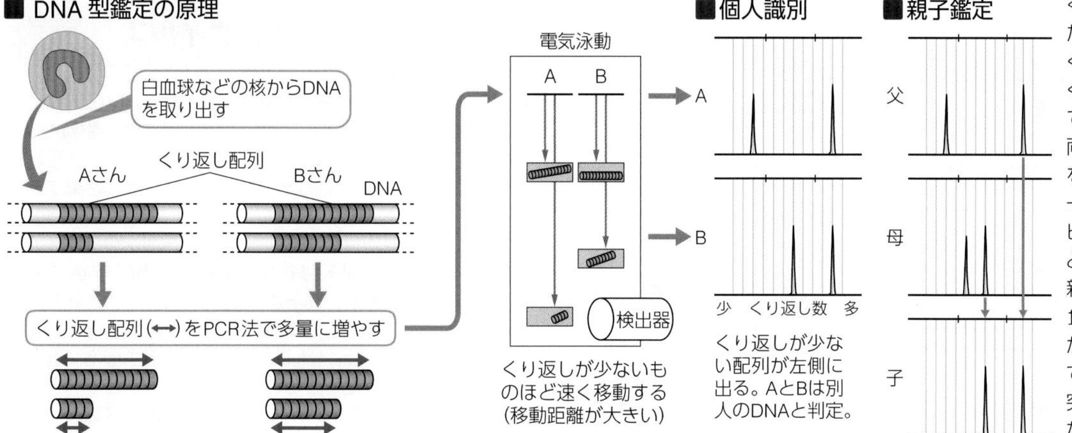
白血球などの核からDNAを取り出す
くり返し配列
Aさん
Bさん
DNA
くり返し配列(⟷)をPCR法で多量に増やす
電気泳動
A
B
検出器
くり返しが少ないものほど速く移動する(移動距離が大きい)
■個人識別
A
B
少 くり返し数 多
くり返しが少ない配列が左側に出る。AとBは別人のDNAと判定。
■親子鑑定
父
母
子

くり返し配列を PCR 法で増やした DNA 断片を電気泳動すると，くり返し回数が少ないものほど速く移動する。これをコンピュータで検出してモニタに表示すると，両親から受け取ったくり返し配列を示すピークが 2 つ現れる。同一人物の DNA なら必ず 2 つのピークが一致し，異なれば別人と判定される。

親子鑑定では，両親と子どもが 1 つずつ同じピークをもつかどうかを調べ，一致しなければ親子でないと判定される。ただし，突然変異が起こっていて一致しない場合もある。

■農作物の品種鑑定

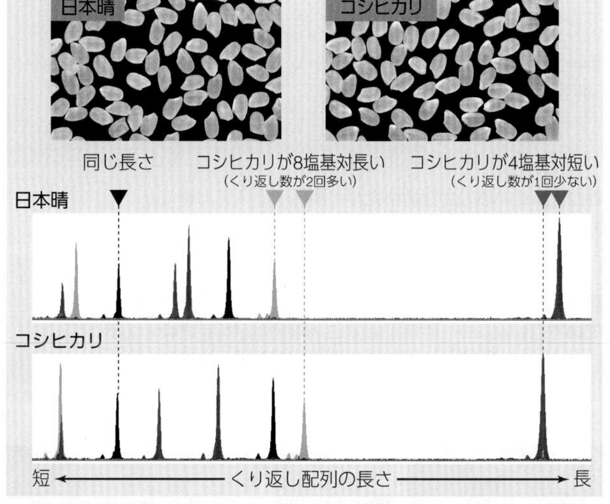
日本晴
コシヒカリ
同じ長さ
コシヒカリが8塩基対長い
(くり返し数が2回多い)
コシヒカリが4塩基対短い
(くり返し数が1回少ない)
日本晴
コシヒカリ
短 くり返し配列の長さ 長

4 塩基の反復単位をもつマイクロサテライト(▶ *p.*112)マーカーを用いて調べると，品種によってこの 4 塩基の反復単位のくり返し数のパターンに違いがあることがわかる。

Zoom up ゲノム編集技術を用いた核酸検出

ゲノム編集技術(▶ *p.*101)として知られる CRISPR-Cas システムを利用して，目的の DNA や RNA の存在を調べる技術が開発されている。CRISPR 検査法とよばれ，血液や尿に含まれるウイルスや細菌を，短時間で高感度に検出する技術として利用されるだけでなく，さまざまな診断や鑑定に利用できる。

ガイド RNA(CRISPR RNA)により標的の DNA を検出すると，Cas が標的の DNA を切断する際に，周辺の 1 本鎖 DNA も切断する性質をもつ。この性質を利用し，切断されると蛍光を発する 1 本鎖 DNA を標識として入れておくと，標的があれば標識も切断されて蛍光が確認できる。

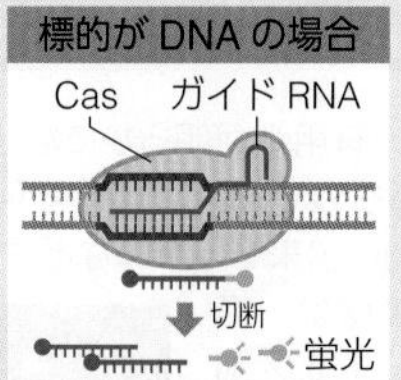
標的が DNA の場合
Cas
ガイド RNA
切断
蛍光

RNA を標的として切断する Cas もあり，この検査法を用いると，新型コロナウイルスの検出を，リアルタイム PCR 法(▶ *p.*104)より迅速に，抗原検査より正確に行える。

Zoom up 遺伝子ライブラリ

特定の生物の DNA や特定の組織の mRNA から得た cDNA(▶ *p.*108)を適当なサイズに断片化し，それを集めたものを**ライブラリ**という。1 本の DNA にはたくさんの遺伝子が存在していてそのままでは大きくて扱いづらいため，ライブラリが作製される。目的の遺伝子を，ライブラリでさがし取り出すことができる。DNA からつくられたライブラリを**ゲノム DNA ライブラリ**といい，特定の組織などから mRNA を抽出し，逆転写した cDNA からつくられたライブラリを **cDNA ライブラリ**という。両者は目的によって使い分けられている。

ゲノム DNA ライブラリには，その生物のもつ全 DNA が等量ずつ含まれている。また，DNA をランダムに断片化しているため，遺伝子が途中で切断されているものがある。

一方，cDNA ライブラリには，発現している遺伝子のみが含まれる。cDNA では遺伝子はつながっており，イントロンも含まれない。さらに，多く発現している遺伝子とほとんど発現していない遺伝子で，ライブラリ中に含まれる量が異なっている。

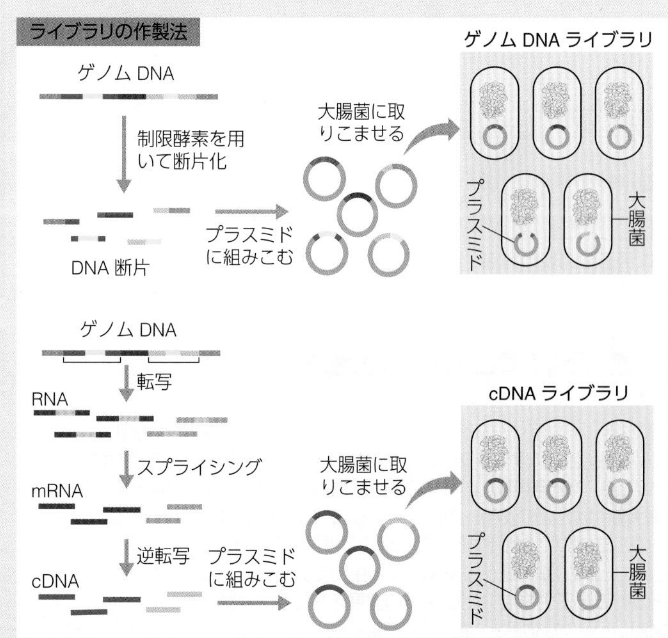
ライブラリの作製法
ゲノム DNA
制限酵素を用いて断片化
DNA 断片
プラスミドに組みこむ
大腸菌に取りこませる
ゲノム DNA ライブラリ
プラスミド
大腸菌
ゲノム DNA
転写
RNA
スプライシング
mRNA
逆転写
cDNA
プラスミドに組みこむ
大腸菌に取りこませる
cDNA ライブラリ
プラスミド
大腸菌

第3編 遺伝情報の発現

22 遺伝子研究に用いられる技術

生物基礎
生物

A 逆転写酵素と cDNA

逆転写酵素は，遺伝子研究においてmRNAからcDNAを作製するのに用いられている。DNAはRNAより安定な物質で扱いやすい。

■ cDNA の作製

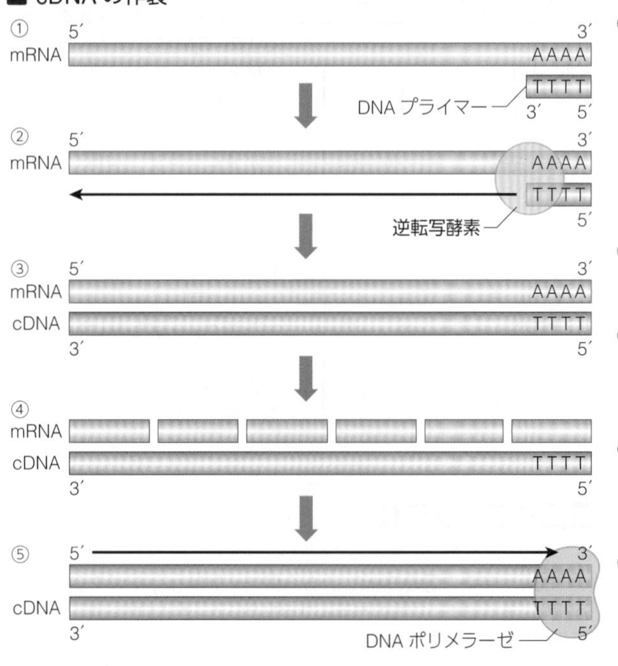

①
5′
3′
mRNA
AAAA
TTTT
DNA プライマー
3′
5′
②
mRNA
逆転写酵素
③
cDNA
④
⑤
DNA ポリメラーゼ

①真核生物のmRNAには3′末端にアデニン(A)が並ぶポリA尾部がある(▶ p.90)。そこで，ポリA尾部に相補的な配列(TT…T)をもつDNAプライマーを結合させる。

② RNAからDNAを転写する**逆転写酵素**を作用させる。

③ mRNAに相補的な**cDNA**(complementary DNA，相補的DNA)が合成される。

④ mRNAを分解する。

⑤ DNAポリメラーゼを作用させて2本鎖にする。

Column レトロウイルス

エイズ(▶ p.173)の原因となるHIV(ヒト免疫不全ウイルス)は，遺伝情報を担う物質としてDNAではなくRNAをもつ。HIVは逆転写酵素をもっており，宿主細胞に感染すると，RNAをDNAに逆転写して宿主細胞のDNAに組みこむ。組みこまれたウイルスの遺伝情報は宿主細胞の中で再びRNAに転写され，翻訳される。このような，逆転写を行うウイルスを**レトロウイルス**(retro-：逆の)という。レトロウイルスは，宿主細胞に遺伝子を組みこむことができるため，ベクターとしても用いられる(レトロウイルスベクター)。

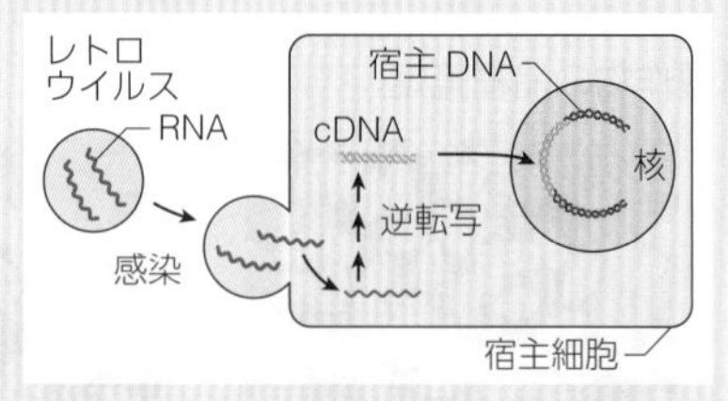

レトロウイルス
RNA
感染
cDNA
逆転写
宿主DNA
核
宿主細胞

B GFP の利用

GFP(緑色蛍光タンパク質)は，目的の遺伝子がどこで発現しているのかを調べたり，遺伝子導入において，導入に成功した細胞を選別したりする(▶ p.101)のに用いられる。

■ GFP をレポーター遺伝子として用いた解析

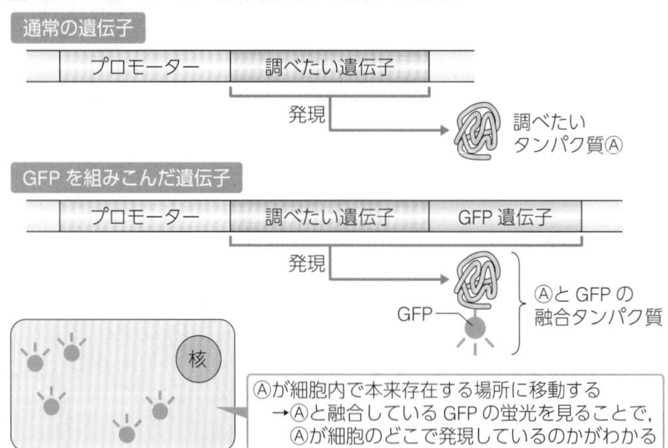

通常の遺伝子
プロモーター
調べたい遺伝子
発現
調べたいタンパク質Ⓐ
GFPを組みこんだ遺伝子
プロモーター
調べたい遺伝子
GFP遺伝子
発現
GFP
Ⓐと GFP の融合タンパク質
核
Ⓐが細胞内で本来存在する場所に移動する
→Ⓐと融合している GFP の蛍光を見ることで，Ⓐが細胞のどこで発現しているのかがわかる

ある遺伝子の発現の有無や発現量などを調べるために，その遺伝子またはプロモーターにつなげて標識として発現させる遺伝子を**レポーター遺伝子**という。

GFP(緑色蛍光タンパク質)は，遺伝子発現の解析に頻繁に利用されている。
《優れている点》 ①単一遺伝子でアミノ酸配列が指定されている。
②紫外線や青色光を当てると単体で光る。
③異種細胞での発現方法が開発されている。

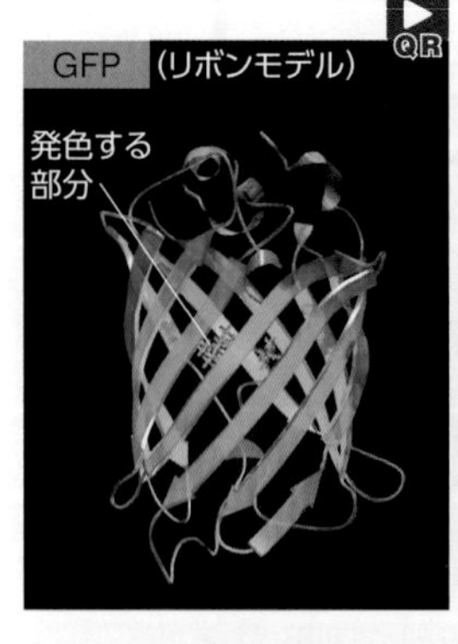

GFP (リボンモデル)
発色する部分

アクチンの遺伝子に GFP 遺伝子をつなげて導入したマウス

Column 下村脩と GFP の発見

2008年，下村脩は，GFPを発見した功績でノーベル化学賞を受賞した。彼は，1962年にオワンクラゲの発光物質イクオリンの研究中に「副産物」としてGFPを発見した。多くの蛍光タンパク質が，タンパク質と蛍光物質が結合した2分子構成であるのに対し，GFPはその内部の連続した3つのアミノ酸が発色団を形成し，単独で蛍光発色できる。
このことが，GFP遺伝子をあらゆる生物で発現させることを可能にし，その後の分子生物学や基礎医学の発展をもたらし，GFPをライフサイエンスに不可欠な道具とした。

Column 虹色に輝く蛍光タンパク質

GFPの有用性が明らかになって以降，GFPに改変を加え，青い蛍光を発するものや黄色い蛍光を発するものがつくられたほか，サンゴなど他の生物に由来するものなどさまざまな蛍光タンパク質がつくられた。これらを用い，複数の分子を区別して同時に追跡することも可能になった。

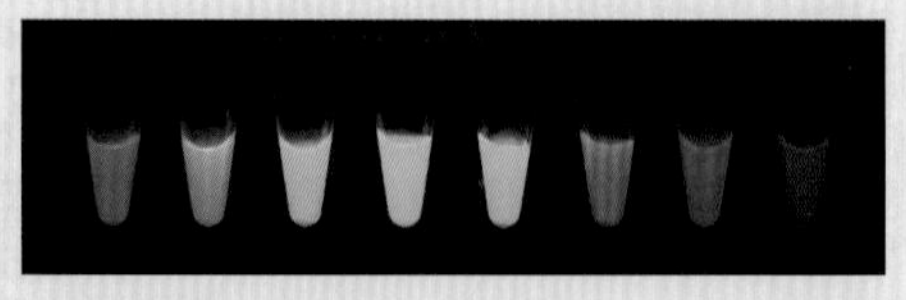

Keywords 逆転写酵素(reverse transcriptase)，レトロウイルス(retrovirus)，緑色蛍光タンパク質(green fluorescent protein (=GFP))

23 遺伝子発現の解析 生物基礎 生物

A DNA マイクロアレイ解析

一度に数千～数万種類の遺伝子発現を調べる方法として，**DNA マイクロアレイ**（DNA チップ）が用いられる。

DNA マイクロアレイ解析

それぞれの組織や細胞でどの遺伝子が発現しているかを一度に調べることができる。

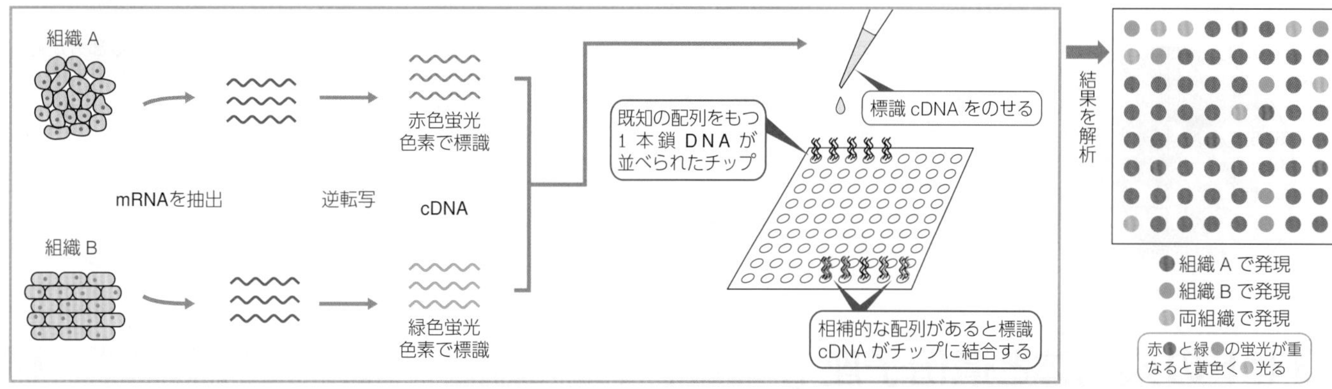

組織 A
赤色蛍光
色素で標識
mRNAを抽出
逆転写
cDNA
組織 B
緑色蛍光
色素で標識
既知の配列をもつ1本鎖DNAが並べられたチップ
標識 cDNA をのせる
相補的な配列があると標識cDNA がチップに結合する
結果を解析
組織 A で発現
組織 B で発現
両組織で発現
赤と緑の蛍光が重なると黄色く光る

DNA マイクロアレイを用いた解析により，次のような研究が容易に行えるようになった。

- ある組織の細胞と全身の細胞の遺伝子発現を比較することで，その組織で特異的に発現している遺伝子の特定につなげる。
- 正常細胞とがん細胞の遺伝子発現を比較することで，がんの原因遺伝子の特定につなげる。
- 薬の候補物質を投与した個体の組織と投与しない個体の組織の遺伝子発現を比較することで，その候補物質を投与したことによる影響を調べられる。

Pioneer 機能性食品の作用メカニズムの解明

機能性食品とは，健康の維持や回復によい影響を与えるはたらき（機能）をもつ食品のことで，例えば，腸の健康を保つ機能をもつ乳酸菌の入ったヨーグルトなど，多数のものがあげられる。

このような機能性食品の作用メカニズムの解明を目的として，「食品機能学」という寄付講座が東京大学に開設されている。

DNA マイクロアレイを用いて機能性食品投与前後の遺伝子発現変動の解析をするなどの手法で，摂取した食品に対するからだの応答が調べられている。このような方法はニュートリゲノミクスとよばれ，近年，たいへん注目されている。

東京大学大学院農学生命科学研究科　応用生命化学専攻　「食品機能学」寄付講座

B RNA シーケンシング解析

組織や細胞で発現する mRNA の配列をすべて読み取ることで，遺伝子の転写量を見積もる方法である。高速シーケンサーの登場によって遺伝子解析に用いられるようになった。

RNA シーケンシング解析の原理

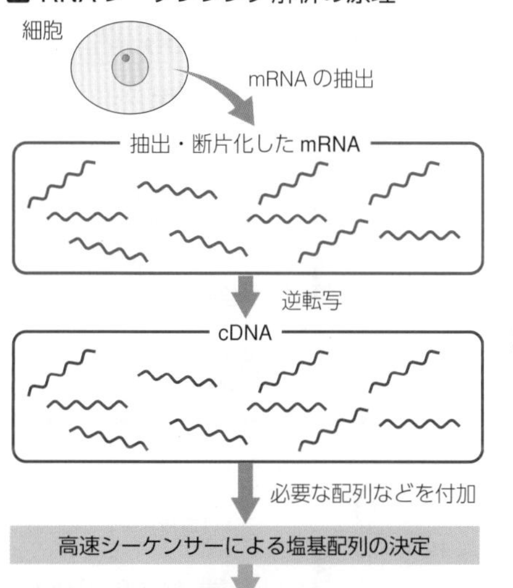

細胞
mRNA の抽出
抽出・断片化した mRNA
逆転写
cDNA
必要な配列などを付加
高速シーケンサーによる塩基配列の決定

RNA シーケンシング解析によってできること

- がんなどの病気の原因遺伝子の調査
- 特定の遺伝子の発現量の定量化
- 遺伝子発現ネットワークの解析
- 細胞集団を示すマーカーの探索

塩基配列のような生物がもつ膨大な情報を分析する学問分野を**バイオインフォマティクス**という

データ解析（既知の塩基配列を用いた解析の例）

同じ細胞における遺伝子ごとの発現量の比較

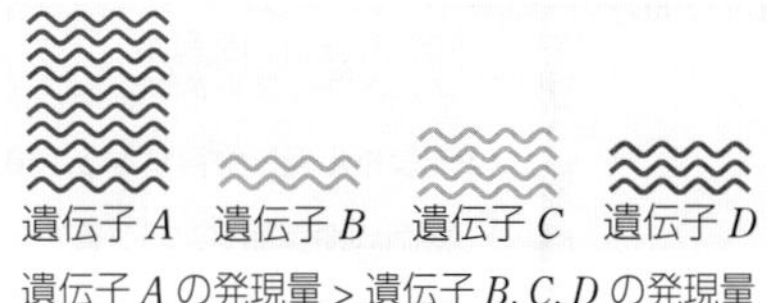

遺伝子 A
遺伝子 B
遺伝子 C
遺伝子 D

遺伝子 A の発現量 > 遺伝子 B, C, D の発現量

異なる組織における同じ遺伝子の発現量の比較

遺伝子 B の発現量

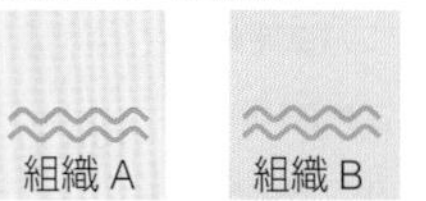

組織 A
組織 B
組織 C
組織 D

組織 C における発現量 > 組織 A, B, D における発現量

Zoom up 微生物集団のゲノムをまとめて調べる－メタゲノム解析

例えばヒトの消化管内に生息する腸内細菌について，細菌の集団からまとめて DNA を抽出して塩基配列を決定し，既存のゲノム情報と比較するなどして，腸内細菌の集団全体の遺伝情報を得るという方法がある。この手法は***メタゲノム解析***とよばれる手法で，メタゲノムは，メタ（超える）とゲノムからつくられた造語である。

高速シーケンサーで得た遺伝情報をコンピュータを使ったゲノム情報の解析（**バイオインフォマティクス**）により解析する。ヒトの腸内細菌の構成，遺伝子の組成，環境との間にある相互作用など，腸内の環境を反映して生息する細菌の全体像をとらえ，ヒトの健康や病気とのかかわりを探る研究が進展している。

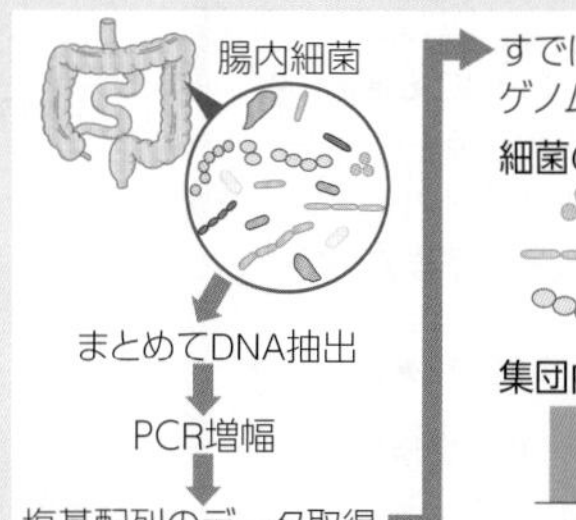

腸内細菌
まとめてDNA抽出
PCR増幅
塩基配列のデータ取得

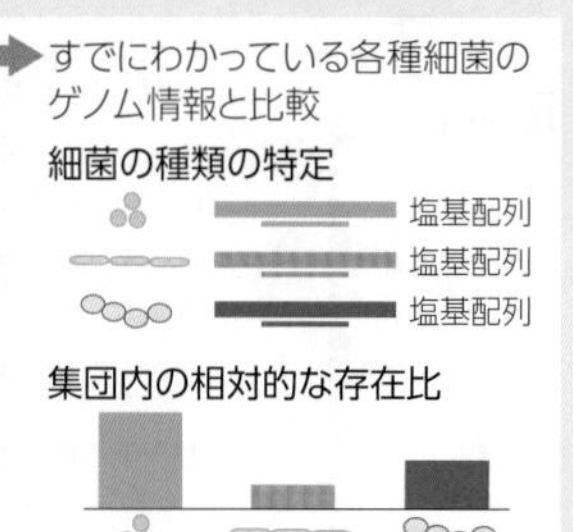

すでにわかっている各種細菌のゲノム情報と比較
細菌の種類の特定
塩基配列
塩基配列
塩基配列
集団内の相対的な存在比

Keywords　DNA マイクロアレイ解析（DNA microarray analysis），標識（label），RNA シーケンシング解析（RNA sequencing analysis）

24 ヒトゲノム 生物基礎 生物

A ヒトゲノム 基 生

ヒトゲノム計画が完了し，さまざまなことが明らかになった。遺伝子の解析により，どのような遺伝子がゲノム上のどの位置に存在しているのかが明らかになってきている。

■ヒトゲノムの内訳

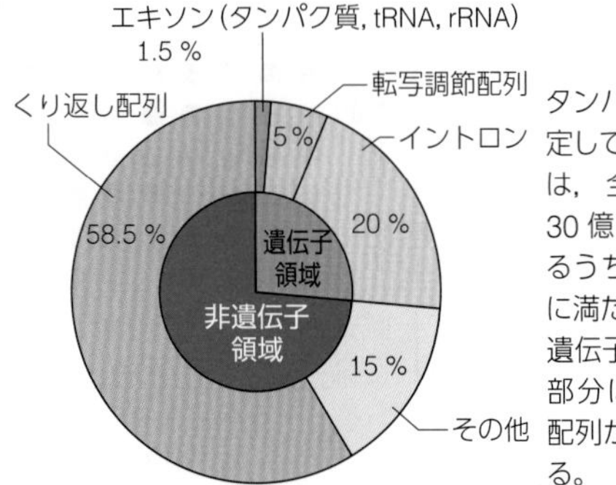

エキソン(タンパク質, tRNA, rRNA)
1.5 %
転写調節配列
くり返し配列
5 %
イントロン
20 %
58.5 %
遺伝子領域
非遺伝子領域
15 %
その他

タンパク質を指定している配列は，全体で約30億塩基対あるうちの1.5％に満たない。非遺伝子領域の大部分はくり返し配列が占めている。

Zoom up 地球バイオゲノムプロジェクト

ヒトゲノム計画は2003年に完了したが，実際には当時の技術では解読困難な部分が約8％残っており，それらは2022年に解明された。ゲノム解析技術の進歩はめざましく，現在では30万種をこえる生物のゲノムが解読されている。

「地球バイオゲノムプロジェクト」(Earth BioGenome Project, EBP)は，2018年に始まった国際プロジェクトで，現在確認されている約162万種の真核生物のゲノムの全塩基配列を10年間でカタログ化する計画である。真核生物の全ゲノム情報を明らかにすることで，生物多様性の保護をはじめ，健康，食料等の社会問題の革新的な解決策の提示につながる成果が期待されている。

約14000種解読済み (2023年9月現在)
未解読 約160万種

B ヒトの染色体と遺伝子座 基 生

この「ヒトゲノムマップ」は，ヒトゲノム計画の成果をもとにヒトの22本の常染色体と性染色体(X，Y染色体)に存在する遺伝子の位置を示したものである。

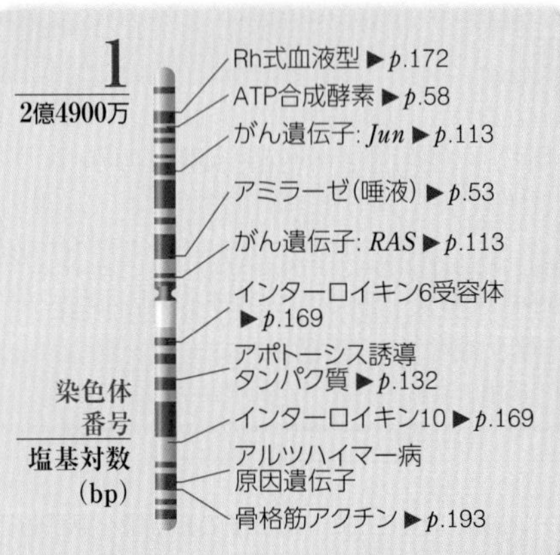

1
2億4900万
Rh式血液型 ▶ p.172
ATP合成酵素 ▶ p.58
がん遺伝子: *Jun* ▶ p.113
アミラーゼ(唾液) ▶ p.53
がん遺伝子: *RAS* ▶ p.113
インターロイキン6受容体 ▶ p.169
アポトーシス誘導タンパク質 ▶ p.132
インターロイキン10 ▶ p.169
アルツハイマー病原因遺伝子
骨格筋アクチン ▶ p.193
染色体番号
塩基対数 (bp)

2 2億4200万

- 動原体タンパク質 ▶ p.87
- 細胞傷害性T細胞タンパク質 ▶ p.165
- 免疫グロブリン ▶ p.170
- アクチン調節タンパク質
- ナトリウムチャネル ▶ p.187
- 形態形成遺伝子群: *HOXD* ▶ p.137
- 細胞傷害性T細胞抗原4 ▶ p.165
- アクチン調節タンパク質

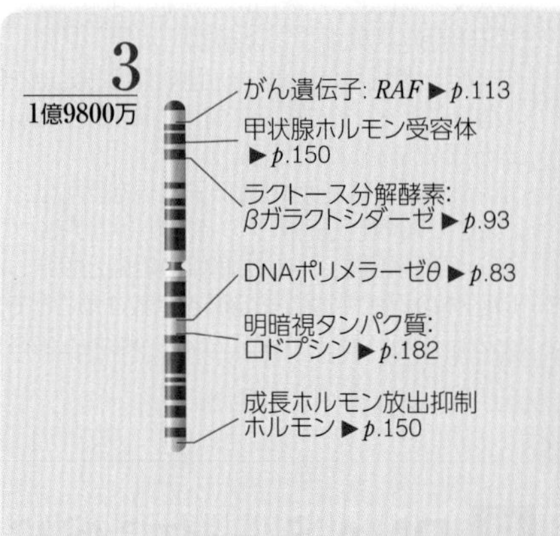

3
1億9800万
がん遺伝子: *RAF* ▶ p.113
甲状腺ホルモン受容体 ▶ p.150
ラクトース分解酵素: βガラクトシダーゼ ▶ p.93
DNAポリメラーゼθ ▶ p.83
明暗視タンパク質: ロドプシン ▶ p.182
成長ホルモン放出抑制ホルモン ▶ p.150

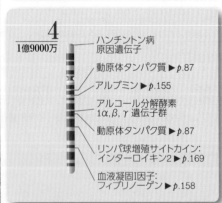

4 1億9000万

- ハンチントン病原因遺伝子
- 動原体タンパク質 ▶ p.87
- アルブミン ▶ p.155
- アルコール分解酵素 1α, β, γ 遺伝子群
- 動原体タンパク質 ▶ p.87
- リンパ球増殖サイトカイン: インターロイキン2 ▶ p.169
- 血液凝固Ⅰ因子: フィブリノーゲン ▶ p.158

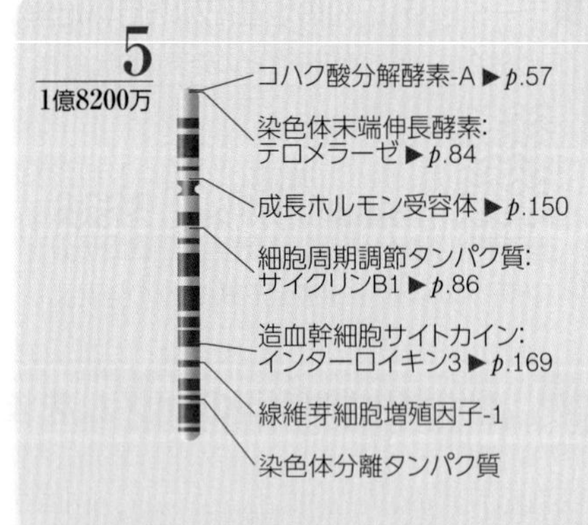

5
1億8200万
コハク酸分解酵素-A ▶ p.57
染色体末端伸長酵素: テロメラーゼ ▶ p.84
成長ホルモン受容体 ▶ p.150
細胞周期調節タンパク質: サイクリンB1 ▶ p.86
造血幹細胞サイトカイン: インターロイキン3 ▶ p.169
線維芽細胞増殖因子-1
染色体分離タンパク質

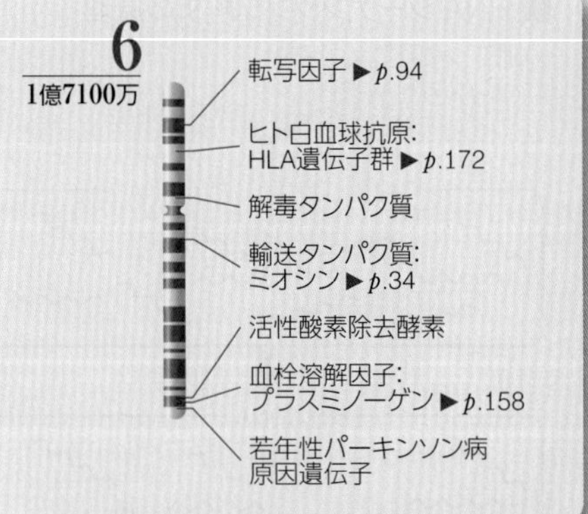

6
1億7100万
転写因子 ▶ p.94
ヒト白血球抗原: HLA遺伝子群 ▶ p.172
解毒タンパク質
輸送タンパク質: ミオシン ▶ p.34
活性酸素除去酵素
血栓溶解因子: プラスミノーゲン ▶ p.158
若年性パーキンソン病原因遺伝子

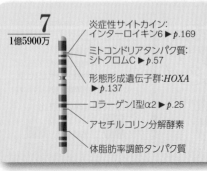

7 1億5900万

- 炎症性サイトカイン: インターロイキン6 ▶ p.169
- ミトコンドリアタンパク質: シトクロムC ▶ p.57
- 形態形成遺伝子群: *HOXA* ▶ p.137
- コラーゲンⅠ型α2 ▶ p.25
- アセチルコリン分解酵素
- 体脂肪率調節タンパク質

8 1億4500万

- DNAポリメラーゼβ ▶ p.83
- リンパ球分化因子: インターロイキン7 ▶ p.169
- がん遺伝子: *c-MYC* ▶ p.113
- 電子伝達系タンパク質: シトクロムc-1 ▶ p.57

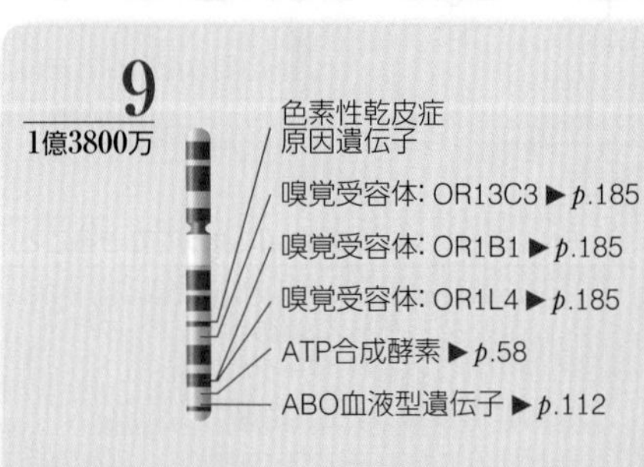

9
1億3800万
色素性乾皮症原因遺伝子
嗅覚受容体: OR13C3 ▶ p.185
嗅覚受容体: OR1B1 ▶ p.185
嗅覚受容体: OR1L4 ▶ p.185
ATP合成酵素 ▶ p.58
ABO血液型遺伝子 ▶ p.112

Keywords ヒトゲノム(human genome)

10
1億3400万
インターロイキン2
受容体α ▶p.169
細胞骨格タンパク質 ▶p.30
細胞周期調節
タンパク質 ▶p.86
長寿遺伝子
脂肪分解酵素:
リパーゼF ▶p.53
アポトーシス誘導
タンパク質 ▶p.132
DNAポリメラーゼ(末端)
▶p.83

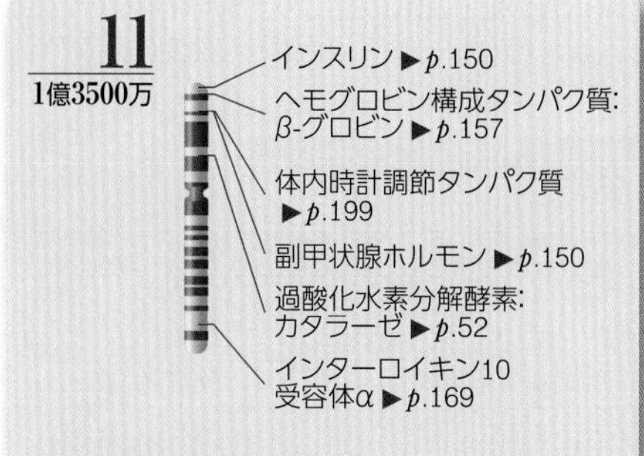
11
1億3500万
インスリン ▶p.150
ヘモグロビン構成タンパク質:
β-グロビン ▶p.157
体内時計調節タンパク質
▶p.199
副甲状腺ホルモン ▶p.150
過酸化水素分解酵素:
カタラーゼ ▶p.52
インターロイキン10
受容体α ▶p.169

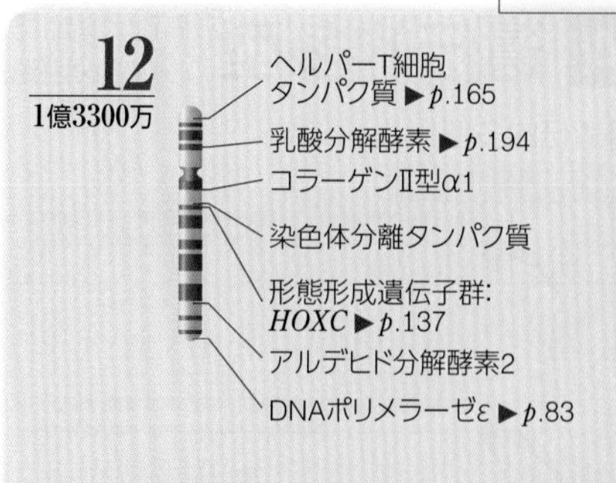
12
1億3300万
ヘルパーT細胞
タンパク質 ▶p.165
乳酸分解酵素 ▶p.194
コラーゲンⅡ型α1
染色体分離タンパク質
形態形成遺伝子群:
HOXC ▶p.137
アルデヒド分解酵素2
DNAポリメラーゼε ▶p.83

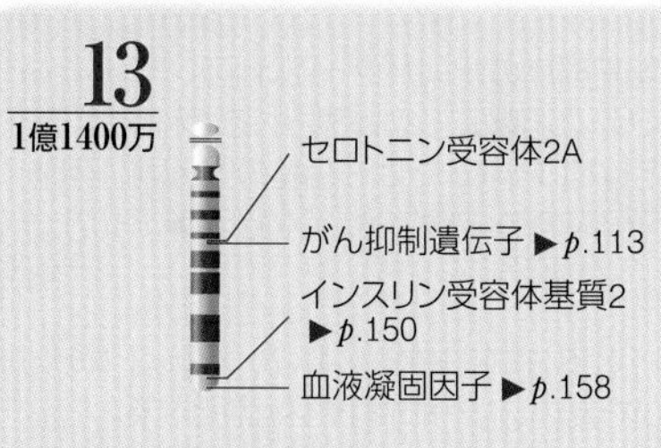
13
1億1400万
セロトニン受容体2A
がん抑制遺伝子 ▶p.113
インスリン受容体基質2
▶p.150
血液凝固因子 ▶p.158

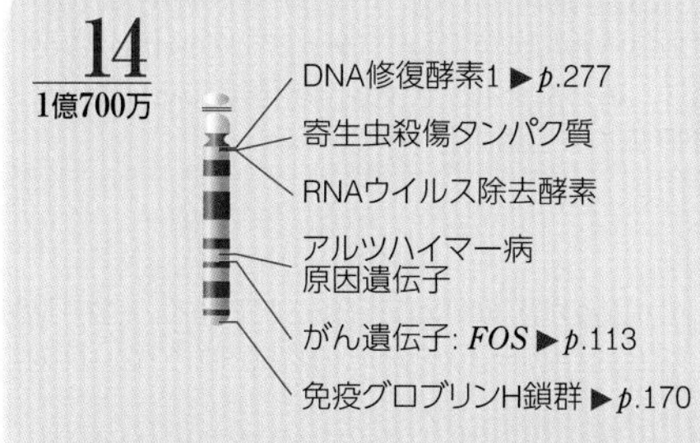
14
1億700万
DNA修復酵素1 ▶p.277
寄生虫殺傷タンパク質
RNAウイルス除去酵素
アルツハイマー病
原因遺伝子
がん遺伝子: FOS ▶p.113
免疫グロブリンH鎖群 ▶p.170

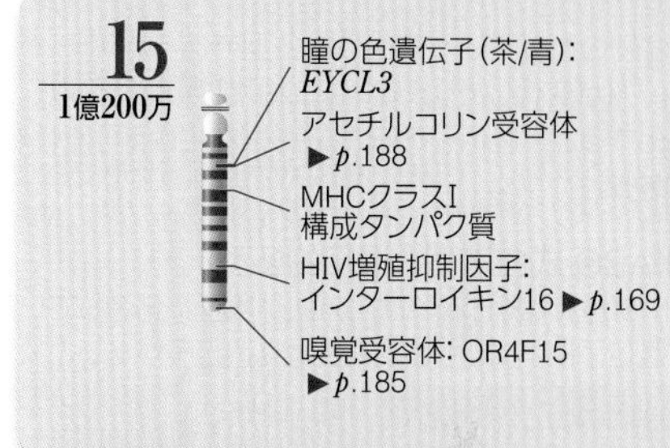
15
1億200万
瞳の色遺伝子(茶/青):
EYCL3
アセチルコリン受容体
▶p.188
MHCクラスI
構成タンパク質
HIV増殖抑制因子:
インターロイキン16 ▶p.169
嗅覚受容体: OR4F15
▶p.185

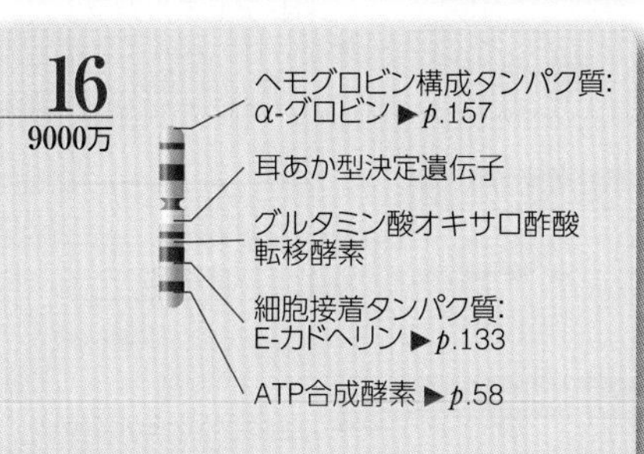
16
9000万
ヘモグロビン構成タンパク質:
α-グロビン ▶p.157
耳あか型決定遺伝子
グルタミン酸オキサロ酢酸
転移酵素
細胞接着タンパク質:
E-カドヘリン ▶p.133
ATP合成酵素 ▶p.58

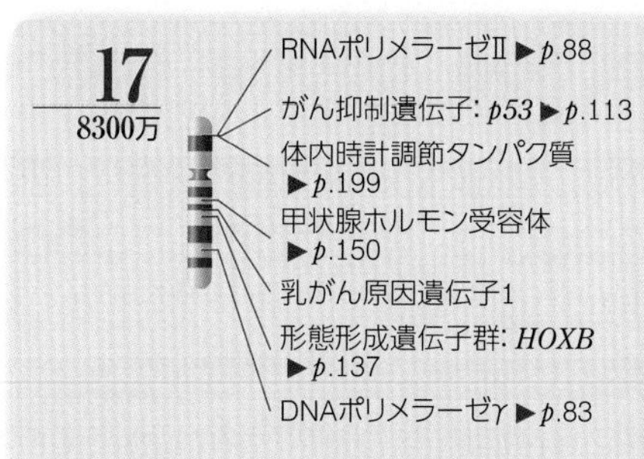
17
8300万
RNAポリメラーゼⅡ ▶p.88
がん抑制遺伝子: p53 ▶p.113
体内時計調節タンパク質
▶p.199
甲状腺ホルモン受容体
▶p.150
乳がん原因遺伝子1
形態形成遺伝子群: HOXB
▶p.137
DNAポリメラーゼγ ▶p.83

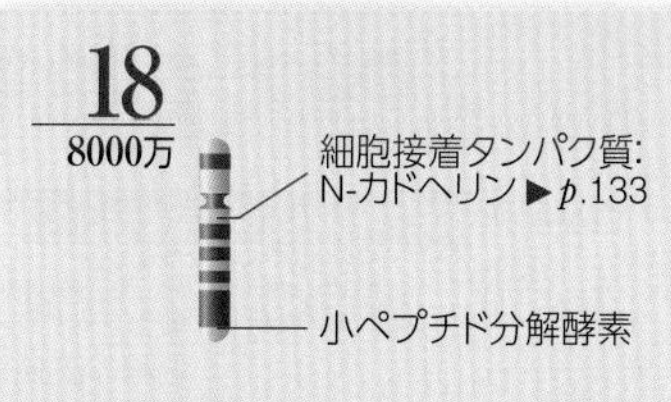
18
8000万
細胞接着タンパク質:
N-カドヘリン ▶p.133
小ペプチド分解酵素

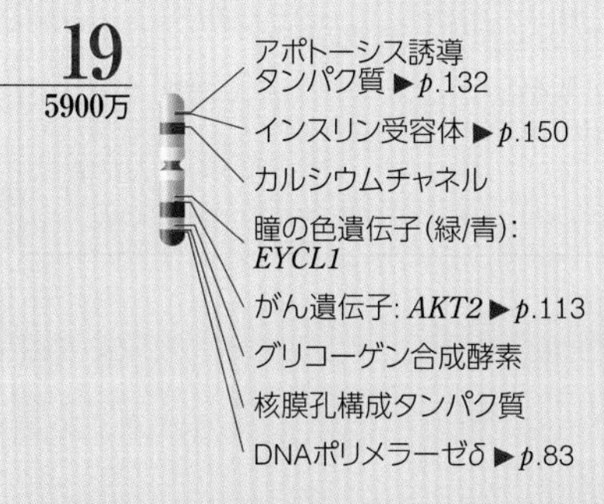
19
5900万
アポトーシス誘導
タンパク質 ▶p.132
インスリン受容体 ▶p.150
カルシウムチャネル
瞳の色遺伝子(緑/青):
EYCL1
がん遺伝子: AKT2 ▶p.113
グリコーゲン合成酵素
核膜孔構成タンパク質
DNAポリメラーゼδ ▶p.83

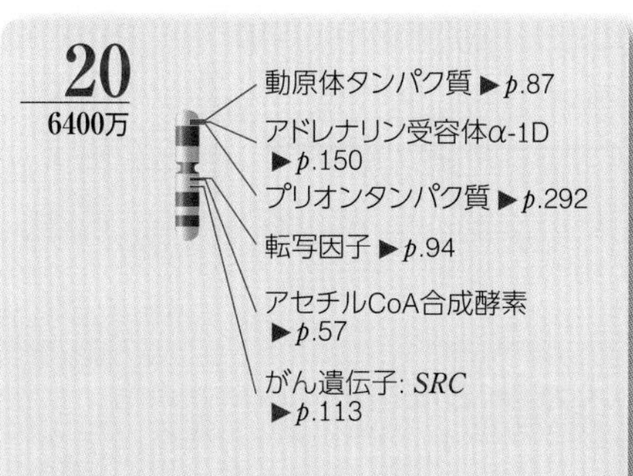
20
6400万
動原体タンパク質 ▶p.87
アドレナリン受容体α-1D
▶p.150
プリオンタンパク質 ▶p.292
転写因子 ▶p.94
アセチルCoA合成酵素
▶p.57
がん遺伝子: SRC
▶p.113

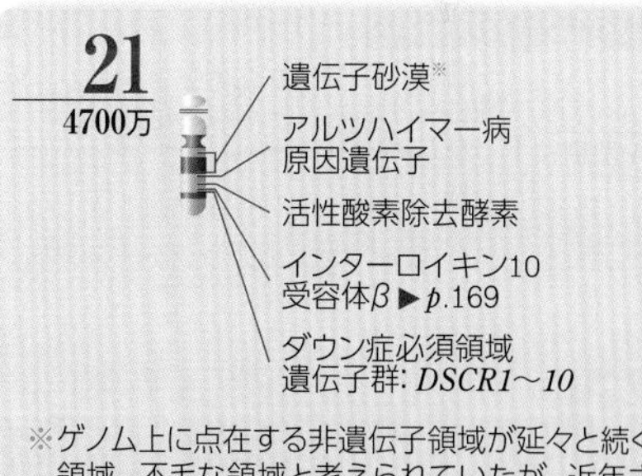
21
4700万
遺伝子砂漠※
アルツハイマー病
原因遺伝子
活性酸素除去酵素
インターロイキン10
受容体β ▶p.169
ダウン症必須領域
遺伝子群: DSCR1～10

※ゲノム上に点在する非遺伝子領域が延々と続く領域。不毛な領域と考えられていたが，近年さまざまな機能をもつことがわかってきた。

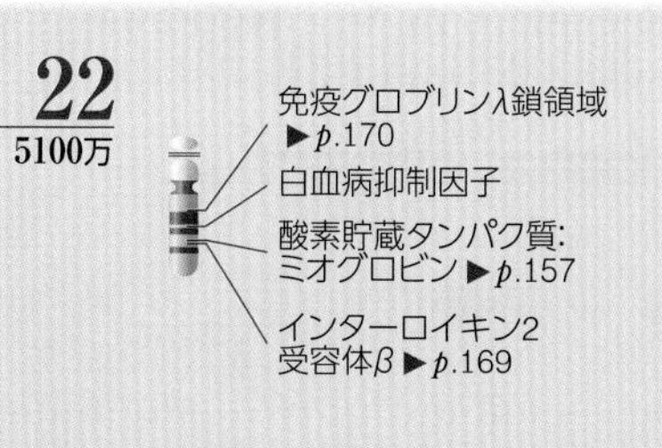
22
5100万
免疫グロブリンλ鎖領域
▶p.170
白血病抑制因子
酸素貯蔵タンパク質:
ミオグロビン ▶p.157
インターロイキン2
受容体β ▶p.169

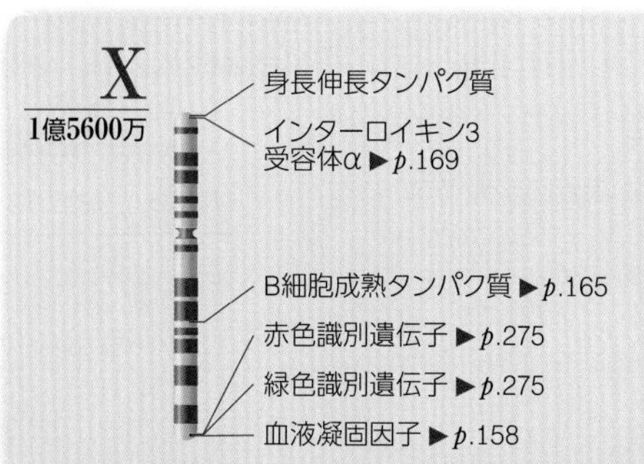
X
1億5600万
身長伸長タンパク質
インターロイキン3
受容体α ▶p.169
B細胞成熟タンパク質 ▶p.165
赤色識別遺伝子 ▶p.275
緑色識別遺伝子 ▶p.275
血液凝固因子 ▶p.158

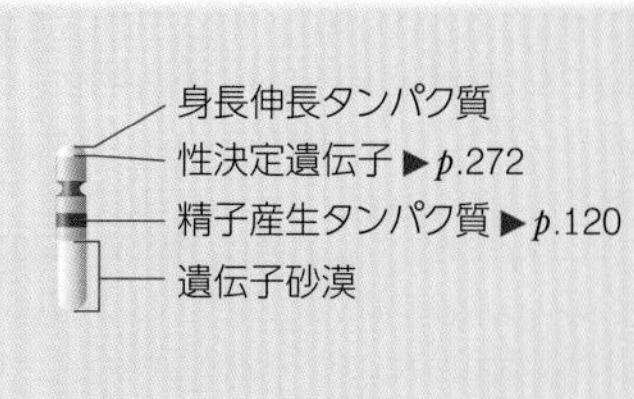
Y
5700万
身長伸長タンパク質
性決定遺伝子 ▶p.272
精子産生タンパク質 ▶p.120
遺伝子砂漠

「一家に 1 枚ヒトゲノムマップ」第 4 版第 1 刷　監修：文部科学省　制作：加納圭，川上雅弘，室井かおり，加藤和人

25 遺伝子研究とヒト 生物基礎 生物

A 遺伝的多型

同種個体間に見られるDNAの塩基配列の違いのうち，集団内で1％以上の頻度で見られるものを**多型**(遺伝的多型)という(1％未満の場合は，突然変異という)。

■遺伝的多型

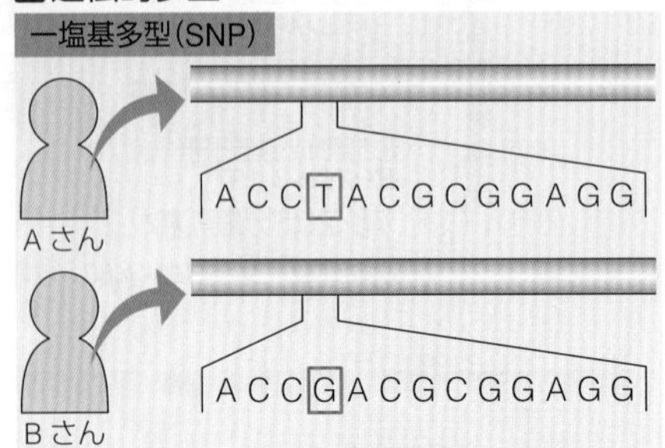

一塩基多型(SNP)
ACCTACGCGGAGG
Aさん
ACCGACGCGGAGG
Bさん

1塩基の置換によって生じた多型である。アミノ酸配列が変化したり，転写調節領域の塩基配列が変化すると，遺伝子の機能に影響を生じる可能性もある。

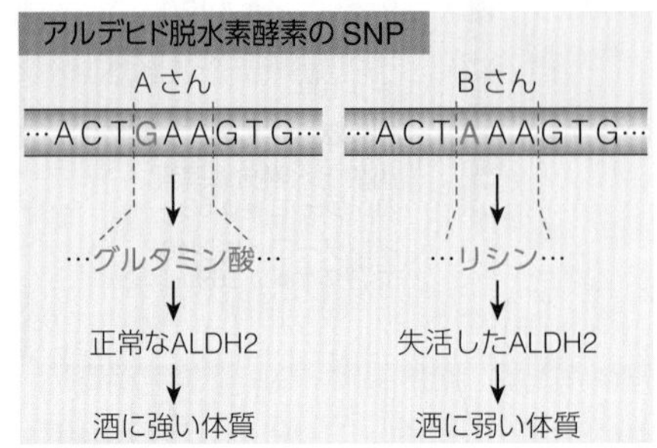

アルデヒド脱水素酵素のSNP
Aさん
…ACTGAAGTG…
…グルタミン酸…
正常なALDH2
酒に強い体質
Bさん
…ACTAAAGTG…
…リシン…
失活したALDH2
酒に弱い体質

アルコールに対する強さ(▶ p.275)の遺伝的な要因は，おもにアルデヒド脱水素酵素(ALDH2)のSNPによることが知られている。

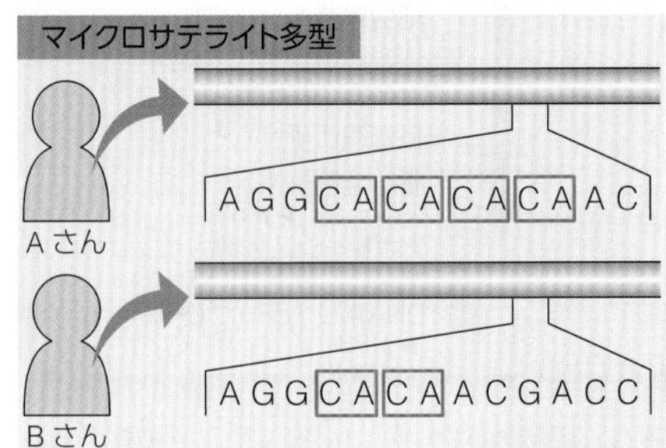

マイクロサテライト多型
AGGCACACACACAAC
Aさん
AGGCACAACGACC
Bさん

2～5塩基程度の配列が2～数十回くり返したもので，くり返し回数に多型が見られる。科学捜査では，安定している4または5塩基のくり返し配列を利用し，個人のDNA型の特定を行う(▶ p.107)。

■ ABO式血液型と遺伝的多型

ヒトのABO式血液型は，赤血球表面に結合している糖鎖の構造の違いによって分類されている。これらの違いは第9染色体に存在する，*A*，*B*，*O*の3つの対立遺伝子によって生じる。*A*対立遺伝子があるとA型糖鎖，*B*対立遺伝子があるとB型糖鎖ができ，*O*対立遺伝子しかもたない場合にはH型糖鎖となる。

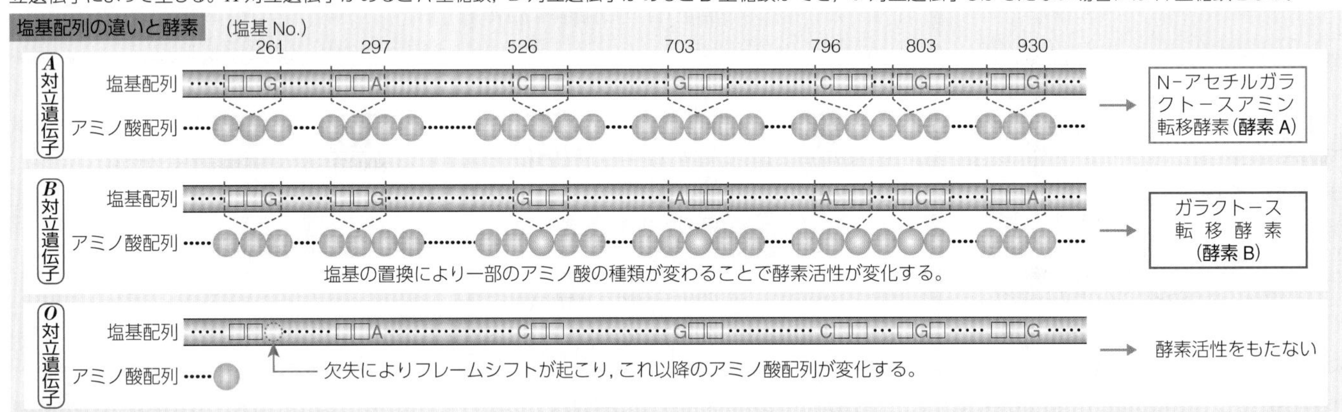

塩基配列の違いと酵素
(塩基No.)
261 297 526 703 796 803 930
A対立遺伝子
塩基配列
アミノ酸配列
N-アセチルガラクトースアミン転移酵素(酵素A)
B対立遺伝子
塩基配列
アミノ酸配列
ガラクトース転移酵素(酵素B)
塩基の置換により一部のアミノ酸の種類が変わることで酵素活性が変化する。
O対立遺伝子
塩基配列
アミノ酸配列
欠失によりフレームシフトが起こり，これ以降のアミノ酸配列が変化する。
酵素活性をもたない

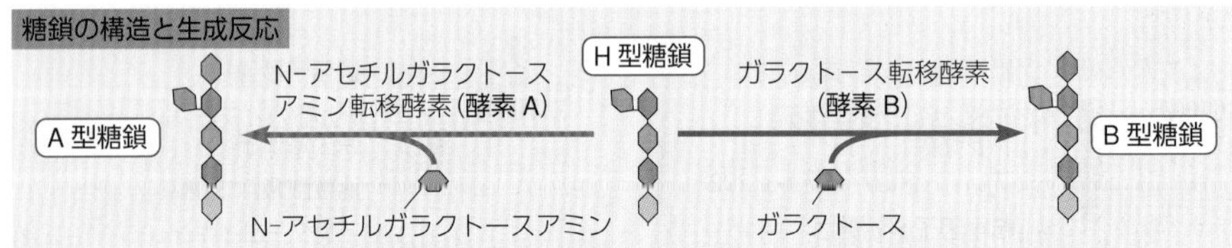

糖鎖の構造と生成反応
A型糖鎖
N-アセチルガラクトースアミン転移酵素(酵素A)
N-アセチルガラクトースアミン
H型糖鎖
ガラクトース転移酵素(酵素B)
ガラクトース
B型糖鎖

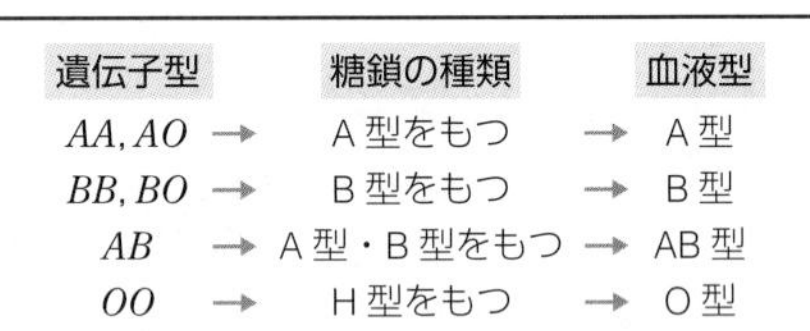

遺伝子型		糖鎖の種類		血液型
AA, *AO*	→	A型をもつ	→	A型
BB, *BO*	→	B型をもつ	→	B型
AB	→	A型・B型をもつ	→	AB型
OO	→	H型をもつ	→	O型

Zoom up 一塩基多型と成人のラクトース分解活性

一般に，哺乳類はラクトース(乳糖)を分解する酵素(ラクターゼ)の遺伝子をもっている。ラクトースは母乳に含まれる栄養分であり，ラクターゼはふつう，生後間もない母乳を摂取する時期に発現し，離乳するとしだいに発現しなくなる。ところが，ヒトの場合，ヨーロッパやアフリカ・中東の牧畜が盛んな地域では，成人でもラクターゼが発現しており，ラクトースを分解できる人が多い。

ラクターゼの遺伝子(*LCT*)の成人での発現は，*LCT*の上流にあり，*LCT*の発現を調節するはたらきをもつ*MCM6*という遺伝子に生じた突然変異によって起こったと考えられている。一塩基多型(SNP)として知られており，塩基が変化している箇所は遺伝子の中に複数確認されている。

北西ヨーロッパや東アフリカでは約1万年前に牧畜が始まったと考えられている。このような地域で成人になってもラクターゼが発現する人は，家畜の乳から栄養分を得やすいため，生存に有利にはたらき，この遺伝子が自然選択(▶ p.282)によって集団中に広がったと考えられる。

ラクターゼが成人になっても発現する突然変異は，牧畜が盛んになったヨーロッパとアフリカでそれぞれ独立に生じ，両方の大陸で急速に広がったと考えられており，収れん(▶ p.285)の一例であると考えられている。

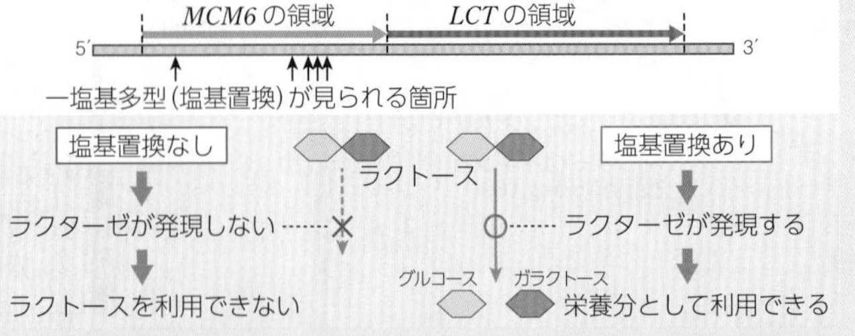

MCM6の領域
LCTの領域
5′
3′
一塩基多型(塩基置換)が見られる箇所
塩基置換なし
ラクターゼが発現しない
ラクトースを利用できない
ラクトース
塩基置換あり
ラクターゼが発現する
グルコース
ガラクトース
栄養分として利用できる

Keywords 一塩基多型(SNP) (single-nucleotide polymorphism)

B 遺伝情報と医療

遺伝子の異常で起こる病気を，正常な遺伝子を導入することで治療できる場合がある。
また，個人の SNP を含む遺伝情報を調べることで，個人に応じた医療を行うことができるようになる。

■遺伝子治療

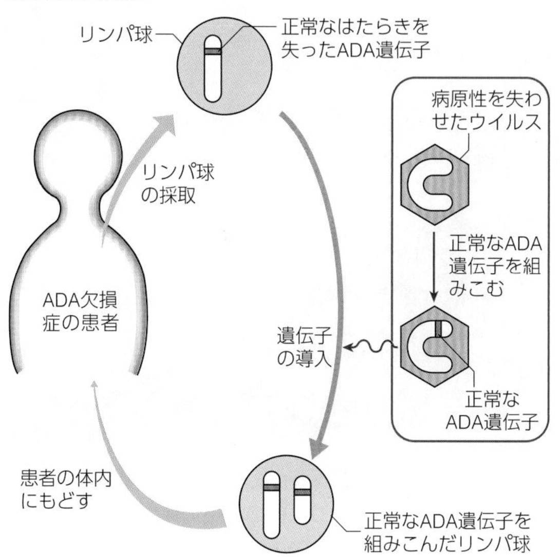
リンパ球
正常なはたらきを失ったADA遺伝子
リンパ球の採取
ADA欠損症の患者
遺伝子の導入
患者の体内にもどす
正常なADA遺伝子を組みこんだリンパ球

病原性を失わせたウイルス
正常なADA遺伝子を組みこむ
正常なADA遺伝子

ADA(アデノシンデアミナーゼ)をつくる遺伝子の異常は，重度の免疫不全を起こす。病原性を失わせたウイルス(ベクター)に正常な ADA 遺伝子を組みこみ，これを ADA 欠損症患者のリンパ球に感染させて，遺伝子を導入する。このリンパ球を培養して患者の体内にもどすと，ADA の合成が可能になる。

■テーラーメイド医療

遺伝情報に基づいて，一人一人の個人差に応じて行われる医療をテーラーメイド医療(オーダーメイド医療)という。

投薬治療の個別化

エクステンシブメタボライザー 薬を代謝する酵素の活性が高い人。すぐに代謝してしまうため，多量の服薬が必要

プアメタボライザー 薬を代謝する酵素の活性が低い人。少量の服薬できく。多量に服薬すると悪影響をもたらす場合もある

現在 最初は少量を投与。きかなければ量を増やす

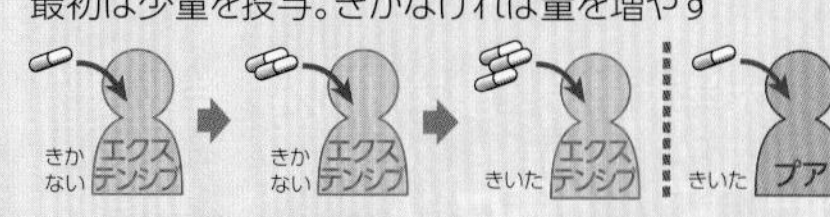
きかない
エクステンシブ
きいた
プア

テーラーメイド医療 遺伝情報を調べ，酵素活性の高い遺伝子をもつ人には多く投与。低い遺伝子をもつ人には少なく投与

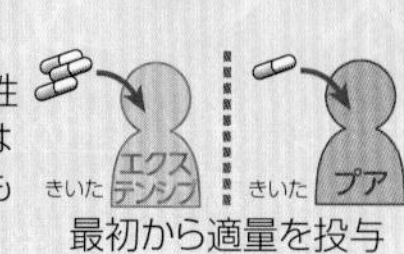
きいた
エクステンシブ
プア

最初から適量を投与

副作用の現れ方も個人により異なるので，使用する薬の種類も遺伝情報に基づいて決めることができるようになると考えられている。

多因子疾患の予防 多因子疾患は，複数の遺伝要因，環境要因によって発症に至る

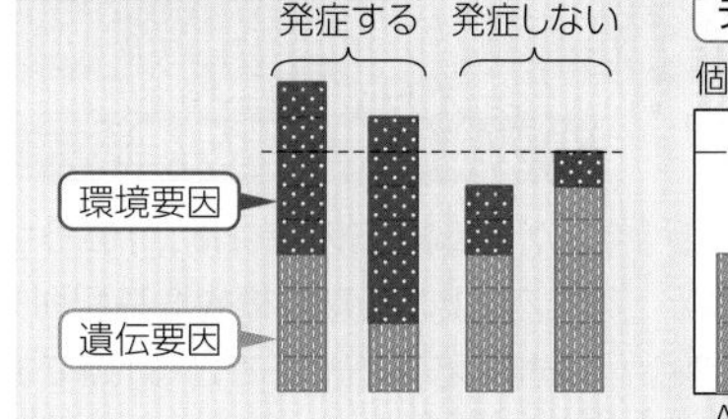
発症する
発症しない
環境要因
遺伝要因

テーラーメイド医療

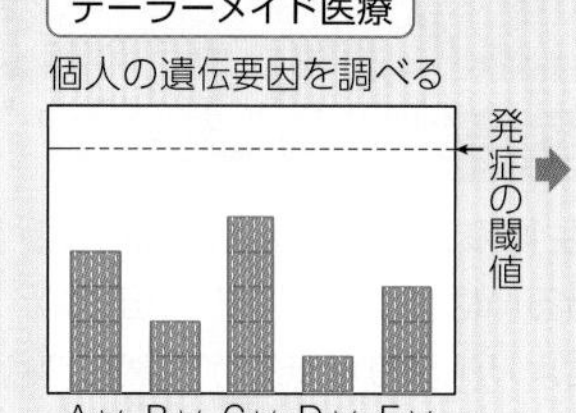
個人の遺伝要因を調べる
発症の閾値
Aさん
Bさん
Cさん
Dさん
Eさん

遺伝情報を調べ，あらかじめ発症の遺伝要因をどのくらいもっているかがわかれば，環境要因を抑えることで発症を予防することができる。

医療者は，どのように生活環境を整えて予防すればよいかを個人に応じて示すことができる。

Column がんと遺伝子

日本における 4 大死因は，「悪性新生物」「心疾患」「肺炎」「脳血管疾患」である。1 位の「悪性新生物」とはつまり「がん」のことで，がんは日本人にとってたいへん身近な病気である。

がんは，おもに①がん原遺伝子に突然変異が起こってがん遺伝子が生じ，さらに，②がん抑制遺伝子に突然変異が起こってそのはたらきが失われることによって生じる。

腫瘍の形成と転移

正常な組織
遺伝子変異など
異常な細胞
がん化
がん細胞
良性腫瘍
1つの塊としてまとまっている
悪性化
悪性腫瘍
リンパ管や血管を通って他の組織へ転移する

がんの形成過程における遺伝子変異の例

がん原遺伝子
細胞の増殖や分化の調節にかかわる
がん遺伝子
細胞の異常な増殖や分化を引き起こす
突然変異
突然変異
がん細胞
がん抑制遺伝子
細胞の異常な増殖を抑える
がん抑制遺伝子がはたらかなくなる

体細胞の一部が過剰に増殖したものを腫瘍(しゅよう)という。
腫瘍には細胞の増殖が特定の組織内にとどまる良性腫瘍と，無秩序で無制限な細胞の増殖によってその組織から浸み出し(浸潤)，リンパ液や血液などを介して離れた組織に転移する悪性腫瘍がある。悪性腫瘍には上皮組織にできるがん(胃がん，肝臓がんなど)，結合組織など上皮組織以外にできる肉腫(リンパ腫，骨肉腫など)，白血病などがある。

がん原遺伝子 正常な細胞の増殖や分化に関する指令を細胞外から受容し，細胞内でその情報を伝達し，転写を促すまでの各過程にはたらくタンパク質の遺伝子。*ErbB*，*ras*，*fos* などの例が知られている。これらの遺伝子が異常にはたらくようになると，細胞増殖が抑制されずにがん化する。

がん抑制遺伝子 DNA が損傷した細胞に対して，
①細胞周期を停止させる
②細胞死を誘導する
③ DNA の修復
というはたらきをもつタンパク質の遺伝子。
現在，ヒトでは 40 種類以上が知られている。代表的なものは *p53* であり，ヒトのがんの半数で，*p53* に何らかの突然変異があるといわれている。

遺伝子治療(gene therapy)，テーラーメイド医療(tailor-made medicine)，がん(cancer)

特集 生物学の最前線

［写真］マダイの飼育水槽

3 ゲノム編集で品種づくりが変わる

京都大学大学院　農学研究科　准教授
木下（きのした）　政人（まさと）

生物は，ゲノム上の遺伝子を設計図として創られ，それぞれの特徴を発揮している。自然界でゲノムが書き換われば，新たな特徴をもつ生物が生まれ，この現象は「進化」とよばれる。2010年以降急速に発展したゲノム編集技術は，これまでの遺伝子改変技術を一変し，あらゆる生物のゲノムを短期間で書き換えることを可能にした。ここでは，ゲノム編集技術の原理，マダイ養殖を例にゲノム編集技術の育種への貢献，今後の展望や問題点を概説する。

背景

ゲノム（ある生物の遺伝情報全体）は紫外線や天然物質，あるいは細胞分裂時の遺伝子の複製ミスなどにより，頻度は低いが自然に変化する（自然突然変異）。この自然突然変異は，生物の進化の原動力となっている。また，化学物質や放射線を使って人工的に突然変異を誘発することもできる（誘発突然変異）。

人類は，自然突然変異や誘発突然変異によって生まれた有用形質をもつ生物を選びだし，世代を重ねてその形質を固定（品種化）する選抜育種法により，農作物や畜産物を，より価値の高いものに改変してきた。これらは言い換えれば，ゲノム変異体の収集である。選抜育種では，ゲノムが変異する頻度は低く，ゲノムのどこに変異が入るかは規定できないため，有用な形質をもつ品種作製は偶然に頼り，かつ，長期間を要する。計画的に迅速に，品種作製を行う方法はないだろうか？

動植物での「ゲノムの書き換え」は，1980年初頭に開発された遺伝子導入技術により盛んに行われるようになった。この技術は，生物に新たな遺伝子をつけ加える，つまり，生物の設計図を書き換える画期的な技術として，基礎科学・産業界など広い分野で期待を集めた。しかし，いくつかの課題があった。その一つは，「宿主染色体への遺伝子の導入はランダムに起こる」ことである。そのため，予想外の影響が出ることがあった。

このような状況のため，「ゲノム上のねらった塩基配列（遺伝子など）を正確に改変する技術」が渇望されていた。そこに登場したのが，ゲノム編集技術（▶ *p.*101）である。

ゲノム編集技術の進歩

ゲノム編集の特徴は，「あらゆる生物の，ゲノム上の任意の標的塩基配列を思うように書き換えることができる」点である。その根源的で最も重要なポイントは，標的となる塩基配列に正確に結合し，その場でDNAの二重らせんを切断することである。ゲノム編集技術は進展し続けており，従来の「ねらったゲノム上の位置を切断する」だけではなく，「ねらった塩基を置換する」，「ねらった位置に遺伝子を挿入する」などさまざまな編集が可能となっている。

食用の生物へのゲノム編集技術の活用としては，「ねらったゲノム上の位置を切断し，遺伝子機能を改変する」方法，つまり外来遺伝子を組みこまない方法がおもに使われている。

ゲノム編集の方法（魚類の場合）

魚類のゲノム編集は，顕微注入法（マイクロインジェクション法）で行われる（図1）。この方法では，顕微鏡下で微細なガラス製の針を用い，ゲノム編集溶液（CRISPR-Cas9など）を受精直後の卵に直接注入する。ゲノム編集溶液は，RNAあるいはタンパク質で構成されており，卵の発生に伴い分解され消失する。受精直後の卵膜は柔らかくガラス製の針が貫通するが，短時間（マダイの場合は10分程度）で硬化し針が刺さらなくなってしまう。そのため，精子と排卵された未受精卵を別々に採取し，人工授精と顕微注入を何度もくり返し多数の卵にゲノム編集操作を施す。

■マダイ受精卵への顕微注入（図1）

（左）顕微鏡

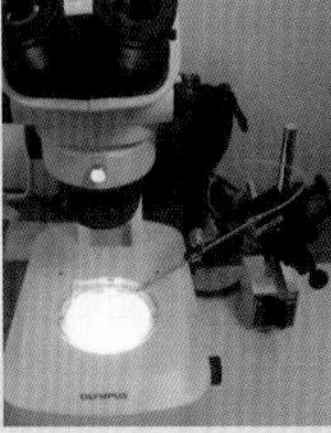

（右）顕微鏡の視野

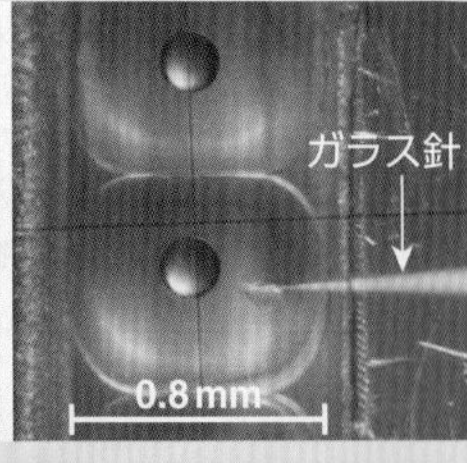
ガラス針
0.8 mm

マダイ育種への活用

魚類は農作物や畜産物のように「品種化」が進んでおらず，生産者や消費者のニーズに対応した品種がない。従来の選抜育種を用いて養殖魚の優良品種を作製するのでは，不確定で長い時間を必要とする。そこで，ゲノム編集による迅速なマダイ品種作製に着手した。

標的としたのは，ミオスタチン遺伝子（*mstn*）である。ミオスタチンは，骨格筋細胞の増殖と成長を抑制する（図2）。自然突然変異によりこの遺伝子に変異が起こった牛は，肉づきのよい品種としてヨーロッパで市場に

■ミオスタチンの機能（図2）

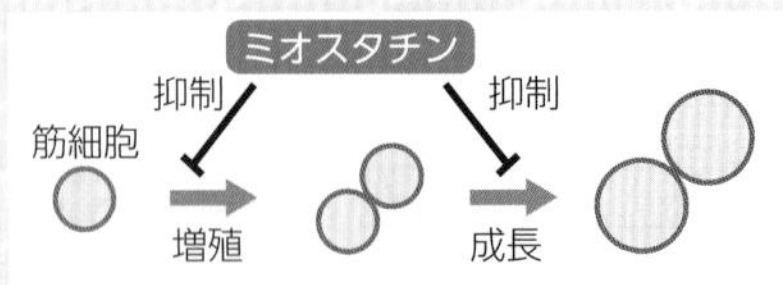
ミオスタチン
抑制
抑制
筋細胞
増殖
成長

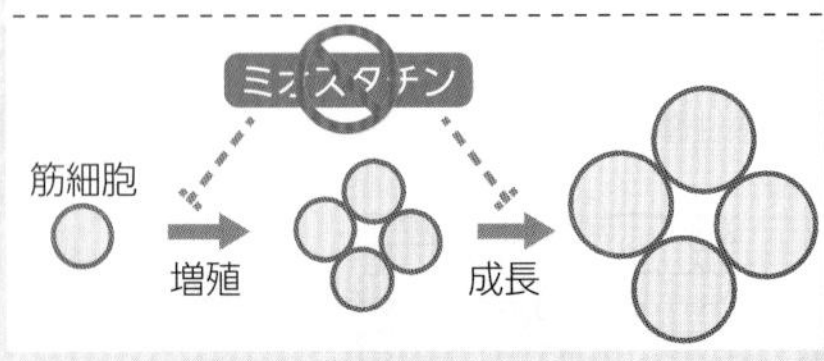
ミオスタチン
筋細胞
増殖
成長

ミオスタチン遺伝子を破壊すると，筋細胞が増殖・成長し続けるため，肉づきのよいマダイができる。

mstn 破壊により筋肉量が増加したマダイ(図 3)

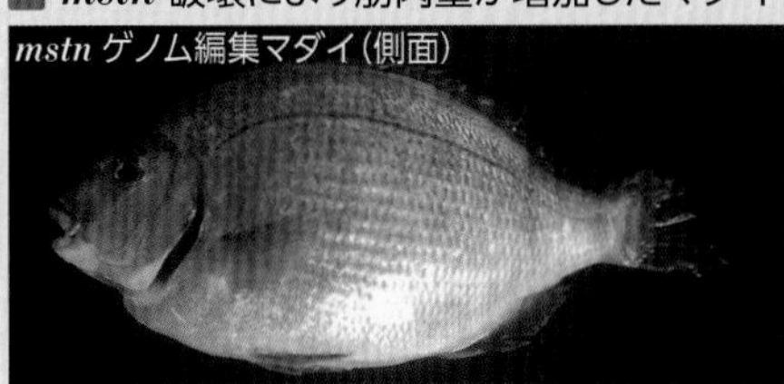
mstn ゲノム編集マダイ(側面)

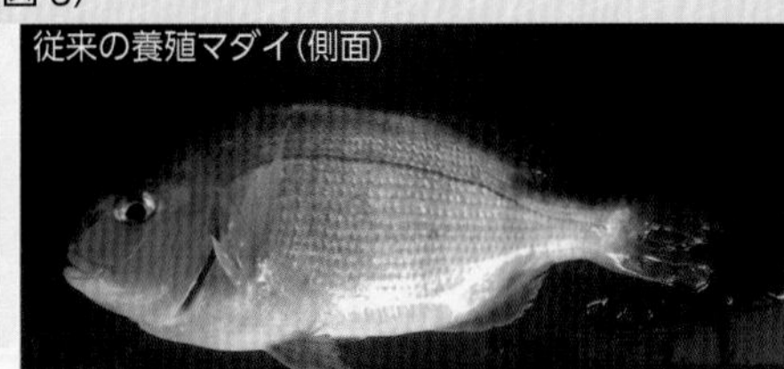
従来の養殖マダイ(側面)

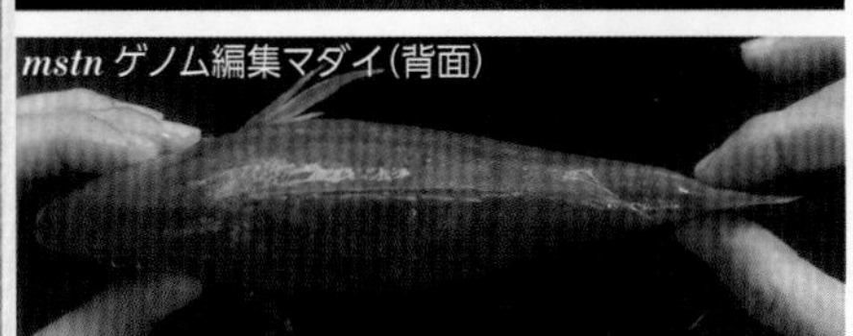
mstn ゲノム編集マダイ(背面)

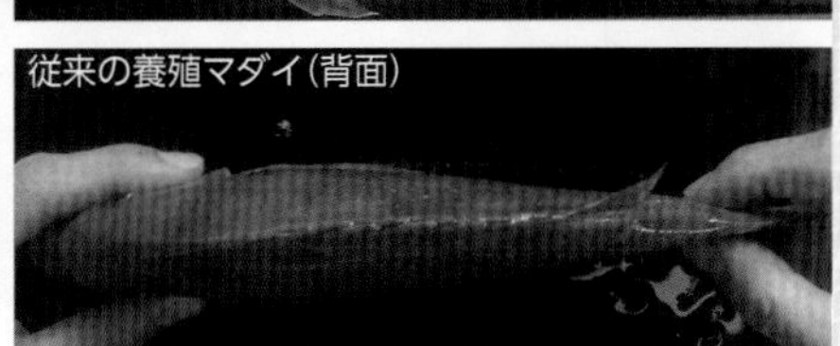
従来の養殖マダイ(背面)

ゲノム編集マダイの餌利用効率(図 4)

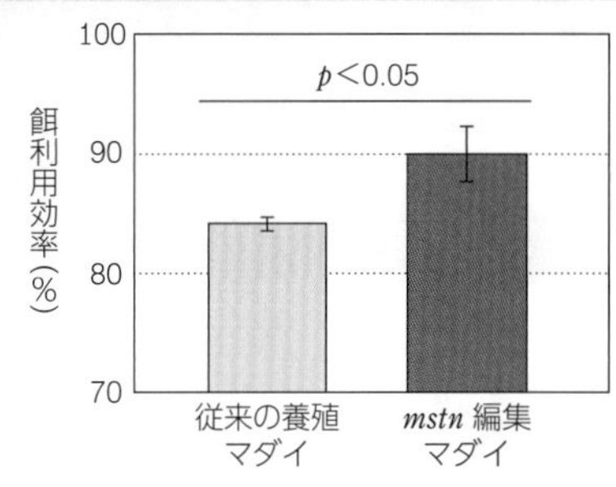
100
90
80
70
餌利用効率(%)
$p<0.05$
従来の養殖マダイ
mstn 編集マダイ

餌利用効率

$$=100\times\frac{(試験終了時の体重-試験開始時の体重)}{給餌量}$$

出ている。つまり，マダイの *mstn* の機能をなくせば，筋肉(可食部)の増えたマダイ品種ができると予測した。マダイ受精卵に，*mstn* を標的とした CRISPR-Cas9 を導入した。これらの飼育を続け，その中からねらい通りにゲノムが編集された個体を PCR 解析により選び出し，親魚まで育成後，交配し，両方の相同染色体の *mstn* に変異をもつホモ接合体を得た。これらの個体は，これまでの養殖マダイと比べ，筋肉量が 1.2 倍以上に増加し，体高および体幅が大きく丸みを帯びた外観となった(図 3)。これらの特徴に加えて，餌利用効率(与えた餌に対して体重が増加する割合)が増加しており(図 4)，少ない餌量で育つ，海を汚さない環境に優しいマダイとなっていることがわかった。

マダイの養殖では 50 年(約 10 世代)を費やし高成長・高耐病性系統を作製してきたが，ゲノム編集を用いると 2 年(1 世代)で目的の形質をもつマダイが作製できた。このように，ゲノム編集技術を用いることにより，目的の形質をもつ品種を計画的に短時間で作製可能であることが示された。

遺伝子導入技術との違い

遺伝子導入技術では「外来遺伝子」の導入を伴い，作製された生物は，遺伝子組換え生物(Genetically Modified Organism：GMO)となる。一方，ゲノム編集技術では，導入されたゲノム編集ツール(RNA やタンパク質)は胚の発生中に分解され消失し，作製された個体では外来遺伝子の付加はなく，内在遺伝子の変異のみが残る。そのため，ゲノム編集技術による遺伝子破壊で得られた個体は，自然放射線や紫外線で引き起こされる自然突然変異，あるいは，化学薬剤で引き起こされる誘発突然変異との区別がつかない。

そのほかに以下のような違いがあげられる。遺伝子導入技術では，偶然に外来遺伝子が染色体に組みこまれるため，予期せぬ作用が現れる可能性がある。しかしながら，ゲノム編集技術では，改変する塩基配列が明確であるため，個体に現れる特徴が予測でき，また，再現性が保証され，その効果・影響の検証も正確に行える。つまり，遺伝子導入技術に比べ高度に制御されたシステムである。

養殖魚育種の展望と課題

今回紹介した *mstn* 改変マダイは，筋肉量と餌利用効率が上昇しており，生産者にメリットがあるとともに環境にも優しい品種である。今後，栄養成分に富む魚やアレルギー物質を軽減した魚介類など消費者にメリットのある品種の開発も必要であろう。日本のように多くの魚種を食している国は世界中にみあたらない。この豊かな食生活を維持するために，ゲノム科学を活用し，さまざまな魚種で特徴を生かした養殖魚の作製が期待される。

ゲノム編集で作製された個体は，自然突然変異体あるいは誘発突然変異体と同等の原理で生まれてくるため区別がつかない。また，ゲノム編集により作製された変異は，自然突然変異でも生じる可能性がある。そのため，これらの生物は，GMO とは区別して扱うことが考えられる。

ゲノム編集で作製された個体が GMO であるかどうかにかかわらず，養殖魚の管理や生態系への配慮は必須である。そのためには，陸上の閉鎖系での海産魚養殖技術の開発が重要だと考えられる。

また，ゲノム編集で作製される食用の生物は，どの遺伝子をどのように編集したかにより，特性が異なる。そのため，作製されたそれぞれの品種に対して個別に，その特性を評価することが重要である。

ゲノム編集の広がりと危惧

農水産物ではゲノム編集技術の活用が始まっており，一部は市場に出ている。日本では「GABA(γ-アミノ酪酸)を多く含むトマト」や「成長の早いトラフグ」，米国では「黒くならないマッシュルーム」，「オレイン酸を多く含む大豆」などがその代表である。また，毒のないジャガイモ，日もちのするトマト，病気に強いブタなどの研究も進められている。エネルギー産業の分野ではバイオ燃料をつくる藻の研究，医療分野では異常血球による疾患や筋ジストロフィーの治療に関する研究が進展している。

2018 年に中国の研究者が「ゲノム編集したヒトの赤ちゃんが誕生した」と発表した。この発表は「人が思いのままに人をつくることができる」という危惧を生じさせた。現時点では，倫理的な観点から，人の生殖細胞へのゲノム編集は多くの国で禁止されている。

科学技術には，「益」と「害」の諸刃の剣となるものがある。ゲノム編集技術もその一つである。科学者だけでなく一般市民も含めて，科学的・倫理的にその使い方を考える必要がある。

キーワード
ゲノム編集，育種，ミオスタチン，CRISPR-Cas9，突然変異，遺伝子組換え

木下政人(きのした まさと)

京都大学大学院 農学研究科 准教授
滋賀県出身。
趣味はサッカー，生きものを育てること。
研究の理念は「生きものを見て，生きものから学ぶ」

この記事を読んで，「さらに知りたい」と思ったことをあげて，自分で調べてみよう。

第4編
生殖・発生
第Ⅰ章　生殖
第Ⅱ章　発生

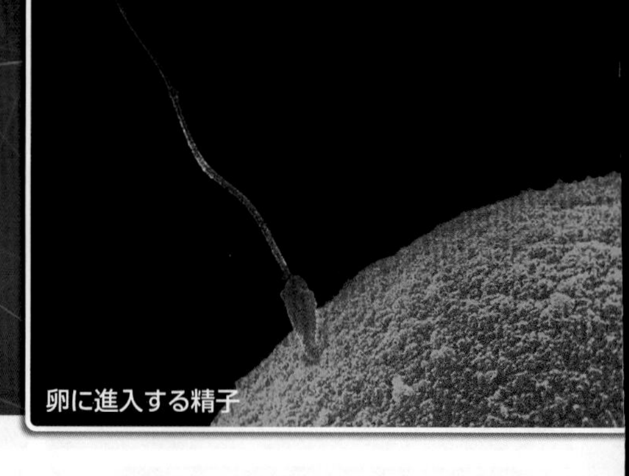
卵に進入する精子

1 生殖－遺伝子の受け渡し

生物基礎　生物

A 無性生殖

からだの一部が分かれて，それが単独で新個体を形成する生殖法を**無性生殖**という。もとの個体とまったく同じ遺伝子をもった子ができる。

■分裂

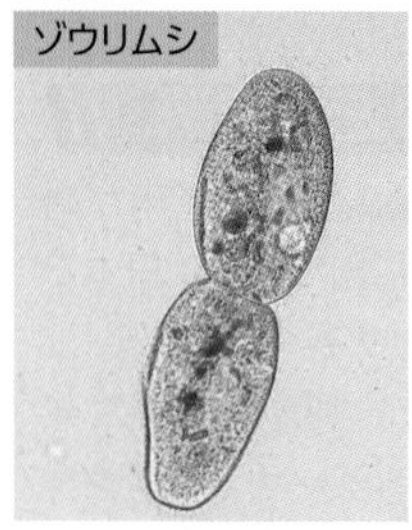
ゾウリムシ

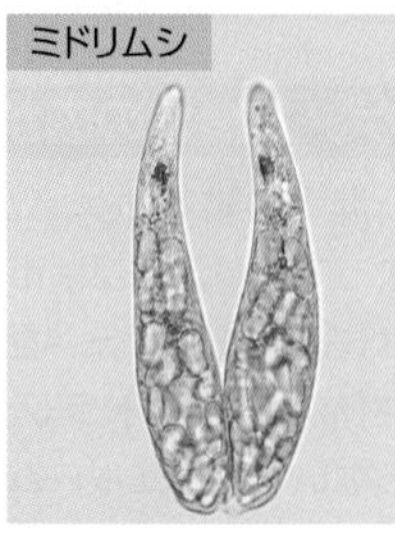
ミドリムシ

母体がほぼ同大の２つの個体に分裂する。

■出芽

酵母

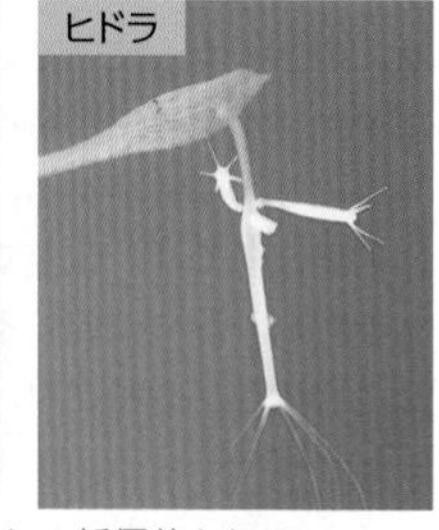
ヒドラ

芽のような膨らみが独立し，新個体となる。

■栄養生殖

オニユリのむかご

ジャガイモの塊茎

根・茎・葉などの栄養器官から新個体を形成する。

■無性生殖による遺伝子の受け渡し

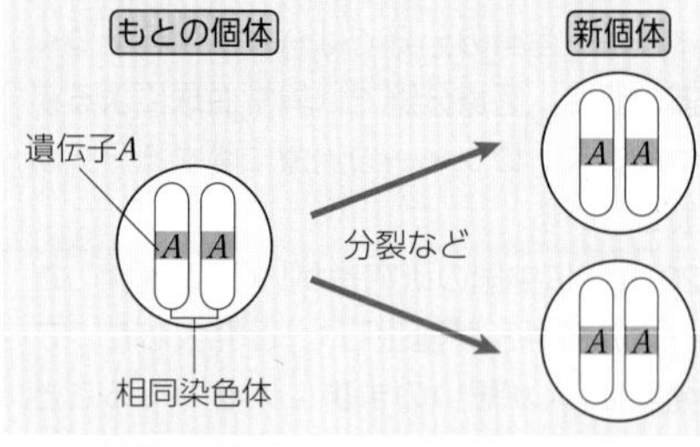
もとの個体
新個体
遺伝子A
分裂など
相同染色体

もとの個体と新個体の遺伝子型は同じになる。

Zoom up 胞子生殖

母体の一部から多数の胞子を放出して増える方法を**胞子生殖**という。胞子生殖には，アオカビ・コウジカビなどのように，体細胞分裂によって生じる無性胞子(**栄養胞子**)で増えるものと，減数分裂(▶$p.118$)によって生じる胞子で増えるものがある。後者の胞子は**真正胞子**とよばれ，コケ植物やシダ植物などでつくられる。真正胞子から生じる子は，親の半分の遺伝子しか受け継がないため，親とは遺伝的に同一ではない。

栄養胞子

n
体細胞分裂

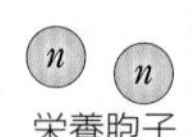

栄養胞子

真正胞子

$2n$
減数分裂

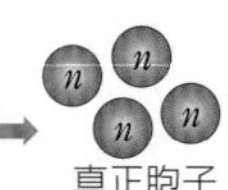

真正胞子

Column 雌だけで子が生まれる生殖法―単為生殖

雌雄が見られる生物において，雌が単独で新個体を形成する生殖法があり，**単為生殖**とよばれる。単為生殖は無性生殖の一種とされている。ミツバチやアブラムシ，アリ，ミジンコなどで単為生殖が行われており，単為生殖にはさまざまな形式があることが知られている。
例えばミツバチの場合，有性生殖と単為生殖の両方を行う。女王バチが産んだ卵のうち，精子と受精した受精卵($2n$)からは，雌が生まれ(有性生殖)，はたらきバチ，または，女王バチに成長する。一方，未受精卵(n)からは，雄(n)が生まれる(単為生殖)。雄は減数分裂を経ずに精子をつくるので，精子の核相はnとなり，卵(n)と受精して受精卵($2n$)ができる。
アブラムシも，有性生殖と単為生殖の両方を行う。しかし，ミツバチの単為生殖ではnの卵から発生するのに対し，アブラムシの場合，$2n$の卵から子が成長する。また，ミツバチの場合，単為生殖により生じるのは雄のみであるのに対し，アブラムシの場合，夏は雌ばかり生まれ，秋になって環境が変化すると雄が生まれるとされている。
ほかに，ヘビやトカゲなどの脊椎動物でも少数ながら単為生殖を行うものが知られている。また，植物などでも知られている。

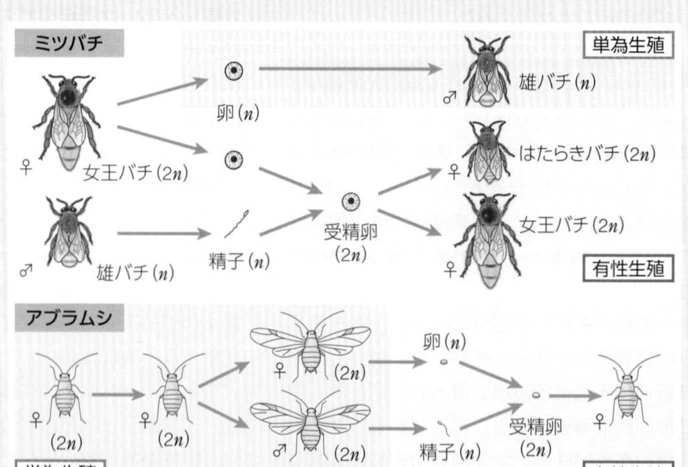
ミツバチ
単為生殖
卵(n)
雄バチ(n)
♀ 女王バチ($2n$)
はたらきバチ($2n$)
受精卵($2n$)
女王バチ($2n$)
♂ 雄バチ(n)
精子(n)
有性生殖
アブラムシ
♀($2n$)
♀($2n$)
♀($2n$)
卵(n)
♂($2n$)
精子(n)
受精卵($2n$)
単為生殖
$2n$の♀から$2n$の卵が生じ，成体に成長する。
有性生殖

Keywords　生殖(reproduction)，無性生殖(asexual reproduction)，単為生殖(parthenogenesis)

B 有性生殖

合体して新個体を生じる細胞を**配偶子**といい，２つの配偶子の合体によってできた細胞から新個体ができる生殖法を**有性生殖**という。親と異なる遺伝子の組み合わせをもつことになる。

■同形配偶子接合　同形・同大の配偶子が合体する。

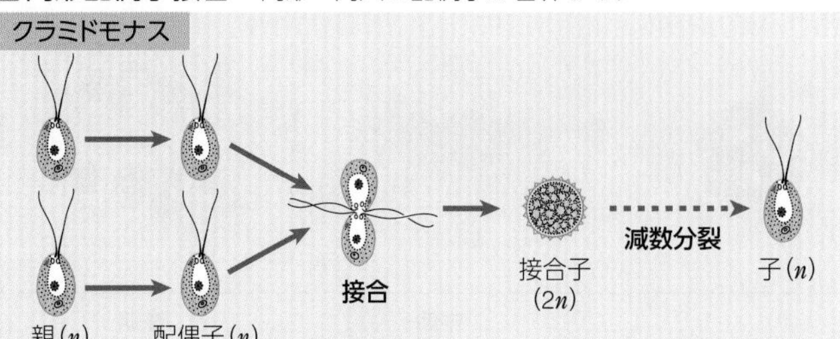
クラミドモナス
接合
接合子
(2n)
減数分裂
子(n)
親(n)
配偶子(n)

■異形配偶子接合　形や大きさが異なる配偶子が合体する。

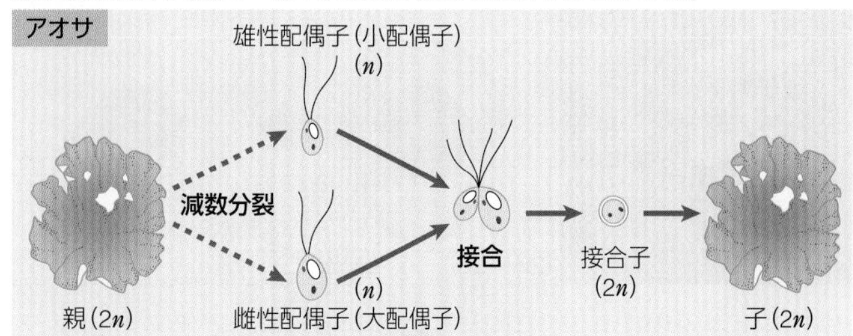
アオサ
雄性配偶子(小配偶子)
(n)
減数分裂
接合
接合子
(2n)
(n)
親(2n)
雌性配偶子(大配偶子)
子(2n)

■受精　卵と精子(精細胞)が合体する。

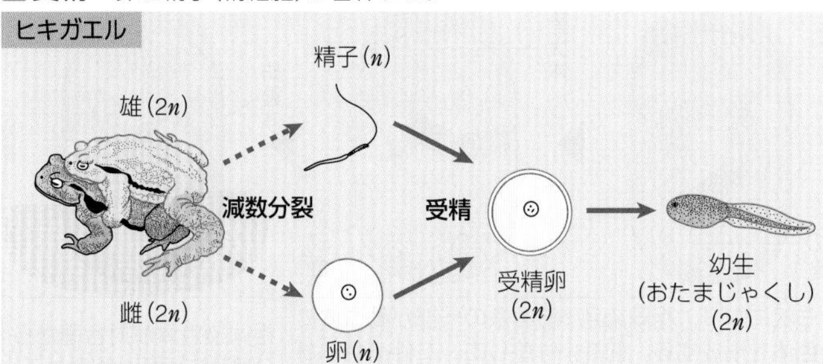
ヒキガエル
精子(n)
雄(2n)
減数分裂
受精
受精卵
(2n)
幼生
(おたまじゃくし)
(2n)
雌(2n)
卵(n)

■有性生殖による遺伝子の受け渡し

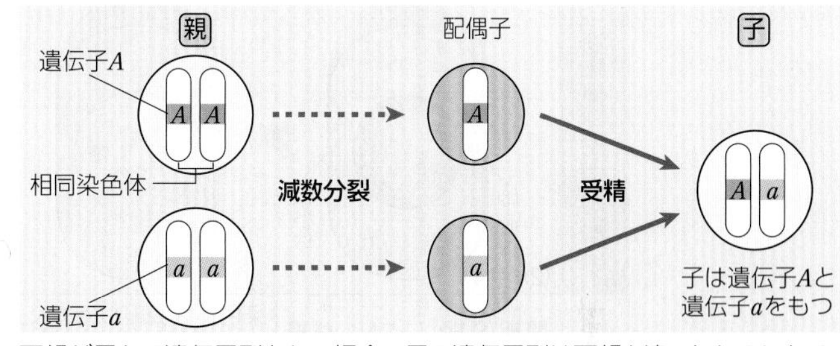
親
配偶子
子
遺伝子A
A A
A
相同染色体
減数分裂
受精
A a
a a
a
遺伝子a
子は遺伝子Aと
遺伝子aをもつ

両親が異なる遺伝子型をもつ場合，子の遺伝子型は両親と違ったものになる。

Point 無性生殖と有性生殖の違い

	無性生殖	有性生殖
遺伝的特徴	新個体はもとの個体とまったく同じ遺伝情報をもち，もとの個体と同じ形質を受け継ぐ。 (n → n, n；$2n$ → $2n$, $2n$)	新個体は両親に由来する配偶子が合体してできる。遺伝情報が親とは異なる，多様な形質をもつ新個体ができる。 ($2n$, $2n$ →減数分裂→ n, n → $2n$)
生殖効率	1個体で生殖可能なため効率がよい。	配偶子どうしの出会いと合体が必要なため効率が悪い。

C 探究 減数分裂の観察

減数分裂の観察の材料としては，ヌマムラサキツユクサのやく(5月～夏ごろ)，フタホシコオロギの精巣(1年中)などがある。

■花粉の観察　ヌマムラサキツユクサの花粉の観察

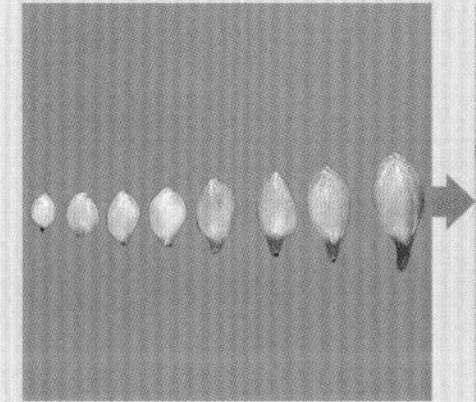
ヌマムラサキツユクサのつぼみは2～3mmの若いものを用いる。

①つぼみを酢酸アルコールなどで固定した後，ピンセットでやくを取り出す。

②取り出したやくをピンセットでつぶしてスライドガラスになすりつける。

③酢酸オルセイン液を1滴落として5分ほどおく。

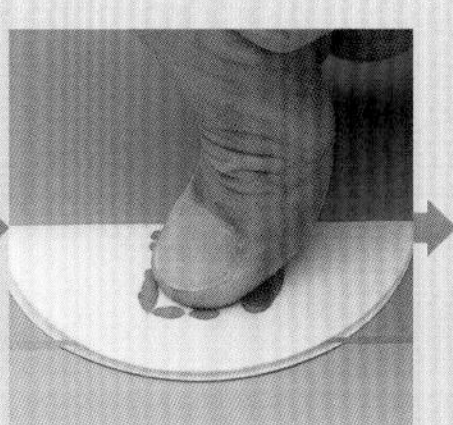
④カバーガラスをかけ，ろ紙ではさんで押しつぶし，顕微鏡で観察する。

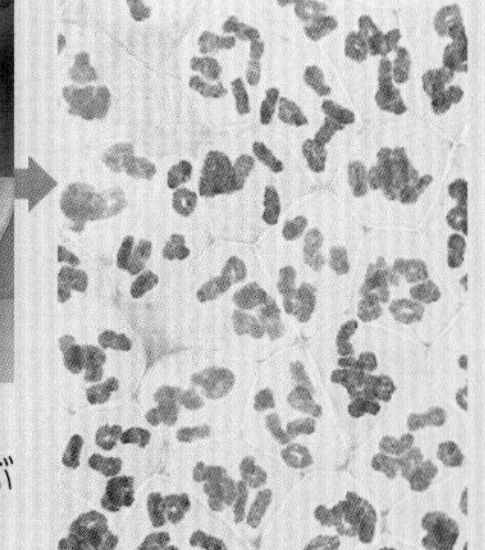

■精子の観察　フタホシコオロギは1年を通して入手・観察できる。

体長1.7～2cmの雄(7齢)が観察しやすい。エーテルで麻酔しておく。

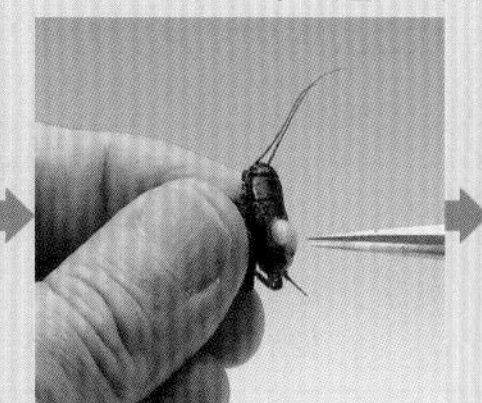
①腹部の背側に切りこみを入れ，腹部の両側面を押し，精巣を押し出す。

②水を入れたペトリ皿に精巣を移し，外側の膜を破って，房状の小胞を取り出す。

③スライドガラスに小胞をのせ，酢酸オルセイン液を1滴落とす。

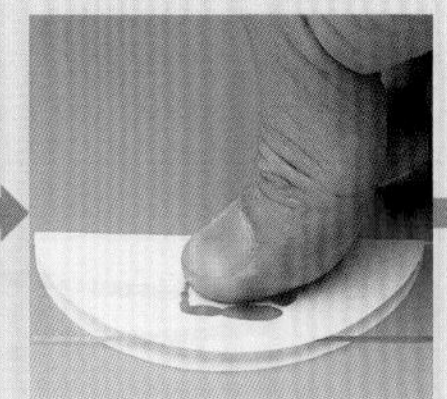
④5分ほどおいた後，カバーガラスをかけ，ろ紙ではさんで押しつぶす。

有性生殖(sexual reproduction)，配偶子(gamete)，接合(conjugation)

2 減数分裂 生物基礎 生物

A 減数分裂の過程

植物の花粉四分子や胚のう細胞，動物の卵・精子などの生殖細胞が形成されるときの分裂を**減数分裂**という。減数分裂では，分裂後に染色体数が体細胞の半分になる。

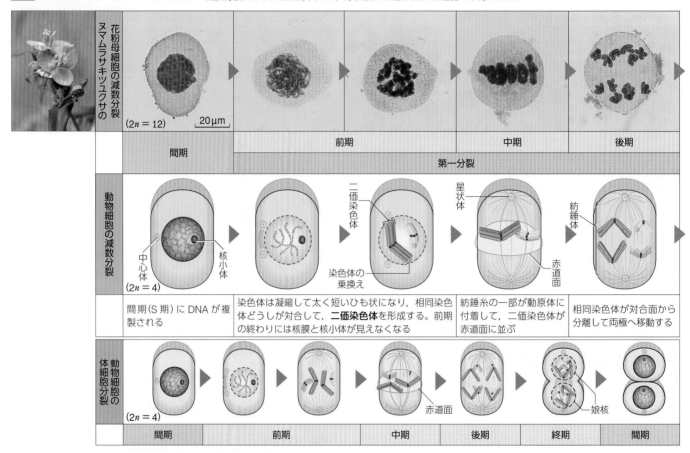

ヌマムラサキツユクサの花粉母細胞の減数分裂 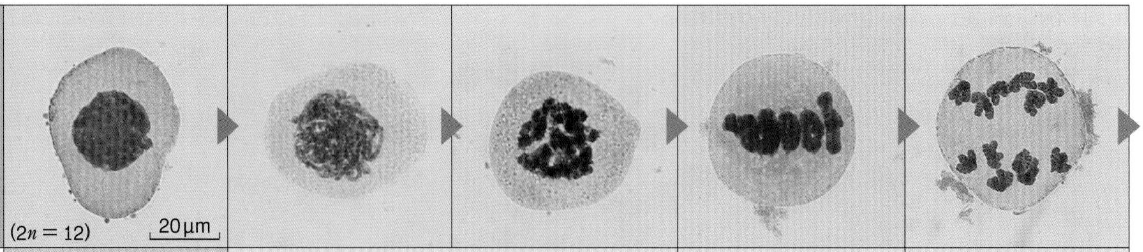 ($2n = 12$)　20 μm

間期	前期		中期	後期
	第一分裂			

動物細胞の減数分裂 ($2n = 4$)

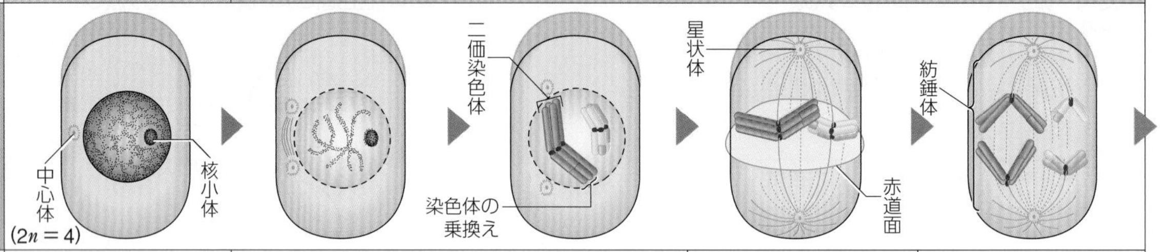

中心体　核小体　二価染色体　染色体の乗換え　星状体　赤道面　紡錘体

間期(S 期)に DNA が複製される	染色体は凝縮して太く短いひも状になり，相同染色体どうしが対合して，**二価染色体**を形成する。前期の終わりには核膜と核小体が見えなくなる	紡錘糸の一部が動原体に付着して，二価染色体が赤道面に並ぶ	相同染色体が対合面から分離して両極へ移動する

動物細胞の体細胞分裂 ($2n = 4$)

赤道面　娘核

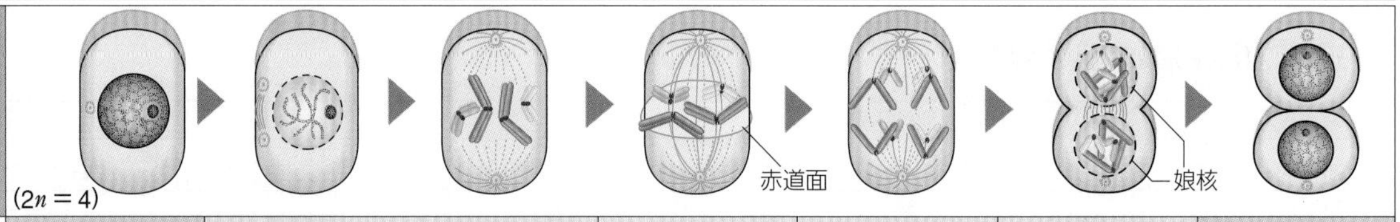

間期	前期	中期	後期	終期	間期

B 減数分裂と DNA 量の変化

減数分裂により染色体数が半減する。それにともない，DNA 量も半減する。

■減数分裂

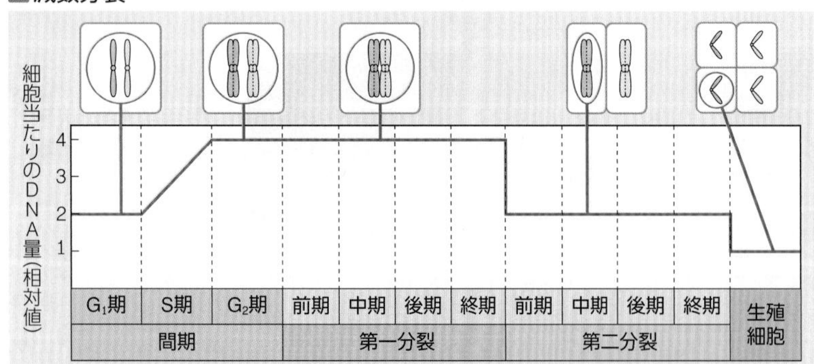
細胞当たりのDNA量(相対値)
4
3
2
1
G_1期
S期
G_2期
前期
中期
後期
終期
前期
中期
後期
終期
生殖細胞
間期
第一分裂
第二分裂

■体細胞分裂

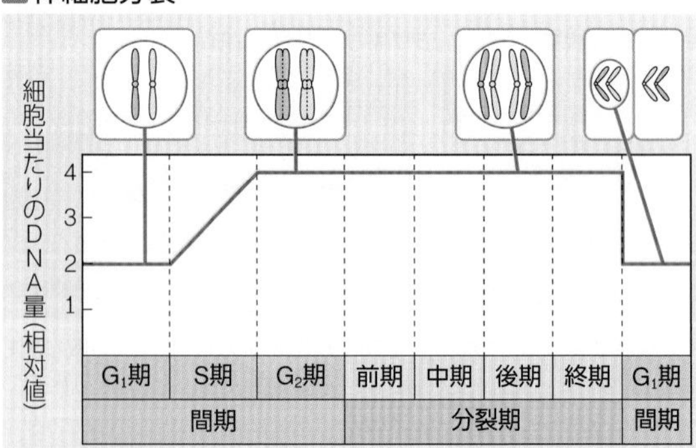
細胞当たりのDNA量(相対値)
4
3
2
1
G_1期
S期
G_2期
前期
中期
後期
終期
G_1期
間期
分裂期
間期

Point 体細胞分裂と減数分裂の比較

	分裂の過程	相同染色体の対合	生じる娘細胞の数	染色体数	分裂の起こる時期
体細胞分裂	母細胞 $2n$ → $2n$, $2n$ 娘細胞	対合しない	2 個	変化しない ($2n \to 2n$, $n \to n$)	主に体細胞が増えるとき
減数分裂	母細胞 $2n$ → n, n → n, n, n, n 娘細胞	対合し，二価染色体を形成	4 個	半減する ($2n \to n$)	生殖細胞をつくるとき

 Keywords 減数分裂(meiosis)，対合(synapsis)，二価染色体(bivalent chromosome)

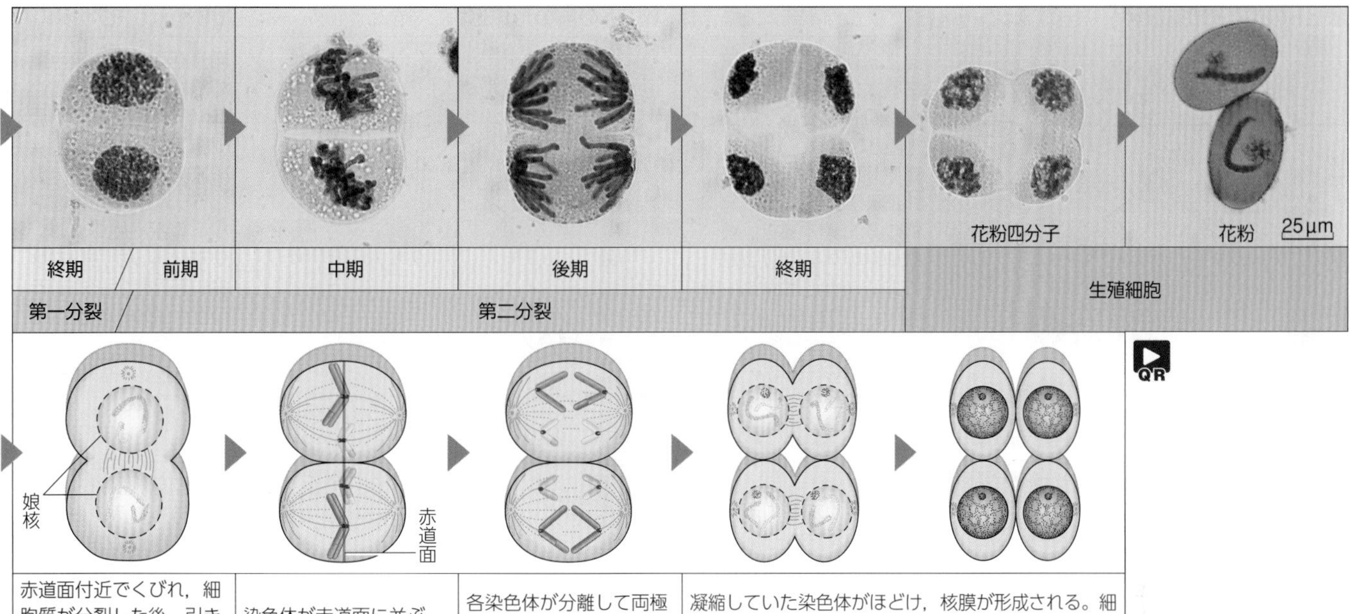
花粉四分子
花粉
25 μm
終期
前期
中期
後期
終期
生殖細胞
第一分裂
第二分裂
娘核
赤道面
赤道面付近でくびれ，細胞質が分裂した後，引き続き第二分裂が始まる
染色体が赤道面に並ぶ
各染色体が分離して両極に移動する
凝縮していた染色体がほどけ，核膜が形成される。細胞質が分裂して，4 個の娘細胞（生殖細胞）ができる

C 染色体の乗換え

減数分裂では，第一分裂前期に相同染色体が対合して**二価染色体**となる。このとき，染色体の一部が交換される**乗換え**が起こる場合がある。

■二価染色体とキアズマ

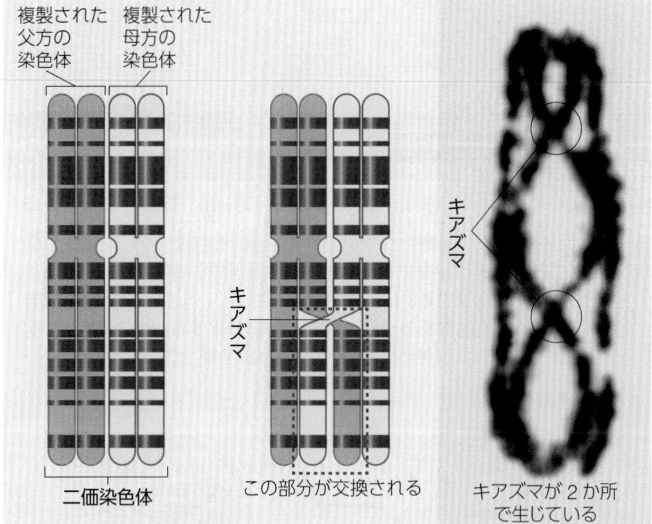
複製された父方の染色体
複製された母方の染色体
二価染色体
キアズマ
この部分が交換される
キアズマ
キアズマが 2 か所で生じている

減数分裂第一分裂前期では，DNA が複製されてできた染色体がそれぞれ凝縮して太く短いひも状になる。そのとき，対となる相同染色体どうしが対合して，二価染色体が形成される。
二価染色体が形成されるとき，相同染色体の間でその一部が交換される（**染色体の乗換え**）。染色体の乗換えによって染色体が交差している部分を**キアズマ**という。キアズマは 1 つの二価染色体に複数生じることもある。

Jump 遺伝子の組換え ▶ *p.*269

染色体の一部が交換される乗換えが起こった結果，連鎖している遺伝子の組み合わせの変化が起こる（**遺伝子の組換え**）。

Zoom up 染色体の接着にはたらくコヒーシン

染色体の接着にはコヒーシンとよばれるタンパク質がはたらいている。間期の S 期に複製されてできた染色体どうしは，コヒーシンによって結合している。減数分裂第一分裂後期に相同染色体が分離するときには，複製された 2 本の染色体はコヒーシンによって接着したまま分離する。続いて，第二分裂後期になると，コヒーシンが分解され，2 本の染色体がそれぞれ別の細胞に分かれて入る。

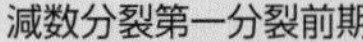
減数分裂第一分裂前期

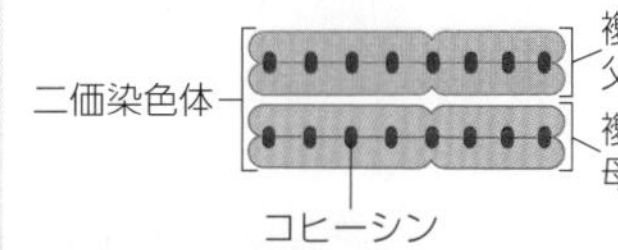
二価染色体
複製された父方の染色体
複製された母方の染色体
コヒーシン

父方・母方の染色体はそれぞれ，コヒーシンというタンパク質で接着している

減数分裂第一分裂後期

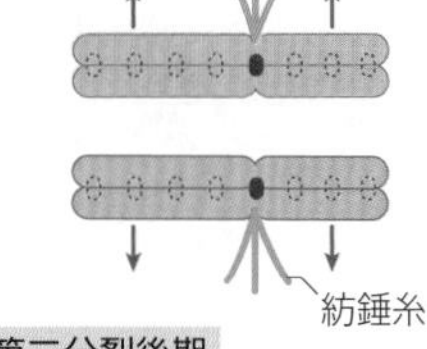
紡錘糸

両極から伸びてきた紡錘糸が染色体の動原体に付着する。相同染色体は紡錘糸に引かれて分離し，両極へ移動する。動原体以外の部分のコヒーシンは分解される

減数分裂第二分裂後期

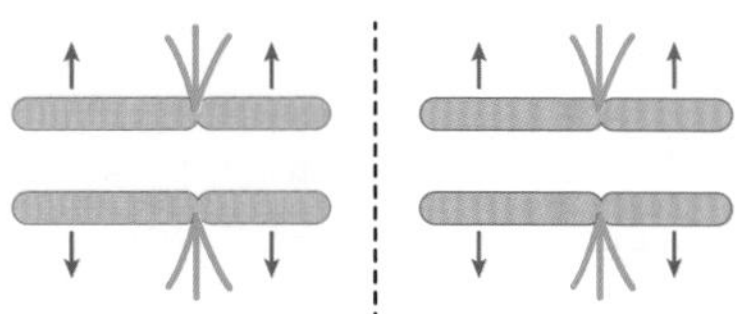

最後に動原体の部分のコヒーシンが分解され，複製された 2 本の染色体が分離する

花粉四分子（pollen tetrad），花粉（pollen），生殖細胞（germ cell），乗換え（crossing-over），キアズマ（chiasma）

3 動物の配偶子形成と受精 生物基礎 生物

A 配偶子の形成

■ヒトの精子の形成過程　染色体数は $2n=4$ として模式的に示してある。

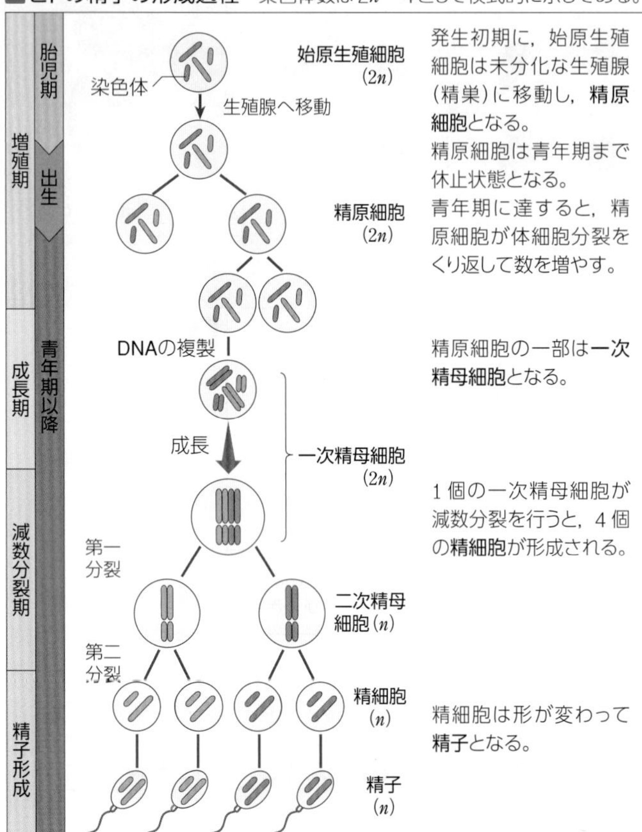

増殖期
胎児期
出生
成長期
青年期以降
減数分裂期
精子形成
染色体
始原生殖細胞 (2n)
生殖腺へ移動
精原細胞 (2n)
DNAの複製
成長
一次精母細胞 (2n)
第一分裂
二次精母細胞 (n)
第二分裂
精細胞 (n)
精子 (n)

発生初期に，始原生殖細胞は未分化な生殖腺（精巣）に移動し，**精原細胞**となる。
精原細胞は青年期まで休止状態となる。
青年期に達すると，精原細胞が体細胞分裂をくり返して数を増やす。

精原細胞の一部は**一次精母細胞**となる。

1個の一次精母細胞が減数分裂を行うと，4個の**精細胞**が形成される。

精細胞は形が変わって**精子**となる。

■ヒトの卵の形成過程　染色体数は $2n=4$ として模式的に示してある。

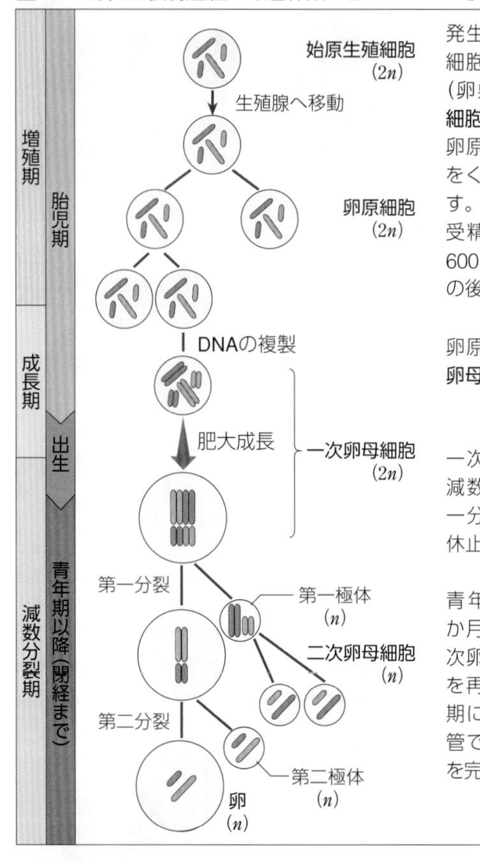

増殖期
胎児期
成長期
出生
減数分裂期
青年期以降（閉経まで）
始原生殖細胞 (2n)
生殖腺へ移動
卵原細胞 (2n)
DNAの複製
肥大成長
一次卵母細胞 (2n)
第一分裂
第一極体 (n)
二次卵母細胞 (n)
第二分裂
第二極体 (n)
卵 (n)

発生初期に，始原生殖細胞は未分化な生殖腺（卵巣）に移動し，**卵原細胞**となる。
卵原細胞は体細胞分裂をくり返して数を増やす。卵原細胞の数は，受精から5か月目には600万個をこえるが，その後大部分は退化する。

卵原細胞の一部は**一次卵母細胞**となる。

一次卵母細胞はすぐに減数分裂に入るが，第一分裂前期の段階で，休止状態となる。

青年期になると，約1か月に1個の割合で一次卵母細胞が減数分裂を再開し，第二分裂中期に排卵される。輸卵管で受精後に第二分裂を完了する。

■精細胞から精子へ

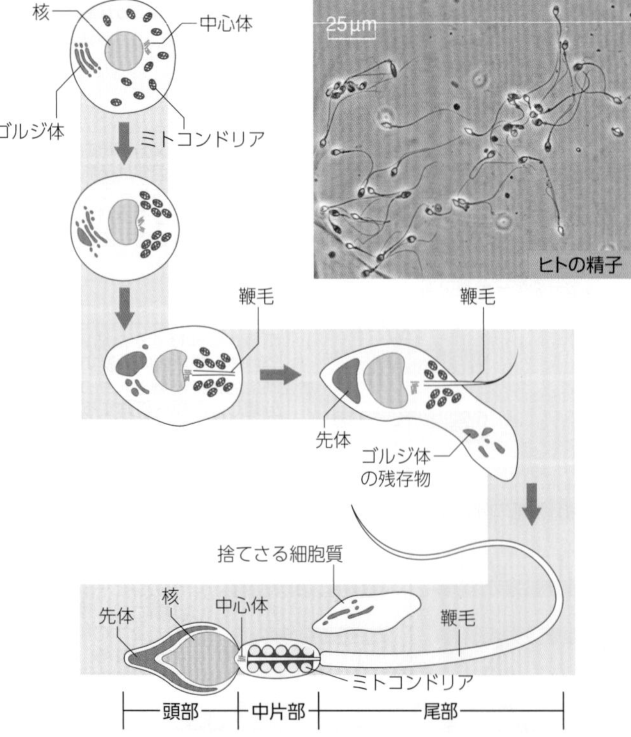

核
中心体
ゴルジ体
ミトコンドリア
25µm
ヒトの精子
鞭毛
先体
ゴルジ体の残存物
捨てさる細胞質
核
中心体
先体
鞭毛
ミトコンドリア
頭部
中片部
尾部

Zoom up 始原生殖細胞

ヒトでは，受精をしてから3週間ほどすると，下図の左上の図のような位置に，大形の始原生殖細胞が現れる。これらの細胞は，4週末から5週の初めごろアメーバ運動により発生中の生殖腺（生殖隆起）へと移動する。生殖隆起は精巣あるいは卵巣に分化していく。また，始原生殖細胞自体はやがて精原細胞あるいは卵原細胞へと分化する。このように，生殖細胞（配偶子）になる細胞は，発生のごく早い時期に決まる。

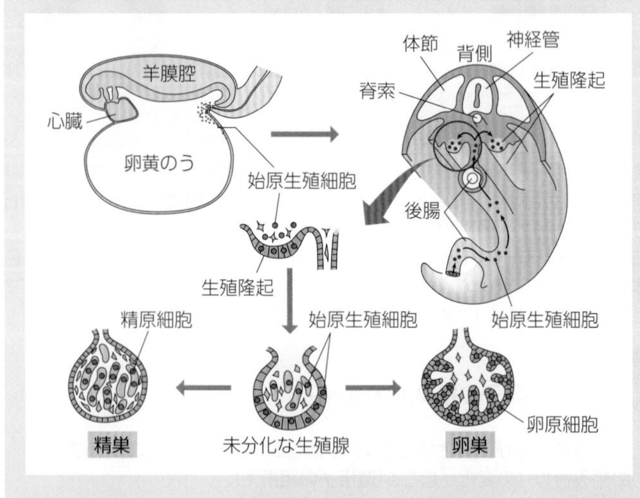

羊膜腔
心臓
卵黄のう
始原生殖細胞
体節
背側
神経管
脊索
生殖隆起
後腸
始原生殖細胞
生殖隆起
精原細胞
始原生殖細胞
始原生殖細胞
精巣
未分化な生殖腺
卵巣
卵原細胞

Keywords　始原生殖細胞 (primordial germ cell)，精原細胞 (spermatogonium)，精母細胞 (spermatocyte)，精細胞 (spermatid)，精子 (sperm)

■男性の内部性器

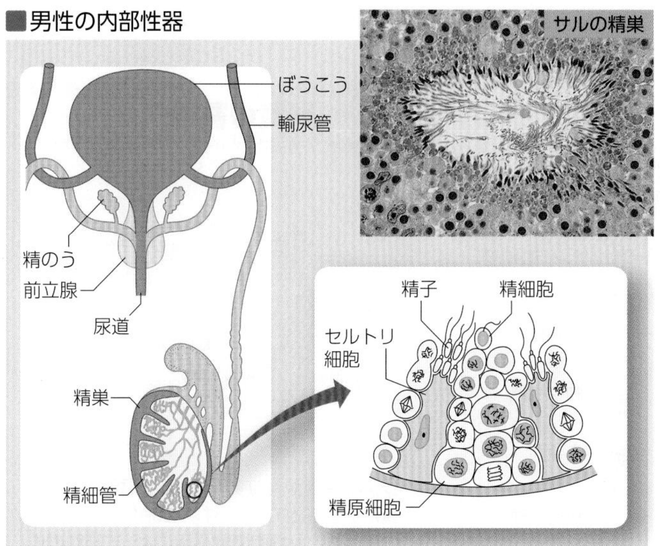
サルの精巣
ぼうこう
輸尿管
精のう
前立腺
尿道
精巣
精細管
精子
精細胞
セルトリ細胞
精原細胞

青年期に達すると，精巣内の精細管では，管内のいちばん外側に分布する精原細胞が分裂をくり返して，管の中心部に向かって精子が形成されていく。成年男子では，1日約7000万～1億個の精子が形成される。

■女性の内部性器

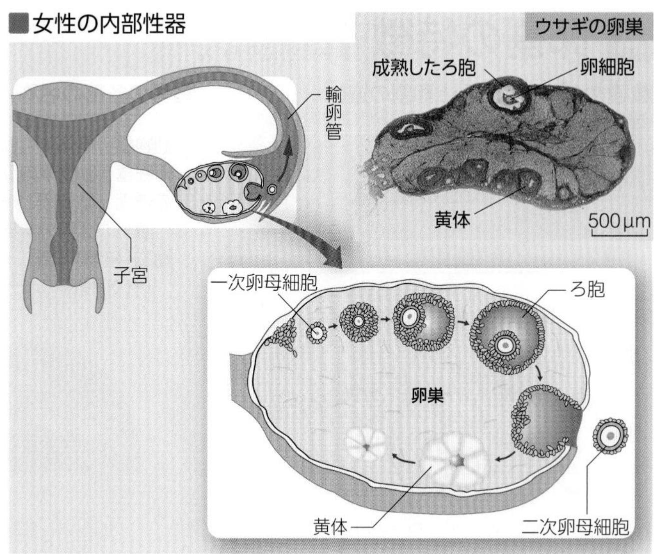
ウサギの卵巣
成熟したろ胞
卵細胞
黄体
500μm
輸卵管
子宮
一次卵母細胞
ろ胞
卵巣
黄体
二次卵母細胞

ヒトの卵巣の大きさは，直径約2～3cmである。初め非常に多くの卵原細胞が形成されるが，ほとんどが途中から退化し，受精可能な卵になるのは両方の卵巣を合わせても400個くらいである。

B 受精

■ウニの受精

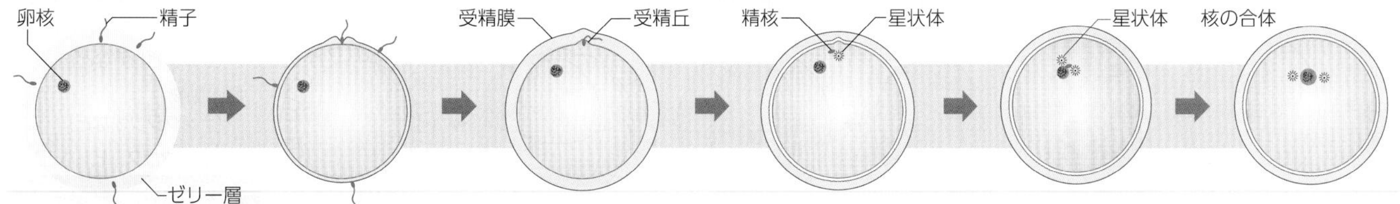
卵核
精子
ゼリー層
受精膜
受精丘
精核
星状体
星状体
核の合体

精子がゼリー層を抜けて卵内に進入し始めると，その部分から卵の細胞膜の外側にある卵黄膜が盛り上がり，1分程度で卵全体をおおう受精膜となる。卵内に進入した精子は，尾部を切り離し，頭部を180°回転させ，卵核に近づいていく。やがて，卵核と精核が合体し，複相($2n$)となり，受精を完了する。

■ウニの受精過程に見られる変化　精子が卵に到着して，精子の核と卵の核が出会うまでには，卵の表面でさまざまな変化が見られる。

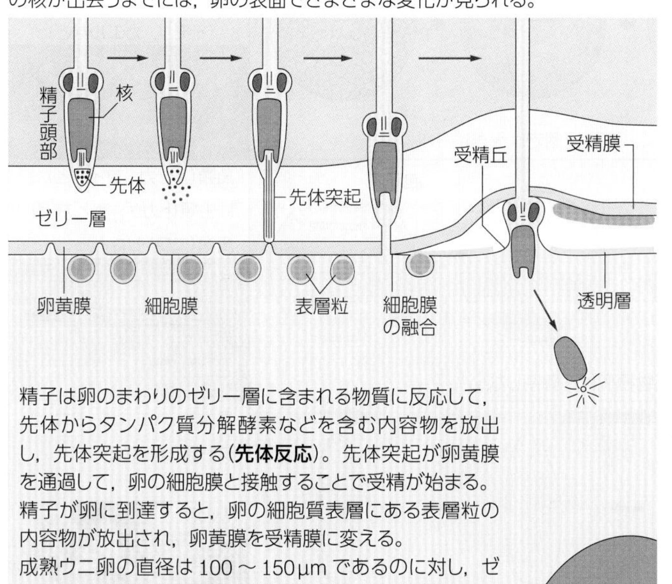
精子頭部
核
先体
先体突起
ゼリー層
受精丘
受精膜
卵黄膜
細胞膜
表層粒
細胞膜の融合
透明層
卵核

精子は卵のまわりのゼリー層に含まれる物質に反応して，先体からタンパク質分解酵素などを含む内容物を放出し，先体突起を形成する(**先体反応**)。先体突起が卵黄膜を通過して，卵の細胞膜と接触することで受精が始まる。精子が卵に到達すると，卵の細胞質表層にある表層粒の内容物が放出され，卵黄膜を受精膜に変える。

成熟ウニ卵の直径は100～150μmであるのに対し，ゼリー層の厚さは約20μm，精子頭部の大きさは約2μmである。

Zoom up 多精受精の防止

ウニやカエルなどでは受精の際，1個の卵に1個の精子が進入する(単精受精)。単精受精を行う生物では，2個以上の精子が卵に進入する(多精受精)と正常に発生できないため，これを防止するしくみがある。

通常，ウニ卵の細胞膜には内側が外側に対して負(−)となる電位差(膜電位)が見られる。しかし，精子が卵に結合すると，海水中のナトリウムイオン(Na^+)が卵内に流入し，内側の電位が正(+)となる。これを受精電位といい，受精電位が発生している間は精子が卵に進入できず，多精受精が防がれている。

受精電位は受精後1～3秒以内と非常に早く起こるが持続せず，一時的に多精受精を防止する。これに対し，受精膜の形成には数十秒から1分程度の時間を要するが，受精膜が形成されることでしっかりと多精受精を防ぐことができる。

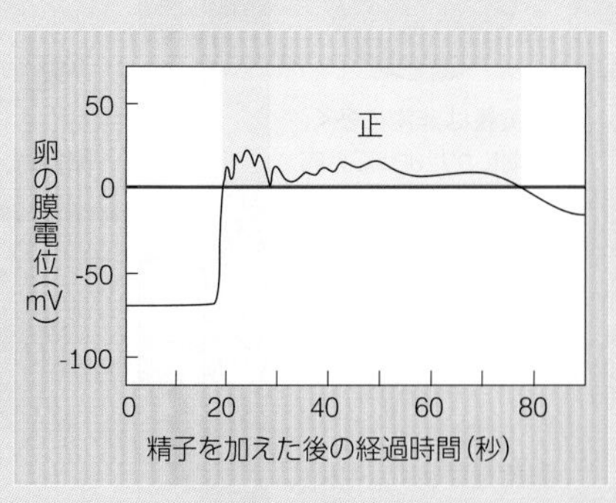
正
卵の膜電位(mV)
50
0
-50
-100
0
20
40
60
80
精子を加えた後の経過時間(秒)

卵原細胞(oogonium)，卵母細胞(oocyte)，卵(egg)，受精(fertilization)，受精膜(fertilization membrane)

4 卵の種類と卵割の様式 生物基礎 生物

A 卵割の特徴

発生初期にみられる体細胞分裂を卵割という。卵割は細胞質の成長を伴わないなど，通常の体細胞分裂とは異なる特徴をもつ。

■通常の体細胞分裂と卵割の違い

通常の体細胞分裂

分裂
成長

娘細胞は成長してもとの大きさにもどる。

卵割

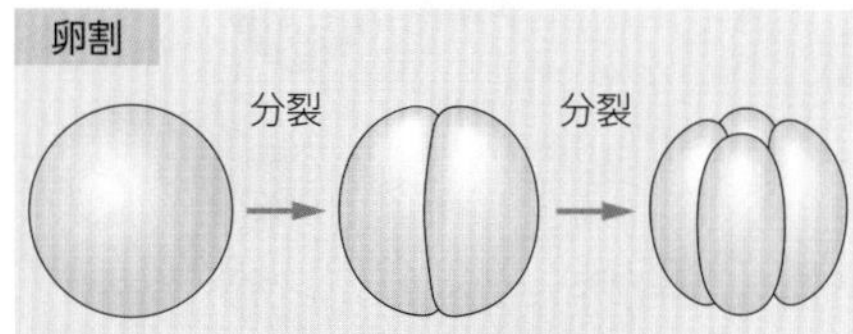
分裂
分裂

娘細胞（割球）は成長せず分裂を続けるため，小さくなる。卵細胞には分裂に必要な物質があらかじめ準備されているため，分裂速度が速い（G_1 期と G_2 期がないか，非常に短い）。また，同調分裂が行われる。

■卵の各部の名称

動物極　極体が生じるところ
植物極　動物極の反対側
赤道面　動物極と植物極とを結ぶ軸を中心で直角に２等分する面
動物（植物）半球　赤道面で仕切られた動物（植物）極側の半分

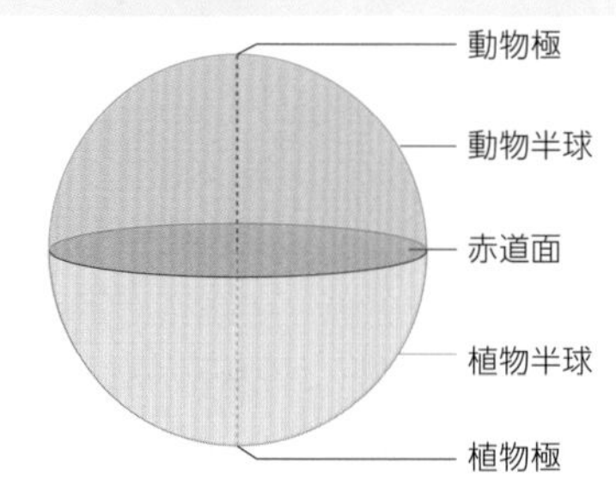
動物極
動物半球
赤道面
植物半球
植物極

Zoom up 卵黄の蓄積

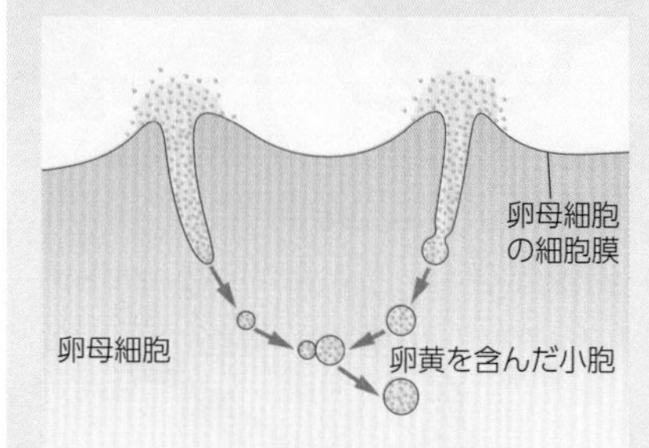
卵母細胞の細胞膜
卵母細胞
卵黄を含んだ小胞

多くの昆虫や脊椎動物では，卵黄の前駆物質が肝臓などでつくられ，血液によって卵巣に運ばれ，卵細胞の飲作用によって細胞内に取りこまれる。

B 卵の種類と卵割の様式

動物の種類によって，卵の種類や卵割の様式に違いがみられる。

卵の種類		卵割の様式		初期発生の過程（2細胞期 → 4細胞期 → 8細胞期 → 胞胚期（断面））	例
等黄卵	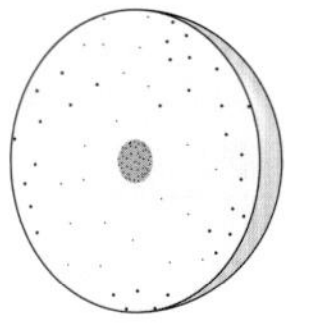 卵黄量は少なく，一様に分布している	全割	等割	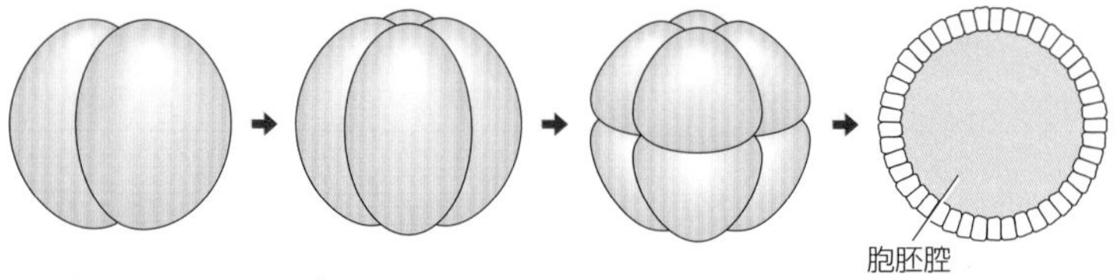 8細胞期までほぼ同じ大きさの割球ができる（胞胚腔）	棘皮動物（ウニ，ヒトデなど） 原索動物（ナメクジウオなど） 哺乳類（マウス，ヒトなど）  ナメクジウオ
端黄卵	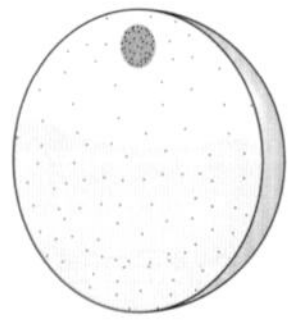 卵黄量は多く，植物極側にかたよって分布	全割	不等割	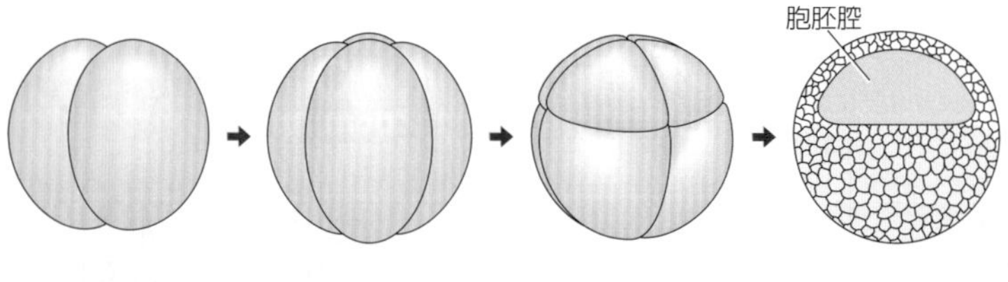 8細胞期の割球は，動物極側では小さく，植物極側では大きい（胞胚腔）	環形動物（ミミズなど） 軟体動物（アサリなど） 両生類（イモリ，カエルなど）  アサリ
端黄卵	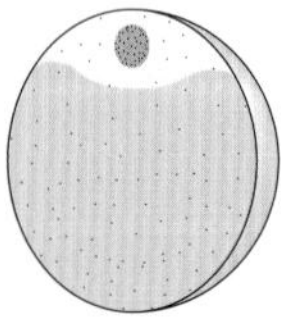 卵黄量は非常に多く，極端にかたよって分布	部分割	盤割	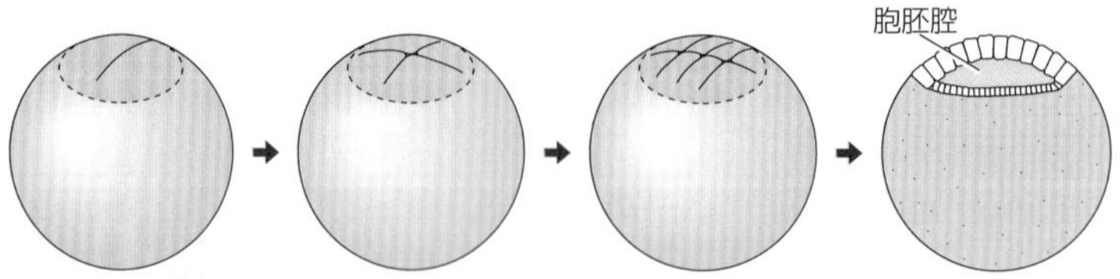 卵割は，動物極付近でだけ行われ，植物極側は，卵割しない（胞胚腔）	魚類（メダカ，コイなど） は虫類（トカゲ，ヘビなど） 鳥類（ニワトリなど）  トカゲ
心黄卵	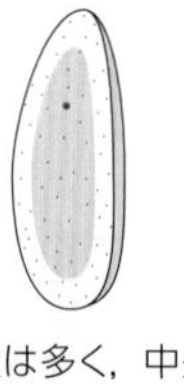 卵黄量は多く，中央にかたよって分布	部分割	表割	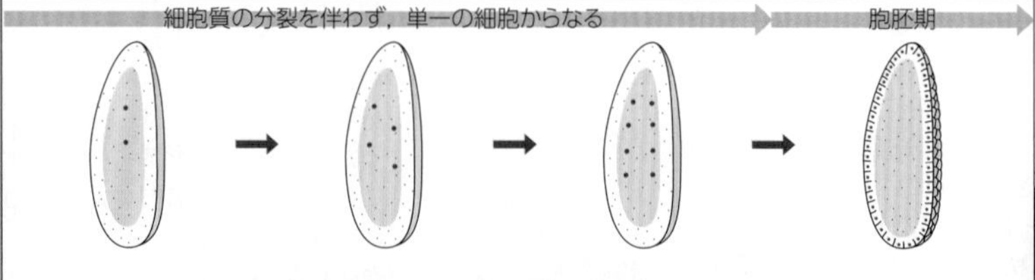 細胞質の分裂を伴わず，単一の細胞からなる → 胞胚期 内部で核分裂が進み，それが卵表に達すると仕切りができて細胞層ができる	昆虫類（ハエ，バッタなど） クモ類（クモなど）  バッタ

Keywords　卵割（cleavage），割球（blastomere），動物極（animal pole），植物極（vegetal pole）

5 ウニとカエルの発生の観察 生物基礎 生物

A 探究 ウニの発生の観察

ウニ類の生殖期は，種類によって異なっている(バフンウニは1～4月，ムラサキウニは6～7月，コシダカウニは7～9月，アカウニは11～12月)。

バフンウニ

①ウニを逆さにおき，口器をピンセットを使って取り除く。

KCl 溶液
② 4％の KCl 溶液を数滴入れる。

雄の場合
精子
海水
③雄の場合，生殖孔より白色の精子が放出される。

④乾いた時計皿に移して放精させる。

ムラサキウニ

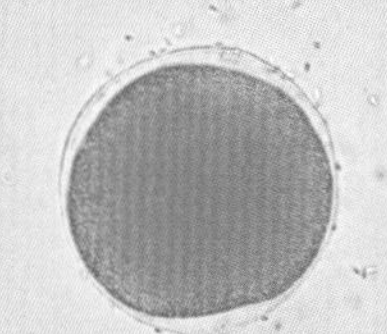

ムラサキウニの受精

雌の場合
海水
卵
③' 雌の場合，生殖孔より黄色の粒状の卵が放出される。

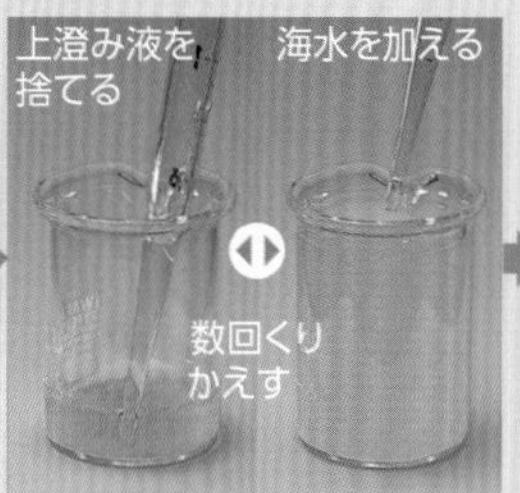
上澄み液を捨てる
海水を加える
数回くりかえす
④'KCl を取り除くために海水で数回洗う。

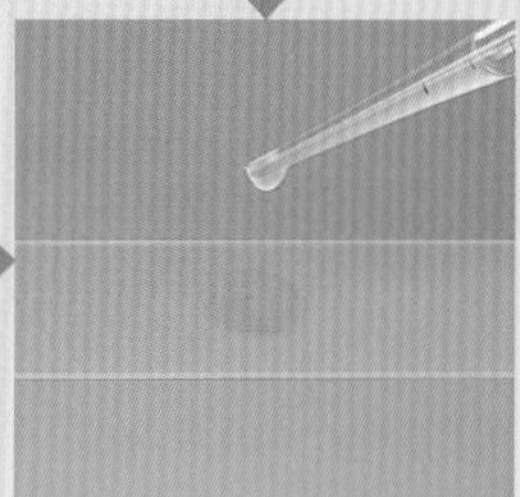
⑤スライドガラスに卵をのせ，海水で薄めた精子をかける。

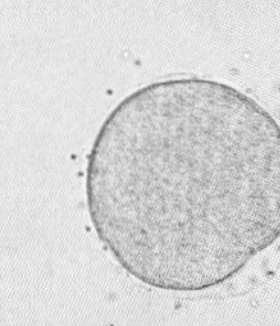
コシダカウニ
コシダカウニの受精

ウニは，材料が手に入りやすいこと，一度にたくさんの卵が得られること，内部が透けて見えるので卵割のようすが観察しやすいこと，などから発生の観察材料としてよく用いられる。ウニの雌雄は外見からは見分けにくいが，バフンウニでは管足の色(雄は白色，雌は橙色)で見分けることができる。

ウニの発生速度の例(バフンウニ，単位　時間)

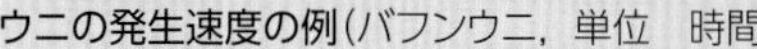

発生段階	15℃	発生段階	15℃
受精卵	0	桑実胚	5.5
2 細胞期	1.5	胞胚	22.0
4 細胞期	2.5	原腸胚	23.5
8 細胞期	3.0	プルテウス幼生	約3日

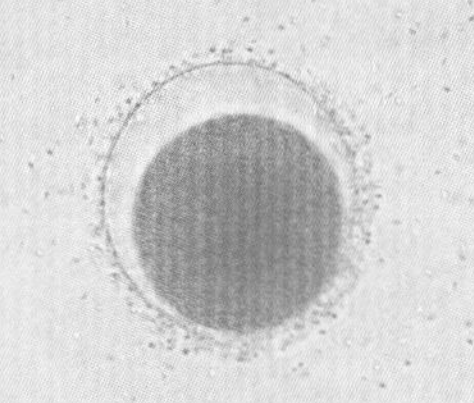
⑥光学顕微鏡で観察する。

B 探究 カエルの発生の観察

アフリカツメガエル

アフリカツメガエルの幼生

アフリカツメガエルは，一生を水の中で過ごし，レバーなどを餌として飼育できるので，実験材料として確保しやすい。しかも，ホルモン注射をすることによって，いつでも産卵させることができるので，実験材料として適している。

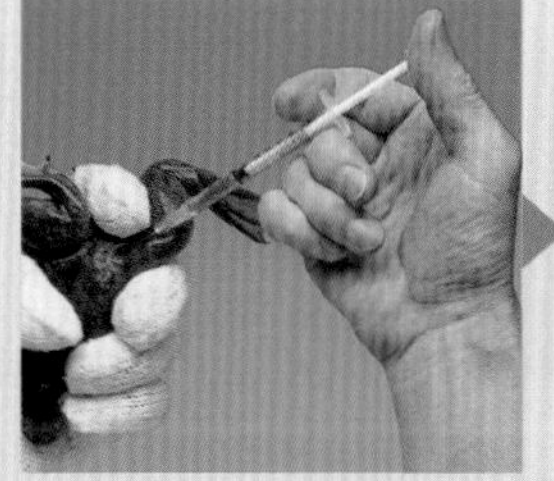
①観察したい日の前日に，雄と雌の両方に生殖腺刺激ホルモンを注射する。

②雌雄を同じ産卵かごに入れておくと，夜から翌朝にかけて抱接し産卵する。

③スポイトで卵を小型のペトリ皿に取り分け，実体顕微鏡で観察する。

カエルの発生速度の例(アフリカツメガエル，単位　時間)

発生段階	18℃	20～24℃	発生段階	18℃	20～24℃
受精卵	0	0	後期胞胚	10.5	7
2 細胞期	1.5	1.25	原腸胚	15	12.25
4 細胞期	2.5	2	神経胚	30	20.25
8 細胞期	3.5	2.25	鰓芽出現	43	26
前期胞胚	6	4	ふ化	約3日	約2日

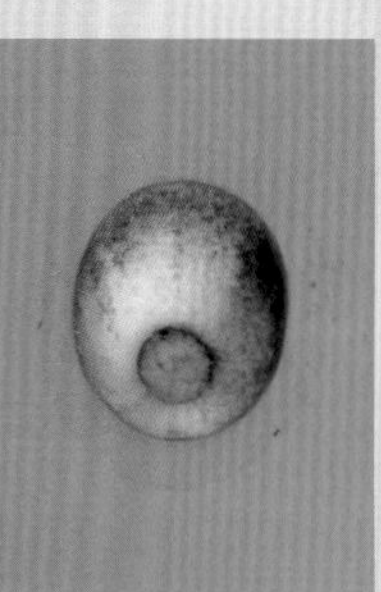
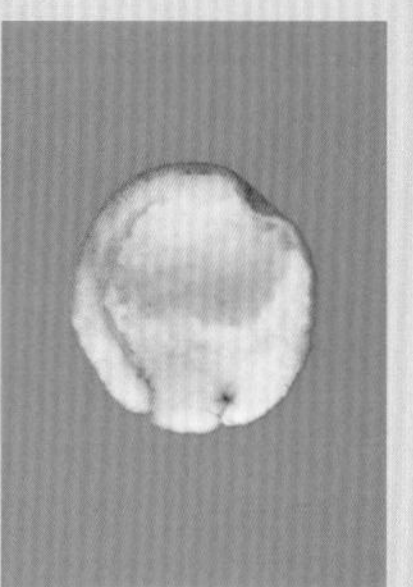

第4編 生殖・発生

6 ウニの発生 生物基礎 生物

A ウニの発生過程

ウニの卵は卵黄量の少ない等黄卵で，第三卵割までは等割をする。

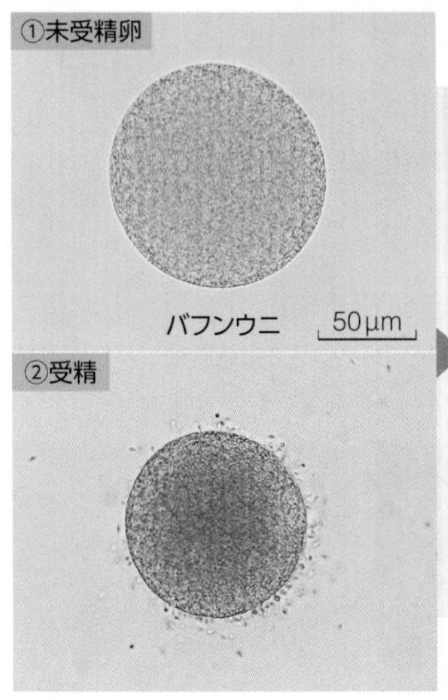

①未受精卵
バフンウニ
50μm
②受精

精子はゼリー層を通りぬけて卵に達する。

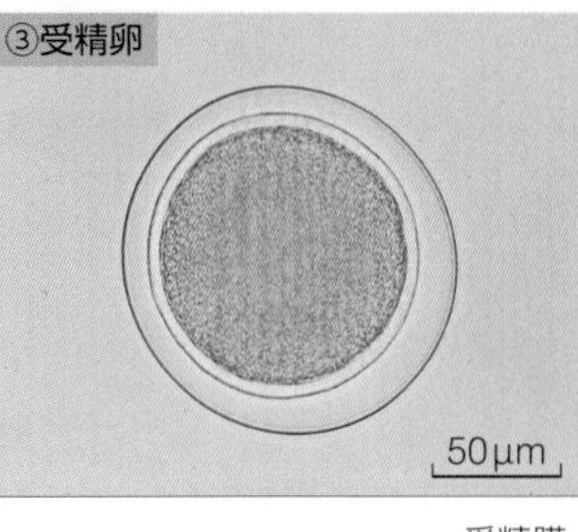

③受精卵
50μm

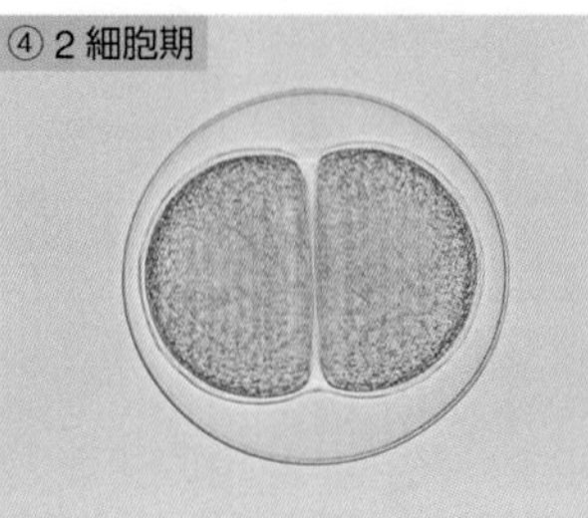

④２細胞期

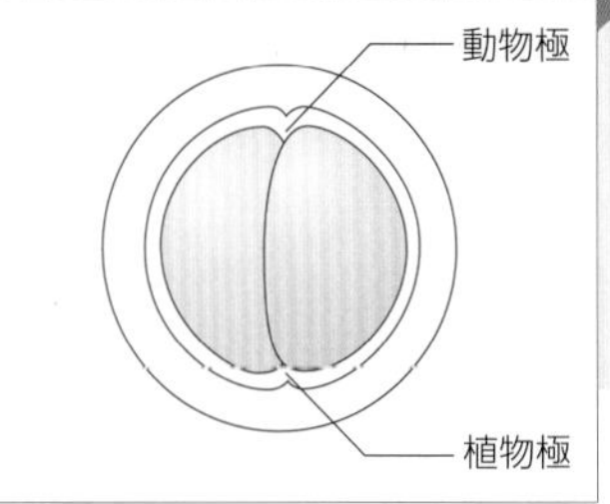

受精膜
透明層
動物極
植物極

精子侵入点から受精膜が形成される。受精膜はやがて卵全体をおおう。

動物極と植物極を結ぶ面で卵割が起こり，大きさの同じ2個の割球ができる。

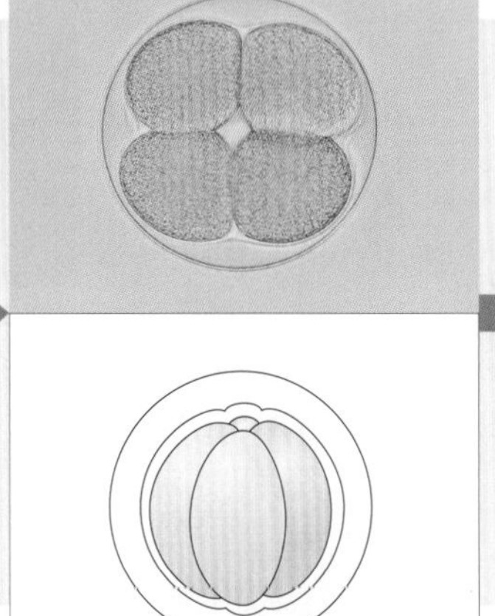

⑤４細胞期

再び，動物極と植物極を結ぶ面で卵割が起こる。大きさの同じ４個の割球ができる。

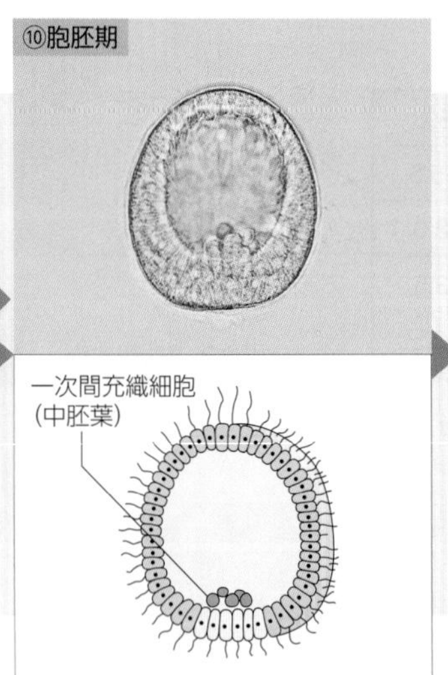

⑩胞胚期
一次間充織細胞
(中胚葉)

繊毛を使って遊泳する。植物極側から，一次間充織細胞が胞胚腔内に離脱する。

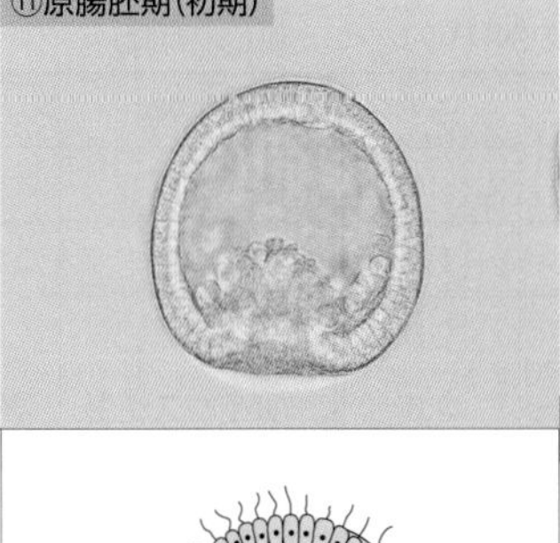

⑪原腸胚期(初期)
陥入

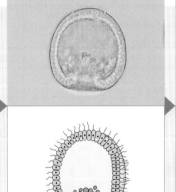

植物極側の細胞が陥入して原腸を形成する。

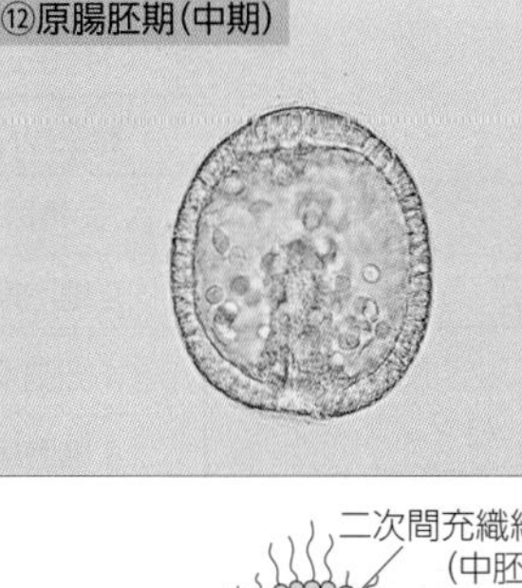

⑫原腸胚期(中期)

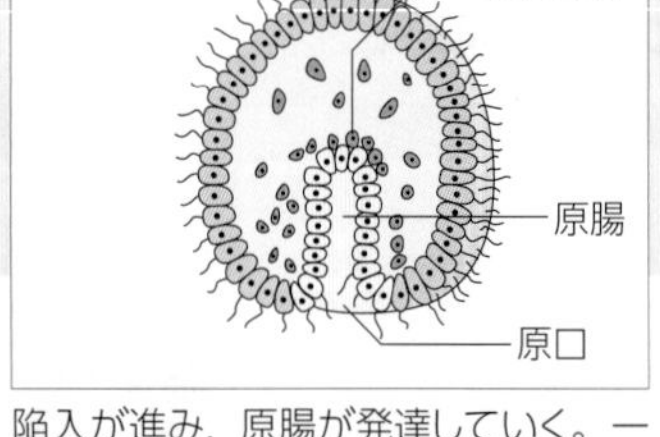

二次間充織細胞
(中胚葉)
原腸
原口

陥入が進み，原腸が発達していく。一次間充織細胞に続き，二次間充織細胞が原腸の先端から離脱していく。

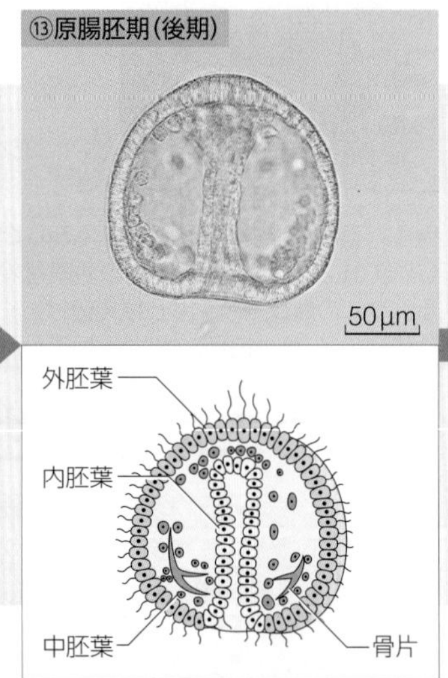

⑬原腸胚期(後期)
50μm
外胚葉
内胚葉
中胚葉
骨片

胚を形成する細胞は，外胚葉■，中胚葉■，内胚葉■に分化している。

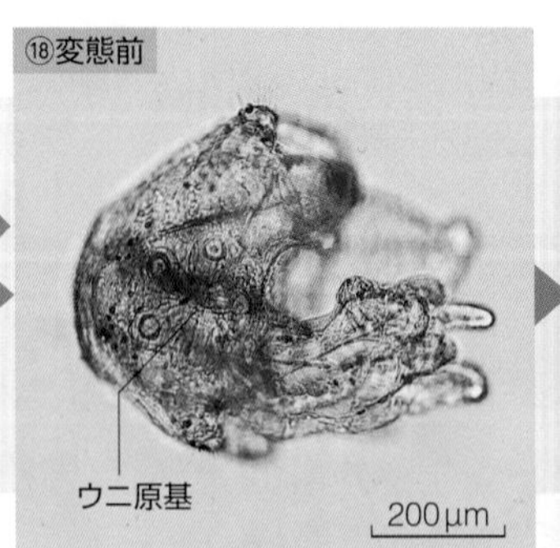

⑱変態前
ウニ原基
200μm

プルテウス幼生のからだの一部にウニ原基が形成される。ここから成体の主要な器官を形成する。

⑲変態
ウニ原基

幼生のからだを押し開いて，ウニ原基のとげや管足が出てくる。腕は小さくなっていく。

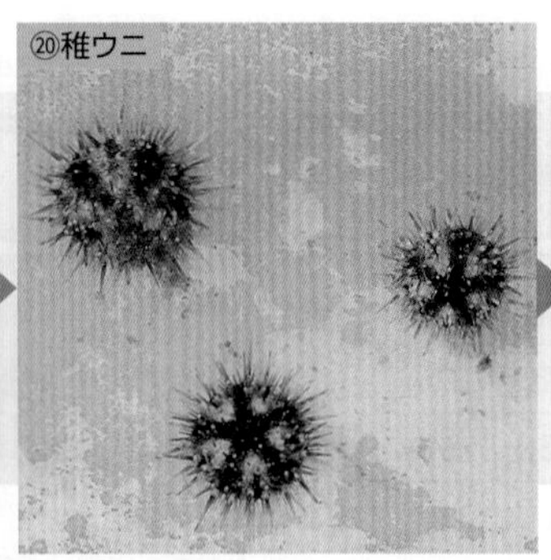

⑳稚ウニ

成体のウニの特徴であるとげや管足が発達してくる。幼生のからだはなくなっていく。

成体
管足
肛門
生殖腺
水管
神経
口
腸

ウニの成体では口が下，肛門が上にある。管足を使って移動し，藻類を食べる。

Keywords 発生(development)，桑実胚(morula)，胞胚(blastula)，原腸胚(gastrula)，原口(blastopore)，陥入(invagination)，原腸(archenteron)

⑥ 8 細胞期

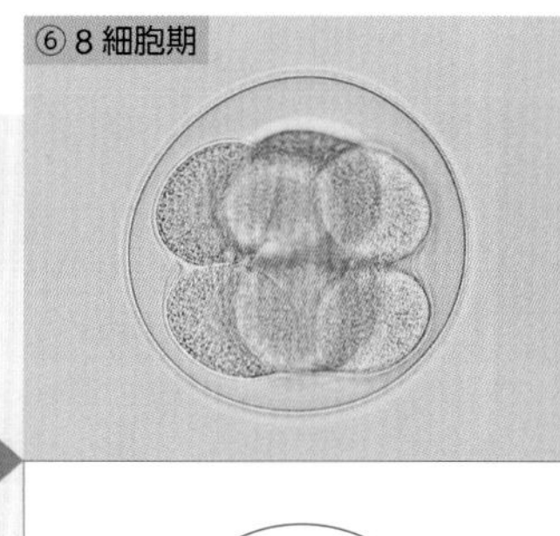

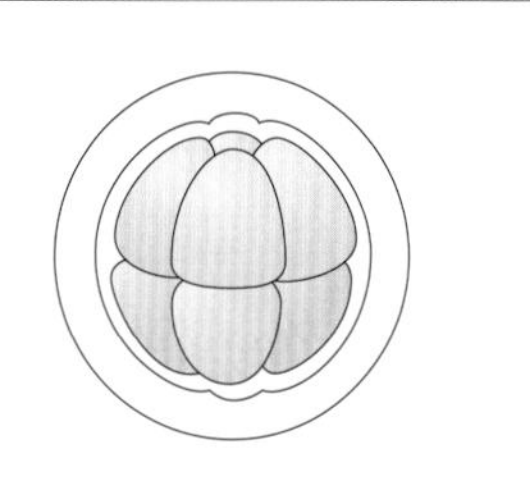

赤道面で卵割が起こり，大きさの同じ 8 個の割球ができる。

⑦ 16 細胞期

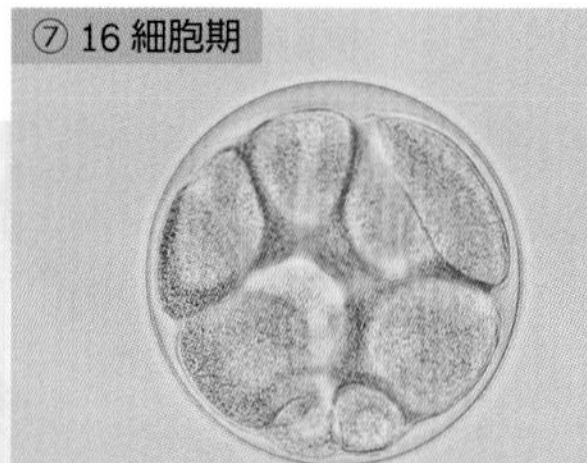

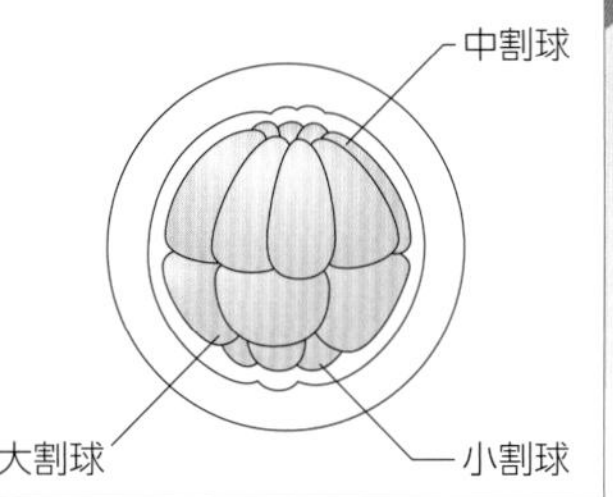
中割球
大割球
小割球

動物極側では卵割は縦に起こり，8 個の中割球に，植物極側では横に起こり，4 個ずつの大割球と小割球になる。

⑧桑実胚期

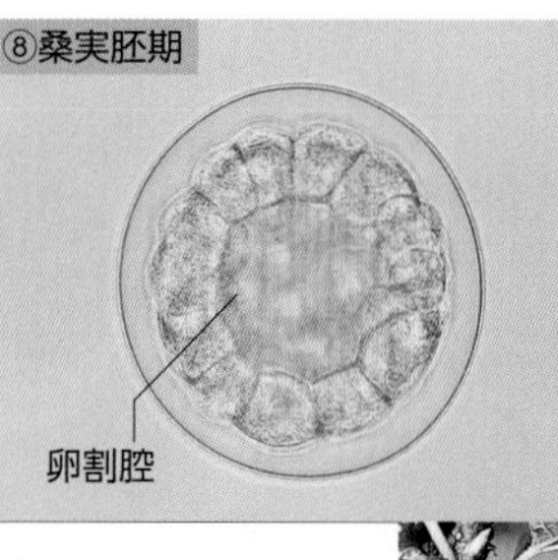
卵割腔

クワの実

クワ(桑)の実状の形になる。内部に卵割腔ができる。

⑨胞胚期

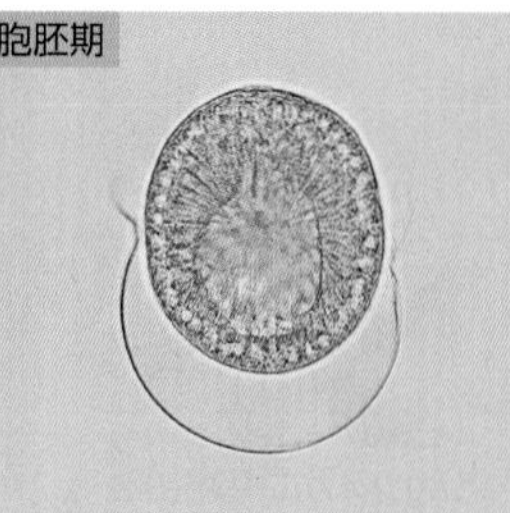

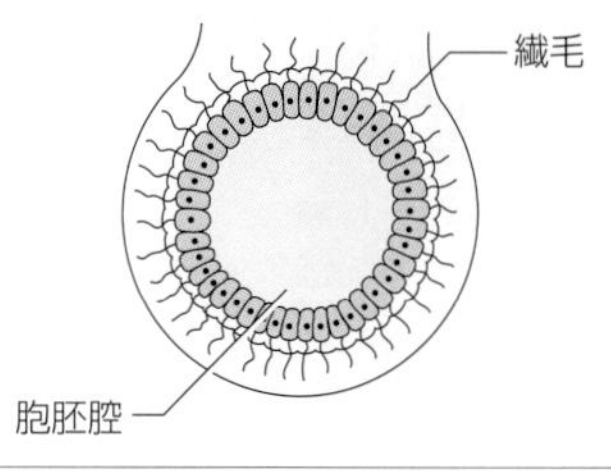
繊毛
胞胚腔

割球に繊毛が生える。胚は，受精膜を溶かして，泳ぎ出す(ふ化)。卵割腔は胞胚腔とよばれるようになる。

⑭プリズム幼生期

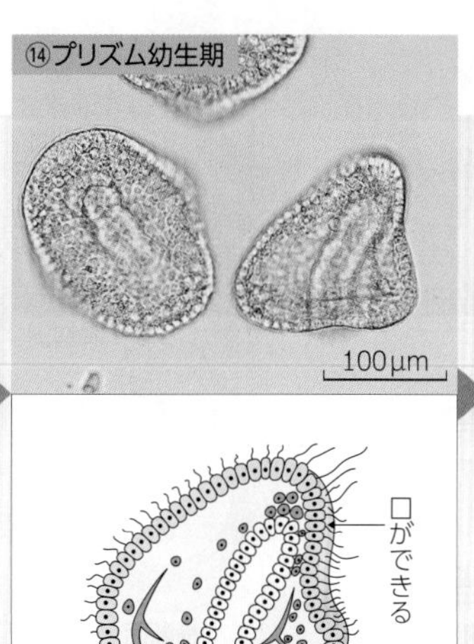
100μm
口ができる
肛門になる

原腸の先端が外胚葉に達して，ここに口が形成される。原口は肛門になる。

⑮プルテウス幼生期(初期)

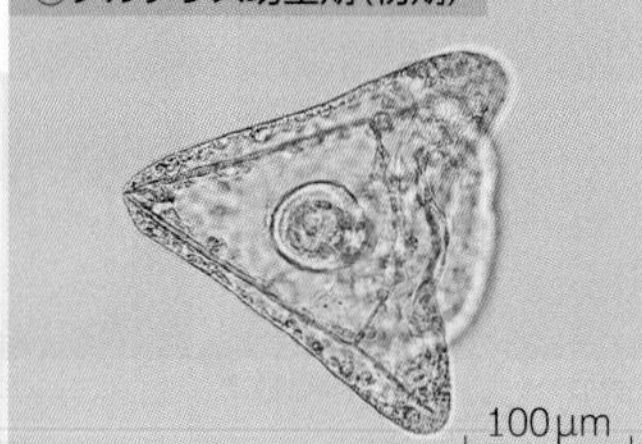
100μm

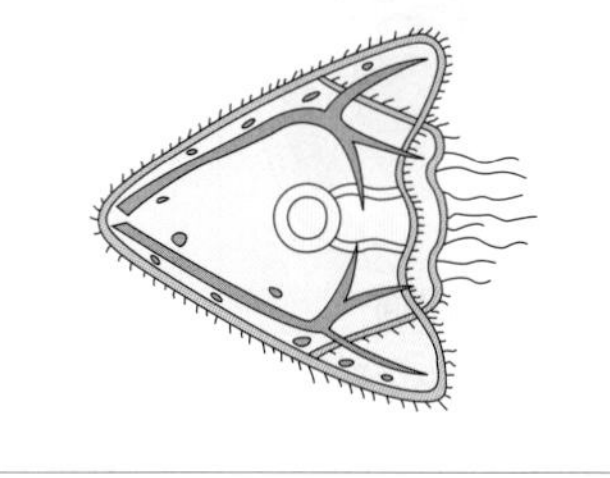

一次間充織細胞からできた骨片が発達し，腕を伸ばしていく。

⑯プルテウス幼生期(4 腕後期)

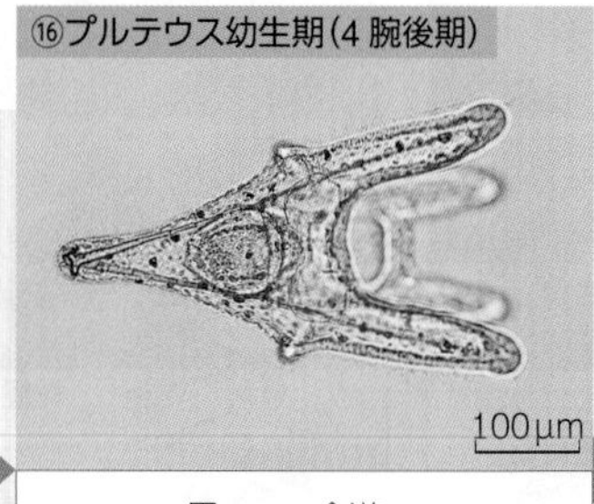
100μm

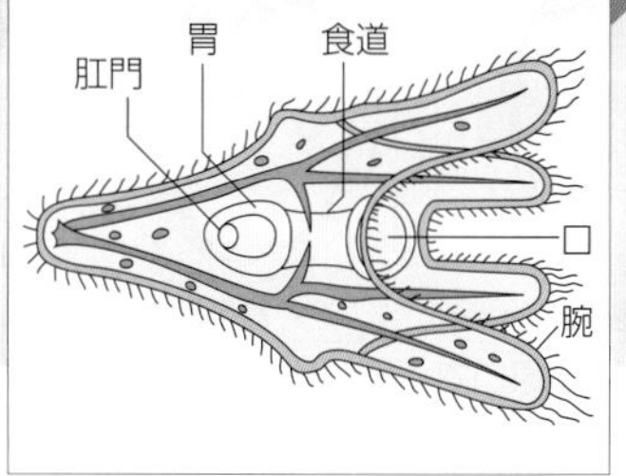
肛門
胃
食道
口
腕

骨片がさらに発達し，腕を伸ばしていく。

⑰プルテウス幼生期(8 腕期)

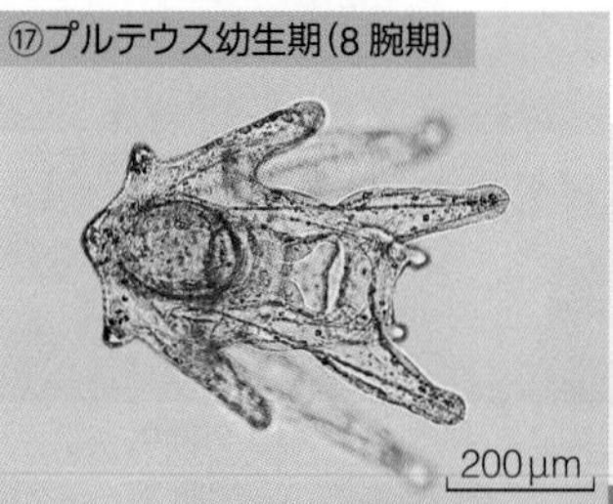
200μm

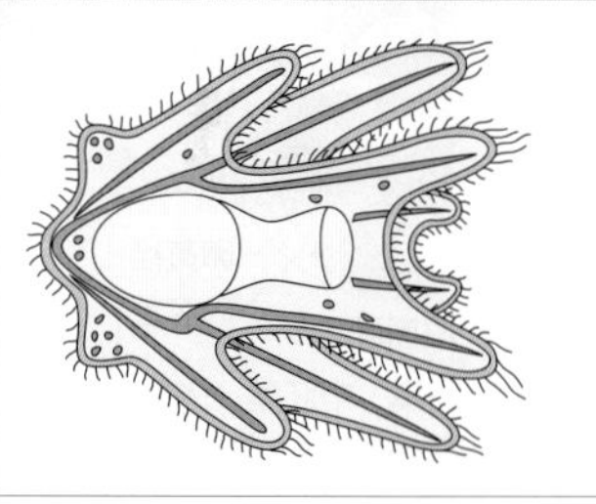

からだの正中面に対して左右相称的に腕を生じ，そのふちには長い繊毛の帯が発達する。

Zoom up 胞胚から原腸胚へ

ウニの卵割では，第四卵割で 16 細胞が形成され，大・中・小 3 種類の割球ができる(a)。その後，さらに卵割が起こって約 500 個の細胞からなる胞胚になる。それぞれの細胞は，受精卵の各領域に由来する細胞質を受け継いでおり，大きさや性質が異なる(▶ p.130)。胞胚について，将来外・中・内胚葉になる部分を青・赤・黄色で色分けしたのが(b)である。将来中胚葉を形成する赤色で示した部分では，隣の細胞としっかりと結びついていた細胞がその接着性を失って，形を変えて内部に入りこみ，移動性の一次間充織細胞となる。やがて陥入が起こって原腸が形成される。

原腸先端部から遊離する二次間充織細胞は，仮足(糸状仮足)とよばれる細長い突起を出して胞胚腔壁の外胚葉に接触し，原腸をその方向に引っ張り上げて，原腸の伸長を助ける(c)。その後，一次間充織細胞からは骨片が形成され，二次間充織細胞は，色素細胞や筋肉などに分化する(d)。

(a)16 細胞期

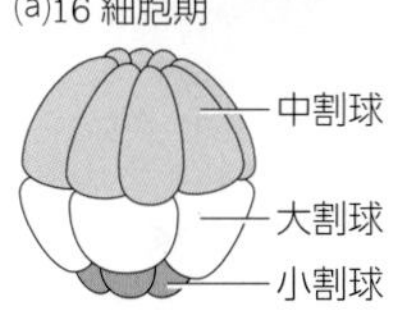
中割球
大割球
小割球

(b)一次間充織形成

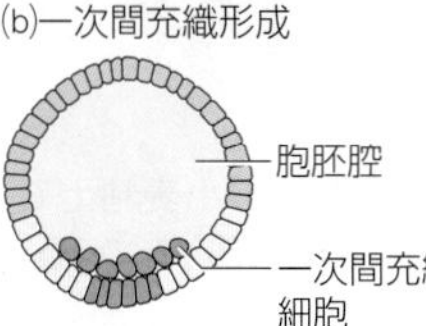
胞胚腔
一次間充織細胞

(c)原腸形成

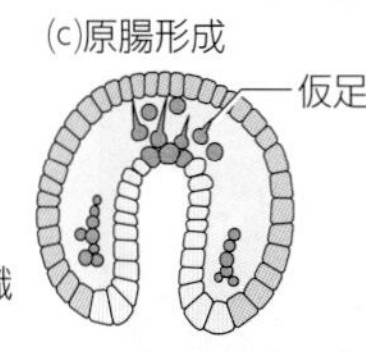
仮足

(d)原腸胚

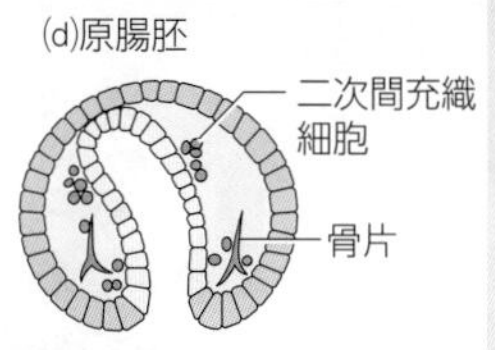
二次間充織細胞
骨片

7 カエルの発生 生物基礎 生物

A カエルの発生過程

カエルの卵は端黄卵であり，第二卵割までは等割をするが，第三卵割では不等割をする。

アフリカツメガエルの抱接
1 mm

①受精卵

受精すると，卵は動物極が上を向くように回転する。

② 2 細胞期

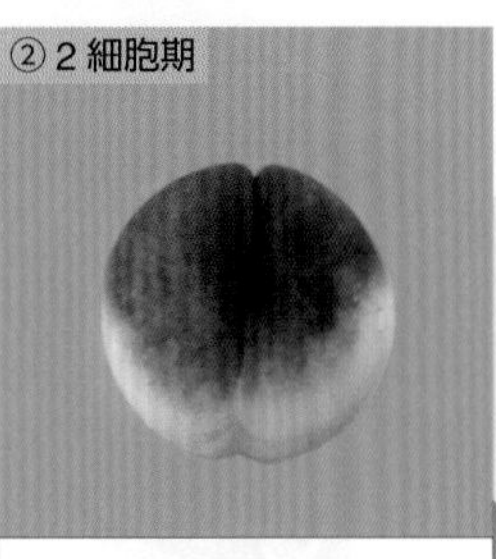
動物極
植物極

動物極と植物極を結ぶ面で1回目の卵割が起こる。

③ 4 細胞期

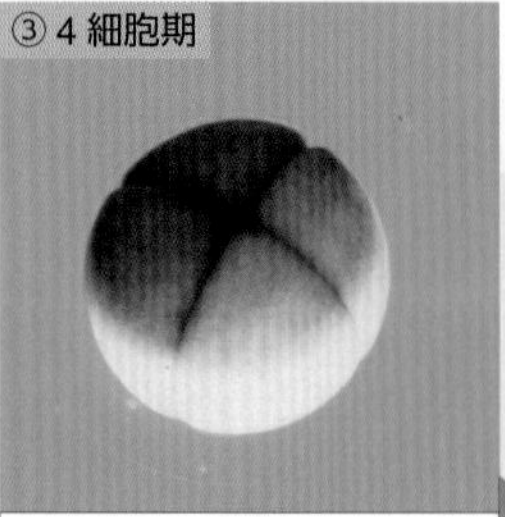

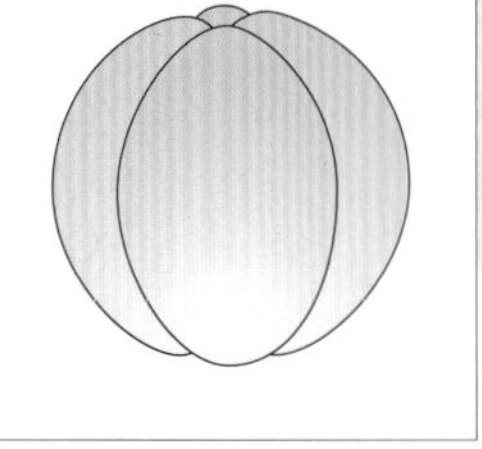

もう一度卵割が起こり，大きさの同じ4個の割球ができる。

④ 8 細胞期

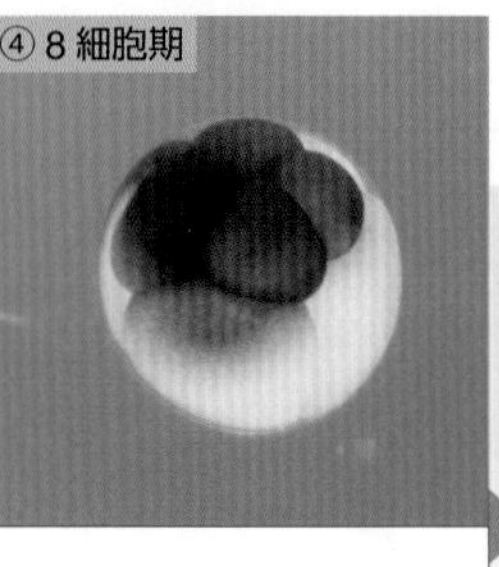

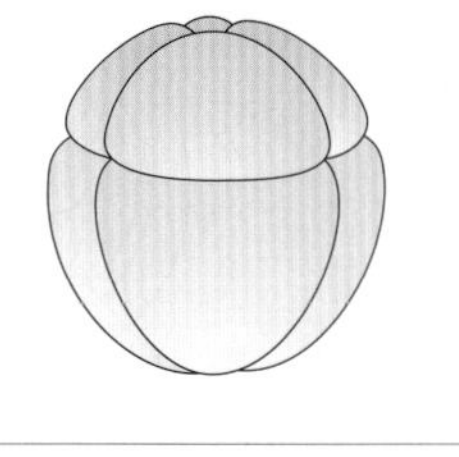

動物極ー植物極の軸に直交する方向に卵割が起こる。

⑤ 16 細胞期

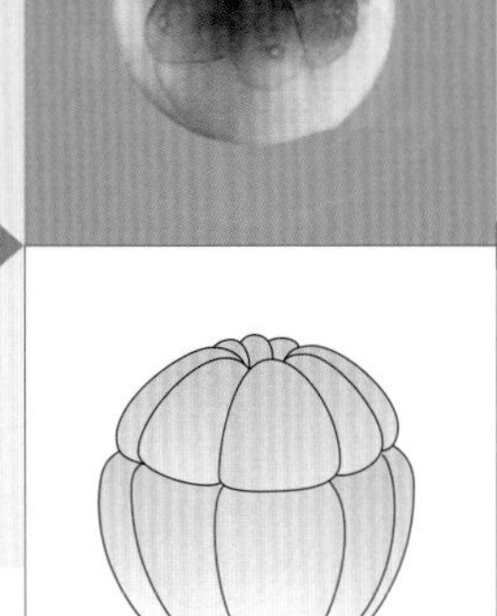

動物極ー植物極の軸に沿って卵割が起こる。

⑪原腸胚後期

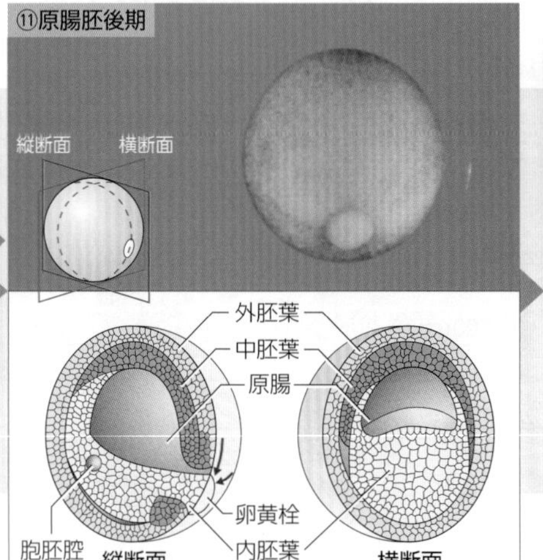
縦断面
横断面
外胚葉
中胚葉
原腸
卵黄栓
内胚葉
胞胚腔
縦断面
横断面

胚は，外胚葉・中胚葉・内胚葉に分化する。原口で囲まれた部分に見える内胚葉の細胞を**卵黄栓**という。

⑫神経胚初期

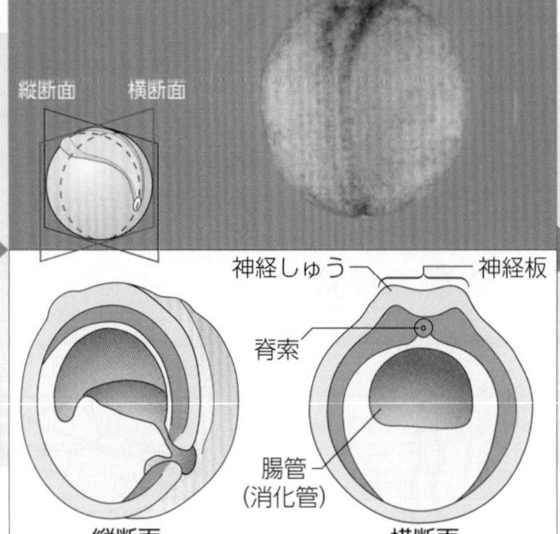
縦断面
横断面
神経しゅう
神経板
脊索
腸管
(消化管)

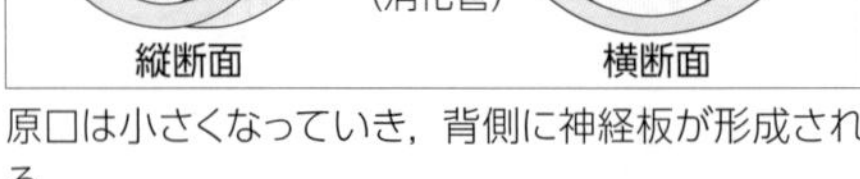
縦断面
横断面

原口は小さくなっていき，背側に神経板が形成される。

⑬神経胚中期

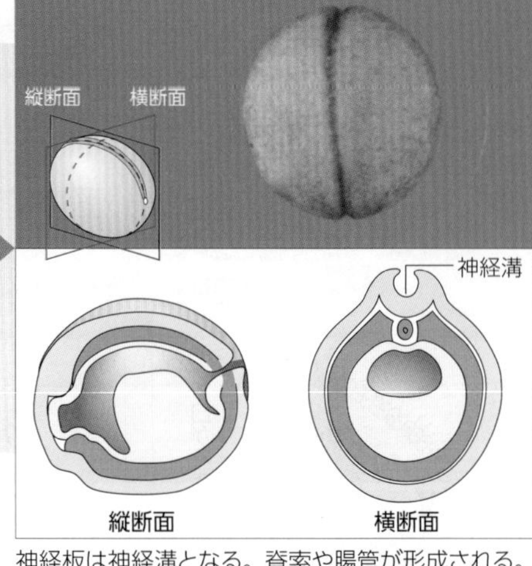
縦断面
横断面
神経溝
縦断面
横断面

神経板は神経溝となる。脊索や腸管が形成される。

⑯幼生（おたまじゃくし）
⑰後肢ができる
⑱前肢ができる
尾が短くなり成体となる

Column 原腸胚の模型をつくる

カエルの原腸胚は，内部を透かして見ることができないため，その構造を立体的に理解しにくい。小麦粘土で次のような原腸胚の模型をつくり，切断してみると構造を立体的に理解しやすくなる。

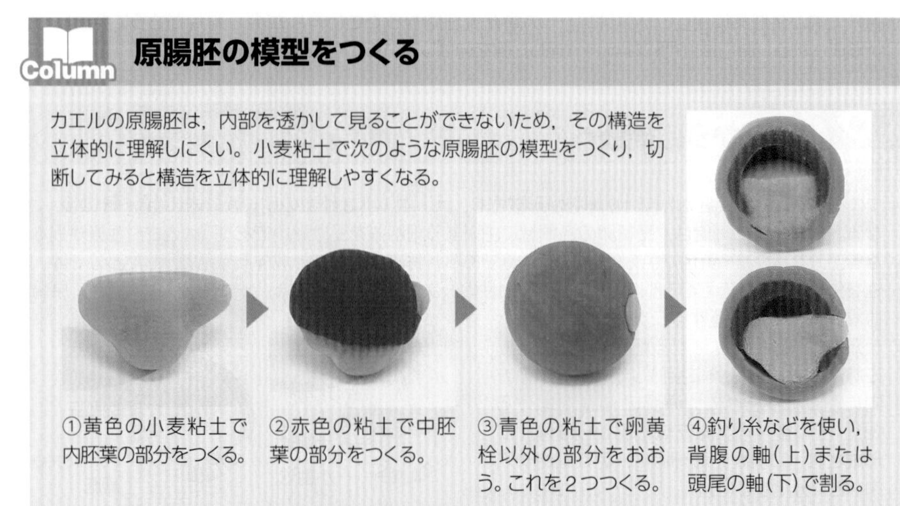

①黄色の小麦粘土で内胚葉の部分をつくる。 ②赤色の粘土で中胚葉の部分をつくる。 ③青色の粘土で卵黄栓以外の部分をおおう。これを2つつくる。 ④釣り糸などを使い，背腹の軸（上）または頭尾の軸（下）で割る。

Keywords 卵割腔(cleavage cavity)，胞胚腔(blastocoel)，神経胚(neurula)，神経板(neural plate)，脊索(notochord)

⑥ 32細胞期

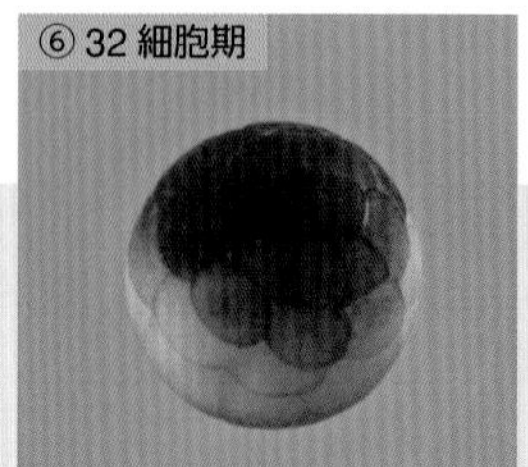

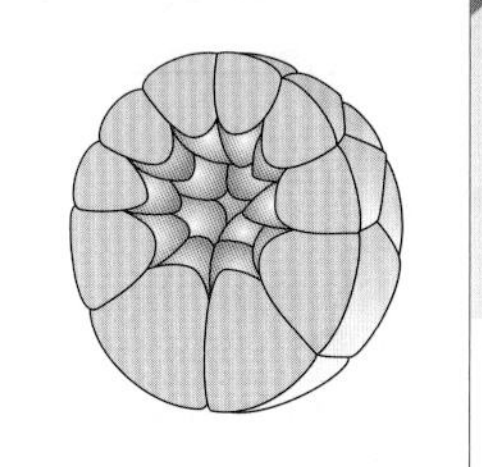

内部に卵割腔が発達。

⑦桑実胚期

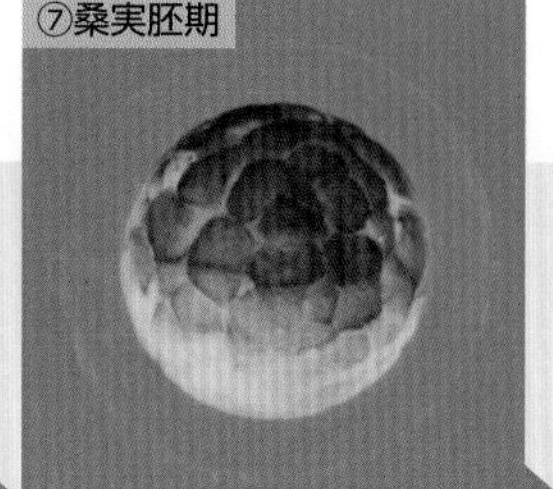

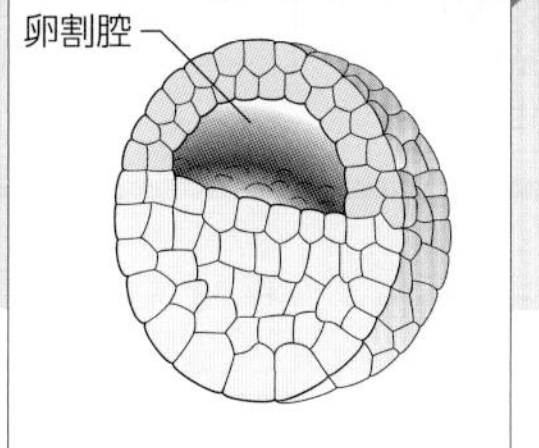

卵割腔

卵割が進み，桑の実状の胚を形成。動物極側の卵割が速い。

⑧胞胚期

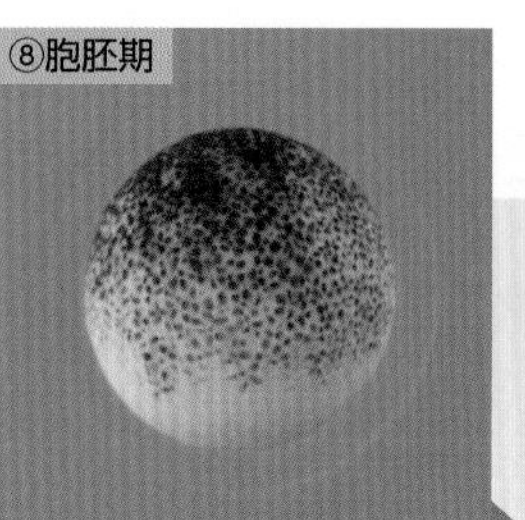

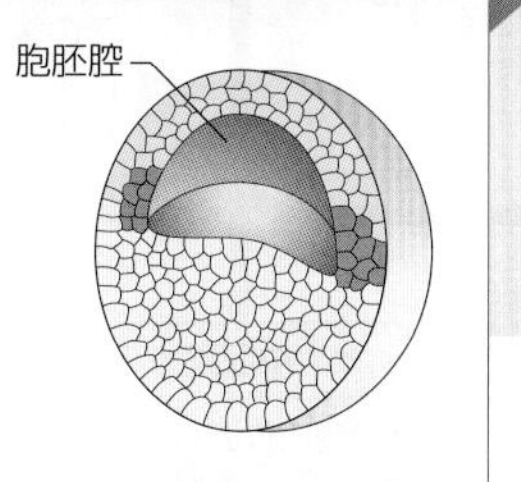

胞胚腔

さらに卵割が進み，割球が小さくなる。

⑨原腸胚初期

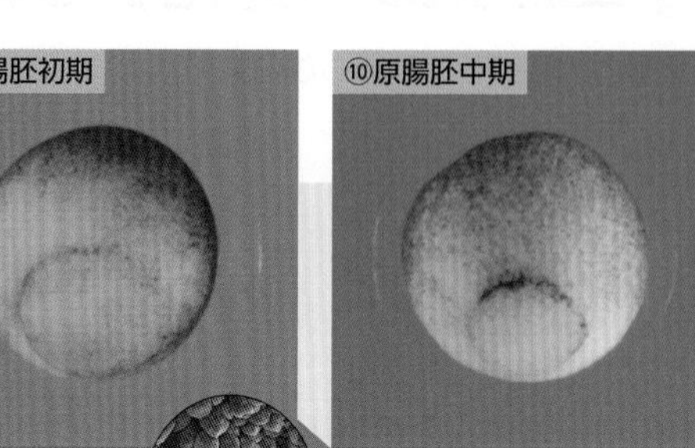

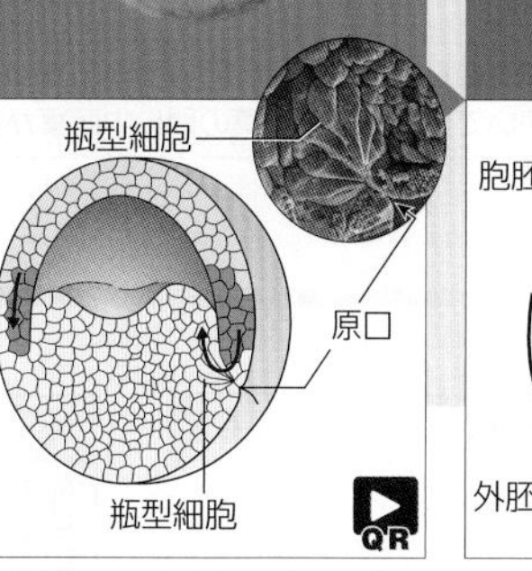

瓶型細胞
原口
瓶型細胞

原口(三日月状の切れこみ)から陥入が始まる。

⑩原腸胚中期

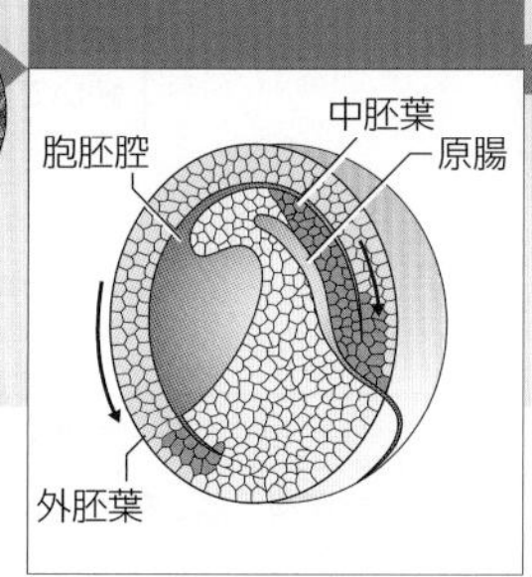

中胚葉
胞胚腔
原腸
外胚葉

原口は馬てい形となり，内部に原腸が形成される。

⑭神経胚後期

1mm

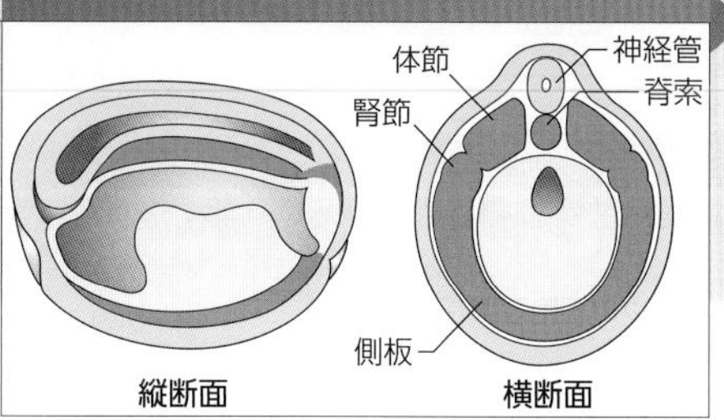

体節
神経管
脊索
腎節
側板
縦断面
横断面

神経溝は神経管となる。各胚葉の分化が進む。

⑮尾芽胚後期

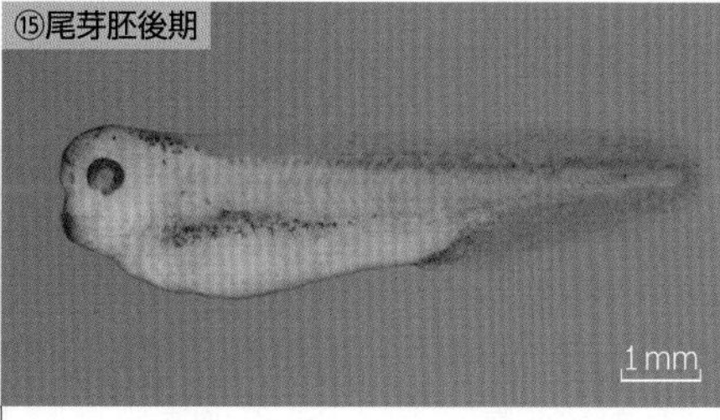

1mm
A B C D E F G

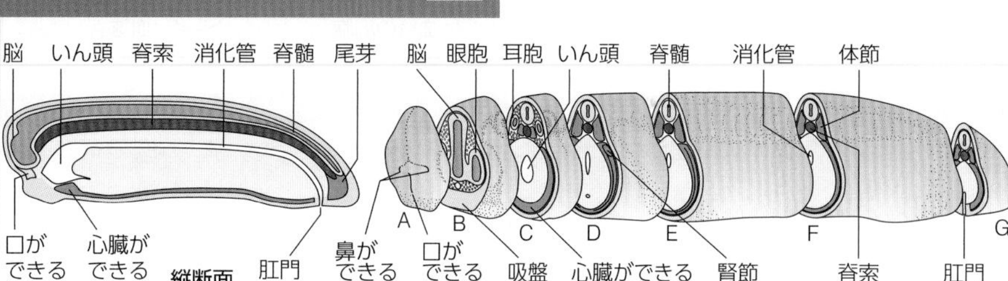

脳
いん頭
脊索
消化管
脊髄
尾芽
口ができる
心臓ができる
縦断面
肛門
脳
眼胞
耳胞
いん頭
脊髄
消化管
体節
A
B
C
D
E
F
G
鼻ができる
口ができる
吸盤
心臓ができる
腎節
脊索
肛門

神経管ができあがると，胚は頭尾の方向に長くなり始める。からだの後端には尾ができる。尾芽胚期になると，各胚葉からの器官形成が進み，受精膜を破ってふ化する。

Zoom up 灰色三日月環

カエルの卵に精子が進入すると，精子進入点の反対側の赤道部に三日月状の模様(**灰色三日月環**)ができる。この部分に将来，原口が形成される。この模様の中心を通る縦の部分が将来の胚の正中面になるので，精子の進入によって，胚の背腹が決まることになる(▶ *p.*130)。

ヒキガエルの受精卵

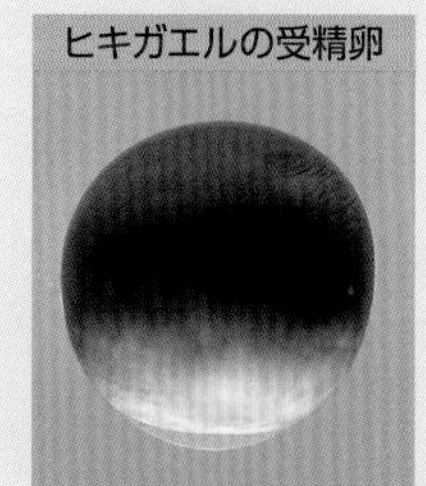

動物極側の表層面には黒色の色素(メラニン色素)が含まれている。

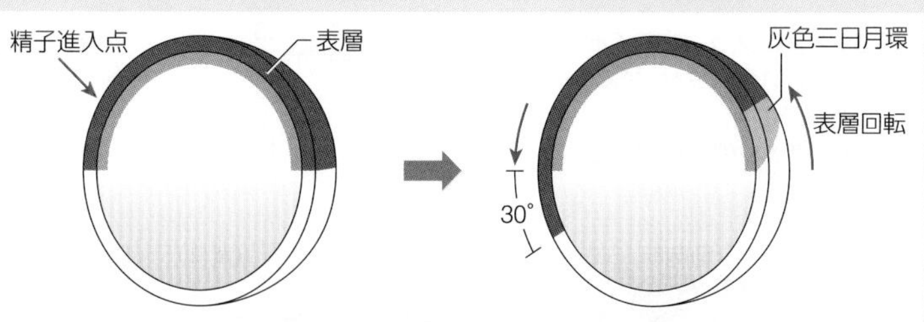

精子進入点
表層
灰色三日月環
表層回転
30°

精子が進入すると，表層が約30°回転(**表層回転**)する。この運動により，植物極付近の表層部は精子進入点の反対側に移動する。精子進入点の反対側の赤道部では，色素粒を多く含む表層部が動物極側にずれるために，色素の薄い灰色三日月環が生じる。

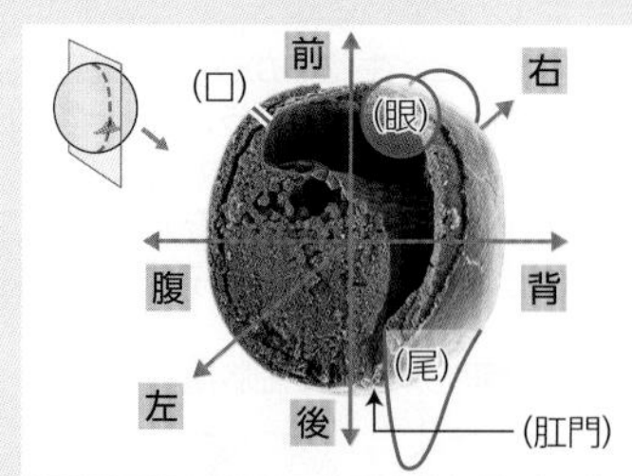

前
(口)
右
(眼)
腹
背
(尾)
左
後
(肛門)

ふつう，第一卵割は灰色三日月環を二分するように起こるので，2細胞期の右半球からは，からだの右半分ができる。

神経管(neural tube)，**尾芽胚**(tailbud)，**灰色三日月環**(gray crescent)，**表層回転**(cortical rotation)

8 胚葉の分化と器官の形成 生物基礎 生物

A 三胚葉から分化する細胞

発生過程では，外胚葉・中胚葉・内胚葉という３つの胚葉がつくられ，そこからからだを構成するさまざまな細胞がつくられる。

■各胚葉から分化するおもな細胞

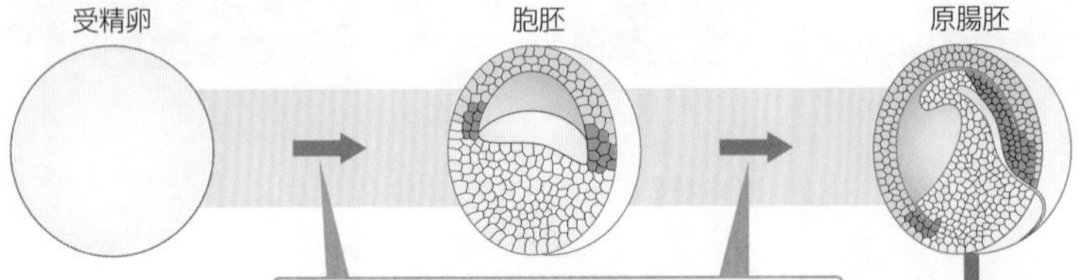

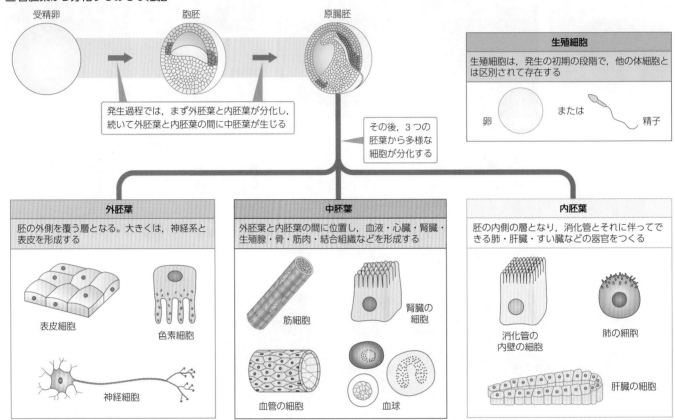

受精卵　胞胚　原腸胚

発生過程では，まず外胚葉と内胚葉が分化し，続いて外胚葉と内胚葉の間に中胚葉が生じる

その後，３つの胚葉から多様な細胞が分化する

生殖細胞

生殖細胞は，発生の初期の段階で，他の体細胞とは区別されて存在する

卵　または　精子

外胚葉

胚の外側を覆う層となる。大きくは，神経系と表皮を形成する

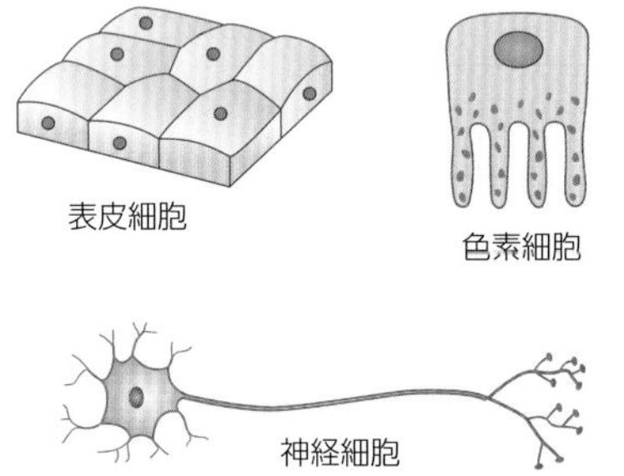

表皮細胞　色素細胞　神経細胞

中胚葉

外胚葉と内胚葉の間に位置し，血液・心臓・腎臓・生殖腺・骨・筋肉・結合組織などを形成する

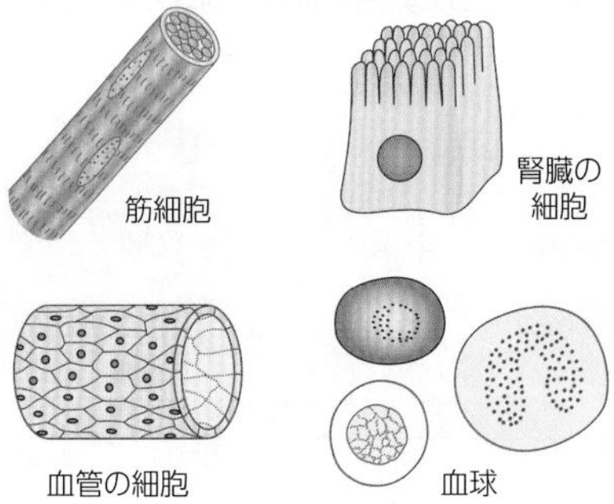

筋細胞　腎臓の細胞　血管の細胞　血球

内胚葉

胚の内側の層となり，消化管とそれに伴ってできる肺・肝臓・すい臓などの器官をつくる

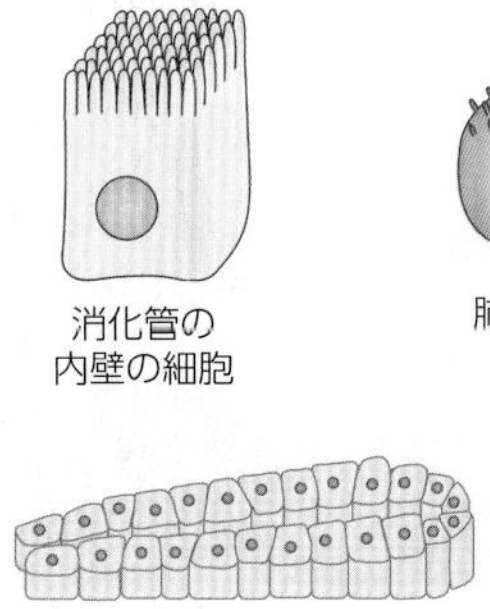

消化管の内壁の細胞　肺の細胞　肝臓の細胞

Zoom up センチュウの細胞系譜

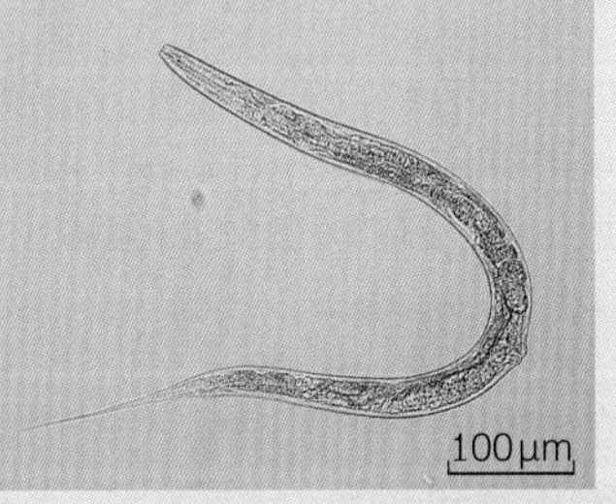
100 µm

Caenorhabditis elegans (*C.elegans*)は，土壌中にすんでいる体長約 1 mm のセンチュウ(線虫)で，通常，雌雄同体で精子と卵をつくり，自家受精によって増える。神経系・筋肉・生殖腺・消化管などをもっているが，からだを構成する細胞数は 959 個と非常に少なく，また，からだが透明なので，発生過程が観察しやすい。そのため，発生過程での細胞の分化がすべて追跡されていて，細胞系譜が完全にわかっている。

これを見ると，生物のからだの形成過程は，前もってプログラムされており，生物は，そのプログラムにそって，からだをつくっていくことがわかる。なお，発生過程では，細胞は分裂によって増えるだけでなく，死んでいくものもある(▶ *p.*132 プログラムされた細胞死)。センチュウの発生過程では 1090 個の細胞ができ，そのうちの 131 個が死ぬ。

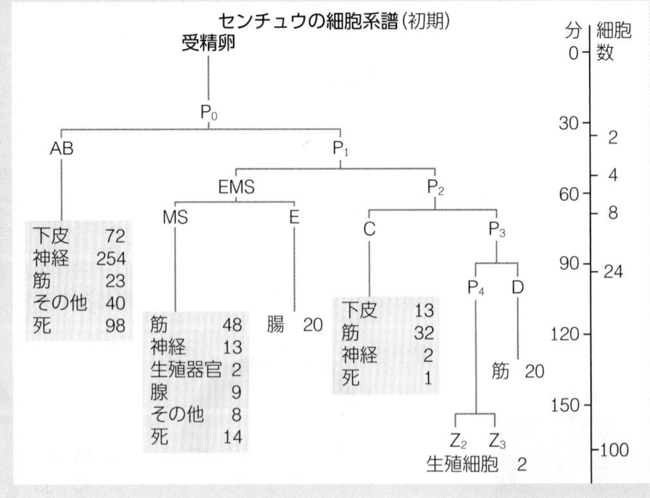
センチュウの細胞系譜(初期)
受精卵
P0
AB
P1
EMS
P2
MS
E
C
P3
P4
D
Z2　Z3
下皮 72
神経 254
筋 23
その他 40
死 98
筋 48
神経 13
生殖器官 2
腺 9
その他 8
死 14
腸 20
下皮 13
筋 32
神経 2
死 1
筋 20
生殖細胞 2
分
細胞数
0
30
60
90
120
150
2
4
8
24
100

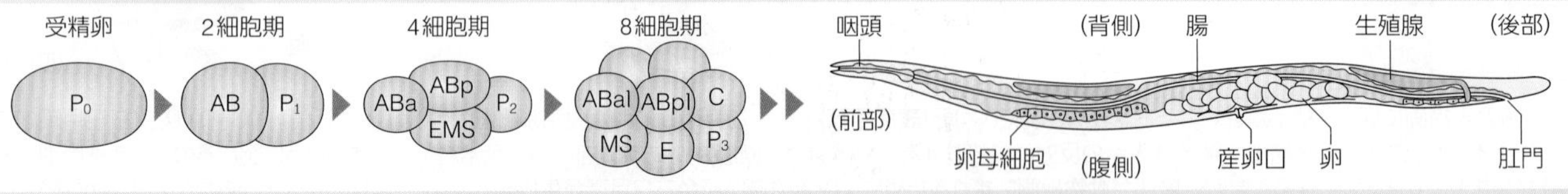
受精卵
P0
2細胞期
AB　P1
4細胞期
ABa　ABp　EMS　P2
8細胞期
ABal　ABpl　C　MS　E　P3
咽頭
(背側)
腸
生殖腺
(後部)
(前部)
卵母細胞
(腹側)
産卵口
卵
肛門

Keywords 分化(differentiation)，外胚葉(ectoderm)，中胚葉(mesoderm)，内胚葉(endoderm)，細胞系譜(cell lineage)

B 各胚葉から分化する器官

生物の種類が違っても，各器官の由来となる胚葉は同じである。

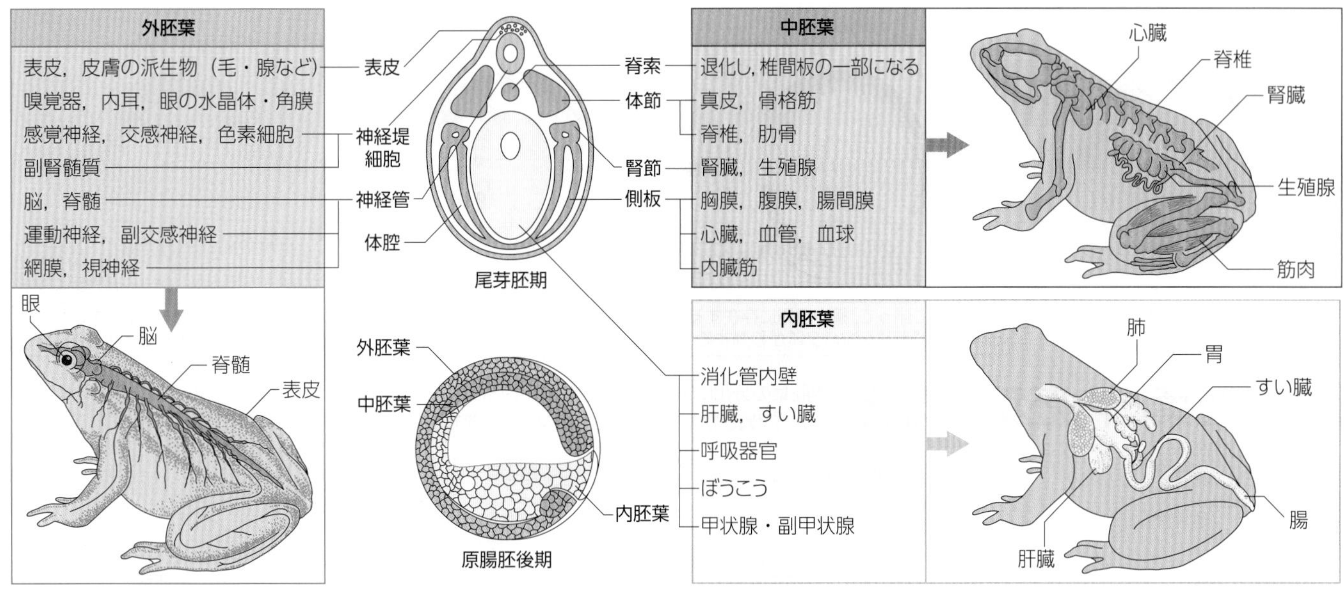
外胚葉
表皮，皮膚の派生物（毛・腺など）
嗅覚器，内耳，眼の水晶体・角膜
感覚神経，交感神経，色素細胞
副腎髄質
脳，脊髄
運動神経，副交感神経
網膜，視神経
表皮
神経堤細胞
神経管
体腔
脊索
体節
腎節
側板
尾芽胚期
中胚葉
退化し，椎間板の一部になる
真皮，骨格筋
脊椎，肋骨
腎臓，生殖腺
胸膜，腹膜，腸間膜
心臓，血管，血球
内臓筋
心臓
脊椎
腎臓
生殖腺
筋肉
眼
脳
脊髄
表皮
外胚葉
中胚葉
内胚葉
原腸胚後期
内胚葉
消化管内壁
肝臓，すい臓
呼吸器官
ぼうこう
甲状腺・副甲状腺
肺
胃
すい臓
腸
肝臓

C 複数の胚葉からなる器官

多くの器官はいくつかの胚葉に由来する組織からできている。

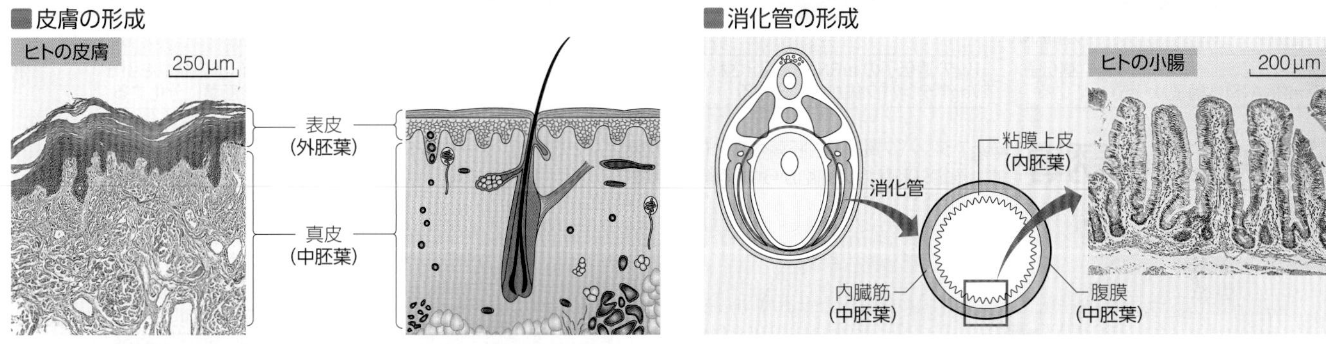
皮膚の形成
ヒトの皮膚
250 µm
表皮
（外胚葉）
真皮
（中胚葉）
消化管の形成
消化管
粘膜上皮
（内胚葉）
内臓筋
（中胚葉）
腹膜
（中胚葉）
ヒトの小腸
200 µm

Zoom up 神経堤細胞—第４の胚葉

神経管の形成過程で，神経板の周辺の細胞が遊離してくる。これを**神経堤細胞**（**神経冠細胞**）という。神経堤細胞は脊椎動物だけがもつ組織で，移動性が高く胚内を決まった経路を通って移動し，いろいろな場所で多様な組織や細胞に分化する。このことから，神経堤は，脊椎動物が進化の過程で獲得した「第4の胚葉」ともいわれる。また，その分化能から，一種の幹細胞とみなすこともできる。

神経堤細胞からは，交感神経と感覚神経の神経細胞やグリア細胞の大部分，皮膚の色素細胞のほか，頭部では顔面の骨格や歯の象牙芽細胞などが分化する。

グリア細胞の一種であるシュワン細胞は末しょう神経系の軸索を取り巻いて髄鞘（▶ p.186）を形成する。髄鞘の形成により，神経では伝導速度が格段に速くなる。

顎の骨は神経堤細胞に由来する。顎は進化の過程上，脊椎動物で初めて出現する構造で，食物を噛む能力を高めることに役立っている。また，歯は動物の種類によってさまざまな形状をしているが，これも神経堤細胞がかかわっていると考えられている。

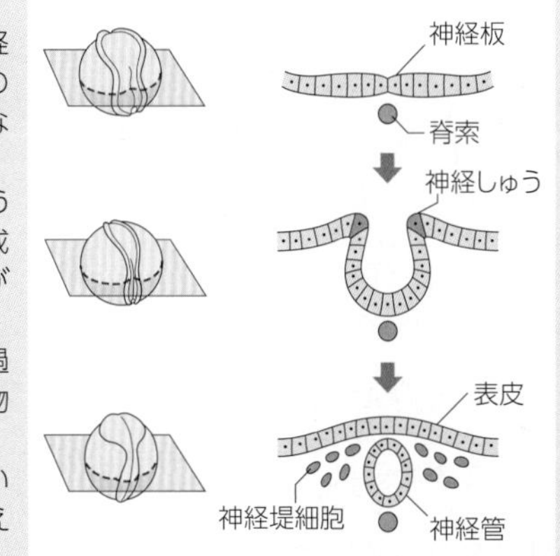
神経板
脊索
神経しゅう
表皮
神経堤細胞
神経管

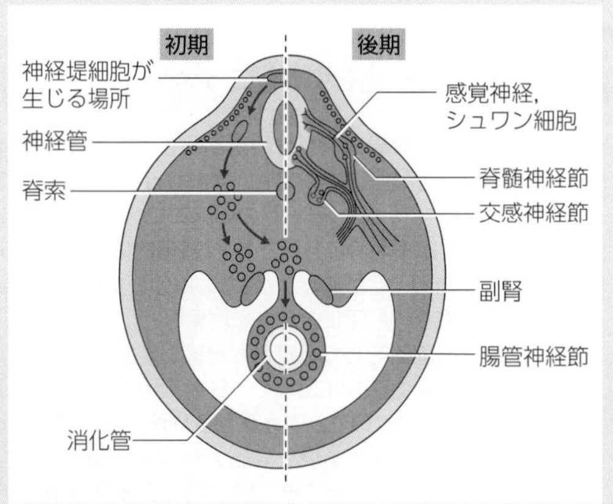
初期
後期
神経堤細胞が
生じる場所
神経管
脊索
感覚神経，
シュワン細胞
脊髄神経節
交感神経節
副腎
腸管神経節
消化管

神経堤（neural crest）

9 カエルの発生と遺伝子発現 生物基礎 生物

A 精子の進入と背腹軸の決定

カエルでは，精子の進入によって背腹軸が決定する。精子の進入点は腹側，その反対側は背側の細胞に分化していく。

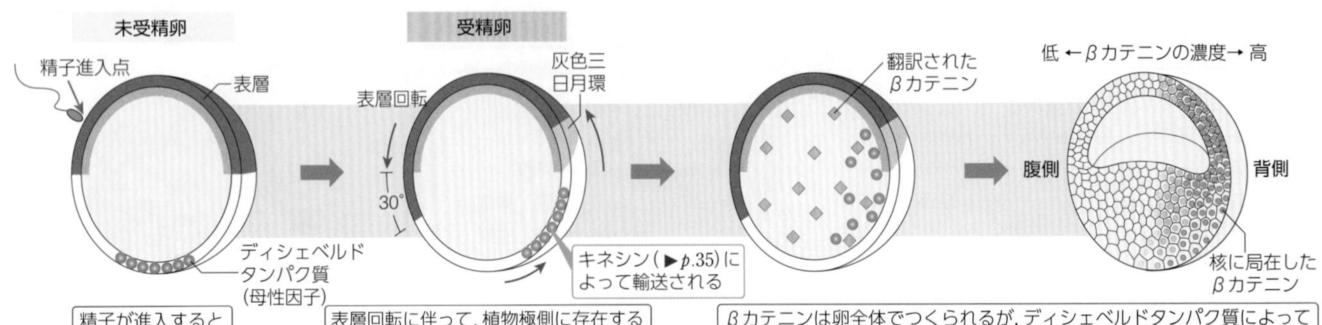

未受精卵
受精卵
精子進入点
表層
表層回転
灰色三日月環
30°
ディシェベルドタンパク質（母性因子）
キネシン（▶p.35）によって輸送される
翻訳されたβカテニン
低←βカテニンの濃度→高
腹側
背側
核に局在したβカテニン

精子が進入すると，表層回転が起こる

表層回転に伴って，植物極側に存在するディシェベルドタンパク質が移動する

βカテニンは卵全体でつくられるが，ディシェベルドタンパク質によって分解が阻害され，背側に局在する。βカテニンは背側の組織の形成を促す

B 外胚葉と内胚葉の分化

内胚葉の分化には，卵の植物極側に蓄積している母性因子から合成されたVegTタンパク質がかかわる。VegTタンパク質をもたない細胞は外胚葉に分化する。

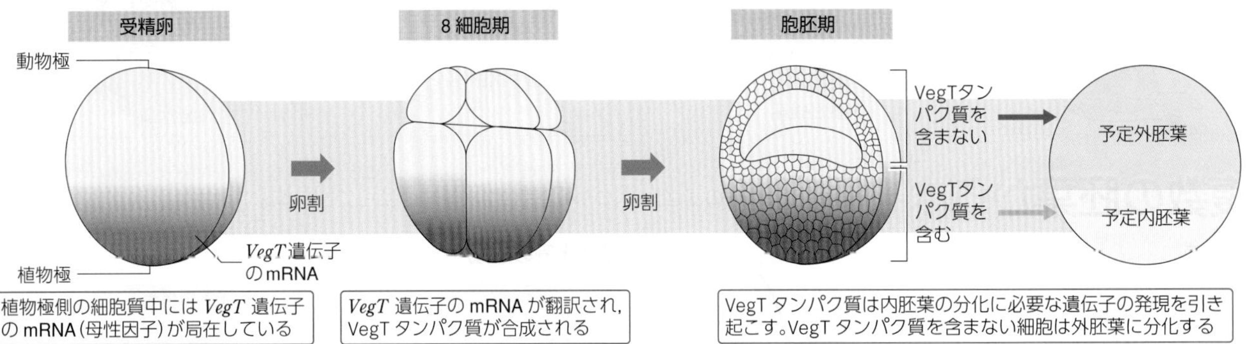

受精卵
8細胞期
胞胚期
動物極
植物極
*VegT*遺伝子のmRNA
卵割
卵割
VegTタンパク質を含まない
VegTタンパク質を含む
予定外胚葉
予定内胚葉

植物極側の細胞質中には*VegT*遺伝子のmRNA（母性因子）が局在している

*VegT*遺伝子のmRNAが翻訳され，VegTタンパク質が合成される

VegTタンパク質は内胚葉の分化に必要な遺伝子の発現を引き起こす。VegTタンパク質を含まない細胞は外胚葉に分化する

C 中胚葉の誘導

VegTタンパク質は，内胚葉への分化を引き起こすとともに，ノーダルタンパク質を合成することによって，予定外胚葉域の細胞から中胚葉を誘導する。

動物極
植物極
VegTタンパク質
ノーダルタンパク質
予定外胚葉
予定中胚葉
予定内胚葉

中胚葉は，予定内胚葉の細胞が，隣接する予定外胚葉域の細胞にはたらきかけることによってできる（**中胚葉誘導**）。
中胚葉誘導を引き起こすのは，ノーダルタンパク質である

VegTタンパク質が，ノーダルタンパク質の遺伝子の発現を活性化する

ノーダルタンパク質は細胞外へ分泌される。予定外胚葉の細胞がノーダルタンパク質を受容すると，中胚葉へと分化する

Point 細胞の分化を引き起こす要因

均質な細胞質をもつ母細胞が分裂すると，2つの同じ娘細胞ができる(a)。また，母細胞の細胞質が均一でなくても，含まれる物質が均等に分配されると，同じ娘細胞ができる(b)。一方，母細胞の細胞質に含まれる物質にかたより（極性）があると，その物質が不均等に分配され，（遺伝的には同じであるが）異なる性質をもつ娘細胞ができることがある(c)。カエルの胚においてVegTタンパク質を多く受け継いだ細胞が内胚葉に分化する現象などがその例である。
また，均質な細胞質をもつ母細胞が分裂しても，その一方の細胞のみが周囲の細胞から誘導を受けることによって，異なる性質をもつ娘細胞ができることもある(d)。カエルの胚において，内胚葉から分泌されるノーダルタンパク質を受容した細胞が中胚葉に分化する現象などがその例である。
(c)や(d)のような分裂が起こることによって，多様な細胞が生じる。

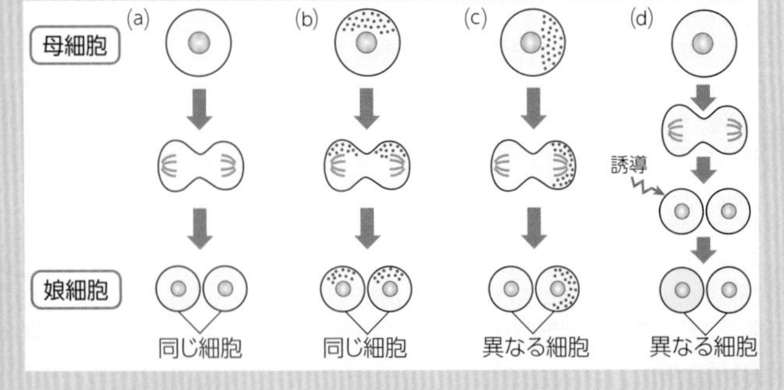

(a)
(b)
(c)
(d)
母細胞
誘導
娘細胞
同じ細胞
同じ細胞
異なる細胞
異なる細胞

 Keywords 母性因子（maternal factor），中胚葉誘導（mesoderm induction）

D 形成体の誘導

ノーダルタンパク質のはたらきによって中胚葉が誘導される。低濃度のノーダルタンパク質は腹側の中胚葉を，高濃度のノーダルタンパク質は背側の中胚葉である形成体を誘導する。

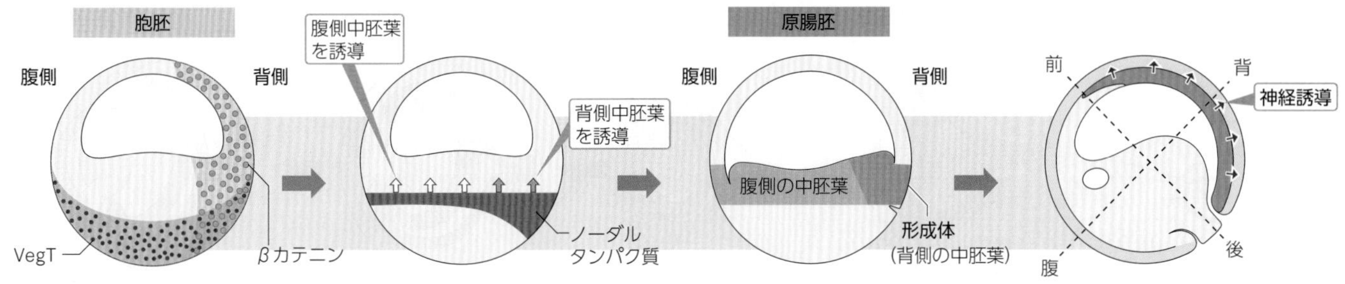

胞胚
原腸胚
腹側
背側
VegT
βカテニン
腹側中胚葉
を誘導
背側中胚葉
を誘導
ノーダル
タンパク質
腹側
背側
腹側の中胚葉
形成体
(背側の中胚葉)
前
背
神経誘導
後
腹

胚胞期に，βカテニンは背側に局在し，VegTは植物極側に局在している

VegTとβカテニンのはたらきによりノーダルの合成が促進される。背側ではより高濃度のノーダルが合成される

低濃度のノーダルは腹側の中胚葉を，高濃度のノーダルは背側の中胚葉である形成体を誘導する

形成体は，原腸陥入によって背側の外胚葉を裏打ちし，予定外胚葉を神経に分化させることにより胚軸構造をつくる

E 神経誘導のしくみ

形成体が予定外胚葉にはたらきかけて神経に分化させる。

■神経誘導のしくみ

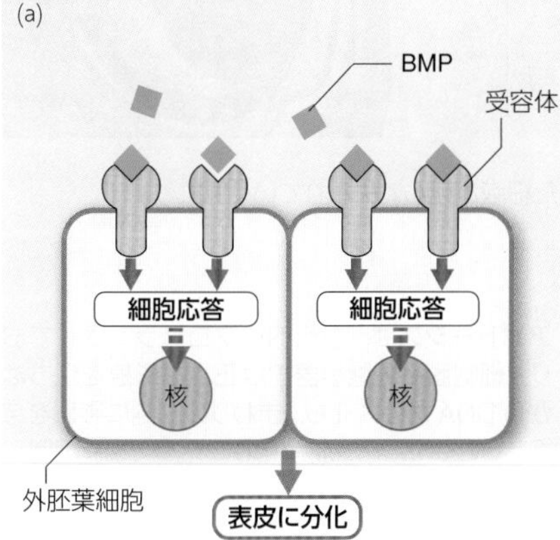

(a)
BMP
受容体
細胞応答
細胞応答
核
核
外胚葉細胞
表皮に分化

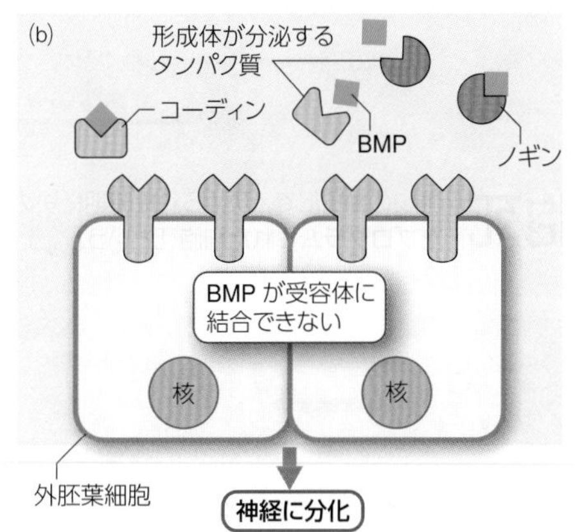

(b)
形成体が分泌する
タンパク質
コーディン
BMP
ノギン
BMPが受容体に
結合できない
核
核
外胚葉細胞
神経に分化

(a)胞胚期には，胚全体でBMP※が発現している。細胞表面にはBMP受容体があり，BMPが受容体と結合すると，その細胞では表皮への分化を引き起こす遺伝子発現が誘導される。

※ BMP(bone morphogenetic protein)は，骨形成因子として単離されたタンパク質である。

(b)形成体は，ノギン，コーディンなどのタンパク質(神経誘導物質)を分泌する。神経誘導物質は，BMPに結合することで(a)のはたらきを阻害する。つまり，形成体による神経誘導とは，BMPによる表皮の誘導の阻害である。

■形成体による背腹軸の形成

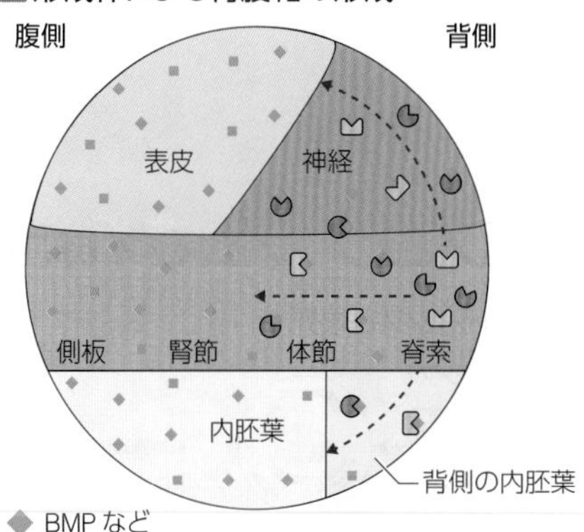

腹側
背側
表皮
神経
側板
腎節
体節
脊索
内胚葉
背側の内胚葉

◆ BMPなど

ノギン・コーディンなどの阻害タンパク質

形成体に近い領域では，形成体から分泌されるノギン・コーディンなどによってBMPのはたらきが阻害されるため，背側の細胞が分化する。一方，形成体から離れた領域では，BMPのはたらきが阻害されず，腹側の細胞が分化する。

Point カエルの発生と遺伝子発現

動物の発生過程では，適切な場所で適切な遺伝子が発現することで，多様な細胞が分化していき，複雑なからだがつくられる。カエルの発生過程では，未受精卵に含まれる母性因子や，精子の進入をきっかけとした物質の局在によって，遺伝子発現が変化し，さまざまな組織が形成される。

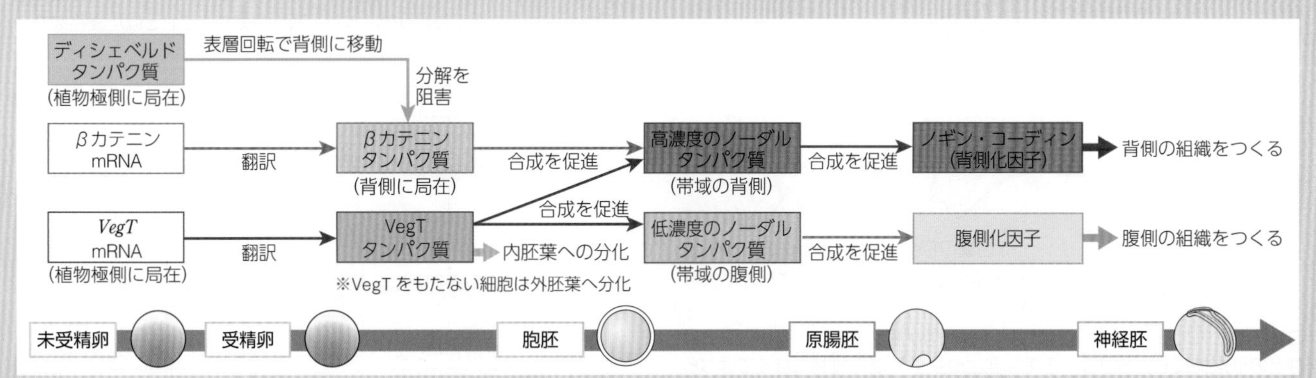

ディシェベルド
タンパク質
(植物極側に局在)
表層回転で背側に移動
分解を
阻害
βカテニン
mRNA
翻訳
βカテニン
タンパク質
(背側に局在)
合成を促進
高濃度のノーダル
タンパク質
(帯域の背側)
合成を促進
ノギン・コーディン
(背側化因子)
背側の組織をつくる
合成を促進
VegT
mRNA
(植物極側に局在)
翻訳
VegT
タンパク質
内胚葉への分化
※VegTをもたない細胞は外胚葉へ分化
低濃度のノーダル
タンパク質
(帯域の腹側)
合成を促進
腹側化因子
腹側の組織をつくる
未受精卵
受精卵
胞胚
原腸胚
神経胚

神経誘導(neural induction)，ノギン(noggin)，コーディン(chordin)

10 発生のしくみ 生物基礎 生物

A 誘導の連鎖

誘導によって分化した部分がさらに別の部分を誘導するというように，誘導が連鎖的に行われることにより，器官が形成される。

■眼の形成　眼杯が表皮から水晶体を誘導する。さらに，水晶体が表皮から角膜を誘導する。

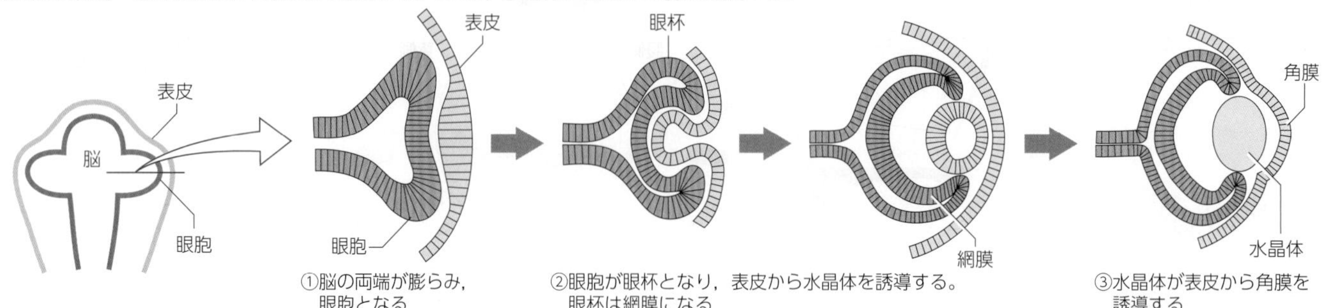

表皮
脳
眼胞
表皮
眼胞
眼杯
網膜
角膜
水晶体
①脳の両端が膨らみ，眼胞となる
②眼胞が眼杯となり，表皮から水晶体を誘導する。眼杯は網膜になる
③水晶体が表皮から角膜を誘導する

■誘導の連鎖　誘導の連鎖によって，眼をはじめ，個体の複雑な構造ができあがっていく。

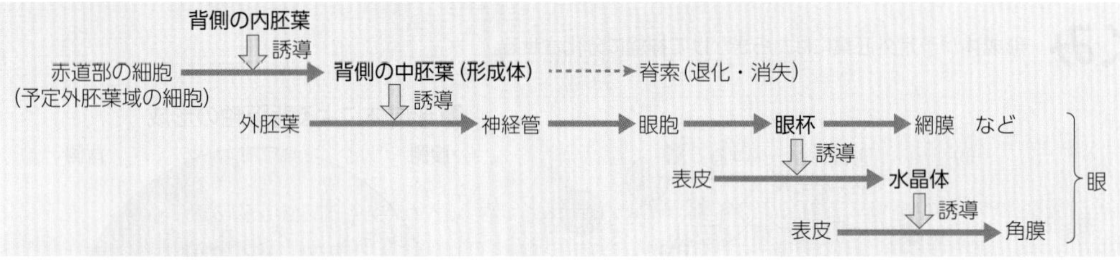

背側の内胚葉
誘導
赤道部の細胞
(予定外胚葉域の細胞)
背側の中胚葉(形成体)
脊索(退化・消失)
誘導
外胚葉
神経管
眼胞
眼杯
網膜　など
誘導
表皮
水晶体
誘導
表皮
角膜
眼

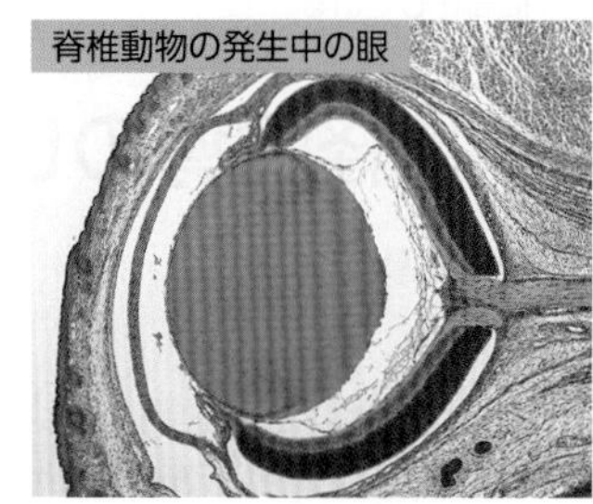

脊椎動物の発生中の眼

B プログラムされた細胞死

生物のからだで，決められた時期に決められた細胞が死んで失われていく現象を**プログラムされた細胞死**という。

■アポトーシスと壊死

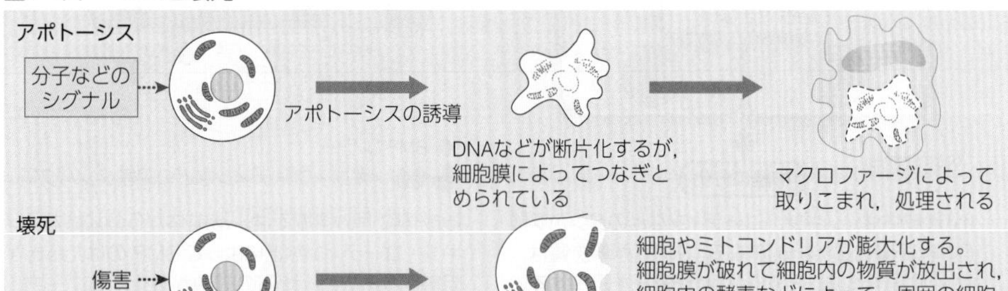

アポトーシス
分子などのシグナル
アポトーシスの誘導
DNAなどが断片化するが，細胞膜によってつなぎとめられている
マクロファージによって取りこまれ，処理される
壊死
傷害
損傷
細胞やミトコンドリアが膨大化する。細胞膜が破れて細胞内の物質が放出され，細胞内の酵素などによって，周囲の細胞に害を与える

アポトーシスは，遺伝的にプログラムされており，細胞膜や細胞小器官は正常な形態を保ちながらDNAが断片化し，まわりの細胞に影響を与えることなく縮小・断片化して死んでいく細胞死である。

一方，外傷などによって引き起こされ，細胞内の物質を放出することによってまわりの細胞に害を与えながら死んでいくような細胞死を**壊死**という。

■プログラムされた細胞死による指の形成過程

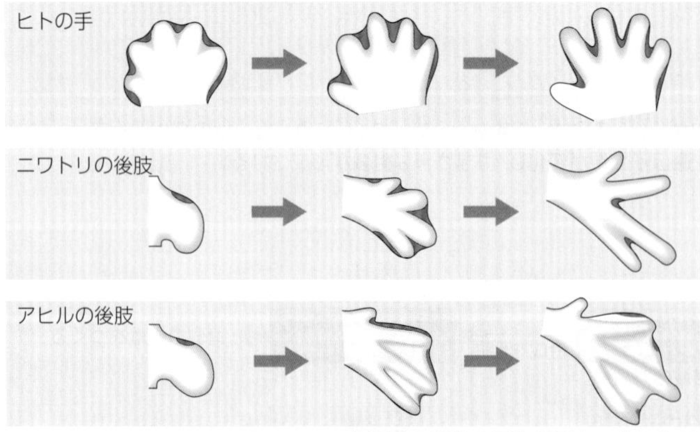

ヒトの手
ニワトリの後肢
アヒルの後肢

赤色■の部分の細胞が死んで失われる

アヒルなどの水鳥の後肢では，ヒトの手足に比べて細胞死の起こり方が少なく，指と指の間に細胞が残って水かきができる。

プログラムされた細胞死は，おたまじゃくしの尾が縮むときや，脳・心臓・骨格などの形成時にも見られる。正常な発生や生体機能の維持になくてはならないしくみであり，その多くはアポトーシスによって起こる。

Zoom up プログラムされた細胞死の経路

プログラムされた細胞死の経路の解明には，センチュウ(*C.elegans* ▶ *p.*128)が用いられてきた。センチュウの細胞死には，*ced-4*，*ced-3* 遺伝子から合成されるCED-4，CED-3タンパク質が必要であり，細胞死が起こらない細胞では，これらの遺伝子のはたらきが *ced-9* 遺伝子によって阻害されていることがわかった。また，哺乳類でも，これと似た経路をもつことがわかった。

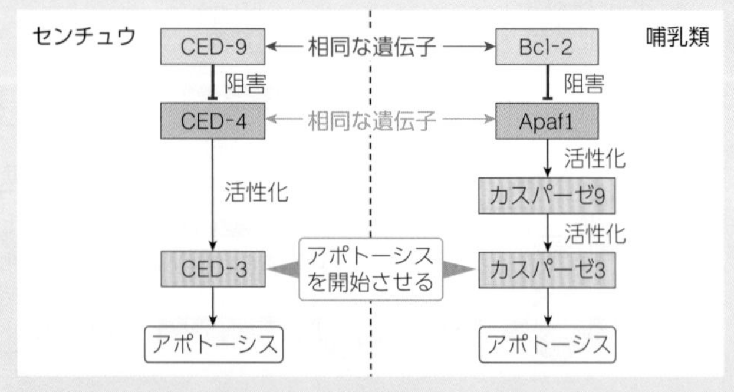

センチュウ
哺乳類
CED-9
相同な遺伝子
Bcl-2
阻害
阻害
CED-4
相同な遺伝子
Apaf1
活性化
活性化
カスパーゼ9
活性化
CED-3
アポトーシスを開始させる
カスパーゼ3
アポトーシス
アポトーシス

Keywords　誘導の連鎖(chain of inductions)，アポトーシス(apoptosis)，壊死(necrosis)

C 細胞接着分子の役割

生物のからだができていく過程では，同じ種類の細胞どうしが接着する。このとき，**カドヘリン**などの細胞接着分子が重要な役割をはたしている。

■カドヘリンによる細胞の接着

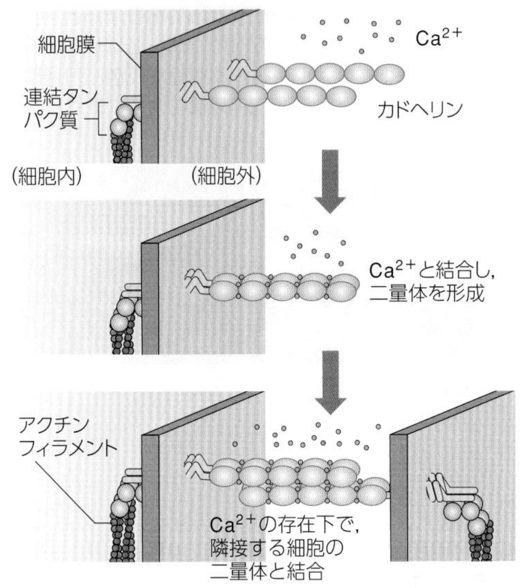
細胞膜
連結タンパク質
Ca^{2+}
カドヘリン
（細胞内）
（細胞外）
Ca^{2+}と結合し，二量体を形成
アクチンフィラメント
Ca^{2+}の存在下で，隣接する細胞の二量体と結合

カドヘリンは，細胞膜を貫通するタンパク質であり，カルシウムイオンの存在下ではたらく。

■神経管形成の過程

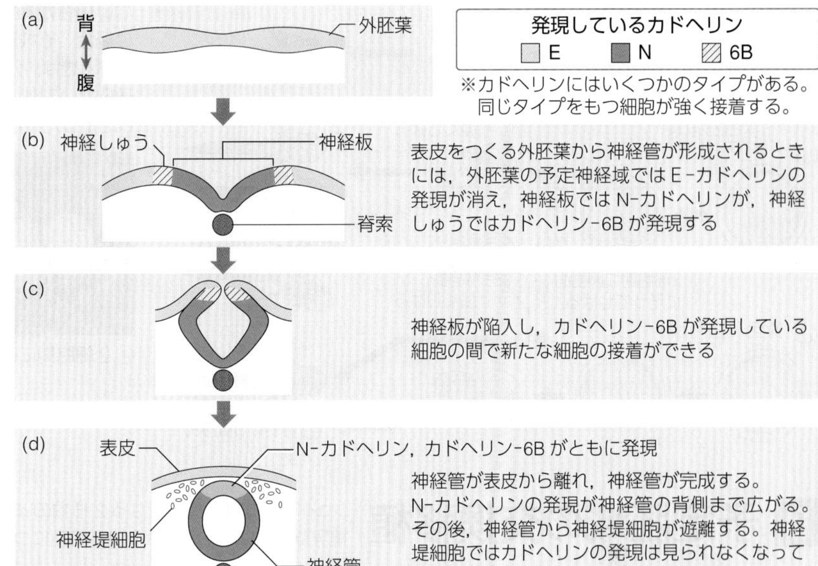
発現しているカドヘリン
E
N
6B
※カドヘリンにはいくつかのタイプがある。同じタイプをもつ細胞が強く接着する。
(a)
背
腹
外胚葉
(b)
神経しゅう
神経板
脊索
表皮をつくる外胚葉から神経管が形成されるときには，外胚葉の予定神経域ではE-カドヘリンの発現が消え，神経板ではN-カドヘリンが，神経しゅうではカドヘリン-6Bが発現する
(c)
神経板が陥入し，カドヘリン-6Bが発現している細胞の間で新たな細胞の接着ができる
(d)
表皮
N-カドヘリン，カドヘリン-6Bがともに発現
神経堤細胞
神経管
神経管が表皮から離れ，神経管が完成する。N-カドヘリンの発現が神経管の背側まで広がる。その後，神経管から神経堤細胞が遊離する。神経堤細胞ではカドヘリンの発現は見られなくなっている

D モルフォゲンと形態形成

その濃度によって異なる発生の結果をもたらすような物質を，**モルフォゲン**という。BMPはモルフォゲンの1つである。

■ BMPの濃度と分化する中胚葉組織

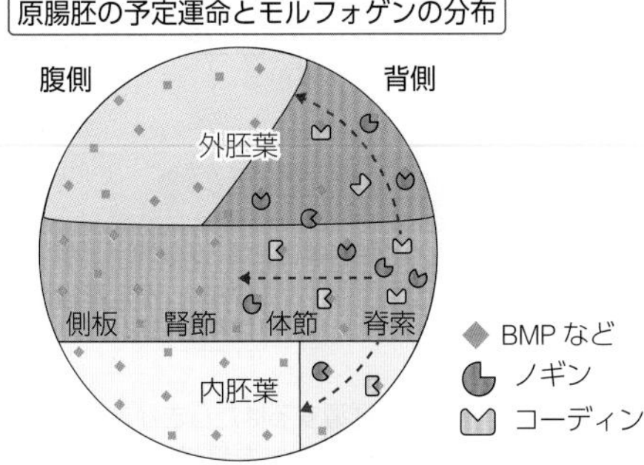
原腸胚の予定運命とモルフォゲンの分布
腹側
背側
外胚葉
側板
腎節
体節
脊索
内胚葉
BMPなど
ノギン
コーディン

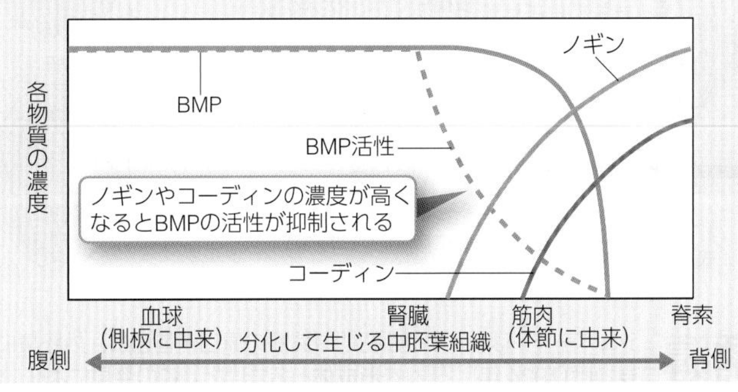
各物質の濃度
BMP
BMP活性
ノギン
ノギンやコーディンの濃度が高くなるとBMPの活性が抑制される
コーディン
血球
（側板に由来）
腎臓
筋肉
（体節に由来）
脊索
分化して生じる中胚葉組織
腹側
背側

形成体でつくられるノギンやコーディンによってBMPのはたらきが阻害されることで，BMP活性の勾配ができる。
BMP活性の勾配に応じて異なる組織が分化する。

■ニワトリの翼の形成 正常なニワトリの前肢（翼）には3本の指がある（第1，2，3指とよばれる）。どの指が形成されるかは，**極性中心（ZPA）**から分泌される物質の濃度によって決まると考えられている。

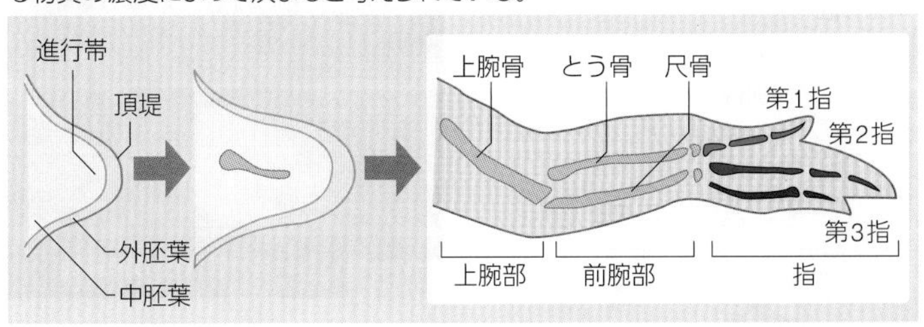
進行帯
頂堤
外胚葉
中胚葉
上腕骨
とう骨
尺骨
第1指
第2指
第3指
上腕部
前腕部
指

② ZPA細胞の一部を前部に移した場合

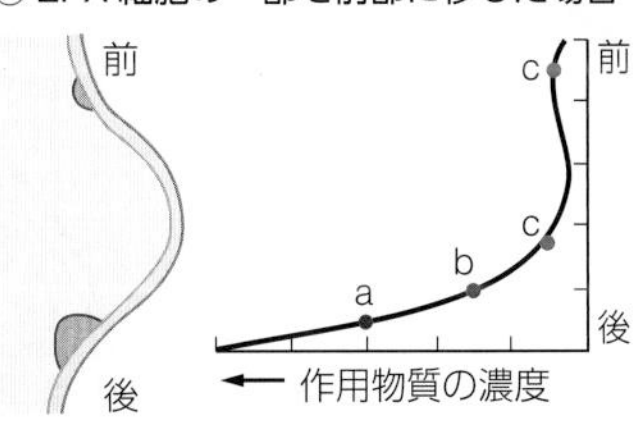
前
後
a
b
c
c
作用物質の濃度

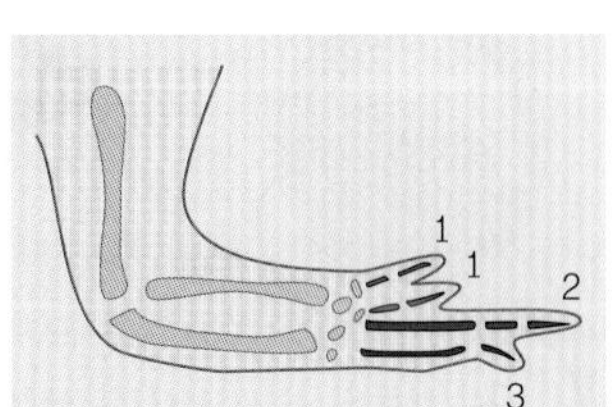
1
1
2
3

① 正常な場合

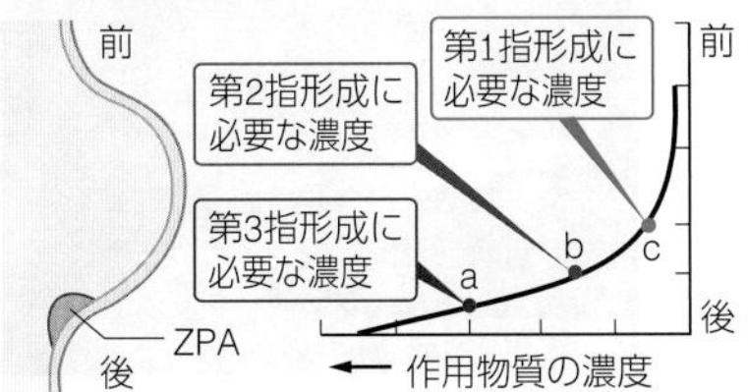
前
後
ZPA
第1指形成に必要な濃度
第2指形成に必要な濃度
第3指形成に必要な濃度
a
b
c
作用物質の濃度

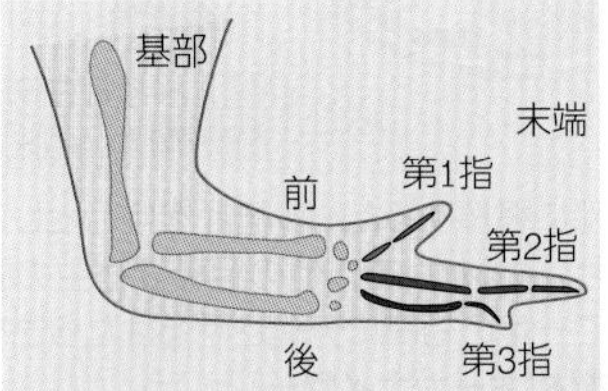
基部
末端
前
後
第1指
第2指
第3指

③ 多量のZPA細胞を前部に移した場合

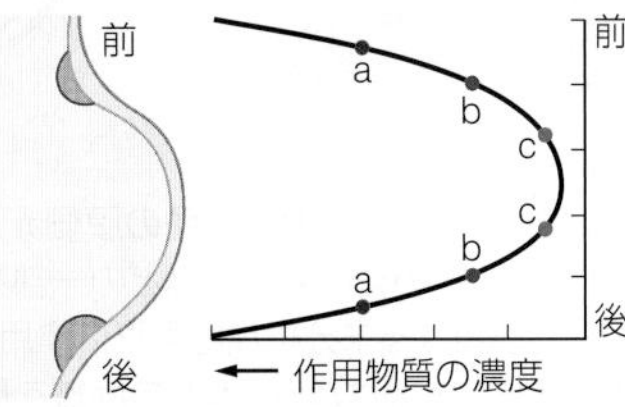
前
後
a
b
c
c
b
a
作用物質の濃度

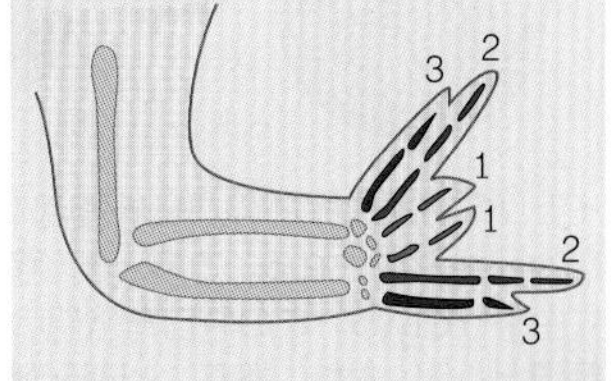
3
2
1
1
2
3

細胞接着分子（cell-adhesion molecule），カドヘリン（cadherin），モルフォゲン（morphogen），形態形成（morphogenesis）

11 発生のしくみの研究の歴史 生物基礎 生物

A イモリ胚の分離実験

ドイツのシュペーマンは，2細胞期のイモリ胚を2つに分け，その後の発生のようすを調べた(1902年)。

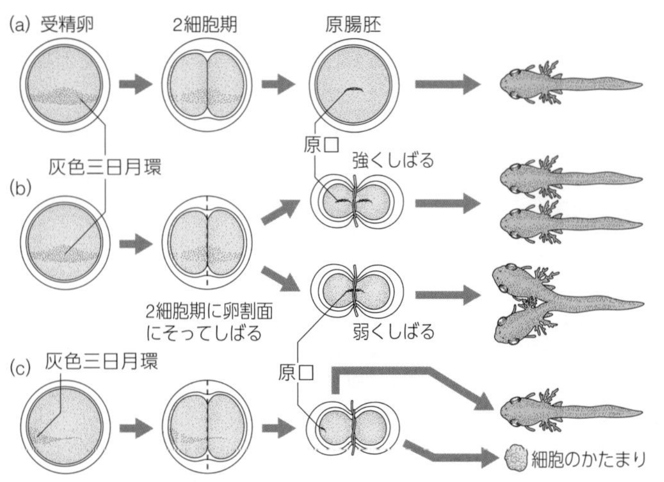

(a) 受精卵
2細胞期
原腸胚
灰色三日月環
原口
強くしばる
(b)
2細胞期に卵割面にそってしばる
弱くしばる
(c) 灰色三日月環
原口
細胞のかたまり

イモリの卵の第一卵割は，卵割面が灰色三日月環(▶ p.127)を通る場合と通らない場合がある。2細胞期に2つの割球を毛髪でしばって分割すると，前者の場合，それぞれの割球から完全な個体が生じる(b)。また，しばり方が不完全なときは，双頭の個体が生じる(b)。しかし，第一卵割面が灰色三日月環を通らない割球を分離すると，完全な個体は灰色三日月環を含む割球から発生した1つだけとなる(c)。

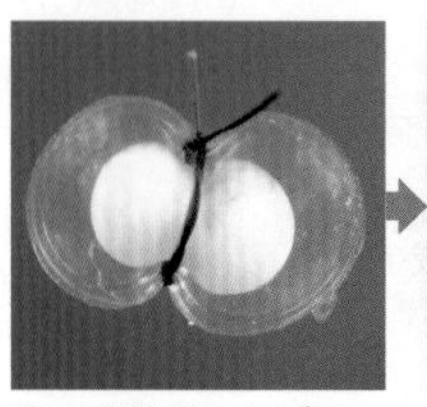
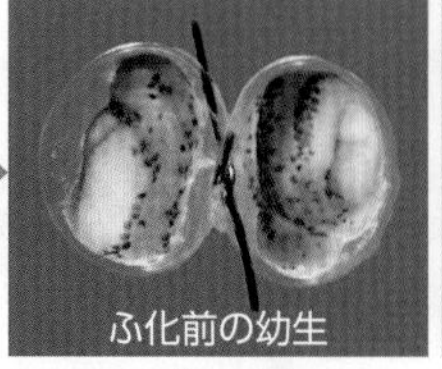

ふ化前の幼生

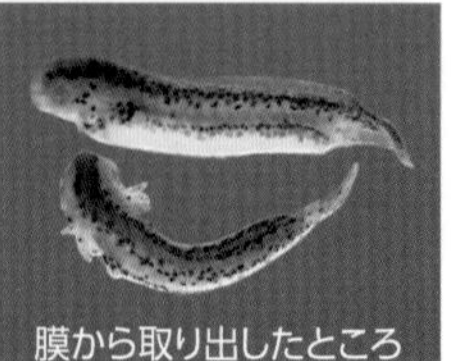

膜から取り出したところ

① 2細胞期にしばる　② 2匹の幼生となる

B 予定胚域の交換移植

シュペーマンは，色の異なる2種類のイモリの初期原腸胚と初期神経胚を用いた交換移植実験により，予定運命の決定時期について調べた(1921年)。

■初期原腸胚での交換移植

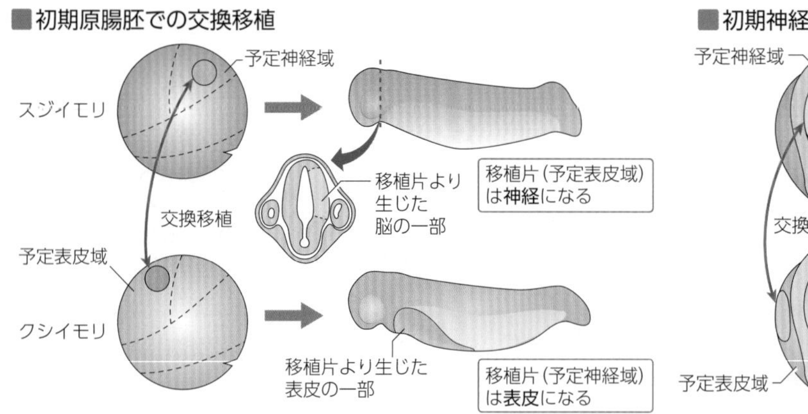

予定神経域
スジイモリ
移植片より生じた脳の一部
移植片(予定表皮域)は神経になる
交換移植
予定表皮域
クシイモリ
移植片より生じた表皮の一部
移植片(予定神経域)は表皮になる

■初期神経胚での交換移植

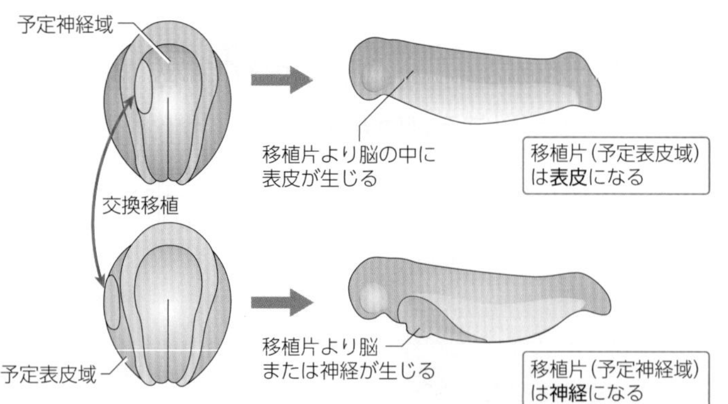

予定神経域
移植片より脳の中に表皮が生じる
移植片(予定表皮域)は表皮になる
交換移植
予定表皮域
移植片より脳または神経が生じる
移植片(予定神経域)は神経になる

C 形成体と誘導

シュペーマンは，イモリの初期原腸胚の原口背唇部に，外胚葉にはたらきかけて神経管を誘導するはたらきがあることを見つけ(1924年)，それを**形成体**と名づけた。この発見により，1935年にノーベル生理学・医学賞を受賞した。

■形成体の移植による二次胚の誘導

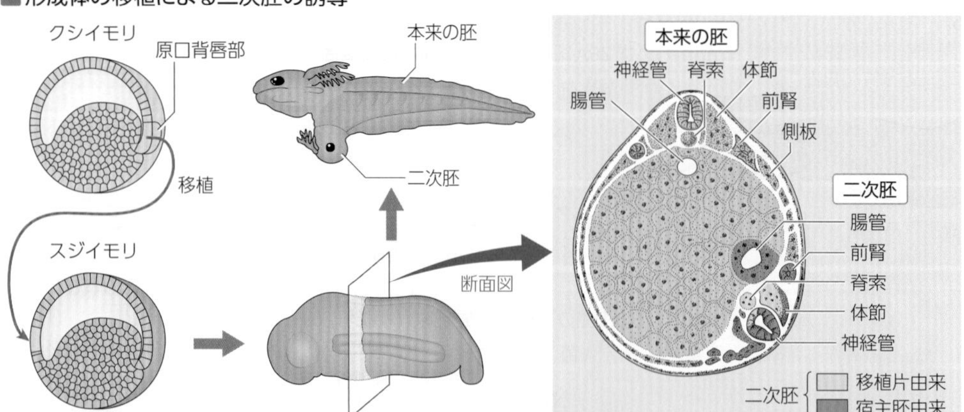

クシイモリ
原口背唇部
移植
スジイモリ
本来の胚
二次胚
断面図
本来の胚
神経管
脊索
体節
腸管
前腎
側板
二次胚
腸管
前腎
脊索
体節
神経管
二次胚
移植片由来
宿主胚由来

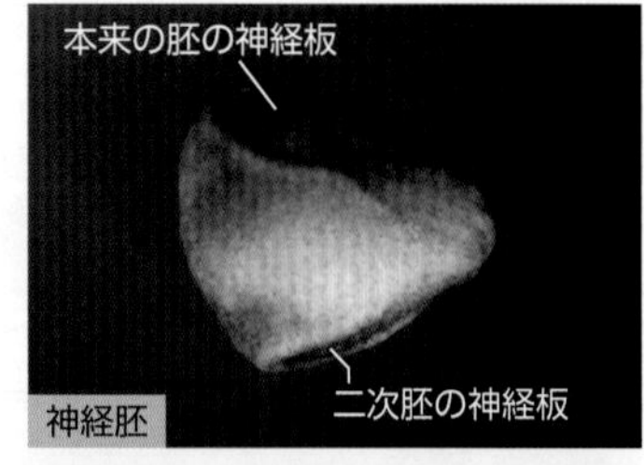

本来の胚の神経板
二次胚の神経板

神経胚

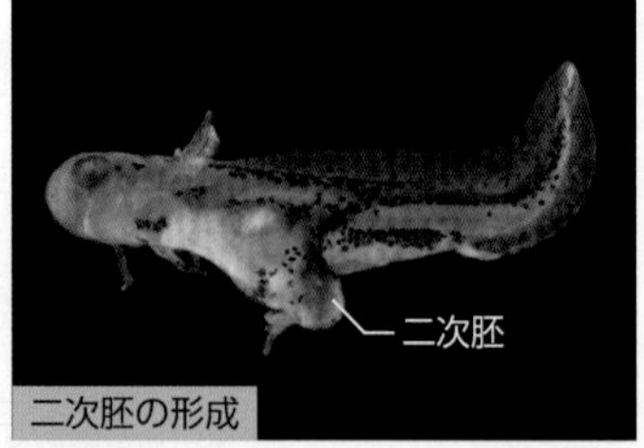

二次胚

二次胚の形成

イモリの初期原腸胚の原口背唇部を切り取って，別の初期原腸胚の腹側赤道部に移植すると，移植片を中心として二次胚が形成される。このとき，移植片は二次胚の脊索や体節などの一部を形づくるだけで，他の組織は宿主の胚に由来している。この原口背唇部のように，隣接する未分化な細胞群に作用して一定の組織に分化させるはたらきを**誘導**という。また，誘導により胚の軸構造を形成するはたらきをもつ胚域を**形成体**(**オーガナイザー**)という。

Keywords 移植(transplantation)，形成体(オーガナイザー)(organizer)，誘導(induction)，原口背唇部(dorsal blastopore lip)，二次胚(secondary embryo)

D 局所生体染色法と原基分布図

ドイツのフォークトは，胚のそれぞれの部分から将来何が分化するかを，**局所生体染色法**を用いて調べ，**原基分布図**を明らかにした。

■局所生体染色法

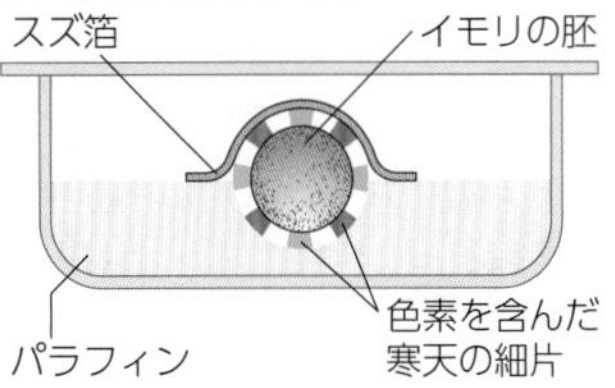

スズ箔
イモリの胚
パラフィン
色素を含んだ寒天の細片

イモリの胚の表面を，生体に無害なナイル青や中性赤などの色素で部分的に染め分ける。

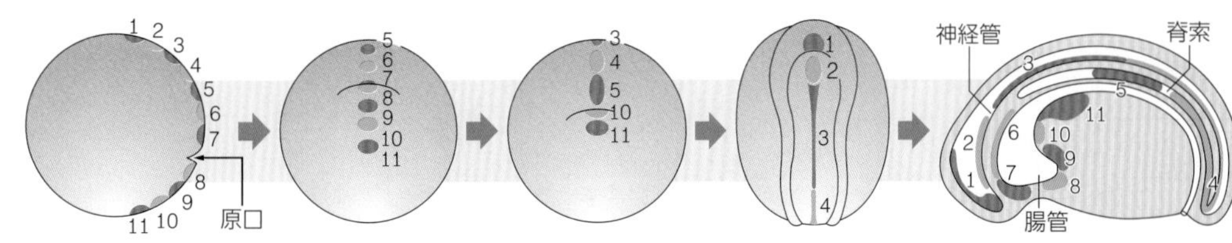

原口
神経管
脊索
腸管

原口を通る線に沿って，1～11の部分を染める。陥入が進むにつれて，5～11の部分が表面から見えなくなり，中胚葉や内胚葉に分化していく。

背側に見えていた1～4の部分に神経板が形成され，やがて，1～3と4の一部は神経管に分化する。また，腹側から陥入した8～11は腸管になる。

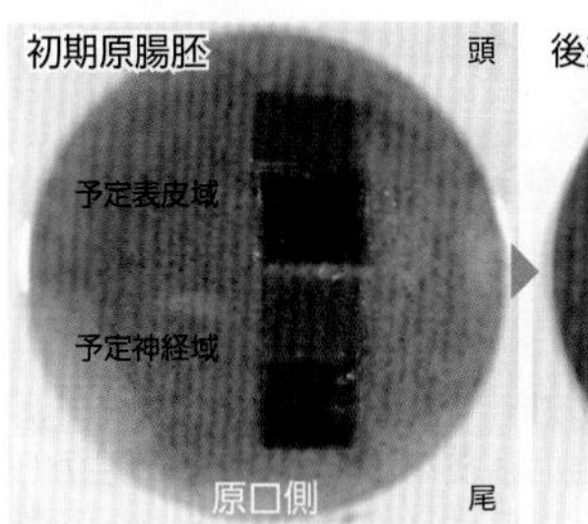

初期原腸胚
頭
予定表皮域
予定神経域
原口側
尾

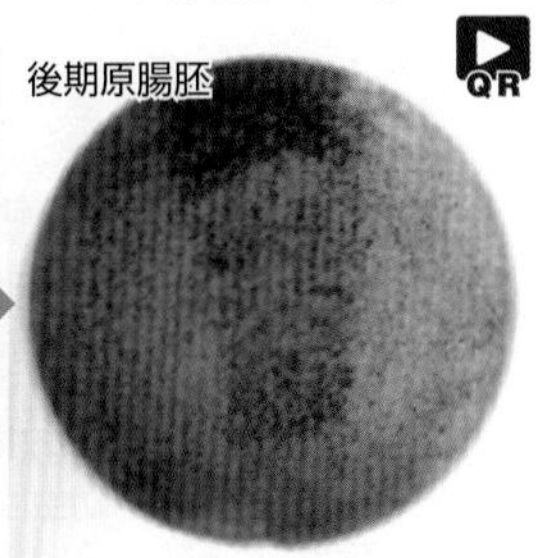

後期原腸胚

原腸胚期の進行に伴い，染色領域は頭尾軸方向に広がっている。予定表皮域は左右にも広がっている。

■イモリの原基分布図（胞胚）

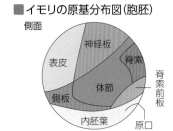

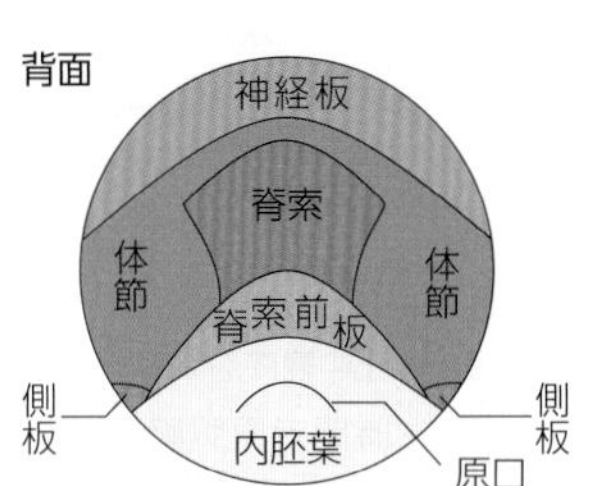

側面
神経板
表皮
脊索
体節
側板
脊索前板
内胚葉
原口
背面
神経板
脊索
体節
脊索前板
側板
内胚葉
原口

E 中胚葉誘導

発生過程における最初の誘導現象が胞胚期に見られることが，オランダのニューコープの次のような実験によって明らかになった（1969年）。

■中胚葉誘導の実験

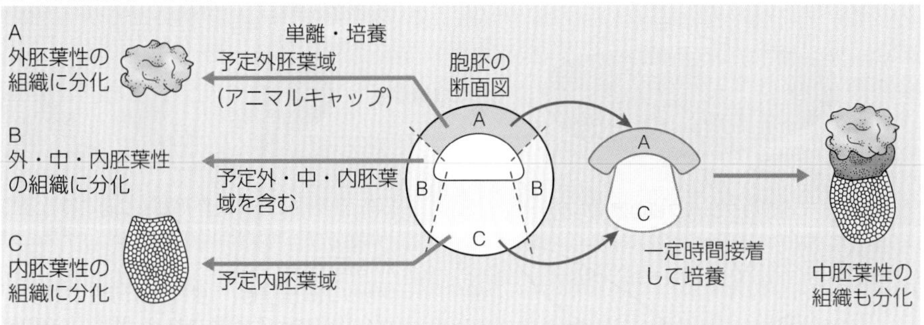

A
外胚葉性の組織に分化
単離・培養
予定外胚葉域
（アニマルキャップ）
胞胚の断面図
B
外・中・内胚葉性の組織に分化
予定外・中・内胚葉域を含む
C
内胚葉性の組織に分化
予定内胚葉域
一定時間接着して培養
中胚葉性の組織も分化

領域Aと領域Cの組み合わせ培養では，外胚葉性組織と内胚葉性組織に加えて，単独培養では生じなかった中胚葉性組織も分化した。さらに後の実験で，中胚葉性組織はすべて領域Aに由来することがわかった。このように，予定内胚葉が予定外胚葉を中胚葉に分化させるはたらきを**中胚葉誘導**という。

■予定内胚葉の部位による誘導の違い

腹側領域（E）は血液・間充織などの腹側中胚葉を，背側領域（D）は脊索・筋肉などの背側中胚葉をそれぞれ誘導する。

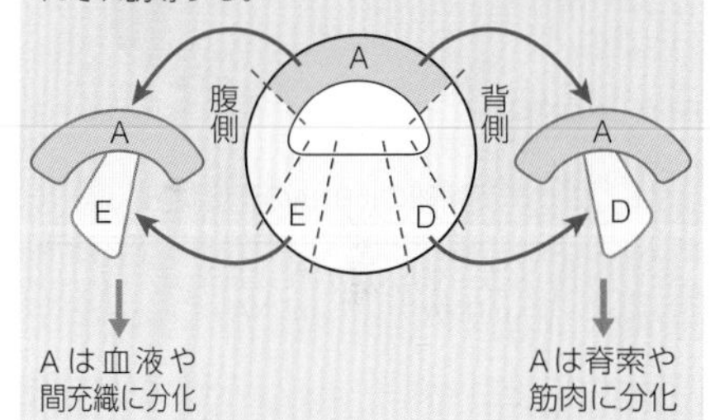

腹側
背側
Aは血液や間充織に分化
Aは脊索や筋肉に分化

F 核の全能性

イギリスのガードンは，アフリカツメガエルを用いた核移植実験により，分化した細胞の核にも全能性があることを示した（1962年）。ガードンは，iPS細胞を作製した山中伸弥とともに，2012年にノーベル生理学・医学賞を受賞した。

■アフリカツメガエルの核移植実験

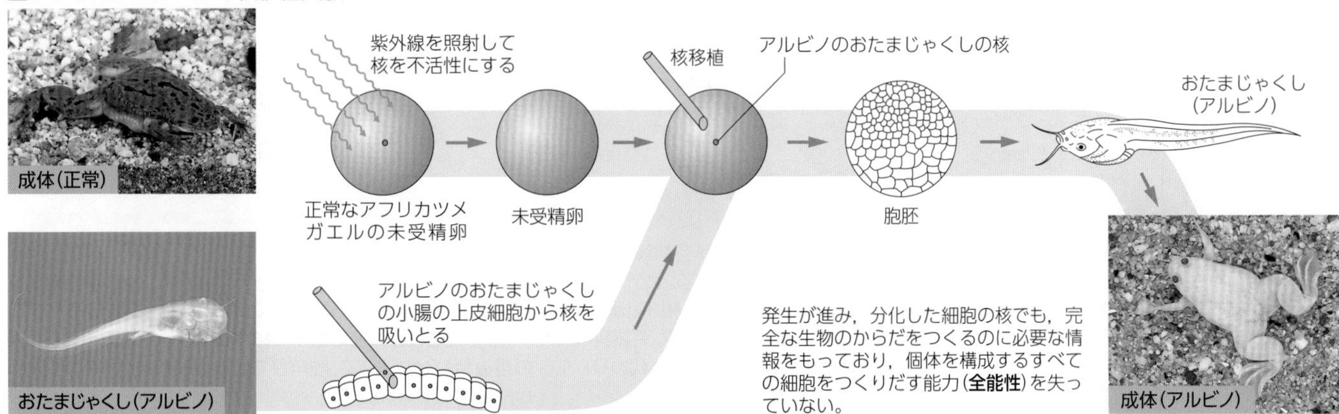

成体（正常）
紫外線を照射して核を不活性にする
正常なアフリカツメガエルの未受精卵
未受精卵
核移植
アルビノのおたまじゃくしの核
胞胚
おたまじゃくし（アルビノ）
おたまじゃくし（アルビノ）
アルビノのおたまじゃくしの小腸の上皮細胞から核を吸いとる
成体（アルビノ）

発生が進み，分化した細胞の核でも，完全な生物のからだをつくるのに必要な情報をもっており，個体を構成するすべての細胞をつくりだす能力（**全能性**）を失っていない。

局所生体染色（localized vital staining），原基分布図（予定運命図）（anlagen plan），全能性（totipotency）

12 形態形成とその調節 生物基礎 生物

A ショウジョウバエの発生のしくみ

発生の各段階ではさまざまな遺伝子がはたらいている。発生の過程で形態形成にはたらく遺伝子は，ショウジョウバエでよく調べられている。

■初期発生の過程

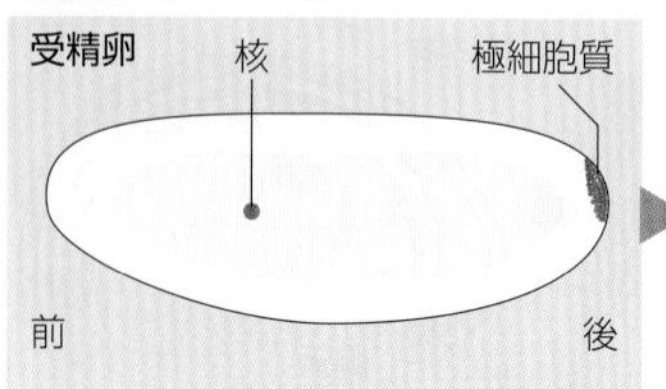

受精卵
核
極細胞質
前
後

ショウジョウバエの卵は心黄卵（卵黄が中心部にかたよって分布する卵）であり，表割を行う。

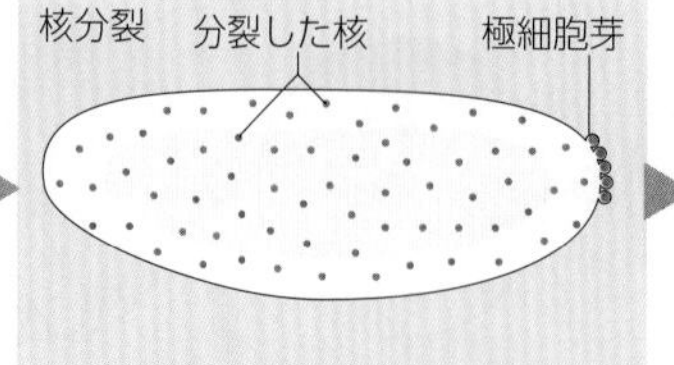

核分裂
分裂した核
極細胞芽

細胞質分裂が起こらず，核分裂だけが起こる。8回目までの核分裂は，約8分に1回起こる。

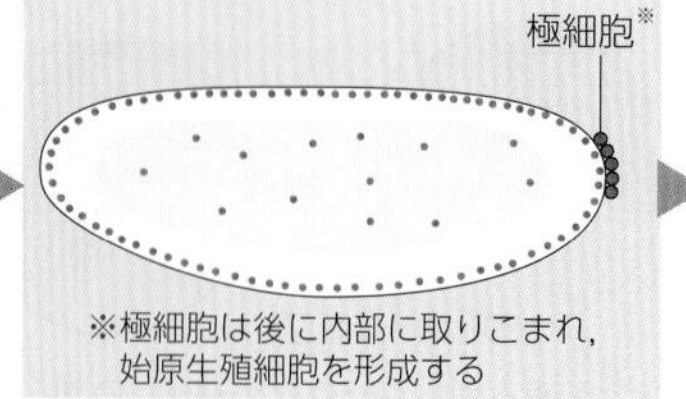

極細胞※
※極細胞は後に内部に取りこまれ，始原生殖細胞を形成する

分裂した核の大半は表層部に移動する。9回目の核分裂が終わると，後端にある核が極細胞となる。

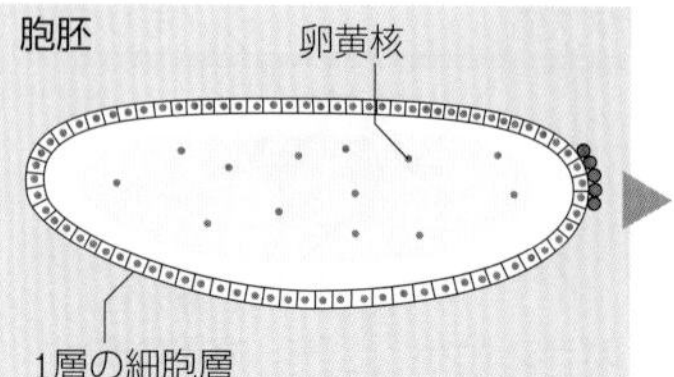

胞胚
卵黄核
1層の細胞層

表層部の核は細胞膜で仕切られ，1層の細胞層となって卵黄を取り囲んだ胞胚となる。

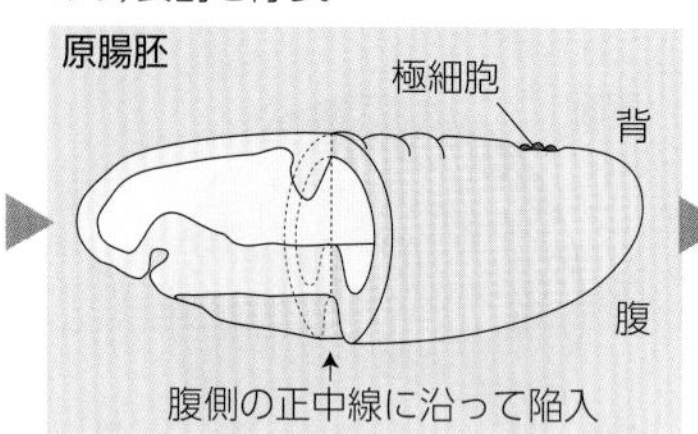

原腸胚
極細胞
背
腹
腹側の正中線に沿って陥入

受精から約3時間で原腸陥入が起こる。陥入は腹側の正中線にそって起こり，原腸ができる。

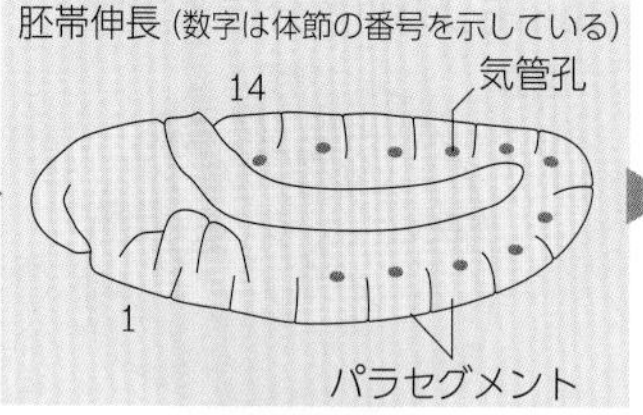

胚帯伸長（数字は体節の番号を示している）
14
気管孔
1
パラセグメント

やがて14体節からなる胚のからだができる。胚は前後に伸長して，後方が背側に折り返す（胚帯伸長）。

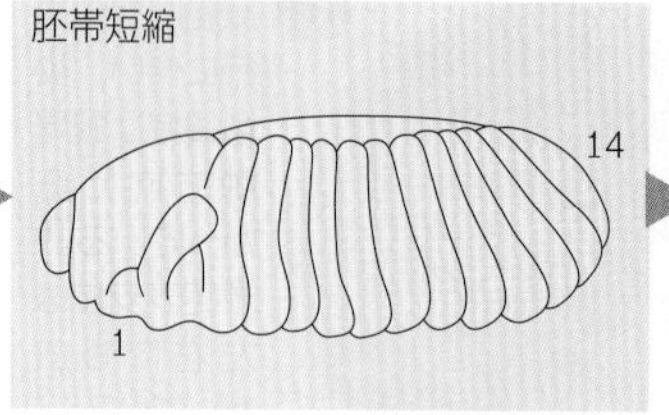

胚帯短縮
14
1

やがて胚は縮んでもどる（胚帯短縮）。25℃では，約1日で胚がふ化して一齢幼虫となる。

三齢幼虫
成虫

幼虫は脱皮をくり返して二齢幼虫から三齢幼虫となる。その後，3～4日で蛹となり，さらに3～4日後に羽化して成虫になる。

■体節構造の形成

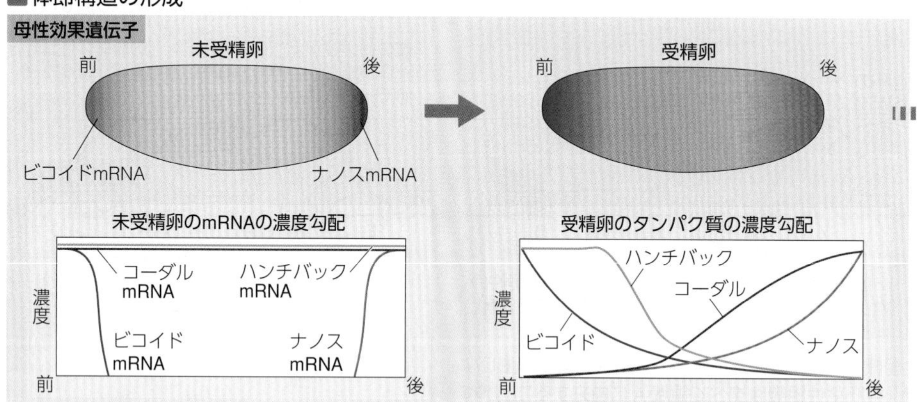

母性効果遺伝子
未受精卵
前
後
ビコイドmRNA
ナノスmRNA
受精卵
前
後
未受精卵のmRNAの濃度勾配
コーダルmRNA
ハンチバックmRNA
ビコイドmRNA
ナノスmRNA
濃度
前
後
受精卵のタンパク質の濃度勾配
ハンチバック
コーダル
ビコイド
ナノス
濃度
前
後

卵形成の過程で合成されたmRNAが卵に蓄積し，受精直後から機能する遺伝子を**母性効果遺伝子**といい，ビコイド遺伝子やナノス遺伝子，コーダル遺伝子，ハンチバック遺伝子などがある。
受精後，卵の前方に分布するビコイドmRNA，後方に分布するナノスmRNAが翻訳されてそれぞれのタンパク質がつくられるが，その過程で拡散が起こり濃度勾配が生じる。さらに，ビコイドタンパク質はコーダルmRNAの翻訳を，ナノスタンパク質はハンチバックmRNAの翻訳を抑制するため，これらのタンパク質にも濃度勾配が生じる。

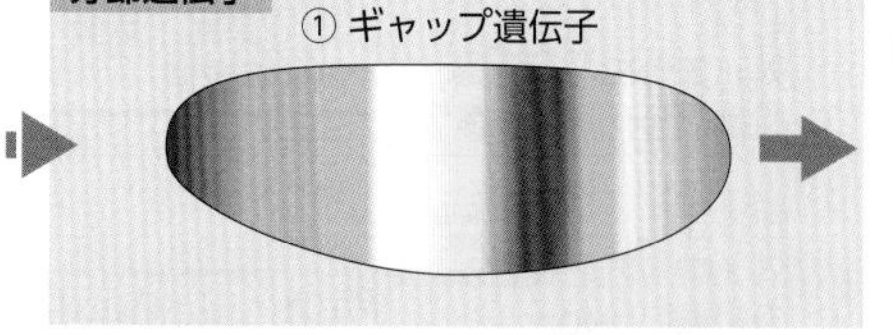

分節遺伝子
① ギャップ遺伝子

胚を前後軸に沿って，体節がくり返される分節構造に転換する過程にかかわる遺伝子群を**分節遺伝子**という。
ギャップ遺伝子は，母性効果遺伝子発現タンパク質によって調節される。胚の前後軸に沿って約10種類のギャップ遺伝子が発現し，からだを大まかな領域に分ける。
ギャップ遺伝子に突然変異が生じると，突然変異が生じた部位に対応して，正常な幼虫のからだの一部が欠ける（ギャップが生じる）。

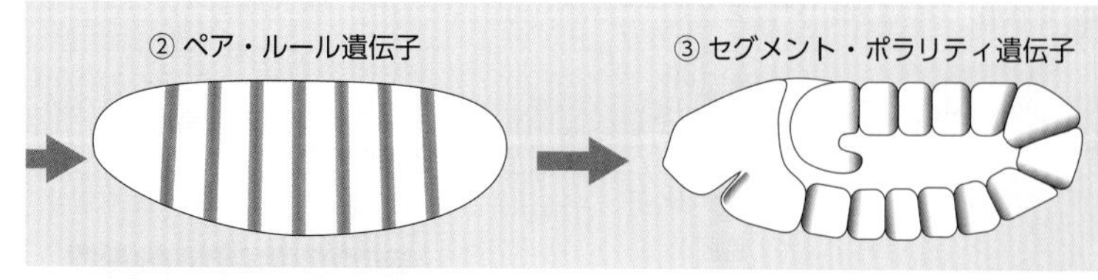

② ペア・ルール遺伝子
③ セグメント・ポラリティ遺伝子

ペア・ルール遺伝子が7本の縞状に発現する。ペア・ルール遺伝子は，母性効果遺伝子発現タンパク質とギャップ遺伝子発現タンパク質によって調節される。ペア・ルール遺伝子の突然変異体では，1つおきの体節が欠損する。

セグメント・ポラリティ遺伝子が各体節の特定の位置で14本の縞状に発現する。セグメント・ポラリティ遺伝子は，ペア・ルール遺伝子発現タンパク質によって調節される。突然変異体では，各体節の特定部分が欠け，代わりに残った部分の鏡像対称形が生じる。

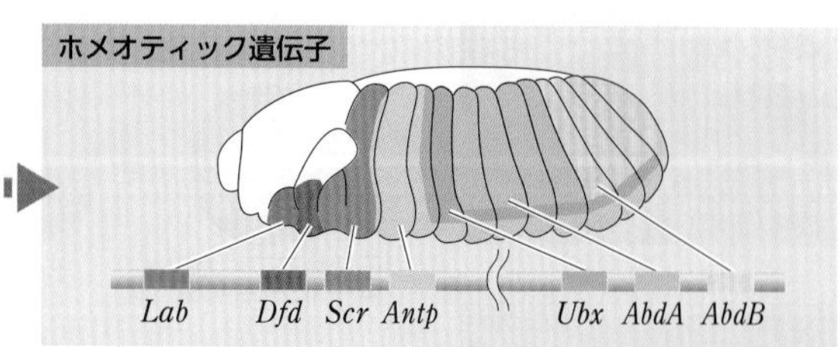

ホメオティック遺伝子
Lab
Dfd
Scr
Antp
Ubx
AbdA
AbdB

ギャップ遺伝子発現タンパク質とペア・ルール遺伝子発現タンパク質のはたらきによって，複数の**ホメオティック遺伝子**が発現する。それぞれの体節では，複数のホメオティック遺伝子の発現の組み合わせによって，触角ができる体節か，翅ができる体節か，などの性質が決まる。

Keywords 表割(superficial cleavage)，母性効果遺伝子(maternal effect gene)，ビコイド(bicoid)，ナノス(nanos)，分節遺伝子(segmentation gene)

B ホメオティック遺伝子

ショウジョウバエのホメオティック遺伝子と相同な遺伝子が哺乳類にもみられる。ホメオティック遺伝子に突然変異が起こり，からだの一部が別の部分に置きかわったものを**ホメオティック突然変異**という。

■ホメオティック遺伝子の共通性

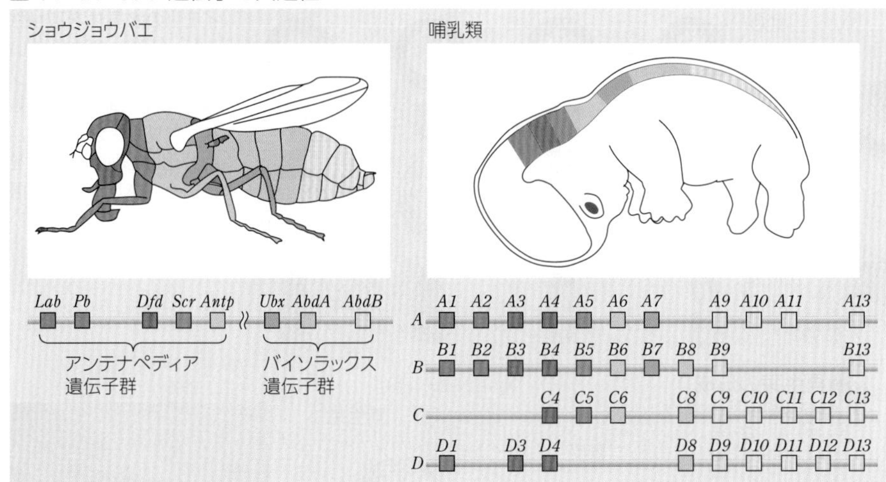
ショウジョウバエ
哺乳類
Lab Pb Dfd Scr Antp Ubx AbdA AbdB
アンテナペディア遺伝子群
バイソラックス遺伝子群
A1 A2 A3 A4 A5 A6 A7 A9 A10 A11 A13
B1 B2 B3 B4 B5 B6 B7 B8 B9 B13
C4 C5 C6 C8 C9 C10 C11 C12 C13
D1 D3 D4 D8 D9 D10 D11 D12 D13
A
B
C
D

ショウジョウバエの形態形成を制御する遺伝子として発見されたホメオティック遺伝子は，第3染色体上に並んでおり，頭から尾の体軸で発現する順序と，染色体上の並び方の順序がほぼ一致している。また，哺乳類の体軸を決める遺伝子は，ショウジョウバエとほぼ相同で，しかもその染色体上における配列順序と類似性が高い。ショウジョウバエのホメオティック遺伝子に相同な遺伝子は，すべての真核生物で発見されており，**ホックス(*Hox*)遺伝子群**と総称される。

■ホメオボックスとホメオドメイン

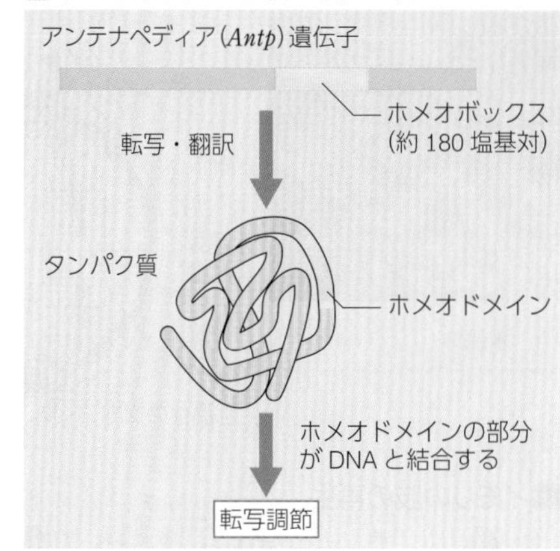
アンテナペディア(*Antp*)遺伝子
ホメオボックス
(約180塩基対)
転写・翻訳
タンパク質
ホメオドメイン
ホメオドメインの部分がDNAと結合する
転写調節

ホメオティック遺伝子は，それぞれおよそ180塩基対からなる相同性の高い塩基配列をもち，それらを**ホメオボックス**という。ホメオボックスが転写されてできるおよそ60個のアミノ酸から構成される部分を**ホメオドメイン**という。ホメオドメインをもつタンパク質は，ホメオドメインの部分でDNAと結合し，転写調節因子としてはたらく。

■ショウジョウバエのホメオティック突然変異体

正常体
アンテナペディア突然変異体
バイソラックス突然変異体

触角があしに変化

体節構造の決定にかかわるホメオティック遺伝子が変化すると，触角の代わりにあしが形成されるアンテナペディアや，後胸が中胸にかわり，翅が4枚できるバイソラックスなどの突然変異体が生じる。

Point 体節構造の形成にはたらく遺伝子

ショウジョウバエの体節構造の形成では，下図のように，ある遺伝子の発現によりつくられたタンパク質が，ほかの遺伝子の転写調節因子としてはたらくことによって，最終的にホメオティック遺伝子が発現する。

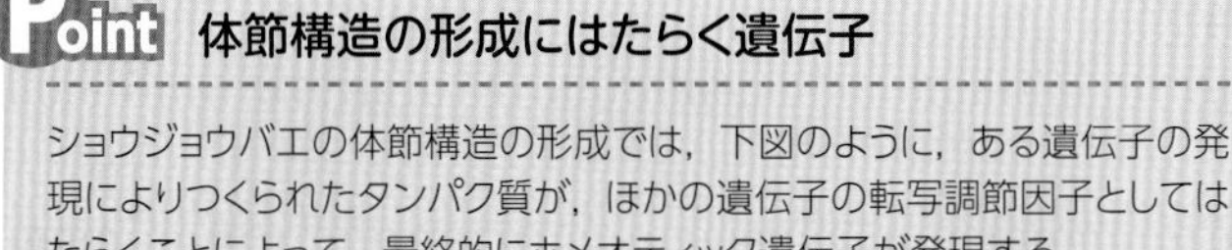

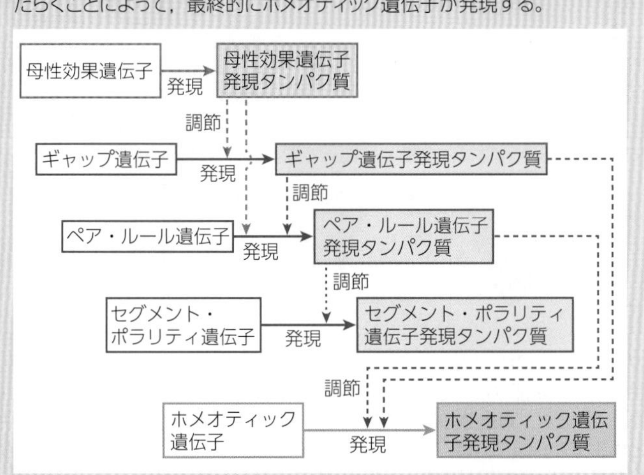
母性効果遺伝子
発現
母性効果遺伝子発現タンパク質
調節
ギャップ遺伝子
発現
ギャップ遺伝子発現タンパク質
調節
ペア・ルール遺伝子
発現
ペア・ルール遺伝子発現タンパク質
調節
セグメント・ポラリティ遺伝子
発現
セグメント・ポラリティ遺伝子発現タンパク質
調節
ホメオティック遺伝子
発現
ホメオティック遺伝子発現タンパク質

Zoom up 脊椎動物のホメオティック突然変異体

脊椎動物の*Hox*遺伝子群も，ショウジョウバエと同様に，体節の領域ごとの性質を決めるはたらきをもつ。

脊椎動物の体節に由来する構造には脊椎骨がある。図は，マウスの前後軸に沿った*Hox*遺伝子の発現を示したものである。脊椎骨が前後軸に沿って，頸椎・胸椎・腰椎・仙椎・尾椎の順に形成されるのは，*Hox*遺伝子群のはたらきによる。

例えば，*Hoxa-10*遺伝子がはたらきを失った変異体(ノックアウト個体)では，本来腰椎が発生する場所に，胸骨に近い性質をもつ脊椎骨(肋骨をもつ脊椎骨)が発生する。

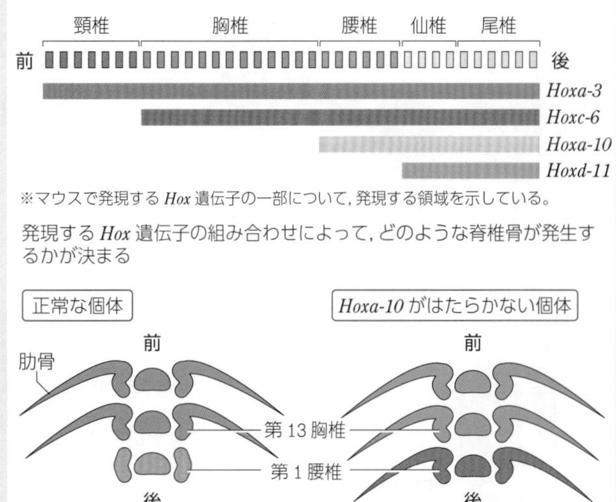
マウスの脊椎骨と*Hox*遺伝子の発現
頸椎
胸椎
腰椎
仙椎
尾椎
前
後
Hoxa-3
Hoxc-6
Hoxa-10
Hoxd-11
※マウスで発現する*Hox*遺伝子の一部について，発現する領域を示している。
発現する*Hox*遺伝子の組み合わせによって，どのような脊椎骨が発生するかが決まる
正常な個体
*Hoxa-10*がはたらかない個体
前
肋骨
第13胸椎
第1腰椎
後
腰椎が前方化し，肋骨をもつ脊椎骨となる

ホメオティック遺伝子(homeotic gene)，ホメオティック突然変異体(homeotic mutant)，ホックス(*Hox*)遺伝子群(Hox genes)

13 動物の再生 生物基礎 生物

A イモリの再生

失われたからだの一部を復元する現象を**再生**という。イモリは，細胞の脱分化と再分化によってからだを再生する。

■イモリの水晶体の再生

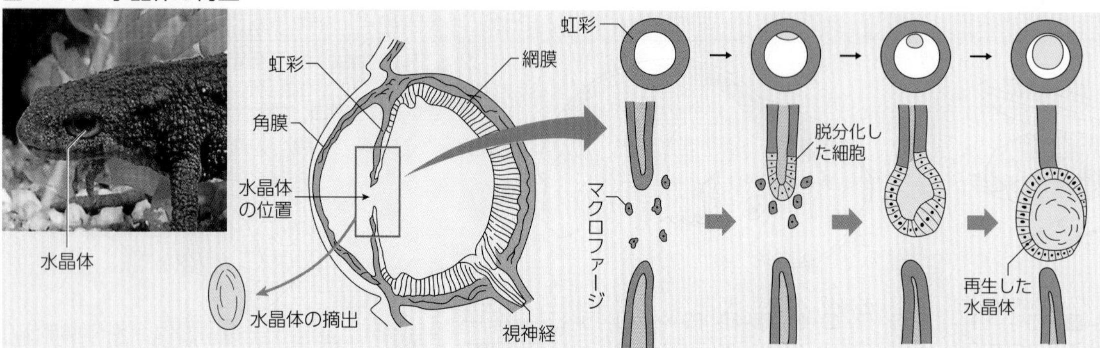

虹彩
網膜
角膜
水晶体の位置
水晶体
水晶体の摘出
視神経
脱分化した細胞
マクロファージ
再生した水晶体

イモリの水晶体を取り除くと，虹彩に含まれていた色素が，マクロファージ(▶p.165)に取りこまれてなくなり，脱分化する。脱分化した細胞が分裂を行い，やがて水晶体が再生される。

■イモリの肢の再生

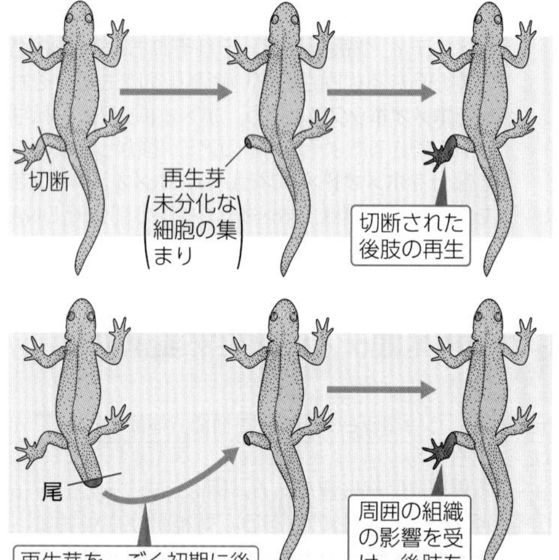

切断
再生芽（未分化な細胞の集まり）
切断された後肢の再生
尾
再生芽を，ごく初期に後肢の切断部に移植する
周囲の組織の影響を受け，後肢を再生する

■再生芽の形成

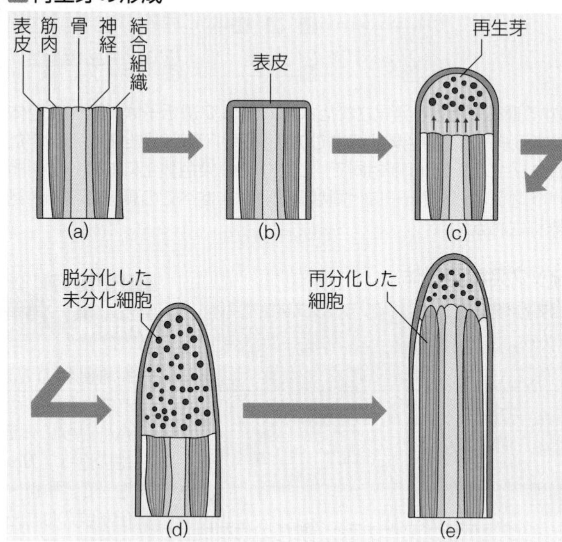

表皮
筋肉
骨
神経
結合組織
表皮
再生芽
(a)
(b)
(c)
脱分化した未分化細胞
再分化した細胞
(d)
(e)

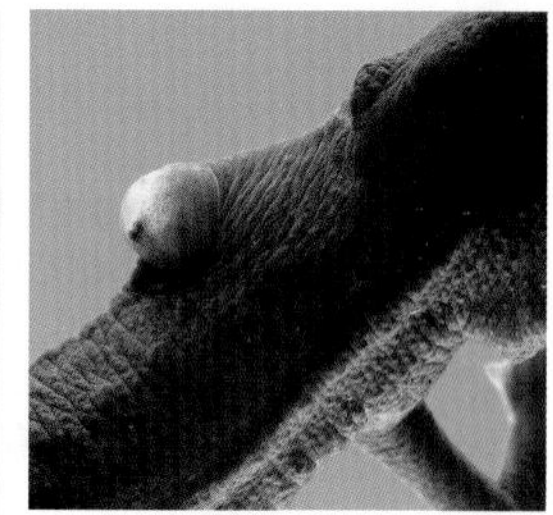

イモリの肢を切断すると，まず表皮が傷口をおおう(b)。やがて，筋肉や軟骨が脱分化をして，再生芽が形成され始める(c)。再生芽の細胞は盛んに増殖して数を増し，再生芽内に充満する(d)。その後，再生芽から新しい組織が再分化する(e)。

B プラナリアの再生

プラナリアは非常に高い再生能力をもつ。プラナリアのからだには，全能性をもつ幹細胞が存在し，この幹細胞が失われたからだの部分をつくりだす。

QR

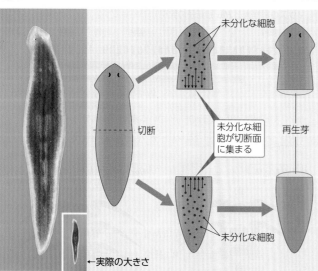

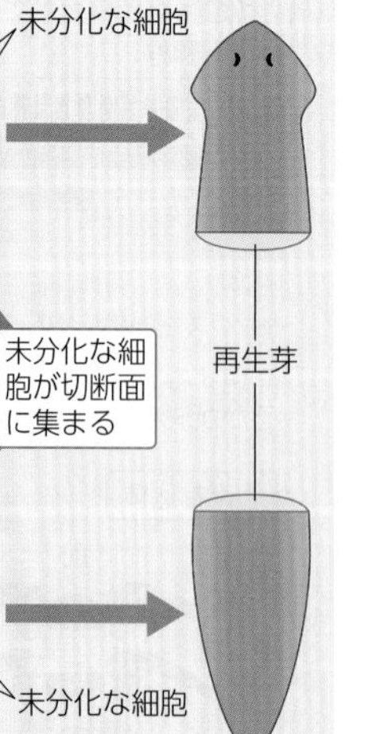

未分化な細胞
切断
未分化な細胞が切断面に集まる
再生芽
未分化な細胞
←実際の大きさ

プラナリアを数個の断片に切断すると，切り口に再生芽が形成され，やがてすべての断片から完全な形のプラナリアができる。再生芽は，組織の中の未分化な細胞が切り口の部分に集まり，増殖したものである。

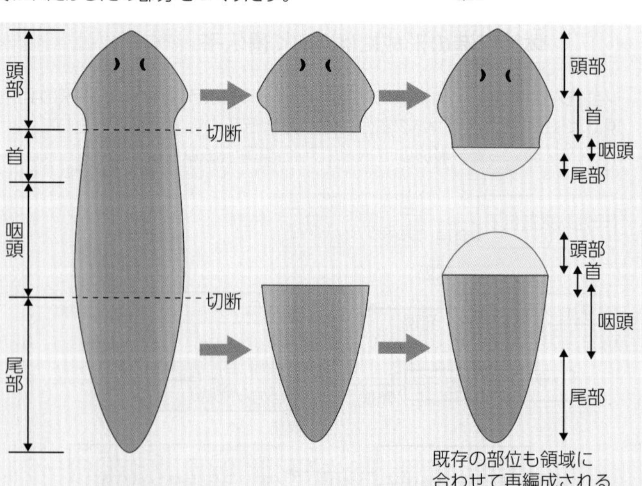

頭部
首
咽頭
尾部
切断
切断
頭部
首
咽頭
尾部
頭部
首
咽頭
尾部
既存の部位も領域に合わせて再編成される

プラナリアの再生では，からだ全体に存在する幹細胞(▶p.142)が，頭部，首，咽頭，尾部など，それぞれの位置に応じた器官を形成する細胞に分化する。このとき，再生芽のみから失った組織を再生するのではなく，残った断片と再生芽から頭部，首，咽頭，尾部が再編成され，それが全体に成長して完全な形のプラナリアができると考えられている。

Keywords 再生(regeneration)，再生芽(regeneration blastema)，脱分化(dedifferentiation)

14 ニワトリの発生

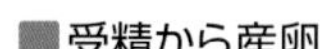

生物基礎 生物

A ニワトリの発生過程

雌の体内で受精が行われた後，卵白，卵殻がつけ加わって産卵される。

■受精から産卵

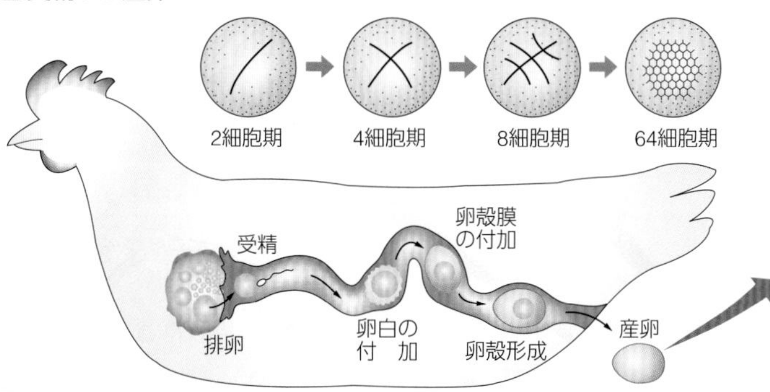

2細胞期
4細胞期
8細胞期
64細胞期
受精
卵殻膜
の付加
排卵
卵白の
付 加
卵殻形成
産卵

■胞胚形成

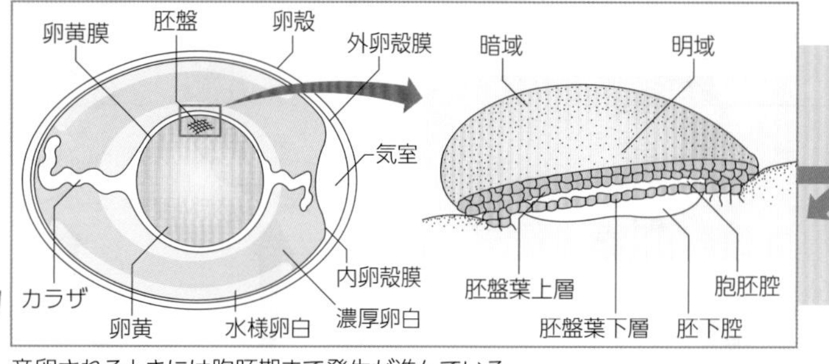

卵黄膜
胚盤
卵殻
外卵殻膜
暗域
明域
気室
カラザ
卵黄
水様卵白
濃厚卵白
内卵殻膜
胚盤葉上層
胚盤葉下層
胞胚腔
胚下腔

産卵されるときには胞胚期まで発生が進んでいる。

■原腸胚期

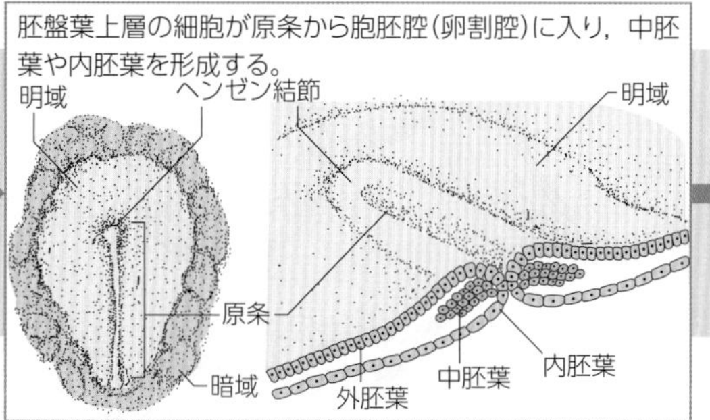

胚盤葉上層の細胞が原条から胞胚腔(卵割腔)に入り，中胚葉や内胚葉を形成する。
明域
ヘンゼン結節
明域
原条
暗域
外胚葉
中胚葉
内胚葉

■神経胚期

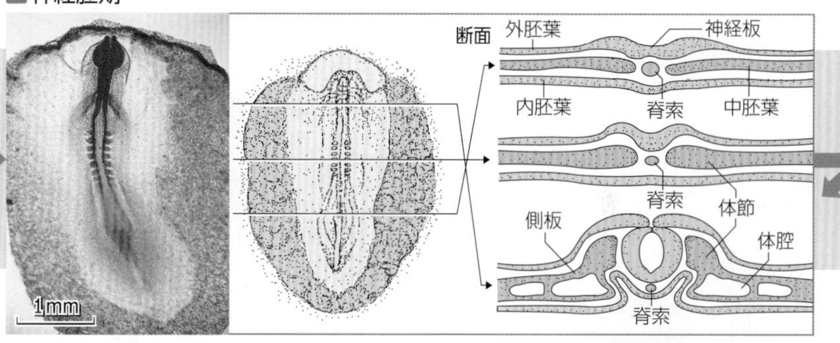

1mm
断面
外胚葉
神経板
内胚葉
脊索
中胚葉
脊索
体節
側板
体腔
脊索

■胚膜の形成

陸上に産卵するは虫類や鳥類，胎生の哺乳類では胚膜が形成される。

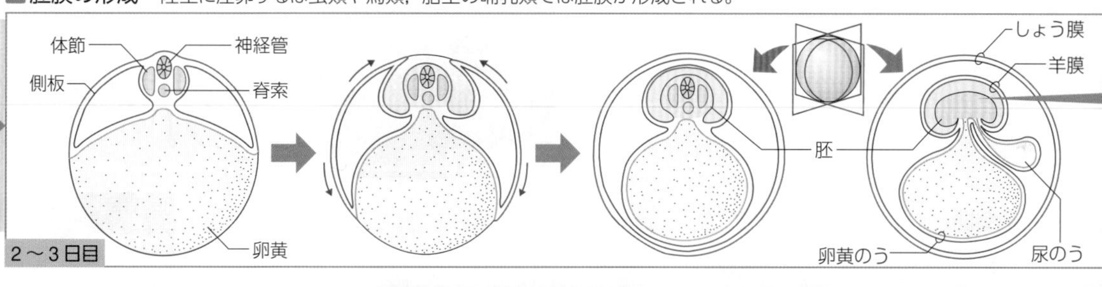

体節
神経管
側板
脊索
しょう膜
羊膜
胚
卵黄
卵黄のう
尿のう
2～3日目

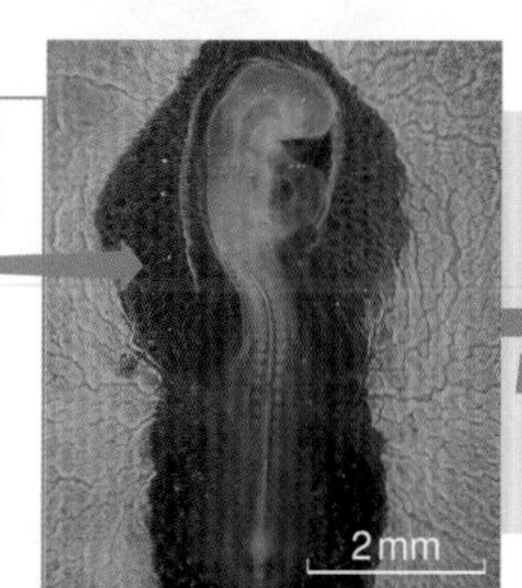

2mm

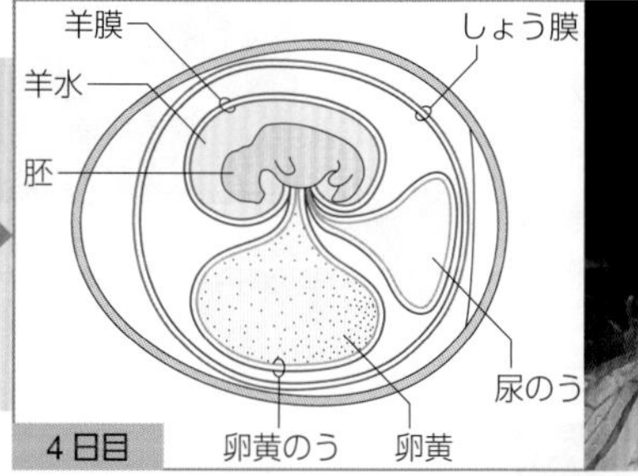

羊膜
しょう膜
羊水
胚
尿のう
卵黄のう
卵黄
4日目

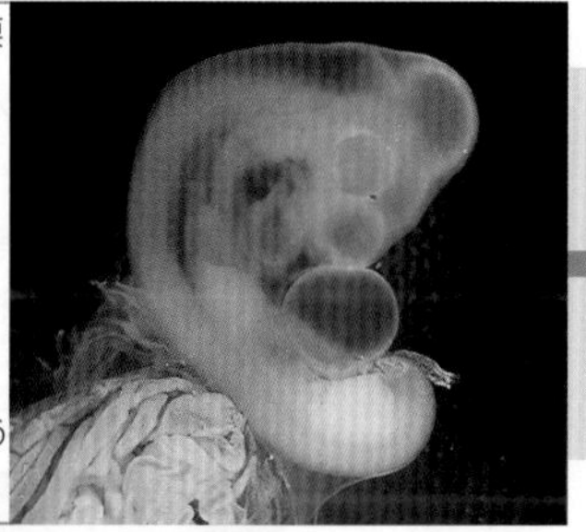

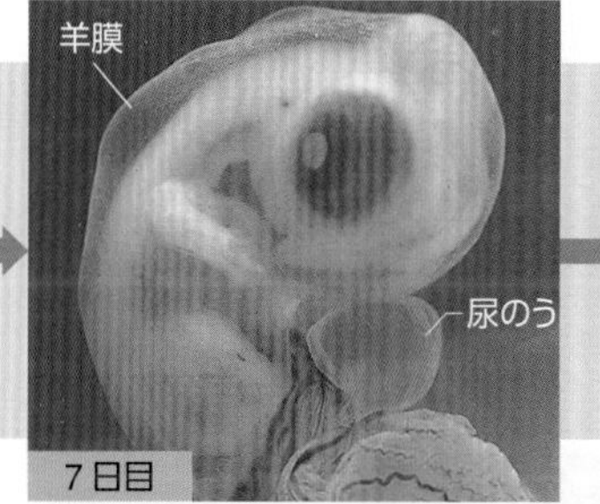

羊膜
尿のう
7日目

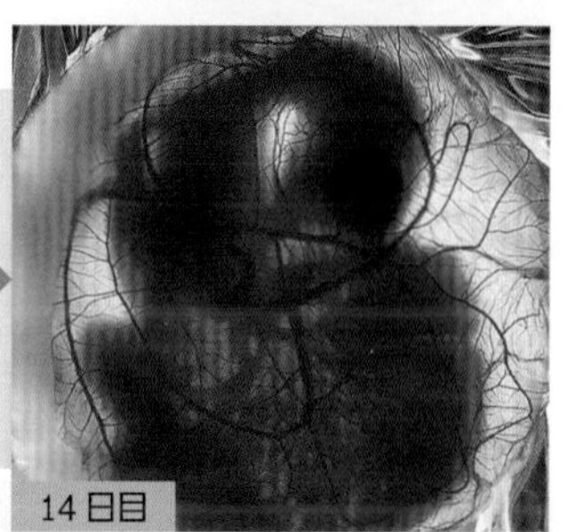

14日目

B 胚膜のはたらき

しょう膜	胚膜の中でいちばん外側に位置し，胚を保護する	外胚葉＋中胚葉
羊膜	内側に羊水を満たし，胚が発生できる環境をつくる	中胚葉＋外胚葉
尿のう	胚から出される老廃物を貯蔵する。後に，しょう膜と合わさってしょう尿膜を形成し，ガス交換を行う	中胚葉＋内胚葉
卵黄のう	卵黄を包む膜。多くの血管が分布し，栄養分を胚へ送る	中胚葉＋内胚葉

Column 羊膜類のワンルームマンション

発生の途上で羊膜を生じる脊椎動物(は虫類・鳥類・哺乳類)を羊膜類という。羊膜類の胚はバス(羊膜)・トイレ(尿のう)・食事(卵黄のう)付きのワンルームマンションにいるようなものといえる。

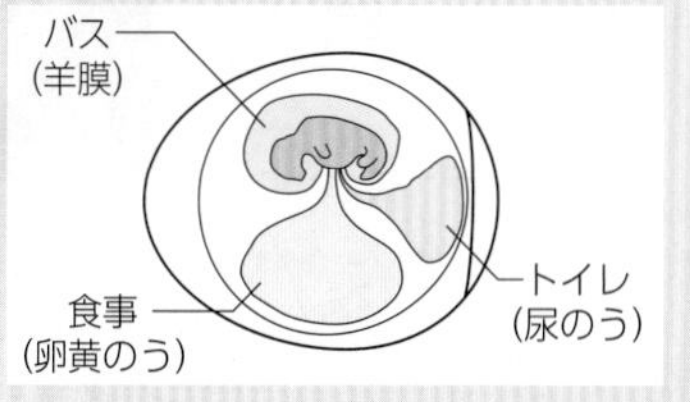

バス
(羊膜)
トイレ
(尿のう)
食事
(卵黄のう)

Keywords 胚膜(embryonic membrane)，しょう膜(chorion)，羊膜(amnion)，尿のう(allantoic sac)，卵黄のう(yolk sac)

15 ヒトの発生 生物基礎 生物

A ヒトの発生

輸卵管内で受精した受精卵は卵割をくり返しながら，受精後約５日目には胞胚(胚盤胞)となり，７日目ごろまでに子宮内壁に着床する。その後，胚の発生が進み，第８週目に入ると胎児とよばれる。

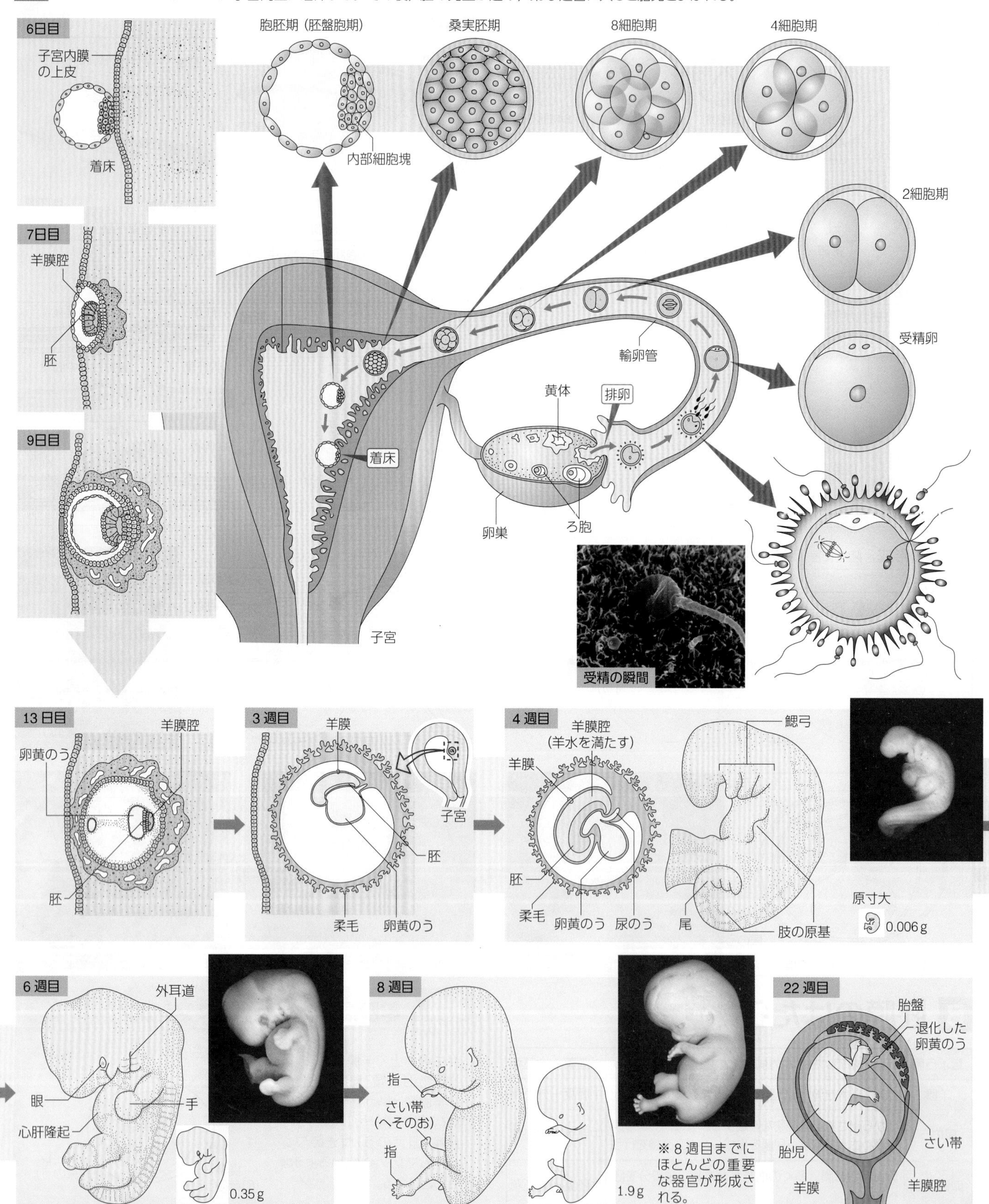

6日目
子宮内膜の上皮
着床
7日目
羊膜腔
胚
9日目
胞胚期（胚盤胞期）
内部細胞塊
桑実胚期
8細胞期
4細胞期
2細胞期
受精卵
輸卵管
黄体
排卵
着床
卵巣
ろ胞
子宮
受精の瞬間
13日目
羊膜腔
卵黄のう
胚
3週目
羊膜
子宮
胚
柔毛
卵黄のう
4週目
羊膜腔
（羊水を満たす）
羊膜
鰓弓
胚
柔毛
卵黄のう
尿のう
尾
肢の原基
原寸大
0.006 g
6週目
外耳道
眼
手
心肝隆起
0.35 g
8週目
指
さい帯
（へそのお）
指
1.9 g
※８週目までにほとんどの重要な器官が形成される。
22週目
胎盤
退化した卵黄のう
さい帯
胎児
羊膜
羊膜腔

Keywords 排卵(ovulation)，着床(implantation)，子宮(uterus)，胚(embryo)，胎児(fetus)

B 胎盤の構造とはたらき

胎盤を通して，母体と胎児の間で物質のやりとりが行われる。

■胎盤の構造とはたらき

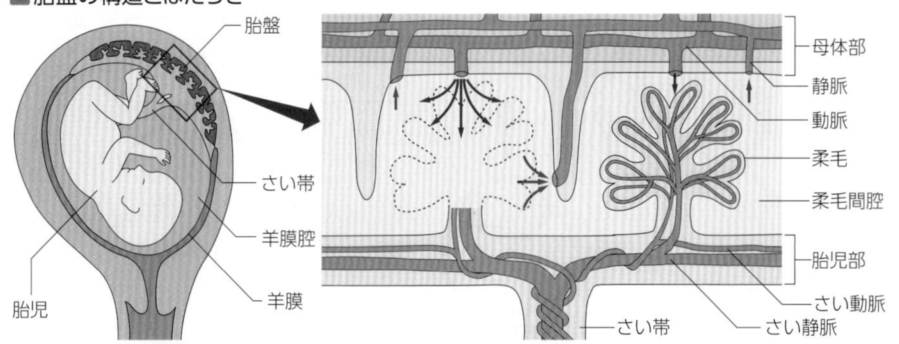

胎盤
さい帯
羊膜腔
羊膜
胎児
母体部
静脈
動脈
柔毛
柔毛間腔
胎児部
さい動脈
さい帯
さい静脈

哺乳類では，しょう膜の一部と尿のうが合わさったものと，子宮壁が変化したものとが合わさって，**胎盤**を形成する。母体の動脈から柔毛間腔に流れ出た血液は，胎児の側から形成された柔毛内の血液との間で物質交換を行う。両者の血液は，それぞれの血管内を流れているので，混じり合うことはない。

■胎盤における物質交換

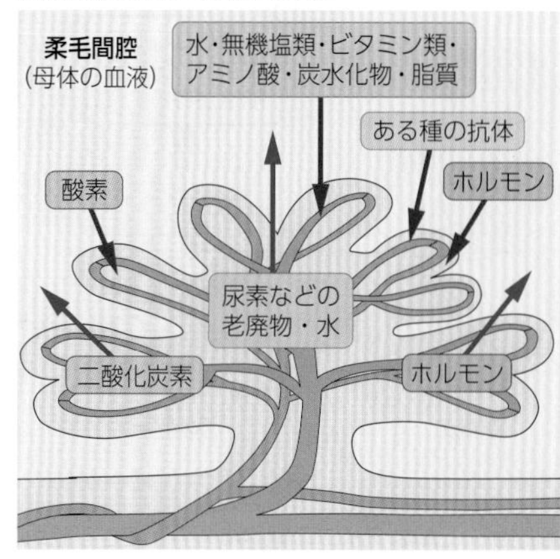

柔毛間腔
(母体の血液)
水・無機塩類・ビタミン類・
アミノ酸・炭水化物・脂質
ある種の抗体
酸素
ホルモン
尿素などの
老廃物・水
二酸化炭素
ホルモン

Point 鳥類と哺乳類の胚膜の比較

	鳥類	哺乳類
ガス交換	しょう尿膜を介して行う	胎盤を介して行う
卵黄のう	栄養分を蓄えておく必要があるため，発達している	母体から栄養分をもらうため，発達しない
尿のう	老廃物を卵殻の外に排出できないため，発達する	胎盤を介して老廃物の排出を行うため，発達しない

(鳥類については▶ *p*.139)

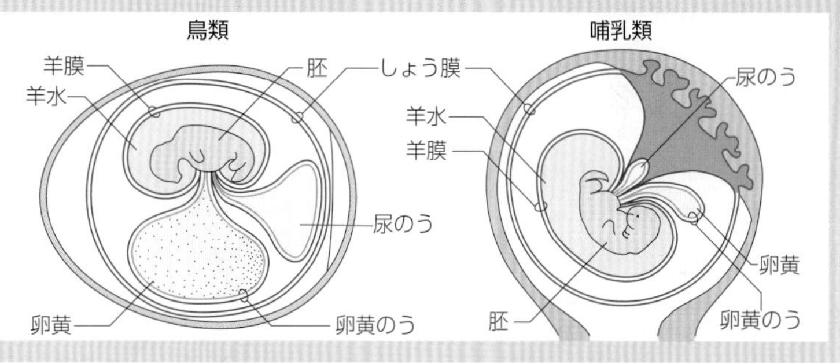

鳥類
哺乳類
羊膜
羊水
胚
しょう膜
尿のう
卵黄
卵黄のう
羊水
羊膜
尿のう
卵黄
胚
卵黄のう

C 脳の発生

脳や脊髄などの中枢神経系は，神経管から分化する。

■ヒトの脳の発生

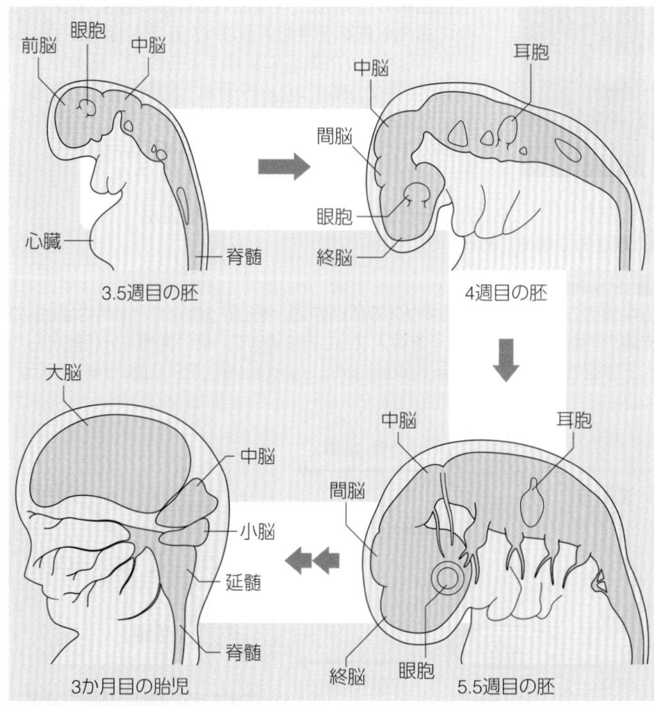

前脳
眼胞
中脳
心臓
脊髄
3.5週目の胚
中脳
耳胞
間脳
眼胞
終脳
4週目の胚
大脳
中脳
小脳
延髄
脊髄
3か月目の胎児
中脳
耳胞
間脳
終脳
眼胞
5.5週目の胚

神経管の前端が膨らんで，脳が形成される。

Column 一卵性双生児と二卵性双生児

一卵性双生児は，1個の受精卵が，発生の早い時期に，何らかの理由で2つに分かれ，それぞれが発生を続けた結果生じたものである。両者は，まったく同じゲノムをもっており，非常によく似ている。

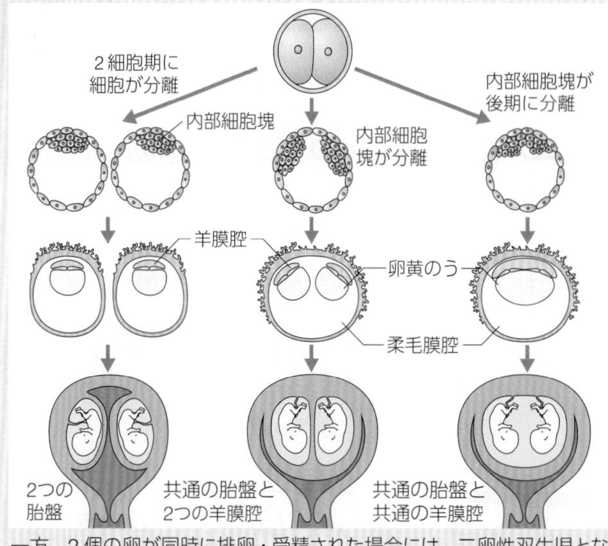

2細胞期に
細胞が分離
内部細胞塊
内部細胞
塊が分離
内部細胞塊が
後期に分離
羊膜腔
卵黄のう
柔毛膜腔
2つの
胎盤
共通の胎盤と
2つの羊膜腔
共通の胎盤と
共通の羊膜腔

一方，2個の卵が同時に排卵・受精された場合には，二卵性双生児となる。遺伝的には，通常の兄弟姉妹と同じであり，同性のことも異性のこともある。

胎盤(placenta)，**一卵性双生児**(monozygotic twin(s))，**二卵性双生児**(dizygotic twin(s))

16 幹細胞と細胞分化 生物基礎 生物

A 幹細胞と細胞分化

幹細胞は，何度でも分裂して自分と同じ細胞をつくり出すことができる自己複製能と，さまざまな細胞に分化することができる多分化能をもつ細胞である。

■ヒトの発生と細胞の分化能

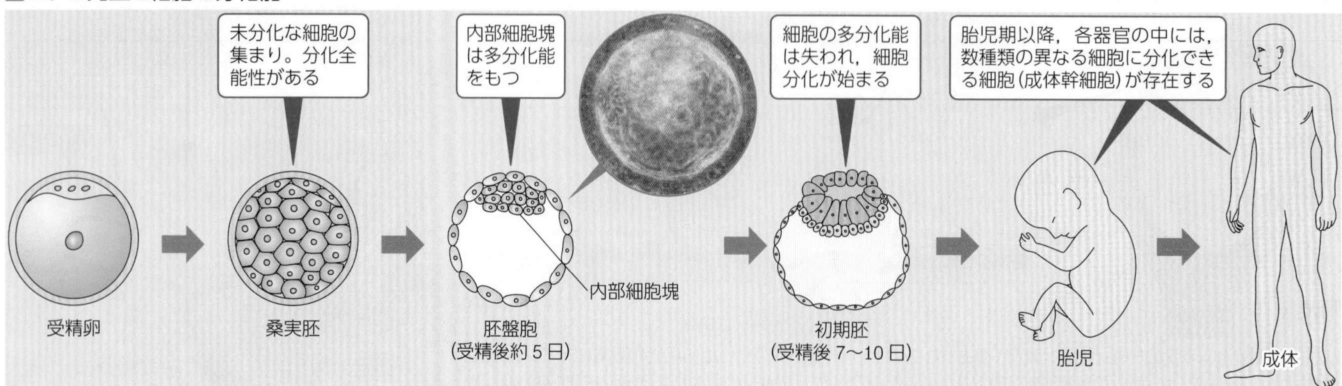

未分化な細胞の集まり。分化全能性がある
内部細胞塊は多分化能をもつ
細胞の多分化能は失われ，細胞分化が始まる
胎児期以降，各器官の中には，数種類の異なる細胞に分化できる細胞(成体幹細胞)が存在する
内部細胞塊
受精卵
桑実胚
胚盤胞
(受精後約5日)
初期胚
(受精後7〜10日)
胎児
成体

細胞が，どんなタイプの細胞にも分化できる能力を**全能性(分化全能性)**という。また，**多分化能**とは，多様な細胞に分化する能力のことであり，胚盤胞の内部細胞塊の細胞は，成体がもつすべての細胞に分化する能力をもっている(内部細胞塊の細胞は，胎盤の細胞などには分化できない)。

■成体幹細胞(体性幹細胞)

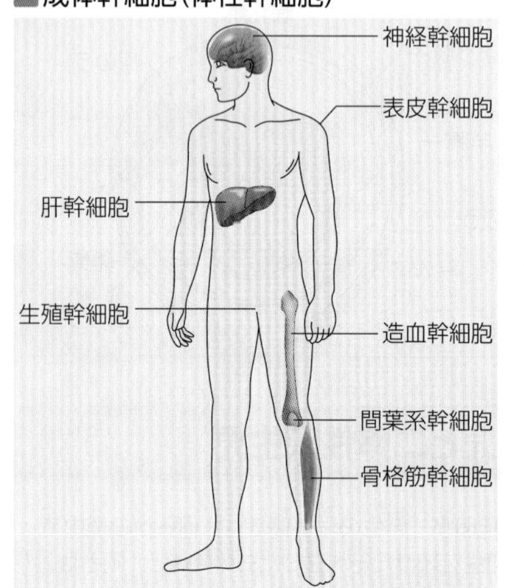

神経幹細胞
表皮幹細胞
肝幹細胞
生殖幹細胞
造血幹細胞
間葉系幹細胞
骨格筋幹細胞

からだの中のさまざまな場所に存在し，まわりの状況に応じて細胞をつくる幹細胞を**成体幹細胞**(体性幹細胞)という。それぞれその種類に応じて何種類かの細胞をつくり出す。

■神経幹細胞の分化

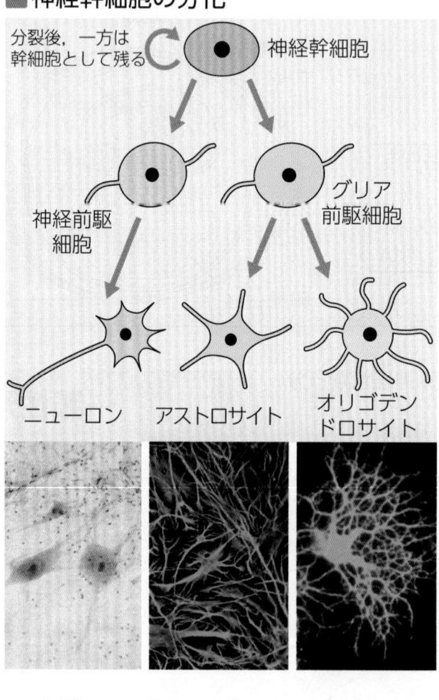

分裂後，一方は幹細胞として残る
神経幹細胞
神経前駆細胞
グリア前駆細胞
ニューロン
アストロサイト
オリゴデンドロサイト

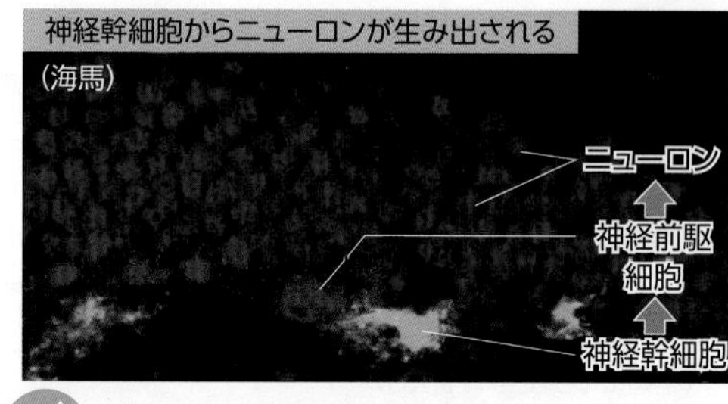

神経幹細胞からニューロンが生み出される
(海馬)
ニューロン
神経前駆細胞
神経幹細胞

Jump 造血幹細胞 ▶ *p.*158

造血幹細胞は，骨髄中にあってすべてのタイプの血液細胞(血球)をつくる。

白血病の治療法として知られる骨髄移植は，ドナーの造血幹細胞を含む骨髄液を，正常な血球がつくられなくなった患者に移植するもので，日本では1974年から始まった。今では，末梢血やさい帯血にも造血幹細胞が含まれることがわかり，こうした部分からの造血幹細胞移植も行われている。

B ES細胞とiPS細胞

ES細胞は，胚盤胞から取り出した細胞からつくられた多分化能をもつ細胞であり，iPS細胞は，体細胞からつくられた多分化能をもつ細胞である。

■ ES細胞

1981年，イギリスのエバンスらはマウスの胚盤胞の内部細胞塊を培養し，多分化能をもつ胚性幹細胞(embryonic stem cells，ES細胞)を樹立した。1998年には，アメリカのトムソンらがヒトのES細胞を樹立した。

■ iPS細胞

山中伸弥らは，2006年にマウスの体細胞で，そして2007年11月にはヒトの皮膚の細胞に4個の遺伝子を導入することによって，高い増殖・分化能をもつ人工多能性幹細胞(induced pluripotent stem cells，iPS細胞)を樹立した。

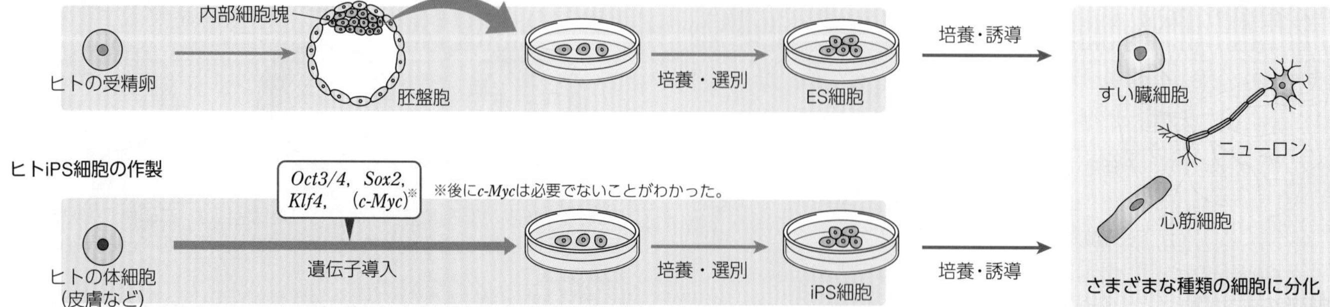

ヒトES細胞の作製
内部細胞塊
ヒトの受精卵
胚盤胞
培養・選別
ES細胞
培養・誘導
すい臓細胞
ニューロン
心筋細胞
さまざまな種類の細胞に分化
ヒトiPS細胞の作製
Oct3/4，*Sox2*，*Klf4*，(*c-Myc*)※
※後に*c-Myc*は必要でないことがわかった。
ヒトの体細胞
(皮膚など)
遺伝子導入
培養・選別
iPS細胞
培養・誘導

Keywords 幹細胞(stem cell)，多分化能(pluripotency)，ES細胞(胚性幹細胞)(embryonic stem cells)

C 幹細胞の応用

ES 細胞や iPS 細胞などの幹細胞は，さまざまな細胞に分化させることで，病気の治療に応用する再生医療の研究に利用されている。また，病態の解明や治療薬の開発にも役立てられている。

■幹細胞を用いた再生医療

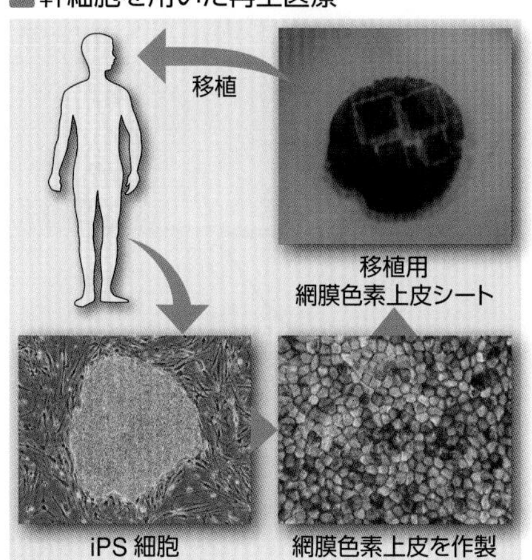

移植
移植用
網膜色素上皮シート
iPS 細胞
網膜色素上皮を作製

網膜色素上皮シートの移植

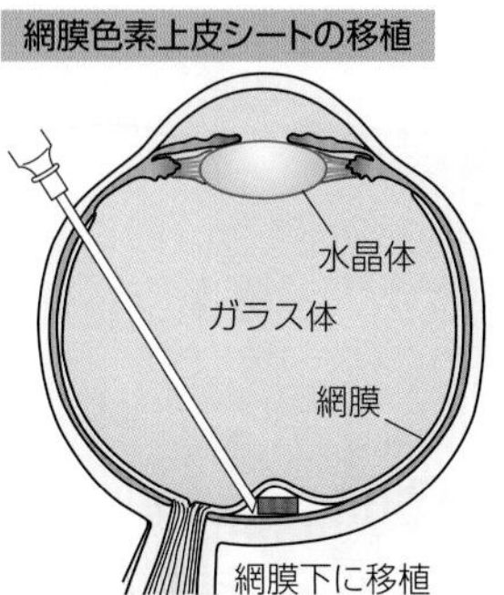

水晶体
ガラス体
網膜
網膜下に移植

ヒト iPS 細胞からつくった網膜色素上皮細胞を患者に移植する研究は，特定の病気ですでに臨床実験の段階にある。

再生医療では，ほかに，iPS 細胞から分化させた神経幹細胞の移植により，脊髄損傷後に神経機能を回復させる治療，iPS 細胞から分化させた心筋細胞シートの移植による心臓病の治療などの研究も行われている。

■病態の解明や治療薬開発への応用

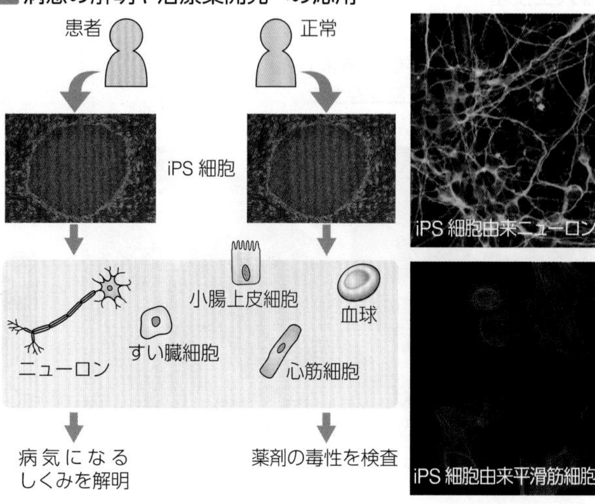

患者
正常
iPS 細胞
ニューロン
すい臓細胞
小腸上皮細胞
血球
心筋細胞
病気になるしくみを解明
薬剤の毒性を検査
iPS 細胞由来ニューロン
iPS 細胞由来平滑筋細胞

Point ヒト幹細胞の比較

	ES 細胞	iPS 細胞	成体幹細胞
由来	胚から作製	体細胞から作製	体内に存在
組織や臓器の細胞への分化能	非常に大きい	非常に大きい	限定的
移植の適合性	HLA (▶p.172) が異なると拒絶反応	本人由来なら適合	本人由来なら適合
腫瘍への変化	危険性あり	危険性あり	危険性低い
倫理的問題	胚の破壊が必要	特になし	特になし

Zoom up 核移植 ES 細胞

核を除いた卵細胞に体細胞の核を入れて胚をつくり，その胚の内部の細胞を培養してできる ES 細胞を核移植 ES 細胞 (ntES 細胞, nuclear transfer embryonic stem cells) という。本人由来であれば拒絶反応を避けることができる。

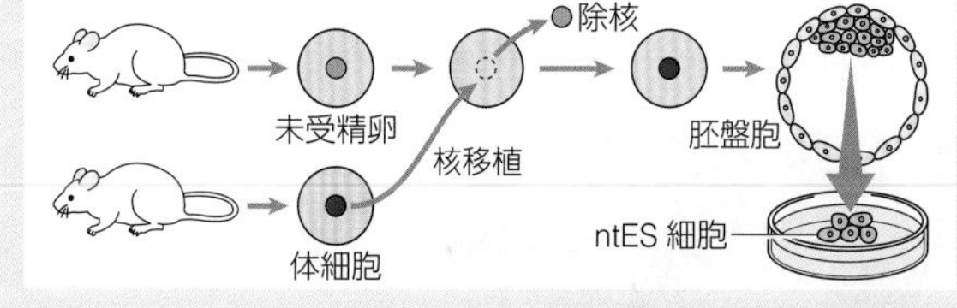

除核
未受精卵
核移植
胚盤胞
ntES 細胞
体細胞

Column 山中ファクターはどのように見つかったか?

2012 年，京都大学の山中伸弥教授は，iPS 細胞樹立の功績によって，分化した細胞の核にも全能性があることを示したガードン教授 (▶p.135) とともに，ノーベル生理学・医学賞を受賞した。2006 年，山中教授は，2 万個以上もあるといわれるマウスの遺伝子の中から，細胞を初期化するのに必要な 4 つの遺伝子 *Oct3/4*, *Sox2*, *Klf4*, *c-Myc* を見つけ出した (後に，*c-Myc* はなくても初期化が起こることがわかった)。その後，ヒトでも iPS 細胞が作製された。

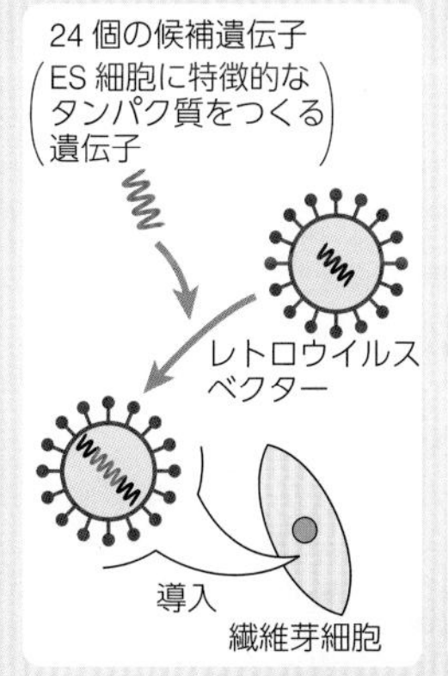

24 個の候補遺伝子
ES 細胞に特徴的なタンパク質をつくる遺伝子
レトロウイルスベクター
導入
繊維芽細胞

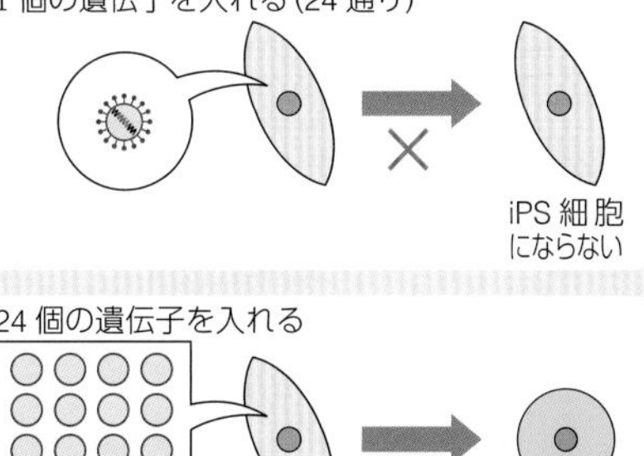

1 個の遺伝子を入れる (24 通り)
×
iPS 細胞にならない
24 個の遺伝子を入れる
○
iPS 細胞になる

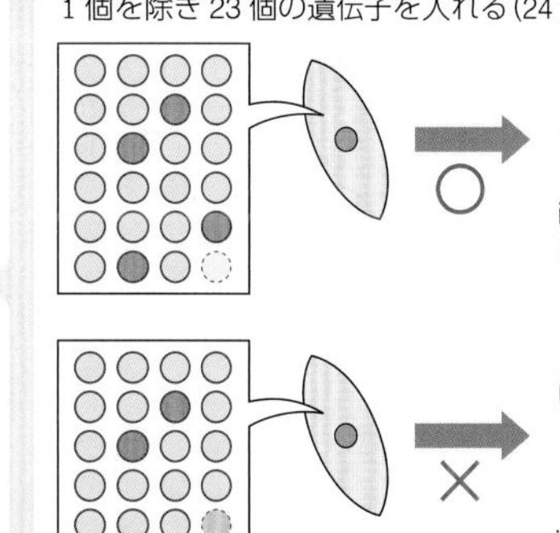

1 個を除き 23 個の遺伝子を入れる (24 通り)
○
iPS 細胞になる
×
iPS 細胞にならない

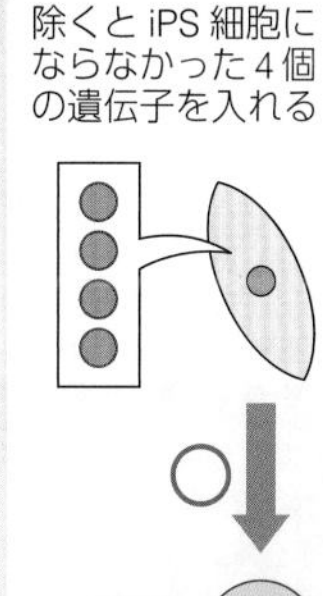

除くと iPS 細胞にならなかった 4 個の遺伝子を入れる
○
iPS 細胞になる

24 個の遺伝子を組み合わせるのではなく，そのうちの 1 個の遺伝子を除いて実験を行うという方法を考えつかなければ，山中ファクターがこれほど早く発見されることはなかったであろう。柔軟な発想が大きな研究成果につながったといえよう。

iPS 細胞 (人工多能性幹細胞) (induced pluripotent stem cells)，再生医療 (regenerative medicine)

17 生殖技術の発展と応用 生物基礎 生物

A バイオテクノロジーの畜産への利用

バイオテクノロジーとは，バイオロジー（生物学）とテクノロジー（技術）とを組み合わせてつくられた用語である。

■人工授精

優良な形質をもつ雄の精液を採集する → 使用時まで凍結保存する → 雌の性周期に合わせて，人工授精する

冷凍保存されている精子　人工授精

人工的に精子を雌の子宮内に注入して受精させることを**人工授精**という。現在では，乳牛や肉牛のほとんどがこの方法でつくられている。また，卵と精子を試験管内で受精させたり（**試験管内授精**），一定期間胚を試験管内で培養してから雌の体内にもどす方法が開発されている。

■胚分割による一卵性双生児の生産

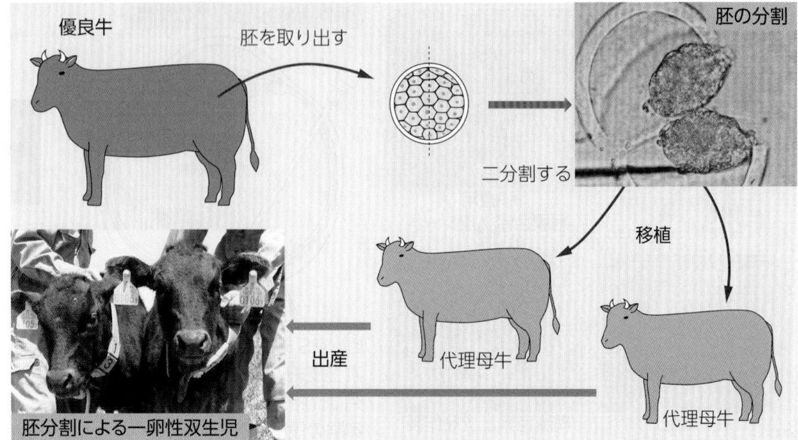
優良牛
胚を取り出す
胚の分割
二分割する
移植
代理母牛
出産
代理母牛
胚分割による一卵性双生児

受精後７～８日目に 100 個程度の細胞にまで分裂した胚を子宮から取り出し，微細なメスで二分割してこれを借り腹である牛（代理母牛）に移植することにより，一卵性双生児が生産できる。

■受精卵クローン（生まれた子どうしがクローン）

クローンとは「同じ遺伝形質をもつ生物集団」を意味する。家畜生産の分野では，受精卵クローンのウシが各国で数多く生まれている。

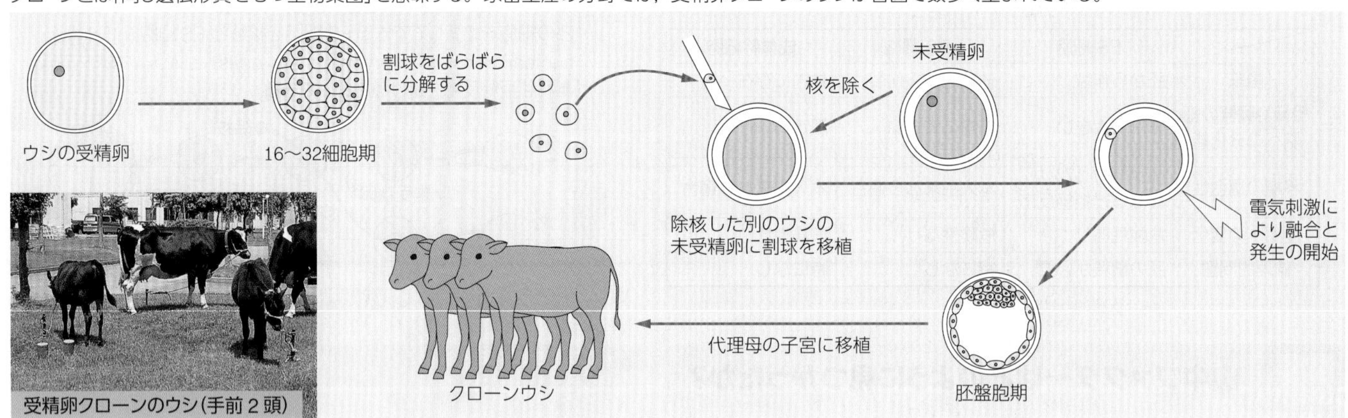
ウシの受精卵
16～32細胞期
割球をばらばらに分解する
未受精卵
核を除く
除核した別のウシの未受精卵に割球を移植
電気刺激により融合と発生の開始
代理母の子宮に移植
胚盤胞期
クローンウシ
受精卵クローンのウシ（手前２頭）

■体細胞クローン（親と生まれた子がクローン）

1997 年２月，イギリスのウィルマットらによる世界初の体細胞クローンヒツジ "ドリー" の誕生は世界中に大きな衝撃を与えた。ドリーが注目されたのは「成獣の体細胞を使ったクローン」だったからである。

QR

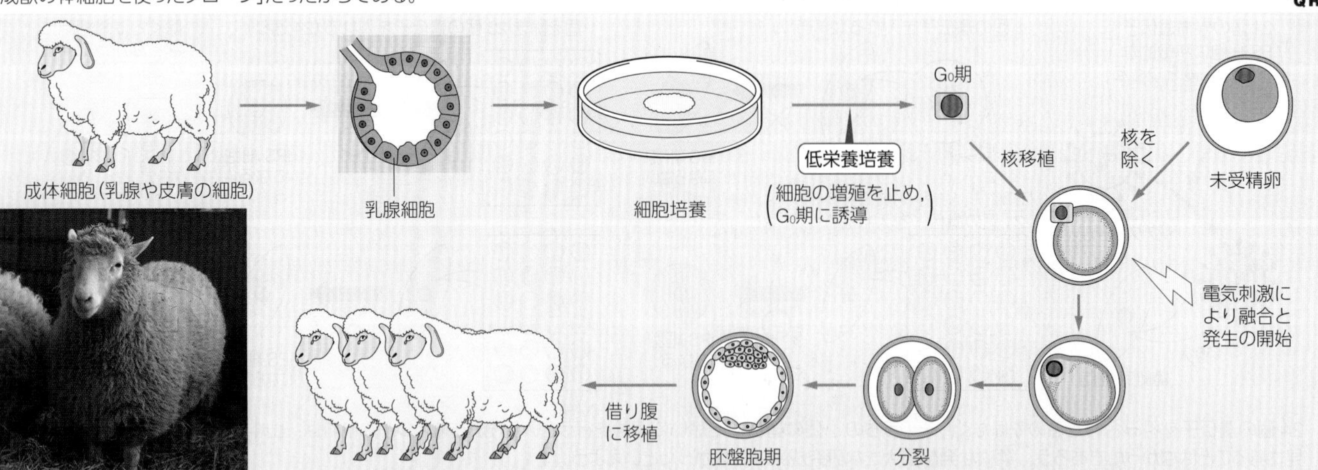
成体細胞（乳腺や皮膚の細胞）
乳腺細胞
細胞培養
低栄養培養
（細胞の増殖を止め，G0期に誘導）
G0期
核移植
核を除く
未受精卵
電気刺激により融合と発生の開始
分裂
胚盤胞期
借り腹に移植
クローンヒツジ

Keywords　バイオテクノロジー（biotechnology），人工授精（artificial insemination），クローン（clone）

B 三倍体の生物

染色体数が $3n$ の生物をつくることで，性成熟せずに大形化する魚や，種子のない植物などをつくることができる。

■三倍体の魚

ニジマス・雌
(四倍体)
ブラウントラウト・
性転換雄(二倍体)
三倍体の雑種(すべて雌)

肉質がよくて育てやすいニジマスについて四倍体をつくり，ウイルス性の病気に強い性質をもつブラウントラウトをかけ合わせることで，両方の長所をもつ三倍体の雑種がつくられている。三倍体の雌は生殖能力がなく卵をつくらないため，その栄養分が成長にまわり，より短期間で大形化させることができる。味もよくなるといわれている。ヤマメ，マガキなども三倍体がつくられている。

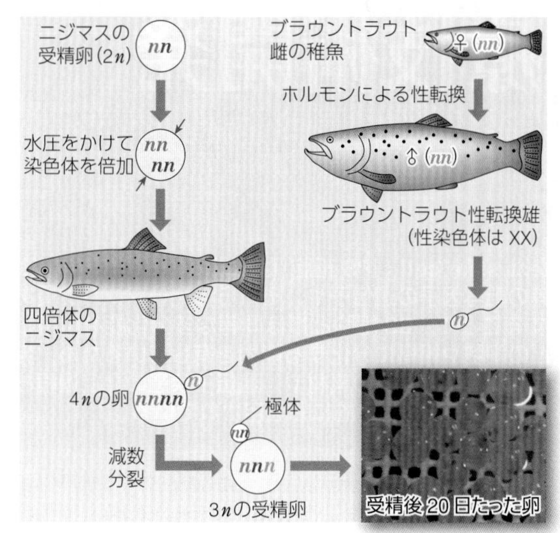

ニジマスの
受精卵(2n)
nn
水圧をかけて
染色体を倍加
nn
nn
四倍体の
ニジマス
4nの卵
nnnn
n
減数
分裂
極体
nn
nnn
3nの受精卵
ブラウントラウト
雌の稚魚
♀(nn)
ホルモンによる性転換
♂(nn)
ブラウントラウト性転換雄
(性染色体は XX)
n
受精後 20 日たった卵

■種なしスイカ

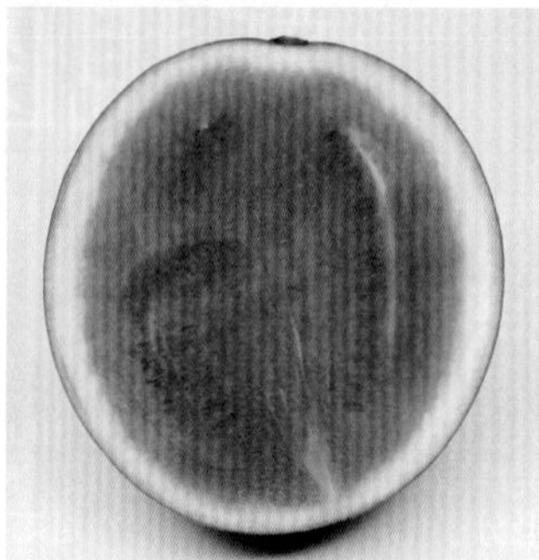

植物でも三倍体のものは配偶子をつくれない不稔性となる場合が多い。これを利用して，二倍体($2n$)と四倍体($4n$)のスイカをかけ合わせた三倍体の種なしスイカをつくることができる(▶ p.279)。

C キメラ

2 つ以上の異なった遺伝子型の細胞，あるいは異なった種の細胞からつくられた 1 つの生物個体を**キメラ**という。

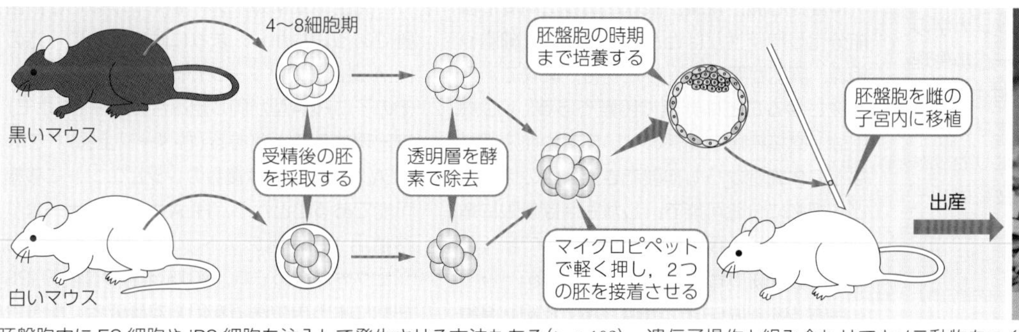

4～8細胞期
黒いマウス
白いマウス
受精後の胚
を採取する
透明層を酵
素で除去
胚盤胞の時期
まで培養する
マイクロピペット
で軽く押し，2つ
の胚を接着させる
胚盤胞を雌の
子宮内に移植
出産

キメラマウス

胚盤胞内に ES 細胞や iPS 細胞を注入して発生させる方法もある(▶ p.102)。遺伝子操作と組み合わせてキメラ動物をつくることによって，発生過程で遺伝子がどのようにはたらくかを研究したり，ヒトの遺伝的な病気がどのように現れるかを研究したりすることができる。

Column ヤマメがニジマスを産む

雄のニジマスの精原細胞を，三倍体にして不妊となったヤマメの雌や雄の稚魚に移植すると，成長してニジマスの卵や精子だけをつくるヤマメになる。こうしてつくられた雌雄のヤマメから卵と精子を取り出してかけ合わせると，次世代にはニジマスだけができてくる(下図)。
この技術を応用すると，将来はサバのような小形の魚に，マグロのような大形の魚の稚魚を産ませることも可能になるのではないかと期待されている。また，魚の精子は冷凍保存できるが，卵は卵黄を多く含むために体積が大きく，冷凍保存ができない。しかし，ニジマスの精原細胞は卵にも分化できることから，この技術を応用して，絶滅しそうな魚の精巣を凍結保存し，将来，精原細胞を取り出して異種の魚に移植して復活させるといった研究も行われている。

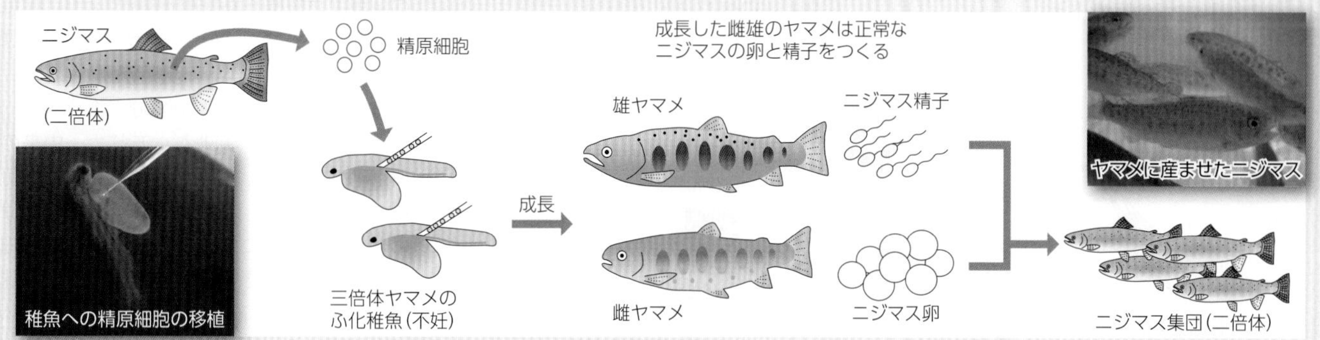

ニジマス
(二倍体)
精原細胞
稚魚への精原細胞の移植
三倍体ヤマメの
ふ化稚魚(不妊)
成長
成長した雌雄のヤマメは正常な
ニジマスの卵と精子をつくる
雄ヤマメ
雌ヤマメ
ニジマス精子
ニジマス卵
ヤマメに産ませたニジマス
ニジマス集団(二倍体)

三倍体(triploid)，キメラ(chimera)

［写真］培養中の iPS 細胞

4 iPS 細胞と新規医療技術開発

京都大学 iPS 細胞研究所 基盤技術研究部門 教授
浅香（あさか） 勲（いさお）

人工多能性幹細胞（induced pluripotent stem cell：iPS 細胞）は，成体の体細胞等に ES 細胞で発現している Oct3/4，Sox2，Klf4 等の転写因子の遺伝子や，それらの発現タンパク質あるいは低分子化合物等を組み合わせて導入することで，ES 細胞とほぼ同等な多分化能を付与した人工的な幹細胞である。生体内のほとんどの細胞や組織に分化する能力を有しているため，発生過程の基礎研究材料として有用なばかりでなく，再生医療の素材や，遺伝子疾患の発症過程および治療法研究への応用が期待され，その技術開発は近年社会的にも注目されている。

iPS 細胞技術の医学への応用

2012 年 12 月 10 日，スウェーデンのストックホルムにて，京都大学 iPS 細胞研究所所長の山中伸弥教授が，ケンブリッジ大学のジョン・ガードン教授とともにノーベル生理学・医学賞を受賞した。受賞理由は「成熟し分化した細胞を，からだのさまざまな細胞になる可能性を秘めた未分化な状態にリセットしうることの発見」で，iPS 細胞技術は，それまでヒトを対象とした細胞や組織，臓器の発生・分化研究が ES 細胞のみでしか行えなかった状態から，生命の萌芽である胚の滅失を伴わない方法でヒトの未分化細胞を研究現場にもたらした点で非常に画期的であり，現在では治療を含めた医学研究の材料として多方面で利用されている。

iPS 細胞の医療への応用分野は多岐にわたるが，下図に示すように 2 つの分野に大別されている。一方は iPS 細胞由来の細胞や組織等を移植して疾患を治療する再生医療分野，もう一方は iPS 細胞から作製した分化細胞の治療薬開発への応用である。それぞれの現状と課題について次項以降で詳述したい。

■ iPS 細胞技術の医療応用

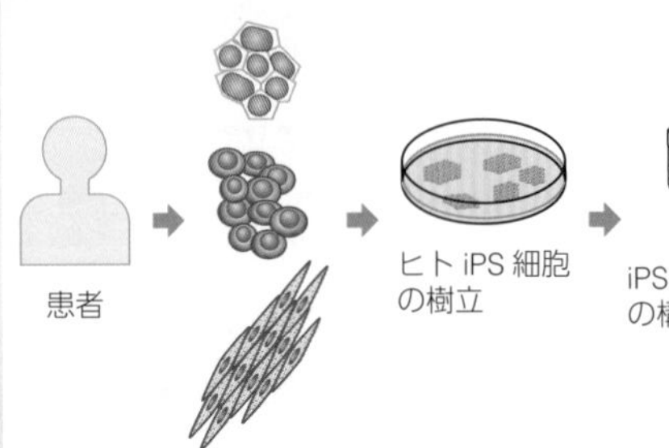

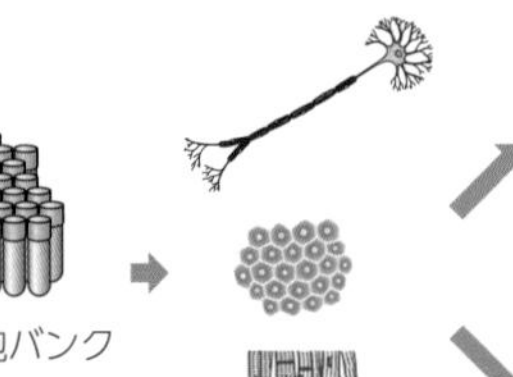

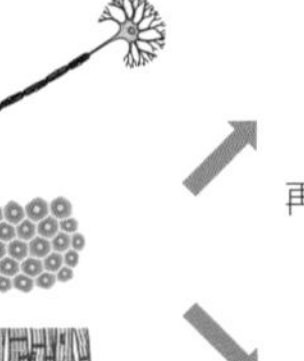

患者
体細胞材料の採取
ヒト iPS 細胞
の樹立
iPS 細胞バンク
の構築
神経細胞や肝細胞，心
筋細胞等への分化誘導
再生組織移植
新薬の薬効評価
や安全性試験

iPS 細胞の再生医療応用

神経や心臓，腎臓，眼球といった高度に機能分化し増殖性がほとんどなくなった細胞や組織，臓器が障害を受けた場合，薬物で治療修復させることは非常に困難である。iPS 細胞は，直接疾患と関係のない皮膚や血液細胞などの体細胞からも作製でき，体内のほとんどの細胞に分化可能で，しかもほぼ無限に増殖できるため，再生医療の材料として多くの患者や医療従事者が期待を寄せている。

自家 iPS 細胞由来の網膜色素上皮細胞移植による加齢黄斑変性症治療の臨床研究が，理化学研究所の高橋政代プロジェクトリーダー（現立命館大学客員教授）らによって開始されて以来おおむね 10 年が経過したが，自家 iPS 細胞を利用した再生医療は iPS 細胞の作製から移植用分化組織の調製まで相当な時間と経費を要することから，複数のレシピエントにも移植可能な臨床用の iPS 細胞株が求められるようになった。

移植組織の免疫拒絶反応にはヒト主要組織適合抗原（HLA，▶ *p.172*）が関与しているが，複数の HLA 遺伝子が両親からそれぞれ受け継がれるため，HLA 型は多様な組み合わせになり，完全一致するドナーを見つけることは困難である。しかし，まれに両親ともに一方の HLA 遺伝子のパターンが同じケースがあり，その子に HLA 型が同じ組み合わせ（HLA ホモ）で出現することがある（右ページ上図）。この HLA ホモの組織は複数のレシピエントに移植可能であることから，HLA ホモのドナーより移植用 iPS 細胞のストックを構築するプロジェクトが進められ，2015 年より国内の iPS 細胞による再生医療を目指す研究者に配布されている。これら HLA ホモの臨床用 iPS 細胞は，2018 年より前述の加齢黄斑変性症治療や，iPS 細胞由来の網膜シートによる，網膜色素変性症治療の臨床研究に利用された。また同様に，京都大学 iPS 細胞研究所の高橋淳教授らにより，ドパミン神経前駆細胞を誘導して脳内に移植するパーキンソン病治療の医師主導治験にも利用され，2021 年までに 7 名のパーキンソン病患者の治験が実施されている。さらに 2021 年末には慶應義塾大学の岡野栄之教授と中村雅也教授により，亜急性期の脊髄損傷に対する治験が実施されたほか，2023 年 4 月までに心筋症や軟骨損傷，血液疾患治療の臨床研究が実施されている。

一方で約 75 名の HLA ホモドナー由来の iPS 細胞で日本人の約 80％の細胞治療が可能となるものの，残り約 20％の患者の治療のためにはさらに多種類の HLA ホモ iPS 細胞株の樹立が必要となり相対的に iPS 細胞株当たりのコストは高くなる。移植組織の HLA

パターンがレシピエントと異なる場合，移植した組織をヘルパーT細胞が異物として認識し，抗体が結合したりキラーT細胞により攻撃されたりして排除されることから，ゲノム編集技術(▶p.101)によりHLA分子をノックアウトして幹細胞を利用する方法が開発された。しかしHLAがすべて消失した組織は，ナチュラルキラー細胞(NK細胞，▶p.165)によって非自己組織と認識される。そこで，2019年に，京都大学iPS細胞研究所の堀田秋津講師，金子新教授らのグループは，ゲノム編集技術をさらに駆使し，HLA-A，Bと片方のHLA-Cをノックアウトすることで，抗体の結合やキラーT細胞およびNK細胞の攻撃を受けにくいヒトiPS細胞株を作製する方法を開発した。この方法の利用により，わずか7種類のゲノム編集iPS細胞株を作製することで日本人の95％以上に適用できると試算され，より広範な患者に細胞治療を提供できる可能性が高まった(下図)。

iPS細胞の治療薬開発への応用

ヒトの病気の治療薬を開発するためには，実際に病気になった組織や細胞を使用していろいろな薬物の治療効果を試すことが確実な方法であるが，患者の体内で活動している神経細胞や心筋細胞等を生きたまま体外へ取り出すことはできない。したがって，従来は実験動物モデルを用いて新しい薬の開発を行っていたが，動物とヒトのからだでは薬が作用するレセプター(受容体)の構造が違っていたり，消化吸収，代謝機構が異なっていたりするため，ヒトで有効な治療薬を開発するためには長い時間と労力が必要であった。しかし，iPS細胞技術を使えば患者由来の未分化細胞が大量に得られる。患者由来のiPS細胞を神経細胞や心筋細胞等に分化させ，いろいろな薬物の効果を測定すれば，薬効試験や毒性試験が効率的に進められるため，多くの製薬企業がiPS細胞技術の利用に注目している。

2017年，京都大学再生医科学研究所の戸口田純也教授と同iPS 細胞研究所の池谷真准教授らは，進行性骨化性線維異形成症(FOP)の患者組織から樹立された疾患特異的iPS細胞を用いて，異所性骨化のメカニズムを明らかにし，骨化の進行を抑えるためにはラパマイシンという既存薬が有効である可能性を見出した。FOPは筋肉や腱，靭帯などの軟部組織の中に異所性骨とよばれる骨組織ができてしまう進行性の難病で，同年より戸口田教授らによって前述のラパマイシンを用いたFOP治療の医師主導治験が開始された。本研究は，すでに臨床で使用され，安全性や体内動態が臨床レベルで確認されている薬物の適用拡大により，時間とコストを削減して早く安く安全な薬を開発できる，既存薬再開発(ドラッグリポジショニング)に対してiPS細胞を用いた研究が有効であることを示した点でも画期的である。また2022年には同iPS細胞研究所の井上治久教授らにより，筋萎縮性側索硬化症(ALS)患者を対象としたボスチニブ第2相医師主導治験が開始された。ボスチニブは慢性骨髄性白血病の治療薬としてすでに承認されている既存薬で，ラパマイシン同様ドラッグリポジショニングを利用した成果である。

一方2020年以来世界的に流行した新型コロナウイルス感染症のような，新興感染症に対する治療薬開発も重要な課題となっている。2021年に，同iPS細胞研究所の高山和雄講師らは，新型コロナウイルス受容体(ACE2)を発現する組換えiPS細胞を作製し，新型コロナウイルスの感染モデルを構築した。本モデルを利用して数種類の治療薬候補の効果を確認したところ，本研究の範囲ではレムデシビルの抗ウイルス効果が一番高かった。

HLAホモドナーの移植適合性

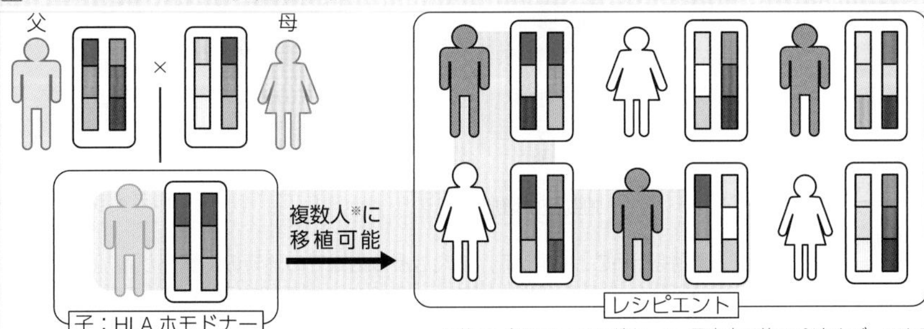

父
×
母
複数人※に
移植可能
子：HLAホモドナー
レシピエント

※約75名のHLAホモドナーで，日本人の約80％をカバーできる。

HLA分子の発現による移植細胞の拒絶反応の違い

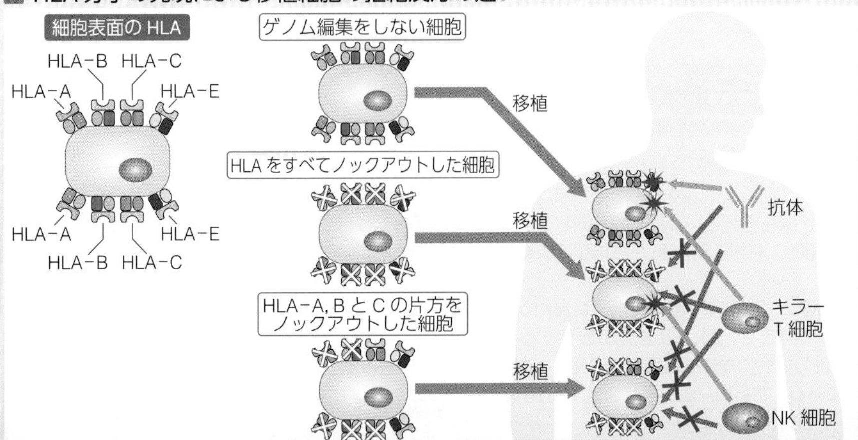

細胞表面のHLA
HLA-B HLA-C
HLA-A HLA-E
HLA-A HLA-E
HLA-B HLA-C
ゲノム編集をしない細胞
移植
HLAをすべてノックアウトした細胞
移植
HLA-A，BとCの片方を
ノックアウトした細胞
移植
抗体
キラー
T細胞
NK細胞

iPS細胞の医療応用への今後の課題

iPS細胞も含めた「再生医療等製品」の製造には確かな技術を有する培養作業者の確保が不可欠であるが，高度な培養技術を有する技術者は日本ではまだそれほど多くなく，臨床研究が進むにつれて，iPS細胞も取り扱い可能な高度な技術を有する培養技術者の人材育成も重要な課題となってくる。

2007年にヒトiPS細胞の樹立が報告されておよそ15年あまりが経過し，iPS細胞を用いた難病治療の臨床研究が進みつつある今日，iPS細胞治療の普及を目指し，多くの研究者がさまざまな課題に挑戦している。

キーワード

iPS細胞，発生，分化，再生医療，創薬研究，疾患特異的iPS細胞

浅香　勲(あさか いさお)

京都大学　iPS細胞研究所
基盤技術研究部門　教授
東京都出身。
趣味は音楽鑑賞(ジャズ，ポップス)。
研究の理念は
「自分の目で確認しその裏側を考える」

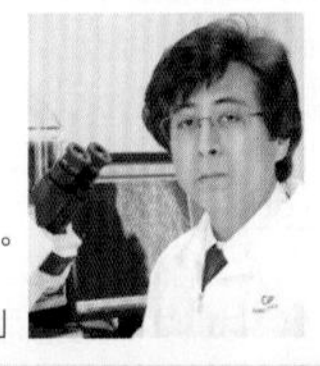

第
5
編

体内環境の維持

第Ⅰ章　体内環境の維持
第Ⅱ章　免疫

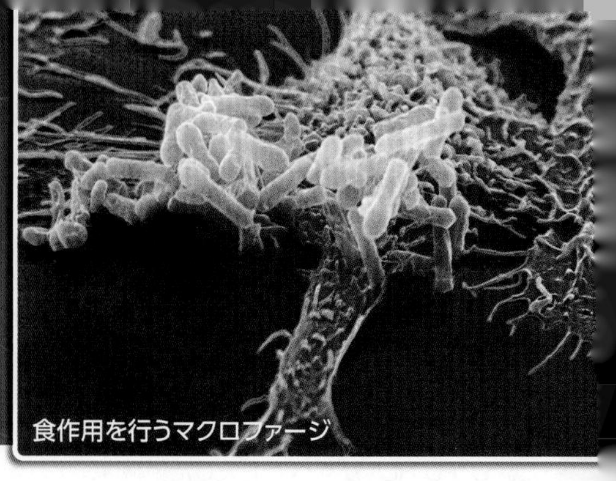
食作用を行うマクロファージ

1 体内における情報伝達 生物基礎 生物

A 情報を伝達するしくみ

体内の情報を伝達するしくみには**神経系**と**内分泌系**がある。

■神経系と内分泌系による情報伝達

	神経系	内分泌系
情報伝達の方法	神経が特定の器官に直接つながり，信号を送る	血液中に分泌されたホルモンが，特定の器官に作用する
制御される器官	特定の神経が特定の器官に分布し制御する	多くの器官が同一のホルモンによって制御される場合あり
伝達の速さ	即応的	時間がかかる
持続時間	神経が信号を送っている間のみ(短時間)	血液中にホルモンが存在している間は持続

Jump ヒトの神経系 ▶ *p*.190

動物の神経系は，ニューロン(神経細胞，▶ *p*.186)が多数集まって構成されており，ヒトの場合，神経系は下図のように分けられる。

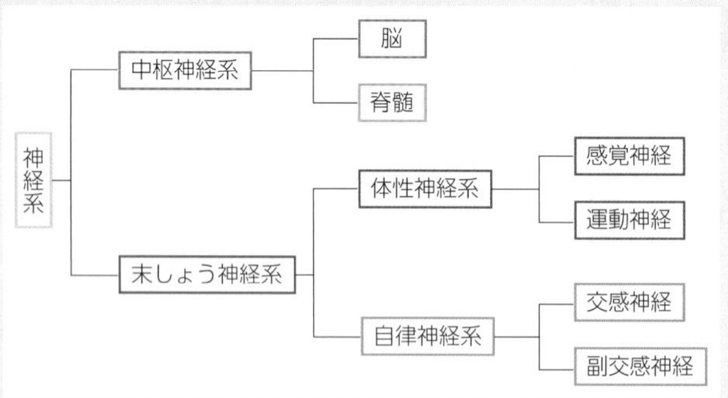
神経系
中枢神経系
脳
脊髄
末しょう神経系
体性神経系
感覚神経
運動神経
自律神経系
交感神経
副交感神経

■体内における情報伝達の例

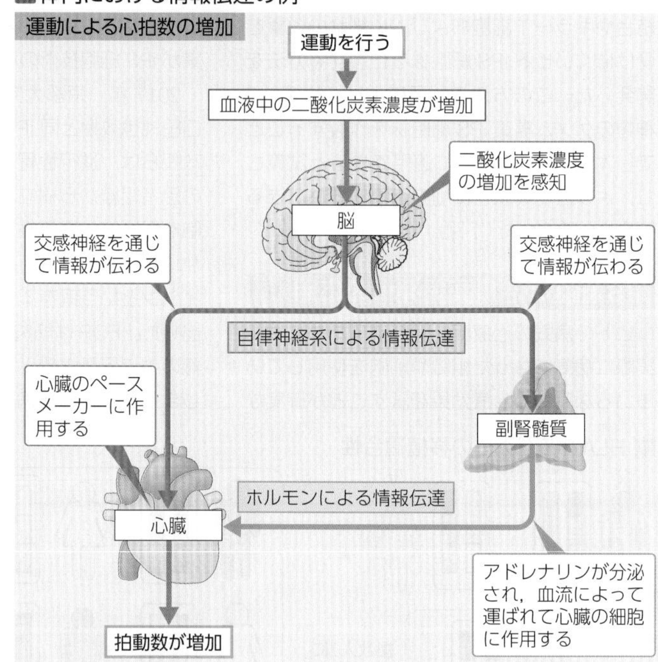
運動による心拍数の増加
運動を行う
血液中の二酸化炭素濃度が増加
二酸化炭素濃度の増加を感知
脳
交感神経を通じて情報が伝わる
交感神経を通じて情報が伝わる
自律神経系による情報伝達
心臓のペースメーカーに作用する
副腎髄質
ホルモンによる情報伝達
心臓
アドレナリンが分泌され，血流によって運ばれて心臓の細胞に作用する
拍動数が増加

運動を行うことによって，筋肉などの組織での酸素の消費量が増加し，血液中の二酸化炭素濃度が上昇する。これを脳が感知することで，交感神経を通じて各器官に情報が送られる。
脳からの信号が交感神経を通じてペースメーカー(▶ *p*.156)に伝えられたり，副腎髄質から分泌されるアドレナリン(▶ *p*.150)が心臓の細胞に作用したりすることによって，心臓の拍動数が増加する。

Column 脳死とは

通常，何らかの原因で脳全体の機能が停止すると，呼吸が止まり，心臓の拍動が停止して死に至る。ところが，脳全体の機能が停止しても人工呼吸器によってしばらく心臓を動かし続けることができる。このような脳全体の機能が停止して回復不可能な状態を**脳死**という。それに対して，大脳の機能は停止しているが，呼吸や心臓拍動に関する脳幹(間脳・中脳・延髄)が機能している状態を**植物状態**という。
臓器移植を行う場合には，法的に脳死状態を示す必要がある。法的な脳死判定を行うにあたっては，自発的な呼吸の停止，脳幹反射の消失など，複数の項目を2人以上の医師が検査する。1997年に成立した臓器移植法では，移植のための臓器提供の場合にかぎり脳死を人の死としているが，脳死を人の死とするかに関してはさまざまな議論がある。さらに，法改正により，2010年からは，本人の意思が不明でも家族の承諾があれば，臓器の移植が可能になった。

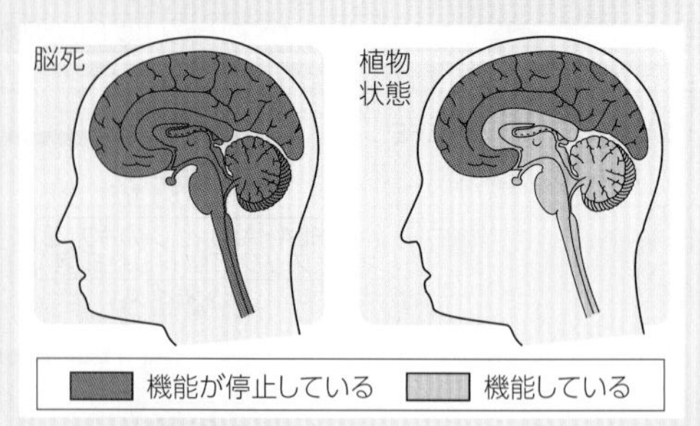
脳死
植物状態
機能が停止している
機能している

Keywords　神経系(nervous system)，内分泌系(endocrine system)，脳死(brain death)

2 自律神経系による調節

生物基礎
生物

A 自律神経系

自律神経系は**交感神経**と**副交感神経**からなり，大脳の直接の支配を受けない内臓や血管などのはたらきを調節している。

自律神経系の分布

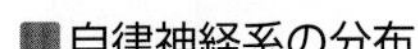

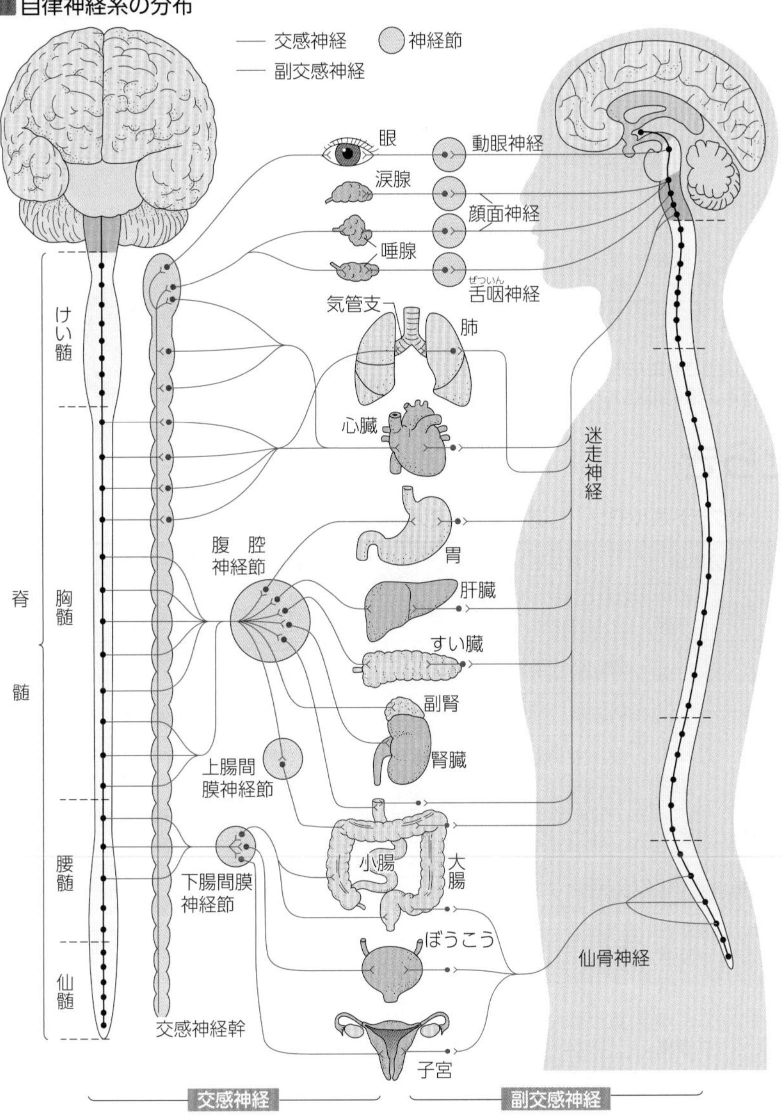
交感神経
副交感神経
神経節
眼
動眼神経
涙腺
顔面神経
唾腺
舌咽神経
気管支
肺
心臓
迷走神経
胃
腹腔神経節
肝臓
すい臓
副腎
腎臓
上腸間膜神経節
小腸
大腸
下腸間膜神経節
ぼうこう
仙骨神経
子宮
交感神経幹
けい髄
胸髄
脊髄
腰髄
仙髄
交感神経
副交感神経

自律神経系の最高の中枢は間脳であり，交感神経は胸髄と腰髄から，副交感神経は中脳・延髄および仙髄から出て，各器官（組織）に拮抗（対抗）的に作用する。

自律神経系のはたらき

交感神経末端からは主としてノルアドレナリンが，副交感神経末端からは主としてアセチルコリンが分泌されて，組織や器官に促進的または抑制的な刺激を与えている。

組織・器官		交感神経	副交感神経
眼	涙腺（分泌）	―	促進
	ひとみ（瞳孔）	拡大	縮小
皮膚	汗腺（発汗）	促進※	―
	立毛筋	収縮（鳥肌）	―
循環	心臓拍動	促進	抑制
	体表の血管	収縮	―
	血　圧	上昇	低下
呼吸	呼吸運動	速く・浅く	遅く・深く
	気管・気管支	拡張	収縮
消化	唾腺（分泌）	促進（粘液性）	促進（酵素を含む）
	消化管の運動	抑制	促進
	消化液分泌	抑制	促進
ホルモン	すい臓	グルカゴン分泌	インスリン分泌
	副腎髄質	アドレナリン分泌	―
生殖	子　宮	収縮	拡張
排尿	ぼうこう	弛緩	収縮（排尿促進）
	ぼうこう括約筋	収縮	弛緩（排尿促進）
排便	肛門括約筋	収縮	弛緩（排便促進）

※交感神経であるがアセチルコリンを分泌する（高体温時）。

自律神経系への大脳の影響

自律神経系は，通常は大脳のはたらきと直接には関係しないが，おどろいたりして大脳が強く興奮すると，それが間脳を刺激するので，自律神経系も影響を受ける。

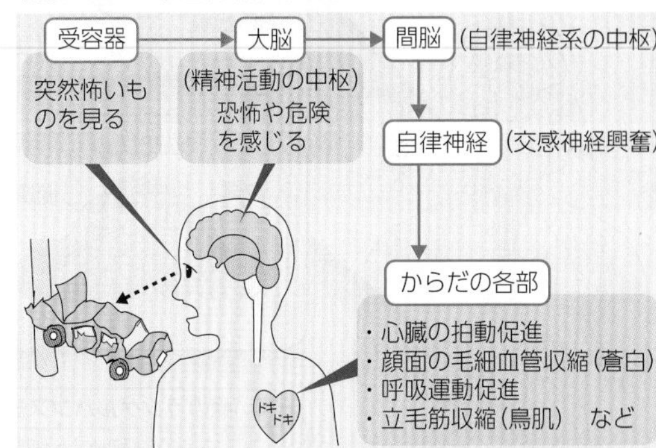
受容器
突然怖いものを見る
大脳
（精神活動の中枢）
恐怖や危険を感じる
間脳（自律神経系の中枢）
自律神経（交感神経興奮）
からだの各部
・心臓の拍動促進
・顔面の毛細血管収縮（蒼白）
・呼吸運動促進
・立毛筋収縮（鳥肌）　など
ドキドキ

心臓のかん流実験（レーウィ，1921 年）

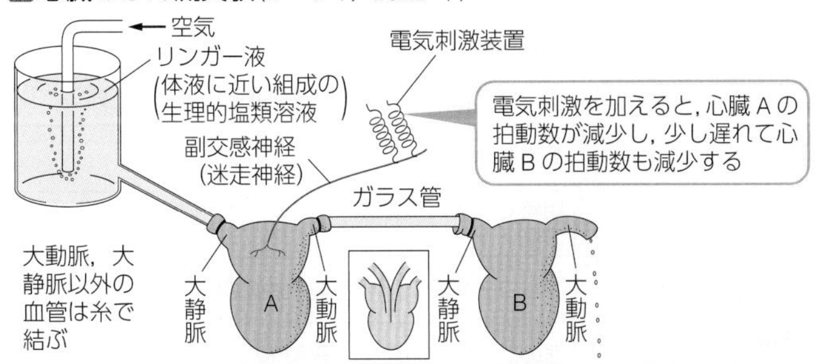
空気
リンガー液
（体液に近い組成の生理的塩類溶液）
電気刺激装置
電気刺激を加えると，心臓Ａの拍動数が減少し，少し遅れて心臓Ｂの拍動数も減少する
副交感神経（迷走神経）
ガラス管
大動脈，大静脈以外の血管は糸で結ぶ
大静脈
A
大動脈
大静脈
B
大動脈

2 匹のカエルの心臓を図のようにつなぎ，迷走神経（副交感神経）に電気刺激を加えると，心臓Ａの拍動数が減少し，少し遅れて心臓Ｂの拍動数も減少する。このことから，迷走神経の末端から分泌された物質（神経伝達物質）がリンガー液によって心臓Ａから心臓Ｂに送られ，心臓Ｂの拍動数が減少したと考えた。のちに，この物質はアセチルコリンであることが示された。

Point 自律神経のまとめ

自律神経系	交感神経	副交感神経
神経の起点	脊髄の胸髄・腰髄	中脳（動眼神経） 延髄（顔面神経・迷走神経） 脊髄の仙髄（仙骨神経）
ニューロンの特徴	中枢から出てすぐに，交感神経幹や神経節で，別の長いニューロンに乗りかえる	支配する器官の直前で，別の短いニューロンに乗りかえる
神経伝達物質	ノルアドレナリン	アセチルコリン
はたらき	主としてエネルギーを消費する方向，活発な行動・興奮や緊張したときにはたらく	主としてエネルギー蓄積・保持する方向，安静時，疲労回復時にはたらく

Keywords　自律神経系（autonomic nervous system），交感神経（sympathetic nerve），副交感神経（parasympathetic nerve）

3 ホルモンによる調節(1)

生物基礎
生物

A ホルモンの特徴

特定の器官から体液中に分泌され，別の組織や器官のはたらきを調節する物質を**ホルモン**という。

ホルモンの特徴

①内分泌腺でつくられ，直接体液(血液など)中に分泌される。
②ごく微量で調節作用を示す。
③作用は神経の伝達に比べると遅い。
④種が違っても，化学構造が似ており，同じようにはたらく(種特異性が低い)。
⑤特定の組織や器官の細胞(標的細胞)のみにはたらく。
⑥ペプチドホルモン(糖タンパク質・ポリペプチド)，アミン・アミノ酸誘導体ホルモン(アミノ酸に由来する物質)，ステロイドホルモン(ステロイド核をもつ複合脂質)がある。

ホルモンと標的細胞

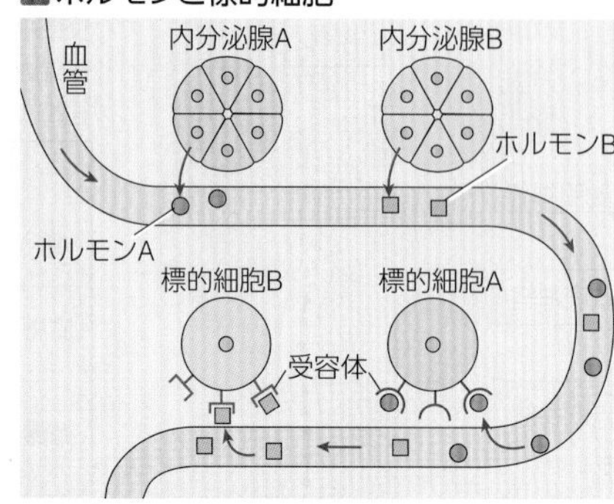

血管
内分泌腺A
内分泌腺B
ホルモンB
ホルモンA
標的細胞B
標的細胞A
受容体

内分泌腺Ａから放出されたホルモンＡは，ホルモンＡの**受容体**がある標的細胞Ａだけに作用する。

Point 内分泌腺と外分泌腺

内分泌腺では分泌物(ホルモン)は毛細血管中に分泌されるのに対して，外分泌腺では分泌物は排出管を通って，体外に分泌される。

動脈
ホルモン
静脈
腺細胞
内分泌腺
排出管
消化液・汗など
外分泌腺

B 内分泌腺とホルモンのはたらき

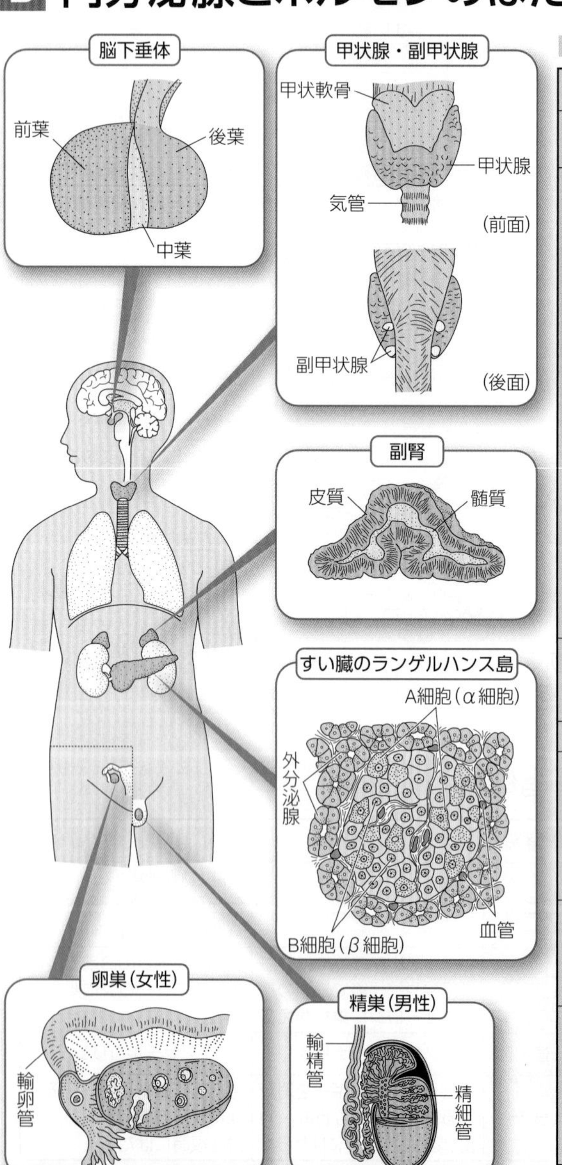

脳下垂体
前葉
後葉
中葉
甲状腺・副甲状腺
甲状軟骨
甲状腺
気管
(前面)
副甲状腺
(後面)
副腎
皮質
髄質
すい臓のランゲルハンス島
A細胞(α細胞)
外分泌腺
血管
B細胞(β細胞)
卵巣(女性)
輸卵管
精巣(男性)
輸精管
精細管

ペプチドホルモン　アミン・アミノ酸誘導体ホルモン　ステロイドホルモン

内分泌腺		ホルモン	おもなはたらきなど
間脳	視床下部	放出ホルモン 放出抑制ホルモン	脳下垂体前葉ホルモンの分泌の調節
脳下垂体	前葉	成長ホルモン	全身の成長促進，タンパク質の合成促進，グリコーゲンの分解促進→血糖濃度上昇
		甲状腺刺激ホルモン	チロキシン(甲状腺ホルモン)の分泌促進
		副腎皮質刺激ホルモン	副腎皮質ホルモン(糖質コルチコイド)の分泌促進
		生殖腺刺激ホルモン ┌ろ胞刺激ホルモン └黄体形成ホルモン	ろ胞刺激ホルモン：卵巣　ろ胞の発育促進／精巣　精巣の発育促進，精子の形成促進 黄体形成ホルモン：卵巣　排卵促進，黄体形成の促進／精巣　雄性ホルモンの分泌促進
		プロラクチン (黄体刺激ホルモン)	乳腺の発達，黄体ホルモンの分泌促進
	中葉	黒色素胞刺激ホルモン(インテルメジン)	メラニン果粒の分散→体色黒化(両生類・魚類)，メラニン合成促進(哺乳類)
	後葉	バソプレシン (抗利尿ホルモン，血圧上昇ホルモン)	腎臓での水の再吸収促進→尿量減少， 血管の収縮→血圧上昇
		オキシトシン (子宮収縮ホルモン)	子宮平滑筋の収縮，乳汁分泌の促進
甲状腺		チロキシン	代謝の促進，脳の発達促進， 両生類の変態促進，鳥類の換羽促進
		カルシトニン	血液中から Ca^{2+} を骨に取りこみ→ Ca^{2+} 濃度低下
副甲状腺		パラトルモン	骨から Ca^{2+} を血液中に溶出→ Ca^{2+} 濃度上昇
副腎	髄質	アドレナリン	グリコーゲンの分解促進→血糖濃度上昇， 心臓拍動の促進→血圧上昇
	皮質	糖質コルチコイド	タンパク質からの糖の合成促進→血糖濃度上昇
		鉱質コルチコイド	腎臓での Na^{+} の再吸収
すい臓のランゲルハンス島	B(β)細胞	インスリン	組織での糖消費促進，グリコーゲンの合成促進→血糖濃度低下
	A(α)細胞	グルカゴン	グリコーゲンの分解促進→血糖濃度上昇
生殖腺	卵巣	ろ胞ホルモン (エストロゲン)	雌の二次性徴の発現，子宮壁の肥厚
		黄体ホルモン (プロゲステロン)	妊娠の成立と維持， 黄体形成ホルモンの分泌抑制(排卵抑制)
	精巣	雄性ホルモン (テストステロン)	雄の二次性徴の発現，精子形成促進

Keywords　ホルモン(hormone)，標的細胞(target cell)，内分泌腺(endocrine gland)

C 視床下部と脳下垂体

間脳の**視床下部**は，自律神経系の中枢であるとともに，内分泌系の上位中枢でもある。**脳下垂体**は，視床下部の支配を受けて，他の内分泌腺のホルモン分泌を調節する。

視床下部と脳下垂体のはたらき

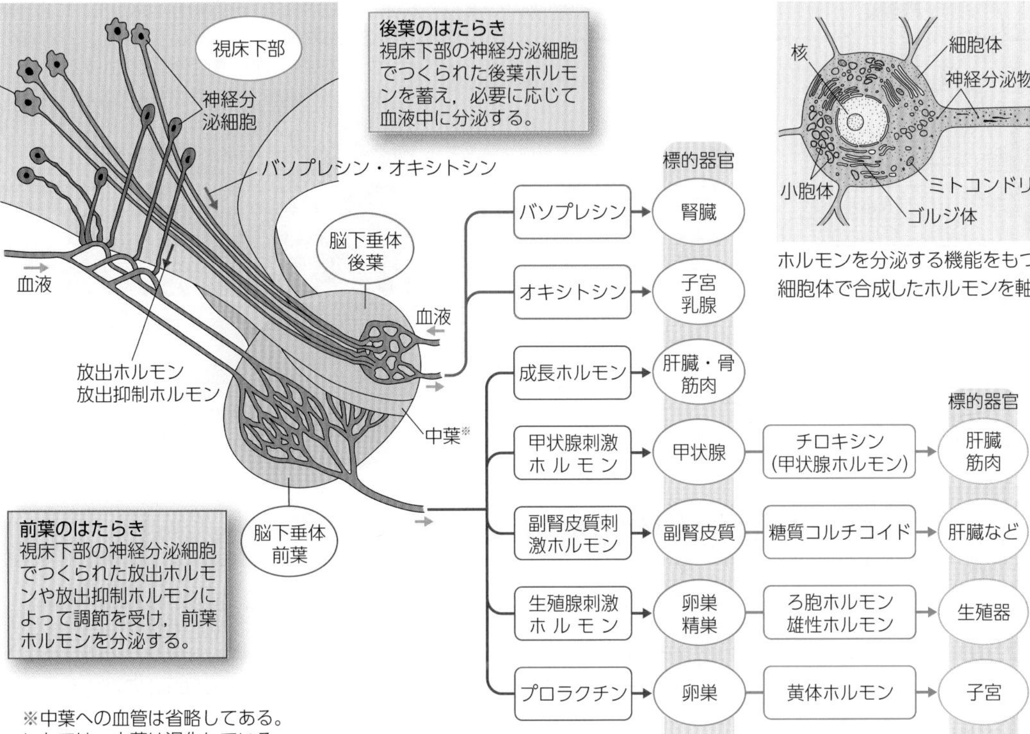

視床下部
神経分泌細胞
後葉のはたらき
視床下部の神経分泌細胞でつくられた後葉ホルモンを蓄え，必要に応じて血液中に分泌する。
バソプレシン・オキシトシン
脳下垂体後葉
血液
放出ホルモン
放出抑制ホルモン
中葉※
前葉のはたらき
視床下部の神経分泌細胞でつくられた放出ホルモンや放出抑制ホルモンによって調節を受け，前葉ホルモンを分泌する。
脳下垂体前葉
標的器官
バソプレシン
腎臓
オキシトシン
子宮 乳腺
成長ホルモン
肝臓・骨 筋肉
甲状腺刺激ホルモン
甲状腺
チロキシン（甲状腺ホルモン）
肝臓 筋肉
副腎皮質刺激ホルモン
副腎皮質
糖質コルチコイド
肝臓など
生殖腺刺激ホルモン
卵巣 精巣
ろ胞ホルモン 雄性ホルモン
生殖器
プロラクチン
卵巣
黄体ホルモン
子宮

※中葉への血管は省略してある。
ヒトでは，中葉は退化している

神経分泌細胞

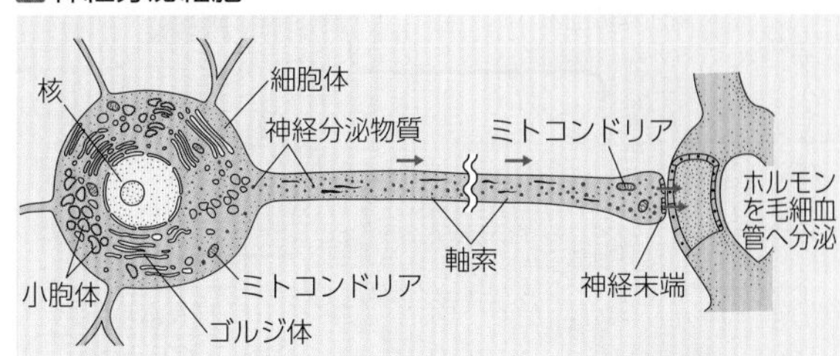

核
細胞体
神経分泌物質
ミトコンドリア
ホルモンを毛細血管へ分泌
小胞体
ミトコンドリア
ゴルジ体
軸索
神経末端

ホルモンを分泌する機能をもつニューロンを**神経分泌細胞**という。細胞体で合成したホルモンを軸索末端から分泌する。

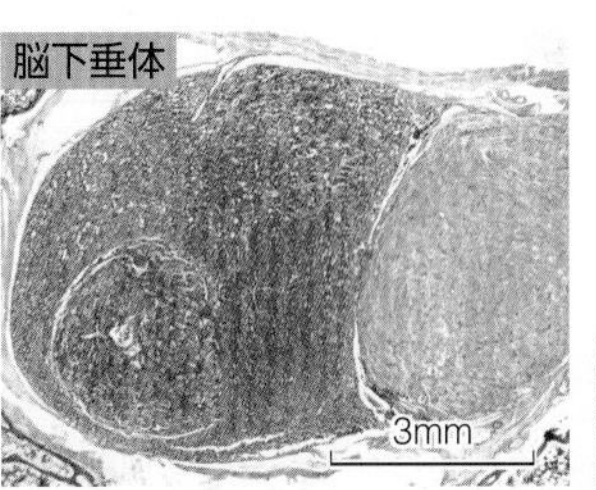

脳下垂体
3mm

間脳視床下部の下にあり，小指の先程度の大きさである。

D ホルモン分泌の調節

ホルモンの分泌量は常に適量になるようにフィードバックによって調節されている。

チロキシン（甲状腺ホルモン）の分泌調節

チロキシンが過剰のとき

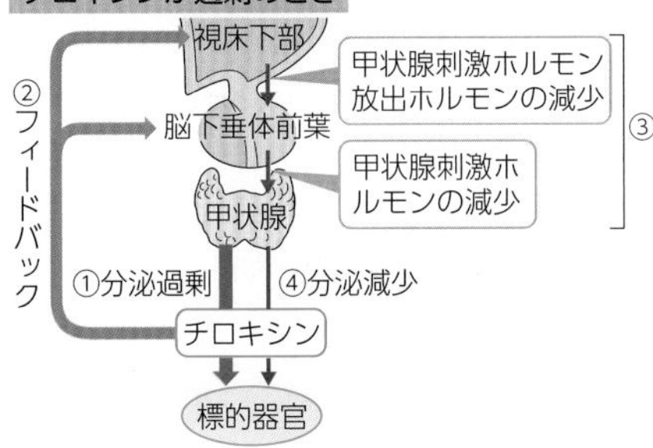

視床下部
甲状腺刺激ホルモン放出ホルモンの減少
脳下垂体前葉
甲状腺刺激ホルモンの減少
③
②フィードバック
甲状腺
①分泌過剰
④分泌減少
チロキシン
標的器官

フィードバックによって甲状腺のはたらきが抑制され，チロキシンの分泌量は減少する。

チロキシンが不足のとき

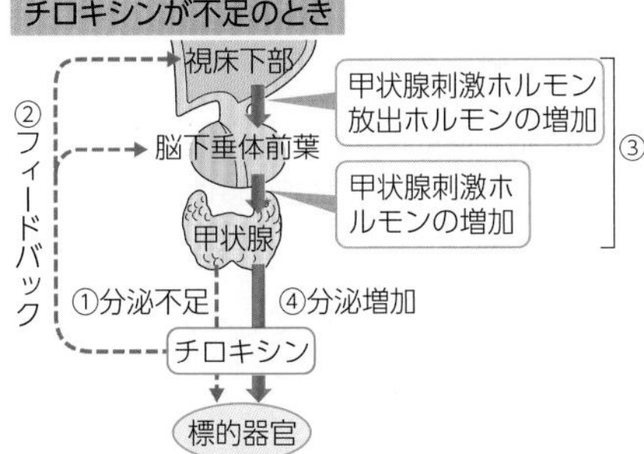

視床下部
甲状腺刺激ホルモン放出ホルモンの増加
脳下垂体前葉
甲状腺刺激ホルモンの増加
③
②フィードバック
甲状腺
①分泌不足
④分泌増加
チロキシン
標的器官

フィードバックによって甲状腺のはたらきが促進され，チロキシンの分泌量は増加する。

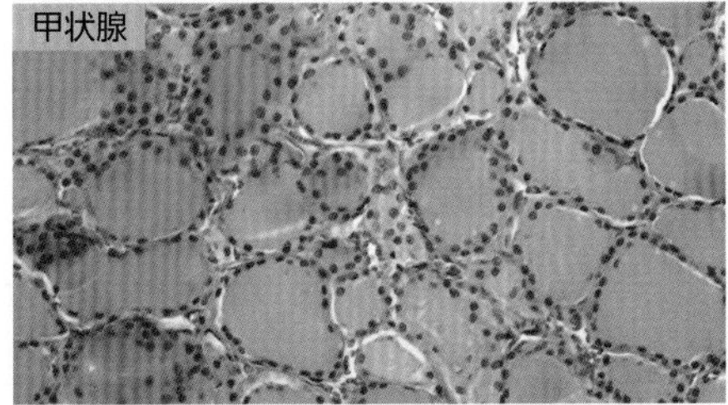

甲状腺

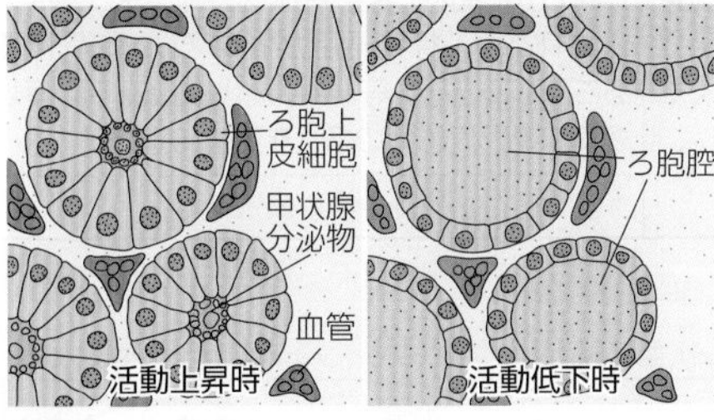

ろ胞上皮細胞
甲状腺分泌物
血管
ろ胞腔
活動上昇時
活動低下時

Point フィードバック

最終的につくられた物質やはたらきの効果がはじめにもどって作用することを**フィードバック**という。フィードバックには効果をより促進する正のフィードバックと効果を抑制する負のフィードバックがある。

Column ホルモンの発見

ベイリスとスターリング（ともにイギリス）は，イヌを用いた実験で，十二指腸につながる神経をすべて切断した状態で，胃酸に見立てた塩酸を十二指腸に注入すると，すい液が分泌されることを発見した。さらに，十二指腸の切片に塩酸を加えてすりつぶし，そのしぼり汁をイヌの血管に注射しても，すい液が分泌されることを見出した。これらのことから，十二指腸で胃酸を感知してつくられた物質が，血液によってすい臓に送られ，すい液の分泌を促すことがわかった。この物質が最初に発見されたホルモンであり，セクレチンと名づけられた。

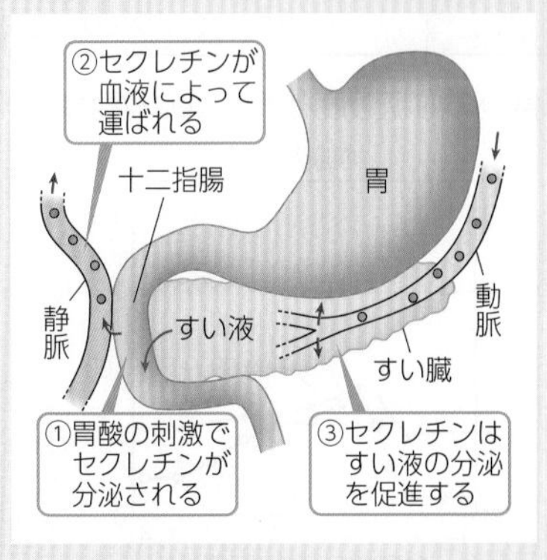

②セクレチンが血液によって運ばれる
十二指腸
胃
静脈
動脈
すい液
すい臓
①胃酸の刺激でセクレチンが分泌される
③セクレチンはすい液の分泌を促進する

視床下部（hypothalamus），脳下垂体（hypophysis），標的器官（target organ），フィードバック（feedback）

4 ホルモンによる調節(2)

生物基礎
生物

A 血糖濃度の調節

血液に含まれるグルコースを**血糖**という。ヒトの血糖濃度は約 0.1% に維持されている。
この血糖濃度は，自律神経系とホルモンによって調節されている。

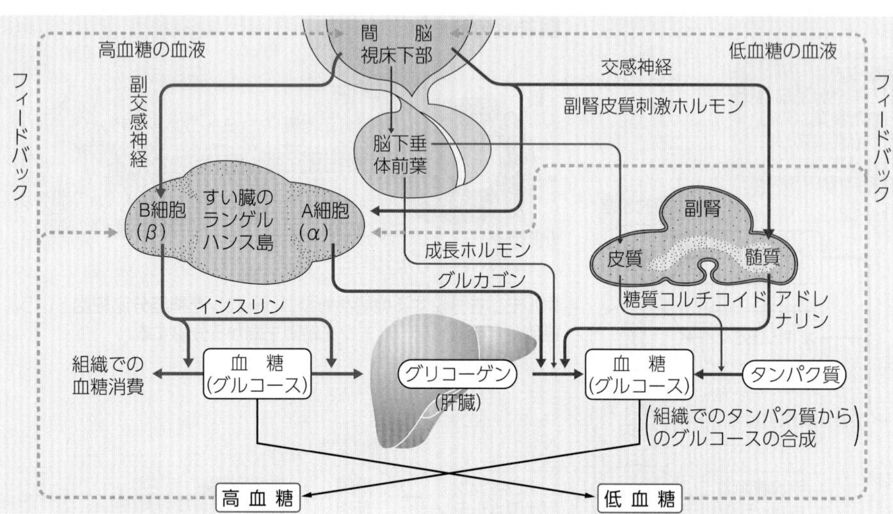
間脳
視床下部
高血糖の血液
低血糖の血液
フィードバック
副交感神経
交感神経
副腎皮質刺激ホルモン
脳下垂体前葉
B細胞(β)
すい臓のランゲルハンス島
A細胞(α)
副腎
皮質
髄質
成長ホルモン
グルカゴン
インスリン
糖質コルチコイド
アドレナリン
組織での血糖消費
血糖(グルコース)
グリコーゲン
(肝臓)
タンパク質
(組織でのタンパク質からのグルコースの合成)
高血糖
低血糖

血糖濃度は，血液が間脳視床下部に流れこむことにより感知されて，自律神経やホルモンによって一定の値に調節される。すい臓では，自律神経の命令だけでなく，血糖濃度を直接感知する。

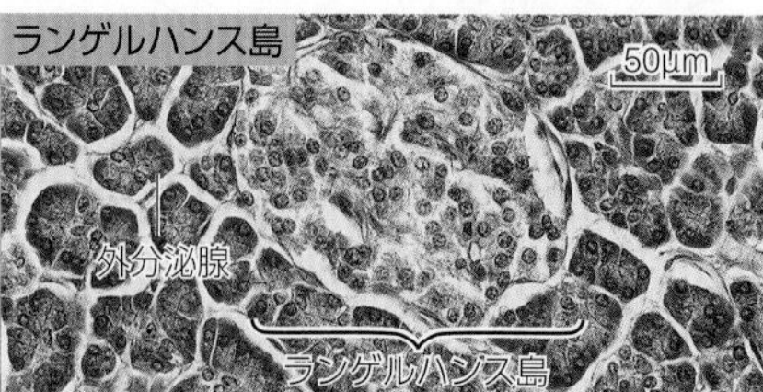
ランゲルハンス島
50μm
外分泌腺
ランゲルハンス島

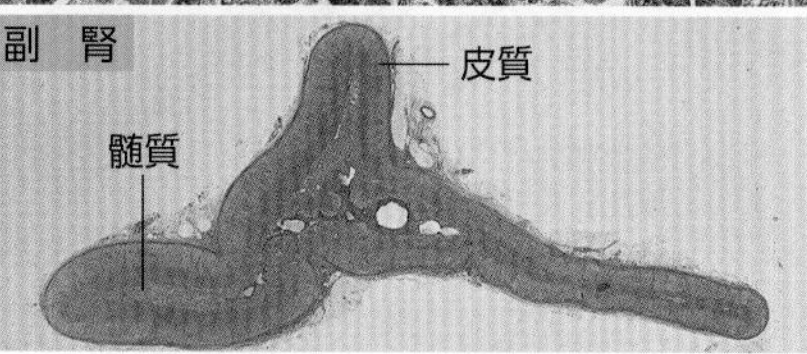
副腎
皮質
髄質

食事後の血糖濃度とホルモンの分泌

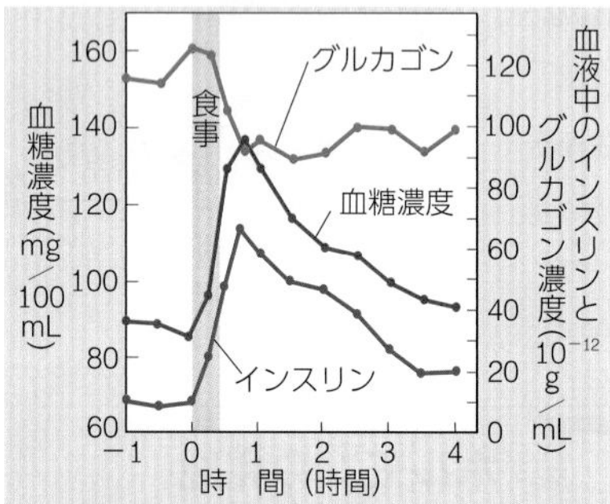
血糖濃度(mg/100mL)
血液中のインスリンとグルカゴン濃度(10^{-12}g/mL)
食事
グルカゴン
血糖濃度
インスリン
時間(時間)

血糖濃度は，食事後は一時的に上昇するが，インスリン分泌量の増加とグルカゴン分泌量の減少により，正常値にもどる。

Zoom up インスリンが作用するしくみ

筋繊維(▶ p.193)や脂肪細胞では，インスリン受容体にインスリンが結合すると，細胞質中の小胞内に蓄えられたグルコース輸送体が細胞膜上に移動し，細胞内へのグルコースの取りこみが促進される。
肝細胞ではグルコース輸送体の移動は起こらないが，インスリンが作用すると細胞内でのグルコースの利用が促進され，細胞内外のグルコースの濃度勾配にしたがって，細胞内にグルコースが取りこまれる。

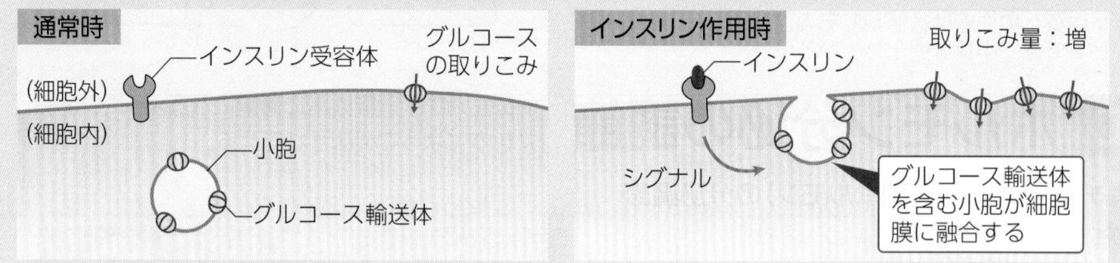
通常時
インスリン受容体
グルコースの取りこみ
(細胞外)
(細胞内)
小胞
グルコース輸送体
インスリン作用時
インスリン
取りこみ量：増
シグナル
グルコース輸送体を含む小胞が細胞膜に融合する

B 糖尿病

糖尿病になると，血液中のグルコース濃度が継続して高くなる。腎臓ではこし出されたグルコースを再吸収しきれなくなり，尿中に排出されることがある(▶ p.161)。

Ⅰ型糖尿病とⅡ型糖尿病

	Ⅰ型糖尿病(インスリン依存性糖尿病)	Ⅱ型糖尿病(インスリン非依存性糖尿病)
特徴	ランゲルハンス島のB細胞が自己免疫疾患(▶ p.174)によって破壊され，インスリンの分泌量が低下することで，血糖濃度が下がらなくなる。若年で発症することが多い	Ⅰ型以外の原因による糖尿病。インスリンは分泌されるが，標的細胞がインスリンを受け取ることができない等。40 歳代以上での発症が多く，糖尿病患者の多くをⅡ型が占める
治療法	定期的なインスリンの投与	運動や食事療法など

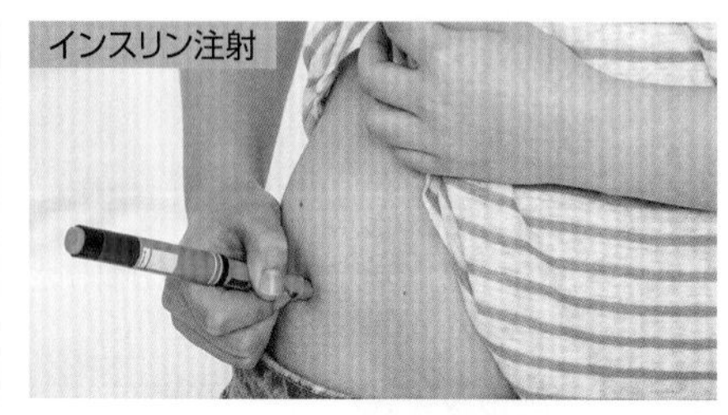
インスリン注射

食後の血糖濃度とインスリン濃度の変化

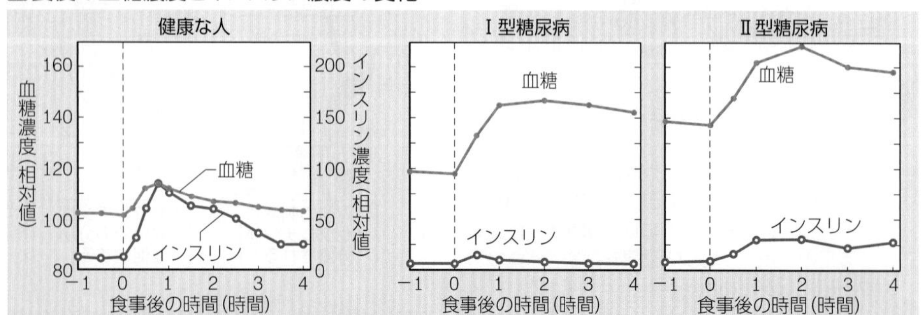
健康な人
Ⅰ型糖尿病
Ⅱ型糖尿病
血糖濃度(相対値)
インスリン濃度(相対値)
血糖
インスリン
食事後の時間(時間)

健康な人
食後に血糖濃度が上昇すると続けてインスリン濃度も上昇し，やがて血糖濃度は食事前と同程度まで下がる。

Ⅰ型糖尿病
食後に血糖濃度が上昇してもインスリンがほとんど分泌されず，血糖濃度が下がらない。

Ⅱ型糖尿病
インスリンの分泌量が低下したり，標的細胞がインスリンを受け取れなくなったりするため，食後に上昇した血糖濃度が下がらない。

Keywords 血糖(blood sugar)，インスリン(insulin)，グルカゴン(glucagon)，糖尿病(diabetes mellitus)

C 体温の調節

ヒトの体温は，外気温などが変化してもほぼ一定に保たれている。この体温調節も間脳視床下部を中枢として，自律神経系とホルモンによって調節されている。

外界の温度が低いとき（低体温時）

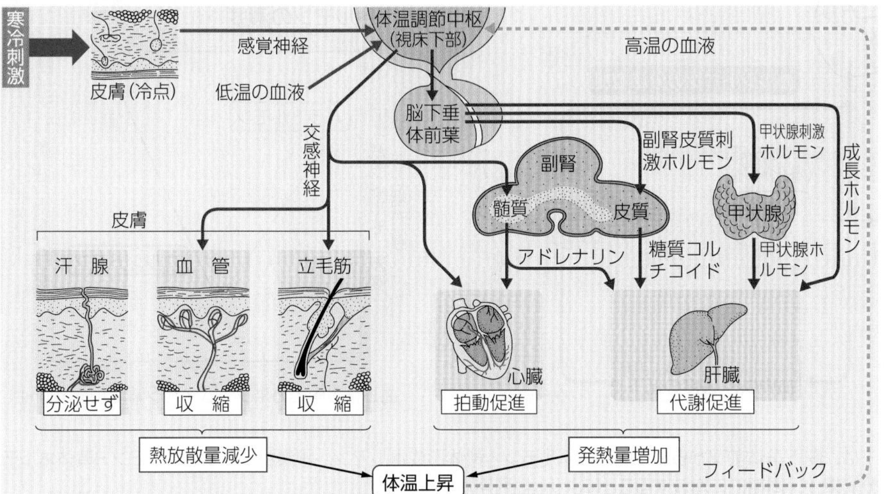

寒冷刺激
皮膚（冷点）
感覚神経
体温調節中枢（視床下部）
高温の血液
低温の血液
交感神経
脳下垂体前葉
副腎皮質刺激ホルモン
甲状腺刺激ホルモン
成長ホルモン
副腎
髄質
皮質
甲状腺
アドレナリン
糖質コルチコイド
甲状腺ホルモン
皮膚
汗腺
血管
立毛筋
心臓
肝臓
分泌せず
収縮
収縮
拍動促進
代謝促進
熱放散量減少
発熱量増加
体温上昇
フィードバック

外界の温度が高いとき（高体温時）

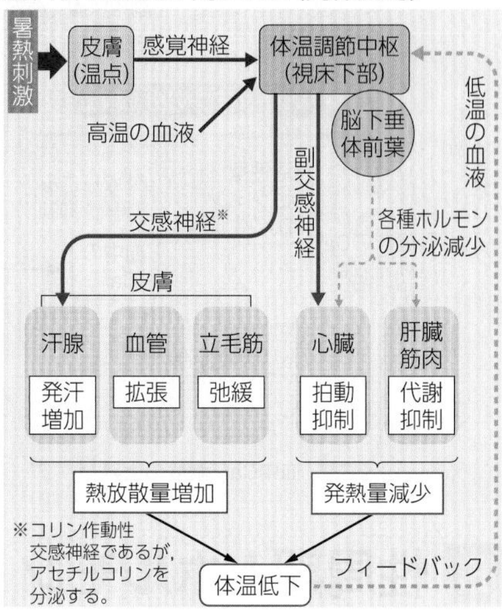

暑熱刺激
皮膚（温点）
感覚神経
体温調節中枢（視床下部）
低温の血液
高温の血液
脳下垂体前葉
副交感神経
交感神経※
各種ホルモンの分泌減少
皮膚
汗腺
血管
立毛筋
心臓
肝臓筋肉
発汗増加
拡張
弛緩
拍動抑制
代謝抑制
熱放散量増加
発熱量減少
※コリン作動性交感神経であるが，アセチルコリンを分泌する。
体温低下
フィードバック

D 体液の塩分濃度と体液量の調節

ヒトの体液の塩分濃度や体液量は，おもに腎臓での水と Na^+ の再吸収量がホルモンによって調節されることで，一定に保たれている。

体液の塩分濃度の調節

体液の塩分濃度の変化は，間脳の視床下部の浸透圧受容器で感知され，脳下垂体後葉からのバソプレシン（抗利尿ホルモン）の分泌が調節される。それによって，集合管で再吸収される水分量と尿量が増減し，体液の塩分濃度が維持される。

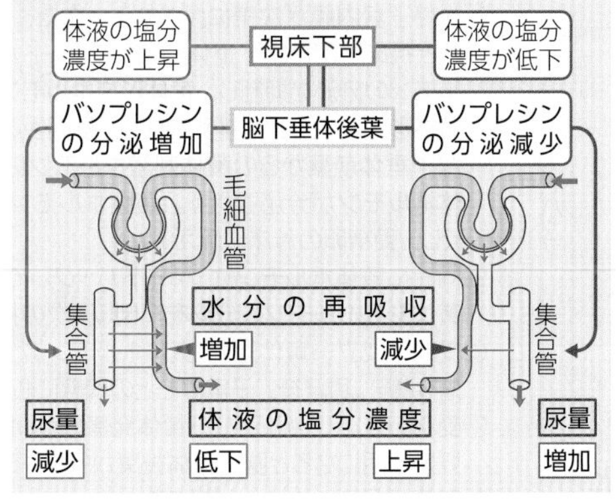

体液の塩分濃度が上昇
視床下部
体液の塩分濃度が低下
バソプレシンの分泌増加
脳下垂体後葉
バソプレシンの分泌減少
毛細血管
集合管
水分の再吸収
増加
減少
尿量
減少
体液の塩分濃度
低下
上昇
尿量
増加

体液量の調節

腎臓が体液量の減少を感知すると，副腎皮質が鉱質コルチコイドを分泌し，集合管での Na^+ の再吸収を促進する。その結果，毛細血管内の浸透圧が大きくなり，水も再吸収され，体液量が増加する。

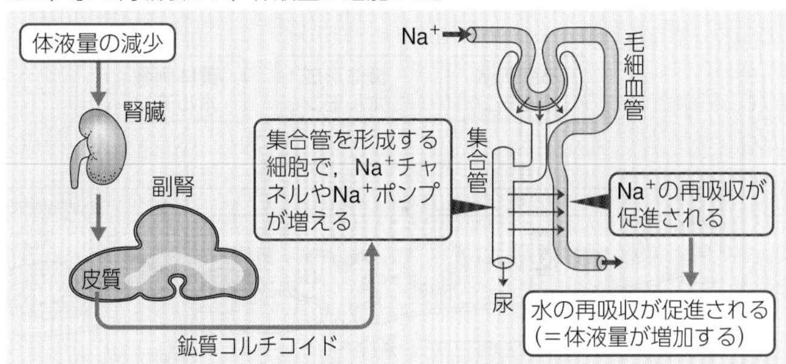

体液量の減少
腎臓
副腎
皮質
鉱質コルチコイド
集合管を形成する細胞で，Na⁺チャネルやNa⁺ポンプが増える
Na⁺
毛細血管
集合管
Na⁺の再吸収が促進される
尿
水の再吸収が促進される（＝体液量が増加する）

Zoom up 糖尿病によって引き起こされる症状

インスリンの分泌量の低下やインスリンを受容できなくなることによって糖尿病を発症すると，高血糖や代謝異常などのさまざまな影響が起こり，それらが重なって命にかかわるような重篤な症状が引き起こされることもある。

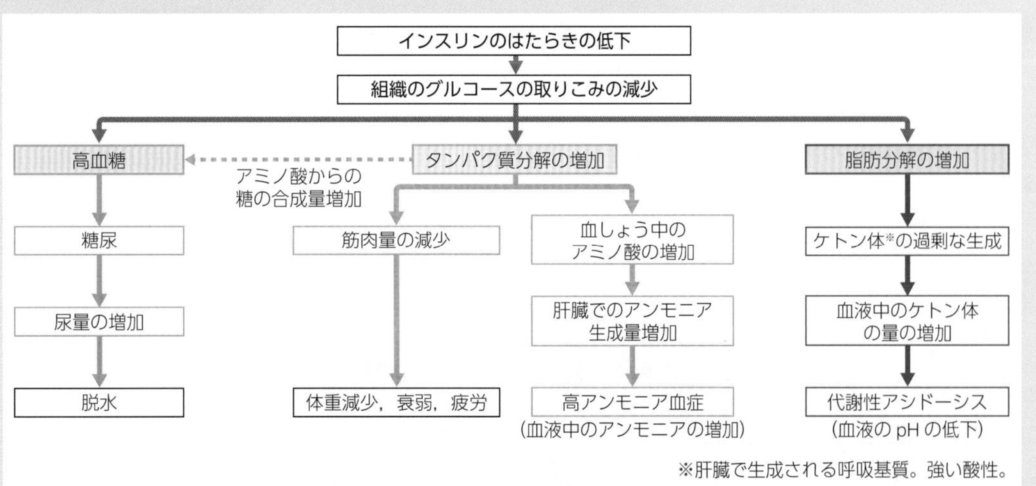

インスリンのはたらきの低下
組織のグルコースの取りこみの減少
高血糖
タンパク質分解の増加
脂肪分解の増加
アミノ酸からの糖の合成量増加
糖尿
筋肉量の減少
血しょう中のアミノ酸の増加
ケトン体※の過剰な生成
尿量の増加
肝臓でのアンモニア生成量増加
血液中のケトン体の量の増加
脱水
体重減少，衰弱，疲労
高アンモニア血症（血液中のアンモニアの増加）
代謝性アシドーシス（血液の pH の低下）
※肝臓で生成される呼吸基質。強い酸性。

5 ホルモンによる調節(3)

生物基礎
生物

A カルシウムイオン濃度の調節

血しょう中の Ca^{2+}濃度は甲状腺から分泌されるカルシトニンと副甲状腺から分泌されるパラトルモンによって調節される。

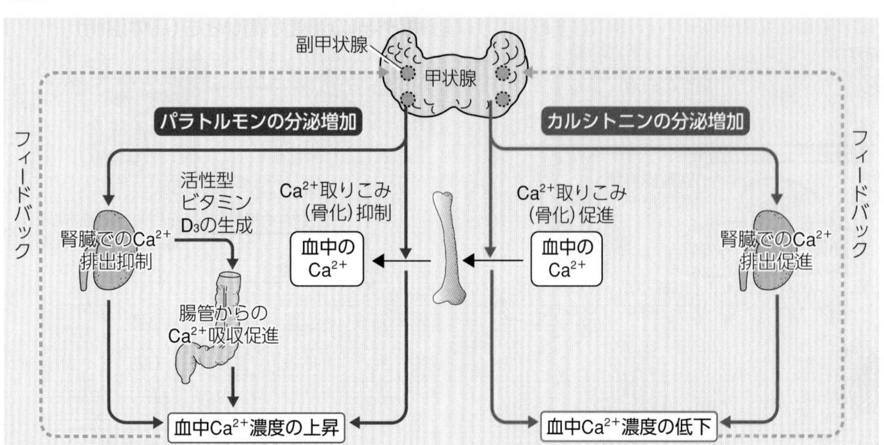

副甲状腺
甲状腺
パラトルモンの分泌増加
カルシトニンの分泌増加
フィードバック
活性型ビタミンD_3の生成
Ca^{2+}取りこみ(骨化)抑制
Ca^{2+}取りこみ(骨化)促進
腎臓でのCa^{2+}排出抑制
血中のCa^{2+}
腎臓でのCa^{2+}排出促進
腸管からのCa^{2+}吸収促進
血中Ca^{2+}濃度の上昇
血中Ca^{2+}濃度の低下

血しょう中の Ca^{2+}濃度とカルシトニン，パラトルモンの濃度

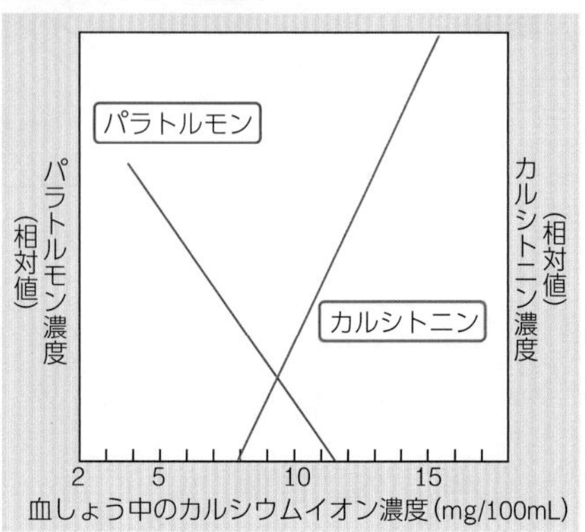

パラトルモン
カルシトニン
パラトルモン濃度(相対値)
カルシトニン濃度(相対値)
2
5
10
15
血しょう中のカルシウムイオン濃度(mg/100mL)

B 性周期とホルモン

女性では，脳下垂体前葉からのろ胞刺激ホルモン・黄体形成ホルモン，卵巣からのろ胞ホルモン・黄体ホルモンの分泌量が，周期的に増減することにより，性周期が見られる。

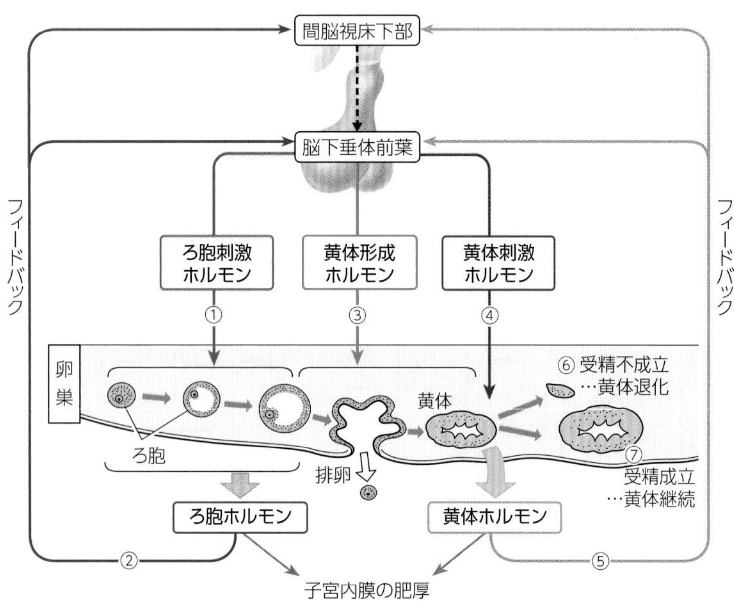

間脳視床下部
脳下垂体前葉
フィードバック
ろ胞刺激ホルモン
黄体形成ホルモン
黄体刺激ホルモン
①
③
④
卵巣
⑥ 受精不成立…黄体退化
黄体
ろ胞
排卵
⑦ 受精成立…黄体継続
ろ胞ホルモン
黄体ホルモン
②
⑤
子宮内膜の肥厚

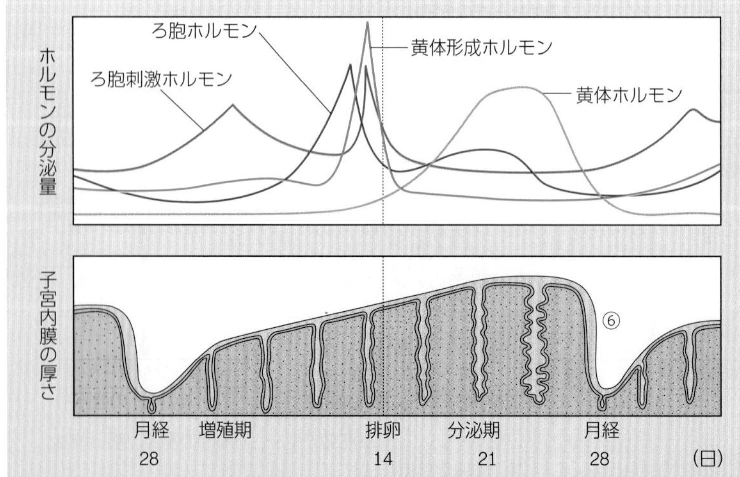

ろ胞ホルモン
黄体形成ホルモン
ろ胞刺激ホルモン
黄体ホルモン
ホルモンの分泌量
子宮内膜の厚さ
⑥
月経
増殖期
排卵
分泌期
月経
28
14
21
28
(日)

①視床下部からの放出ホルモンが，脳下垂体前葉からの**ろ胞刺激ホルモン**の分泌を促進する。ろ胞刺激ホルモンは卵巣内のろ胞を発達させる。

②発達したろ胞は**ろ胞ホルモン**を分泌する。ろ胞ホルモンのはたらきで子宮内膜が次第に厚くなる。また，ろ胞ホルモンは量が増すと視床下部と脳下垂体前葉にフィードバックして，ろ胞刺激ホルモンの分泌を抑制し，**黄体形成ホルモン**の分泌を促進する。

③黄体形成ホルモンは排卵を促し，排卵後のろ胞は黄体に変わる。

④脳下垂体前葉からの黄体刺激ホルモンによって，黄体からは**黄体ホルモン**が分泌される。黄体ホルモンは子宮内膜をさらに厚くし，受精卵の着床に備える。

⑤同時に黄体ホルモンはフィードバックして，ろ胞刺激ホルモンと黄体形成ホルモンの分泌を抑制し，次の排卵を抑える。

⑥受精不成立→黄体退化(黄体ホルモン減少)→子宮内膜はく離脱落(月経)。月経後，子宮はもとの状態にもどり次の周期が始まる。

⑦受精卵着床(妊娠成立)→黄体発達(黄体ホルモンの分泌維持)
妊娠末期になると脳下垂体後葉からオキシトシンが分泌され，子宮筋が収縮し分べんが起こる。

Column 排卵周期と基礎体温の変化

運動や食事などからだの活動を行っておらず，基礎代謝のみが行われているときの体温を基礎体温といい，睡眠をとって目覚めたときに測定する。
女性のからだで分泌される黄体ホルモンには体温を上昇させる作用があり，排卵に伴って黄体ホルモンが分泌されると基礎体温は上昇し，黄体ホルモンが減少して月経が開始すると基礎体温は下降する。このように，排卵周期に応じて女性の体温は高温期と低温期の二相性を示す。

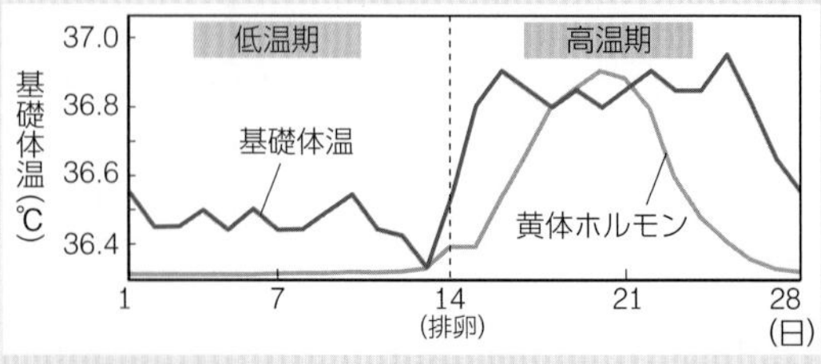

低温期
高温期
基礎体温(℃)
37.0
36.8
36.6
36.4
基礎体温
黄体ホルモン
1
7
14
(排卵)
21
28
(日)

Keywords カルシウム(calcium)，性周期(sexual cycle)，基礎体温(basal body temperature)

6 体内環境としての体液(1)

生物基礎
生物

A 体内環境と体外環境

からだが多数の細胞からなる動物では，体液が体内の組織や細胞を取り巻いて体内環境をつくる。体外環境の変化に対して，体内環境が一定に維持されている状態を**恒常性**(**ホメオスタシス**)という。

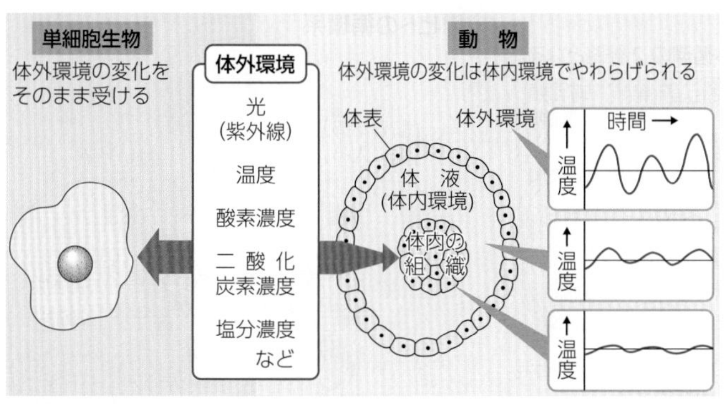

単細胞生物
体外環境の変化をそのまま受ける
体外環境
光(紫外線)
温度
酸素濃度
二酸化炭素濃度
塩分濃度
など
動物
体外環境の変化は体内環境でやわらげられる
体表
体外環境
時間
体液(体内環境)
体内の組織
温度
温度
温度

■脊椎動物の体液

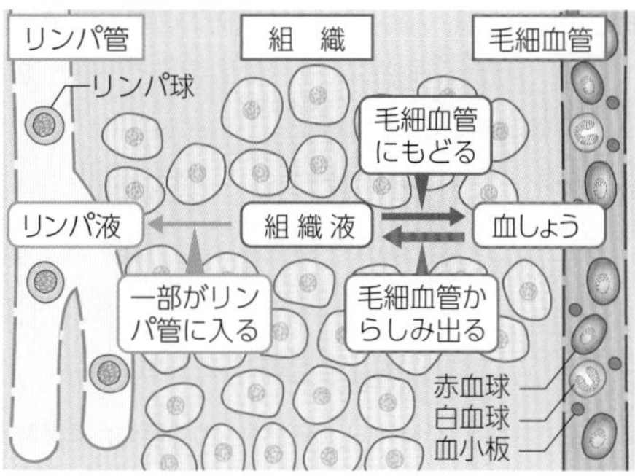

リンパ管
組織
毛細血管
リンパ球
毛細血管にもどる
リンパ液
組織液
血しょう
一部がリンパ管に入る
毛細血管からしみ出る
赤血球
白血球
血小板

脊椎動物の体液は，血管を流れる**血液**，リンパ管を流れる**リンパ液**の液体成分，組織の細胞を取り巻く**組織液**に分けられる。毛細血管からしみ出た血しょうは組織液となり，その多くは毛細血管にもどるが，一部はリンパ管に入りリンパ液となる。

B 血液の組成

血液は，有形成分である**赤血球・白血球・血小板**と，液体成分である**血しょう**からなる。

■ヒトの血液の組成　ヒトの血液の総量は，体重の約 13 分の 1 である。

成分		形	大きさ(直径)	数(血液 1mm^3 中)	生成器官	破壊器官	寿命	はたらき
有形成分(45%)	赤血球	円盤状 無核	7～8μm	男 410 万～530 万個 女 380 万～480 万個	骨髄(胎児は肝臓・ひ臓)	肝臓 ひ臓	120 日	ヘモグロビンによる酸素の運搬
	白血球	球形 有核	6～20μm	4000～9000 個	骨髄(生成) ひ臓・リンパ節(増殖)	ひ臓	3～21 日	食作用による異物の捕食，抗体生産による免疫作用(▶ p.165)
	血小板	不定形 無核	2～3μm	20 万～40 万個	骨髄	ひ臓	7～10 日	血液凝固作用(▶ p.158)
液体成分(55%)	血しょう	水：約 90％ タンパク質(アルブミン，グロブリン，フィブリノーゲンなど)：約 7％ 脂質，無機塩類，グルコース(血糖，▶ p.152)　などを含む						赤血球など有形成分の運搬。CO_2，栄養分，老廃物などの物質の運搬。抗原抗体反応の場

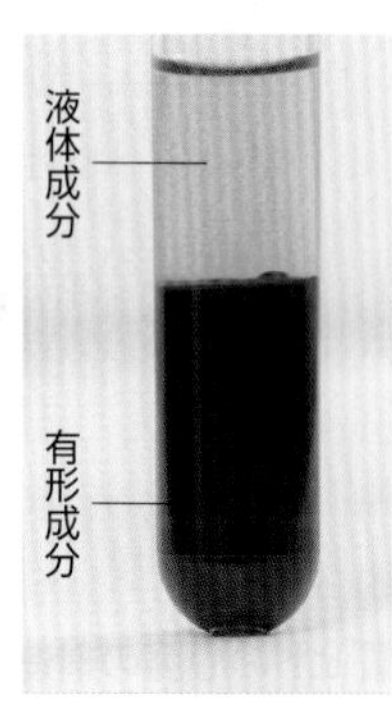

液体成分
有形成分

■ヒトの血球

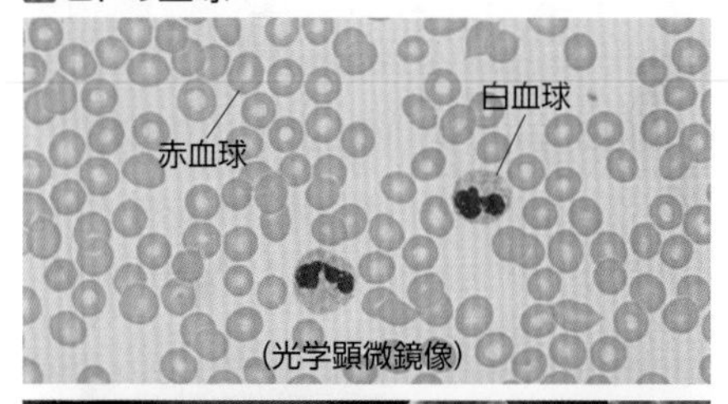

赤血球
白血球
(光学顕微鏡像)

血小板
赤血球
白血球
5μm

■いろいろな動物の赤血球

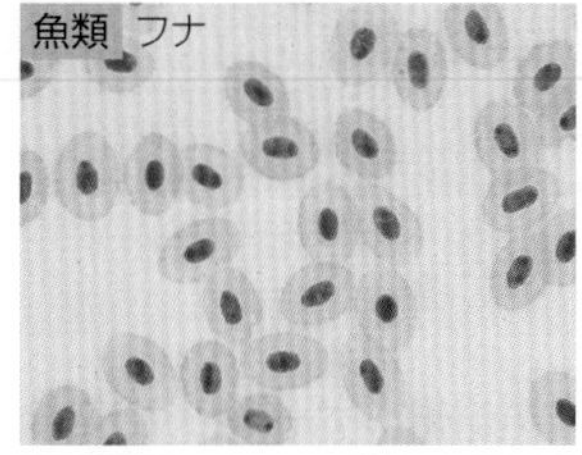
魚類 フナ

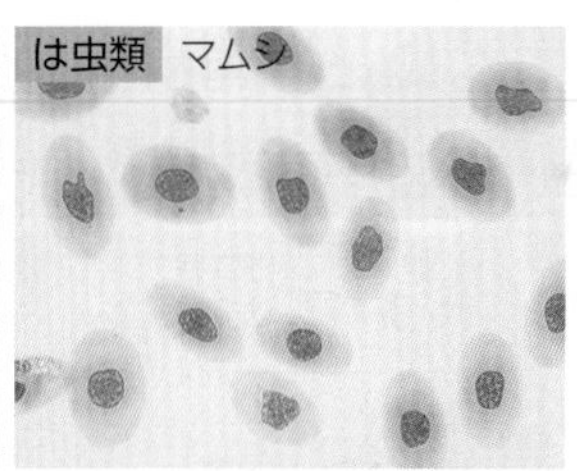
は虫類 マムシ

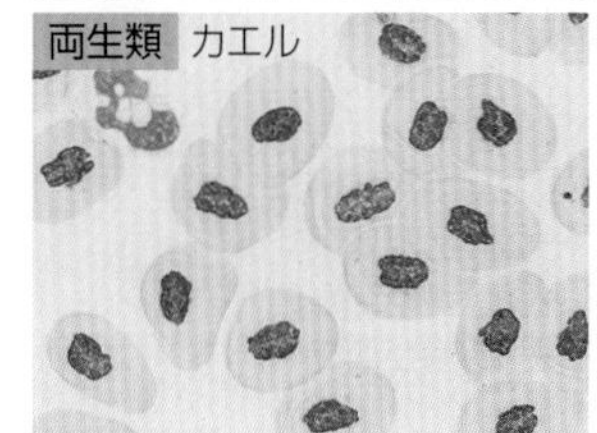
両生類 カエル

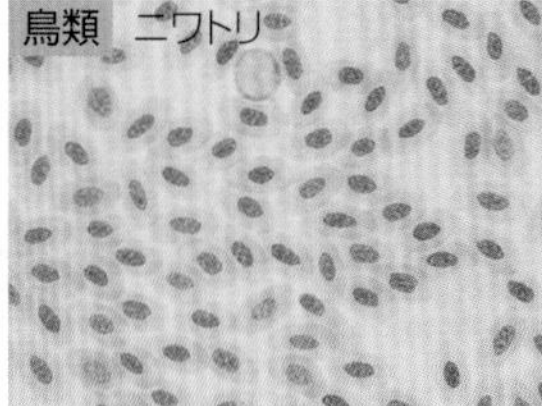
鳥類 ニワトリ

	赤血球の大きさ(μm)
ヒト	直径 7.0～8.0
ニワトリ	7 × 11
カエル	15 × 25
フナ	9 × 13

赤血球は両生類から哺乳類へと進化するにしたがい，小形で数が多くなる。それによって赤血球の表面積が増え，より効率よく酸素を運搬，供給できる。
魚類は水中(大気中より酸素が少ない)で生活するため，小形で多数の赤血球をもつ。

Column 血液検査で調べる血しょうの成分

血液検査では血しょうに含まれる成分を調べている。血しょうにはタンパク質や脂質をはじめとするさまざまな物質が含まれており，その量によって健康状態を把握することができる。

AST(GOT) ALT(GPT)	酵素の一種。ALT の数値が高いと肝臓の疾患の疑いがある	HDL コレステロール	善玉コレステロールともよばれ，血管壁に付着したコレステロールを取りのぞく
γ－GTP	酵素の一種。数値が高いと肝機能の低下の疑いがある	LDL コレステロール	悪玉コレステロールともよばれ，血管壁に付着して動脈硬化の原因となる
クレアチニン	クレアチンの代謝産物。腎機能の指標となる	中性脂肪	過剰に摂取したエネルギーが脂肪として蓄積されたもの
尿酸	プリン体の代謝産物。血液中の尿酸濃度が高くなると，痛風などの原因となる	血糖	血液中のグルコース(▶ p.152)

Keywords　恒常性(homeostasis)，赤血球(erythrocyte, red blood cell)，白血球(leukocyte, white blood cell)，血小板(thrombocyte)

7 体内環境としての体液(2)

生物基礎
生物

A 循環系

血液やリンパ液などの体液をからだ中に循環させて，物質の運搬を行う器官の集まりを**循環系**という。脊椎動物の循環系には**血管系**と**リンパ系**(▶ p.164)がある。

脊椎動物の血管系

脊椎動物では心臓は心室と心房に分かれ，両生類以上では血液の流れは**肺循環**・**体循環**の 2 経路となる。

1心房1心室 魚類

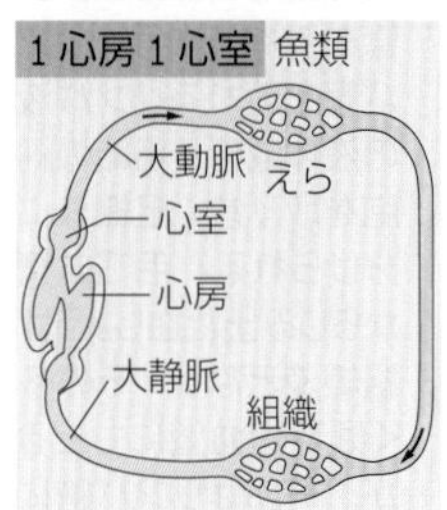

大動脈
えら
心室
心房
大静脈
組織

心室からえらにいった血液はそのまま体循環する。

2心房1心室 両生類(左)，は虫類(右)

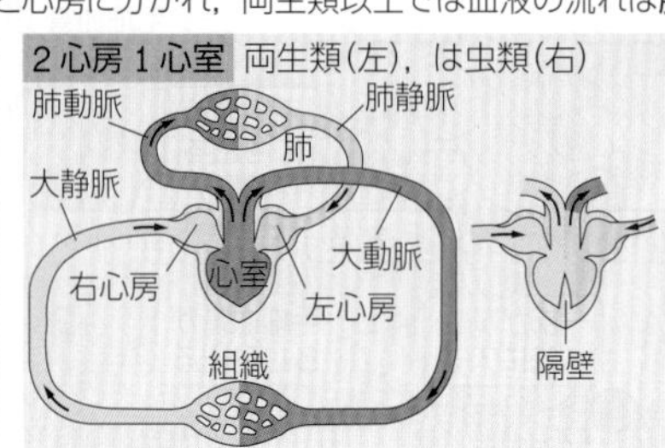

肺動脈
肺静脈
肺
大静脈
右心房
心室
大動脈
左心房
組織
隔壁

心室で肺からの動脈血とからだからの静脈血が混合。は虫類では，不完全な隔壁が混合を多少防ぐ。

2心房2心室 鳥類，哺乳類

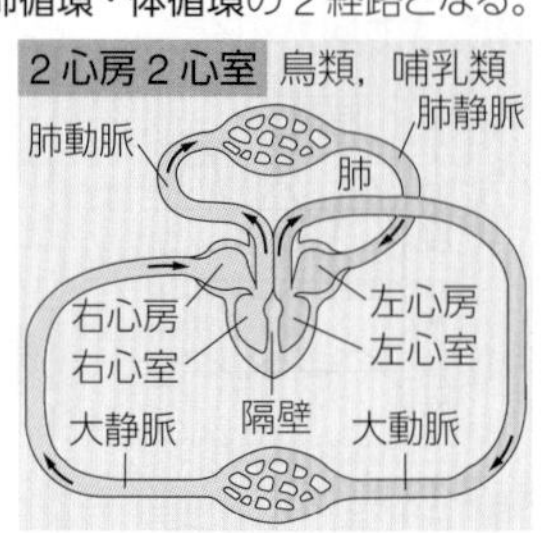

肺動脈
肺静脈
肺
右心房
右心室
左心房
左心室
大静脈
隔壁
大動脈

肺からの動脈血は静脈血と混ざらずに体循環する。

ヒトの循環系

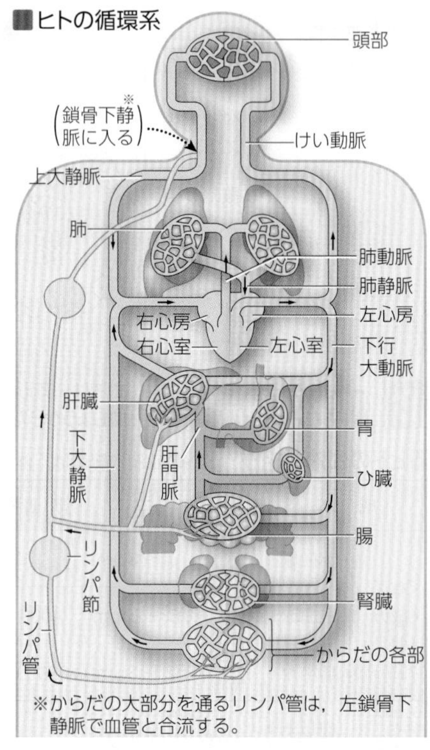

頭部
(鎖骨下静脈に入る)※
けい動脈
上大静脈
肺
肺動脈
肺静脈
左心房
右心房
右心室
左心室
下行大動脈
肝臓
下大静脈
肝門脈
胃
ひ臓
腸
リンパ節
リンパ管
腎臓
からだの各部

※からだの大部分を通るリンパ管は，左鎖骨下静脈で血管と合流する。

血管の構造

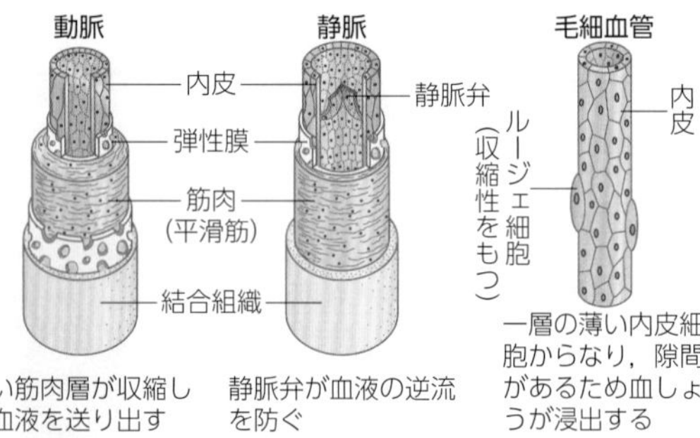

動脈
静脈
毛細血管
内皮
弾性膜
筋肉(平滑筋)
結合組織
静脈弁
ルージェ細胞(収縮性をもつ)

厚い筋肉層が収縮して血液を送り出す

静脈弁が血液の逆流を防ぐ

一層の薄い内皮細胞からなり，隙間があるため血しょうが浸出する

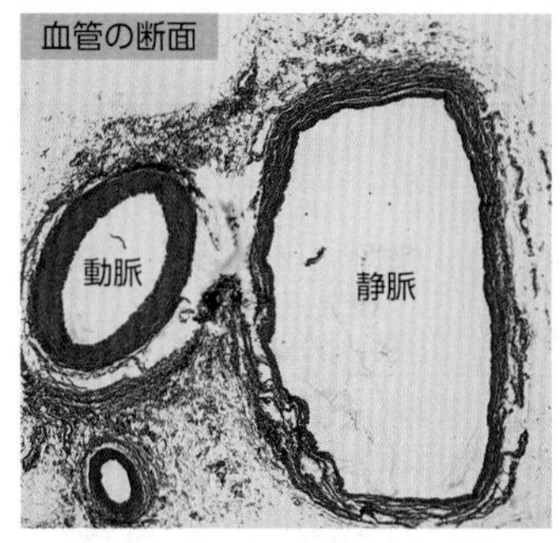

血管の断面
動脈
静脈

ヒトの心臓の構造と拍動調節

ヒトの心臓はにぎりこぶし程度の大きさで，心筋からなる。

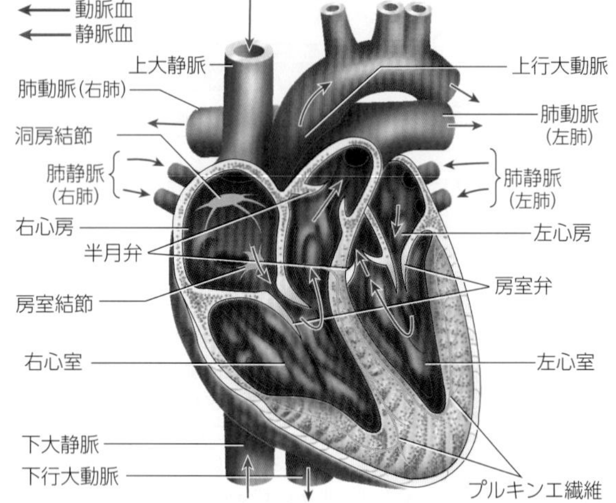

← 動脈血
← 静脈血
上大静脈
肺動脈(右肺)
洞房結節
肺静脈(右肺)
右心房
半月弁
房室結節
右心室
下大静脈
下行大動脈
上行大動脈
肺動脈(左肺)
肺静脈(左肺)
左心房
房室弁
左心室
プルキンエ繊維

心臓は自動的に拍動するしくみ(**刺激伝導系**)をもっていて，神経から切り離しても拍動を続ける。また，拍動数は自律神経(▶ p.149)などによって調節されている。刺激伝導系において，洞房結節(洞結節ともいう)は，心臓全体の拍動をつくりだしているので，**ペースメーカー**とよばれる。

刺激伝導系
①洞房結節が興奮
→②心房が収縮
→③房室結節が興奮
→④心室が収縮

Column 人工ペースメーカー

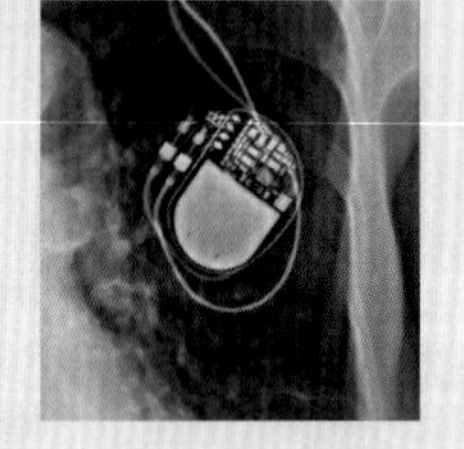

心臓の刺激伝導系が何らかの原因ではたらかなくなったときには，人工ペースメーカーを心臓につけて役目を代行させる治療が行われている。人工ペースメーカーは小型コンピューターを搭載し，呼吸運動などによって自動的にペースを変えることもできる。人工ペースメーカーは「最も成功している人工臓器」といわれている。

開放血管系と閉鎖血管系

血管系には，毛細血管のない**開放血管系**と，毛細血管で動脈と静脈が結ばれた**閉鎖血管系**がある。

開放血管系 バッタ(節足動物)

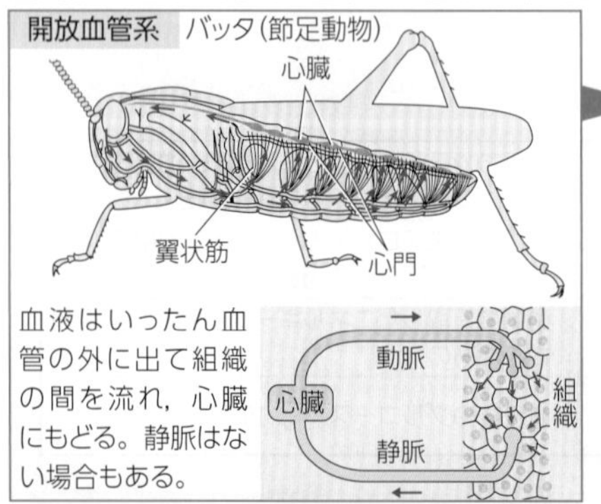

心臓
翼状筋
心門
動脈
心臓
組織
静脈

血液はいったん血管の外に出て組織の間を流れ，心臓にもどる。静脈はない場合もある。

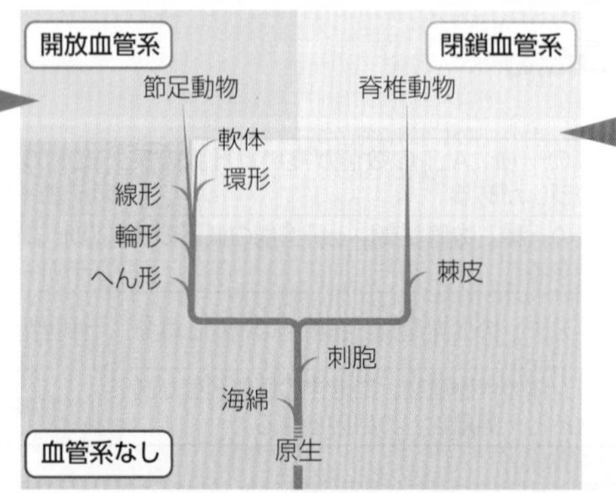

開放血管系
閉鎖血管系
節足動物
脊椎動物
軟体
環形
線形
輪形
へん形
棘皮
刺胞
海綿
原生
血管系なし

閉鎖血管系 ミミズ(環形動物)

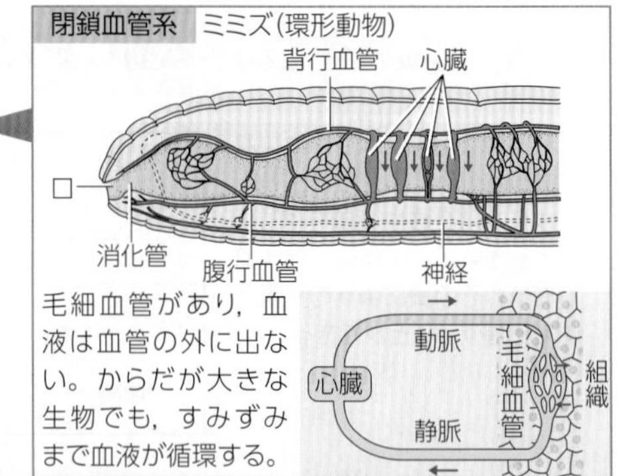

背行血管
心臓
口
消化管
腹行血管
神経
動脈
心臓
毛細血管
組織
静脈

毛細血管があり，血液は血管の外に出ない。からだが大きな生物でも，すみずみまで血液が循環する。

Keywords 循環系(circulatory system)，動脈(artery)，静脈(vein)，毛細血管(capillary)

B 酸素と二酸化炭素の運搬

酸素は，からだの中では呼吸色素によって組織まで運ばれる。脊椎動物では，赤血球中の**ヘモグロビン**(**Hb**)に結合して運ばれる。

酸素の運搬

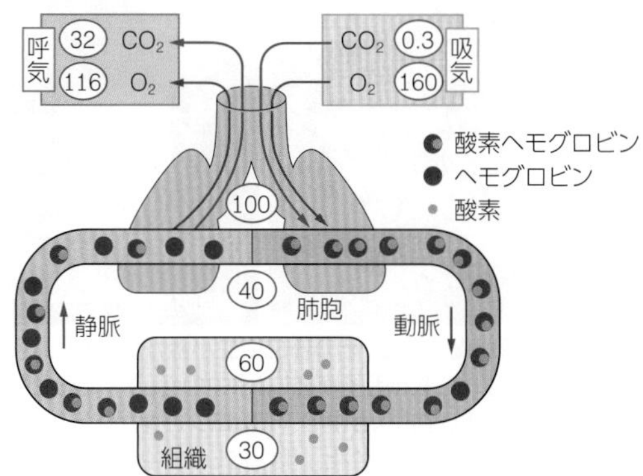

呼気 32 CO_2 116 O_2
吸気 CO_2 0.3 O_2 160
酸素ヘモグロビン
ヘモグロビン
酸素
100
40
肺胞
静脈
動脈
60
組織
30

◯内の数値はO_2分圧，◯内の数値はCO_2分圧（単位はmmHg）

ヘモグロビンと酸素の反応

$$Hb + O_2 \rightleftarrows HbO_2$$

肺胞（O_2分圧 高，CO_2分圧 低）→ / 組織（O_2分圧 低，CO_2分圧 高）←

ヘモグロビン　酸素　　酸素ヘモグロビン

酸素解離曲線

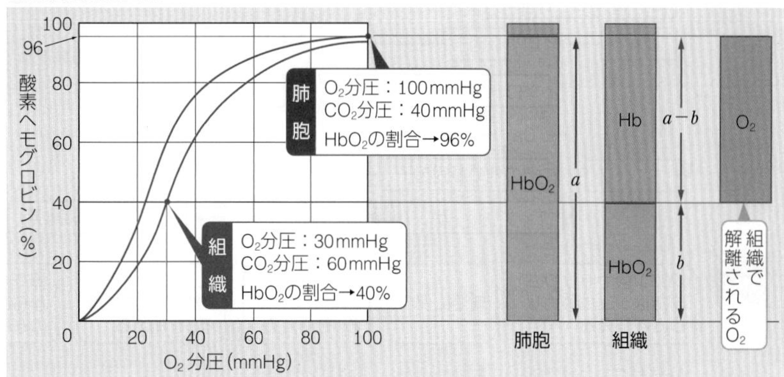

酸素ヘモグロビン(%)
100
96
80
60
40
20
0
20 40 60 80 100
O_2分圧(mmHg)
肺胞
O_2分圧：100mmHg
CO_2分圧：40mmHg
HbO_2の割合→96%
組織
O_2分圧：30mmHg
CO_2分圧：60mmHg
HbO_2の割合→40%
HbO_2
a
Hb
a−b
HbO_2
b
O_2
組織で解離されるO_2
肺胞
組織

$$酸素解離度 = \frac{a-b}{a} \times 100 = \frac{96-40}{96} \times 100 = 58(\%)$$

肺ではO_2が多く，CO_2が少ないので，ヘモグロビンは酸素と結合しやすい。組織ではO_2が少なく，CO_2が多いので，ヘモグロビンは酸素を解離しやすい。

気体の分圧

混合気体の示す圧力のうち，各成分気体による圧力を分圧といい，成分気体の体積比に比例する。

ヘモグロビン

ヘモグロビンは，4本のポリペプチド鎖（α鎖とβ鎖各2本）とヘムとよばれる色素成分とからなり，特有の立体構造をもつ。

酸素は，ヘムの中心にある鉄(Fe)原子に結合する。酸素が結合すると鮮紅色の酸素ヘモグロビンになり，酸素を離すと暗赤色のヘモグロビンにもどる。ヘモグロビン1分子は4つのヘムをもち，酸素4分子を運ぶことができる。

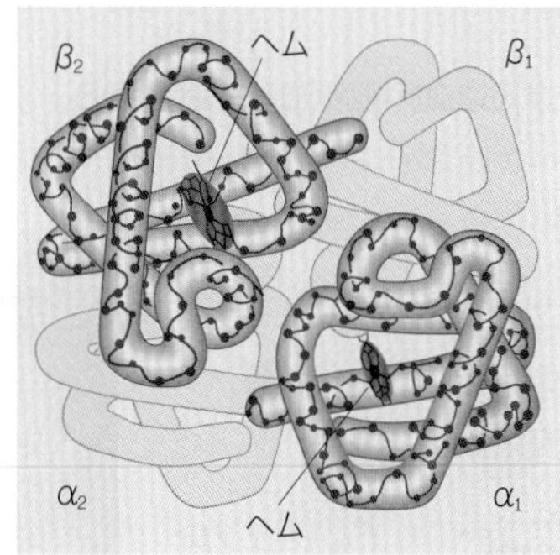

$β_2$
ヘム
$β_1$
$α_2$
ヘム
$α_1$

酸素解離曲線と環境

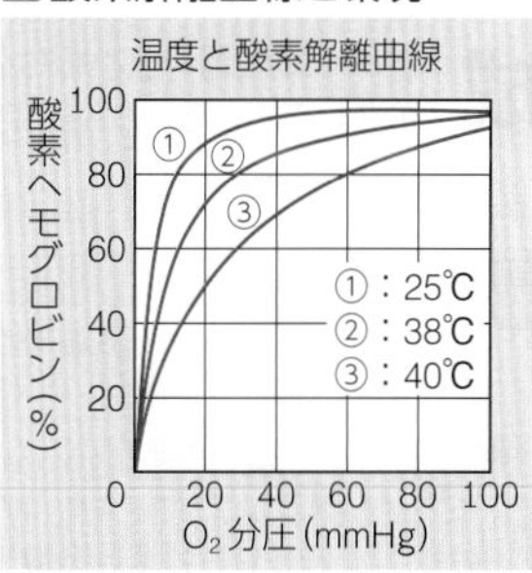

温度と酸素解離曲線
酸素ヘモグロビン(%)
100
80
60
40
20
0
20 40 60 80 100
O_2分圧(mmHg)
①
②
③
①：25℃
②：38℃
③：40℃

酸素ヘモグロビンは，温度が高いほど，酸素を解離しやすい。

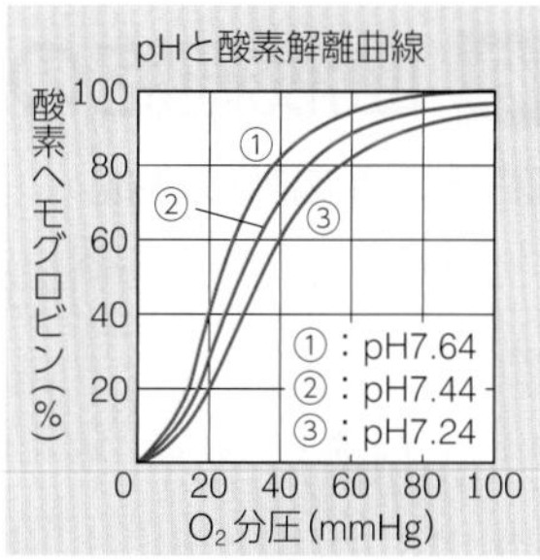

pHと酸素解離曲線
酸素ヘモグロビン(%)
100
80
60
40
20
0
20 40 60 80 100
O_2分圧(mmHg)
①
②
③
①：pH7.64
②：pH7.44
③：pH7.24

酸素ヘモグロビンは，pHが下がるほど，酸素を解離しやすい。

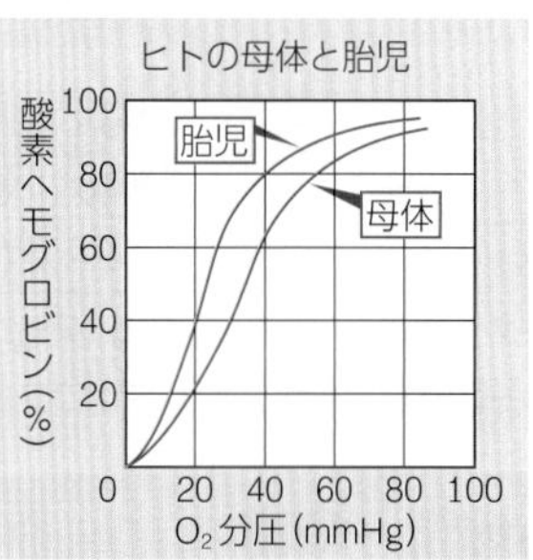

ヒトの母体と胎児
酸素ヘモグロビン(%)
100
80
60
40
20
0
20 40 60 80 100
O_2分圧(mmHg)
胎児
母体

胎児のヘモグロビンのほうが，酸素と結合しやすいため，母体からO_2を受け取ることができる。

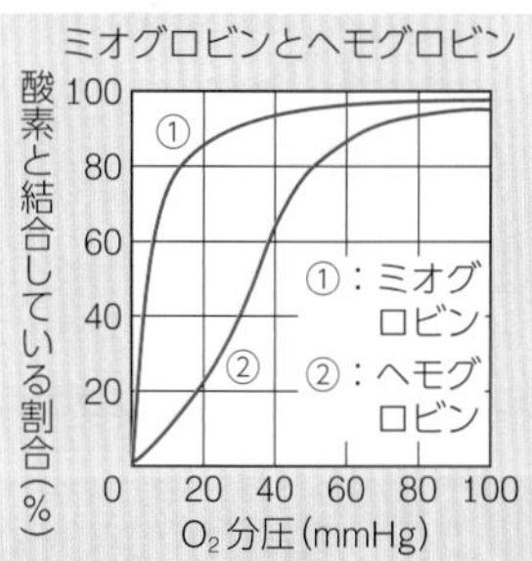

ミオグロビンとヘモグロビン
酸素と結合している割合(%)
100
80
60
40
20
0
20 40 60 80 100
O_2分圧(mmHg)
①
②
①：ミオグロビン
②：ヘモグロビン

筋肉中のミオグロビンはO_2と結合しやすいため，O_2を蓄えることができる。

呼吸色素

呼吸色素	含有金属	色	所　在	動物例
ヘモグロビン	鉄(Fe)	赤	赤血球	脊椎動物全般
ミオグロビン	鉄(Fe)	赤	筋　肉	脊椎動物全般
ヘモシアニン	銅(Cu)	青	血しょう	タコ・イカ・マイマイ（軟体動物）ザリガニ・カブトガニ（節足動物）
クロロクルオリン	鉄(Fe)	緑	血しょう	ケヤリムシ・ゴカイの一種（環形動物）

ヘムの分子構造

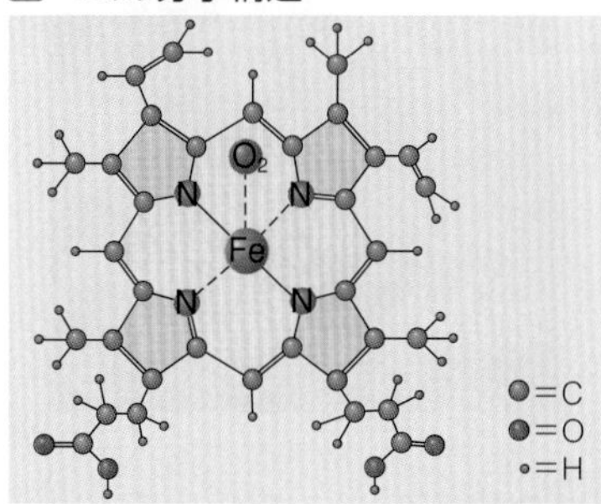

O_2
N
N
Fe
N
N
=C
=O
=H

Zoom up 二酸化炭素の運搬

呼吸によって生じたCO_2は血しょう中に溶けこみ，赤血球に入って炭酸脱水酵素のはたらきで炭酸(H_2CO_3)になる。H_2CO_3はH^+とHCO_3^-に解離し，HCO_3^-は血しょう中に出て，肺に運ばれる。肺では逆の反応が起こり，CO_2は気体となって放出される。

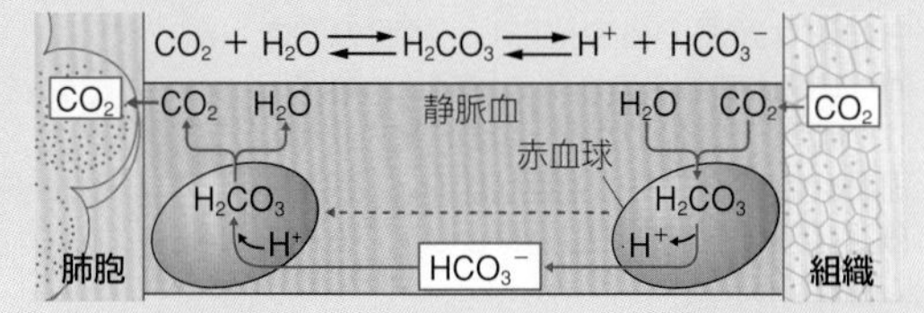

$CO_2 + H_2O \rightleftarrows H_2CO_3 \rightleftarrows H^+ + HCO_3^-$
CO_2
CO_2 H_2O
静脈血
H_2O CO_2
CO_2
赤血球
H_2CO_3
H^+
H_2CO_3
H^+
肺胞
HCO_3^-
組織

ヘモグロビン(hemoglobin)，呼吸色素(respiratory pigment)

8 体内環境としての体液(3) 生物基礎 生物

A 血液の凝固

外傷によって血管が損傷を受けたとき，血液の凝固によって，血液の流出や，傷口からの細菌などの侵入を防ぐ。

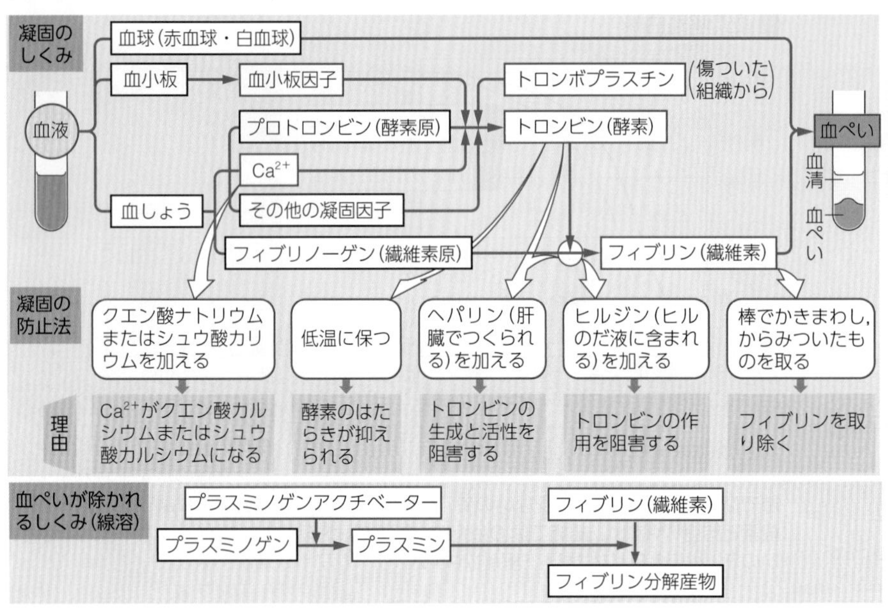

凝固のしくみ
血液
血球(赤血球・白血球)
血小板
血小板因子
トロンボプラスチン
(傷ついた組織から)
プロトロンビン(酵素原)
トロンビン(酵素)
Ca^{2+}
血しょう
その他の凝固因子
フィブリノーゲン(繊維素原)
フィブリン(繊維素)
血ぺい
血清
血ぺい
凝固の防止法
クエン酸ナトリウムまたはシュウ酸カリウムを加える
低温に保つ
ヘパリン(肝臓でつくられる)を加える
ヒルジン(ヒルのだ液に含まれる)を加える
棒でかきまわし，からみついたものを取る
理由
Ca^{2+}がクエン酸カルシウムまたはシュウ酸カルシウムになる
酵素のはたらきが抑えられる
トロンビンの生成と活性を阻害する
トロンビンの作用を阻害する
フィブリンを取り除く
血ぺいが除かれるしくみ(線溶)
プラスミノゲンアクチベーター
プラスミノゲン
プラスミン
フィブリン(繊維素)
フィブリン分解産物

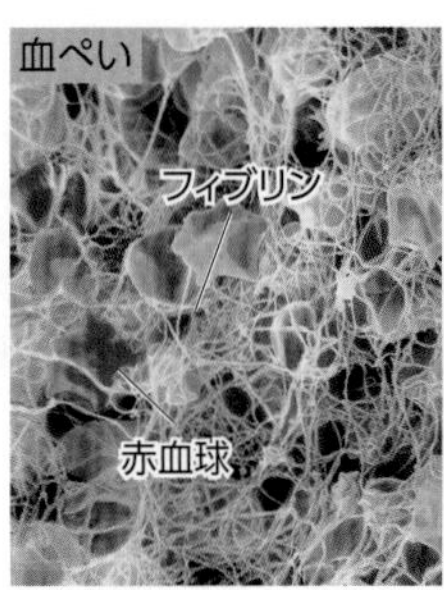

血ぺい
フィブリン
赤血球

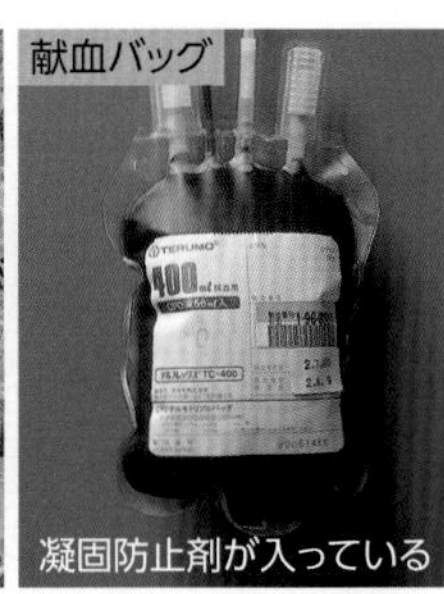

献血バッグ

凝固防止剤が入っている

血管が傷つくと，その部位に血小板が集まり，血小板から放出される因子が血しょう中のCa^{2+}などと協同して作用し，血しょう中のプロトロンビンからトロンビンを生成する。トロンビンは，血しょう中のフィブリノーゲンをフィブリンにする。フィブリンが集まってできた繊維は血球を包みこみ，かたまり(血ぺい)を生じる。血管の傷が修復するとともに，血管の内皮細胞からプラスミノゲンアクチベーターという物質が分泌される。この物質のはたらきでプラスミンという酵素が生成されて，不要になった血ぺいのフィブリンが分解される。この現象を**線溶**(フィブリン溶解)という。

B 血液細胞の生成

すべての血球や血小板は骨髄に存在する**造血幹細胞**(血球芽細胞)から分化してできる。

ヒトの血液細胞の生成

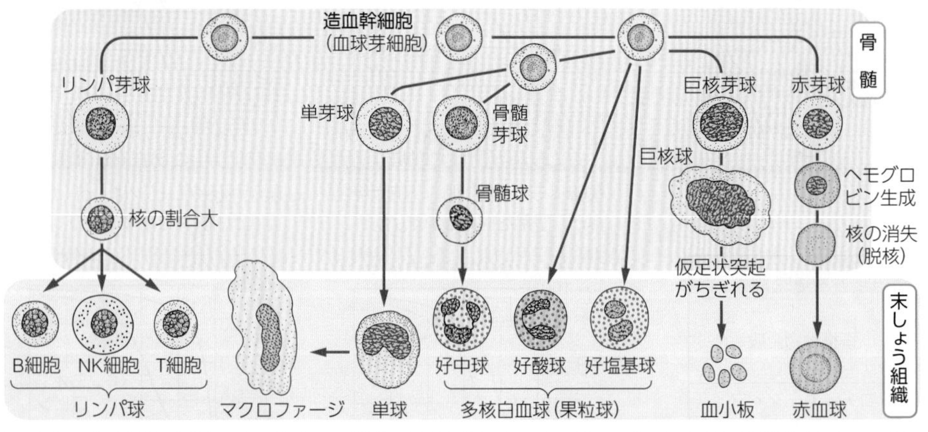

造血幹細胞
(血球芽細胞)
骨髄
リンパ芽球
単芽球
骨髄芽球
巨核芽球
赤芽球
巨核球
骨髄球
ヘモグロビン生成
核の割合大
核の消失
(脱核)
仮足状突起がちぎれる
末しょう組織
B細胞
NK細胞
T細胞
リンパ球
マクロファージ
単球
好中球
好酸球
好塩基球
多核白血球(果粒球)
血小板
赤血球

リンパ球にはB細胞・NK(ナチュラルキラー)細胞・T細胞があり，マクロファージとともに免疫に関係する(▶p.165)。

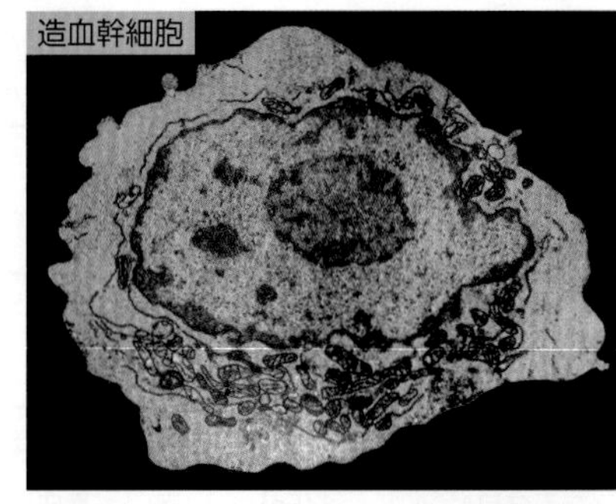

造血幹細胞

骨髄に存在し，生涯にわたって白血球や赤血球，血小板などあらゆる血液細胞をつくる。自己複製能と多分化能をあわせもち，細胞分裂によって増殖することも，多様な血液細胞に分化することもできる。

Zoom up 血液がつくられる場所—骨髄

胎児期の血液は肝臓やひ臓でつくられるが，出生後は**骨髄**で生成される。骨髄は骨の内部を埋める組織であり，類洞(拡張した毛細血管)と細網組織からなる。細網組織の間にはさまざまな分化段階の造血幹細胞が存在する。
白血球は類洞の外で成熟し，類洞の穴を通って進入する。赤血球も同様に，類洞の外で成熟・脱核してから，類洞に進入する。
細網組織の間に存在する巨核球の仮足状突起(細胞質)がちぎれて血小板となり，類洞内に遊離する。

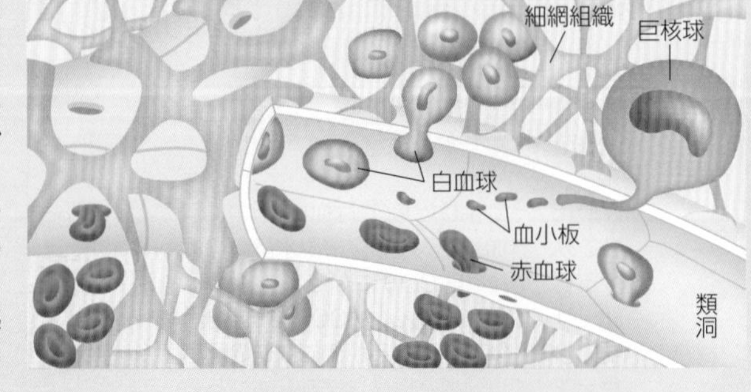

細網組織
巨核球
白血球
血小板
赤血球
類洞
赤血球
白血球

Keywords 血液凝固(blood coagulation)，線溶(fibrinolysis)，骨髄(bone marrow)，造血幹細胞(hematopoietic stem cell)

9 体液の恒常性(1) 生物基礎 生物

A 肝臓の構造とはたらき

肝臓は人体で最大の臓器であり，健康な成人男性では約 1.0 ～ 1.5kg の重量がある。500 種類以上の化学反応が行われており，生体内の大化学工場である。

肝臓の構造

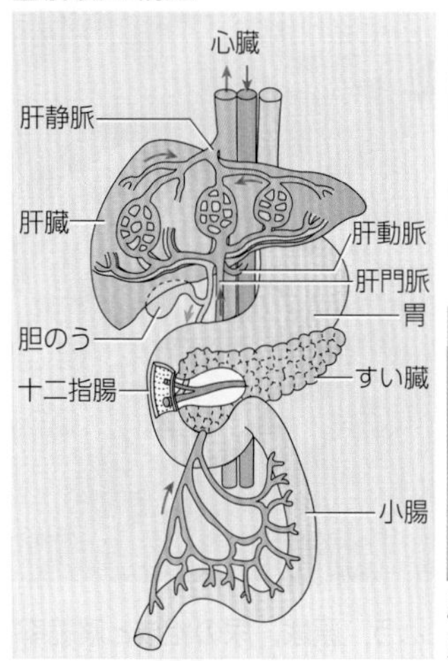
心臓
肝静脈
肝臓
肝動脈
肝門脈
胃
胆のう
すい臓
十二指腸
小腸

肝臓に入る血管

肝門脈　消化器官から出た毛細血管が合流した太い血管。栄養物質を多く含んだ血液が流れる。

肝動脈　心臓から直接送られてくる酸素を多く含んだ血液が流れる。

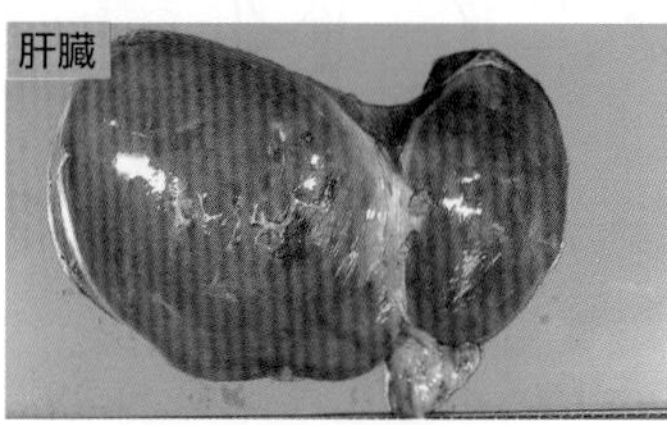
肝臓

肝臓は手術で半分を切除しても，1 か月足らずでもとの大きさに再生する。

肝小葉

肝動脈
胆細管
肝細胞
肝門脈
胆管
類洞
中心静脈
血液の流れ
胆汁の流れ

肝臓は約 50 万個の肝小葉という角柱状の構造単位からなり，さらに肝小葉は約 50 万個の肝細胞からなる。

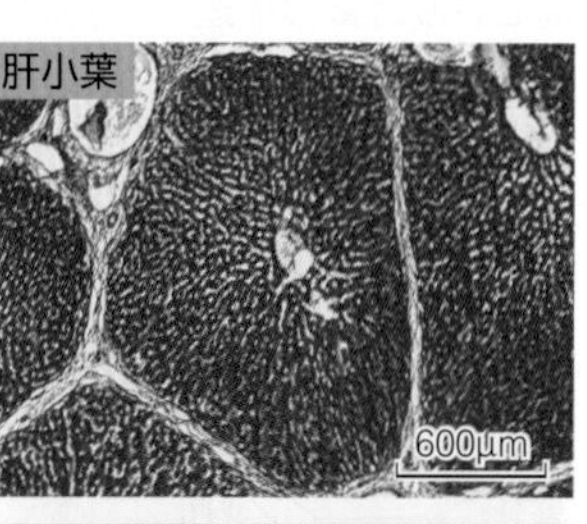
肝小葉
600μm

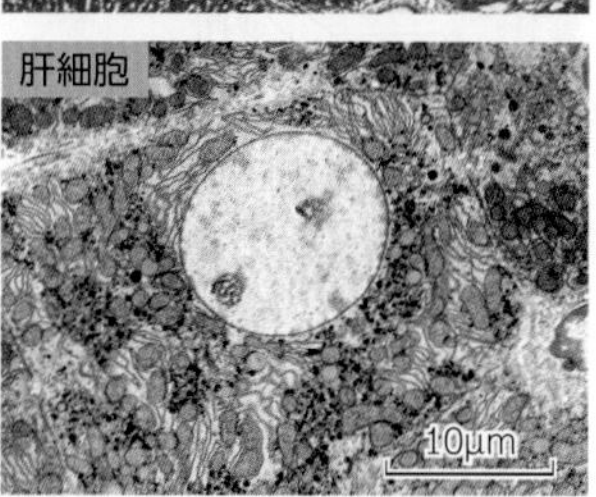
肝細胞
10μm

肝臓のはたらき

血糖濃度の調節	血液中のグルコースを**グリコーゲン**として蓄える。グリコーゲンは必要に応じてグルコースに再分解されて，血液中の血糖として供給される（ホルモンによって調節される）
物質代謝	タンパク質の合成や分解。アミノ酸の分解を行う
尿素の合成	タンパク質やアミノ酸が分解されて生じた有害なアンモニアを，オルニチン回路（右図）で毒性の低い**尿素**に変える
解毒作用	アルコールのほか，食物や細菌のつくる有害な物質を酸化・還元・分解などの作用により無毒化する
血球成分の生成と赤血球の破壊	血液中（血しょう）に含まれるアルブミン・フィブリノーゲン・プロトロンビンやヘパリンなどを合成する。胎児期には赤血球を合成し，成体になると古くなった赤血球を破壊する
体温の保持	代謝が盛んで熱の発生量が多く，体温の保持にはたらく
胆汁の生成	肝細胞で生成される胆汁は，**胆のう**に蓄えられて十二指腸に分泌される。胆汁中の胆汁酸は脂肪の乳化にはたらく。解毒作用で生じた不要な物質や，ヘモグロビンの分解産物である**ビリルビン**は胆汁中に排出される
血液の貯蔵	心臓から出た血液の約 4 分の 1 が肝臓に流入するが，その流出量を調節することで血液循環量の調節を行う
ビタミンの貯蔵	小腸で吸収されたビタミン A，B_{12}，D を集めて貯蔵する

肝臓での物質代謝

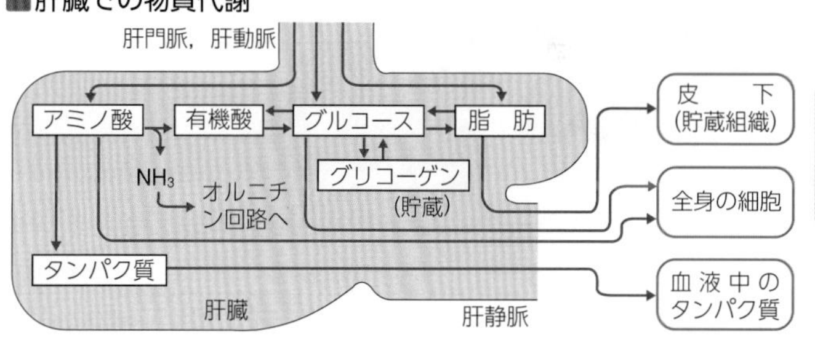
肝門脈，肝動脈
アミノ酸
有機酸
グルコース
脂　肪
NH3
オルニチン回路へ
グリコーゲン（貯蔵）
タンパク質
肝臓
肝静脈
皮　下（貯蔵組織）
全身の細胞
血液中のタンパク質

オルニチン回路

アミノ酸が呼吸基質で使われたり，タンパク質が分解されるとき，アンモニアが生じる。哺乳類はこれを肝臓で尿素に変えて排出する。このときの反応経路を**オルニチン回路**という。

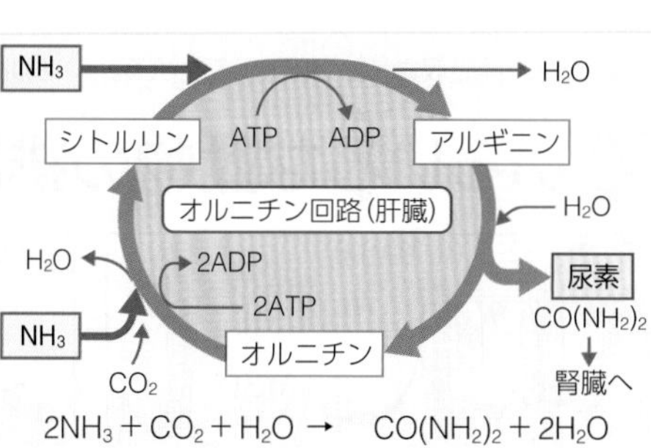
NH3
H2O
シトルリン
ATP
ADP
アルギニン
オルニチン回路（肝臓）
H2O
H2O
2ADP
尿素
2ATP
CO(NH2)2
NH3
オルニチン
CO2
腎臓へ

$$2NH_3 + CO_2 + H_2O \rightarrow CO(NH_2)_2 + 2H_2O$$

B 窒素排出物

タンパク質などが分解されて生じるアンモニアは有害であるため，ヒトでは肝臓で尿素に変えるが，他の動物でも生活環境に応じて尿素や尿酸につくり変えて排出している。

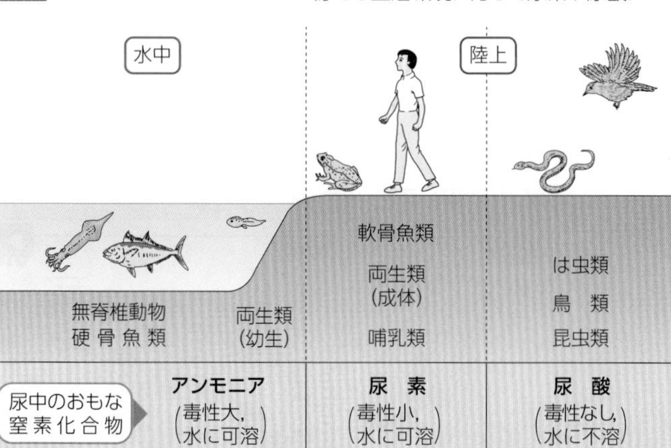
水中
陸上
無脊椎動物
硬骨魚類
両生類（幼生）
軟骨魚類
両生類（成体）
哺乳類
は虫類
鳥　類
昆虫類
尿中のおもな窒素化合物
アンモニア（毒性大，水に可溶）
尿　素（毒性小，水に可溶）
尿　酸（毒性なし，水に不溶）

ヒトでは，アンモニアが血液中に 0.005% 含まれると昏睡状態におちいることがあるほど有害であるが，尿素は 4% でも害はない。

鳥類や昆虫類のように空を飛ぶものは，排出のための水がほとんど不要な尿酸に変えて捨てる。また，鳥類やは虫類の胚は殻のある卵の中で育つので，水に不溶な尿酸に変えておくと蓄えるのに都合がよい。

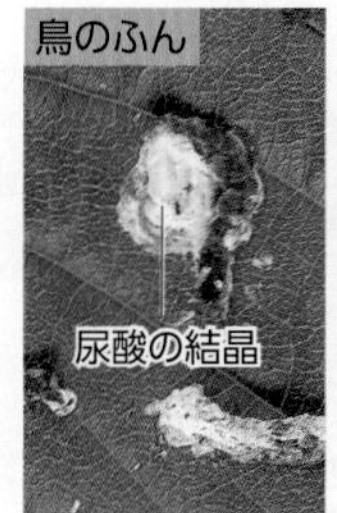
鳥のふん
尿酸の結晶

動物名	種類	生活場所	窒素排出物に対する割合(%) アンモニア	尿　素	尿　酸
ヤリイカ	軟体動物	海水	67	1.7	2.1
フ　ナ	硬骨魚類	淡水	73.3	9.9	−
カエル（幼生）	両生類	淡水	75	10	−
カエル（成体）	両生類	陸上	3.2	91.4	−
ニシキヘビ	は虫類	陸上	8.7	−	89
ニワトリ	鳥　類	陸上	3.4	10	87
ヒ　ト	哺乳類	陸上	4.8	86.9	0.65

Keywords 肝臓(liver)，尿素(urea)，オルニチン回路(ornithine cycle)，尿酸(uric acid)

10 体液の恒常性(2)

生物基礎
生 物

A 腎臓の構造とはたらき

腎臓は，体液の老廃物をこし取るはたらきをする排出器官で，血液のろ過装置であるとともに，体内の水分量の調節や体液濃度の調節にも重要なはたらきをしている。

ヒトの腎臓の構造

腎小体(マルピーギ小体)と細尿管(腎細管)を合わせて**ネフロン**(腎単位)といい，腎臓のはたらきの単位となる。

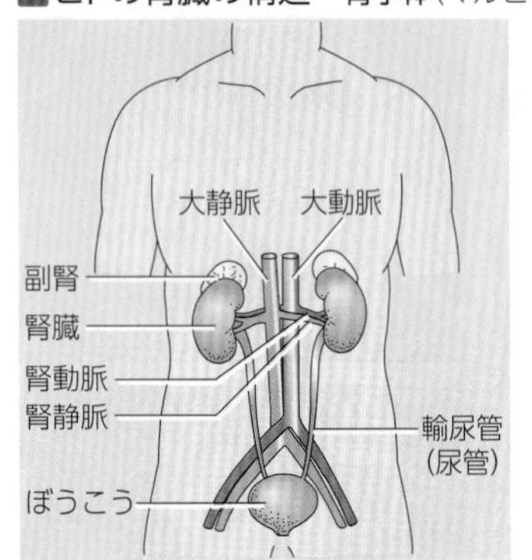
大静脈
大動脈
副腎
腎臓
腎動脈
腎静脈
輸尿管
(尿管)
ぼうこう

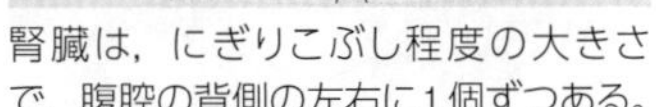

腎臓は，にぎりこぶし程度の大きさで，腹腔の背側の左右に1個ずつある。

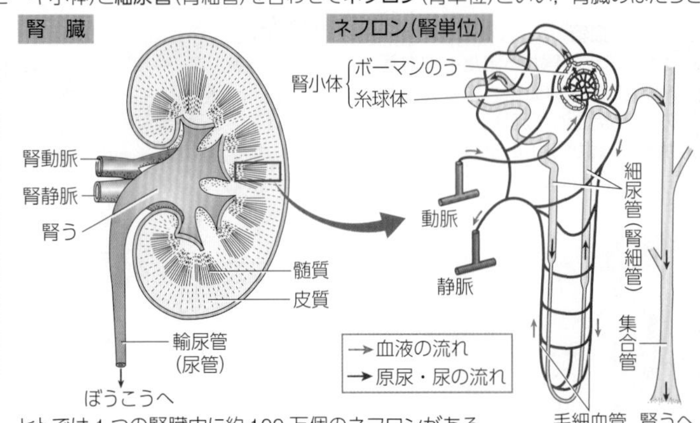
腎 臓
腎動脈
腎静脈
腎う
髄質
皮質
輸尿管
(尿管)
ぼうこうへ
ネフロン(腎単位)
腎小体
ボーマンのう
糸球体
動脈
静脈
細尿管(腎細管)
集合管
→血液の流れ
→原尿・尿の流れ
毛細血管
腎うへ

ヒトでは1つの腎臓中に約100万個のネフロンがある。

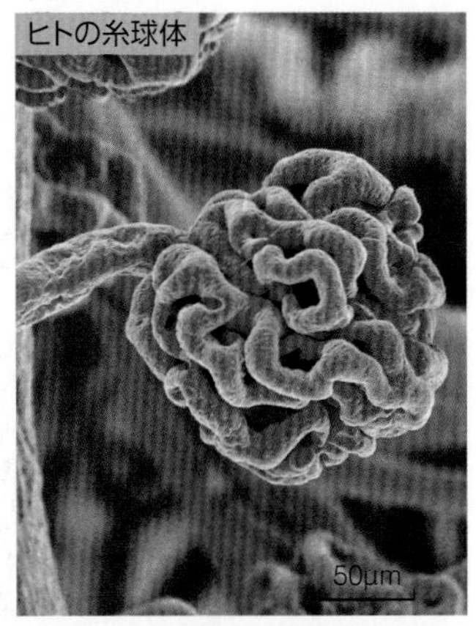
ヒトの糸球体
50μm

尿の生成

腎小体で血液がろ過されて原尿ができ，細尿管で原尿から必要な成分が再吸収される。細尿管に残った液は，さらに**集合管**で水が再吸収され，尿となって排出される。

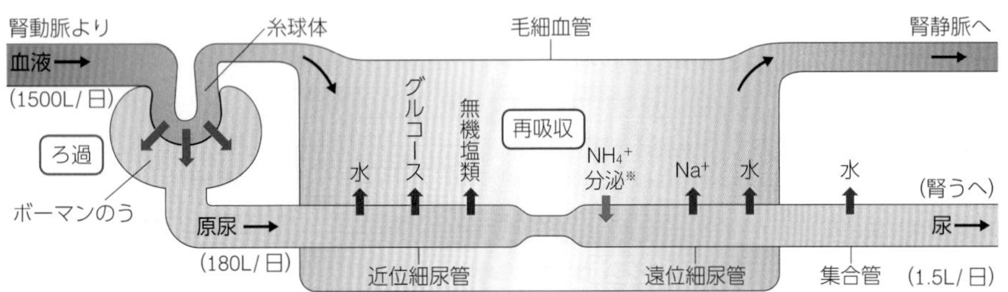
腎動脈より
糸球体
毛細血管
腎静脈へ
血液
(1500L/日)
ろ過
ボーマンのう
グルコース
無機塩類
再吸収
NH_4^+
分泌※
水
Na^+
水
水
(腎うへ)
原尿
尿
(180L/日)
近位細尿管
遠位細尿管
集合管
(1.5L/日)

ろ過　血球などの有形成分やタンパク質などの高分子成分は，糸球体からボーマンのうへこし出されないが，水や血しょう中の低分子成分は，ほとんどボーマンのうにこし出される。

再吸収　有用なグルコース・水・無機塩類は，細尿管で再吸収されるが，尿素や SO_4^{2-} など不要なものは，あまり再吸収されないので濃縮される。　※ NH_4^+ や K^+ などはわずかだが細尿管に分泌される。

ヒトの血しょう，原尿，尿の組成と濃縮率

成　分	血しょう(%) A	原尿(%)	尿(%) B	濃縮率 B／A
水	90～93	99	95	－
タンパク質	7.2	0	0	0
グルコース	0.1	0.1	0	0
尿素	0.03	0.03	2	67
尿酸	0.004	0.004	0.05	13
クレアチニン	0.001	0.001	0.075	75
Na^+	0.3	0.3	0.35	1
Cl^-	0.37	0.37	0.6	2
K^+	0.02	0.02	0.15	8
Ca^{2+}	0.008	0.008	0.015	2
NH_4^+	0.001	0.001	0.04	40
SO_4^{2-}	0.003	0.003	0.18	60

B いろいろな動物の排出器

ほぼすべての動物が排出器をもっているが，排出器の構造は動物の種類によって異なる。

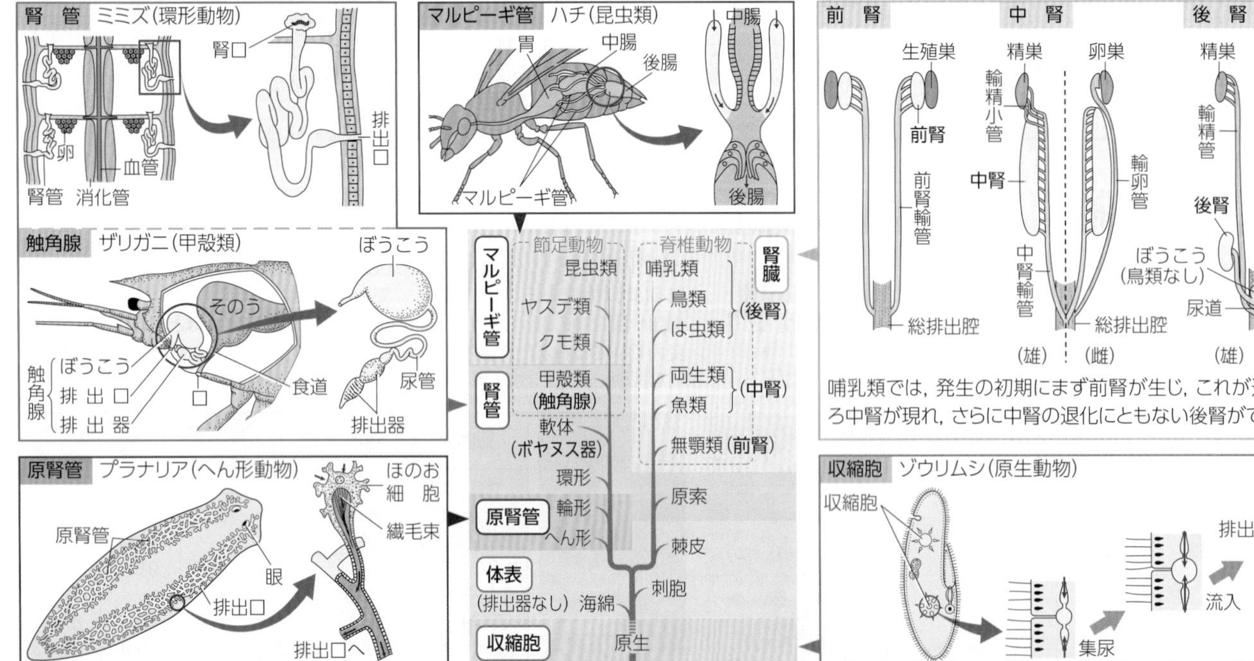
腎 管　ミミズ(環形動物)
腎口
排出口
卵
血管
腎管
消化管
触角腺　ザリガニ(甲殻類)
ぼうこう
そのう
触角腺
ぼうこう
排出口
排出器
口
食道
尿管
排出器
原腎管　プラナリア(へん形動物)
ほのお細胞
繊毛束
原腎管
眼
排出口
排出口へ
マルピーギ管　ハチ(昆虫類)
胃
中腸
後腸
マルピーギ管
中腸
後腸
節足動物
昆虫類
ヤスデ類
クモ類
甲殻類
(触角腺)
軟体
(ボヤヌス器)
環形
輪形
へん形
海綿
原生
脊椎動物
哺乳類
鳥類
は虫類
(後腎)
両生類
魚類
(中腎)
無顎類(前腎)
原索
棘皮
刺胞
マルピーギ管
腎管
原腎管
体表
(排出器なし)
収縮胞
腎臓
前 腎
中 腎
後 腎
生殖巣
前腎
前腎輸管
総排出腔
精巣
卵巣
輸精小管
中腎
中腎輸管
輸卵管
総排出腔
(雄)
(雌)
精巣
卵巣
輸精管
輸卵管
後腎
ぼうこう
(鳥類なし)
輸尿管
尿道
直腸
(雄)
(雌)
哺乳類では，発生の初期にまず前腎が生じ，これが退化するころ中腎が現れ，さらに中腎の退化にともない後腎ができてくる。
収縮胞　ゾウリムシ(原生動物)
収縮胞
集尿
流入
排出

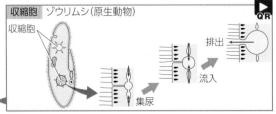

Keywords　腎臓(kidney)，ネフロン(nephron)，ぼうこう(bladder)，排出器〔官〕(excretory organ)

C 体液濃度の調節

水中で生活する生物の場合，体液濃度と外液の濃度の差に応じて水分が入ってきたり，失われたりする。脊椎動物は体液濃度を一定に保つしくみをもっている。

体液の濃度

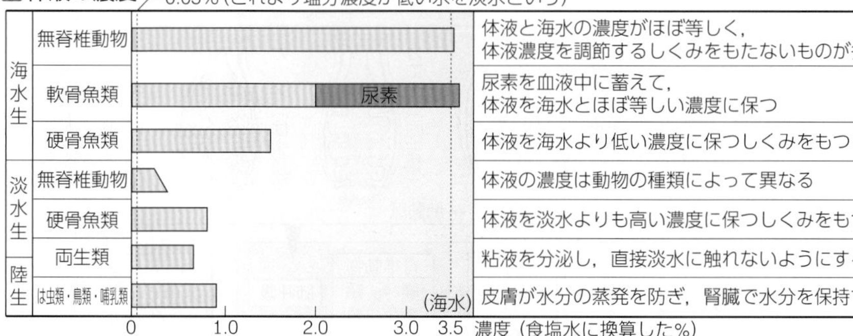

0.05％（これより塩分濃度が低い水を淡水という）
海水生
無脊椎動物
体液と海水の濃度がほぼ等しく，体液濃度を調節するしくみをもたないものが多い
軟骨魚類
尿素
尿素を血液中に蓄えて，体液を海水とほぼ等しい濃度に保つ
硬骨魚類
体液を海水より低い濃度に保つしくみをもつ
淡水生
無脊椎動物
体液の濃度は動物の種類によって異なる
硬骨魚類
体液を淡水よりも高い濃度に保つしくみをもつ
陸生
両生類
粘液を分泌し，直接淡水に触れないようにする
は虫類・鳥類・哺乳類
皮膚が水分の蒸発を防ぎ，腎臓で水分を保持する
(海水)
0
1.0
2.0
3.0
3.5
濃度（食塩水に換算した％）

Column ウミガメの涙

産卵時，陸に上がったウミガメが涙を流しているように見えるのは，目頭の塩類腺という器官から海水の約 2 倍の塩分濃度の液体を分泌して体液濃度を調節しているからである。

カニの体液濃度調節

無脊椎動物の中にも，調節のしくみをもつものがある。

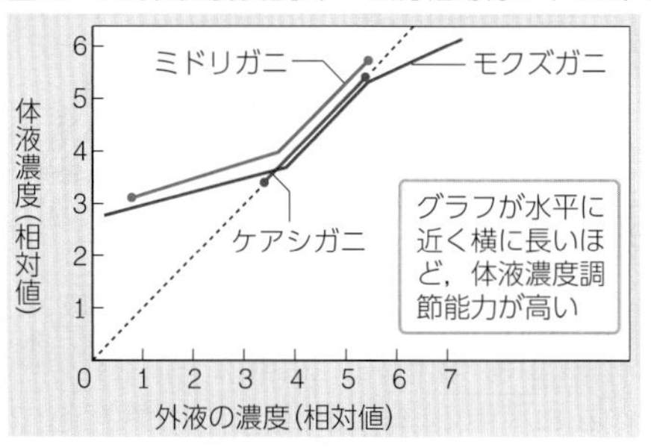

ミドリガニ
モクズガニ
ケアシガニ
グラフが水平に近く横に長いほど，体液濃度調節能力が高い
体液濃度（相対値）
外液の濃度（相対値）

ケアシガニ 外洋にすむ

体液濃度調節のしくみが未発達であるため，体液の濃度は外液の濃度とほぼ等しくなる。

ミドリガニ 河口付近にすむ

外液の濃度が低いときには，塩類を積極的に取りこみ，体液の濃度を一定に保つ。

モクズガニ 海と川を往来

体液濃度調節のしくみが発達し，外液の濃度が変化しても，体液の濃度はほぼ一定に保たれる。

硬骨魚類の体液濃度の調節

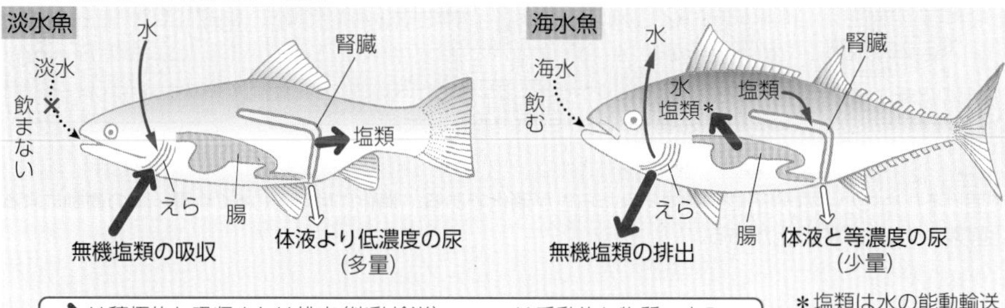

淡水魚
水
淡水
飲まない
腎臓
塩類
えら
腸
無機塩類の吸収
体液より低濃度の尿（多量）
海水魚
水
海水
飲む
水
塩類＊
塩類
腎臓
えら
腸
無機塩類の排出
体液と等濃度の尿（少量）
は積極的な吸収または排出（能動輸送）
は受動的な物質の出入り
＊塩類は水の能動輸送に伴って移動する。

	体液の濃度	体表での水の移動	体液濃度の調節		
			環境水の取りこみ	えら	腎臓
淡水魚	体液＞外液（淡水）	体内←体外	淡水を飲まない	不足する無機塩類を能動輸送で体内に取りこむ	水の再吸収を抑制し，無機塩類の再吸収を促進。体液より低濃度の尿を多量に排出
海水魚	体液＜外液（海水）	体内→体外	海水を飲み不足する水分を補う	過剰な無機塩類を塩類細胞から能動輸送で排出する	水の再吸収を促進。体液と等濃度の尿を少量排出

海と川を往来する魚類の体液濃度調節

ウナギやサケ類は外液が淡水から海水に変わっても，体液の濃度をほぼ一定に保つしくみをもつ。

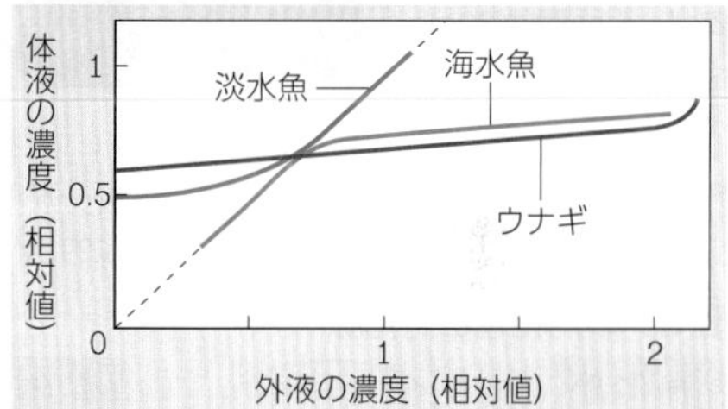

体液の濃度（相対値）
淡水魚
海水魚
ウナギ
外液の濃度（相対値）

淡水中で飼育したウナギを海水中に移すと，腎臓での水の再吸収が増し，尿量が減る。また，えらの塩類細胞も発達して能動輸送で塩類を排出し，海水魚的な調節作用をする。

えらの塩類細胞

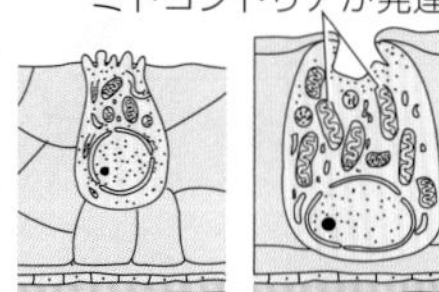
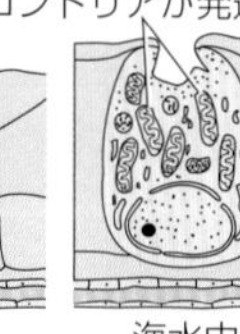

ミトコンドリアが発達
淡水中
海水中

Zoom up 糖尿病で尿に糖が排出される理由

血しょう中のグルコースは原尿にこし出されたのち，細尿管で再吸収される。グルコースの再吸収量は，血しょうグルコース濃度に比例して増加するため，健常者の尿にはグルコースは排出されない。しかし，グルコースの 1 分間当たりの再吸収量には限度があり，血しょうグルコース濃度が 200mg/100mL を超えたあたりから，再吸収しきれないグルコースが尿に排出され始める。例えば，血しょうグルコース濃度が 400mg/100mL の糖尿病患者では，ろ過される 500mg/ 分のグルコースのうち 375mg/ 分しか再吸収できず，1 分間に 125mg のグルコースが尿に排出されることになる。

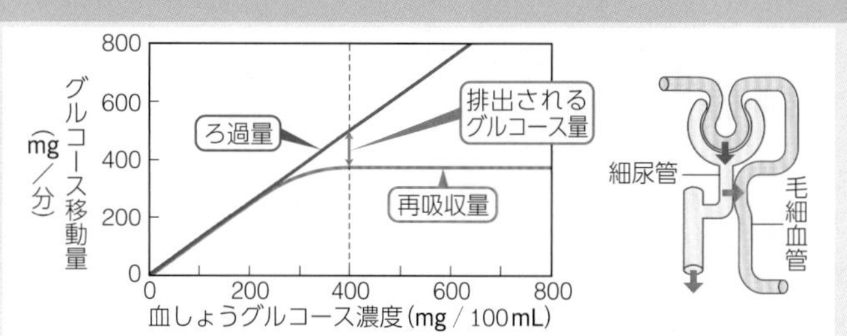

グルコース移動量（mg／分）
ろ過量
排出されるグルコース量
再吸収量
血しょうグルコース濃度（mg／100mL）
細尿管
毛細血管

淡水魚（freshwater fish），海水魚（saltwater fish），えら（gill）

11 呼吸器と消化器 生物基礎 生物

A ヒトの呼吸器

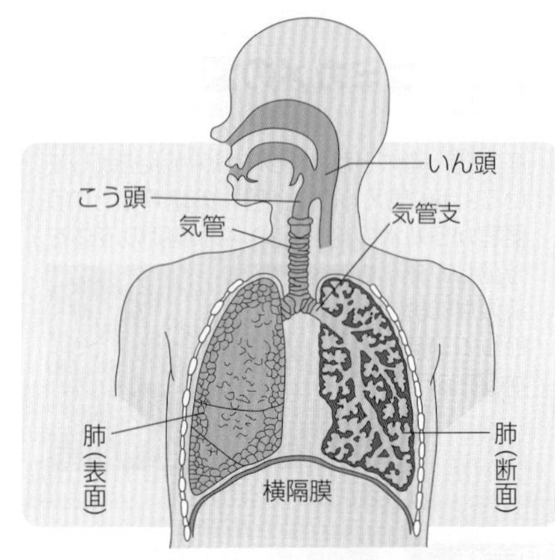

いん頭
こう頭
気管
気管支
肺（表面）
横隔膜
肺（断面）

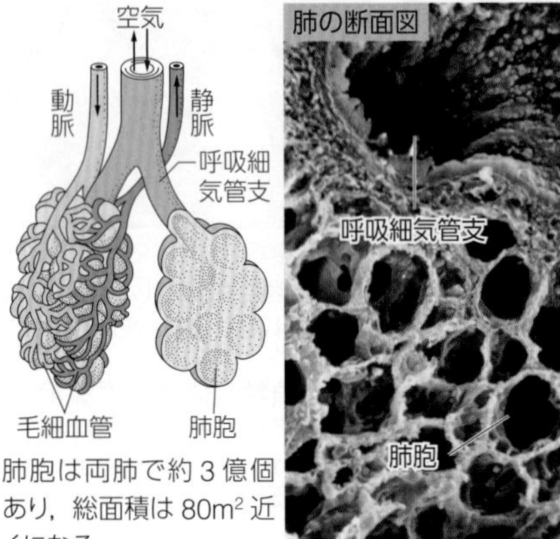

空気
動脈
静脈
呼吸細気管支
毛細血管
肺胞
肺の断面図
呼吸細気管支
肺胞

肺胞は両肺で約 3 億個あり，総面積は $80m^2$ 近くになる。

■いろいろな動物の呼吸器と系統

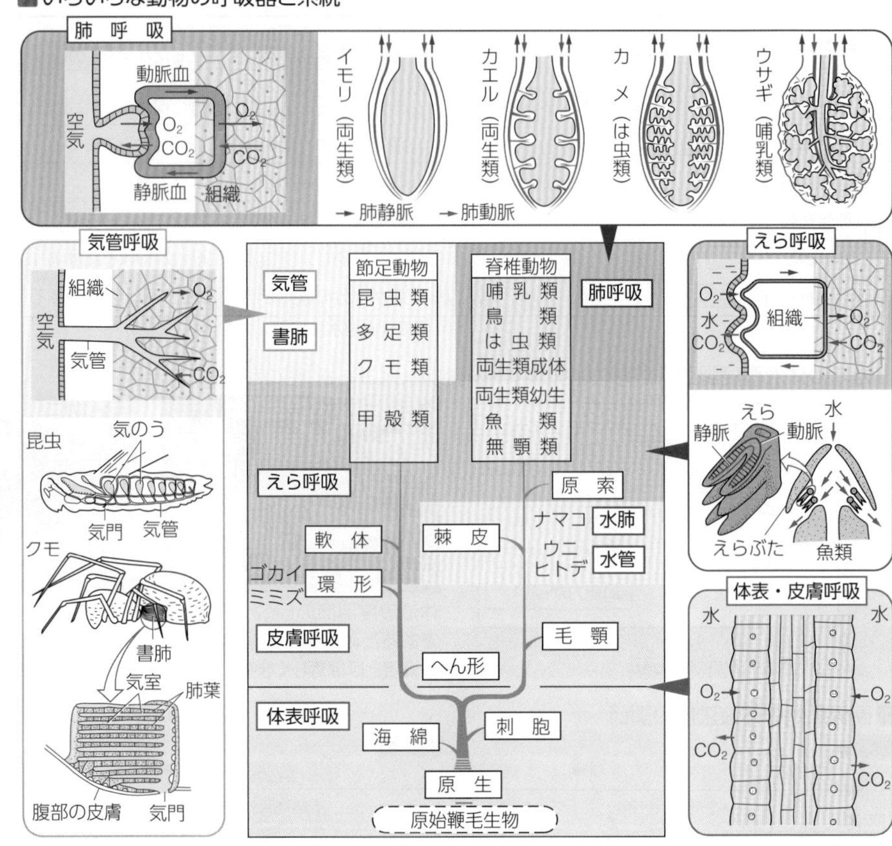

肺呼吸
動脈血
空気
O_2
CO_2
静脈血
組織
イモリ（両生類）
カエル（両生類）
カメ（は虫類）
ウサギ（哺乳類）
→肺静脈 →肺動脈
気管呼吸
組織
空気
気管
昆虫
気のう
気門
気管
クモ
書肺
気室
肺葉
腹部の皮膚
気門
気管
書肺
節足動物
昆虫類
多足類
クモ類
甲殻類
脊椎動物
哺乳類
鳥類
は虫類
両生類成体
両生類幼生
魚類
無顎類
肺呼吸
えら呼吸
原索
ナマコ 水肺
ウニ ヒトデ 水管
軟体
棘皮
ゴカイ ミミズ 環形
皮膚呼吸
毛顎
へん形
体表呼吸
海綿
刺胞
原生
原始鞭毛生物
えら呼吸
水
組織
えら
静脈
動脈
えらぶた
魚類
体表・皮膚呼吸
水

B ヒトの消化器

栄養分を細胞まで届けるために小さな分子に分解するはたらきが**消化**である。消化には，そしゃくや胃・腸の運動による機械的消化と消化酵素による化学的消化がある。

■ヒトの消化管と消化腺

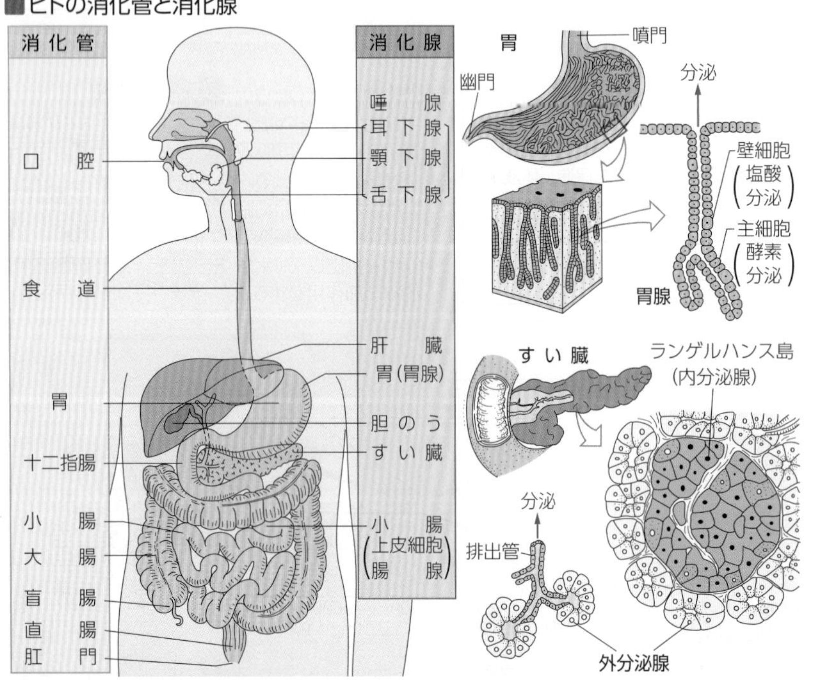

消化管
口腔
食道
胃
十二指腸
小腸
大腸
盲腸
直腸
肛門
消化腺
唾腺
耳下腺
顎下腺
舌下腺
肝臓
胃（胃腺）
胆のう
すい臓
小腸（上皮細胞 腸腺）
胃
噴門
幽門
分泌
壁細胞（塩酸分泌）
主細胞（酵素分泌）
胃腺
すい臓
ランゲルハンス島（内分泌腺）
分泌
排出管
外分泌腺

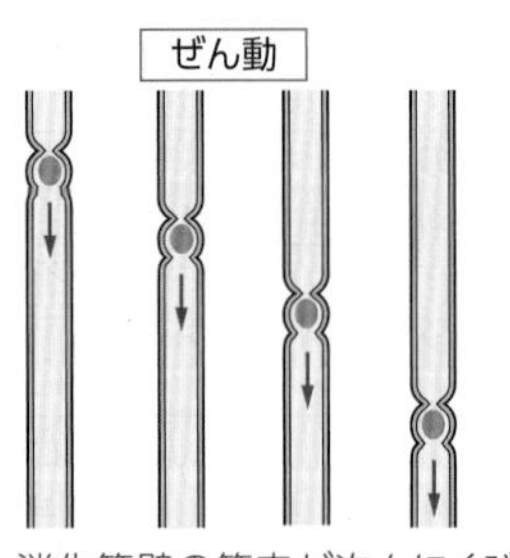

ぜん動
分節運動

消化管壁の筋肉が次々にくびれて内容物を先へ送る運動。

消化管壁の局所的な収縮で内容物をまぜる運動。

■誤飲を防ぐしくみ

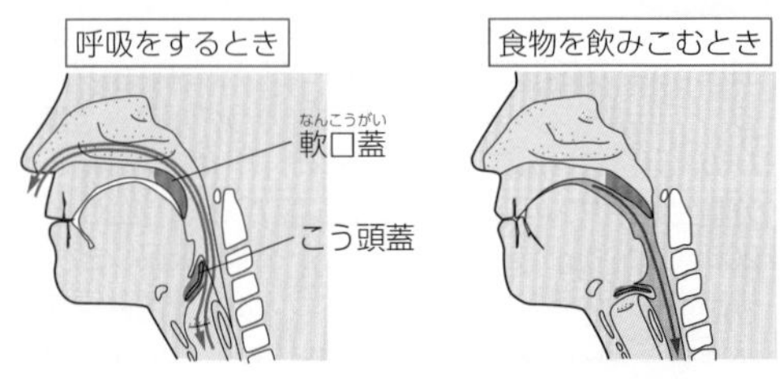

呼吸をするとき
食物を飲みこむとき
軟口蓋
こう頭蓋

食物を飲みこむとき，軟口蓋が背側に動いて食道の入口を確保し，こう頭蓋が気道をふさいで気管への誤飲を防ぐ。

 Keywords 呼吸器〔官〕(respiratory organ)，肺(lung)，消化(digestion)，食道(esophagus)，胃(stomach)

12 栄養分の吸収と同化 生物基礎 生物

A 消化・吸収と同化

動物は，植物などが合成した有機物などを消化によって低分子に分解して吸収し，自らの組織を構成する体物質や呼吸の材料に用いる。

■生物を構成する物質の流れ

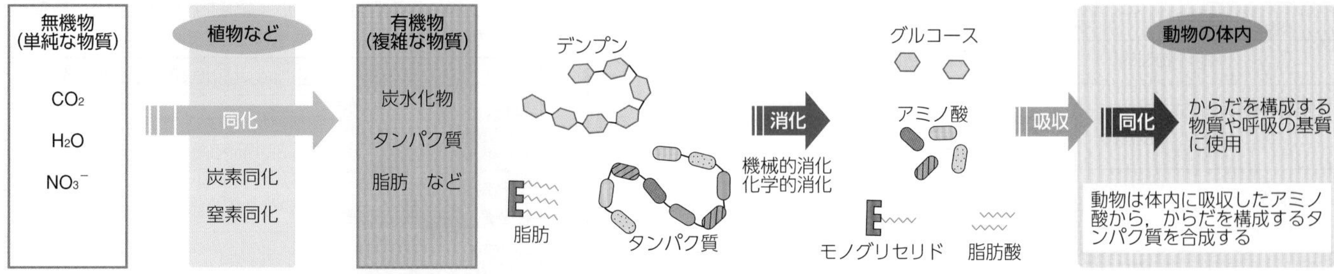

無機物(単純な物質)
CO_2
H_2O
NO_3^-
植物など
同化
炭素同化
窒素同化
有機物(複雑な物質)
炭水化物
タンパク質
脂肪 など
デンプン
脂肪
タンパク質
消化
機械的消化
化学的消化
グルコース
アミノ酸
モノグリセリド
脂肪酸
吸収
同化
動物の体内
からだを構成する物質や呼吸の基質に使用
動物は体内に吸収したアミノ酸から，からだを構成するタンパク質を合成する

B 栄養分の吸収

食物中の高分子化合物は消化によって低分子化合物(単糖類・脂肪酸・モノグリセリド・アミノ酸)になり，おもに小腸壁から吸収される。

■小腸壁の構造

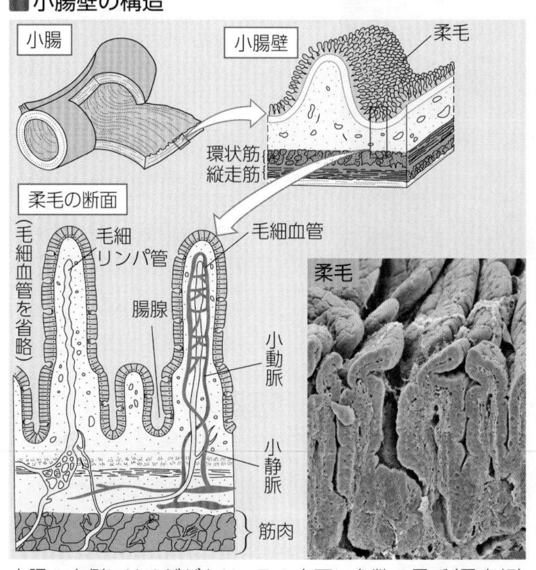

小腸
小腸壁
柔毛
環状筋
縦走筋
柔毛の断面
(毛細血管を省略)
毛細リンパ管
毛細血管
腸腺
小動脈
小静脈
筋肉
柔毛

小腸の内側にはひだがあり，その表面に多数の柔毛(柔突起)がある。

■栄養分の吸収と運搬

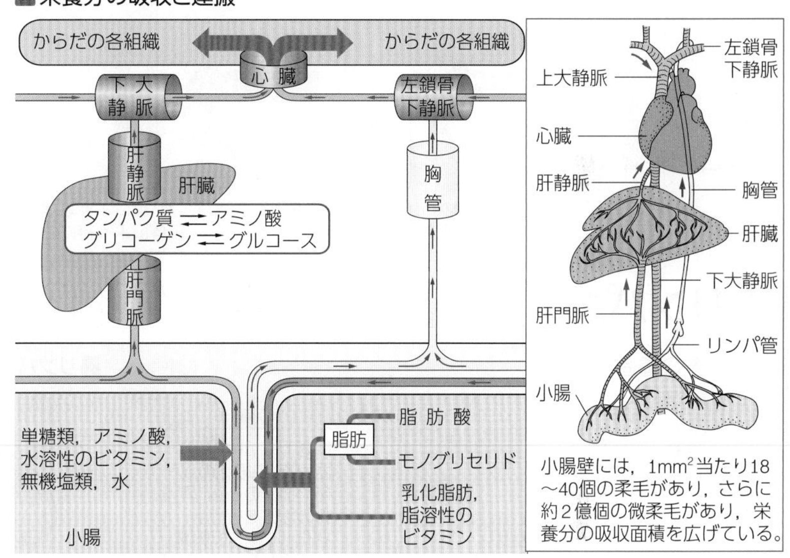

からだの各組織
からだの各組織
心臓
下大静脈
左鎖骨下静脈
肝静脈
肝臓
胸管
タンパク質 ⇄ アミノ酸
グリコーゲン ⇄ グルコース
肝門脈
単糖類，アミノ酸，水溶性のビタミン，無機塩類，水
脂肪
脂肪酸
モノグリセリド
乳化脂肪，脂溶性のビタミン
小腸
上大静脈
左鎖骨下静脈
心臓
肝静脈
胸管
肝臓
下大静脈
肝門脈
リンパ管
小腸
小腸壁には，1mm²当たり18〜40個の柔毛があり，さらに約2億個の微柔毛があり，栄養分の吸収面積を広げている。

消化された栄養分のうち，単糖類とアミノ酸は柔毛内の毛細血管へ入り，脂肪酸とモノグリセリドは柔毛内で再び結合して脂肪粒になり，毛細リンパ管に入る。

C 動物の窒素同化

動物は体内で無機窒素化合物からアミノ酸を合成することができない。動物は外界からアミノ酸を吸収し，自己の組織を構成するタンパク質を合成する。

■必須(不可欠)アミノ酸

20 種のアミノ酸のうち，ヒトでは 9 種のアミノ酸が体内で十分な量を合成できないため，栄養分として吸収しなければならない。このようなアミノ酸を**必須アミノ酸**という。

ヒトの必須アミノ酸(9 種)	非必須アミノ酸
バリン(Val)，ロイシン(Leu)，イソロイシン(Ile)，トレオニン(Thr)，ヒスチジン(His)，リシン(Lys)，メチオニン(Met)，フェニルアラニン(Phe)，トリプトファン(Trp)	グリシン(Gly)，アラニン(Ala)，セリン(Ser)，プロリン(Pro)，アスパラギン酸(Asp)，アスパラギン(Asn)，グルタミン酸(Glu)，グルタミン(Gln)，システイン(Cys)，アルギニン(Arg)，チロシン(Tyr)

■二次的な窒素同化

他の動物のタンパク質から自らのタンパク質を合成する。

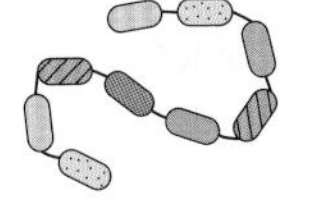
他の動物のタンパク質

消化
加水分解

アミノ酸

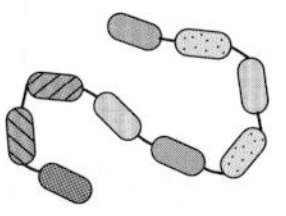

同化
タンパク質合成

からだを構成するタンパク質など

Zoom up 非必須アミノ酸の生合成経路

動物は，体内で合成できない必須アミノ酸は食物から取りこむ必要があるが，非必須アミノ酸は，呼吸の経路である解糖系やクエン酸回路を構成する有機酸から合成できる。チロシンは別の経路でフェニルアラニン(必須アミノ酸)から合成される。

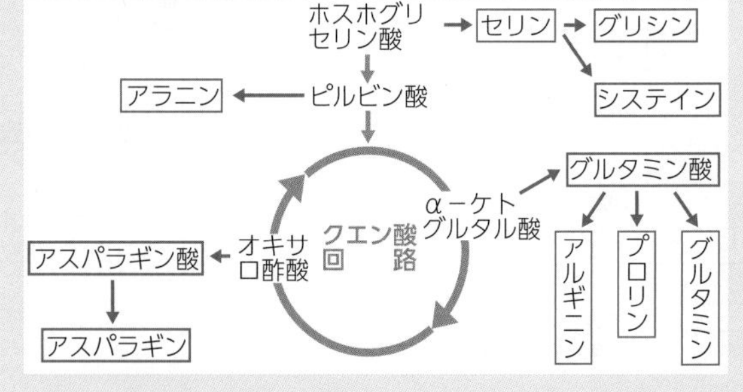

ホスホグリセリン酸
セリン
グリシン
システイン
アラニン
ピルビン酸
クエン酸回路
α－ケトグルタル酸
グルタミン酸
アルギニン
プロリン
グルタミン
オキサロ酢酸
アスパラギン酸
アスパラギン

Keywords 小腸(small intestine)，吸収(absorption)，必須アミノ酸(essential amino acid)

13 免疫の概要

生物基礎
生物

A 免疫

免疫は，生物がもつ生体防御のしくみの１つである。免疫によって，からだはさまざまな病原体や有害物質から守られている。
免疫は大きく**自然免疫**と**適応免疫**（**獲得免疫**）に分けられる。

■免疫の種類

種　類		おもなはたらき
自然免疫※	物理的・化学的防御	皮膚（角質層）や粘膜，分泌物（リゾチームやディフェンシンなど）による防御
	食作用	食細胞（好中球，マクロファージ，樹状細胞）による異物の取りこみと分解
適応免疫（獲得免疫）	体液性免疫	抗体による特異的な反応
	細胞性免疫	キラーＴ細胞による特異的な反応

※物理的・化学的防御は自然免疫に含めない場合もある。
NK 細胞（ナチュラルキラー細胞）によるウイルス感染細胞やがん細胞への攻撃も自然免疫に区分される。

■免疫の３つの段階

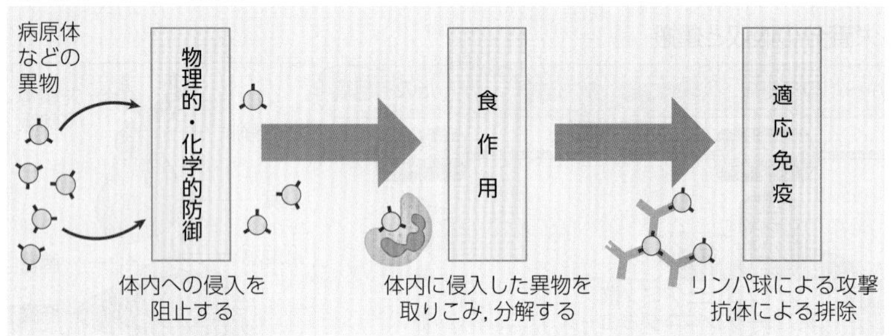
病原体などの異物
物理的・化学的防御
食作用
適応免疫
体内への侵入を阻止する
体内に侵入した異物を取りこみ，分解する
リンパ球による攻撃
抗体による排除

■さまざまな病原体

病気の原因になる細菌やウイルスなどを病原体という。真菌（カビのなかま）や寄生虫なども病原体として知られている。

病原体	感染により引き起こされる症状など
SARS コロナウイルス2	初期症状は発熱，寒気，咳，息切れ，呼吸苦，筋肉痛，関節痛，嘔吐など。重症化すると重い肺炎の症状が出る。味覚や嗅覚の異常も報告されている
ノロウイルス	経口で感染し，腸管で増殖する。嘔吐，下痢，腹痛，発熱などを引き起こす。食品からの感染のほか，感染者の糞便，嘔吐物からの感染もある
サルモネラ菌	経口で感染し，腸管で増殖する。下痢，嘔吐，発熱，吐き気，腹痛などを引き起こす。食中毒の代表的な原因菌である
結核菌	咳，痰，血痰，胸痛などの呼吸器関連の症状と，発熱，冷汗，だるさ，やせなどの全身症状。エイズ，マラリアと並ぶ「世界３大感染症」の１つである

B リンパ系

リンパ系は，免疫にかかわる器官や組織からなり，リンパ管とそれに付属する胸腺・ひ臓・リンパ節などで構成される。

■リンパ系の構造

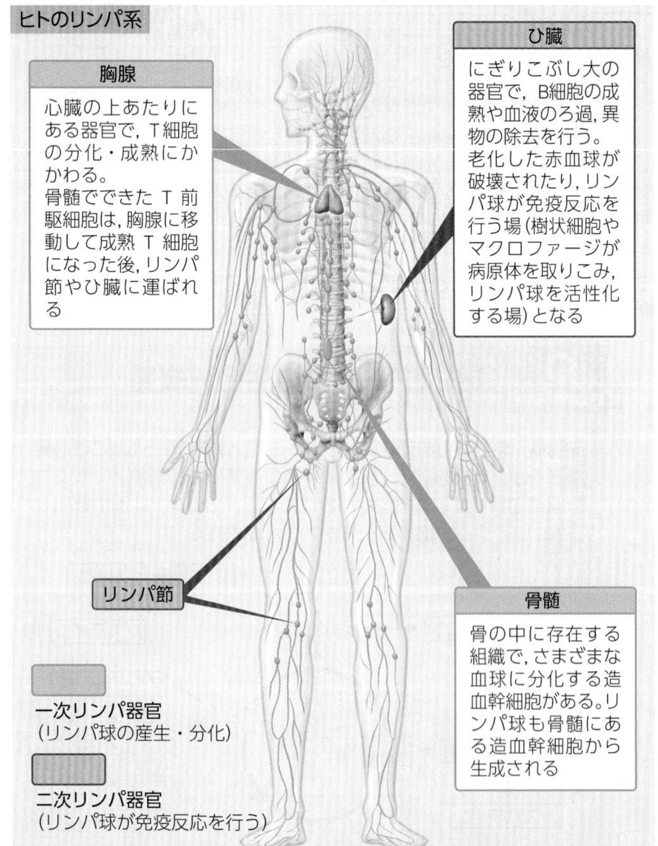
ヒトのリンパ系
胸腺
心臓の上あたりにある器官で，T細胞の分化・成熟にかかわる。
骨髄でできたＴ前駆細胞は，胸腺に移動して成熟Ｔ細胞になった後，リンパ節やひ臓に運ばれる
ひ臓
にぎりこぶし大の器官で，B細胞の成熟や血液のろ過，異物の除去を行う。
老化した赤血球が破壊されたり，リンパ球が免疫反応を行う場（樹状細胞やマクロファージが病原体を取りこみ，リンパ球を活性化する場）となる
リンパ節
骨髄
骨の中に存在する組織で，さまざまな血球に分化する造血幹細胞がある。リンパ球も骨髄にある造血幹細胞から生成される
一次リンパ器官
（リンパ球の産生・分化）
二次リンパ器官
（リンパ球が免疫反応を行う）

■リンパ節

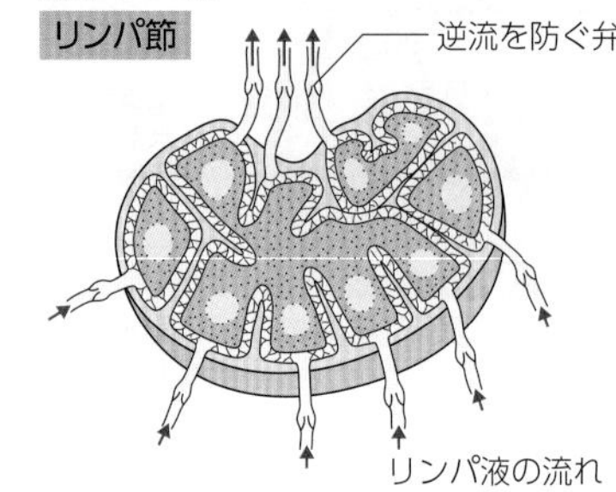
リンパ節
逆流を防ぐ弁
リンパ液の流れ

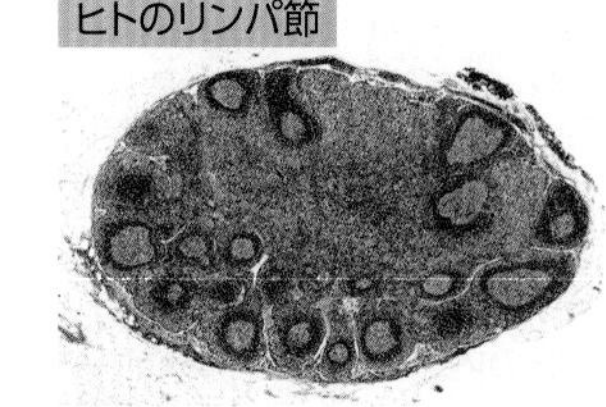
ヒトのリンパ節

大きさ 0.2 ～ 2 cm，1 g 以下の小さな器官である。

リンパ節は，からだの各部に散在し，リンパ球の抗体生産やマクロファージの食作用で異物をこし取る。リンパ節では，免疫にかかわるリンパ球の増殖や分化が行われる。リンパ節で免疫反応が起こると，リンパ節が肥大化する。

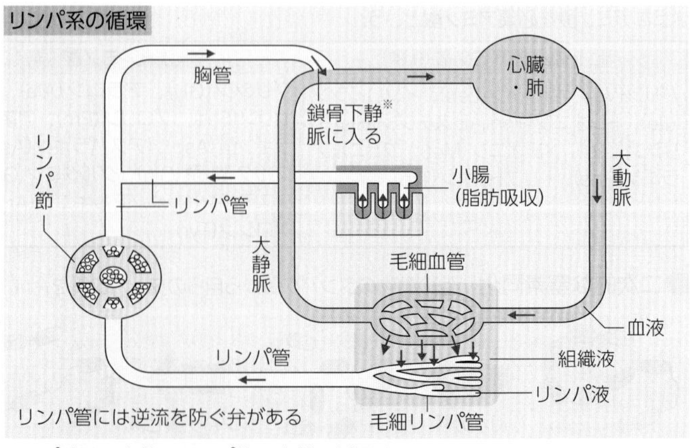
リンパ系の循環
胸管
心臓・肺
鎖骨下静脈に入る※
リンパ節
リンパ管
小腸
（脂肪吸収）
大動脈
大静脈
毛細血管
血液
リンパ管
組織液
リンパ液
リンパ管には逆流を防ぐ弁がある
毛細リンパ管

リンパ球は，血管→リンパ管→血管と循環する。
※からだの大部分を通るリンパ管は，左鎖骨下静脈で血管と合流する。

Keywords　生体防御（biophylaxis），免疫（immunity），リンパ系（lymph system），リンパ節（lymph node），胸腺（thymus），骨髄（bone marrow），ひ臓（spleen）

C 免疫にかかわる細胞

免疫のはたらきに大きくかかわる細胞は，いずれも白血球の一種である。これらの細胞は，骨髄の造血幹細胞から分化する。

食細胞

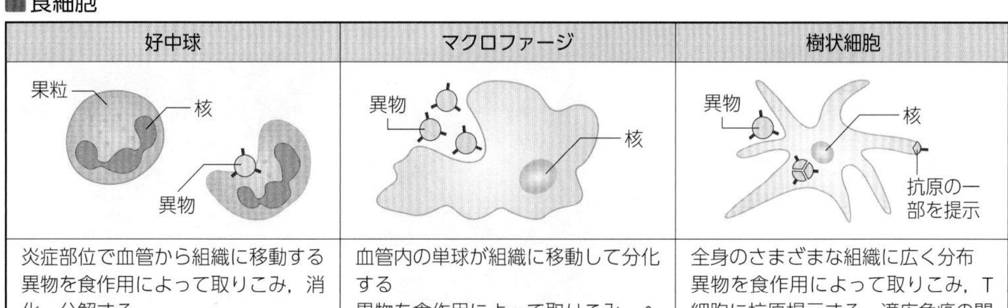
果粒
核
異物
異物
核
異物
核
抗原の一部を提示

好中球	マクロファージ	樹状細胞
炎症部位で血管から組織に移動する 異物を食作用によって取りこみ，消化・分解する Toll(トル)様受容体(TLR：Toll-like receptor)で異物を認識する	血管内の単球が組織に移動して分化する 異物を食作用によって取りこみ，ヘルパーT細胞に抗原提示する Toll様受容体で異物を認識する	全身のさまざまな組織に広く分布 異物を食作用によって取りこみ，T細胞に抗原提示する。適応免疫の開始にはたらく Toll様受容体で異物を認識する

肥満細胞(マスト細胞)

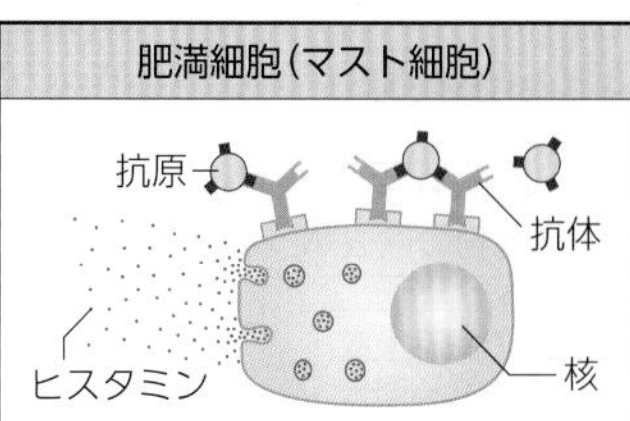
抗原
抗体
ヒスタミン
核

粘膜や皮膚などに分布し，細胞表面に結合した抗体によって活性化するヒスタミンなどの化学物質を放出して炎症やアレルギーなどにかかわる

リンパ球

T細胞			B細胞と形質細胞(抗体産生細胞)	NK細胞(ナチュラルキラー細胞)
T細胞受容体 核	T細胞受容体 核	T細胞受容体 核	B細胞受容体 核 抗体 B細胞　形質細胞	核 感染細胞 攻撃 NK細胞
キラーT細胞 感染細胞やがん細胞を直接攻撃する。表面にT細胞受容体(TCR：T cell receptor)をもつ	**ヘルパーT細胞** B細胞やキラーT細胞を活性化する。マクロファージなどの食作用を活性化する	**制御性T細胞** 過剰な免疫反応の抑制にはたらく。キラーT細胞などが正常な細胞を攻撃しないようにする	骨髄(Bone marrow)で分化。表面にB細胞受容体(BCR：B cell receptor)をもち，抗原を認識する 形質細胞(抗体産生細胞)に分化して抗体を産生する	感染細胞やがん細胞などの異常な細胞を認識し攻撃する 異常な細胞に共通の特徴を認識し，抗原非特異的にはたらく 抗原特異的な受容体をもたない

免疫細胞の分化

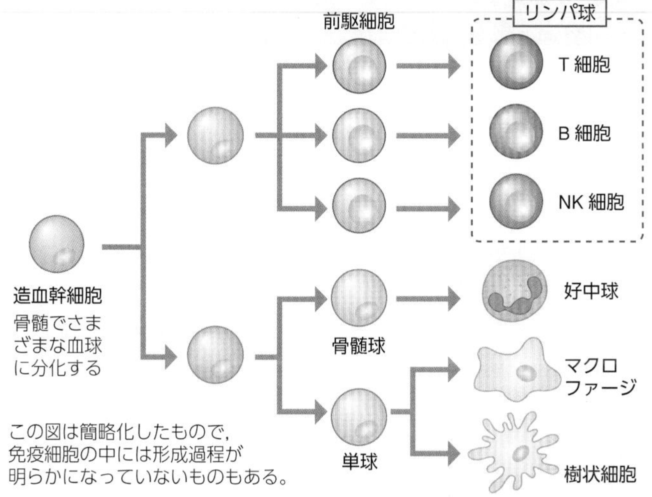
前駆細胞
リンパ球
T細胞
B細胞
NK細胞
造血幹細胞
骨髄でさまざまな血球に分化する
好中球
骨髄球
マクロファージ
単球
樹状細胞

この図は簡略化したもので，免疫細胞の中には形成過程が明らかになっていないものもある。

白血球の存在比(静脈中)

白血球の種類	割合
好中球	40～75%
好酸球	1～6%
好塩基球	1%未満
単球	2～10%
リンパ球	20～50%

白血球の中で最も数が多いのは好中球である。
好酸球や好塩基球は，寄生虫などの異物への攻撃やアレルギーに関係する白血球である。

Zoom up 腸管のリンパ組織

病原体の多くは口から侵入する。腸管にもリンパ組織が存在しており，腸粘膜ではT細胞やB細胞などのリンパ球が活発にはたらいている。とくに小腸には，消化管の中で最も多くリンパ組織が存在している。小腸の粘膜上皮下にはパイエル板というリンパ組織が点在し，パイエル板の上皮層にはM細胞という細胞がある。M細胞は腸管から病原体を取りこみ，内側で待機している樹状細胞に受け渡し，免疫反応が活性化する。

Zoom up NK細胞のはたらき

NK細胞(ナチュラルキラー細胞)は，正常な細胞と，ウイルスに感染した細胞やがん細胞を見分けて攻撃する。
NK細胞による攻撃は，異常な細胞に特有のタンパク質によって活性化され，正常な細胞のMHC抗原(▶p.169)によって抑制されると考えられている。NK細胞は細胞傷害性果粒(タンパク質分解酵素であるグランザイムや，細胞膜に小孔を形成するパーフォリンなど)を細胞の外に分泌して，異常な細胞を攻撃して排除する。
NK細胞は抗原特異的な受容体をもっておらず，非特異的な免疫にはたらくリンパ球である。

がん細胞を攻撃するNK細胞

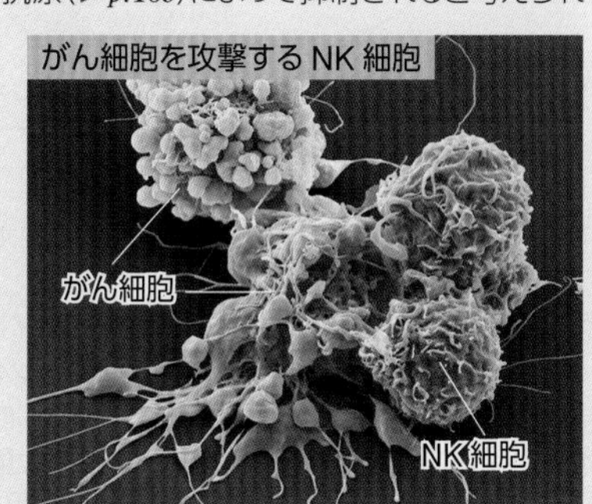
がん細胞
NK細胞

食細胞(phagocyte)，好中球(neutrophil)，マクロファージ(macrophage)，樹状細胞(dendritic cell)，リンパ球(lymphocyte)，形質細胞(plasma cell)

14 自然免疫 生物基礎 生物

A 物理的・化学的防御 基 生

異物の多くは，皮膚や粘膜によって体内への侵入が物理的に阻止されている。また，からだの表面では，皮膚や粘膜からの分泌物などによって，病原体のはたらきが化学的に抑えられている。

物理的・化学的防御

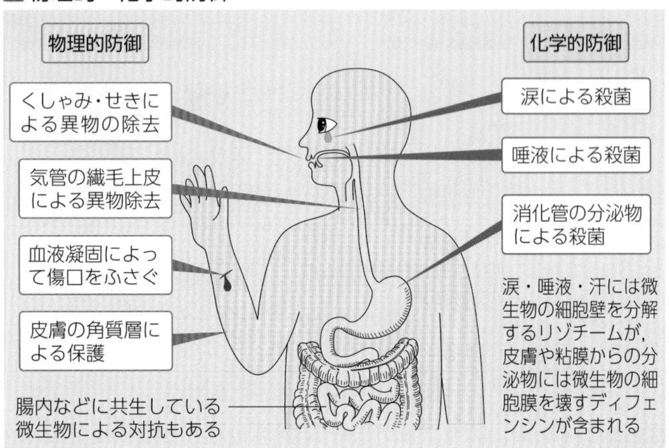

物理的防御
化学的防御
くしゃみ・せきによる異物の除去
気管の繊毛上皮による異物除去
血液凝固によって傷口をふさぐ
皮膚の角質層による保護
腸内などに共生している微生物による対抗もある
涙による殺菌
唾液による殺菌
消化管の分泌物による殺菌
涙・唾液・汗には微生物の細胞壁を分解するリゾチームが，皮膚や粘膜からの分泌物には微生物の細胞膜を壊すディフェンシンが含まれる

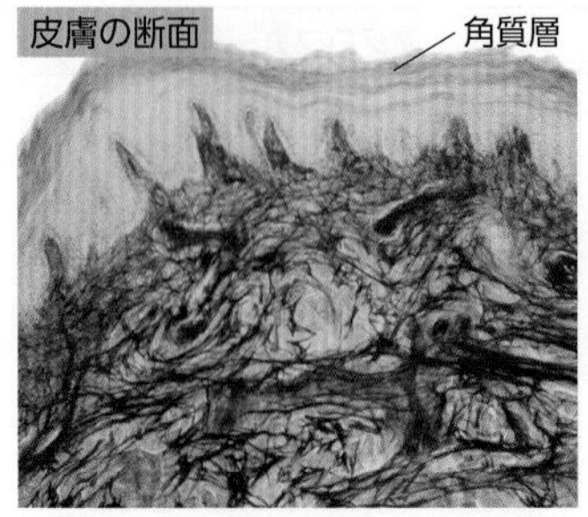

皮膚の断面
角質層

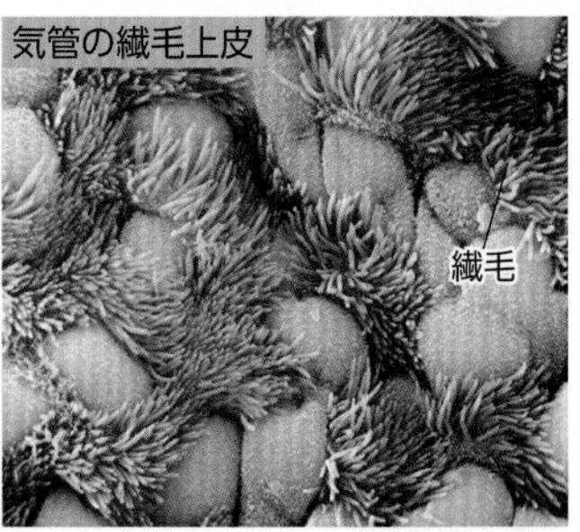

気管の繊毛上皮
繊毛

皮膚の表面には角質層がある。角質層は，ケラチンというタンパク質を多量に含んだ死細胞で，病原体などが体内に侵入するのを防いでいる(死細胞はウイルスに感染しない)。一方，鼻や口，消化管，気管などの内壁を構成する粘膜も外界と接している。粘膜は表面が粘液によっておおわれており，異物が体内に侵入するのを防ぐ役割を担っている。

B 食作用 基 生

異物が物理的・化学的防御をこえて体内に侵入すると，食作用がはたらく。病原体などが侵入した部位では，食作用のはたらきに伴い，局所的な腫れ，発赤，発熱，痛みなどの**炎症**が起こる。

食細胞による食作用のしくみ

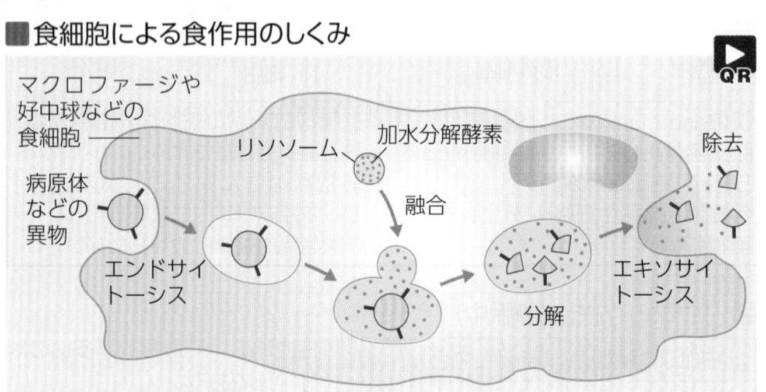

QR
マクロファージや好中球などの食細胞
リソソーム
加水分解酵素
除去
病原体などの異物
融合
エンドサイトーシス
分解
エキソサイトーシス

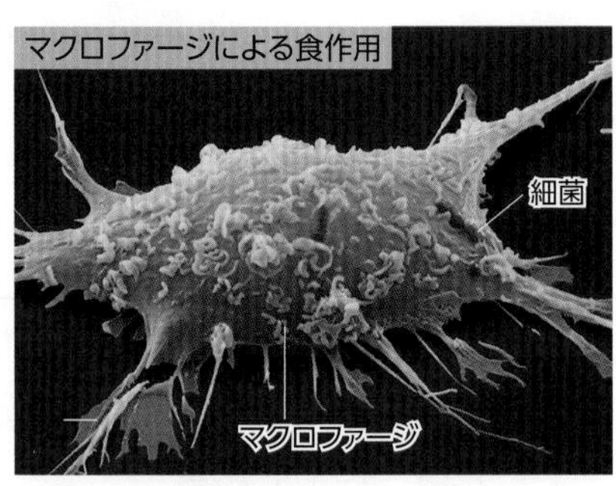

マクロファージによる食作用
細菌
マクロファージ

食細胞には，好中球，マクロファージ，樹状細胞(いずれも白血球の一種)などがある。異物を取りこんで死んだ好中球は，最終的にマクロファージの食作用によって分解される。

食作用の過程と炎症

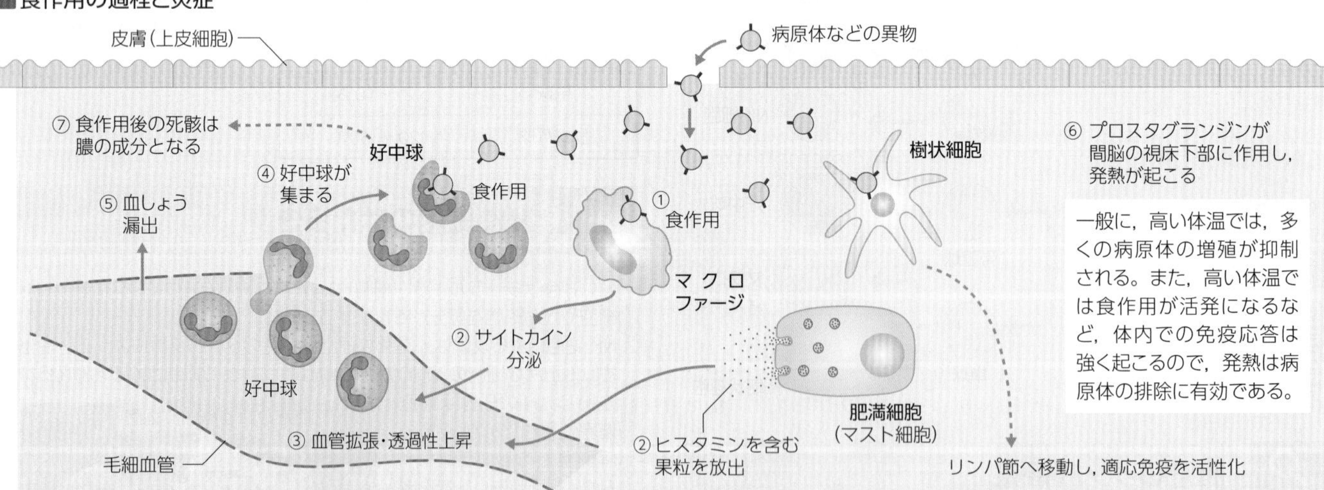

皮膚(上皮細胞)
病原体などの異物
⑦ 食作用後の死骸は膿の成分となる
好中球
④ 好中球が集まる
食作用
① 食作用
樹状細胞
⑥ プロスタグランジンが間脳の視床下部に作用し，発熱が起こる
⑤ 血しょう漏出
マクロファージ
② サイトカイン分泌
好中球
③ 血管拡張・透過性上昇
毛細血管
② ヒスタミンを含む果粒を放出
肥満細胞(マスト細胞)
リンパ節へ移動し，適応免疫を活性化
一般に，高い体温では，多くの病原体の増殖が抑制される。また，高い体温では食作用が活発になるなど，体内での免疫応答は強く起こるので，発熱は病原体の排除に有効である。

①傷口から病原体などの異物が侵入すると，マクロファージなどの食細胞が食作用によって異物を取りこみ分解する。
②病原体を取りこんだマクロファージが，サイトカイン(▶p.169)を分泌する。また，肥満細胞(マスト細胞)は，ヒスタミンを含む果粒を放出する。
③サイトカインやヒスタミンは血管を拡張し，血管壁の透過性を高める。
④好中球が血管壁を通り抜け，感染部位に大量に集まり食作用を行う。単球が組織に出てマクロファージに分化し食作用を行う。
⑤拡張した血管から血しょうが漏出することで，むくみや腫れ，痛みなどの症状が生じる。
⑥マクロファージが放出するサイトカインの作用でプロスタグランジン(強い生理活性作用をもつ脂質)が産生され，間脳の視床下部にはたらき，全身の熱生産を誘導し，体温を上昇させる(発熱)。
⑦炎症部位では，好中球が細菌を貪食して細胞死(アポトーシス)し，大量の好中球の死骸が膿の成分となる。

Keywords 自然免疫(innate immunity)，物理的防御(physical defense)，化学的防御(chemical defense)，皮膚(skin)，粘膜(membrana mucosa)

C 自然免疫における異物の認識

基 生 樹状細胞やマクロファージは，体内に侵入した病原体を認識し，自然免疫をはたらかせるとともに，適応免疫への橋渡しを担う。

樹状細胞

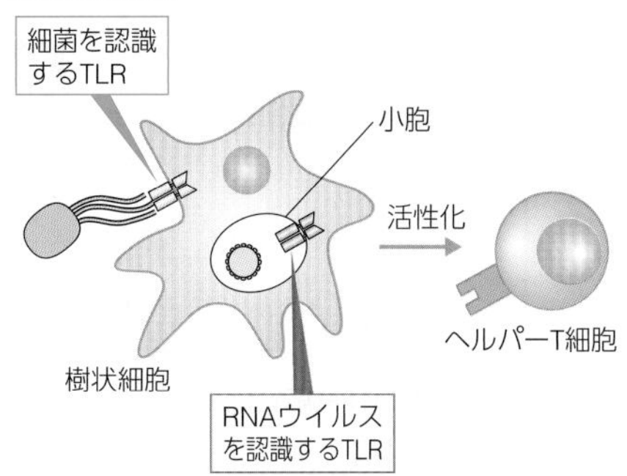

細菌を認識するTLR
小胞
活性化
ヘルパーT細胞
樹状細胞
RNAウイルスを認識するTLR

樹状細胞は食細胞の一種で，膜上のTLR(Toll様受容体)で異物を認識して取りこむ。サイトカインを分泌して食細胞を活性化したり，抗原提示を行って適応免疫にかかわるT細胞を活性化する。

さまざまなTLR(Toll様受容体)と認識する物質

※細菌の鞭毛を構成するタンパク質

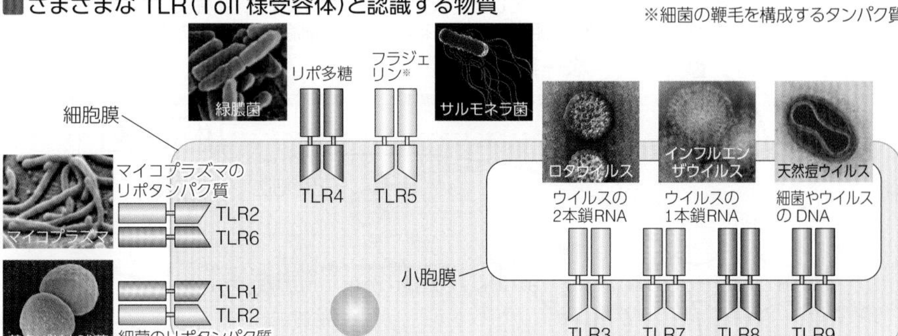

緑膿菌
リポ多糖
フラジェリン※
サルモネラ菌
細胞膜
ロタウイルス
インフルエンザウイルス
天然痘ウイルス
マイコプラズマのリポタンパク質
マイコプラズマ
TLR2
TLR6
TLR4
TLR5
ウイルスの2本鎖RNA
ウイルスの1本鎖RNA
細菌やウイルスのDNA
小胞膜
黄色ブドウ球菌
TLR1
TLR2
細菌のリポタンパク質
TLR3
TLR7
TLR8
TLR9

TLRは樹状細胞やマクロファージなどの細胞膜上もしくは小胞膜上に存在するタンパク質である。TLRには多くの種類が知られていて，図はヒトのそれぞれのTLRが存在する場所と認識する物質の種類を示したものである。TLRは二量体で機能し，細胞膜上に存在するTLRでは細胞外の領域，小胞膜上に存在するTLRでは小胞内部に突き出した領域で，病原体やその関連物質を認識する。

さまざまなTLRのはたらき

TLR4 おもにグラム陰性菌(細菌のグループの1つで大腸菌などを含む)を認識する

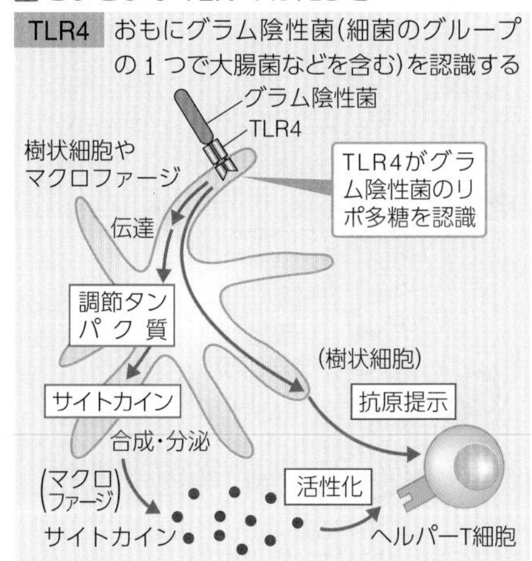

グラム陰性菌
TLR4
樹状細胞やマクロファージ
TLR4がグラム陰性菌のリポ多糖を認識
伝達
調節タンパク質
(樹状細胞)
抗原提示
サイトカイン
合成・分泌
(マクロファージ)
活性化
サイトカイン
ヘルパーT細胞

TLR5 おもに鞭毛をもつ細菌を認識する

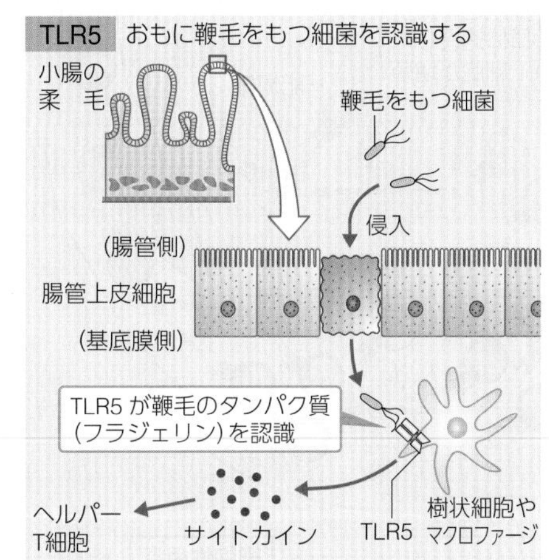

小腸の柔毛
鞭毛をもつ細菌
侵入
(腸管側)
腸管上皮細胞
(基底膜側)
TLR5が鞭毛のタンパク質(フラジェリン)を認識
ヘルパーT細胞
サイトカイン
TLR5
樹状細胞やマクロファージ

TLR9 おもにウイルスや細菌を認識する

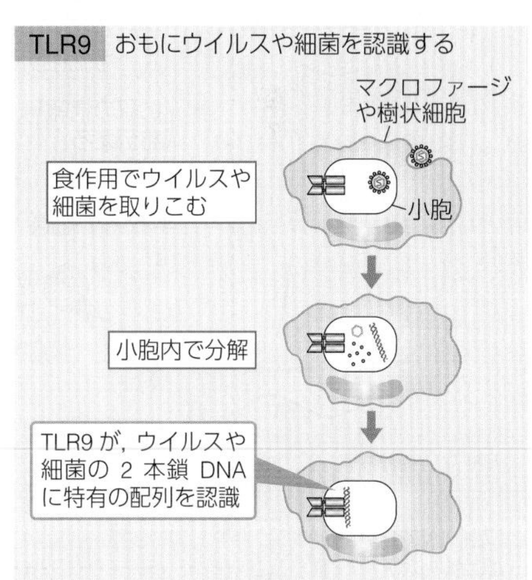

マクロファージや樹状細胞
食作用でウイルスや細菌を取りこむ
小胞
小胞内で分解
TLR9が，ウイルスや細菌の2本鎖DNAに特有の配列を認識

Zoom up 補体による防御

自然免疫の1つに，血しょう中に含まれる補体とよばれるタンパク質の一群による防御がある。補体による防御機構には次の2つの経路が見られる。

①細菌に感染すると，ある種の補体は複合体を形成し，細菌の細胞膜に挿入される。この補体の複合体が挿入されると，細胞膜に穴があき，その結果，細菌は溶解する。

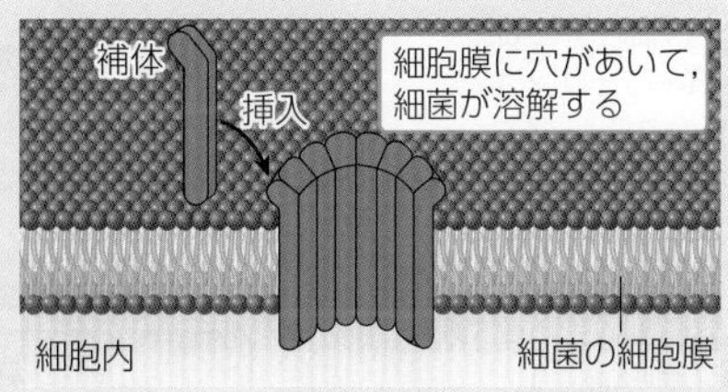

補体
挿入
細胞膜に穴があいて，細菌が溶解する
細胞内
細菌の細胞膜

②別の種類の補体は，一部が切り取られることで活性化し，細菌の表面に結合する。マクロファージは補体受容体をもっていて，補体と補体受容体が結合することで，食作用が促進される(オプソニン化)。

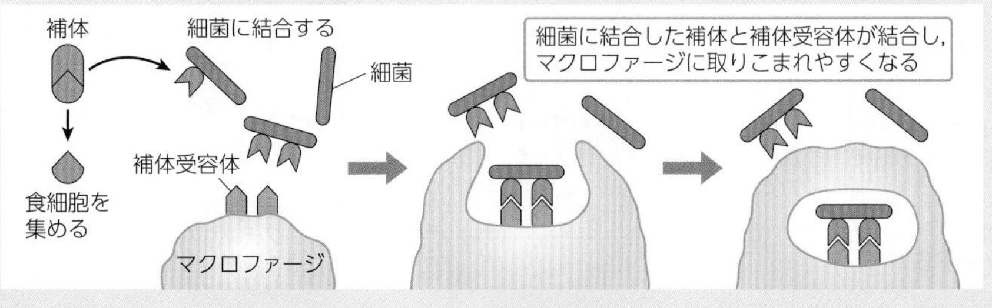

補体
細菌に結合する
細菌
食細胞を集める
補体受容体
マクロファージ
細菌に結合した補体と補体受容体が結合し，マクロファージに取りこまれやすくなる

Pioneer 免疫学研究の最先端

大阪大学免疫学フロンティア研究センター(IFReC)は，免疫系の全貌を明らかにすることを目的として2007年に設立された。世界をけん引する研究拠点として，一線級の研究者たちが日々研究を行っている。現在は免疫学の基礎研究に加えて，研究成果を社会に還元することも目標に掲げており，製薬会社などとも連携しながら新しい薬や治療法の確立に向けた取り組みが進められている。

https://www.ifrec.osaka-u.ac.jp
大阪大学免疫学フロンティア研究センター

食作用(phagocytosis)，炎症(inflammation)，TLR(Toll-like receptor)，補体(complement)

15 適応免疫(1) 生物基礎 生物

A 適応免疫のしくみ

基 生 自然免疫で処理しきれなかった異物に対する防御として**適応免疫**(**獲得免疫**)が機能し，しくみにより**細胞性免疫**と**体液性免疫**に分けられる。適応免疫の攻撃の対象となる異物を**抗原**という。

適応免疫　リンパ節では，抗原を提示している樹状細胞に多くのT細胞が接触し，その中で提示された抗原に適合したT細胞のみが活性化して増殖する。増殖したT細胞は，血液によって感染した組織に運ばれる。また，B細胞から分化した形質細胞によって産生された抗体も，同様に血液によって運ばれる。

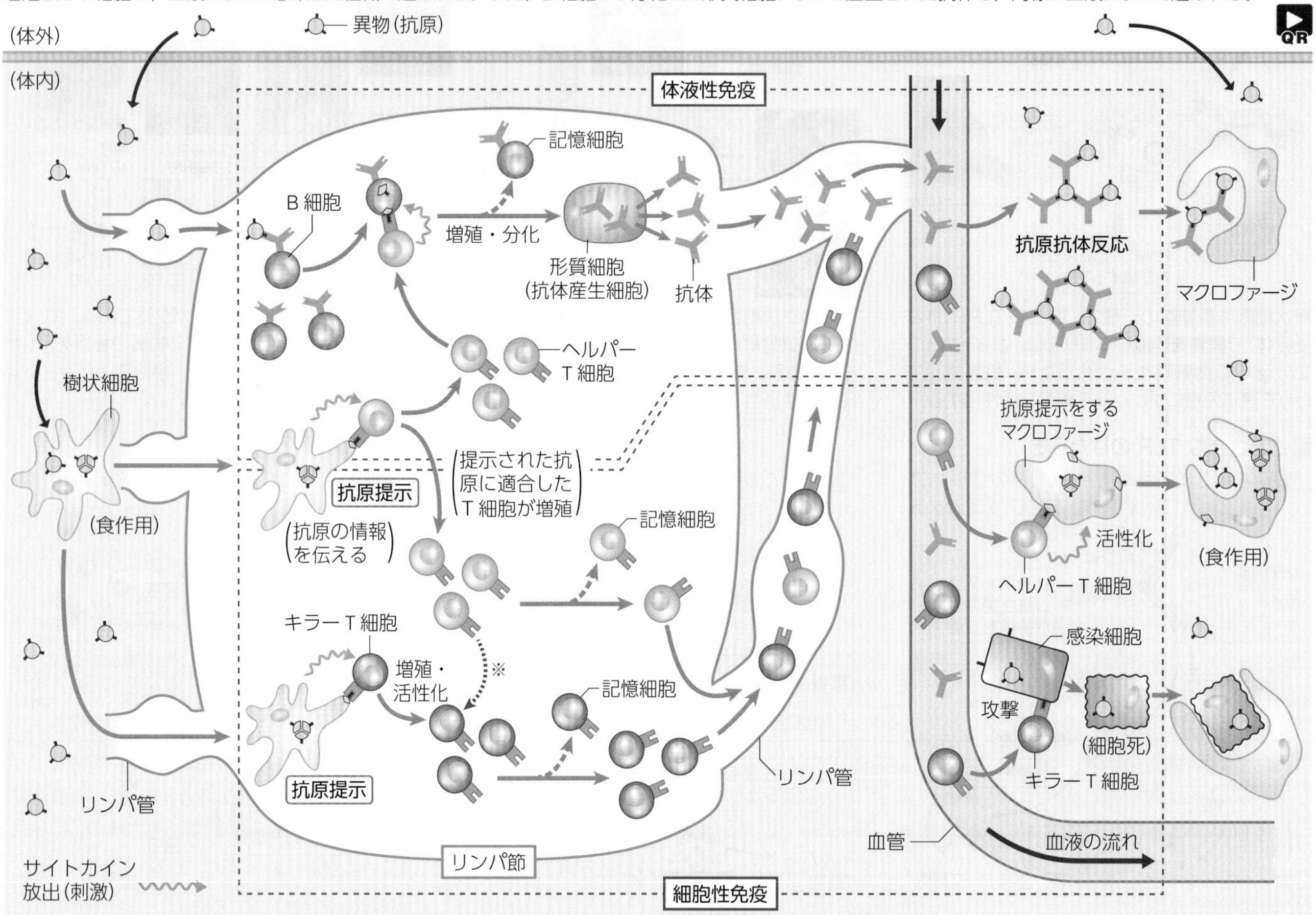

(体外)
異物(抗原)
(体内)
体液性免疫
記憶細胞
B細胞
増殖・分化
形質細胞
(抗体産生細胞)
抗体
抗原抗体反応
マクロファージ
ヘルパーT細胞
樹状細胞
抗原提示
(抗原の情報を伝える)
(提示された抗原に適合したT細胞が増殖)
記憶細胞
(食作用)
抗原提示をするマクロファージ
活性化
ヘルパーT細胞
(食作用)
キラーT細胞
増殖・活性化
※
記憶細胞
感染細胞
攻撃
(細胞死)
キラーT細胞
抗原提示
リンパ管
リンパ管
血管
血液の流れ
リンパ節
サイトカイン放出(刺激)
細胞性免疫

※キラーT細胞が活性化するには，同一の抗原を認識したヘルパーT細胞からのはたらきかけが必要となる場合もある。

Zoom up キラーT細胞による攻撃のしくみ

感染細胞がMHC抗原にのせて提示したウイルスのタンパク質をキラーT細胞の受容体(TCR，▶p.169)が認識すると，キラーT細胞から細胞傷害性果粒が分泌される。細胞傷害性果粒に含まれるパーフォリンは，グランザイムを感染細胞の細胞質内に導く。感染細胞内に入ったグランザイムは，DNA分解酵素やBIDというミトコンドリアを破壊するタンパク質を活性化し，感染細胞を細胞死(アポトーシス)に誘導する。

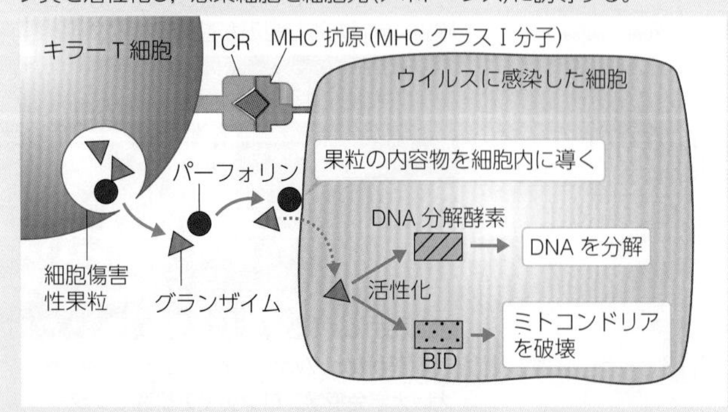
キラーT細胞
TCR
MHC抗原(MHCクラスⅠ分子)
ウイルスに感染した細胞
果粒の内容物を細胞内に導く
パーフォリン
DNA分解酵素
DNAを分解
細胞傷害性果粒
グランザイム
活性化
ミトコンドリアを破壊
BID

Column 免疫系の進化

進化につれて，特異的で複雑な適応免疫を備えていったと考えられる。

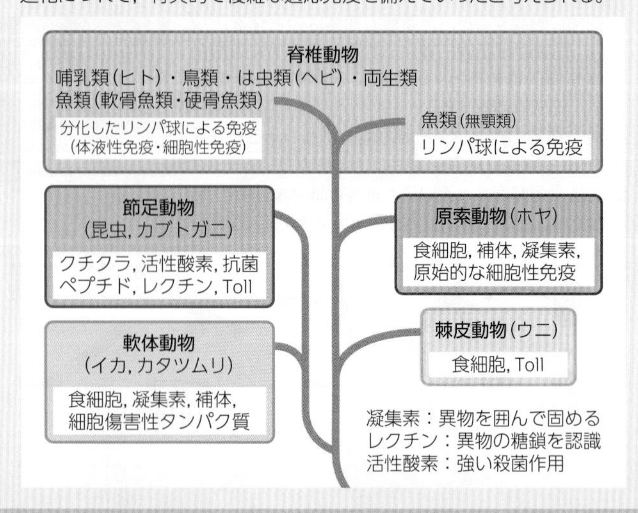
脊椎動物
哺乳類(ヒト)・鳥類・は虫類(ヘビ)・両生類
魚類(軟骨魚類・硬骨魚類)
分化したリンパ球による免疫
(体液性免疫・細胞性免疫)
魚類(無顎類)
リンパ球による免疫
節足動物
(昆虫，カブトガニ)
クチクラ，活性酸素，抗菌ペプチド，レクチン，Toll
原索動物(ホヤ)
食細胞，補体，凝集素，原始的な細胞性免疫
軟体動物
(イカ，カタツムリ)
食細胞，凝集素，補体，細胞傷害性タンパク質
棘皮動物(ウニ)
食細胞，Toll
凝集素：異物を囲んで固める
レクチン：異物の糖鎖を認識
活性酸素：強い殺菌作用

 Keywords 適応免疫(adaptive immunity)，細胞性免疫(cell-mediated immunity)，体液性免疫(humoral immunity)，抗原(antigen)

B 抗原の提示 基 生

樹状細胞は，食作用によって取りこんだ抗原の一部を細胞表面に提示(**抗原提示**)する。
提示された抗原に適合するT細胞が活性化することで，適応免疫が発動する。

主要組織適合抗原(MHC抗原)と抗原提示 MHC抗原は細胞の表面に存在していて，自己と非自己を区別する標識の役割をもつ。樹状細胞などの抗原提示細胞は，MHC抗原の上に異物の断片をのせて提示する。T細胞はMHC抗原とその上にのせられた異物の断片を認識する。

樹状細胞による抗原提示

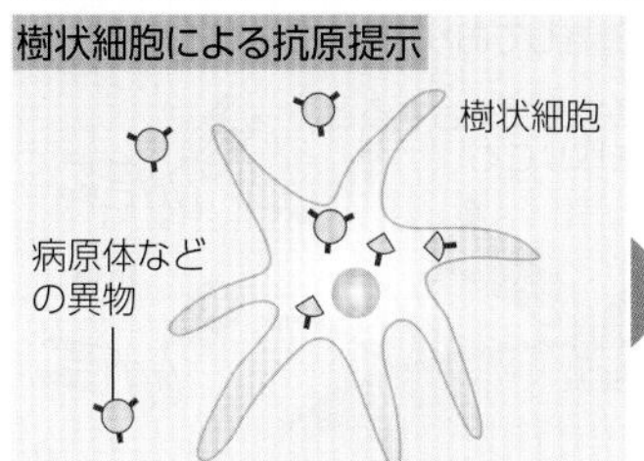

樹状細胞
病原体などの異物

樹状細胞が病原体を取りこんで分解する。

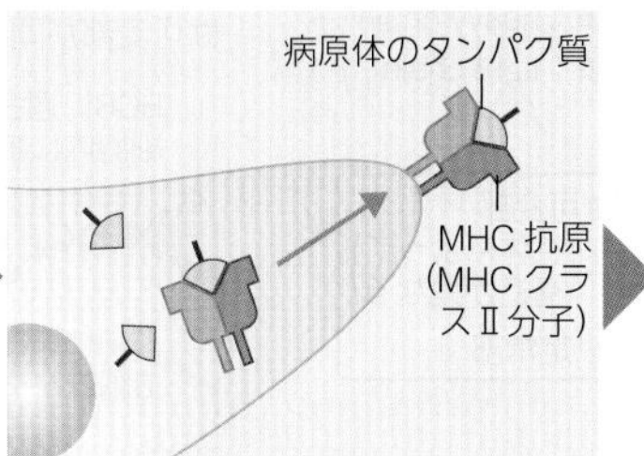

病原体のタンパク質
MHC抗原(MHCクラスⅡ分子)

樹状細胞のMHC抗原に病原体タンパク質が結合し，細胞表面に移動する。

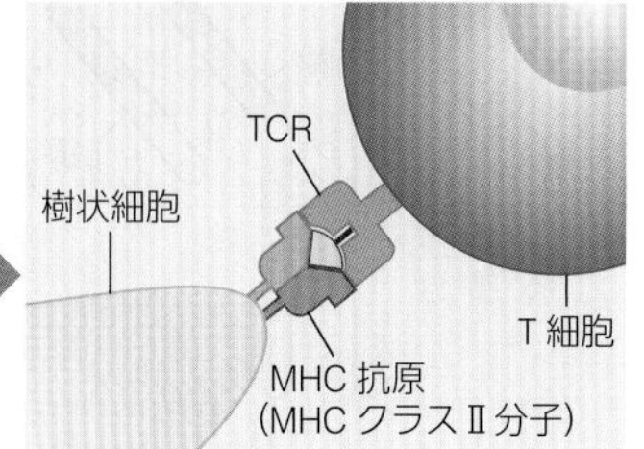

TCR
樹状細胞
T細胞
MHC抗原(MHCクラスⅡ分子)

T細胞の細胞膜上のTCR(T細胞受容体)が，MHC抗原と病原体タンパク質の複合体を認識する。

MHCクラスⅡ分子の構造

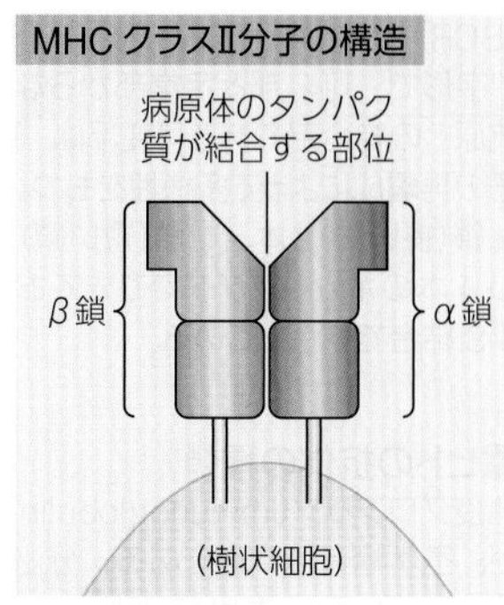

病原体のタンパク質が結合する部位
β鎖
α鎖
(樹状細胞)

ウイルス感染細胞の認識

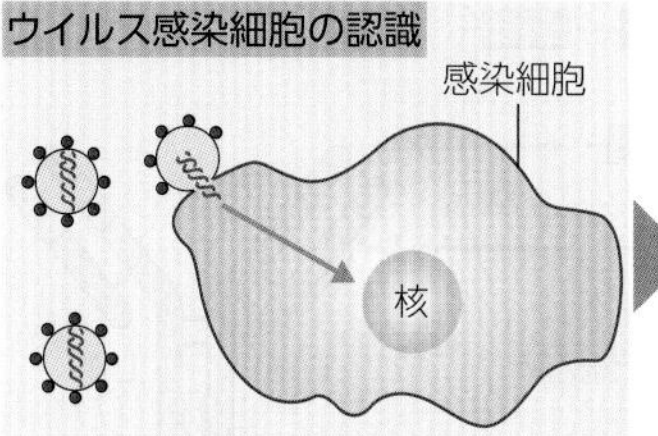

感染細胞
核

ウイルスが細胞に感染する。

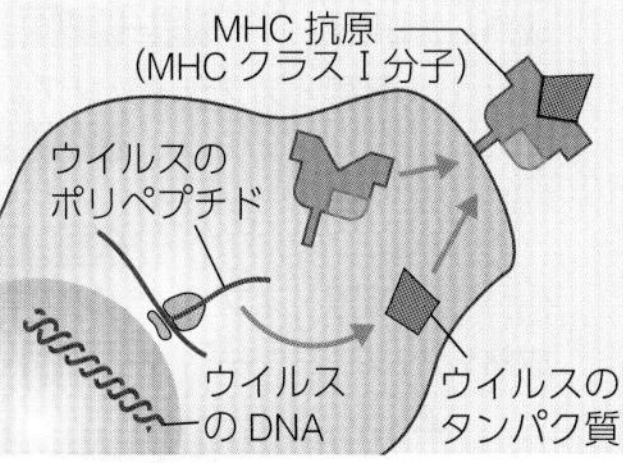

MHC抗原(MHCクラスⅠ分子)
ウイルスのポリペプチド
ウイルスのDNA
ウイルスのタンパク質

感染細胞内でウイルスのタンパク質が合成され，MHC抗原と結合し，細胞表面に移動する。

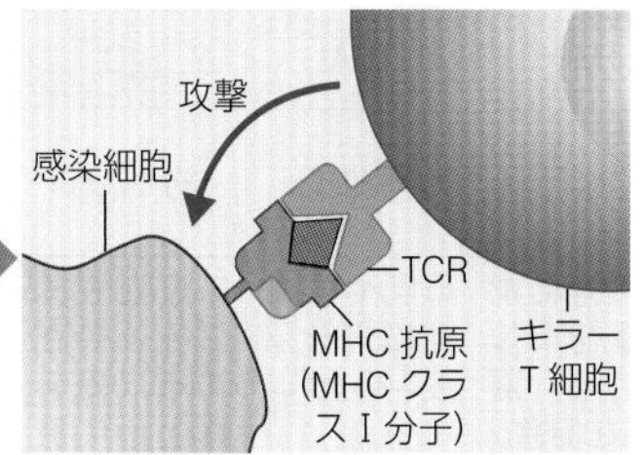

攻撃
感染細胞
TCR
MHC抗原(MHCクラスⅠ分子)
キラーT細胞

キラーT細胞のTCRはウイルスのタンパク質と結合したMHC抗原を認識し，感染細胞を攻撃する。

MHCクラスⅠ分子の構造

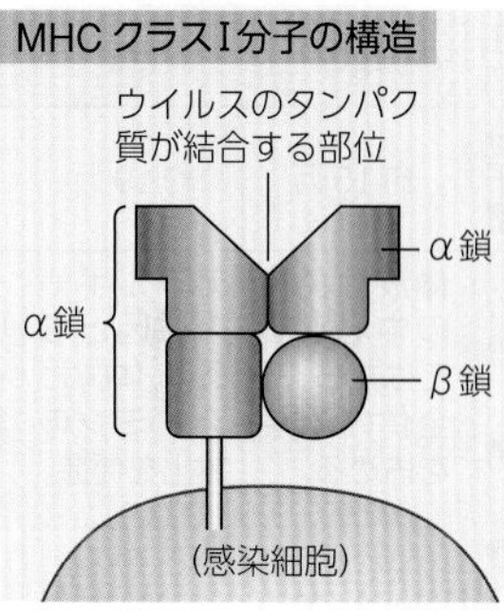

ウイルスのタンパク質が結合する部位
α鎖
α鎖
β鎖
(感染細胞)

MHC抗原(MHC分子)は，その構造や機能の違いによって2つに分類される。
・MHCクラスⅠ分子…ほとんどの細胞がもっている。キラーT細胞が認識する。
・MHCクラスⅡ分子…抗原を提示する細胞(樹状細胞※，マクロファージ，B細胞)がもっている。ヘルパーT細胞が認識する。
※適応免疫の開始にはたらく樹状細胞は，クラスⅠ分子・クラスⅡ分子の両方を発現しており，キラーT細胞とヘルパーT細胞のどちらも活性化することができる。

Zoom up 免疫細胞と情報伝達物質

免疫反応の調節など，さまざまな細胞間相互作用に関与する生理活性物質を総称して**サイトカイン**という。
サイトカインは細胞間で情報(シグナル)を伝達する分子であり，標的細胞がもつサイトカインの受容体に結合して作用する。リンパ球や食細胞が産生するインターロイキンはサイトカインの一種で，白血球の増殖・分化に影響を与える。インターロイキン(IL)には番号がつけられており，例えば，IL-1(インターロイキン1)は，おもにマクロファージが産生し，炎症反応において体温を上昇させる。IL-2は，おもにヘルパーT細胞が産生し，キラーT細胞を活性化する。IL-4は，おもにヘルパーT細胞が産生し，B細胞を刺激してある種の抗体の産生を促進するほか，肥満細胞(マスト細胞)の増殖を促進することから，アレルギー(▶p.174)にかかわっていると推測されている。また，サイトカインには，ウイルスの増殖を抑制するはたらきをもつインターフェロンなども含まれる。

サイトカイン
サイトカインにはさまざまな種類があり，その作用の標的となる細胞には，それぞれの受容体がある。

サイトカイン		分泌するおもな細胞	おもなはたらき
インターロイキン	IL-1	マクロファージ	体温上昇(発熱)
	IL-2	ヘルパーT細胞	キラーT細胞の活性化
	IL-4	ヘルパーT細胞	B細胞の増殖・分化，抗体の産生を促進 肥満細胞(マスト細胞)の増殖促進
	IL-6	マクロファージ	炎症反応の促進，体温上昇(発熱)，肝細胞での補体を活性化するタンパク質の産生誘導
	IL-12	マクロファージ	NK細胞の活性化
インターフェロン	IFN-α	マクロファージ，樹状細胞	抗ウイルス作用，NK細胞の活性化
	IFN-γ	ヘルパーT細胞，キラーT細胞	マクロファージや好中球の食作用を増強
腫瘍壊死因子	TNF-α	マクロファージ，樹状細胞	血管内皮の透過性上昇，内皮細胞の活性化
	TNF-β	ヘルパーT細胞	腫瘍細胞の細胞死(アポトーシス)を誘導
ケモカイン		マクロファージ	食細胞(好中球，単球)の誘引

抗原提示(antigen presentation)，MHC抗原(major histocompatibility complex)，TCR(T-cell receptor)，インターロイキン(interleukin)

16 適応免疫(2)

生物基礎
生物

A 抗体(免疫グロブリン)

基 生 抗体はB細胞がつくる適応免疫ではたらく体液中のタンパク質である。抗体とB細胞表面にあるB細胞受容体は，**免疫グロブリン**からできている。

■免疫グロブリン

抗体やB細胞受容体(B cell receptor ; BCR)を構成するタンパク質。
Y字形で，可変部と定常部からなり，抗原との結合部である可変部は，遺伝子の再編成によって多様性をもつ。
H鎖(長い鎖)2本とL鎖(短い鎖)2本の4本のポリペプチドでできており，S-S結合で結合している。

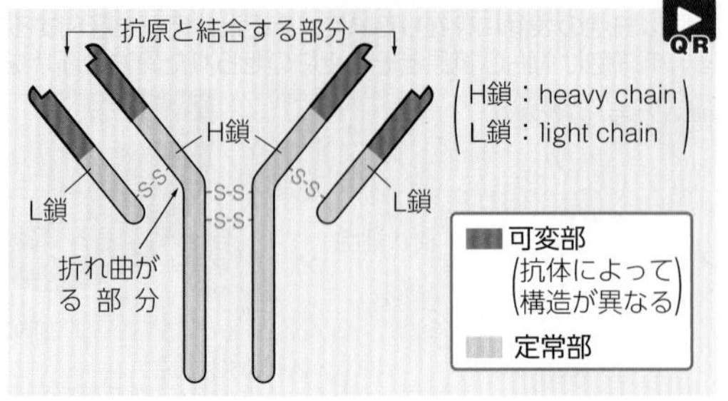
抗原と結合する部分
QR
H鎖
L鎖
L鎖
S-S
折れ曲がる部分
H鎖：heavy chain
L鎖：light chain
可変部
(抗体によって構造が異なる)
定常部

■抗体とBCR

1つのB細胞がつくる抗体と細胞膜上のB細胞受容体は可変部が同じ構造をしており，同一の抗原と結合する。

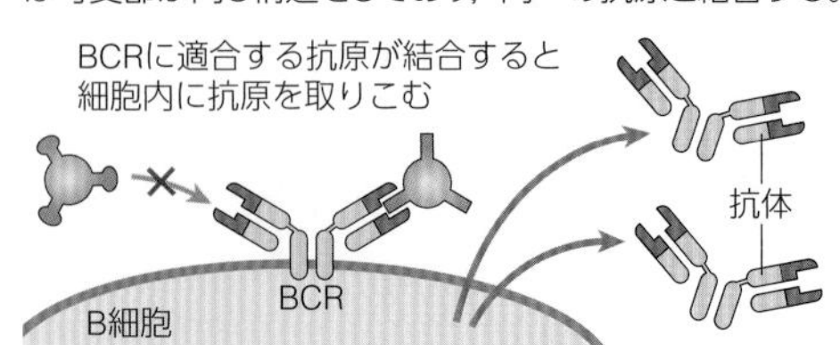
BCRに適合する抗原が結合すると
細胞内に抗原を取りこむ
抗体
BCR
B細胞

■ヒトの抗体の種類

免疫グロブリン(immunoglobulin)はIgと略され，5つのクラスに分けられるが，基本構造は共通である。分泌されて抗原に結合するものと，細胞膜に結合しB細胞受容体として機能するものがある。

名称	IgG	IgE	IgM	IgA	IgD
分子量	約15万	約19万	約95万	約39万	約17万
特徴	体液性免疫の中心としてはたらく。全体の70%を占める。	アレルギーの原因となる抗体。ヒスタミンの放出を促進。	一次応答において最初につくられる。凝集反応を促進。	母乳や涙などの外分泌液中の抗体。	B細胞表面に多く存在する。受容体として機能する。

■抗体の多様性と遺伝子の再編成

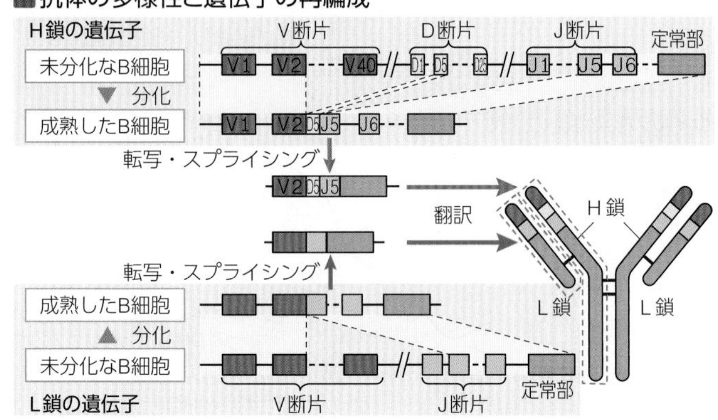
H鎖の遺伝子
V断片
D断片
J断片
定常部
未分化なB細胞
分化
成熟したB細胞
V1
V2
V40
D1
D5
D23
J1
J5
J6
転写・スプライシング
翻訳
H鎖
L鎖
L鎖
転写・スプライシング
成熟したB細胞
分化
未分化なB細胞
L鎖の遺伝子
V断片
J断片
定常部

未分化なB細胞では，H鎖の可変部をつくる遺伝子群はV，D，Jの3群があり，成熟過程でそれらから1個ずつの遺伝子が選び出され，再構成される。また，L鎖の可変部をつくる遺伝子群にはV，Jの2群があり，同様に再構成されるため，再構成される遺伝子の組み合わせは膨大な数となる。

B 抗原抗体反応

基 生 体液性免疫において，抗原と抗体は特異的に結合する。この反応を**抗原抗体反応**という。

■抗原抗体反応

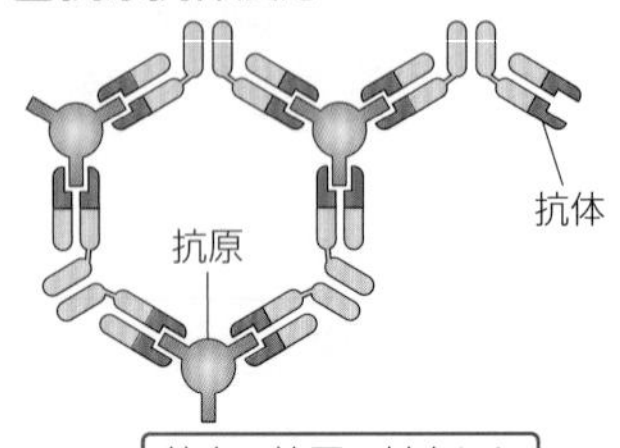
抗原
抗体

特定の抗原に対応した特定の抗体が反応する

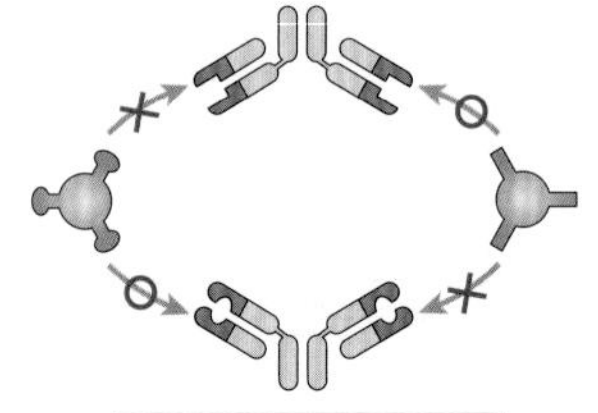

特定の抗体がはたらく抗原は決まっている

抗原の抗原決定基と抗体の抗原結合部には「かぎとかぎ穴」の関係があり，抗原と抗体が特異的に結合する。

■抗体がもつ作用

凝集	病原体の可動性の阻害や，病原体の増殖の抑制
中和	ウイルスの細胞との結合部位や毒素などに抗体が結合し，病原体の感染性や毒性を消失させる
オプソニン化	病原体に抗体が結合することで，食細胞による食作用を受けやすくなる

Column 抗原抗体反応を「見る」

抗原も抗体も小さい分子で肉眼で見ることはできない。しかし，ともに複数の結合部位をもつことが多いため，両者が出合ったとき，多数の抗原と抗体が互いに結びついて大きな抗原抗体複合体となって凝集し，肉眼で観察できるようになる。この凝集反応を利用して，抗原抗体反応を調べる方法がある(二重免疫拡散法)。

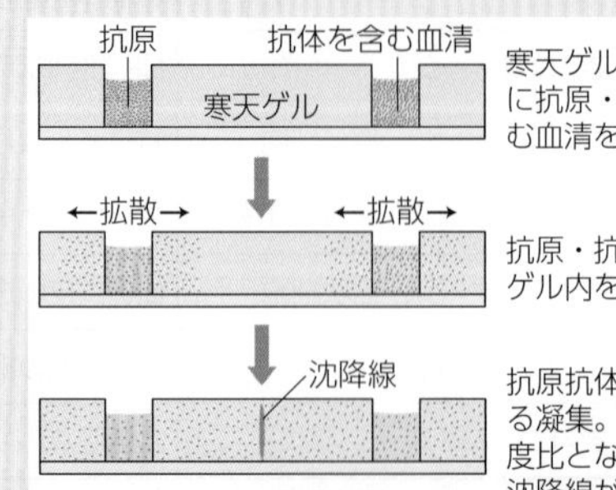
抗原
抗体を含む血清
寒天ゲル
←拡散→
←拡散→
沈降線

寒天ゲルのくぼみに抗原・抗体を含む血清を入れる

抗原・抗体はゲル内を拡散

抗原抗体反応による凝集。最適な濃度比となる場所に沈降線ができる

①ゲルを上から見たとき

沈降線
抗原
抗体

抗体の量を2倍にすると

沈降線
抗原
抗体

沈降線の位置がずれる

②ウサギの血清(抗体)と3種の動物のアルブミン(抗原)の反応

ヤギのアルブミン
ウサギの血清
沈降線
ウサギのアルブミン
ウマのアルブミン

ウサギの血清は，ヤギ・ウマのアルブミンに反応するが，ウサギのアルブミンには反応しない。

Keywords 抗体(antibody)，免疫グロブリン(immune globulin)，抗原抗体反応(antigen-antibody reaction)

C 免疫記憶 基 生

一度活性化された免疫細胞(B 細胞や T 細胞)の一部は，記憶細胞となって残るので，再び同じ抗原が侵入すると，短時間で強い反応が見られる。

二次応答での抗体の産生(体液性免疫の場合)

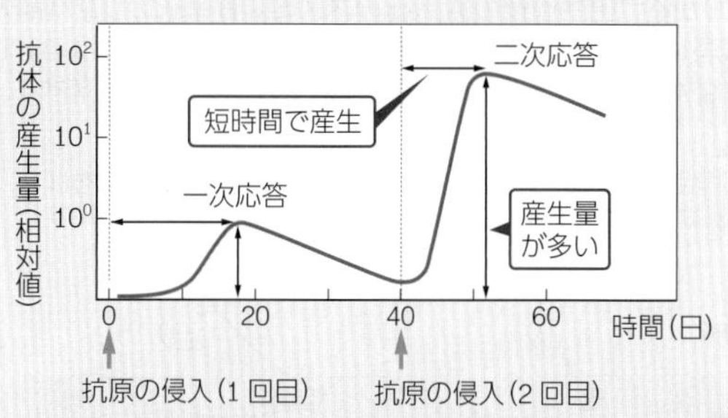

抗体の産生量(相対値)
10^2
10^1
10^0
二次応答
短時間で産生
一次応答
産生量が多い
0
20
40
60
時間(日)
抗原の侵入(1 回目)
抗原の侵入(2 回目)

皮膚移植の拒絶反応(細胞性免疫の場合)

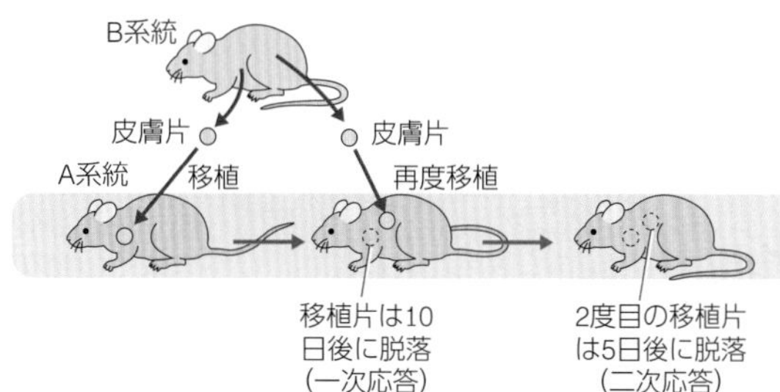

B系統
皮膚片
皮膚片
A系統
移植
再度移植
移植片は10日後に脱落(一次応答)
2度目の移植片は5日後に脱落(二次応答)

系統の異なるネズミの皮膚を移植すると，移植片は一時的に生着するが，やがて脱落する。これは免疫細胞(キラー T 細胞など)の攻撃による。同じ系統からの移植片に対する 2 回目の免疫反応(二次応答)は，1 回目(一次応答)より短時間で起こる。

Zoom up 抗体のクラススイッチと親和性成熟

抗体のクラススイッチ

一次応答で最初に産生される抗体のクラスは IgM と IgD である。その後，定常部の遺伝子の組換えが起こり，IgG，IgA，IgE のいずれかが産生されるようになる(抗体のクラススイッチ)。抗体と結合する可変部(遺伝子の再編成を経た VDJ 領域)は変わらないので，抗体の抗原特異性は変化しない。クラススイッチは，病原体の種類や感染部位により適した抗体をつくり，効率よく抗原を排除する意義があると考えられる。どのクラスにスイッチするかは，ヘルパー T 細胞が出すサイトカインによって変わる。

抗体の親和性成熟

B 細胞が同じ抗原により複数回活性化されると，すでに遺伝子の再編成が終わった H 鎖と L 鎖の可変部の領域でランダムな突然変異が高い頻度で起こる。B 細胞のうち，抗原との親和性がより高い BCR をもつ B 細胞が選択され，形質細胞へと分化する。このようなしくみによって，適応免疫の反応が進行するにつれて，抗原に対してより親和性の高い抗体が産生されるようになる。

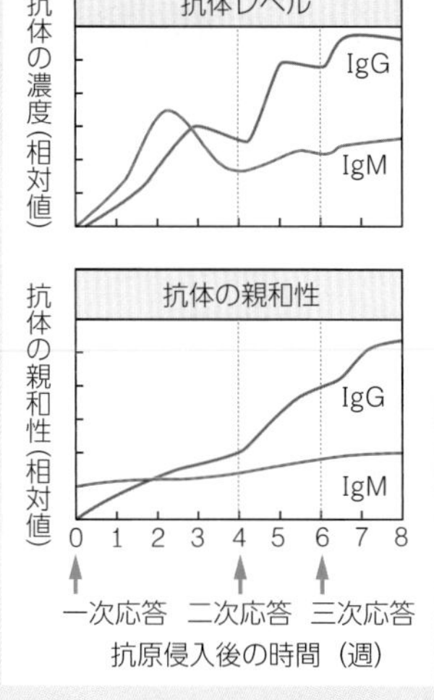

抗体レベル
抗体の濃度(相対値)
IgG
IgM
抗体の親和性
抗体の親和性(相対値)
IgG
IgM
0 1 2 3 4 5 6 7 8
一次応答 二次応答 三次応答
抗原侵入後の時間(週)

Column 抗原検査

ウイルスなどの病原体がもつ特有のタンパク質(抗原)を検出することで，その病原体に感染しているかを判断する検査を抗原検査という。病原体に感染した人の血液や唾液，鼻やのどの粘膜には病原体が存在するため，感染が疑われる人の血液や唾液，粘膜などから検体を採取して検査を行う。検査には，目的の病原体に特異的に結合する抗体に標識を行ったもの(標識抗体)を用いる。

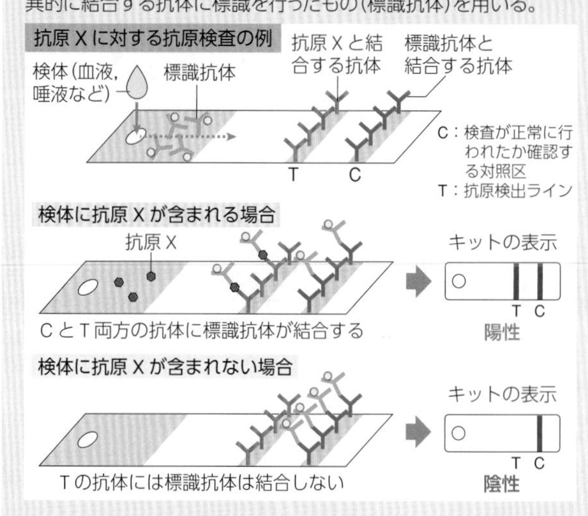

抗原 X に対する抗原検査の例
検体(血液，唾液など)
標識抗体
抗原 X と結合する抗体
標識抗体と結合する抗体
T
C
C：検査が正常に行われたか確認する対照区
T：抗原検出ライン
検体に抗原 X が含まれる場合
抗原 X
キットの表示
T C
C と T 両方の抗体に標識抗体が結合する
陽性
検体に抗原 X が含まれない場合
キットの表示
T C
T の抗体には標識抗体は結合しない
陰性

Zoom up 免疫寛容とクローン選択

ある B 細胞は特定の抗原と反応する抗体しかつくらないが，発生の段階で多種多様な B 細胞が分化し，多様な抗原に対する準備ができている。B 細胞が未熟なときに抗原と反応すると，その B 細胞は細胞死(アポトーシス)を起こす。胎児期や新生児期に出会う抗原は，自己成分だけであるので，これによって自己に対する反応性が除かれ，自己以外の異物(抗原)に対してのみ，免疫反応を示すようになる。このような状態を**免疫寛容**という。抗原が侵入するとその抗原と結合する受容体をもつ B 細胞だけが選択され(**クローン選択**)，活性化し，形質細胞となり，抗体を産生する。

免疫寛容は T 細胞でも見られる。T 細胞が胸腺で成熟する過程で，自己成分(自己の MHC 抗原)に強く反応しすぎる T 細胞や，自己の MHC 抗原を全く認識しない T 細胞が除かれ，異物を認識する可能性のある T 細胞だけが成熟し，胸腺の外に出る。

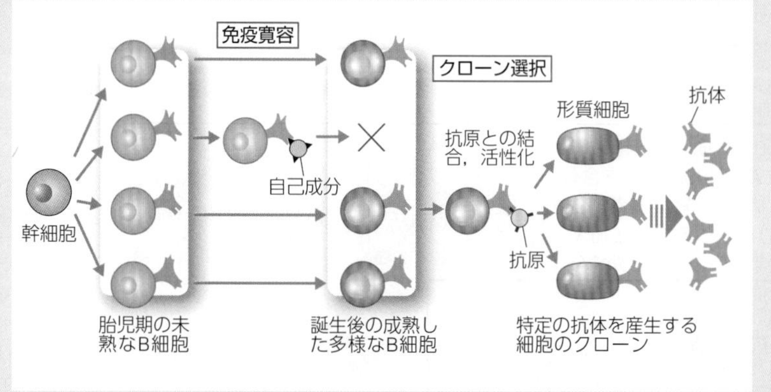

免疫寛容
クローン選択
幹細胞
自己成分
抗原との結合，活性化
形質細胞
抗体
抗原
胎児期の未熟なB細胞
誕生後の成熟した多様なB細胞
特定の抗体を産生する細胞のクローン

免疫記憶(immunological memory)，記憶細胞(memory cell)，一次応答(primary response)，二次応答(secondary response)，免疫寛容(immune tolerance)

17 自己と非自己の認識 生物基礎 生物

A 非自己の認識と拒絶反応 基 生

自己と非自己の識別と胸腺

免疫系が自己と非自己を識別できるようになるには，T 細胞が胸腺で成熟・分化する必要がある。胸腺をあらかじめ除去した A 系統のネズミは T 細胞が胸腺で成熟・分化できないため，B 系統の皮膚を移植すると移植片は非自己と識別されずに生着する。

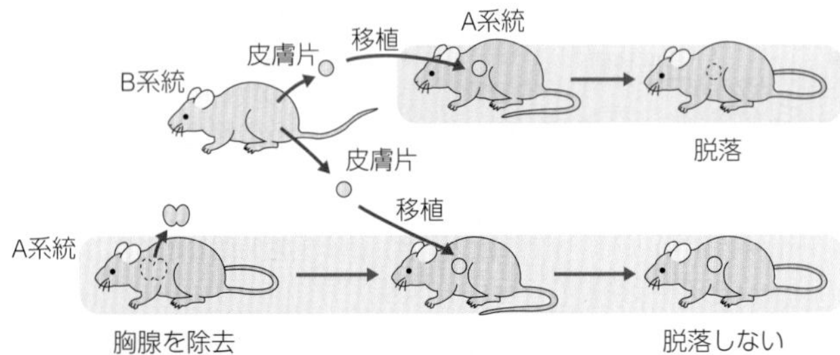

B系統
皮膚片
移植
A系統
脱落
皮膚片
移植
A系統
胸腺を除去
脱落しない

自己と非自己の識別の成立時期

ハツカネズミでは免疫細胞の分化に出生後約 2 週間かかる。出生直後の A 系統のネズミに B 系統のリンパ節の組織を注射し，成長した後，B 系統の皮膚を移植すると移植片は生着する。しかし，さらに正常な A 系統のリンパ節の組織を注射すると移植片は脱落する。

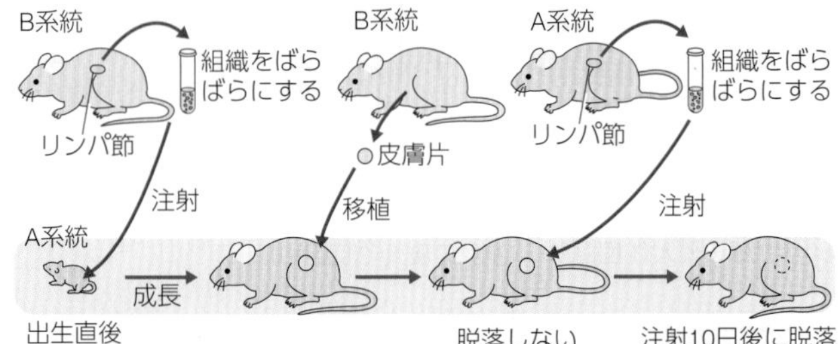

B系統
組織をばらばらにする
リンパ節
B系統
皮膚片
A系統
組織をばらばらにする
リンパ節
注射
移植
注射
A系統
出生直後
成長
脱落しない
注射10日後に脱落

臓器移植の拒絶反応のしくみ

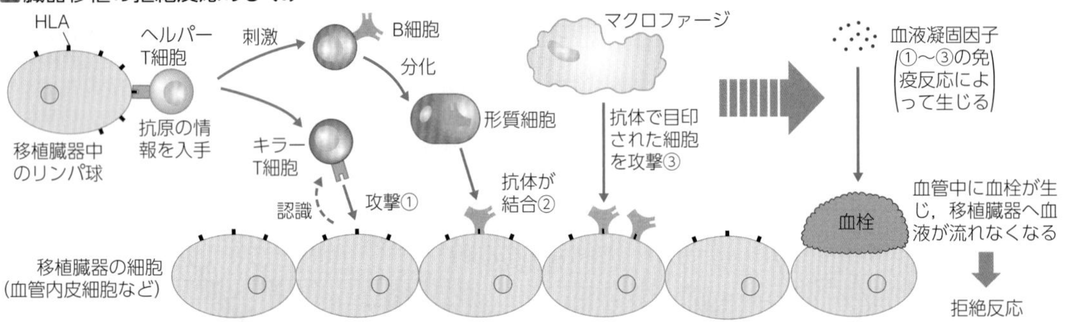

HLA
ヘルパーT細胞
刺激
B細胞
分化
マクロファージ
血液凝固因子（①～③の免疫反応によって生じる）
移植臓器中のリンパ球
抗原の情報を入手
キラーT細胞
形質細胞
抗体で目印された細胞を攻撃③
認識
攻撃①
抗体が結合②
血管中に血栓が生じ，移植臓器へ血液が流れなくなる
血栓
移植臓器の細胞（血管内皮細胞など）
拒絶反応

移植臓器の拒絶反応は，臓器の細胞表面にある HLA（ヒト白血球型抗原）をリンパ球が識別して起こる免疫反応である。他人どうしでは，HLA が完全に一致することはまれであるが，なるべく一致する人を提供者（ドナー）として移植を行い，免疫抑制剤で拒絶反応を抑える。

HLA（ヒト白血球型抗原）

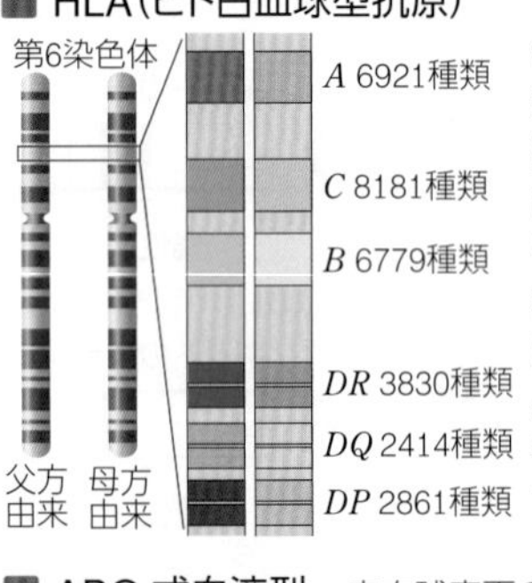

第6染色体
A 6921種類
C 8181種類
B 6779種類
DR 3830種類
DQ 2414種類
DP 2861種類
父方由来
母方由来

他人の臓器などを移植すると，通常は拒絶反応が起こる。これは，**主要組織適合抗原**（MHC 抗原）が異なるためである。ヒトの主要組織適合抗原は HLA とよばれる。HLA 遺伝子は複数の遺伝子によって構成されており，対立遺伝子の数が非常に多いため，遺伝子の組み合わせが他人と一致することはまれである。対立遺伝子の数は現在も新たに発見されて増加している（数字は 2021 年時点のもの）。

骨髄移植（造血幹細胞移植）

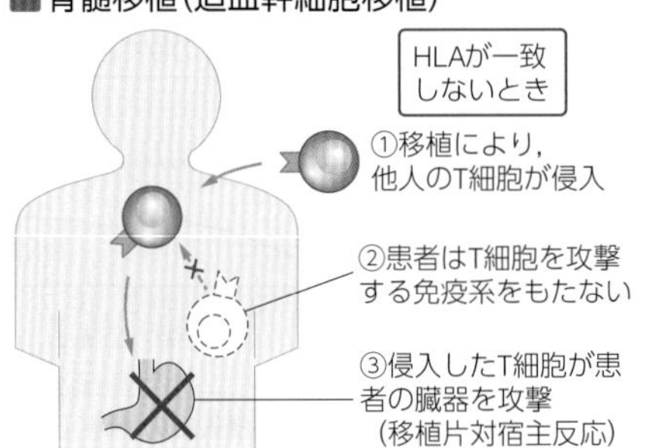

HLAが一致しないとき
①移植により，他人のT細胞が侵入
②患者はT細胞を攻撃する免疫系をもたない
③侵入したT細胞が患者の臓器を攻撃（移植片対宿主反応）

骨髄移植では，移植細胞が拒絶されないように，患者の骨髄細胞やリンパ球をあらかじめ取り除く。また，HLA が一致しなければ，移植された細胞に含まれていた T 細胞が臓器を攻撃するため，完全に一致するドナーからの移植が望ましい。

ABO 式血液型

赤血球表面の凝集原（抗原）A，B と血しょう中の凝集素（抗体）α，β により 4 つの型に分けられる。A と α，B と β が出会うと凝集が起こる。

血液型	A 型	B 型	AB 型	O 型
凝集原（赤血球の表面）	凝集原A／赤血球	凝集原B	B／A	なし
凝集素（血しょう中）	β	α	なし	α β

ABO 式血液型の判定

抗 A 血清（凝集素 α を含む）と抗 B 血清（凝集素 β を含む）に調べる血液を加え，凝集反応の有無を調べる。

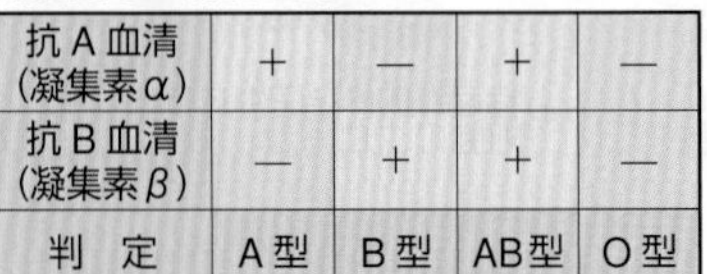

α
A

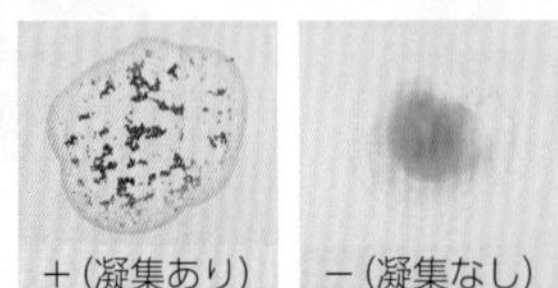

β
A

抗 A 血清（凝集素 α）	+	−	+	−
抗 B 血清（凝集素 β）	−	+	+	−
判　定	A 型	B 型	AB 型	O 型

＋（凝集あり）　－（凝集なし）

Rh 式血液型

アカゲザルと同じ Rh 因子（抗原）の有無によって分けられる。

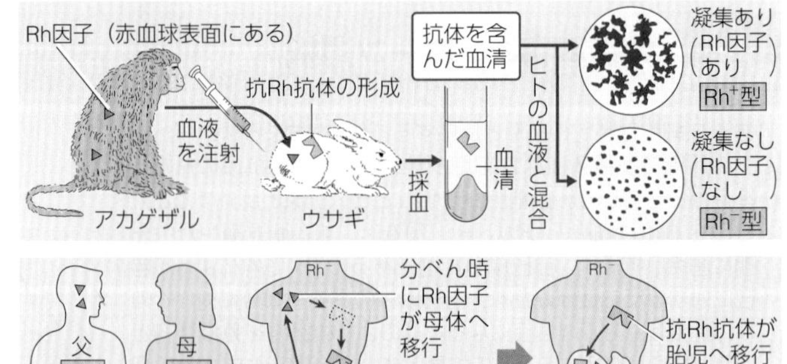

Rh因子（赤血球表面にある）
抗体を含んだ血清
抗Rh抗体の形成
血液を注射
アカゲザル
ウサギ
採血
血清
ヒトの血液と混合
凝集あり（Rh因子あり）
Rh⁺型
凝集なし（Rh因子なし）
Rh⁻型
父 Rh⁺
母 Rh⁻
子 Rh⁺
（Rh⁺がRh⁻に対し顕性）
分べん時にRh因子が母体へ移行
抗Rh抗体を形成
1回目の妊娠
抗Rh抗体が胎児へ移行
血球が凝集や溶血
2回目の妊娠

父 Rh^+ と母 Rh^- の間に Rh^+ の子が生まれるとき，第 1 子は無事に生まれるが，第 2 子も Rh^+ の場合には**血液型不適合**によって新生児溶血症が起きることがある。現在では，妊娠中や出産直後に母体に抗 Rh 抗体を注射して，母体に入った抗原を取り除き，母体に抗 Rh 抗体をつくらせない方法がとられている。

Keywords 臓器移植（organ transplantation），拒絶反応（rejection），骨髄移植（bone marrow transplantation）

18 免疫と病気(1) 生物基礎 生物

A エイズ(AIDS) 基 生

後天性免疫不全症候群(Acquired Immune Deficiency Syndrome)。エイズの原因となるウイルス(HIV)は，免疫反応の中心をなすヘルパーT細胞を破壊するため，ほとんどの免疫反応が消失する。

HIV の構造

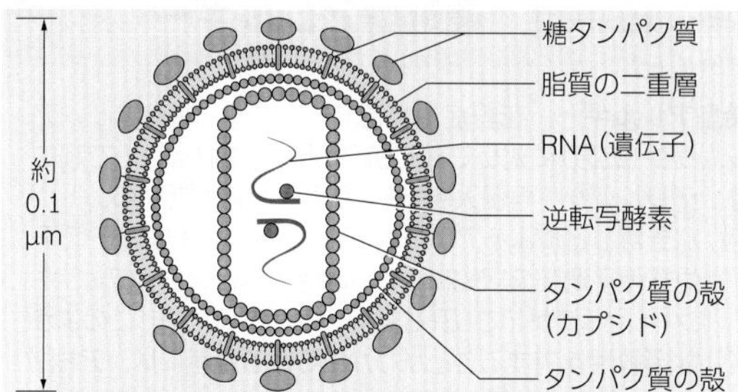

糖タンパク質
脂質の二重層
RNA(遺伝子)
逆転写酵素
タンパク質の殻(カプシド)
タンパク質の殻
約0.1 µm

HIV とは**ヒト免疫不全ウイルス**(**H**uman **I**mmunodeficiency **V**irus)の略で，エイズを引き起こす。HIV の遺伝子は RNA で，逆転写酵素によって DNA を合成し増殖するレトロウイルスである。

免疫機構の破壊

HIV によって破壊されるヘルパーT細胞は，体液性免疫と細胞性免疫の両方に関係している。ヘルパーT細胞が破壊されると免疫力が極端に低下する。

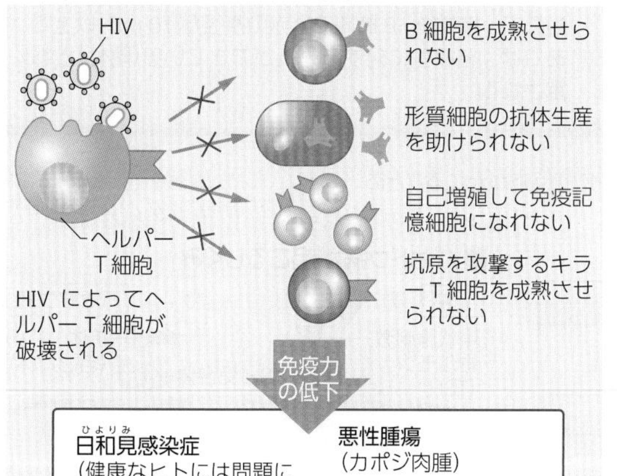

HIV
B細胞を成熟させられない
形質細胞の抗体生産を助けられない
自己増殖して免疫記憶細胞になれない
抗原を攻撃するキラーT細胞を成熟させられない
ヘルパーT細胞
HIV によってヘルパーT細胞が破壊される
免疫力の低下

日和見感染症(健康なヒトには問題にならない細菌などの感染症。カリニ肺炎など)

悪性腫瘍(カポジ肉腫)

中枢神経系の障害(髄膜炎，脳炎，認知症)

HIV の増殖(T細胞の破壊)

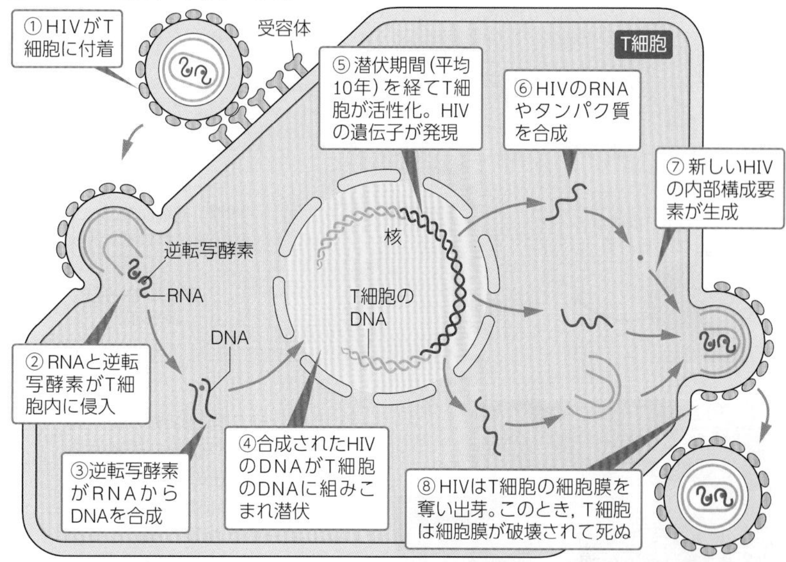

①HIVがT細胞に付着
受容体
T細胞
⑤潜伏期間(平均10年)を経てT細胞が活性化。HIVの遺伝子が発現
⑥HIVのRNAやタンパク質を合成
⑦新しいHIVの内部構成要素が生成
逆転写酵素
RNA
核
T細胞のDNA
DNA
②RNAと逆転写酵素がT細胞内に侵入
③逆転写酵素がRNAからDNAを合成
④合成されたHIVのDNAがT細胞のDNAに組みこまれ潜伏
⑧HIVはT細胞の細胞膜を奪い出芽。このとき，T細胞は細胞膜が破壊されて死ぬ

HIV の感染経路とエイズの治療法

HIV は，患者の血液，精液，母乳，膣分泌液に多く含まれており，注射器の使いまわし，輸血，性交渉，出産，授乳を通して感染することが多い。エイズの発症を抑えるためには，①〜③のはたらきをもつ薬品を生涯にわたって飲み続ける必要がある。

① ヘルパーT細胞への HIV の感染を防ぐ

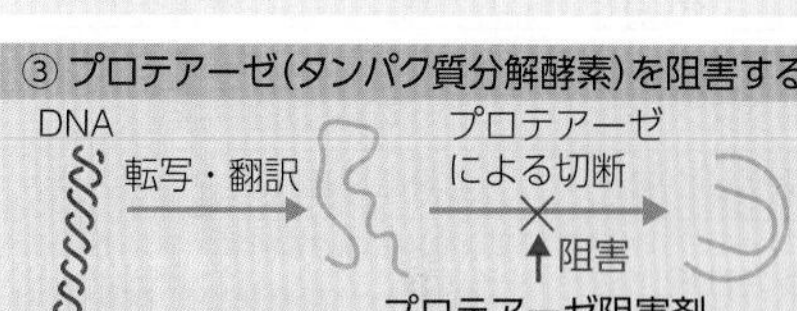

HIV が T 細胞に感染するには，T細胞がもつ受容体と結合する必要がある
HIV
受容体
阻害
ヘルパーT細胞

② HIV の RNA からの逆転写を阻害する

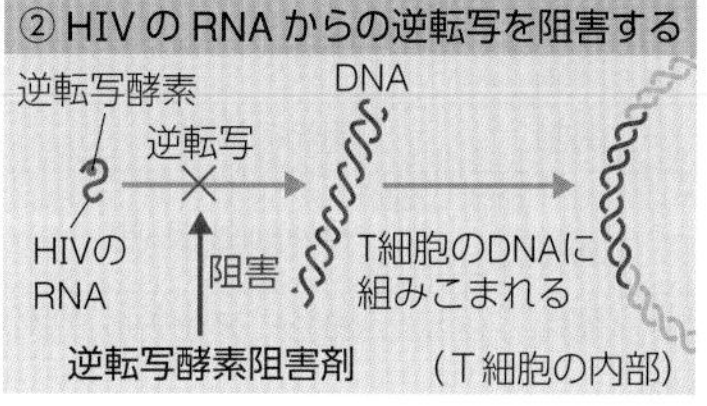

逆転写酵素
DNA
逆転写
HIVのRNA
阻害
T細胞のDNAに組みこまれる
逆転写酵素阻害剤
(T細胞の内部)

③ プロテアーゼ(タンパク質分解酵素)を阻害する

DNA　転写・翻訳　プロテアーゼによる切断　阻害　プロテアーゼ阻害剤

HIV がタンパク質を利用するためには，プロテアーゼ(タンパク質分解酵素)で切断される必要がある

Zoom up インフルエンザウイルス

インフルエンザウイルスは RNA を遺伝物質としてもち，表面のタンパク質によって感染力の強さや毒性の強さ，感染する動物や部位が決まる。

インフルエンザウイルスの構造

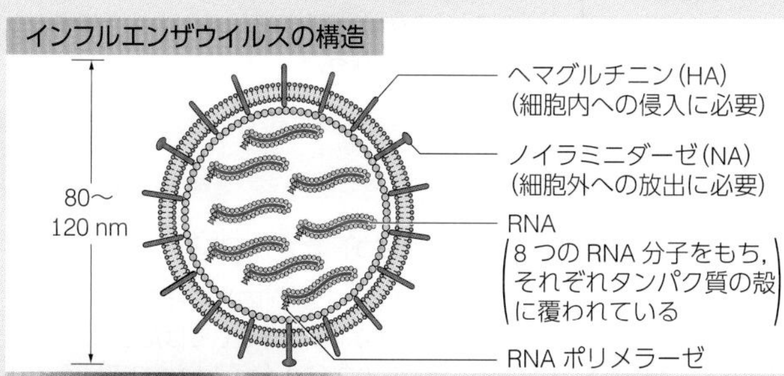

ヘマグルチニン(HA)(細胞内への侵入に必要)
ノイラミニダーゼ(NA)(細胞外への放出に必要)
RNA
8つの RNA 分子をもち，それぞれタンパク質の殻に覆われている
RNA ポリメラーゼ
80〜120 nm
0.1µm

ウイルスの表面にはヘマグルチニン(HA)とノイラミニダーゼ(NA)というタンパク質が存在する。インフルエンザの治療薬であるタミフルやリレンザは，ノイラミニダーゼを強力に阻害し，ウイルスが細胞から出られないようにすることでウイルスの増殖を抑える。

新型インフルエンザが発生するしくみ

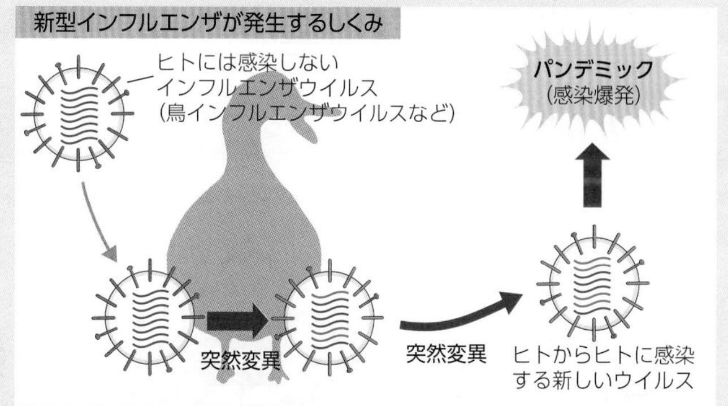

ヒトには感染しないインフルエンザウイルス(鳥インフルエンザウイルスなど)
パンデミック(感染爆発)
突然変異
突然変異
ヒトからヒトに感染する新しいウイルス

インフルエンザウイルスは遺伝子として 1 本鎖 RNA をもつ。1 本鎖 RNA は，修復機構のある 2 本鎖 DNA より突然変異しやすく，本来ヒトに感染しないウイルスが突然変異によってヒトへ感染するウイルスに変異する場合があると考えられている。

Keywords　後天性免疫不全症候群(Acquired Immune Deficiency Syndrome (＝AIDS))，逆転写(reverse transcription)，日和見感染(opportunistic infection)

19 免疫と病気(2)

生物基礎
生　物

A アレルギー

花粉症など，免疫が過敏に反応して不都合な症状が現れることを**アレルギー**といい，アレルギーを引き起こす抗原を**アレルゲン**という。

アレルギー　即時型のアレルギーは，肥満細胞(マスト細胞)とよばれる特殊な細胞から分泌されるヒスタミンなどの物質によって引き起こされる。

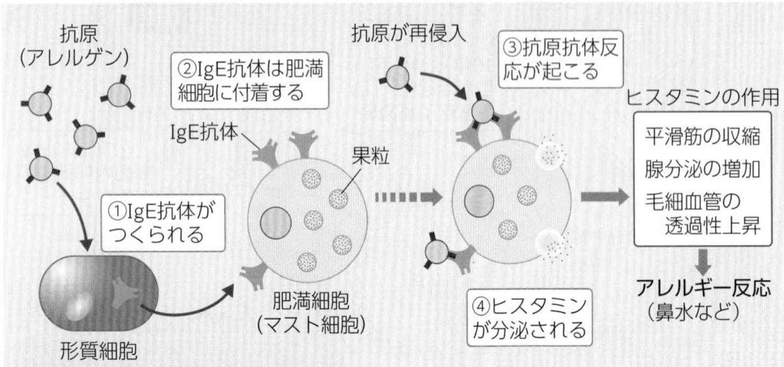

抗原
(アレルゲン)
②IgE抗体は肥満細胞に付着する
抗原が再侵入
③抗原抗体反応が起こる
ヒスタミンの作用
IgE抗体
果粒
平滑筋の収縮
腺分泌の増加
毛細血管の透過性上昇
①IgE抗体がつくられる
アレルギー反応
(鼻水など)
肥満細胞
(マスト細胞)
④ヒスタミンが分泌される
形質細胞

スギ花粉の飛散
スギ花粉

アレルゲンの2回目以降の侵入時に，血管の拡張や血管の透過性の上昇によって血圧の極端な低下が起こるなど，生命にかかわる重篤なアレルギー症状が現れることがある。このような症状を**アナフィラキシーショック**という。

Zoom up 即時型／遅延型アレルギー

即時型アレルギー…花粉症や食物アレルギー，喘息など。アレルゲン(抗原)に対してIgE抗体が産生されることで起こる。アレルゲンが再侵入すると，即時に反応が起こる。

例：ハチ毒などによるアレルギーの場合，急激な血圧低下や気管平滑筋の収縮による呼吸困難などのアナフィラキシーショックが起こり死亡することがあるため，このような過敏性を有することがわかっている患者には，アドレナリン自己注射薬を携帯させることが推奨されている。

遅延型アレルギー…ウルシや特定金属によるアレルギー，結核菌に対する免疫記憶の確認のためのツベルクリン反応など。アレルゲンと再接触後，免疫細胞間の情報伝達や細胞の活性化や増殖を伴うため，反応までに時間がかかる。

例：ツベルクリン反応は，抗原であるツベルクリン(結核菌の培養液をろ過・精製したもの)を接種し，結核菌(アレルゲン)に対する二次応答が完成しているかを確認するもので，接種後48時間で発赤の直径が10 mm以上であれば，結核菌に対する免疫ができている(陽性)と判定される。

B 自己免疫疾患

自己の正常な細胞や組織を抗原(自己抗原)として認識し，免疫反応が起こることによって引き起こされる病気を**自己免疫疾患**という。

自己免疫疾患の例

病　名	症　状	疾患部位	自己抗原
全身性エリテマトーデス	全身の臓器に障害が生じるが，人によって部位が異なる	皮膚，関節，内臓	DNA，ヒストンなど
関節リウマチ	全身の関節に炎症を起こす	関節	関節の滑膜
多発性硬化症	神経組織の破壊とそのために起こる筋脱力，運動麻痺，感覚障害	脳，脊髄，視神経など	神経細胞(髄鞘)
重症筋無力症	筋力の低下	筋肉	おもにアセチルコリン受容体
Ⅰ型糖尿病	インスリンが分泌されなくなり，血糖濃度が低下しない	すい臓	ランゲルハンス島B細胞
B型インスリン抵抗症	インスリンのはたらきを阻害，高血糖	筋肉，肝臓など	インスリン受容体
バセドウ病(グレーヴス病)	チロキシンの過剰分泌，甲状腺肥大，発汗，体重減少	甲状腺	甲状腺刺激ホルモン受容体
橋本病	甲状腺の慢性的な炎症，機能の低下	甲状腺	甲状腺ペルオキシダーゼなど

バセドウ病が起こるしくみ

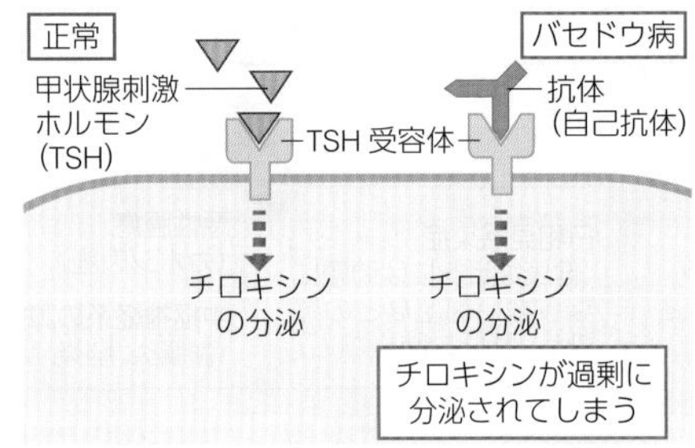

正常
バセドウ病
甲状腺刺激ホルモン(TSH)
抗体(自己抗体)
TSH受容体
チロキシンの分泌
チロキシンの分泌
チロキシンが過剰に分泌されてしまう

脳下垂体からの甲状腺刺激ホルモン(TSH，▶p.150)の受容体に自己抗体が結合して甲状腺を刺激し，チロキシンが産生される(甲状腺も肥大する)。負のフィードバックによりTSHは減少するが，チロキシンが分泌され続けるため，チロキシンの分泌が過剰となる。

Column がん免疫療法

からだの中でできるがん細胞は，通常，免疫によって排除されている。このしくみを利用して，がん細胞に対抗する医薬品が開発されている。

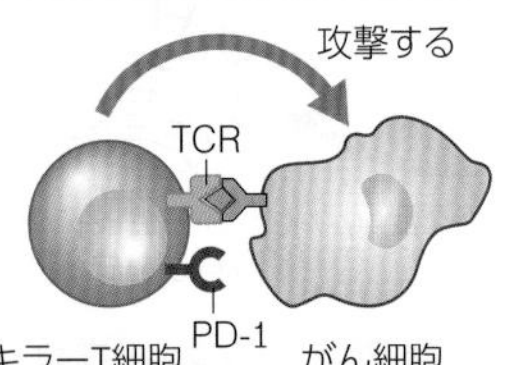

攻撃する
TCR
キラーT細胞
PD-1
がん細胞

がん細胞の抗原をキラーT細胞が認識し，がん細胞を攻撃する

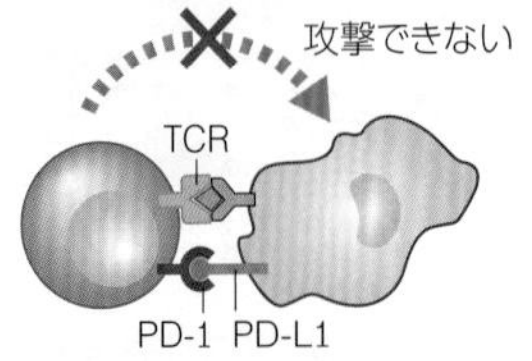

攻撃できない
TCR
PD-1
PD-L1

がん細胞にPD-L1が発現すると，キラーT細胞のPD-1と結合し，がん細胞への攻撃が抑制される

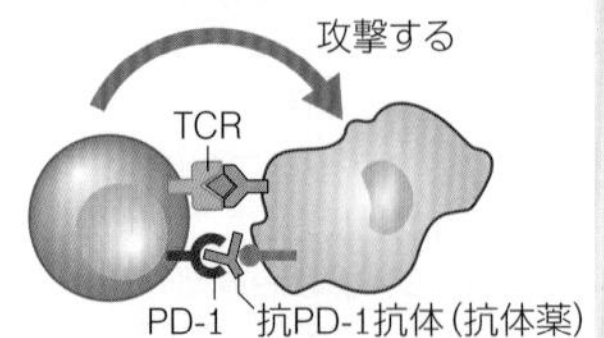

攻撃する
TCR
PD-1
抗PD-1抗体(抗体薬)

抗PD-1抗体がPD-1に結合することで，PD-1とPD-L1が結合できなくなり，抑制が解除されてがん細胞を攻撃する

PD-1は，T細胞応答を抑制もしくは停止させる抑制因子としてはたらき，免疫チェックポイント分子といわれている。この抑制のはたらきを阻害する薬剤があり，PD-1に対する抗体薬(ニボルマブ，商品名オプジーボ)は，一部のがんで大きな効果が認められている。本庶佑(ほんじょたすく)は，PD-1の発見で2018年にノーベル生理学・医学賞を受賞している。

Keywords　アレルギー(allergy)，アレルゲン(allergen)，アナフィラキシーショック(anaphylactic shock)，自己免疫疾患(auto immune disease)

C 免疫の応用

免疫反応を利用した病気の予防法(予防接種)や治療法(血清療法など)があり，広く用いられている。

ワクチンと予防接種

毒性を弱めた病原体や毒素などをあらかじめ接種し，免疫記憶をつくらせて，病気の予防をする。このとき用いられる病原体や毒素などの抗原を**ワクチン**という。

例：インフルエンザ・はしか・結核(BCG)・狂犬病などの予防接種

予防接種のしくみ

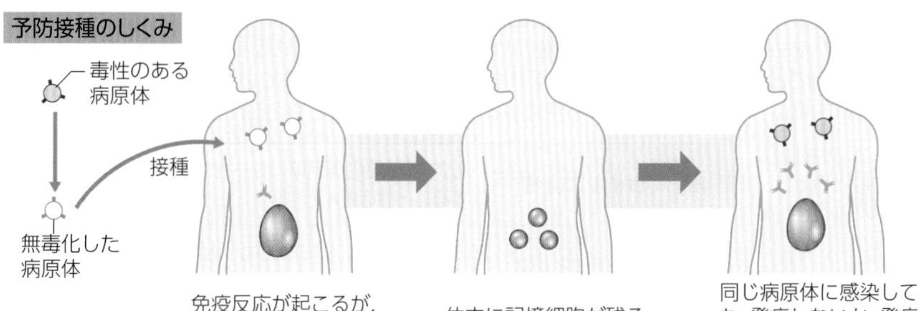
毒性のある病原体
接種
無毒化した病原体
免疫反応が起こるが，発症しない
体内に記憶細胞が残る
同じ病原体に感染しても，発症しないか，発症しても重症化しない

ワクチンを接種すると，接種後数日以内に，発熱や頭痛，接種部位の腫れ・痛みなどの炎症反応(副反応)が起こることがある。これは，ワクチンに対する免疫応答が起こっているためである。

ワクチンの種類

種　類	特　徴	ワクチンの例
生ワクチン(弱毒化ワクチン)	生きている病原体の毒性や感染力を弱めてつくったワクチン。体内で病原体が増殖するため，接種後に軽い症状が出ることがある	麻疹(はしか)，流行性耳下腺炎(おたふくかぜ)，風疹，結核
不活化ワクチン	病原体に毒性や感染力をなくす処理をしたもの，もしくはその成分でつくったワクチン。体内で病原体が増殖することがないので免疫獲得には複数回の接種が必要	インフルエンザ，ポリオ，狂犬病，子宮頸がん
毒素類似物質(トキソイド)	細菌の持つ毒素を取り出し，毒性をなくし，抗原としての特徴だけを残したもの	ジフテリア，破傷風，百日咳

血清療法

他の動物に病原体や毒素を注射して抗体をつくらせ(中和抗体)，その抗体が含まれた血清を患者に注入する。ヘビ毒や破傷風菌毒素など，すみやかに排除しないと生死にかかわるような場合に用いられる。

血清療法は，他の動物の血清を体内に注入するため，繰り返し投与するとその外来血清に対するアレルギー反応を起こしアナフィラキシーに陥ることがある。

例：ヘビ毒の除去，破傷風・ジフテリアなどの治療

Column 子宮頸(けい)がんワクチンの開発

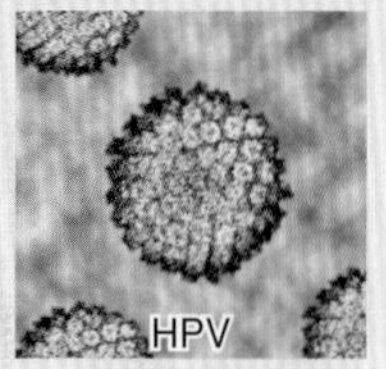
HPV

子宮頸がんは，女性の5大がんのうちの1つである。ドイツのツアハウゼンは，子宮頸がんはヒトパピローマウイルス(HPV)によって引き起こされると考え，1983～1984年，子宮頸がん患者から2種類のHPVを発見した(この功績によりツアハウゼンは2008年にノーベル生理学・医学賞を受賞した)。

HPV発見の後に開発されたHPVワクチンの成分は，HPVのタンパク質の殻に似た構造をしており，接種により免疫記憶をつくらせることでHPVウイルスの感染率を大幅に引き下げる効果がある。

モノクローナル抗体

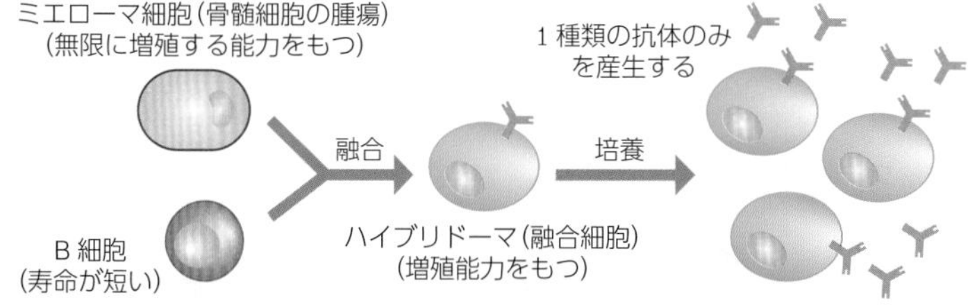
ミエローマ細胞(骨髄細胞の腫瘍)
(無限に増殖する能力をもつ)
B細胞
(寿命が短い)
融合
ハイブリドーマ(融合細胞)
(増殖能力をもつ)
培養
1種類の抗体のみを産生する

モノクローナル抗体とは1種類のB細胞から産生された，目的の抗原決定基(抗体が結合する場所)と結合する均一な抗体である。人工的に形質細胞を増殖させ，目的とする単一の抗体を大量に得て，がん細胞などの特定の抗原に結合する薬(免疫グロブリン製剤)などの分子標的薬として利用されている。

モノクローナル抗体は，細胞に微量に存在する物質の検出や局在性の研究，がんやウイルス感染症の診断・治療への応用が研究されている。

Zoom up DNAやRNAを利用したワクチン

COVID-19(新型コロナウイルス感染症)のおもなワクチンとして，ウイルスの外側にあるスパイクタンパク質のmRNAを投与する**mRNAワクチン**と，スパイクタンパク質のDNAをウイルスベクター(ヒトの細胞に感染し，自身の遺伝子を持ちこむ運び屋となるウイルス)に組みこんで投与する**ウイルスベクターワクチン**が用いられている。

mRNAワクチン　病原体の一部の成分(タンパク質)のmRNAを体内に投与し，細胞内で病原体の抗原となるタンパク質やペプチドをつくらせ，その抗原に対する免疫反応を引き起こし，免疫を確立する。

DNAワクチン　病原体の一部の成分のDNAを体内に投与し，細胞内で病原体の抗原となるタンパク質やペプチドをつくらせる。

mRNAワクチンとウイルスベクターワクチン

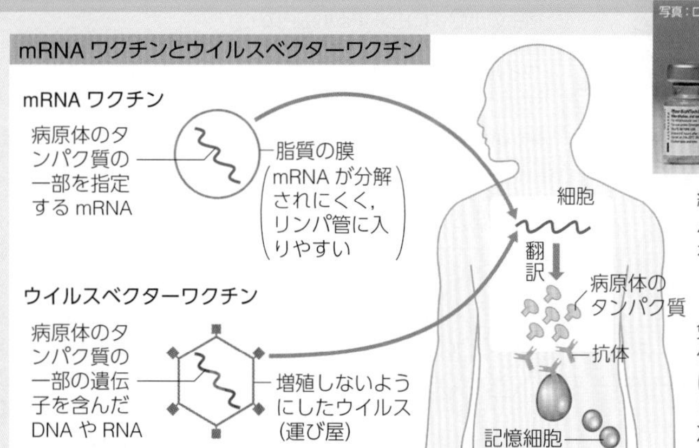
mRNAワクチン
病原体のタンパク質の一部を指定するmRNA
脂質の膜
mRNAが分解されにくく，リンパ管に入りやすい
ウイルスベクターワクチン
病原体のタンパク質の一部の遺伝子を含んだDNAやRNA
増殖しないようにしたウイルス(運び屋)
細胞
翻訳
病原体のタンパク質
抗体
記憶細胞
細胞内で病原体のタンパク質(抗原)が合成される
免疫反応が起こり，抗体が産生されるとともに，抗原の情報を記憶した記憶細胞が残り，次回の侵入に備える

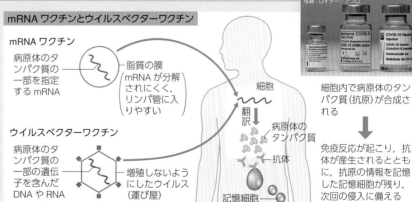

COVID-19のワクチン

写真：ロイター／アフロ

ワクチン(vaccine)，予防接種(vaccination)，血清療法(serotherapy)

Zoom up 新型コロナウイルス感染症

コロナウイルスとは？

コロナウイルスの構造

コロナウイルスは直径約 100 nm の球形で，エンベロープ(外被膜)をもち，表面に多数の突起(スパイク)がある。この形状が王冠に似ていることから，ギリシャ語で王冠を意味する"corona"という名前が付けられている。

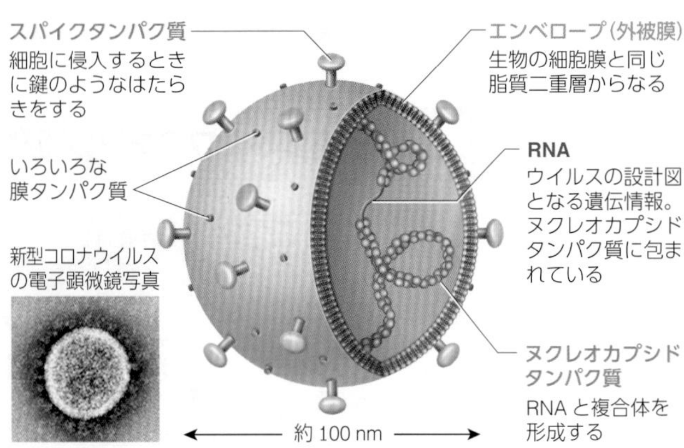

スパイクタンパク質
細胞に侵入するときに鍵のようなはたらきをする
いろいろな膜タンパク質
新型コロナウイルスの電子顕微鏡写真
エンベロープ(外被膜)
生物の細胞膜と同じ脂質二重層からなる
RNA
ウイルスの設計図となる遺伝情報。ヌクレオカプシドタンパク質に包まれている
ヌクレオカプシドタンパク質
RNA と複合体を形成する
約 100 nm

コロナウイルスの種類

コロナウイルスの種類は 50 種類以上あり，そのうちヒトに感染するものは 7 種類である。いずれも，別の動物を宿主としていたコロナウイルスが変異して，ヒトにも感染するようになったものと考えられている。

風邪(かぜ)のウイルス(4 種)	一般的な風邪の原因の 10 ～ 15％を占める。重症化することはほとんどない。
SARS(サーズ)コロナウイルス	2002 年に確認。コウモリからヒトに感染。重症肺炎を引き起こす。SARS：重症急性呼吸器症候群
MERS(マーズ)コロナウイルス	2012 年に確認。ヒトコブラクダからヒトに感染。重症肺炎を引き起こす。MERS：中東呼吸器症候群
新型コロナウイルス	2019 年に確認。コウモリからヒトに感染したと考えられている。重症肺炎を引き起こす場合がある。

新型コロナウイルスの国際的な公式名称は，severe acute respiratory syndrome coronavirus 2(SARS-CoV-2)である。SARS-CoV-2 による疾病を，coronavirus disease 2019(COVID-19)という。

コロナウイルスの感染のしくみ

ウイルスは自分だけでは増殖できず，ほかの生きた細胞に侵入し，その細胞の機能と材料を利用して自分のコピーをつくらせる。このとき利用される生物や細胞を宿主といい，ウイルスの種類によって宿主は異なる。

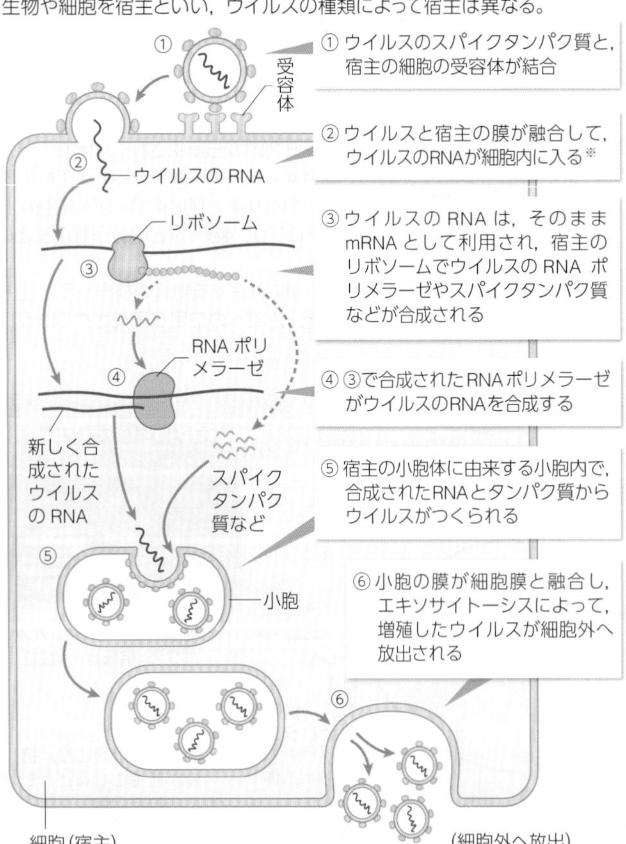

①
受容体
②
ウイルスの RNA
リボソーム
③
RNA ポリメラーゼ
④
新しく合成されたウイルスの RNA
スパイクタンパク質など
⑤
小胞
⑥
細胞(宿主)
(細胞外へ放出)
① ウイルスのスパイクタンパク質と，宿主の細胞の受容体が結合
② ウイルスと宿主の膜が融合して，ウイルスのRNAが細胞内に入る※
③ ウイルスの RNA は，そのまま mRNA として利用され，宿主のリボソームでウイルスの RNA ポリメラーゼやスパイクタンパク質などが合成される
④ ③で合成されたRNAポリメラーゼがウイルスのRNAを合成する
⑤ 宿主の小胞体に由来する小胞内で，合成されたRNAとタンパク質からウイルスがつくられる
⑥ 小胞の膜が細胞膜と融合し，エキソサイトーシスによって，増殖したウイルスが細胞外へ放出される

※ウイルス全体がエンドサイトーシスで取りこまれてから膜が融合する場合もある。

新型コロナウイルス感染症(COVID-19)

ウイルスは鼻や口などから体内に侵入し，鼻やのどの粘膜および肺の内側で増殖する(感染)。免疫細胞が感染を感知すると，ウイルスの増殖を抑えるためにさまざまな反応が起こり，これが症状として現れる(発症)。COVID-19 の場合，潜伏期間(感染しているが発症していない期間)は 1 ～ 14 日で，発症しない人(無症状)もいる。無症状でもウイルスを保持している間は，他者へ感染を広げる可能性がある。

COVID-19 のおもな症状

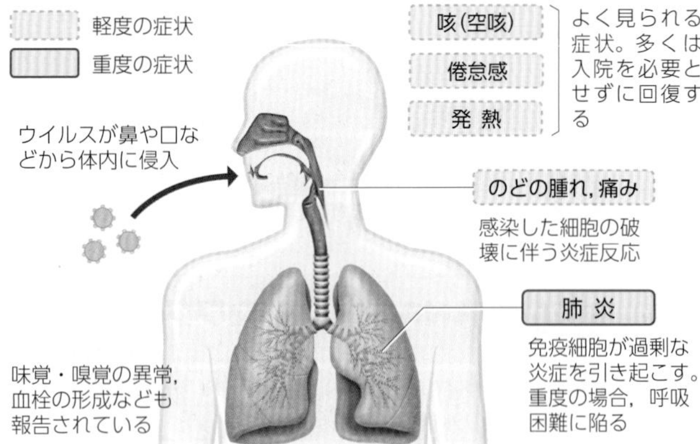

軽度の症状
重度の症状
咳(空咳)
倦怠感
発熱
よく見られる症状。多くは入院を必要とせずに回復する
ウイルスが鼻や口などから体内に侵入
のどの腫れ，痛み
感染した細胞の破壊に伴う炎症反応
肺炎
免疫細胞が過剰な炎症を引き起こす。重度の場合，呼吸困難に陥る
味覚・嗅覚の異常，血栓の形成なども報告されている

サイトカインストーム

ウイルスに感染した細胞や，それを感知した免疫細胞は，サイトカイン(▶ p.169)を分泌する。すると，目的部位に免疫細胞が集まり，免疫反応が活発化する。しかし，何らかの原因でサイトカインの産生が過剰になると，免疫細胞が感染細胞だけでなく正常な細胞まで傷害し，臓器や血管に深刻な炎症反応を引き起こす。このような，サイトカインの過剰産生による免疫反応の暴走を**サイトカインストーム**という。これが COVID-19 の重症肺炎を引き起こす要因になっていると考えられている。

感染の予防とウイルスの検出

新型コロナウイルスのおもな感染経路
新型コロナウイルスの感染経路は，おもに「飛沫感染」と「接触感染」であると考えられている※。

飛沫感染	感染者の咳，くしゃみ，会話などで口から出た飛沫（ウイルスを含む唾液の粒，大きさ 5 μm 以上）を他の人が口や鼻から吸いこむことによって感染する。
接触感染	感染者が飛沫のついた手で触るなどして物にウイルスがつき，それを触った他の人がウイルスの付着した手指で口，鼻，眼の粘膜に触れることで感染する。

※空気感染（飛沫の水分が蒸発して生じる小さなウイルス粒子が空気中を長時間浮遊し，吸引して感染）の可能性も指摘されている。

飛沫感染の予防
マスクを着用したり，会話時などに人との間隔を確保したり，こまめに換気したりすることによって，飛沫感染のリスクを軽減することができる。

接触感染の予防
石けんを使用した手洗い，アルコール（エタノール濃度 70 %以上）による手指の消毒，界面活性剤を含む洗剤や次亜塩素酸ナトリウム水溶液（塩素系漂白剤の主成分）による物品の消毒によって，接触感染を防ぐことができる。

アルコールによるウイルスの不活化

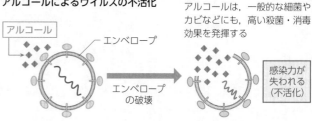

アルコール
エンベロープ
エンベロープの破壊
アルコールは，一般的な細菌やカビなどにも，高い殺菌・消毒効果を発揮する
感染力が失われる（不活化）

アルコールはエンベロープ（外被膜）を破壊して，ウイルスを不活化する※

※エンベロープをもたないウイルス（ノロウイルスやアデノウイルスなど）には，アルコール消毒は効果がない。

新型コロナウイルスに関する検査
（検査にかかる時間や感度については，今後改良される可能性がある）

検査名	調べる対象	検査方法	特徴	
PCR検査	ウイルスの遺伝子（RNA）	鼻やのどの粘液もしくは唾液に含まれるウイルスの RNA を PCR 法※で増幅して検出 ※ RNA を相補的な DNA に変換して用いる（RT-PCR 法，▶ p.104）	・少量のウイルスでも検出できる ・感度（感染者が陽性と判定される確率）は 7 割程度。感染者の 3 割程度は陰性と誤判定される（偽陰性） ・検査に時間がかかる（2 ～ 6 時間）	感染中かどうかを調べる
抗原検査	ウイルスのタンパク質（抗原）	鼻やのどの粘液もしくは唾液に含まれるウイルスに特有のタンパク質を検査キット（▶ p.171）や専用の検査機器で検出	・短時間で結果が出る（30 分程度） ・ウイルス量が少ないと検出できない ・PCR 検査より感度が低い	
抗体検査	感染した人の体内でつくられる抗体	血液中に含まれる，ウイルスに対する抗体（IgG，IgM）を検査キットなどで検出	・短時間で結果が出る（30 分程度） ・感染後の日数が短いと検出できない ・抗体があっても，今後感染しないとは限らない	感染歴があるかどうかを調べる

変異ウイルスの検出
ウイルスが宿主の細胞内で増殖する過程では，ウイルスの RNA の複製ミスにより塩基配列に突然変異（▶ p.276）が生じることがあり，スパイクタンパク質の構造などに変化が生じる。新型コロナウイルスは，さまざまな変異ウイルスが発見されており，感染力や重症度に違いがある。変異ウイルスを検出する PCR 検査も行われており，変異部位を識別することで従来型か変異型かを判定することができる。

感染症法における位置づけと今後の対策

感染症法における各感染症の位置づけ
感染症法（正式名：感染症の予防及び感染症の患者に対する医療に関する法律）では，危険度などに応じて感染症をいくつかの類型に分類し，類型ごとに感染防止策や感染者発生時の対応方法を定めている。COVID-19 は，2020 年に「指定感染症」に指定され，2021 年 2 月には「新型インフルエンザ等感染症」に変更された。その後，さらに2023年5月からは「五類感染症」に変更された。

分類	概要	おもな感染症
一類感染症	感染力や感染時の重篤性などから危険度が極めて高い感染症	エボラ出血熱，ペストなど
二類感染症	感染力や感染時の重篤性などから危険度が高い感染症	結核，ジフテリア，SARS，MERS など
三類感染症	特定の職業への就業で感染リスクが高まる感染症	コレラ，腸管出血性大腸菌感染症など
四類感染症	動物や飲食物等を介してヒトに感染する感染症	E 型肝炎，狂犬病，ボツリヌス症，マラリアなど
五類感染症	発生動向調査を行うことで発生やまん延を防ぐべき感染症	季節性インフルエンザ，麻しん，COVID-19 など
新型インフルエンザ等感染症	新たに，もしくは長い期間を経て再び伝染力を獲得したインフルエンザで，特に危険なもの※	
指定感染症	既知の感染症のうち一類～三類以外で，まん延すると重大な影響が出るおそれがあると判断されたもの※	
新感染症	未知の感染症で，措置を講じなければ重大な影響が生じるおそれがあると判断されたもの※	

※新型インフルエンザ等感染症・指定感染症・新感染症への感染症の指定は，状況に応じて随時行われる。

ワクチンによる予防
日本では，おもに mRNAワクチンやウイルスベクターワクチン（▶ p.175）が用いられている。新型コロナウイルスに対しては，適切な間隔をあけて複数回ワクチンを接種すること（ブースター接種）が有効であるとされている。

治療薬の開発・承認
COVID-19 の治療薬は国内外で開発が進められており，臨床試験などを経て有用性が認められると国から承認を受けて供給される。治療薬は対象の患者の症状の重さや治療の目的に応じて使い分けられる（▶ p.179）。

新型コロナウイルスについては日々，新しい知見が得られている。ここに示した情報も，今後の状況によって変化する可能性がある。

[写真] 新型コロナウイルス
(SARS-CoV-2)

5 人類を脅かすウイルス感染症

東京大学医科学研究所 感染症国際研究センター ウイルス学分野 准教授
一戸(いちのへ) 猛志(たけし)

2000年代に入ってからSARSコロナウイルス，新型インフルエンザウイルス，MERSコロナウイルス，デングウイルス，エボラウイルス，ジカウイルスなどの，ウイルスを原因とした感染症(ウイルス感染症)の発生が続いている。また，2020年以降，新型コロナウイルス感染症が世界的に流行している。いま，改めて人類とウイルスのかかわりを考えるときがきているのではないだろうか。ここでは，ウイルス感染症の歴史や最新の新型コロナウイルス研究，そして，これからのウイルス学について，その展望を交えて概説する。

ウイルス感染症の歴史

人類はこれまで，さまざまなウイルスによる感染症と戦ってきた(表1)。天然痘とインフルエンザを例に，その歴史を振り返っておこう。

◆天然痘 — *smallpox*

天然痘ウイルスはヒトにのみ感染し，発症すると致死率は20～50%であったとされる。感染経路は空気感染や飛沫感染，患者の皮膚病変への接触などで，発症すると全身に膿疱(のうほう)(膿がたまった小さな水ぶくれ)ができる。エジプトのミイラにも膿疱に似た痕跡が認められることから，ウイルスは紀元前からヒトの間で流行していたと考えられている。天然痘による死者数は，1520年には世界中で5600万人に達したとされる。

しかし，天然痘は人類が唯一，根絶に成功したヒトの感染症である。根絶には，イギリスの医学者であるエドワード・ジェンナー(1749～1823)が開発した「天然痘ワクチン(種痘)」が重要な役割をはたした。ジェンナーは，ウシの乳搾りをする人がウシの病気である牛痘(ヒトにも感染するが軽症で済む)に感染すると天然痘に罹(かか)りにくくなることに着目し，種痘を開発した。種痘の実施は徐々に世界中に広まっていき，日本でも1955年に天然痘が根絶され，1980年にはWHO(世界保健機関)により天然痘根絶が宣言された。

◆インフルエンザ — *influenza*

20世紀，人類は3回のインフルエンザウイルスの世界的な流行(パンデミック)を経験している。その中でも，H1N1亜型のA型インフルエンザウイルスを原因とする「スペイン風邪」は，1918年から翌年にかけて3波にわたり世界中で流行を拡大させ，甚大な被害をもたらした。この間，世界の人口の約50%が感染し，世界中で2000万～4000万人の死者が出たとされる。

2009年には，メキシコでH1N1亜型のインフルエンザウイルスを原因とする新型インフルエンザが発生し，急速に感染を拡大してパンデミックを引き起こした。このウイルスは，鳥のインフルエンザウイルスとヒトのインフルエンザウイルスが豚の体内で混ざって出現したと考えられており，現在も毎年，季節性のインフルエンザウイルスとして，ヒトの間で流行し続けている。

近年に見られたおもなウイルス感染症(表1)

エボラ出血熱	1976年に最初の流行。これまでに30回以上の集団感染が確認されている。
エイズ	後天性免疫不全症候群(▶*p.*173)。1981年に最初の患者を確認。
SARS	重症急性呼吸器症候群。2002年に発生。32の国・地域で700人以上が死亡。
MERS	中東呼吸器症候群。2012年に発生。中東諸国や欧州諸国へ感染が拡大。
ジカ熱	2007年に最初の流行。2015年に南アメリカ大陸で流行。蚊によって媒介される。
デング熱	2014年に日本で約70年ぶりに国内感染を確認。蚊によって媒介される。

*世界的に流行した感染症として，ペストやコレラなどもあるが，これらは病原性細菌(ペスト菌やコレラ菌)による感染症であり，ウイルス感染症ではない。

新型コロナウイルス感染症の流行

◆新型コロナウイルス感染症 — *COVID-19*

2019年12月，中国湖北省武漢市で，新型コロナウイルス(SARS-CoV-2)による感染症の最初の患者が報告された。このウイルスによる「新型コロナウイルス感染症(COVID-19)」は，瞬く間に流行を拡大させ，2023年3月までに，全世界で感染者数が6.7億人，死者数が688万人を超えた。日本だけでも2023年5月までに約3380万人が感染し，約7.4万人の死者が出た。SARS-CoV-2は，インフルエンザウイルスと同様に，高齢者や基礎疾患を有する者では，重症化のリスクが高くなることがわかっている。

◆どのようなしくみで重症化するのか

SARS-CoV-2の表面にある突起状のスパイクタンパク質は，宿主細胞の表面にある受容体(アンギオテンシン転換酵素2，ACE2)と結合する。ウイルスが細胞表面に吸着したあと，宿主細胞の細胞膜にあるタンパク質分解酵素が，結合したスパイクタンパク質を適切な位置で切断することで，ウイルスの感染が成立する。細胞と融合したウイルスは，細胞内に自身のRNAを注入する。

インフルエンザウイルスがヒトの上気道(鼻と口から喉頭まで)の粘膜細胞(繊毛細胞)で増殖するのに対し，SARS-CoV-2はヒトの繊毛細胞だけでなく，肺の上皮細胞(Ⅱ型肺胞上皮細胞)でも増殖する。これは，SARS-CoV-2の受容体であるACE2が，上気道だけでなく下気道の肺胞上皮細胞にも発現しているためであると考えられている(図1)。

また，肺で増殖したウイルスは，血管内皮

SARS-CoV-2のヒト細胞への感染(図1)

SARS-CoV-2は，宿主細胞の表面にあるACE2という受容体に結合して体内に侵入する。ACE2は，上気道の繊毛細胞だけでなく，肺の上皮細胞(Ⅱ型肺胞上皮細胞)や血管内皮細胞にも発現している。

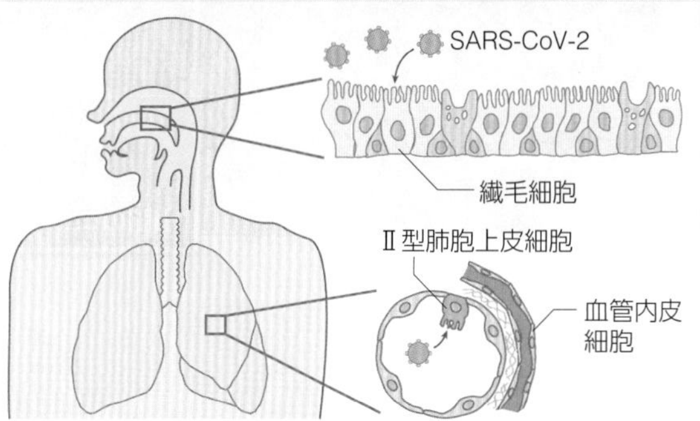
SARS-CoV-2
繊毛細胞
Ⅱ型肺胞上皮細胞
血管内皮
細胞

細胞に発現するACE2を介して肺の毛細血管を破壊する。これによって炎症性のサイトカイン(▶ p.169)が放出され，血管透過性が上昇し，肺胞の中が滲出液(組織や細胞からしみ出た液体)で満たされた状態となる。この状態が肺炎である。また，破壊された血管内皮細胞の周囲には，それを修復するための血小板やフィブリンが蓄積し，血管に微小血栓を生じさせる。これらがCOVID-19の重症患者でしばしば見られる，脳梗塞や川崎病(全身の血管に炎症が起こる病気)，多臓器不全などを引き起こしていると考えられている。

高齢者は若い人と比較してSARS-CoV-2に感染したときのインターフェロン(▶ p.169)に対する応答が弱いため，上気道でのウイルスの増殖を食い止めることができず，その結果，上気道で増えたウイルスが下気道(肺)へ下っていくために肺炎が起こり，重症化につながっているのではないかと考えられている。また，重症者では，炎症性サイトカインが過剰に産生され，組織や臓器が損傷してしまうサイトカインストーム(▶ p.176)が起こる場合もある。

さらに，第5波で主流だったデルタ株は37℃と40℃で増殖量があまり変わらないが，第7～8波で主流だったオミクロン株BA.5系統のウイルスは，37℃での増殖量と比較して40℃ではウイルスが増えにくくなることがわかった。オミクロン株が高温環境で増殖しにくいことは，デルタ株などと比較してオミクロン株では重症化リスクが低いことを説明する1つの要因になっている可能性がある。

◆ワクチン・治療薬開発の展望

世界でこれまでに承認された新型コロナウイルスワクチンには，日本でも使用されているmRNAワクチン(▶ p.175)だけでなく，ウイルスベクターワクチンや，ウイルスを不活化した不活化ワクチンがある。2023年8月には，日本の企業が開発した冷蔵(2～8℃)保存できるmRNAワクチンが承認され，初の国産新型コロナウイルスワクチンとなった。

日本国内で使用されているおもな新型コロナウイルス治療薬には，エンシトレルビルフマル酸，モルヌピラビル，ニルマトレルビル・リトナビルなどの経口治療薬のほか，中和抗体薬やレムデシビルなどの注射薬，点滴薬がある。エンシトレルビル フマル酸は重症化リスクがなくても投与可能だが，発症期間が短くなるだけで重症化予防効果は認められていない。また，ニルマトレルビル・リトナビルは重症化予防効果が高いため，重症化リスクが高い人に投与する，などの特徴がある。

人類はウイルスとどう向き合うか

◆ヒトゲノムに残るウイルス感染の記憶

ヒトゲノムは約30億の塩基対からなるが，タンパク質を指定する遺伝子はそのうち約1.5%だけである。一方，ヒトゲノム中にはレトロトランスポゾンとよばれる配列が約40%もある(図2)。この配列は，一度RNAに転写されたあと，逆転写酵素によりDNAに変換され，ゲノム上の別の領域に入りこむ。そのことから，「動く遺伝子」ともよばれる。レトロトランスポゾンは，ヒト免疫不全ウイルス(HIV)やヒトT細胞白血病ウイルス(HTLV)などのレトロウイルス(▶ p.108)の遺伝子と非常に似た配列が多く，ヒトが太古に感染したレトロウイルスの痕跡がゲノムの一部と化したものであることがわかっている。おもしろいことに，RNAウイルスであるエボラウイルスの遺伝子の一部が，エボラウイルスの保有動物(ウイルスに感染するが病気を発症しない動物)と考えられているコウモリのゲノム中に認められることが報告されている。一方，エボラウイルスの感染によって病気を発症する霊長類や豚には，エボラウイルス様ゲノム配列が見つかっていないことがわかっている。このようなことから，われわれは何千万年も昔から，特定のウイルスとの攻防の歴史をゲノムに記憶することにより，現在までにそのウイルスと共存する手段を獲得してきたのではないかと考えられている。

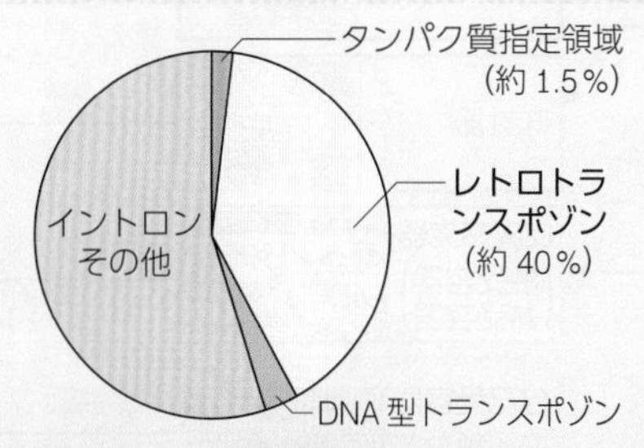
タンパク質指定領域
(約1.5%)
レトロトランスポゾン
(約40%)
イントロン
その他
DNA型トランスポゾン

ヒトゲノムの構成要素(図2)

◆これからのウイルス学

ヒトとヒト以外の脊椎動物の両者に感染する病原体(ウイルスなど)が，動物からヒトへ，ヒトから動物へ伝播する感染症のことを人獣共通感染症という。インフルエンザやCOVID-19，SARS，MERS，狂犬病，エボラ出血熱，ジカ熱，デング熱などはすべて人獣共通感染症であり，これらを根絶することは極めて困難である。一方，天然痘ウイルスや麻疹ウイルスなどの，ヒトのみを宿主とするウイルスによる感染症は，ワクチンなどの普及などにより根絶することが可能である。

これまでのウイルス学では，「なぜウイルスがヒトで病気を引き起こすのか」「なぜインフルエンザウイルスやSARS-CoV-2が，高齢者や基礎疾患を有する者で重症化を引き起こすのか」など，ウイルスの病原性発現機構の解析が中心であった。上述した人獣共通感染症のように，根絶が困難であるウイルスも存在することから，今後はこれらの研究に加えて，ウイルスを病原体として捉えるだけではなく，ウイルスとの共存が人類の進化，ヒトや動物，自然界の恒常性の維持にどのように役立っているのかを解明する「次世代ウイルス学」の推進が必要であるといえる。

キーワード
ウイルス，感染症，
サイトカイン，インターフェロン，
ワクチン，人獣共通感染症

一戸 猛志(いちのへ たけし)
東京大学医科学研究所
感染症国際研究センター
ウイルス学分野 准教授
神奈川県出身。趣味は仕事。
研究の理念は
「先んずれば人を制す」

この記事を読んで，「さらに知りたい」と思ったことをあげて，自分で調べてみよう。

第
6
編

生物の環境応答

第Ⅰ章　動物の反応と行動
第Ⅱ章　植物の環境応答

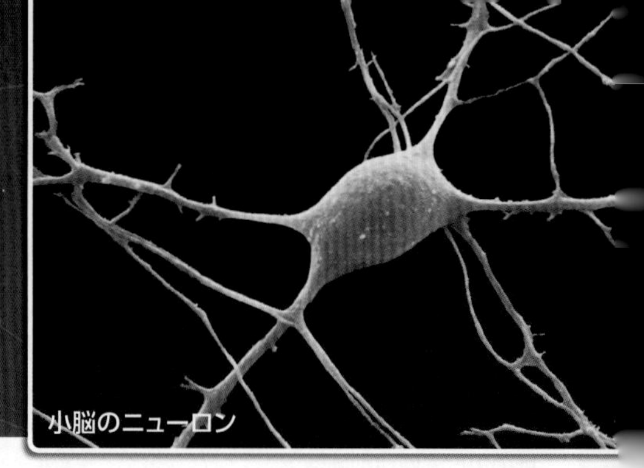
小脳のニューロン

1 刺激の受容と感覚 生物基礎 生物

A 刺激から反応までの過程

脊椎動物などでは，刺激を受け取る**受容器**(感覚器)と，刺激に応じた反応を起こす**効果器**(作動体)，その間の連絡にはたらく**神経系**が発達している。

■動物での刺激の受容から反応までの過程

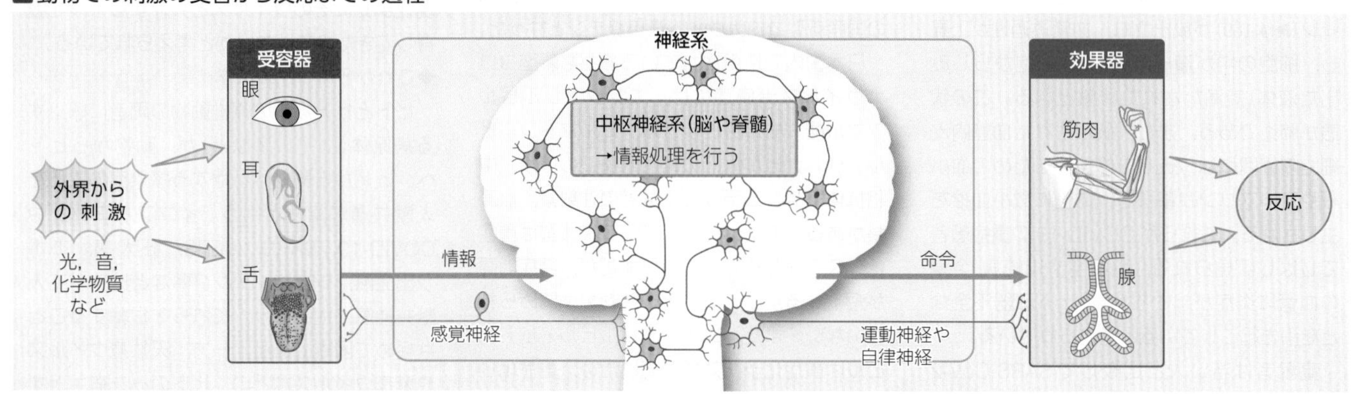
外界からの刺激
光，音，化学物質など
受容器
眼
耳
舌
情報
感覚神経
神経系
中枢神経系(脳や脊髄)
→情報処理を行う
命令
運動神経や自律神経
効果器
筋肉
腺
反応

B 受容器と適刺激

受容器は，それぞれ受けとる刺激の種類が決まっている。受容器は刺激を受けとると興奮し，それが感覚神経によって中枢(大脳)に伝えられ，そこではじめて感覚が生じる。

適刺激
それぞれの受容器が受け取ることのできる刺激の種類

光
(波長400～700nm)

音波
(振動数20～20000Hz)

重力
(からだの回転・傾き)

化学物質 気体 液体

機械的刺激
(圧力など)

体内からの刺激
(筋肉や腱の伸長，満腹感，便意や尿意)

受容器
視覚器
聴覚器
平衡受容器
嗅覚器
味覚器
皮膚感覚器(触受容器，熱受容器)
自己受容器 筋紡錘など

脊髄　延髄　橋(きょう)　中脳　視床

感覚中枢(大脳)と小脳
感覚神経
皮膚感覚
味覚
聴覚
視覚
嗅覚
平衡感覚
深部感覚

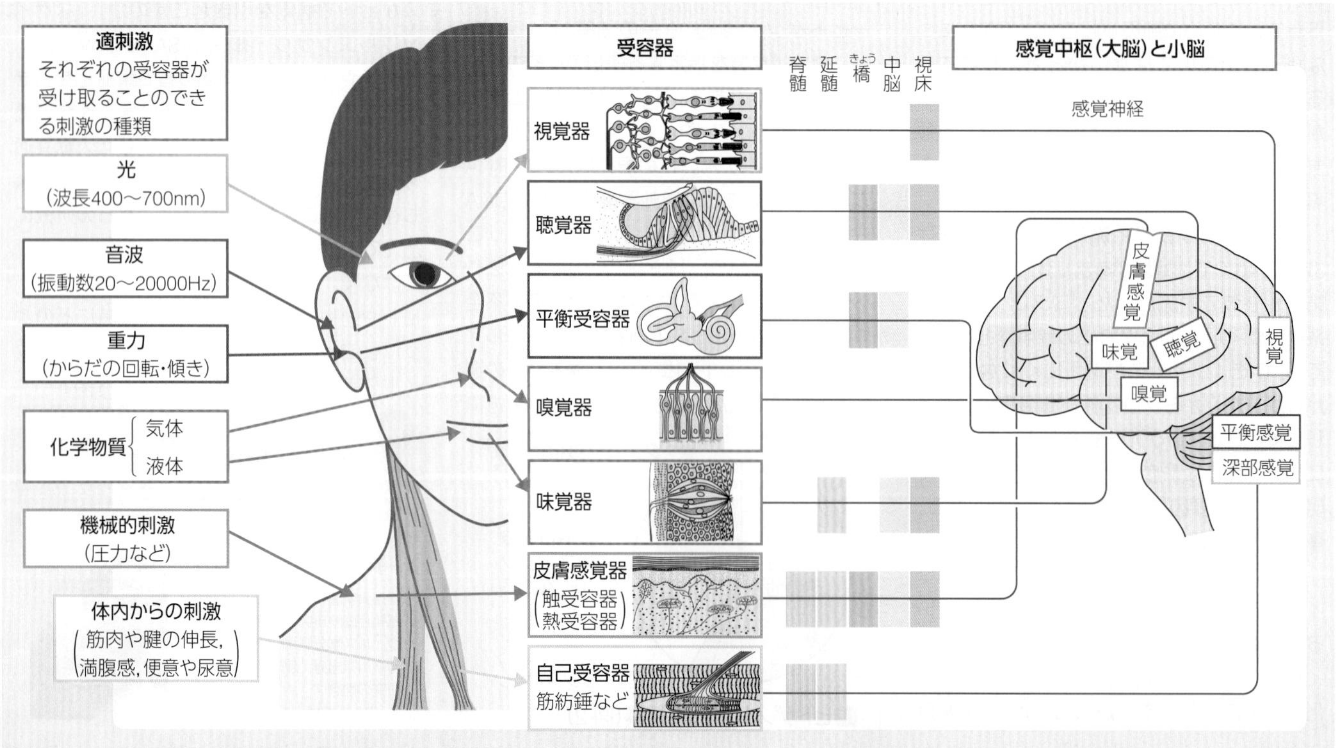

Keywords　受容器(receptor)，効果器(effector)，神経系(nervous system)，刺激(stimulus)，適刺激(adequate stimulus)

2 視覚器(1) 生物基礎 生物

A ヒトの視覚器

ヒトの眼は，カメラに似た構造をもっておりカメラ眼とよばれる。網膜には，錐体細胞と桿体細胞の2種類の光を受容する視細胞が分布している。

■ヒトの眼の構造

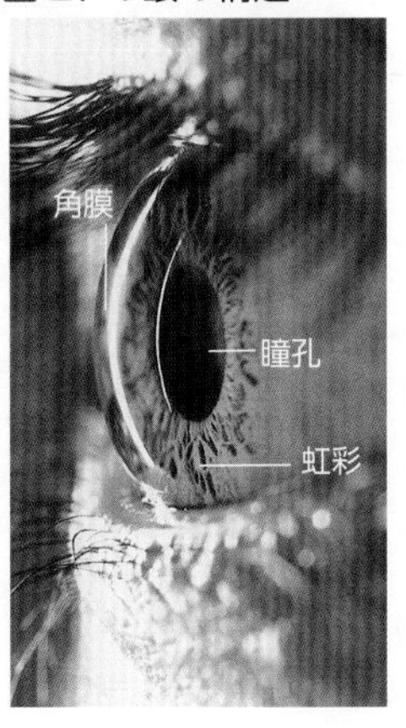

角膜
瞳孔
虹彩

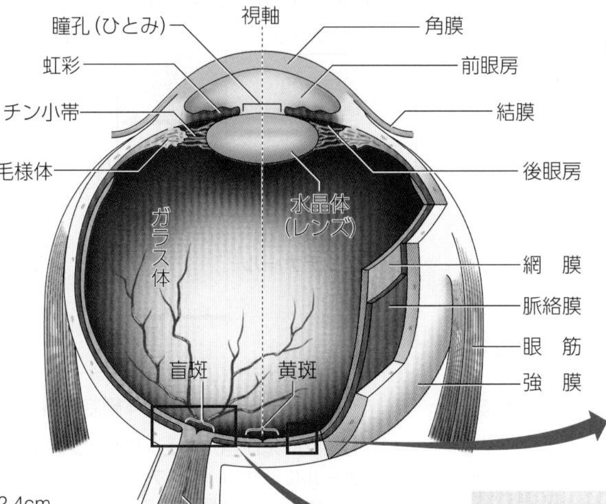

瞳孔(ひとみ)
視軸
角膜
虹彩
前眼房
チン小帯
結膜
毛様体
後眼房
ガラス体
水晶体(レンズ)
網　膜
脈絡膜
眼　筋
強　膜
盲斑
黄斑
視神経

眼球の直径約2.4cm
(右眼を上から見たところ)

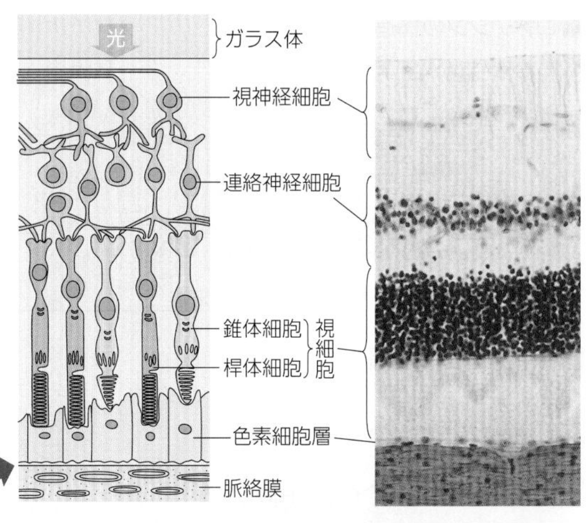

光
ガラス体
視神経細胞
連絡神経細胞
錐体細胞
桿体細胞
視細胞
色素細胞層
脈絡膜
サルの盲斑
桿体細胞
錐体細胞

網膜　視細胞と視神経が並んだ感覚上皮の膜。
脈絡膜　血管と色素が分布。光をさえぎり網膜の細胞に栄養分を供給する。
強膜　眼球の最外壁で，丈夫な白い膜。
黄斑　直径約2mm。錐体細胞が多く，ここに結ばれる像の色・形をはっきり感じとる。
盲斑　視神経繊維の束が網膜を貫いている部分で，視細胞がないため光を感じない。
錐体細胞　外節部分が円錐状の視細胞。色の区別を担当。明所ではたらく。
桿体細胞　外節部分が棒状の視細胞。明暗を鋭敏に区別。暗所でもはたらく。

■視細胞の分布

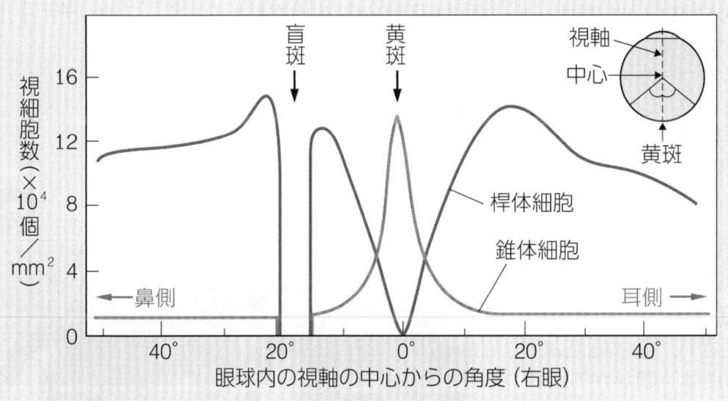

視細胞数(×10⁴個/mm²)
16
12
8
4
0
盲斑
黄斑
視軸
中心
黄斑
桿体細胞
錐体細胞
←鼻側
耳側→
40°
20°
0°
20°
40°
眼球内の視軸の中心からの角度(右眼)

■色の識別

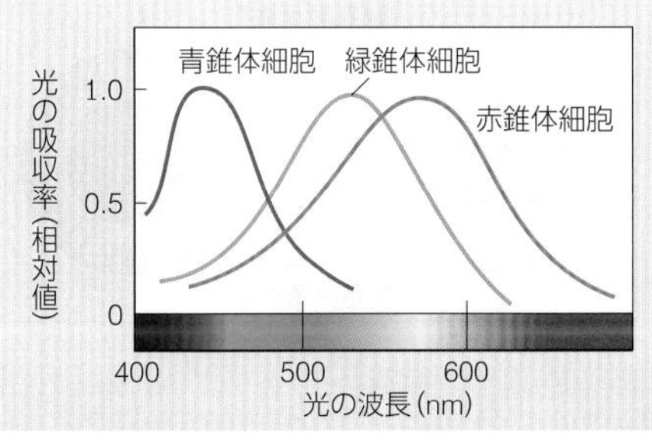

光の吸収率(相対値)
1.0
0.5
0
青錐体細胞
緑錐体細胞
赤錐体細胞
400
500
600
光の波長(nm)

ヒトの網膜には青色(430nm付近)，緑色(530nm付近)，赤色(560nm付近)の光をよく吸収する3種類の錐体細胞がある。これらの錐体細胞が光を吸収して生じた電気的な信号が大脳に伝えられ，色覚が生じる

■盲斑の確認

①下図の+印が右眼の正面にくるようにして本をもつ。
②左眼を閉じて，右眼で+印を注視したまま，本を近づけたり遠ざけたりする。
③○印が見えなくなる位置(○印の像が盲斑上に結ばれる位置)を探す。

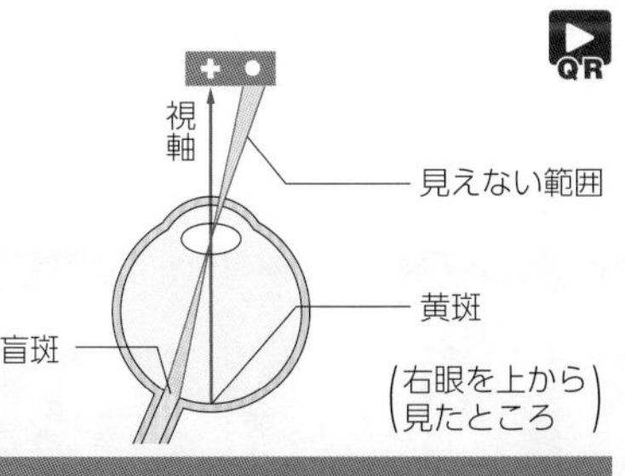

QR
視軸
見えない範囲
黄斑
盲斑
(右眼を上から見たところ)

■視細胞の構造と特徴

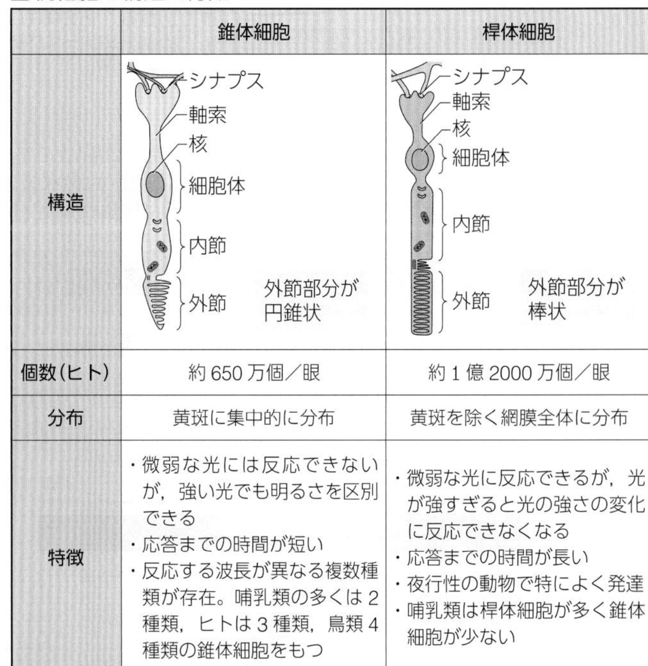

	錐体細胞	桿体細胞
構造	シナプス／軸索／核／細胞体／内節／外節　外節部分が円錐状	シナプス／軸索／核／細胞体／内節／外節　外節部分が棒状
個数(ヒト)	約650万個／眼	約1億2000万個／眼
分布	黄斑に集中的に分布	黄斑を除く網膜全体に分布
特徴	・微弱な光には反応できないが，強い光でも明るさを区別できる ・応答までの時間が短い ・反応する波長が異なる複数種類が存在。哺乳類の多くは2種類，ヒトは3種類，鳥類4種類の錐体細胞をもつ	・微弱な光に反応できるが，光が強すぎると光の強さの変化に反応できなくなる ・応答までの時間が長い ・夜行性の動物で特によく発達 ・哺乳類は桿体細胞が多く錐体細胞が少ない

第6編 生物の環境応答

Keywords　視覚(visual sense)，錐体細胞(cone cell)，桿体細胞(rod cell)，網膜(retina)，瞳孔(pupil)，水晶体(lens)，黄斑(macula)，盲斑(blind spot)

3 視覚器(2)

生物基礎
生物

A 視物質と光の受容

視細胞には，光感受性のある視物質が存在する。桿体細胞がもつ視物質はロドプシン，錐体細胞がもつ視物質はフォトプシンである。

■ロドプシンの構造

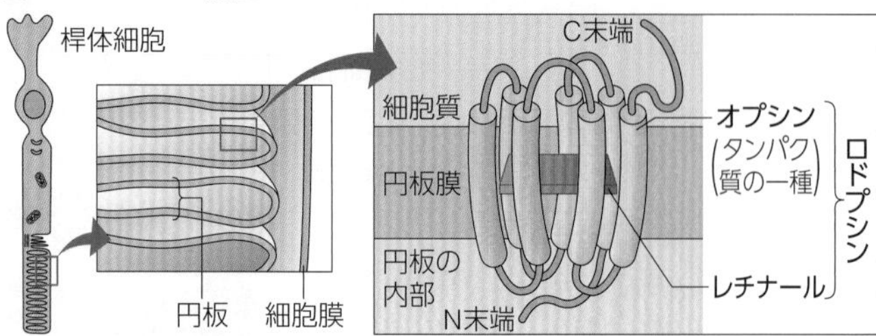
桿体細胞
円板
細胞膜
C末端
細胞質
円板膜
円板の内部
N末端
オプシン（タンパク質の一種）
レチナール
ロドプシン

■レチナールの性質

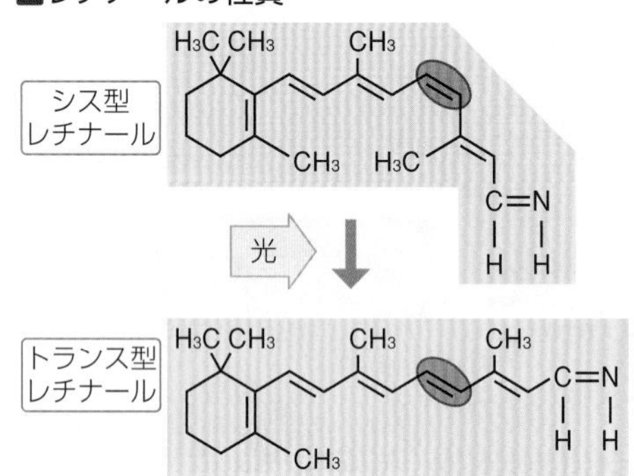
シス型レチナール
光
トランス型レチナール
H3C CH3
CH3
H3C
C=N
H H

レチナールは光を吸収する分子で，ビタミンAからつくられる。レチナールの構造にはシス型とトランス型の2つの状態があり，シス型レチナールに光が当たるとトランス型レチナールに変化する。

■ロドプシンの反応の過程

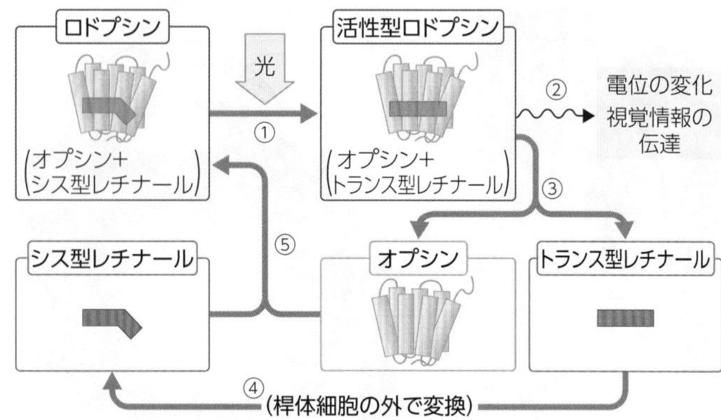
ロドプシン
（オプシン＋シス型レチナール）
光
①
活性型ロドプシン
（オプシン＋トランス型レチナール）
②
電位の変化
視覚情報の伝達
③
⑤
シス型レチナール
オプシン
トランス型レチナール
④（桿体細胞の外で変換）

①ロドプシンに光が当たると，ロドプシン中のシス型レチナールがトランス型レチナールに変化し，ロドプシンは活性型となる。
②活性型ロドプシンは桿体細胞に電位の変化を発生させ，この変化が視神経を通じて脳に伝えられていく。
③ロドプシンはすみやかに不活性化し，分離してオプシンとトランス型レチナールに分かれる。
④トランス型レチナールは桿体細胞の外に放出されたのちにシス型レチナールに変換され，再び桿体細胞に供給される。
⑤オプシンとシス型レチナールが結合し，ロドプシンが再生される。

B 暗順応と明順応

明所から暗所に入ると最初は何も見えないが，しばらくすると見えるようになる現象を**暗順応**という。反対に，暗所から急に明所に出ると目がくらむが，すぐに見えるようになる現象を**明順応**という。

■暗順応

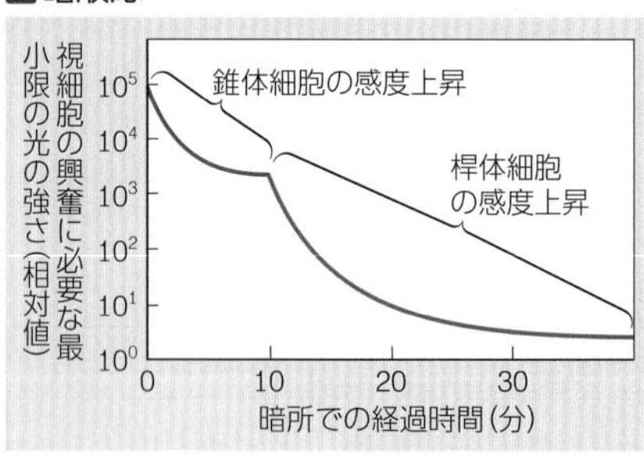
視細胞の興奮に必要な最小限の光の強さ（相対値）
10^5
10^4
10^3
10^2
10^1
10^0
錐体細胞の感度上昇
桿体細胞の感度上昇
0
10
20
30
暗所での経過時間（分）

明所から暗所に移動すると，錐体細胞がすばやく反応して10分程度で光への感度を約100倍まで上げ，ぼんやりと見えるようになる。
桿体細胞ではロドプシンが再生され，錐体細胞よりも感度が大きく上がるが，応答には時間がかかる。桿体細胞の感度は暗所に移動して10分程度で錐体細胞の感度を上回り，30分程度で明所の約10000倍まで上がる。その後も感度の上昇はゆるやかに続き，暗闇に完全に目が慣れるまでには全体で約1時間かかる。

■明順応

暗所から明所に移動すると，桿体細胞の感度が高すぎて一時的に明るさの差が識別できなくなるが，ロドプシンがすみやかに分解されて感度が下がる。同時に錐体細胞がすばやく反応し，桿体細胞に代わって機能するようになる。明順応の場合，ものが正常に見えるようになるまで約1分程度である。

■虹彩による明暗調節

QR

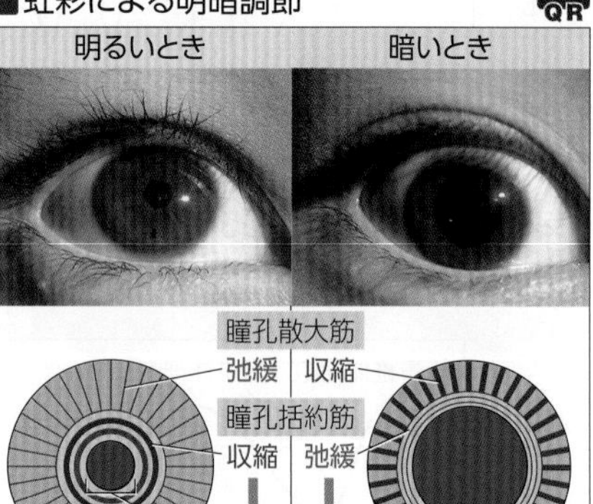
明るいとき
暗いとき
瞳孔散大筋
弛緩
収縮
瞳孔括約筋
収縮
弛緩
縮小
拡大
瞳孔

Zoom up 動物種による受容できる光の波長の違い

視覚器によって受容できる光の波長は，動物の種類によって異なる。ヒトではおよそ400～700nmの波長の光を受容することができる。これを可視光線という。これに対して，ミツバチは下図に示した波長の光を4つの色に識別している。ミツバチをはじめ多くの昆虫の可視域は，ヒトよりも短波長側にずれており，赤色の光を受容できないが，紫外線を感受することができる。ヒトから見ると，モンシロチョウは雌雄とも白く，色だけでは区別しにくいが，雌は紫外線を反射し，雄は反射しない（下写真）。

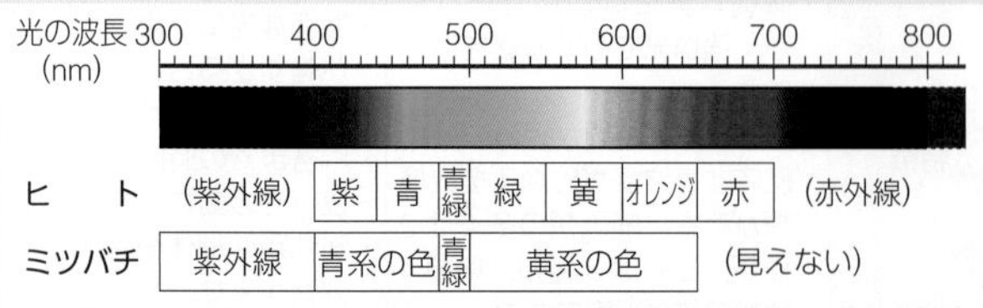
光の波長（nm）
300
400
500
600
700
800
ヒト
（紫外線）
紫
青
青緑
緑
黄
オレンジ
赤
（赤外線）
ミツバチ
紫外線
青系の色
青緑
黄系の色
（見えない）

可視光線による撮影
紫外線による撮影
雌
雄
雌
雄

Keywords　ロドプシン(rhodopsin)，レチナール(retinal)，オプシン(opsin)，暗順応(dark adaptation)，明順応(light adaptation)

C 遠近調節

毛様筋の収縮・弛緩と水晶体自身の弾性によって水晶体の厚みを変え，遠近のピントを調節し網膜上に像を結ばせる。

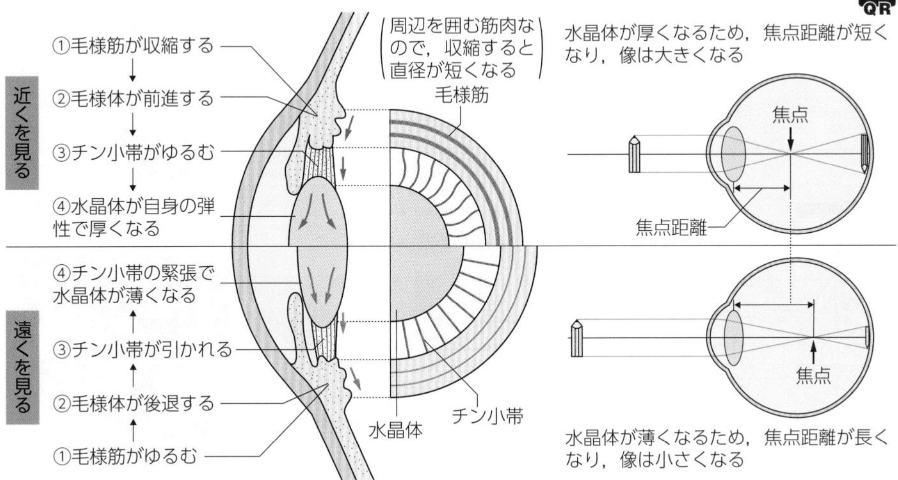

近くを見る
①毛様筋が収縮する
②毛様体が前進する
③チン小帯がゆるむ
④水晶体が自身の弾性で厚くなる
周辺を囲む筋肉なので，収縮すると直径が短くなる
毛様筋
遠くを見る
④チン小帯の緊張で水晶体が薄くなる
③チン小帯が引かれる
②毛様体が後退する
①毛様筋がゆるむ
水晶体
チン小帯
水晶体が厚くなるため，焦点距離が短くなり，像は大きくなる
焦点
焦点距離
焦点
水晶体が薄くなるため，焦点距離が長くなり，像は小さくなる

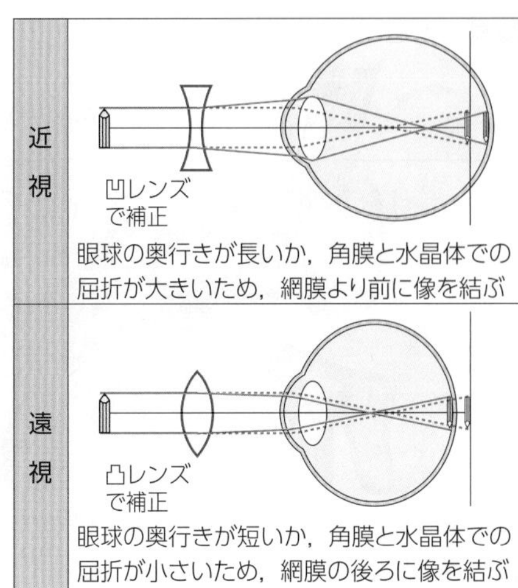

近視
凹レンズで補正
眼球の奥行きが長いか，角膜と水晶体での屈折が大きいため，網膜より前に像を結ぶ
遠視
凸レンズで補正
眼球の奥行きが短いか，角膜と水晶体での屈折が小さいため，網膜の後ろに像を結ぶ

D 視覚情報の伝達と視交さ

視細胞からの情報は視神経を通じて大脳に伝えられるが，両眼の網膜の右半分の視神経は右側の間脳へ，左半分の視神経は左側の間脳へ向かう。このような視神経の交さを**視交さ**という。

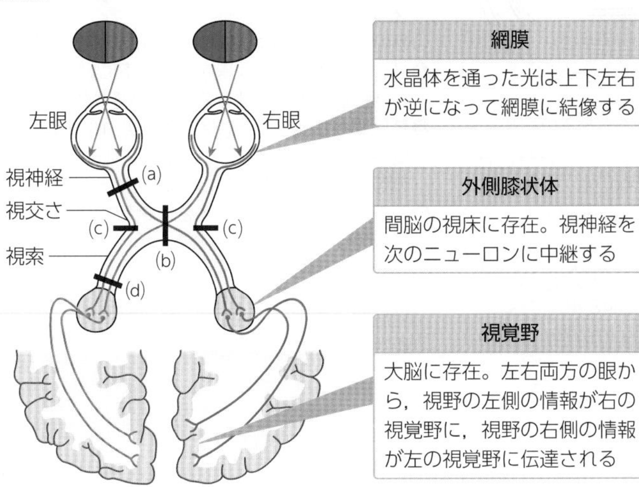

左眼
右眼
視神経
(a)
視交さ
(c)
(c)
視索
(b)
(d)
網膜
水晶体を通った光は上下左右が逆になって網膜に結像する
外側膝状体
間脳の視床に存在。視神経を次のニューロンに中継する
視覚野
大脳に存在。左右両方の眼から，視野の左側の情報が右の視覚野に，視野の右側の情報が左の視覚野に伝達される

視交さは脊椎動物全般で見られ，ほとんどの場合，すべての視神経が交さする(全交さ)。哺乳類など一部の動物では，視神経のうち一部だけが交さする(半交さ)。半交さでは，対象の奥行きを認知して立体的に見ることができる。

左図の(a)～(d)の位置で視神経を切断すると視野はそれぞれ下表のようになり，このことからも，視神経のうち一部だけが交さしていることがわかる。

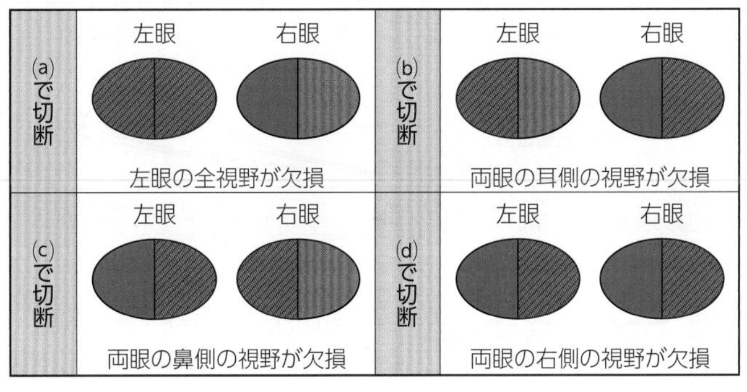

(a)で切断
左眼
右眼
左眼の全視野が欠損
(b)で切断
左眼
右眼
両眼の耳側の視野が欠損
(c)で切断
左眼
右眼
両眼の鼻側の視野が欠損
(d)で切断
左眼
右眼
両眼の右側の視野が欠損

E いろいろな視覚器

視覚器のしくみや構造は動物によって異なり，感じる光(波長や色感覚)も異なる。

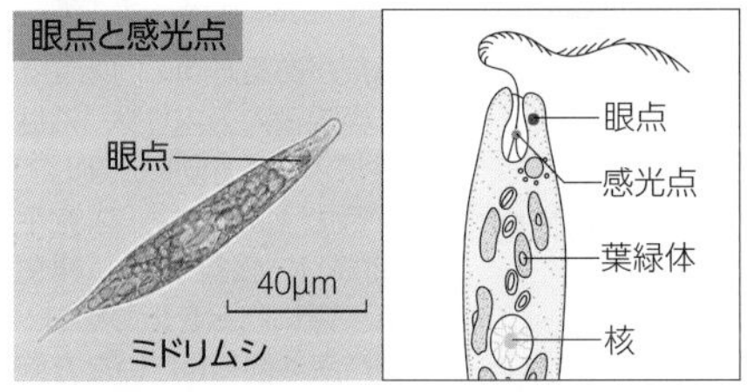

眼点と感光点
眼点
40μm
ミドリムシ
眼点
感光点
葉緑体
核

眼点が感光点への光をさえぎるので，光の方向がある程度識別できる。

視細胞
視細胞
ミミズ
表皮
視細胞

視細胞が体表に分布する。からだ全体で光の方向と強弱を識別できる。

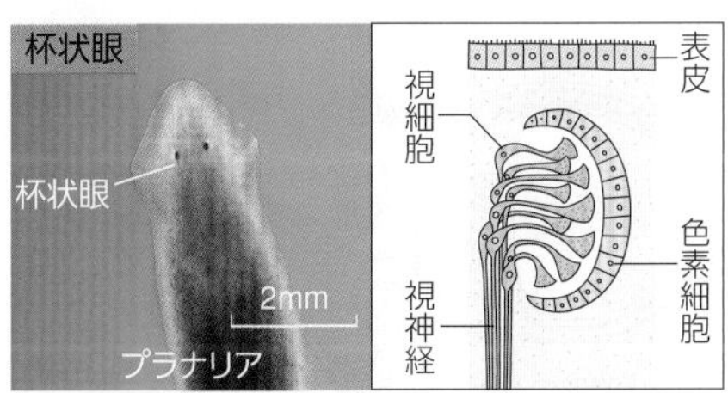

杯状眼
杯状眼
2mm
プラナリア
表皮
視細胞
色素細胞
視神経

色素細胞の層が片側をおおい光をさえぎるので，光の方向と強弱を識別できる。

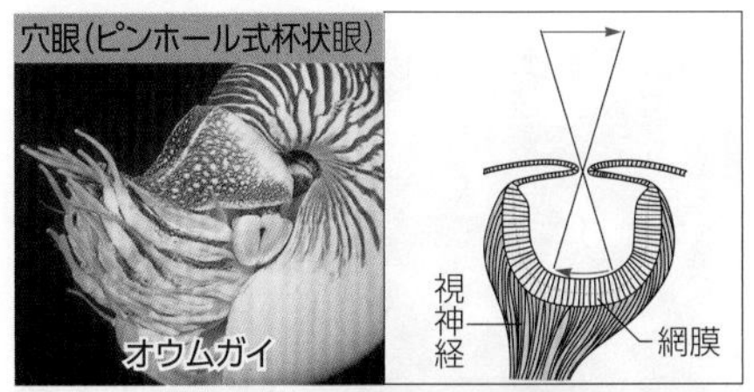

穴眼(ピンホール式杯状眼)
オウムガイ
視神経
網膜

小さな穴から入った光が網膜上に像を結ぶ。

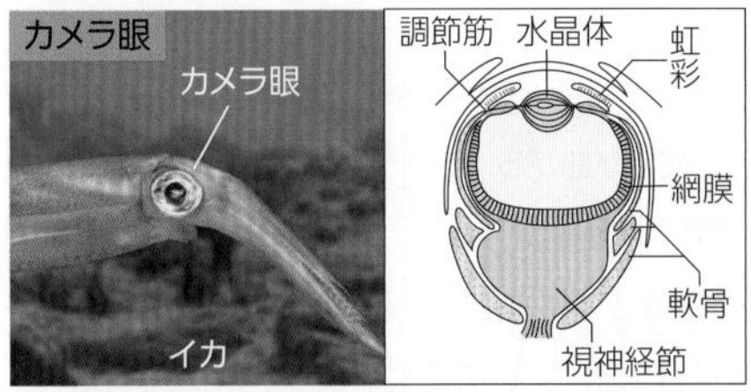

カメラ眼
カメラ眼
イカ
調節筋
水晶体
虹彩
網膜
軟骨
視神経節

水晶体を前後させ，遠近調節を行う。盲斑がない。

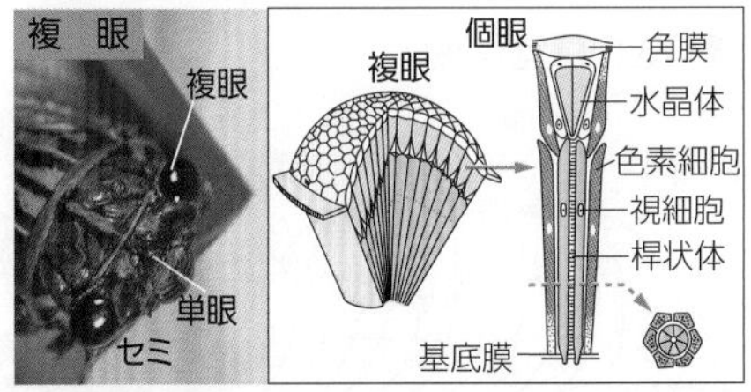

複眼
複眼
単眼
セミ
複眼
個眼
角膜
水晶体
色素細胞
視細胞
桿状体
基底膜

多数の個眼が集合して構成されている。

遠近調節(accommodation)，**眼点**(stigma)，**視細胞**(visual cell)，**複眼**(compound eye)

4 聴覚器・平衡受容器 生物基礎 生物

A 聴覚器

音波による振動は，うずまき管の聴細胞が受容し，聴神経をへて大脳の聴覚中枢に伝えられ，聴覚を生じる。

■耳の構造

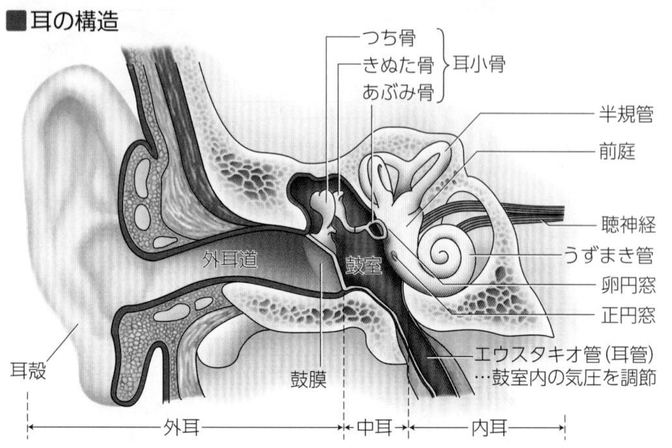

つち骨
きぬた骨
あぶみ骨
耳小骨
半規管
前庭
聴神経
うずまき管
卵円窓
正円窓
外耳道
鼓室
エウスタキオ管(耳管)
…鼓室内の気圧を調節
耳殻
鼓膜
外耳
中耳
内耳

■うずまき管の構造

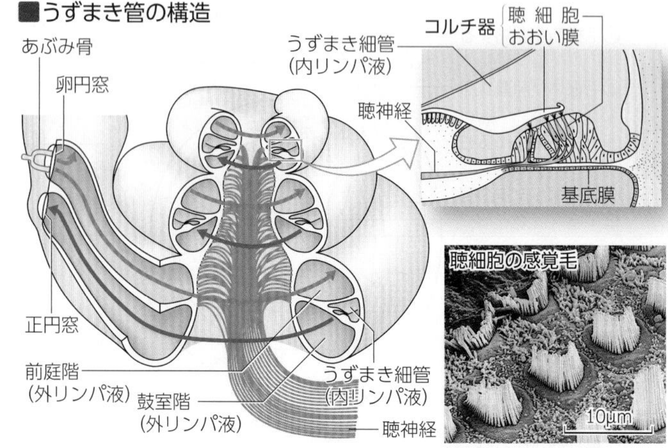

あぶみ骨
卵円窓
うずまき細管
(内リンパ液)
コルチ器
聴細胞
おおい膜
聴神経
基底膜
聴細胞の感覚毛
正円窓
前庭階
(外リンパ液)
鼓室階
(外リンパ液)
うずまき細管
(内リンパ液)
聴神経
10μm

■聴覚のしくみ

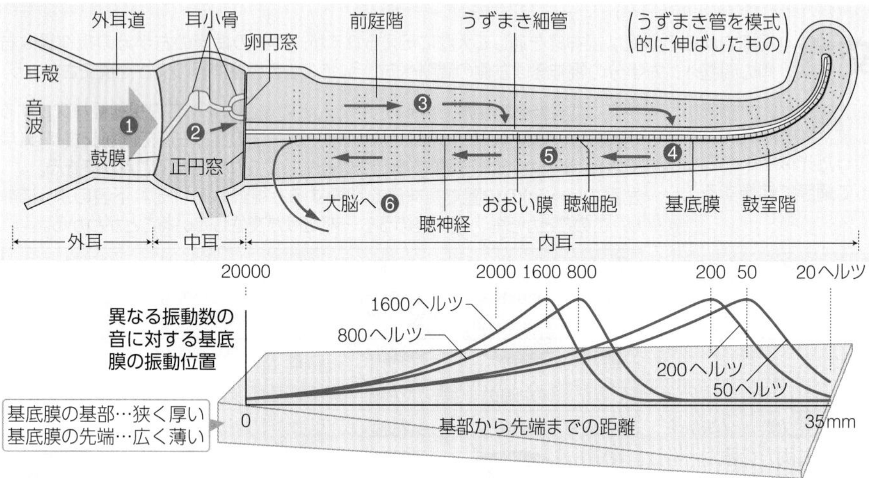

外耳道
耳小骨
卵円窓
前庭階
うずまき細管
(うずまき管を模式的に伸ばしたもの)
耳殻
音波
鼓膜
正円窓
大脳へ ❻
聴神経
おおい膜
聴細胞
基底膜
鼓室階
外耳
中耳
内耳
20000
2000 1600 800
200 50
20ヘルツ
異なる振動数の音に対する基底膜の振動位置
1600ヘルツ
800ヘルツ
200ヘルツ
50ヘルツ
基底膜の基部…狭く厚い
基底膜の先端…広く薄い
0
基部から先端までの距離
35mm

❶音波は耳殻で集められ外耳道に入り，鼓膜を振動させる。
❷鼓膜の振動は耳小骨で増幅されて，卵円窓に伝えられる。
❸❷の振動はうずまき管の外リンパ液の振動になる。
❹外リンパ液の振動は基底膜を上下に振動させる(振動数により振動する基底膜の範囲が異なる)。
❺基底膜が振動すると，基底膜上のコルチ器が振動し，おおい膜に接している聴細胞の感覚毛が刺激を受けて，聴細胞に興奮が生じる。
❻聴細胞の興奮は，聴神経をへて大脳の聴覚中枢に伝えられて，聴覚が生じる。

基底膜は先端ほど広く薄くなっているので，周波数の小さい低音で振動する。

B 平衡受容器

ヒトの内耳には，リンパ液の動きにより，からだの回転や加速度を感じる**半規管**や，平衡砂の動きにより，からだの傾きを感じる**前庭**がある。

■半規管と前庭

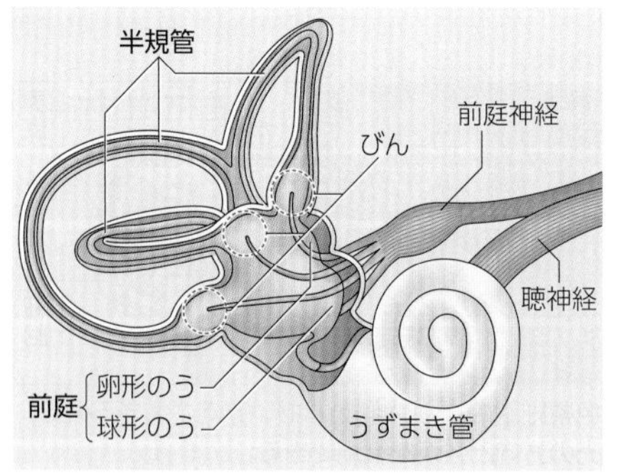

半規管
前庭神経
びん
聴神経
前庭
卵形のう
球形のう
うずまき管

■回転の感覚(半規管)

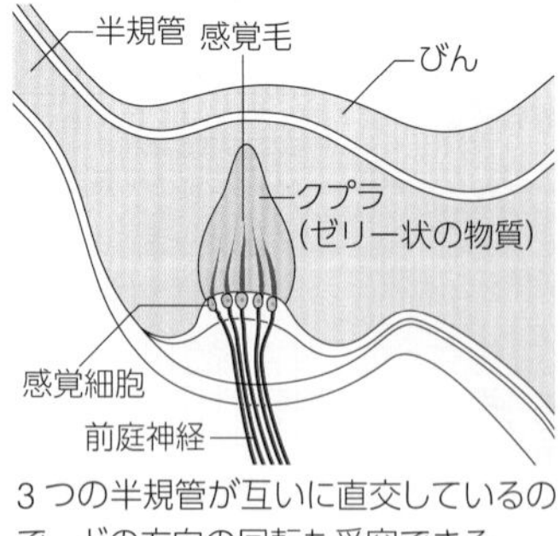

半規管
感覚毛
びん
クプラ
(ゼリー状の物質)
感覚細胞
前庭神経

3つの半規管が互いに直交しているので，どの方向の回転も受容できる。

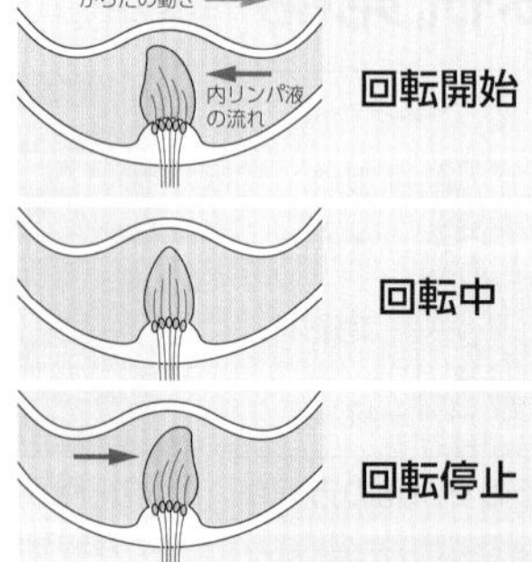

からだの動き
内リンパ液の流れ
回転開始
回転中
回転停止

からだがある方向に回転すると，半規管内の内リンパ液は慣性により逆方向に流動してクプラが動かされ，感覚毛が曲がり，感覚細胞が興奮する。急に回転を止めても，リンパ液は回転していた方向に流れるので，目がまわる感覚が生じる。

■傾きの感覚(前庭)

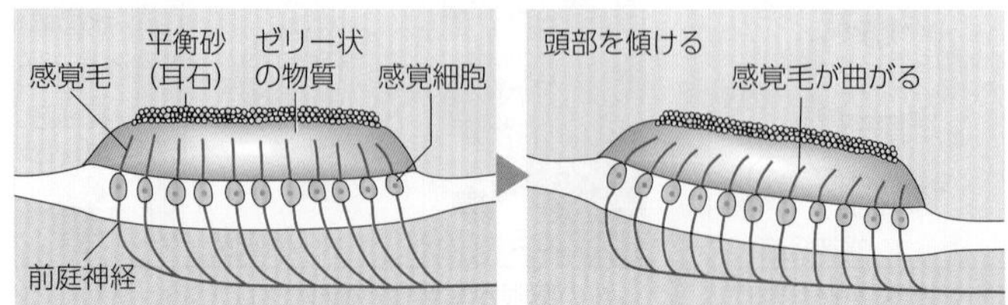

感覚毛
平衡砂
(耳石)
ゼリー状
の物質
感覚細胞
前庭神経
頭部を傾ける
感覚毛が曲がる

感覚毛をもつ感覚細胞の上にゼリー状の物質と平衡砂がのっている。からだが傾くと平衡砂が感覚毛を動かし，感覚細胞が興奮する。

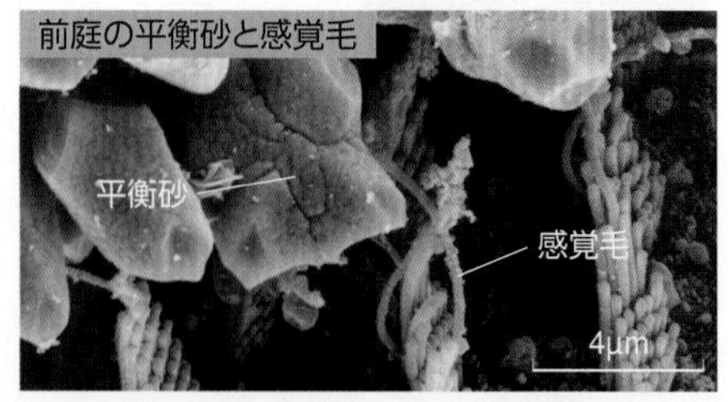

前庭の平衡砂と感覚毛
平衡砂
感覚毛
4μm

Keywords 聴覚(auditory sense)，うずまき管(cochlea)，コルチ器(organ of Corti)，平衡覚(static sense)，半規管(semicircular canal)，前庭(vestibule)

5 その他の受容器 生物基礎 生物

A その他の受容器

受容器には，視覚器や聴覚器・平衡受容器のほかに，化学刺激を受容する味覚器・嗅覚器や，皮膚感覚器・自己受容器などがある。

■味覚器

舌の味覚芽にある味細胞は，水に溶けた化学物質に反応する。現在では，舌のどの部位もすべての味覚に反応することがわかっている。

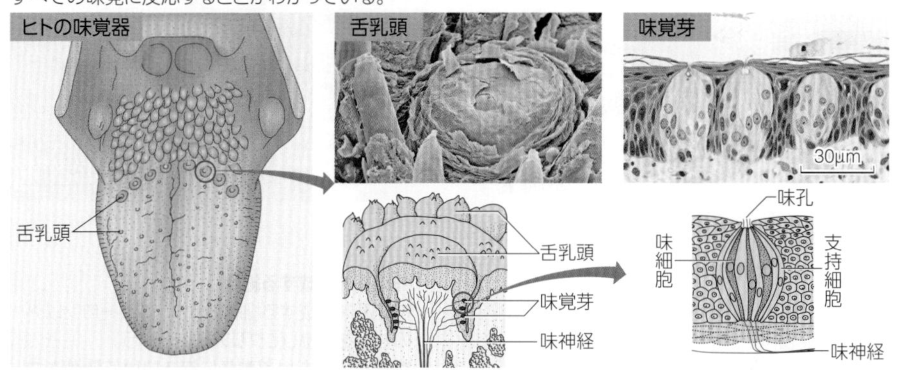

ヒトの味覚器
舌乳頭
味覚芽
30μm
舌乳頭
舌乳頭
味覚芽
味神経
味孔
味細胞
支持細胞
味神経

■嗅覚器

鼻腔の嗅上皮にある嗅細胞は，粘膜から分泌される粘液に溶けこむ化学物質に反応する。

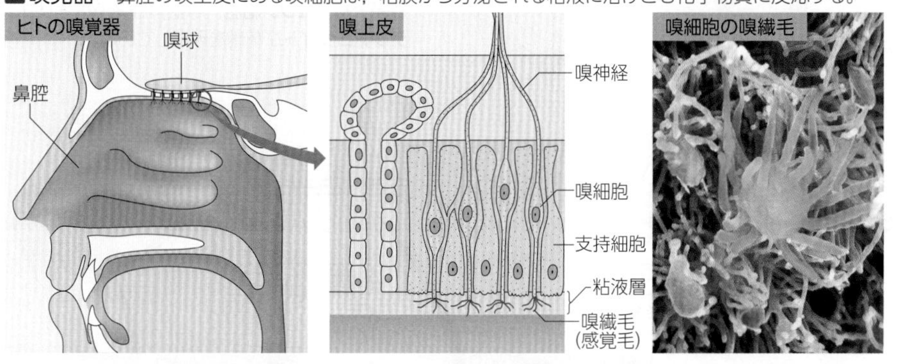

ヒトの嗅覚器
嗅球
鼻腔
嗅上皮
嗅神経
嗅細胞
支持細胞
粘液層
嗅繊毛
(感覚毛)
嗅細胞の嗅繊毛

■皮膚感覚器(触受容器・熱受容器)

痛覚・触覚・圧覚・冷覚・温覚の刺激を受容する感覚点がある。

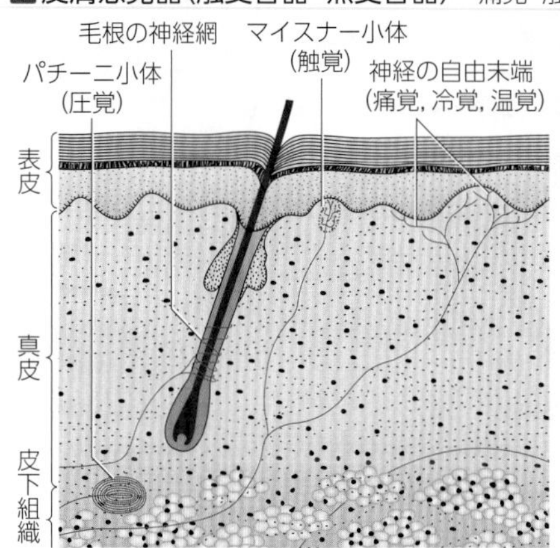

毛根の神経網
マイスナー小体
(触覚)
パチーニ小体
(圧覚)
神経の自由末端
(痛覚，冷覚，温覚)
表皮
真皮
皮下組織

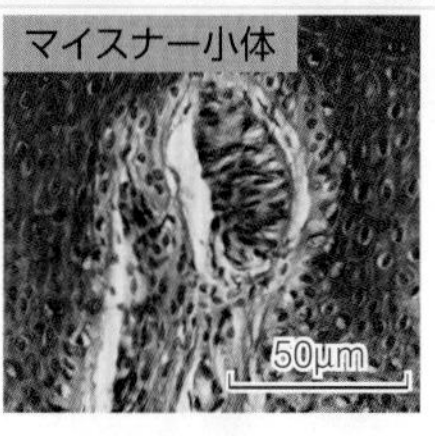

マイスナー小体
50μm

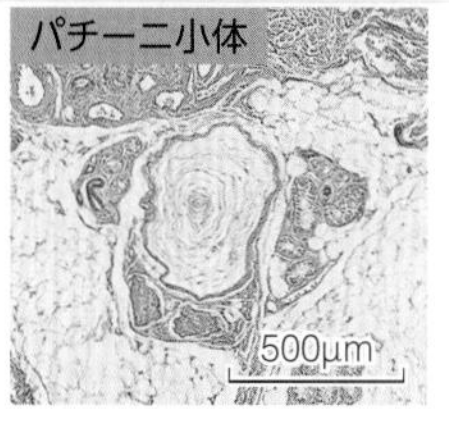

パチーニ小体
500μm

■感覚点の分布密度 (ヒトの皮膚 1cm² 当たり)

感覚点	ひたい	鼻	胸	腕
痛点	184	44	203	196
触点(圧点)	50	100	15	29
冷点	8	13	6	9
温点	0.6	1	0.4	0.3

■筋紡錘・腱紡錘(自己受容器)

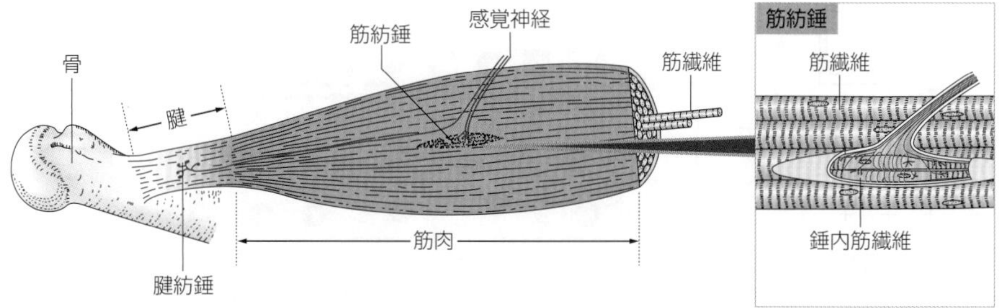

骨
腱
筋紡錘
感覚神経
筋繊維
筋肉
腱紡錘
筋紡錘
筋繊維
錘内筋繊維

からだの中で起こる刺激を感じとる受容器を自己受容器という。筋紡錘や腱紡錘は，筋の伸長(緊張感)を感じとり，姿勢保持や運動に重要な役割を果たす。

Column うま味

以前は，味覚芽に関する味覚は，酸味・甘味・苦味・塩味の4種類とされていたが，現在では，第5の味覚，うま味の存在が明らかになっている。うま味の成分は，昆布に多く含まれるグルタミン酸や鰹節に多く含まれるイノシン酸などである。2000年には，味覚芽の中にグルタミン酸受容体が発見され，うま味が第5の味覚として認められることとなった。

Zoom up 嗅覚のしくみ

嗅覚は，嗅細胞がもつ嗅覚受容体ににおい分子が結合し，嗅細胞が興奮することで生じる。ヒトの場合，嗅覚受容体は約400種類存在する。また，におい分子には複数の受容体に結合するものがあり，その構造に応じて各受容体を興奮させる度合いが違うため，1万種類以上のにおい分子を識別できるといわれている。さらに，実際私たちが感じる「におい」は複数のにおい分子で構成されていて，多くの嗅覚受容体が興奮した複合的な感覚として捉えられる。

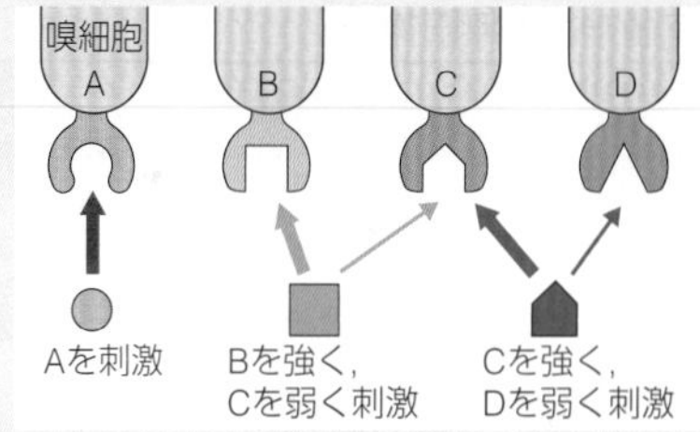

嗅細胞
A
B
C
D
Aを刺激
Bを強く，
Cを弱く刺激
Cを強く，
Dを弱く刺激

Column 温度受容体の発見

高温や低温などの情報は，温度受容体によって受容されている。例えば，TRPV1とよばれる温度受容体は，42℃以上の高温に反応して開くイオンチャネルで，痛みを伝えるニューロンに存在している。熱によってTRPV1が開くと，ニューロン内へ Na^+ や Ca^{2+} が流入して興奮が発生し，その情報が脳へ送られて「熱い」という感覚が生じる。

TRPV1は，もともとトウガラシの辛味成分であるカプサイシンの受容体として見つかったが，アメリカのデービッド ジュリアスは，「トウガラシを食べると熱いという感覚が生じるなら，TRPV1は熱にも反応しているのではないか。」と考え，実験を行い，それを証明した。この功績で，ジュリアスは，2021年にノーベル生理学・医学賞を受賞した。

Keywords 味覚(gustatory sense)，嗅覚(olfactory sense)，感覚点(sense spot)

6 ニューロンとその興奮(1)

生物基礎
生 物

A ニューロンの構造とはたらき

神経組織を構成する基本単位となる細胞を**ニューロン**(神経細胞)という。
ニューロンは，細胞体・軸索・樹状突起からなる。

■ニューロンの構造

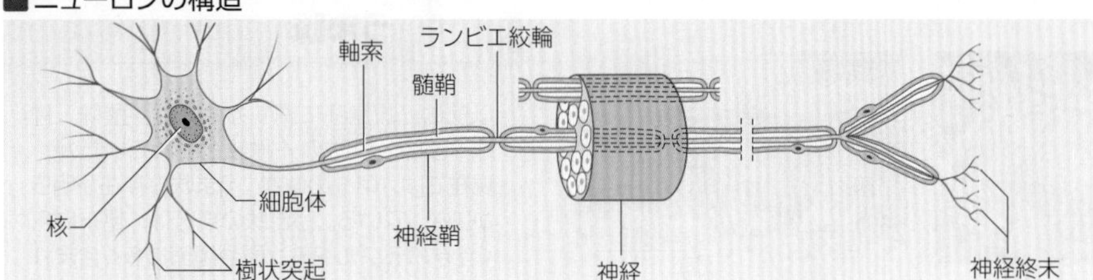
軸索
ランビエ絞輪
髄鞘
核
細胞体
神経鞘
樹状突起
神経
神経終末

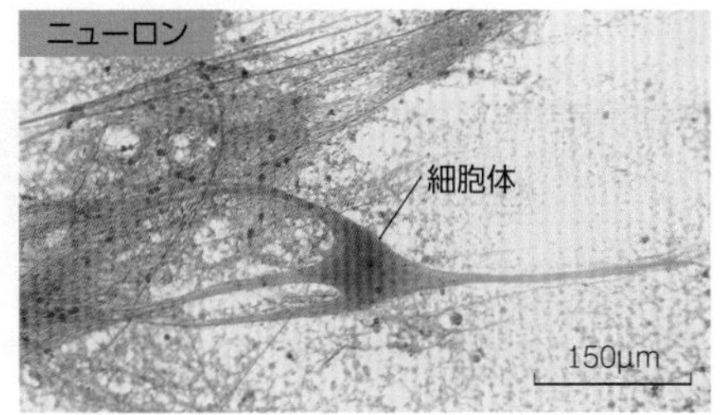
ニューロン
細胞体
150μm

■ニューロンの構成

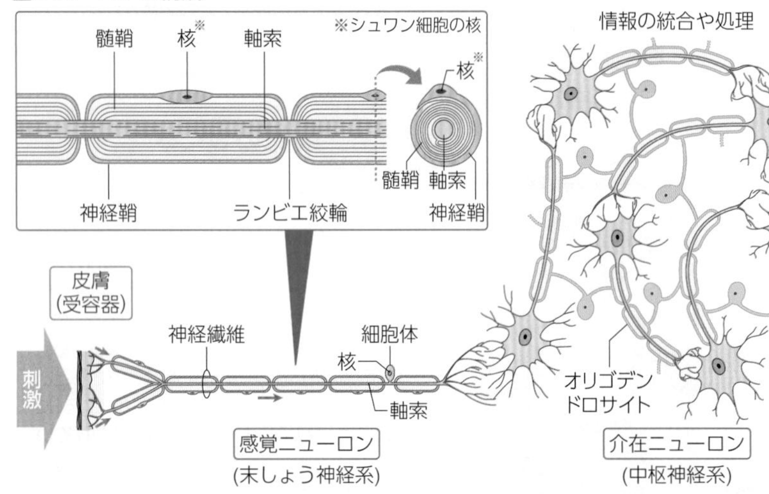
髄鞘
核※
軸索
※シュワン細胞の核
核※
髄鞘
軸索
神経鞘
ランビエ絞輪
神経鞘
情報の統合や処理
皮膚
(受容器)
神経繊維
細胞体
核
軸索
刺激
感覚ニューロン
(末しょう神経系)
オリゴデン
ドロサイト
介在ニューロン
(中枢神経系)
側枝
シュワン細胞
運動ニューロン
(末しょう神経系)
骨格筋
(効果器)
反応

神経系を構成する細胞
神経系を構成する細胞のうち，ニューロン以外のものを総称して**グリア細胞**という。
有髄神経において軸索に巻きついて髄鞘をつくる細胞もグリア細胞のなかまで，末しょう神経系では**シュワン細胞**，中枢神経系では**オリゴデンドロサイト**が髄鞘を形成している。

■有髄神経と無髄神経

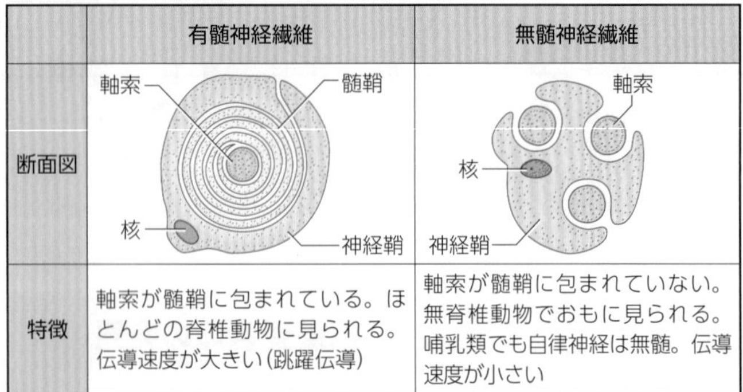

	有髄神経繊維	無髄神経繊維
断面図	軸索 髄鞘 核 神経鞘	軸索 核 神経鞘
特徴	軸索が髄鞘に包まれている。ほとんどの脊椎動物に見られる。伝導速度が大きい(跳躍伝導)	軸索が髄鞘に包まれていない。無脊椎動物でおもに見られる。哺乳類でも自律神経は無髄。伝導速度が小さい

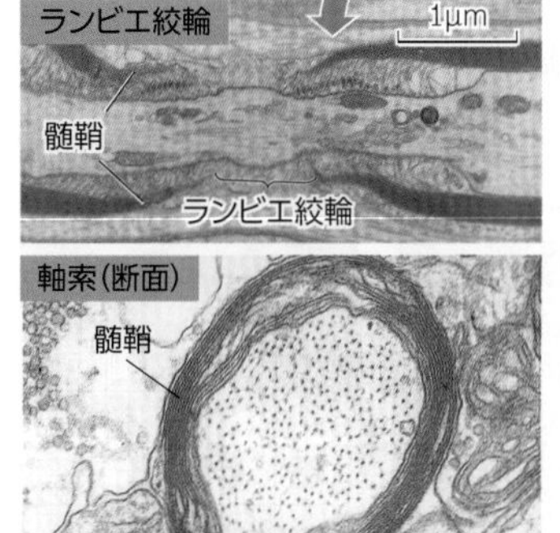
ランビエ絞輪
1μm
髄鞘
ランビエ絞輪
軸索(断面)
髄鞘

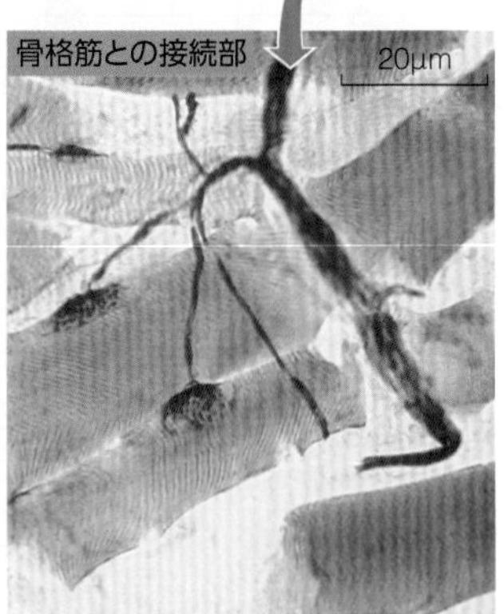
骨格筋との接続部
20μm

B 膜電位

細胞膜の内側と外側における電位差を**膜電位**といい，ニューロンが刺激を受けていないときの膜電位を**静止電位**という。

■膜電位

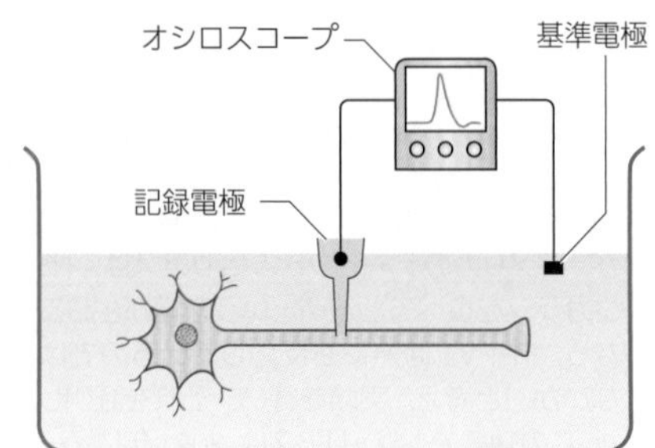
オシロスコープ
基準電極
記録電極

膜電位は，ニューロンを取り出して軸索内に微小な記録電極を挿入することで測定できる。

■静止電位

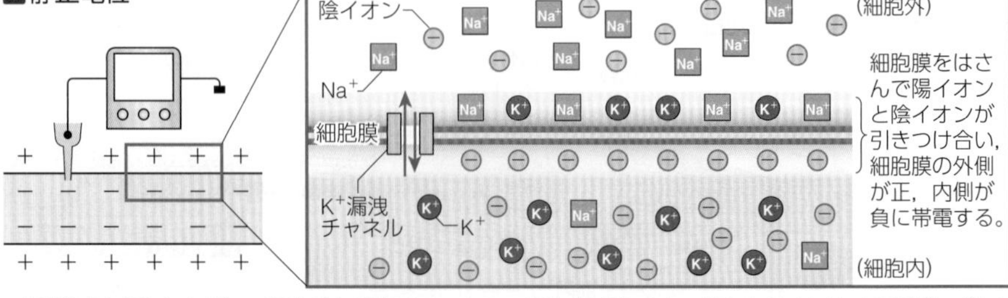
陰イオン
Na⁺
(細胞外)
細胞膜
K⁺漏洩
チャネル
K⁺
(細胞内)
細胞膜をはさんで陽イオンと陰イオンが引きつけ合い，細胞膜の外側が正，内側が負に帯電する。

K^+が濃度勾配にしたがって細胞外に流出することで，細胞内は陰イオンがやや多くなり，電荷がわずかに負(−)になると，K^+を細胞内に引きもどそうとする力がはたらく。このK^+が流出しようとする力とK^+を引きもどそうとする力が釣り合うと，見かけ上K^+の移動がなくなる。このとき，細胞膜をはさんで陽イオンと陰イオンが引きつけ合い，細胞膜の内外に電位差(静止電位)が生じている。

Keywords ニューロン(neuron)，グリア細胞(glial cell)，シュワン細胞(Schwann cell)，オリゴデンドロサイト(oligodendrocyte)，膜電位(membrane potential)

C 興奮の伝導

1つのニューロンにおいて，興奮は電気的変化となって軸索を伝導する。

■興奮の伝導のしくみ

刺激を受けたニューロンで起こる一連の電位の変化を，**活動電位**という。

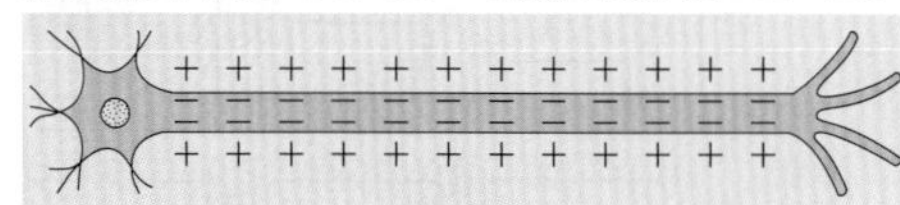

静止部　細胞膜の外側は正(＋)，内側は負(－)に帯電している。

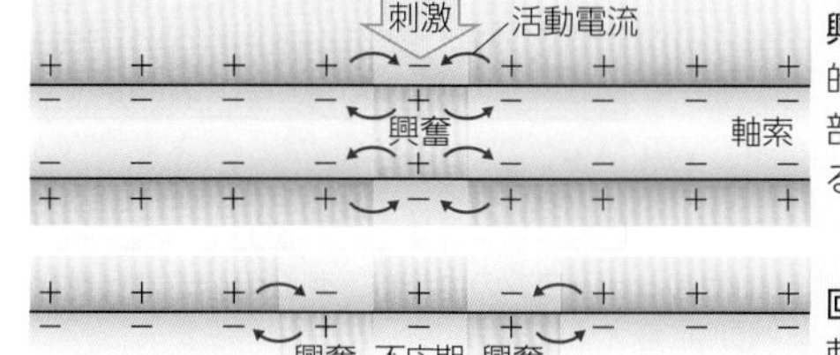

刺激
活動電流
興奮
軸索
興奮
不応期
興奮

興奮部　刺激を受けると，細胞内外の電位が瞬間的に逆転する(**興奮**)。これにより，隣接する静止部との間に電位差ができ，電流(**活動電流**)が流れる。この電流が刺激となって，隣接部が興奮する。

回復部　電位がもとにもどる。興奮した直後は，刺激に反応することのできない時期(不応期)となるので，興奮は外側に向かって伝わる。

■跳躍伝導(有髄神経)

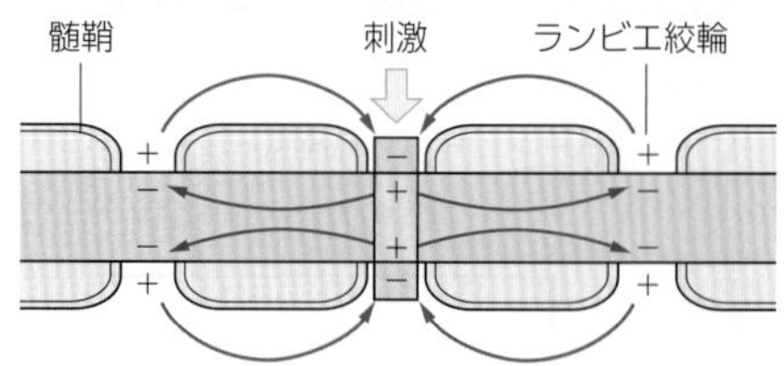

髄鞘
刺激
ランビエ絞輪

有髄神経では，髄鞘が絶縁体となり，活動電流はランビエ絞輪からランビエ絞輪へと流れ，興奮がとびとびに伝わる(**跳躍伝導**)ため，伝導速度が大きい。

ニューロンの軸索の途中を刺激すると，興奮はそこから両方向に伝わる。

■興奮と膜電位の変化

①細胞内外の電位差の変化(細胞内に記録電極，細胞外に基準電極をおく)

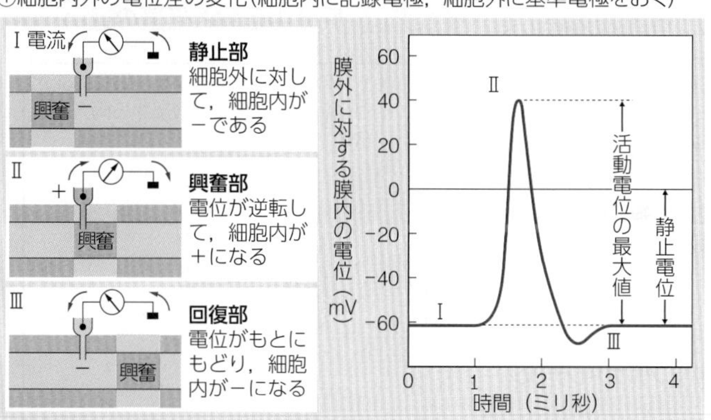

Ⅰ 電流
静止部
細胞外に対して，細胞内が－である
Ⅱ
興奮部
電位が逆転して，細胞内が＋になる
Ⅲ
回復部
電位がもとにもどり，細胞内が－になる
興奮
膜外に対する膜内の電位（mV）
活動電位の最大値
静止電位
時間（ミリ秒）

②細胞表面の電位差の変化(細胞表面に記録電極Aと基準電極B)

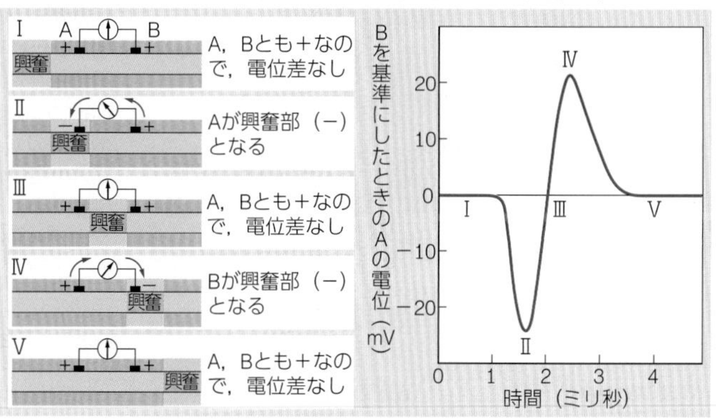

A，Bとも＋なので，電位差なし
Aが興奮部（－）となる
A，Bとも＋なので，電位差なし
Bが興奮部（－）となる
A，Bとも＋なので，電位差なし
興奮
Bを基準にしたときのAの電位（mV）
時間（ミリ秒）

■膜電位の変化とイオンの移動

ニューロンの細胞内外の電位変化は Na^+(ナトリウムイオン)と K^+(カリウムイオン)に対する膜の透過性に関係がある。

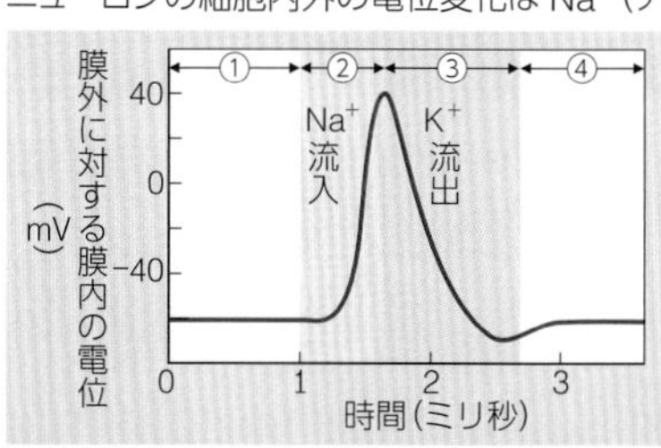

膜外に対する膜内の電位（mV）
Na⁺流入
K⁺流出
時間(ミリ秒)

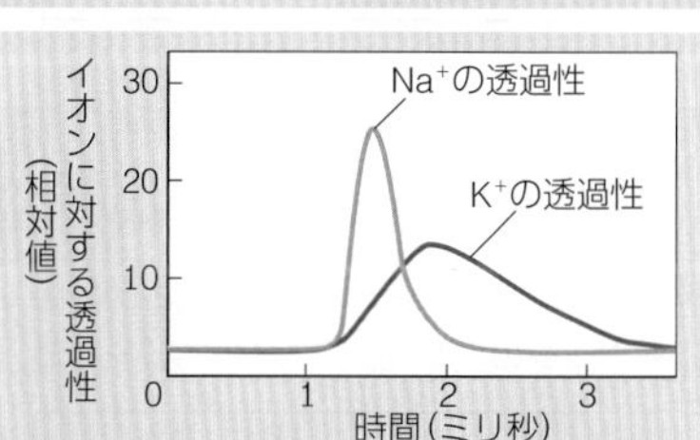

Na⁺の透過性
K⁺の透過性
イオンに対する透過性（相対値）
時間(ミリ秒)

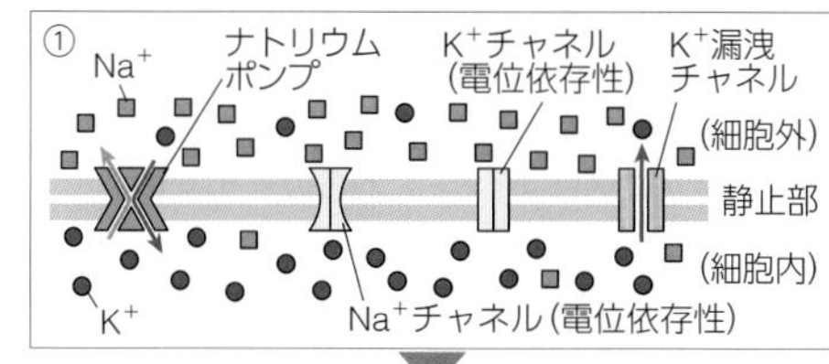

Na⁺
ナトリウムポンプ
K⁺チャネル（電位依存性）
K⁺漏洩チャネル
(細胞外)
静止部
(細胞内)
K⁺
Na⁺チャネル(電位依存性)

①静止時には，ナトリウムポンプ(▶p.33)が Na^+ を細胞外にくみ出し，K^+ を細胞内にくみ入れているため，細胞内は Na^+ が少なく，K^+ が多い。このとき，K^+ が K^+ 漏洩チャネルを通って出ていき，膜外に対する膜内の電位は負(－)になる(静止電位)。

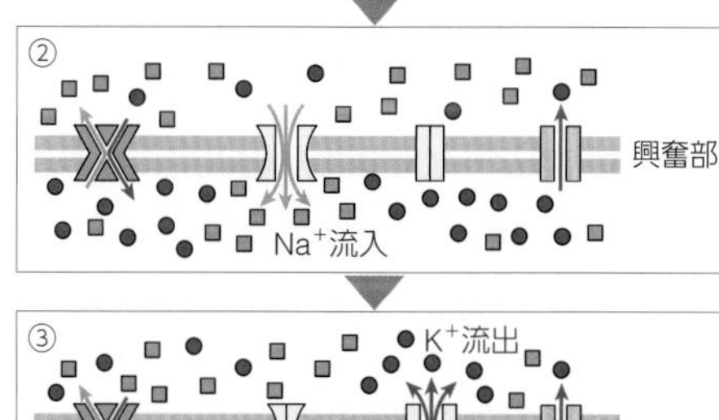

興奮部
Na⁺流入
K⁺流出

②刺激を受けると Na^+ チャネルが開いて，膜外の Na^+ が細胞内に急激に流入するので，膜内外の電位が逆転する(活動電位の発生)。

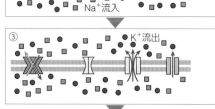

③ Na^+ の流入よりやや遅れて K^+ チャネルが開いて K^+ が細胞外に流出するため，膜内の電位が急激に下降して負にもどる。

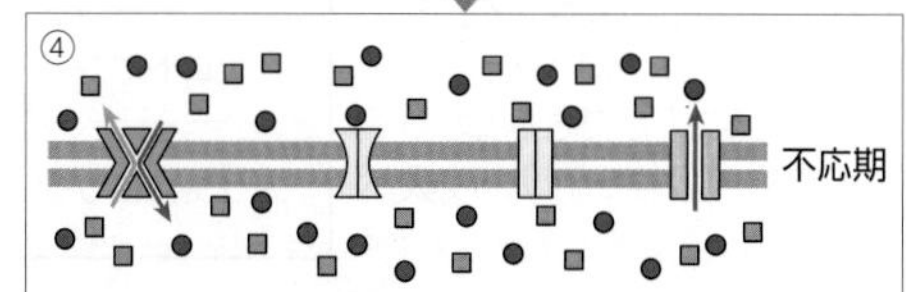

不応期

④興奮後しばらくは Na^+ チャネルが不活性で，刺激を受けても活動電位を発生しない(不応期)。その後，再び①の状態にもどる。

■静止時の細胞内外のイオン濃度

		細胞内の濃度(相対値)	細胞外の濃度(相対値)
イカ	Na^+	50	440
	K^+	400	20
ネコ	Na^+	15	150
	K^+	150	5.5

静止電位(resting potential)，興奮(excitation)，伝導(conduction)，活動電位(action potential)，ナトリウムポンプ(sodium pump)

第6編 生物の環境応答

7 ニューロンとその興奮(2)

生物基礎
生物

A 全か無かの法則

個々のニューロンでは，刺激によって興奮するかしないかの2通りしかない。これを**全か無かの法則**という。

■全か無かの法則

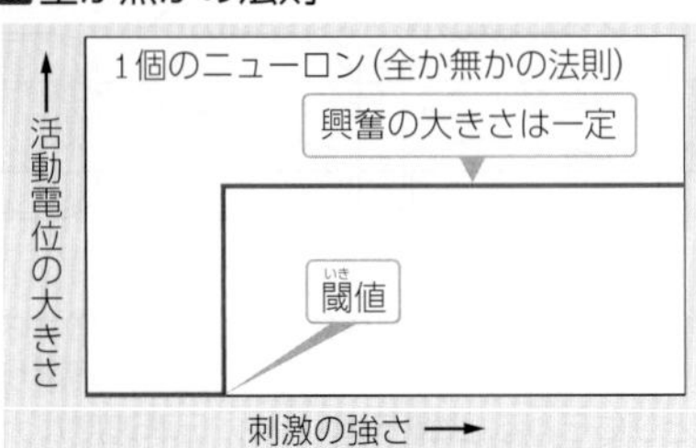

1個のニューロン(全か無かの法則)
興奮の大きさは一定
閾値
活動電位の大きさ
刺激の強さ

興奮は，刺激の大きさが一定値(**閾値**)より小さいと起こらず，それ以上では刺激の強さに関係なく同じ大きさの興奮が起こる。

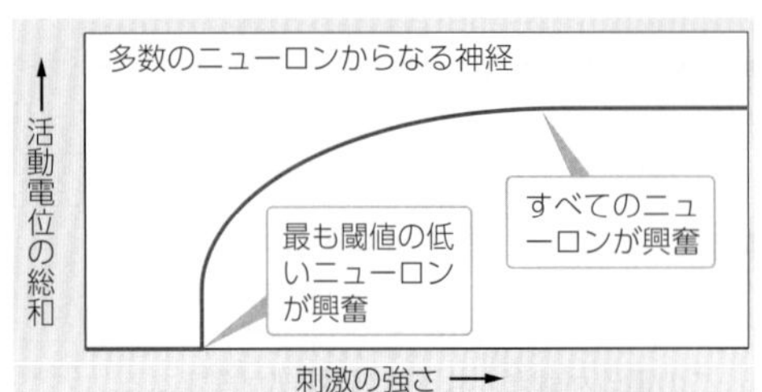

多数のニューロンからなる神経
すべてのニューロンが興奮
最も閾値の低いニューロンが興奮
活動電位の総和
刺激の強さ

閾値はニューロンによって異なるため，座骨神経のような多数のニューロンからなる神経では，すべてのニューロンが興奮するまで，刺激の強さに応じて興奮が大きくなる。

■刺激の強さと興奮の頻度

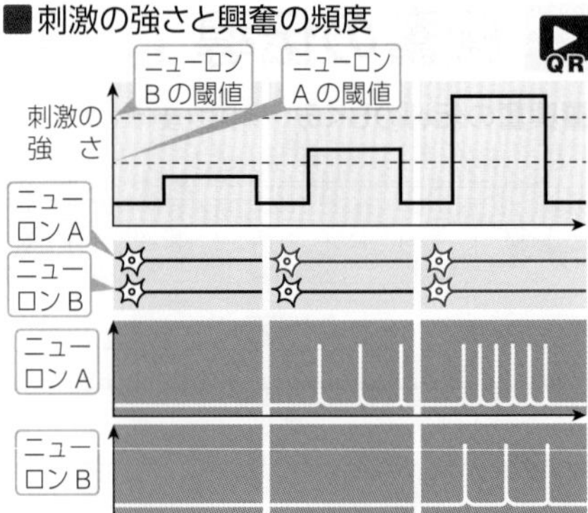

ニューロンBの閾値
ニューロンAの閾値
刺激の強さ
ニューロンA
ニューロンB
ニューロンA
ニューロンB

1個のニューロンの中では，刺激の強さは興奮の頻度に変えられる。

B 興奮の伝達

ニューロンとニューロン(または効果器)の連絡部を**シナプス**という。シナプスでは，軸索の末端はせまいすきま(シナプス間隙)を隔てて次のニューロンと連絡しており，興奮は化学物質により一方向に伝達される。

■シナプスの構造と伝達のしくみ

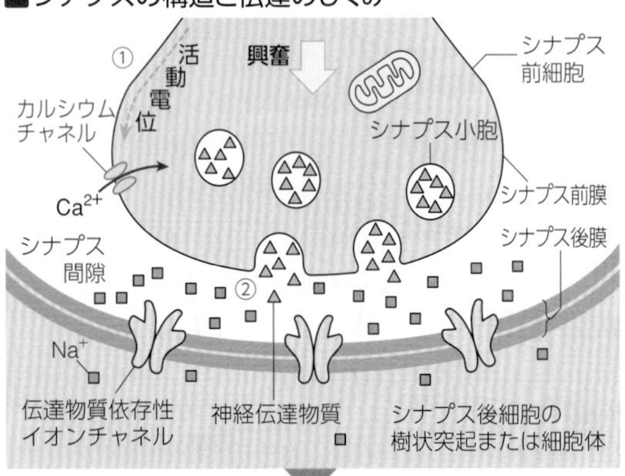

①活動電位
興奮
シナプス前細胞
カルシウムチャネル
シナプス小胞
Ca^{2+}
シナプス前膜
シナプス間隙
シナプス後膜
②
Na^+
伝達物質依存性イオンチャネル
神経伝達物質
シナプス後細胞の樹状突起または細胞体
③
④ 興奮

①活動電位がシナプス前細胞の軸索の末端まで伝わると，末端部の細胞膜にある電位依存性カルシウムチャネルが開き，Ca^{2+}が細胞外から流入する。

②細胞内のCa^{2+}濃度が上昇すると，シナプス小胞が刺激されて，シナプス前膜に融合する。その結果，**神経伝達物質**がシナプス間隙に放出される(エキソサイトーシス)。

運動神経と副交感神経ではたらく神経伝達物質は**アセチルコリン**，交感神経ではたらく神経伝達物質は**ノルアドレナリン**である。

③情報を受け取る側のシナプス後細胞の細胞膜(シナプス後膜)には，神経伝達物質の受容体(伝達物質依存性イオンチャネル)が集まっている。シナプス間隙の神経伝達物質が伝達物質依存性イオンチャネルに結合すると，これらのチャネルが一時的に開く。

④Na^+が細胞外から流入して細胞膜の膜電位が正(+)の方向に変化する。この変化が十分に大きければ，シナプス後細胞に活動電位(興奮)が発生する。

Point 興奮の伝導と伝達の違い

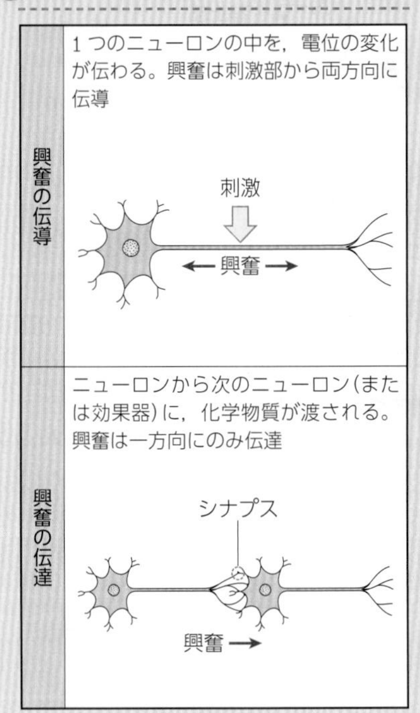

興奮の伝導
1つのニューロンの中を，電位の変化が伝わる。興奮は刺激部から両方向に伝導
刺激
興奮
興奮の伝達
ニューロンから次のニューロン(または効果器)に，化学物質が渡される。興奮は一方向にのみ伝達
シナプス
興奮

Column 神経伝達物質がかかわる病気

いくつかの病気は，ある種の神経伝達物質の分泌の過剰や不足，もしくは分泌のバランスがくずれることが原因で引き起こされることがわかっている。これらの病気の治療法としては神経伝達物質の量を正常にもどすことが考えられる。例えば，パーキンソン病の患者にドーパミンの前駆物質を投与し，ドーパミンの合成を促すと，多くの患者で症状の改善が見られる。ほかの病気に関しても，神経伝達物質の代謝を調整したり，シナプスにおける神経伝達物質の回収を阻害するなどの薬剤を投与することで症状が緩和されることがある。

神経伝達物質	分泌過剰の例	分泌不足の例
ドーパミン	統合失調症(コカイン作用※1)	パーキンソン病
セロトニン	そう病	うつ病
アセチルコリン	呼吸失調(サリン作用※2)	アルツハイマー病

※1 コカインなどの麻薬を摂取するとドーパミンを回収することができなくなって，シナプス後細胞が興奮している状態が持続し，一時的に強い快感がもたらされる。

※2 毒ガスであるサリンを摂取すると，アセチルコリンを分解することができなくなって分泌過剰と同じような状態になり，呼吸器の気管などの筋肉が収縮し続け，呼吸ができなくなる。

Keywords 全か無かの法則(all or none law)，閾値(threshold)，伝達(transmission)，シナプス(synapse)，神経伝達物質(neurotransmitter)

C 興奮性シナプスと抑制性シナプス

シナプスには，シナプス後細胞を興奮させるもの(興奮性シナプス)と，興奮を抑制するもの(抑制性シナプス)がある。

■興奮性シナプス

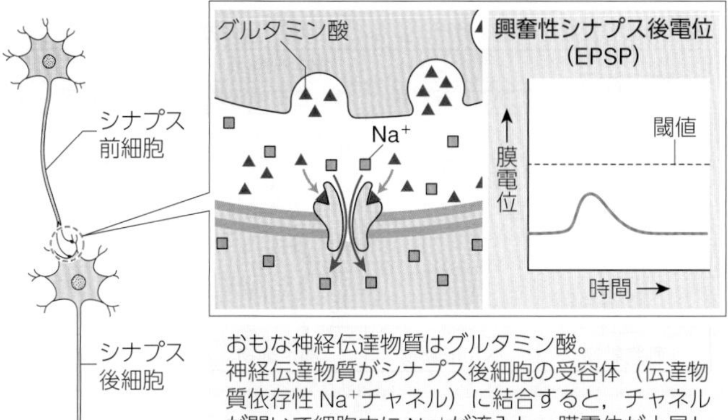

シナプス前細胞
シナプス後細胞
グルタミン酸
Na⁺
興奮性シナプス後電位（EPSP）
↑膜電位
閾値
時間 →

おもな神経伝達物質はグルタミン酸。神経伝達物質がシナプス後細胞の受容体（伝達物質依存性 Na^+ チャネル）に結合すると，チャネルが開いて細胞内に Na^+ が流入し，膜電位が上昇して**興奮性シナプス後電位**（**EPSP**）が発生する。

■抑制性シナプス

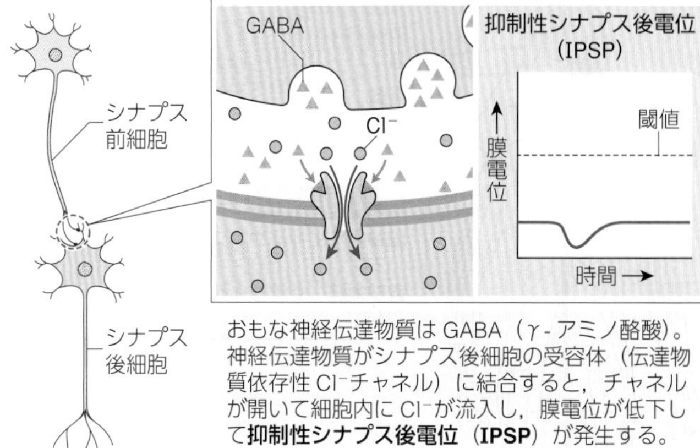

シナプス前細胞
シナプス後細胞
GABA
Cl⁻
抑制性シナプス後電位（IPSP）
↑膜電位
閾値
時間 →

おもな神経伝達物質は GABA（γ-アミノ酪酸）。神経伝達物質がシナプス後細胞の受容体（伝達物質依存性 Cl^- チャネル）に結合すると，チャネルが開いて細胞内に Cl^- が流入し，膜電位が低下して**抑制性シナプス後電位**（**IPSP**）が発生する。

■シナプスと神経回路

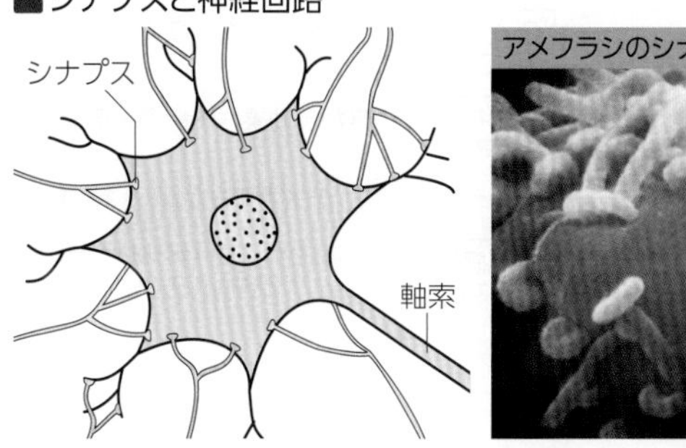

シナプス
軸索

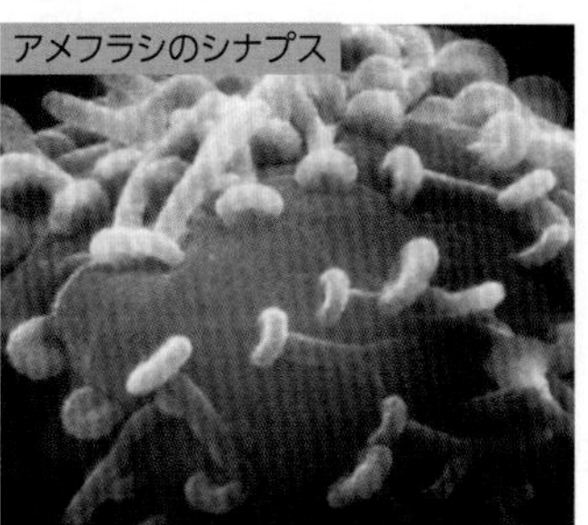

アメフラシのシナプス

1 つのニューロンは他の多数のニューロンと接続し，シナプスを形成している。ヒトの脳を構成するニューロンの数は約 1000 億といわれており，それらが接続しあって複雑な神経回路を構成している。

■シナプスの可塑性

シナプスにおける興奮の伝達効率は，他のニューロンの活動に応じて増強されたり減弱されたりすることがあり，この性質を**シナプス可塑性**という。シナプス可塑性による現象は大きく分けて長期増強と長期抑圧の 2 つがある。

	現象	持続時間	おもなはたらき
長期増強	高頻度で刺激を与えると，シナプスの伝達効率が増強される	数時間～数週間	大脳の海馬における記憶の形成(▶ *p*.191)
長期抑圧	特定のニューロンが発生させる活動電位によって，シナプスの伝達効率が減弱される	数分～数時間（一例）	小脳における眼や手の運動の修正・調節（運動学習）

■シナプス電位の加重

多くの場合，単一のニューロンによって発生する EPSP だけでは活動電位は発生しない。1 つのニューロンへのシナプス入力は，多数のシナプスの EPSP と IPSP の和として統合(加重)され，和が閾値を超えるとニューロンに活動電位が発生(興奮)する。加重には，時間的加重と空間的加重がある。

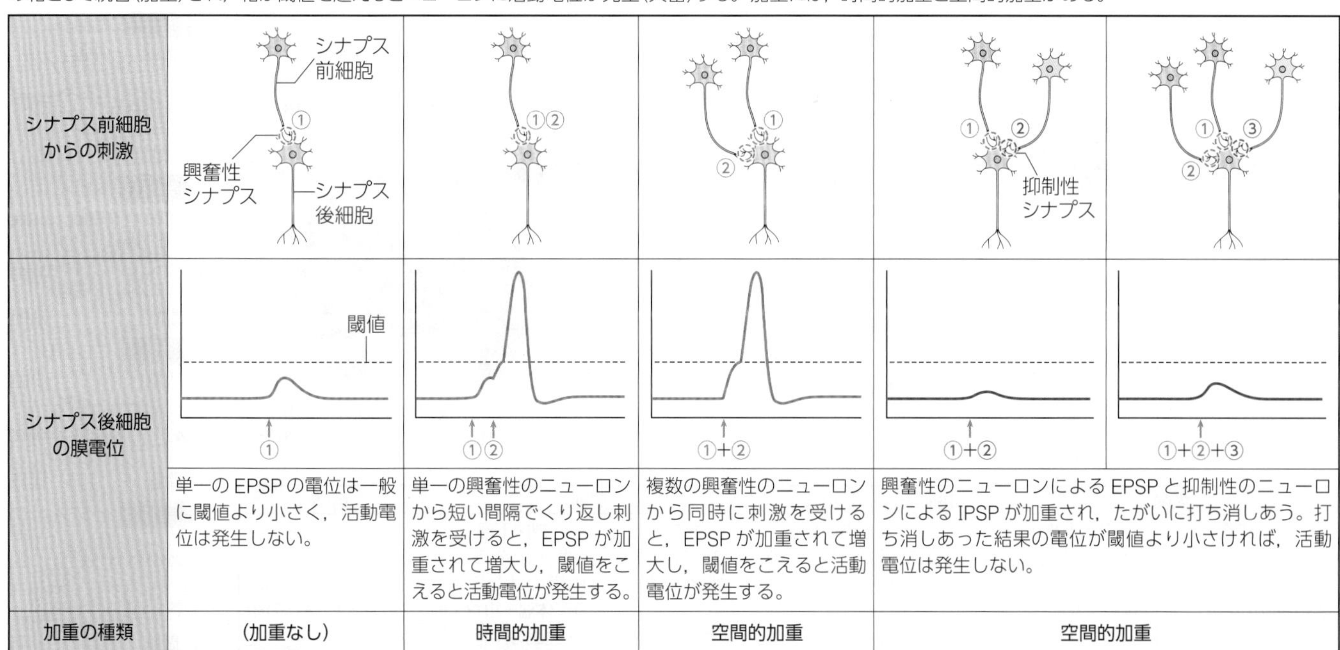

シナプス前細胞
シナプス後細胞
興奮性シナプス
抑制性シナプス
閾値
①
①②
①+②
①+②
①+②+③

シナプス前細胞からの刺激					
シナプス後細胞の膜電位					
	単一の EPSP の電位は一般に閾値より小さく，活動電位は発生しない。	単一の興奮性のニューロンから短い間隔でくり返し刺激を受けると，EPSP が加重されて増大し，閾値をこえると活動電位が発生する。	複数の興奮性のニューロンから同時に刺激を受けると，EPSP が加重されて増大し，閾値をこえると活動電位が発生する。	興奮性のニューロンによる EPSP と抑制性のニューロンによる IPSP が加重され，たがいに打ち消しあう。打ち消しあった結果の電位が閾値より小さければ，活動電位は発生しない。	
加重の種類	（加重なし）	時間的加重	空間的加重	空間的加重	

興奮性シナプス後電位(excitatory postsynaptic potential(= EPSP))，抑制性シナプス後電位(inhibitory postsynaptic potential(= IPSP))

8 神経系の構造とはたらき(1)

生物基礎
生 物

A 脊椎動物の神経系

■ヒトの神経系

中枢神経系

脳
脊髄 } ニューロンが集まって形成されている

末しょう神経系

脳神経(12対) 視神経や副交感神経の迷走神経など

脊髄神経(31対) 交感神経や体性神経

Zoom up いろいろな動物の神経系

複雑なからだをもつ動物ほど，脳などの中枢神経系が発達している。

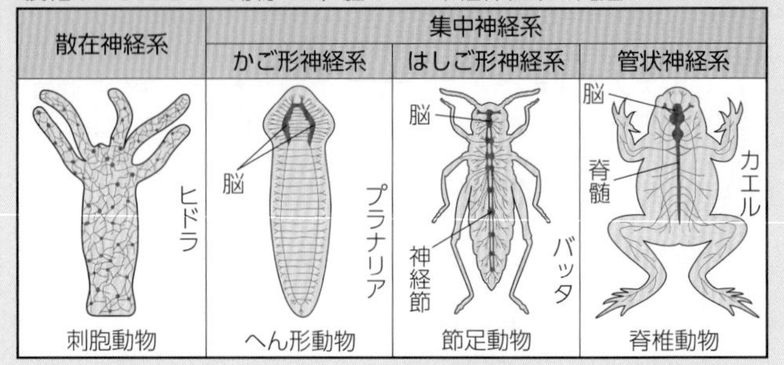

散在神経系
集中神経系
かご形神経系
はしご形神経系
管状神経系
ヒドラ
脳
プラナリア
脳
神経節
バッタ
脳
脊髄
カエル
刺胞動物
へん形動物
節足動物
脊椎動物

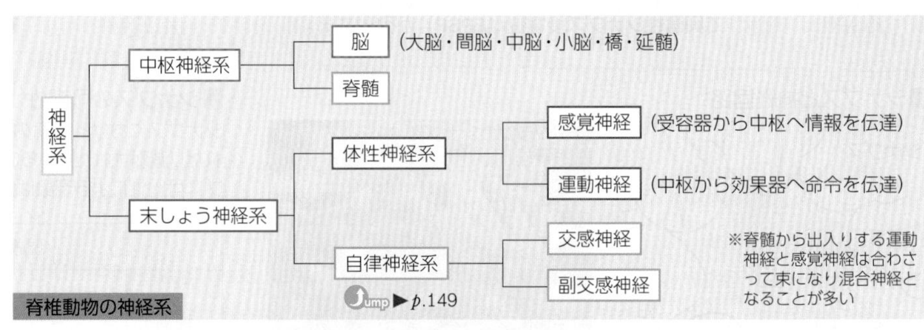

神経系
中枢神経系
脳 (大脳・間脳・中脳・小脳・橋・延髄)
脊髄
末しょう神経系
体性神経系
感覚神経 (受容器から中枢へ情報を伝達)
運動神経 (中枢から効果器へ命令を伝達)
自律神経系
交感神経
副交感神経

Jump ▶ p.149

※脊髄から出入りする運動神経と感覚神経は合わさって束になり混合神経となることが多い

脊椎動物の神経系

B 脳の構造

脊椎動物の脳は，**大脳**・**間脳**・**中脳**・**小脳**・**橋**・**延髄**からなる。
間脳・中脳・橋・延髄を合わせて**脳幹**といい，生命維持に関係する中枢である。

■ヒトの脳の構造と各部のはたらき

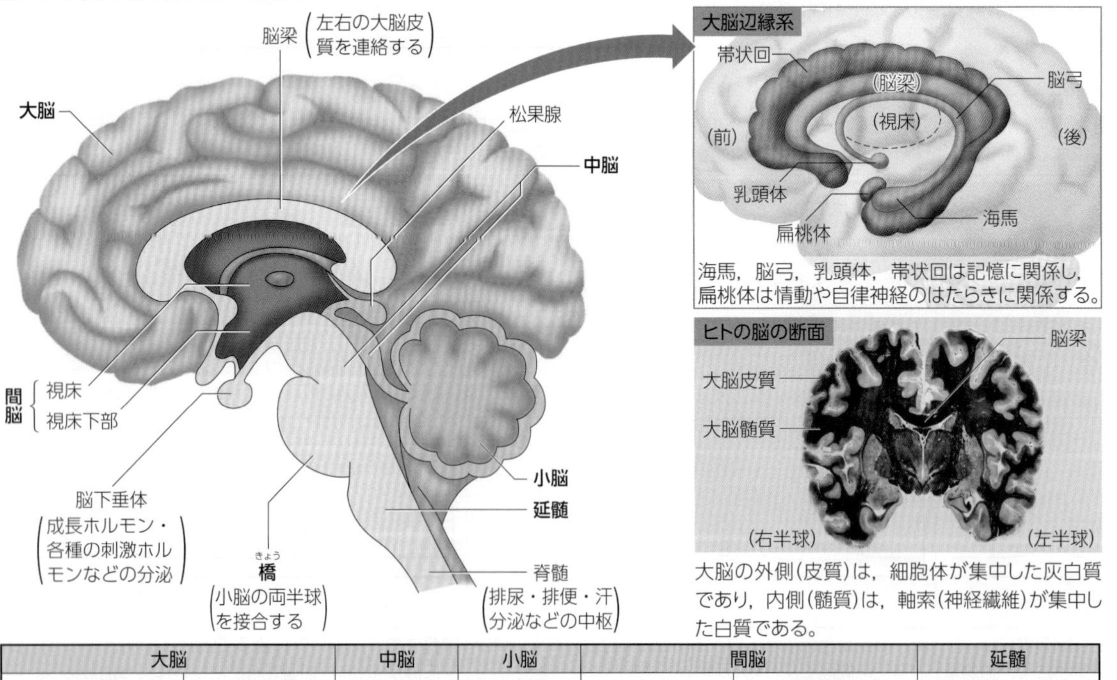

脳梁 (左右の大脳皮質を連絡する)
大脳
松果腺
中脳
間脳 { 視床 視床下部
脳下垂体 (成長ホルモン・各種の刺激ホルモンなどの分泌)
小脳
延髄
橋 (小脳の両半球を接合する)
脊髄 (排尿・排便・汗分泌などの中枢)
大脳辺縁系
帯状回
(脳梁)
脳弓
(視床)
(前)
(後)
乳頭体
海馬
扁桃体
ヒトの脳の断面
脳梁
大脳皮質
大脳髄質
(右半球)
(左半球)

海馬，脳弓，乳頭体，帯状回は記憶に関係し，扁桃体は情動や自律神経のはたらきに関係する。

大脳の外側(皮質)は，細胞体が集中した灰白質であり，内側(髄質)は，軸索(神経繊維)が集中した白質である。

大脳		中脳	小脳	間脳		延髄
新皮質	辺縁皮質			視床	視床下部	
経験的・学習的適応行動の中枢，感覚や随意運動の中枢	(原皮質，古皮質)本能的・情緒的行動の中枢	眼球の運動，瞳孔の調節，姿勢の保持	筋肉の緊張保持，からだの平衡	嗅覚以外の感覚を大脳へ中継	自律神経系の中枢(内臓のはたらきなど)，体温・摂食・血圧・睡眠の中枢	呼吸運動・心臓拍動の中枢 せき・くしゃみ・のみこむなどの運動の中枢

■脊椎動物の脳

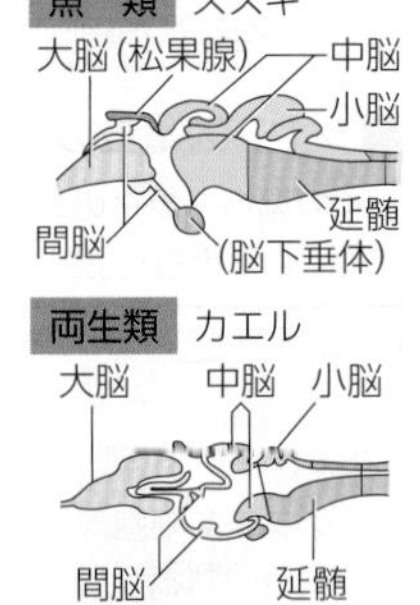

魚類 スズキ
大脳(松果腺)
中脳
小脳
延髄
間脳
(脳下垂体)
両生類 カエル
大脳
中脳
小脳
間脳
延髄

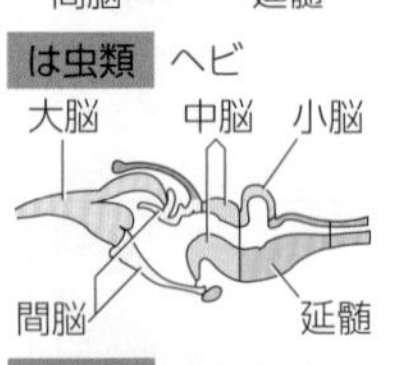

は虫類 ヘビ
大脳
中脳
小脳
間脳
延髄

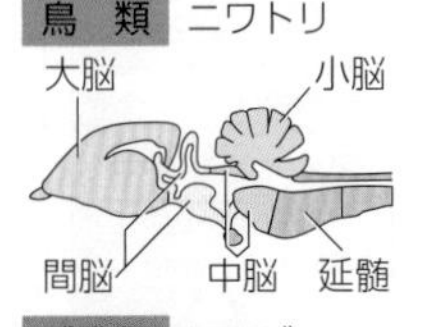

鳥類 ニワトリ
大脳
小脳
間脳
中脳
延髄

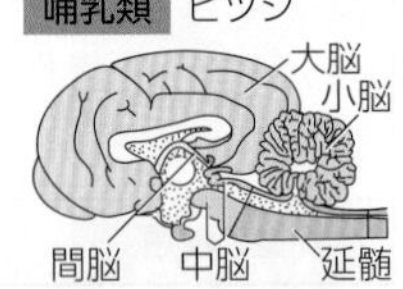

哺乳類 ヒツジ
大脳
小脳
間脳
中脳
延髄

Keywords 中枢神経系(central nervous system)，末しょう神経系(peripheral nervous system)，脳(brain)，脊髄(spinal cord)

C 脳のはたらき

大脳の新皮質はヒトで特に発達しており，感覚・随意運動・精神活動などの中枢が分布する。

■ヒトの大脳皮質の分業

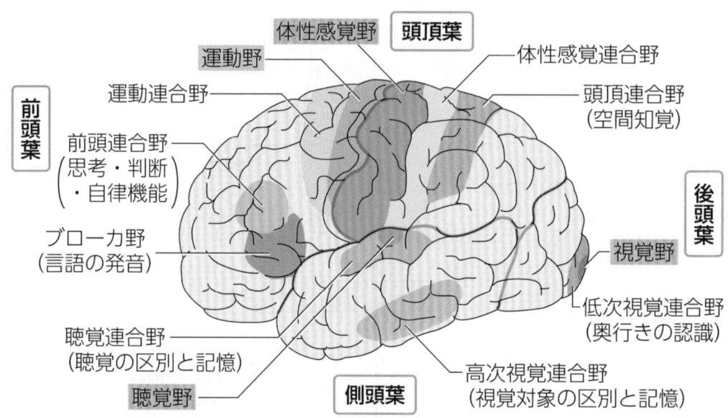

体性感覚野
頭頂葉
運動野
体性感覚連合野
運動連合野
頭頂連合野
(空間知覚)
前頭葉
前頭連合野
(思考・判断・自律機能)
ブローカ野
(言語の発音)
後頭葉
視覚野
低次視覚連合野
(奥行きの認識)
聴覚連合野
(聴覚の区別と記憶)
高次視覚連合野
(視覚対象の区別と記憶)
聴覚野
側頭葉

■ヒトの脳の断面とからだの各部との対応

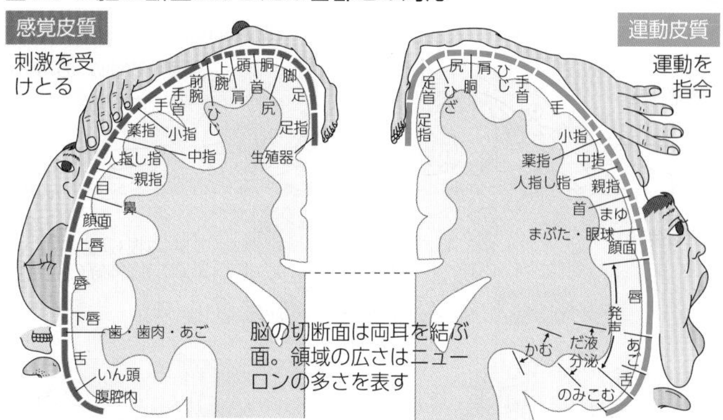

感覚皮質
刺激を受けとる
運動皮質
運動を指令
脳の切断面は両耳を結ぶ面。領域の広さはニューロンの多さを表す

■脳内活動のようす

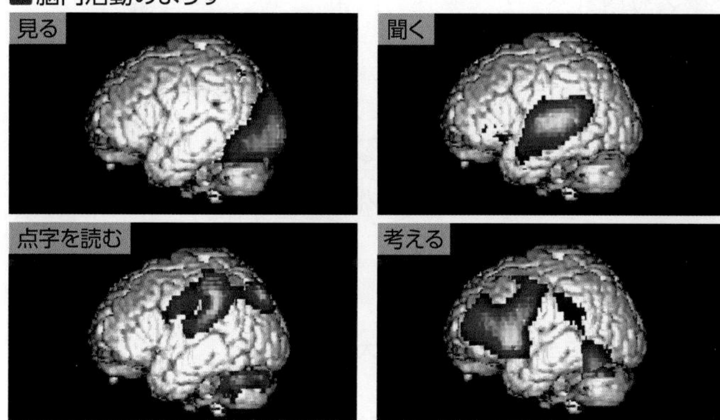

見る
聞く
点字を読む
考える

PET(陽電子断層撮影法)による撮影。赤い部分は血流量，酸素消費量，グルコースやアミノ酸の代謝などが多く，活性化している部位。

Column アルツハイマー型認知症

ヒトの脳は約 1000 億個のニューロンと，その約 10 倍のグリア細胞でできている。脳の機能は，ニューロンどうしが膨大な数のシナプスでつながりあい，神経回路を形成して情報伝達を行うことで維持されている。アミロイドβとよばれるタンパク質は，通常は老廃物として分解されるが，これが分解されずに脳に蓄積すると，凝集して老人斑とよばれる沈着物を形成する。凝集したアミロイドβはシナプスを減少させたり，ニューロンを死滅させたりすることで脳を萎縮させてしまう。このような原因で起こる思考能力の低下や記憶障害などの病気は，最初の発見者にちなんでアルツハイマー病とよばれている。アルツハイマー病では，最初にニューロンが死滅するのは海馬を含む領域であるため，初期症状として，もの忘れや記憶障害が起こる。さらに病気が進行すると，大脳皮質までニューロンの死滅が広がり，脳のさまざまな機能が失われていく。

Zoom up 記憶と海馬

脊椎動物の記憶が形成されるしくみの 1 つに，**長期増強**がある。これは，シナプスで興奮の伝達がくり返されるほど，そのシナプスでの伝達の効率がよくなるというもので，大脳辺縁系の**海馬**といわれる部分が関与している。海馬のシナプスでは神経伝達物質としてグルタミン酸が放出される。シナプス後ニューロンは 2 種類のグルタミン酸受容体をもち(受容体 A と B)，これらの受容体にグルタミン酸が結合すると，まず受容体 A を通じて Na^+が流入して興奮が伝達される(▶ p.188)。最初は受容体 A のみがはたらくが，興奮の頻度が上がると受容体 B もはたらくようになる。受容体 B は Na^+だけでなく，Ca^{2+}も流入させる。流入した Ca^{2+}は新たな受容体 A の出現を促進し，さらにシナプス前ニューロンにも影響を及ぼして，より多くのグルタミン酸の放出を促す。その結果，シナプスでの興奮の伝達の効率が上昇する。

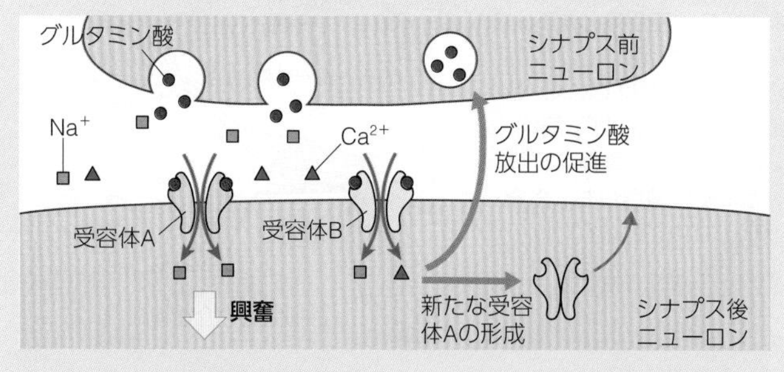

グルタミン酸
シナプス前ニューロン
Na+
Ca2+
グルタミン酸放出の促進
受容体A
受容体B
興奮
新たな受容体Aの形成
シナプス後ニューロン

Column 「光で脳を知る」オプトジェネティクス

これまでの神経科学では，脳のはたらきを調べる際には電気刺激が用いられてきたが，調べたい細胞以外の細胞も刺激してしまうなど，特定の領域に対する細かな測定を行うことはできなかった。ところが，近年，従来の方法とはまったく異なる，光を用いた脳の研究方法が開発された。ある微生物がもつロドプシン(▶ p.182)は，光に反応して特定のイオンを透過させる性質をもつ。このロドプシンを構成するオプシン遺伝子を目的のニューロンに導入して発現させると，細胞内でオプシンとレチナールが結合し，光が当たるだけでそのニューロンが興奮するようになる。遺伝子の導入は目的のニューロンにのみ行うことができるため，電気刺激による研究よりもはるかに精密に特定のニューロンのはたらきを調べることが可能になった。

このような手法を optics(光学)と genetics(遺伝学)から「オプトジェネティクス(光遺伝学)」とよぶ。オプトジェネティクスの登場により，脳のはたらきの解明が飛躍的に進むことが期待されている。

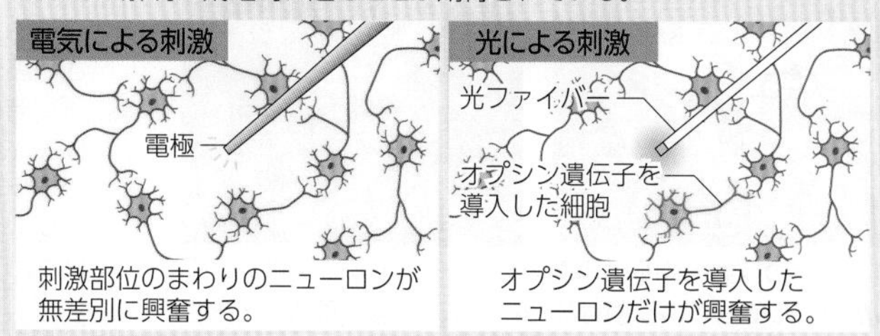

電気による刺激
電極
刺激部位のまわりのニューロンが無差別に興奮する。
光による刺激
光ファイバー
オプシン遺伝子を導入した細胞
オプシン遺伝子を導入したニューロンだけが興奮する。

大脳(cerebrum)，間脳(interbrain)，中脳(mid-brain)，小脳(cerebellum)，橋(pons)，延髄(medulla oblongata)

9 神経系の構造とはたらき(2)

生物基礎
生物

A 脊髄の構造とはたらき

脊髄は脳の延髄から続き，脳とともに中枢神経系を構成する。また，脳とからだの各部からの興奮の中継を行う。

■脊髄の構造

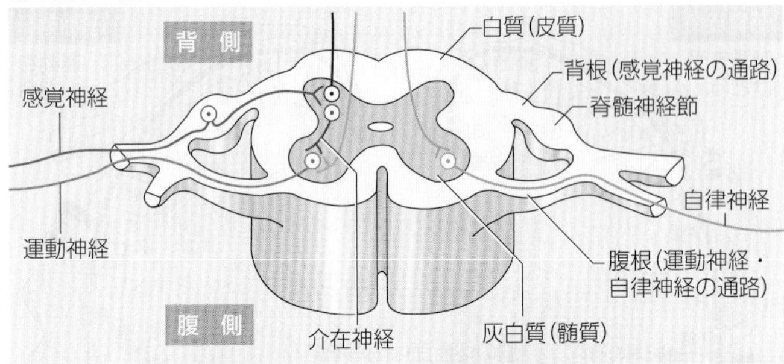
背側
白質(皮質)
背根(感覚神経の通路)
脊髄神経節
感覚神経
自律神経
運動神経
腹根(運動神経・
自律神経の通路)
腹側
介在神経
灰白質(髄質)

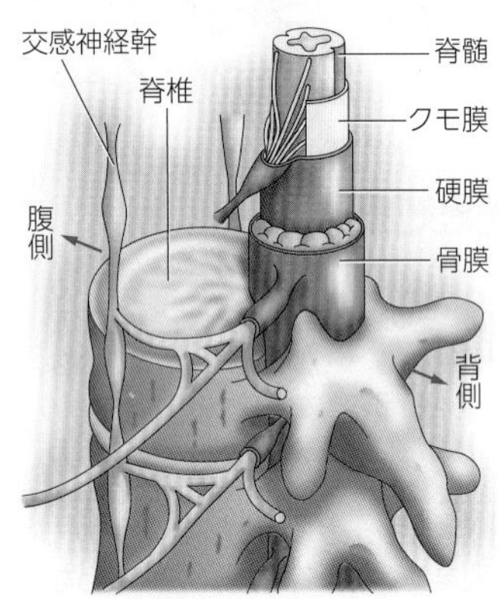
交感神経幹
脊椎
脊髄
クモ膜
硬膜
骨膜
腹側
背側

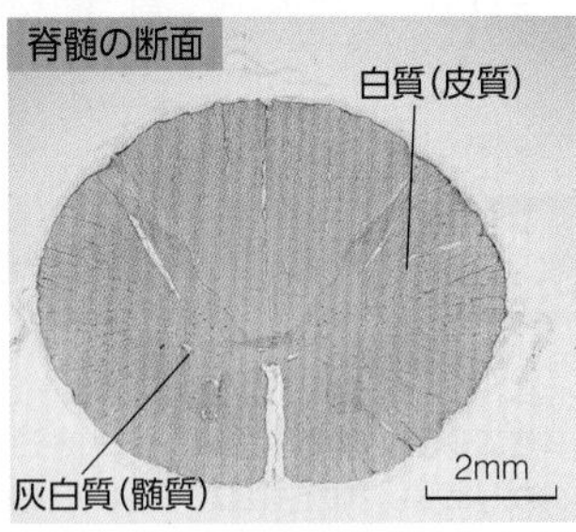
脊髄の断面
白質(皮質)
灰白質(髄質)
2mm

外側(皮質)は軸索が集中し白色(白質)で，内側(髄質)は細胞体が集中し灰白色(灰白質)である。この関係は大脳と逆の関係である。

■興奮の伝達経路

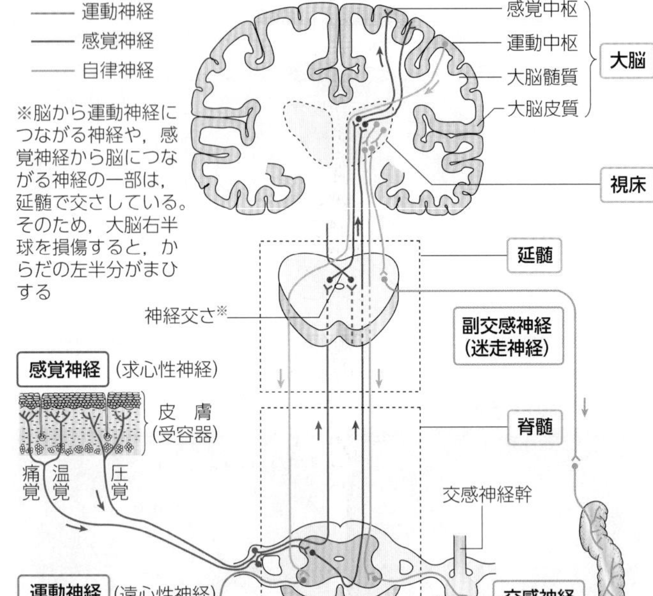
運動神経
感覚神経
自律神経
※脳から運動神経につながる神経や，感覚神経から脳につながる神経の一部は，延髄で交さしている。そのため，大脳右半球を損傷すると，からだの左半分がまひする
感覚中枢
運動中枢
大脳髄質
大脳皮質
大脳
視床
延髄
神経交さ※
副交感神経
(迷走神経)
感覚神経 (求心性神経)
皮膚
(受容器)
痛覚
温覚
圧覚
脊髄
交感神経幹
運動神経 (遠心性神経)
交感神経
効果器(随意筋)
交感神経節
小腸(不随意筋)

B 反射の経路

反射は大脳(意識)とは無関係に起こる。そのためすばやく反応できる。反射の中枢は大脳ではなく，脊髄や延髄，中脳などさまざまである。

反射の中枢	反射の例
脊　髄	膝蓋腱反射・屈筋反射
延　髄	だ液分泌・せき・くしゃみ
中　脳	瞳孔反射・姿勢保持の反射

■反射弓　反射における興奮の伝達経路。

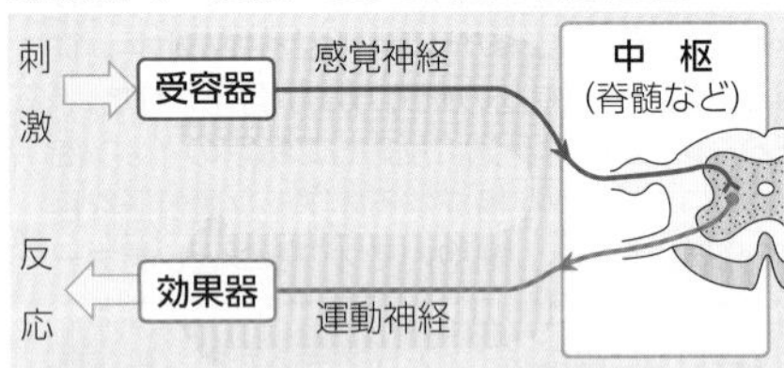
刺激
受容器
感覚神経
中枢
(脊髄など)
反応
効果器
運動神経

■膝蓋腱反射

①刺激(腱を伸ばす)
②筋紡錘
③感覚神経
④運動神経
⑤筋肉(筋収縮)

背根
腹根
腱

膝蓋腱反射は中枢の介在神経を経ない特殊な反射である

■屈筋反射

①刺激(熱受容器)
②感覚神経
③介在神経
④運動神経
⑤筋肉(筋収縮)

■姿勢保持の反射

頭部を上げる

頭部を下げる

姿勢を保つ反射の中枢は中脳にある。そのため，大脳を除去したカエルでもこの反射は見られるが，中脳を除去するとこの反射は消失する。

Zoom up 反射の連動

膝蓋腱反射では，筋紡錘で受容した刺激によって伸筋(関節を伸ばす筋肉)が収縮するが，実際の反応はそれだけでなく，ひざの裏側にある屈筋(関節を曲げる筋肉)が同時に弛緩して，ひざへの負担を軽減している。このように反射の場合も，受容器で受け取った刺激は中枢である脊髄で適切に処理されて，効果器に伝えられている。

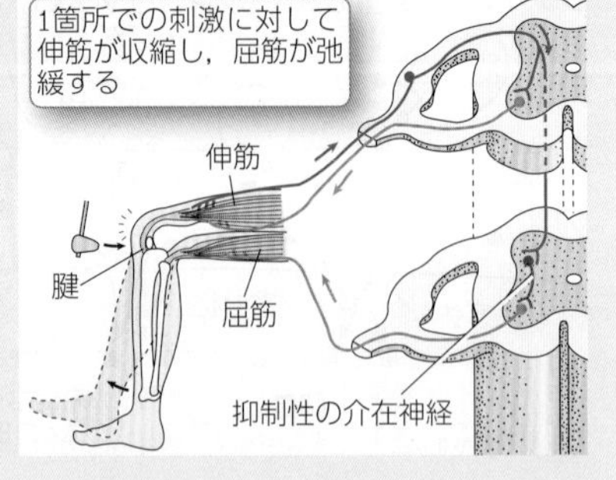
1箇所での刺激に対して伸筋が収縮し，屈筋が弛緩する
伸筋
腱
屈筋
抑制性の介在神経

Keywords　白質(white matter)，灰白質(grey matter)，反射(reflex)，反射弓(reflex arc)

10 筋肉の構造と収縮(1)

生物基礎
生 物

A 筋肉の構造と種類

動物では，受容器で受けとられた刺激は神経系で処理され，効果器が刺激に応じた反応を起こす。この効果器の代表的なものが筋肉である。

■筋肉(横紋筋)の構造

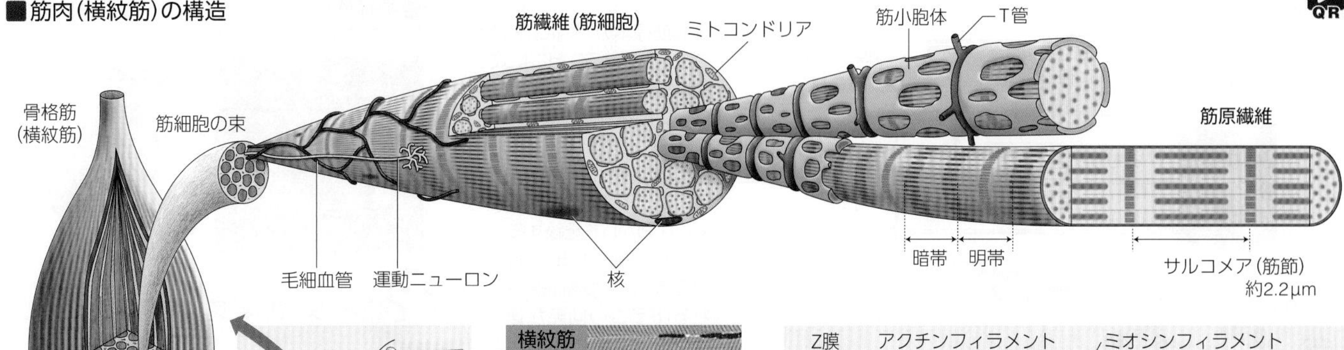
骨格筋
(横紋筋)
筋細胞の束
筋繊維(筋細胞)
ミトコンドリア
筋小胞体
T管
筋原繊維
毛細血管
運動ニューロン
核
暗帯
明帯
サルコメア(筋節)
約2.2μm
横紋筋
50μm

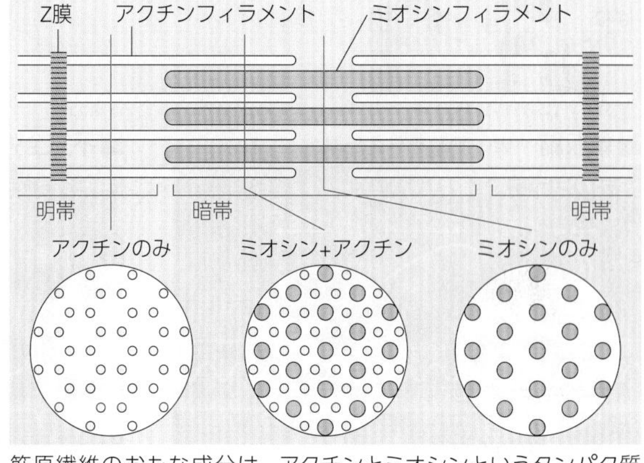
Z膜
アクチンフィラメント
ミオシンフィラメント
明帯
暗帯
明帯
アクチンのみ
ミオシン+アクチン
ミオシンのみ

筋肉の種類			はたらき	特　徴
横紋筋	随意筋	骨格筋	骨格を動かす	明暗の横しま(横紋)が見られる 多核の細胞(筋細胞)からなる 収縮は速く，力も強いが，疲労しやすい
横紋筋	不随意筋	心筋 (内臓筋)	心臓を構成	内臓筋であるが横紋筋である 単核で枝分かれのある細胞からなる 収縮(拍動)をくりかえしても疲労しにくい
平滑筋	不随意筋	内臓筋	内臓器官の壁を構成	紡錘形の単核の細胞からなる 収縮はゆるやかで，力は弱いが，疲労しにくい

筋原繊維のおもな成分は，アクチンとミオシンというタンパク質で，繊維状のフィラメントを構成する。Z膜とZ膜の間をサルコメア(筋節)といい，筋原繊維の構造単位である。筋原繊維には，明帯と暗帯があり，明帯はアクチンフィラメントのみ，暗帯はミオシンフィラメントのみの部分と2つのフィラメントが重なった部分である。

B 筋収縮のしくみ

筋収縮は，ミオシンフィラメントの間にアクチンフィラメントが滑りこんで起こる(**滑り説**)。

■筋収縮のしくみ

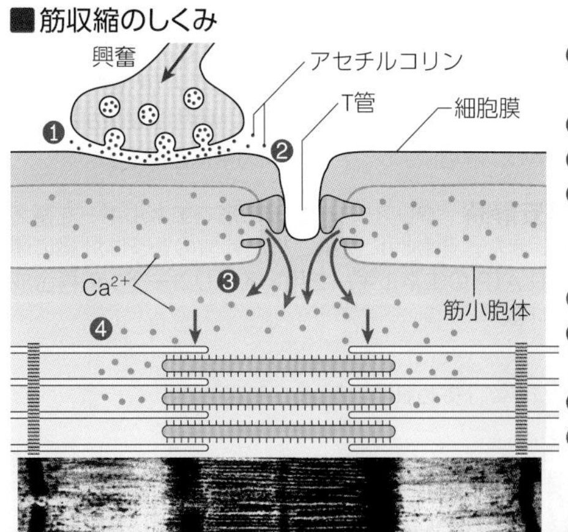
興奮
アセチルコリン
T管
細胞膜
Ca2+
筋小胞体
収縮
エネルギー
ATP
ADP

❶神経終末から神経伝達物質(▶ p.188)が放出され，筋細胞の細胞膜が興奮する。
❷T管を介して興奮が筋小胞体に達する。
❸筋小胞体からCa^{2+}が放出される。
❹Ca^{2+}がトロポニンに結合すると，トロポミオシンの立体構造が変化して，ミオシン頭部がアクチンフィラメントに結合できるようになる。
❺ミオシン頭部にATPが結合する。
❻ミオシン頭部(ATP分解酵素の作用をもつ)によって，ATPが分解されて，ミオシン頭部がもち上がる。
❼ミオシン頭部がアクチンフィラメントに結合する。
❽ミオシン頭部の構造が元にもどる。このとき，ミオシンがアクチンフィラメントをたぐり寄せて筋収縮が起こる。

■ミオシンとアクチンの分子構造

ミオシンフィラメント

2個のミオシン分子がコイル状に巻き，それがさらに束になってミオシンフィラメントを構成する。

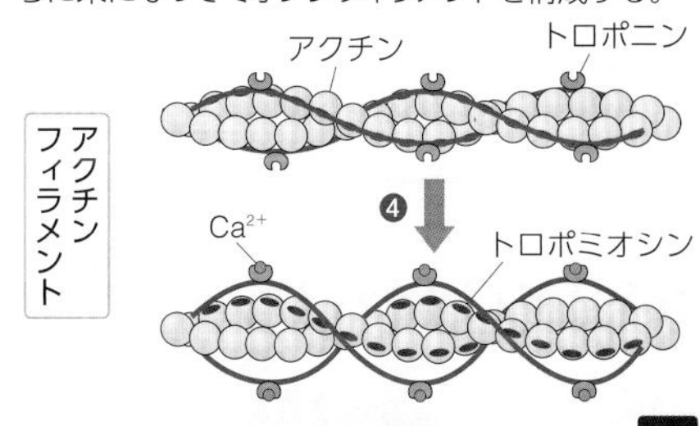
アクチンフィラメント
アクチン
トロポニン
Ca2+
トロポミオシン

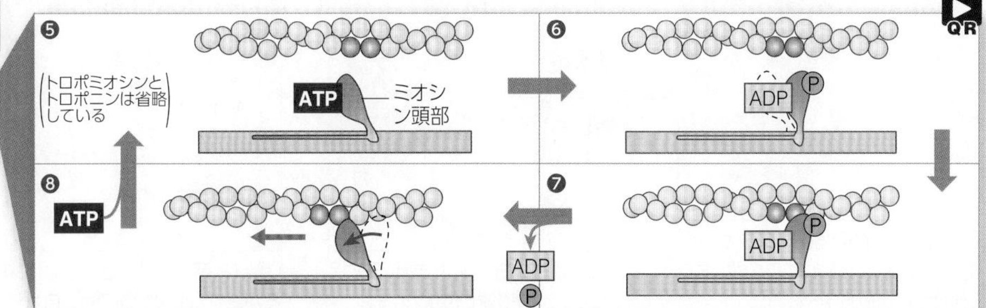
(トロポミオシンとトロポニンは省略している)
ATP
ミオシン頭部
ADP
P

Keywords 筋肉(muscle)，収縮(contraction)，横紋筋(striated muscle)，平滑筋(smooth muscle)，アクチン(actin)，ミオシン(myosin)

11 筋肉の構造と収縮(2)

生物基礎
生物

A 筋収縮の測定と記録

骨格筋の収縮はキモグラフやミオグラフなどを使って記録する。収縮は**単収縮**・**不完全強縮**・**完全強縮**に分けられる。

■筋収縮の記録

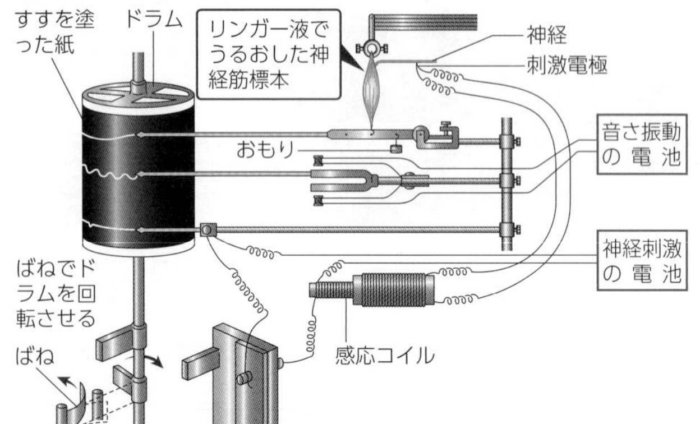
すすを塗った紙
ドラム
リンガー液でうるおした神経筋標本
神経
刺激電極
おもり
音さ振動の電池
神経刺激の電池
ばねでドラムを回転させる
ばね
感応コイル

神経筋標本の収縮に応じて，てこが上下することによって，黒い紙に白い線をかく。時間は細い針をつけた音さの振動を刻みつけて測る。筋肉から出ている神経に刺激を与えると同時に，感応コイルで別のてこを動かして記録する。筋肉に瞬間的に単一刺激を与えると，単収縮曲線が得られる(ドラムの回転が速いミオグラフで記録)。ドラムの回転を遅くする場合はキモグラフを使用する。

■神経筋標本　カエルのひ腹筋(ふくらはぎの筋肉)に座骨神経がついたもの。

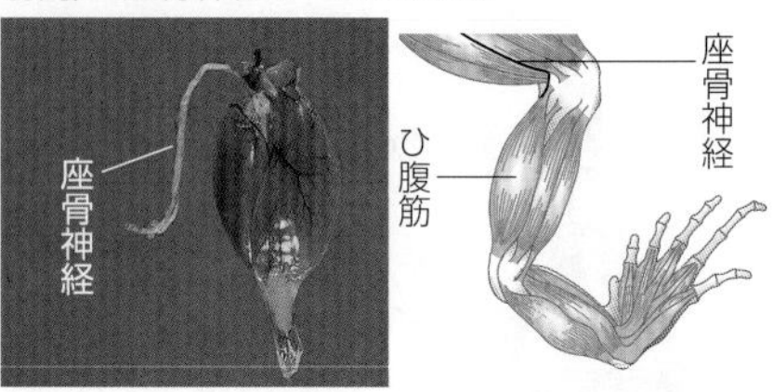
座骨神経
ひ腹筋
座骨神経

■単収縮　単一刺激を与えた場合

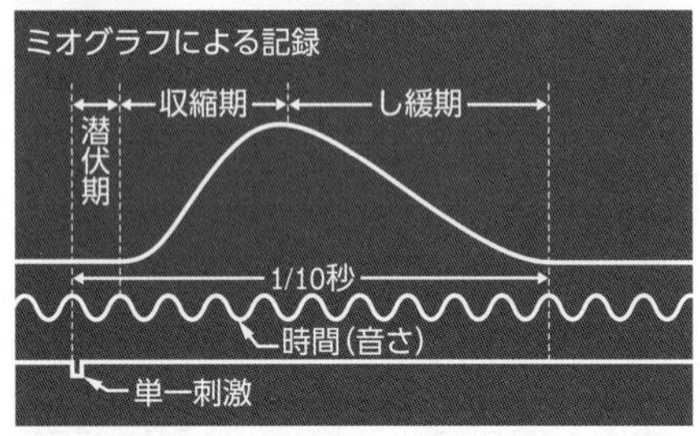
ミオグラフによる記録
潜伏期
収縮期
し緩期
1/10秒
時間(音さ)
単一刺激

刺激の後，1/100 秒程度の潜伏期があり，その後，収縮期とし緩期がある。1 秒間数回程度の刺激ではこのような単収縮が見られる。

■不完全強縮と完全強縮

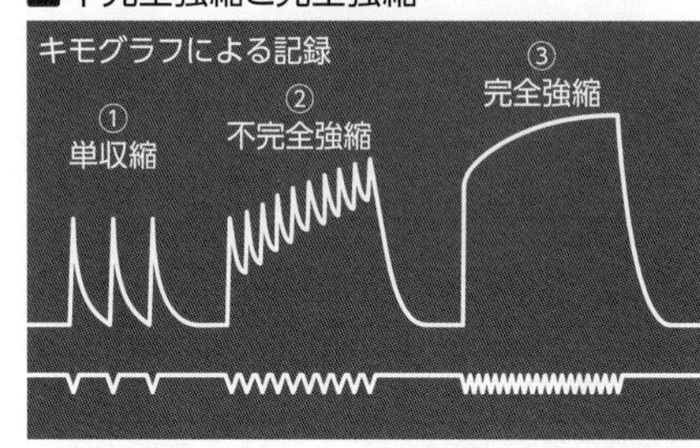
キモグラフによる記録
① 単収縮
② 不完全強縮
③ 完全強縮

②は収縮が終わる前に次の刺激を与えた場合，③は 1 秒間に数十回以上の刺激を断続的に与えた場合。不完全強縮と完全強縮を合わせて強縮とよぶ。

Point 興奮伝導速度の測定

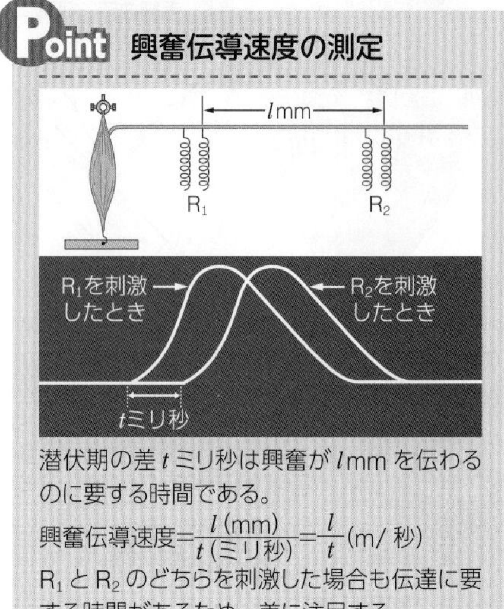
lmm
R_1
R_2
R_1を刺激したとき
R_2を刺激したとき
tミリ秒

潜伏期の差 t ミリ秒は興奮が l mm を伝わるのに要する時間である。

興奮伝導速度$=\dfrac{l\,(\text{mm})}{t\,(\text{ミリ秒})}=\dfrac{l}{t}$(m/ 秒)

R_1 と R_2 のどちらを刺激した場合も伝達に要する時間があるため，差に注目する。

B 筋収縮とエネルギーの供給

筋収縮のためのエネルギーは ATP である。筋肉中には ATP を供給するためのクレアチンリン酸という高エネルギー物質が存在する。

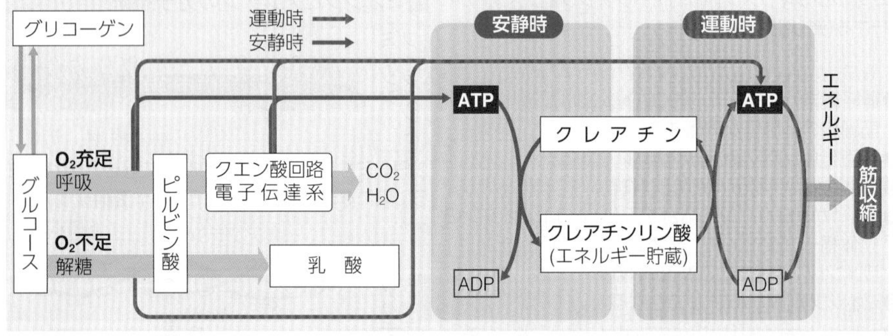
グリコーゲン
運動時
安静時
安静時
運動時
ATP
ATP
クレアチン
クレアチンリン酸
(エネルギー貯蔵)
ADP
ADP
エネルギー
筋収縮
グルコース
O_2充足
呼吸
ピルビン酸
クエン酸回路
電子伝達系
CO_2
H_2O
O_2不足
解糖
乳　酸

■**運動時**　筋細胞中の ATP だけでは筋収縮を維持できないので，クレアチンリン酸(クレアチン〜Ⓟ)の形で蓄えてあったエネルギーを用いて ATP が再生される(短時間の収縮)。運動が続くと，呼吸または解糖によって，グリコーゲンやグルコースを分解して ATP をつくる(継続的な収縮)。なお，運動が激しい場合は酸素が不足するため，解糖によって乳酸が筋肉中に蓄積する。

■**安静時**　クレアチンリン酸の形でエネルギーを蓄える。また，運動時に蓄積された乳酸の多くは肝臓に運ばれ ATP のエネルギーを用いてグリコーゲンに再合成される。

C 探究 グリセリン筋の実験

グリセリン筋では，膜構造が壊れて水溶性のタンパク質は失われているが，アクチンやミオシンなどの筋収縮に必要な構造は残っている。

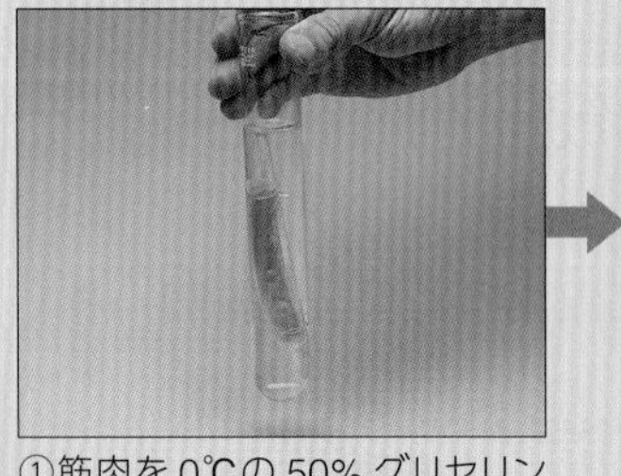

①筋肉を 0℃の 50% グリセリン溶液に数日間浸す。この操作でグリセリン筋が得られる。

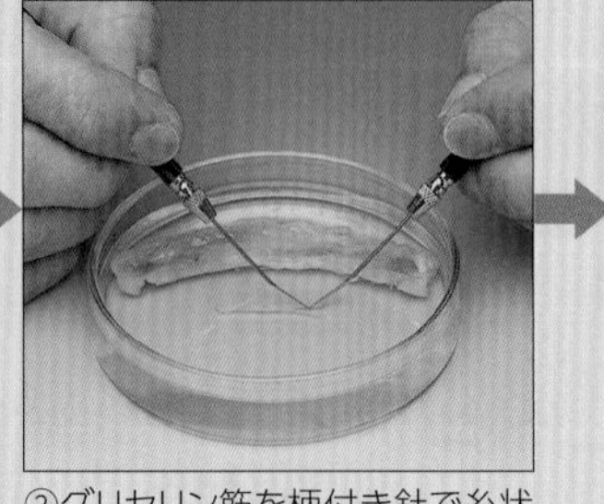

②グリセリン筋を柄付き針で糸状にほぐし，筋繊維の束にする。

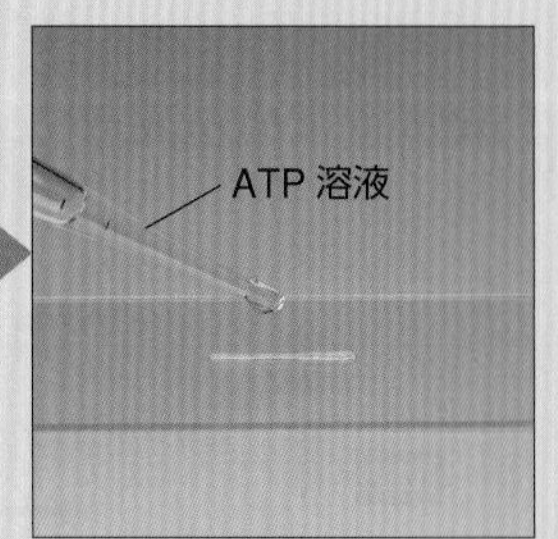
ATP 溶液

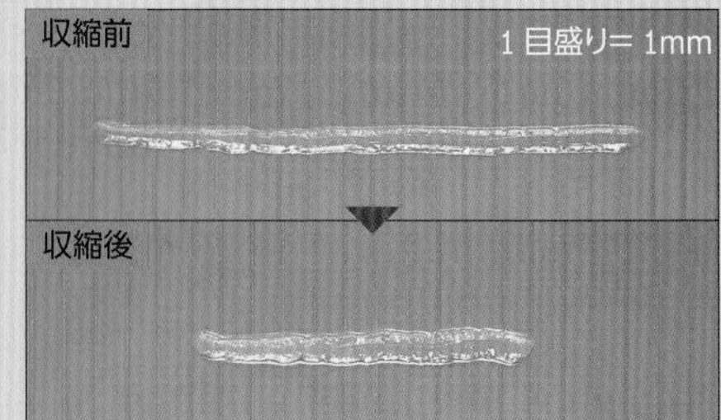
収縮前
1 目盛り= 1mm
収縮後

③ ATP 溶液を注ぐとグリセリン筋は収縮する。生体内での筋収縮には Ca^{2+}が必要であるが，グリセリン筋ではトロポミオシンがなくなっているので，ATP のみで収縮が起こる。

Keywords　単収縮(twitch)，強縮(tetanus)，乳酸(lactic acid)，クレアチンリン酸(creatine phosphate)

12 いろいろな効果器 生物基礎 生物

A 鞭毛と繊毛

一般に数の多いものを繊毛，数が少なく長いものを鞭毛とよぶが，どちらも同じ基本構造をもつ。

■鞭毛(ミドリムシ)

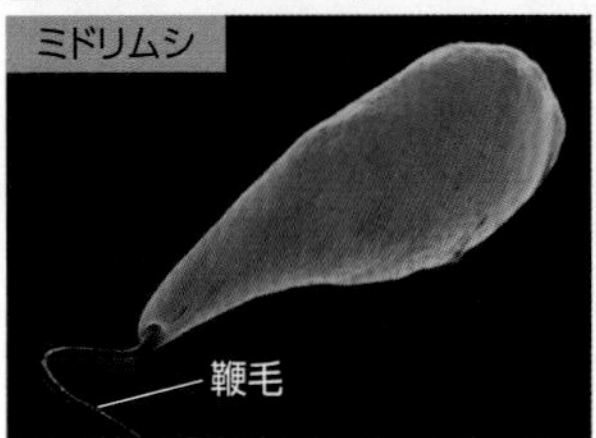
ミドリムシ
鞭毛

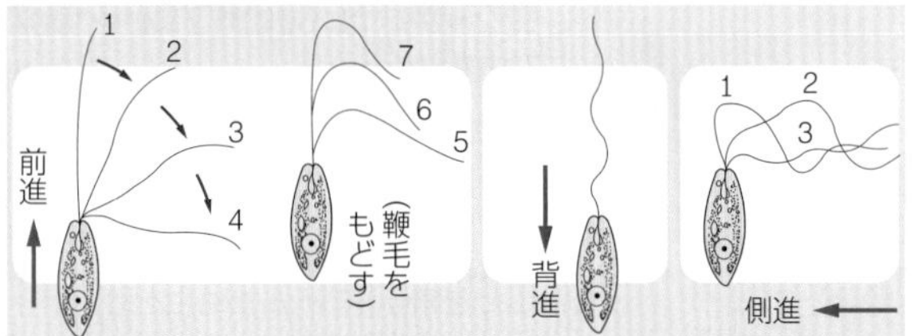
1
2
3
4
前進
7
6
5
(鞭毛をもどす)
背進
1
2
3
側進

■繊毛(ゾウリムシ)

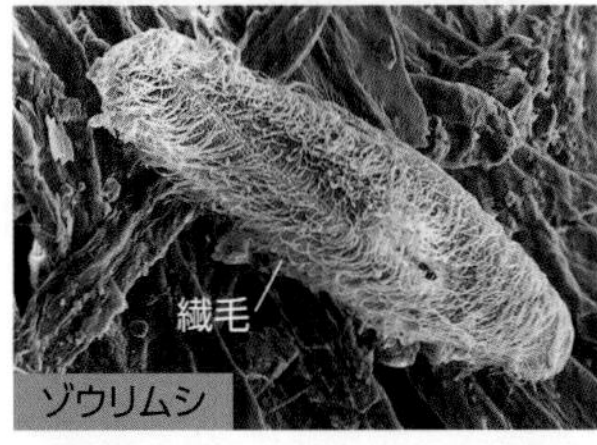
繊毛
ゾウリムシ

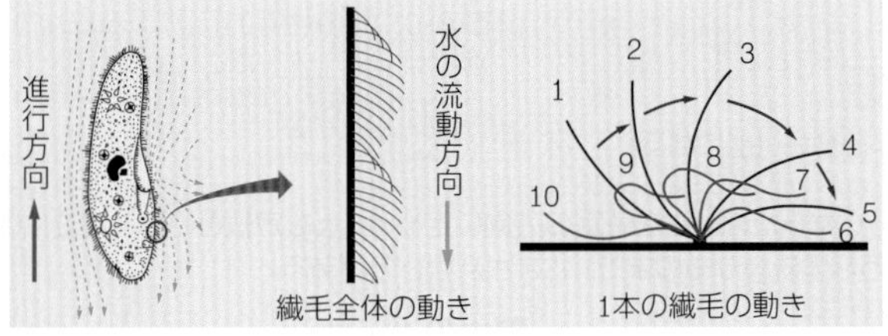
進行方向
水の流動方向
繊毛全体の動き
1
2
3
4
5
6
7
8
9
10
1本の繊毛の動き

Zoom up 鞭毛と繊毛の構造

真核生物の鞭毛と繊毛の構造は共通で，軸の周辺に9個の周辺双微小管と，中心に2本の中心微小管があり(▶p.30)，9＋2構造とよばれる。

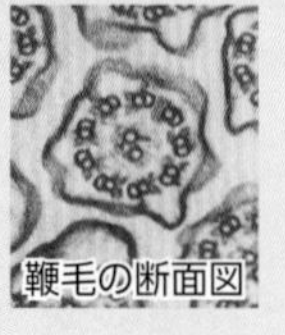
鞭毛の断面図

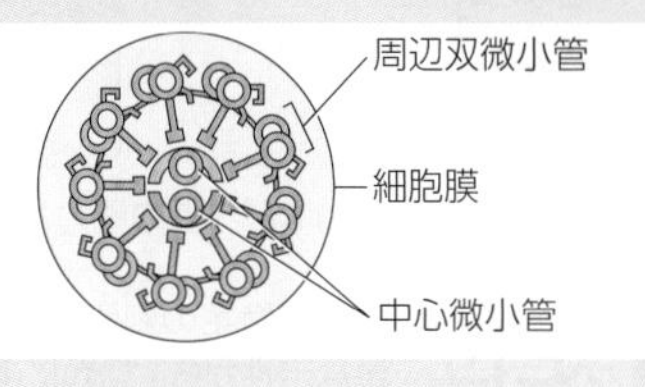
周辺双微小管
細胞膜
中心微小管

B その他の効果器

筋肉や鞭毛・繊毛以外に，運動に関係しない発光器官・発電器官などの効果器をもつものがいる。それらの効果器はその生物の生活と密接に関係している。

■発電器官

シビレエイ

発電器官は，横紋筋が変化した発電板が多数重なってできる。個々の発電板は，外側が+，内側が−の膜電位である。興奮が伝わると，神経の分布する側の膜電位が逆転するため，電池が直列につながったようになり，高電圧を生じる。

目
神経
発電板
発電柱
電流の方向

発電のしくみ

発電板
神経
平静時
電流の方向
興奮
興奮時

■発光器官 ①ホタル

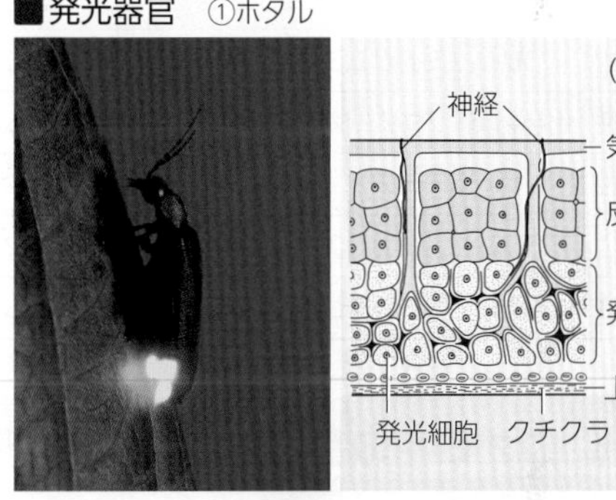
(体内)
神経
気管
反射層
発光層
上皮細胞
発光細胞
クチクラ
(体外)

②ウミホタル
海産の甲殻類。口の近くの発光腺から発光物質を分泌し，体外で発光する。

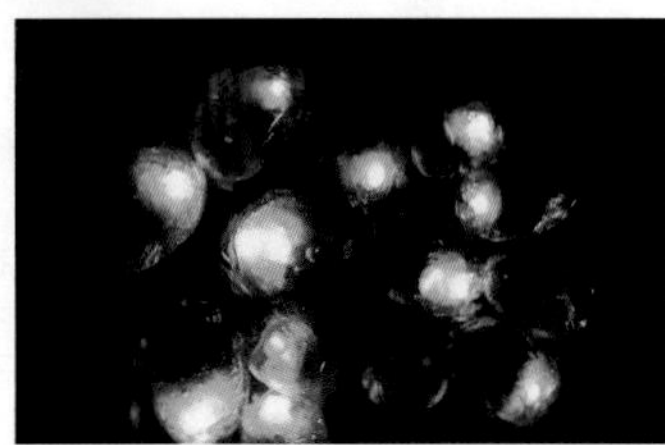

■発声器官

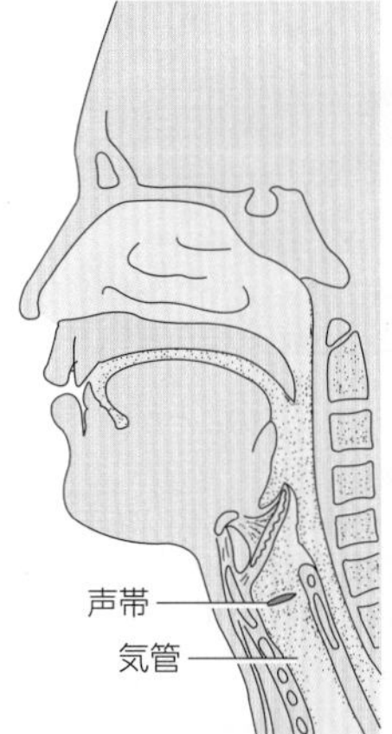
声帯
気管

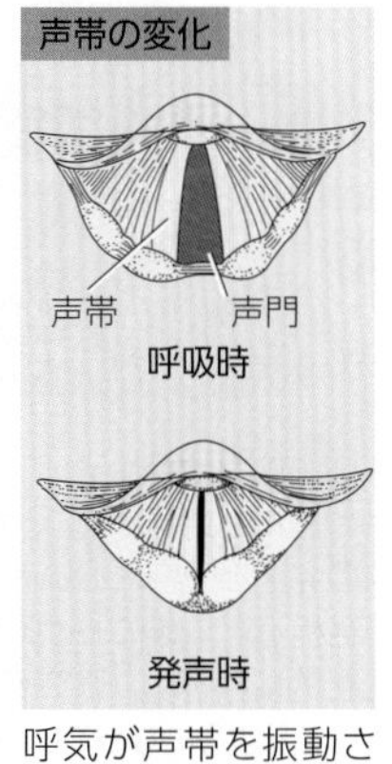
声帯の変化
声帯
声門
呼吸時
発声時

呼気が声帯を振動させると音声が出る。

■色素胞

メダカ

メダカの体色変化は，色素胞中の色素果粒の分散・凝集によって起こる。

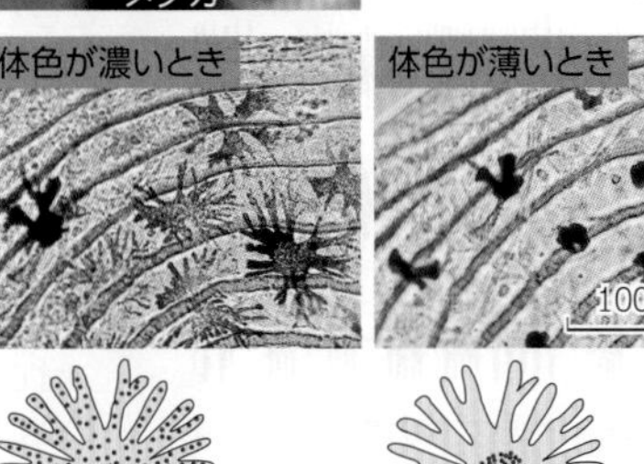
体色が濃いとき
体色が薄いとき
100μm
色素果粒が分散する
色素果粒が凝集する

Jump モータータンパク質による色素果粒の輸送 ▶p.35

色素果粒の移動にはモータータンパク質が関与している。体色が濃くなるときには，色素果粒がモータータンパク質の一種であるキネシンによって運ばれることで分散する。反対に，色素果粒が凝集するときには，ダイニンによって色素果粒が運ばれる。

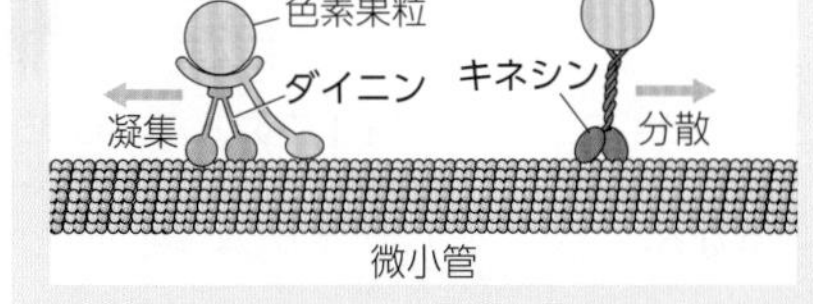
色素果粒
ダイニン
キネシン
凝集
分散
微小管

Keywords 鞭毛(flagella，単：flagellum)，繊毛(cilia，単：cilium)，色素胞(chromatophore)

13 動物の行動－生得的行動（1）

生物基礎
生 物

A 動物の行動

動物は生まれながらにして，さまざまな行動をとるように規定されている。この生まれながらにもっている行動を**生得的行動**という。また，経験などによって行動が変化することを**学習**という。

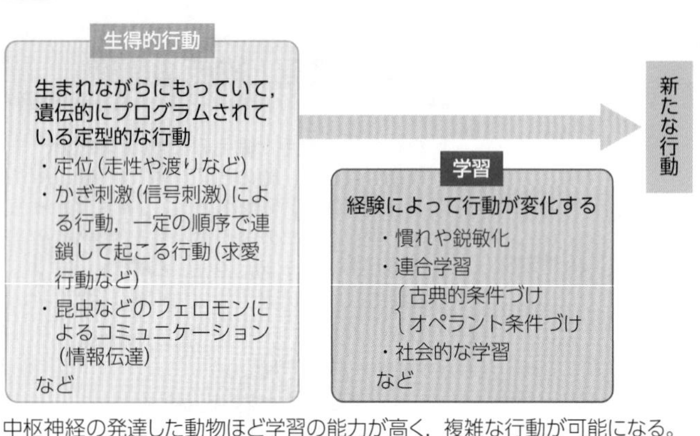

生得的行動
生まれながらにもっていて，遺伝的にプログラムされている定型的な行動
・定位（走性や渡りなど）
・かぎ刺激（信号刺激）による行動，一定の順序で連鎖して起こる行動（求愛行動など）
・昆虫などのフェロモンによるコミュニケーション（情報伝達）
など
学習
経験によって行動が変化する
・慣れや鋭敏化
・連合学習
古典的条件づけ
オペラント条件づけ
・社会的な学習
など
新たな行動

中枢神経の発達した動物ほど学習の能力が高く，複雑な行動が可能になる。

Zoom up 生得的行動は遺伝する

ミツバチの幼虫は細菌性の伝染病にかかって死ぬことがある。すると，はたらきバチ（雌，衛生型）は，①巣室のふたを開け，②死んだ幼虫を取りだして捨てる。非衛生型のハチはこの行動を行わない。この①，②の生得的行動はそれぞれ潜性遺伝子 u，r に支配されている。

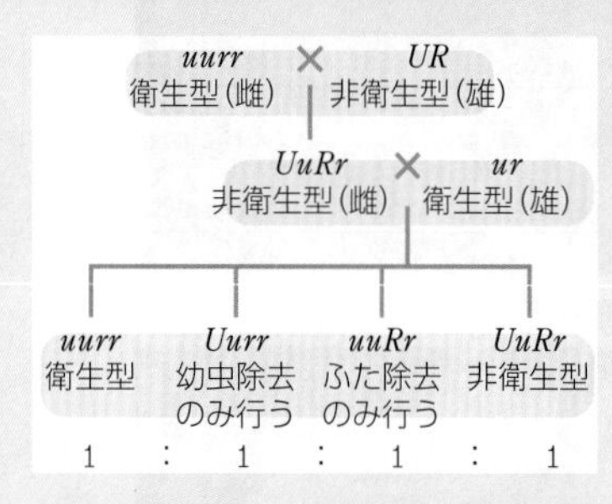

uurr 衛生型（雌）× UR 非衛生型（雄）
UuRr 非衛生型（雌）× ur 衛生型（雄）
uurr 衛生型
Uurr 幼虫除去のみ行う
uuRr ふた除去のみ行う
UuRr 非衛生型
1 : 1 : 1 : 1

B 定位

動物が特定の刺激を手がかりに自分のからだの向きを特定の方向に定めることを**定位**という。定位には簡単な走性から，鳥類による渡りのような大規模なものまで，さまざまなものがある。

■走性

刺激に対して一定方向に移動する行動を**走性**という。刺激源に近づくものを正（＋）の走性，遠ざかるものを負（－）の走性という。

種　類	刺　激	正の走性を示す動物	負の走性を示す動物
光走性	光	ミドリムシ・ガ・魚類	プラナリア・ミミズ・ゴキブリ
化学走性	化学物質	ゾウリムシ（弱酸性）・カ（CO_2）	ゾウリムシ（食塩水）
重力走性	重力	ミミズ	ゾウリムシ・マイマイ
流れ走性	水流	メダカ・アメンボ	サケ・マス（成長期）
電気走性	電気	ミミズ・ヒトデ（陽極に進む）	ゾウリムシ（陰極に進む）

■ガの光走性

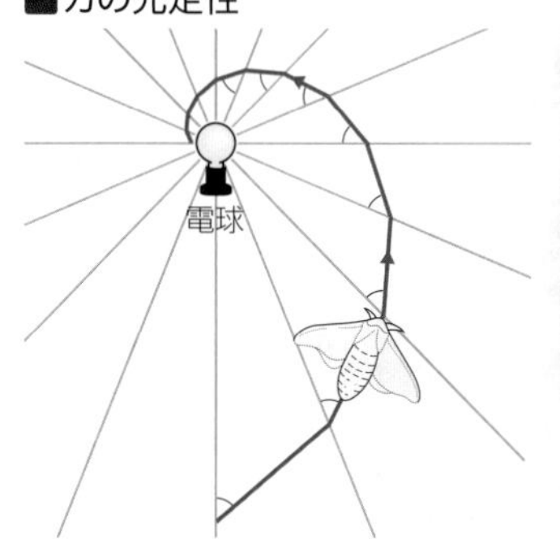

電球

ガは光源からある角度を保って飛ぶため，月の光（平行光線）には近づかず，電球の光（放射状）には近づいていく。

Column コオロギの音波走性と行動の遺伝的要因

コオロギの雌は，同種の雄が出す前翅をすりあわせる摩擦音（歌）に対して正の音波走性を示す。雌は雄の歌に誘引され，交尾が行われる。

A，B の 2 種類のコオロギ（A 種：*Teleogryllus oceanicus*，B 種：*Teleogryllus commodus*）の雄の歌は，下図の(a)，(b)に示すように互いに明らかに異なっている。A 種と B 種の種間雑種の雄の歌は A 種と B 種の中間的なものになるが，下図の(c)，(d)に示すように，交配に使った親コオロギの雌雄の組み合わせによって異なる。これは，雄が出す歌が，X 染色体にある遺伝子群によって制御されているためである。コオロギの雌はX染色体を 2 本もち（XX），雄は 1 本しかもたない（XO）ので，雄は母親の X 染色体だけを受け継ぐことになり，母親が A 種か B 種かによって異なることになる。

コオロギの歌

チャープ

シラブル

10 ミリ秒

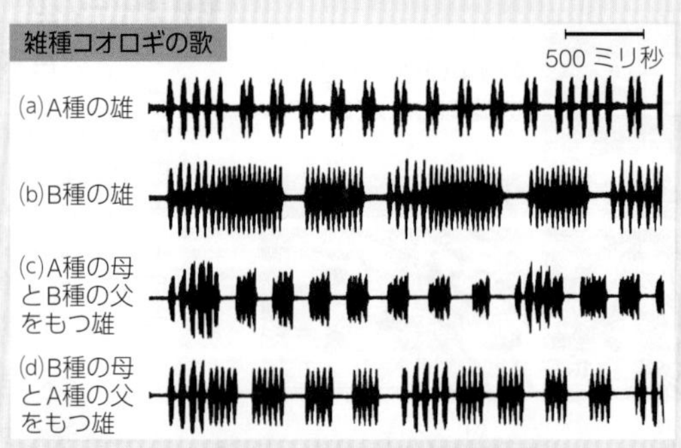

雑種コオロギの歌
500 ミリ秒
(a)A種の雄
(b)B種の雄
(c)A種の母とB種の父をもつ雄
(d)B種の母とA種の父をもつ雄

コオロギの歌は，前翅を 1 こすりして生じるシラブルからなり，シラブルの集合したものがチャープになる。チャープの並び方やチャープを構成するシラブルの数は，種によって異なる。

雌コオロギの雄コオロギの歌に対する好み

		歌を聴く雌	
		（A 母× B 父）雌	（B 母× A 父）雌
歌を出す雄	（A 母× B 父）雄	97	50
	（B 母× A 父）雄	40	125

雑種の雌がどちらの雑種の雄の歌を好むのかについて試験を行ったところ，上表のように，自分と同じ種の両親の組み合わせで生まれた雄の歌をより好むことが明らかになった。このことから，生得的行動は雑種にも遺伝することがわかる。

コオロギ

コオロギの歌の発信と受容において，雄における歌の産生にかかわる神経構造と，雌における歌の受容にかかわる神経構造は，遺伝的に共役し，それぞれの遺伝子群がそろって子に受け渡されるようになっている。

Keywords 生得的行動（innate behavior），定位（orientation），走性（taxis）

C 定位のしくみ

■**聴覚による定位**　夜行性であるメンフクロウは，視覚が役に立たない暗闇でも聴覚によって獲物の位置を知り，正確に定位できる。

メンフクロウ
メンフクロウの左右の耳はそれぞれ違う高さについている。

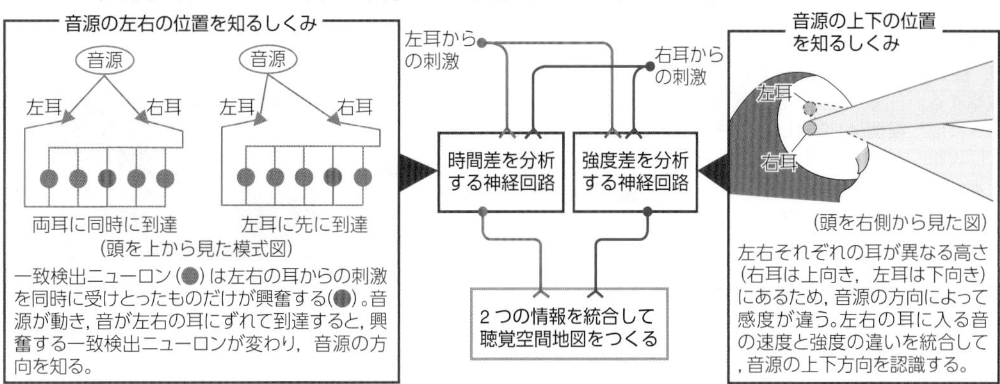
音源の左右の位置を知るしくみ
音源
左耳
右耳
両耳に同時に到達
左耳に先に到達
（頭を上から見た模式図）
一致検出ニューロン（●）は左右の耳からの刺激を同時に受けとったものだけが興奮する（●）。音源が動き，音が左右の耳にずれて到達すると，興奮する一致検出ニューロンが変わり，音源の方向を知る。
左耳からの刺激
右耳からの刺激
時間差を分析する神経回路
強度差を分析する神経回路
2つの情報を統合して聴覚空間地図をつくる
音源の上下の位置を知るしくみ
左耳
右耳
（頭を右側から見た図）
左右それぞれの耳が異なる高さ（右耳は上向き，左耳は下向き）にあるため，音源の方向によって感度が違う。左右の耳に入る音の速度と強度の違いを統合して，音源の上下方向を認識する。

■**こだま（反響）による定位**　コウモリは超音波の鳴き声（パルス）を発して，反響してくるこだま（エコー）を分析することで，標的（えさとなる昆虫など）を定位する。

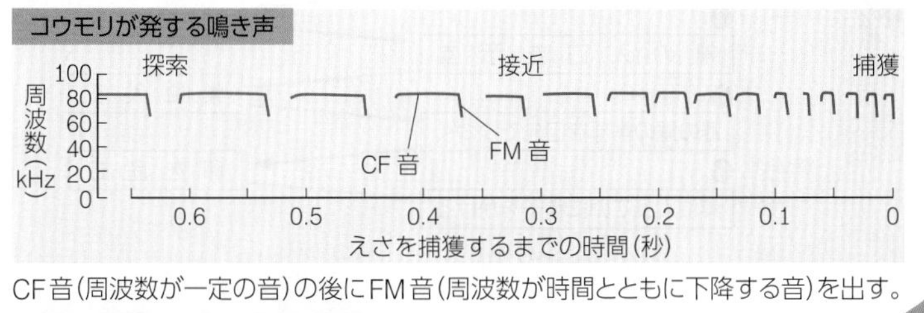
コウモリが発する鳴き声
探索
接近
捕獲
周波数（kHz）
100
80
60
40
20
0
0.6
0.5
0.4
0.3
0.2
0.1
0
CF音
FM音
えさを捕獲するまでの時間（秒）
CF音（周波数が一定の音）の後にFM音（周波数が時間とともに下降する音）を出す。

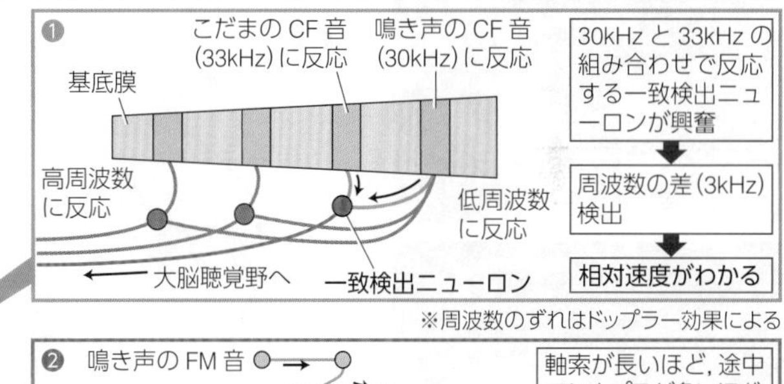
❶
こだまのCF音（33kHz）に反応
鳴き声のCF音（30kHz）に反応
基底膜
高周波数に反応
低周波数に反応
大脳聴覚野へ
一致検出ニューロン
30kHzと33kHzの組み合わせで反応する一致検出ニューロンが興奮
周波数の差（3kHz）検出
相対速度がわかる
※周波数のずれはドップラー効果による

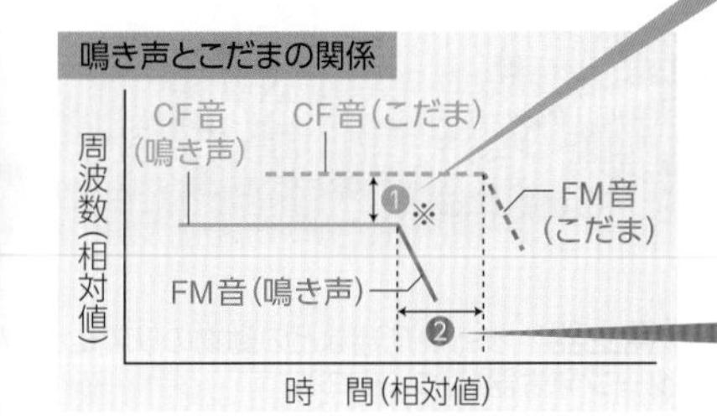
キクガシラコウモリ
鳴き声とこだまの関係
CF音（鳴き声）
CF音（こだま）
周波数（相対値）
❶
※
FM音（こだま）
FM音（鳴き声）
❷
時間（相対値）

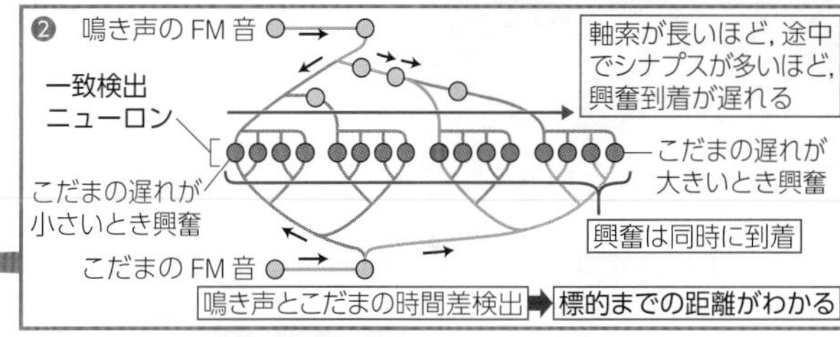
❷ 鳴き声のFM音
一致検出ニューロン
軸索が長いほど，途中でシナプスが多いほど，興奮到着が遅れる
こだまの遅れが大きいとき興奮
こだまの遅れが小さいとき興奮
興奮は同時に到着
こだまのFM音
鳴き声とこだまの時間差検出
標的までの距離がわかる

■**鳥類の渡り**　渡りを行う鳥は，太陽の位置を基準にして方向を決める**太陽コンパス**と生物に備わっている時間を計るしくみ（**生物時計**）によって，長距離でも正確に移動することができる。

ホシムクドリ
渡り鳥のホシムクドリは，渡りの時期になると，晴れた日に一定の方向を向いて羽ばたく「渡りの興奮」を示す。

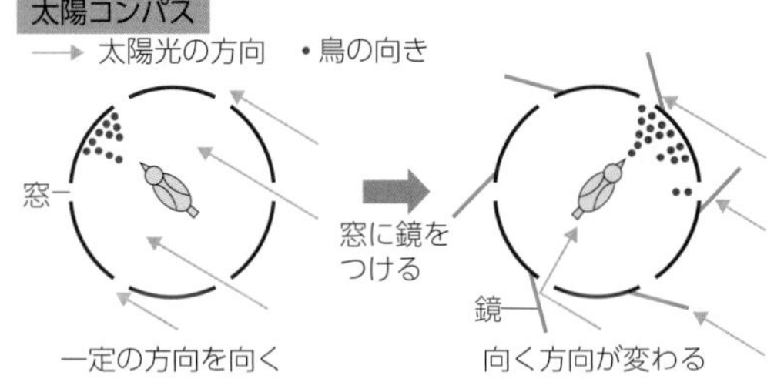
太陽コンパス
太陽光の方向
・鳥の向き
窓
窓に鏡をつける
鏡
一定の方向を向く
向く方向が変わる
鏡を使って太陽光の方向を90°変えると，向く方向もその角度だけずれることから，太陽の位置を基準にして渡りの方向を定めていることがわかる。

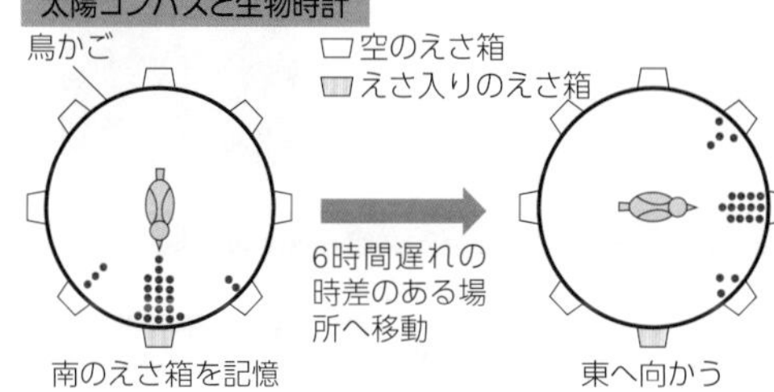
太陽コンパスと生物時計
鳥かご
空のえさ箱
えさ入りのえさ箱
6時間遅れの時差のある場所へ移動
南のえさ箱を記憶
東へ向かう
太陽の位置の時間変化は，生物時計で補正される。上図の鳥の実験は，生物時計に対して，太陽の動きが6時間（90°）遅れているために起こったと考えられる。

Zoom up　ボボリンクの磁気受容による定位

ボボリンクは，秋になると北アメリカから越冬地である南アメリカ北部へと移動する渡り鳥である。この鳥は，おもに太陽の出ていない夜間に移動しており，星座（星コンパス）と，地球の磁場（磁気コンパス）を定位に利用している。

くちばしに鉄の沈着物（磁鉄）が存在しており，これが磁気感知にはたらき，三叉（さ）神経のうちの眼神経を伝わって脳に情報が伝えられていると考えられている。眼神経は，地球の全磁場の0.5%以下のわずかな磁場変化にも敏感に反応する。

磁場変化時のニューロンの反応

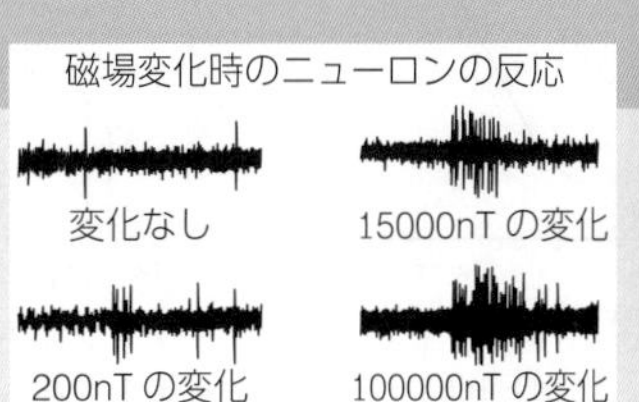
変化なし
15000nTの変化
200nTの変化
100000nTの変化

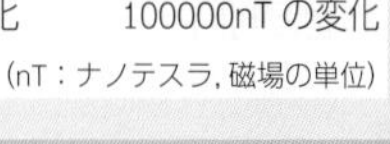
（nT：ナノテスラ，磁場の単位）

ボボリンク

第6編　生物の環境応答

太陽コンパス（solar compass），生物時計（biological clock），鳥の渡り（bird migration）

14 動物の行動ー生得的行動(2)

生物基礎
生 物

A かぎ刺激と行動の連鎖

動物に特定の行動を引き起こす刺激を**かぎ刺激**(**信号刺激**)という。また，かぎ刺激の連鎖によって起こる一連の行動は遺伝的にプログラムされたものである。

■イトヨの攻撃行動

トゲウオの一種のイトヨの雄は繁殖期に縄張りをつくり，侵入してきた他の雄を攻撃する。右図のように姿のよく似た模型(A)に対しては攻撃しないが，下半分を赤く塗った模型(B)に対しては攻撃を繰り返す。(かぎ刺激=腹部の赤い色)

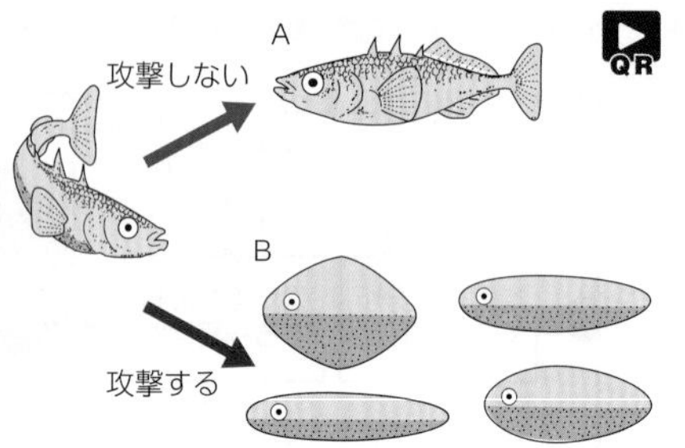

攻撃しない
A
B
攻撃する

QR

■セグロカモメのつつき行動

ひなは親鳥のくちばしの赤い斑点をつついてえさをねだる。(かぎ刺激=くちばしの赤い斑点)

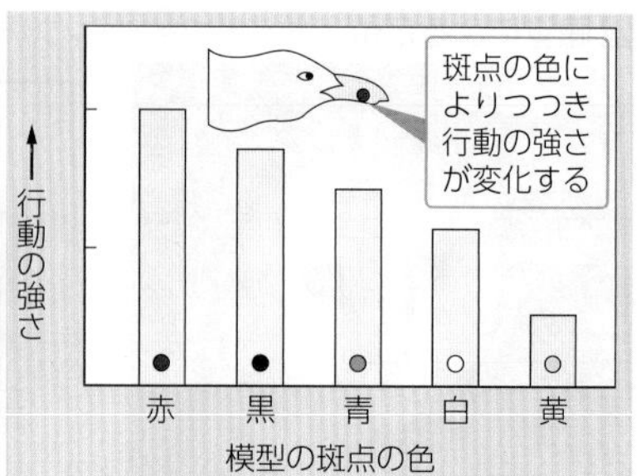

斑点の色によりつつき行動の強さが変化する
行動の強さ
赤
黒
青
白
黄
模型の斑点の色

■イトヨの産卵行動に見られる行動の連鎖

イトヨの雄は，繁殖期になると川の中に巣をつくり雌を巣に誘導して産卵させる。この行動では，卵で膨らんだ雌の腹部が最初のかぎ刺激となり，求愛行動が起こる。これが，次の行動のかぎ刺激となり，連鎖的に産卵行動が起こる。

雄が雌を巣に誘導

雄が雌の尾部をつつく

雄		雌
		姿を現す
❶ ジグザグダンスをする		
		成熟した雌 ダンスに応じる
❷ 巣に誘導する		
		ついていく
❸ 巣の入口を示す		
		巣に入る
❹ 雌の尾の基部を口先でつつく		
		卵を産む
❺ 巣に入って卵に精子をかける		

❶ 雄 雌 ❷

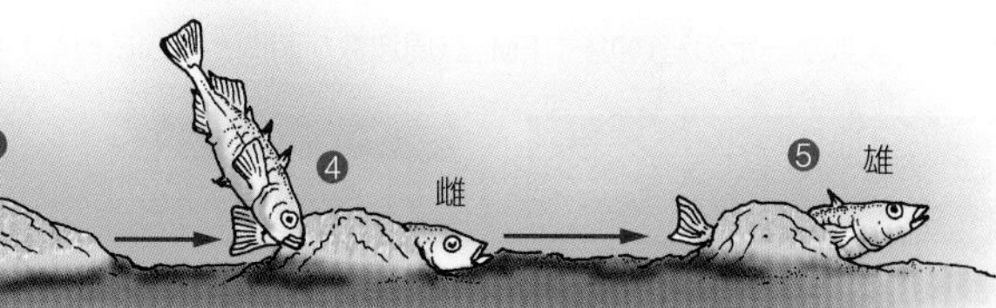

③
④
雌
⑤
雄

■ヒキガエルの捕食行動

ヒキガエルは，虫などの獲物を見つけると，次のような行動をとる。

①獲物の方向に向き直る
②両眼で獲物をとらえる
③舌を伸ばして獲物をからめ取る
④獲物を飲みこむ
⑤前あしで口をぬぐう

③〜⑤は連鎖的に起こる行動で，途中で獲物を取り上げても続く。

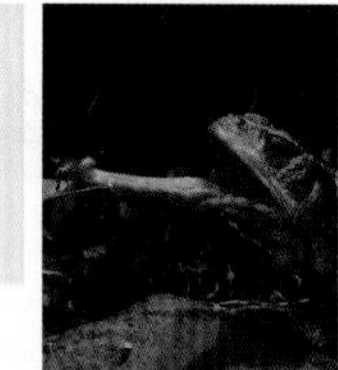

ヒキガエルの捕食反応とかぎ刺激を調べる実験

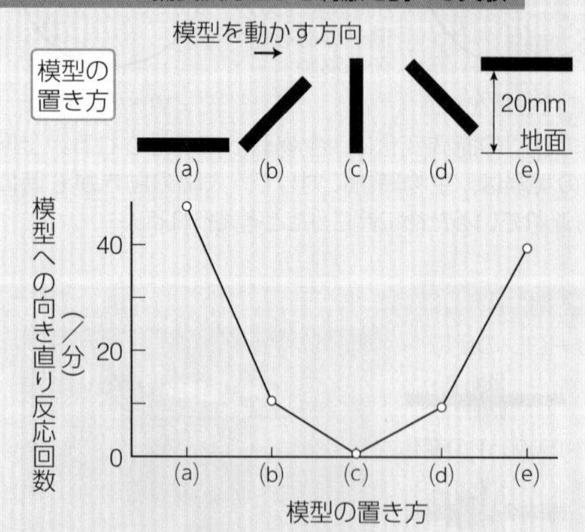

模型を動かす方向
模型の置き方
20mm
地面
(a)
(b)
(c)
(d)
(e)
模型への向き直り反応回数(/分)
40
20
0
(a)
(b)
(c)
(d)
(e)
模型の置き方

物体の広がり具合と動きの方向が，獲物と判断するかぎ刺激になっている。(c)の模型の場合は，背を向けて敵(ヘビなど)から逃げる逃避行動を示す。

■中枢パターン発生器

歩行や飛翔などの動物のリズミカルな運動は，中枢神経系に存在する神経回路(中枢パターン発生器)でつくられる。

バッタの飛翔

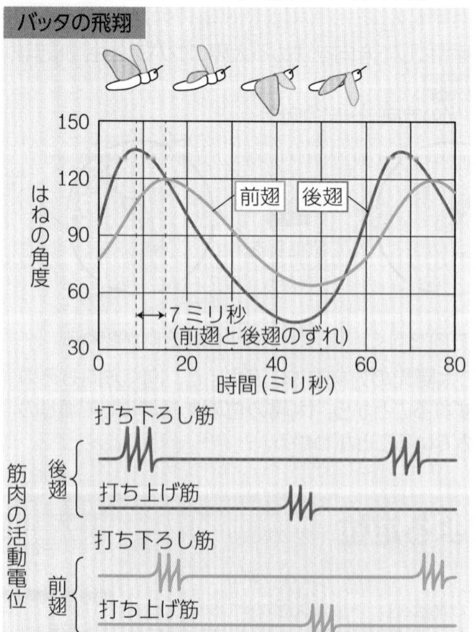

150
120
90
60
30
はねの角度
前翅
後翅
7ミリ秒
(前翅と後翅のずれ)
0
20
40
60
80
時間(ミリ秒)
筋肉の活動電位
打ち下ろし筋
後翅
打ち上げ筋
打ち下ろし筋
前翅
打ち上げ筋

バッタは前翅と後翅を交互に動かして飛ぶ。中枢パターン発生器は，翅を打ち上げる筋肉と打ち下ろす筋肉を収縮させる運動ニューロンに周期的に興奮を起こしており，これにより筋肉はリズミカルに収縮し，バッタは安定したパターンではばたく。

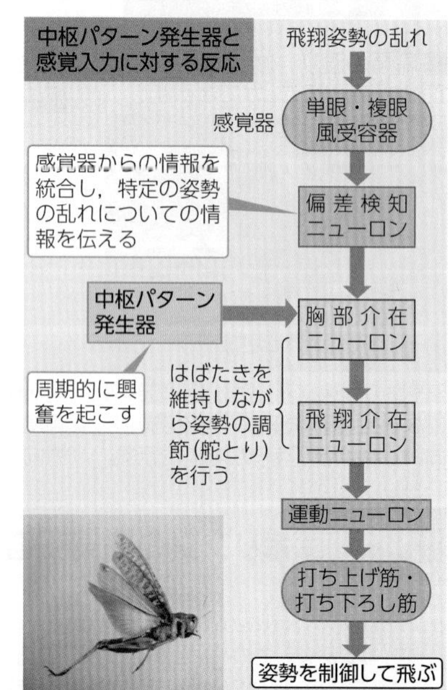

中枢パターン発生器と感覚入力に対する反応
飛翔姿勢の乱れ
感覚器
単眼・複眼 風受容器
感覚器からの情報を統合し，特定の姿勢の乱れについての情報を伝える
偏差検知ニューロン
中枢パターン発生器
胸部介在ニューロン
周期的に興奮を起こす
はばたきを維持しながら姿勢の調節(舵とり)を行う
飛翔介在ニューロン
運動ニューロン
打ち上げ筋・打ち下ろし筋
姿勢を制御して飛ぶ

中枢パターン発生器によって大まかなはばたきのパターンが決定され，自己受容器や外界からの情報によって飛翔姿勢の乱れなどが調整されている。

B コミュニケーション

生物はさまざまな方法で個体どうしがコミュニケーションをとっている。フェロモンを用いるような単純なコミュニケーションは生得的な行動であるが，学習によって複雑なコミュニケーションをとるようになる場合もある。

■フェロモンによる情報伝達

体外に分泌される，同種個体間の情報伝達物質を**フェロモン**という。

①カイコガの性フェロモン

雌
雄

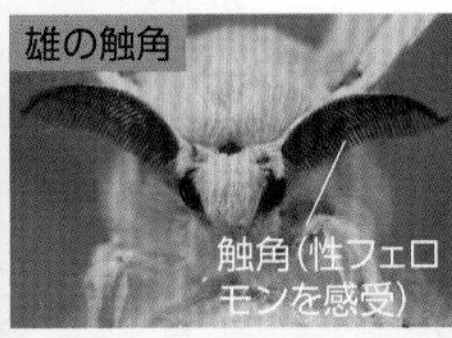

雄の触角
触角(性フェロモンを感受)

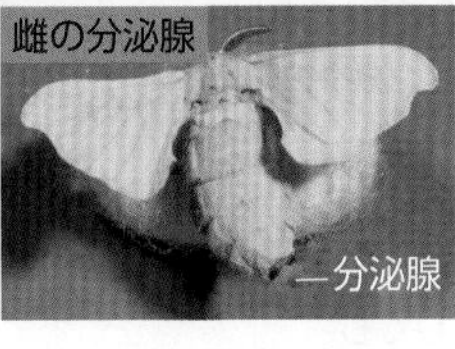

雌の分泌腺
分泌腺

雌の腹部から分泌される性フェロモンを感受した雄は，婚礼ダンス(翅をはげしくはばたき，フェロモンを引き寄せる運動)をおどりながら雌に近づき交尾する。

②ミツバチの女王物質

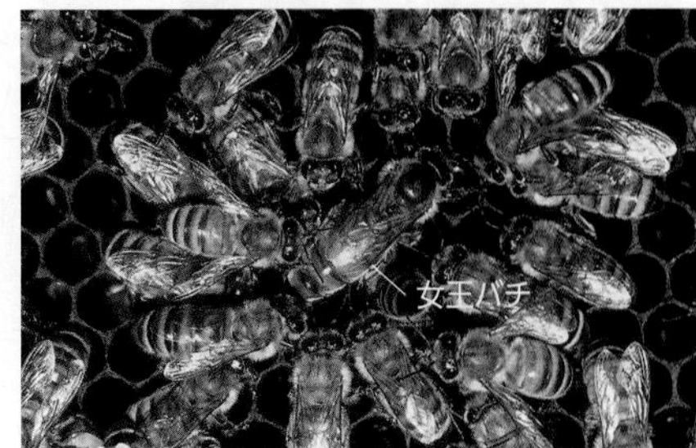

女王バチ

女王バチは口から女王物質を分泌し，それを摂取したはたらきバチは，卵巣の発達が抑えられる。

③ゴキブリの集合フェロモン

集団の形成と維持にはたらく。

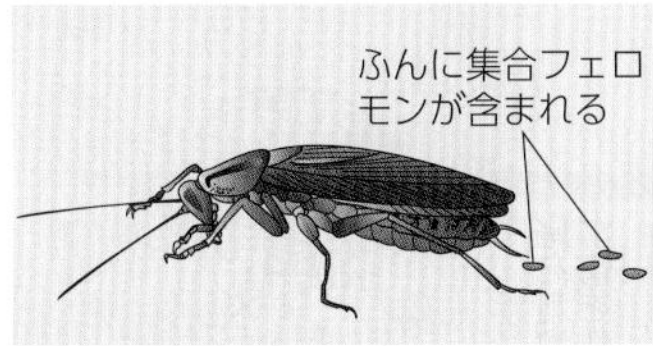

ふんに集合フェロモンが含まれる

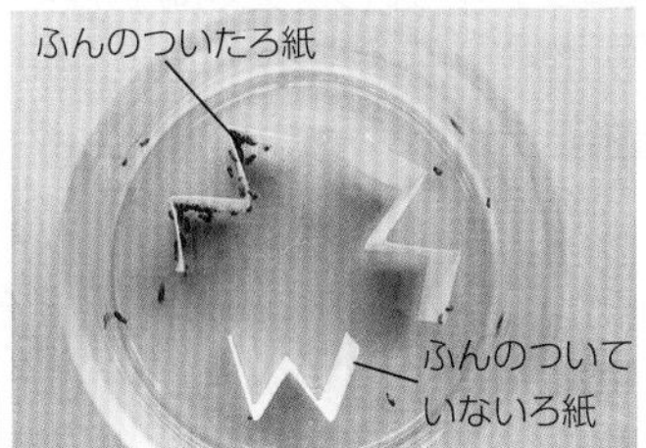

ふんのついたろ紙
ふんのついていないろ紙

④アリの道しるべフェロモン

他の個体へ食物のある場所を知らせる。

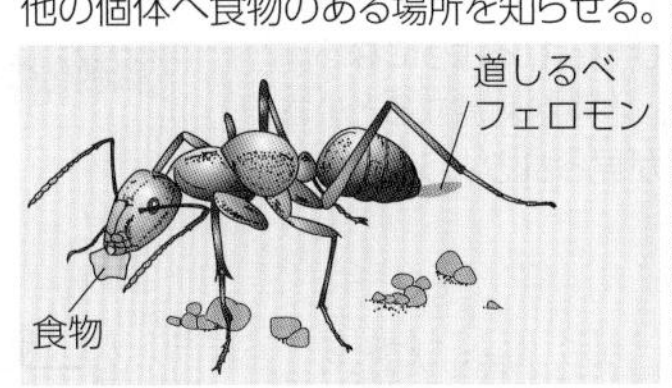

道しるべフェロモン
食物

フェロモンをたどるアリ

■ミツバチのダンス

えさ場(蜜源)をみつけて巣に帰ったはたらきバチは，垂直な巣板の面上でなかまにえさ場の位置を知らせるダンスをおどる。

円形ダンス えさ場が近いとき行う
なかまのハチ※
8の字ダンス えさ場が遠いとき行う
腹部を振りながら直進する
なかまのハチ※

①ダンスの速さとえさ場の距離

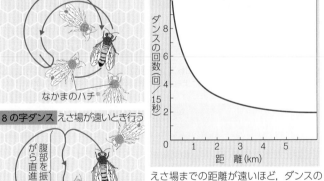

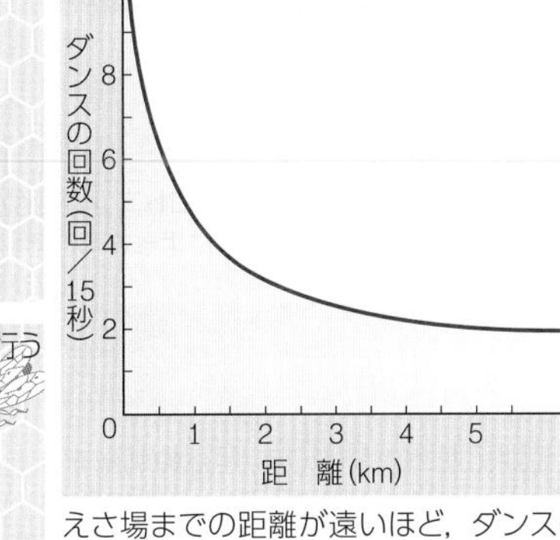

ダンスの回数(回/15秒)
距 離(km)
0
1
2
3
4
5
2
4
6
8

えさ場までの距離が遠いほど，ダンスの速さは遅くなる。

※なかまのハチは触角で触れながら，おどり手の後を追ってえさ場の方向や距離を知る。

②ダンスとえさ場の方向

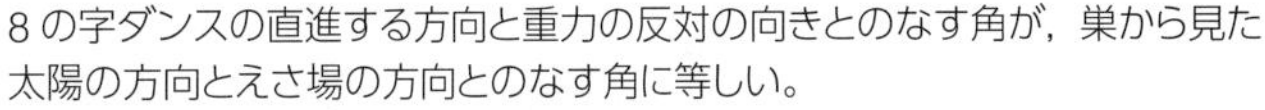

8の字ダンスの直進する方向と重力の反対の向きとのなす角が，巣から見た太陽の方向とえさ場の方向とのなす角に等しい。

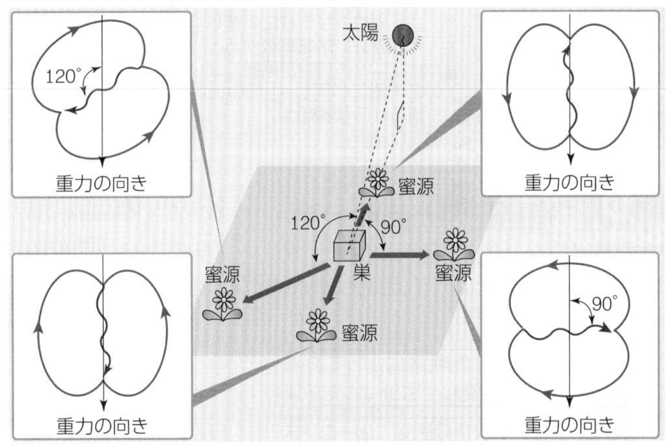

太陽
120°
重力の向き
蜜源
120°
90°
巣
蜜源
蜜源
蜜源
重力の向き
90°
重力の向き
重力の向き

Zoom up 生物時計と概日リズム

モモンガの活動開始時刻は，自然の明暗周期のもとでは，暗期の始まりと一致する。また，暗黒中において観察しても，ほぼ24時間に近いリズムになる。このように，光や温度の変化のない恒常条件のもとでも，おおむね1日を周期としているリズムを**概日リズム**(**サーカディアンリズム**)という。これは生物の体内に時間をはかる生物時計(体内時計)があるために起こる。

ヒトにも，おおむね1日を周期とした概日リズムがある。近年，睡眠と目覚めのリズムが昼夜のサイクルから大幅にずれる概日リズム睡眠障害が増えているが，症状が軽い場合は，朝，太陽の光を浴びることで生物時計を補正することができる。海外旅行のときの時差ぼけも，生物時計と明暗の周期とのずれによるものである。

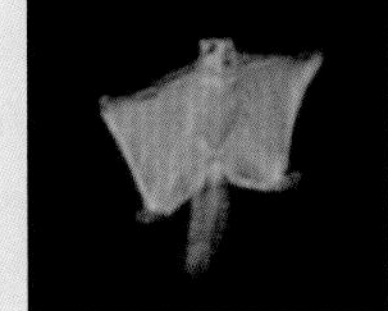

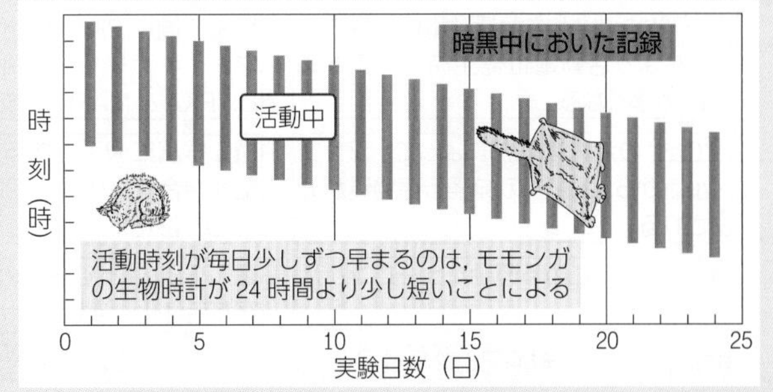

暗黒中においた記録
活動中
時刻(時)
活動時刻が毎日少しずつ早まるのは，モモンガの生物時計が24時間より少し短いことによる
0
5
10
15
20
25
実験日数 (日)

フェロモン(pheromone)，概日リズム(circadian rhythm)

15 動物の行動ー学習と記憶 生物基礎 生物

A 学習

生まれてからの経験によって行動が変化したり，新たな行動を習得することを**学習**という。

■アメフラシのえら引っこめ反射

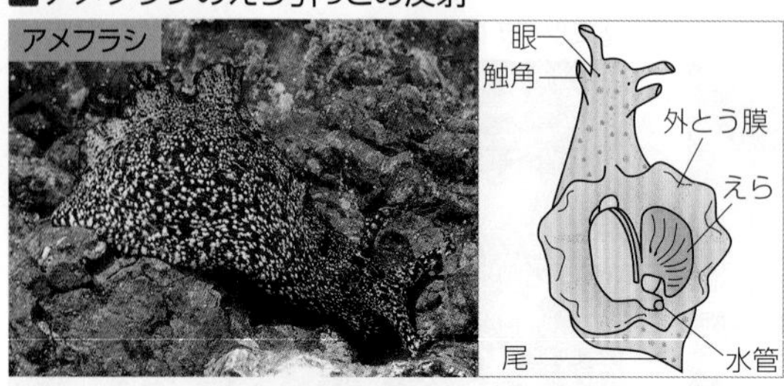

アメフラシ
眼
触角
外とう膜
えら
尾
水管

アメフラシの水管を刺激すると，えらと水管を外とう膜の中に引っこめる(えら引っこめ反射)。えら引っこめ反射には，次のような，慣れ，脱慣れ，鋭敏化といった現象が見られる。

慣れ　水管を繰り返し刺激すると，やがて水管を刺激してもえらを引っこめなくなる。

脱慣れ　慣れが形成された後，尾に強い刺激を与えると慣れが解除され，えら引っこめ反射が再び見られるようになる。

鋭敏化　尾により強い刺激を与えた後，水管を刺激すると小さな刺激でも大きなえら引っこめ反射が見られるようになる。

■慣れと鋭敏化の神経回路

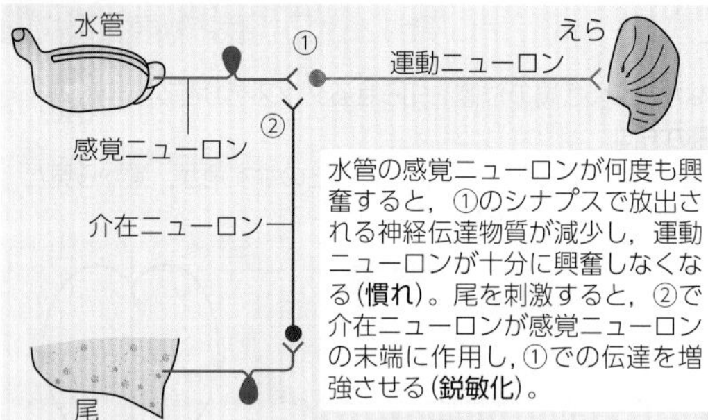

水管
えら
①
運動ニューロン
②
感覚ニューロン
介在ニューロン
尾

水管の感覚ニューロンが何度も興奮すると，①のシナプスで放出される神経伝達物質が減少し，運動ニューロンが十分に興奮しなくなる(**慣れ**)。尾を刺激すると，②で介在ニューロンが感覚ニューロンの末端に作用し，①での伝達を増強させる(**鋭敏化**)。

■慣れと鋭敏化のしくみ

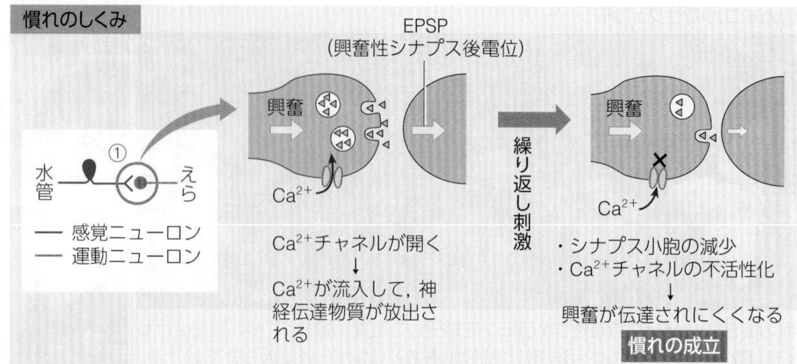

慣れのしくみ
EPSP
(興奮性シナプス後電位)
興奮
水管
えら
①
Ca^{2+}
感覚ニューロン
運動ニューロン
繰り返し刺激
Ca^{2+}チャネルが開く
Ca^{2+}が流入して，神経伝達物質が放出される
・シナプス小胞の減少
・Ca^{2+}チャネルの不活性化
興奮が伝達されにくくなる
慣れの成立

慣れは，①で感覚ニューロンのシナプス小胞の減少や，Ca^{2+}チャネルの不活性化により，放出される神経伝達物質の量が減少することで引き起こされる。

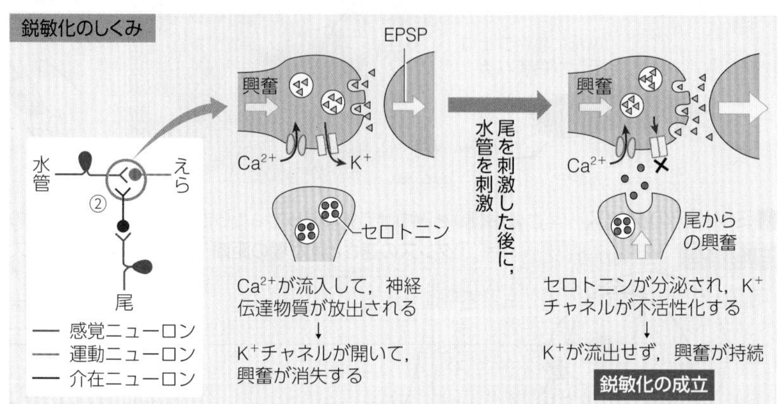

鋭敏化のしくみ
EPSP
興奮
水管
えら
①
②
尾
Ca^{2+}
K^+
セロトニン
感覚ニューロン
運動ニューロン
介在ニューロン
尾を刺激した後に，水管を刺激
尾からの興奮
Ca^{2+}が流入して，神経伝達物質が放出される
K^+チャネルが開いて，興奮が消失する
セロトニンが分泌され，K^+チャネルが不活性化する
K^+が流出せず，興奮が持続
鋭敏化の成立

鋭敏化は，介在ニューロンから分泌されるセロトニンが感覚ニューロンの末端に作用し，感覚ニューロンが興奮する時間が長くなることによって起こる。脱慣れも同様のしくみで起こる。

Zoom up 短期記憶と長期記憶

アメフラシの鋭敏化は，尾を1回刺激した場合には数分間しか持続しない。これを短期記憶という。一方，尾への刺激を4～5回繰り返すと，鋭敏化は数日間持続することが知られており，これを長期記憶という。このように持続時間の異なる記憶は，下図のようなしくみで形成される。

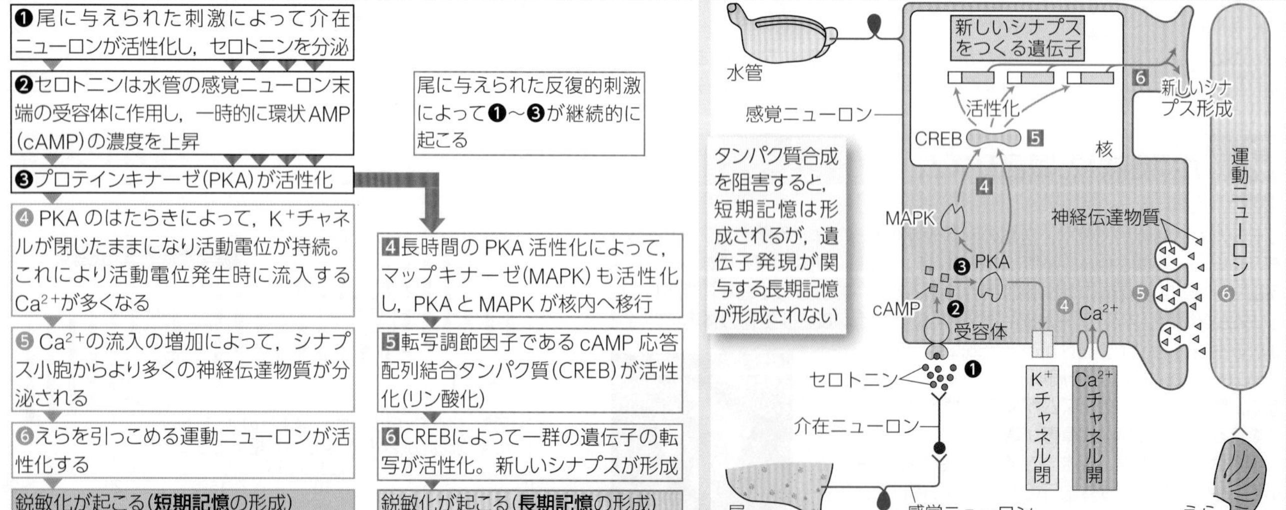

❶尾に与えられた刺激によって介在ニューロンが活性化し，セロトニンを分泌
❷セロトニンは水管の感覚ニューロン末端の受容体に作用し，一時的に環状AMP(cAMP)の濃度を上昇
❸プロテインキナーゼ(PKA)が活性化
④PKAのはたらきによって，K^+チャネルが閉じたままになり活動電位が持続。これにより活動電位発生時に流入するCa^{2+}が多くなる
⑤Ca^{2+}の流入の増加によって，シナプス小胞からより多くの神経伝達物質が分泌される
⑥えらを引っこめる運動ニューロンが活性化する
鋭敏化が起こる(短期記憶の形成)
尾に与えられた反復的刺激によって❶～❸が継続的に起こる
4長時間のPKA活性化によって，マップキナーゼ(MAPK)も活性化し，PKAとMAPKが核内へ移行
5転写調節因子であるcAMP応答配列結合タンパク質(CREB)が活性化(リン酸化)
6CREBによって一群の遺伝子の転写が活性化。新しいシナプスが形成
鋭敏化が起こる(長期記憶の形成)
タンパク質合成を阻害すると，短期記憶は形成されるが，遺伝子発現が関与する長期記憶が形成されない
水管
感覚ニューロン
新しいシナプスをつくる遺伝子
活性化
CREB
核
新しいシナプス形成
運動ニューロン
MAPK
PKA
神経伝達物質
cAMP
受容体
Ca^{2+}
セロトニン
介在ニューロン
K^+チャネル閉
Ca^{2+}チャネル開
尾
感覚ニューロン
えら

Keywords 学習(learning)，慣れ(habituation)，鋭敏化(sensitization)

B 連合学習

2つの異なる出来事(異なる刺激と刺激，刺激と反応)を結びつけて学習することを**連合学習**という。連合学習には古典的条件づけとオペラント条件づけがある。

■古典的条件づけ

無関係な刺激(条件刺激)だけで特定の生得的な反射が起こるように，2つを結びつけて学習すること。

パブロフの実験

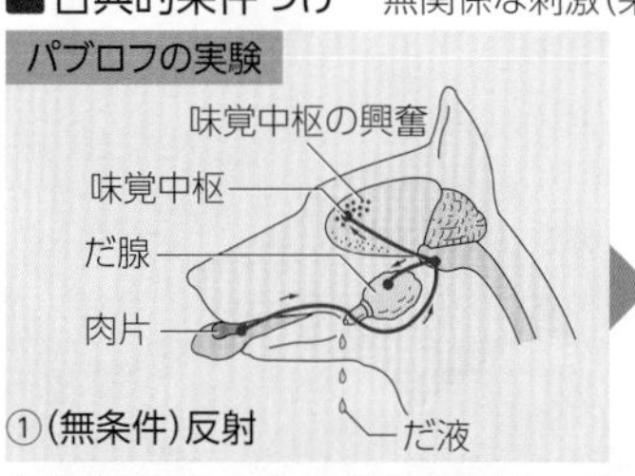
味覚中枢の興奮
味覚中枢
だ腺
肉片
だ液

①(無条件)反射

肉片を口に入れる(無条件刺激)と，だ液の分泌とともに，味覚が生じる。

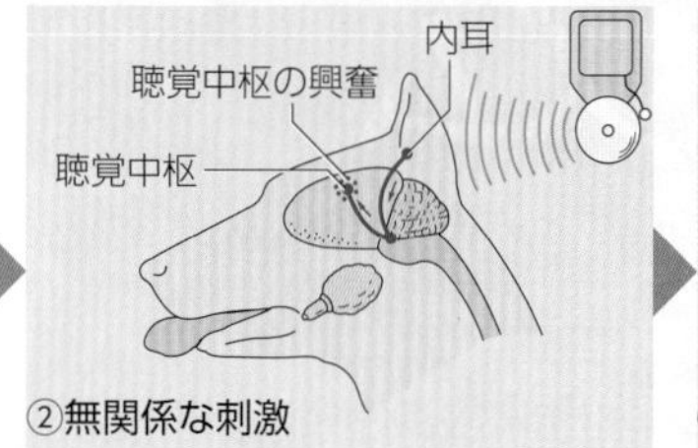
内耳
聴覚中枢の興奮
聴覚中枢

②無関係な刺激

ベルの音だけを聞かせると，聴覚が生じるが，だ液は分泌されない。

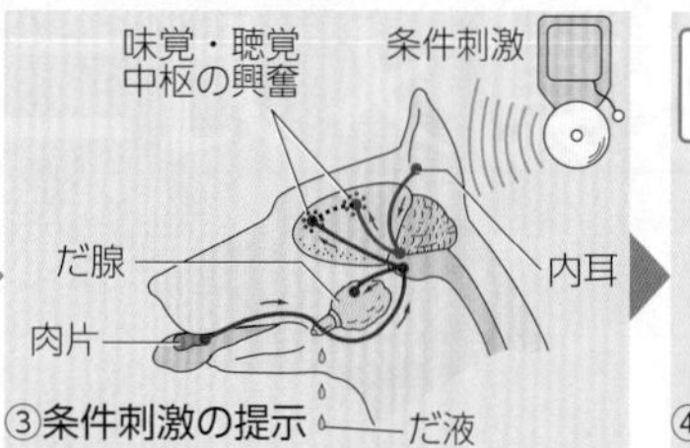
味覚・聴覚
中枢の興奮
条件刺激
だ腺
内耳
肉片
だ液

③条件刺激の提示

肉片を与えるとき，ベルの音を聞かせること(条件刺激)を繰り返す。

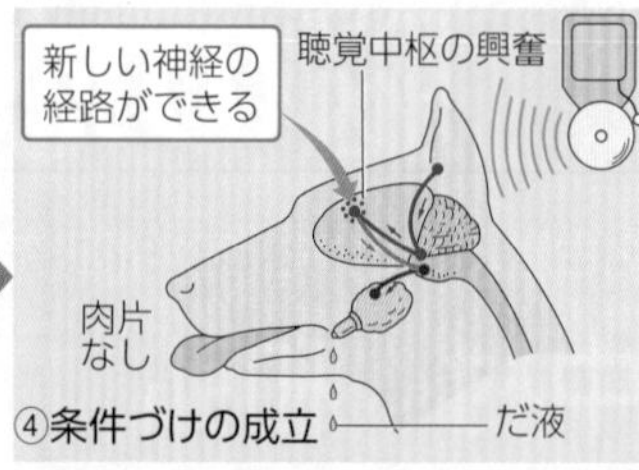
新しい神経の
経路ができる
聴覚中枢の興奮
肉片
なし
だ液

④条件づけの成立

ベルの音を聞かせるだけでだ液が分泌されるようになる。

■オペラント条件づけ

試行錯誤を重ねることで自発的に獲得する行動と，その結果生じる報酬や罰などを結びつけて強化学習すること。

①スキナーの実験

レバー
えさの出口

左側のレバーを押すとえさが出てくる。ネズミは最初，偶然にレバーを押して，えさを得る(報酬)。しだいに，レバーを押すという行動と報酬が結びついて，レバーを押す頻度が上がる。

②ネズミの迷路学習

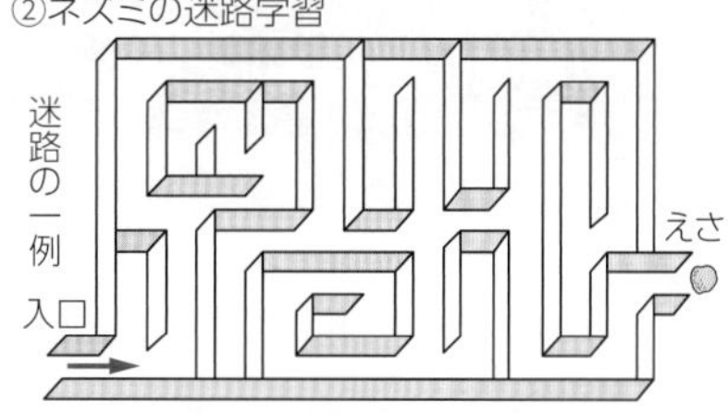
迷路の一例
入口
えさ

ネズミが迷う回数は，回を追うごとに減っていく。出口にえさをおいたり，誤った場合に電気ショック(罰)を与えると学習効果は向上する。

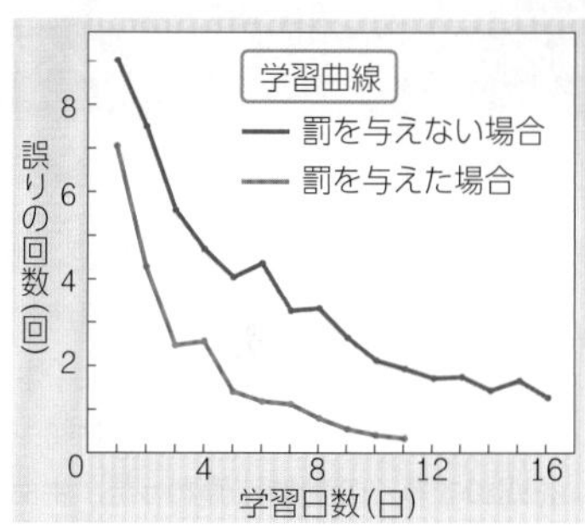
学習曲線
罰を与えない場合
罰を与えた場合
誤りの回数(回)
8
6
4
2
0
4
8
12
16
学習日数(日)

C 社会的な学習

チンパンジーなどのある程度知能が発達した動物の群れでは，他の個体の行動を観察(注視)することによって問題を解決する方法を学習する，社会的な学習が見られる。

■チンパンジーの道具の使用

シロアリを釣る行動

石を使う行動

チンパンジーが木の枝を使ってシロアリを釣る行動や，石を使って種子や実を割る行動は，他の個体に観察されることによって群れの中に広がる。

Zoom up 特定の時期に成立する学習

生後の一定の期間に，外界からの刺激を受けて特定の行動が形成されることを**刷込み(インプリンティング)**といい，オーストリアのローレンツによって発見された。ガチョウ・アヒル・ニワトリなどのひなは，ふ化後まもなく初めて見た動くものを「親」と認識してついて歩く。ひなが初めて見たものを親とみなして後を追う行動は生得的な行動であるが，何を親として認識するかは学習によって決まる。刷込みは，いったん成立すると変更されにくい。

ローレンツの後を追うアヒルのひな

Column 昆虫の学習能力

①のような実験装置を用いて，最初にくぐった穴と同じ色の穴をくぐると報酬が得られるようにミツバチを訓練した。次に，②のような白黒のしま模様が穴に描かれた実験装置で，このミツバチがどう動くかを調べた。すると，色に違いがないにもかかわらず，ミツバチは最初にくぐった穴と同じ模様の穴をくぐることがわかった。この実験によって，ミツバチは色，模様そのものだけではなく，「2つの物事が同じ(もしくは違う)」ということを根拠にした識別ができることが明らかになった。

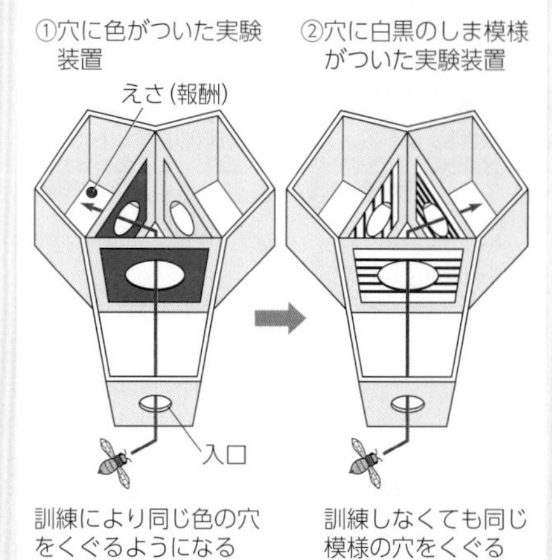
①穴に色がついた実験装置
②穴に白黒のしま模様がついた実験装置
えさ(報酬)
入口
訓練により同じ色の穴をくぐるようになる
訓練しなくても同じ模様の穴をくぐる

連合学習(associative learning)，条件づけ(conditioning)，試行錯誤(trial and error)，刷込み(imprinting)

特集 生物学の最前線

[写真] 体温調節行動中のラット
(適温の金属板の上を探索している)

6 体温調節行動を生み出す脳の感覚メカニズム

名古屋大学大学院　医学系研究科　教授
中村　和弘（なかむら　かずひろ）

暑さや寒さから逃げる体温調節行動は生命維持に重要な本能行動である。体温調節行動は，環境温度を皮膚で感知して生じる温度感覚が脳へ伝えられ，それをもとに生まれる快感や不快感(快・不快情動)によって駆動される。ラットを用いた最近の研究から，体温調節行動を生み出す温度感覚の神経伝達メカニズムが明らかになってきた。さまざまな感覚から生まれる情動は動物の多くの行動を駆動することから，感覚が情動を生み出す脳のメカニズムの研究は，人間を含めた動物の行動を規定する基本的なしくみの解明につながる可能性を秘めている。

暑さや寒さから逃げる体温調節行動

暑さや寒さを避け，体温を調節する上で適切な温度環境へ移動する行動は「体温調節行動」とよばれる。これは，恒温動物，変温動物を問わず多くの動物に備わった，生命維持に重要な本能行動である。ほかに，カメの甲羅干しや，人間が外気温に合わせて衣服の脱ぎ着をすることや，エアコンを使って室温を調節することも体温調節行動である。

体温調節行動は，皮膚の温度受容器で感知する環境温度の感覚信号が脳へ伝えられることによって起こる。特に，その温度感覚に基づいて脳の中で生み出される快感や不快感(快・不快情動)が体温調節行動へ駆り立てると考えられている。体温調節行動以外にも，動物の多くの行動が，さまざまな感覚から生じる情動によって駆動される。しかし，感覚が情動を生み出し，行動を引き起こす脳の神経回路メカニズムは未解明な部分が多く，世界中で活発に研究が行われている。

ここでは，体温調節行動へと駆り立てる温度感覚信号を伝達する脳の神経メカニズムを解明した，ラットを用いた最新の研究を紹介しよう。

温度を知覚するしくみ

「暑い夏の日にエアコンをONにするのはどうしてですか?」と聞かれたら何と答えるだろうか。多くの皆さんは「暑いから」と答えるのではないだろうか。では，暑さや寒さを知覚するしくみを考えてみよう。

皮膚の温度受容器で感知した温覚や冷覚の信号は，脊髄のニューロンで中継され，視床に伝達される。さらに視床のニューロンによって大脳皮質の体性感覚野(▶ p.191)へ伝達されると，温度感覚が意識の上で知覚される。では，この神経路(脊髄視床皮質路とよぶ)によって伝達される温度感覚の情報が体温調節行動を駆動するのだろうか?

体温調節行動を調べる実験

私たちはラットの視床に神経毒を注入してニューロンを破壊し，脊髄視床皮質路を遮断する実験を行った(図1)。視床の中で温度感覚を中継する領域を破壊されたラットは，一見，普通のラットと変わらないようすで生きることができたが，大脳皮質の体性感覚野の活動を，脳波を計測して調べると，皮膚の温度変化に応じた反応が起こらなくなっていた。つまり，このラットは脊髄視床皮質路が遮断されたために温度を意識の上で知覚できなくなっていることがわかった。

次に，ラットの体温調節行動を調べるために，暑さから逃げる行動(暑熱逃避行動)と寒さから逃げる行動(寒冷逃避行動)を解析した(図2)。温度を自由に設定できる金属板を2枚並べ，その上でラットに自由に行動させ，それぞれの金属板上で滞在した時間の割合を計測した。その割合が小さいほど，その温度を避けたことになる。

一方の金属板を28℃(中性温)，他方を38℃(暑熱)に設定すると，通常のラット(図2の対照群)は，暑熱を避けて中性温の金属板上に長く滞在する暑熱逃避行動を示した。また，一方の金属板を28℃(中性温)，他方を15℃(寒冷)に設定すると，寒冷を避ける寒冷逃避行動を示した。そこで，脊髄視床皮質路を遮断され，温度を知覚できないラット(図2の視床破壊群)で同じ行動解析を行ったところ，通常のラットと同じように暑熱逃避行動と寒冷逃避行動を示すことができたのである。この結果は，意識の上で知覚する温度感覚が体温調節行動を駆動するわけではないことを示している。もし，この実験結果を人

■視床破壊実験(図1)

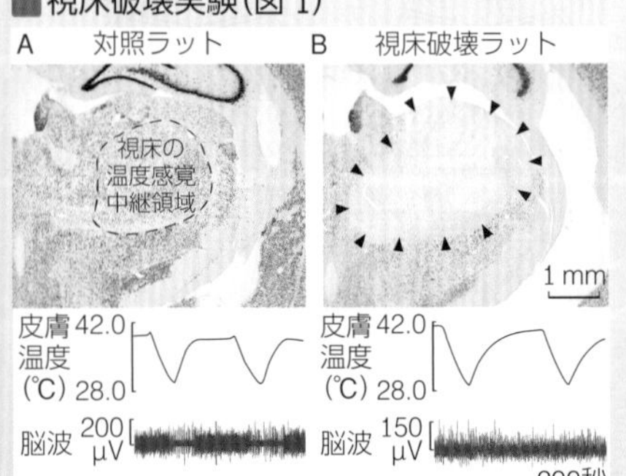
A 対照ラット
B 視床破壊ラット
視床の温度感覚中継領域
1 mm
皮膚温度(℃) 42.0 28.0
脳波 200 μV
皮膚温度(℃) 42.0 28.0
脳波 150 μV
200秒
温度によって脳波が変化
脳波が変化しない
写真中の黒い点は神経細胞体を表す。

■暑熱・寒冷逃避テスト(図2)

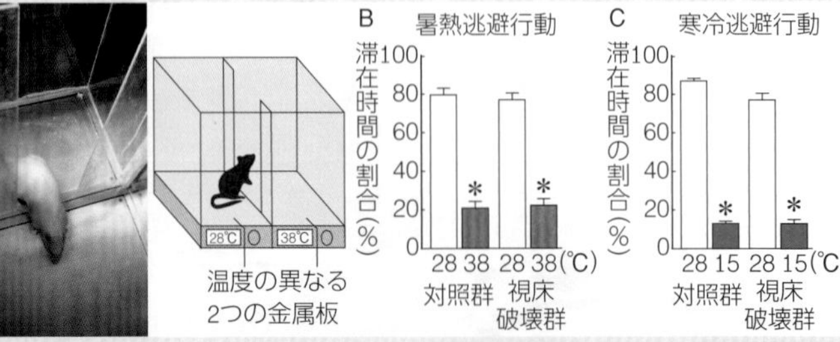
A
温度の異なる2つの金属板
28℃ 38℃
B 暑熱逃避行動
滞在時間の割合(%)
100 80 60 40 20 0
28 38 28 38(℃)
対照群 視床破壊群
C 寒冷逃避行動
滞在時間の割合(%)
28 15 28 15(℃)
対照群 視床破壊群
グラフ中の＊は28℃の滞在時間に比べて滞在時間が有意に少ないことを示す。

間に当てはめてもよいなら，暑い夏の日にエアコンをONにする理由は，「暑いと『感じる』から」ではなかったということになる。

では，体温調節行動を駆動する温度感覚信号は，ほかのどのような神経路によって伝達されるのだろうか？

体温調節行動を駆動する温度感覚伝達路

私たちはこれまでの研究から得た知見に基づき，脳の橋（▶*p*.190）にある外側腕傍核という領域に注目した。外側腕傍核には脊髄を経由して温度感覚信号が伝達され，また，温覚信号を受けて活性化されるニューロン群と冷覚信号を受けて活性化されるニューロン群が別々に存在する。

私たちは，ニューロンの活動を抑制する薬物をラットの外側腕傍核に微量注入し，体温調節行動を調べた（図3）。すると，ラット（図3の薬物注入群）は暑熱逃避行動と寒冷逃避行動のどちらも起こすことができなくなった。この実験結果は，体温調節行動を駆動するための温度感覚信号が，外側腕傍核を介した神経路によって伝達されることを意味する。

暑さと寒さから逃げるしくみは異なる

私たちはさらに研究を進め，外側腕傍核のニューロンが温度感覚信号を伝達する2つの脳領域を特定した。1つは視床下部の最前部にある視索前野で，自律的な体温調節の中枢である。視索前野は外側腕傍核からの冷覚信号を受けて熱をつくる司令を出し，温覚信号を受けて熱の放散を促す指令を出す。もう1つは，大脳の側頭葉にある扁桃体である。扁桃体は情動の発現に重要な領域であり，例えば，痛覚の信号を受けた場合には，痛みの不快情動の発現や記憶を担う。

私たちは，化学遺伝学（ケモジェネティクス）や光遺伝学（オプトジェネティクス（▶*p*.191））とよばれる実験技術を駆使し，外側腕傍核から視索前野あるいは扁桃体への神経伝達をそれぞれ選択的に抑制する実験を行った（図4）。外側腕傍核から視索前野への神経伝達を抑制すると，ラットは暑熱逃避行動ができなくなったが，寒冷逃避行動はできた。一方，扁桃体への伝達を抑制すると，暑熱逃避行動はできたが，寒冷逃避行動ができなくなった。

この実験結果は，外側腕傍核から視索前野へ伝達される温度感覚信号が暑熱逃避行動を，扁桃体へ伝達される温度感覚信号が寒冷逃避行動を駆動することを示す（図5）。つまり，暑さから逃げる行動と寒さから逃げる行動を駆動する神経回路メカニズムは異なるということである。視索前野へ伝達される温覚信号と扁桃体へ伝達される冷覚信号は異なる不快情動を生み出し，その情動が暑熱逃避あるいは寒冷逃避の行動へ駆り立てるのだと推測される。

これまでに明らかになった経路をまとめると図5のようになるが，ラットと人間の脳には異なる点もあるため，今後，こうした研究結果が人間にも当てはまるか検証する必要がある。

明らかになった温度感覚の伝達神経路（図5）

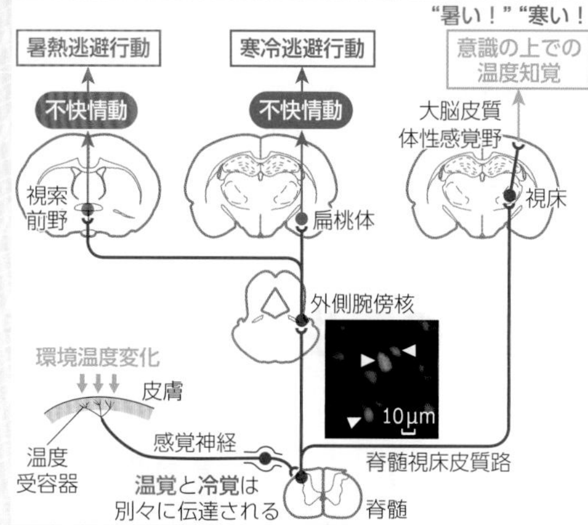

"暑い！""寒い！"
暑熱逃避行動
寒冷逃避行動
意識の上での温度知覚
不快情動
不快情動
大脳皮質体性感覚野
視索前野
扁桃体
視床
外側腕傍核
環境温度変化
皮膚
10μm
感覚神経
温度受容器
温覚と冷覚は別々に伝達される
脊髄視床皮質路
脊髄

写真は冷覚信号を扁桃体へ伝達する外側腕傍核ニューロン（三角）。

行動へ駆り立てる情動の解明に向けて

もし，温度感覚によって不快情動を生み出すことができなかったら，暑さや寒さから逃げることができなくなり，熱中症や低体温症になってしまう。温度感覚が不快情動を生み出すメカニズムの研究は，特に夏に問題となる熱中症に陥る原因の解明につながるかもしれない。

一方で，冬の寒い日に温かいお風呂に浸かると心地良さを感じるように，温度感覚は快情動を生み出すこともできる。温度感覚以外にもさまざまな感覚によって生み出される，快・不快や喜怒哀楽などの多様な情動は，人間を含む動物の多くの行動を駆動する。つまり「動物は情動に動かされている」と言えるかもしれない。したがって，情動を生み出す脳の神経回路メカニズムを明らかにすることは，行動を生み出す基本的なしくみを理解することにもつながる。そして，こうした研究が人間の行動基盤の解明につながれば，人類の行動に起因する地球規模の問題も解決する可能性を秘めている。

外側腕傍核の抑制実験（図3）

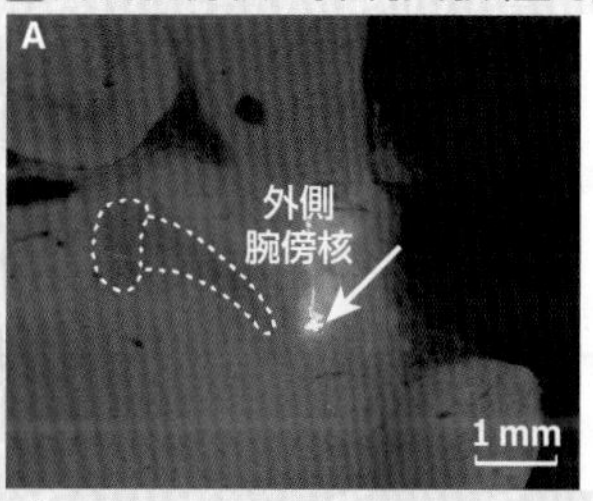

A
外側腕傍核
1 mm

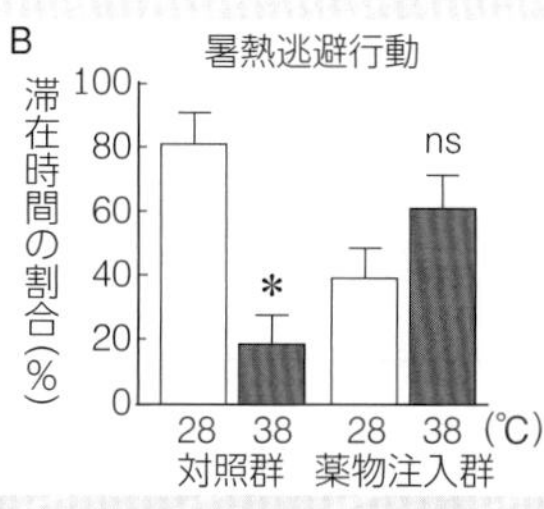

B
暑熱逃避行動
滞在時間の割合（%）
100
80
60
40
20
0
*
ns
28 38 28 38 (℃)
対照群 薬物注入群

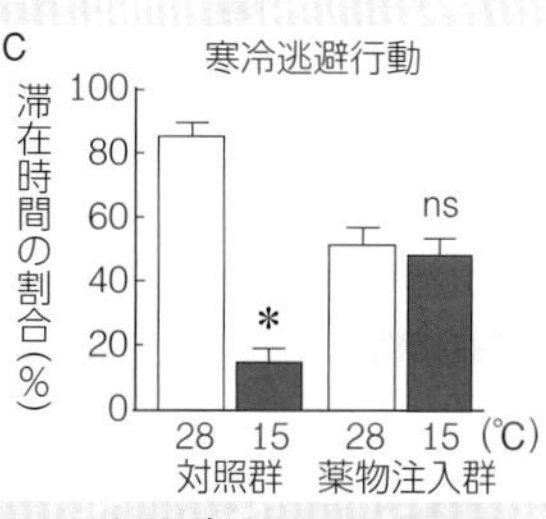

C
寒冷逃避行動
滞在時間の割合（%）
100
80
60
40
20
0
*
ns
28 15 28 15 (℃)
対照群 薬物注入群

グラフ中の＊は28℃の滞在時間に比べて有意に少ないことを示し，nsは有意差がないことを示す。

外側腕傍核からの神経伝達抑制実験（図4）

A　外側腕傍核から視索前野への伝達を抑制

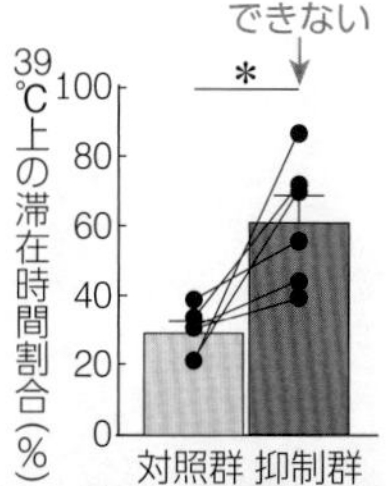

暑熱逃避（39℃ vs 28℃）
できない
*
39℃上の滞在時間割合（%）
100
80
60
40
20
0
対照群 抑制群

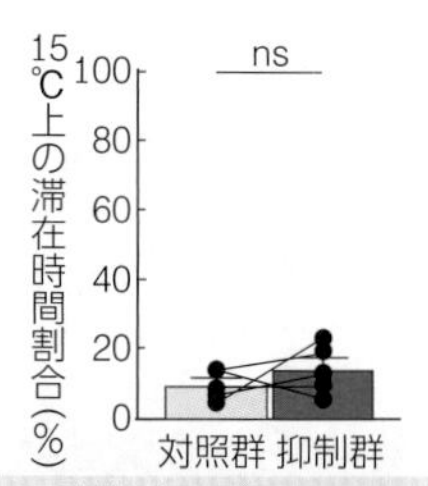

寒冷逃避（15℃ vs 28℃）
ns
15℃上の滞在時間割合（%）
100
80
60
40
20
0
対照群 抑制群

B　外側腕傍核から扁桃体への伝達を抑制

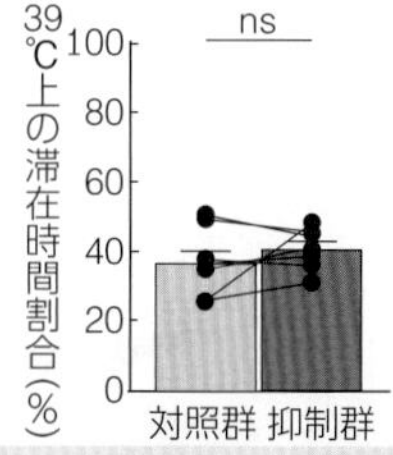

暑熱逃避（39℃ vs 28℃）
ns
39℃上の滞在時間割合（%）
100
80
60
40
20
0
対照群 抑制群

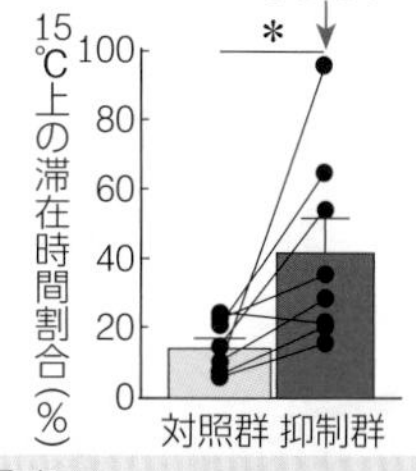

寒冷逃避（15℃ vs 28℃）
できない
*
15℃上の滞在時間割合（%）
100
80
60
40
20
0
対照群 抑制群

グラフ中の＊は2群間に有意差があることを示し，nsは有意差がないことを示す。

キーワード
体温，行動，感覚，情動，ニューロン，神経回路，脳，熱中症，低体温症

中村和弘（なかむら　かずひろ）
名古屋大学大学院医学系研究科 教授
大阪府出身。趣味は森を散策すること，美味しいものを食べること。
研究の理念は「本質を究める」

この記事を読んで，「さらに知りたい」と思ったことをあげて，自分で調べてみよう。

16 植物の生活と環境応答

生物基礎　生物

A 植物における刺激の受容から反応まで

植物は環境の変化を受容体で感知する。その後，植物ホルモンを介して情報が伝達され，最終的にさまざまな反応が起こる。

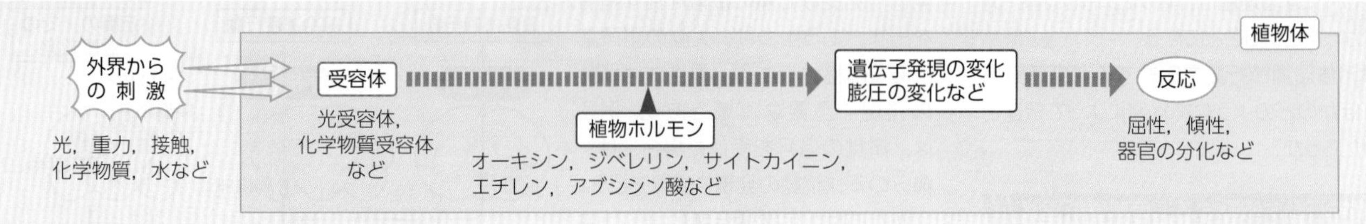

植物体
外界からの刺激
光，重力，接触，化学物質，水など
受容体
光受容体，化学物質受容体など
植物ホルモン
オーキシン，ジベレリン，サイトカイニン，エチレン，アブシシン酸など
遺伝子発現の変化
膨圧の変化など
反応
屈性，傾性，器官の分化など

B 植物の一生と植物ホルモン

植物ホルモンは細胞の応答を引き起こしたり，環境の変化を感知した細胞から他の細胞に情報を伝達したりする役割をもち，植物の一生のさまざまな応答にかかわっている。

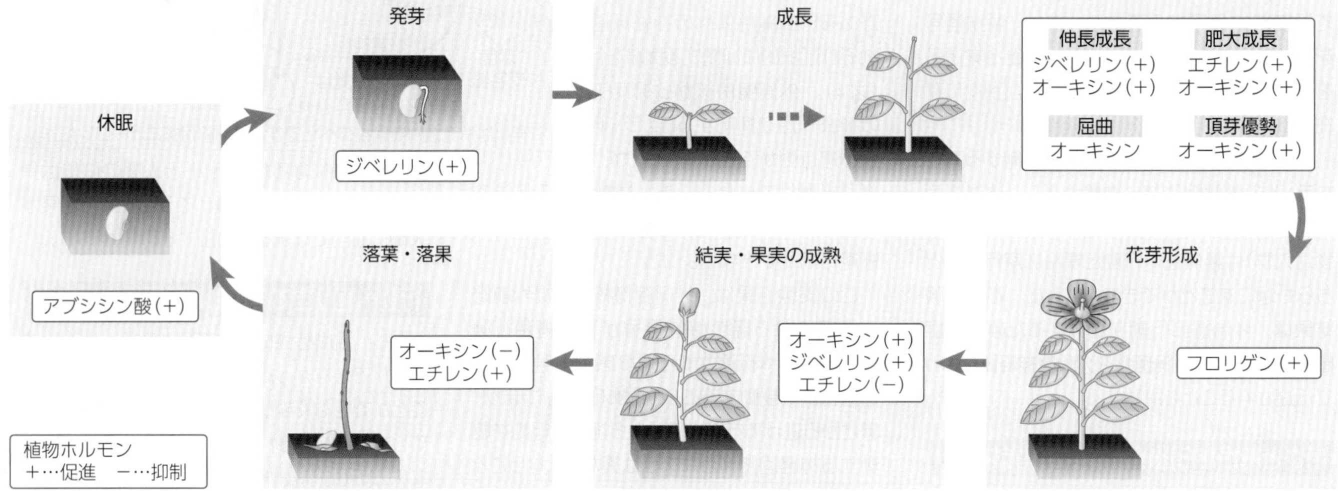

休眠
アブシシン酸(+)
発芽
ジベレリン(+)
成長
伸長成長
ジベレリン(+)
オーキシン(+)
肥大成長
エチレン(+)
オーキシン(+)
屈曲
オーキシン
頂芽優勢
オーキシン(+)
花芽形成
フロリゲン(+)
結実・果実の成熟
オーキシン(+)
ジベレリン(+)
エチレン(−)
落葉・落果
オーキシン(−)
エチレン(+)
植物ホルモン
+…促進　−…抑制

C 環境要因の受容

光は植物にとって最も重要な環境要因の 1 つである。
植物は**光受容体**を用いて光環境の変化を感知する。

■植物の光受容体と吸収する光の波長

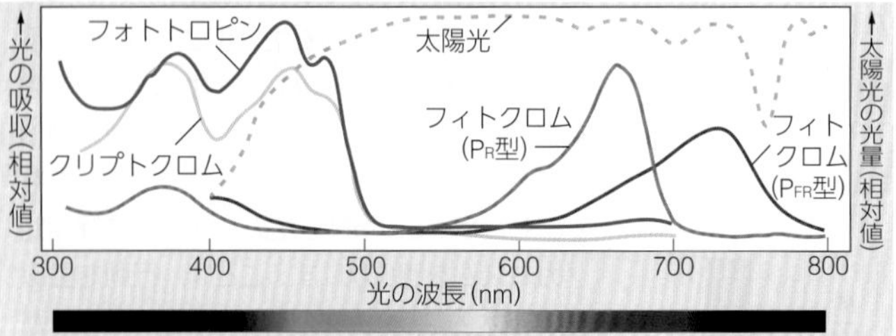

光の吸収(相対値)
太陽光の光量(相対値)
フォトトロピン
太陽光
フィトクロム
(PR型)
クリプトクロム
フィトクロム
(PFR型)
300
400
500
600
700
800
光の波長(nm)

■植物の光受容体の種類とはたらき

	フィトクロム	フォトトロピン	クリプトクロム
吸収光	赤色(遠赤色)	青色	青色，紫外線
存在場所	細胞質 (核内に移動する)	膜(細胞膜など)	核
機能	遺伝子の転写調節	酵素の活性化	遺伝子の転写調節
はたらき	発芽・花芽形成・ 胚軸の伸長抑制	光屈性・気孔開口・ 葉緑体の移動	花芽形成・ 胚軸の伸長抑制

Zoom up 細胞壁と物質の移動

植物細胞は，細胞壁を貫く原形質連絡によって細胞質どうしがつながっている(▶p.31)。このように，細胞内が 1 つにつながった構造を**シンプラスト**という。また，細胞膜の外側の細胞壁なども，植物全体でつながっていて，これを**アポプラスト**という。細胞壁は，セルロース繊維が多糖類によって架橋された隙間の多い構造をしており，全透性を示す。そのため，アポプラスト内は植物ホルモンなどの物質が自由に移動することができる。

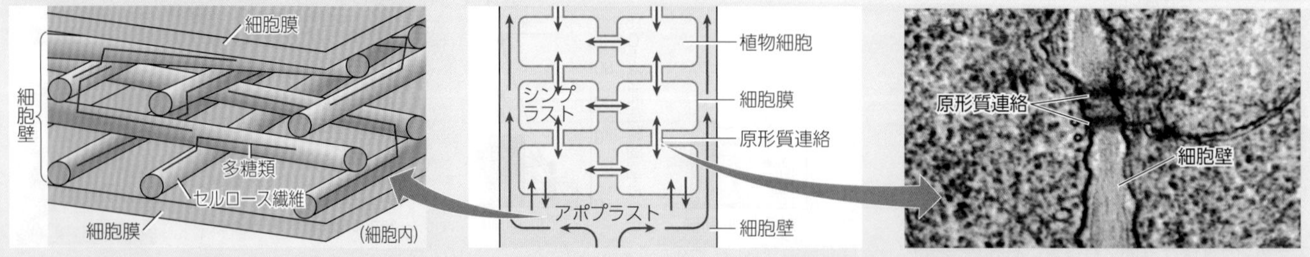

細胞膜
細胞壁
多糖類
セルロース繊維
細胞膜
(細胞内)
植物細胞
シンプラスト
細胞膜
原形質連絡
アポプラスト
細胞壁
原形質連絡
細胞壁

Keywords　植物ホルモン(plant hormone，phytohormone)，光受容体(photoreceptor)，フィトクロム(phytochrome)，シンプラスト(symplast)

D 環境応答と植物ホルモン

植物のからだの中での情報の伝達には，さまざまな**植物ホルモン**がはたらいている。植物ホルモンは，細胞にはたらきかけて細胞の成長や生理的なはたらきを調節する。

種類	代表的な物質と化学構造	おもな生成部位や分布	おもなはたらき
オーキシン	インドール酢酸（IAA）（他に合成物でナフタレン酢酸，2,4-D など）	活動中の芽・幼葉鞘の先端部で合成	伸長成長の促進と抑制（屈性に関係）（2,4-D による広葉の雑草の枯死・除草） 頂芽優勢　落葉・落果の防止　細胞分裂の促進（組織培養でカルス誘導） 発根促進　果実の肥大成長促進　離層形成の抑制
ジベレリン	ジベレリン A_3	植物の全組織，特に未成熟の種子や発達中の果実	細胞の伸長成長促進 子房の発育促進（種なしブドウの単為結実の誘導） 種子や芽の休眠打破（種子内のアミラーゼの合成を促進）　長日植物の花芽分化促進
サイトカイニン	カイネチン（他にゼアチンなど）	根で合成，全組織に分布	細胞分裂の促進（組織培養でカルス誘導，オーキシンとともに細胞の分化を決定） 側芽の成長促進　葉の老化防止
エチレン	エチレン（気体）	果実の成熟時に合成	果実の成熟（後熟）促進 器官の脱落（離層の形成）促進（落葉・落果の促進） 細胞の伸長抑制　重力屈性の消失　開花の調節
アブシシン酸	アブシシン酸	葉・茎・種子・果実などに存在	器官の脱落 休眠の誘導　種子・球根・頂芽の発芽抑制 細胞の伸長抑制（根の重力屈性）　気孔の閉鎖
ブラシノステロイド	ブラシノライド	多くの組織に分布	茎の伸長成長　葉の成長（展開促進）　細胞分裂の促進 木部形成の促進　発芽の促進 各種ストレスに対する耐性
ジャスモン酸	ジャスモン酸	動物による食害を受けた葉で合成	動物の食害ストレスに応答してタンパク質分解酵素の阻害物質の合成を誘導（昆虫などの消化酵素を阻害） 病原体の感染に抵抗性を示す　離層の形成促進　葉の老化促進
サリチル酸	サリチル酸	病原体に感染した葉で合成	病原体の感染に抵抗性を示す
ストリゴラクトン	5-デオキシストリゴール	根で合成され，地上部へ移動	種子の発芽の促進　側芽の成長抑制 植物の根に共生する菌の活性化
システミン	システミン　18 個のアミノ酸からなるポリペプチド	動物による食害を受けた葉で合成	ジャスモン酸の合成を誘導

■植物ホルモンの細胞間での移動

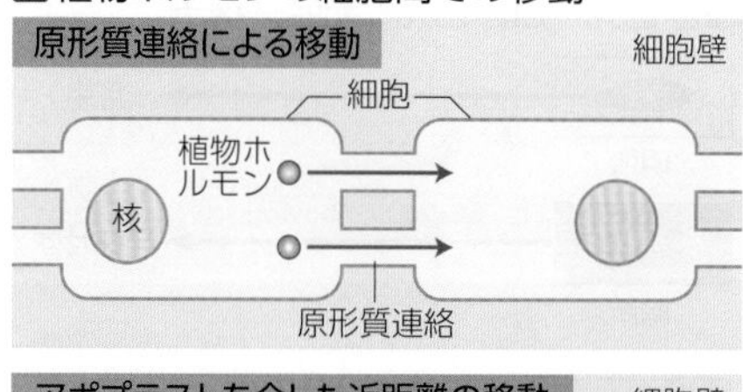
原形質連絡による移動
細胞壁
細胞
植物ホルモン
核
原形質連絡

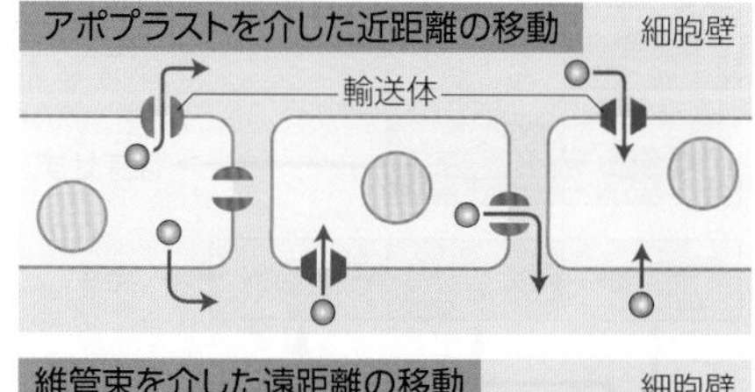
アポプラストを介した近距離の移動
細胞壁
輸送体

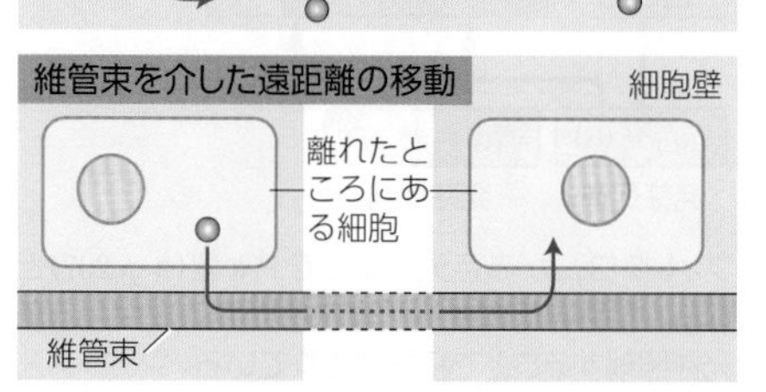
維管束を介した遠距離の移動
細胞壁
離れたところにある細胞
維管束

アポプラスト（apoplast）

Zoom up 植物ホルモンと細胞内の伝達経路

植物ホルモンは特定の遺伝子の発現を制御することで，植物にさまざまな生理作用をもたらす。植物ホルモンが受容体に結合することで情報が伝達されるという点は多くの植物ホルモンで共通しているが，受容体が存在する場所や，細胞内での伝達経路，作用する物質の種類，作用のしかたなどは，植物ホルモンの種類によって大きく異なる。

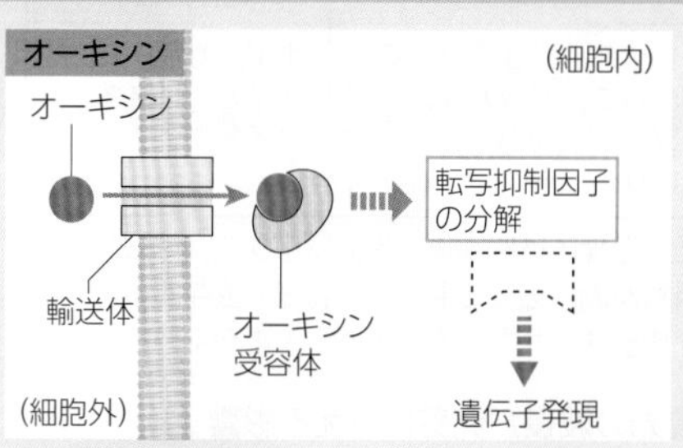
オーキシン
(細胞内)
オーキシン
転写抑制因子の分解
輸送体
オーキシン受容体
(細胞外)
遺伝子発現

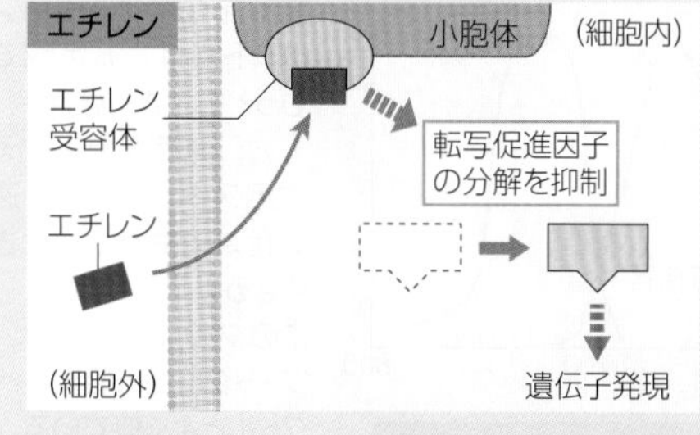
エチレン
小胞体
(細胞内)
エチレン受容体
転写促進因子の分解を抑制
エチレン
(細胞外)
遺伝子発現

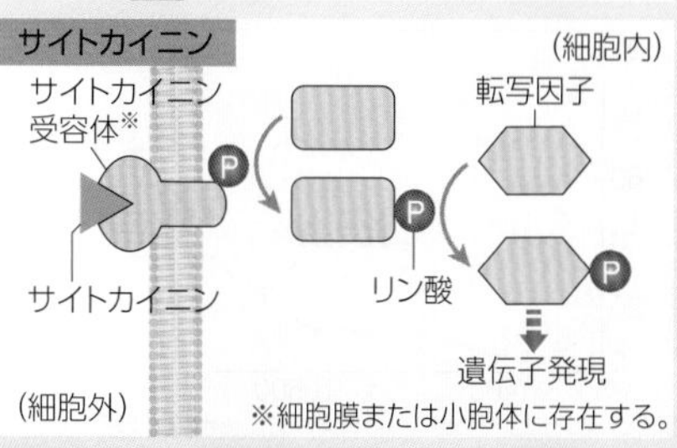
サイトカイニン
(細胞内)
サイトカイニン受容体※
転写因子
サイトカイニン
リン酸
遺伝子発現
(細胞外)
※細胞膜または小胞体に存在する。

17 発芽の調節 生物基礎 生物

A 種子の休眠と発芽

植物の種子は，適当な温度，水，酸素がそろっても発芽しないことがある。このような状態を種子の**休眠**という。休眠は，季節変動など環境の変化への植物の適応である。発芽に適した環境になると，休眠は解除される。

■種子の休眠と発芽

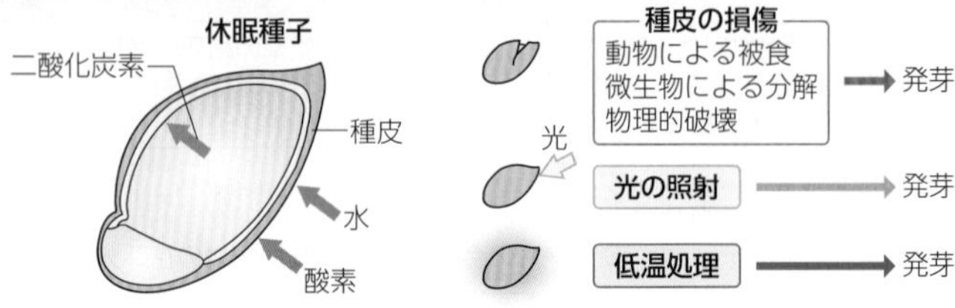

休眠種子
二酸化炭素
種皮
水
酸素
光
種皮の損傷
動物による被食
微生物による分解
物理的破壊
発芽
光の照射
発芽
低温処理
発芽

種子は，種皮が水や気体を通過させにくいことや，**アブシシン酸**とよばれる植物ホルモンが発芽を抑制していることなどから，休眠をする。種子には，発芽に光が必要なもの（光発芽種子）や低温にさらすことが必要なものもある。

■アブシシン酸による発芽の抑制

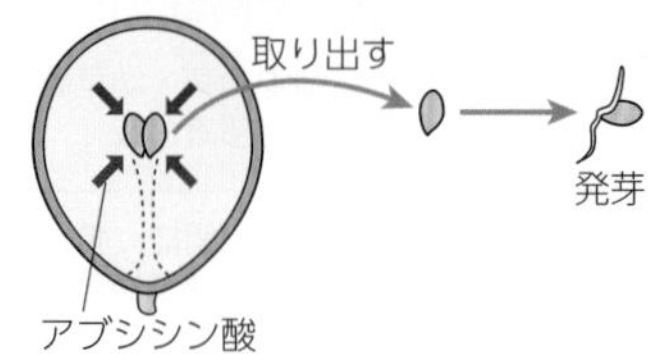

取り出す
発芽
アブシシン酸

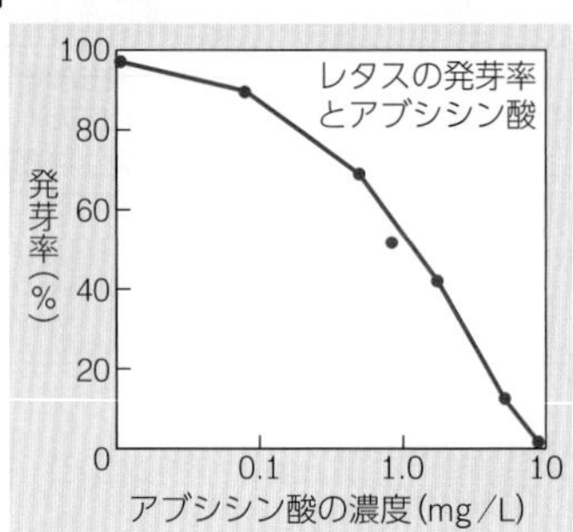

レタスの発芽率とアブシシン酸
発芽率（%）
100
80
60
40
20
0
0.1
1.0
10
アブシシン酸の濃度（mg/L）

果実に含まれるアブシシン酸によって果実中の種子は発芽しない。果実から種子を取り出すと発芽するものもある。

■ジベレリンによる発芽の促進

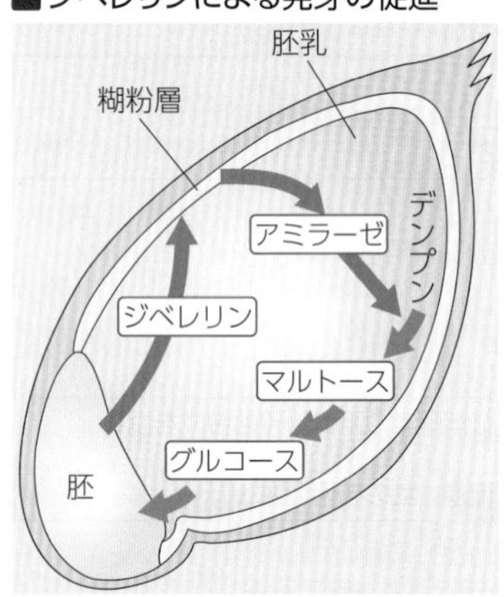

胚乳
糊粉層
アミラーゼ
デンプン
ジベレリン
マルトース
グルコース
胚

オオムギの発芽の際には，胚から出た**ジベレリン**が**糊粉層**にはたらき，糊粉層からアミラーゼが分泌される。アミラーゼは胚乳中のデンプンをマルトースなどに分解し，マルトースは最終的にグルコースに分解され，胚に供給される。

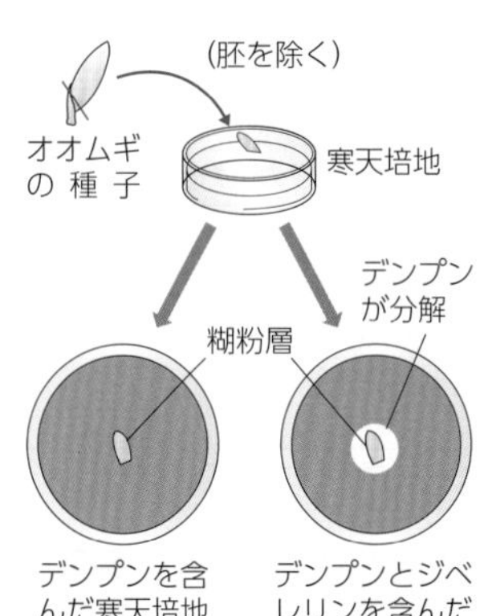

（胚を除く）
オオムギの種子
寒天培地
デンプンが分解
糊粉層
デンプンを含んだ寒天培地
デンプンとジベレリンを含んだ寒天培地

上図のように，水に浸したオオムギの種子の糊粉層を寒天培地上におき，24 時間後にヨウ素デンプン反応を見ると，ジベレリンを含んだ培地の糊粉層でのみ，デンプンが分解されている。

■糊粉層の細胞におけるジベレリンの作用のしくみ

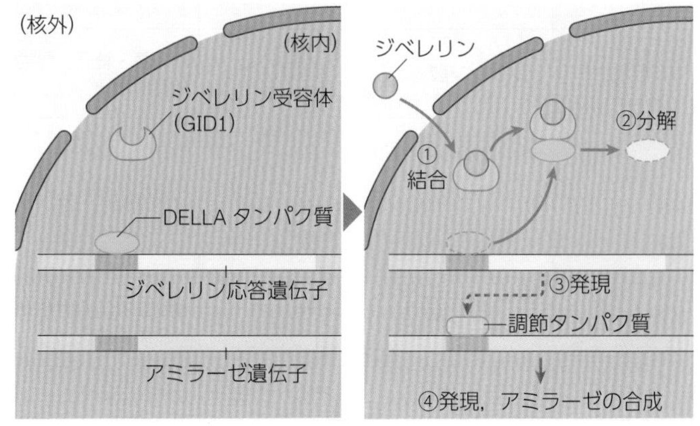

（核外）
（核内）
ジベレリン受容体（GID1）
DELLA タンパク質
ジベレリン応答遺伝子
アミラーゼ遺伝子
ジベレリン
①結合
②分解
③発現
調節タンパク質
④発現，アミラーゼの合成

胚でつくられたジベレリンは糊粉層の細胞に入ると核内に移動し，ジベレリン受容体（GID1）と結合する（①）。ジベレリンと結合した GID1 が DELLA タンパク質の分解を促進することによって（②），DELLA タンパク質に阻害されていたジベレリン応答遺伝子が発現する（③）。
③でできた調節タンパク質のはたらきによってアミラーゼ遺伝子が発現し（④），合成されたアミラーゼは糊粉層の細胞の外に分泌される。

B 光による発芽

発芽に光を必要とする種子を**光発芽種子**という。
光発芽種子の発芽には，赤色光が有効である。

■光発芽種子と暗発芽種子

光発芽種子	暗発芽種子
レタス，シロイヌナズナ，タバコ，ミソハギ，イチジク，ミツバ，シソ，セロリ，ゴボウ	ネギ，カボチャ，スイカ，タマネギ，ケイトウ

光発芽種子は吸水後，光に反応する。一般に光の照射時間は短くてよいが，温度に依存する。暗発芽種子は光がない方がよく発芽する種子である。

■光の種類と光発芽種子の発芽

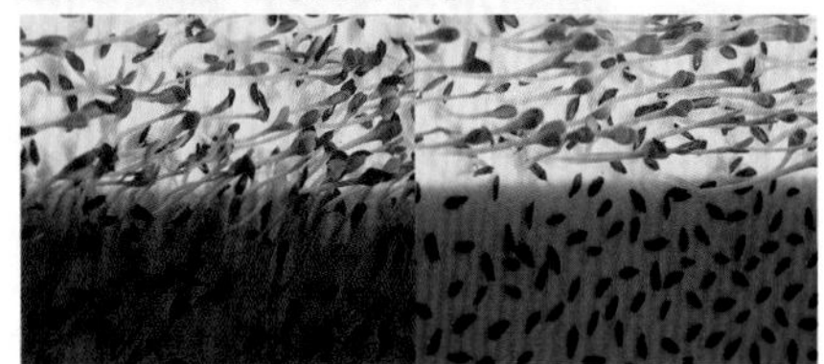

レタスの種子は赤色光を当てると発芽するが青色光では発芽しない。

■赤色光・遠赤色光と光発芽種子

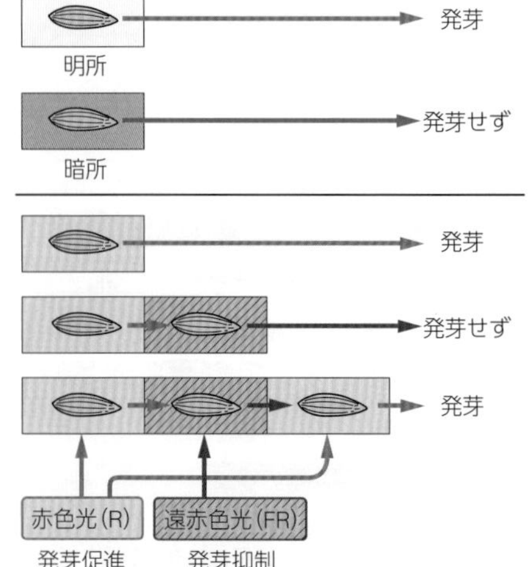

発芽
明所
発芽せず
暗所
発芽
発芽せず
発芽
赤色光（R）
遠赤色光（FR）
発芽促進
発芽抑制

フィトクロムが赤色光によって P_{FR} 型（▶ p.207）となり，発芽を促進する。遠赤色光の効果は，赤色光を照射することで打ち消されている。

■光の波長が発芽に与える影響

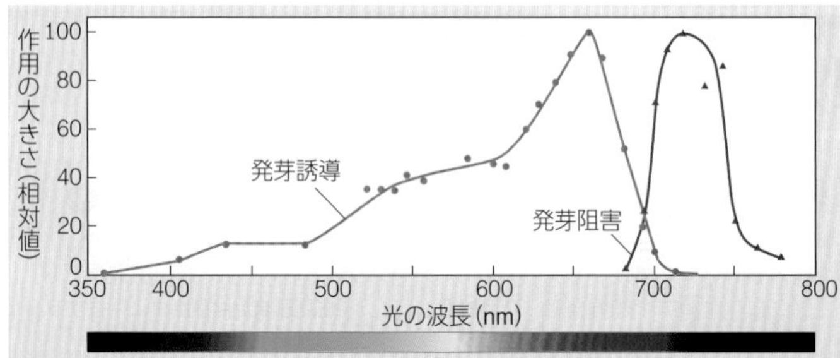

作用の大きさ（相対値）
100
80
60
40
20
0
発芽誘導
発芽阻害
350
400
500
600
700
800
光の波長（nm）

発芽を促進する作用スペクトルは，赤色域でもっとも大きくなる。
一方，発芽を阻害する作用スペクトルは，遠赤色域でもっとも大きくなる。
このグラフの形状は，フィトクロムの吸収スペクトルとよく似ている。

Keywords 休眠（dormancy），発芽（germination），光発芽種子（photoblastic seed），糊粉層（aleuron(e) layer），ジベレリン（gibberellin）

C 発芽と光受容体

光発芽種子の発芽には，光受容体であるフィトクロムがかかわっている。

■フィトクロムが作用するしくみ

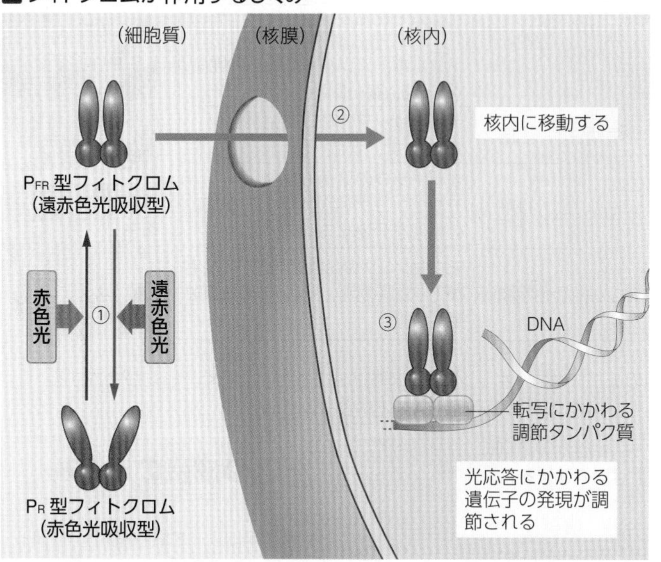

（細胞質）
（核膜）
（核内）
②
核内に移動する
P_{FR} 型フィトクロム（遠赤色光吸収型）
赤色光
①
遠赤色光
③
DNA
転写にかかわる調節タンパク質
光応答にかかわる遺伝子の発現が調節される
P_R 型フィトクロム（赤色光吸収型）

①フィトクロムは，赤色光が当たると P_{FR} 型（遠赤色光吸収型）に，遠赤色光が当たると P_R 型（赤色光吸収型）に変化する。また，長い時間暗条件におかれた場合も徐々に P_R 型へと変化する。
② P_R 型フィトクロムは細胞質に局在するが，P_{FR} 型フィトクロムに変化すると核内に移動する。
③ P_{FR} 型フィトクロムは光応答にかかわる遺伝子の調節タンパク質に作用することで，遺伝子の発現を調節する。

光発芽種子の場合，P_{FR} 型フィトクロムが調節タンパク質に結合することによって，ジベレリンの合成など，発芽の過程にかかわる遺伝子の発現が調節されると考えられている。

Zoom up フィトクロム相互作用因子

フィトクロムによって制御される調節タンパク質をフィトクロム相互作用因子(PIF)という。PIF は暗所では特定の遺伝子の転写調節領域に結合しており，おもに光に対する応答を抑制する役割をもつ。
多くの PIF は，暗所ではたらく遺伝子の転写活性化因子(アクチベーター)である。明所では P_{FR} 型フィトクロムのはたらきによって PIF の分解が促進され，遺伝子の発現は抑制される。

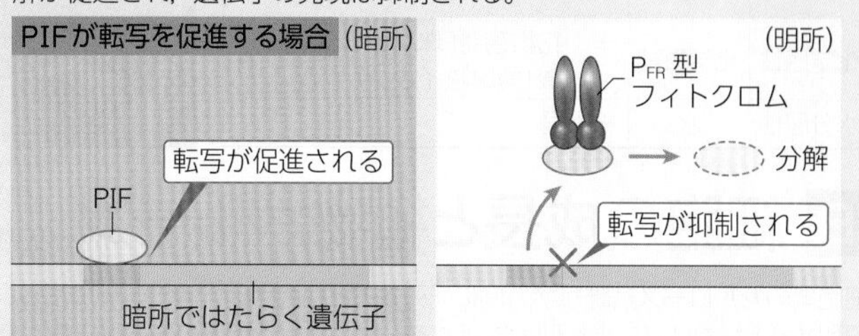

PIFが転写を促進する場合（暗所）
転写が促進される
PIF
暗所ではたらく遺伝子
（明所）
P_{FR} 型フィトクロム
分解
転写が抑制される

また，PIF は，明所ではたらく遺伝子の転写抑制因子(リプレッサー)としてもはたらく。この場合，明所において PIF が分解されると，遺伝子が発現する。

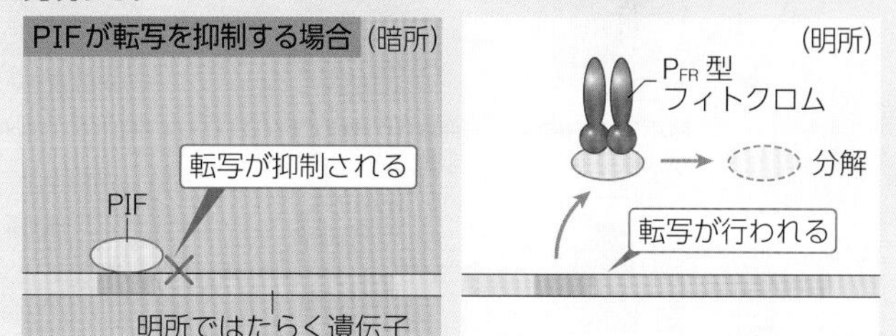

PIFが転写を抑制する場合（暗所）
転写が抑制される
PIF
明所ではたらく遺伝子
（明所）
P_{FR} 型フィトクロム
分解
転写が行われる

■フィトクロムによる光環境の識別

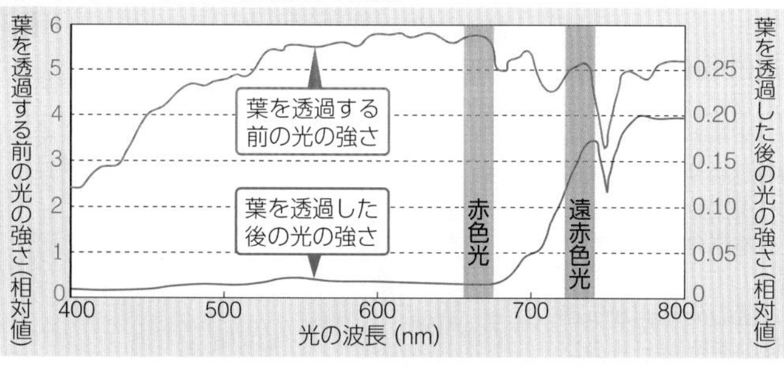

葉を透過する前の光の強さ（相対値）
葉を透過した後の光の強さ（相対値）
葉を透過する前の光の強さ
葉を透過した後の光の強さ
赤色光
遠赤色光
光の波長 (nm)

種子が発芽しても，他の植物の陰では光合成を行えず生育できないことがある。光発芽種子はフィトクロムによって，種子が他の植物の陰にあるかどうかを識別している。
一般的に，植物の葉は赤色光(R)をよく吸収し，遠赤色光(FR)はあまり吸収しない。そのため，他の植物の陰では，遠赤色光の強さに対する赤色光の強さ(R/FR 比)が低下する。例えば，日なたでの R/FR 比は約 1.19 であるのに対して，ツタの葉の陰での R/FR 比は約 0.13 である。R/FR 比は，芽ばえが種子に含まれる栄養分を使い切る前に，光合成を行えるようになるかどうかの指標になる。

Zoom up 植物の成長と光形態形成

土中の種子は，地上に出る際に鉤状のフックを形成することで，茎頂分裂組織が土に触れて傷つくのを防いでいる。フックの形成にはエチレンがかかわっている。フックが地上部に出て光が当たると，フィトクロムやクリプトクロムが光を検知し，芽ばえの伸長が抑制される。さらに，エチレンの生成が抑制されてフックが開いて，子葉が展開する。
例えば，インゲンマメを暗所で生育させると，芽ばえの伸長が抑制されず，フックが維持されたまま子葉や胚軸が黄色い状態で細長く成長する。このような生育様式は黄化といい，「もやし」の状態である。このように，光によって植物の成長や分化が影響を受けて，形態が変化する現象を**光形態形成**とよぶ。光によって幼葉鞘が屈曲する反応(▶ *p.*208)なども，光形態形成の一種である。

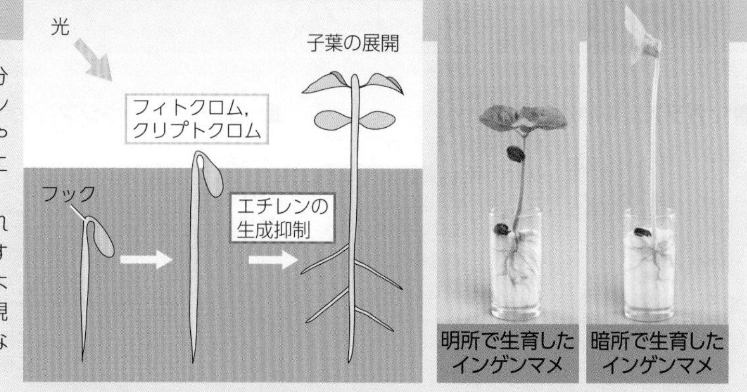

光
子葉の展開
フィトクロム，クリプトクロム
フック
エチレンの生成抑制

明所で生育したインゲンマメ　暗所で生育したインゲンマメ

光形態形成(photomorphogenesis)

18 成長の調節

生物基礎
生物

A 屈性と傾性

運動は植物の反応の 1 つで，植物の運動には屈性や傾性がある。すべての屈性と一部の傾性は，植物体の成長速度の差によって起こる運動である（成長運動）。

■屈性　刺激源に対して決まった方向に屈曲する性質。刺激源に近づく方向への屈曲を正（+）の屈性，遠ざかる方向への屈曲を負（−）の屈性という。

種類	刺激	例
光屈性	光	＋：茎，イネ科植物の幼葉鞘 －：根
重力屈性	重力	＋：根，ナンキンマメの果柄 －：茎，イネ科植物の幼葉鞘
接触屈性	接触	＋：巻きひげ
化学屈性	化学物質	＋：花粉管（胚珠からの分泌物），根（薄い陰イオン）
水分屈性	水	＋：根

接触屈性
キュウリ
巻きひげ

■傾性　刺激のくる方向とは無関係に運動を起こす性質。

種類	刺激	例
光傾性	光	タンポポ・マツバギクの花の開閉（昼→開，夜→閉）
温度傾性	温度	チューリップの花の開閉（高温→開，低温→閉）
接触傾性	接触	オジギソウの葉柄の運動，モウセンゴケ（食虫植物）の捕虫葉の粘液を分泌する触毛の運動
化学傾性	化学物質	モウセンゴケの捕虫葉中心部の触毛が化学物質の刺激を受けて周縁の触毛が屈曲

温度傾性
チューリップ
低温

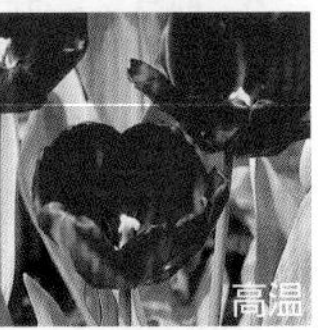
高温

B 細胞の成長と植物ホルモン

植物の細胞の成長にはオーキシンなどの植物ホルモンがはたらく。植物が合成する天然のオーキシンは**インドール酢酸（IAA）**という物質である。

細胞壁のセルロース繊維が横方向に配列すると細胞は縦方向に伸長成長し，セルロース繊維が縦方向に配列すると細胞は横方向に肥大成長する。セルロース繊維の方向は，微小管の方向によって決まる。

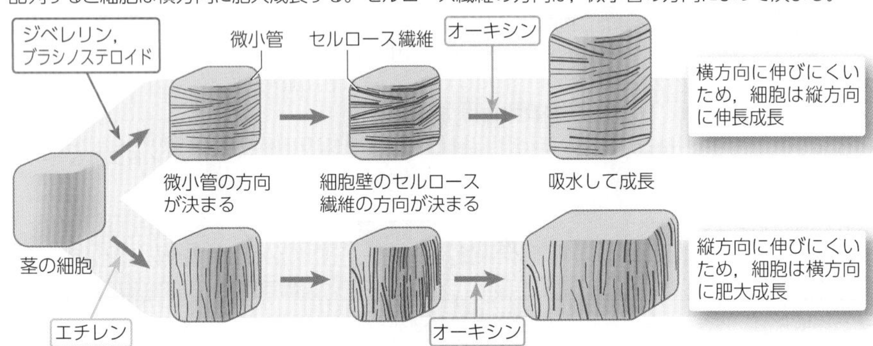
ジベレリン，
ブラシノステロイド
微小管
セルロース繊維
オーキシン
横方向に伸びにくいため，細胞は縦方向に伸長成長
微小管の方向が決まる
細胞壁のセルロース繊維の方向が決まる
吸水して成長
茎の細胞
縦方向に伸びにくいため，細胞は横方向に肥大成長
エチレン
オーキシン

Zoom up 細胞の成長のしくみ

オーキシンの作用によって細胞壁付近の pH が下がることで，エクスパンシンと総称されるタンパク質が活性化し，細胞壁のセルロース繊維を架橋している（つないでいる）多糖類がゆるめられる。これによって細胞壁がゆるみ，セルロース繊維の向きに応じて細胞は伸長したり肥大したりできるようになる。
細胞の成長には，エクスパンシンによって架橋がゆるめられることのほかにも，いくつかの機能がかかわりあっている。

C オーキシンの極性移動

■オーキシンの極性移動

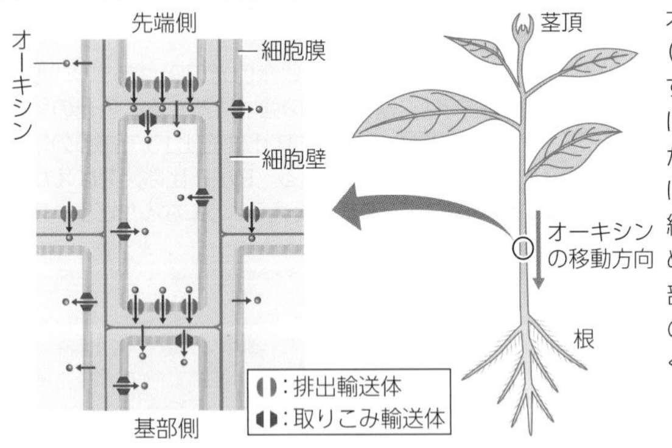
先端側
オーキシン
細胞膜
細胞壁
基部側
：排出輸送体
：取りこみ輸送体
茎頂
オーキシンの移動方向
根

オーキシンは，茎頂（先端側）から根端（基部側）へと方向性（極性）をもって移動する。細胞膜には，オーキシンの輸送にはたらく取りこみ輸送体や排出輸送体があり，オーキシンを細胞外へ排出するはたらきをもつ排出輸送体は，茎では細胞の基部側に局在している。このため，オーキシンは，茎の先端側から基部へ向かって**極性移動**する（オーキシンの取りこみは，取りこみ輸送体だけでなく，拡散によっても起こる）。

■幼葉鞘の先端部を用いた実験

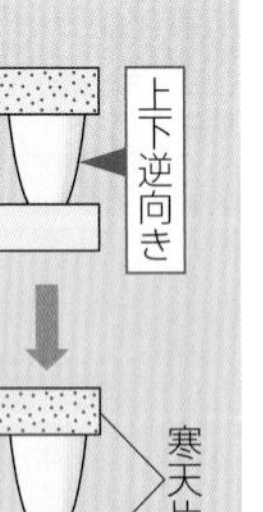
QR

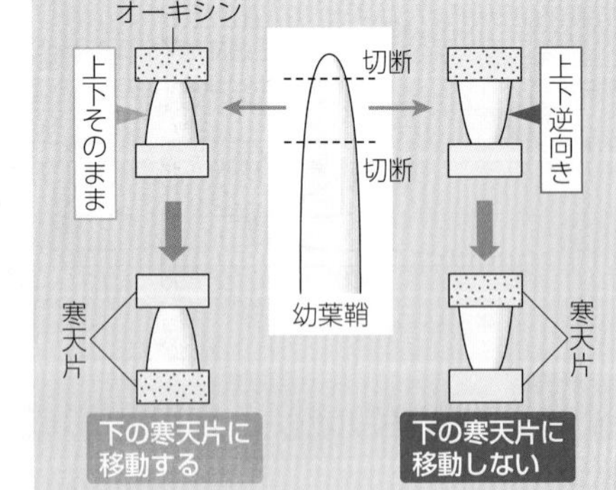
オーキシン
上下そのまま
切断
切断
上下逆向き
寒天片
幼葉鞘
寒天片
下の寒天片に移動する
下の寒天片に移動しない

■マカラスムギの幼葉鞘

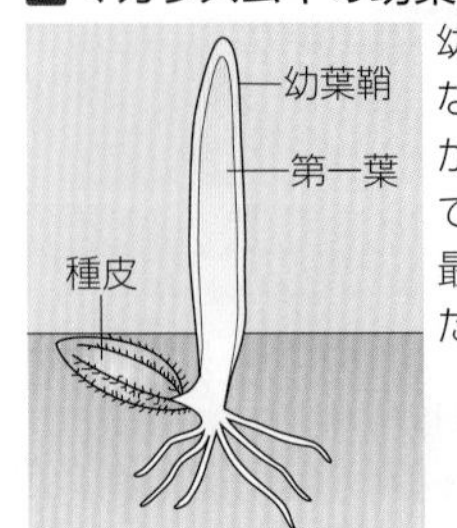
幼葉鞘
第一葉
種皮

幼葉鞘は，マカラスムギなどの単子葉植物の種子から最初に出てくるもので，第一葉（子葉以外で最初に出てくる葉）を包んだ筒状の鞘である。

■光屈性とオーキシン　マカラスムギの幼葉鞘に光を当てると，光の来る方向に先端部が屈曲する。

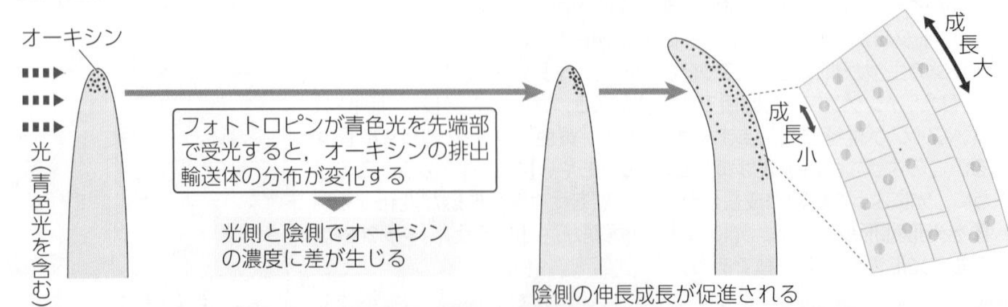
オーキシン
光（青色光を含む）
フォトトロピンが青色光を先端部で受光すると，オーキシンの排出輸送体の分布が変化する
光側と陰側でオーキシンの濃度に差が生じる
陰側の伸長成長が促進される
成長大
成長小

Keywords　屈性（tropism），傾性（nasty），オーキシン（auxin），極性移動（polar transport），光屈性（phototropism），重力屈性（gravitropism）

D 根や茎におけるオーキシンの作用

■オーキシンに対する器官の感受性

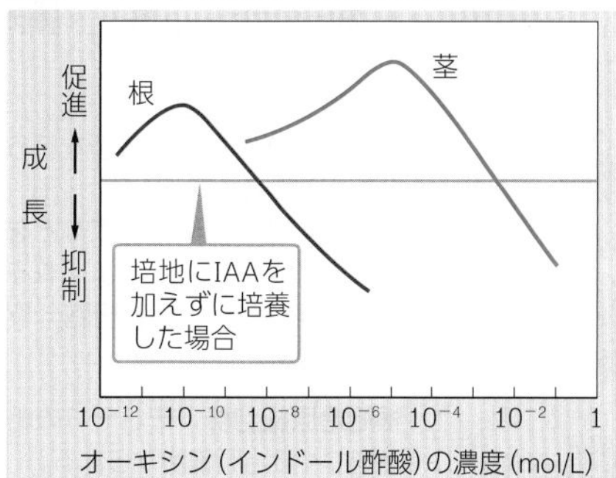
促進
成長
抑制
根
茎
培地にIAAを加えずに培養した場合
10^{-12} 10^{-10} 10^{-8} 10^{-6} 10^{-4} 10^{-2} 1
オーキシン(インドール酢酸)の濃度(mol/L)

茎・根には，成長を促進するオーキシンの最適濃度があり，その値は異なる。グラフは各部を切り取り，オーキシンを含む培地で培養した結果。

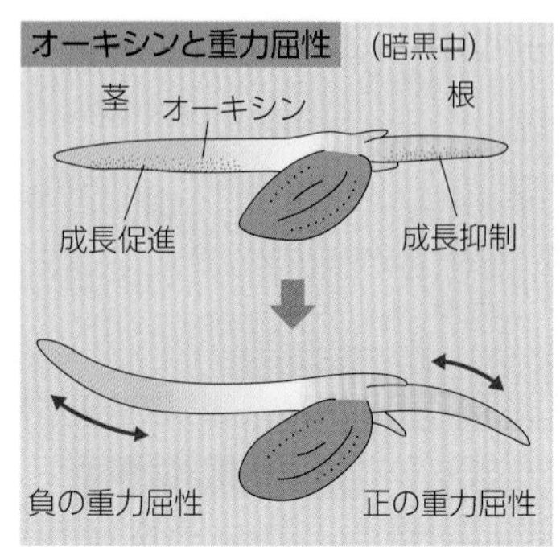
オーキシンと重力屈性
(暗黒中)
茎
オーキシン
根
成長促進
成長抑制
負の重力屈性
正の重力屈性

暗黒中で芽ばえを水平におくと，オーキシンが下側に移動することにより，茎は負の重力屈性，根は正の重力屈性を示す。

■根の重力屈性のしくみ

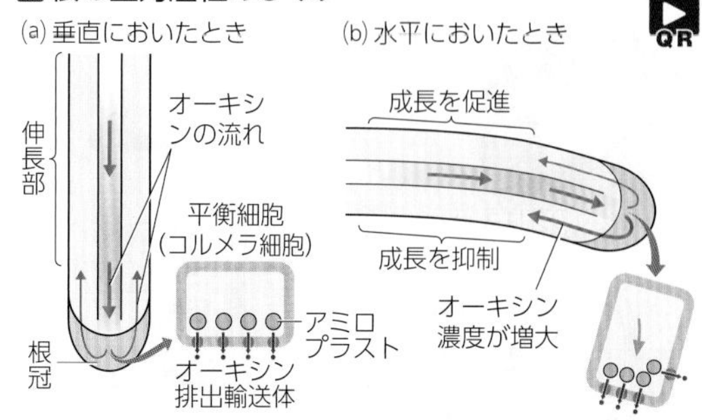
(a) 垂直においたとき
(b) 水平においたとき
伸長部
オーキシンの流れ
平衡細胞(コルメラ細胞)
アミロプラスト
オーキシン排出輸送体
根冠
成長を促進
成長を抑制
オーキシン濃度が増大

根冠には重力を感知する平衡細胞が存在する。水平におかれた根では，平衡細胞に含まれるアミロプラストが重力方向に移動する。これによりオーキシンの排出輸送体の分布が変化し，より多くのオーキシンが下側に移動するようになる。

Column 光屈性の研究の歴史

光屈性においてオーキシンが情報を伝達していることは，さまざまな実験の積み重ねによって明らかにされてきた。

■ダーウィンの実験

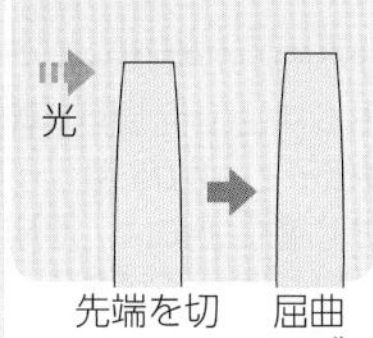
光

先端を切りとる　屈曲せず

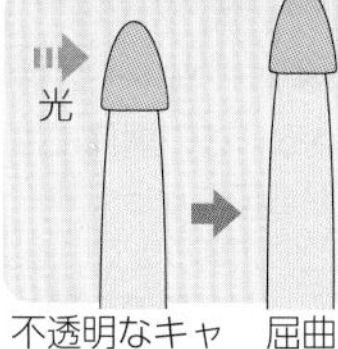
光

不透明なキャップをつける　屈曲せず

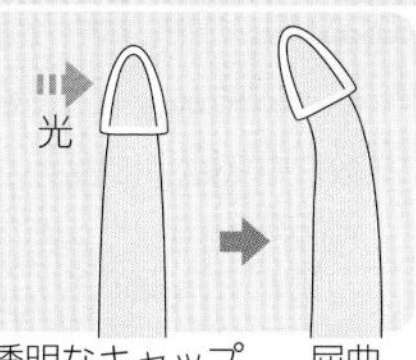
光

透明なキャップをつける　屈曲した

・光は先端部で感知され，先端部から屈曲が起こる部位まで，何らかの形で情報が伝達されている

■ボイセン イェンセンの実験

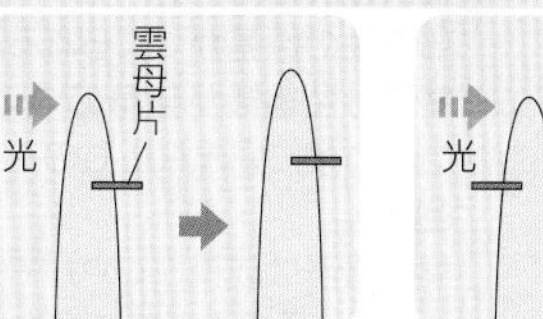
雲母片
光

雲母片を光と反対の側へ差しこむ　屈曲せず

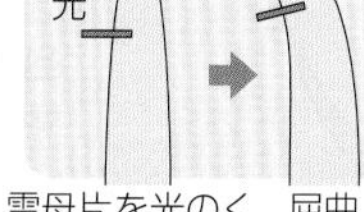
光

雲母片を光のくる側に差しこむ　屈曲した

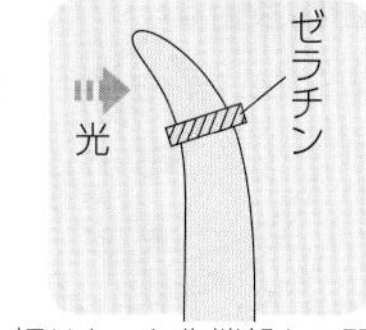
ゼラチン
光

切りとった先端部との間にゼラチンを入れても屈曲

・先端部でつくられた化学物質が，光の当たらない側を通って下方に移動
・この物質は水溶性である

■パールの実験

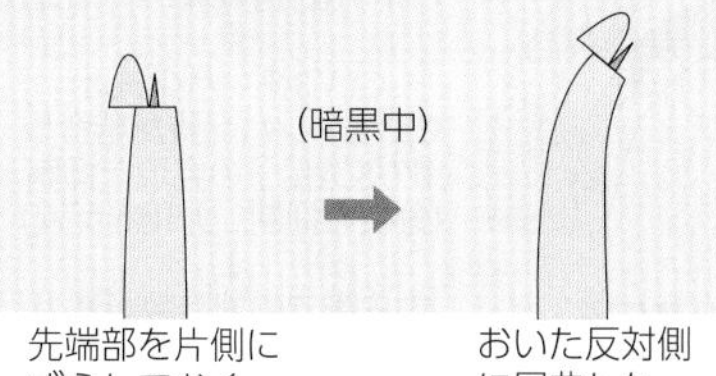
(暗黒中)

先端部を片側にずらしておく　おいた反対側に屈曲した

・屈曲は，先端部で合成される成長促進物質の不均一な分布によって起こる

■ウェントの実験

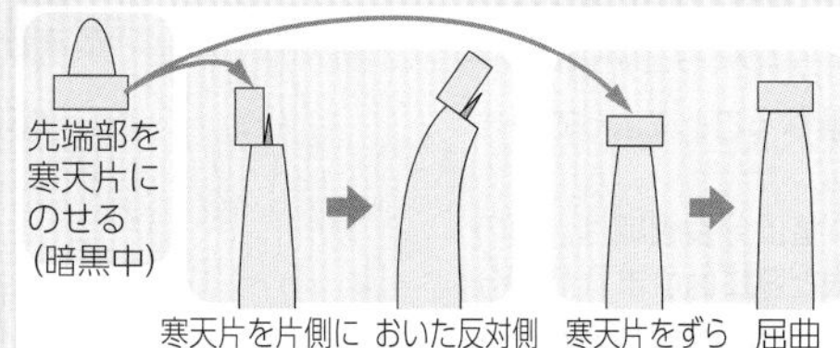
先端部を寒天片にのせる(暗黒中)

寒天片を片側にずらしておく　おいた反対側に屈曲した　寒天片をずらさずにおく　屈曲せず

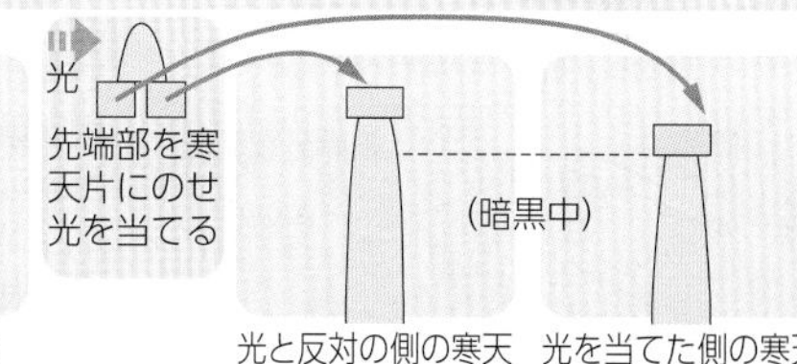
光
先端部を寒天片にのせ光を当てる
(暗黒中)

光と反対の側の寒天片では成長が大きい　光を当てた側の寒天片では成長が小さい

・成長促進物質は光が当たっていなくても合成され，光が当たると分布にかたよりが生じる
・成長促進物質は，寒天中にしみこむことのできる比較的安定な物質である

Column アベナ屈曲試験法

生物の生命活動をもとにして物質濃度を測る方法を生物検定法という。生物検定法の一つに，植物の屈性を利用してオーキシンの濃度を測定するアベナ屈曲試験法がある。オーキシンが低濃度の場合，幼葉鞘が屈曲する角度はオーキシンの濃度に比例することが知られており，アベナ屈曲試験法ではこの性質を利用する。

暗所で発芽したマカラスムギ(属名：アベナ)の幼葉鞘の先端部を，図のように第一葉だけを残して切りとり，オーキシンを含む寒天片を不均一にのせると，のせた側の成長が促進されて屈曲する。幼葉鞘が屈曲する角度とオーキシン濃度には右のグラフのような関係があるので，屈曲角度からオーキシン濃度を推定することができる。

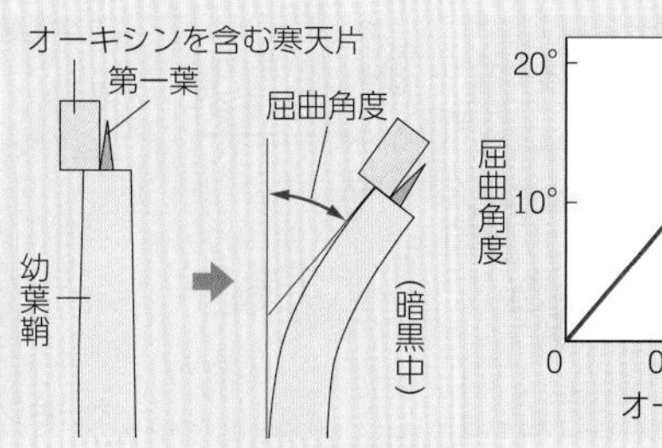
オーキシンを含む寒天片
第一葉
屈曲角度
幼葉鞘
(暗黒中)

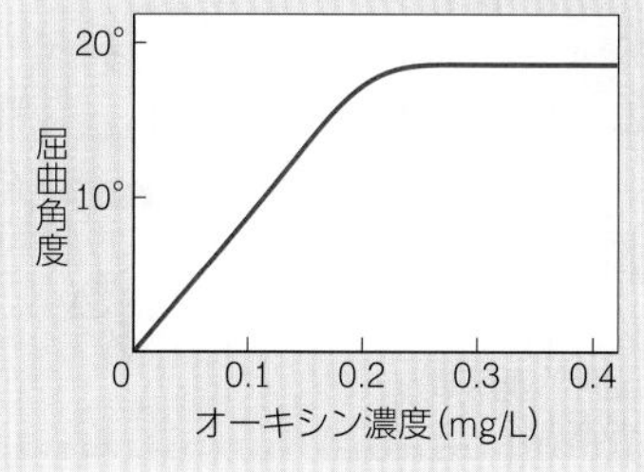
20°
10°
屈曲角度
0
0.1
0.2
0.3
0.4
オーキシン濃度(mg/L)

生物検定法(bioassay)

19 植物の器官分化と組織 生物基礎 生物

A 植物の器官分化

■頂端分裂組織

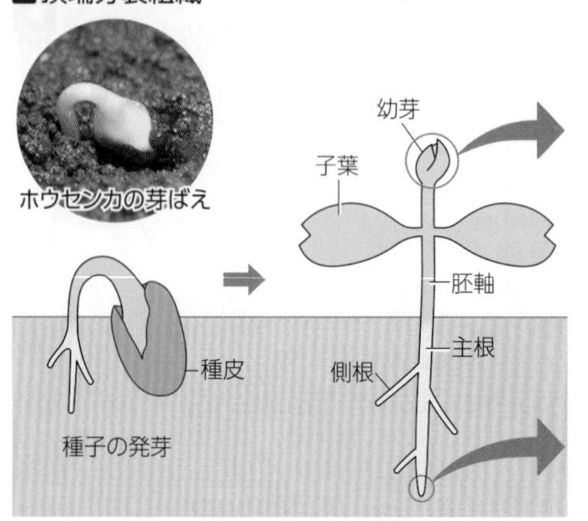
ホウセンカの芽ばえ
幼芽
子葉
胚軸
主根
側根
種皮
種子の発芽

植物体は，茎と根の先端部に**頂端分裂組織**をもつ(▶ *p*.46)。茎の先端にあるのが**茎頂分裂組織**，根の先端にあるのが**根端分裂組織**である。茎頂分裂組織からは，茎と葉，さらに花も分化する。

茎頂分裂組織

根端分裂組織

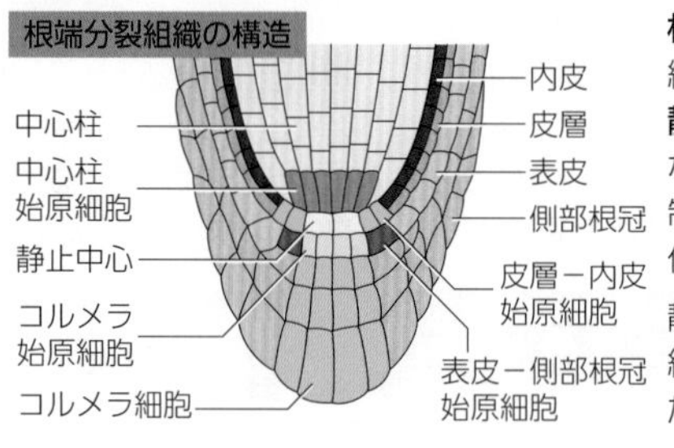
茎頂分裂組織の構造
形成中心
L1層
L2層
L3層
中央帯
髄状帯
周辺帯

L1 層は表皮に，L2 層，L3 層は内部組織になる。

中央帯　始原細胞からなる。

周辺帯　盛んに細胞分裂を行う分裂細胞からなる。

髄状帯　茎の髄や維管束などを形成する。形成中心とよばれる領域の細胞はほとんど細胞分裂を行わない。

根端分裂組織の構造

中心柱　中心柱始原細胞　静止中心　コルメラ始原細胞　コルメラ細胞　内皮　皮層　表皮　側部根冠　皮層－内皮始原細胞　表皮－側部根冠始原細胞

根冠始原細胞群　それぞれの組織をつくる始原細胞からなる。

静止中心　ほとんど分裂を行わない細胞。始原細胞の分化を抑制し，始原細胞としての機能を保持する。

静止中心，および各組織の始原細胞群と周辺の分裂細胞を含めた部分が根端分裂組織である。

■植物体の構成

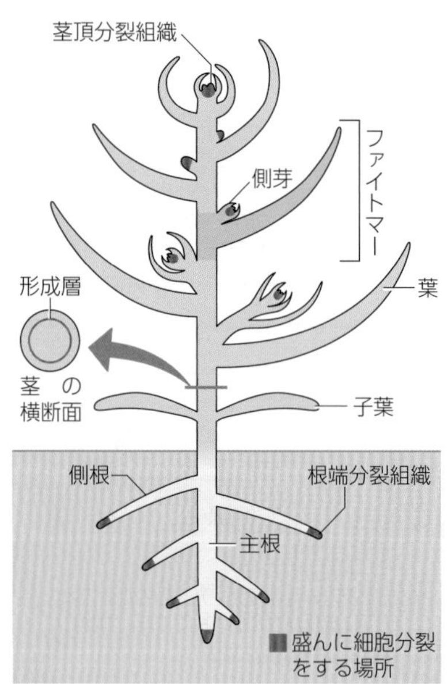
茎頂分裂組織
側芽
ファイトマー
葉
形成層
茎の横断面
子葉
側根
根端分裂組織
主根
■盛んに細胞分裂をする場所

茎頂分裂組織では，その周辺部で葉の原基がつくられる。茎頂分裂組織が自身のつくった若い葉に囲まれたものを**芽**という。

葉の原基は成長してやがて葉になり，それとともに茎も成長する。1 つの茎頂分裂組織に由来する茎と葉は**シュート**とよばれる。また，1 枚の葉，芽，葉と葉の間の茎(節間)をまとめた単位を**ファイトマー**という。植物体は，基本単位であるファイトマーが繰り返し積み重なることによってできていく。

新しい茎頂分裂組織は，葉のつけ根と茎にはさまれた部分が盛り上がってできる(側芽)。側芽が成長すると枝となる。

Zoom up 分裂組織を維持するしくみ

茎頂分裂組織では，幹細胞(始原細胞)として機能する細胞の数が一定の数になるように調節されている。この調節には，形成中心で発現し，幹細胞の分化の抑制と分裂の促進にはたらく *WUS* 遺伝子と，*WUS* 遺伝子の発現を抑制する *CLV* 遺伝子が関わっている。*CLV* 遺伝子には，形成中心で発現する *CLV1* 遺伝子と中央帯で発現する *CLV3* 遺伝子がある。

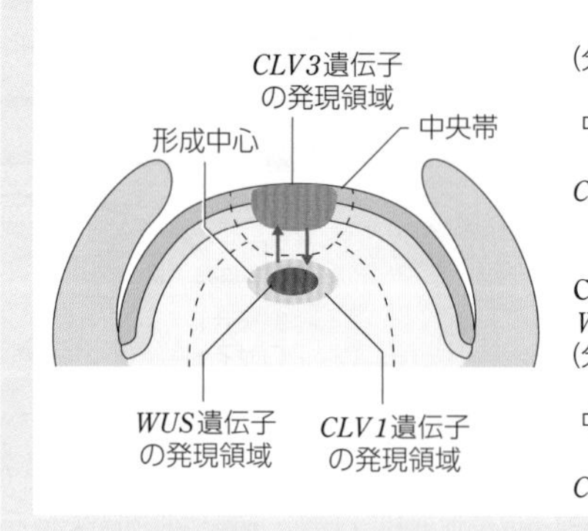
CLV3遺伝子の発現領域
形成中心
中央帯
WUS遺伝子の発現領域
CLV1遺伝子の発現領域
WUS遺伝子が発現(分裂を促進，分化を抑制)
中央帯で幹細胞数が増加
CLV3遺伝子の転写が促進
CLV3タンパク質とCLV1タンパク質が結合しWUS遺伝子の発現を抑制(分裂を抑制，分化を促進)
中央帯で幹細胞数が減少
CLV3遺伝子の転写が抑制

B 側芽の成長の調節

植物は側芽の不必要な成長を抑制し，頂芽を優先的に成長させること(**頂芽優勢**)で，より多くの光を受光することができる。側芽の成長は，茎の頂芽でつくられるオーキシンによって抑制される。

■頂芽優勢

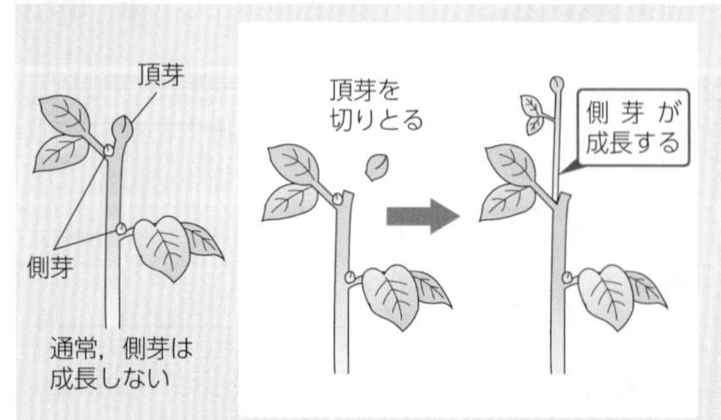
頂芽
側芽
通常，側芽は成長しない
頂芽を切りとる
側芽が成長する

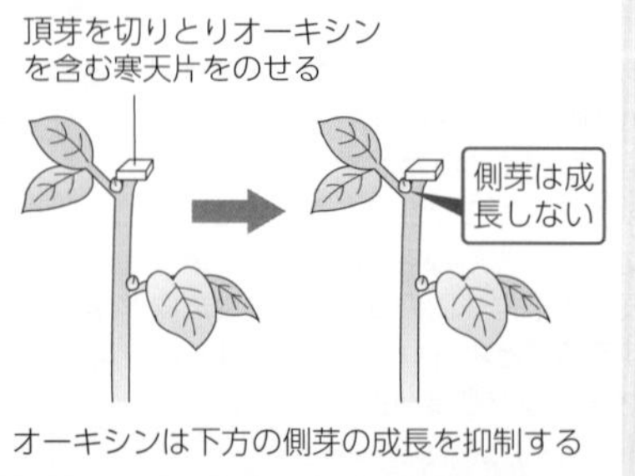
頂芽を切りとりオーキシンを含む寒天片をのせる
側芽は成長しない
オーキシンは下方の側芽の成長を抑制する

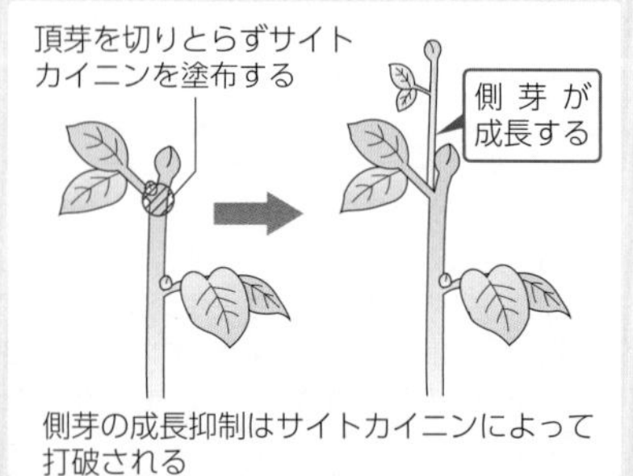
頂芽を切りとらずサイトカイニンを塗布する
側芽が成長する
側芽の成長抑制はサイトカイニンによって打破される

Keywords　茎頂分裂組織(shoot apical meristem)，根端分裂組織(root apical meristem)，頂芽優勢(apical dominance)

20 花芽形成の調節(1)

生物基礎
生 物

A 花芽形成の光周性

植物の花芽の形成などは，昼と夜の長短によって影響を受ける。このような性質を**光周性**という。

■花芽形成の光周性による3つの型

種類	長日植物	短日植物	中性植物
特徴	1日の暗期が一定時間(限界暗期)以下になると花芽を形成。春～初夏が開花期	1日の暗期が一定時間(限界暗期)以上になると花芽を形成。夏～秋が開花期	日長と関係なく花芽を形成。四季咲きの植物に多い
植物例	アブラナ，キャベツ，ダイコン，コムギ，アヤメ，ヒメジョオン，ホウレンソウ ヒメジョオン	アサガオ，コスモス，イネ，キク，オナモミ，ダイズ，アサ，ダリア アサガオ	ナス，ワタ，トマト，セイヨウタンポポ，ハコベ，エンドウ，トウモロコシ，キュウリ トマト

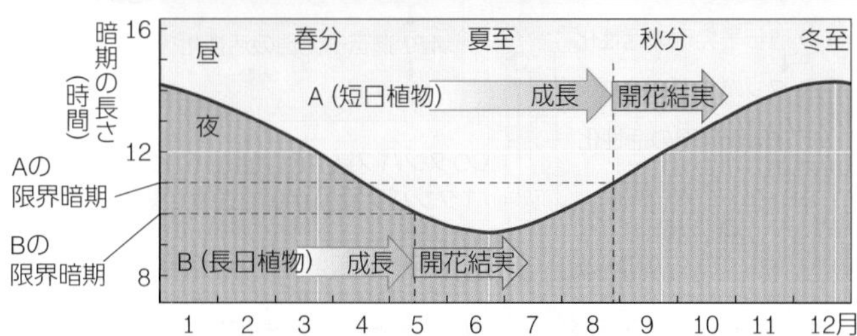
暗期の長さ(時間)
16
12
8
昼
夜
春分
夏至
秋分
冬至
A (短日植物)
成長
開花結実
Aの限界暗期
Bの限界暗期
B (長日植物)
成長
開花結実
1 2 3 4 5 6 7 8 9 10 11 12月

花芽形成が起こる，長日植物では最長の，短日植物では最短の暗期の長さを限界暗期という。限界暗期の長さは植物の種類によって異なる。

■ 1日の暗期と開花までの日数

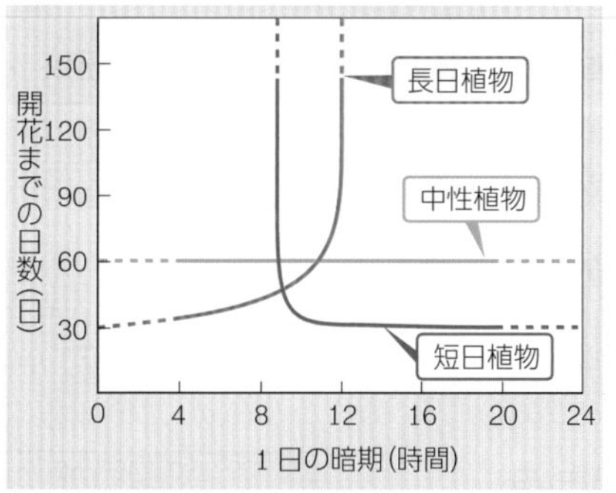
開花までの日数(日)
150
120
90
60
30
長日植物
中性植物
短日植物
0 4 8 12 16 20 24
1日の暗期(時間)

キクの電照栽培

晩夏から夜間照明で暗期を短くして(長日処理)開花を遅らせ，冬に出荷する。

■光中断実験とフィトクロム

←限界暗期→

処理	短日植物	長日植物
明期・暗期 光中断なし	開花する	開花しない
R	開花しない	開花する
R-FR	開花する	開花しない
R-FR-R	開花しない	開花する
R-FR-R-FR	開花する	開花しない

赤色光(R，波長 660nm 付近)の後に遠赤色光(FR，波長 730nm 付近)を照射すると赤色光照射の効果は打ち消される。花芽形成は最後に当てた光に影響される。

■花芽の形成

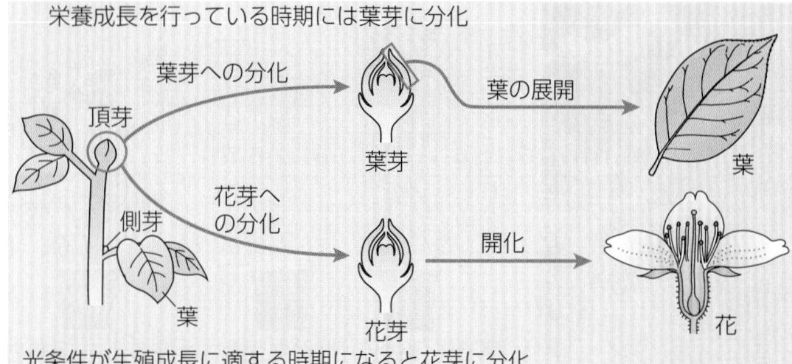
栄養成長を行っている時期には葉芽に分化
葉芽への分化
葉の展開
頂芽
葉芽
葉
花芽へ
の分化
側芽
開化
葉
花芽
花
光条件が生殖成長に適する時期になると花芽に分化

頂芽や側芽は葉にも花にも分化することができる。花芽の分化には，光条件，特に暗期の長さが関係する。

■光中断と花芽形成

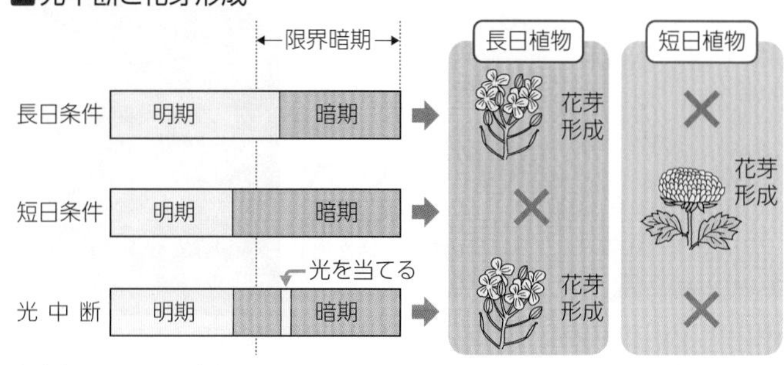
←限界暗期→
長日植物
短日植物
長日条件
明期
暗期
花芽形成
短日条件
明期
暗期
花芽形成
光を当てる
光中断
明期
暗期
花芽形成

光中断によって，暗期の連続した長さを限界暗期以下にすると，花芽形成に影響がでる。花芽形成には連続した暗期の長さが重要であることがわかる。

Point 植物の限界暗期

花芽形成は，昼と夜の長さの対比ではなく，限界暗期より暗期が長いか短いかによって決まり，限界暗期はそれぞれの植物によって異なる。

種　類		植物例	限界暗期(時間)
長日植物	限界暗期より短い暗期で花芽形成	ダイコン ホウレンソウ	13～14 10～11
短日植物	限界暗期より長い暗期で花芽形成	アサガオ オナモミ	8～9 8.5～9

Column 光周性と緯度の関係

低緯度に比べて高緯度の地域では，光周性をもち，日長(夜の長さ)を手がかりにして花芽形成を行う植物の割合が多い。これはなぜだろう。

高緯度地域の夏は短く，そこに生息する植物には，初夏～初秋の短い特定の時期に花を咲かせて種子をつくらなければならないものがある。そのような植物にとっては，花粉を運ぶ昆虫が活動する時期や，同種の他個体が開花する時期に合わせて花芽形成を行うことが重要である。植物の成長には個体差があり，また温度には季節外れの暖かさなど年によって違いがある。そのため，これらを手がかりに花芽形成を行うと，花芽形成に適さない時期に花芽を形成してしまう個体が現れる。それに対して，日長は年によって変化しないので，日長を手がかりに花芽を形成すれば，その地域の同種の個体が特定の時期に一斉に花芽形成を行うことになり，効率よく繁殖することができる。

Keywords 花芽形成(flower-bud formation)，光周性(photoperiodism)，光中断(light break)

21 花芽形成の調節(2)

生物基礎
生物

A 花芽形成のしくみ

光周性を示す植物は，葉のフィトクロムで光(暗期)を受容し，花芽形成促進物質(フロリゲン)をつくり，花芽を形成する。現在では，フロリゲンはタンパク質であることが明らかになっている。

■花芽形成と物質の移動(短日植物オナモミを用いた実験)

は短日処理(人為的に暗期を限界暗期より長くした短日条件にする)

オナモミ

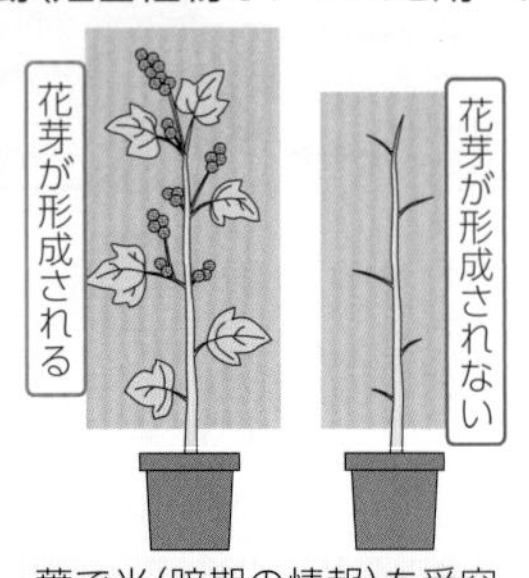
花芽が形成される
花芽が形成されない

葉で光(暗期の情報)を受容する。

花芽が形成される
接ぎ木
花芽が形成される

花芽形成促進物質は葉でつくられて移動する。

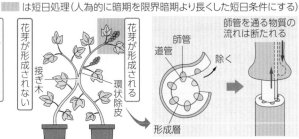

花芽が形成されない
接ぎ木
環状除皮
花芽が形成される

花芽形成促進物質は師管を通って移動する。

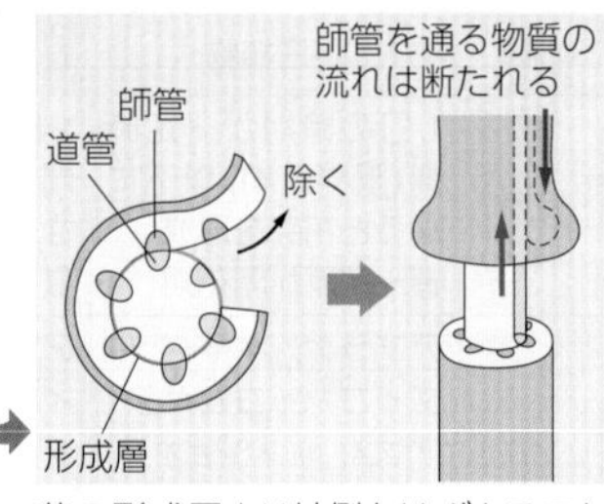
師管を通る物質の流れは断たれる
師管
道管
除く
形成層

茎の形成層より外側をはぎとることを環状除皮といい，道管を残して師管だけが除かれる。

■短日植物におけるフロリゲンのはたらき

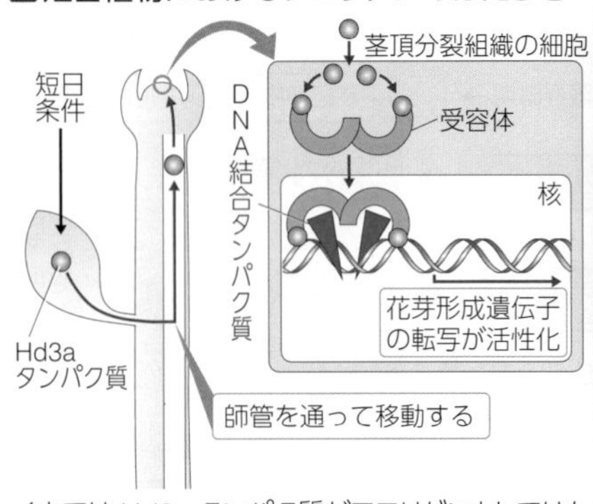
短日条件
茎頂分裂組織の細胞
受容体
DNA結合タンパク質
核
花芽形成遺伝子の転写が活性化
Hd3aタンパク質
師管を通って移動する

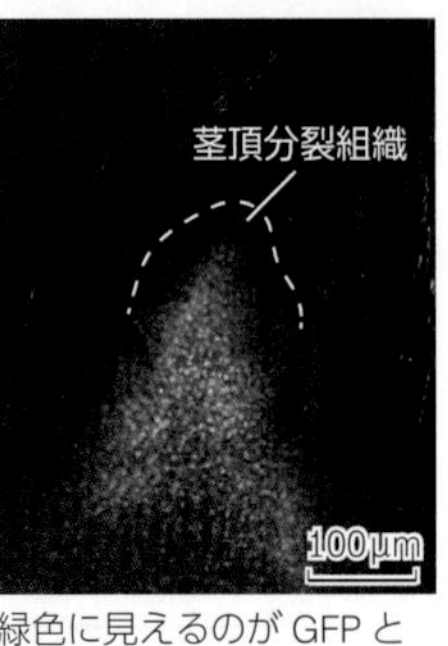
茎頂分裂組織
100μm

緑色に見えるのがGFPと結合したHd3aタンパク質

イネではHd3aタンパク質がフロリゲンとしてはたらく。

■長日植物におけるフロリゲンのはたらき

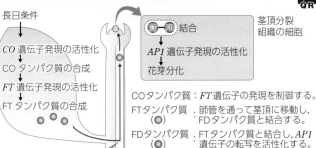

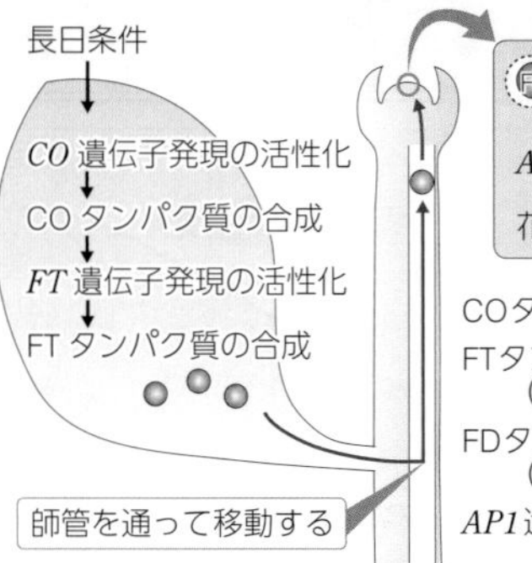
長日条件
CO 遺伝子発現の活性化
CO タンパク質の合成
FT 遺伝子発現の活性化
FT タンパク質の合成
FT FD 結合
AP1 遺伝子発現の活性化
花芽分化
茎頂分裂組織の細胞
師管を通って移動する

COタンパク質：*FT*遺伝子の発現を制御する。
FTタンパク質(●)：師管を通って茎頂に移動し，FDタンパク質と結合する。
FDタンパク質(●)：FTタンパク質と結合し，*AP1*遺伝子の転写を活性化する。
*AP1*遺伝子：花芽形成のはじめにはたらく遺伝子。

シロイヌナズナではFTタンパク質がフロリゲンとしてはたらく。

B 花芽形成と温度

植物の花芽形成に影響を与える環境条件として，光のほかに温度もあげられる。

■花芽を分化する暗期の長さと温度

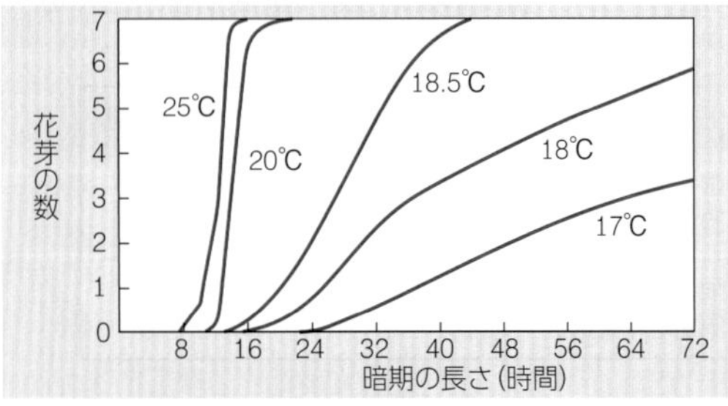
花芽の数
25℃
20℃
18.5℃
18℃
17℃
暗期の長さ(時間)
0 8 16 24 32 40 48 56 64 72

アサガオ(短日植物)の芽ばえに花芽形成に十分な暗期を1回与える。このとき，温度によって花芽形成に必要な暗期の長さは変わる。

■春化処理　低温により花芽形成などが促進されることを**春化**(バーナリゼーション)という。

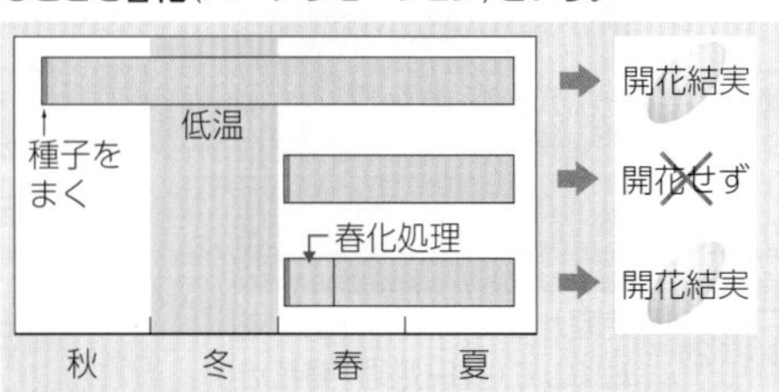
種子をまく
低温
開花結実
開花せず
春化処理
開花結実
秋
冬
春
夏

秋まきコムギを春にまくと成長するが開花結実しない。しかし，春にまいても発芽種子を約4℃の低温下に一定期間おく(春化処理)と，開花結実する。

■春化処理と開花までの日数

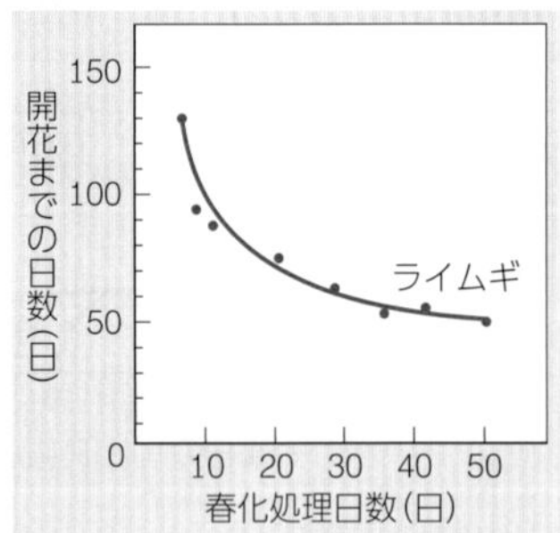
開花までの日数(日)
150
100
50
0
ライムギ
10 20 30 40 50
春化処理日数(日)

Column 二次代謝産物とアレロパシー

■二次代謝産物

植物の生命維持に直接必要な代謝産物を「一次代謝産物」というのに対し，それぞれの植物に固有に存在し，生命維持に直接関係しない物質を「二次代謝産物」という。二次代謝産物の生理的意義については，よくわかっていないものが多いが，近年，一部の二次代謝産物は，他の植物との情報伝達や昆虫などに対する防御にはたらいていることが明らかになってきている。

アルカロイド…動物(特に哺乳類)に対して毒性を示すものが多い。ニコチン，カフェイン，コカイン，エフェドリンなど

フラボノイド…動物の誘引，紫外線に対する防御など。フラボン，アントシアニン，カテキン，ルチンなど

イソプレノイド(テルペノイド)…殺虫・捕食忌避効果を示すものがある。植物油，樹脂，天然ゴムなど

■アレロパシー

ある種の植物は，成長阻害物質を産生して分泌することで，周囲の他個体の生育を阻害していると考えられている。これをアレロパシー(他感作用)といい，二次代謝産物が関与しているものがある。土中に分泌される物質のほか，エチレンやテルペノイドなどのように揮発性の物質もある。

ヒガンバナ

アレロパシーをもつ植物の例

Keywords　春化〔処理〕(vernalization)，アレロパシー(allelopathy)

Zoom up 生物の体内時計と植物の日長感知のしくみ

生物の体内にはおおむね 1 日を周期とした概日時計が存在する(▶ p.199)。長日植物や短日植物では，花芽形成に必要な日長の感知に，その概日時計が関係することが明らかになっている。

■生物の体内時計のしくみ

概日時計(体内時計)の本体は化学反応の連鎖であり，最も単純なものは，図のように，3 つの物質 A，B，C において，A が B の合成を促進し，B が C の合成を促進し，C が A の合成を抑制するような場合である。

A の合成量が増加すると(①)，B の合成が促進され，B が増加する(②)。B が増加すると C の合成が促進され，C が増加する(③)。やがて増加した C が A の合成を抑制するため，Aは減少に転じる(④)。A が減少すると続いて B と C も減少するが(⑤，⑥)，A を抑制する C が減ったことにより，A は再び増加に転じる(⑦)。このサイクルが続くと，A，B，C は増加と減少を一定の周期でくり返す。生物は，このように一定の周期で増減をくり返す物質を体内にもち，時間の長さを感知するのに利用している。

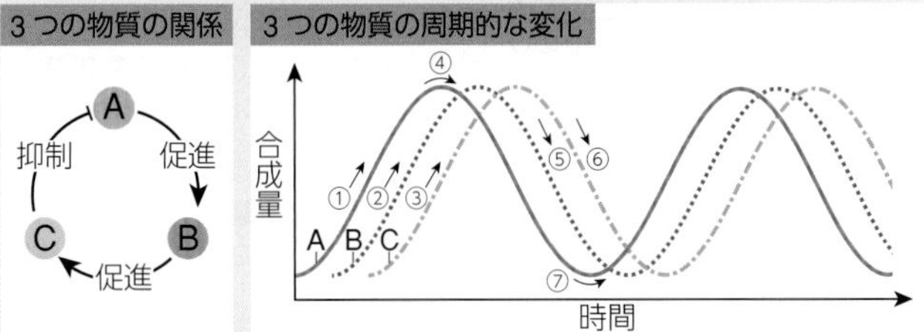

3 つの物質の関係
A
抑制
促進
C
B
促進
3 つの物質の周期的な変化
合成量
①
②
③
④
⑤
⑥
⑦
A B C
時間

■明暗周期と概日時計の維持

概日時計はそれ単独で正確な周期を維持できるわけではなく，周囲の明暗の変化によって「時刻合わせ」が行われていると考えられている。

植物の場合，概日時計の「時刻合わせ」には，光受容体であるフィトクロムとクリプトクロムがはたらいている。光受容体が光を感知したときに，概日時計の本体であるタンパク質の合成量や活性が調節され，概日時計の周期が補正されて 24 時間に維持されると考えられている。

また，多くの場合，概日時計は光が周期的に当たることによって維持されており，暗黒下に長時間おかれるとしだいに減衰していくことが知られている。

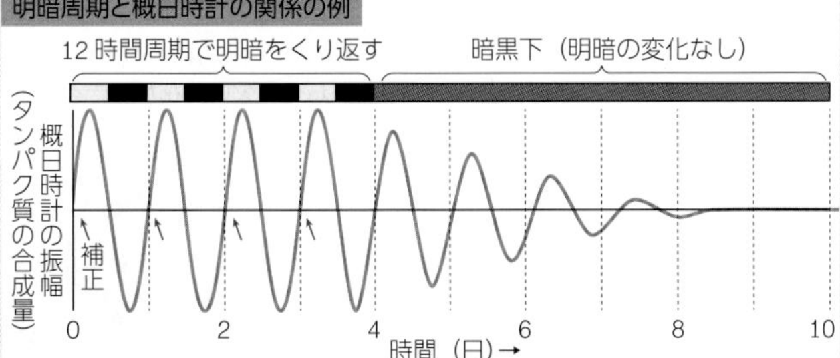

明暗周期と概日時計の関係の例
12 時間周期で明暗をくり返す
暗黒下（明暗の変化なし）
概日時計の振幅(タンパク質の合成量)
補正
0
2
4
6
8
10
時間（日）→

■概日時計による日長の感知

植物が葉で日長を感知するしくみについては，概日時計のしくみをもとに，次のように考えられている。例えば，周期的に増減するあるタンパク質の合成量が，明期のはじめから 12 時間後にかけて最大になるように調節されている場合，タンパク質の合成量が最大になったときに周囲が明るければ長日条件，暗ければ短日条件であるといえる。植物はこのように，周期的に合成量が増減するタンパク質(概日時計)の情報と，光受容体によって得られる周囲の明るさの情報を組み合わせることで，日長を感知している。

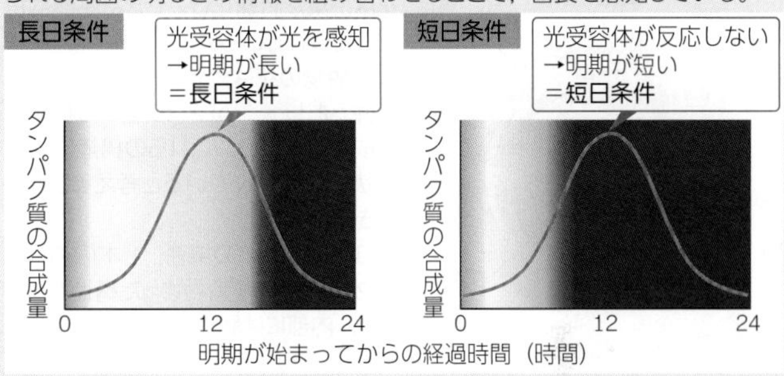

長日条件
光受容体が光を感知
→明期が長い
＝長日条件
短日条件
光受容体が反応しない
→明期が短い
＝短日条件
タンパク質の合成量
0
12
24
明期が始まってからの経過時間（時間）

■長日植物と短日植物の応答の違い

日長の情報によって花芽を形成するしくみは，実は，長日植物でも短日植物でもほとんど共通している。どちらの場合でも，感知した日長の情報はフロリゲンの発現を調節するタンパク質へと伝えられる。ところが，このタンパク質の作用が長日植物と短日植物では正反対であり，両者の応答の違いはこれによって生じている。長日植物の場合，長日条件で調節タンパク質がはたらくとフロリゲンの発現が誘導されて花芽が形成されるが，短日植物では逆にフロリゲンの発現が抑制され，花芽は形成されない。

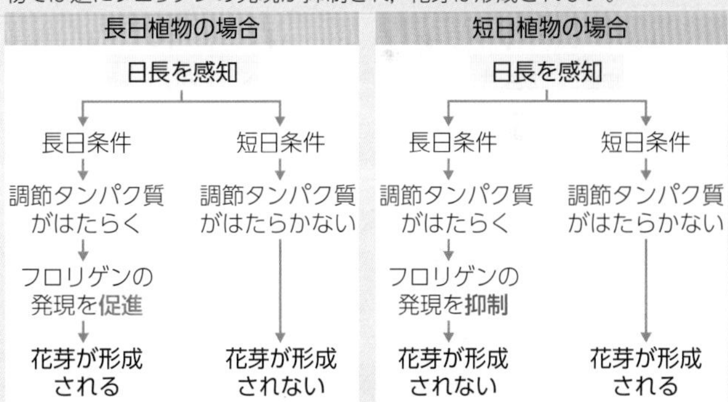

長日植物の場合
日長を感知
長日条件
調節タンパク質がはたらく
フロリゲンの発現を促進
花芽が形成される
短日条件
調節タンパク質がはたらかない
花芽が形成されない
短日植物の場合
日長を感知
長日条件
調節タンパク質がはたらく
フロリゲンの発現を抑制
花芽が形成されない
短日条件
調節タンパク質がはたらかない
花芽が形成される

■シロイヌナズナの日長感知と花芽形成にかかわるタンパク質

長日植物であるシロイヌナズナにおいては，日長の感知から花芽形成にいたるまでの一連のはたらきにかかわるタンパク質が数多く明らかになっている。

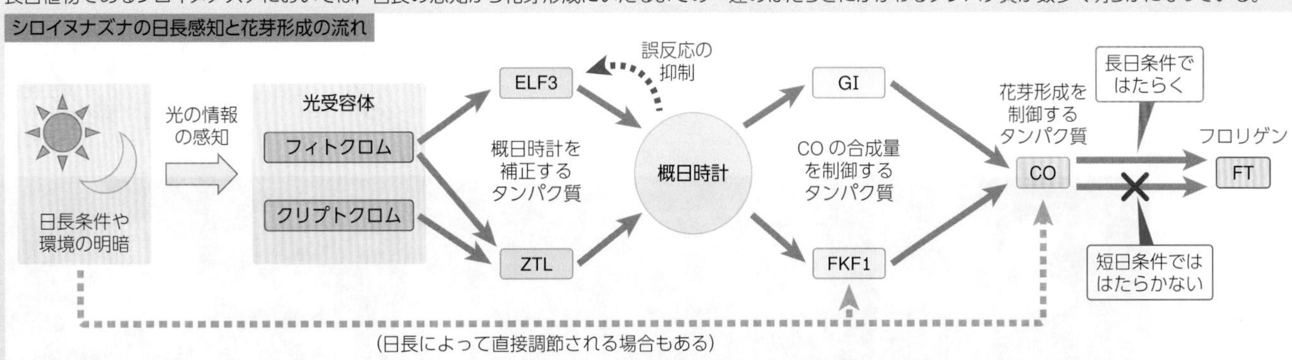

シロイヌナズナの日長感知と花芽形成の流れ
日長条件や環境の明暗
光の情報の感知
光受容体
フィトクロム
クリプトクロム
ELF3
ZTL
誤反応の抑制
概日時計を補正するタンパク質
概日時計
GI
FKF1
CO の合成量を制御するタンパク質
花芽形成を制御するタンパク質
CO
長日条件ではたらく
短日条件でははたらかない
フロリゲン
FT
(日長によって直接調節される場合もある)

22 花の形成と遺伝子発現

生物基礎
生物

A 花芽の分化と遺伝子発現

茎頂に移動したフロリゲンは，花芽の分化に関係する一群の遺伝子の発現を誘導する。それらの遺伝子のつくるタンパク質の組み合わせによって，花のどの部分が形成されるかが決まる。

■花の構造

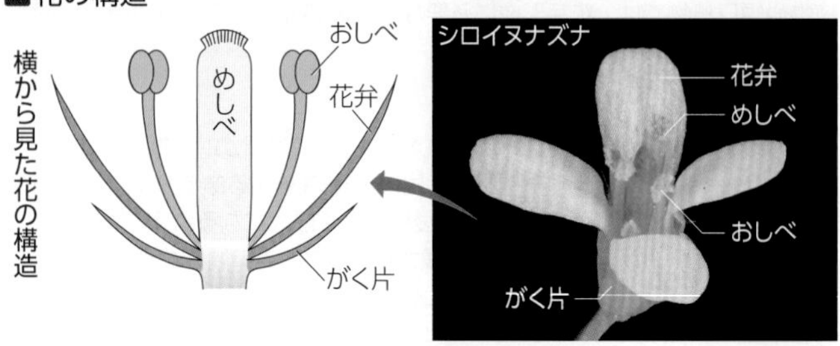

横から見た花の構造
めしべ
おしべ
花弁
がく片
シロイヌナズナ
花弁
めしべ
おしべ
がく片

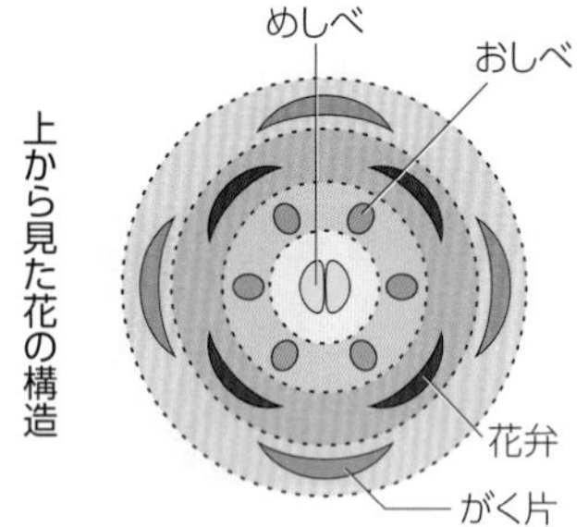

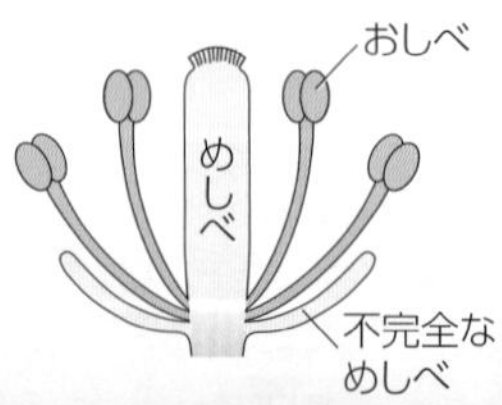

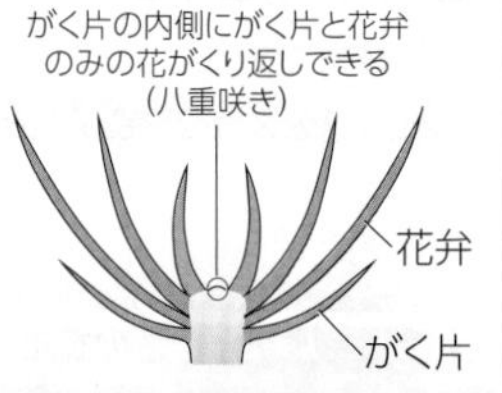

上から見た花の構造
めしべ
おしべ
花弁
がく片

花は，葉が特殊化してできた生殖器官と考えられている。
被子植物の花は，外側から，がく片，花弁，おしべ，めしべの4つの構造で構成されている。これらの構造は同心円状に配置されていると考えることができる。
シロイヌナズナの場合，1本のめしべは2つの心皮が合わさった構造をしており，内部には胚珠が存在する。

■ABC モデル

シロイヌナズナの花の形成には，3種類の調節遺伝子（*A* クラス，*B* クラス，*C* クラス）がつくるタンパク質（調節タンパク質）が関与している。

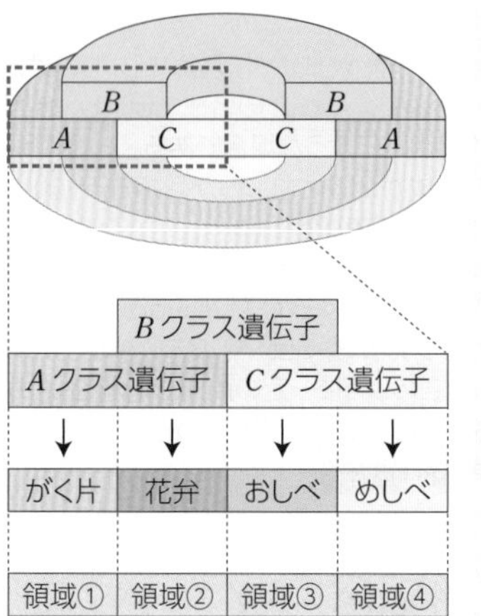

B
B
A
C
C
A
B クラス遺伝子
A クラス遺伝子
C クラス遺伝子
がく片
花弁
おしべ
めしべ
領域①
領域②
領域③
領域④

ABC モデルの3つのルール
①遺伝子発現と構造の関係
A クラス遺伝子のみ → がく片
A クラス遺伝子＋*B* クラス遺伝子 → 花弁
B クラス遺伝子＋*C* クラス遺伝子 → おしべ
C クラス遺伝子のみ → めしべ
② *A* クラス遺伝子と *C* クラス遺伝子は互いの発現を抑制しあうため，両者が同じ領域で同時に発現することはない。
③ *C* クラス遺伝子は分裂組織の分裂を適切な回数で止めるはたらきをもつ。

花の構造は同心円状に形成されるとみなせるため，遺伝子発現を表すときは，外側から中心までの領域を1組だけ示した上のような図がよく用いられる。

■シロイヌナズナの花の形成（ABC モデル）

シロイヌナズナにおける3種類の調節遺伝子は，いずれか1つの遺伝子が突然変異を起こすと，特定の領域が別の領域の構造と置き換わるような変化が生じ，花の構造が正常につくられなくなる。このような調節遺伝子をホメオティック遺伝子という（▶ *p*.137）。

QR

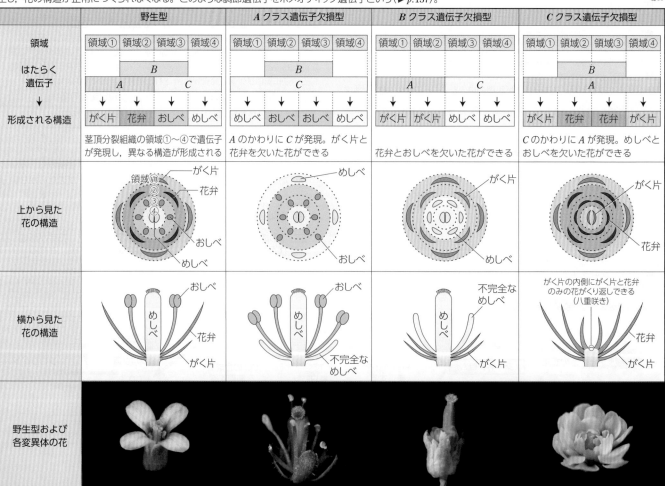

	野生型	*A* クラス遺伝子欠損型	*B* クラス遺伝子欠損型	*C* クラス遺伝子欠損型
領域	領域① 領域② 領域③ 領域④	領域① 領域② 領域③ 領域④	領域① 領域② 領域③ 領域④	領域① 領域② 領域③ 領域④
はたらく遺伝子	*B*（領域②③）／*A*（領域①②） *C*（領域③④）	*B*（領域②③）／*C*（領域①〜④）	*A*（領域①②） *C*（領域③④）	*B*（領域②③）／*A*（領域①〜④）
↓ 形成される構造	がく片 花弁 おしべ めしべ	めしべ おしべ おしべ めしべ	がく片 がく片 めしべ めしべ	がく片 花弁 花弁 がく片
	茎頂分裂組織の領域①〜④で遺伝子が発現し，異なる構造が形成される	*A* のかわりに *C* が発現。がく片と花弁を欠いた花ができる	花弁とおしべを欠いた花ができる	*C* のかわりに *A* が発現。めしべとおしべを欠いた花ができる
上から見た花の構造	領域①②③④，がく片，花弁，おしべ，めしべ	めしべ，おしべ	がく片，めしべ	がく片，花弁
横から見た花の構造	めしべ，おしべ，花弁，がく片	めしべ，おしべ，不完全なめしべ	めしべ，不完全なめしべ，がく片	がく片の内側にがく片と花弁のみの花がくり返しできる（八重咲き），花弁，がく片
野生型および各変異体の花			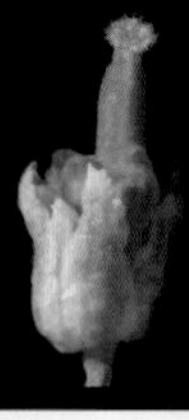	

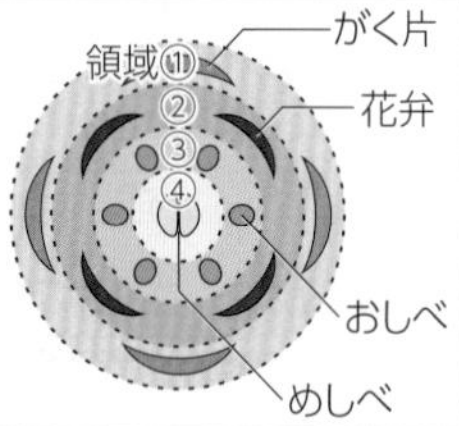

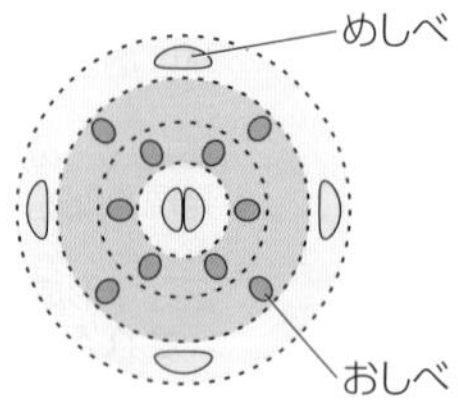

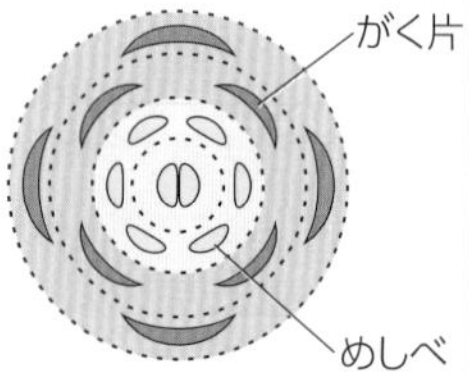

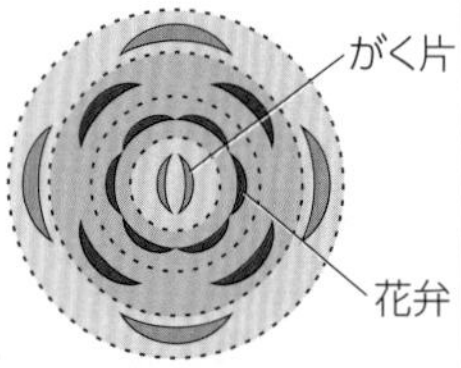

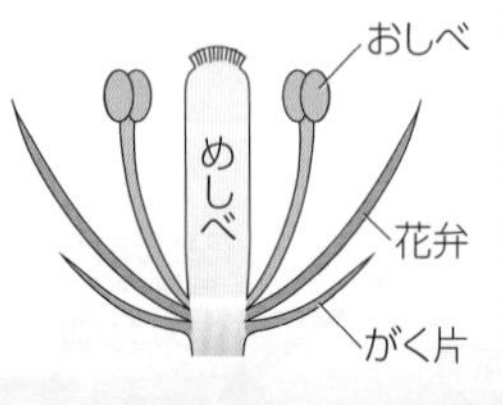

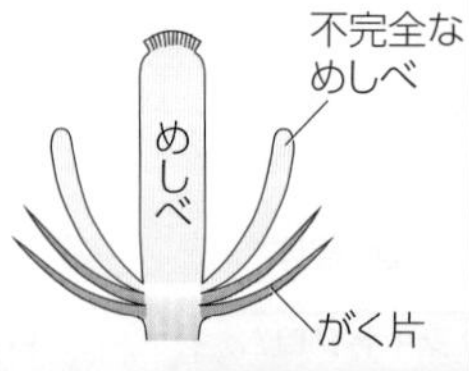

Keywords がく（calyx），がく片（sepal），花弁（petal），おしべ（stamen），めしべ（pistil），ABC モデル（ABC model）

B ABCモデルの詳しいしくみ

ABCモデルの確立後，これらの遺伝子の活性に必要な*E*クラス遺伝子が発見された。シロイヌナズナの花芽形成には，*A*，*B*，*C*，*E*の4つのクラスの遺伝子が作用する。

■ 4つのクラスに属する遺伝子

クラス	遺伝子名
*A*クラス遺伝子	*AP1*，*AP2*
*B*クラス遺伝子	*AP3*，*PI*
*C*クラス遺伝子	*AG*
*E*クラス遺伝子	*SEP1*，*SEP2*，*SEP3*，*SEP4*

これらの遺伝子はすべてホメオティック遺伝子である。また，*AP2*以外の遺伝子は，似通った塩基配列をもつ**MADSボックス遺伝子**とよばれる遺伝子群に属している。

■ ABCEモデル

領域①	領域②	領域③	領域④
	*B*クラス遺伝子	*B*クラス遺伝子	
*A*クラス遺伝子	*A*クラス遺伝子	*C*クラス遺伝子	*C*クラス遺伝子
*E*クラス遺伝子	*E*クラス遺伝子	*E*クラス遺伝子	*E*クラス遺伝子

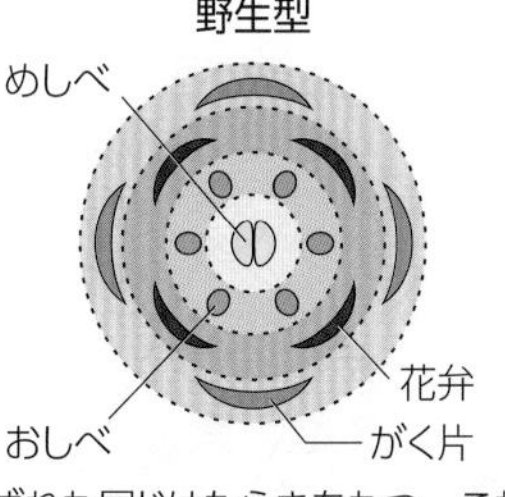
野生型
*E*クラス遺伝子欠損型
めしべ
花弁
おしべ
がく片
葉に似た構造

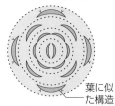

*E*クラスの4つの遺伝子(*SEP1*～*4*)はいずれも同じはたらきをもつ。これらすべてが欠損した株では，すべての領域が葉に似た形態を示す。*A*，*B*，*C*クラス遺伝子は「花のうちどの構造に分化するか」を決定する遺伝子であるが，*E*クラス遺伝子は「花を形成するか否か」を決定する遺伝子であると考えられている。

■花の形成におけるタンパク質の相互作用(四つ組モデル)

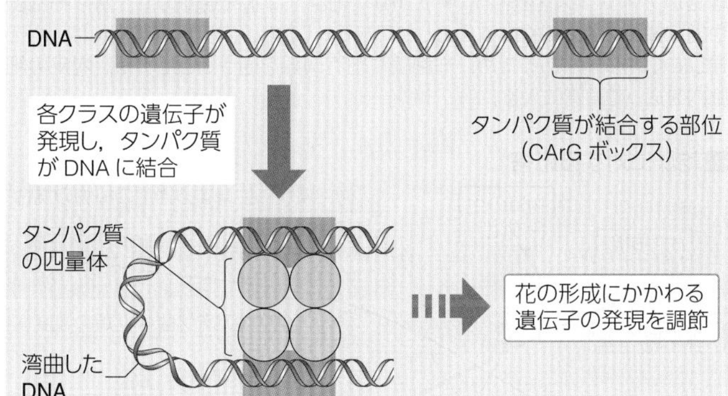
DNA
各クラスの遺伝子が発現し，タンパク質がDNAに結合
タンパク質が結合する部位(CArGボックス)
タンパク質の四量体
湾曲したDNA
花の形成にかかわる遺伝子の発現を調節

*AP2*を除く*A*，*B*，*C*，*E*クラス遺伝子(MADSボックス遺伝子)からつくられたタンパク質はいずれも，DNAの特定の部位に結合する性質をもつ。また，これらのタンパク質は互いに結合して四量体をつくる性質ももっている。
各タンパク質がDNAに結合し，それらが四量体を形成すると，DNAが折り曲げられ，花の形成にかかわる遺伝子の発現が調節されると考えられている。

■タンパク質の組み合わせと形成される構造

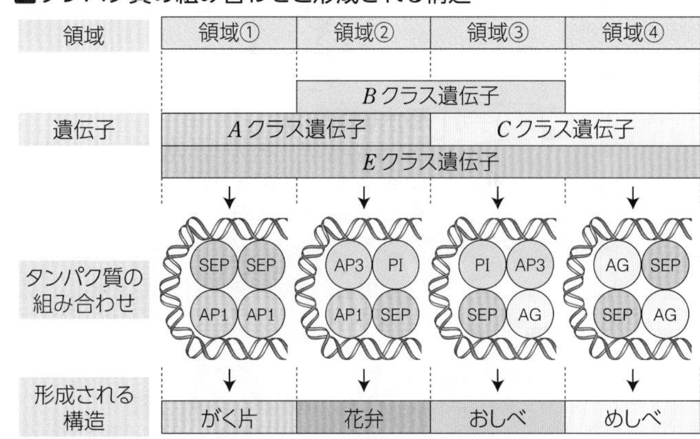
領域
領域①
領域②
領域③
領域④
遺伝子
*B*クラス遺伝子
*A*クラス遺伝子
*C*クラス遺伝子
*E*クラス遺伝子
タンパク質の組み合わせ
SEP SEP AP1 AP1
AP3 PI AP1 SEP
PI AP3 SEP AG
AG SEP SEP AG
形成される構造
がく片
花弁
おしべ
めしべ

*E*クラス遺伝子からつくられたタンパク質は，どの四量体にも含まれる。そのため，*E*クラス遺伝子が欠損すると，各クラスの遺伝子からつくられたタンパク質は四量体を形成することができなくなり，花の形成にかかわる遺伝子が発現しなくなるため，花が形成されなくなる。

Zoom up 単子葉植物におけるABCモデル

単子葉植物であるイネでもABCモデルが提唱されている。イネの花は，外側から外穎(がいえい)・内穎(ないえい)，鱗被(りんぴ)(花弁にあたる)，おしべ，めしべで構成されており，このうち鱗被，おしべ，めしべについてABCモデルで花の形成を説明することができる。
イネの場合，*A*，*B*，*C*クラス遺伝子のほかに，めしべの形成に必要な*DL*遺伝子が存在する。*B*クラス遺伝子と*DL*遺伝子，*A*クラス遺伝子と*C*クラス遺伝子はそれぞれ互いに発現を抑制しており，例えば，*DL*遺伝子が発現しなくなった変異株では，本来めしべが形成される領域にもおしべが形成されるようになる。

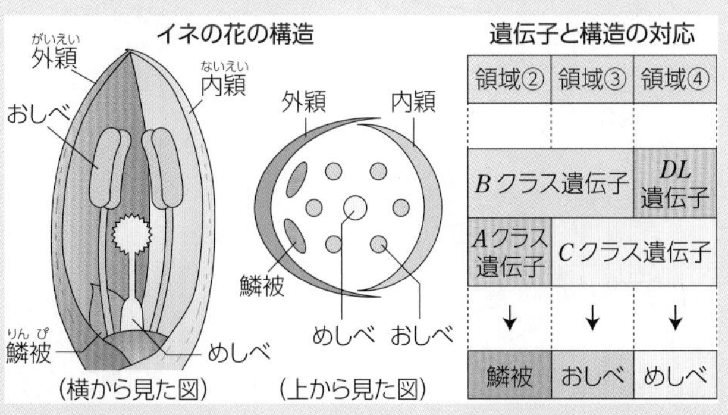
イネの花の構造
外穎
内穎
おしべ
鱗被
めしべ
(横から見た図)
外穎
内穎
鱗被
めしべ
おしべ
(上から見た図)
遺伝子と構造の対応
領域②
領域③
領域④
*B*クラス遺伝子
*DL*遺伝子
*A*クラス遺伝子
*C*クラス遺伝子
鱗被
おしべ
めしべ

Column モデル植物としてのシロイヌナズナ

シロイヌナズナ(学名*Arabidopsis thaliana*)は，植物研究の材料として用いられてきた代表的なモデル植物である。種子をまいてから花が咲くまでの期間が1か月程度と短い，多くの種子をつける，小さくて実験室でも育てやすいなど，実験材料として優れた特徴をもっている。また，ゲノムサイズは1億1500万塩基対と小さく，2000年には植物で初めて全塩基配列が明らかにされた。多様な形質をもつ突然変異体が得られており，広く研究材料として用いられている。シロイヌナズナについては，以下のようなウェブサイトから情報を得ることができる。

シロイヌナズナ

＊https://integbio.jp/dbcatalog/
(Integbioデータベースカタログ)
＊https://epd.brc.riken.jp/
(理化学研究所バイオリソース研究センター)

MADSボックス遺伝子(MADS box gene)，四つ組モデル(quartet model)

23 環境の変化に対する応答

生物基礎
生 物

A 水分の調節

植物体内の水分子は互いにつながっており，根から吸収された水は気孔などから蒸散した水に引かれるように，道管を通って葉まで運ばれる。また，道管内を移動する水とともに，根から吸収した無機塩類も輸送される。

■植物体内の水の流れ

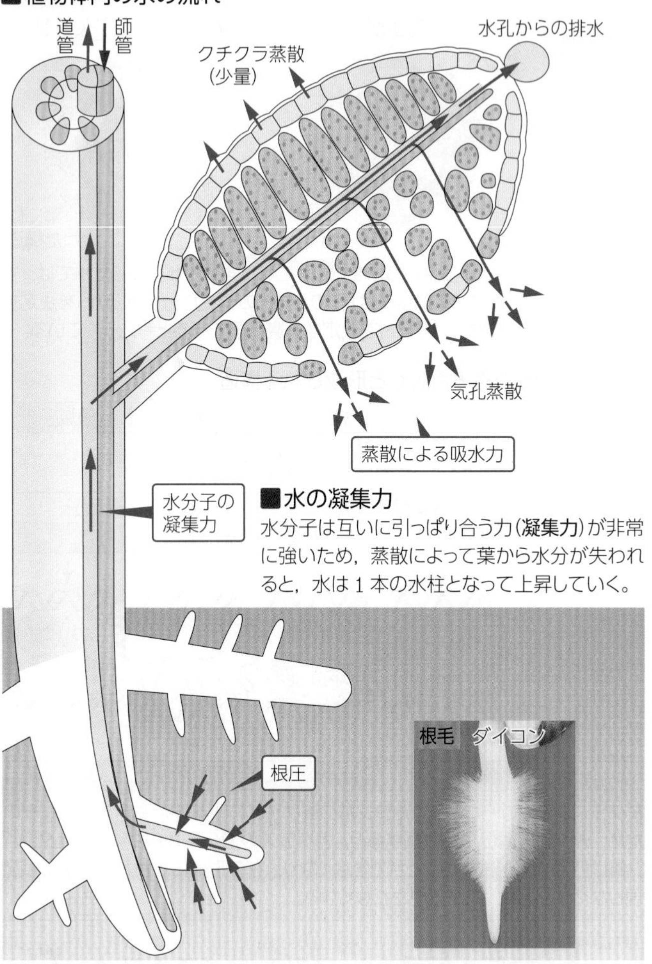

道管
師管
クチクラ蒸散
(少量)
水孔からの排水
気孔蒸散
蒸散による吸水力
水分子の
凝集力
根圧
根毛　ダイコン

■水の凝集力

水分子は互いに引っぱり合う力(**凝集力**)が非常に強いため，蒸散によって葉から水分が失われると，水は1本の水柱となって上昇していく。

■根からの吸水(根圧の発生)

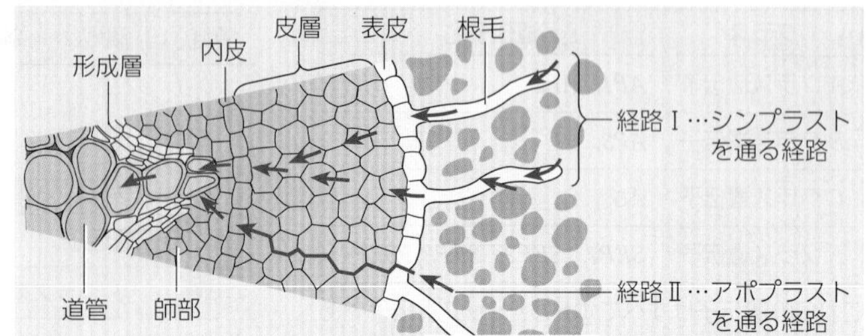

形成層
内皮
皮層
表皮
根毛
経路Ⅰ…シンプラスト
を通る経路
道管
師部
経路Ⅱ…アポプラスト
を通る経路

経路Ⅰ(シンプラストを通る，▶p.204)　土の吸水力より根の表皮細胞の吸水力が大きければ，土の中の水は細胞の中に吸収される。根の内部に入るほど細胞の吸水力は大きいため，水は内部に移動して道管に達する。この水分の移動により水を押し上げる力(**根圧**)が生じる。

経路Ⅱ(アポプラストを通る，▶p.204)　細胞壁は水を通すので，水は細胞壁や細胞間隙を通って移動することができる。しかし，内皮の細胞壁には，水を通しにくい部分があるため，細胞壁や細胞間隙を通ってきた水も，内皮の細胞内を通って道管に入る。

■乾燥に対する応答

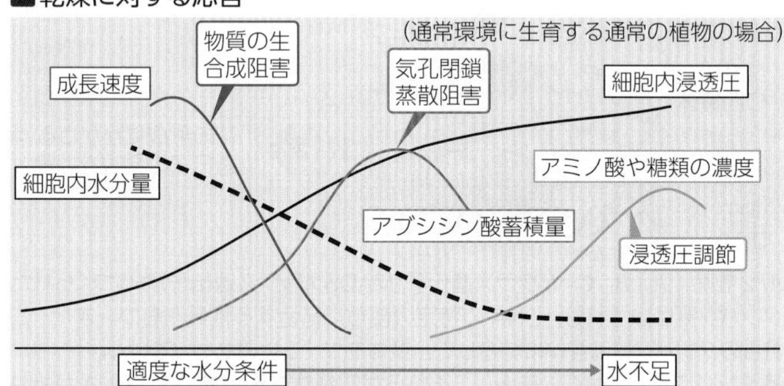

(通常環境に生育する通常の植物の場合)
物質の生
合成阻害
成長速度
気孔閉鎖
蒸散阻害
細胞内浸透圧
細胞内水分量
アミノ酸や糖類の濃度
アブシシン酸蓄積量
浸透圧調節
適度な水分条件
水不足

水不足になると，植物は，アブシシン酸のはたらきで気孔を閉鎖したり，エチレンのはたらきで葉を離脱させたりすることで，蒸散によって水分が消失して枯死することを防ぐ。

■気孔の開閉

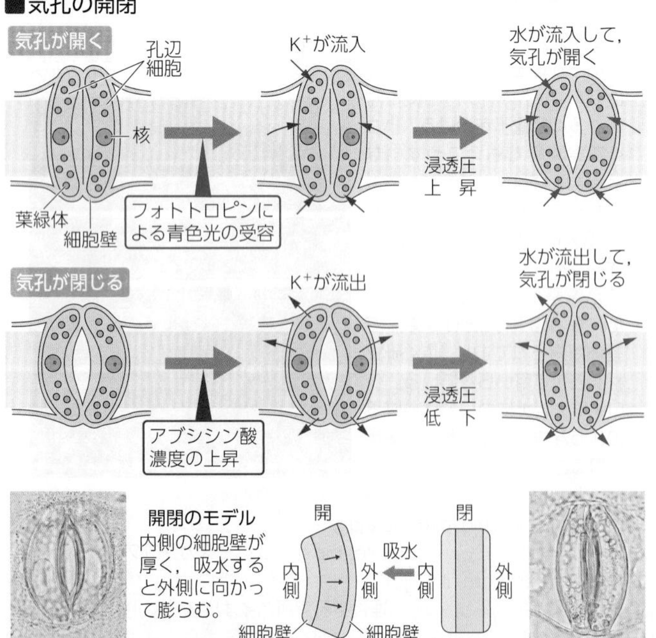

気孔が開く
孔辺
細胞
核
葉緑体
細胞壁
フォトトロピンに
よる青色光の受容
K^+が流入
浸透圧
上　昇
水が流入して，
気孔が開く
気孔が閉じる
K^+が流出
アブシシン酸
濃度の上昇
浸透圧
低　下
水が流出して，
気孔が閉じる
開閉のモデル
内側の細胞壁が
厚く，吸水する
と外側に向かっ
て膨らむ。
開
閉
吸水
内側
外側
内側
外側
細胞壁
細胞壁

Zoom up 気孔の開閉メカニズム

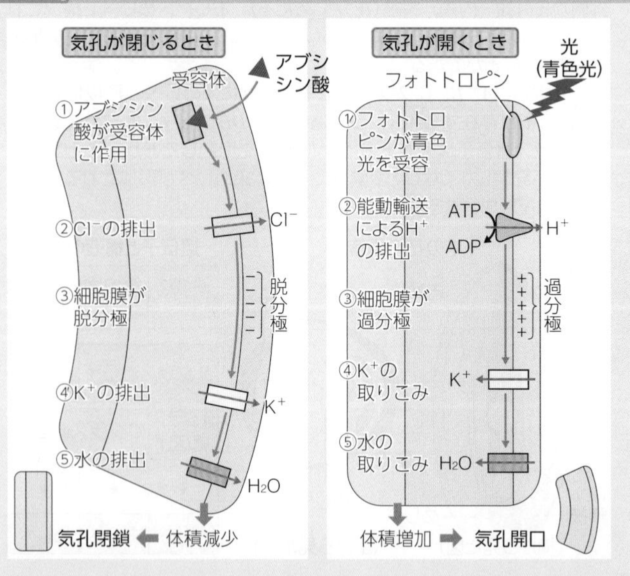

気孔が閉じるとき
受容体
アブシシン酸
①アブシシン酸が受容体に作用
②Cl^-の排出
Cl^-
③細胞膜が脱分極
脱分極
④K^+の排出
K^+
⑤水の排出
H_2O
気孔閉鎖
体積減少
気孔が開くとき
光
(青色光)
フォトトロピン
①フォトトロピンが青色光を受容
②能動輸送によるH^+の排出
ATP
ADP
H^+
③細胞膜が過分極
過分極
④K^+の取りこみ
K^+
⑤水の取りこみ
H_2O
体積増加
気孔開口

Keywords　蒸散(transpiration)，吸水(water absorption)，気孔(stoma)，孔辺細胞(guard cell)，アブシシン酸(abscisic acid)

B 病害や傷害に対する応答

病原体に感染した植物では，感染部位だけでなく植物体全体で抵抗性を示す応答が起こる。葉などが昆虫などの植物食性動物によって傷を受けると，植物体内で傷害応答が起こる。

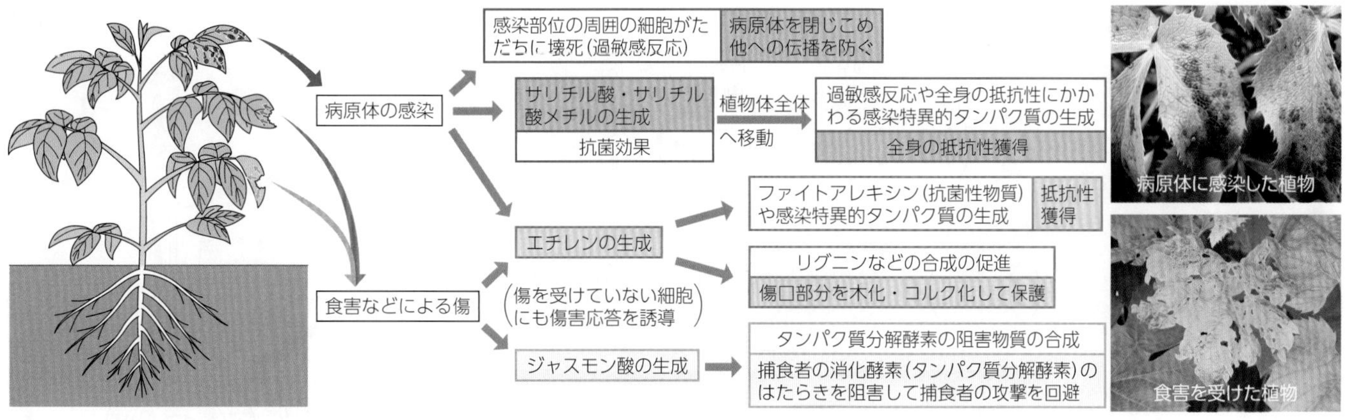
感染部位の周囲の細胞がただちに壊死(過敏感反応)
病原体を閉じこめ他への伝播を防ぐ
病原体の感染
サリチル酸・サリチル酸メチルの生成
抗菌効果
植物体全体へ移動
過敏感反応や全身の抵抗性にかかわる感染特異的タンパク質の生成
全身の抵抗性獲得
ファイトアレキシン(抗菌性物質)や感染特異的タンパク質の生成
抵抗性獲得
エチレンの生成
リグニンなどの合成の促進
傷口部分を木化・コルク化して保護
食害などによる傷
(傷を受けていない細胞にも傷害応答を誘導)
タンパク質分解酵素の阻害物質の合成
ジャスモン酸の生成
捕食者の消化酵素(タンパク質分解酵素)のはたらきを阻害して捕食者の攻撃を回避
病原体に感染した植物
食害を受けた植物

■ジャスモン酸による食害に対する防御

食害を受けるとジャスモン酸が合成され，昆虫の消化酵素のはたらきを阻害する物質が合成される。

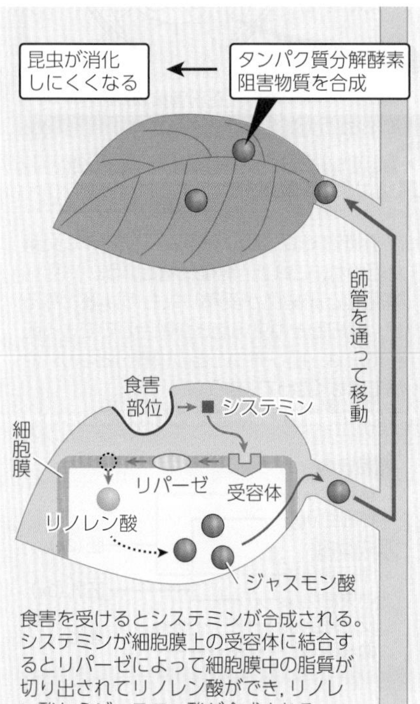
昆虫が消化しにくくなる
タンパク質分解酵素阻害物質を合成
師管を通って移動
食害部位
システミン
細胞膜
リパーゼ
受容体
リノレン酸
ジャスモン酸

食害を受けるとシステミンが合成される。システミンが細胞膜上の受容体に結合するとリパーゼによって細胞膜中の脂質が切り出されてリノレン酸ができ，リノレン酸からジャスモン酸が合成される。

■サリチル酸による病原体に対する防御

サリチル酸は病原体に対する抗菌作用や抵抗性の獲得に関与する。

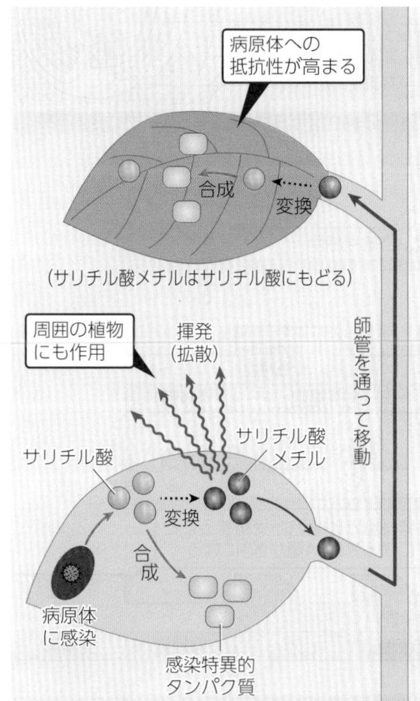
病原体への抵抗性が高まる
合成
変換
(サリチル酸メチルはサリチル酸にもどる)
周囲の植物にも作用
揮発(拡散)
師管を通って移動
サリチル酸
サリチル酸メチル
変換
合成
病原体に感染
感染特異的タンパク質

・病原体に感染すると，病斑部の周囲の細胞で細胞死が起こって，病原体の拡大を防ぐ(過敏感反応)
・病原体に感染すると，病斑部では抗菌効果をもつサリチル酸が急激に増加する(局部獲得抵抗性)
・サリチル酸は，過敏感反応や病原体抵抗性に関与する感染特異的タンパク質の合成を誘導する
・サリチル酸はサリチル酸メチルに変換され，植物体全体に広がり，病原体抵抗性が高まる(全身獲得抵抗性)
・揮発性のサリチル酸メチルは，空気を介して他の植物の抵抗性も誘導する

■低温に対する応答(凍結防止)

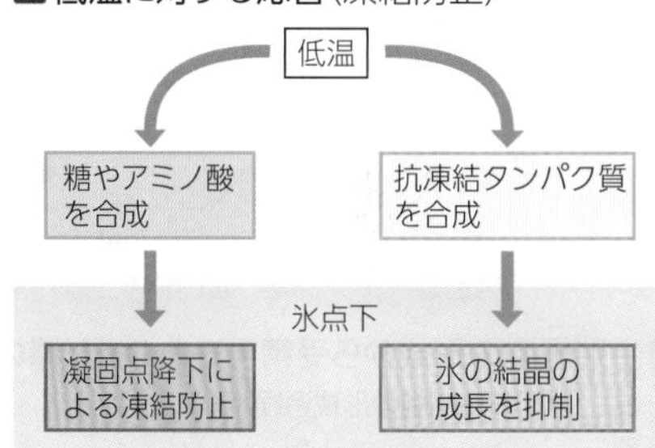
低温
糖やアミノ酸を合成
抗凍結タンパク質を合成
氷点下
凝固点降下による凍結防止
氷の結晶の成長を抑制

凍結が起こらなくても，低温によって細胞膜の流動性が低下すると，細胞機能に障害が出る。そのような場合，植物では，細胞膜に含まれる脂質の性質が変化して，流動性が維持される。

■ジャスモン酸の作用

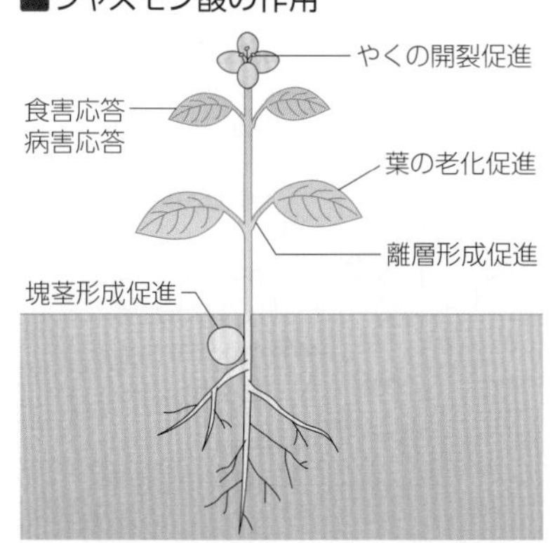
やくの開裂促進
食害応答
病害応答
葉の老化促進
離層形成促進
塊茎形成促進

ジャスミン

ジャスモン酸はジャスミンの花の香りの成分である。ジャスモン酸がかかわる生理作用は，多岐にわたる。

Zoom up ファイトアレキシン

微生物などの病原体に対する防御機構として，サリチル酸のほかに，ファイトアレキシンが関与する経路も知られている。ファイトアレキシンは強い抗菌作用をもつ物質で，植物が病原体に感染すると急激に合成されて濃度が上昇し，感染部位周囲に蓄積する。健康食品の成分として有名なイソフラボンも，マメ科植物においてファイトアレキシンとしてはたらく物質である。

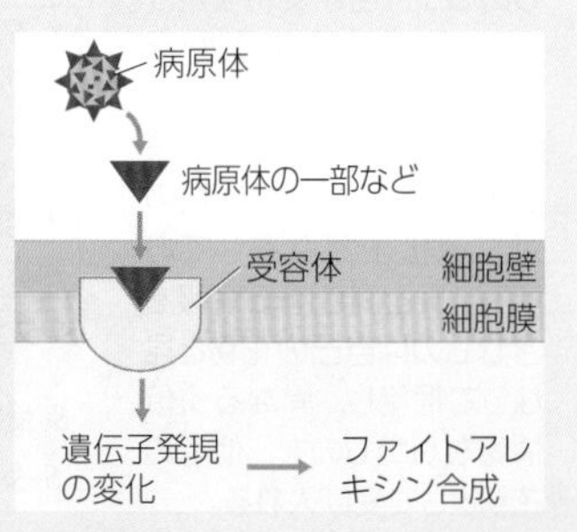
病原体
病原体の一部など
受容体
細胞壁
細胞膜
遺伝子発現の変化
ファイトアレキシン合成

ジャスモン酸(jasmonic acid)，サリチル酸(salicylic acid)

24 植物の配偶子形成と受精 生物基礎 生物

A 被子植物の生殖細胞の形成から受精まで

被子植物では，やくの中で花粉が形成され，胚珠の中で胚のうが形成される。

■精細胞と卵細胞の形成

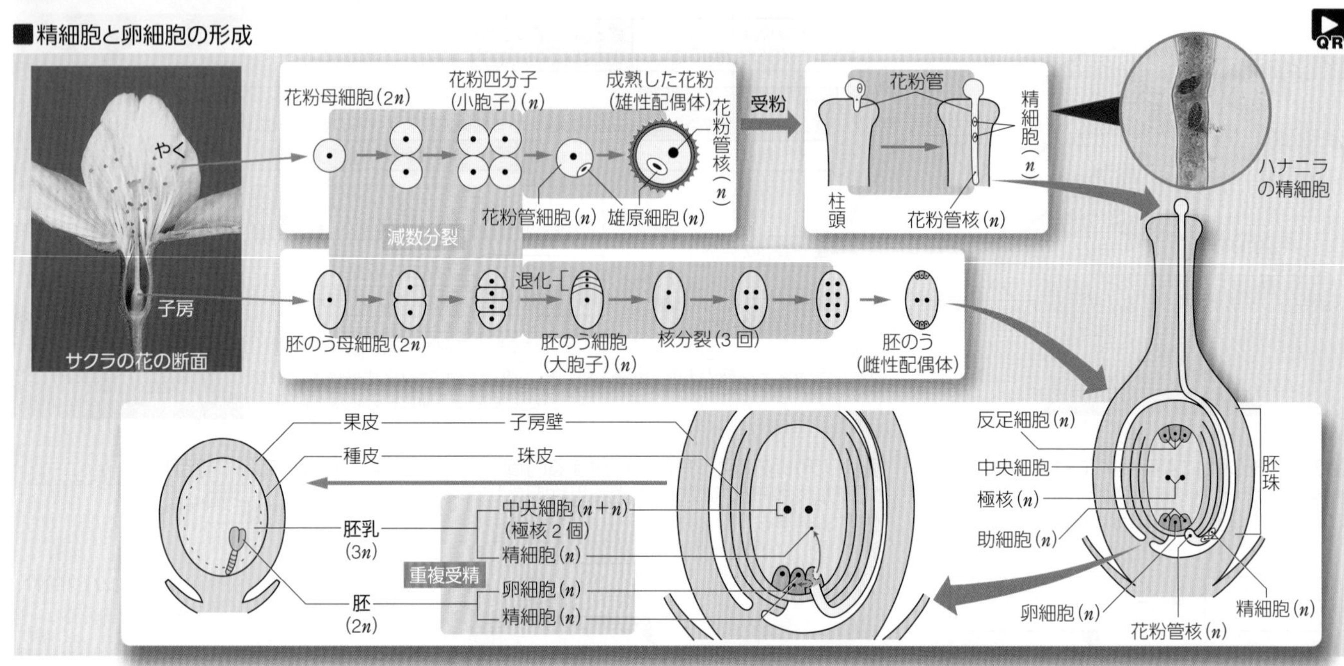

やく
子房
サクラの花の断面
花粉母細胞（2n）
花粉四分子（小胞子）（n）
成熟した花粉（雄性配偶体）
花粉管核（n）
減数分裂
花粉管細胞（n）
雄原細胞（n）
受粉
花粉管
柱頭
精細胞（n）
花粉管核（n）
ハナニラの精細胞
胚のう母細胞（2n）
退化
胚のう細胞（大胞子）（n）
核分裂（3回）
胚のう（雌性配偶体）
果皮
子房壁
種皮
珠皮
胚乳（3n）
胚（2n）
中央細胞（n＋n）（極核2個）
精細胞（n）
重複受精
卵細胞（n）
精細胞（n）
反足細胞（n）
中央細胞
極核（n）
助細胞（n）
胚珠
卵細胞（n）
花粉管核（n）
精細胞（n）

■生殖細胞の形成から受精までのDNA量の変化

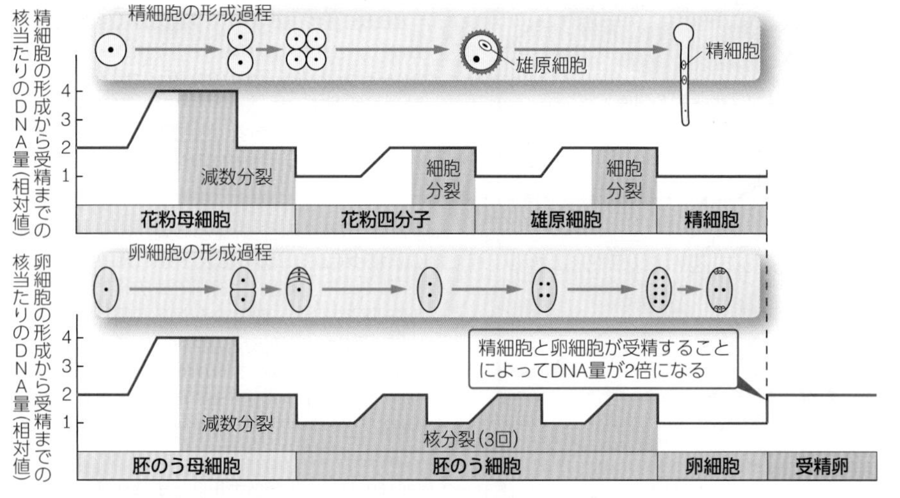

精細胞の形成から受精までの核当たりのDNA量（相対値）
精細胞の形成過程
雄原細胞
精細胞
4
3
2
1
減数分裂
細胞分裂
細胞分裂
花粉母細胞
花粉四分子
雄原細胞
精細胞
卵細胞の形成から受精までの核当たりのDNA量（相対値）
卵細胞の形成過程
精細胞と卵細胞が受精することによってDNA量が2倍になる
減数分裂
核分裂（3回）
胚のう母細胞
胚のう細胞
卵細胞
受精卵

Point 重複受精

被子植物では，上の図のような様式で受精が行われ，これを，**重複受精**という。
精細胞と卵細胞が受精したものは胚となるが，精細胞と中央細胞とが融合してできる胚乳（3n）は，胚が育つときの栄養分となり，やがてはなくなってしまう。
また，裸子植物では重複受精は起こらない。

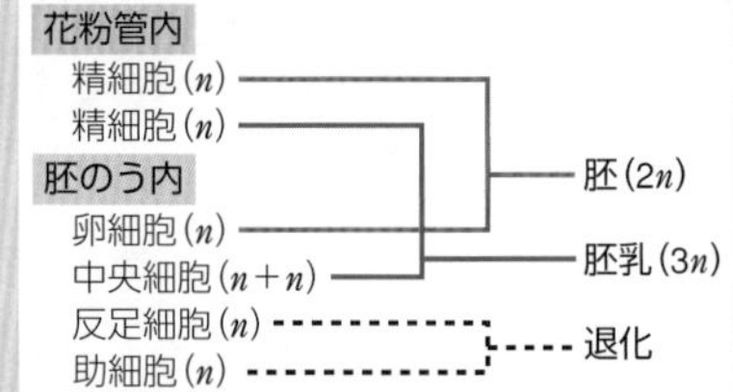

花粉管内
精細胞（n）
精細胞（n）
胚のう内
卵細胞（n）
中央細胞（n＋n）
反足細胞（n）
助細胞（n）
胚（2n）
胚乳（3n）
退化

Zoom up 自家不和合性

植物には自家受精するものもあるが，自家受精を避けるしくみ（**自家不和合性**）をもつものがある。
自家不和合性にかかわる遺伝子（S 遺伝子）には複数の対立遺伝子が存在しており，自身と同じ遺伝情報を含むものは自己の花粉と見なして拒絶し，異なる遺伝情報をもつものを，他者の花粉として受け入れる。

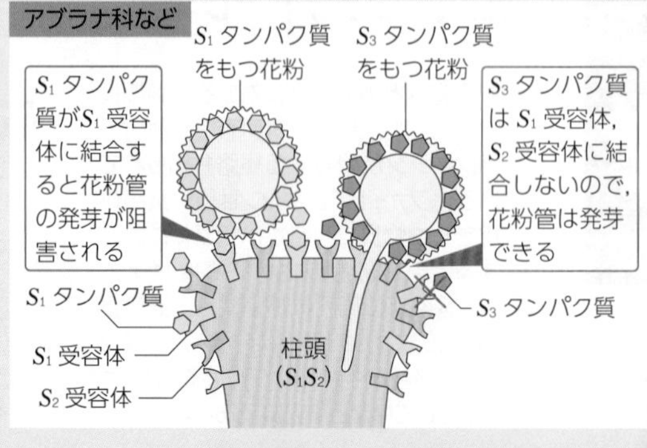

アブラナ科など
S₁ タンパク質をもつ花粉
S₃ タンパク質をもつ花粉
S₁ タンパク質が S₁ 受容体に結合すると花粉管の発芽が阻害される
S₃ タンパク質は S₁ 受容体，S₂ 受容体に結合しないので，花粉管は発芽できる
S₁ タンパク質
S₁ 受容体
S₂ 受容体
柱頭（S₁S₂）
S₃ タンパク質

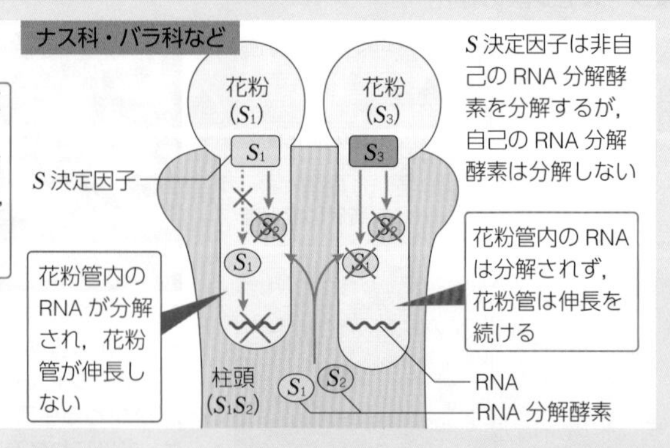

ナス科・バラ科など
花粉（S₁）
花粉（S₃）
S 決定因子
花粉管内のRNAが分解され，花粉管が伸長しない
柱頭（S₁S₂）
S 決定因子は非自己のRNA分解酵素を分解するが，自己のRNA分解酵素は分解しない
花粉管内のRNAは分解されず，花粉管は伸長を続ける
RNA
RNA 分解酵素

Keywords 被子植物（angiosperms），花粉管（pollen tube），極核（polar nucleus），重複受精（double fertilization），自家不和合性（selfincompatibility）

Zoom up 花粉管誘引のしくみ

めしべの柱頭についた花粉は，胚珠に向かって花粉管を伸ばし，胚珠に到達すると，花粉管の中の精細胞が胚のうにある卵細胞と受精する。花粉管が迷うことなく胚のうに到達するしくみ，花粉管誘引にかかわる物質が，名古屋大学の東山哲也教授のグループによって解明された。

■誘引にかかわる助細胞

園芸品種として身近に見られるトレニアという植物は，胚のうが胚珠から飛び出して一部むき出しになっているという特徴をもっている。一般的な植物とは異なるこの特徴に着目した東山教授らは，トレニアを材料として花粉管誘引のしくみを調べる実験を行った。

彼らは，花粉管を胚のうへと導くのが，胚のうのどの部分なのかを調べるため，レーザーで，卵細胞・中央細胞・2 個の助細胞のうちの 1 ～ 2 細胞を破壊し，誘引頻度を調べた。

胚のうの状態	各細胞の存在（＋…存在，－…破壊）				誘引頻度
	卵細胞	中央細胞	助細胞		
完　全	＋	＋	＋	＋	98%
1 細胞破　壊	－	＋	＋	＋	94%
	＋	－	＋	＋	100%
	＋	＋	－	＋	71%
2 細胞破　壊	－	－	＋	＋	93%
	－	＋	－	＋	61%
	＋	－	－	＋	71%
	＋	＋	－	－	0%

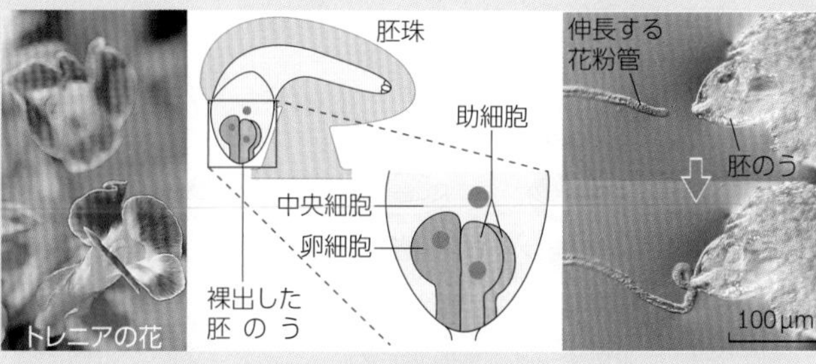

トレニアの花
胚珠
助細胞
中央細胞
卵細胞
裸出した胚のう
伸長する花粉管
胚のう
100 μm

この結果より，助細胞が花粉管誘引に関係していると結論づけられた。この結果を発表した論文は，2001 年に科学雑誌「Science」に掲載され，その表紙には，花粉管が胚のうに入りこむ瞬間を撮影した写真が掲載された。

■誘引物質

助細胞が花粉管誘引にかかわっていることが明らかになった後，東山教授らは，助細胞から分泌されていると考えられる花粉管を誘引する物質を調べる研究を行った。

彼らは，顕微鏡下の操作で 25 個の助細胞を取り出し，どのような遺伝子が発現しているかを調べた。その結果，システインに富む 2 種類の分泌性の低分子量タンパク質が強く発現していることがわかったため，これらのタンパク質を用いて以下のような実験を行った。

Ⅰ：これらの物質が花粉管を誘引するはたらきがあることを調べる実験

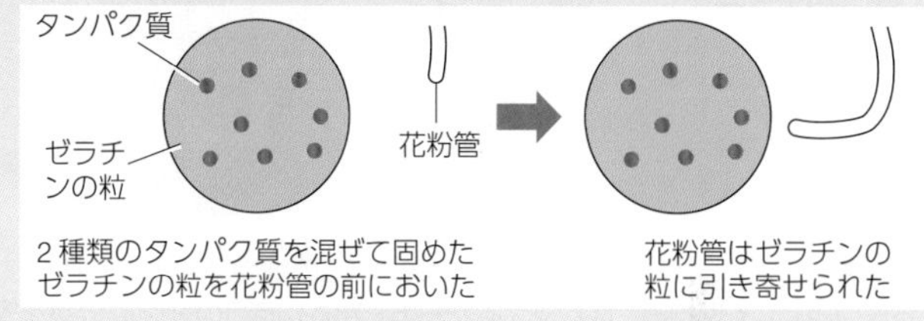

タンパク質
ゼラチンの粒
花粉管
2 種類のタンパク質を混ぜて固めたゼラチンの粒を花粉管の前においた
花粉管はゼラチンの粒に引き寄せられた

Ⅱ：これらの物質がないと花粉管を誘引できないことを調べる実験

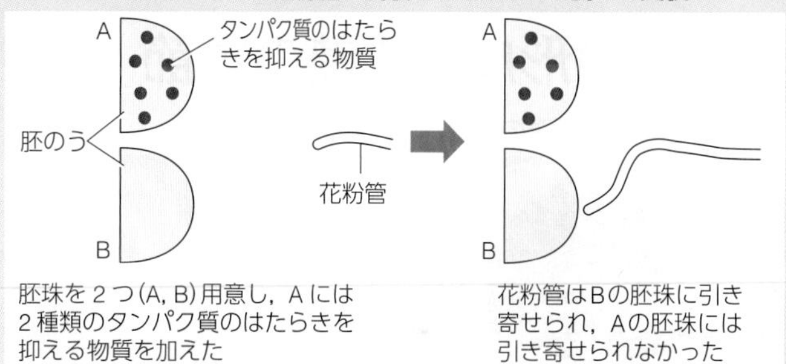

A
B
タンパク質のはたらきを抑える物質
胚のう
花粉管
胚珠を 2 つ（A，B）用意し，A には 2 種類のタンパク質のはたらきを抑える物質を加えた
花粉管はBの胚珠に引き寄せられ，Aの胚珠には引き寄せられなかった

この結果より，助細胞でつくられるこれらのタンパク質が花粉管誘引物質であると結論づけられた。彼らは，これらのタンパク質をルアー 1，ルアー 2（LURE，つりに使用する疑似餌の意味）と名づけた。なお，この結果は，2009 年に科学雑誌「Nature」に掲載されたが，このとき，関連写真が再び表紙を飾ることとなった。

B 裸子植物の生殖細胞の形成から受精まで

卵細胞や精細胞の形成は，被子植物と同様に起こるが，種子が形成されるだけで，果実はできない。

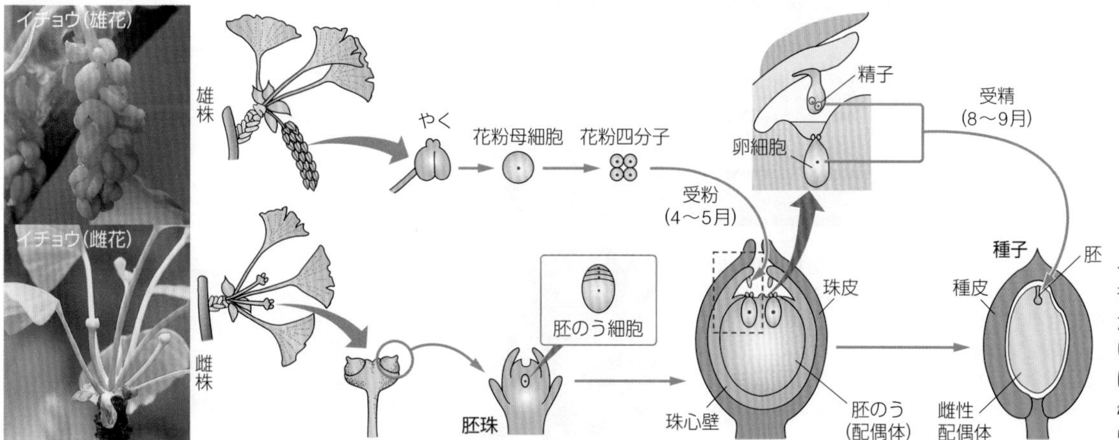

イチョウ（雄花）
雄株
やく
花粉母細胞
花粉四分子
受粉（4～5月）
精子
卵細胞
受精（8～9月）
イチョウ（雌花）
雌株
胚のう細胞
胚珠
珠皮
珠心壁
胚のう（配偶体）
種子
胚
種皮
雌性配偶体

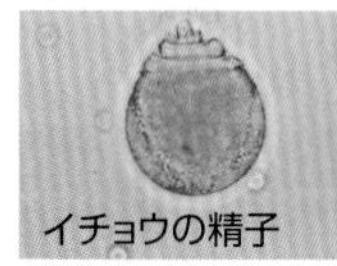
イチョウの精子

※イチョウとソテツでは精子ができるが，ほとんどの裸子植物では精細胞を形成する。

イチョウは 1 個の胚のうに普通 2 個の造卵器をもつが，1 個の胚しかつくらない。雌性配偶体は受精前につくられるので，核相は n である（重複受精は起こらない）。

助細胞（synergid），胚珠（ovule），胚のう（embryosac），裸子植物（gymnosperms）

25 胚や種子の形成と果実の成熟

生物基礎
生物

A 胚発生

受精を終えた卵細胞は，子房内の胚珠の中で成長して胚を形成する。胚珠は種子に，子房は果実になる。

■ナズナの胚発生

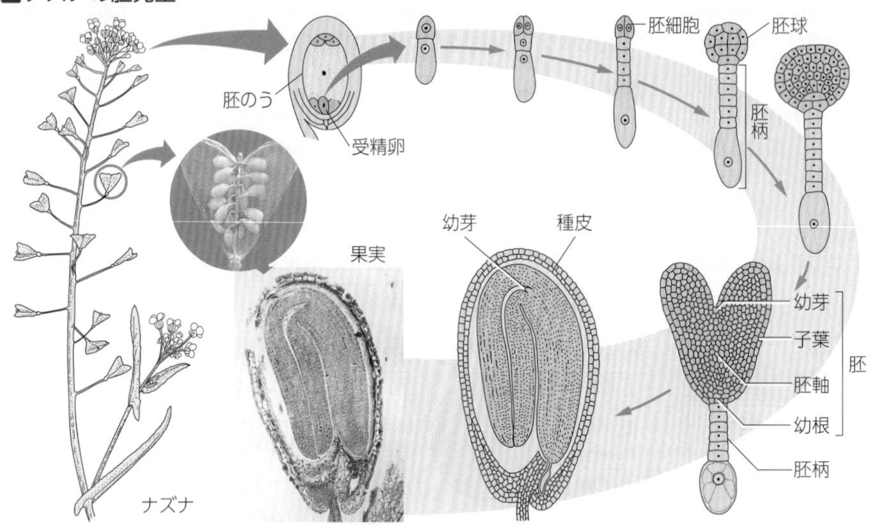
胚細胞
胚球
胚のう
受精卵
胚柄
果実
幼芽
種皮
幼芽
子葉
胚軸
幼根
胚柄
胚
ナズナ

受精卵は分裂して大小２個の細胞になる。大きいほうの細胞は糸状の胚柄となり，その基部は特に大きくなって胚珠の組織にくいこみ，胚を支える。一方，小さいほうの細胞は分裂を繰り返して子葉･幼芽･胚軸･幼根に分化する。種子が完成すると，一般に種子中の水分が減少し，休眠状態に入る。

■有胚乳種子と無胚乳種子

有胚乳種子　胚乳をもつ種子。胚乳に栄養分をたくわえている。例：カキ・トウゴマ

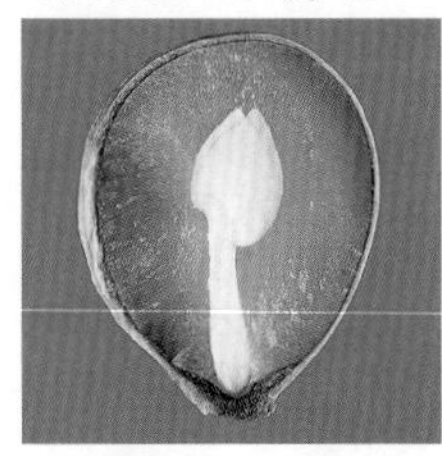

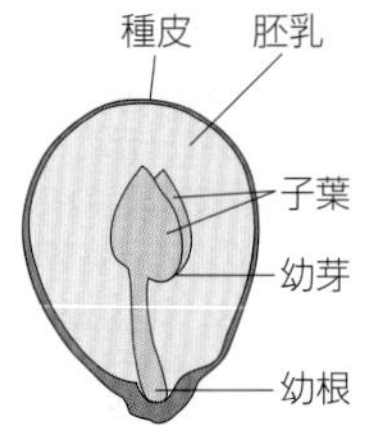
種皮
胚乳
子葉
幼芽
幼根

無胚乳種子　胚乳が分解・吸収されてなくなっている種子。多くの場合には子葉に栄養分をたくわえている。例：エンドウ・クリ

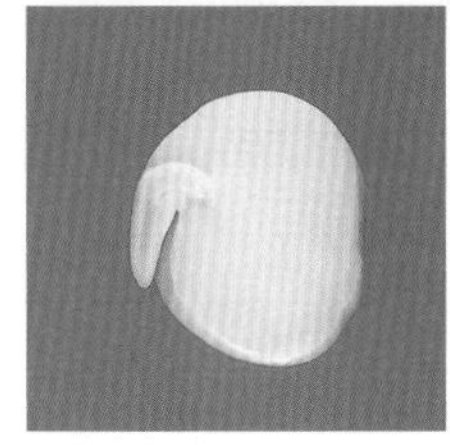

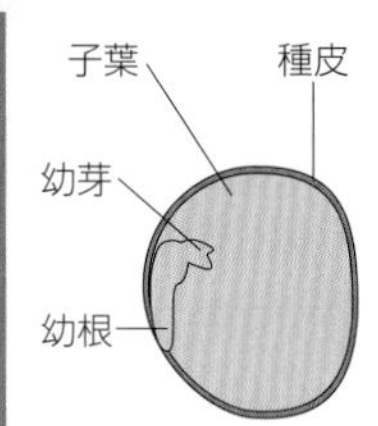
子葉
種皮
幼芽
幼根

B 果実の形成と成熟の調節

果実の形成はオーキシンやジベレリンによって促進され，形成された果実の成熟にはエチレンが関与する。

■ジベレリンによる子房の発育促進

ブドウのジベレリン処理

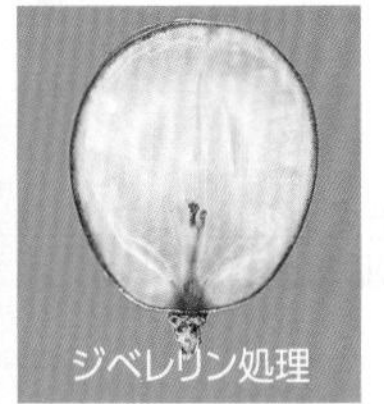
ジベレリン処理

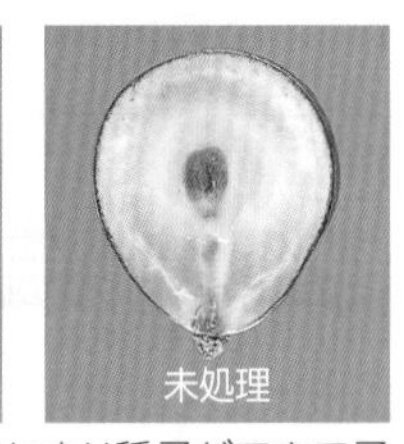
未処理

自然状態では，受粉により種子ができて子房が発達する。ジベレリン処理(開花の前後，計２回)すると，受粉しなくても子房が肥大して種なしブドウができる(**単為結実**)。

■エチレンによる果実の成熟促進

①未成熟の青いバナナ(対照実験)

②成熟したリンゴ(エチレンを出す)と未成熟のバナナ

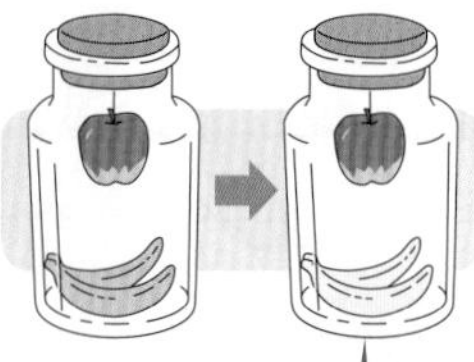

③エチレンガスを入れる

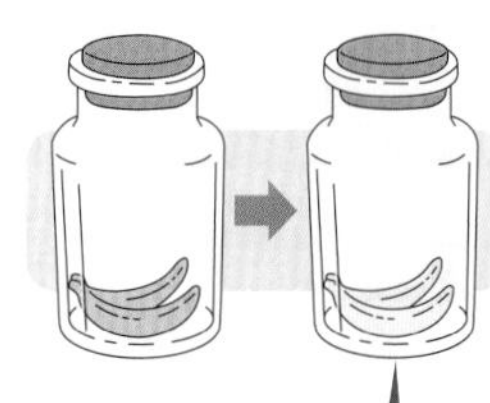

未成熟のバナナは，いずれも①より速く熟す

C 落葉の調節

植物の落葉や落果は，その付け根に離層という細胞層がつくられることによって起こる。離層の形成はエチレンによって促進される。また，葉の老化にはアブシシン酸も関与する。

■葉柄の離層

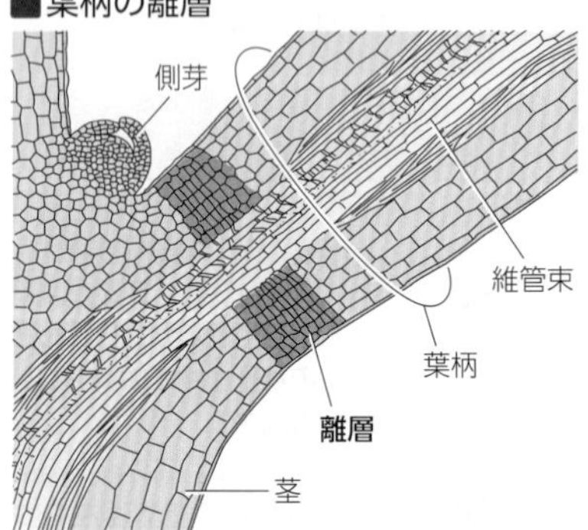
側芽
維管束
葉柄
離層
茎

離層(のちに葉が離れる部分)には小さな細胞が配列している。この部分の細胞間の接着が弱まることで葉が脱落する。葉柄が離れた切り口にはコルク層が形成され，微生物の侵入や水分の消失が抑制される。

■エチレンによる落葉の促進

葉のついた植物と熟したリンゴを同じ容器に入れて密封すると，リンゴから出るエチレンによって離層とよばれる細胞層が形成され，植物の落葉が促進される。

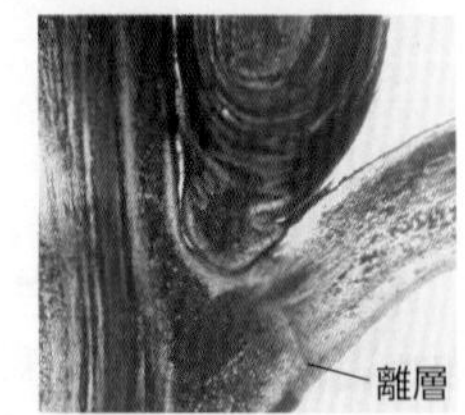
離層

■オーキシンによる落葉の抑制

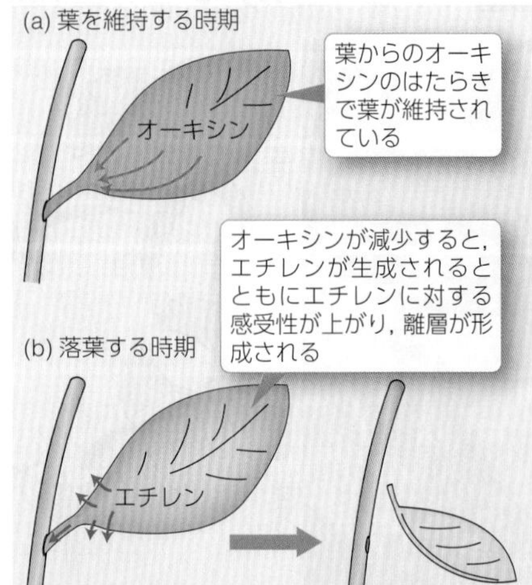
(a) 葉を維持する時期
オーキシン
葉からのオーキシンのはたらきで葉が維持されている
オーキシンが減少すると，エチレンが生成されるとともにエチレンに対する感受性が上がり，離層が形成される
(b) 落葉する時期
エチレン

Keywords　離層(abscission zone)，エチレン(ethylene)

26 植物ホルモンの応用 生物基礎 生物

A 組織培養の利用

組織培養の技術を利用して，目的の形質をもつ植物体のみを増やしたり，有用な物質を大量に生産したりすることが可能である。

■スチュワードの実験

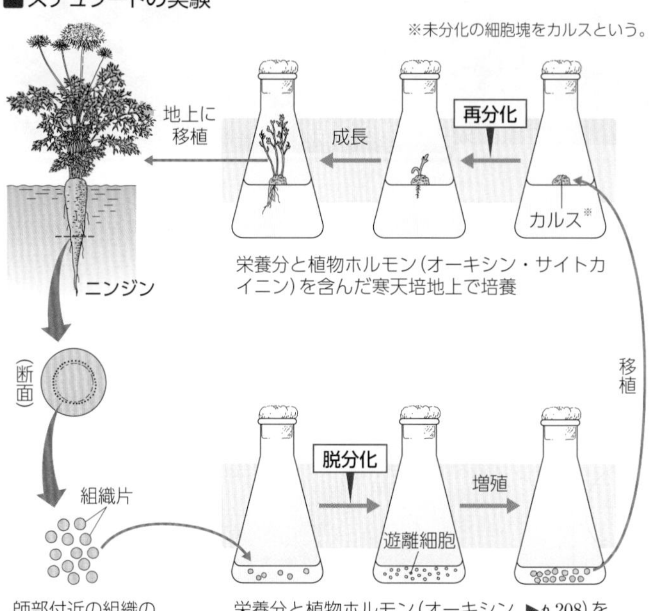

※未分化の細胞塊をカルスという。
地上に移植
成長
再分化
カルス※
ニンジン
(断面)
組織片
脱分化
増殖
遊離細胞
移植
栄養分と植物ホルモン（オーキシン・サイトカイニン）を含んだ寒天培地上で培養
師部付近の組織の一部を切り取る
栄養分と植物ホルモン（オーキシン，▶p.208）を含んだ液体培地中で培養

スチュワードは，植物ホルモンを与えて組織の一部を培養することで，もとの植物体と同じ植物体を得た（1958 年）。

■胚培養

種間雑種や属間雑種※をつくる。図は属間雑種の例。 ※属（▶ p.288）

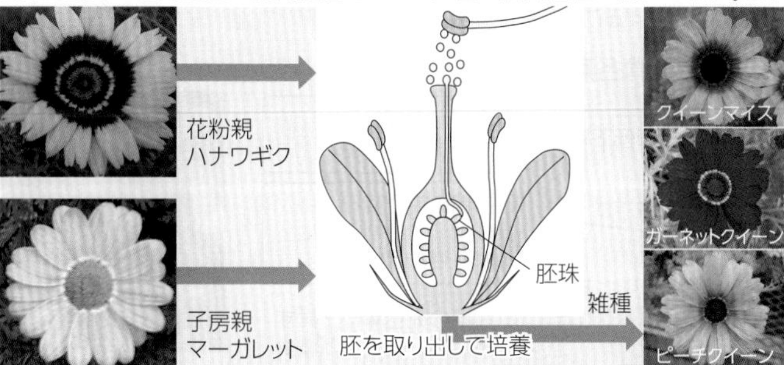

花粉親
ハナワギク
子房親
マーガレット
胚珠
胚を取り出して培養
雑種
クイーンマイス
ガーネットクイーン
ピーチクイーン

異種の植物間で交配を行うと，受精はするが，胚が途中で生育を停止してしまい正常な種子ができない。そこで，胚を取り出して培養し，雑種をつくる。

■植物ホルモンとカルスの再分化

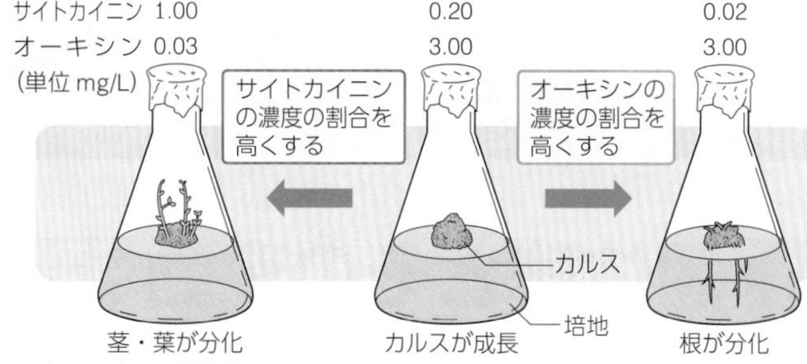

サイトカイニン 1.00 0.20 0.02
オーキシン 0.03 3.00 3.00
（単位 mg/L）
サイトカイニンの濃度の割合を高くする
オーキシンの濃度の割合を高くする
カルス
培地
茎・葉が分化
カルスが成長
根が分化

タバコなどの組織培養において，培地中のサイトカイニンとオーキシンの濃度を変えると，カルスからの再分化のようすが変化する。

■有用物質の大量生産

有用物質を含む組織の培養によって得る。

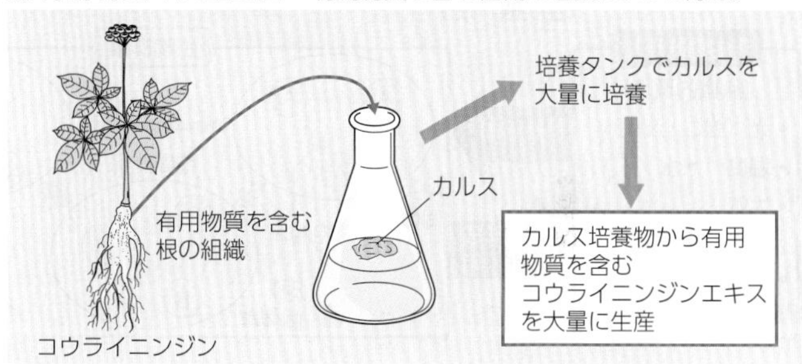

培養タンクでカルスを大量に培養
カルス
有用物質を含む根の組織
カルス培養物から有用物質を含むコウライニンジンエキスを大量に生産
コウライニンジン

■やく培養

純系の植物をつくる。

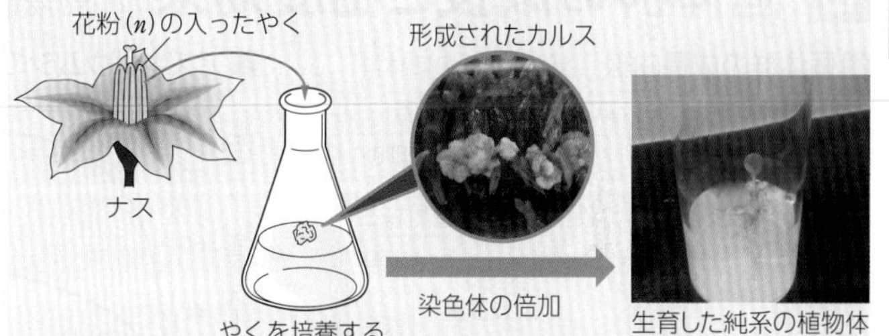

花粉(n)の入ったやく
形成されたカルス
ナス
やくを培養する
染色体の倍加
生育した純系の植物体

おしべのやくを培養することにより，半数体(n)の植物をつくる。得られた半数体植物の染色体を倍加すると，純系の植物が得られるため，新品種を早期につくり出すことができる。

Zoom up 植物ホルモンを利用した有害植物の駆除

植物ホルモンの一種であるストリゴラクトンは，ストライガなどの寄生植物の発芽を誘導する物質として発見された。ストリゴラクトンは植物体内で枝分かれの抑制や根毛の発達にはたらくほか，植物がリン酸不足におちいると根を通じて土壌中に放出され，リン酸の吸収に役立つ共生細菌であるアーバスキュラー菌根菌を誘引する。

ストライガの種子は土壌中に放出されたストリゴラクトンを感知すると発芽し，近くの植物の根に寄生して水や栄養分をうばって成長することで，宿主を枯死させてしまう。そのため，農地に大量に侵入したストライガが深刻な被害をもたらしている地域もある。

そこで近年，人工的に合成されたストリゴラクトンを利用してストライガを駆除する研究が進められている。ストライガの種子は栄養分の貯蔵量が非常に少なく，発芽後すみやかに宿主に寄生できないと枯れてしまう。この性質に着目して，農作物の種子をまく前に農地に人工ストリゴラクトンを散布し，ストライガを「だまして」宿主のいない環境で発芽させることで枯れさせる手法が考案された。この手法は現在さまざまな地域で試されており，一定の効果が確認されている。

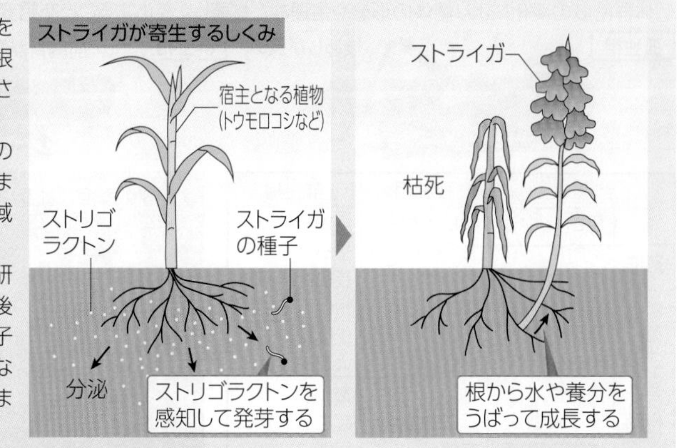

ストライガが寄生するしくみ
宿主となる植物（トウモロコシなど）
ストリゴラクトン
ストライガの種子
分泌
ストリゴラクトンを感知して発芽する
ストライガ
枯死
根から水や養分をうばって成長する

Keywords 組織培養(tissue culture)，サイトカイニン(cytokinin)，カルス(callus)，ストリゴラクトン(strigolactone)

第 7 編

生態と環境

第Ⅰ章　個体群と生物群集
第Ⅱ章　生物群集の遷移と分布
第Ⅲ章　生態系と生物多様性

インパラの群れ

1 個体群とその変動 生物基礎 生物

A 生物と環境

生物とそれを取り巻く環境とは**作用・環境形成作用**の関係で結びつき，**生態系**とよばれるまとまりをなす。

■生態系　ある一定地域内の生物群集とそれを取り巻く非生物的環境とのまとまり

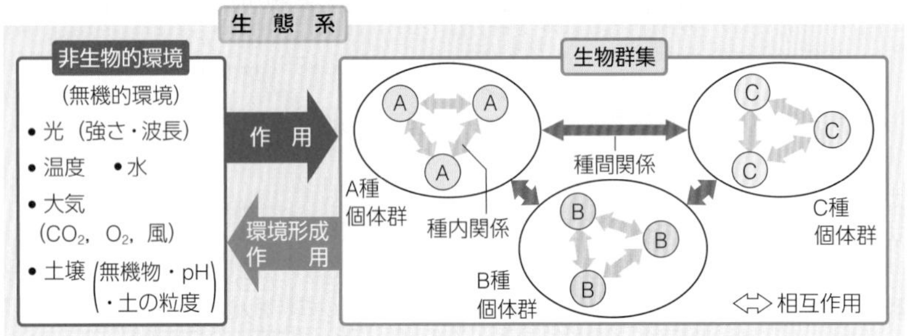
生態系
非生物的環境
(無機的環境)
• 光（強さ・波長）
• 温度　• 水
• 大気
(CO_2，O_2，風)
• 土壌 (無機物・pH・土の粒度)
作用
環境形成作用
生物群集
A種
個体群
種内関係
種間関係
B種
個体群
C種
個体群
⇔相互作用

■作用・環境形成作用・相互作用

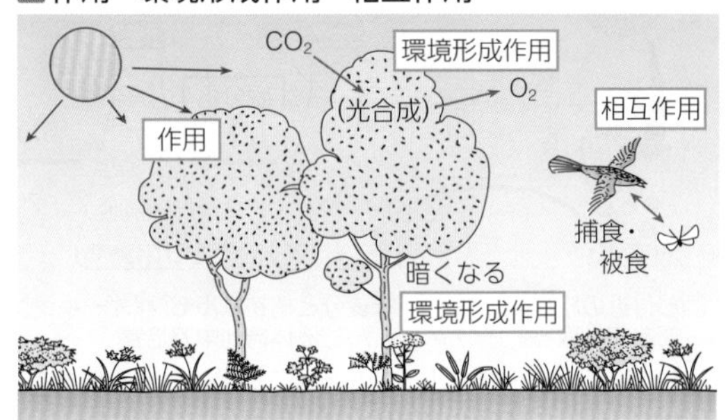
CO_2
環境形成作用
(光合成)
O_2
相互作用
作用
捕食・
被食
暗くなる
環境形成作用

B 個体群の成長と密度効果

単位生活空間当たりの個体数を**個体群密度**という。個体群密度によって増殖率や死亡率，個体の体重，形態などが変化することを**密度効果**という。

■個体群の成長曲線　ゾウリムシの個体群

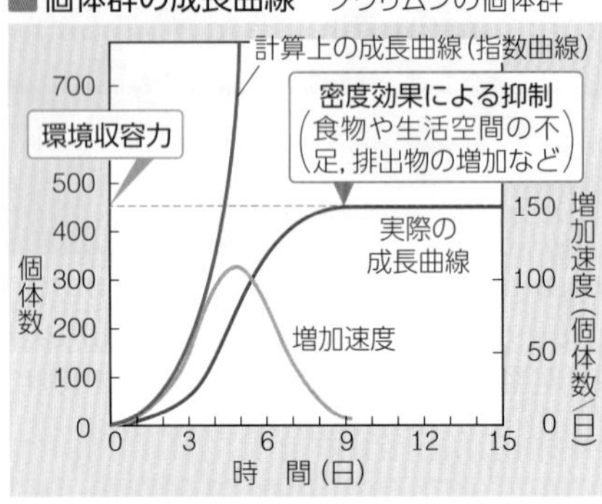
計算上の成長曲線（指数曲線）
環境収容力
密度効果による抑制
(食物や生活空間の不足，排出物の増加など)
実際の
成長曲線
増加速度
個体数
増加速度（個体数/日）
時　間（日）
0
100
200
300
400
500
700
3
6
9
12
15
50
100
150

■アズキゾウムシの個体群密度と発育各期の死亡率

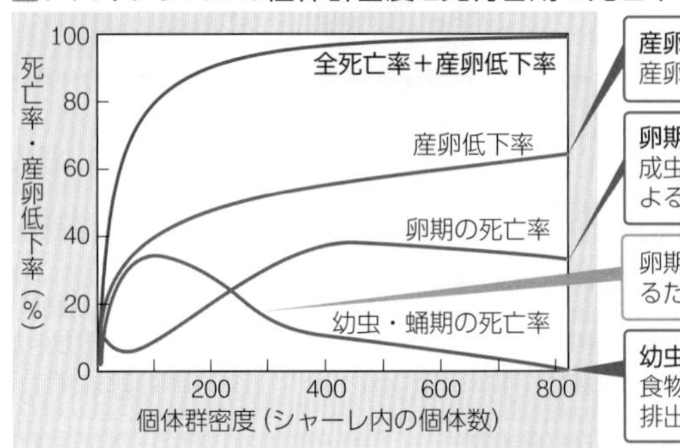
全死亡率＋産卵低下率
産卵低下率
卵期の死亡率
幼虫・蛹期の死亡率
死亡率・産卵低下率（%）
個体群密度（シャーレ内の個体数）
0
20
40
60
80
100
200
400
600
800
産卵数の減少原因
産卵場所の不足
卵期の死亡原因
成虫のふみつぶしによる傷など
卵期の死亡率が上昇するため，死亡率が減少
幼虫・蛹期の死亡原因
食物の質や量の低下，排出物の蓄積など

アズキゾウムシはアズキの表面に卵を産み，ふ化した幼虫はアズキを食べて成長する。

■トノサマバッタの相変異

個体群密度の変化により個体の形態や生理などが著しく変化することを**相変異**という。

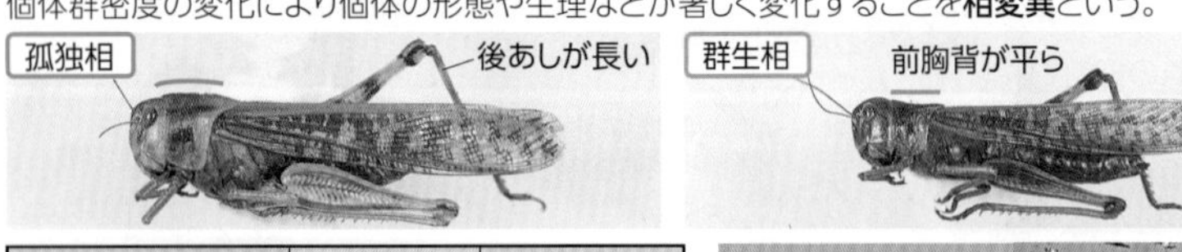
孤独相
後あしが長い
群生相
前胸背が平ら

		孤独相	群生相
形態	体色	緑色・褐色	黒色
	前胸背	膨らんでいる	平ら
	前ばね	短い	長い
	後あし	長い	短い
卵	産卵数	多い	少ない
	大きさ	小さい	大きい
行動	集合性	なし	あり
	行進行動	起こさない	起こしやすい
	成虫の飛翔	夜間	昼間

バッタの群飛（飛蝗）

Point 個体数の推定ー標識再捕法

池にすむフナの個体数などは，次のような**標識再捕法**によって推定することができる。

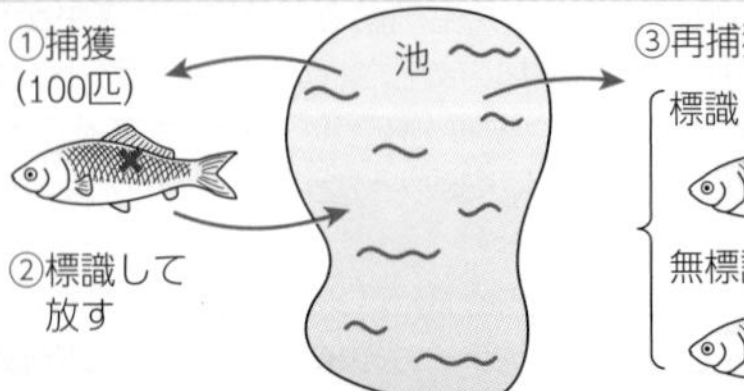
①捕獲
(100匹)
池
②標識して
放す
③再捕獲（120匹）
標識（15匹）
無標識（105匹）

全体の個体数＝最初の捕獲・標識個体数×$\dfrac{2度目に捕獲した個体数}{再捕獲された標識個体数}$

$$=100\times\frac{120}{15}=800(匹)$$

Keywords　生態系(ecosystem)，個体群(population)，個体群密度(population density)，密度効果(density effect)，相変異(phase polymorphism)

C 植物の種内競争

生活上の要求が等しい種内では，資源をめぐる**競争**が起こる。植物の場合，種内競争がはげしくなると，1 個体当たりの大きさが小さくなって，最終的な収量はほぼ一定になる(**最終収量一定の法則**)。

■ダイズの個体群密度と個体質量の関係(密度効果)

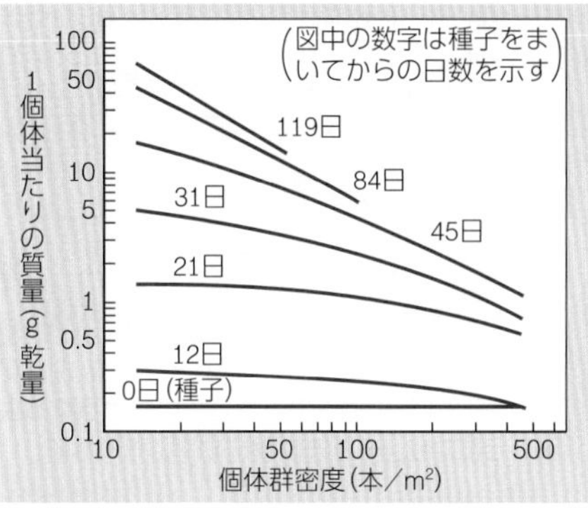

1個体当たりの質量(g乾量)
(図中の数字は種子をまいてからの日数を示す)
119日
84日
45日
31日
21日
12日
0日(種子)
個体群密度(本/m²)

個体群密度が高い場合，密度効果によって各個体の成長が悪くなり，1 個体当たりの質量は小さくなる。

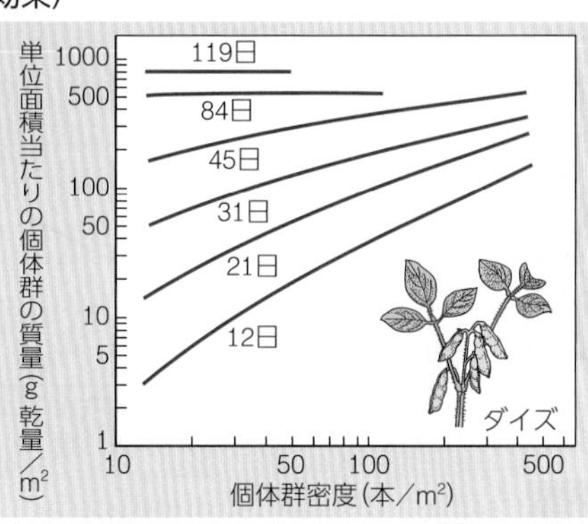

単位面積当たりの個体群の質量(g乾量/m²)
119日
84日
45日
31日
21日
12日
ダイズ
個体群密度(本/m²)

個体群密度に応じて 1 個体当たりの質量は変化するが，収量(単位面積当たりの質量)は最終的にはどの密度でもほぼ一定(800g 乾量 /m²)となる。

■最終収量一定の法則

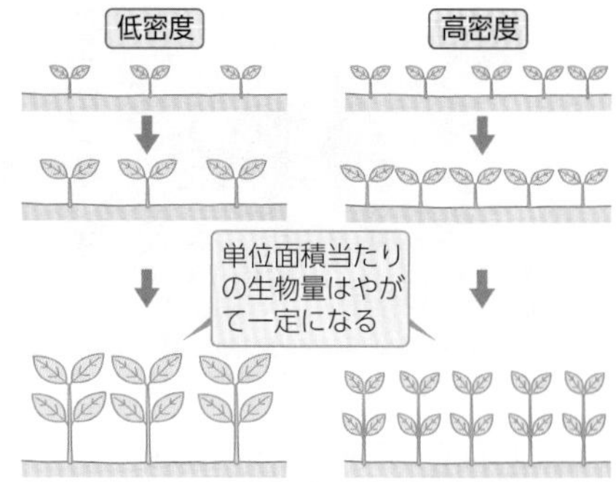

低密度
高密度
単位面積当たりの生物量はやがて一定になる

高密度で種内競争がはげしいと，1 個体当たりの大きさが小さくなって，最終的な収量は一定になる。
※競争が起こると，枯死するものが出て同じ密度になることもある(**自己間引き**)。

D 生命表と生存曲線

同時期に出生したある種の個体の生存数が時間の経過につれてどのように変化するかを示した表を**生命表**という。生命表の生存数をグラフ化したものを**生存曲線**という。

■アメリカシロヒトリの生命表

発育段階	はじめの生存数	期間内の死亡数	期間内の死亡率(%)
卵	4287	134	3.1
ふ化幼虫	4153	746	18.0
一齢幼虫	3407	1197	35.1
二齢幼虫	2210	333	15.1
三齢幼虫	1877	463	24.7
四齢幼虫	1414	1373	97.1
七齢幼虫	41	29	70.7
前蛹	12	3	25.0
さなぎ	9	2	22.2
羽化成虫	7	7	100.0

■アメリカシロヒトリの生存曲線と死亡要因

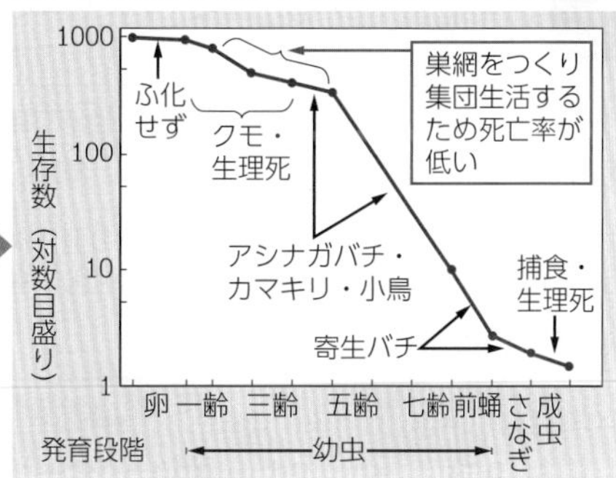

生存数(対数目盛り)
ふ化せず
クモ・生理死
巣網をつくり集団生活するため死亡率が低い
アシナガバチ・カマキリ・小鳥
捕食・生理死
寄生バチ
卵 一齢 三齢 五齢 七齢 前蛹 さなぎ 成虫
発育段階 幼虫

アメリカシロヒトリの幼虫(左)と成虫(右)

■生存曲線の 3 つの型

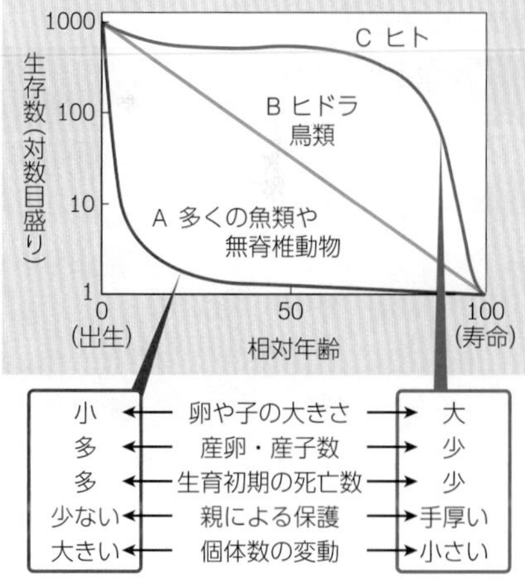

生存数(対数目盛り)
C ヒト
B ヒドラ 鳥類
A 多くの魚類や無脊椎動物
0 (出生)
50
100 (寿命)
相対年齢
小 ← 卵や子の大きさ → 大
多 ← 産卵・産子数 → 少
多 ← 生育初期の死亡数 → 少
少ない ← 親による保護 → 手厚い
大きい ← 個体数の変動 → 小さい

Point 生存曲線と対数目盛り

生存曲線の縦軸は対数目盛りを用いることが多い。算術目盛り(ふつうの目盛り)での直線のグラフ(右図右)は死亡数が一定であることを示すが，対数目盛りでの直線のグラフ(右図左)は死亡率が一定であることを示す。

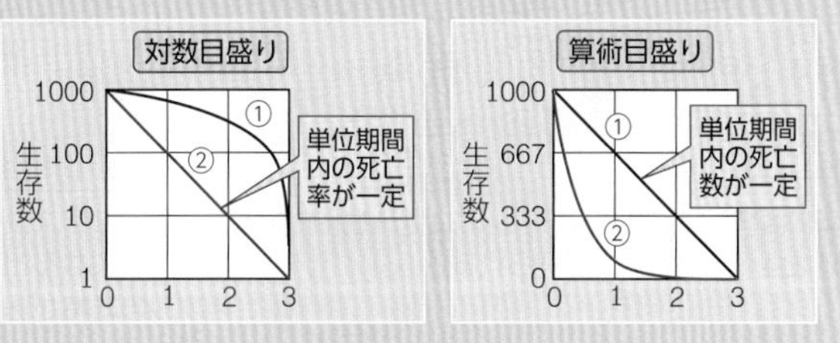

対数目盛り
生存数
単位期間内の死亡率が一定
算術目盛り
単位期間内の死亡数が一定

E 年齢ピラミッド

個体群における各齢階級ごとの個体数の分布を**齢構成**といい，それを雌雄別に積み重ねたグラフを**年齢ピラミッド**という。

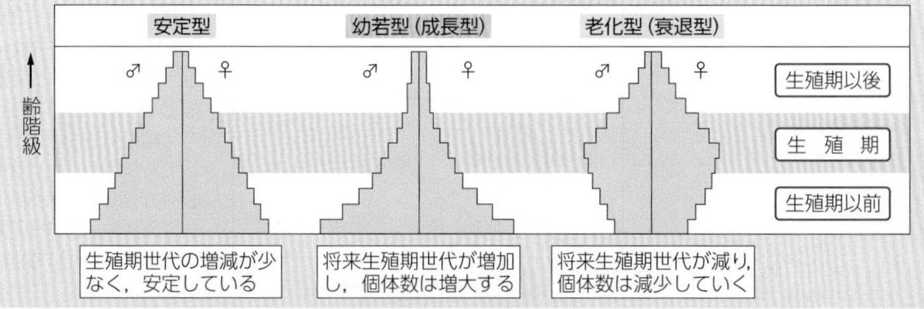

安定型
幼若型(成長型)
老化型(衰退型)
齢階級
♂ ♀
生殖期以後
生殖期
生殖期以前
生殖期世代の増減が少なく，安定している
将来生殖期世代が増加し，個体数は増大する
将来生殖期世代が減り，個体数は減少していく

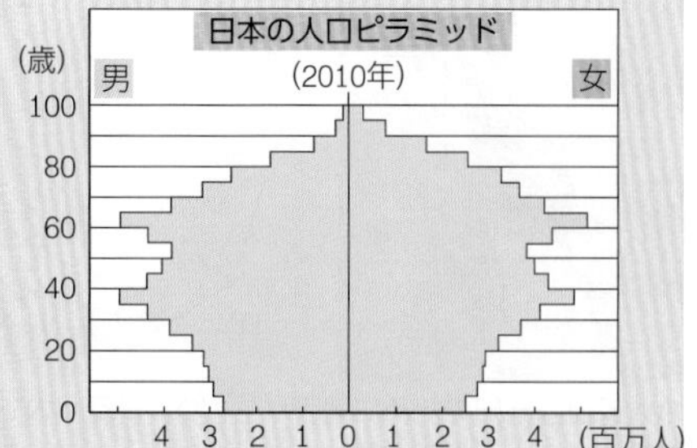

日本の人口ピラミッド
(2010年)
(歳)
男
女
(百万人)

種内競争(intraspecific competition)，生命表(life table)，生存曲線(survival curve)，齢構成(age composition)，年齢ピラミッド(age pyramid)

2 個体群内の相互作用(1)

生物基礎
生 物

A 群れ

同種個体が集まり統一的な行動をとる動物の集合状態を**群れ**という。集まることで生殖機会の増加，食物の獲得機会の増加，捕食者からの防衛などの利点がある。

■食物の獲得のための協調

ヌーを襲うリカオン

群れで狩りを行うことで大きな獲物も捕らえることができる。

■生活に費やすエネルギーの節約

コウモリの群れ
葉の裏で眠るシロヘラコウモリ

コウモリは集合密着して眠る。体温保持のためと考えられる。

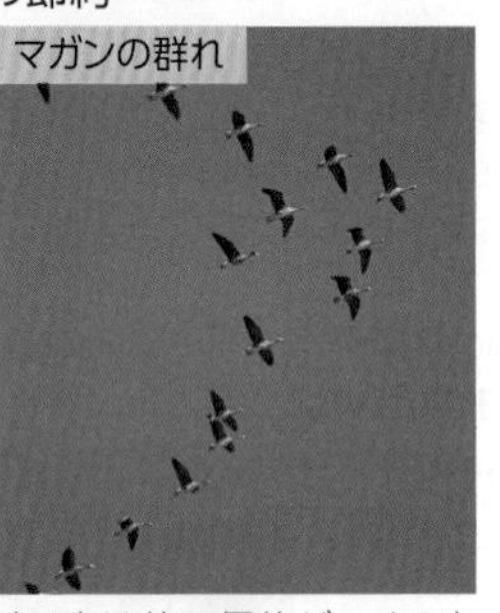

マガンの群れ

渡り鳥は他の個体がつくる空気の渦を利用して，飛ぶためのエネルギーを節約できる。

■捕食されるリスクの軽減

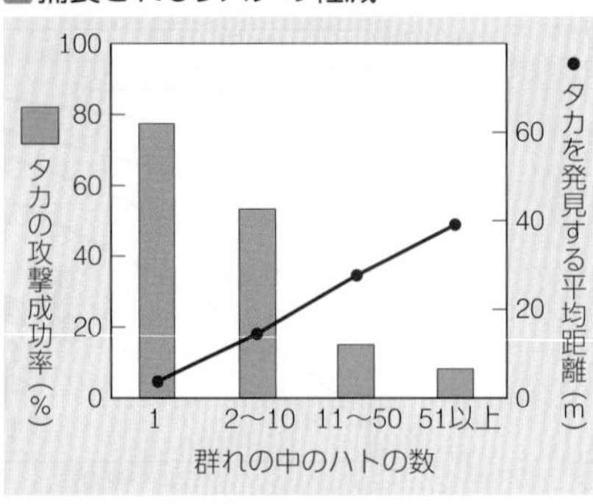

タカの攻撃成功率(%)
タカを発見する平均距離(m)
群れの中のハトの数
1
2〜10
11〜50
51以上

群れの中の1羽のハトがタカを見つけて飛び立つと他のハトも一斉に飛び立ち，タカはハトを捕らえづらくなる。

群れが大きくなると，群れ全体の警戒時間が増すため遠くのタカでも見つけられるようになり，タカの攻撃成功率は低くなる。

■群れることの利益と不利益

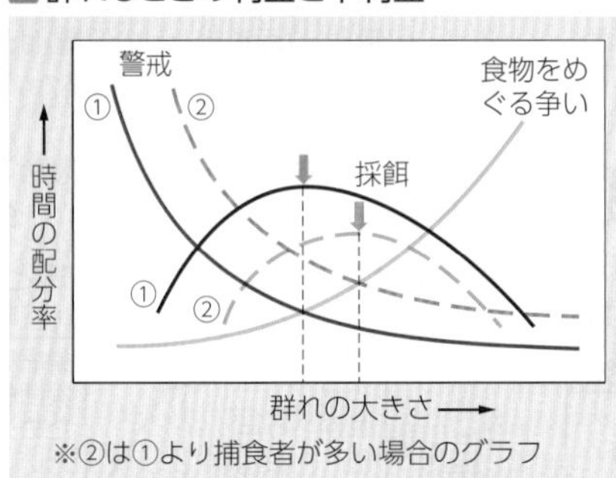

警戒
食物をめぐる争い
採餌
時間の配分率
群れの大きさ

※②は①より捕食者が多い場合のグラフ

各個体の採餌の時間が最大となる群れの大きさが理想的といえる。群れが大きくなると，捕食者を警戒する1個体当たりの時間が少なくてすむが，個体間の食物をめぐる争いが増す。

捕食者(▶p.227)が増すと，警戒に要する時間のグラフは上にずれ，最適な群れの大きさ(矢印)は大きくなる

B 縄張り(テリトリー)

動物が食物や配偶者を確保するため，同種の他個体や群れを寄せつけずに占有する一定の空間を**縄張り**という。動物の行動により採食縄張り，配偶縄張り，営巣縄張りなどとよばれることもある。

■アユの縄張り行動

成長したアユは石に付着している藻類を食べ，食物確保のため縄張りをもつ。友づりは侵入者を追い払おうとする習性を利用したものである。

■アユの縄張り

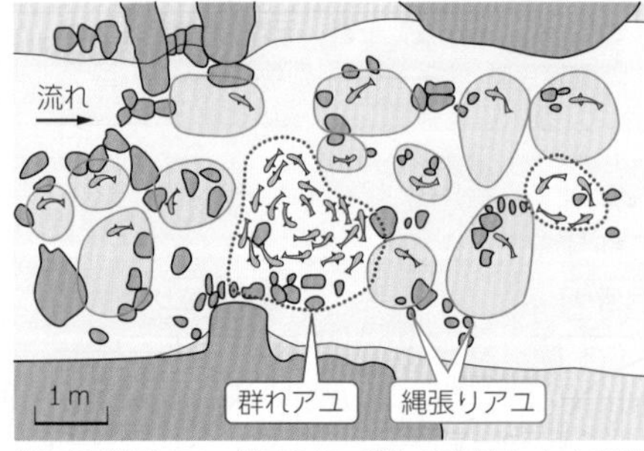

流れ
1 m
群れアユ
縄張りアユ

瀬には縄張りアユが見られ，淵には川底にたまる藻類を食べる群れアユが見られる。

■生息密度と縄張り

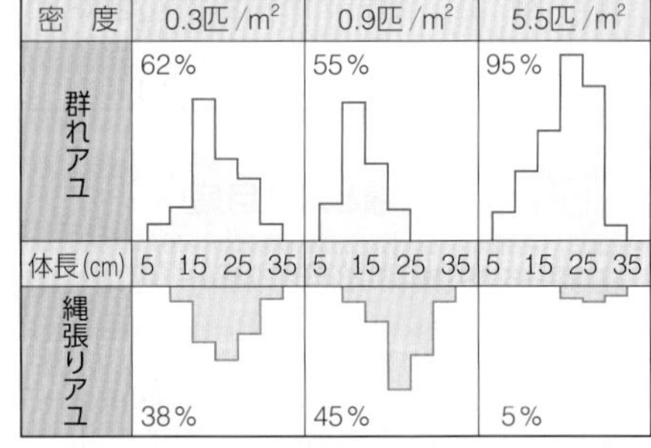

密度
0.3匹/m²
0.9匹/m²
5.5匹/m²
群れアユ
62%
55%
95%
体長(cm)
5 15 25 35
縄張りアユ
38%
45%
5%

縄張りアユは体長が大きい傾向がある。生息密度が高くなると，侵入してくる個体が増えるため縄張りの維持が困難になり，縄張りアユの比率は減る。

■ホオジロの雄の縄張り行動

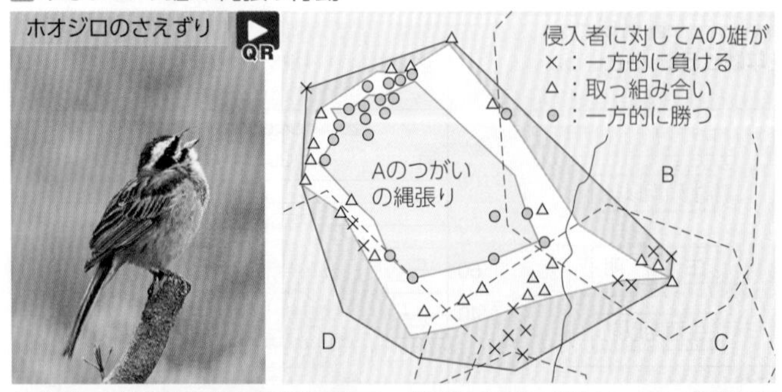

ホオジロのさえずり
侵入者に対してAの雄が
×：一方的に負ける
△：取っ組み合い
○：一方的に勝つ
Aのつがいの縄張り
B
C
D

ホオジロは繁殖のために縄張りをもつ。縄張り内ではテリトリーソング(縄張りを宣言するさえずり)を歌い，縄張りに侵入するものに対しては闘争を挑む。

■縄張りの利益とコスト

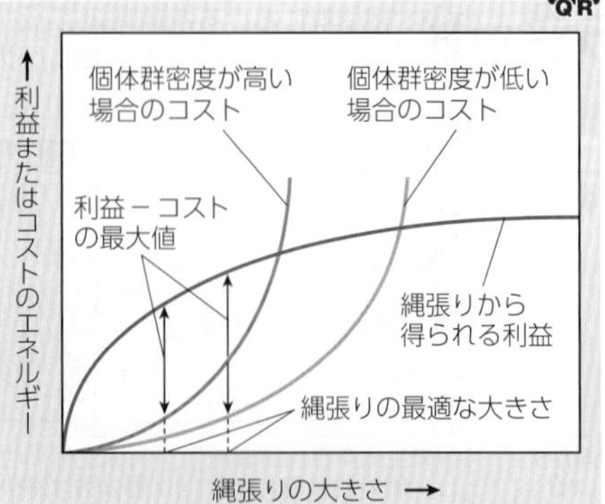

利益またはコストのエネルギー
個体群密度が高い場合のコスト
個体群密度が低い場合のコスト
利益－コストの最大値
縄張りから得られる利益
縄張りの最適な大きさ
縄張りの大きさ

縄張りは得られる利益と維持のためのコスト(エネルギー消費や闘争の危険など)の関係によって成立する。利益は縄張りが大きいほど増加するがやがて上限に達するのに対し，縄張りが大きくなると侵入する他個体が増してコストが増大するため，縄張りの大きさはある範囲におさまることになる。

Keywords 相互作用(interaction)，群れ(flock，group)，縄張り(territory)，利益(benefit)，コスト(cost)

C 社会の構造と分業

生物の群れには個体間のさまざまな行動が見られる。**共同繁殖**や**順位制**といった社会の構造の中には，**ヘルパー**などの役割をもった個体が見られる。

共同繁殖とヘルパー

動物の群れでは，子が親以外の個体から世話を受ける場合があり，これを**共同繁殖**という。また，繁殖中の個体の手助けをする個体を**ヘルパー**という。

ライオンの群れ

ライオンは血縁関係のある雌の集団(プライド)をつくり，血縁関係のない雄を1頭～数頭迎え入れる。ほぼ同一の時期に子を産んだ雌が，他個体の子に対しても授乳を行う。このように，繁殖中の個体がそれぞれ協力しあう。

アフリカゾウの群れ

アフリカゾウは雌の個体を中心とする群れをつくり，群れの中で生まれた子を共同で育てる。群れは，子とその母親，祖母といった個体で構成される。

バンの成鳥とヘルパー
成鳥
雛の世話をする若鳥(ヘルパー)

多くの鳥類は一夫一妻制であるが，成鳥が巣に3羽以上おり，雛の世話をしている場合がある。両親以外の成鳥はヘルパーで，ヘルパーはつがいの子であることが多い。

フロリダヤブカケス

フロリダヤブカケスの巣では，ヘルパーがいると，巣立つ雛の数，巣立ち後に生き残る雛の数が多い。

フロリダヤブカケスのヘルパーには，次のような行動が知られている。

・ヘルパーが巣内の雛に食物を与えることによって，雛の摂食率が上がる。
・つがいだけでいるよりも，捕食者(ヘビなど)を見つけやすくなる。捕食者をみつけたヘルパーは，仲間に警告したり，巣内の雛を守ったりする。

	ヘルパーなし	ヘルパーあり
1つがいにつき巣立った雛の数	1.1羽	2.1羽
巣立ち後3か月間生き残った雛の数	0.5羽	1.3羽

Column ヘルパーになることの利益

血縁関係のある個体の群れにおいては，ある個体がヘルパーとして自身の弟や妹の世話をすることで，その個体自身も利益を受けている場合がある。ヘルパーが世話をすることによって弟や妹(血縁個体)の死亡率が下がると，血縁個体の繁殖成功率が上がる。その結果，ヘルパー自身の包括適応度(▶ *p.*226)が高くなると考えられる(下図)。

また，ヘルパーが非血縁個体の世話にかかわることもある。この場合も，条件のよい生活環境にすむことでヘルパー自身の生存率が高くなる，縄張りを継承しやすくなるなどの利益が得られると考えられる。

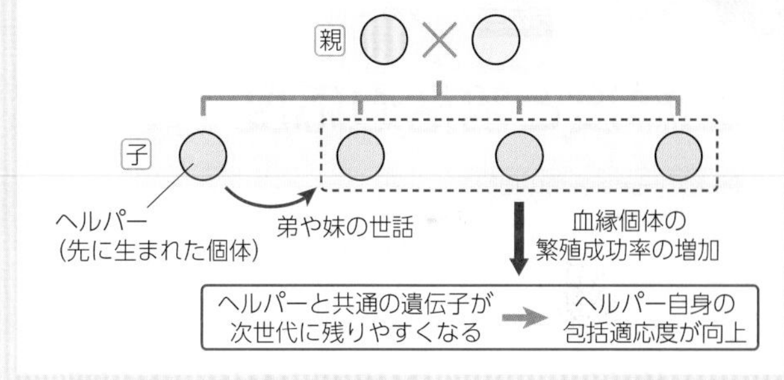
親
子
ヘルパー
(先に生まれた個体)
弟や妹の世話
血縁個体の
繁殖成功率の増加
ヘルパーと共通の遺伝子が
次世代に残りやすくなる
ヘルパー自身の
包括適応度が向上

順位制

群れを構成する個体間に優劣の順位ができ，それによって秩序が保たれる現象を**順位制**という。順位が確定すると個体間の関係が安定し，無用な争いが避けられる。

服従のポーズ
上位
下位

イヌでは下位の個体はあお向けになって，上位の個体に対し腹を見せる。

ゴリラの群れ

ゴリラはシルバーバックという成熟した雄を中心に群れをつくる。シルバーバックは，群れ内の争いの仲裁や，他の群れからの防衛などを行う。

順位の高い個体は多くの交配相手を得ることができる場合もある。
例えば，順位の高い雄の個体が，雌の個体で構成された群れに優先的に所属することができたり，その群れにやってきた別の雄の個体を追い払ったりする。

Zoom up 個体群内の相互作用と個体の分布

個体群内の個体の分布の様式は，個体間の相互作用によってさまざまである。

例えば，群れをつくる動物などでは，個体群内の特定の場所に巣がつくられるなどして，個体がかたまって分布する**集中分布**が見られることがある。また，縄張りをつくる動物などでは，個体間の資源をめぐる競争の結果として，**一様分布**が見られることがある。一方，風で種子が飛ばされる植物などでは，個体の分布が風向きなどの非生物的環境によって決まることがあり，その場合には**ランダム分布**となる。

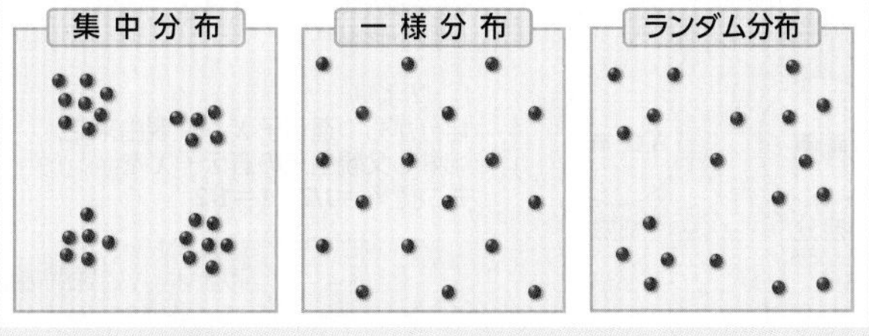
集中分布
一様分布
ランダム分布

共同繁殖(communal breeding)，ヘルパー (helper)，順位制(dominance hierarchy)

3 個体群内の相互作用(2)

生物基礎
生 物

A 社会性昆虫

集団生活する昆虫の中で，分業が進んで形態的にも分化が見られるものがある。このような昆虫を**社会性昆虫**といい，ハキリアリやミツバチ，アブラムシなどがそれにあたる。

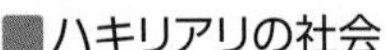

■ハキリアリの社会

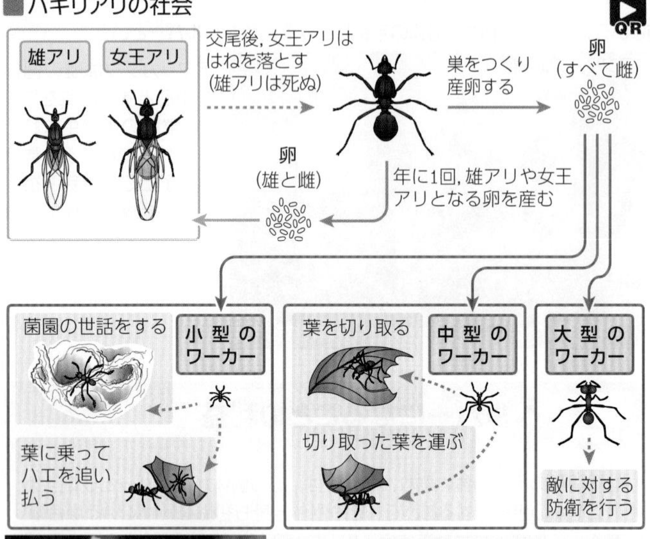

雄アリ
女王アリ
交尾後，女王アリははねを落とす(雄アリは死ぬ)
巣をつくり産卵する
卵(すべて雌)
卵(雄と雌)
年に1回，雄アリや女王アリとなる卵を産む
菌園の世話をする
小型のワーカー
葉に乗ってハエを追い払う
葉を切り取る
中型のワーカー
切り取った葉を運ぶ
大型のワーカー
敵に対する防衛を行う

葉を切り取っている中型のワーカー

社会性昆虫の特徴

1. 集団内の個体に世代の重複が見られる
2. 生殖の分業があり，もっぱら生殖を行う個体と，採食・防衛・育児などを担当する不妊の個体が存在する
3. 両親以外に子育てをする個体が存在する

■ミツバチの社会

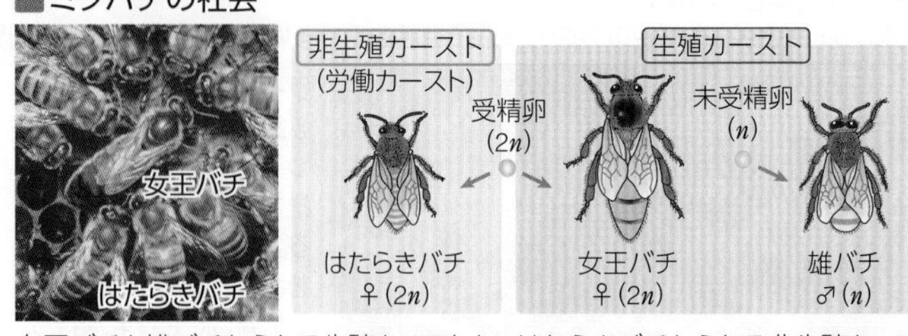

女王バチ
はたらきバチ
非生殖カースト(労働カースト)
生殖カースト
受精卵($2n$)
未受精卵(n)
はたらきバチ ♀($2n$)
女王バチ ♀($2n$)
雄バチ ♂(n)

女王バチと雄バチからなる生殖カーストと，はたらきバチからなる非生殖カーストで社会が構成され，ワーカーであるはたらきバチは，すべて不妊の雌である。

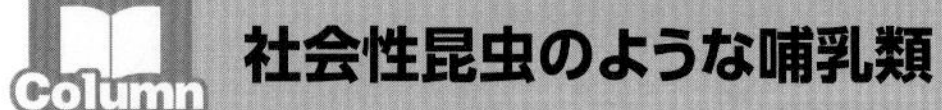

Column 社会性昆虫のような哺乳類

東アフリカに生息するハダカデバネズミは，地中に長大なトンネルを掘り，アリやミツバチに似た集団生活をする。生殖を行うもの(生殖カースト)は1匹の女王とわずかの雄で，残りは雌雄ともワーカー(労働カースト)となる。

土を外に出す(労働カースト)
巣穴を掘る(労働カースト)
子を産む(生殖カースト)
食物を得る(労働カースト)

B 血縁度と包括適応度

2つの個体が遺伝的にどの程度近縁であるかを示す尺度である**血縁度**は，その2つの個体が共通の祖先に由来する特定の対立遺伝子をともにもつ確率で表される。

二倍体生物の兄弟姉妹間の血縁度

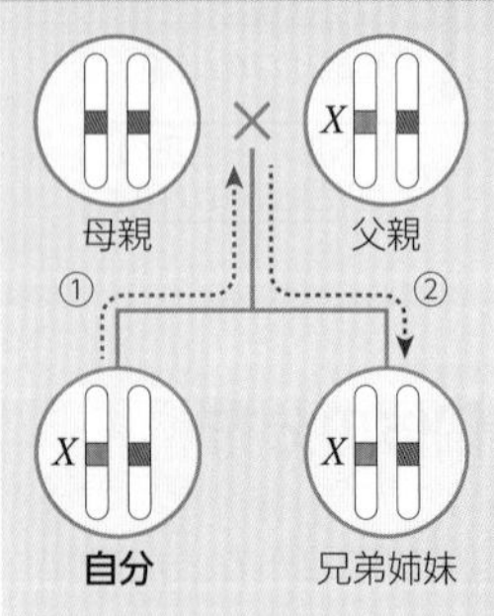

母親
父親
①
②
自分
兄弟姉妹

A. 遺伝子 X が父親由来の場合

① 自分がもつ遺伝子 X が父親由来である確率＝**1/2**

② 父親がもつ遺伝子 X が兄弟姉妹に伝わる確率＝**1/2**

①，②より，
自分がもつ遺伝子 X が父親由来で，兄弟姉妹も父親由来の遺伝子 X をもつ確率＝**1/2×1/2＝1/4**

B. 遺伝子 X が母親由来の場合

雄も雌も二倍体の生物では，母親についても父親と同じように考えればよい。

したがって，
自分がもつ遺伝子 X が母親由来で，兄弟姉妹も母親由来の遺伝子 X をもつ確率＝**1/2×1/2＝1/4**

以上より，兄弟姉妹間の血縁度＝**1/4＋1/4＝ 1/2**

雄が一倍体の生物(ミツバチなど)の姉妹間での血縁度

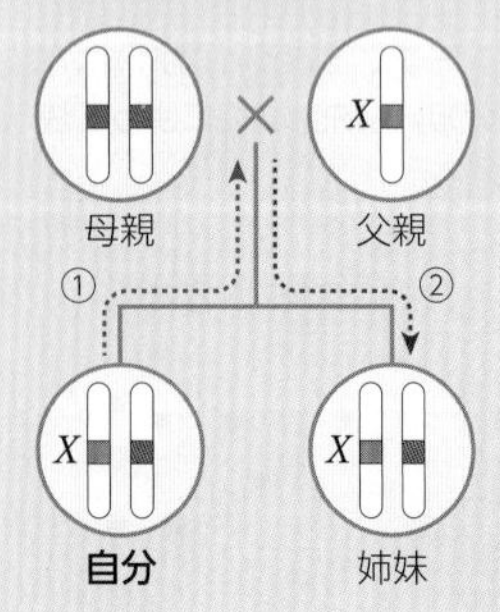

母親
父親
①
②
自分
姉妹

A. 遺伝子 X が父親由来の場合

① 自分がもつ遺伝子 X が父親由来である確率＝**1/2**

② 父親がもつ遺伝子 X が姉妹に伝わる確率＝**1**

①，②より，
自分がもつ遺伝子 X が父親由来で，姉妹も父親由来の遺伝子 X をもつ確率＝**1/2×1＝1/2**

B. 遺伝子 X が母親由来の場合

① 自分がもつ遺伝子 X が母親由来である確率＝**1/2**

② 母親がもつ遺伝子 X が姉妹に伝わる確率＝**1/2**

①，②より，
自分がもつ遺伝子 X が母親由来で，姉妹も母親由来の遺伝子 X をもつ確率＝**1/2×1/2＝1/4**

以上より，姉妹間の血縁度＝**1/2＋1/4＝ 3/4**

※図は，自分がもつ遺伝子 X が父親由来である場合を示す。

二倍体生物では親と子の間では血縁度は1/2となり，両親を共有する兄弟姉妹間でも1/2となる。自分自身あるいはクローン個体との血縁度は1である。

利他行動…自分を犠牲にして巣を守ったり，はたらきバチが姉妹の世話をするなど，他個体の生存を助ける行動。
適応度…1個体が残す繁殖可能な子の数。その個体が環境にどの程度適応しているかを示す尺度である。
包括適応度…自分の子孫をどれだけ残せるかに加え，遺伝子を共有する血縁者を通して残される，自己と共通の遺伝子をもつ子の数を含めた適応度。自分の遺伝子と共通する遺伝子をどれだけ残せるかを示す尺度である。

ミツバチのはたらきバチが姉妹の世話をする理由

ミツバチでは，雌であるはたらきバチが女王を助けて姉妹を増やす。はたらきバチは，自身が繁殖して娘(母娘間の血縁度＝1/2)をもつより，自身と同じ遺伝子をもつ姉妹(姉妹間の血縁度＝3/4)を多く残したほうが包括適応度が高くなる。社会性昆虫の行動の発達には，このような包括適応度の違いがかかわっていると考えられる。

Keywords 社会性昆虫(social insect)，血縁度(degree of relatedness)，利他行動(altruistic behavior)，適応度(fitness)，包括適応度(inclusive fitness)

4 異種個体群間の相互作用(1)

生物基礎 生物

A 捕食と被食

動物は食べなければ生きていけない。食う(**捕食**する)ほうの生物を**捕食者**，食われる(**被食**される)ほうの生物を**被食者**という。捕食者と被食者の関係を**被食者ー捕食者相互関係**という。

■ゾウリムシと捕食者の培養実験

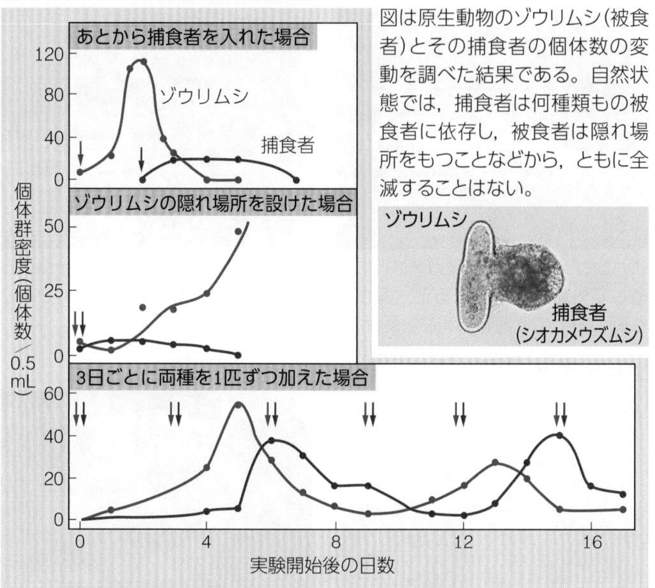

あとから捕食者を入れた場合
ゾウリムシ
捕食者
ゾウリムシの隠れ場所を設けた場合
3日ごとに両種を1匹ずつ加えた場合
個体群密度(個体数/0.5 mL)
実験開始後の日数
ゾウリムシ
捕食者
(シオカメウズムシ)

図は原生動物のゾウリムシ(被食者)とその捕食者の個体数の変動を調べた結果である。自然状態では，捕食者は何種類もの被食者に依存し，被食者は隠れ場所をもつことなどから，ともに全滅することはない。

■ハダニ(被食者)とカブリダニ(捕食者)の個体数の変動

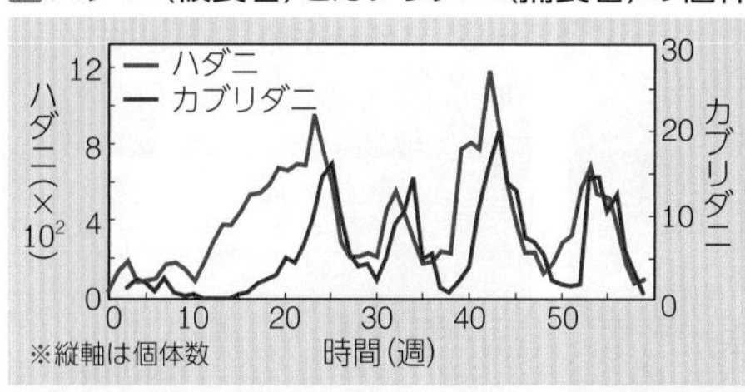

ハダニ
カブリダニ
ハダニ(×10²)
カブリダニ
時間(週)
※縦軸は個体数

図は，ハダニとカブリダニを同じ容器で飼育したときの個体数の変動である。このような周期的な個体数の変動には，捕食・被食の関係のほか，環境要因からの影響などもかかわっている。

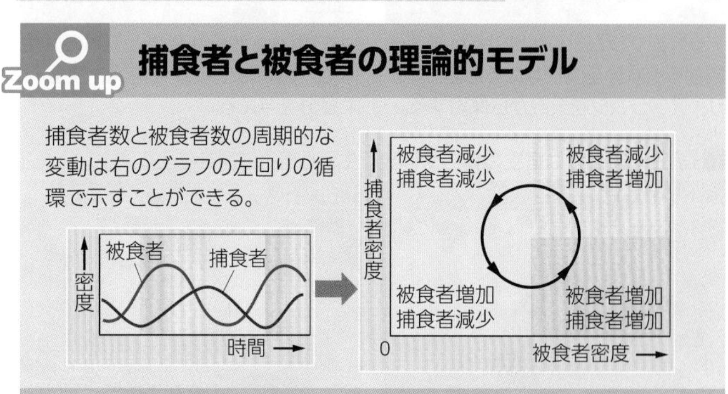

Zoom up
捕食者と被食者の理論的モデル
被食者
捕食者
密度
時間
捕食者密度
被食者密度
被食者減少
捕食者減少
被食者減少
捕食者増加
被食者増加
捕食者減少
被食者増加
捕食者増加

捕食者数と被食者数の周期的な変動は右のグラフの左回りの循環で示すことができる。

B 競争(種間競争)

生活様式や生活上の要求が似ている異種個体群間では，食物や生活場所などをめぐって**競争**(**種間競争**)が起こる。競争の結果，一方の種が全滅することがある(**競争的排除**)。

■ゾウリムシとヒメゾウリムシの培養実験

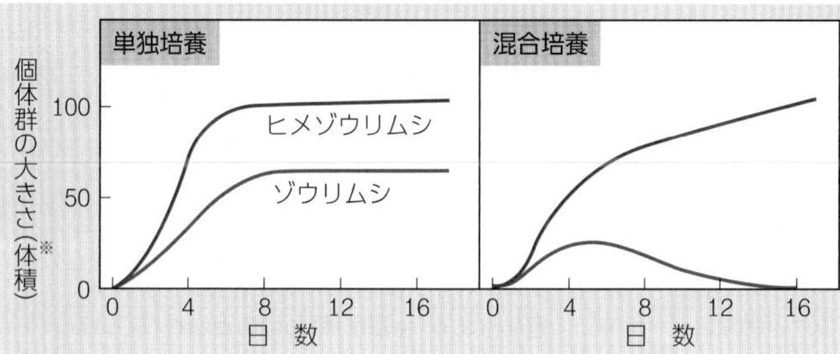

単独培養
混合培養
ヒメゾウリムシ
ゾウリムシ
個体群の大きさ(体積)※
日数

※1個体当たりの体積が異なる(ヒメゾウリムシはゾウリムシの約0.4倍)ため体積で比較

生活様式の似ているふつうのゾウリムシと，やや小形のヒメゾウリムシの2種類を同じ容器内で培養すると，食物となる細菌を奪いあった結果，ヒメゾウリムシが競争に勝って増殖し，ふつうのゾウリムシは全滅する。

■つる植物とオギの光をめぐる競争

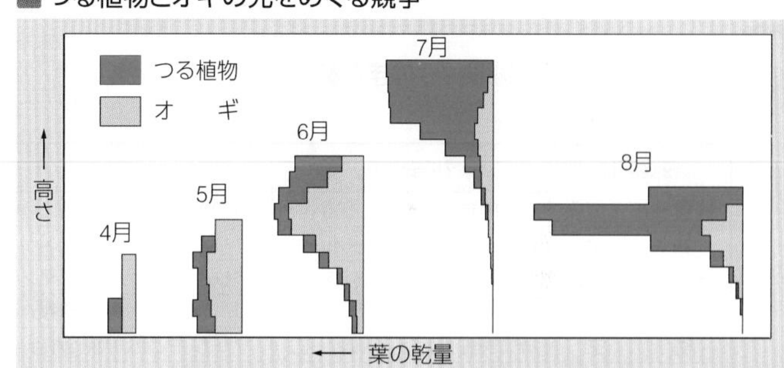

つる植物
オギ
4月
5月
6月
7月
8月
高さ
葉の乾量

ヤブガラシ，ヘクソカズラ，ツルマメのようなつる植物は，細い茎でも他の植物の茎にからみつくことで多くの葉を支えることができる。ススキやオギのような背の高い植物もつる植物におおわれると成長がおとろえる。

C すみわけと食い分け

生活様式(生態的地位▶*p.*228)が似ている個体群は，生息場所や食物を違えることで競争を避け共存している。生息場所を違えることを**すみわけ**，食物を違えることを**食い分け**という。

■川の魚類のすみわけ

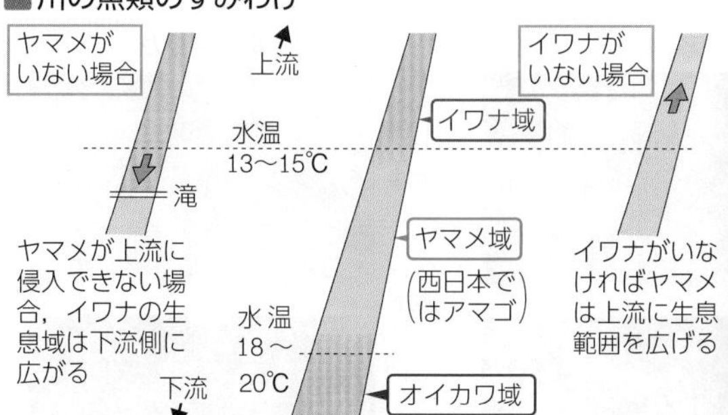

ヤマメがいない場合
上流
水温 13〜15℃
滝
イワナ域
ヤマメ域
(西日本ではアマゴ)
水温 18〜20℃
オイカワ域
下流
イワナがいない場合
ヤマメが上流に侵入できない場合，イワナの生息域は下流側に広がる
イワナがいなければヤマメは上流に生息範囲を広げる

イワナ

ヤマメ

オイカワ

イワナとヤマメは，夏期の平均水温が13℃〜15℃のところを境にすみわける。上流からイワナ域，ヤマメ域，その下流にウグイ・オイカワ域，コイ域が区別でき，瀬・淵などにすみわけることによって食物の種類が変わり食い分けが起こることもある。

■ヒメウとカワウの食い分け

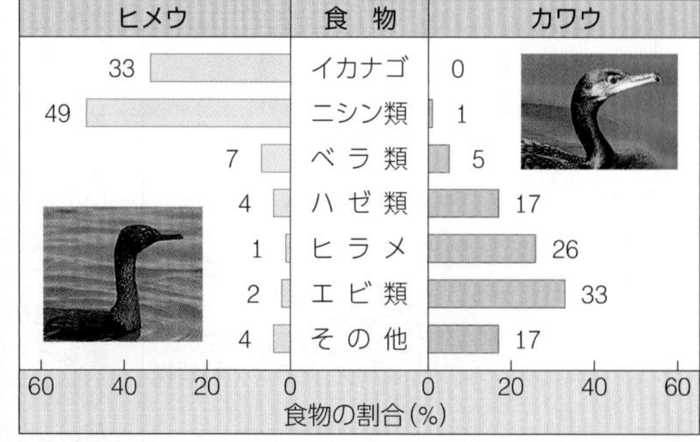

ヒメウ
食物
カワウ
33 イカナゴ 0
49 ニシン類 1
7 ベラ類 5
4 ハゼ類 17
1 ヒラメ 26
2 エビ類 33
4 その他 17
食物の割合(%)

ヒメウとカワウは，同じ場所で食物をとるが，前者は浅いところでイカナゴ，ニシンなどを，後者は底にいるヒラメやエビなどを食べ，食い分けしている。

Keywords 捕食(predation)，被食(prey)，捕食者(predator)，被食者(prey)，種間競争(interspecific competition)，競争的排除(competitive exclusion)

5 異種個体群間の相互作用(2)

生物基礎
生 物

A 個体群間の相互作用

種の異なる生物の間には，被食者―捕食者相互関係や競争のほかに**相利共生**や**片利共生**，**寄生**や**片害作用**・**中立**などがある。

■相利共生　2種が共存することで互いに利益を与えあう。

アリとアブラムシ
QR

アリはアブラムシ(アリマキ)が腹部後端から出す分泌物をなめるために集まり，アブラムシを天敵から保護する。

サルオガセ(地衣類)

地衣類(▶ p.296)は菌類と藻類の共生体で，菌類はすみかを与え，藻類は栄養分を与える。

■片利共生　一方だけが利益を得る。

コバンザメ

コバンザメはサメやウミガメなどに付着して外敵から身を守る上，採食や移動の労力の低減等の利益を受ける。

■中立　互いに影響がない。

キリンとシマウマ

樹木の葉を食べるキリンと草を食べるシマウマでは，同じ地域にすんでいても利害関係にない。

■寄生　寄生者は宿主の体内や体表で生活し宿主に害を与える。

ヤドリギ

ヤドリギは広葉樹の枝に寄生する常緑樹で，自らも光合成を行うので**半寄生**ともいう。

寄生バチ
コマユバチのまゆ
(さなぎが入っている)

コマユバチはガなどの幼虫(**宿主**)の体内に産卵し，ふ化した幼虫は宿主のからだを食べて成長する。

■片害作用　分泌物が他の生物に不利にはたらく。

セイタカアワダチソウ

根から他の植物の成長を抑制する物質を分泌する。これを**アレロパシー(他感作用**▶ p.212**)**という。

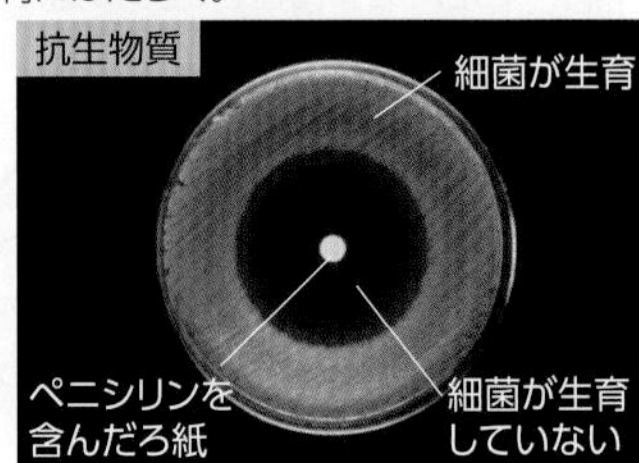
抗生物質
細菌が生育
ペニシリンを
含んだろ紙
細菌が生育
していない

アオカビの菌糸の周辺では細菌が生育できないことから，**抗生物質**(ペニシリン)が発見された。

Point 相互作用(種間関係)のまとめ

(＋：利益，－：害，0：利害なし)

種間関係		利害関係		例など
捕食－被食関係		＋(捕食者)	－(被食者)	植物と植物食性動物，植物食性動物と動物食性動物　＊寄生も一種の捕食－被食関係といえる
競　争		－(優位者)	－(劣位者)	ソバとヤエナリ，ヒメウとカワウ　＊生活様式が似た種間ではすみわけや食い分けが起こることもある
共生	相利共生	＋(共生者)	＋(共生者)	アリとアブラムシ，マメ科植物と根粒菌，虫媒花と昆虫，ウメノキゴケ(地衣類＝菌類と藻類の共生体)
	片利共生	＋(共生者)	0(宿　主)	コバンザメと大形魚類，カクレウオとナマコ　＊ナマコに害を与える(＝寄生)種もいるといわれている
寄　生		＋(寄生者)	－(宿　主)	ヤドリギと広葉樹(外部寄生)，コマユバチとガの幼虫(内部寄生)
中　立		0(独　立)	0(独　立)	サバンナのキリンとシマウマ(外敵をみつけやすい利点はある)，昆虫食の鳥と草食の哺乳類
片害作用		0(妨害者)	－(被害者)	アオカビのペニシリン・放線菌のストレプトマイシン(抗生物質)

B 生態的地位(ニッチ)

生物が属する生態系や生物群集における栄養段階や食性・生活場所などを総合して**生態的地位(ニッチ)**という。

■ 2種類のチョウの生態的地位の違い

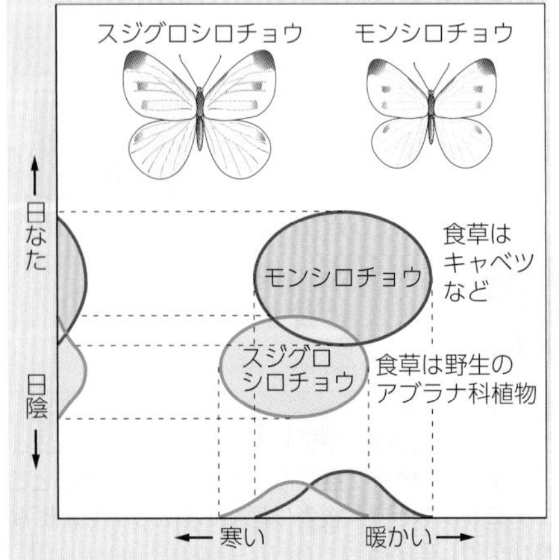
スジグロシロチョウ
モンシロチョウ
日なた
日陰
モンシロチョウ
食草はキャベツなど
スジグロシロチョウ
食草は野生のアブラナ科植物
寒い
暖かい

モンシロチョウとスジグロシロチョウは同じ地域に生息しているが，微妙な生活のしかたの違いがある(異なる生態的地位をもつ)。食草の種類の違いのほかにも，すむ場所の温度条件と日当たりについてみると，いずれも2種類のチョウは互いに重なっているが，両要因を総合すると重なりは少ないことがわかる。

■大形植物食性動物を捕食する生態的同位種の例

異なる地域で同じ生態的地位を占める生物を**生態的同位種**という。

アフリカ
北アメリカ
草原
ライオン
ピューマ
行動や形態が類似
森林
トラ
ジャガー
アジア
南アメリカ

Keywords　共生(symbiosis, association)，相利共生(mutualism)，片利共生(commensalism)，寄生(parasitism)，生態的地位((ecological) niche)

C 多様な種の共存

生物群集では多様な種が共存している。これは，生態的地位(ニッチ)の分割によって可能となっている。また，捕食者の影響やかく乱によって生態的地位をずらさずに共存するしくみもある。

基本ニッチと実現ニッチ

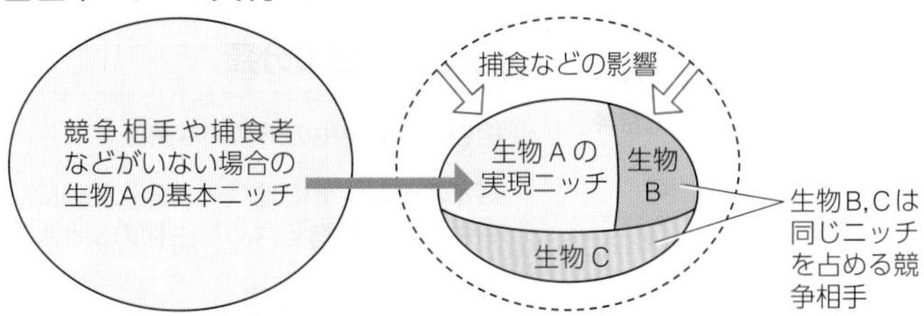

競争相手や捕食者などがいない場合の生物Aの基本ニッチ
捕食などの影響
生物Aの実現ニッチ
生物B
生物C
生物B,Cは同じニッチを占める競争相手

その生物種の生活に影響する競争や捕食などがない場合，その種の生活範囲は，より広いニッチを占める。この最大のニッチを**基本ニッチ**という。しかし，生物種の周りには競争相手や捕食者がいるので，その種の生活範囲は，より狭いニッチに制限される。これを**実現ニッチ**という。

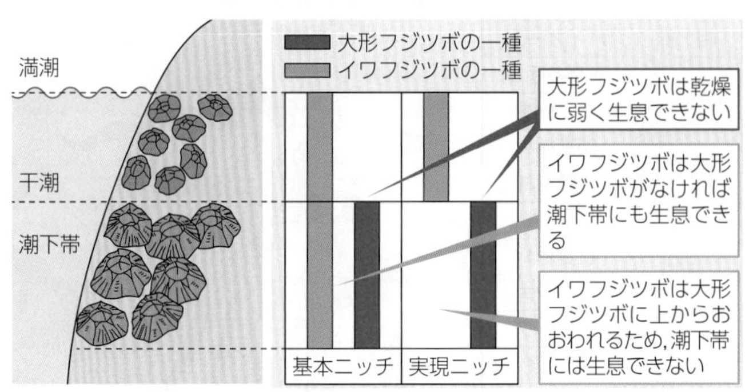

大形フジツボの一種
イワフジツボの一種
満潮
干潮
潮下帯
大形フジツボは乾燥に弱く生息できない
イワフジツボは大形フジツボがなければ潮下帯にも生息できる
イワフジツボは大形フジツボに上からおおわれるため，潮下帯には生息できない
基本ニッチ
実現ニッチ

形質置換

競争によってニッチが分割されると，新たな資源状況に対する適応として形態的な変化が起こることがあり，この形質変化を**形質置換**という。

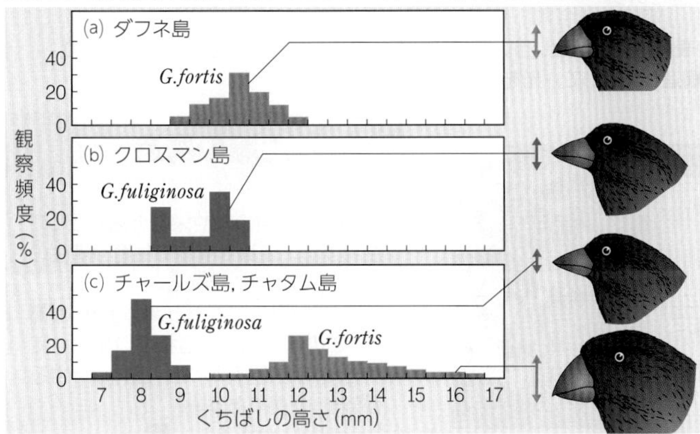

(a) ダフネ島
G.fortis
(b) クロスマン島
G.fuliginosa
(c) チャールズ島，チャタム島
G.fuliginosa
G.fortis
観察頻度(%)
40
20
0
7 8 9 10 11 12 13 14 15 16 17
くちばしの高さ(mm)

異なる島のダーウィンフィンチのくちばしの高さ
それぞれ単独で生息している場合((a)ダフネ島，(b)クロスマン島)は高さが似通っているが，(c)チャールズ島やチャタム島など両種が共存している場合，くちばしの高さに差が見られる。食物をめぐる種間競争の結果，くちばしの形質が変化し，食物を分けることで共存が可能になったと考えられる。

間接効果

捕食と被食や競争などの個体群間の相互作用の程度は，直接関係する生物以外の生物の影響(**間接効果**)によっても変化する。

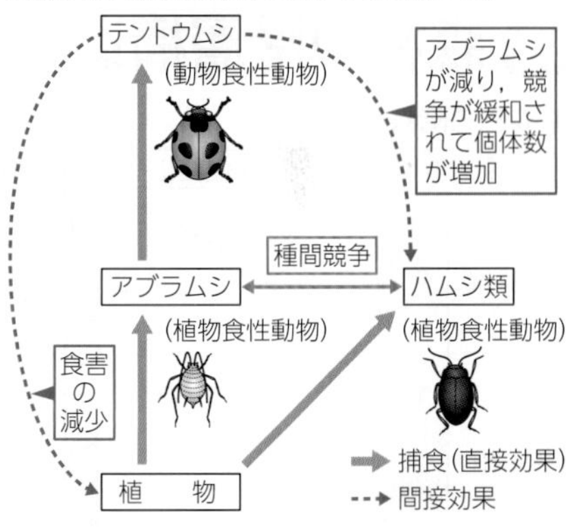

テントウムシ
(動物食性動物)
アブラムシが減り，競争が緩和されて個体数が増加
種間競争
アブラムシ
(植物食性動物)
ハムシ類
(植物食性動物)
食害の減少
植物
捕食(直接効果)
間接効果

捕食者による生物の共存

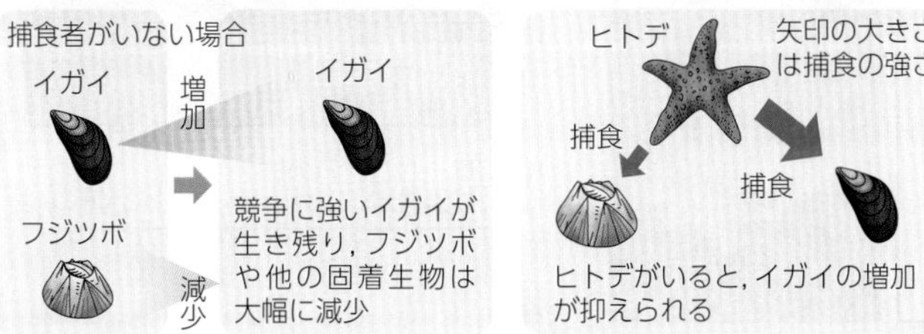

捕食者がいない場合
イガイ
増加
イガイ
フジツボ
減少
競争に強いイガイが生き残り，フジツボや他の固着生物は大幅に減少
ヒトデ
矢印の大きさは捕食の強さ
捕食
捕食
ヒトデがいると，イガイの増加が抑えられる

捕食者がいない場合は生態的地位が似た2種は競争に強い種が生き残り，他方の種はいなくなる(種間競争による競争的排除)。両方に共通の捕食者がいると競争に強い種の極端な増加が妨げられ，競争が抑制される(▶ *p*.243)。

かく乱による生物の共存

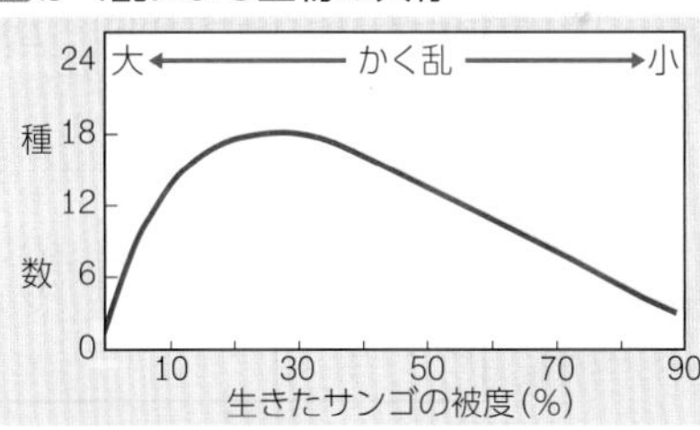

大 ← かく乱 → 小
種数
24
18
12
6
0
10 30 50 70 90
生きたサンゴの被度(%)

かく乱の大きな場所では生きたサンゴが減り，小さな場所では競争に強い種が大きく被度を占め，種数が減る。

台風や洪水，噴火などのかく乱は，生物に大きな影響を与える。かく乱は競争に強い種が弱い種を排除することを妨げるが，捕食と異なり，どの種にも等しく死亡の可能性が生じるため，中規模のかく乱が生物群集内の共存種数を増やす(▶ *p*.243)。極相林でのギャップ形成もその1つである(▶ *p*.233)。

Zoom up ニッチの分割と共存

資源(食物など)の利用のしかたを，その利用頻度で示したグラフを**資源利用曲線**という。

ニッチが重なっているA，Bの2種がいると，資源を巡って競争が起こる。資源の利用のしかたが似ていると，競争的排除が起こり，一方が絶滅することがある(①)。一方，資源の利用のしかたが異なると，共存することができる(②)。すみわけや食い分けがこれに当たる。

このように，ニッチが共通する複数の種がいる場合は，資源の利用(ニッチ)を分割することによって，多数の種が共存可能となる(③)。

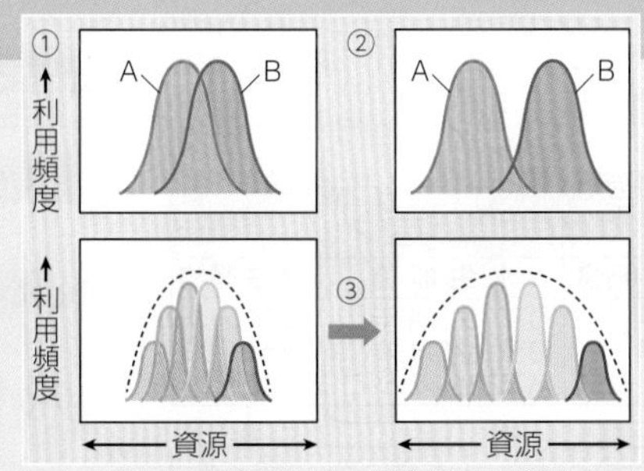

①
②
A
B
利用頻度
③
資源

Column 生態的ギルド

同じニッチを占める生物のグループをギルドという。同じギルドに属する生物どうしでは種間競争が起こる。ギルドは注目した環境資源によって規定される(餌ギルドや生息場所ギルドなど)。

ギルドが生物群集の基本的な構造であるという考え方もあり，地域が違っても同じようなギルドでは，生物種は異なるが種数や被食者数と捕食者数の割合など，共通点が見られる。

生態的同位種(ecological equivalent)，**基本ニッチ**(fundamental niche)，**実現ニッチ**(realized niche)，**形質置換**(character displacement)

6 植生の多様性 生物基礎 生物

A 植生 基 生

ある地域に生育する植物全体をまとめて**植生**という。植生は気温や降水量などの要因に影響される。植生には，外観の特徴である**相観**によって分類する方法と，植生を構成する**優占種**や**標徴種**によって分類する方法がある。

■相観

相観	バイオーム
森林	熱帯多雨林
	雨緑樹林
	照葉樹林
	硬葉樹林
	夏緑樹林
	針葉樹林
草原	サバンナ
	ステップ
荒原	砂漠
	ツンドラ

各バイオームの分布と特徴は，*p*.234 ～ 235 を参照。

■植生図（現存植生図）

池

神戸市の現存植生図
- シイ-カナメモチ群集
- アラカシ-カゴノキ群集
- アカマツ-モチツツジ群集
- コナラ群集
- クズ-フジ群集
- ススキ-ネザサ群集
- スギ-ヒノキ群集
- クスノキ群集
- ニセアカシア群集
- 市街地

現存する植生の分布を表すものを**現存植生図**という。人為的な要因を除いた場合に生じると推定される植生の分布図を**潜在植生図**という。

Point 植生の分類

相観　その植生の外観的な特徴。

バイオーム　その地域の植生とそこに生息する動物を含めた生物のまとまり。

優占種　その植生の中で最も被度・頻度・高さが高い植物。

標徴種　その植生にあって，他の植生には見られない植物。その植生を特徴づける植物。

B 森林の階層構造 基 生

森林の最上部を林冠といい，地表付近を林床という。発達した森林の内部では，明るさや湿度などの鉛直方向の変化が大きく，**階層構造**が発達して，光を有効に利用している。

■森林の階層構造

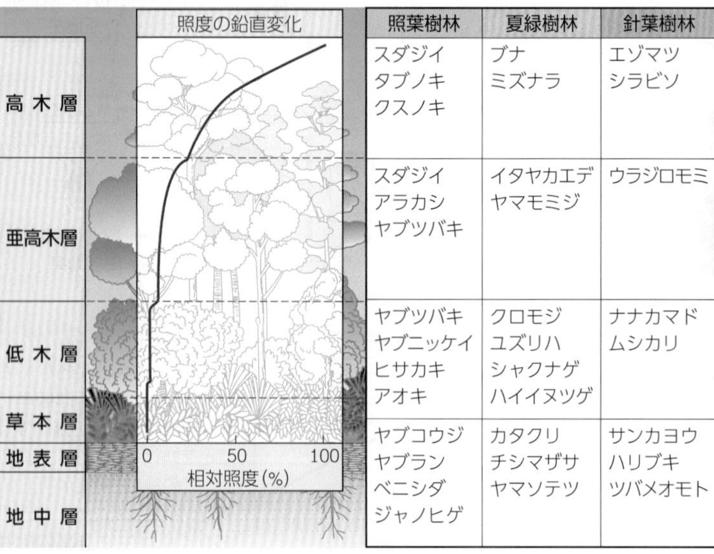
照度の鉛直変化
高木層
亜高木層
低木層
草本層
地表層
地中層
0
50
100
相対照度（%）

照葉樹林	夏緑樹林	針葉樹林
スダジイ タブノキ クスノキ	ブナ ミズナラ	エゾマツ シラビソ
スダジイ アラカシ ヤブツバキ	イタヤカエデ ヤマモミジ	ウラジロモミ
ヤブツバキ ヤブニッケイ ヒサカキ アオキ	クロモジ ユズリハ シャクナゲ ハイイヌツゲ	ナナカマド ムシカリ
ヤブコウジ ヤブラン ベニシダ ジャノヒゲ	カタクリ チシマザサ ヤマソテツ	サンカヨウ ハリブキ ツバメオモト

アオキ

カタクリ

Zoom up 土壌の構造

植物は土壌中の水や栄養分を吸収して生育する。土壌は植物の生育や植生の成り立ちに影響を与える。
地中には腐植に富む層（腐植土層）があり，この層は落葉・落枝が分解されてできた有機物（腐植）と，風化した岩石が混じった層である。

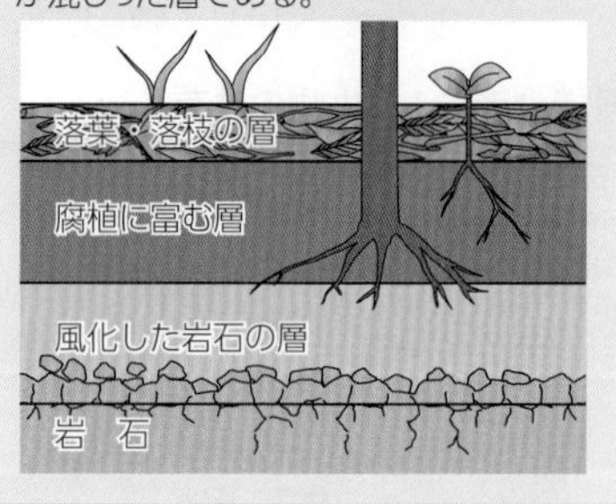
落葉・落枝の層
腐植に富む層
風化した岩石の層
岩石

C 生活形 基 生

生活様式や生育環境を反映した植物の形態を**生活形**という。

■ラウンケルの生活形　ラウンケルは冬や乾季の**休眠芽**の位置によって植物を分類した。

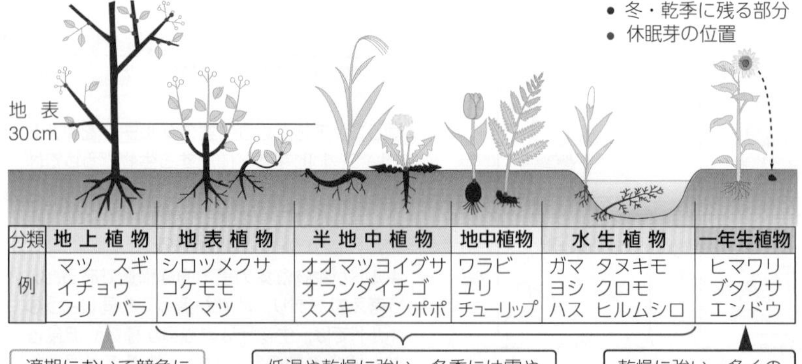
● 冬・乾季に残る部分
● 休眠芽の位置
地表
30 cm

分類	地上植物	地表植物	半地中植物	地中植物	水生植物	一年生植物
例	マツ　スギ イチョウ クリ　バラ	シロツメクサ コケモモ ハイマツ	オオマツヨイグサ オランダイチゴ ススキ　タンポポ	ワラビ ユリ チューリップ	ガマ　タヌキモ ヨシ　クロモ ハス　ヒルムシロ	ヒマワリ ブタクサ エンドウ

- 適期において競争に強い。低温や乾燥には比較的弱い（地上植物）
- 低温や乾燥に強い。冬季には雪や落ち葉，水によって，低温や乾燥から保護される。（地表植物～水生植物）
- 乾燥に強い。多くの種子をつくるので，分散力が大（一年生植物）

■生活形スペクトル

ある地域の植物の生活形の割合を示したもの。その地域の環境要因を反映する。図中の数字は種数の割合（%）。

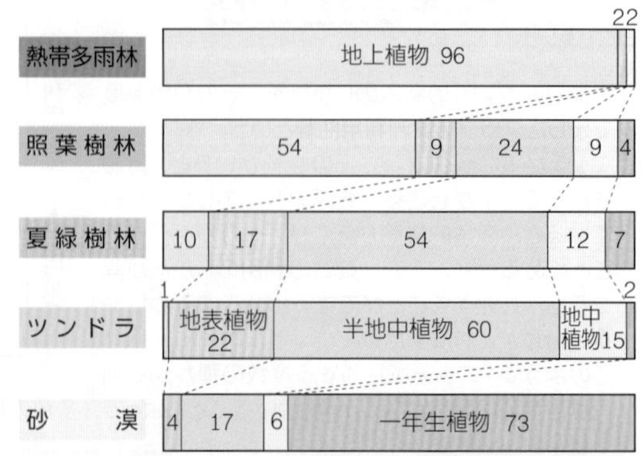
熱帯多雨林
地上植物 96
2
2
照葉樹林
54
9
24
9
4
夏緑樹林
10
17
54
12
7
ツンドラ
1
地表植物 22
半地中植物 60
地中植物15
2
砂漠
4
17
6
一年生植物 73

Keywords 植生(vegetation)，相観(physiognomy)，階層構造(stratification)，高木層(canopy layer)，低木層(understory layer)，草本層(herbaceous layer)

D 探究 植生の調査法 基生

一定面積の区画を設けて，その中の植物の種類とそれぞれの被度や頻度を調査する方法を**区画法**(または**方形枠法**，**コドラート法**)という。

一般に，校庭などでは一辺が 10cm ～ 1m，森林では 10m の調査区を設ける。

①生えている植物種を調べる。
②方形枠を設定(下の例では一辺 10cm の区画を 10 個設定)

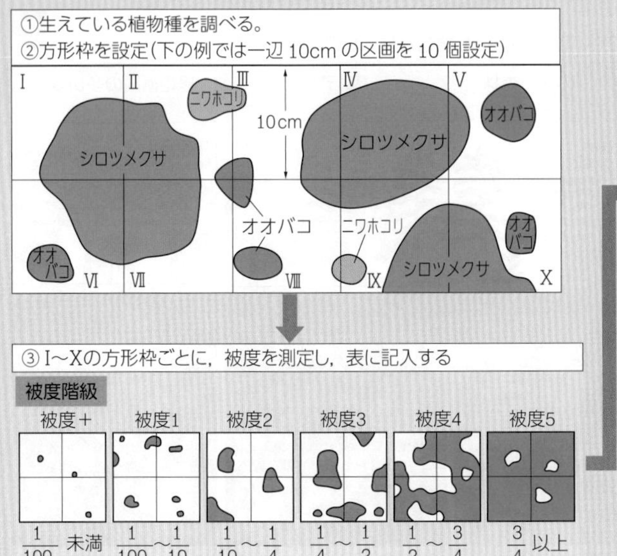

I
II
III
IV
V
ニワホコリ
10cm
オオバコ
シロツメクサ
シロツメクサ
オオバコ
ニワホコリ
オオバコ
オオバコ
シロツメクサ
VI
VII
VIII
IX
X

③ I～Xの方形枠ごとに，被度を測定し，表に記入する

被度階級

被度＋	被度1	被度2	被度3	被度4	被度5
$\frac{1}{100}$ 未満	$\frac{1}{100}$～$\frac{1}{10}$	$\frac{1}{10}$～$\frac{1}{4}$	$\frac{1}{4}$～$\frac{1}{2}$	$\frac{1}{2}$～$\frac{3}{4}$	$\frac{3}{4}$ 以上

④各植物の**頻度**(調査枠数に対する出現枠数の割合)と**高さ**を求める。高さは葉の最も高いところを測定する　※ここでは高さを含まない方法で優占度を求める

種類	被度 I	II	III	IV	V	VI	VII	VIII	IX	X	平均被度	被度%	頻度%	優占度
シロツメクサ	3	3	2	5	2	3	3	2	3	3	2.9	100	100	100
オオバコ	−	1	1	−	2	2	1	2	−	2	1.1	38	70	54
ニワホコリ	−	2	1	−	−	−	−	1	2	−	0.6	21	40	31

⑤被度と頻度(，高さ)の最高値を 100% として，被度 % と頻度 %(，高さ %)を求める

⑥各植物の被度 % と頻度 %(，高さ %)の平均を求める。この値が**優占度**で，優占度が最大となる種が**優占種**である。この植生はシロツメクサ群集である

E 植物群集の生産構造 基生

ある地域に生育している何種類もの植物の個体群をまとめて**植物群集**という。植物群集の垂直的な構造を，光合成による物質生産の面からとらえたものを**生産構造**という。

■生産構造図

植物群集内の相対照度とともに，同化器官(葉)と非同化器官(根，茎，花)に分けて，その重さ(質量)の垂直分布を図示したものを**生産構造図**といい，**層別刈取法**を用いて作成する。

アカザ
ミゾソバ

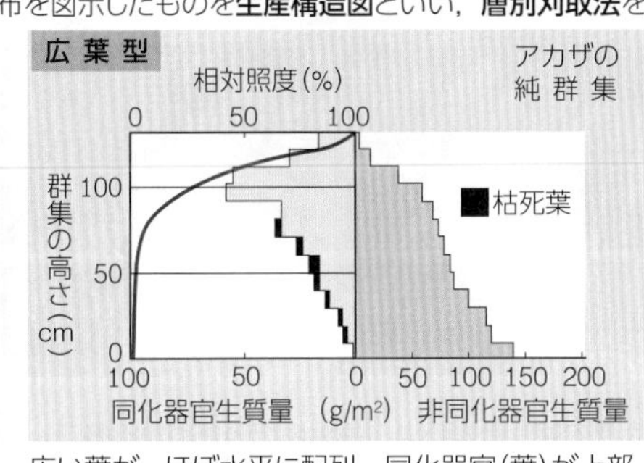

広葉型
アカザの純群集
相対照度(%)
0
50
100
群集の高さ(cm)
100
50
0
枯死葉
100
50
0
50
100
150
200
同化器官生質量 (g/m²) 非同化器官生質量

広い葉が，ほぼ水平に配列。同化器官(葉)が上部に集中する。群集内部では光は急激に弱くなる。
例)アカザ，オナモミ，ミゾソバ

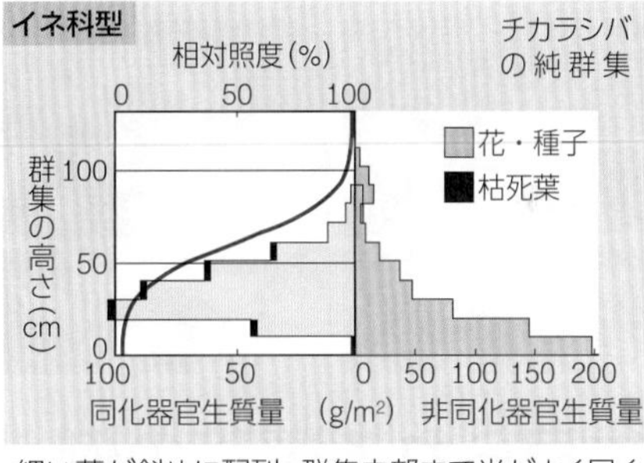

イネ科型
チカラシバの純群集
相対照度(%)
0
50
100
花・種子
枯死葉
群集の高さ(cm)
100
50
0
100
50
0
50
100
150
200
同化器官生質量 (g/m²) 非同化器官生質量

細い葉が斜めに配列。群集内部まで光がよく届く。非同化器官の割合が低く，光合成の効率が高い。
例)チカラシバ，オオムギ，ススキ，チガヤ

チカラシバ

オオムギ

第7編 生態と環境

■生産構造と種間競争

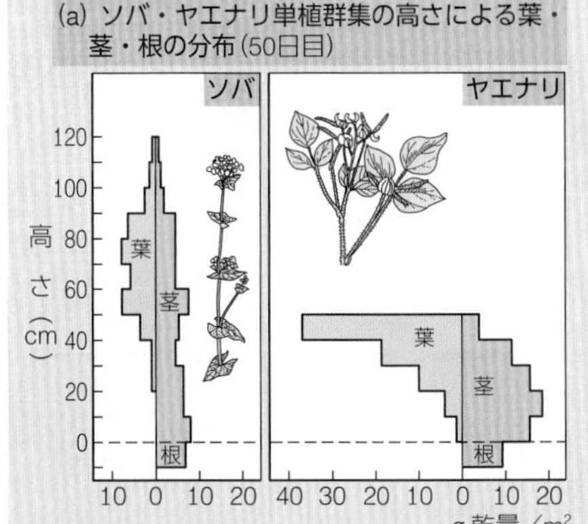

(a) ソバ・ヤエナリ単植群集の高さによる葉・茎・根の分布(50日目)
ソバ
ヤエナリ
高さ(cm)
120
100
80
60
40
20
0
葉
茎
根
葉
茎
根
10
0
10
20
40
30
20
10
0
10
20
g 乾量／m²

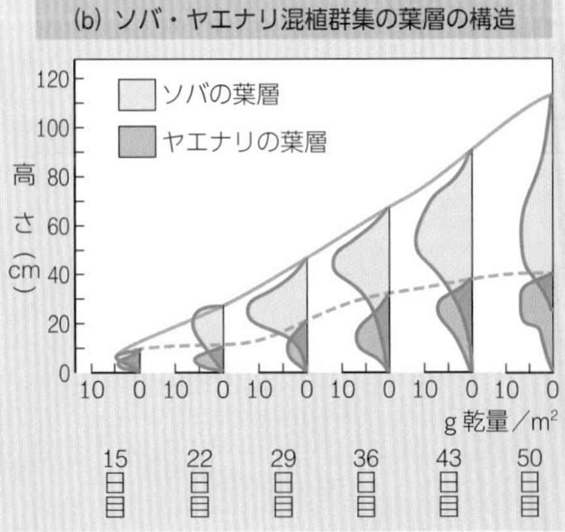

(b) ソバ・ヤエナリ混植群集の葉層の構造
ソバの葉層
ヤエナリの葉層
高さ(cm)
120
100
80
60
40
20
0
10 0
g 乾量／m²
15日目
22日目
29日目
36日目
43日目
50日目

ソバとヤエナリの混植では，ヤエナリは丈の高いソバの陰で十分な光を得られないので，単植の場合と比べて収量が激減する。

■層別刈取法

地面から一定の高さ(10cm)ごとにそろえて植物体を刈り取り，同化器官と非同化器官に分けて生体重量を測定する。

生活形(life form)，優占種(dominant species)，植物群集(plant association)，区画法(quadrat method)，生産構造(productive structure)

7 植生の遷移 生物基礎 生物

A 遷移の過程

溶岩が固まってできた土地など，植物の種子や土壌のない状態から始まる**遷移**(相観や種組成の移り変わり)を**一次遷移**という。乾性遷移と湿性遷移があり，火山活動の溶岩流などによってできた裸地から始まる遷移を**乾性遷移**という。

■一次遷移(乾性遷移)のモデル過程

遷移の早い段階に侵入する植物の環境形成作用によって非生物的環境が変化し，それまで生育できなかった植物が侵入し遷移が起こる。

QR

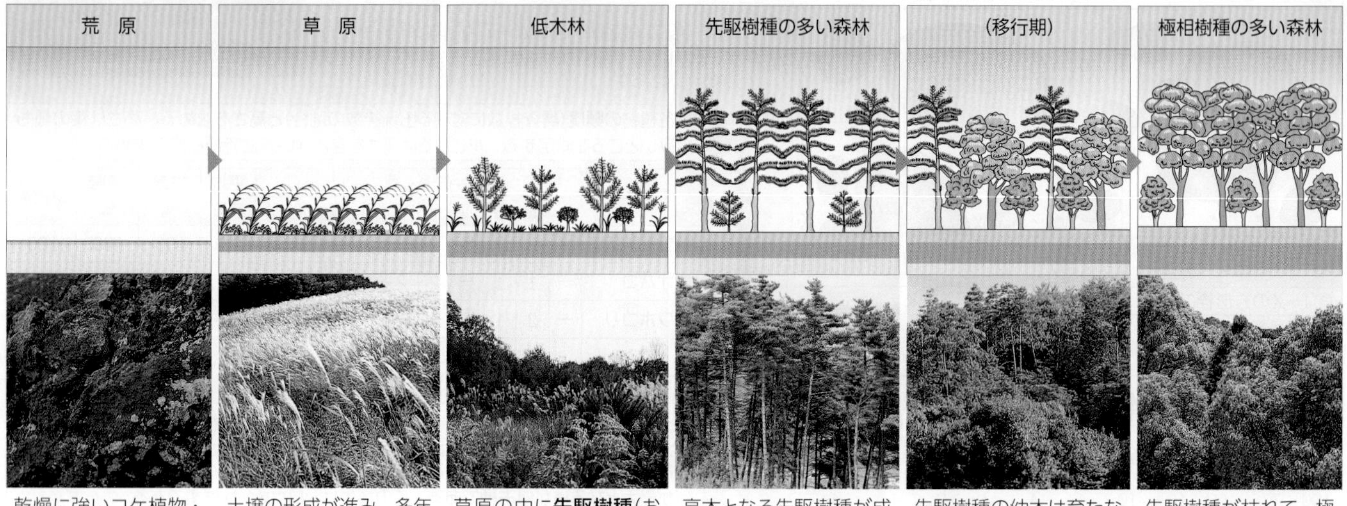

荒 原
草 原
低木林
先駆樹種の多い森林
(移行期)
極相樹種の多い森林

荒原	草原	低木林	先駆樹種の多い森林	(移行期)	極相樹種の多い森林
乾燥に強いコケ植物・地衣類などが生える。	土壌の形成が進み，多年生草本などの**先駆植物**(パイオニア植物)が侵入して草原となる。	草原の中に**先駆樹種**(おもに**陽樹**▶ *p.*70)が侵入し，やがて低木林となる。	高木となる先駆樹種が成長して森林となる。地上付近が暗くなる。土壌の腐植質が多くなる。	先駆樹種の幼木は育たなくなるが，**極相樹種**(おもに**陰樹**▶ *p.*70)の幼木が育ち，樹種の交代が進む。	先駆樹種が枯れて，極相樹種を中心とした森林(**極相林**)になる。
植物の例 キゴケ・ハナゴケ・チズゴケ(地衣類) スナゴケ(コケ植物)	ヨモギ・イタドリ・ススキ・チガヤ(草本)	ダケカンバ･ミヤマハンノキ(亜寒帯) ヤシャブシ・ウツギ・アカメガシワ(暖温帯)	ダケカンバ・カラマツ(亜寒帯) シラカンバ(冷温帯) アカマツ・クロマツ(暖温帯)	シラビソ・コメツガ(亜寒帯) ブナ(冷温帯) シイ類・カシ類・タブノキ(暖温帯)	

チズゴケ

ヨモギ

イタドリ

チガヤ

ヤシャブシ

アカマツ

B 伊豆大島に見られる遷移の例

伊豆大島では，過去の火山噴火の記録がわかるので，現在の植生から遷移の過程を推定できる。

■伊豆大島の植生図

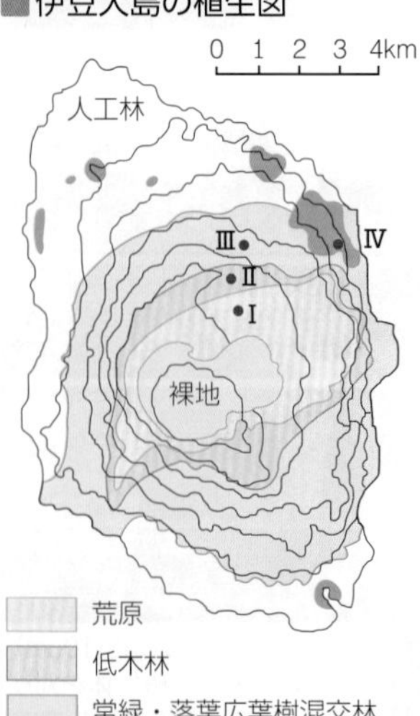

0 1 2 3 4km
人工林
Ⅲ
Ⅱ
Ⅰ
Ⅳ
裸地
荒原
低木林
常緑・落葉広葉樹混交林
常緑広葉樹(照葉樹)林

■伊豆大島の植生構成表

植物名	Ⅰ荒原	Ⅱ低木林	Ⅲ混交林	Ⅳ照葉樹林
シマタヌキラン ハチジョウイタドリ ススキ	草本			
オオバヤシャブシ ハコネウツギ	低木			
ミズキ オオシマザクラ エゴノキ カラスサンショウ ハチジョウキブシ ハチジョウイボタ		落葉樹		
ヒサカキ シロダモ ヤブニッケイ ヤブツバキ イヌツゲ スダジイ タブノキ		照葉樹		

■植生の遷移と土壌の発達

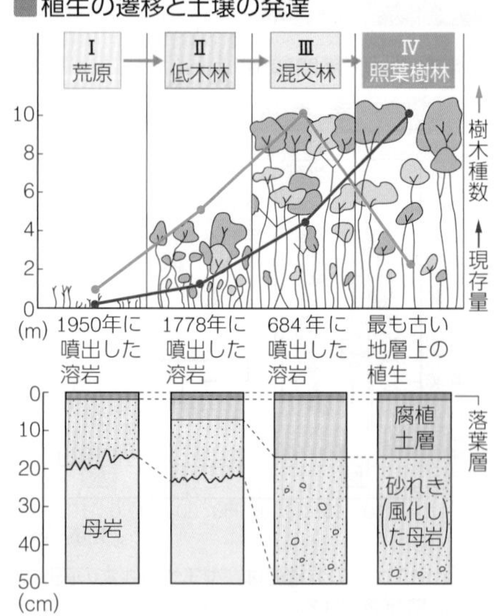

Ⅰ 荒原
Ⅱ 低木林
Ⅲ 混交林
Ⅳ 照葉樹林
樹木種数
現存量
(m)
0 2 4 6 8 10
1950年に噴出した溶岩
1778年に噴出した溶岩
684年に噴出した溶岩
最も古い地層上の植生
0 10 20 30 40 50 (cm)
母岩
腐植土層
砂れき(風化した母岩)
落葉層

Keywords 遷移(succession)，一次遷移(primary succession)，乾性遷移(xerarch succession)，先駆植物(pioneer plants)，先駆樹種(pioneer tree)

C 湿性遷移

湖沼などが湿原を経て陸地化していく過程を**湿性遷移**という。草原が形成された後は，乾性遷移と同じ過程を経て極相林になる。

湖

湖沼は富栄養化し土砂や植物の枯死体がたい積し，しだいに浅くなる。

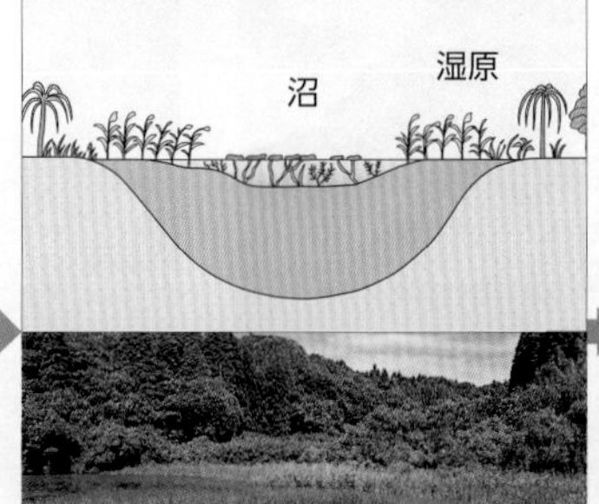
沼
湿原

湖沼はさらに浅くなり浮葉植物や抽水植物などが繁茂する。

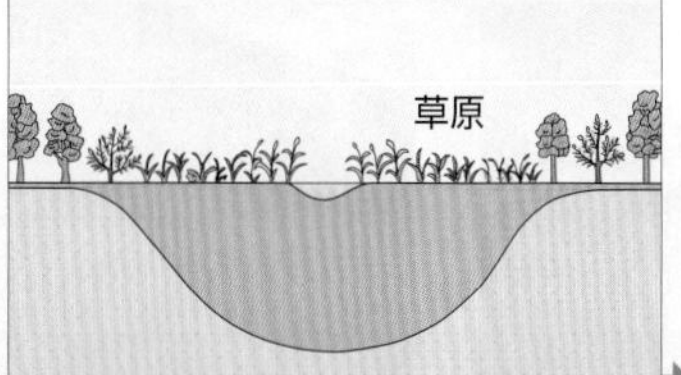
草原

やがて湖沼は周辺部から陸地化し**湿原**を経て草原となる。

低木林

草原の周囲から低木林ができ始め乾性遷移と同じ過程を経ていく。

D 二次遷移

森林の伐採や山火事などで植生が破壊された場所から始まる遷移を**二次遷移**という。二次遷移は土壌や埋土種子があるために，一次遷移より進行が速い。

■二次遷移と土中の種子数の変化

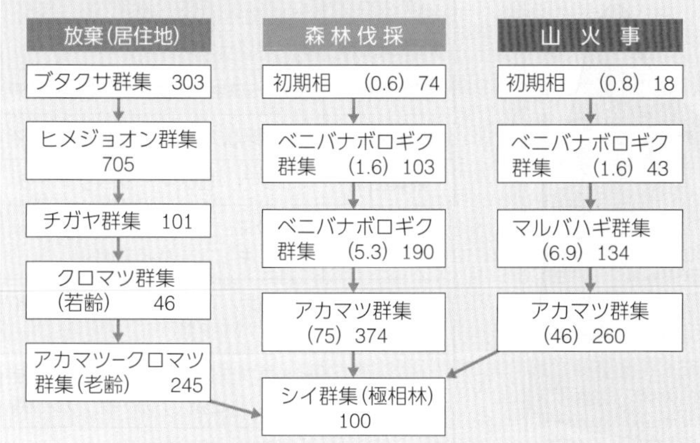
放棄(居住地)
ブタクサ群集 303
ヒメジョオン群集 705
チガヤ群集 101
クロマツ群集(若齢) 46
アカマツ－クロマツ群集(老齢) 245
森林伐採
初期相 (0.6) 74
ベニバナボロギク群集 (1.6) 103
ベニバナボロギク群集 (5.3) 190
アカマツ群集 (75) 374
山火事
初期相 (0.8) 18
ベニバナボロギク群集 (1.6) 43
マルバハギ群集 (6.9) 134
アカマツ群集 (46) 260
シイ群集(極相林) 100
＊シイ群集(極相林)を100とした埋土種子の数。( )内は経過年数

山火事は埋土種子や種子を供給する植物も焼くため最少の種子数から始まる。種子散布力にまさるアカマツ林の埋土種子数は極相林より多い。

Zoom up 先駆植物と極相樹種

	先駆植物	極相樹種
種子	小さく風で分散(分散力大)	大きい(分散力小)
土壌	乾燥した栄養分の少ない土壌にも適応	腐植質に富む土壌が必要
成長	速い	遅い
植物体	小形で寿命が短い	大形になり寿命は長い
耐陰性	低い(一般に陽生植物)	高い(一般に陰生植物)
例	ススキ・イタドリ	シイ類・カシ類・ブナ

E 極相林での遷移(ギャップ更新)

高木の枯死や転倒によって林冠に穴(**ギャップ**)があくと，その部分で二次遷移が始まる。つまり極相林も固定的ではなく，部分的な遷移を繰り返している。

■熱帯多雨林に見られるギャップ

林冠に穴(ギャップ)があくと，それまで生育が抑えられていた陽樹の幼木や種子などが急速に成長し始める。

■ギャップの形成と森林の更新

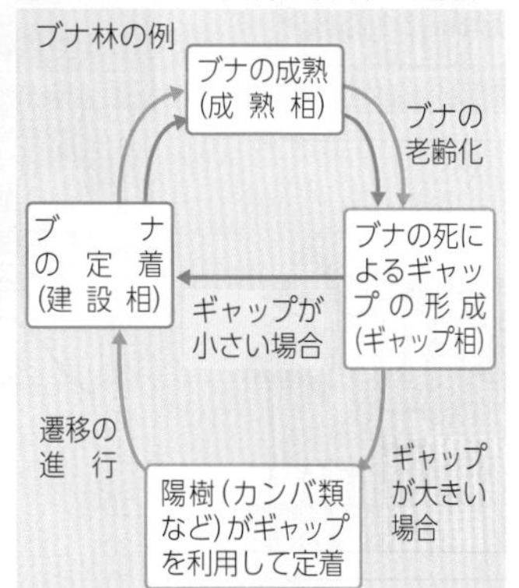
ブナ林の例
ブナの成熟(成熟相)
ブナの老齢化
ブナの死によるギャップの形成(ギャップ相)
ギャップが小さい場合
ブナの定着(建設相)
ギャップが大きい場合
陽樹(カンバ類など)がギャップを利用して定着
遷移の進行

Point 遷移のしくみ

植物は，光や水・栄養分などをめぐって種間競争を繰り返している。生物の侵入に伴って環境が変化し，種間競争の結果，植生の遷移が起こる。

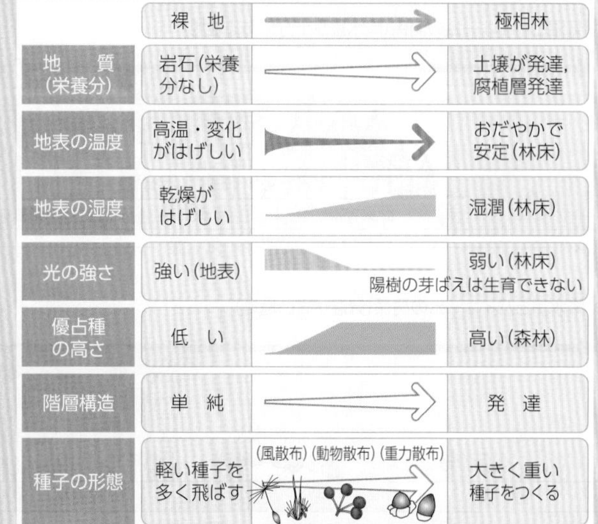
裸地
極相林
地質(栄養分)
岩石(栄養分なし)
土壌が発達，腐植層発達
地表の温度
高温・変化がはげしい
おだやかで安定(林床)
地表の湿度
乾燥がはげしい
湿潤(林床)
光の強さ
強い(地表)
弱い(林床)
陽樹の芽ばえは生育できない
優占種の高さ
低い
高い(森林)
階層構造
単純
発達
種子の形態
軽い種子を多く飛ばす
(風散布)(動物散布)(重力散布)
大きく重い種子をつくる

極相樹種(climax species)，極相林(climax forest)，湿性遷移(hydrarch succession)，二次遷移(secondary succession)，ギャップ(gap)

8 バイオームの種類と分布 生物基礎 生物

A 気候とバイオーム

その地域の植生とそこに生息する動物などを含めた生物のまとまりを**バイオーム**という。バイオームは主として生育地の気温と降水量によって決まる。

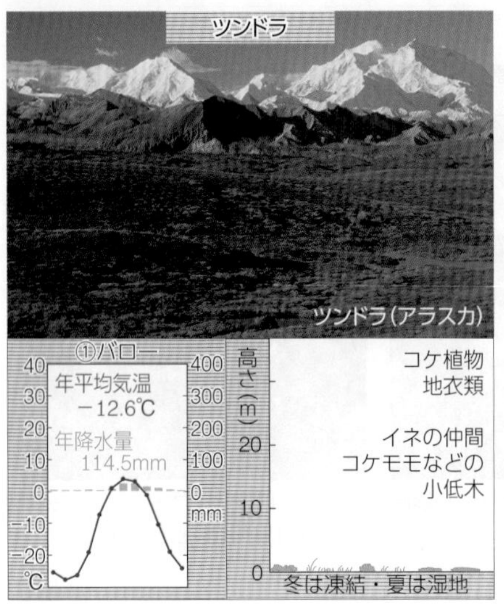

ツンドラ
ツンドラ(アラスカ)
①バロー
年平均気温 −12.6℃
年降水量 114.5mm
コケ植物
地衣類
イネの仲間
コケモモなどの
小低木
冬は凍結・夏は湿地

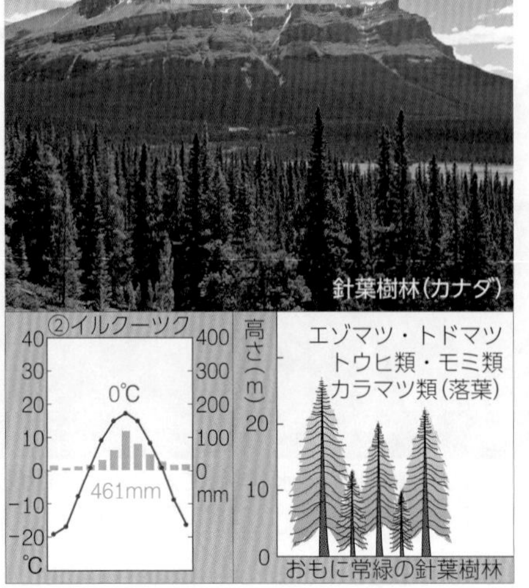

針葉樹林
針葉樹林(カナダ)
②イルクーツク
0℃
461mm
エゾマツ・トドマツ
トウヒ類・モミ類
カラマツ類(落葉)
おもに常緑の針葉樹林

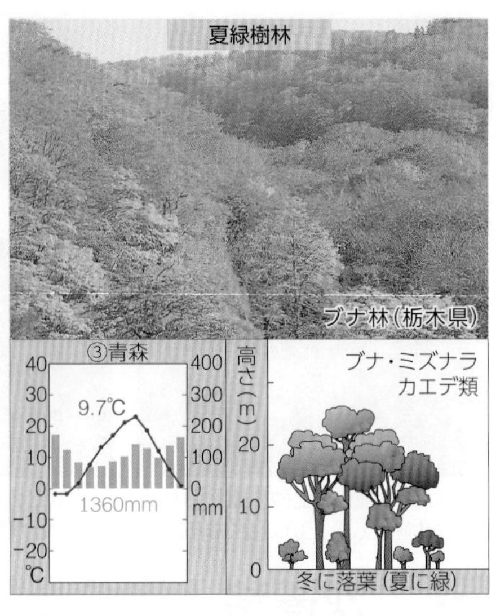

夏緑樹林
ブナ林(栃木県)
③青森
9.7℃
1360mm
ブナ・ミズナラ
カエデ類
冬に落葉(夏に緑)

■気温・降水量とバイオームの種類　各バイオームの境界は明確でなく，連続的に変化する。

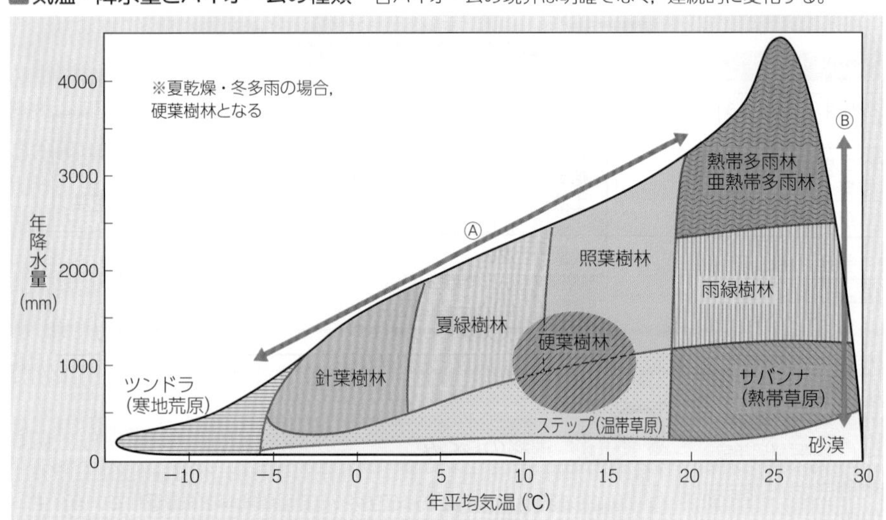

※夏乾燥・冬多雨の場合，
硬葉樹林となる
年降水量(mm)
年平均気温(℃)
熱帯多雨林
亜熱帯多雨林
照葉樹林
雨緑樹林
夏緑樹林
硬葉樹林
針葉樹林
サバンナ(熱帯草原)
ツンドラ(寒地荒原)
ステップ(温帯草原)
砂漠

■各バイオームとそこに生息する動物

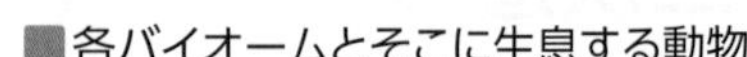

バイオーム	おもな動物
熱帯多雨林	オランウータン，ジャガー
照葉樹林※	ホンドタヌキ，ホンドギツネ，イタチ
夏緑樹林※	ニホンジカ，カモシカ，ツキノワグマ
針葉樹林	ヘラジカ，ヒグマ，シベリアトラ
サバンナ	シマウマ，ライオン，チーター，ヌー，キリン，ハイエナ
ステップ	コヨーテ，プレーリードッグ，バイソン，バッタ類
砂　漠	ヒトコブラクダ，トビネズミ，フェネック，ヘビ類，トカゲ類，サソリ類
ツンドラ	トナカイ，ジャコウウシ，ホッキョクグマ，ホッキョクギツネ

※日本では，照葉樹林と夏緑樹林に生息する動物は両方に共通していることも多い。

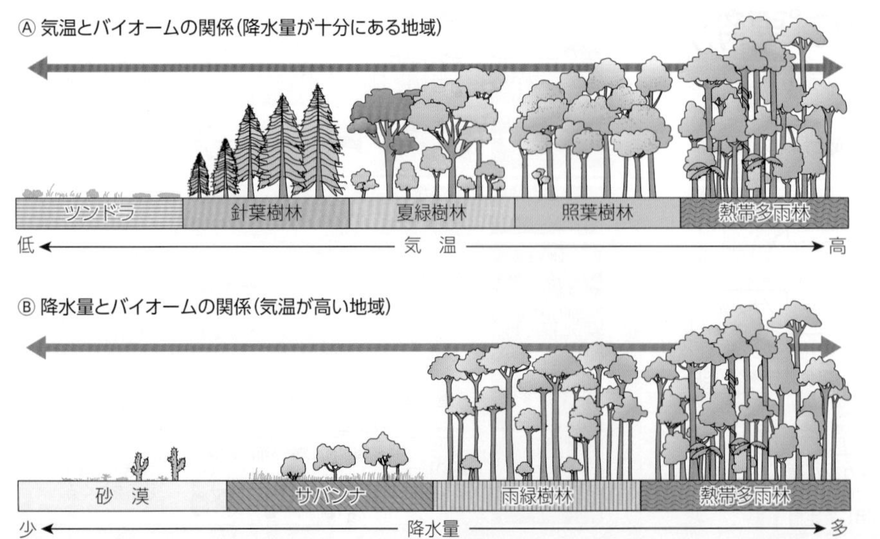

Ⓐ 気温とバイオームの関係(降水量が十分にある地域)
ツンドラ
針葉樹林
夏緑樹林
照葉樹林
熱帯多雨林
低 気温 高
Ⓑ 降水量とバイオームの関係(気温が高い地域)
砂漠
サバンナ
雨緑樹林
熱帯多雨林
少 降水量 多

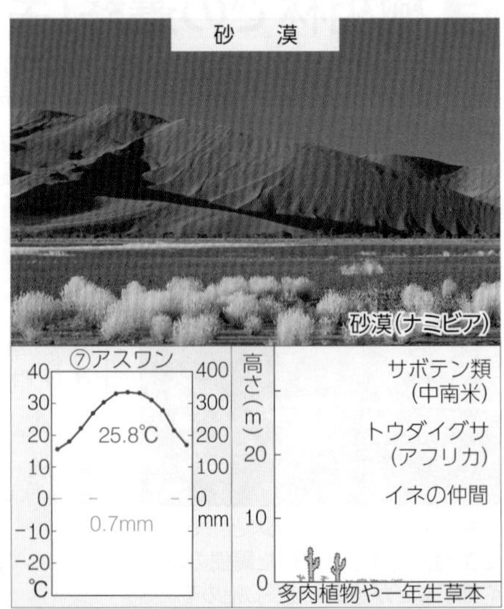

砂漠
砂漠(ナミビア)
⑦アスワン
25.8℃
0.7mm
サボテン類
(中南米)
トウダイグサ
(アフリカ)
イネの仲間
多肉植物や一年生草本

Keywords　バイオーム(biome)，ツンドラ(tundra)，針葉樹林(coniferous forest)，夏緑樹林(summer-green forest)，硬葉樹林(sclerophyll forest)，砂漠(desert)

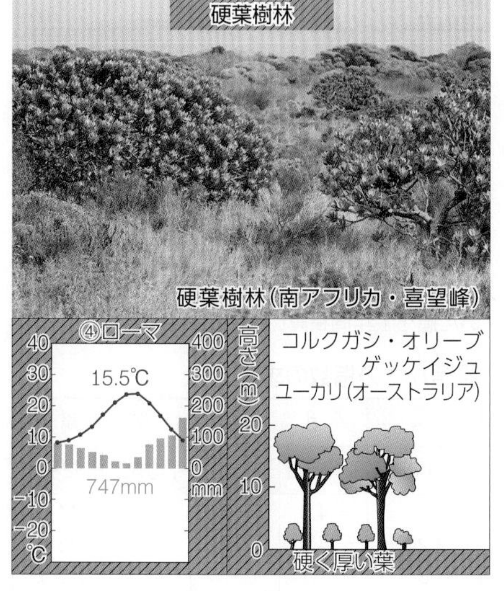
硬葉樹林
④ローマ
15.5℃
747mm
40 30 20 10 0 -10 -20 ℃
400 300 200 100 0 mm
高さ(m)
コルクガシ・オリーブ
ゲッケイジュ
ユーカリ(オーストラリア)
硬く厚い葉
硬葉樹林(南アフリカ・喜望峰)

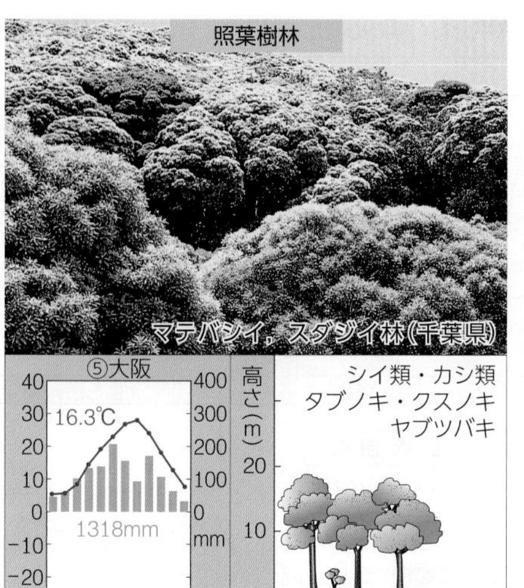
照葉樹林
⑤大阪
16.3℃
1318mm
高さ(m)
シイ類・カシ類
タブノキ・クスノキ
ヤブツバキ
葉に光沢ある常緑広葉樹
マテバシイ，スダジイ林(千葉県)

熱帯多雨林
⑥シンガポール
26.7℃
2172mm
高さ(m)
フタバガキ
ガジュマル
つる植物
着生植物
樹冠が高く種類が多い
熱帯多雨林(マレーシア)

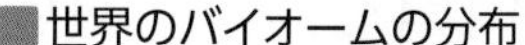

世界のバイオームの分布

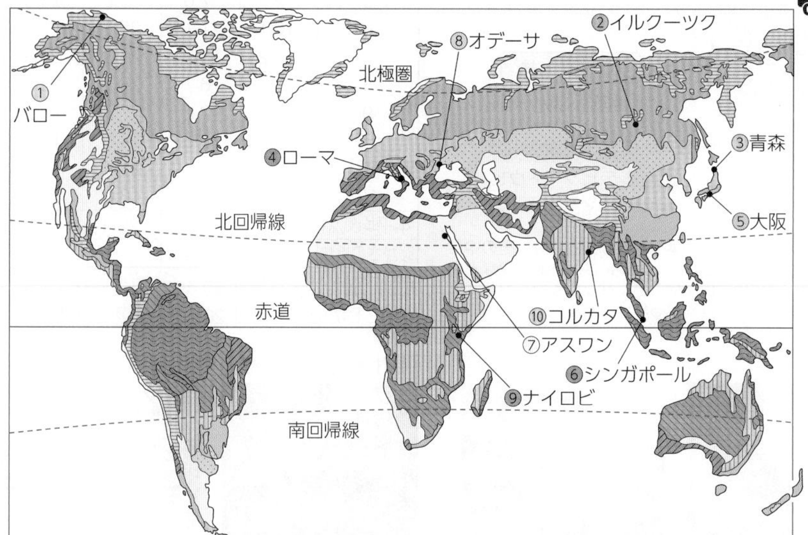
①バロー
②イルクーツク
③青森
④ローマ
⑤大阪
⑥シンガポール
⑦アスワン
⑧オデーサ
⑨ナイロビ
⑩コルカタ
北極圏
北回帰線
赤道
南回帰線

バイオームの種類	気候の特徴
熱帯多雨林● 亜熱帯多雨林●	一年中高温多雨 亜熱帯では冬少雨
雨緑樹林▼	乾季と雨季がある
照葉樹林●	夏高温多雨，冬寒冷少雨
硬葉樹林●	地中海性気候 夏少雨，冬多雨
夏緑樹林▼	夏温暖，冬寒冷多雨
針葉樹林●▼	夏低温，冬寒冷
サバンナ，低木林	一年中高温，夏に降雨あり
ステップ	夏乾燥，冬寒冷
砂　漠	夏高温，雨量は微量
ツンドラ，高山植生	夏でも寒冷

●は常緑樹林，▼は落葉樹林

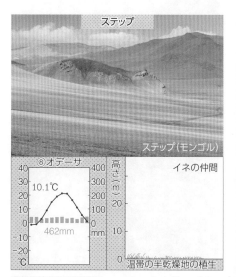

ステップ

ステップ(モンゴル)

⑧オデーサ　10.1℃　462mm

高さ(m)　イネの仲間

温帯の半乾燥地の植生

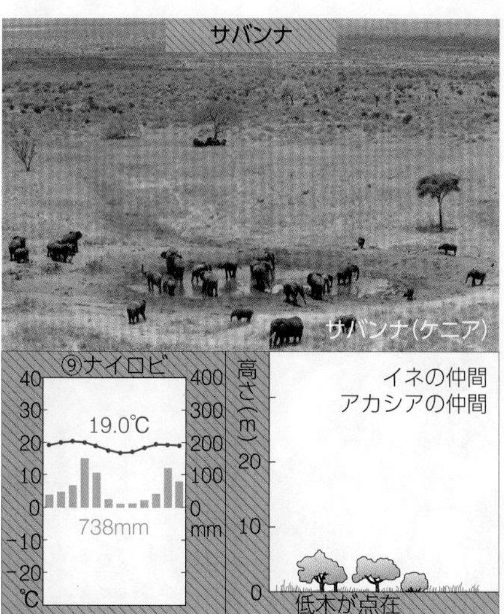
サバンナ
⑨ナイロビ
19.0℃
738mm
高さ(m)
イネの仲間
アカシアの仲間
低木が点在
サバンナ(ケニア)

雨緑樹林
乾季
⑩コルカタ
26.9℃
1730mm
高さ(m)
チーク類
タケ類
乾季に落葉(雨季に緑)
チーク林(インド)

第7編 生態と環境

照葉樹林(常緑広葉樹林，evergreen broad-leaved forest)，熱帯多雨林(tropical rain forest)，ステップ(steppe)，サバンナ(savannah)，雨緑樹林(rain-green forest)

9 植生の水平分布と垂直分布

生物基礎
生物

A 日本のバイオームの分布

日本列島は南北に約 2000km にわたって広がり，年平均降水量は 1000mm 以上で森林が生育するのに十分な降水量であるため，おもにバイオームは気温に応じて変化する。

日本のバイオーム

緯度の変化に対応する分布を**水平分布**，標高の変化に対応する分布を**垂直分布**という。

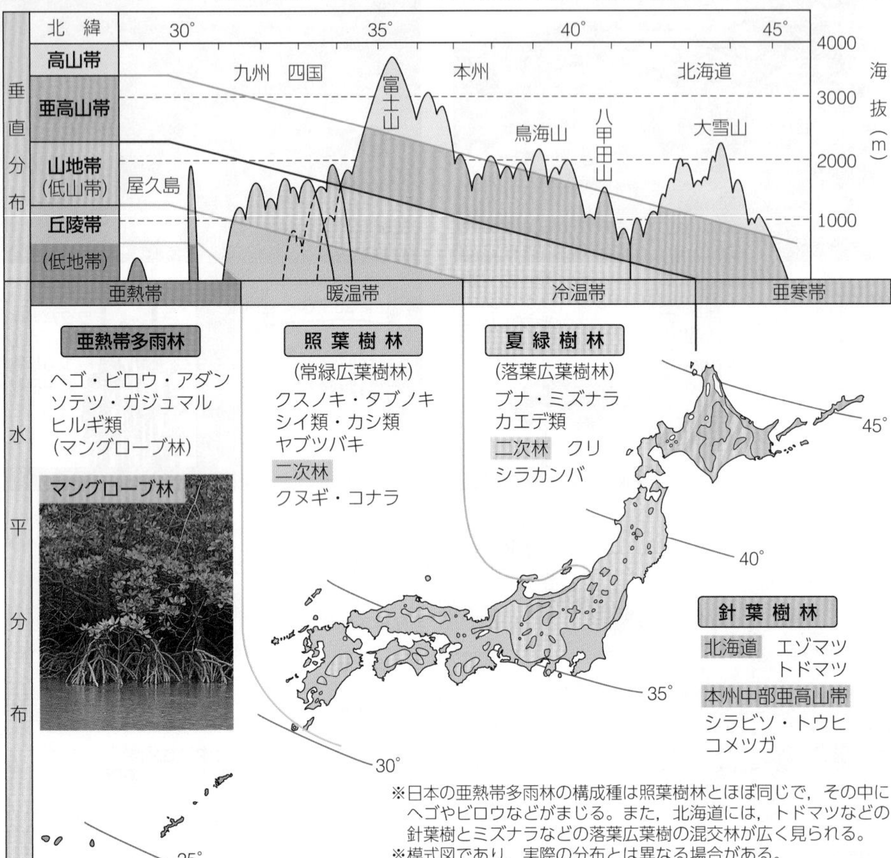

北緯
30°
35°
40°
45°
4000
3000
2000
1000
海抜（m）
垂直分布
高山帯
亜高山帯
山地帯（低山帯）
丘陵帯（低地帯）
九州
四国
富士山
本州
北海道
鳥海山
八甲田山
大雪山
屋久島
亜熱帯
暖温帯
冷温帯
亜寒帯
水平分布
亜熱帯多雨林
ヘゴ・ビロウ・アダン
ソテツ・ガジュマル
ヒルギ類
（マングローブ林）
マングローブ林
照葉樹林
（常緑広葉樹林）
クスノキ・タブノキ
シイ類・カシ類
ヤブツバキ
二次林
クヌギ・コナラ
夏緑樹林
（落葉広葉樹林）
ブナ・ミズナラ
カエデ類
二次林 クリ
シラカンバ
針葉樹林
北海道 エゾマツ
トドマツ
本州中部亜高山帯
シラビソ・トウヒ
コメツガ
25°

※日本の亜熱帯多雨林の構成種は照葉樹林とほぼ同じで，その中にヘゴやビロウなどがまじる。また，北海道には，トドマツなどの針葉樹とミズナラなどの落葉広葉樹の混交林が広く見られる。
※模式図であり，実際の分布とは異なる場合がある。

暖かさの指数（WI）

暖かさの指数	バイオーム
240 以上	熱帯多雨林
180 ～ 240	亜熱帯多雨林
85 ～ 180	照葉樹林
45 ～ 85	夏緑樹林
15 ～ 45	針葉樹林
0 ～ 15	ツンドラ・高山草原

平均気温が 5℃以上の月の平均気温から 5℃を引いた値を 1 年間積算したもの。

暖かさの指数の求め方

	札幌		那覇	
月	平均気温	5 を引く	平均気温	5 を引く
1	− 4.6	−	16.0	11.0
2	− 4.0	−	16.3	11.3
3	− 0.1	−	18.1	13.1
4	6.4	1.4	21.1	16.1
5	12.0	7.0	23.8	18.8
6	16.1	11.1	26.2	21.2
7	20.2	15.2	28.3	23.3
8	21.7	16.7	28.1	23.1
9	17.2	12.2	27.2	22.2
10	10.8	5.8	24.5	19.5
11	4.3	−	21.4	16.4
12	− 1.4	−	18.0	13.0
年平均気温	8.2		22.4	
暖かさの指数		69.4		209.0

札幌　暖かさの指数は 69.4 → 夏緑樹林
那覇　暖かさの指数は 209.0 → 亜熱帯多雨林

夏緑樹林の植物

夏緑樹の葉

冬期に落葉する。黄葉や紅葉となるものが多い

春に素早く葉を展開させ秋には落葉するので長持ちしないが生産効率がよい，比較的薄い葉が多い

ブナ

ミズナラ

クリ（ヤマグリ）

針葉樹林の植物

エゾマツ　トドマツ

照葉樹林の植物

照葉樹の葉

冬にも葉を落とさないため，夏緑樹に比べて厚くじょうぶなものが多い

濃い
緑色

表面にクチクラ層が発達し，光沢がある

スダジイ

クスノキ

タブノキ

亜熱帯多雨林の植物

ヘゴ

ビロウ

Keywords 水平分布（horizontal distribution），垂直分布（vertical distribution）

B 本州中部の垂直分布

高度が100m増すと，気温は0.5～0.6℃程度下がるため，標高に対応してバイオームも変化する。

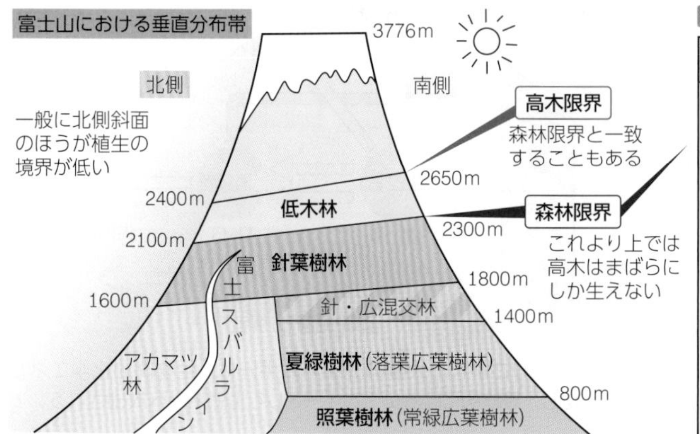
富士山における垂直分布帯
3776m
北側
南側
一般に北側斜面のほうが植生の境界が低い
高木限界
森林限界と一致することもある
2650m
2400m
低木林
森林限界
2300m
これより上では高木はまばらにしか生えない
2100m
針葉樹林
富士スバルライン
1800m
1600m
針・広混交林
1400m
アカマツ林
夏緑樹林(落葉広葉樹林)
800m
照葉樹林(常緑広葉樹林)

■本州中部の垂直分布

標高	垂直区分	気候帯	特徴	植物例
3000m 2500m	高山帯	寒帯	高山草原(お花畑)になったり，低木が育つ	コマクサ・コケモモ ハイマツ
1700m	亜高山帯	亜寒帯	針葉樹林が多く，ダケカンバなどの夏緑樹が混在する	コメツガ・トウヒ シラビソ・ダケカンバ
700m	山地帯 (低山帯)	冷温帯	夏緑樹林が多い	ブナ・ミズナラ クヌギ・シラカンバ カエデ類
0m	丘陵帯 (低地帯)	暖温帯	照葉樹林が多い	シイ類・クスノキ カシ類・ヤブツバキ

高山帯
ハイマツ
コケモモ
コマクサ
キバナシャクナゲ
山地帯
シラカンバ
イロハカエデ
亜高山帯
コメツガ
トウヒ
オオシラビソ
ダケカンバ
丘陵帯
アラカシ
ヤブツバキ

C 水辺・水中の植物の垂直分布

水中では光が水に吸収されるため植物にはあまり有利な環境ではないが，からだを支える構造が不要な点は有利で，多くの植物が水面との距離に応じた階層構造をつくる。

■湖沼の植物の垂直分布

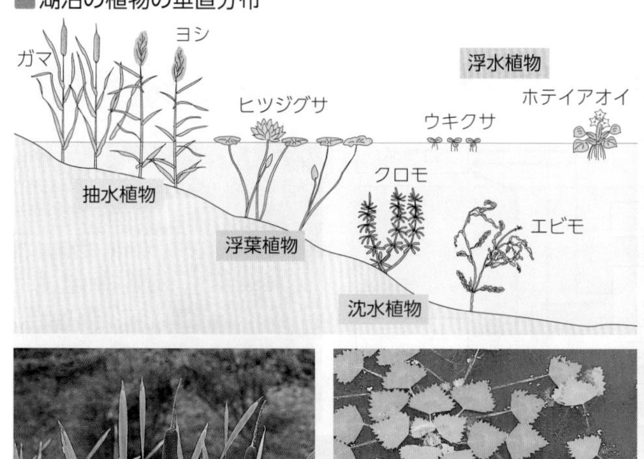
ガマ
ヨシ
浮水植物
ヒツジグサ
ウキクサ
ホテイアオイ
抽水植物
クロモ
浮葉植物
エビモ
沈水植物
ガマ(抽水植物)
ヒシ(浮葉植物)

ヒツジグサ(浮葉植物)

タヌキモ(浮水植物)

■海辺の植物と藻類の垂直分布

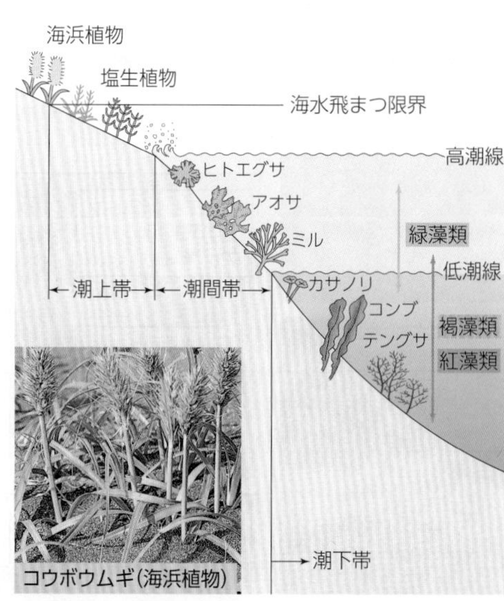
海浜植物
塩生植物
海水飛まつ限界
高潮線
ヒトエグサ
アオサ
ミル
緑藻類
低潮線
潮上帯
潮間帯
カサノリ
コンブ
褐藻類
テングサ
紅藻類
潮下帯
コウボウムギ(海浜植物)

森林限界(forest limit)，高木限界(tree limit)，高山帯(alpine zone)，亜高山帯(subalpine zone)，山地帯(montane zone)，丘陵帯(hilly zone)

10 生態系の構造 生物基礎 生物

A 生態系の構成 基 生

生態系を構成する生物は，大きく**生産者**・**消費者**に分けられる。また，菌類や細菌など，分解の過程にかかわる生物は**分解者**とよばれる。

■生物群集と非生物的環境

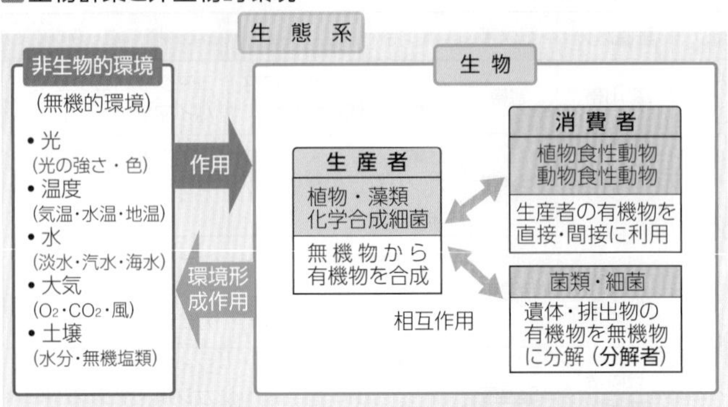

生態系
非生物的環境
(無機的環境)
•光
(光の強さ・色)
•温度
(気温・水温・地温)
•水
(淡水・汽水・海水)
•大気
(O2・CO2・風)
•土壌
(水分・無機塩類)
作用
環境形成作用
生物
生産者
植物・藻類
化学合成細菌
無機物から有機物を合成
消費者
植物食性動物
動物食性動物
生産者の有機物を直接・間接に利用
菌類・細菌
遺体・排出物の有機物を無機物に分解（分解者）
相互作用

■物質の循環とエネルギーの流れ

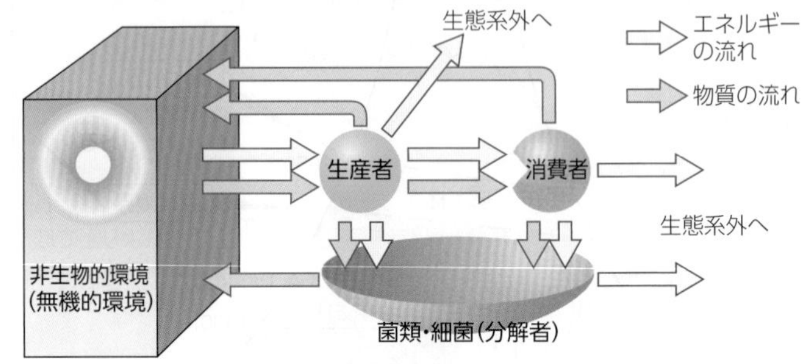

生態系外へ
エネルギーの流れ
物質の流れ
生産者
消費者
生態系外へ
非生物的環境
(無機的環境)
菌類・細菌(分解者)

光合成によって取りこまれた太陽の光エネルギーは，生物間を化学エネルギーとして移動し，最終的には熱エネルギーとして生態系外へ放出される。

B 食物連鎖と食物網 基 生

捕食者と被食者の「食う－食われる」という一連のつながりを**食物連鎖**という。捕食者はふつう何種類かの生物を捕食しているので，食物連鎖は複雑にからみあい，**食物網**を形成する。

■陸上生態系の食物網　森林の例

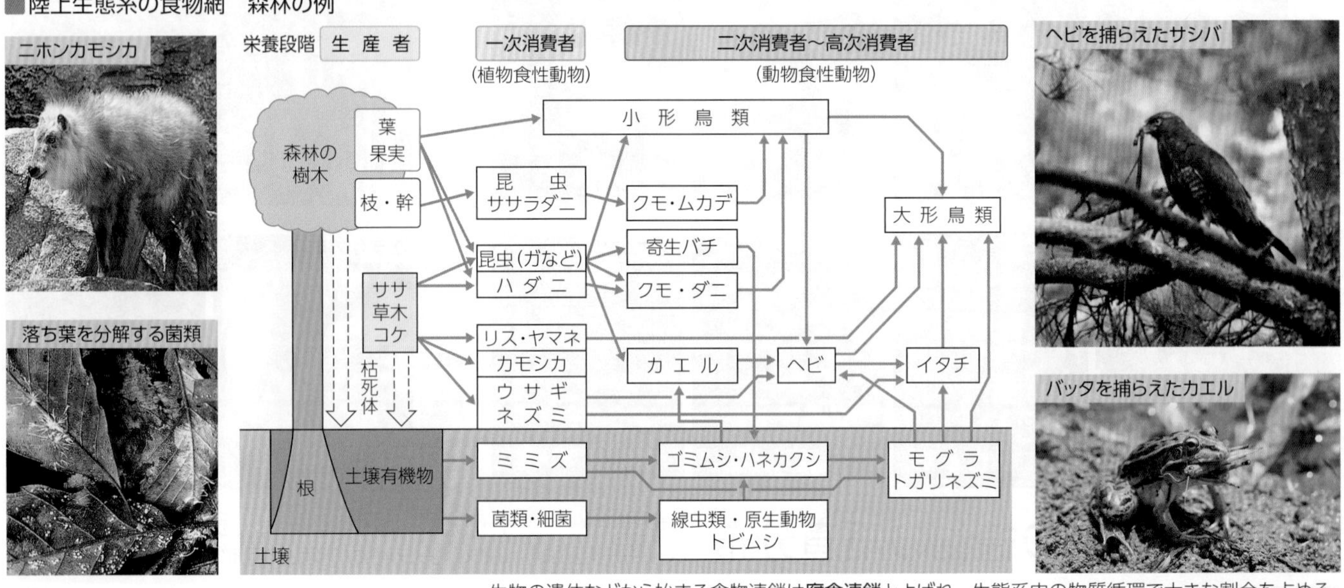

ニホンカモシカ
落ち葉を分解する菌類
栄養段階
生産者
一次消費者
(植物食性動物)
二次消費者～高次消費者
(動物食性動物)
森林の樹木
葉
果実
枝・幹
ササ
草木
コケ
枯死体
根
土壌有機物
土壌
小形鳥類
昆虫
ササラダニ
クモ・ムカデ
大形鳥類
昆虫(ガなど)
ハダニ
寄生バチ
クモ・ダニ
リス・ヤマネ
カモシカ
ウサギ
ネズミ
カエル
ヘビ
イタチ
ミミズ
ゴミムシ・ハネカクシ
モグラ
トガリネズミ
菌類・細菌
線虫類・原生動物
トビムシ
ヘビを捕らえたサシバ
バッタを捕らえたカエル

生物の遺体などから始まる食物連鎖は**腐食連鎖**とよばれ，生態系内の物質循環で大きな割合を占める。

■湖沼生態系の食物網　湖の例

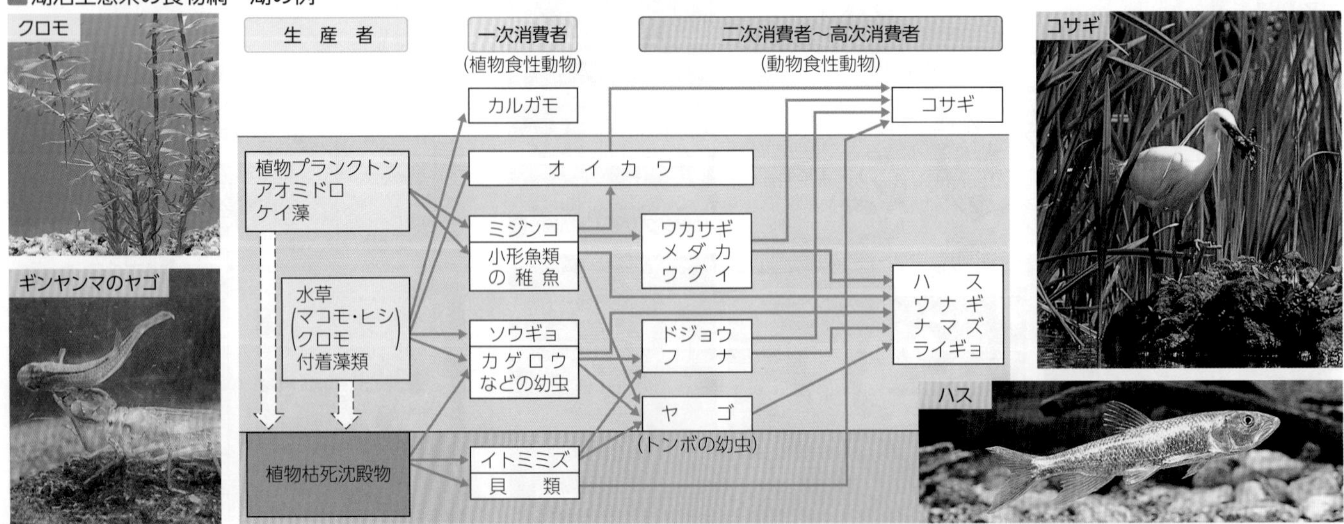

クロモ
ギンヤンマのヤゴ
生産者
一次消費者
(植物食性動物)
二次消費者～高次消費者
(動物食性動物)
カルガモ
コサギ
オイカワ
植物プランクトン
アオミドロ
ケイ藻
ミジンコ
小形魚類の稚魚
ワカサギ
メダカ
ウグイ
ハス
ウナギ
ナマズ
ライギョ
水草
(マコモ・ヒシ
クロモ)
付着藻類
ソウギョ
カゲロウなどの幼虫
ドジョウ
フナ
ヤゴ
(トンボの幼虫)
植物枯死沈殿物
イトミミズ
貝類
コサギ
ハス

Keywords 生産者(producer)，消費者(consumer)，分解者(decomposer)，食物連鎖(food chain)，食物網(food web)，生物量(biomass)

C 海洋の生態系 基 生

海洋では植物プランクトンを起点とする食物網が形成され，海洋の**生物量**(**バイオマス**)は河川や海底からの栄養塩類の供給が豊富な**大陸棚**と**湧昇**(**ゆうしょう**)**域**に集中している。

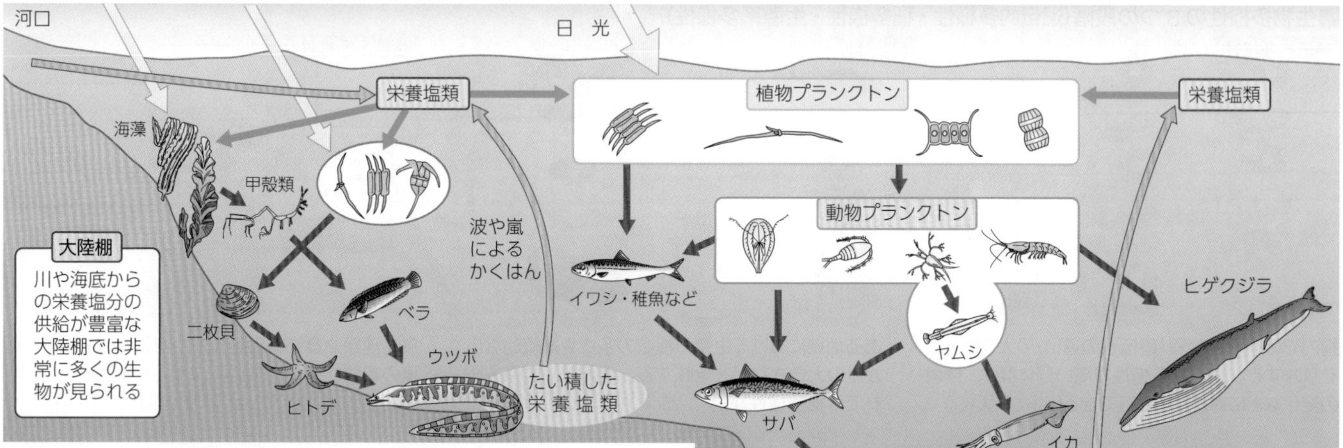

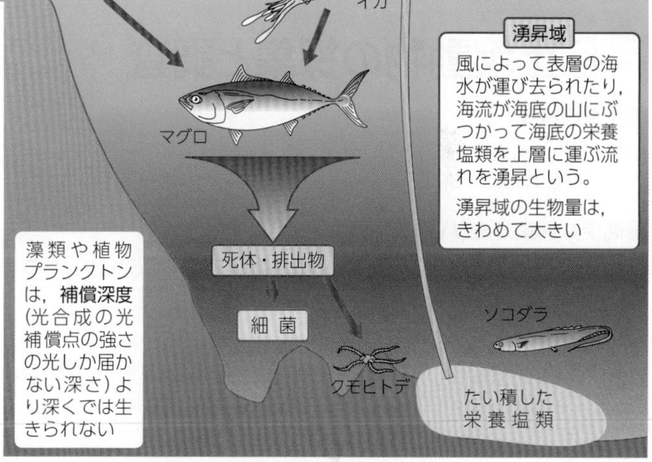

河口
日 光
栄養塩類
植物プランクトン
栄養塩類
海藻
甲殻類
波や嵐によるかくはん
動物プランクトン
イワシ・稚魚など
ヒゲクジラ
ベラ
二枚貝
ヒトデ
ウツボ
たい積した栄養塩類
ヤムシ
サバ
イカ
マグロ
死体・排出物
細 菌
クモヒトデ
ソコダラ
たい積した栄養塩類

大陸棚
川や海底からの栄養塩分の供給が豊富な大陸棚では非常に多くの生物が見られる

湧昇域
風によって表層の海水が運び去られたり，海流が海底の山にぶつかって海底の栄養塩類を上層に運ぶ流れを湧昇という。
湧昇域の生物量は，きわめて大きい

藻類や植物プランクトンは，**補償深度**(光合成の光補償点の強さの光しか届かない深さ)より深くでは生きられない

■海洋のケイ藻の季節変動

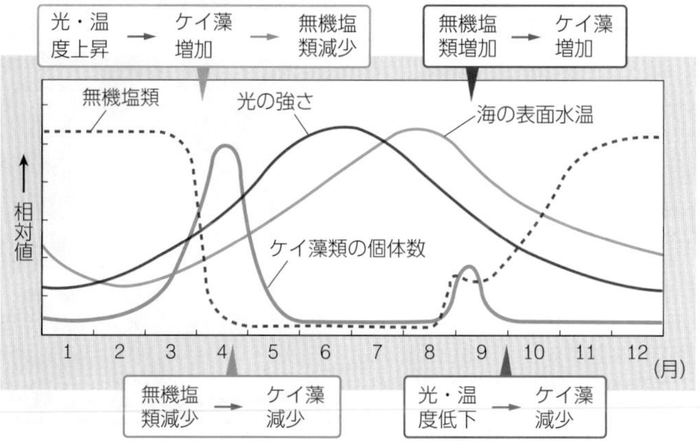

光・温度上昇 → ケイ藻増加 → 無機塩類減少
無機塩類増加 → ケイ藻増加
無機塩類
光の強さ
海の表面水温
↑相対値
ケイ藻類の個体数
1 2 3 4 5 6 7 8 9 10 11 12 (月)
無機塩類減少 → ケイ藻減少
光・温度低下 → ケイ藻減少

D 生態ピラミッド 基 生

個体数，生物量，生産力を栄養段階ごとに帯状に表し積み重ねたものを**生態ピラミッド**という。
一般に栄養段階が上がるにつれて個体数，生物量，生産力は減少する。

■個体数ピラミッド

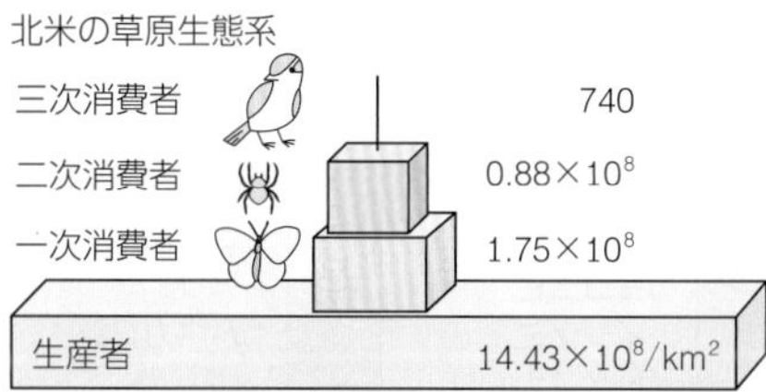

北米の草原生態系
三次消費者 740
二次消費者 0.88×10^8
一次消費者 1.75×10^8
生産者 14.43×10^8/km^2

一般に捕食者のほうが被食者よりも大形であるため，栄養段階が上がるごとに個体数は減少する。

■生物量ピラミッド

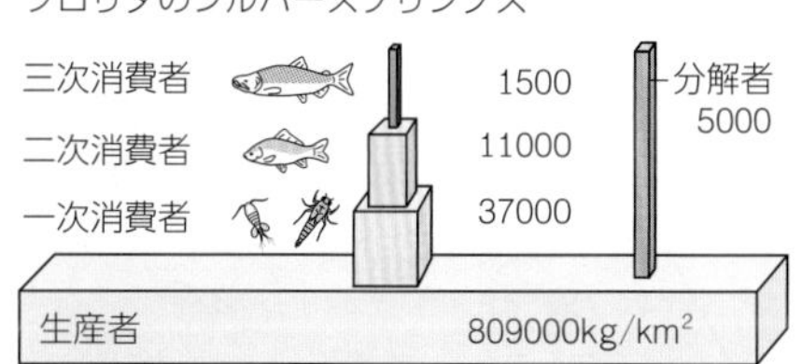

フロリダのシルバースプリングス
三次消費者 1500
二次消費者 11000
一次消費者 37000
分解者 5000
生産者 809000kg/km^2

ある瞬間に一定の面積内に存在する生物体の総量を生物量(現存量)という。

■生産力ピラミッド

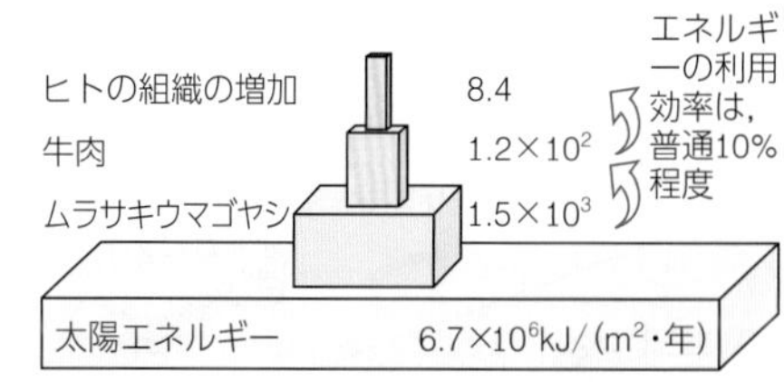

ヒトの組織の増加 8.4
牛肉 1.2×10^2
ムラサキウマゴヤシ 1.5×10^3
エネルギーの利用効率は，普通10%程度
太陽エネルギー 6.7×10^6kJ/(m^2・年)

生産力とは，一定の面積内で獲得されるエネルギーの一定時間当たりの量をいう。

Zoom up 生態ピラミッドの逆転

■個体数ピラミッドの逆転

寄生などの場合には個体数ピラミッドが逆転することがある。この場合でも生物量ピラミッドや生産力ピラミッドは逆転することはない。

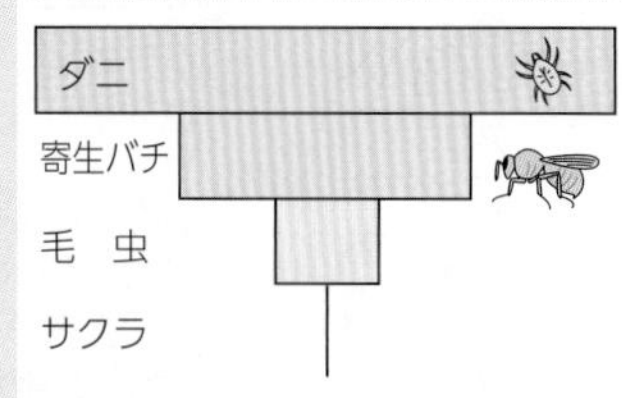

ダニ
寄生バチ
毛 虫
サクラ

■生物量ピラミッドの逆転

海洋のプランクトンでは，植物プランクトンは1世代の時間が短く，短期間に成長しては消費者に捕食されたり死滅したりするため，一時的に植物プランクトンと動物プランクトンの生物量が逆転することがある。

動物プランクトン
植物プランクトン

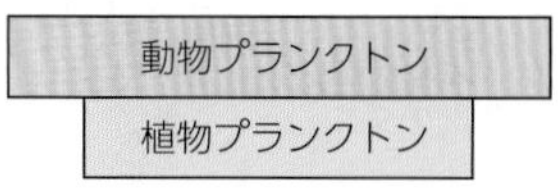

植物プランクトン(phytoplankton)，動物プランクトン(zooplankton)，栄養段階(trophic level)，生態ピラミッド(ecological pyramid)

11 生態系と生物多様性 生物基礎 生物

A 生物多様性の段階 基 生

生物が多様であることを**生物多様性**という。生物多様性は，遺伝子・種・生態系の 3 つのレベルで捉えることができる。

■生物多様性の 3 つの段階（遺伝的多様性・種多様性・生態系多様性）

遺伝的多様性
種多様性
生態系多様性
草原
砂漠
森林
海洋

遺伝的多様性：種内での遺伝的変異（遺伝子の違い）の大きさなどを意味する。遺伝的多様性が高い個体群は，環境の変化などに対応して生存できる確率が高い。

種多様性：ある地域における生物の種数の多さや系統的な広がりの大きさなどを意味する。例えば，熱帯多雨林では種多様性が高く，砂漠や極地では低い。

生態系多様性：食物連鎖や食物網の複雑さ，物質やエネルギー循環の複雑さ・多様さを意味する。生態系多様性は，人間活動が加わることにより単純化しやすい。

B 探究 土壌動物の採集と調査 基 生

土壌中にはさまざまな小動物が生息している。これらを採集し，その種類を調べることで，土壌の生物多様性の指標を得ることができる。

■土壌の採集

複数の地点の結果を比較する場合など，定量的な調査を行うため，採集する土壌の量は一定量に決めておいたほうがよい。容積のわかっている缶などを用いると，決まった量を採集することができる。

■簡便な採集方法（ハンドソーティング法）

採集した土壌をプラスチックバットや紙の上に広げ，ルーペで見ながら柄付き針やピンセットを使って少しずつほぐし小動物をさがす。ヒメミミズ，トビムシなど比較的大形の土壌動物の採取に用いる。

■ツルグレン装置を用いる方法

採集した土壌に白熱電球の光を約 24 時間照射して，電球による熱や乾燥を避けて下方に移動する土壌動物を採取する。ヒメミミズ，ダニ類，トビムシ類，ナガコムシなどが採取できる。ツルグレン装置で一度に処理する土壌の量は 100mL 前後にするとよい。採集した土壌の量が多い場合，複数回にわけるなどする。

ツルグレン装置

QR

スタンド・白熱電球
ざる
ろうと
三脚
採集ケース

■土壌動物を用いた生物多様性の評価

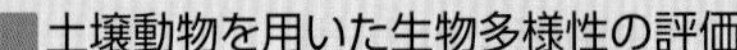

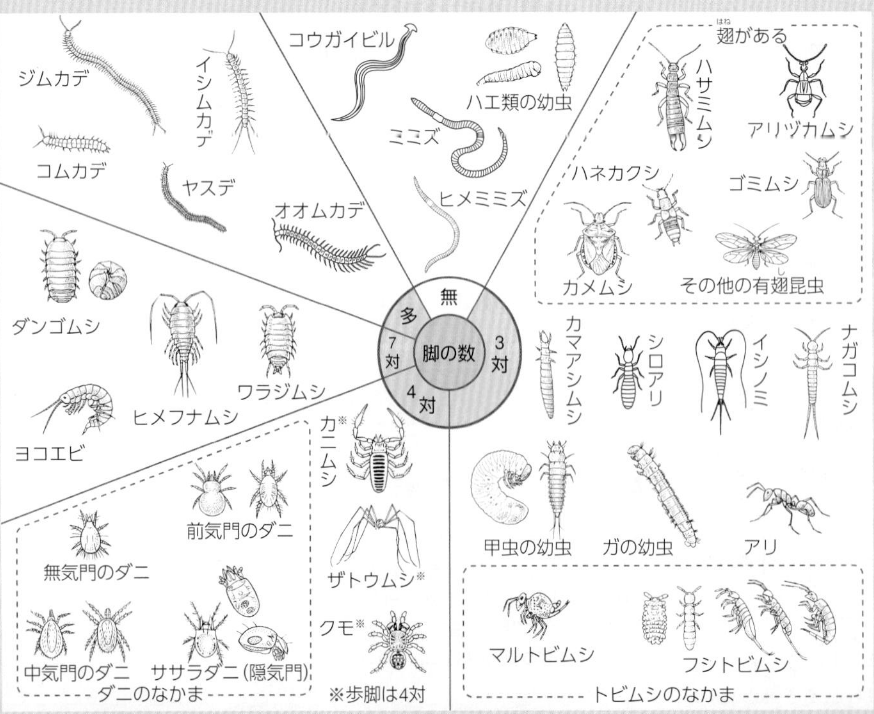

脚の数
無
3対
4対
7対
多
ジムカデ
イシムカデ
コムカデ
ヤスデ
オオムカデ
コウガイビル
ハエ類の幼虫
ミミズ
ヒメミミズ
翅がある
ハサミムシ
アリヅカムシ
ハネカクシ
ゴミムシ
カメムシ
その他の有翅昆虫
ダンゴムシ
ワラジムシ
ヒメフナムシ
ヨコエビ
カマアシムシ
シロアリ
イシノミ
ナガコムシ
カニムシ※
ザトウムシ※
クモ※
前気門のダニ
無気門のダニ
中気門のダニ
ササラダニ（隠気門）
ダニのなかま
※歩脚は4対
甲虫の幼虫
ガの幼虫
アリ
マルトビムシ
フシトビムシ
トビムシのなかま

Aグループ（5点）	ザトウムシ オオムカデ 陸貝 ヤスデ ジムカデ アリヅカムシ コムカデ ヨコエビ イシノミ ヒメフナムシ		
Cグループ（1点）	トビムシ ダニ クモ ダンゴムシ ハエ類の幼虫 ヒメミミズ アリ ハネカクシ		
Bグループ（3点）	カニムシ ミミズ ナガコムシ アザミウマ イシムカデ	シロアリ ハサミムシ ガの幼虫 ワラジムシ ゴミムシ	ゾウムシ 甲虫の幼虫 カメムシ 甲虫の成虫

（青木 1995 より）

採集した土壌動物を左図などを用いて大まかに分類する。個体数にかかわらず，見つけた生物 1 種類ごとに上表の点数をカウントする。点数が高いほど見つかった生物の種類が多く，その土壌の生物多様性は高いといえる。

Keywords 生物多様性（biodiversity），遺伝的多様性（genetic diversity），種多様性（species diversity），生態系多様性（ecosystem diversity）

12 生態系の物質生産 生物基礎 生物

A 生態系の物質生産 基 生

生態系の種類や年齢によって現存量や生産量，あるいはそれらの比率が異なってくる。

■世界の純生産量の分布

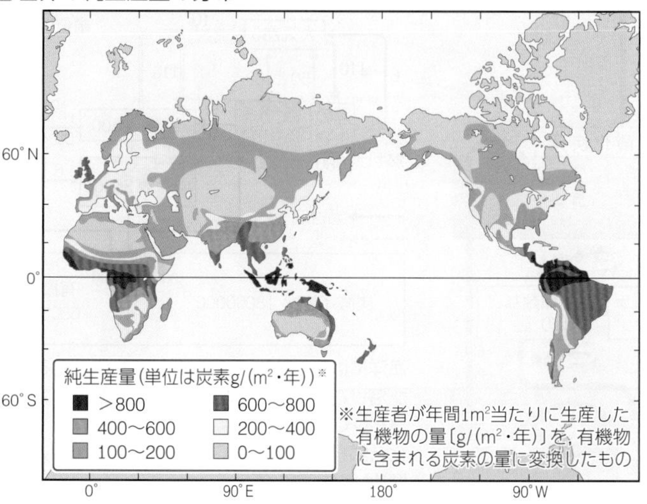

60°N
0°
60°S
0°
90°E
180°
90°W
純生産量(単位は炭素g/(m²・年))※
>800
600〜800
400〜600
200〜400
100〜200
0〜100
※生産者が年間1m²当たりに生産した有機物の量〔g/(m²・年)〕を，有機物に含まれる炭素の量に変換したもの

熱帯には，年間1m²当たり1200炭素g以上の純生産量となる場所もある。これは，年間1ha当たり25t以上の有機物を，純生産量として生産しているのに相当する。一方で，砂漠や極地には純生産量がほぼ0となる場所もある。なお，海洋生態系の物質生産は，おもに植物プランクトンや海藻類などによって行われる。一般に，海洋生態系の純生産量は，陸上生態系よりも小さい。

■おもな生態系の現存量と純生産量

生態系		面積 ($10^6 km^2$)	現存量 平均値 (kg/m^2)	現存量 世界全体 ($10^{12}kg$)	純生産量 平均値 ($kg/(m^2$・年))	純生産量 世界全体 ($10^{12}kg$/年)
陸地	森林	41.6	28.6	1191.1	1.74	72.4
	草原	45.4	5.0	226.7	1.07	48.7
	荒原	33.3	0.8	26.7	0.27	8.9
	農耕地	13.5	0.7	8.9	0.67	9.1
	合計	149.3※	9.7	1453.4	0.93	139.1
海洋		360.7	0.01	2.2	0.28	100.0
地球全体		510.0	2.9	1455.6	0.47	239.1

現存量の大部分は陸地にあり，その純生産量は地球全体の半分以上である。
※陸地の合計面積は，表中に示した主要な生態系以外の面積($15.5\times10^6 km^2$)を含む。

Zoom up 物質生産を決める要因

すべての生命活動は太陽の光エネルギーに依存する。水と栄養分が十分な場所では，生産量は入射した光エネルギーの量で決まる(そのため緯度によって生産量が異なる)。しかし，砂漠などの乾燥した土地では，太陽光は豊富に入射するが十分な水がなく，水の量が生産量を決める。また，海洋では大部分で栄養塩類が不足しており，生産量は栄養塩類が豊富な大陸棚や湧昇域などで大きくなる。

■森林の年齢と総生産量・純生産量・呼吸量の変化

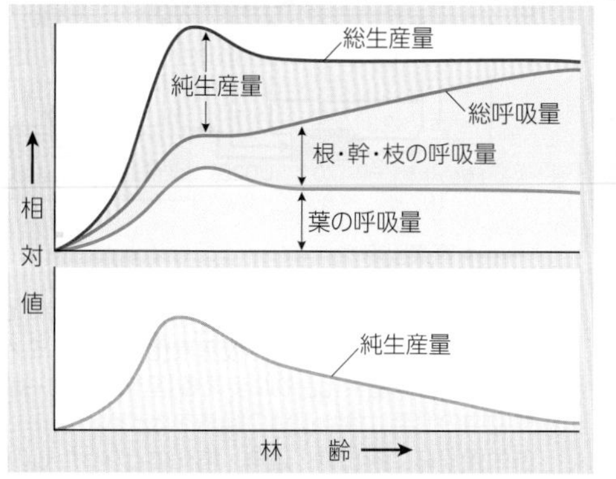

総生産量
純生産量
総呼吸量
根・幹・枝の呼吸量
葉の呼吸量
相対値
純生産量
林齢

森林の成長に伴い総生産量，純生産量ともに増加する。高齢林になると総生産量はほぼ一定になるが，総呼吸量が増加していくため，純生産量はやがて減少していく。

■森林の種類と年齢による生産量の違い

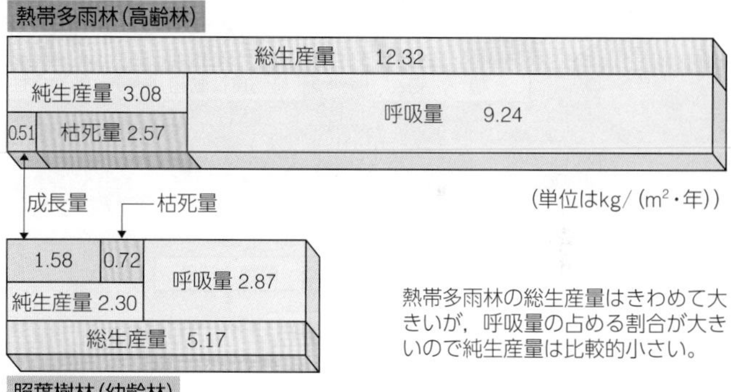

熱帯多雨林(高齢林)
総生産量 12.32
純生産量 3.08
呼吸量 9.24
0.51
枯死量 2.57
(単位はkg/(m²・年))
成長量
枯死量
1.58
0.72
呼吸量 2.87
純生産量 2.30
総生産量 5.17
照葉樹林(幼齢林)

熱帯多雨林の総生産量はきわめて大きいが，呼吸量の占める割合が大きいので純生産量は比較的小さい。

B 生態系の物質収支 基 生

生産力ピラミッド(▶p.239)は次のような要素からなっている。各要素の大きさによって，**エネルギー効率**が決まってくる。

■生産者と消費者の物質収支

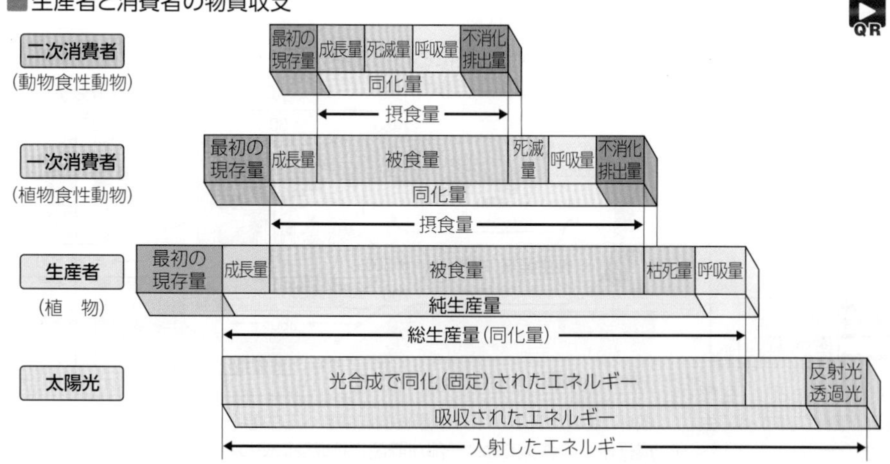

二次消費者
(動物食性動物)
最初の現存量
成長量
死滅量
呼吸量
不消化排出量
同化量
摂食量
一次消費者
(植物食性動物)
最初の現存量
成長量
被食量
死滅量
呼吸量
不消化排出量
同化量
摂食量
生産者
(植物)
最初の現存量
成長量
被食量
枯死量
呼吸量
純生産量
総生産量(同化量)
太陽光
光合成で同化(固定)されたエネルギー
反射光 透過光
吸収されたエネルギー
入射したエネルギー

■湖沼におけるエネルギー収支の一例

	太陽エネルギー	生産者	一次消費者	二次消費者
同化量	497360※	465.7	61.9	13.0
呼吸量	−	97.9	18.4	7.5
被食量	−	64.0	13.8	0
死滅量	−	9.6	1.3	0
成長量	−	294.1	29.3	5.4
不消化排出量	−	−	2.1	0.8
エネルギー効率	−	0.1%	13%	21%

※入射光のエネルギー　(単位 J/(cm²・年))

$$エネルギー効率=\frac{その段階の同化量}{1つ前の段階の同化量}\times100(\%)$$

エネルギー効率は生産者で0.1〜5%，消費者で10〜20%程度。栄養段階が上がるほど大きい。

Keywords 総生産量(gross production)，純生産量(net production)，物質生産(dry matter production)，エネルギー効率(energy efficiency)

13 物質の循環とエネルギーの流れ

生物基礎 生物

A 炭素の循環

大気中や海水中の**二酸化炭素**(CO_2)は炭酸同化の材料として植物などの生産者に取りこまれ，有機物となり食物連鎖の経路をたどる。分解者を含む各栄養段階で，呼吸によって有機物は分解されCO_2にもどる。

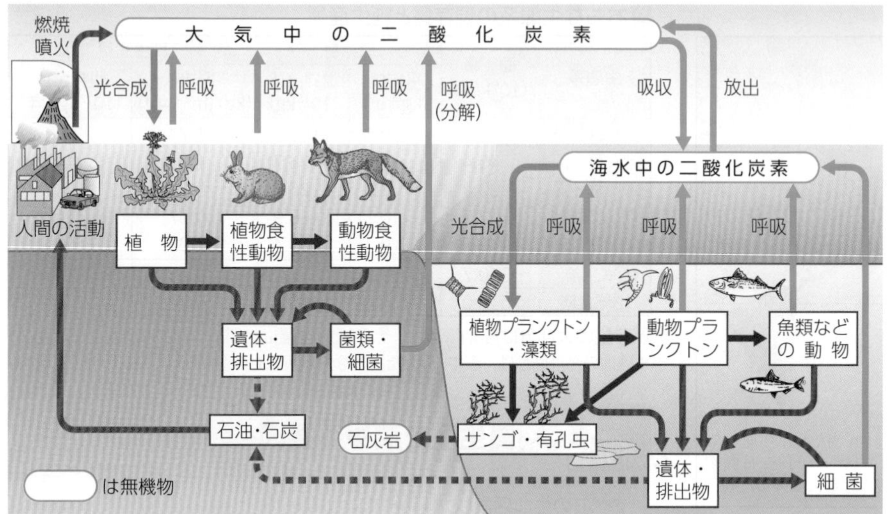

燃焼
噴火
大気中の二酸化炭素
光合成
呼吸
呼吸
呼吸
呼吸
(分解)
吸収
放出
海水中の二酸化炭素
人間の活動
植物
植物食性動物
動物食性動物
光合成
呼吸
呼吸
呼吸
遺体・排出物
菌類・細菌
植物プランクトン・藻類
動物プランクトン
魚類などの動物
石油・石炭
石灰岩
サンゴ・有孔虫
遺体・排出物
細菌
は無機物

■地球的規模の炭素の分布と循環

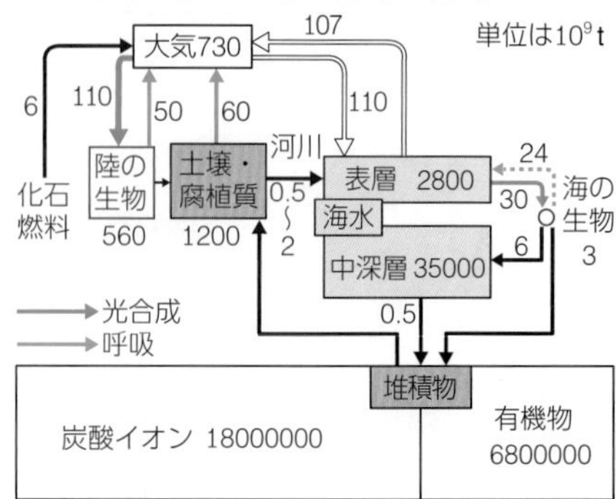

単位は10^9t
大気730
107
110
6
110
50
60
河川
陸の生物 560
土壌・腐植質 1200
0.5〜2
表層 2800
24
30
海の生物 3
海水
化石燃料
中深層 35000
6
0.5
光合成
呼吸
堆積物
炭酸イオン 18000000
有機物 6800000

海洋には，大気中のCO_2をはるかに上回るCO_2が溶けこんでおり，大気中のCO_2濃度の増減を緩和している。

化石燃料の大量使用により，大気中のCO_2量(濃度)は年々増加している。

B 窒素の循環

窒素(N)はタンパク質など有機窒素化合物の構成元素である。N_2は大気の約80%を占め，窒素固定細菌や工業的窒素固定によりNH_4^+などの形で生態系に取りこまれる。

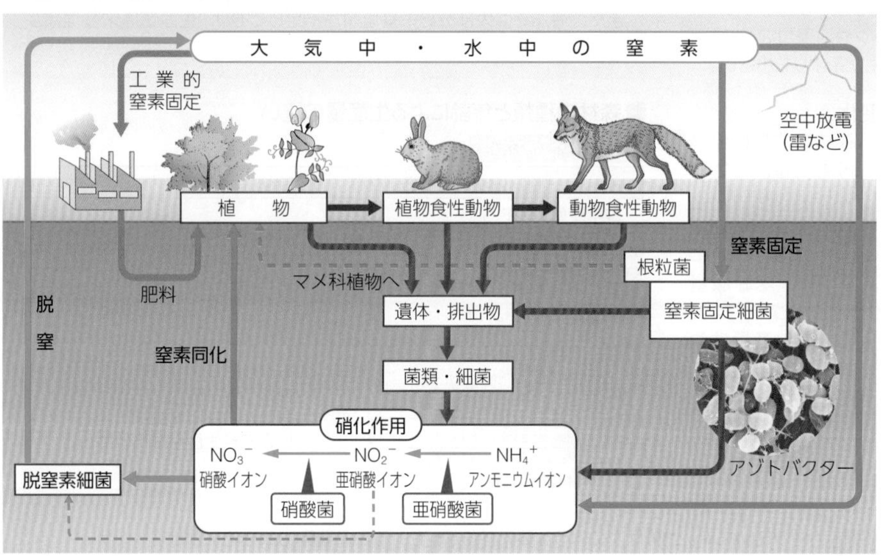

大気中・水中の窒素
工業的窒素固定
空中放電(雷など)
植物
植物食性動物
動物食性動物
窒素固定
肥料
マメ科植物へ
根粒菌
脱窒
遺体・排出物
窒素固定細菌
窒素同化
菌類・細菌
硝化作用
NO_3^- 硝酸イオン
NO_2^- 亜硝酸イオン
NH_4^+ アンモニウムイオン
脱窒素細菌
硝酸菌
亜硝酸菌
アゾトバクター

■地球的規模の窒素の分布と循環

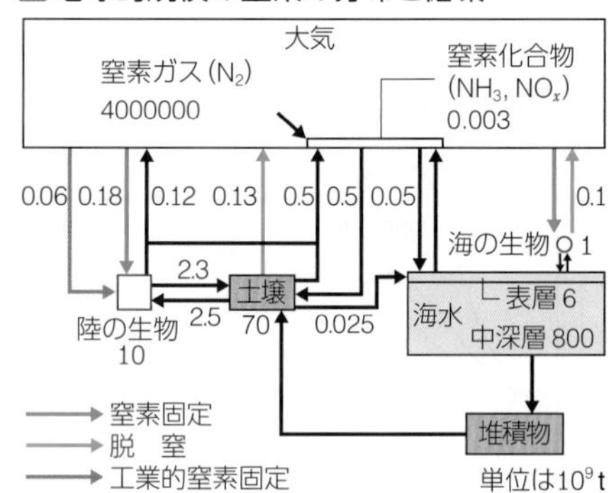

大気
窒素ガス(N_2) 4000000
窒素化合物 (NH_3, NO_x) 0.003
0.06
0.18
0.12
0.13
0.5
0.5
0.05
0.1
海の生物 1
2.3
土壌
陸の生物 10
2.5
70
0.025
海水
表層 6
中深層 800
堆積物
窒素固定
脱窒
工業的窒素固定
単位は10^9t

植物は硝酸イオンなどの無機窒素化合物をアミノ酸などの有機窒素化合物に変える(窒素同化)。有機物中の窒素は食物連鎖の経路をたどる。

各栄養段階で排出物・遺体・枯死体となったものは分解者によってアンモニウムイオンとなり，硝化菌によって硝酸イオンなどに変えられる。

C エネルギーの流れ

生態系内に入ってきた太陽の光エネルギーは，生産者から消費者，分解者を経て一方向に移動し，それぞれの生物の呼吸によって熱エネルギーの形で放出される。

■生態系内を通り抜けるエネルギーの流れ

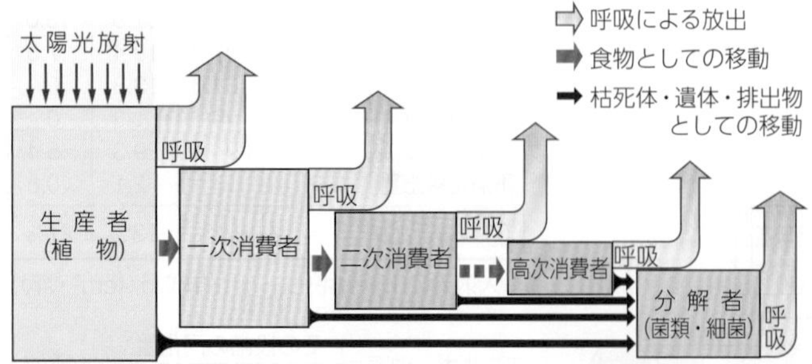

呼吸による放出
食物としての移動
枯死体・遺体・排出物としての移動
太陽光放射
呼吸
呼吸
呼吸
呼吸
生産者(植物)
一次消費者
二次消費者
高次消費者
分解者(菌類・細菌)
呼吸

非生物的環境から生態系に取りこまれた物質は非生物的環境にもどり，生態系の中で循環する。しかしエネルギーの流れは一方向で最終的にはすべて生態系外に放出される。

■夏緑樹林の生態系におけるエネルギーの流れ

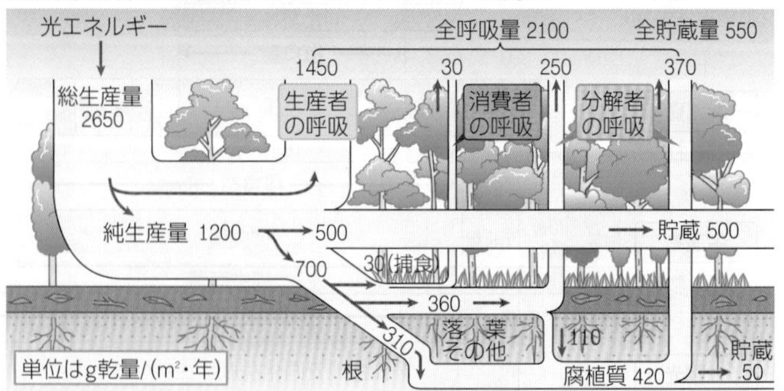

光エネルギー
全呼吸量 2100
全貯蔵量 550
1450
30
250
370
総生産量 2650
生産者の呼吸
消費者の呼吸
分解者の呼吸
純生産量 1200
500
貯蔵 500
700
30(捕食)
360
落葉その他
110
310
根
単位はg乾量/(m²・年)
腐植質 420
貯蔵 50

取りこまれたエネルギーは最終的にはすべて生態系外に放出される。しかし，成長途上の森林では，一部が貯蔵され成長に使われる。

Keywords 炭素循環(carbon cycle)，窒素循環(nitrogen cycle)，エネルギーの流れ(energy flow)

14 生態系のバランス

生物基礎　生物

A 生態系のバランス 基 生

生態系ではさまざまな**かく乱**が起こる。生態系は多様な生物，大気，水，土壌などが密接に関係しあいながらバランスを保っている。

■生態系のバランス

倒木
小規模な山火事
噴火
大規模なかく乱

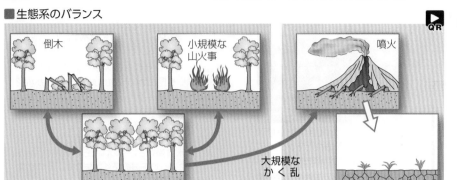

生態系は常に変動している。生態系にはもとにもどろうとする**復元力(レジリエンス)**がある。復元力をこえる大規模なかく乱が起こると，もとの状態にはもどらず別の生態系になり，そこで新たにバランスが保たれる。

Point かく乱の規模と生物多様性

生態系がかく乱されると，その生態系における生物多様性もその影響を受ける。

大規模なかく乱が起こる場合	生態系が破壊され，かく乱に強い種だけが残るため，生物多様性が失われる
中規模のかく乱が起こる場合	複数の種が共存することができ，生物多様性が高くなる(**中規模かく乱説**)
かく乱がほとんど起こらない場合	種間競争に強い種だけが存在するようになるため，生物多様性が低くなる

■沿岸生態系における食物網とそのバランス(アラスカ(アリューシャン列島)沿岸の食物網)

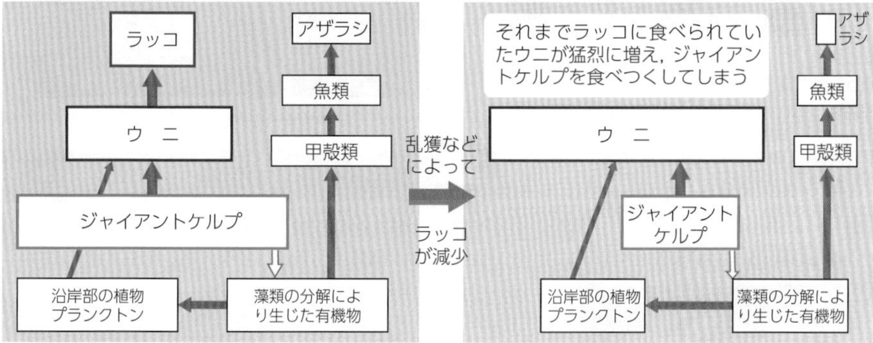
ラッコ
アザラシ
魚類
ウ　ニ
甲殻類
ジャイアントケルプ
沿岸部の植物プランクトン
藻類の分解により生じた有機物
乱獲などによって
ラッコが減少
それまでラッコに食べられていたウニが猛烈に増え，ジャイアントケルプを食べつくしてしまう
アザラシ
魚類
ウ　ニ
甲殻類
ジャイアントケルプ
沿岸部の植物プランクトン
藻類の分解により生じた有機物

ラッコの生息する海域では，ウニがジャイアントケルプを食べ，ラッコがウニを食べる。生物の増減は一定の範囲内にあり，バランスが保たれている。

ラッコがいなくなると，ウニが繁殖してジャイアントケルプを食べ荒らし，ケルプが消滅する。その結果，そこに生息する魚類やアザラシも減少する。

ラッコ

ウニ

ジャイアントケルプ

■岩礁潮間帯における食物網とそのバランス(ペインの実験)

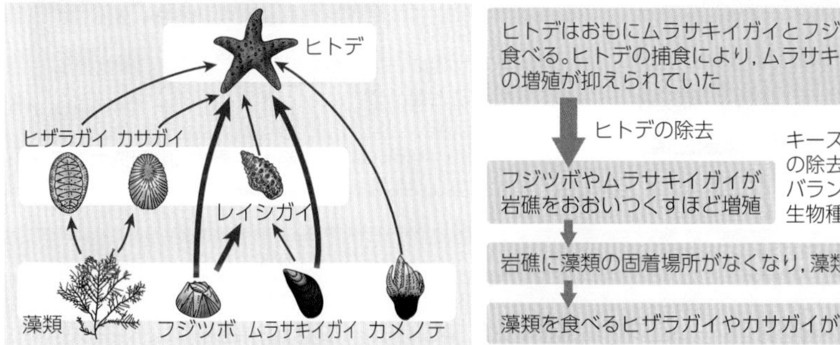
ヒトデ
ヒザラガイ
カサガイ
レイシガイ
藻類
フジツボ
ムラサキイガイ
カメノテ
ヒトデはおもにムラサキイガイとフジツボを食べる。ヒトデの捕食により，ムラサキイガイの増殖が抑えられていた
ヒトデの除去
キーストーン種の除去により，バランスが崩れ，生物種数が減少
フジツボやムラサキイガイが岩礁をおおいつくすほど増殖
岩礁に藻類の固着場所がなくなり，藻類が減少
藻類を食べるヒザラガイやカサガイが消滅
間接効果

Point キーストーン種とアンブレラ種

キーストーン種　生態系内の食物網の上位にあり他の生物の生活に大きな影響を与える生物種(例：アラスカのラッコや岩礁潮間帯のヒトデなど)

アンブレラ種　その種の保全がその地域に生息する他の多くの種を保全することになる生物種。上位の捕食者であるアンブレラ種が生育できる環境を保全すれば，同じ傘の下の多くの種を保護することになる。

Column キーストーン種の存在による行動の変化

上位の捕食者であるキーストーン種は，他の生物を捕食することによって個体数の増減に影響を及ぼし，キーストーン種に捕食される生物が捕食する生物の生存にも間接的に影響を及ぼす。しかし，キーストーン種の存在は，下位の栄養段階の生物を直接捕食することによって個体数に影響を及ぼすだけでなく，それらの生物の行動を変化させることによっても，下位の生物の個体数に影響することが知られている。

例えば，アメリカのイエローストーン国立公園では，キーストーン種であるオオカミの個体数の増加によって，被食者であるアカシカはオオカミに見つかりやすいえさ場を避けるようになり，アカシカが訪れなくなった場所の植生が回復した。

オオカミ

アカシカ

Keywords　生態系のバランス(balance in an ecosystem)，かく乱(disturbance)，キーストーン種(keystone species)，間接効果(indirect effect)

15 生態系と人間生活(1)

生物基礎
生物

A 生物多様性の低下 基 生

熱帯雨林の破壊や，乱獲，密猟などによって，多くの生物が絶滅の危機に瀕している。また，種の絶滅によって，医薬品・農作物の品種改良などに利用できる遺伝子資源を失うことにもなる。

■生物多様性の喪失や生物の絶滅を引き起こす要因

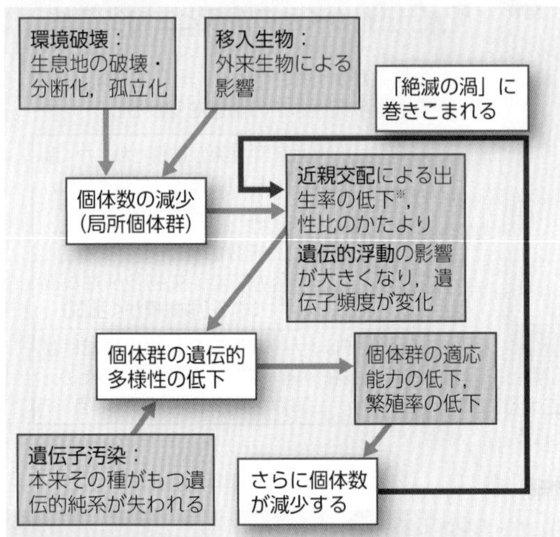

環境破壊：生息地の破壊・分断化，孤立化
移入生物：外来生物による影響
「絶滅の渦」に巻きこまれる
個体数の減少(局所個体群)
近親交配による出生率の低下※，性比のかたより
遺伝的浮動の影響が大きくなり，遺伝子頻度が変化
個体群の遺伝的多様性の低下
個体群の適応能力の低下，繁殖率の低下
遺伝子汚染：本来その種がもつ遺伝的純系が失われる
さらに個体数が減少する

個体数が少なくなると，個体群の遺伝的多様性が低下する。するとさらに個体数が減少し，「絶滅の渦」に巻きこまれてしまう。
※近親交配が続くと，生存に不利な形質が出やすくなる(近交弱勢)

アマミノクロウサギ

アマミノクロウサギ(絶滅危惧種)は奄美大島に移入されたマングースに捕食され個体数が減少。

チーター

チーターは過去に個体数が激減，精子異常(70%)，幼獣の死亡率大，伝染病の感染率増加。

Column 里山・干潟の保全

里山は，適度な伐採など人手が入ることによって，夏緑樹や昆虫類など豊かな生物多様性が維持される生態系である。しかし，伐採が行われなくなり雑木林が放置されると，照葉樹が生育して林床を暗くし，生物多様性が失われてしまう。
干潟は，貝類や水鳥など多くの生物が生息する生態系で，水質浄化としてのはたらきももつ。しかし，開発によって干潟の多くが失われ，その生物多様性も低下している。
近年では，このような里山や干潟の重要性が見直され，保全への取り組みが進められている。

干潟

Zoom up 絶滅危惧種

絶滅のおそれのある生物(動植物)を**絶滅危惧種**という。それらをリストアップしたものを**レッドリスト**といい，レッドリストを掲載した本を**レッドデータブック**という。環境省のレッドリストでは，絶滅の危険性の高さによるカテゴリー分けがなされている。

- **環境省のレッドリスト(2020年)**
  - **絶滅**(すでに絶滅した)…ニホンオオカミなど
  - **野生絶滅**(飼育・栽培下でのみ存在)…クニマスなど
  - **絶滅危惧Ⅰ類**(絶滅寸前)ⅠA類…イリオモテヤマネコ，コウノトリ，トキなど
    ⅠB類…イヌワシなど
  - **Ⅱ類**(絶滅の危険増大)…タンチョウなど
  - **準絶滅危惧**(個体数の減少など絶滅危惧種になる可能性あり)…トウキョウダルマガエルなど

トキ

イリオモテヤマネコ

Pioneer 野生動物研究の重要性

京都大学野生動物研究センターでは，地球社会の調和ある共存に貢献することを目的として，野生動物に関する研究や教育を行っている。
おもに絶滅の危惧される野生動物を対象とした基礎研究や，人間とそれ以外の生命の共生のための国際的研究を推進している。また，地域の動物園や水族館等と協力して研究を行い，人間を含めた自然のあり方についての深い理解を次世代に伝えることを目指している。

野生のカバの群れを観察するようす

京都大学 野生動物研究センター

Point アリー効果と絶滅

多くの場合，密度効果とは，個体群密度が高くなるほど個体の増殖率が下がってしまう「負の密度効果」を指す。しかし，個体群密度がある程度低い場合には，密度が高いほど個体数の増加が促進され，反対に，密度が低いほど個体数の減少が促進されるような「正の密度効果」が見られる。このような現象を**アリー効果**という。生物の保全においては，アリー効果が個体数の減少に促進的にはたらくような個体群密度になるのを防ぐ対策をとることが重要である。

Column 生態系サービス

生態系から受ける多くの利益を**生態系サービス**という。生態系サービスは人間や他の生物にとって生きるために必要であるだけでなく，文化や精神的な豊かさも与えてくれる。生態系サービスは，物質循環と生物多様性によって支えられており，持続的に生態系サービスを受けるためには，生態系を保全する必要がある。

生態系サービス

①供給サービス	②調整サービス	③文化的サービス
有用な資源の供給 食料，燃料，木材，繊維，薬品，水など人間の生活に必要な資源の供給	安全な生活の維持 気候の調整，災害の制御，病気の制御，水の浄化など環境の調整・制御	豊かな文化を育てる 精神的充足，美的な楽しみ，社会制度の基盤，レクリエーションの機会

④基盤サービス
生態系を支える基盤，①〜③を支えるもの
光合成による酸素の生成，土壌の形成，栄養の循環，水の循環など

Keywords 絶滅危惧種(endangered species)，絶滅(extinction)，アリー効果(Allee's effect)，生態系サービス(ecosystem services)

B 外来生物の移入

基 生 人間の活動によって本来の生息場所から別の場所に移されて定着した生物を**外来生物**という。外来生物の中には，増殖してその地域の生態系のバランスをくずしてしまうものもいる。

■外来生物の影響

外来生物が引き起こす問題には次のようなものがある。

捕食	その場所に生息する在来の動物，植物を捕食する	オオクチバス，ブルーギル，アライグマなど
競合	同じような食物や生息環境をもっている在来の生物から，それらを奪い，駆逐する	タイワンリス，ホテイアアオイ，オオタナゴなど
交雑	近縁の種同士で交配が起こり，雑種が生じる（遺伝子の汚染）。種としての遺伝的固有性が失われる懸念がある	タイワンザル，タイリクバラタナゴなど
感染	それまでその場所に存在しなかった他の地域の病気や寄生性の生物を持ちこむ	オオブタクサ，カ，ネズミ類など

■日本から移動した生物

侵略的外来生物	特徴・影響
コイ	汚染に強く雑食性で，低温にもよく耐える。大きく育つので天敵が少ない。移入された北アメリカでは食用にされず，爆発的に個体数を増やしている
クズ	マメ科の多年草のつる植物で，土壌浸食を食い止める植物として北米に移入。アメリカ南部で繁殖。成長が速く，他の植物をおおい隠し枯らしてしまう
ワカメ	停泊中の船のバラスト水に混入し，ニュージーランド，オーストラリア，ヨーロッパに移動。移入先で繁殖し在来種の海藻を駆逐してしまう

■侵略的外来生物

外来生物の中で，地域の生態系に大きな影響を与え，生物多様性を脅かすおそれのあるものを，特に**侵略的外来生物**という。

侵略的外来生物	原産国	特徴・影響
フイリマングース	東アジアから西アジア	哺乳類。沖縄や奄美大島へネズミ類やハブ駆除のために移入された。沖縄では天然記念物のヤンバルクイナなど，特別天然記念物のアマミノクロウサギなどの捕食が危惧されている（ヤンバルクイナ）
グリーンアノール	アメリカ合衆国南東部	は虫類。ペットとして持ちこまれたものが野生化。小笠原諸島固有種であるオガサワラシジミやトンボ類を捕食し一部の島で絶滅させた（オガサワラシジミ）
オオクチバス	北アメリカ	魚類。魚釣りの対象や食用として移入された淡水魚。移入された湖沼ではホンモロコなどの在来魚が捕食され，その種数や個体数が減少し，生物相や生物群集が大きな影響を受ける（ホンモロコ）
ムラサキイガイ	ヨーロッパ	二枚貝。船のバラスト（底荷）水への混入や船体への付着により侵入。カキ，アコヤガイ，フジツボなど在来の沿岸生物や水産資源に影響あり。在来種との交雑により，遺伝子かく乱が起こる（カキ）
ボタンウキクサ	アフリカ	浮遊性の水草。観賞用に持ちこまれたものが湖沼で野生化。水面をおおいつくし，光を遮ることで水生植物の生存を脅かしたり，トチカガミなどの在来種と競合し駆逐したりする（トチカガミ）

これらは「特定外来生物による生態系等に係る被害の防止に関する法律（**外来生物法**）」により，生態系，人類の生命・身体，農林水産業へ被害を及ぼすもの，または及ぼすおそれがある「**特定外来生物**」に指定され，自然に放つことだけでなく，飼育や栽培，輸入などの取り扱いが原則禁止されている（ただし，ムラサキイガイは指定されていない）。

Column 生物多様性条約

「生物の多様性に関する条約（生物多様性条約）」は，1992 年にブラジルで開かれた地球サミットが契機となって締結された国際条約で，生物多様性の保全や持続可能な利用をおもな目的としている。2003 年には，遺伝子組換え生物の国境を越える移動に関するルール「カルタヘナ議定書」が発効され，また，2010 年には，名古屋で「生物多様性条約第 10 回締約国会議（COP10）」が開催された。COP10 では，遺伝資源へのアクセスと利益配分（ABS）に関する「名古屋議定書」や，生物多様性の損失を抑止するための「愛知目標」が採択された。

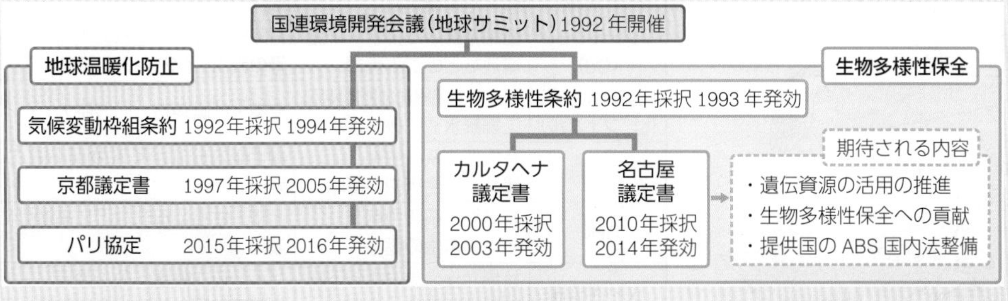
国連環境開発会議（地球サミット）1992 年開催
地球温暖化防止
気候変動枠組条約 1992年採択 1994年発効
京都議定書 1997年採択 2005年発効
パリ協定 2015年採択 2016年発効
生物多様性保全
生物多様性条約 1992年採択 1993 年発効
カルタヘナ議定書 2000年採択 2003年発効
名古屋議定書 2010年採択 2014年発効
期待される内容
・遺伝資源の活用の推進
・生物多様性保全への貢献
・提供国の ABS 国内法整備

生物多様性条約 COP10 のようす

生物資源の持続的な利用に向けた議論は長きにわたって続けられている。こうした国際的な議論の中で，2021 年に昆明（中国），2022 年にモントリオール（カナダ）で二部にわたって開催された COP15 では，生物多様性に関する新たな世界目標である「昆明・モントリオール生物多様性枠組」が愛知目標の後継目標として採択された。新たな目標では，2030 年までに陸域と海域の少なくとも 30%を保全の対象とする「30by30 目標」をはじめとして，生物多様性の保全や持続的な利用をめざすための複数の行動目標が定められた。

外来生物（alien species），特定外来生物（invasive alien species）

16 生態系と人間生活(2)

生物基礎
生 物

A 湖沼の富栄養化

基 生 河川などに有機物が流入しても，希釈や，微生物による無機物への分解によって，河川や湖沼は浄化される(**自然浄化**)。しかし，有機物の量が自然浄化の能力をこえると，生物の異常発生や死滅などが起こる。

■富栄養化と微生物の異常発生

赤潮

沿岸部や内海が富栄養化し植物プランクトンの渦鞭毛藻類が異常発生したもの。酸素不足やえらがつまるなど魚介類に害を与える。

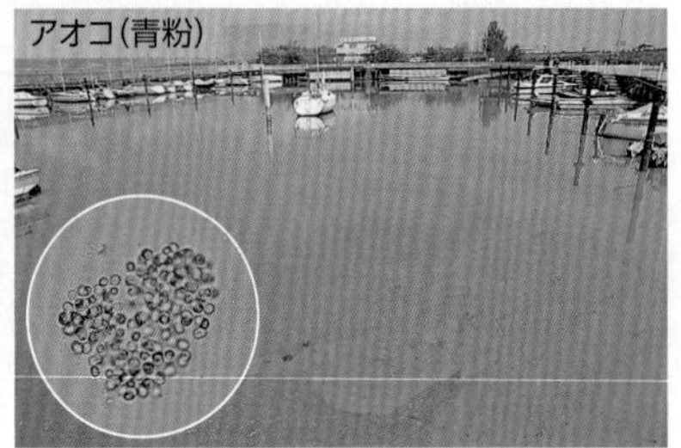

アオコ(青粉)

生活排水などの流入で湖沼が富栄養化し，ミクロキスティス(シアノバクテリアの一種)が異常発生したもの。水の華(はな)ともいう。

■富栄養化と酸素の濃度

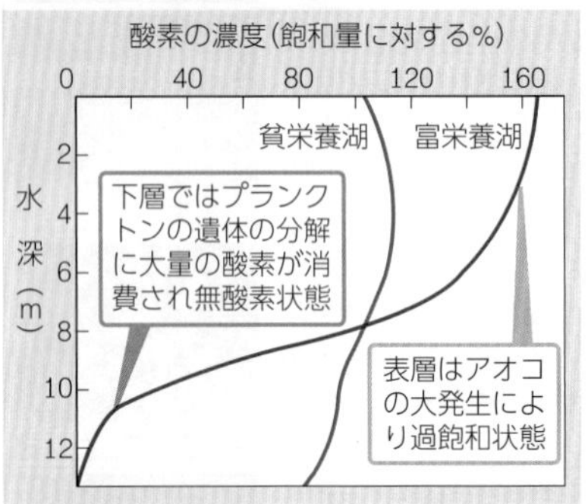

酸素の濃度(飽和量に対する%)
0
40
80
120
160
貧栄養湖
富栄養湖
水深(m)
2
4
6
8
10
12
下層ではプランクトンの遺体の分解に大量の酸素が消費され無酸素状態
表層はアオコの大発生により過飽和状態

■富栄養湖と貧栄養湖

	富栄養湖	貧栄養湖
透明度	小	大
pH	アルカリ性に傾きやすい	中性付近
栄養塩類	多	少
溶存酸素	深層部で欠乏	飽和に近い
動物プランクトン・魚類	豊富	貧弱
底生生物	種類は少ない	種類が多い

■水質汚染の指標　複数の指標を総合して水質を判定する。

略称		指標の内容
DO	溶存酸素量	水中に溶けている酸素量
BOD	生物化学的酸素要求量	水中の有機物が細菌の呼吸によって分解されたとき消費される酸素量。高いほど水はきたない
COD	化学的酸素要求量	水中の有機物を化学的に分解するときに必要な酸素量。高いほど水はきたない。BODの代わりに簡易的に測定される
pH	水素イオン指数	酸性やアルカリ性の程度を示す。7が中性，0に近いほど酸性が強く，14に近いほどアルカリ性が強い。富栄養湖ではアルカリ性に傾く

■自然浄化のしくみ

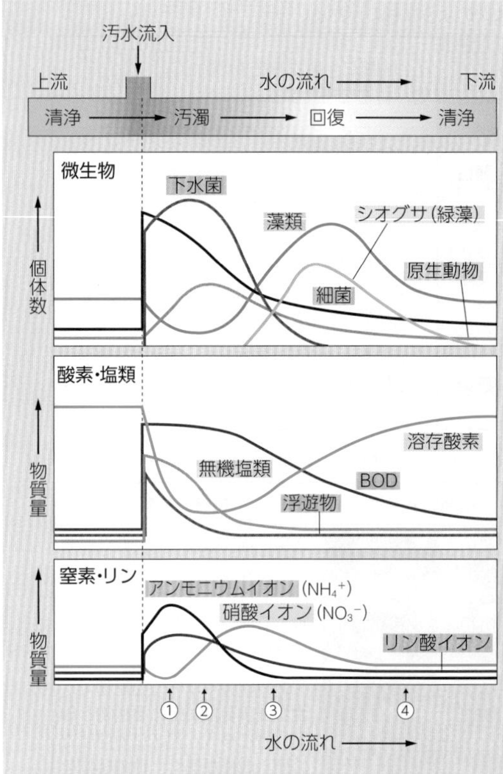

汚水流入
上流
水の流れ
下流
清浄
汚濁
回復
清浄
微生物
下水菌
藻類
シオグサ(緑藻)
原生動物
細菌
個体数
酸素・塩類
溶存酸素
無機塩類
BOD
浮遊物
物質量
窒素・リン
アンモニウムイオン (NH_4^+)
硝酸イオン (NO_3^-)
リン酸イオン
物質量
①
②
③
④
水の流れ

①有機物の増加により細菌が増加し，呼吸により酸素を消費するため溶存酸素量は少なくなる。

②細菌を捕食する原生動物が増加し，細菌は減少する。硝化菌のはたらきで NH_4^+ は NO_3^- となる。

③無機塩類の増加によりケイ藻や緑藻が増加，光合成によって酸素が放出され，溶存酸素量が増す。

④無機塩類の減少とともに藻類も減少し，もとのきれいな河川にもどる。

B 生物濃縮

基 生 特定の物質が生物体内に取りこまれて蓄積し，食物連鎖の過程を通して濃縮を重ねていく現象を**生物濃縮**という。生態系に有害物質を放出すると，低濃度でも危険である。

■ DDTの生物濃縮

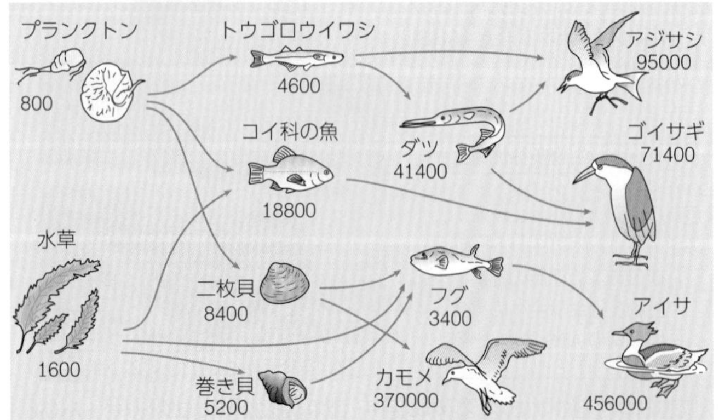

プランクトン
800
トウゴロウイワシ
4600
アジサシ
95000
コイ科の魚
18800
ダツ
41400
ゴイサギ
71400
水草
1600
二枚貝
8400
フグ
3400
アイサ
456000
巻き貝
5200
カモメ
370000

アメリカのロングアイランド付近の調査によるもの。数字は，水中のDDT濃度を1としたときの生体中の濃度。水中のDDT濃度は0.00005ppmで，$1m^3$当たりわずか0.05mgであるが，高次消費者ではその数十万倍にもなる。

■生物濃縮で問題となった物質の例

物質名	発生源	症状など
水銀(Hg)	有機水銀(メチル水銀)を含んだ工場排水	中枢神経疾患(水俣病，第二水俣病)
カドミウム(Cd)	亜鉛精錬所の排水・排煙 電池などのごみ焼却	腎障害，カルシウムの欠乏による骨の異常(イタイイタイ病)
PCB(ポリ塩化ビフェニル)	インク，絶縁油などに使用。工場排水やごみ処理水	皮膚・肝臓障害，四肢脱力
DDT	有機塩素系殺虫剤 農薬　衛生害虫の駆除	毒性や内分泌かく乱物質(※)の疑い
BHC	有機塩素系殺虫剤 イネの害虫の駆除	イネ，さらに母乳などに高濃度に濃縮
放射性核種	核爆発後の放射性降下物 放射性廃棄物	がん，造血障害，免疫障害 体内で有害な放射線を出し続ける

これらはいずれも安定な(分解されにくい)物質で細胞質のタンパク質や体脂肪に溶けやすく，排出されにくいため体内に蓄積されていく。このため栄養段階が上がるごとに生物濃縮が進んでいく。

※内分泌かく乱物質は，ホルモンのように作用したり，他のホルモンの作用を阻害する化学物質で，**環境ホルモン**ともいわれる。ほかにダイオキシンなどがある。

 Keywords　富栄養化(eutrophication)，赤潮(red tide)，生物濃縮(biological accumulation)

C 探究 化学的な水質検査 基生

化学的な水質検査にはさまざまな方法があるが，簡易水質検査キットを用いると，さまざまな指標を数分程度で簡易的に測定することができる。

■簡易水質検査キットで測ることができるおもな水質の指標

指標	COD (化学的酸素要求量)	リン酸態リン	アンモニア態窒素	亜硝酸態窒素
性質	水中の有機物を酸化する際に消費される酸化剤の量を酸素の量に換算した指標。湖沼，海域の有機汚濁を測る代表的な指標。	リン酸イオン(PO_4^{3-})として水中に存在するリンで，生活排水や肥料などに由来する。藻類などの生育に必須だが，過剰量は富栄養化の原因となる。	アンモニウムイオン(NH_4^+)やアンモニア(NH_3)として水中に存在する窒素。生活排水などの流入点の近くで高い数値を示す。	亜硝酸イオン(NO_2^-)として水中に存在する窒素。アンモニア態窒素が変化してできる。生活排水などの流入点の近くで高い数値を示す。
数値の目安	川の上流で1～2mg/L，下流で2～10mg/L 程度	有機態リンを合わせた総リン量が0.02mg/L 超で富栄養化の目安	きれいな水では0.2mg/L 未満	通常は0.02mg/L 以下

化学的な水質検査の結果は，川の水の量によっても大きな影響を受ける。

■簡易水質検査キットの使い方

①検査を行いたい水をチューブで吸い上げる。よく振りまぜてチューブの中の試薬と反応させる。

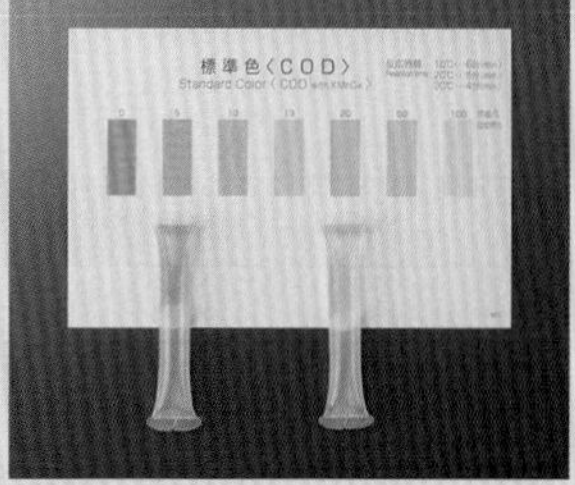
標準色〈COD〉

②キットで指定された時間が経過してから，付属の標準色表と比較する。色の変化から，その指標のおおよその値を知ることができる。

D 探究 指標生物を用いた水質調査 基生

水質汚染の度合いを調べるのに，そこにすむ生物の種構成から判断することができる。

■調査対象生物と水質環境の関係

注)○は汽水域の生物である。

水質階級	生物	水質階級	生物
水質階級Ⅰ きれいな水	1. アミカ類 2. ナミウズムシ 3. カワゲラ類 4. サワガニ 5. ナガレトビケラ類 6. ヒラタカゲロウ類 7. ブユ類 8. ヘビトンボ 9. ヤマトビケラ類 10. ヨコエビ類	水質階級Ⅱ 少しきたない水	11. イシマキガイ ○ 12. オオシマトビケラ 13. カワニナ類 14. ゲンジボタル 15. コオニヤンマ 16. コガタシマトビケラ類 17. ヒラタドロムシ類 18. ヤマトシジミ ○
水質階級Ⅲ きたない水	19. イソコツブムシ類 ○ 20. タニシ類 21. ニホンドロソコエビ ○ 22. シマイシビル 23. ミズカマキリ 24. ミズムシ	水質階級Ⅳ 大変きたない水	25. アメリカザリガニ 26. エラミミズ 27. サカマキガイ 28. ユスリカ類 29. チョウバエ類

■水質指標となる水生生物

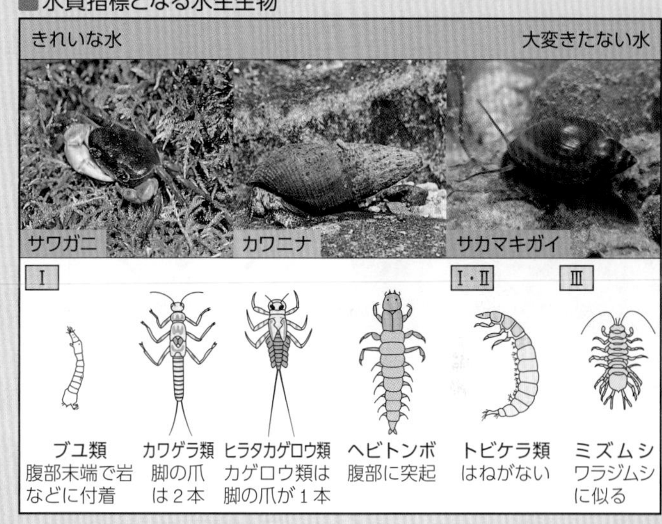
きれいな水
大変きたない水
サワガニ
カワニナ
サカマキガイ
Ⅰ
Ⅰ・Ⅱ
Ⅲ
ブユ類 腹部末端で岩などに付着
カワゲラ類 脚の爪は2本
ヒラタカゲロウ類 カゲロウ類は脚の爪が1本
ヘビトンボ 腹部に突起
トビケラ類 はねがない
ミズムシ ワラジムシに似る

■調査の例とその水質判断

A地点で採取された生物	
◎ 4. サワガニ	2
◎ 5. ナガレトビケラ類	12
◎ 6. ヒラタカゲロウ類	2
◎ 8. ヘビトンボ	6
◎ 9. ヤマトビケラ類	8
◎ 13. カワニナ類	26
◎ 15. コオニヤンマ	3
◎ 23. ミズカマキリ	1
コヤマトンボ	2
カワトンボ	2
コシボソヤンマ	1
カワムツ*	60
ヨシノボリ*	6
ドンコ*	2
イモリ	1

*は魚類

◎は調査対象となる指標生物

Ⅰ～Ⅳの水質階級について，それぞれ見つかった指標生物1種類につき1(数が多かった2種は2)として合計を求め，値の最も大きい階級をとる。

↓

採取された指標生物
Ⅰ…4，**5**，6，8，9
Ⅱ…**13**，15
Ⅲ…23　Ⅳ…なし
※太字は数が多い2種

↓

各階級の指標生物の点数
Ⅰ…1×4＋2＝6
Ⅱ…1＋2＝3
Ⅲ…1　Ⅳ…0

A地点の水質階級…Ⅰ

階級	指標生物	A地点	B地点	C地点
Ⅰ	4	○		
	5	●		
	6	○ }6		
	8	○		
	9	○		
Ⅱ	13	● }3	●	
	15	○	}4	
	17		●	
Ⅲ	22		○	●
	23	○ 1	}2	}4
	24		○	●
Ⅳ	26		○	○ }2
	27		○ }2	○
	28		○	
判定		Ⅰ	Ⅱ	Ⅲ

○は出現した生物，●は数が多い2種

調査の際には，生物の種類と採取した数だけでなく，調査した年月日・天候・水温・川幅および場所(岸か中央か)・水深・流速(cm/秒)・川底の状態(砂か石か。石の大きさなど)も調べて記録しておく。

■化学的な水質検査との比較の例

指標生物の調査と並行して水質を検査した結果

測定地点	生物的水質階級	COD	リン酸態リン	アンモニア態窒素
A地点	Ⅰ	4.1	0.17	0.16
B地点	Ⅱ	9.5	0.52	0.27
C地点	Ⅲ	20.0	0.95	0.61

指標生物を用いた水質階級は比較的長い時間についての総合的な水質を反映するのに対し，化学的な水質検査は検査時の水質を表す。

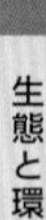

17 生態系と人間生活(3)

生物基礎
生物

A 地球の環境地図

基 生 人間の活動や気候の変化により森林の減少や砂漠化，大気・水の汚染が進んでおり，さらにそれらによる生態系への影響が懸念されている。

■森林の破壊・砂漠化

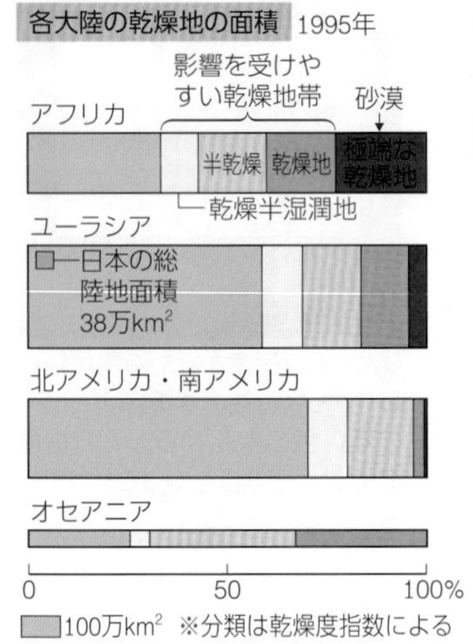

各大陸の乾燥地の面積 1995年
影響を受けやすい乾燥地帯
砂漠
アフリカ
半乾燥
乾燥地
極端な乾燥地
乾燥半湿潤地
ユーラシア
日本の総陸地面積 38万km²
北アメリカ・南アメリカ
オセアニア
0
50
100%
100万km²
※分類は乾燥度指数による

乾燥地域で土壌が劣化し植物の生育に適さなくなる現象を**砂漠化**という。

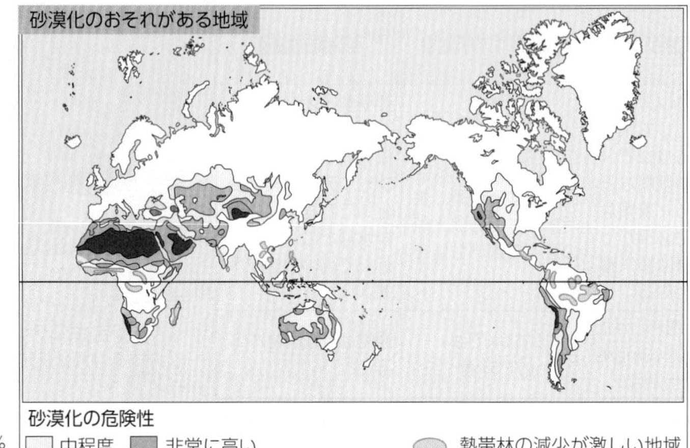

砂漠化のおそれがある地域
砂漠化の危険性
中程度
非常に高い
高い
極度に乾燥した地域(砂漠)
熱帯林の減少が激しい地域

砂漠化以外に，核実験や原子力発電所の事故などによって起こる**放射性物質**による汚染も問題となっている。

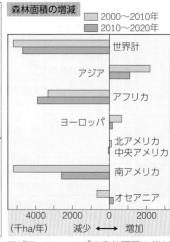

森林面積の増減

2000～2010年
2010～2020年

世界計
アジア
アフリカ
ヨーロッパ
北アメリカ 中央アメリカ
南アメリカ
オセアニア

4000 2000 0 2000
(千ha/年) 減少 ⟷ 増加

アジア・ヨーロッパの森林面積の増加は大規模な植林によるものである。

B 森林の減少と砂漠化

基 生 熱帯林では毎年，九州と四国をあわせたくらいの面積の森林が失われている。また，現在全陸地面積の約 41% にあたる土地が砂漠化の影響を受けている。

■砂漠化のおもな原因

かんがいによる塩害

乾燥地では水が急速に蒸発するため，まかれた水が地下水を吸い上げることで塩分は上層の土壌に濃縮される。

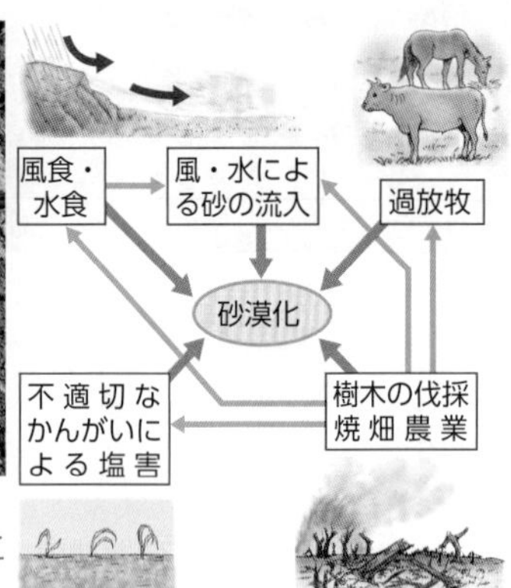

風食・水食
風・水による砂の流入
過放牧
砂漠化
不適切なかんがいによる塩害
樹木の伐採 焼畑農業

■森林の減少のおもな原因

過度な焼畑による熱帯多雨林の破壊

熱帯林では有機物の分解速度が速いため土壌が少なく，農地や放牧地にすると急速に養分が流失してしまう。

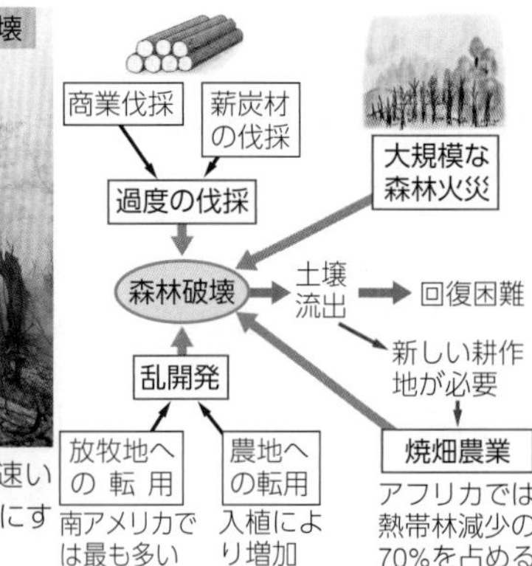

商業伐採
薪炭材の伐採
過度の伐採
大規模な森林火災
森林破壊
土壌流出
回復困難
新しい耕作地が必要
乱開発
放牧地への転用
南アメリカでは最も多い
農地への転用
入植により増加
焼畑農業
アフリカでは熱帯林減少の70%を占める

C オゾン層の破壊

基 生 成層圏にある**オゾン層**は，生物にとって有害な紫外線を吸収する重要な役割を果たしているが，工業的に生産された物質(フロン)によりオゾン層のオゾンが破壊されてきた。

■オゾンホールの出現

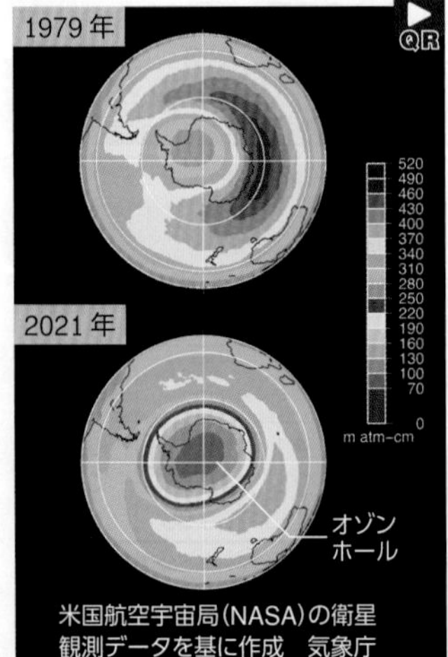

1979年
QR
2021年
520
490
460
430
400
370
340
310
280
250
220
190
160
130
100
70
0
m atm-cm
オゾンホール

米国航空宇宙局(NASA)の衛星観測データを基に作成 気象庁

Column オゾン層の回復に向けた取り組み

フロンがオゾンを破壊することが明らかになったのは 1970 年代半ばのことである。オゾン層の破壊が進むと生態系への広範な影響が起こりうることが懸念されたことから，1987 年に，フロンなどのオゾン層破壊物質の生産や消費を規制する「モントリオール議定書」が採択され，各国でフロンの排出規制が積極的に進められた。

各国の行動の結果，オゾン層破壊物質の大気中での存在量は減少し続け，南極や北極で見られるオゾンホールも縮小傾向にあると報告されている。このまま対策が続けられれば上空のオゾン量は，南極では 2066 年ごろに，オゾンホールが観測される前の 1980 年と同水準にまで回復すると予想されている。

南極における 10 月のオゾン全量

オゾン全量
350
300
250
200
150
1980年の値
1960 2000 2040 2080 (年)
観測値
化学気候モデル
予測値

オゾン層の破壊と回復に関するこれら一連のできごとは，環境問題に関する事象としては異例ともいえるほど早急に進んでいる。しかし，それでも回復までに 100 年ほどの期間を要することから，一度破壊された環境をもとにもどすことは非常に困難であるとわかるだろう。

 Keywords 砂漠化(desertification)，オゾン層(ozone layer)，オゾンホール(ozone hole)

D 地球温暖化

基生 大気中における**温室効果**のある気体（**温室効果ガス**）の増加によって**地球温暖化**が心配されている。化石燃料の使用によって放出される二酸化炭素が温室効果ガスの代表である。

■地球の年平均気温の変化

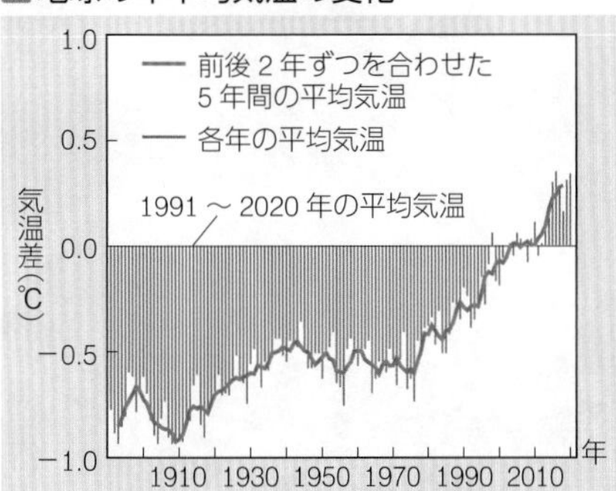

前後２年ずつを合わせた５年間の平均気温
各年の平均気温
1991～2020年の平均気温
気温差（℃）
年

1991～2020年の平均気温を平年値として，世界の年平均地上気温と平年値との差を示す。

■大気中の二酸化炭素濃度の変化

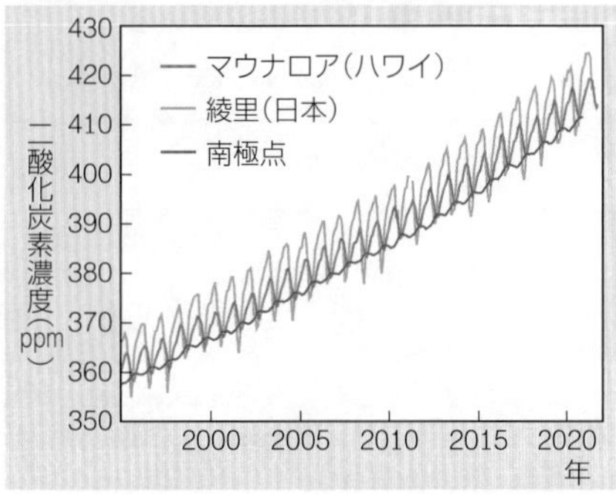

マウナロア（ハワイ）
綾里（日本）
南極点
二酸化炭素濃度（ppm）
年

各グラフは植物の光合成速度の季節的な変動により，ジグザグになる。

■温暖化の原因となる物質（温室効果ガス）

物質名	おもな発生源	地球温暖化係数（GWP※）	寄与度（%）
二酸化炭素	化石燃料の燃焼 森林の伐採	1	60
フロン類	スプレー，冷媒 半導体の洗浄	最大１万以上	14
メタン	水田，家畜 し尿処理場	28	20
一酸化二窒素	化石燃料の燃焼 窒素肥料の使用	265	6

※ GWPは二酸化炭素の温室効果の度合いを１としたときの各物質の温室効果の度合い。寄与度は現在の地球上の温室効果ガス全体の中で占める割合

Point パリ協定

気候変動問題への対策として，これまで，世界各国が温室効果ガスの排出量削減等の取り組みを進めてきた。

2015年にパリで開かれたCOP21において，2020年以降の気候変動問題への取り組みに関する「**パリ協定**」が採択された。これは，1997年に日本で採択された「京都議定書」の後継となる条約で，産業革命前に比べて世界の平均気温の上昇を2℃を十分に下回る水準に抑制し，1.5℃に抑えるように努力するという長期目標を定め，各国が自国の目標を立てて実施するものである。

パリ協定の採択後，2020年からの本格運用に向けたルール策定のために国際会議がくり返し行われた。現在では，温室効果ガスの排出を全体としてかぎりなくゼロに近づけるため，「脱炭素社会」を目指す取り組みが日本国内でも進められている。

E 窒素酸化物などによる影響

基生 化石燃料の燃焼などで放出された窒素酸化物や硫黄酸化物などが原因物質となり，**酸性雨**や**光化学スモッグ**などが生じる。

■酸性雨と光化学スモッグが発生するしくみ

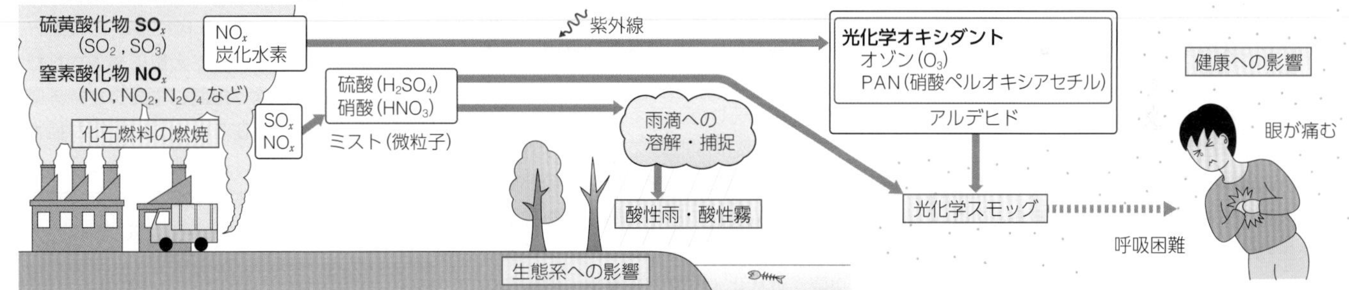

硫黄酸化物 SO_x
（SO_2，SO_3）
窒素酸化物 NO_x
（NO, NO_2, N_2O_4 など）
化石燃料の燃焼
NO_x
炭化水素
紫外線
光化学オキシダント
オゾン（O_3）
PAN（硝酸ペルオキシアセチル）
アルデヒド
硫酸（H_2SO_4）
硝酸（HNO_3）
SO_x
NO_x
ミスト（微粒子）
雨滴への溶解・捕捉
酸性雨・酸性霧
光化学スモッグ
健康への影響
眼が痛む
呼吸困難
生態系への影響

F 探究 窒素酸化物の測定

基生 ザルツマン試薬は，窒素酸化物の一種であるNO_2と反応して赤紫色に発色する。NO_2の量に応じて色が濃くなるため，大気中のNO_2の濃度を測定することができる。

サンプル管の内側にろ紙を巻きつけ，50%トリエタノールアミンを0.3mL滴下する。

ガソリン車・ディーゼル車の排気ガスと教室内の空気をポリエチレンの袋に集める。

サンプル管を袋に入れる（20～30分）。

サンプル管にザルツマン試薬を5mL入れ，10分間反応させる。

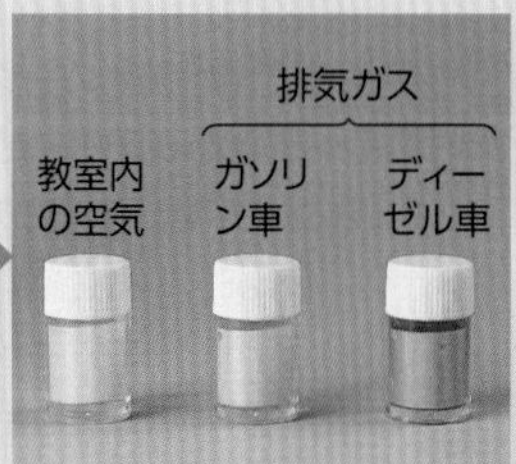

排気ガス
教室内の空気
ガソリン車
ディーゼル車

試薬の発色を観察する。比色計があれば，反応液の吸光度（545nm）を測定する。

トリエタノールアミンはNO_2捕集用の試薬。ザルツマン試薬はNO_2と反応して赤紫色のアゾ色素ができる。この色素の濃度はNO_2量に比例する。同じ器具を用いて離れた場所の空気中のNO_2を検出することもできる。サンプル管のふたをしておき，測定場所でふたを開けて逆さまにして24時間設置する。

地球温暖化（global warming），温室効果（greenhouse effect），酸性雨（acid rain），光化学スモッグ（photochemical smog）

特集 生物学の最前線

[写真] アライグマ　原産地は北米。ペットとして輸入されたものが定着。

7 外来生物の影響とその現状

国立環境研究所　生物多様性領域　生態リスク評価・対策研究室　室長
五箇（ごか）　公一（こういち）

侵略的外来生物(侵入種)は，在来生物に対して捕食，競合，交雑，病原生物の持ちこみなどさまざまな影響をもたらし，在来生物集団の衰退を引き起こすとともに，人間社会に対しても農業被害や健康被害など深刻な影響を及ぼす。人間活動のグローバル化は侵入種の分布拡大を加速し，地球規模で生物相の均質化が進行しようとしている。それぞれの地域に生息する生物集団の固有性は，長きに渡る生物進化の歴史産物であり，侵入種の拡大は，生物の地域固有性を破壊し，生態系機能を麻痺させる，まさに人間社会の持続性にかかわる環境問題である。

生物多様性を脅かす侵略的外来生物

「**外来生物**(Alien species)」とは，人為的要因によって本来の生息地から，異なる生息地に移送された生物のことをいう。外来生物は外国産の生物種というイメージが強いが，国内の特定地域に生息する生物を，国内の別の場所に移送させた場合も外来生物の定義にあてはまる(例えば，沖縄の生物を本州や北海道に移動させた場合などである)。

多くの外来生物は移送先の環境になじめず，定着に失敗するが，一部には新天地の環境に順応し，本来の生息地よりも繁栄して，在来の生物相や生態系に悪影響を及ぼすものが存在する。こうした外来生物を「**侵略的外来生物**(Invasive alien species，IAS)」とよぶ。

侵略的外来生物は，在来生物を捕食する，在来生物と食物やすみかをめぐって競合する，在来生物と交配して在来生物の繁殖を阻害する，あるいは遺伝的な撹乱をもたらす，外来の寄生生物や病原体を持ちこんで在来生物に対して病害をもたらすなどの影響を与え，在来生物の存続を脅かす。

また，農作物被害や住宅など建造物に対する損壊，感染症の媒介など，人間社会に対してもさまざまな悪影響をもたらす。

現在，侵略的外来生物による生態系や人間社会に対する影響は，世界的な環境問題とされている。国際自然保護連合(IUCN)は，侵略的外来生物を，「生息地の破壊・悪化」および「乱獲」に並ぶ，野生生物の三大絶滅要因の一つと位置づけており，生物多様性条約においても外来生物の防除は国際的な目標とされている。

侵略的外来生物の歴史

外来生物の歴史は古く，恐らく人間という種が地球上での分布を拡大し始めたときから，生物の移送も始まっていたと考えられる。

古い時代は，人間も自力で移動していたため，外来生物も，移動量や移動距離には限界があった。しかし，我々人類が化石燃料を手に入れたことで，生物学的に超越した移動・移送能力を手に入れ，一度に多くの外来生物が，簡単に速く移動できるようになった。加えて，経済発展に伴う自然破壊が進み，在来の生態系が弱体化してしまったことで，外来生物の侵入が加速したと考えられる。

日本では，明治の開国までは，主な外来生物は中国大陸由来で，在来の生態系の邪魔にならないように，かつ日本の風景にもなじむように，ひっそりと定着していた。ところが開国以降，近代化・国際化が進み，欧米をはじめとして新たな地域からの外来生物が大量に持ちこまれるようになった。さらに土地開発が進む中，在来生物たちにとって不適な，そして外来生物にとって好適な撹乱環境が広がり，外来生物の定着および分布拡大が進行したと考えられる。

例えば，北米原産のオオクチバスは，1925年に食用目的で導入されたものが，戦後，スポーツフィッシングの流行で，日本各地の湖沼に放流されて分布が広がり，在来魚類の新たな天敵と化した。その背景には湖沼環境の人為的整備などで，葦原や水草が減るなど，在来水生生物の逃げ場が失われたことが大きく影響しているとされる。

東南アジア原産のフイリマングース(右写真)は1910年に沖縄島に，その後，1979年に奄美大島にハブ退治目的で導入された。しかし，昼行性のマングースは夜行性のハブと野外で出会うことはほとんどなく，代わりにヤンバルクイナやアマミノクロウサギ等の希少種を捕食していることが問題となった。マングースは木登りができない動物であり，本来，沖縄の自然林は生息域として不適であるが，道路や林道が森林の中に広がったことで，彼らの分布拡大が促されたとされる。

アライグマは，1970年代に放映されたアニメの影響でペットとして大量に輸入されたが，飼いきれなくなった飼い主たちが野外に逃がしてしまい，現在では全国に分布が拡大し，農耕地や住宅地，都市部に定着して，在来生物の捕食などの生態系被害のみならず農業被害や建造物被害をもたらしている。

共進化の歴史からの逸脱

ほとんどの外来生物は，本来の生息地である原産地ではひっそりと少数で生息しているとされる。例えば，フイリマングースは，原産地の南アジアでは，より大形な肉食哺乳類や鳥類などの天敵が存在し，その個体数が制限されている。また食物となる小形動物のほうも，その捕食からの回避行動を身につけており，簡単には食べられない。つまり，フイ

フイリマングース

ヒアリのCG模式図(筆者描画)
体長は3～5mm。スーパーコロニーとよばれる多女王性の巣を形成する。攻撃性が強く，お尻に強力な毒針をもつ。2017年に日本でもコンテナ船による持ちこみが確認された。現在，国内での定着を警戒してモニタリングが継続されている。特定外来生物。

カエルツボカビ菌
原産地
熱帯雨林地域
固有の両生類に感染
ウシガエル
日本産のイモリ類
エコツーリズム
など
国際的な輸送

カエルツボカビの世界的分布拡大プロセスの推定
DNA分析の結果から，日本ではイモリのなかまをはじめ，固有種が古くからカエルツボカビ菌を保菌していたと考えられている。食用として輸入されたウシガエルが，日本国内での養殖過程で菌に感染し，それが日本から輸出されたことで，世界中に菌が持ちこまれた可能性がある。さらに，1980年代以降の熱帯林開発やエコツーリズムの隆盛により，さまざまな国や地域の人間が熱帯林の奥深くに立ち入る機会が増え，菌が熱帯林にも持ちこまれ，隔絶された環境で進化してきたために免疫をもたない多くの固有両生類の間で，カエルツボカビ菌が一気に蔓延したと推定されている。

リマングースも生態ピラミッドの中で適正な個体数が維持されている。これは生態系を構成する生物種どうしが長きにわたる共進化の歴史を経て，互いに個体数のバランスがとれる関係を築いているからである。

しかし，フイリマングースのような俊敏な肉食動物が進化の歴史に一種も登場しなかった沖縄・奄美の生態系では，当然，フイリマングースの天敵となる種は存在せず，また，小動物たちも捕食回避の術を知らないため，フイリマングースが持ちこまれれば，あっという間に生態系のバランスが崩れて，フイリマングースの「一人勝ち」となる。外来生物が蔓延するメカニズムは，人為移送によって共進化の歴史を崩壊させることにある。皮肉なことにフイリマングースは，原産地では，生息環境の悪化に伴い希少種になりつつある。

止まらない外来生物の侵入

グローバル経済の加速に伴い，オオクチバスやマングースなど人間が意図的に導入する外来生物だけでなく，移送物資に紛れて侵入する「非意図的外来生物」も増加を続けている。

例えば，きわめて刺傷毒性の高い南米原産のヒアリ(上図左)は，21世紀に入ってから急速に環太平洋諸国に分布を拡大している。アジア経済のグローバル化の進行とともに，1930年代からすでにヒアリが定着して分布拡大している北米から，アジア地域へのヒアリの持ちこみ量が増えたことが要因とされる。日本は資源輸入大国ゆえ，外来アリ類のような非意図的外来生物の侵入リスクはきわめて高い国となる。実際に南米原産のアルゼンチンアリやオーストラリア原産のセアカゴケグモ，中国南部原産のツマアカスズメバチなど，1990年代以降，侵略的な非意図的外来生物の侵入・定着がくり返されている。

一方で，日本では外国産生物をペットや観賞用として意図的に輸入するという傾向にも衰えが見えない。1年間に輸入される「生きた動物の個体数」は，輸入統計で把握されているだけでも億単位にのぼり，1990年代まで3億匹程度だったものが，2000年代に入ってから10億匹近くまで跳ね上がり，今も増え続けている。

目に見えない侵略者ーカエルツボカビ

侵略的外来生物の中には目に見えない微生物も存在する。例えば，近年，両生類の新興感染症であるカエルツボカビ症が世界各地に蔓延して，希少な両生類集団の減少をもたらしていることが問題となっており，この病原菌はもともと，日本を含むアジア地域が起源であることが明らかになっている。アジア地域からの両生類の移送に加え，森林開発やエコツーリズム(自然環境や歴史文化など，地域固有の魅力を理解することを目的とした観光)の発達などにより，人間が世界の森林へ侵入する機会が増えたことで，森林に生息する両生類の間で，この未知の菌が蔓延したと推定されている(上図右)。

同様の問題は，人間の感染症にも当てはまる。世界規模で人類に甚大な被害を与えた新型コロナウイルスも，その起源はアジア奥地の野生動物に寄生するウイルスとされ，人間がその生息地に足を踏み入れ，ウイルスを持ち出したことが感染拡大の発端とされる。感染症は究極の侵略的外来生物とも言える。

外来生物に対する今後の対策

日本では2005年に「外来生物法※」が施行され，アライグマやマングース，ヒアリなど有害な外来生物を「特定外来生物」に指定して，輸入・販売，飼育，野外への放逐を禁止するとともに，野生化集団の駆除が進められている。一方，新たな外来生物の侵入を阻止するために水際検疫の強化および早期発見・早期防除の体制や技術の整備，さらに生物多様性保全を目的とした外来生物管理の重要性に関する教育や普及啓発が課題とされる。

また，感染症も含め，生物学的侵入によるリスクの高まりは，自然生態系の破壊や撹乱およびグローバル経済が究極的な要因となっており，国および私たち個人レベルで，ライフスタイルを見直すことも求められている。

※正式名称を「特定外来生物による生態系等に係る被害の防止に関する法律」という。

キーワード
外来生物，侵略的外来生物，カエルツボカビ症，特定外来生物

五箇公一(ごか こういち)
国立環境研究所　生物多様性領域
生態リスク評価・対策研究室　室長
富山県出身。
趣味はCG作成、フィギュア作成。
研究の理念は
「みんなが面白いと思える成果を」

第7編
生態と環境

この記事を読んで，「さらに知りたい」と思ったことをあげて，自分で調べてみよう。

第
8
編

生物の進化と系統

第Ⅰ章　生命の起源と進化
第Ⅱ章　進化のしくみ
第Ⅲ章　生物の多様性と系統

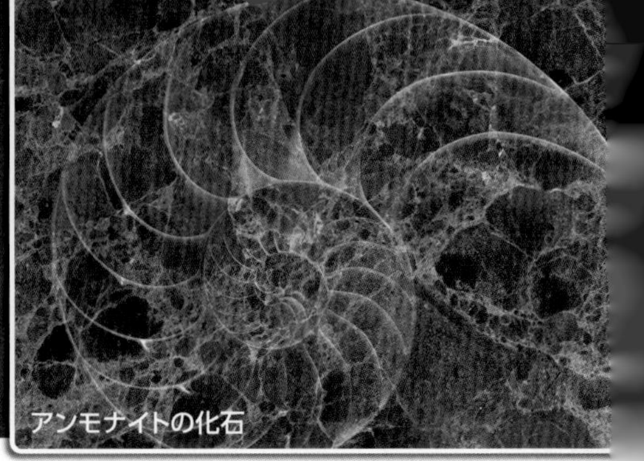
アンモナイトの化石

1 生命の起源 

生物基礎
生物

A 有機物の起源

原始生物の誕生の前には，生体を構成するさまざまな化学物質の形成が無生物的に起こる必要がある。原始地球で起こった単純な物質から複雑な有機物が生成されていった過程を**化学進化**という。

■原始地球のようす（想像図）

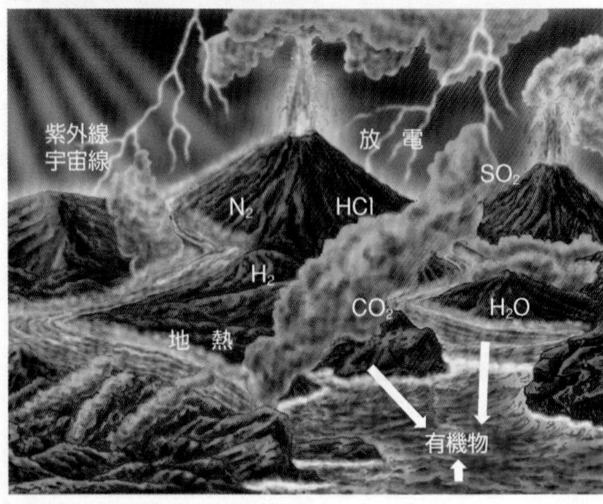
紫外線
宇宙線
放　電
SO_2
N_2
HCl
H_2
CO_2
H_2O
地　熱
有機物

■ミラーの実験（1950 年代）

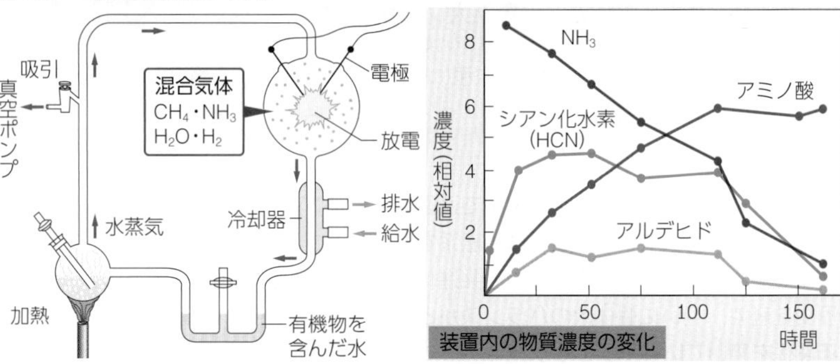
吸引
真空ポンプ
混合気体
$CH_4 \cdot NH_3$
$H_2O \cdot H_2$
電極
放電
水蒸気
冷却器
排水
給水
加熱
有機物を含んだ水
濃度（相対値）
NH_3
アミノ酸
シアン化水素（HCN）
アルデヒド
時間
装置内の物質濃度の変化

原始地球を想定した装置でアミノ酸などの有機物が生成された。現在では，ミラーらの想定とは異なり，原始大気は CO_2 や N_2 が主成分であるといわれているが，これらの気体からも同様に有機物が生成された。一方，原始地球の有機物が宇宙空間に由来したとする説も有力である。

B 生命の誕生

生体物質の誕生の後，代謝能力・自己複製能力・自己境界性の獲得を経て，最初の原始生物が誕生した。

■海底の熱水噴出孔

海底の熱水噴出孔の周辺は，高温・高圧で，CH_4 や H_2S などが存在し，原始生物誕生の場として有力視されている。

■高分子有機物（生体物質）の生成

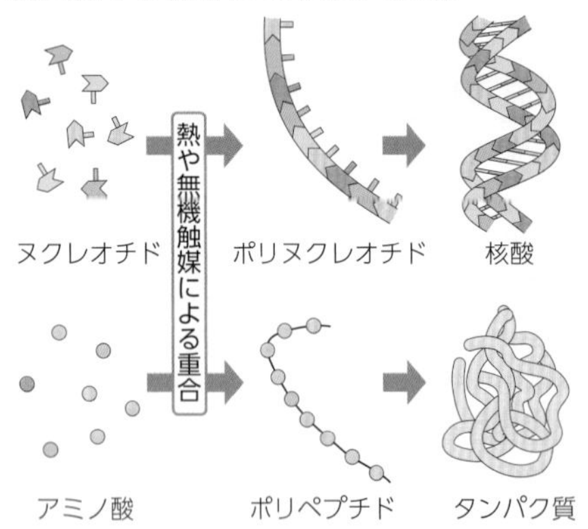
ヌクレオチド
熱や無機触媒による重合
ポリヌクレオチド
核酸
アミノ酸
ポリペプチド
タンパク質

■原始生物の誕生

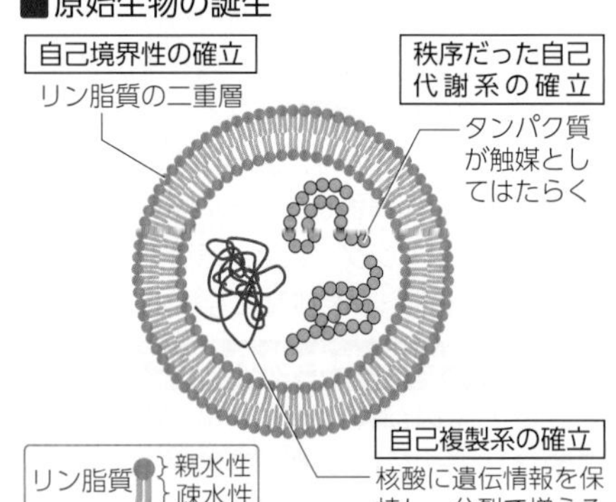
自己境界性の確立
リン脂質の二重層
秩序だった自己代謝系の確立
タンパク質が触媒としてはたらく
自己複製系の確立
核酸に遺伝情報を保持し，分裂で増える
リン脂質
親水性
疎水性

生体物質が蓄積して外界から仕切られ，やがて秩序だった代謝や自己複製が可能となった。

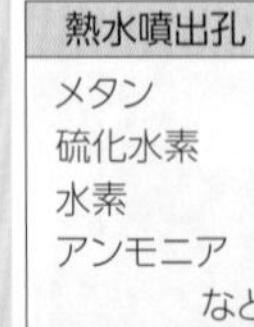

Point 化学進化と生命の誕生

熱水噴出孔		簡単な有機物		複雑な有機物		細胞様の構造体		
メタン 硫化水素 水素 アンモニア など	熱 放電 紫外線 Step 1	アミノ酸 単糖類 有機塩基 脂肪酸など	熱などによる重合 Step 2	タンパク質 DNA RNA 多糖類 脂質など	自己境界性の獲得 Step 3	リン脂質二重層で仕切られた構造	代謝・自己複製能力の獲得 Step 4	原始生命体の誕生

4 つのステップを経て約 40 億年前に最初の原始生物が誕生したと考えられている。

Keywords　起源（origin），化学進化（chemical evolution），熱水噴出孔（hydrothermal vent）

■宇宙に由来するアミノ酸

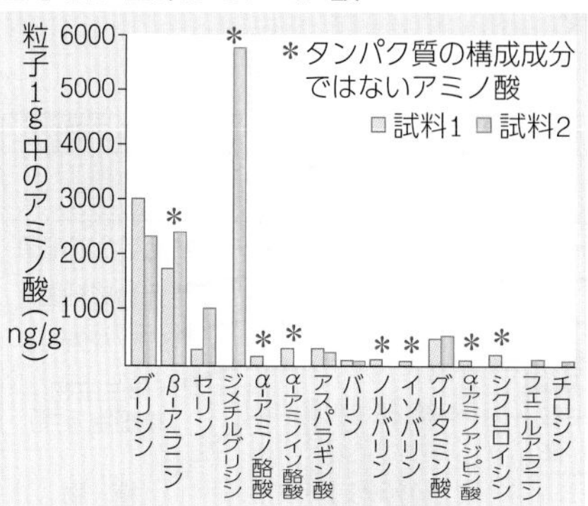
粒子1g中のアミノ酸(ng/g)
6000
5000
4000
3000
2000
1000
＊タンパク質の構成成分ではないアミノ酸
□試料1 □試料2
グリシン
β-アラニン
セリン
ジメチルグリシン
α-アミノ酪酸
α-アミノイソ酪酸
アスパラギン酸
バリン
ノルバリン
イソバリン
グルタミン酸
α-アミノアジピン酸
シクロロイシン
フェニルアラニン
チロシン

小惑星探査機「はやぶさ2」が小惑星「リュウグウ」の異なる2か所から採取した粒子(試料1，試料2)には，複数のアミノ酸が含まれていた。

■初期の生物化石

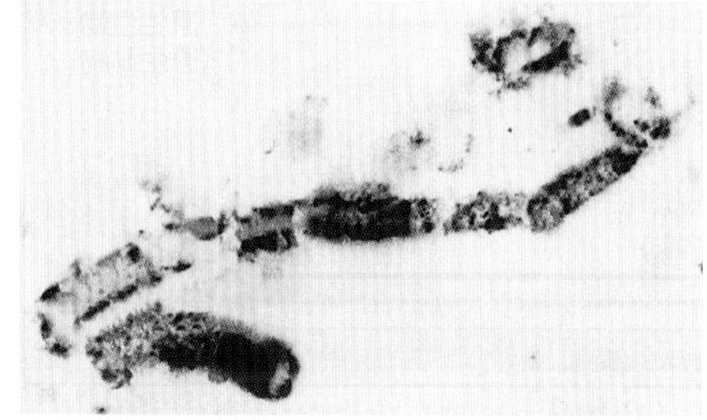

オーストラリアにある約35億年前の地層からみつかった顕微鏡レベルの化石(微化石)で，原核生物の一種と考えられている。

Zoom up RNAワールドからDNAワールドへ

RNAワールド　DNAワールド

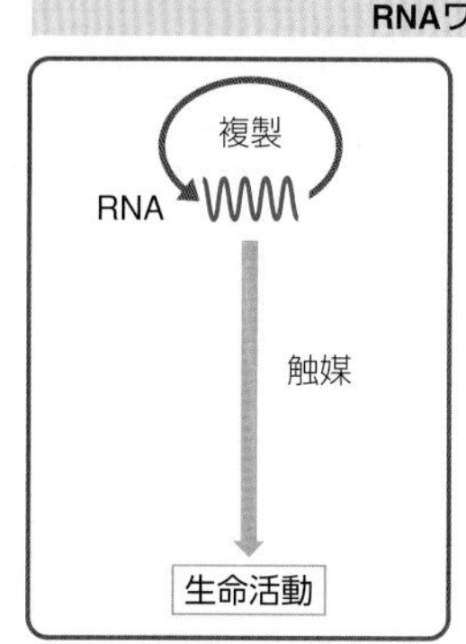
複製
RNA
触媒
生命活動

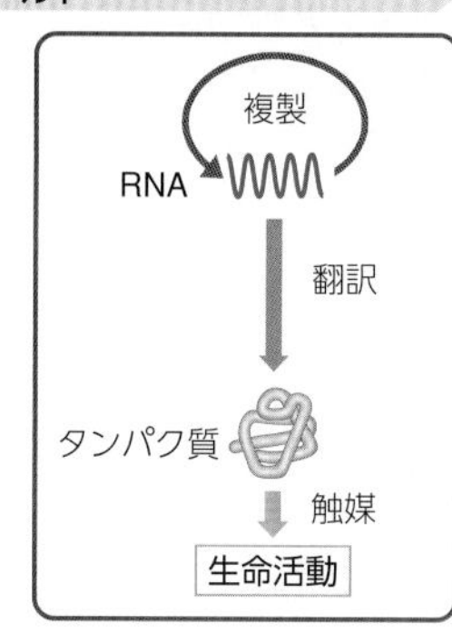
複製
RNA
翻訳
タンパク質
触媒
生命活動

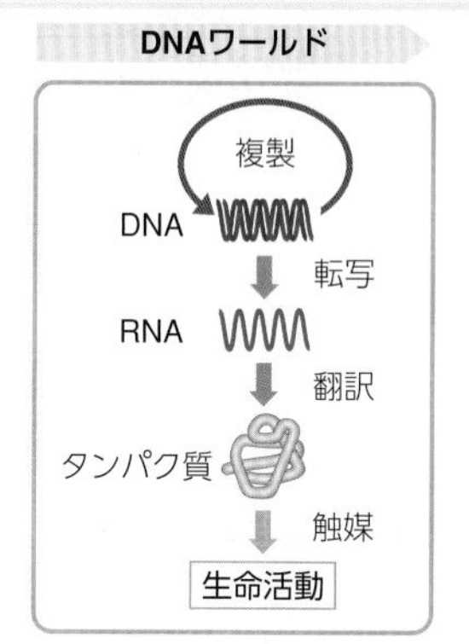
複製
DNA
転写
RNA
翻訳
タンパク質
触媒
生命活動

ウイルスにはRNAを遺伝物質としてもっているものがいる。また，化学反応を触媒するRNAも発見されている。このようなことから，DNAが利用される以前に，1本鎖のRNAが遺伝物質や酵素として自己複製と代謝の両方にはたらく世界(**RNAワールド**)があったのではないかと考えられている。その後，RNAより安定な物質であるDNAが遺伝情報を担うようになり，代謝もより多機能なタンパク質が担う今のような世界(**DNAワールド**)ができたと考えられる。

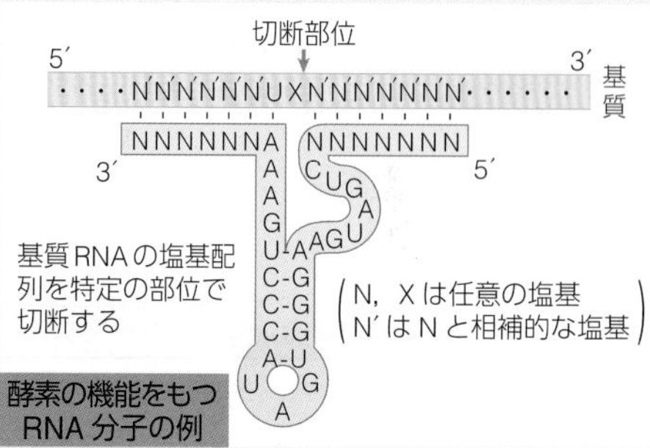
切断部位
5′
3′
····NNNNNNUXNNNNNNN'······
基質
NNNNNNA
NNNNNNN
3′
5′
基質RNAの塩基配列を特定の部位で切断する
(N，Xは任意の塩基 N′はNと相補的な塩基)

酵素の機能をもつRNA分子の例

Column 自然発生説とその否定

生物の発生について，アリストテレスの時代(古代ギリシャ)には，生物の一部は無生物的に発生すると考えられてきた。このような考え方は自然発生説といい，後のパスツールの実験によって完全に否定された。

自然発生説

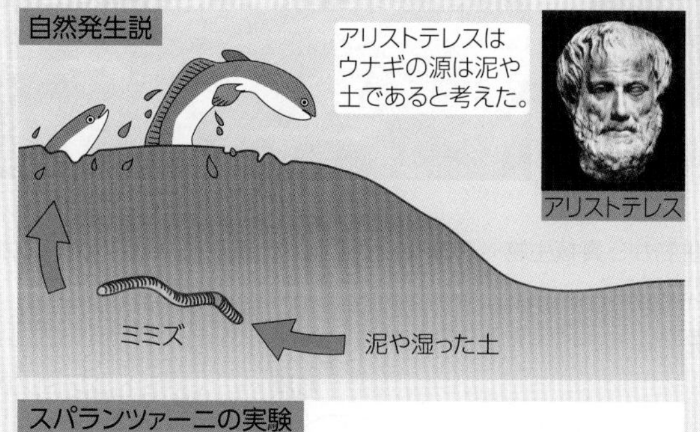
アリストテレスはウナギの源は泥や土であると考えた。
アリストテレス
ミミズ
泥や湿った土

レディの実験

布
ウジは発生しない
ウジが発生した
処理実験
対照実験

レディは腐った肉片からウジ(ハエの幼虫)が自然発生しないことを証明した。

スパランツァーニの実験

①加熱滅菌したのち，フラスコの口を融かして密封する。
②微生物は発生しない。

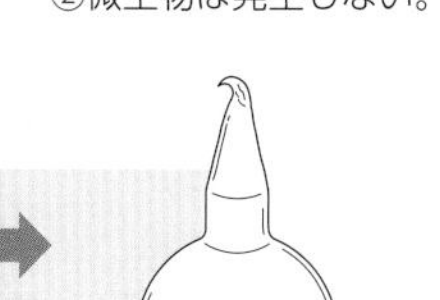
肉汁

スパランツァーニは微生物の自然発生を否定したが，「密閉したことで空気が変質して自然発生しなかっただけだ」と反論された。

パスツールの実験

①フラスコの首を熱してS字状に曲げる。
②煮沸して殺菌する。
③そのまま放置すると，微生物は発生しない。

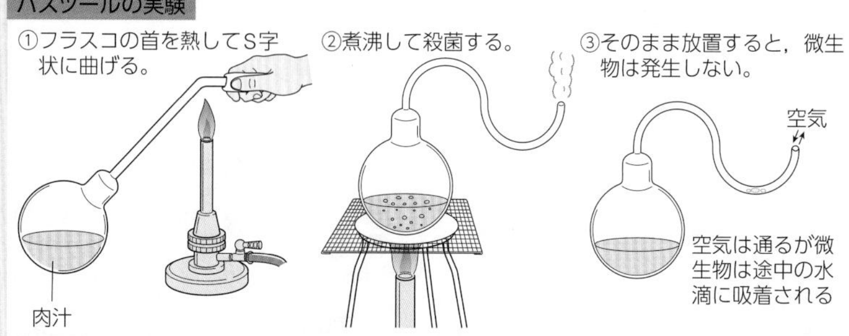
空気
空気は通るが微生物は途中の水滴に吸着される
肉汁

先端を細長く伸ばしたフラスコを使って，微生物の自然発生説を実験的に否定した。

RNAワールド(RNA world)，DNAワールド(DNA world)，自然発生(spontaneous generation)

2 細胞の進化 生物基礎 生物

A 原始生物の進化

地球上に誕生した原始生物は，地球環境の変化に伴って，さまざまな形質を獲得していった。

■原始生命の進化と大気の変化　最初の生物が独立栄養生物であったとの説もある。

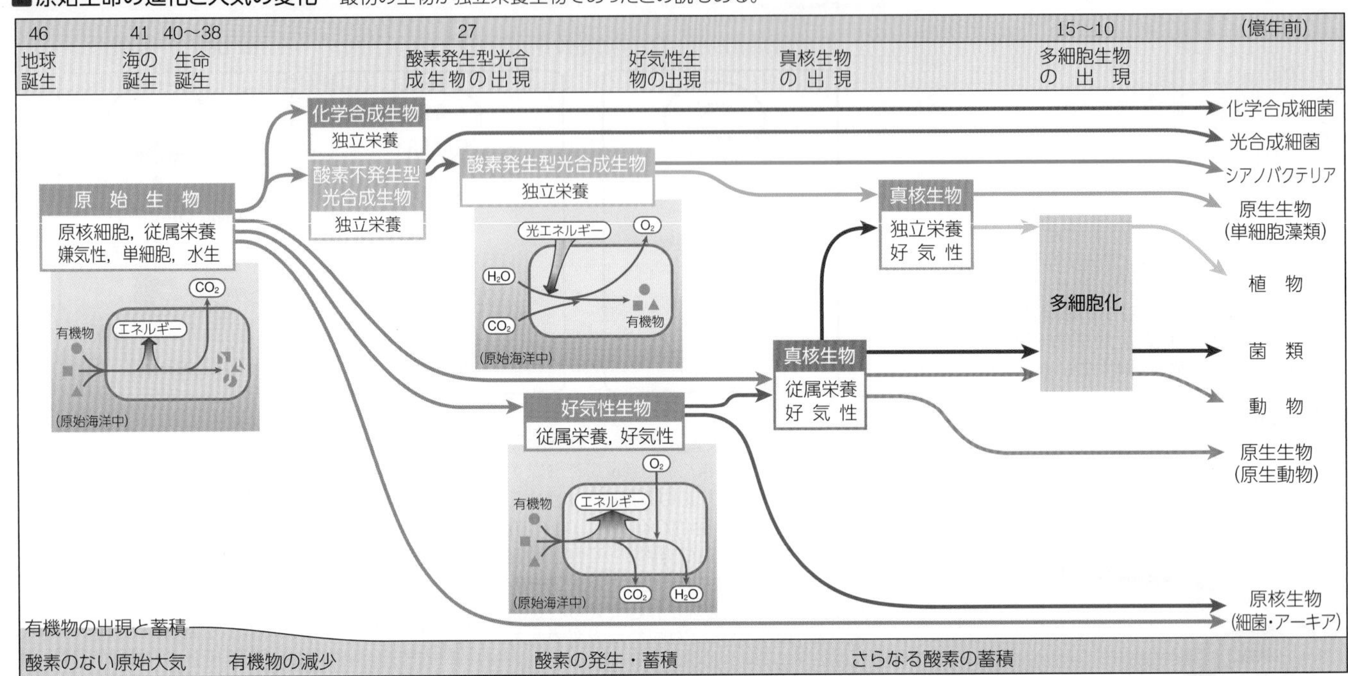

46 41 40〜38 27 15〜10 (億年前)
地球誕生
海の誕生
生命誕生
酸素発生型光合成生物の出現
好気性生物の出現
真核生物の出現
多細胞生物の出現
原始生物
原核細胞，従属栄養
嫌気性，単細胞，水生
化学合成生物
独立栄養
酸素不発生型光合成生物
独立栄養
酸素発生型光合成生物
独立栄養
光エネルギー
有機物
エネルギー
(原始海洋中)
真核生物
独立栄養
好気性
多細胞化
真核生物
従属栄養
好気性
好気性生物
従属栄養，好気性
化学合成細菌
光合成細菌
シアノバクテリア
原生生物
(単細胞藻類)
植物
菌類
動物
原生生物
(原生動物)
原核生物
(細菌・アーキア)
有機物の出現と蓄積
酸素のない原始大気
有機物の減少
酸素の発生・蓄積
さらなる酸素の蓄積

■ストロマトライト

現生のシアノバクテリアがつくるストロマトライト

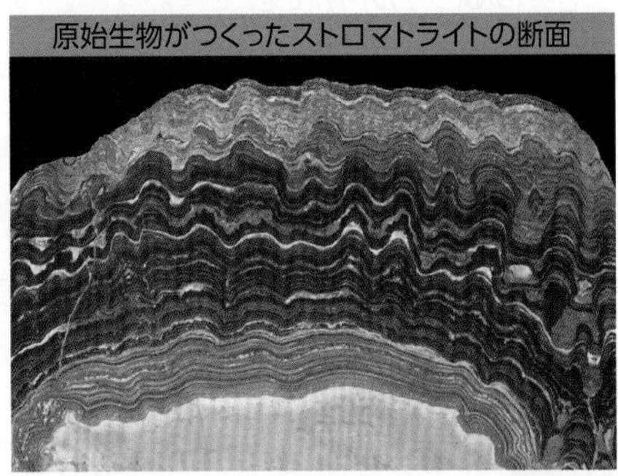
原始生物がつくったストロマトライトの断面

ストロマトライトはある種のシアノバクテリアがつくるしま状の岩石である。
しま状鉄鉱層は，シアノバクテリアが放出した酸素が水中に溶けている鉄を酸化して沈殿したものである。

■しま状鉄鉱層

B 細胞進化の 2 つの仮説

先カンブリア時代に起きた原核生物から真核生物への進化の過程には，**共生説**(**細胞内共生説**)と**膜進化説**という 2 つの仮説がある。

■共生説(細胞内共生説)

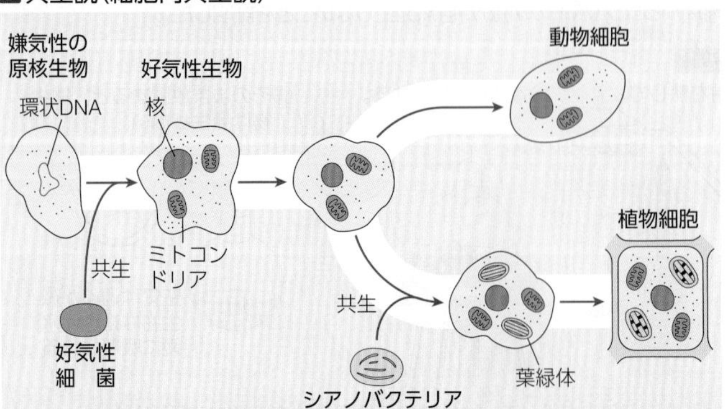

嫌気性の原核生物
環状DNA
好気性生物
核
ミトコンドリア
共生
好気性細菌
動物細胞
植物細胞
共生
シアノバクテリア
葉緑体

原核生物の細胞内共生によって，真核生物の細胞小器官ができたとする説。

■膜進化説

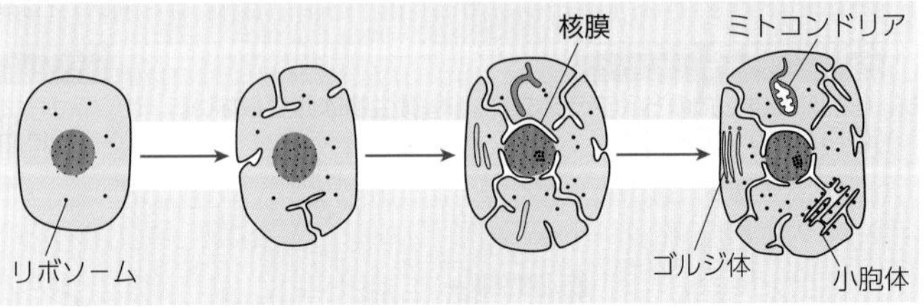

核膜
ミトコンドリア
リボソーム
ゴルジ体
小胞体

原核生物の細胞膜が細胞内に陥入し，重要な DNA を保護したり，酸素を生じるチラコイドなどを他の部分から分離するように包みこんで，それが細胞小器官になったとする説。現在では否定的な意見が強い。

独自の DNA をもつミトコンドリアや葉緑体についてはそれぞれ好気性細菌やシアノバクテリアが共生したとする共生説が有力である。

 Keywords 進化(evolution)，ストロマトライト(stromatolite)，共生説(symbiotic theory)，細胞内共生(endosymbiosis)

3 生物の変遷(1)

生物基礎
生物

A 化石

古い時代の生物や生物の生活の痕跡が，現在まで残っているものを**化石**という。化石には，長い年月の間に生物・物理・化学的変化を受けて硬い岩石状になったものが多い。化石からは，生物の変遷について多くの情報が得られる。

■化石のでき方

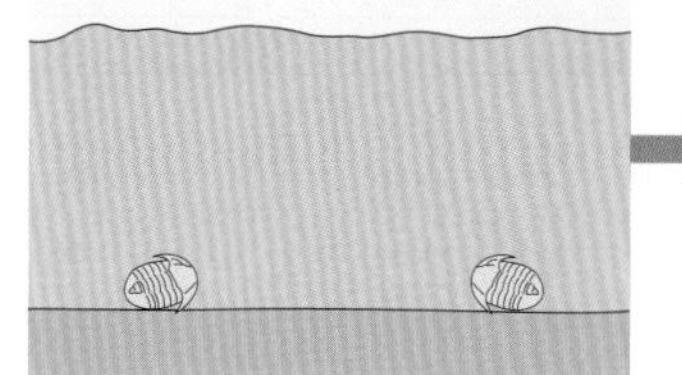
海底などに沈んだ生物の遺体の上に，土砂などがたい積する。

時間の経過に伴い，遺体は化石化していく。

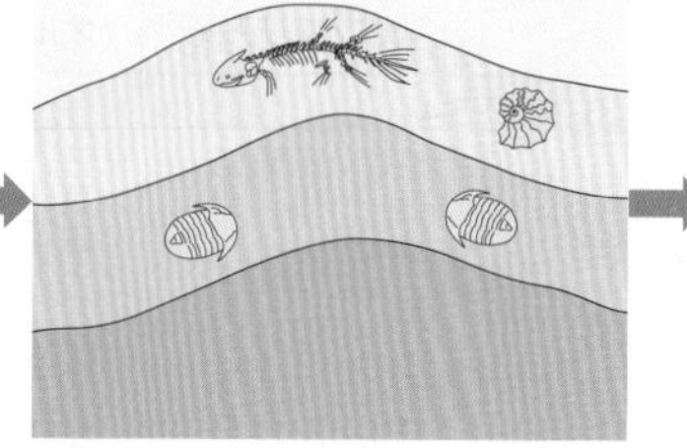
海底の地層が地殻変動により隆起する。

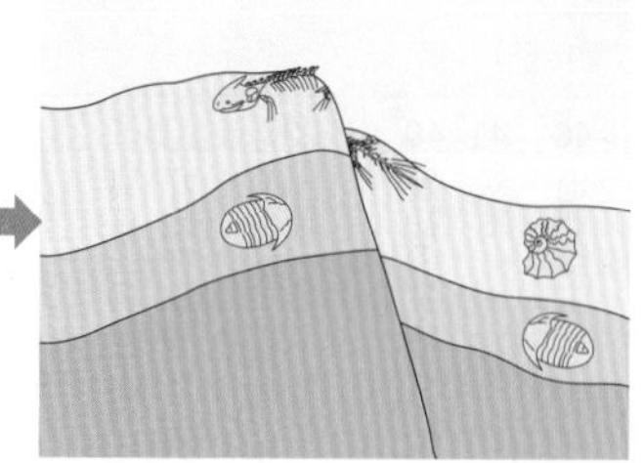
地表面の侵食によって，化石が地表に露出することもある。

■示準化石と示相化石

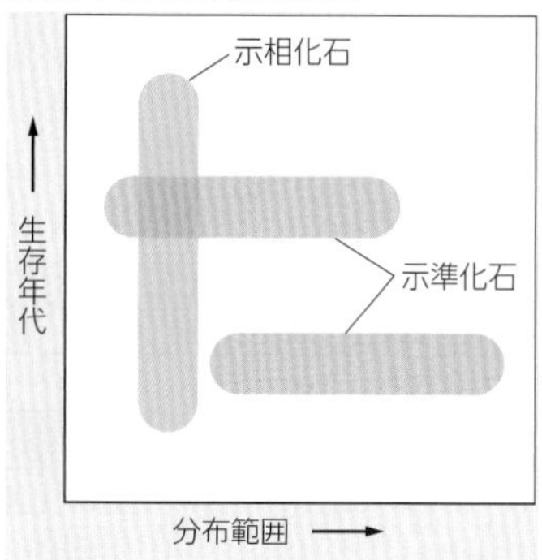
示相化石
示準化石
生存年代
分布範囲

示準化石
生存年代が短いが，分布範囲が広く，産出個体数も多い生物は，産出する地層がある特定の年代に形成されたことを推定させ，示準化石とよばれる。

示相化石
一般に生存年代が長いが，分布範囲が特定の環境にかぎられている生物は，産出する地層がある特定の環境下で形成されたことを推定させ，示相化石とよばれる。

■絶対年代の測定

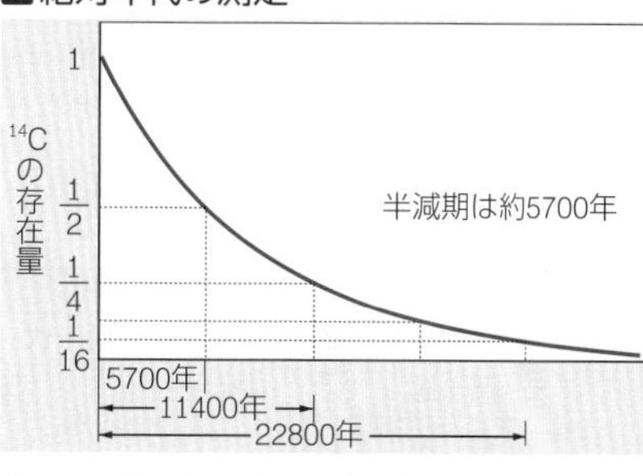
^{14}Cの存在量
1
1/2
1/4
1/16
半減期は約5700年
5700年
11400年
22800年

化石の正確な年代測定には放射性同位体を用いる。例えば，化石中の放射性同位体 ^{14}C は放射線を出しながら一定の速さで安定な元素である ^{14}N に変わる。^{14}C の半数が ^{14}N に変わるのに要する時間(半減期)は約5700年である。生物の死によって炭素の出入りが停止するため，化石の ^{14}C 量を測定することで，死亡した時期がわかる。古い時代の化石の年代測定には，半減期がさらに長い ^{40}K や ^{238}U などが用いられる。

■地質時代と代表的な示準化石

地球上で最古の岩石が形成されてから現代までを**地質時代**という。

地質時代 代	先カンブリア時代	古生代						中生代			新生代		
紀		カンブリア紀	オルドビス紀	シルル紀	デボン紀	石炭紀	ペルム紀	三畳紀(トリアス紀)	ジュラ紀	白亜紀	古第三紀	新第三紀	第四紀
年数(億年前)		5.4	4.9	4.4	4.2	3.6	3.0	2.5	2.0	1.4	0.66	0.23	0.026

古生代

三葉虫

フズリナ

中生代

アンモナイト

トリゴニア(三角貝)

新生代

ビカリア

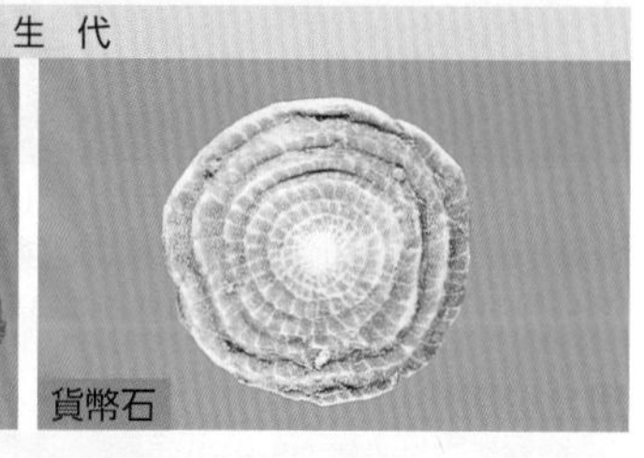
貨幣石

■示相化石

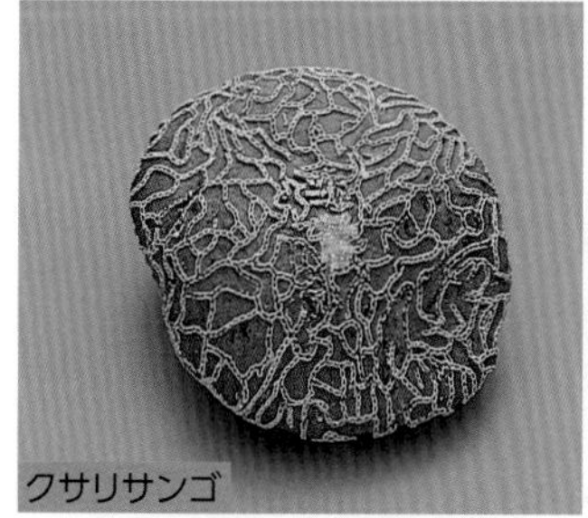
クサリサンゴ
温暖で，外洋に面した浅い海に分布していた。

ブナの葉
ある程度以上の降水量があり，比較的涼しい温帯地域に分布していた。

Point 生きている化石

過去に栄えた生物の子孫が，当時に近い形態で生き残っているもの。生物の類縁関係を考えるうえで重要である。

カブトガニ

ラチメリア(シーラカンス類)
デボン紀から白亜紀に出現した総鰭(そうき)類。両生類への移行型の形質をもつ。

Keywords 化石(fossil)，示準化石(index fossil)，示相化石(facies fossil)，地質時代(geological time)

4 生物の変遷(2)

生物基礎 生物

A 地質時代と生物の変遷

先カンブリア時代は小形で硬い外骨格をもたない生物だけの世界であったが，古生代以降生物が爆発的に多様化し，陸上への進出などを経て，やがて人類の出現を迎えた。

時代	(億年前)	生物のできごと	地球環境のできごと
先カンブリア時代	46	地球誕生	海と陸の形成
	41〜40	最初の生命の出現	有機物の蓄積 有機物の消費
	27	酸素発生型光合成生物の出現 好気性生物の出現 真核生物の出現	酸素の発生 全球凍結 酸素の増加
	15〜10	多細胞生物の出現	最初の超大陸の形成
	6.5	エディアカラ生物群 無殻無脊椎動物の繁栄	2回の全球凍結
古生代 カンブリア紀	5.4〜4.9	バージェス動物群 チェンジャン動物群 最初の脊索動物の出現 外骨格をもつ無脊椎動物(三葉虫・腕足類)の出現 (カンブリア紀の大爆発)	
古生代 オルドビス紀	4.9〜4.4	三葉虫・フデイシの繁栄	上空でのオゾン層の形成
古生代 シルル紀	4.4〜4.2	最古の陸上植物の出現 サンゴの繁栄 クックソニアの出現 魚類の出現	
古生代 デボン紀	4.2〜3.6	魚類・腕足類の繁栄 大形シダ植物の出現 昆虫類の出現 アンモナイトの出現 両生類の出現 裸子植物の出現	
古生代 石炭紀	3.6〜3.0	フデイシ類の絶滅 シダ植物の大森林 シダ種子類の繁栄 昆虫類の発達 両生類の繁栄 は虫類の出現	超大陸パンゲアの形成
古生代 ペルム紀	3.0〜	は虫類・昆虫類の多様化 シダ植物の衰退 三葉虫・フズリナの絶滅	

繁栄した生物	藻類の時代 → シダ植物の時代
	無脊椎動物の時代 → 魚類の時代 → 両生類の時代

気温の傾向	温暖 / 寒冷

■先カンブリア時代末期の生物

エディアカラ生物群(復元図)
カルニオディスクス
ディッキンソニア
キンベレラ
スプリギナ

南オーストラリアのエディアカラなど，いくつかの先カンブリア時代末期の地層でみつかった化石群。骨格や殻などの硬い組織をもたず，この時点では硬い口器をもつ捕食性の生物がいなかったものと推測されている。

■古生代(カンブリア紀)の生物

バージェス動物群(復元図)
アノマロカリス
ピカイア
オパビニア
ハルキゲニア
三葉虫
ウィワクシア

カナダ西部でみつかったカンブリア紀の化石群。ほかに中国雲南省のチェンジャン(澄江)動物群もみつかっており，この時期に動物が爆発的に多様化したこと(**カンブリア紀の大爆発**)がわかる。硬い殻や外骨格をもつ動物が見られる。

■全球凍結

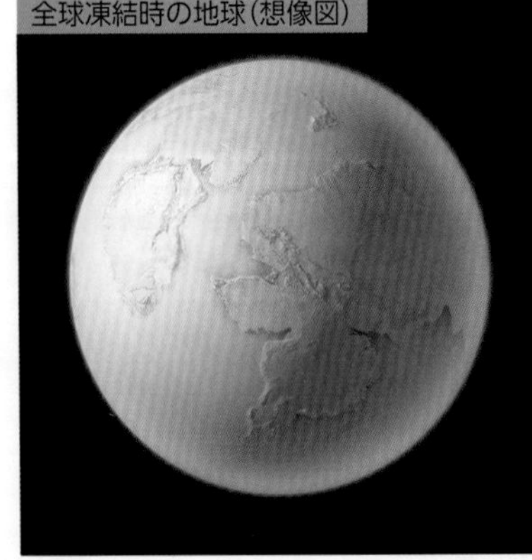
全球凍結時の地球(想像図)

先カンブリア時代に，少なくとも3回(約22億年前，約7億年前，約6.5億年前)，急激な寒冷化により地球全体が厚い氷でおおわれた時期があったと考えられている。これを**全球凍結**(スノーボールアース)という。先カンブリア時代末の2回の全球凍結は，生物の大量絶滅を誘発し，その後，温暖化すると，全球凍結を生きのびた生物が爆発的に多様化したと考えられている。

■植物の陸上への進出

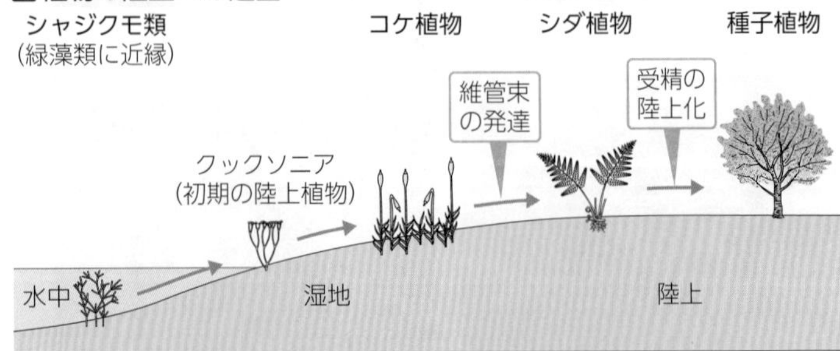
シャジクモ類
(緑藻類に近縁)
コケ植物
シダ植物
種子植物
維管束の発達
受精の陸上化
クックソニア
(初期の陸上植物)
水中
湿地
陸上

コケ植物…体表のクチクラ層，胞子形成により陸上に適応

クックソニアは，コケ植物とは異なる分類群に属すると考えられている。

シダ植物…維管束の形成で，大形化しても乾燥に耐えうるからだを獲得

種子植物…外界の水を必要としない受精様式と乾燥に耐えうる種子の形成

Keywords 先カンブリア時代(Precambrian era)，古生代(Paleozoic era)，エディアカラ生物群(Ediacaran biota)

	中生代			新生代		
	三畳紀（トリアス紀）	ジュラ紀	白亜紀	古第三紀	新第三紀	第四紀
年代（億年前）	2.5	2.0	1.4	0.66	0.23	0.026　現在▶
生物	地球史上最大の大量絶滅 は虫類の多様化と繁栄 裸子植物（針葉樹）の繁栄 原始哺乳類の出現	大形は虫類（恐竜類など）の繁栄 アンモナイトの繁栄 裸子植物の繁栄 鳥類の出現 シソチョウの出現 真獣類の出現	被子植物の出現 恐竜類・アンモナイト類の繁栄	アンモナイトの絶滅 大形は虫類の絶滅 哺乳類の多様化 霊長類の出現と多様化 類人猿の出現 木本性被子植物の繁栄 昆虫類の多様化	単子葉類の繁栄 草原の発達 人類の出現	昆虫類の繁栄 ホモ・サピエンスの出現 マンモスの絶滅 文明の誕生 人口の急増と急激な種の絶滅
環境	大規模な気候変動 超大陸の分裂と移動		気候の多様化	小惑星の衝突		氷期と間氷期のくり返し ヒトによる環境の改変
	裸子植物の時代			被子植物の時代		
	は虫類の時代			哺乳類の時代		

■中生代の生物

ギンゴイテス　イチョウに近縁

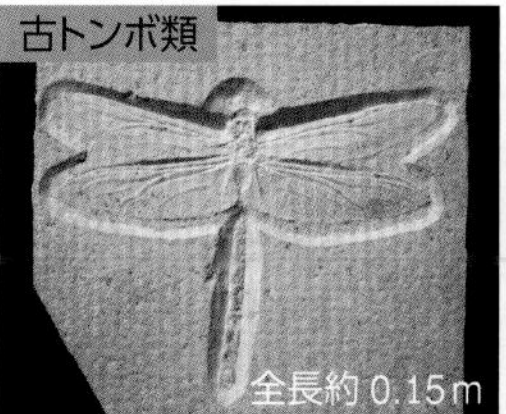
古トンボ類　全長約 0.15 m

恐竜類　トリケラトプス　全長約 8 m

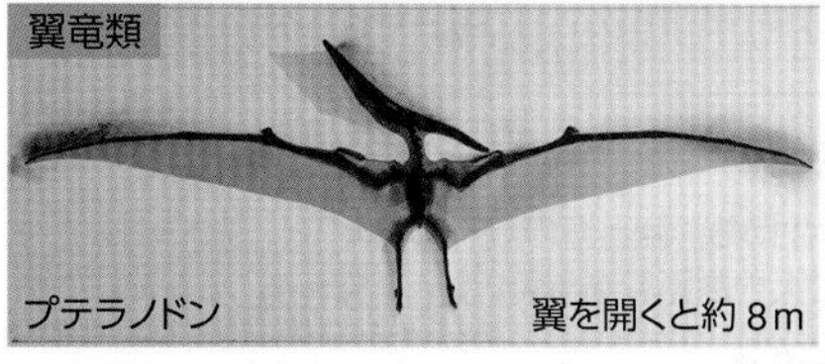
翼竜類　プテラノドン　翼を開くと約 8 m

魚竜類　オフタルモサウルス　全長約 5 m

中生代には，植物では裸子植物が繁栄し，森林を形成していた。動物では，恐竜をはじめとする大形は虫類が多様化し，繁栄した。空を飛ぶもの（翼竜）や海で生活するもの（魚竜）もいたと考えられている。現在では，コウモリやイルカのように，哺乳類が空や海に生活環境を広げている。

■地球の大気組成の変化

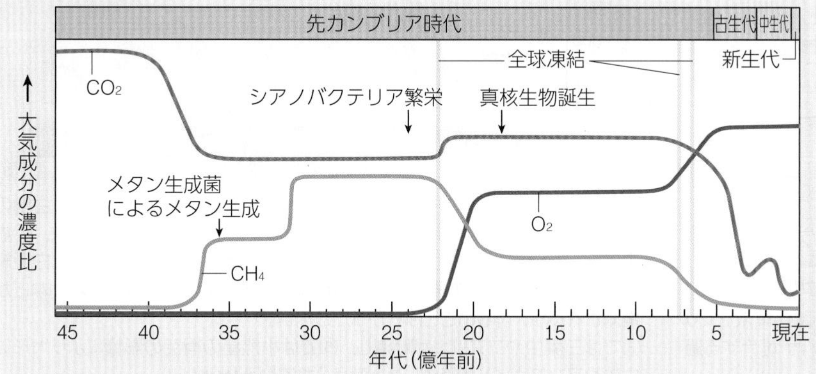
先カンブリア時代
古生代
中生代
新生代
全球凍結
CO_2
シアノバクテリア繁栄
真核生物誕生
↑大気成分の濃度比
メタン生成菌によるメタン生成
O_2
CH_4
45
40
35
30
25
20
15
10
5
現在
年代（億年前）

Column 恐竜類の絶滅

今から約 6600 万年前，それまで栄えていた大形は虫類やアンモナイト類など多くの生物が，突然のように絶滅した。これは，地球の歴史上最も近年に起きた大量絶滅である。この原因について，直径 10 km もの小惑星が地球に衝突したとする説が有力である。小惑星の落下速度は時速約 7 万 km，マグニチュード 11 以上の地震が起き，その後数年間は大規模な気候変動が起こったと考えられている。世界の多くの地域の 6600 万年前頃の地層で，小惑星に多く存在し，地表ではあまり見られないイリジウムという物質が多量にみつかっており，メキシコのユカタン半島北西部の地中から，約 6600 万年前に生じた直径 170 〜 180 km，深さ 15 〜 25 km の巨大クレーターも発見されている。

アメリカ
メキシコ湾
メキシコ
クレーター
ユカタン半島

小惑星の衝突（想像図）

第8編 生物の進化と系統

中生代（Mesozoic era），新生代（Cenozoic era），恐竜（dinosaurs）

5 生物の変遷(3)

生物基礎
生 物

A 脊椎動物の陸上への進出

原索動物と共通の祖先から約5億年前に分岐した最初の脊椎動物は水中生活であったが，約4億年前の古生代デボン紀には陸生脊椎動物が出現した。

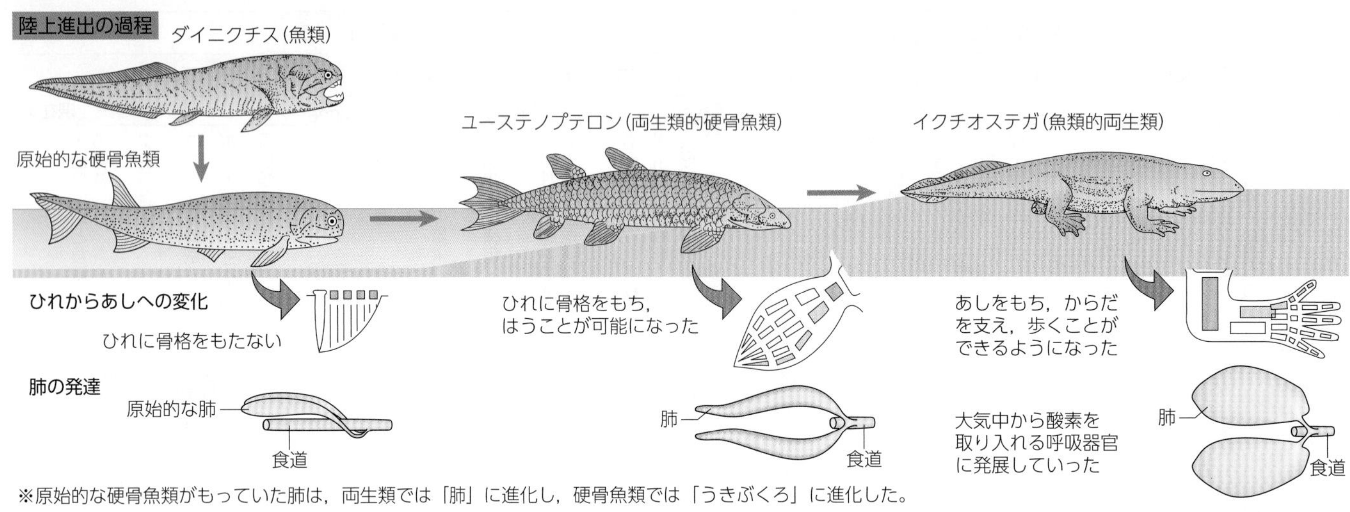

陸上進出の過程
ダイニクチス(魚類)
原始的な硬骨魚類
ユーステノプテロン(両生類的硬骨魚類)
イクチオステガ(魚類的両生類)
ひれからあしへの変化
ひれに骨格をもたない
ひれに骨格をもち，はうことが可能になった
あしをもち，からだを支え，歩くことができるようになった
肺の発達
原始的な肺
食道
肺
食道
大気中から酸素を取り入れる呼吸器官に発展していった
肺
食道

※原始的な硬骨魚類がもっていた肺は，両生類では「肺」に進化し，硬骨魚類では「うきぶくろ」に進化した。

		硬骨魚類	両生類		は虫類	鳥類	哺乳類
生活		水中生活	水中生活(幼生)	陸上生活(成体)	陸上生活		
呼吸		えら呼吸	えら呼吸(幼生)	皮膚，肺呼吸(成体)	肺呼吸		
初期発生		卵生(小形)	卵生		卵生(大形で丈夫な殻に包まれている)		胎生
		(卵黄のう以外の)胚膜なし			胚膜あり		
		体外受精			体内受精		
体表の状態		うろこ(骨質，表皮，真皮)	粘膜(ぬれている)(ケラチン)		角質化した厚いうろこ	羽毛	毛
		変温動物				恒温動物	
排出		アンモニア(水に可溶。毒性は大)	アンモニア(幼生)	尿素(成体)	尿酸(水に不溶。毒性は小)		尿素(水に可溶。毒性は小)

※表は，おもな現生種を比較したもの。

B 地球環境の変遷

長い地球の歴史の中では，酸素濃度の変化などの環境変化のほかにも，陸と海の分布の変化や気候環境の大変動もあり，その結果，生物の絶滅や多様化などに大きな影響を与えた。

■陸と海の分布の変化ー大陸移動ー

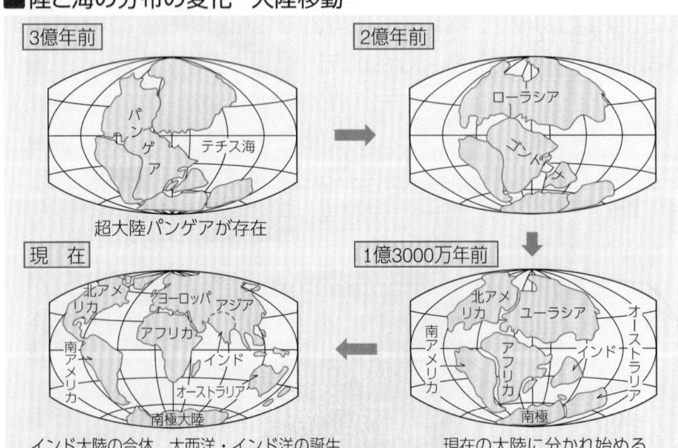

3億年前
パンゲア
テチス海
超大陸パンゲアが存在
2億年前
ローラシア
ゴンドワナ
1億3000万年前
北アメリカ
ユーラシア
南アメリカ
アフリカ
インド
オーストラリア
南極
現在の大陸に分かれ始める
現在
北アメリカ
ヨーロッパ
アジア
アフリカ
南アメリカ
インド
オーストラリア
南極大陸
インド大陸の合体，大西洋・インド洋の誕生

地殻変動によって，陸と海の分布は常に変化し，大陸は何度も離合集散をくり返してきた。約3億年前には，超大陸パンゲアが存在し，それが離合する過程は，陸上生物の進化に大きな影響を与えた。

■環境変動と生物の大量絶滅

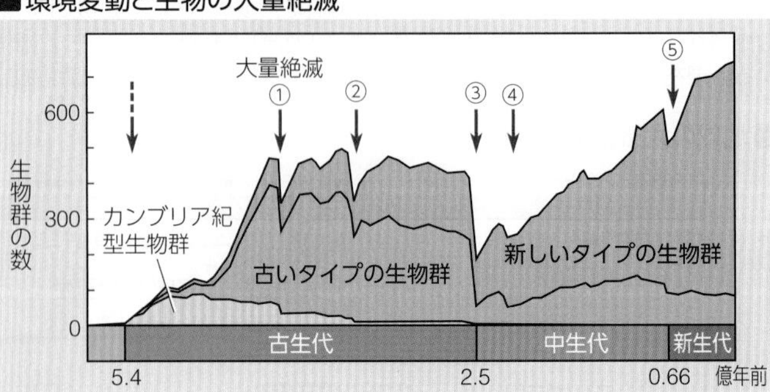

大量絶滅
①
②
③
④
⑤
600
300
0
生物群の数
カンブリア紀型生物群
古いタイプの生物群
新しいタイプの生物群
古生代
中生代
新生代
5.4
2.5
0.66
億年前

化石生物の研究から，古生代以降少なくとも5回は，当時生きていた生物の大量絶滅が起こっていることが知られている。①古生代オルドビス紀末，②古生代デボン紀末，③古生代ペルム紀末，④中生代三畳紀末，⑤中生代白亜紀末の5回である。その原因として，小惑星の衝突や大規模な気候変動などが推測されるが，詳しいことはわかっていない。

③では三葉虫やフズリナが絶滅し，⑤では小惑星の衝突の影響により大形は虫類やアンモナイトが絶滅したと考えられている(▶ p.257)。

Keywords 脊椎動物(vertebrates)，大陸移動(continental drift)，絶滅(extinction)

C 羊膜類の進化

両生類を除く陸生の脊椎動物は，羊膜類と総称される。羊膜類は，胚発生時に羊膜などの胚膜(▶ *p.*139)をつくることで，陸上での発生が可能になった。

■羊膜類の進化

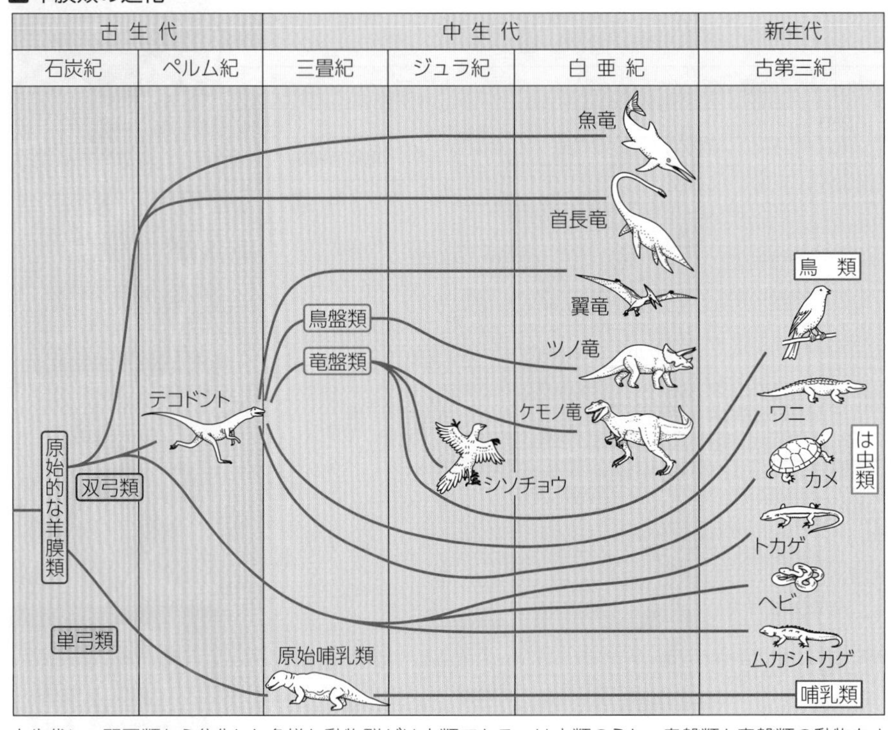

古生代
中生代
新生代
石炭紀
ペルム紀
三畳紀
ジュラ紀
白亜紀
古第三紀
魚竜
首長竜
翼竜
鳥盤類
竜盤類
ツノ竜
ケモノ竜
シソチョウ
テコドント
鳥類
ワニ
カメ
トカゲ
ヘビ
ムカシトカゲ
は虫類
原始的な羊膜類
双弓類
単弓類
原始哺乳類
哺乳類

中生代に，双弓類から分化した多様な動物群がは虫類である。は虫類のうち，鳥盤類と竜盤類の動物をまとめて恐竜類と定義されている。したがって，魚竜や首長竜・翼竜は恐竜類ではない。また，鳥類は恐竜類であるともいえる。哺乳類は，は虫類とは別系統の羊膜類(単弓類)から進化したことがわかっている。

■絶滅した羊膜類

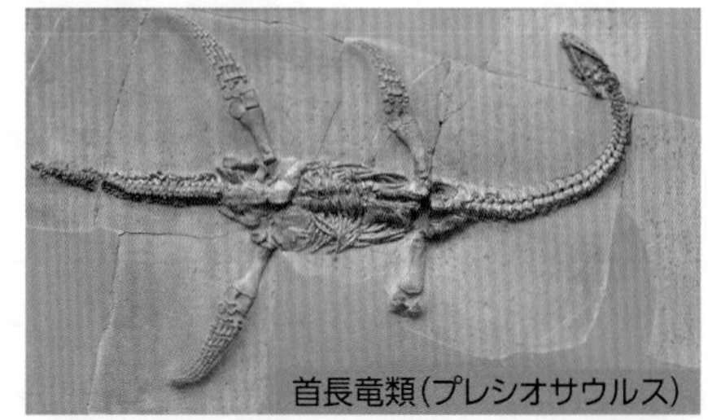

首長竜類(プレシオサウルス)

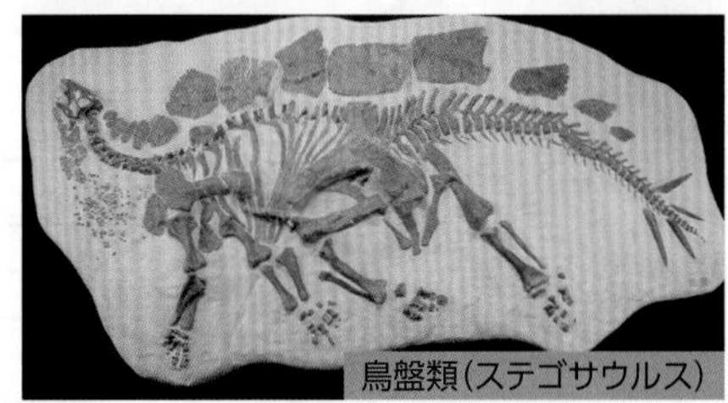

鳥盤類(ステゴサウルス)

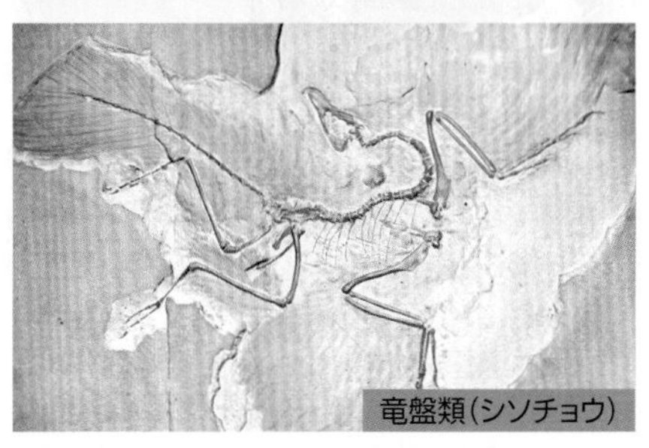

竜盤類(シソチョウ)

D 哺乳類の出現と多様化

哺乳類は中生代初期に出現し，新生代になって急速に多様化した。哺乳類は現代でも繁栄しているが，中には絶滅してしまった種も少なくない。

■哺乳類の出現と多様化

中生代 / 新生代
三畳紀 ジュラ紀 白亜紀 古第三紀 新第三紀 第四紀
20000 14000 6600 2300 260 (万年前)

原始哺乳類
単孔類
後獣類
真獣類
多丘歯類 ×絶滅
異節類
アフリカ獣類
ローラシア獣類
真主げつ類

カモノハシ 単孔類
カンガルー 有袋類
ナマケモノ 有毛類
ゾウ 長鼻類
モグラ 真無盲腸類
コウモリ 翼手類
ウマ 奇蹄類
ウシ・イルカ 鯨偶蹄類
ライオン 食肉類
ウサギ ウサギ類
ネズミ げっ歯類
サル・ヒト 霊長類
真獣類(有胎盤類)

中生代三畳紀に羊膜類の一種である単弓類から出現した哺乳類の先祖は，は虫類全盛の中生代を通して，多くが小形・夜行性で，形態的な変化も少なかった。しかし，この間に，感覚の鋭敏化とそれに伴う脳の発達，歯の多様化，胎盤の獲得が見られた。

■初期の哺乳類ーエオゾストロドンー

三畳紀後期の原始哺乳類で体長約 10 cm。夜行性で昆虫食，おそらく卵生と推測されている。

■絶滅した哺乳類の化石

ゴンフォテリウム

新生代新第三紀中新世に生息していた原始的なゾウのなかま(長鼻類)。日本を含む世界各地に広まったが，第四紀更新世に絶滅した。

羊膜類(amniotes)，哺乳類(mammals)

6 ヒトの進化 生物基礎 生物

A 霊長類とその進化

新生代の初頭に起きた哺乳類の急速な多様化の中で，樹上生活に適応した霊長類が出現し，やがてその中から人類が現れた。

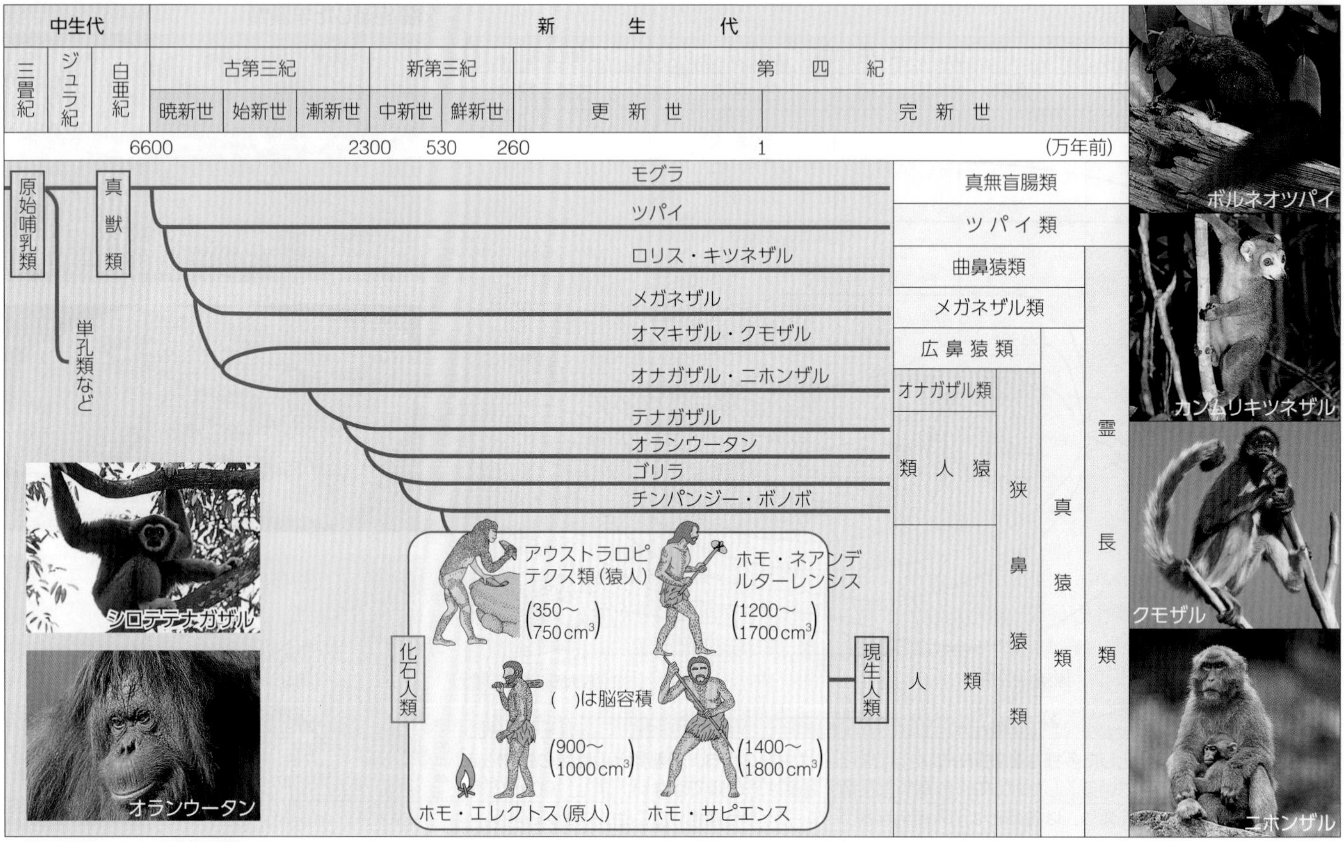

中生代			新生代						
三畳紀	ジュラ紀	白亜紀	古第三紀			新第三紀		第四紀	
			暁新世	始新世	漸新世	中新世	鮮新世	更新世	完新世

6600　2300　530　260　1　(万年前)

原始哺乳類　真獣類　単孔類など

- モグラ — 真無盲腸類
- ツパイ — ツパイ類
- ロリス・キツネザル — 曲鼻猿類
- メガネザル — メガネザル類
- オマキザル・クモザル — 広鼻猿類
- オナガザル・ニホンザル — オナガザル類
- テナガザル・オランウータン・ゴリラ・チンパンジー・ボノボ — 類人猿
- 人類

狭鼻猿類　真猿類　霊長類

化石人類　現生人類

アウストラロピテクス類（猿人）（350～750 cm^3）

ホモ・ネアンデルターレンシス（1200～1700 cm^3）

ホモ・エレクトス（原人）（900～1000 cm^3）

ホモ・サピエンス（1400～1800 cm^3）

（　）は脳容積

シロテテナガザル　オランウータン　ボルネオツパイ　カンムリキツネザル　クモザル　ニホンザル

B ヒトの特徴

ヒトは，霊長類のうち，ゴリラなどの類人猿と特に近縁である。ヒトと類人猿の共通点と相違点を互いに比較することで，ヒトという種固有の特徴が見えてくる。

■哺乳類としての特徴

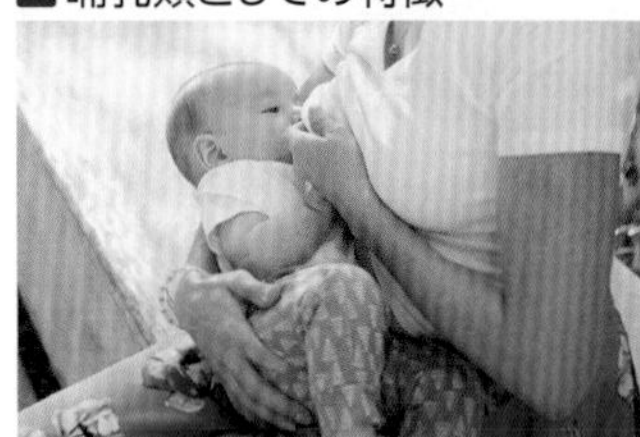

哺乳類の特徴の一つとして，子を乳で育てることがあげられる。

■霊長類としての特徴（樹上生活への適応から得た形質）

拇指対向性

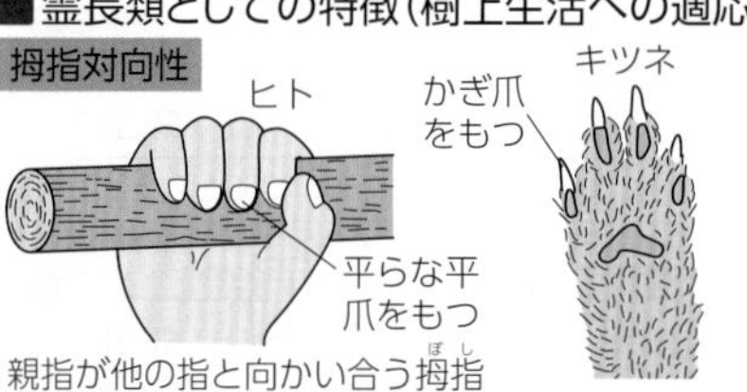
ヒト
キツネ
かぎ爪をもつ
平らな平爪をもつ

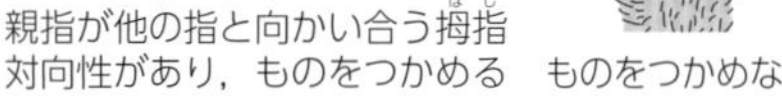

親指が他の指と向かい合う拇指対向性があり，ものをつかめる

ものをつかめない

立体視（両眼視）

立体視の範囲
ヒトの視野
ウマの視野

■ヒトと類人猿との共通性

オナガザル
尾がある

テナガザル（類人猿）
尾がない

霊長類はふつう尾をもつが，類人猿と人類は尾をもたないという共通の特徴をもつ。

■ヒトと類人猿の比較

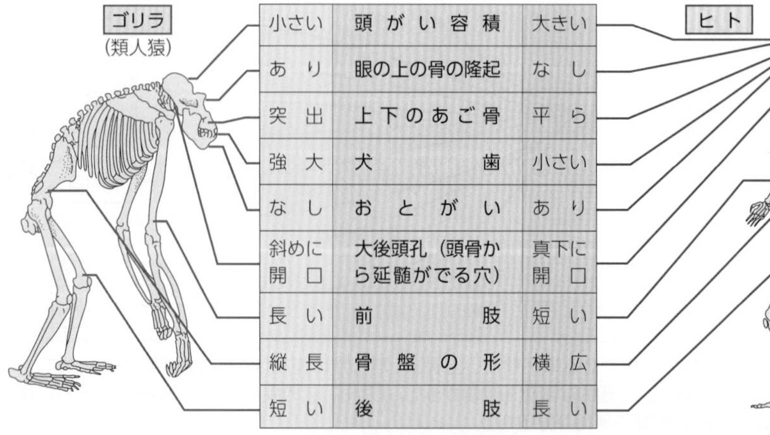
ゴリラ（類人猿）
ヒト

ゴリラ		ヒト
小さい	頭がい容積	大きい
あり	眼の上の骨の隆起	なし
突出	上下のあご骨	平ら
強大	犬歯	小さい
なし	おとがい	あり
斜めに開口	大後頭孔（頭骨から延髄がでる穴）	真下に開口
長い	前肢	短い
縦長	骨盤の形	横広
短い	後肢	長い

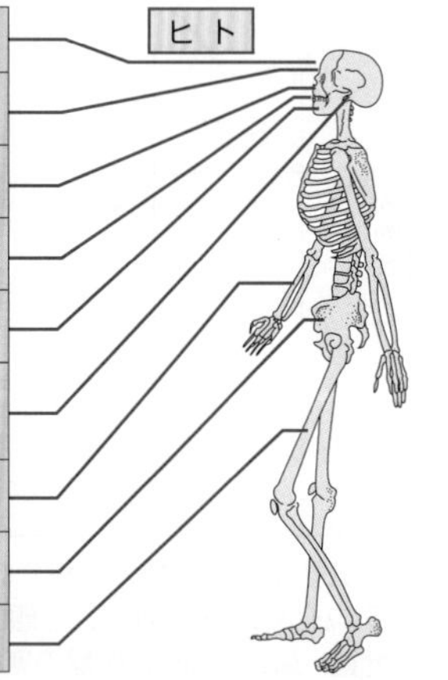

Keywords　霊長類(primate(s))，類人猿(ape)，拇指対向性(thumb opposability)，頭骨(cranial bones)

C 人類の進化

およそ 700 万年前にアフリカの森林で誕生した人類は，**直立二足歩行**をすることで，前肢が歩行から解放され，その後，脳の大型化が起こった。

■上顎の歯列

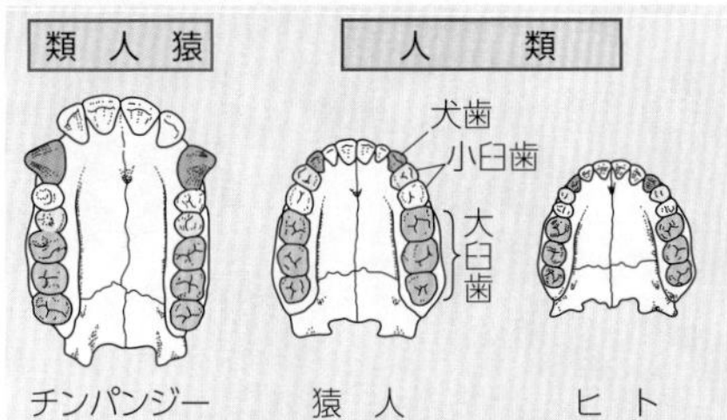

類人猿
人類
犬歯
小臼歯
大臼歯
チンパンジー
猿人
(アウストラロピテクス)
ヒト
(ホモ・サピエンス)

チンパンジーなどの類人猿に比べ，猿人やヒトなどの人類では犬歯が小型化している。ヒトの臼歯は平たく，食物をすりつぶすのに適した構造をしている。

■脳の容量と身長の変化

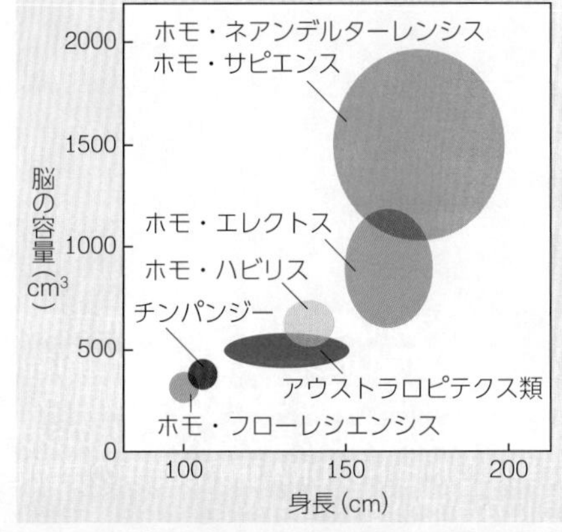

ホモ・ネアンデルターレンシス
ホモ・サピエンス
ホモ・エレクトス
ホモ・ハビリス
チンパンジー
アウストラロピテクス類
ホモ・フローレシエンシス
脳の容量(cm³)
0
500
1000
1500
2000
身長(cm)
100
150
200

■人類の出現と拡散

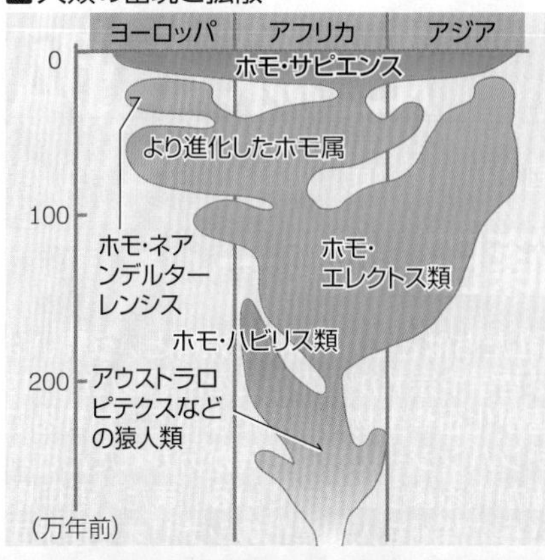

ヨーロッパ
アフリカ
アジア
0
100
200
(万年前)
ホモ・サピエンス
より進化したホモ属
ホモ・ネアンデルターレンシス
ホモ・エレクトス類
ホモ・ハビリス類
アウストラロピテクスなどの猿人類

■猿人から現生人類への進化

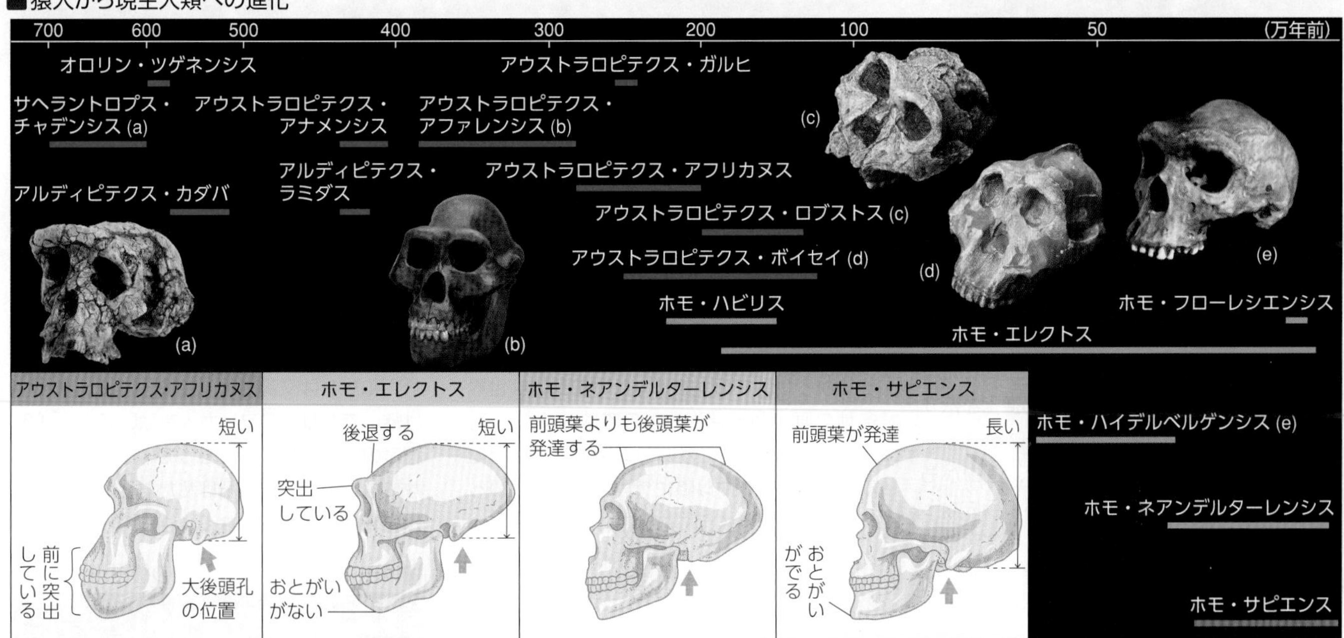

700
600
500
400
300
200
100
50
(万年前)
オロリン・ツゲネンシス
サヘラントロプス・チャデンシス (a)
アルディピテクス・カダバ
アウストラロピテクス・アナメンシス
アルディピテクス・ラミダス
アウストラロピテクス・ガルヒ
アウストラロピテクス・アファレンシス (b)
アウストラロピテクス・アフリカヌス
アウストラロピテクス・ロブストス (c)
アウストラロピテクス・ボイセイ (d)
ホモ・ハビリス
ホモ・エレクトス
ホモ・フローレシエンシス
ホモ・ハイデルベルゲンシス (e)
ホモ・ネアンデルターレンシス
ホモ・サピエンス
(a)
(b)
(c)
(d)
(e)
アウストラロピテクス・アフリカヌス
短い
前に突出している
大後頭孔の位置
ホモ・エレクトス
後退する
短い
突出している
おとがいがない
ホモ・ネアンデルターレンシス
前頭葉よりも後頭葉が発達する
ホモ・サピエンス
前頭葉が発達
長い
おとがいがでる

D ヒトの拡散

ヒト(ホモ・サピエンス)は，約 30 万年前にサハラ以南のアフリカで誕生し，後に世界に拡散していった。その過程で，ネアンデルタール人やデニソワ人などの他の人類とも交配した。

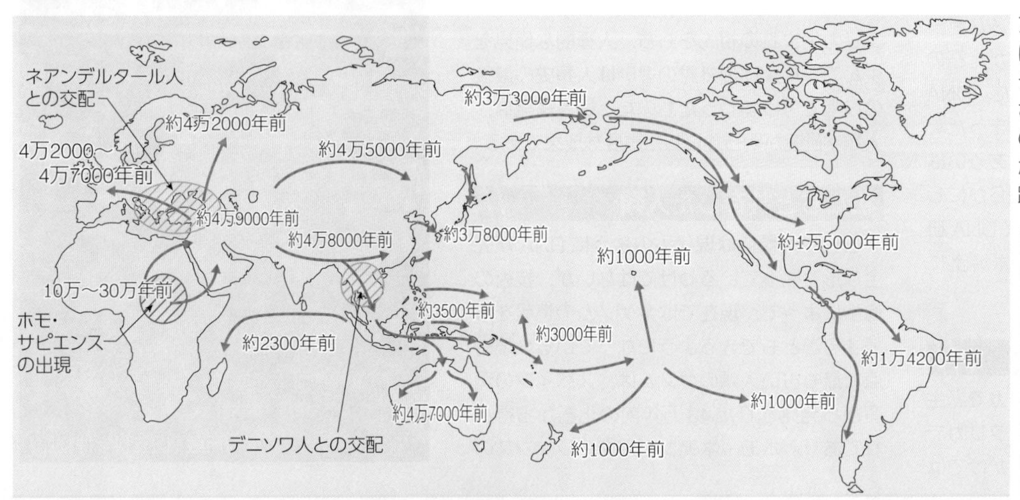

ネアンデルタール人との交配
約4万2000年前
4万2000～4万7000年前
約4万5000年前
約4万9000年前
約4万8000年前
10万～30万年前
ホモ・サピエンスの出現
約2300年前
デニソワ人との交配
約4万7000年前
約3500年前
約3000年前
約3万8000年前
約3万3000年前
約1000年前
約1万5000年前
約1万4200年前

アフリカ系を除く現代人のゲノムの中に，ネアンデルタール人(ホモ・ネアンデルターレンシス)との交配の痕跡が残されている。また，アジア系の現代人のゲノムの中には，ロシアなどでみつかっているデニソワ人などとの交配の痕跡も残されている。

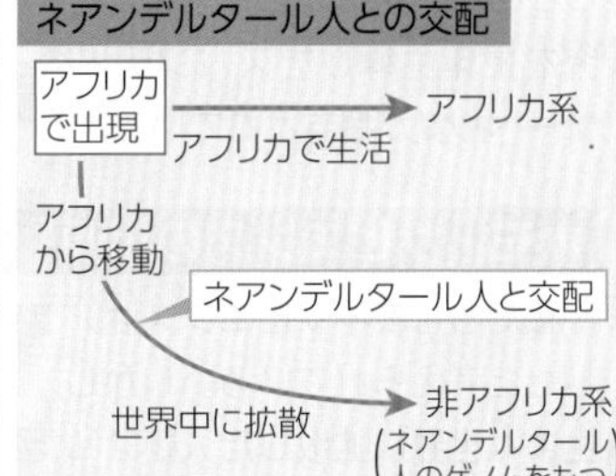

ネアンデルタール人との交配
アフリカで出現
アフリカで生活
アフリカ系
アフリカから移動
ネアンデルタール人と交配
世界中に拡散
非アフリカ系
(ネアンデルタール人のゲノムをもつ)

特集 生物学の最前線

[写真]
ネアンデルタール人の復元像
(所蔵：国立科学博物館)

8 人類の起源と拡散

国立科学博物館　館長
篠田（しのだ）　謙一（けんいち）

「私たちはどこから来たのか」という問いは，古くから人々の心を捉えてきた。中世までの社会では哲学や宗教がその答えを用意したが，19 世紀の半ばに登場したダーウィンの進化論は，その解答が化石や生物の研究によって導かれることを明らかにした。現在では化石の証拠から，人類とチンパンジーの共通祖先が分かれたとされる 700 万年前以降のおおまかな人類進化のシナリオが描かれるようになっている。また，近年爆発的に発達したヒトの DNA 研究は従来の学説を覆し，さらに詳細な人類進化のシナリオを提示するようになっている。

人類の起源を探る試み

「進化論」が出版される 3 年前にあたる 1856 年に，ドイツのデュッセルドルフ郊外で現生人類（ホモ・サピエンス）とは異なる人類の化石が発見された。後にホモ・ネアンデルターレンシスとよばれることになるこの化石の発見とダーウィンの進化論は，私たちの祖先を知る鍵が地層に埋まっていることを教えることになった。以来 160 年以上にわたって，研究者は世界の各地で人類の進化を示す化石の発見と分析の努力を重ねている。

一方，20 世紀の後半になると，生物がもつ DNA の塩基配列を解読できるようになった。長い年月のうちに DNA には突然変異が生じ，それがきっかけとなってさまざまな生物種が分化する。したがって，それぞれの生物がもつ DNA の塩基配列を読んで互いに比較すれば，生物間の近縁関係や進化の道筋を知ることができる。

2010 年以降になると，大量のゲノムデータを取得できる次世代シークエンサが化石のゲノム解析に用いられるようになった。DNA の解析手法は従来の化石の研究とはまったく異なっており，人類の起源と拡散，あるいは地域集団どうしの近縁関係などを明らかにしつつある。なお，2022 年には，古代 DNA 研究を長年主導したスバンテ・ペーボ博士にノーベル賞が授与されている。

ホモ・サピエンスの起源

私たちホモ・サピエンスはアフリカで誕生したと考えられている。しかし，アフリカで生まれ世界に拡散した人類は私たちだけではない。最古のものとしては 180 万年ほど前の原人とよばれる段階の人類化石が黒海に面したジョージア（グルジア）のドマニシから発見されている。30 年ほど前までは，これらの原人が世界の各地で進化し，ホモ・サピエンスになったという考え方が支配的だった。

しかし，DNA 研究が進むと，サハラ以南のアフリカ人の遺伝的な多様性が他の地域集団に比べるときわめて大きいことがわかり，そこから今日では，ホモ・サピエンスは世界各地の原人から進化したのではなく，15 万～ 20 万年ほど前にサハラ以南のアフリカで誕生し，6 万年前以降に世界に展開していったと考えられるようになっている。

現生人類の起源が従来説よりもはるかに新しいことが明らかとなったことで，世界各地の人類集団の間に見られる肌の色などの見た目の違いは，700 万年に及ぶ人類進化の道のりの中で考えれば，ごく最近に形成されたことが明らかになった。すべての現生人類はアフリカ生まれの祖先をもち，人種的な偏見を生んできた集団の外見の違いは人類史の最後の段階で付け加わったものだという認識は，人類学研究が明らかにした重要な成果である。

私たちと共存した人類

古代の人骨には現代人のように DNA が完全な形で残っているわけではないが，技術の進歩によって，現在では全ゲノムの情報を解読することもできるようになっている。現時点で最も古い人類のゲノムは，スペインの洞窟から発見された 43 万年前の化石から得られており，ホモ・ネアンデルターレンシスの祖先だと考えられている。ホモ・ネアンデルターレンシスについては，1990 年代の終わりにミトコンドリア DNA の一部塩基配列が解読され，2014 年には核 DNA の塩基配列が現代人と同じ精度で読み取られている。その結果，40 万年前から 4 万年ほど前まで生存していた彼らは，ホモ・サピエンスの直接の祖先ではなく，60 万年ほど前に共通祖先から分岐した親戚であることが判明した。また，私たちは交雑によって彼らの遺伝子を受け継いでおり，アフリカ人を除いて 1 ～ 4 % 程度の彼らのゲノムをもっていることも明らかになっている。彼らは私たちとの競争に負けて絶滅したのではなく，祖先の一部となっ

ホモ・フロレシエンシスの復元像

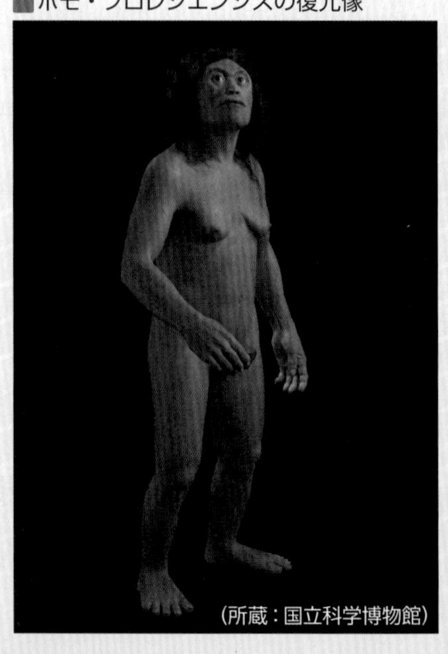

(所蔵：国立科学博物館)

たのである。その後の研究で，彼らから受け取ったゲノムの中には生存に有利になるものも不利になるものもあることもわかっている。

現在地球上に存在する人類はホモ・サピエンスただ一種である。しかし，4万年以上さかのぼると，地球上には私たち以外の人類もいた。2003年にはインドネシアのフローレス島で，新種の人類が発見されている。ホモ・フロレシエンシスと名づけられたこの人類は，アジアの原人の子孫であると考えられているが，少なくとも5万年ほど前まで生存していたと推定されているので，彼らもまたホモ・サピエンスと同時代に生息していた人類ということになる。さらに2008年にロシアのアルタイ地方のデニソワ洞窟で発見された化石は，DNA分析の結果ホモ・ネアンデルターレンシスと近縁の人類で，60万年ほど前にホモ・サピエンスとの共通祖先と分岐し，40万年以上前にホモ・ネアンデルターレンシスと分岐したことがわかっている。このデニソワ人のゲノムはオーストラリアやパプアニューギニアの先住民に数%伝えられている。これらの事実から，現生人類に至る進化のプロセスは，従来考えられていたものよりもはるかに複雑であることがわかりつつある。

化石の証拠は，年代をさかのぼると，地球上にはさまざまな人類が同時に生存していたことを教えている。私たちはホモ・サピエンスが唯一の人類であると考えがちだが，地球上にただ一種の人類が存在するようになったのはわずか数万年ほど前のことで，人類700万年の歴史から見ればごく最近のことである。

出アフリカと世界拡散

ホモ・サピエンスは誕生してから10万年以上もアフリカに留まっていたと考えられている。実際には何度か出アフリカがあったことがイスラエルなどで発見された化石によって証明されているが，彼らは現在の私たちにDNAを伝えていないこともわかっている。出アフリカの状況については，化石の証拠が乏しく正確なことはわかっていないが，アフリカ人以外の遺伝的な多様性の研究から，出アフリカをなし遂げた集団は，せいぜい数千人程度だったと考えられている。このことは人類史上最大の冒険だった出アフリカが非常な困難を伴ったものだったことを示している。

誕生から長い年月を経て出アフリカをなし遂げた私たちの祖先は，今の私たちと同じ知力と体力を備えていたはずだ。このことは世界中の文化や文明は同じ能力をもった人びとによってつくられたということを示している。文化の違いは，出アフリカ後の歴史的な展開や，環境に対する適応のしかた，そして祖先たちの選択によって生まれたのであって，能力の差によるものではない。

ホモ・ネアンデルターレンシス(左)とホモ・サピエンス(右)の頭骨

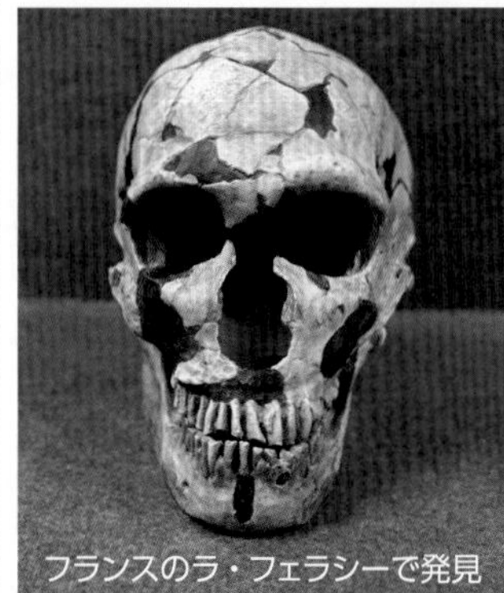
フランスのラ・フェラシーで発見

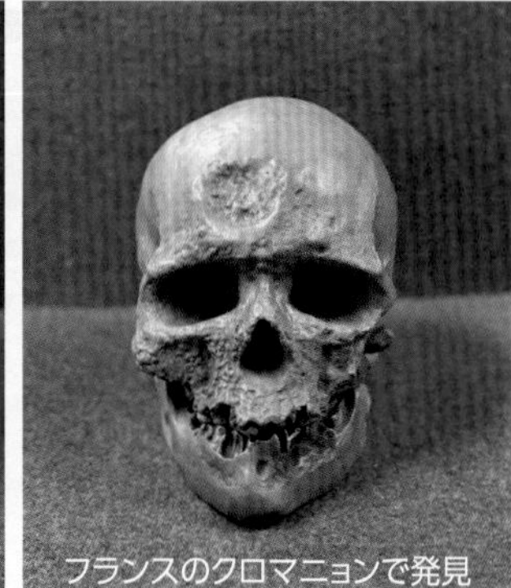
フランスのクロマニョンで発見

ホモ・ネアンデルターレンシスとホモ・サピエンスの脳容積は同じくらいだが，ネアンデルターレンシスはサピエンスより脳が前後に長く，眉の部分の骨が張り出している。一方，サピエンスは前頭部が発達し，下顎の先端(おとがい)が前方に突出する。

世界各地の集団のミトコンドリアDNAとY染色体DNAの系統解析から，現在では人類の拡散に関する大まかなシナリオが描かれている。それによれば最初の出アフリカをなし遂げた集団が取った初期の拡散ルートは，東に向かって海岸線に沿ったものであったと想像されている。考古学的な証拠から現生人類はおよそ5万年前にはオーストラリア大陸に到達したことがわかっているので，移動は比較的速いスピードで行われたことになる。日本列島を含む東アジアには4万～5万年前に到達し，2万年前以降には南北アメリカ大陸に進入した。こうして1万年前には，人類が居住可能な地域への進出はほぼ完了した。しかし，それでもニュージーランドやハワイといった太平洋の島々への進出は果たせなかった。それをなし遂げたのは，今から6000年ほど前，中国南部か台湾から農耕をもって南下した集団であったことが，考古学や言語学そしてゲノム研究からわかっている。現在のポリネシア人の祖先である彼らは，3000年以上前にメラネシアから広大な南太平洋に進出し，点在する島々を征服した。彼らがハワイやニュージーランドに到達するのは今から1000年ほど前のことで，これをもって人類の最初の世界拡散の旅は終了したことになる。

1万年よりも新しい時代に世界の各地で農耕が始まり，農耕民が拡散した。ヨーロッパでは農耕民が定着した後に，5000年ほど前から東方からの牧畜民の侵入が始まり，ヨーロッパ人の遺伝的な構成が大きく変わったことも古人骨のゲノム研究からわかっている。

分子生物学と人類史研究

20世紀後半から爆発的に発展したDNA研究は，これまで化石や古人骨の形態学的な研究に頼ってきた人類史の研究に新たな視点と知見をもたらしている。地域集団の核DNAに関する比較研究は，人類の環境に対する適応が想像以上にダイナミックなものである可能性を明らかにしつつある。古代人のゲノムを解読することが可能になったことで，特に研究の進んでいるヨーロッパでは，これまで知ることのできなかったさまざまな事実が明らかになっている。ホモ・サピエンスは環境に合わせて急速にそのゲノムを変化させていたらしく，ヨーロッパ人の肌の色が白くなったのは，8000年よりも新しい時代で，洞窟壁画で有名なクロマニヨン人は浅黒い肌と青い目をもっていたこともわかった。

ヒトのDNA研究は，今後人類史の詳細なシナリオを描くとともに「私たちは何者なのか」という問いにも新たな答えを提供するようになるはずだ。このことは，科学は技術に応用され，産業を変革していくためにはたらくだけでなく，人類の知にも重要な貢献をするものなのだということを教えている。

キーワード
ホモ・サピエンス，ホモ・ネアンデルターレンシス，出アフリカ

篠田謙一(しのだ けんいち)
国立科学博物館 館長
静岡県出身。
趣味はサッカー。
研究の理念は
「現場を見て考える」

この記事を読んで，「さらに知りたい」と思ったことをあげて，自分で調べてみよう。

7 遺伝の基礎 生物基礎 生物

A 一遺伝子雑種

1 対の対立形質に注目して交雑したときに得られる雑種を**一遺伝子雑種**という。一遺伝子雑種の研究から，遺伝の規則性が明らかになった。

■一遺伝子雑種の遺伝

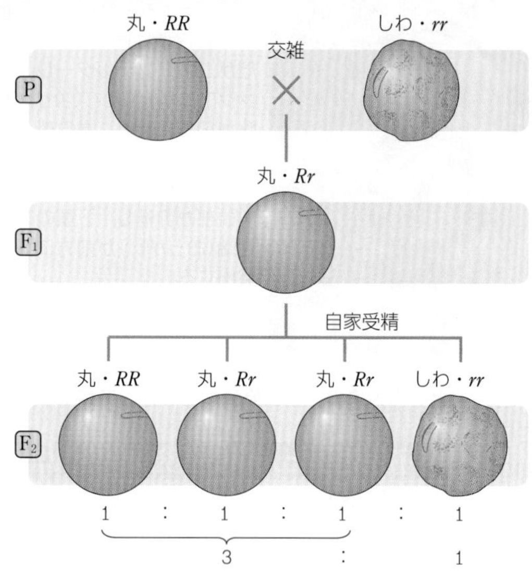

丸・RR
交雑
しわ・rr
P
丸・Rr
F_1
自家受精
丸・RR
丸・Rr
丸・Rr
しわ・rr
F_2
1 : 1 : 1 : 1
3 : 1

種子が丸形のエンドウ(RR)としわ形のエンドウ(rr)を交雑すると，F_1 はすべて丸形の種子(Rr)が生じる。F_1 の自家受精によって F_2 をつくると，種子が丸形のものとしわ形のものが現れて，その表現型の分離比は，丸形:しわ形＝3:1となる。

■一遺伝子雑種の遺伝のしくみ

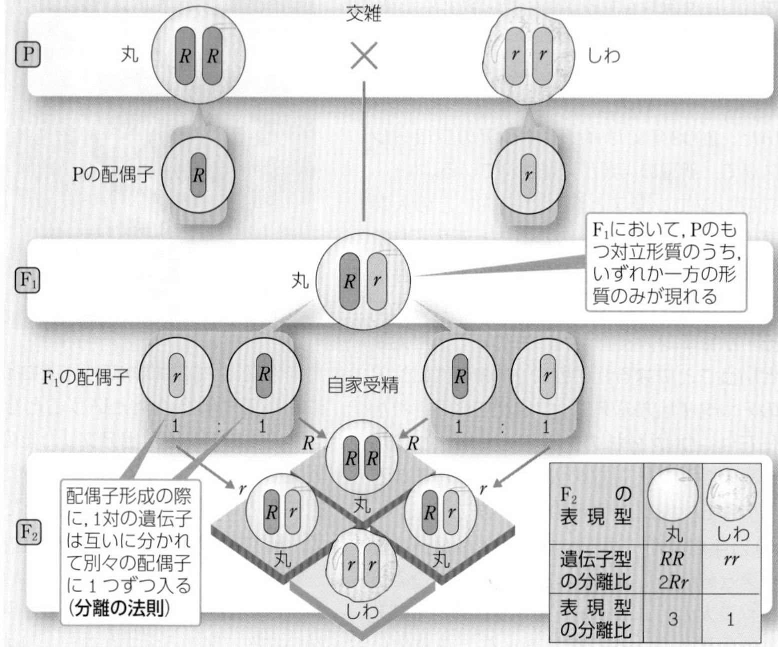

交雑
P
丸
R R
r r
しわ
Pの配偶子
F_1において，Pのもつ対立形質のうち，いずれか一方の形質のみが現れる
F_1
丸
R r
F_1の配偶子
自家受精
1 : 1
1 : 1
配偶子形成の際に，1対の遺伝子は互いに分かれて別々の配偶子に１つずつ入る(分離の法則)
F_2
丸
しわ
F_2 の表現型
遺伝子型の分離比
RR $2Rr$
rr
表現型の分離比
3
1

Column メンデルと遺伝の法則

■遺伝学の祖　メンデル　オーストリアのブリュン(現在はチェコのブルノ)の修道士だったメンデルは，1856 年から 8 年間にわたって修道院の庭でエンドウの交雑実験を行い，その結果を 1865 年に口頭で，1866 年には「植物雑種に関する実験」という論文の形で発表した。しかし，メンデルが発表した当時は，この論文の内容に注目する研究者がいなかったため，その価値が認められなかった。ド フリース，コレンス，チェルマクら 3 人がそれぞれ独自にメンデルが発見した遺伝の法則を再発見し，メンデルの研究成果が注目されるようになったのは，メンデルの死後 16 年，研究発表から 35 年もたった 1900 年になってからのことである。

■交雑材料としてのエンドウ　メンデルは，交雑実験の材料としてエンドウを選んだ。

①はっきり区別できる対立形質をもっている。
②おしべとめしべが竜骨弁で包まれており，自然では自家受精で種子をつくるが，簡単な操作で雑種を得ることができる。
③自家受精を何代くり返しても，交雑しても，発芽可能な種子ができる。
④露地栽培，鉢植栽培ともに容易で，生育期間も比較的短い。

■メンデルの交雑実験　メンデルは，エンドウの 7 対の対立形質について交雑実験を行った。

		種子の形	子葉の色	種皮の色	さやの形	さやの色	花のつき方	草丈
P の形質(7 対の対立形質)	顕性	丸形	黄色	有色	膨らみ	緑色	えき生	高い
	潜性	しわ形	緑色	無色	くびれ	黄色	頂生	低い
F_2 での分離個体数	顕性	5474	6022	705	882	428	651	787
	潜性	1850	2001	224	299	152	207	277
F_2 での分離比(顕:潜)		2.96：1	3.01：1	3.15：1	2.95：1	2.82：1	3.14：1	2.84：1

種子の形・子葉の色は交雑後にできた種子に結果が現れるが，その他の形質はその種子をまいて育てた個体に現れる。
えき生：葉のつけ根に花がつく，頂生：茎の先端に花がつく
※ P は親，F_1，F_2 はそれぞれ雑種第一代，雑種第二代を表す。

Point 遺伝学習のための用語

(1) 形質　からだの特徴や性質。遺伝する形質を**遺伝形質**という。
　①**対立形質**　種子が「丸形」，「しわ形」のように，互いに対をなす遺伝形質。
　②**顕性形質と潜性形質**　対立形質をもつ両親の子に一方の親の形質のみが現れた場合，現れた形質を顕性形質(優性形質)，現れなかった形質を潜性形質(劣性形質)という。

(2) 遺伝子　遺伝形質を決める因子。
　①**遺伝子記号**　個々の遺伝子を表す記号。一般に顕性形質の遺伝子はアルファベットの大文字で，潜性形質の遺伝子は小文字で示す。
　②**遺伝子型と表現型**　個体のもつ遺伝子の組み合わせを遺伝子記号で表した AA，Aa などを遺伝子型といい，その結果現れる形質を表現型という。
　③**ホモ接合体とヘテロ接合体**　AA や aa のように同じ対立遺伝子を 2 つもつ場合をホモ接合体，Aa のように異なる対立遺伝子を 1 つずつもつ場合をヘテロ接合体という。

(3) 交配　2 個体の間で受精が行われて接合体ができることを**交配**といい，遺伝子型の異なる個体間での交配を特に**交雑**という。交雑の結果，**雑種**ができる。

(4) 純系　$AABB$ のように，着目するすべての遺伝子座の遺伝子がホモ接合になった生物の系統を**純系**という。

(5) 自家受精　同一個体内の雌雄の配偶子による受精。

 Keywords　遺伝(heredity)，遺伝子(gene)，顕性の(dominant)，潜性の(recessive)，形質(character)，雑種(hybrid)，自家受精(self-fertilization)

B 二遺伝子雑種

2 対の対立形質に注目して交雑したときに得られる雑種を**二遺伝子雑種**という。

■二遺伝子雑種の遺伝

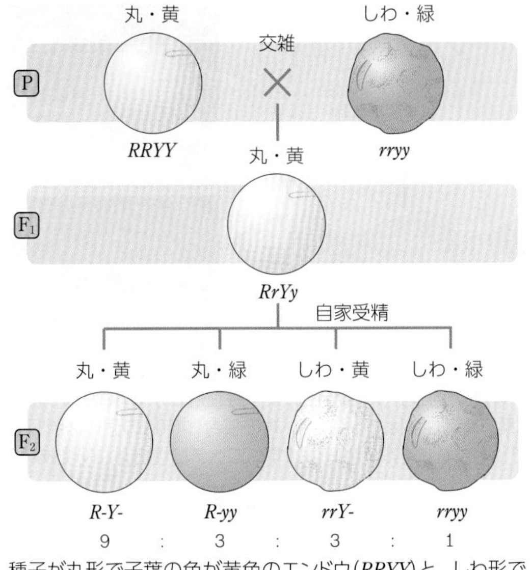
丸・黄
交雑
しわ・緑
P
RRYY
丸・黄
rryy
F1
RrYy
自家受精
丸・黄
丸・緑
しわ・黄
しわ・緑
F2
R-Y-
R-yy
rrY-
rryy
9 : 3 : 3 : 1

種子が丸形で子葉の色が黄色のエンドウ(*RRYY*)と，しわ形で緑色のエンドウ(*rryy*)を交雑すると，F_1 はすべて丸形・黄色となり，F_1 の自家受精でできる F_2 の表現型の分離比は，丸形・黄色：丸形・緑色：しわ形・黄色：しわ形・緑色＝9：3：3：1となる。

種子の形の丸形を現す遺伝子を*R*，しわ形を現す遺伝子を*r*，子葉の色の黄色を現す遺伝子を*Y*，緑色を現す遺伝子を*y*で示す。

F_2 の表現型	丸･黄〔*RY*〕	丸･緑〔*Ry*〕	しわ･黄〔*rY*〕	しわ･緑〔*ry*〕
遺伝子型の分離比	1*RRYY* 2*RRYy* 2*RrYY* 4*RrYy*	1*RRyy* 2*Rryy*	1*rrYY* 2*rrYy*	1*rryy*
表現型の分離比	9	3	3	1

■二遺伝子雑種の遺伝のしくみ

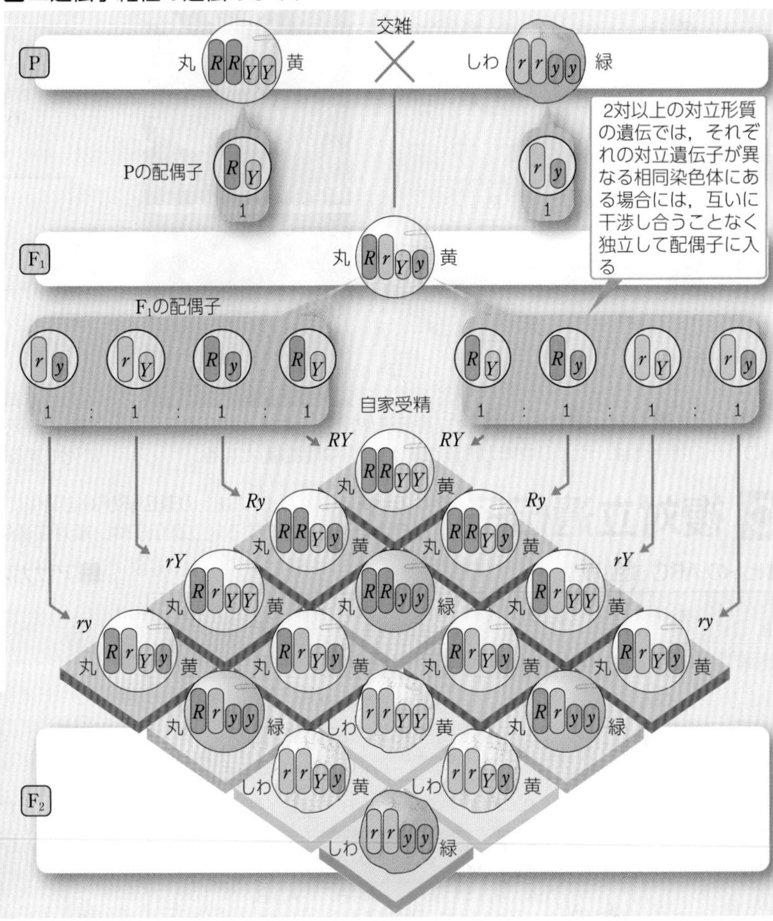
交雑
P
丸 RRYY 黄
しわ rryy 緑
Pの配偶子
1
2対以上の対立形質の遺伝では，それぞれの対立遺伝子が異なる相同染色体にある場合には，互いに干渉し合うことなく独立して配偶子に入る
F1
丸 RrYy 黄
F1の配偶子
1 : 1 : 1 : 1
自家受精
RY
Ry
rY
ry
F2
丸
黄
緑
しわ

C 検定交雑

ある個体の遺伝子型を調べるために，その個体と潜性遺伝子のホモ接合体とを交雑させることを**検定交雑**という。

■一遺伝子雑種の検定交雑

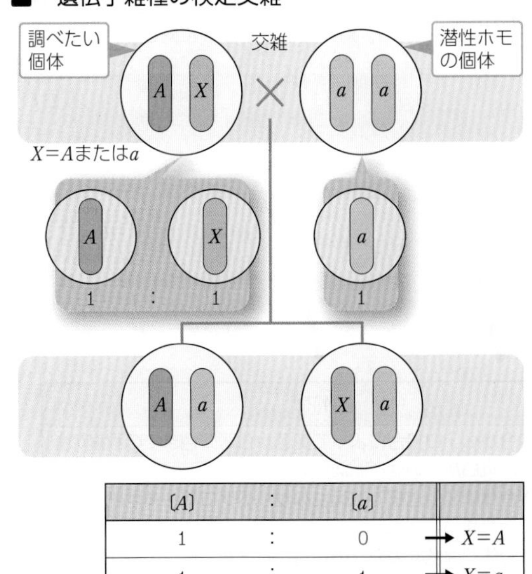
調べたい個体
交雑
潜性ホモの個体
X=Aまたはa
1 : 1
1

〔*A*〕	:	〔*a*〕	
1	:	0	→ $X=A$
1	:	1	→ $X=a$

0はその表現型の個体が生じなかったことを表す

■二遺伝子雑種の検定交雑

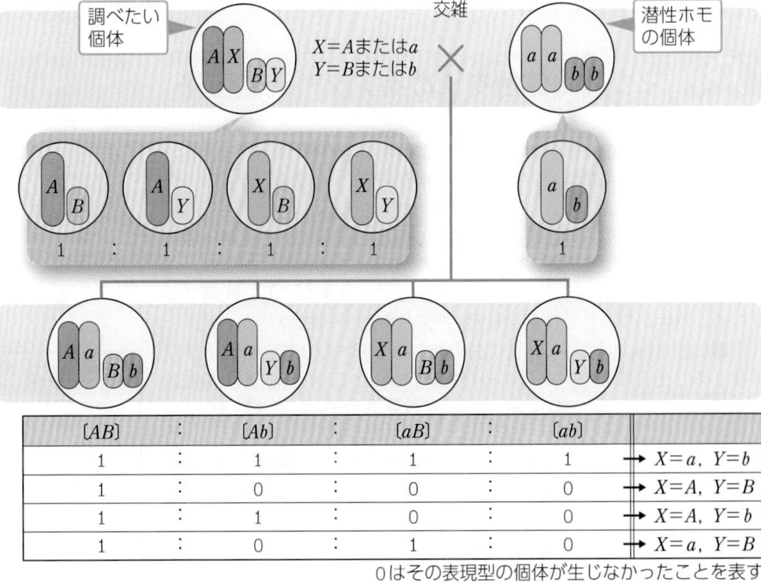
調べたい個体
交雑
X=Aまたはa
Y=Bまたはb
潜性ホモの個体
1 : 1 : 1 : 1
1

〔*AB*〕	:	〔*Ab*〕	:	〔*aB*〕	:	〔*ab*〕	
1	:	1	:	1	:	1	→ $X=a,\ Y=b$
1	:	0	:	0	:	0	→ $X=A,\ Y=B$
1	:	1	:	0	:	0	→ $X=A,\ Y=b$
1	:	0	:	1	:	0	→ $X=a,\ Y=B$

0はその表現型の個体が生じなかったことを表す

8 いろいろな遺伝 生物基礎 生物

A 不完全顕性

対立遺伝子間の顕性・潜性の関係が不完全なため，ヘテロ接合体は中間の形質を現す。

■マルバアサガオの花の色

P
赤色
RR
白色
rr
F1
桃色
Rr
F2
赤色
1RR
1
桃色
2Rr
2
白色
1rr
1
白色
桃色

マルバアサガオの花の色を赤色にする対立遺伝子(R)と白色にする対立遺伝子(r)のヘテロ接合体は，両者の中間の形質を示す個体(**中間雑種**)となる。

B 致死遺伝子

致死となる対立遺伝子のホモ接合体は成体になる前に死ぬ。

■ハツカネズミの毛の色

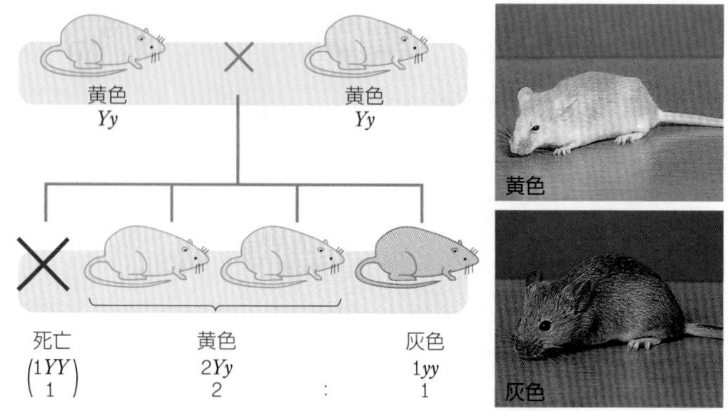

黄色
Yy
黄色
Yy
死亡
(1YY)
1
黄色
2Yy
2
灰色
1yy
1
黄色
灰色

毛の色を黄色にする対立遺伝子(Y)は灰色にする対立遺伝子(y)に対して顕性だが，致死作用に関して潜性にはたらくため，ホモ接合体(YY)の個体は胎児期に死亡する。よって，生まれてくる黄色個体はすべてヘテロ接合体(Yy)である。

C 複対立遺伝子

1つの形質について，3つ以上の遺伝子が対立関係にあるとき，それらの遺伝子を**複対立遺伝子**という。1つの遺伝子座に存在する対立遺伝子は，複対立遺伝子であることが一般的である。

■ヒトの ABO 式血液型

母＼父	表現型	A 型		B 型		AB 型	O 型
表現型	遺伝子型	AA	AO	BB	BO	AB	OO
A 型	AA	A	A	AB	A，AB	A，AB	A
	AO	A	A，O	B，AB	A，B，AB，O	A，B，AB	A，O
B 型	BB	AB	B，AB	B	B	B，AB	B
	BO	A，AB	A，B，AB，O	B	B，O	A，B，AB	B，O
AB 型	AB	A，AB	A，B，AB	B，AB	A，B，AB	A，B，AB	A，B
O 型	OO	A	A，O	B	B，O	A，B	O

ヒトの ABO 式血液型の遺伝子は，A，B，O の3つが対立関係にある複対立遺伝子で，O は A，B いずれに対しても潜性で，A と B の間には顕性・潜性の関係がない(▶ p.274)。

■アサガオの葉の形

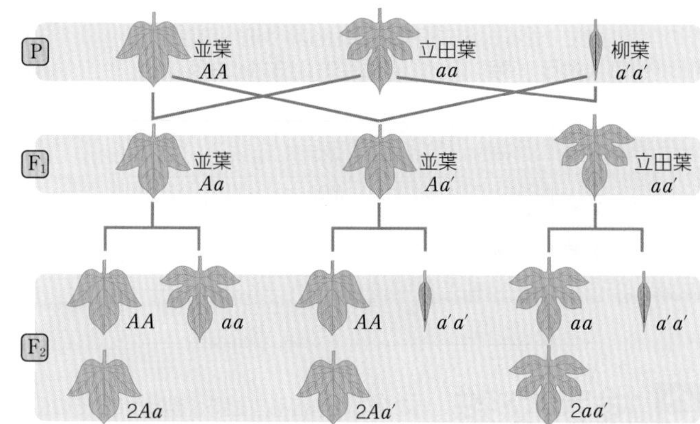

P
並葉
AA
立田葉
aa
柳葉
a′a′
F1
並葉
Aa
並葉
Aa′
立田葉
aa′
F2
AA
aa
AA
a′a′
aa
a′a′
2Aa
2Aa′
2aa′

並葉：立田葉＝3：1　　並葉：柳葉＝3：1　　立田葉：柳葉＝3：1

葉の形に関する対立遺伝子には A，a，a' の3つがある。対立遺伝子 a' は A に対しても a に対しても潜性であり，対立遺伝子 a は A に対して潜性である。

Zoom up マウスの体色を決めるアグーチ遺伝子

マウス(ハツカネズミ)の体色は，メラニン色素の配色によって決まる。メラニン色素には黒色メラニン色素や黄色メラニン色素などがあり，チロシンから生合成される。マウスの体毛が伸びる際に毛の基部で，黒色メラニン色素の沈着から黄色メラニン色素の沈着に交代させるはたらきをしているのが**アグーチ遺伝子**(A)である。このはたらきにより，1本1本の毛に黒色メラニン色素と黄色メラニン色素が交互に沈着するため，野生のマウスの体色は灰色(アグーチカラー)に見える。アグーチ遺伝子には，潜性から顕性のものを含め50以上の対立遺伝子が存在する。その中でも，A^y のホモ接合体(A^yA^y)となったマウスは発生途中で死んでしまう。これは A^y 遺伝子が**致死遺伝子**としてはたらくためである。

なお，アグーチ遺伝子とは別の C 遺伝子は，メラニン色素をつくるのにはたらいており，cc では，毛と眼で色素ができないため，体色は白色(アルビノ)となる。つまり，アグーチ遺伝子のはたらきは，C 遺伝子の存在が条件となっている(**条件遺伝子**)。

マウスの毛の色と遺伝子型

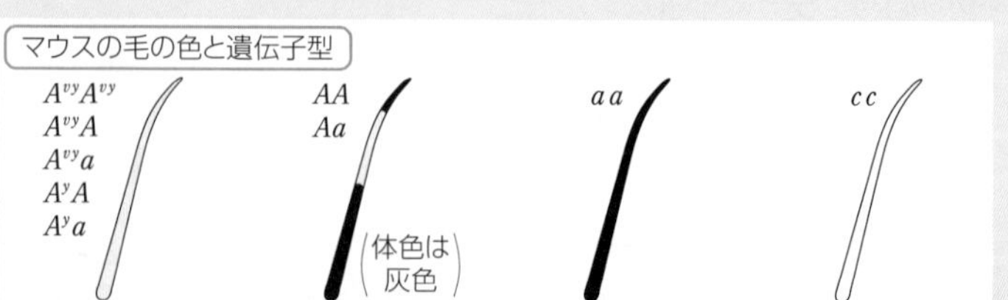

AvyAvy
AvyA
Avya
AyA
Aya
AA
Aa
(体色は灰色)
aa
cc

対立遺伝子	特徴
A^{vy}(顕性)	ホモ接合かヘテロ接合によって黄色から薄茶色までの程度の差があり，黄色が強いほど肥満になる。
A^y(顕性)	ホモ接合体は発生過程で致死になり，ヘテロ接合体は肥満で腫瘍ができやすい。
a(潜性)	ホモ接合体では色素の交互の沈着ができず，個々の毛が単色となり，体色は全体として黒くなる。

Keywords 不完全顕性(incomplete dominance)，致死遺伝子(lethal gene)，複対立遺伝子(multiple alleles)

D 遺伝子の相互作用

一見複雑そうにみえる遺伝現象も，そのほとんどは二遺伝子雑種の考え方を応用すると，容易に説明できる。

■補足遺伝子　スイートピーの花の色

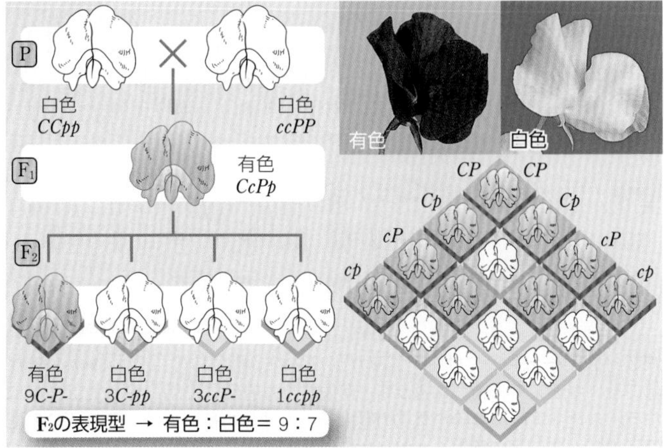
P
白色
CCpp
白色
ccPP
有色
白色
F1
有色
CcPp
F2
CP
Cp
cP
cp
有色
9C-P-
白色
3C-pp
白色
3ccP-
白色
1ccpp
F2の表現型 → 有色：白色＝9：7

C は色素原をつくる遺伝子，P は色素原を発色させる遺伝子。C と P が共存したときのみ花は有色になる。

■抑制遺伝子　カイコガのまゆの色

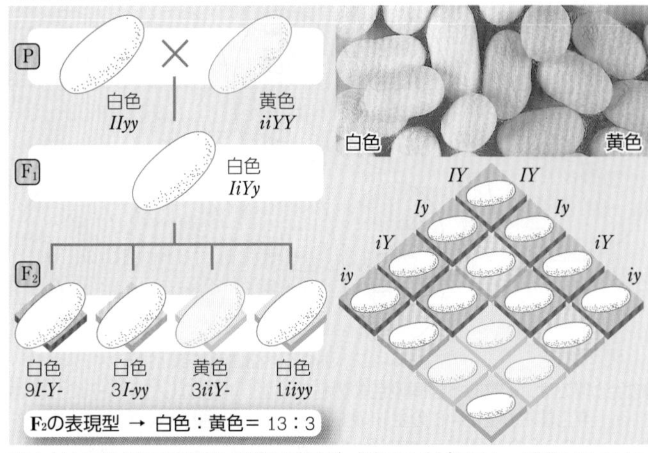
P
白色
IIyy
黄色
iiYY
白色
黄色
F1
白色
IiYy
F2
IY
Iy
iY
iy
白色
9I-Y-
白色
3I-yy
黄色
3iiY-
白色
1iiyy
F2の表現型 → 白色：黄色＝13：3

Y はまゆを黄色にする顕性の遺伝子だが，遺伝子 I があると，Y 遺伝子のはたらきは抑えられ白色になる。

■同義遺伝子　ナズナの果実の形

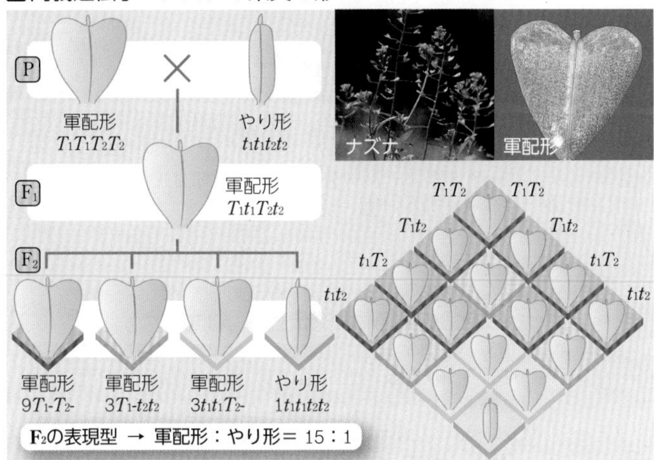
P
軍配形
T1T1T2T2
やり形
t1t1t2t2
ナズナ
軍配形
F1
軍配形
T1t1T2t2
F2
T1T2
T1t2
t1T2
t1t2
軍配形
9T1-T2-
軍配形
3T1-t2t2
軍配形
3t1t1T2-
やり形
1t1t1t2t2
F2の表現型 → 軍配形：やり形＝15：1

T_1 と T_2 は果実を軍配形にするという同じはたらきをする遺伝子で，単独でも共存しても表現型は軍配形になる（$t_1t_1t_2t_2$ だけやり形）。

■条件遺伝子　ハツカネズミの毛の色

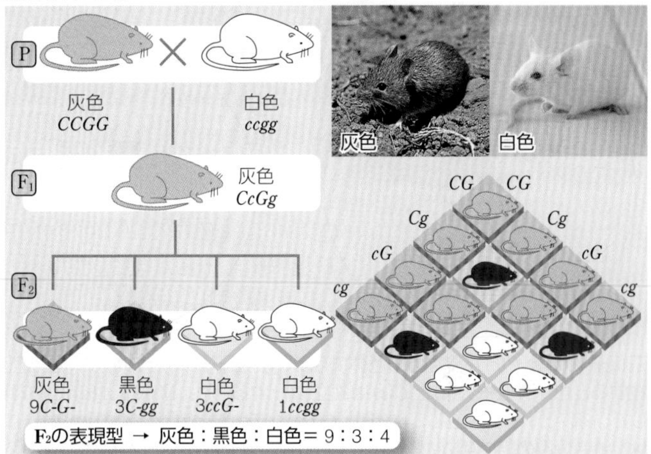
P
灰色
CCGG
白色
ccgg
灰色
白色
F1
灰色
CcGg
F2
CG
Cg
cG
cg
灰色
9C-G-
黒色
3C-gg
白色
3ccG-
白色
1ccgg
F2の表現型 → 灰色：黒色：白色＝9：3：4

C は単独で黒色の形質を現すが，遺伝子 G は C の存在を条件として灰色の形質を出現させる。

■被覆遺伝子　観賞用カボチャの果皮の色

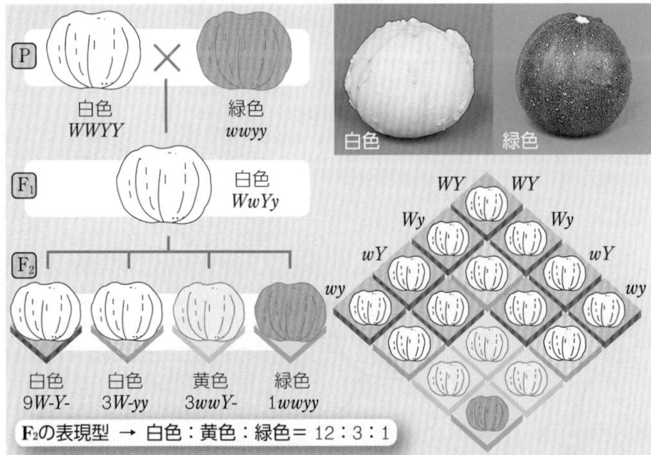
P
白色
WWYY
緑色
wwyy
白色
緑色
F1
白色
WwYy
F2
WY
Wy
wY
wy
白色
9W-Y-
白色
3W-yy
黄色
3wwY-
緑色
1wwyy
F2の表現型 → 白色：黄色：緑色＝12：3：1

Y は果皮を黄色，y は緑色にする対立遺伝子だが，対立遺伝子 W があると，いずれの遺伝子もはたらきが抑えられる。

Zoom up　ニワトリのとさかの形の遺伝

ニワトリのとさかの形は，2組の対立遺伝子によって1つの形質が決まる遺伝の一例である。P，R はそれぞれマメ冠，バラ冠の遺伝子であり，両方の遺伝子が発現するとクルミ冠とよばれる形質になる。また，遺伝子型 $pprr$ のときは単冠となる。$P(p)$，$R(r)$ の組み合わせによって表現型が4つあるため，F_2 の分離比はそのまま 9：3：3：1 となる。

注　マメ冠，バラ冠の遺伝子の両方が発現した表現型を「クルミ冠」とよんでいるにすぎず，補足遺伝子などのように遺伝子が互いにはたらきあっているわけではない。

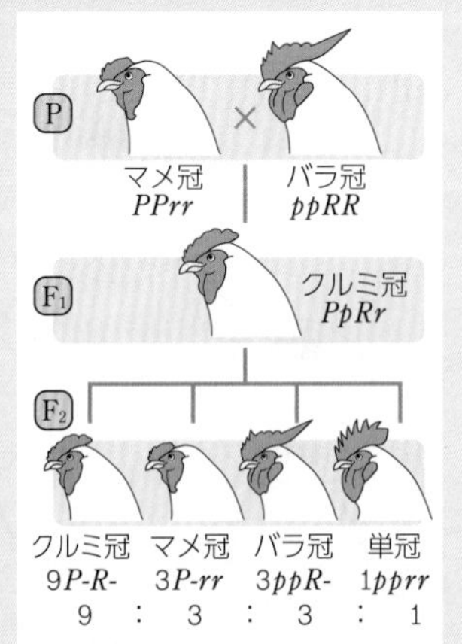
P
マメ冠
PPrr
バラ冠
ppRR
F1
クルミ冠
PpRr
F2
クルミ冠
9P-R-
マメ冠
3P-rr
バラ冠
3ppR-
単冠
1pprr
9 ： 3 ： 3 ： 1

9 遺伝子の組み合わせの変化(1)

生物基礎
生物

A 配偶子の多様性

減数分裂によってできる配偶子は，2つのしくみによって，多様な染色体の組み合わせを生じる。その結果，遺伝子の組み合わせも多様になる。

■相同染色体の分配

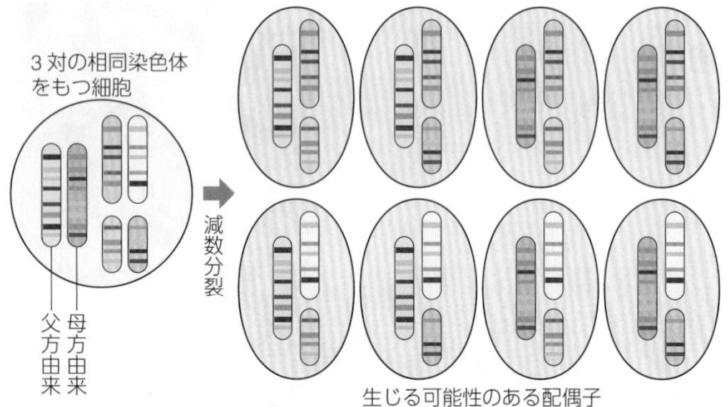
3対の相同染色体をもつ細胞
減数分裂
父方由来
母方由来
生じる可能性のある配偶子

減数分裂では，n 対ある相同染色体の各組は互いに独立して配偶子に分配される。染色体数が $2n=6$ の生物の場合は，$2^3=8$ 通りの配偶子ができる。$2n=46$ のヒトの場合には，2^{23} 通りの組み合わせができることになる。

■染色体の乗換え(交さ)

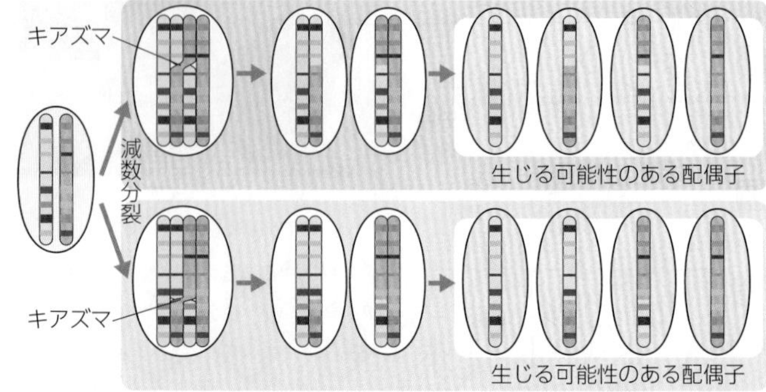
キアズマ
減数分裂
生じる可能性のある配偶子
キアズマ
生じる可能性のある配偶子

減数分裂第一分裂時にはキアズマが形成され，染色体の乗換え(▶p.119)が起こる。キアズマの位置によって，交換される遺伝子の組み合わせは多様になる。また，実際には染色体数が図に示したよりも多いので，それぞれの配偶子のもつ遺伝子の組み合わせはさらに多様になる。

B 配偶子における遺伝子の組み合わせ

2組の対立遺伝子に着目した場合，同じ染色体にあるか，異なる染色体にあるかの違いが配偶子への分配のされ方に影響する。

■遺伝子の独立と連鎖

独立

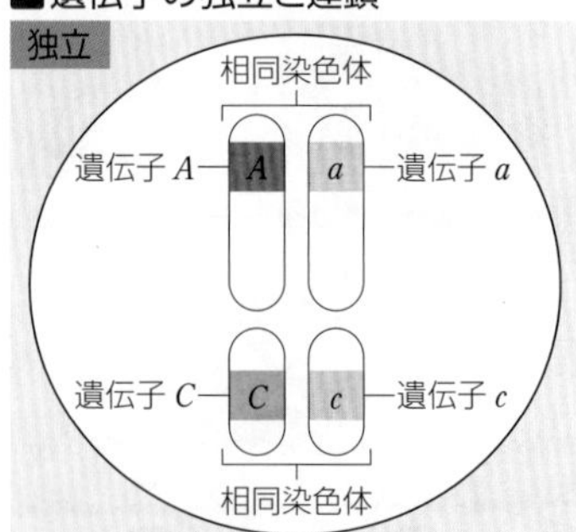
相同染色体
遺伝子 A
A
a
遺伝子 a
遺伝子 C
C
c
遺伝子 c
相同染色体

遺伝子 $A(a)$ と $C(c)$ が異なる染色体に存在するとき，遺伝子 $A(a)$ と $C(c)$ は**独立**している，という。独立している遺伝子は，減数分裂の際に互いに影響されず独立に配偶子に分配される。

連鎖

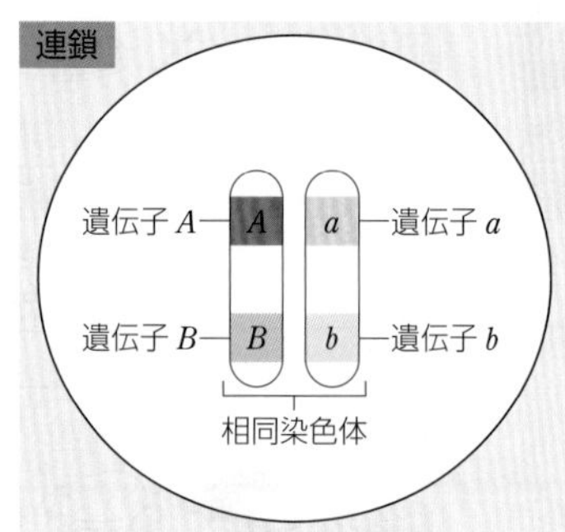
遺伝子 A
A
a
遺伝子 a
遺伝子 B
B
b
遺伝子 b
相同染色体

遺伝子 $A(a)$ と $B(b)$ が同じ染色体に存在するとき，遺伝子 $A(a)$ と $B(b)$ は**連鎖**している，という。連鎖している遺伝子は，減数分裂の際に染色体の乗換えが起こらなければ，同じ配偶子に分配される。

Jump 減数分裂 ▶p.118

配偶子が形成されるときには，減数分裂が起こる。減数分裂では，1個の母細胞から4個の娘細胞が生じ，1細胞当たりの染色体数が半減する。減数分裂の第一分裂において，相同染色体はそれぞれ別の細胞に分かれる。

Jump ヒトの染色体と遺伝子 ▶p.110

実際には多くの遺伝子が連鎖している。ヒトの場合，相同染色体が23対あり，そこに存在する遺伝子は，約20000個と推定されている。したがって，何百もの遺伝子が1本の染色体に存在していることになる。

■独立している2組の対立遺伝子に着目した場合

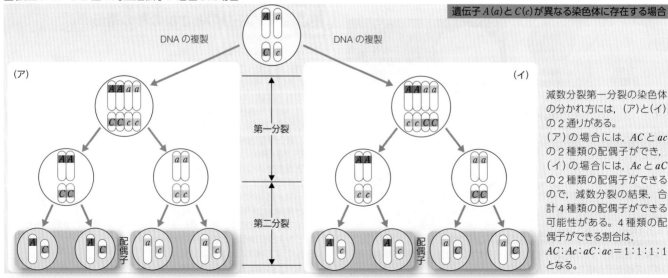

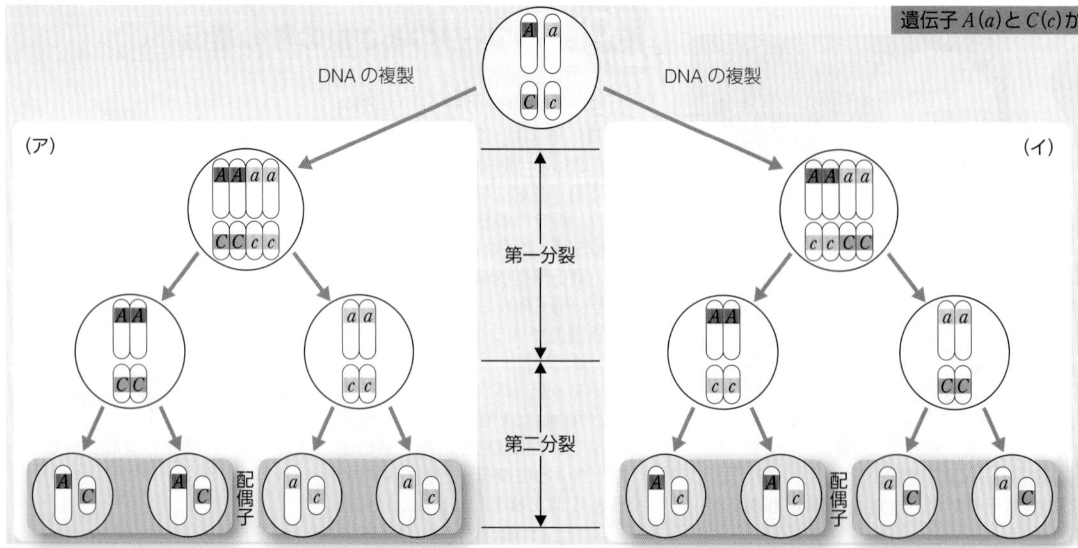
遺伝子 A(a) と C(c) が異なる染色体に存在する場合
DNA の複製
DNA の複製
(ア)
(イ)
第一分裂
第二分裂
配偶子
配偶子

減数分裂第一分裂の染色体の分かれ方には，(ア)と(イ)の2通りがある。(ア)の場合には，AC と ac の2種類の配偶子ができ，(イ)の場合には，Ac と aC の2種類の配偶子ができるので，減数分裂の結果，合計4種類の配偶子ができる可能性がある。4種類の配偶子ができる割合は，$AC:Ac:aC:ac=1:1:1:1$ となる。

Keywords 独立(independence)，連鎖(linkage)

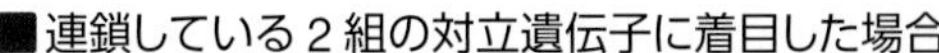
■連鎖している 2 組の対立遺伝子に着目した場合

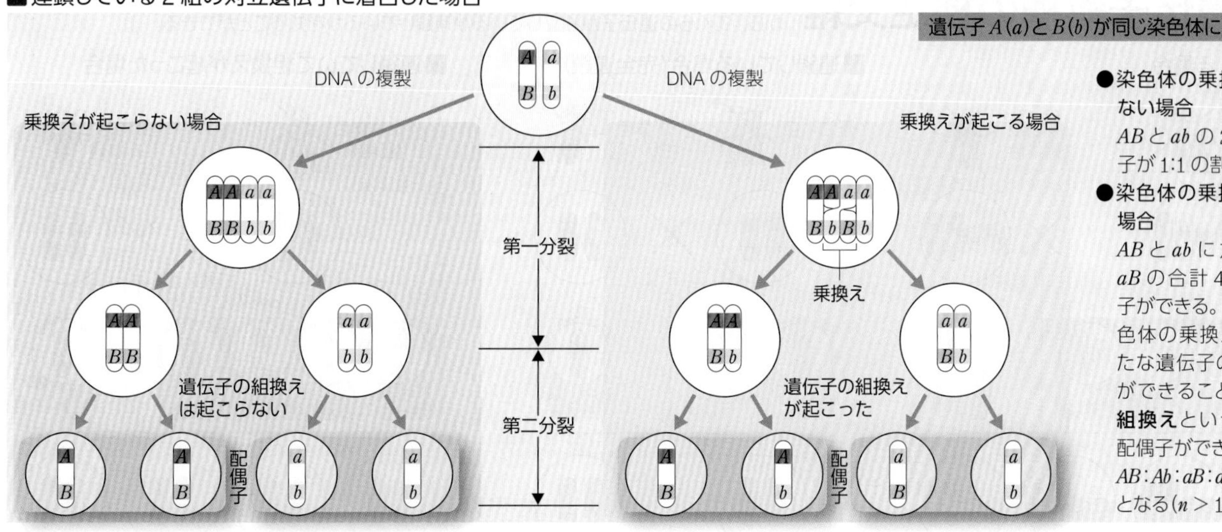
遺伝子 $A(a)$ と $B(b)$ が同じ染色体に存在する場合
DNA の複製
DNA の複製
乗換えが起こらない場合
乗換えが起こる場合
第一分裂
第二分裂
乗換え
遺伝子の組換えは起こらない
遺伝子の組換えが起こった
配偶子
配偶子

●染色体の乗換えが起こらない場合
AB と ab の 2 種類の配偶子が 1:1 の割合でできる。

●染色体の乗換えが起こる場合
AB と ab に加えて Ab と aB の合計 4 種類の配偶子ができる。このように染色体の乗換えによって新たな遺伝子の組み合わせができることを遺伝子の**組換え**という。4 種類の配偶子ができる割合は，$AB:Ab:aB:ab=n:1:1:n$ となる($n>1$)。

C 受精による遺伝子の組み合わせ

遺伝子の多様な組み合わせをもつ配偶子がつくられ，受精によってさらに多様な組み合わせの遺伝子をもつ個体ができる。

■組換えが起こらない場合と起こる場合の違いの一例

組換えが起こらない場合

遺伝子 $A(a)$ と遺伝子 $B(b)$ が連鎖している

配偶子：ABC，ABc，abC，abc

	ABC	ABc	abC	abc
ABC	AABBCC	AABBCc	AaBbCC	AaBbCc
ABc	AABBCc	AABBcc	AaBbCc	AaBbcc
abC	AaBbCC	AaBbCc	aabbCC	aabbCc
abc	AaBbCc	AaBbcc	aabbCc	aabbcc

AABBCC	AaBbCC	aabbCC
AABBCc	AaBbCc	aabbCc
AABBcc	AaBbcc	aabbcc

受精によって，このような 9 通りの遺伝子の組み合わせができる。

組換えが起こる場合

遺伝子 $A(a)$ と遺伝子 $B(b)$ が連鎖している

組換えによってできた配偶子

配偶子：ABC，ABc，abC，abc，AbC，Abc，aBC，aBc

	ABC	ABc	abC	abc	AbC	Abc	aBC	aBc
ABC	AABBCC	AABBCc	AaBbCC	AaBbCc	AABbCC	AABbCc	AaBBCC	AaBBCc
ABc	AABBCc	AABBcc	AaBbCc	AaBbcc	AABbCc	AABbcc	AaBBCc	AaBBcc
abC	AaBbCC	AaBbCc	aabbCC	aabbCc	AabbCC	AabbCc	aaBbCC	aaBbCc
abc	AaBbCc	AaBbcc	aabbCc	aabbcc	AabbCc	Aabbcc	aaBbCc	aaBbcc
AbC	AABbCC	AABbCc	AabbCC	AabbCc	AAbbCC	AAbbCc	AaBbCC	AaBbCc
Abc	AABbCc	AABbcc	AabbCc	Aabbcc	AAbbCc	AAbbcc	AaBbCc	AaBbcc
aBC	AaBBCC	AaBBCc	aaBbCC	aaBbCc	AaBbCC	AaBbCc	aaBBCC	aaBBCc
aBc	AaBBCc	AaBBcc	aaBbCc	aaBbcc	AaBbCc	AaBbcc	aaBBCc	aaBBcc

AABBCC	AABbCC	AAbbCC	AaBBCC	AaBbCC	AabbCC	aaBBCC	aaBbCC	aabbCC
AABBCc	AABbCc	AAbbCc	AaBBCc	AaBbCc	AabbCc	aaBBCc	aaBbCc	aabbCc
AABBcc	AABbcc	AAbbcc	AaBBcc	AaBbcc	Aabbcc	aaBBcc	aaBbcc	aabbcc

受精によって，このような 27 通りの遺伝子の組み合わせができる。

遺伝子の組換えが起こらない場合と起こる場合で，受精による遺伝子の組み合わせがこれだけ異なる。
実際には，同一の染色体上に多数の遺伝子が存在するため，組換えと受精による遺伝子の組み合わせは膨大な数となる。

Column 実際の遺伝子の組み合わせの多様性

ヒトの場合，23 対の相同染色体に約 20000 個の遺伝子が存在すると推定されている。よって，生じる配偶子における染色体の組み合わせは 2^{23} 通り。遺伝子の組換えが起こることを考慮すると，遺伝子の組み合わせはさらに多様となる。また，受精する配偶子の組み合わせも多様となるので，生じる子の遺伝子型の種類は膨大となる。したがって，同じ両親をもつ兄弟姉妹でも，一卵性双生児を除いて，遺伝子型が同一になることはまずない。

組換え(recombination)，受精(fertilization)

10 遺伝子の組み合わせの変化(2)

生物基礎
生物

A 二遺伝子雑種の検定交雑

注目する2組の対立遺伝子について雑種個体を検定交雑すると，子の表現型の分離比から，これらの遺伝子が独立しているか連鎖しているかを知ることができる。

■独立している場合

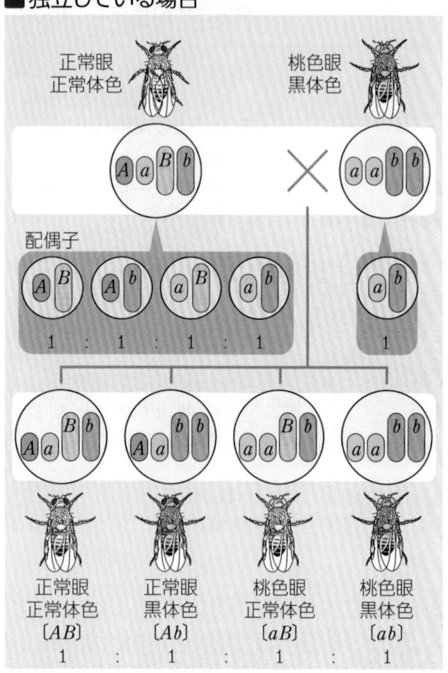

正常眼
正常体色
桃色眼
黒体色
配偶子
1 : 1 : 1 : 1
1
正常眼
正常体色
〔AB〕
正常眼
黒体色
〔Ab〕
桃色眼
正常体色
〔aB〕
桃色眼
黒体色
〔ab〕
1 : 1 : 1 : 1

遺伝子型 $AaBb$ の個体を検定交雑すると，〔AB〕:〔Ab〕:〔aB〕:〔ab〕＝1：1：1：1 となった。このとき，遺伝子 $A(a)$ と $B(b)$ は独立している。

■連鎖している場合(完全連鎖)

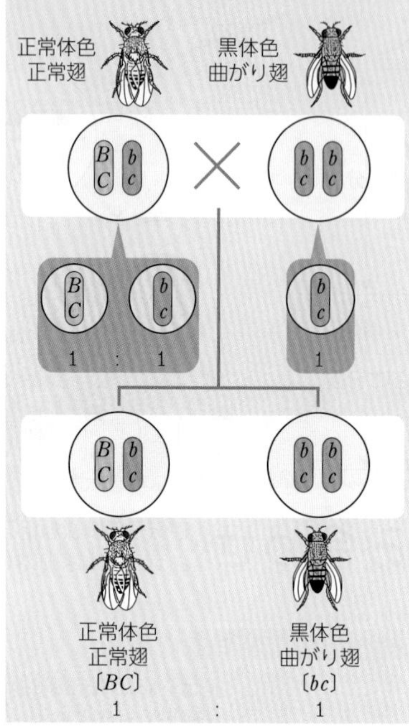

正常体色
正常翅
黒体色
曲がり翅
1 : 1
1
正常体色
正常翅
〔BC〕
黒体色
曲がり翅
〔bc〕
1 : 1

遺伝子型 $BbCc$ の個体を検定交雑すると，〔BC〕:〔Bc〕:〔bC〕:〔bc〕＝1：0：0：1 となった。このとき，遺伝子 $B(b)$ と $C(c)$ は連鎖している。

■連鎖していて組換えが起こった場合

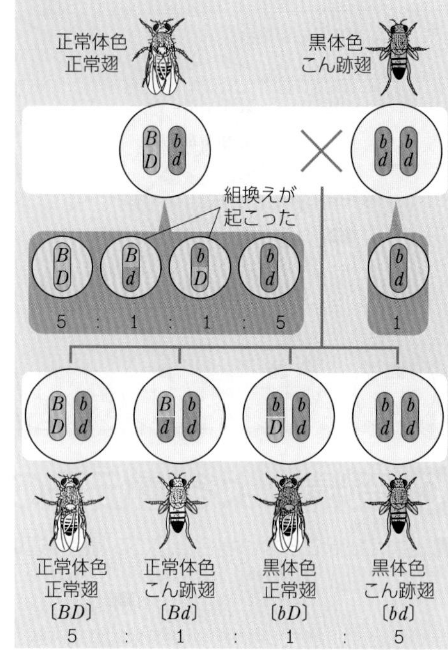

正常体色
正常翅
黒体色
こん跡翅
組換えが
起こった
5 : 1 : 1 : 5
1
正常体色
正常翅
〔BD〕
正常体色
こん跡翅
〔Bd〕
黒体色
正常翅
〔bD〕
黒体色
こん跡翅
〔bd〕
5 : 1 : 1 : 5

遺伝子型 $BbDd$ の個体を検定交雑すると，〔BD〕:〔Bd〕:〔bD〕:〔bd〕＝5：1：1：5 となった。このとき，遺伝子 $B(b)$ と $D(d)$ は連鎖し，組換えが起こっている。

B 組換え価

連鎖している遺伝子群では，ふつう一定の割合で組換えが起こる。生じた配偶子のうち，組換えを起こした配偶子の割合を**組換え価**という。

■スイートピーの花の色と花粉の形の遺伝

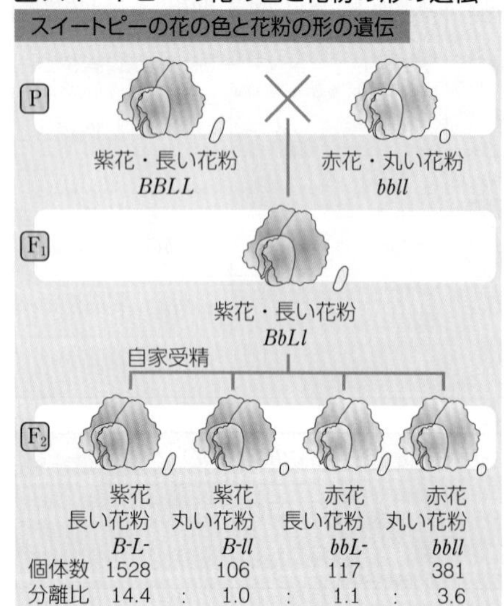

スイートピーの花の色と花粉の形の遺伝
P
紫花・長い花粉
BBLL
赤花・丸い花粉
bbll
F1
紫花・長い花粉
BbLl
自家受精
F2
紫花
長い花粉
B-L-
紫花
丸い花粉
B-ll
赤花
長い花粉
bbL-
赤花
丸い花粉
bbll
個体数 1528 106 117 381
分離比 14.4 : 1.0 : 1.1 : 3.6

実験結果※から，F_2 の分離比は，独立にも完全連鎖にも当てはまらないことがわかった。

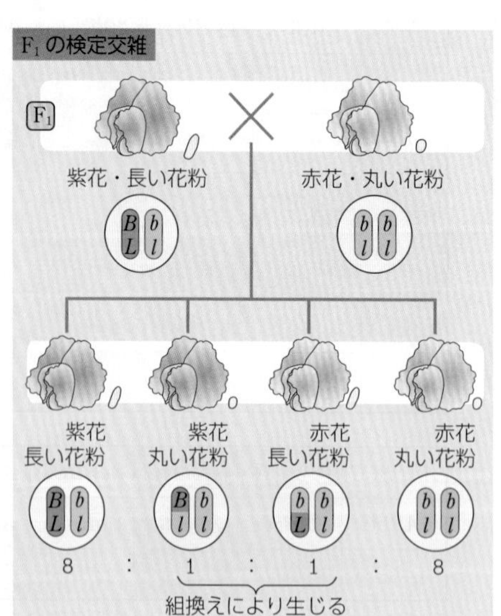

F1 の検定交雑
F1
紫花・長い花粉
赤花・丸い花粉
紫花
長い花粉
紫花
丸い花粉
赤花
長い花粉
赤花
丸い花粉
8 : 1 : 1 : 8
組換えにより生じる

F_1 のつくる配偶子の遺伝子型の分離比は，
$BL:Bl:bL:bl$ = 8：1：1：8 であることがわかる。

〔理論的分離比〕 F_1 のつくる配偶子の分離比が，
$BL:Bl:bL:bl=8:1:1:8$
であるとすれば，F_1 の自家受精によって生じた F_2 個体の表現型の理論的分離比は，右表から，
〔BL〕:〔Bl〕:〔bL〕:〔bl〕＝226：17：17：64
≒13.3：1：1：3.8　となる。

	8*BL*	1*Bl*	1*bL*	8*bl*
8*BL*	64*BBLL*	8*BBLl*	8*BbLL*	64*BbLl*
1*Bl*	8*BBLl*	1*BBll*	1*BbLl*	8*Bbll*
1*bL*	8*BbLL*	1*BbLl*	1*bbLL*	8*bbLl*
8*bl*	64*BbLl*	8*Bbll*	8*bbLl*	64*bbll*

■組換え価の求め方

組換えは，減数分裂で相同染色体が対合するときに起こる。その割合である組換え価は，着目する遺伝子間ごとに異なる。組換え価を求める式は定義のうえでは①であるが，配偶子の遺伝子型は視認できないので，実際には検定交雑の結果から②の式で求める。

組換え価(%)

$$=\frac{\text{組換えを起こした配偶子の数}}{\text{配偶子の総数}}\times 100 \cdots ①$$

$$=\frac{\text{組換えによって生じた個体数}}{\text{検定交雑によって生じた全個体数}}\times 100 \cdots ②$$

配偶子の分離比が $n:1:1:n$ の場合，組換え価は，

$$0<\frac{1+1}{n+1+1+n}\times 100<50(\%)$$

$(n>1)$

※この実験結果は，1905 年にベーツソンとパネットにより行われたものをもとにしている。

Keywords 組換え価(recombination value)

C 組換え価と遺伝子の距離

同じ染色体上にある２つの遺伝子座間で組換えが起こる確率，つまり組換え価は，一般に染色体上の遺伝子の距離に比例する。

■遺伝子座の位置関係と組換え価

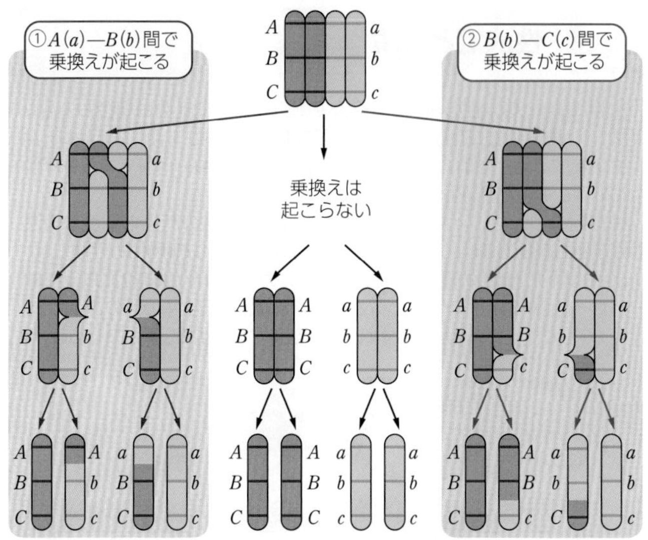
①A(a)—B(b)間で乗換えが起こる
②B(b)—C(c)間で乗換えが起こる
乗換えは起こらない
A
B
C
a
b
c

遺伝子 $A(a)-B(b)$ では，①のときのみ組換えが起こる。
遺伝子 $B(b)-C(c)$ では，②のときのみ組換えが起こる。
遺伝子 $A(a)-C(c)$ では，①のときも②のときも組換えが起こる。
遺伝子間の距離が長いほど，その間で組換えが起こる頻度が高くなり，組換え価は高くなる。

■二重乗換え

$A(a)$—$B(b)$ 間と $B(b)$—$C(c)$ 間で乗換えが起こる

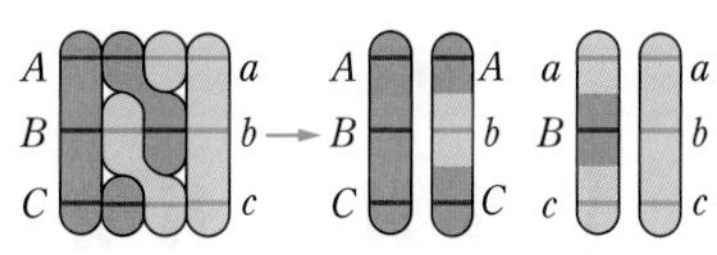
A
B
C
a
b
c

２か所で染色体の乗換えが起こった場合，$A(a)-B(b)$ 間，$B(b)-C(c)$ 間では組換えが起こるが，$A(a)-C(c)$ の連鎖関係は，染色体の乗換えが起こらなかった場合と変わらない。１対の相同染色体間で２回の染色体の乗換えが起こることを**二重乗換え**という。

■染色体上の遺伝子の配列順序の決定（三点交雑）

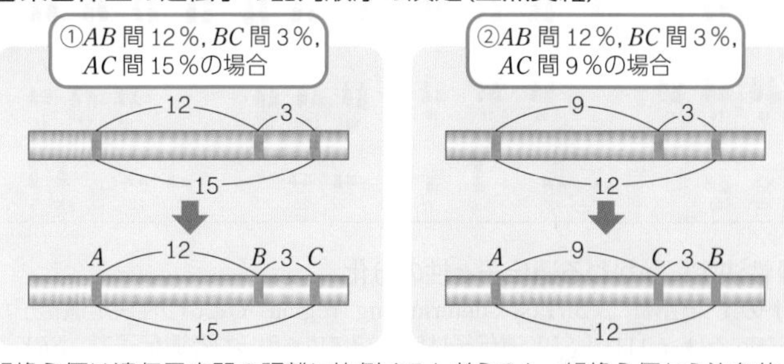
①AB 間 12％，BC 間 3％，AC 間 15％の場合
12
3
15
A
B
C
②AB 間 12％，BC 間 3％，AC 間 9％の場合
9
3
12
A
C
B

組換え価は遺伝子座間の距離に比例すると考えると，組換え価から染色体上の遺伝子の相対的な位置を知ることができる。同じ連鎖群（１つの染色体上に存在する遺伝子の集団）に属する３つの遺伝子 A，B，C を選び，交雑により各遺伝子間（A と B，B と C，A と C）の組換え価をそれぞれ求め，組換え価から染色体上の遺伝子の相対的な位置関係を調べる方法を**三点交雑**という。

D 染色体地図

モーガンはキイロショウジョウバエのいろいろな突然変異体を用いて交雑実験をくり返し，求めた組換え価から，**染色体地図**を作成した。組換え価に基づいて作成した染色体地図を**連鎖地図**（**遺伝学的地図**）という。

■キイロショウジョウバエの染色体地図（連鎖地図）

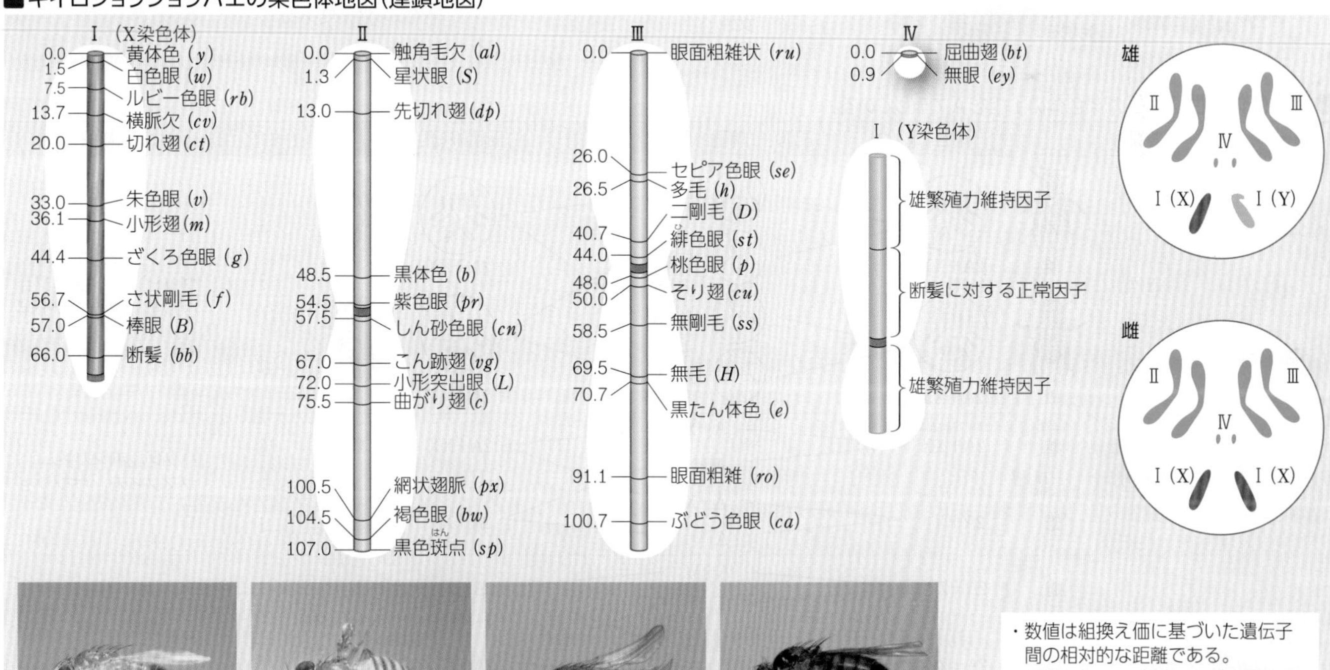
Ⅰ（X染色体）
0.0 黄体色（y）
1.5 白色眼（w）
7.5 ルビー色眼（rb）
13.7 横脈欠（cv）
20.0 切れ翅（ct）
33.0 朱色眼（v）
36.1 小形翅（m）
44.4 ざくろ色眼（g）
56.7 さ状剛毛（f）
57.0 棒眼（B）
66.0 断髪（bb）
Ⅱ
0.0 触角毛欠（al）
1.3 星状眼（S）
13.0 先切れ翅（dp）
48.5 黒体色（b）
54.5 紫色眼（pr）
57.5 しん砂色眼（cn）
67.0 こん跡翅（vg）
72.0 小形突出眼（L）
75.5 曲がり翅（c）
100.5 網状翅脈（px）
104.5 褐色眼（bw）
107.0 黒色斑点（sp）
Ⅲ
0.0 眼面粗雑状（ru）
26.0 セピア色眼（se）
26.5 多毛（h）
二剛毛（D）
40.7 緋色眼（st）
44.0 桃色眼（p）
48.0 そり翅（cu）
50.0 無剛毛（ss）
58.5
69.5 無毛（H）
70.7 黒たん体色（e）
91.1 眼面粗雑（ro）
100.7 ぶどう色眼（ca）
Ⅳ
0.0 屈曲翅（bt）
0.9 無眼（ey）
Ⅰ（Y染色体）
雄繁殖力維持因子
断髪に対する正常因子
雄繁殖力維持因子
雄
Ⅱ
Ⅲ
Ⅳ
Ⅰ（X）
Ⅰ（Y）
雌
Ⅱ
Ⅲ
Ⅳ
Ⅰ（X）
Ⅰ（X）

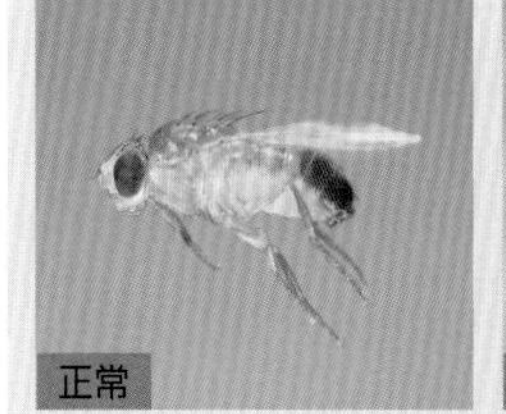
正常

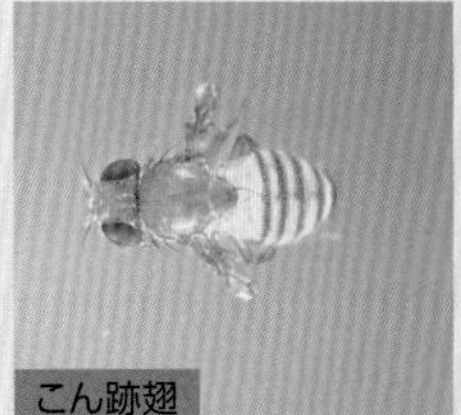
こん跡翅

そり翅

黒たん体色

・数値は組換え価に基づいた遺伝子間の相対的な距離である。組換え価1％に相当する遺伝子の距離を1と表している（単位は cM（センチモーガン））。
・遺伝子記号の大文字は顕性遺伝子を，小文字は潜性遺伝子を表す。
・染色体上の■は動原体の位置。

図中の数値が 50 をこえているのは，対合する染色体間で乗換えが２回以上起こることがあるからで，実際の組換え価が 50％ をこえることはない。

三点交雑（three-point cross），染色体地図（chromosome map），連鎖地図（linkage map）

11 性と遺伝 生物基礎 生物

A 性決定の様式

雌雄異体の生物では，雌雄で数や形が異なる性染色体がみられることが多い。

■性染色体

雌雄がある真核生物で，雌雄で形や数の異なる染色体を**性染色体**といい，性染色体以外で雌雄で共通した染色体を**常染色体**という。ヒトは 22 対(44 本)の常染色体と 1 対(2 本)の性染色体をもっており，男性の性染色体は XY，女性の性染色体は XX である。

男性(44 + XY)	女性(44 + XX)
1 2 3 4 5 / 6 7 8 9 10 11 12 / 13 14 15 16 17 18 / 19 20 21 22 X Y	1 2 3 4 5 / 6 7 8 9 10 11 12 / 13 14 15 16 17 18 / 19 20 21 22 X X

■性決定にかかわる遺伝子と性の分化

ヒトの Y 染色体には *SRY*(sex-determining region Y)という性決定遺伝子が存在する(▶ *p*.111)。*SRY* 遺伝子は哺乳類に広くみられる遺伝子で，*SRY* 遺伝子がはたらくと精巣が分化し，はたらかないと卵巣が分化する。個体の性が確立するまでには，性染色体の構成による遺伝的な性決定，遺伝子発現による生殖巣の分化，ホルモンによる性分化という 3 つの段階がある。

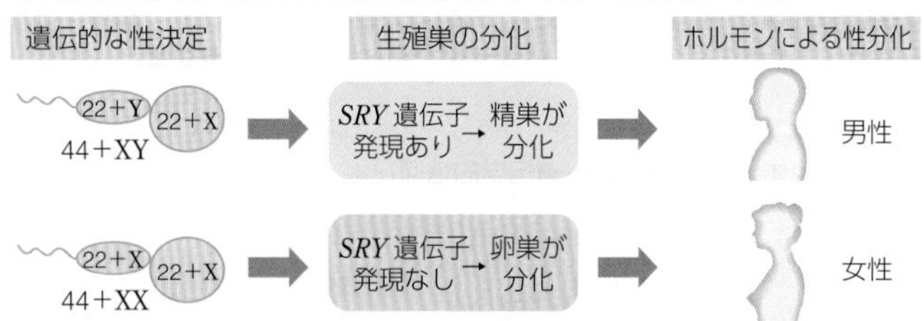
遺伝的な性決定
生殖巣の分化
ホルモンによる性分化
22＋Y
22＋X
44＋XY
SRY 遺伝子 発現あり → 精巣が 分化
男性
22＋X
22＋X
44＋XX
SRY 遺伝子 発現なし → 卵巣が 分化
女性

Column 性決定と環境

生物によっては，性の決定が染色体の種類や数と関係ない場合も少なくない。環形動物に近縁のボネリムシには性染色体がなく，プランクトン生活をする幼生が雌のからだに付着すると雄になり，付着できないと雌になって海底で固着生活を始める。

は虫類の中にも，染色体構成ではなく発生の特定の時期の温度で性決定するものがある。ミシシッピーワニでは 33 ～ 34 ℃では雄しか生まれず，30 ℃以下だと雌しか生まれない。逆にアカウミガメでは 32 ℃以上では雌のみ，28 ℃以下では雄のみとなる。また，カミツキガメのように 28 ～ 30 ℃では雄に，それからずれるほど雌になりやすくなるものもある。

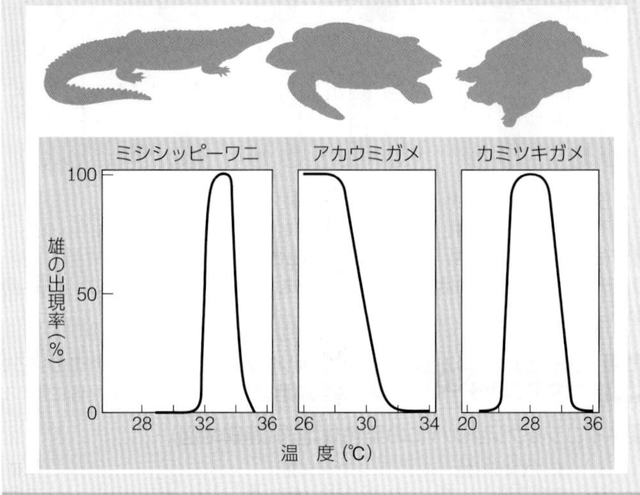
ミシシッピーワニ
アカウミガメ
カミツキガメ
100
50
0
雄の出現率(％)
28 32 36
26 30 34
20 28 36
温　度(℃)

■性染色体と性決定

常染色体の 1 組を A で表している。

型		親	配偶子(精子・卵)	受精卵(子)	性比	生物例
雄ヘテロ	XY 型	雌 2A＋XX	A＋X A＋X	2A＋XX 雌	1	ヒト，ウマ，ネズミ，グッピー，ショウジョウバエ，アサ，ヤナギ
		雄 2A＋XY	A＋X A＋Y	2A＋XY 雄	： 1	
	XO 型	雌 2A＋XX	A＋X A＋X	2A＋XX 雌	1	バッタ，ホシカメムシ，ヤマノイモ，サンショウ
		雄 2A＋X	A＋X A	2A＋X 雄	： 1	
雌ヘテロ	ZW 型	雌 2A＋ZW	A＋W A＋Z	2A＋ZW 雌	1	ニワトリ，カイコガ
		雄 2A＋ZZ	A＋Z A＋Z	2A＋ZZ 雄	： 1	
	ZO 型	雌 2A＋Z	A A＋Z	2A＋Z 雌	1	ヒゲナガトビケラ，ミノガ
		雄 2A＋ZZ	A＋Z A＋Z	2A＋ZZ 雄	： 1	

Keywords 常染色体(autosome)，性染色体(sex chromosome)，X 染色体(X chromosome)，Y 染色体(Y chromosome)，性決定(sex determination)

B 性染色体と遺伝

性染色体には性決定にかかわる遺伝子だけでなく他の遺伝子も存在する。そのような遺伝子によって決まる形質は，性によって現れ方が異なってくる。

■伴性遺伝

両方の性でみられる形質に関する遺伝のうちで，性によって現れ方の異なる遺伝を伴性遺伝という。

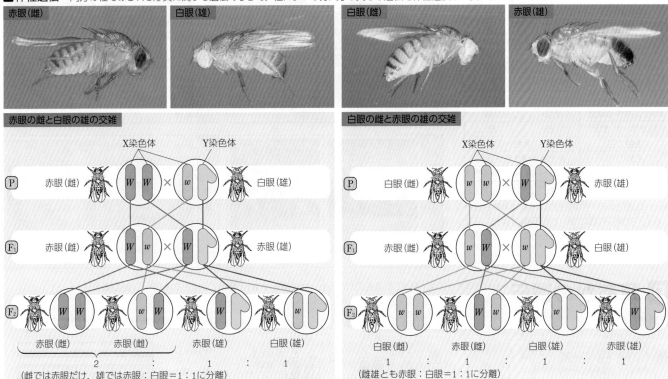

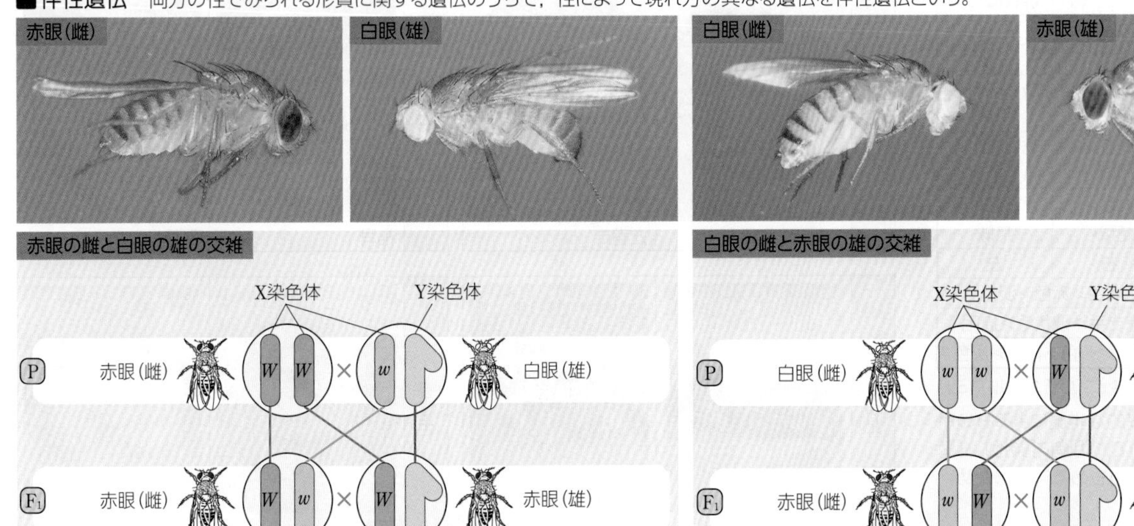

赤眼(雌)
白眼(雄)
白眼(雌)
赤眼(雄)
赤眼の雌と白眼の雄の交雑
X染色体
Y染色体
P 赤眼(雌) W W × w 白眼(雄)
F1 赤眼(雌) W w × W 赤眼(雄)
F2 W W / w W / W / w
赤眼(雌) 赤眼(雌) 赤眼(雄) 白眼(雄)
2 : 1 : 1
(雌では赤眼だけ，雄では赤眼：白眼＝1：1に分離)
白眼の雌と赤眼の雄の交雑
X染色体
Y染色体
P 白眼(雌) w w × W 赤眼(雄)
F1 赤眼(雌) w W × w 白眼(雄)
F2 w w / W w / w / W
白眼(雌) 赤眼(雌) 白眼(雄) 赤眼(雄)
1 : 1 : 1 : 1
(雌雄とも赤眼：白眼＝1：1に分離)

キイロショウジョウバエの白眼の遺伝子(w)は，X 染色体上にある遺伝子で，X 染色体を 1 つしかもたない雄では対立遺伝子 w が 1 つあると白眼になるが，X 染色体を 2 つもつ雌では，ww のときのみ白眼となり，Ww では赤眼になる。

■限性遺伝

一方の性にしか存在しない性染色体上に性決定以外に関係する遺伝子があると，その遺伝子によって生じる形質は限られた性の個体にしか現れない。

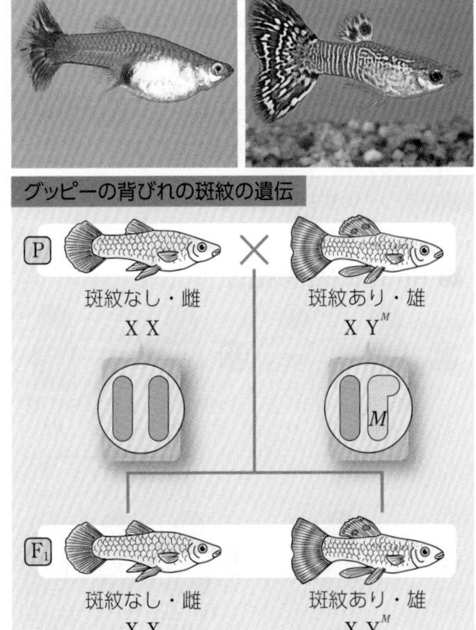

斑紋のない雌
斑紋のある雄
グッピーの背びれの斑紋の遺伝
P
斑紋なし・雌
X X
斑紋あり・雄
X Y^M
M
F1
斑紋なし・雌
X X
斑紋あり・雄
X Y^M

グッピーの性決定は雄ヘテロの XY 型である。背びれに大きな斑紋を発現させる遺伝子(M)は Y 染色体上にあり，斑紋は雄にしか現れない。

虎蚕(雌)

正常(雄)

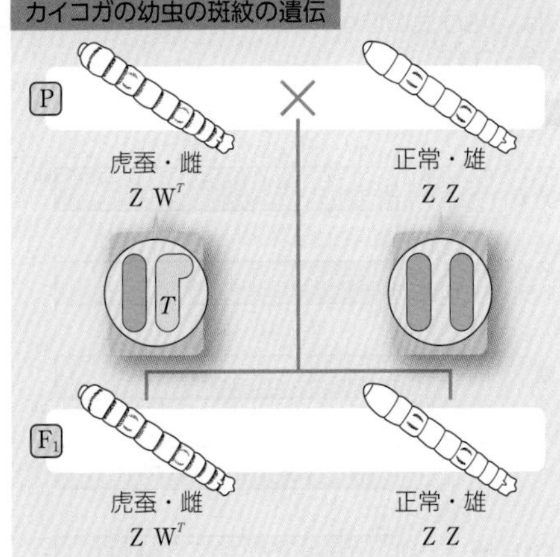

カイコガの幼虫の斑紋の遺伝
P
虎蚕・雌
Z W^T
正常・雄
Z Z
T
F1
虎蚕・雌
Z W^T
正常・雄
Z Z

カイコガの性決定は雌ヘテロの ZW 型である。幼虫の斑紋を発現させる遺伝子(T)は W 染色体上にあり，虎蚕は雌の幼虫にだけ現れる形質である。

Column ニワトリの伴性遺伝

ニワトリにはプリマスロックというさざ波模様の羽毛の品種がある。この羽毛をさざ波模様にする遺伝子は Z 染色体上にあり，伴性遺伝する。ニワトリの性決定は雌ヘテロの ZW 型なので，雄はこの遺伝子を 2 つもち，雌は 1 つしかもたない。プリマスロックの雄をラングシャンという黒色の羽毛をもつ品種の雌と交雑すると，F_1 はすべてさざ波模様になり，F_1 どうしの交雑でできた F_2 の雄はすべてさざ波模様，雌はさざ波模様：黒色＝1：1となる。

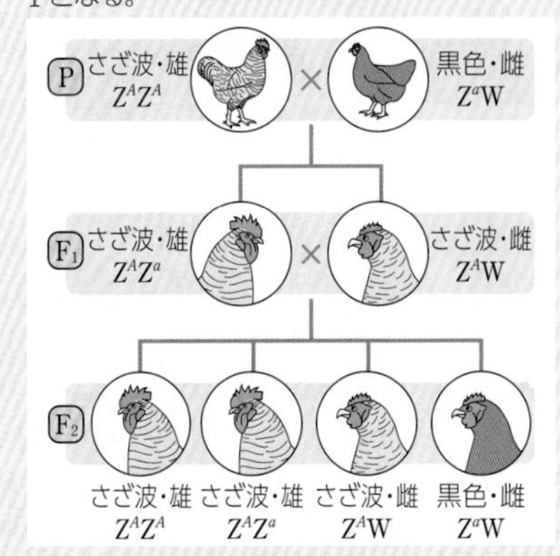

P さざ波・雄 Z^AZ^A × 黒色・雌 Z^aW
F1 さざ波・雄 Z^AZ^a × さざ波・雌 Z^AW
F2
さざ波・雄 Z^AZ^A
さざ波・雄 Z^AZ^a
さざ波・雌 Z^AW
黒色・雌 Z^aW

伴性遺伝(sex-linked inheritance)，限性遺伝(sex-limited inheritance)

12 ヒトの遺伝

生物基礎
生 物

A ヒトの遺伝形質

ヒトには，自由に交雑実験を行えない，一世代の期間が長いなど，遺伝の研究には適さない点が多いが，遺伝する形質として明らかになっているものもある。

形質	現れやすい※	現れにくい
頭のつむじ	右巻き	左巻き
まぶた	二重	一重
耳たぶの形	離れている（福耳）	ついている（平耳）
耳あか	湿っている（ウェット）	乾いている（ドライ）
巻き舌	できる	できない
PTC に対する味覚	苦み	無味
利き手・利き足	右	左
毛髪の色	黒色＞赤色＞淡色	
毛髪の形	巻き毛＞波状毛＞直毛	
虹彩の色	黒色＞茶色＞青色＞灰色	

PTC：フェニルチオカルバミド

※ヒトの遺伝の研究は間接的な推論によるものが多く，各対立形質について，明確に「顕性」，「潜性」と区別がつかないものもある。そのため，現れやすさで示している。

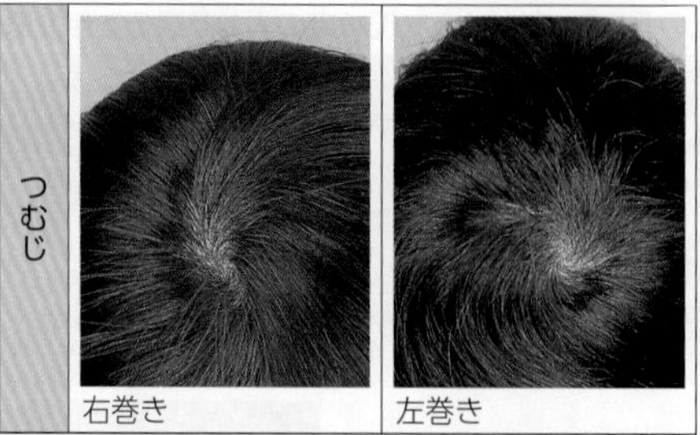

つむじ
右巻き

左巻き

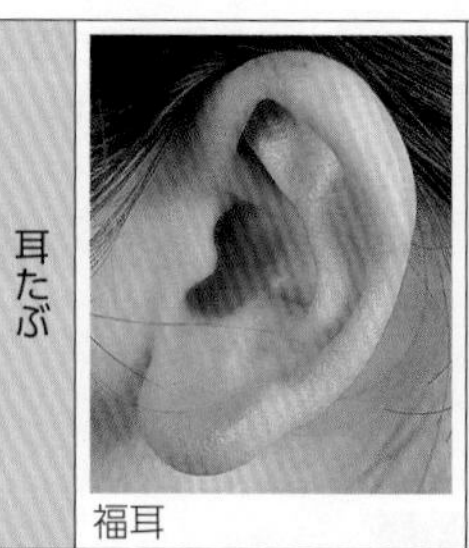

耳たぶ
福耳

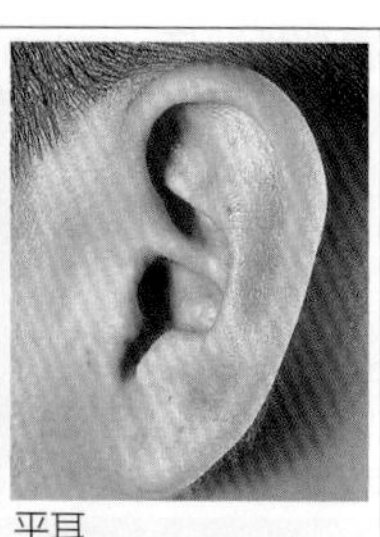

平耳

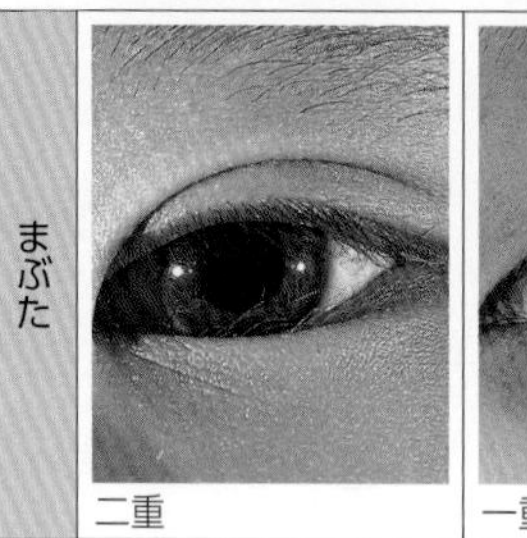

まぶた
二重

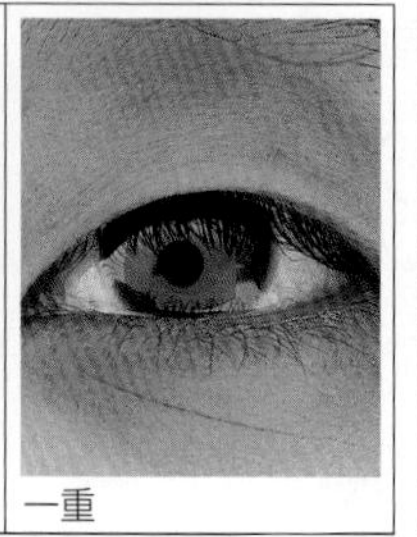

一重

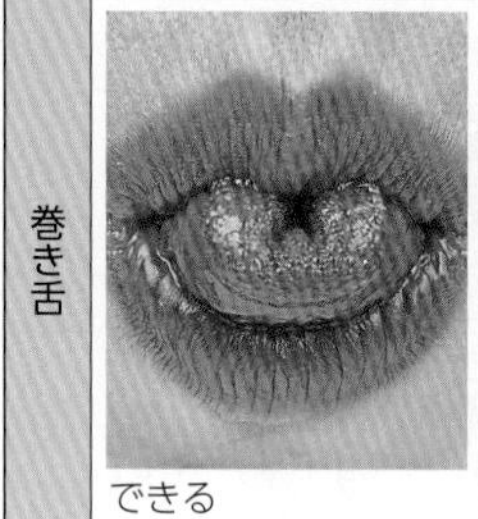

巻き舌
できる

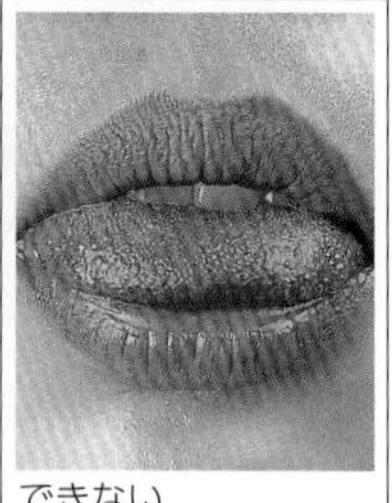

できない

B 耳あかの遺伝

ヒトの耳あかには，湿っているもの（ウェット，対立遺伝子 *W*）と乾いているもの（ドライ，対立遺伝子 *w*）がある。

■耳あかの遺伝

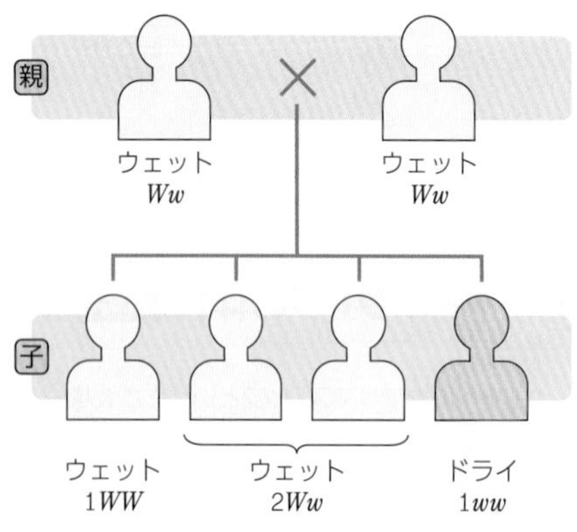

親
ウェット
Ww
ウェット
Ww
子
ウェット
1WW
ウェット
2Ww
ドライ
1ww

両親がウエットでも，いずれもヘテロ接合体であればドライの子も生まれる。

■遺伝子の伝わり方

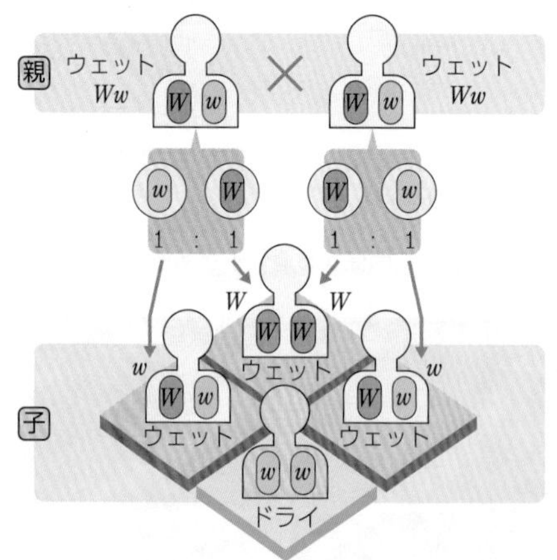

親
ウェット
Ww
ウェット
Ww
W w
1 : 1
子
W W
ウェット
W w
ウェット
w w
ドライ

■人種別のウェットとドライの割合

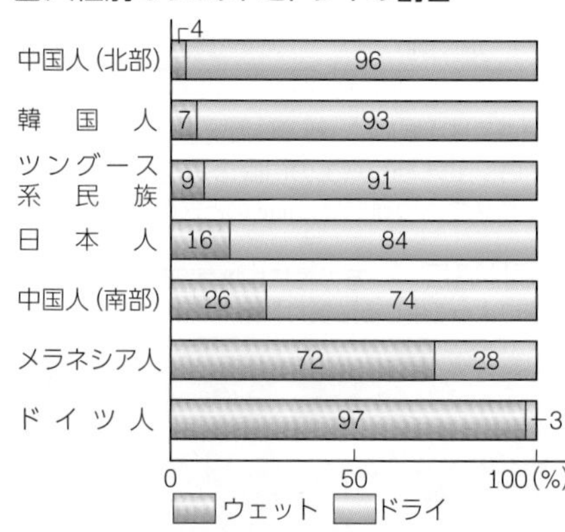

中国人（北部） 4 96
韓国人 7 93
ツングース系民族 9 91
日本人 16 84
中国人（南部） 26 74
メラネシア人 72 28
ドイツ人 97 3
0
50
100（%）
ウェット
ドライ

ウェットとドライの割合は人種による差が大きく，一般にアジアではドライが多い。

C 血液型の遺伝

ヒトの血液型には，ABO 式のほか Rh 式や MN 式などいろいろな種類があり，いずれの血液型でも遺伝子によって決まっている。

■ ABO 式血液型の遺伝

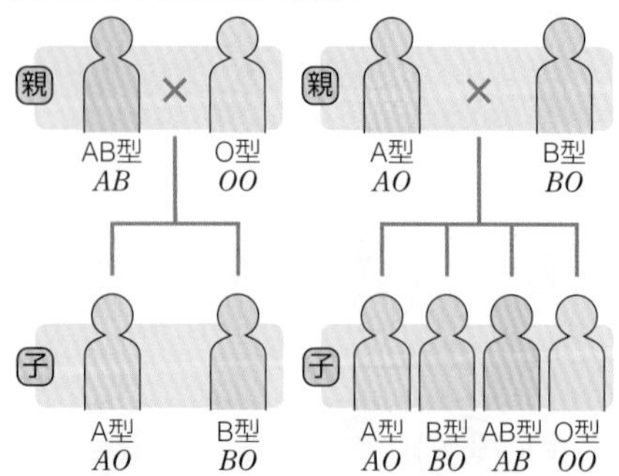

親
AB型
AB
O型
OO
A型
AO
B型
BO
子
A型
AO
B型
BO
A型
AO
B型
BO
AB型
AB
O型
OO

ABO 式血液型の遺伝子は第 9 染色体にあり（▶ *p*.110），*A*，*B*，*O* の 3 つの対立遺伝子からなる複対立遺伝子（▶ *p*.266）の例である。

■人種別の *A*, *B*, *O* の対立遺伝子の割合

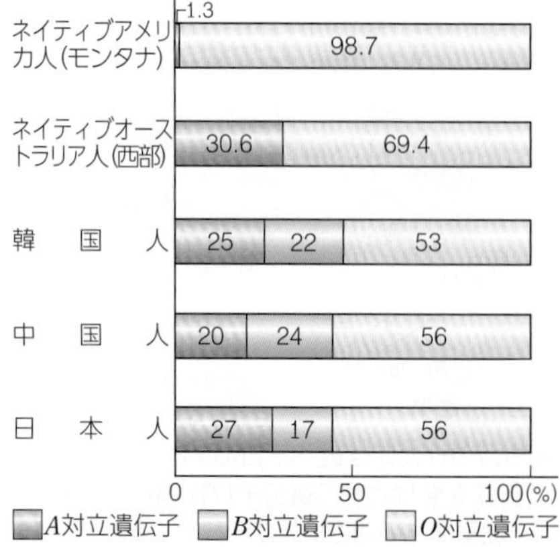

ネイティブアメリカ人（モンタナ） 1.3 98.7
ネイティブオーストラリア人（西部） 30.6 69.4
韓国人 25 22 53
中国人 20 24 56
日本人 27 17 56
0
50
100（%）
A対立遺伝子
B対立遺伝子
O対立遺伝子

■ Rh 式血液型の遺伝

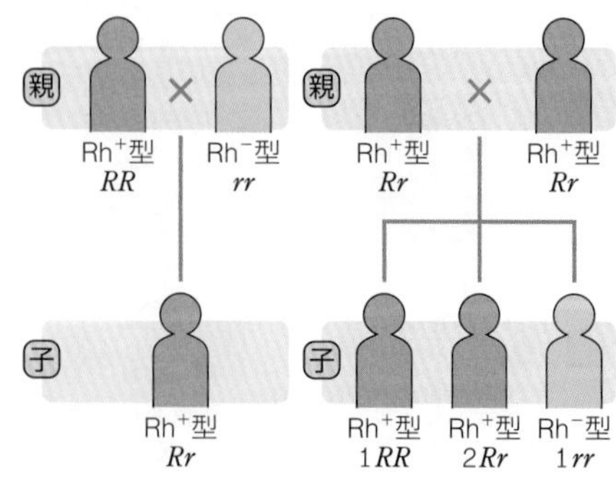

親
Rh⁺型
RR
Rh⁻型
rr
Rh⁺型
Rr
Rh⁺型
Rr
子
Rh⁺型
Rr
Rh⁺型
1RR
Rh⁺型
2Rr
Rh⁻型
1rr

Rh 式血液型の遺伝子は，メンデルの遺伝の法則に従って遺伝する。この遺伝子座は，第 1 染色体上にある（▶ *p*.110）。

Keywords 血液型（blood group）

D 血友病の遺伝

血友病は血液が凝固しにくくなる遺伝性疾患である。血友病に関係する遺伝子はX染色体上にある。近世ヨーロッパでは，突然変異で血友病の遺伝子が現れ，各国の王家に遺伝していった。

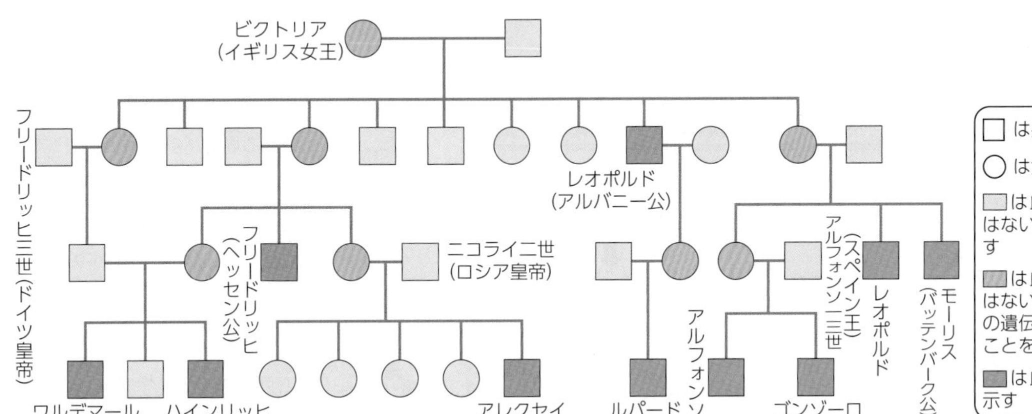
ビクトリア
(イギリス女王)
フリードリッヒ三世(ドイツ皇帝)
フリードリッヒ(ヘッセン公)
ニコライ二世(ロシア皇帝)
レオポルド(アルバニー公)
アルフォンソ三世(スペイン王)
レオポルド
モーリス(バッテンバーク公)
ワルデマール
ハインリッヒ
アレクセイ
ルパード
アルフォンソ
ゴンゾーロ

□は男性
○は女性
□は血友病ではないことを示す
□は血友病ではないが血友病の遺伝子をもつことを示す
■は血友病を示す

図は，19～20世紀にかけてのイギリス，スペイン，ドイツ，ロシアの王家の家系図の一部とそこにみられる血友病の出現状況を示している。患者の祖先をたどると，すべてイギリスのビクトリア女王に集まるので，女王が血友病の保因者であったと考えられる。

Column お酒に強い人，弱い人

■アルコール代謝と遺伝子

ヒトの体内に入ったアルコールは，ADH(アルコール脱水素酵素)によってアセトアルデヒドに変わり，ALDH(アルデヒド脱水素酵素)によって無害な酢酸に変えられる。ALDHのうちのALDH2(遺伝子座は第12染色体上にある▶ *p.*111)には活性型(遺伝子 *A*)と不活性型(遺伝子 *a*)があり，遺伝子型 *AA* の人は活性型ALDH2によって速やかにアセトアルデヒドを分解できるため，お酒に強い体質となる。一方，遺伝子型 *Aa*，*aa* の人は，アセトアルデヒドがうまく分解されないため，お酒に弱い体質や，非常に弱い体質となる。

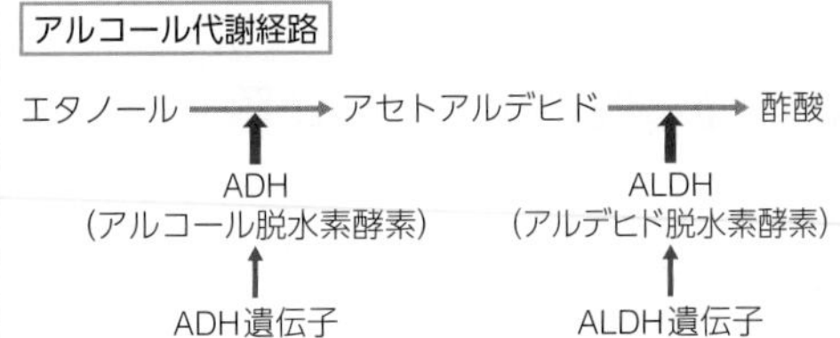
アルコール代謝経路
エタノール
アセトアルデヒド
酢酸
ADH
(アルコール脱水素酵素)
ALDH
(アルデヒド脱水素酵素)
ADH遺伝子
ALDH遺伝子

■アルコールパッチテスト

消毒用の70％エタノールを小さく切ったガーゼに浸し，腕の内側のやわらかいところにテープで固定し，約7分後にガーゼをはがして，その後，10分後にはがしたところの皮膚の色を観察する。お酒に弱い人はアセトアルデヒドが蓄積して毛細血管が拡張するため，皮膚が赤くなる。

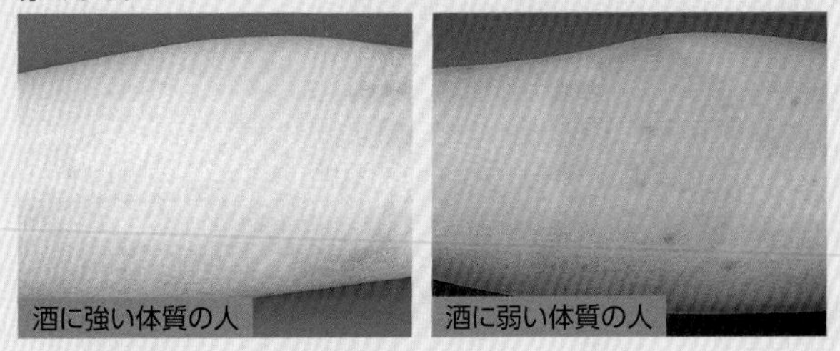
酒に強い体質の人　酒に弱い体質の人

Zoom up ヒトの色覚と遺伝子

ヒトは，網膜上にある3種類の錐体細胞(赤錐体細胞，緑錐体細胞，青錐体細胞)のはたらきによって色を見分けている(▶ *p.*181)。これら3種類の錐体細胞には，それぞれオプシンとよばれる光受容体タンパク質がある。オプシンの遺伝子は，青オプシン遺伝子座が第7染色体上にあるのに対し，赤オプシン遺伝子座と緑オプシン遺伝子座はX染色体上の非常に近い位置にある(▶ *p.*111)。通常，X染色体上にある赤オプシン遺伝子は1つだけだが，緑オプシン遺伝子の数は人によって異なる。また，これらの遺伝子は最初(上流)の2つが発現できる。

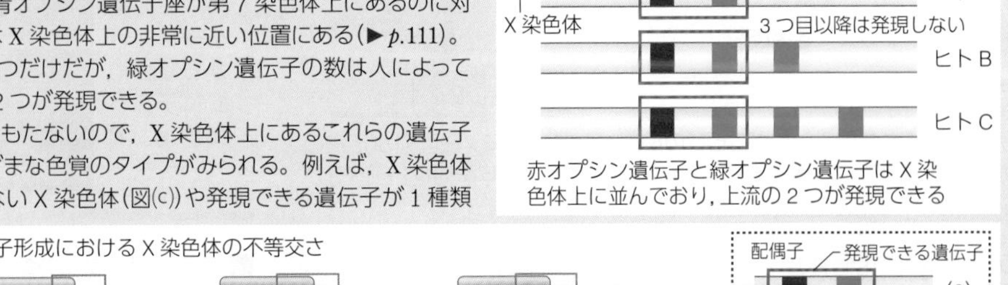
赤オプシン遺伝子
緑オプシン遺伝子
ヒトA
X染色体
3つ目以降は発現しない
ヒトB
ヒトC

赤オプシン遺伝子と緑オプシン遺伝子はX染色体上に並んでおり，上流の2つが発現できる

女性はX染色体を2本もつが，男性は1本しかもたないので，X染色体上にあるこれらの遺伝子については，男女で現れ方に違いが生じ，さまざまな色覚のタイプがみられる。例えば，X染色体で不等交さ※が起こると，一方の遺伝子をもたないX染色体(図(c))や発現できる遺伝子が1種類だけのX染色体(図(b))ができる場合がある。このようなX染色体を受け継いだ場合，赤色と緑色が区別しにくくなることがある。また，遺伝子の組換えによって，赤オプシンと緑オプシンの融合遺伝子(ハイブリッド遺伝子)ができたり，その他の原因で色覚の変化が生み出されたりすることもある。このように，色覚のタイプは非常に多様である。

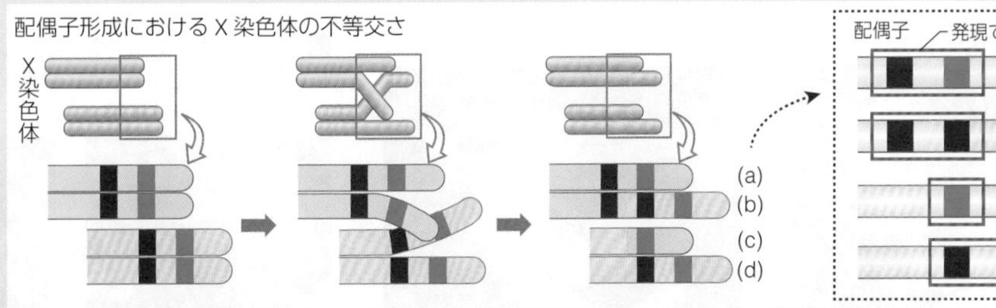
配偶子形成におけるX染色体の不等交さ
X染色体
(a)
(b)
(c)
(d)
配偶子
発現できる遺伝子

※染色体の乗換えの際に，もとと同じ染色体ができず多重になった部分と欠失した部分をもつ染色体が別々に生じる現象(▶ *p.*281)。

血友病(hemophilia)，アルコール脱水素酵素(alcohol dehydrogenase)

13 遺伝情報の変化と形質(1)

生物基礎
生物

A 突然変異

同種の個体間に見られる形質の違いを**変異**といい，遺伝情報をもつ DNA の塩基配列が変化することを**突然変異**という。

■塩基配列のいろいろな変化と形質

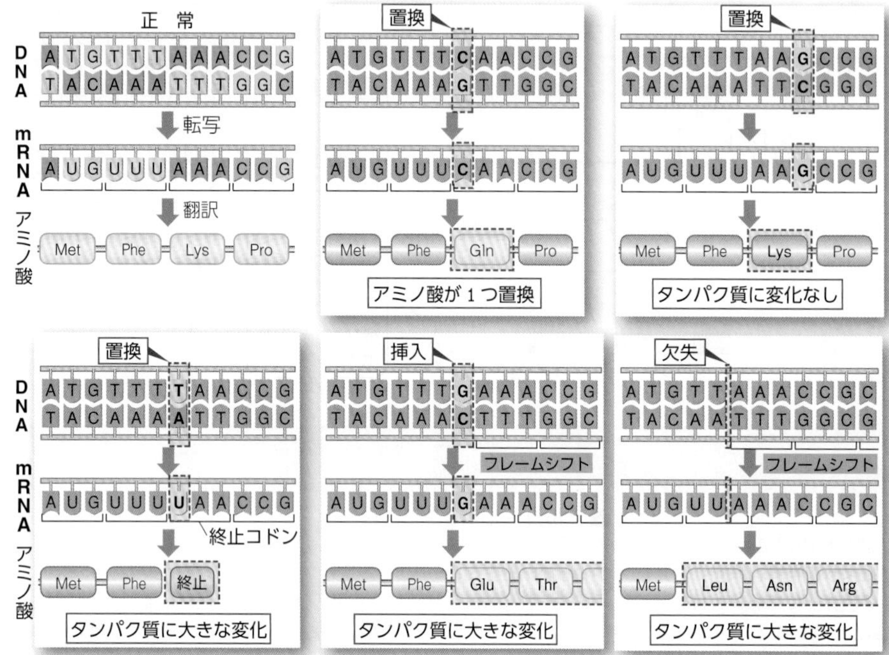

正常
DNA
ATGTTTAAACCG
TACAAATTTGGC
転写
mRNA
AUGUUUAAACCG
翻訳
アミノ酸
Met Phe Lys Pro
置換
ATGTTTCAACCG
TACAAAGTTGGC
AUGUUUCAACCG
Met Phe Gln Pro
アミノ酸が1つ置換
置換
ATGTTTAAGCCG
TACAAATTCGGC
AUGUUUAAGCCG
Met Phe Lys Pro
タンパク質に変化なし

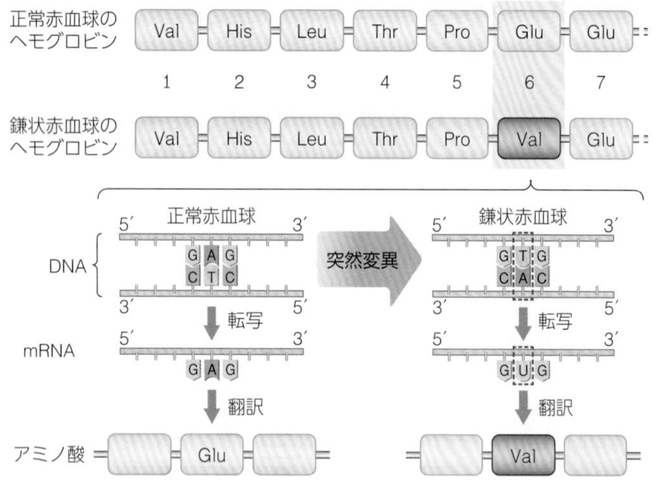

置換
ATGTTTTAACCG
TACAAAATTGGC
AUGUUUUAACCG
終止コドン
Met Phe 終止
タンパク質に大きな変化
挿入
ATGTTTGAAACCG
TACAAACTTTGGC
フレームシフト
AUGUUUGAAACCG
Met Phe Glu Thr
タンパク質に大きな変化
欠失
ATGTTAAACCGC
TACAATTTGGCG
フレームシフト
AUGUUAAACCGC
Met Leu Asn Arg
タンパク質に大きな変化

アミノ酸の変化をもたらす置換を**非同義置換**といい，アミノ酸の変化をもたらさない置換を**同義置換**という。

Jump 中立的な突然変異 ▶ p.286

コドンの3番目の塩基は，置換されても同じアミノ酸を指定する場合が多い(▶ p.91)。また，アミノ酸が1個変わっても，タンパク質のはたらきに変化が見られない場合もある。一般に突然変異には，このような，その生物の生存にとって有利でも不利でもない中立的なものもある。

Point 塩基配列変化の影響

1塩基の置換でも，同義置換ではアミノ酸配列に影響しないが，非同義置換では影響する。非同義置換で途中のコドンが終止コドンに変わると，タンパク質合成がそこで終了するので，正常なタンパク質ができない。
また，1塩基の挿入や欠失など，3の倍数以外の個数の挿入や欠失が起こると，その後のコドンの読み枠がずれる**フレームシフト**が生じるので，アミノ酸配列が大きく変わる可能性が高い。

■鎌状赤血球貧血症

	1	2	3	4	5	6	7
正常赤血球のヘモグロビン	Val	His	Leu	Thr	Pro	Glu	Glu
鎌状赤血球のヘモグロビン	Val	His	Leu	Thr	Pro	Val	Glu

正常赤血球
DNA 5′ GAG 3′ / 3′ CTC 5′
突然変異
鎌状赤血球
5′ GTG 3′ / 3′ CAC 5′
転写
mRNA
5′ GAG 3′
5′ GUG 3′
翻訳
アミノ酸 Glu
Val

鎌状赤血球貧血症は，ヘモグロビンのβ鎖(▶ p.25)のアミノ酸配列が正常のものと1つだけ異なるために起こる遺伝病で，DNA の塩基配列(遺伝暗号)が1か所だけ変わったことによって生じる。

Column 鎌状赤血球貧血症とマラリア

鎌状赤血球貧血症は突然変異によって生じた遺伝性疾患である。この遺伝子をホモ(▶ p.264)にもつ人は，低酸素濃度のときに赤血球が鎌状となり，溶血しやすくなることで重度の貧血となり，多くは子孫を残す前に死ぬ。しかし，この遺伝子をヘテロにもつ人はほとんど症状が現れず，また，マラリアにかかりにくい性質をもっているので生き残る。そのため，この遺伝子は集団から除かれずに子孫へ受け継がれている。

鎌状赤血球

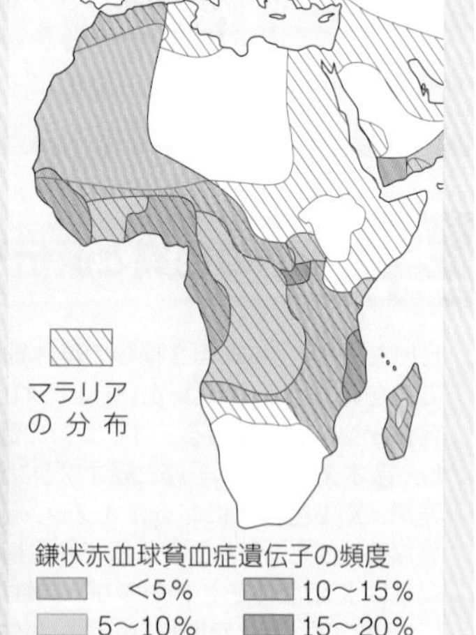

マラリアの分布
鎌状赤血球貧血症遺伝子の頻度
<5%
5〜10%
10〜15%
15〜20%

■アルビノ(白化個体)

突然変異でメラニン色素の合成ができない。

リス

アオダイショウ

■枝変わり

茎頂分裂組織の細胞(体細胞)での突然変異によって，特定の枝の形質が変化すること。リチャードデリシャスとスターキングデリシャスはデリシャスの枝変わりによってつくられた。

リチャードデリシャス

デリシャス

スターキングデリシャス

Keywords 変異(variation)，突然変異(mutation)，鎌状赤血球貧血症(sickle-cell anemia)，マラリア(malaria)

B トランスポゾン

ゲノム上の位置を移動することのできるDNA領域があり，これを**トランスポゾン**という。メンデルが研究に用いたエンドウのしわの形質はトランスポゾンの挿入によって生じたものである。

■動く遺伝子ートランスポゾン

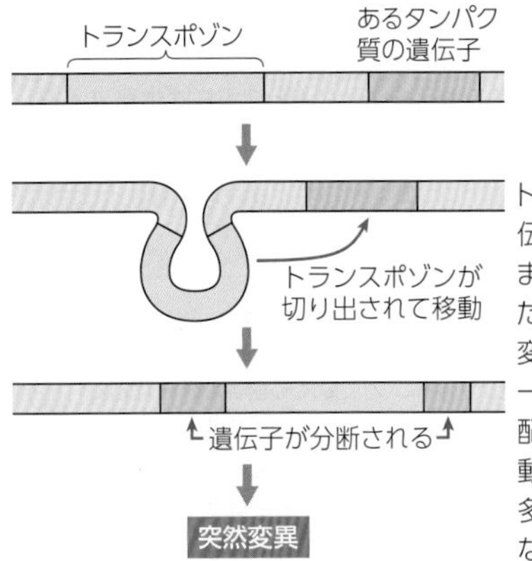

トランスポゾン
あるタンパク質の遺伝子
トランスポゾンが切り出されて移動
遺伝子が分断される
突然変異

トランスポゾンが他の遺伝子の間に入りこんでしまうと，その遺伝子のはたらきが失われて深刻な変異を起こす場合がある。一方で，意味のある塩基配列をもち，それらが移動することで，ゲノムの多様性を広げることにつながっている場合もある。

■トランスポゾンによる形質変化

アントシアニン合成にかかわる遺伝子にトランスポゾンが挿入して花弁が白くなる
挿入していたトランスポゾンが抜けた部分は着色している

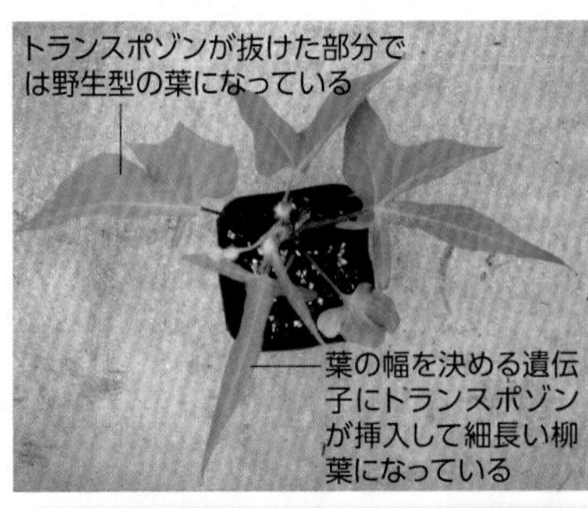

トランスポゾンが抜けた部分では野生型の葉になっている
葉の幅を決める遺伝子にトランスポゾンが挿入して細長い柳葉になっている

アサガオにはさまざまな突然変異が見られ，トランスポゾンによって誘発されたものが多いと考えられている。

C DNAの修復

複製時のミスをはじめ，熱や放射線，環境物質などさまざまな要因でDNAは損傷し，塩基配列が変化する。塩基配列の偶発的変化は，その約99.9%が修復されている。

■複製ミスの修復

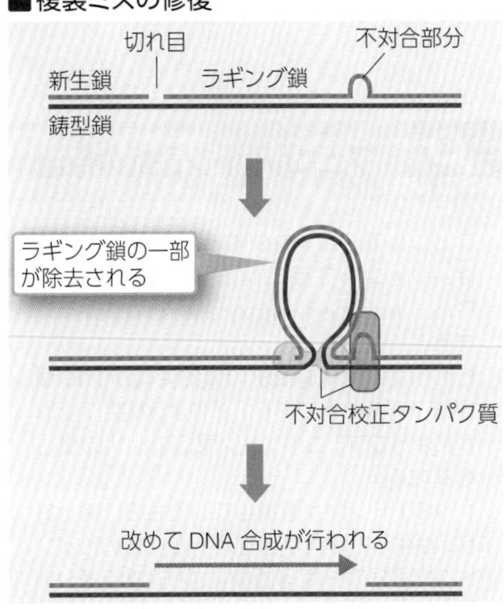

切れ目
不対合部分
新生鎖
ラギング鎖
鋳型鎖
ラギング鎖の一部が除去される
不対合校正タンパク質
改めてDNA合成が行われる

誤った塩基対が形成された不対合部分に不対合校正タンパク質が結合し，不対合部分を含む新生鎖の一部が除かれた後，再び新生鎖が合成される。真核生物の場合，不対合校正タンパク質は合成されたばかりのラギング鎖に見られる切れ目を手がかりに新生鎖を識別していると考えられている。

■ DNA損傷の修復

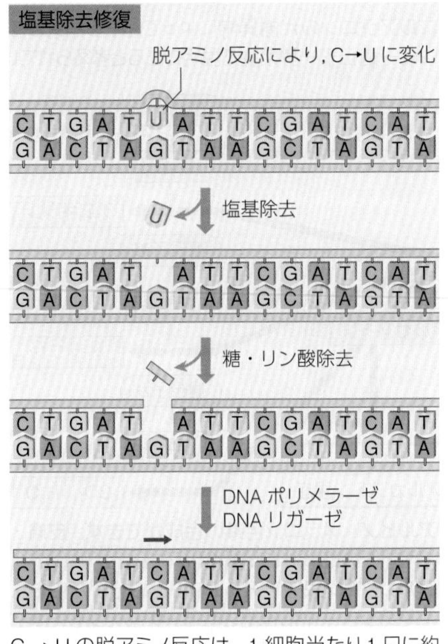

塩基除去修復
脱アミノ反応により，C→Uに変化
CTGATUATTCGATCAT
GACTAGTAAGCTAGTA
塩基除去
糖・リン酸除去
DNAポリメラーゼ
DNAリガーゼ
CTGATCATTCGATCAT
GACTAGTAAGCTAGTA

C→Uの脱アミノ反応は，1細胞当たり1日に約100個の割合で自然に起こっている。

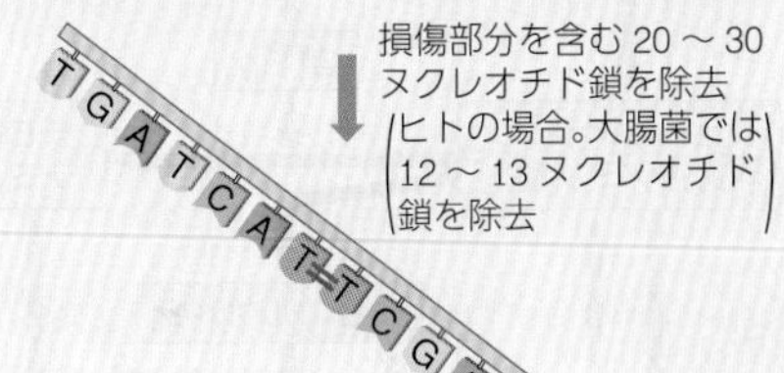

ヌクレオチド除去修復
紫外線
隣りあうピリミジン塩基どうしが結合
CTGATCATTCGATCAT
GACTAGTAAGCTAGTA
損傷部分を含む20～30ヌクレオチド鎖を除去(ヒトの場合。大腸菌では12～13ヌクレオチド鎖を除去)
TGATCATTCGAT
DNAポリメラーゼ
DNAリガーゼ

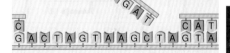

TT，TC，CCなどのピリミジン塩基(▶p.78)が並ぶ配列があると，このような損傷が起こりうる。

Column 生物と放射線

アメリカのマラーは，キイロショウジョウバエにX線(放射線の一種)を照射すると，自然状態よりも高い確率で突然変異が起こることを発見した(1927年)。当時は，まだ遺伝子の本体が何であるかもわかっていなかったが，現在では，放射線が突然変異を起こすしくみや，放射線に対する防御のしくみも明らかになっている。

放射線を受けると，細胞内の水分子が分解されて**活性酸素**を生じる。活性酸素は反応性の高い酸素で，DNAの鎖を切断することで，正常なタンパク質の合成を阻害したり，細胞分裂に異常を起こしたりする。特に後者では，DNAの正確な分配ができなくなることで，がんや遺伝病の原因になることもある。

一方で，放射線は自然界にも存在しており，生物には放射線の影響に対しても防御機構が備わっている。

ヌクレオチド鎖の切断などDNAの損傷については，細胞分裂の際にDNAをチェックし，問題があれば増殖をとめて異常を修復するしくみがある(▶p.86)。修復できないほど損傷が大きい場合は，細胞自身が死ぬ(アポトーシス▶p.132)。さらには，異常を抱えた細胞を見つけて処理する免疫機能もある。損傷を受けやすい皮膚のような上皮組織では，頻繁に新しい細胞をつくり，古い細胞と入れ替えている。

このような機構によって，生物はある程度までの放射線には耐えることができる。

トランスポゾン(transposon)，修復(repair)，放射線(radiation)

14 遺伝情報の変化と形質(2)

生物基礎 生 物

A アカパンカビの栄養要求株

ビードルとテイタムは，アカパンカビを用いた実験から，1つの遺伝子が1つの酵素の合成を支配することで形質を支配しているという**一遺伝子一酵素説**を提唱した(1945年)。※

■アルギニン要求株の培養実験　アカパンカビ(▶ *p*.296)には，最少培地(野生株の生育に必要な最小限の栄養分しか含まない培地)では生育できないが，最少培地にアルギニンを加えた培地で生育するアルギニン要求株があり，これには次のような3つのタイプがある。

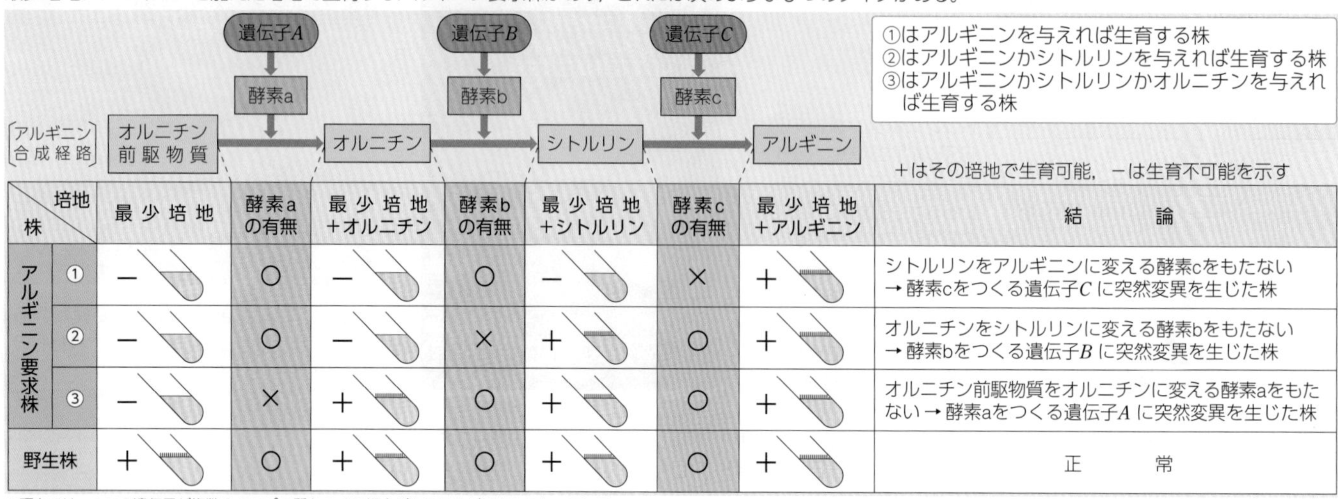

遺伝子*A*
遺伝子*B*
遺伝子*C*
酵素a
酵素b
酵素c
〔アルギニン合成経路〕
オルニチン前駆物質
オルニチン
シトルリン
アルギニン
①はアルギニンを与えれば生育する株
②はアルギニンかシトルリンを与えれば生育する株
③はアルギニンかシトルリンかオルニチンを与えれば生育する株

＋はその培地で生育可能，－は生育不可能を示す

株 ＼ 培地		最少培地	酵素aの有無	最少培地＋オルニチン	酵素bの有無	最少培地＋シトルリン	酵素cの有無	最少培地＋アルギニン	結論
アルギニン要求株	①	－	○	－	○	－	×	＋	シトルリンをアルギニンに変える酵素cをもたない→酵素cをつくる遺伝子*C*に突然変異を生じた株
	②	－	○	－	×	＋	○	＋	オルニチンをシトルリンに変える酵素bをもたない→酵素bをつくる遺伝子*B*に突然変異を生じた株
	③	－	×	＋	○	＋	○	＋	オルニチン前駆物質をオルニチンに変える酵素aをもたない→酵素aをつくる遺伝子*A*に突然変異を生じた株
野生株		＋	○	＋	○	＋	○	＋	正　常

※現在では，1つの遺伝子が複数のタンパク質をつくる場合があることが明らかになっている。

B ヒトの代謝異常

ヒトのフェニルアラニンの代謝異常によって起こる病気があり，それは，かつて一遺伝子一酵素説で説明できると考えられていた。

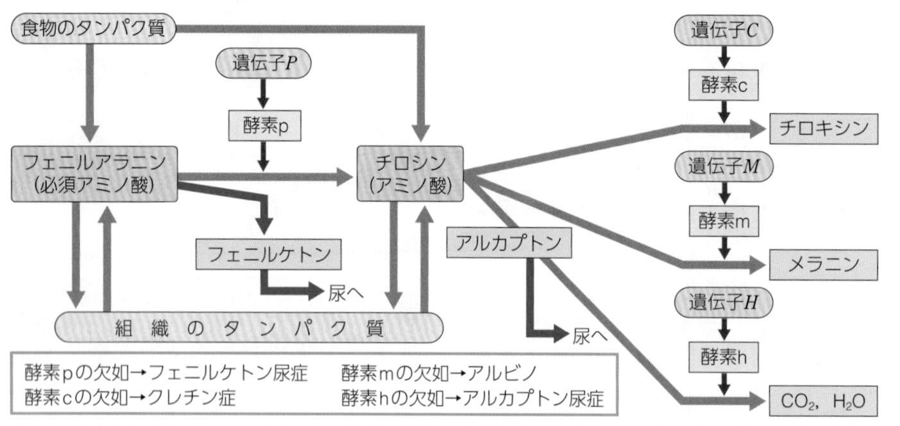

食物のタンパク質
遺伝子*P*
酵素p
フェニルアラニン(必須アミノ酸)
チロシン(アミノ酸)
フェニルケトン
尿へ
組織のタンパク質
アルカプトン
尿へ
遺伝子*C*
酵素c
チロシン
遺伝子*M*
酵素m
メラニン
遺伝子*H*
酵素h
CO_2，H_2O
酵素pの欠如→フェニルケトン尿症
酵素cの欠如→クレチン症
酵素mの欠如→アルビノ
酵素hの欠如→アルカプトン尿症

フェニルケトン尿症　フェニルケトンが尿中で検出される。フェニルアラニン摂取量を減らさないと，精神発達の遅滞などが起こる。

クレチン症　チロキシン(甲状腺ホルモン)が生成されず，心身の発達遅滞や代謝異常などが起こる。

アルビノ　メラニン色素の合成ができず，皮膚・毛・眼の虹彩などが黒くならない。

アルカプトン尿症　アルカプトンの分解ができずそのまま尿中に排出される。アルカプトンは空気に触れると黒くなるので黒尿症ともいわれる。

Zoom up フェニルケトン尿症の原因

フェニルアラニンをチロシンに代謝するのは，フェニルアラニン水酸化酵素(PAH，Phenylalanine hydroxylase)という酵素である。

ヒトでは，*PAH*遺伝子の突然変異が200種類以上報告されており，どのような突然変異かによってフェニルケトン尿症の症状の重さも異なる。

1つのアミノ酸が置換しているもの，終止コドンが生じて酵素が合成されないもの，イントロン部分の一塩基置換によりスプライシングに異常が生じるものなどが知られている。

C キイロショウジョウバエの眼色

キイロショウジョウバエの眼の色の形質の中にも，トリプトファン代謝に関係する酵素の異常の有無で説明できるものがある。

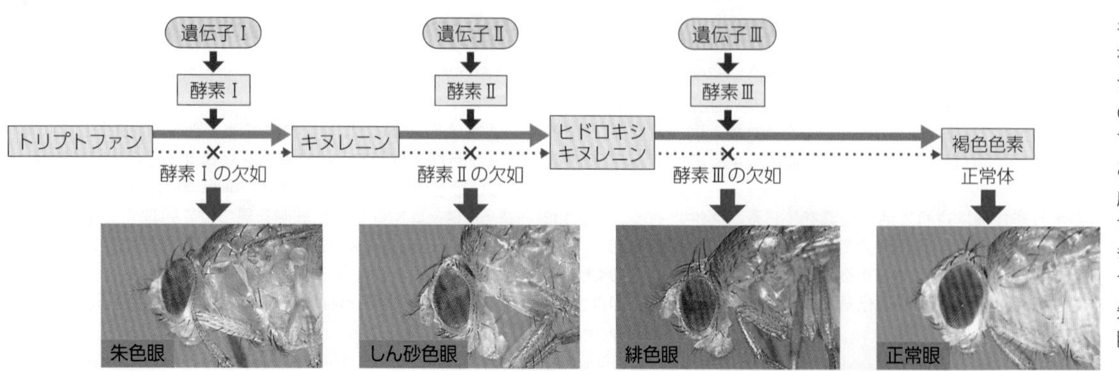

遺伝子Ⅰ
酵素Ⅰ
遺伝子Ⅱ
酵素Ⅱ
遺伝子Ⅲ
酵素Ⅲ
トリプトファン
キヌレニン
ヒドロキシキヌレニン
褐色色素
酵素Ⅰの欠如
酵素Ⅱの欠如
酵素Ⅲの欠如
正常体
朱色眼
しん砂色眼
緋色眼
正常眼

キイロショウジョウバエの複眼には，赤色色素と褐色色素が含まれ，野生型の個体は赤褐色の眼をしている。

このうち，褐色色素の合成過程の化学反応を触媒する酵素を正常に合成できない突然変異が知られており，それらの個体は朱色，しん砂色，緋色の眼となる。

Keywords　アカパンカビ(red bread mould)，一遺伝子一酵素説(one gene-one enzyme hypothesis)，最少培地(minimal medium)

染色体突然変異

変異には，染色体の数や構造の変化によって起こるものがあり，これを**染色体突然変異**ということがある。

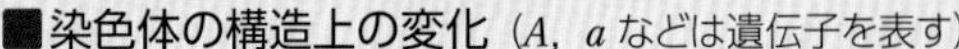

■染色体の構造上の変化（A, a などは遺伝子を表す）

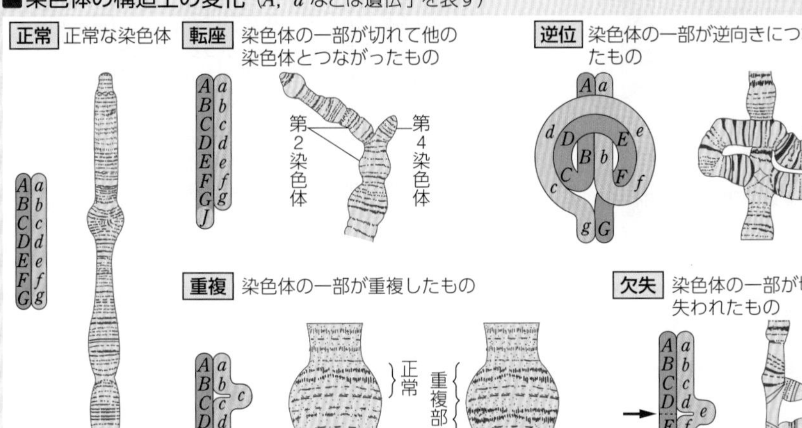

正常 正常な染色体
転座 染色体の一部が切れて他の染色体とつながったもの
第2染色体
第4染色体
逆位 染色体の一部が逆向きにつながったもの
重複 染色体の一部が重複したもの
正常
重複部
欠失 染色体の一部が切れて失われたもの

■キイロショウジョウバエにおける重複

X染色体における重複によって棒眼となる。

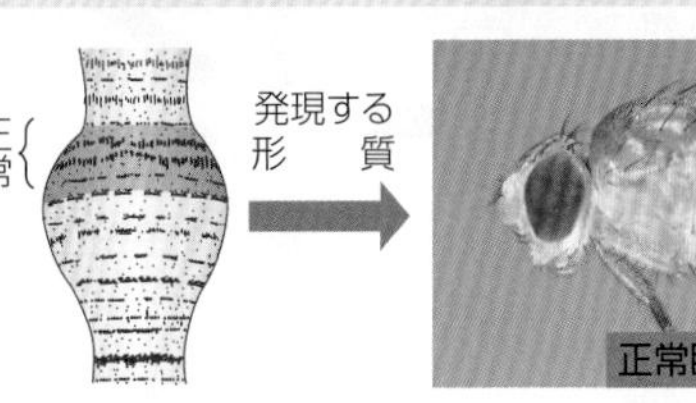

正常
発現する形質
第1染色体（X染色体）
重複部
発現する形質

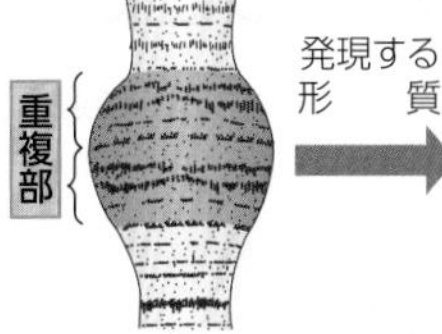

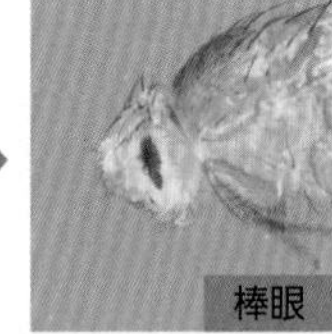

正常眼
棒眼

■染色体の数の変化（異数性）

染色体が1～数本増減した異数体になる。

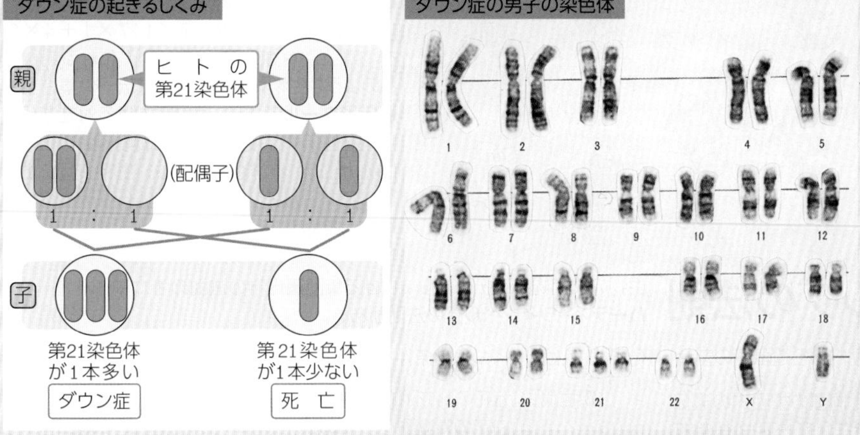

ダウン症の起きるしくみ
親
ヒトの第21染色体
(配偶子)
1 : 1
1 : 1
子
第21染色体が1本多い
ダウン症
第21染色体が1本少ない
死亡
ダウン症の男子の染色体
1 2 3 4 5
6 7 8 9 10 11 12
13 14 15 16 17 18
19 20 21 22 X Y

ダウン症は1866年にイギリスのラングドン ダウンによって発見された。第21染色体を3つもつ異数体（$2n+1=47$）。多くの場合，減数分裂における第21染色体の不分離が原因となって起こる。

■染色体の数の変化（倍数性）

染色体数が3倍，4倍，5倍…などの倍数体になる。

植物名	染色体数（$2n$）	倍数体
リュウノウギク	18	二倍体
ハマギク	18	二倍体
シマカンギク	36	四倍体
ノジギク	54	六倍体
シオギク	72	八倍体
コハマギク	90	十倍体

シマカンギク

リュウノウギク

■種なしスイカの作出

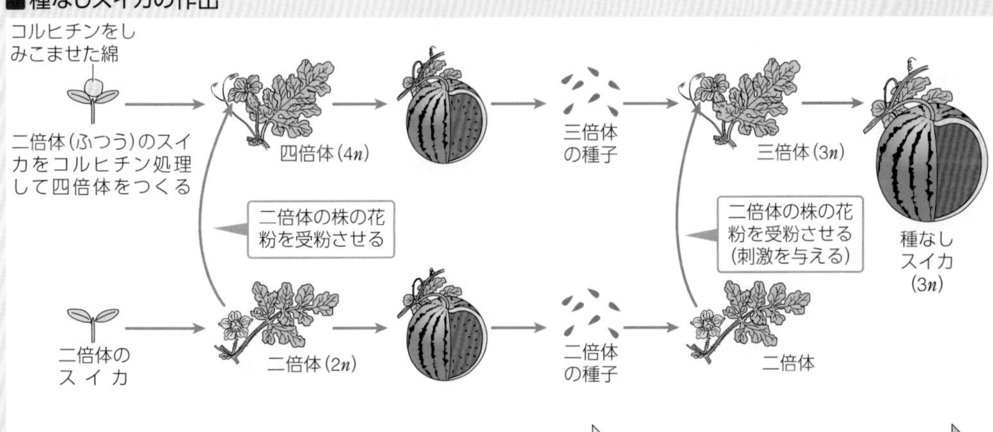

コルヒチンをしみこませた綿
二倍体（ふつう）のスイカをコルヒチン処理して四倍体をつくる
四倍体（4n）
三倍体の種子
三倍体（3n）
種なしスイカ（3n）
二倍体の株の花粉を受粉させる
二倍体の株の花粉を受粉させる（刺激を与える）
二倍体のスイカ
二倍体（2n）
二倍体の種子
二倍体
1年目
2年目

二倍体のふつうのスイカの芽ばえの茎頂分裂組織を染色体数の倍加を誘発するコルヒチンで処理して四倍体のスイカの苗をつくり，これにふつうのスイカの花粉を受粉させて三倍体の種子をつくる。この種子から苗をつくり，これにふつうのスイカの花粉を受粉させると，三倍体植物では，減数分裂が正常に行われないため種子はできないが，受粉の刺激で子房壁が膨らみ，種なしスイカになる。

優良な種なしスイカを組織培養で増やす方法もある。

転座（translocation），逆位（inversion），異数性（heteroploidy），倍数体（polyploid），二倍体（diploid），三倍体（triploid），四倍体（tetraploid）

15 進化のしくみ 生物基礎 生物

A 進化のしくみ

突然変異で生じた遺伝的変異が，長い時間をかけて，自然選択や遺伝的浮動によって集団内に蓄積していくことで，新しい特徴をもつ生物集団が出現したり，別の種が分化したりする**進化**が起こると考えられている。

進化のしくみ

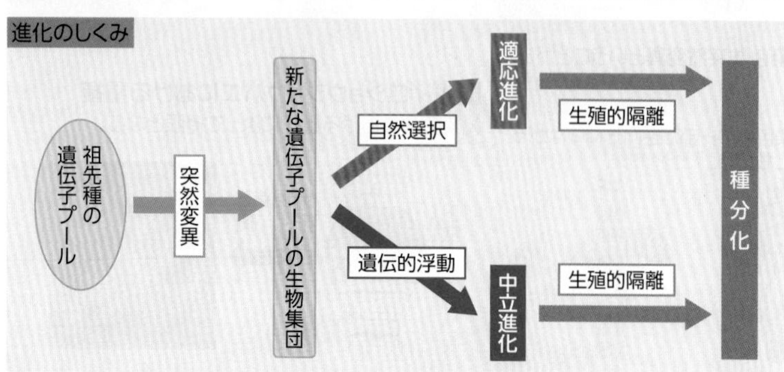

祖先種の遺伝子プール
突然変異
新たな遺伝子プールの生物集団
自然選択
遺伝的浮動
適応進化
中立進化
生殖的隔離
生殖的隔離
種分化

Column 小進化・大進化

赤い花をつける植物から白い花をつける個体が生じて，それが集団中に広がっていくような，新たな種の形成に至らないような進化を**小進化**とよぶことがある。これに対して，水中で生活していた魚類から陸上でも生活する両生類が出現するような，新しい種の形成にいたる進化を**大進化**とよぶことがある。

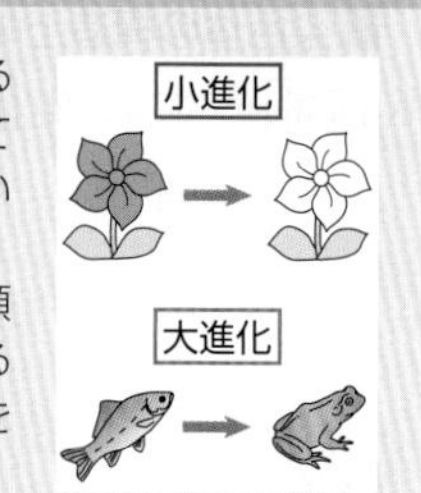

小進化
大進化

B 遺伝子プールと遺伝子頻度

生物種が進化するためには，突然変異によって生じた遺伝的変異が集団内に広がる必要がある。集団遺伝学では，集団全体の遺伝的構成を重視する。

■**遺伝子プール**　生物集団の全個体がもつ遺伝子の総体を**遺伝子プール**という。

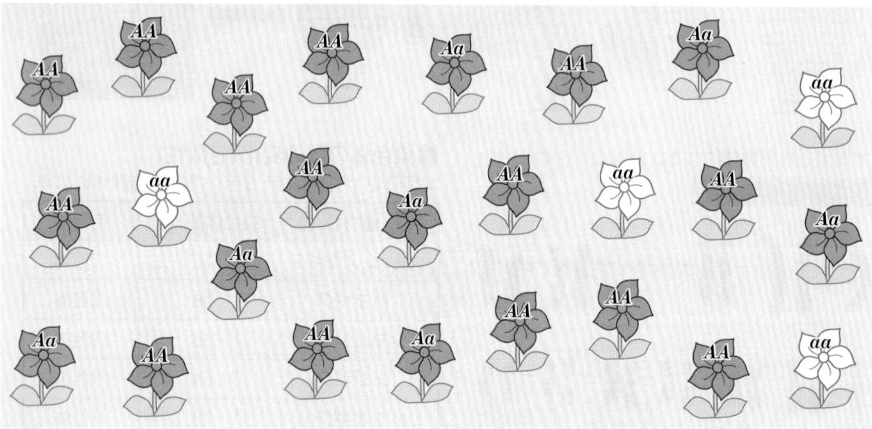

左の生物集団は 1 組の対立遺伝子 A と a をもち，A は顕性，a は潜性の遺伝子である。

この生物集団には，顕性形質の個体が 21，潜性形質の個体が 4 あり，顕性形質の個体のうち 14 はホモ接合体(AA)で，7 はヘテロ接合体(Aa)である。

この集団の中の遺伝子の割合は，

$A:a = 14\times2+7\times1 : 7\times1+4\times2$
$= 35:15 = 7:3$　　になる。

このような生物集団における遺伝子の集合全体が**遺伝子プール**であり，集団における対立遺伝子の割合を**遺伝子頻度**という。この集団の遺伝子頻度は A が 0.7，a が 0.3 である。生物集団における遺伝子プールの変化，つまり遺伝子頻度の変化を進化と捉えることができる。

C ハーディ・ワインベルグの法則

生物の集団内の遺伝子頻度に関する集団遺伝学の法則の 1 つに**ハーディ・ワインベルグの法則**がある。

■**ハーディ・ワインベルグの法則**　同種の生物集団内の各遺伝子の割合(遺伝子頻度)は，いくつかの条件を満たす集団では，安定で変化しない。

①個体数が十分にある。
②移出や移入が起こらない。
③突然変異が起こらない。
④自然選択が起こらない。
⑤自由に交配が起こる。

この条件下では，同種の集団内の遺伝子頻度は世代をこえて一定に保たれる。また，遺伝子型頻度は関係する対立遺伝子の遺伝子頻度の積で表される。
→ハーディ・ワインベルグの法則

【ハーディ・ワインベルグの法則の説明】

親世代の対立遺伝子 A の遺伝子頻度を p，対立遺伝子 a の遺伝子頻度を q とする($p+q=1$)と，次世代の遺伝子型の分離比は，

$AA : Aa : aa = p^2 : 2pq : q^2$

となる。これは，

$(pA+qa)^2 = p^2AA + 2pqAa + q^2aa$

の式，あるいは右のような表から求めることができる。

	pA	qa
pA	p^2AA	$pqAa$
qa	$pqAa$	q^2aa

その結果，次世代の対立遺伝子 A，a の遺伝子頻度をそれぞれ p'，q' とすると，

$p^2AA \rightarrow p^2A,\ p^2A,\quad 2\times pqAa \rightarrow 2\times(pqA,\ pqa),\quad q^2aa \rightarrow q^2a,\ q^2a$

より，

$p' : q' = 2p^2+2pq : 2pq+2q^2$
$= 2p(p+q) : 2q(p+q)$　　$\cdots p+q=1$ のため
$= p : q$

となり，遺伝子頻度は世代をこえても変わらないことがわかる。

[親世代]　赤花の対立遺伝子 A の遺伝子頻度 $p=0.7$
　　　　　白花の対立遺伝子 a の遺伝子頻度 $q=0.3$　とする。

親がつくる配偶子の遺伝子型の分離比は，$A:a=0.7:0.3$　となる。

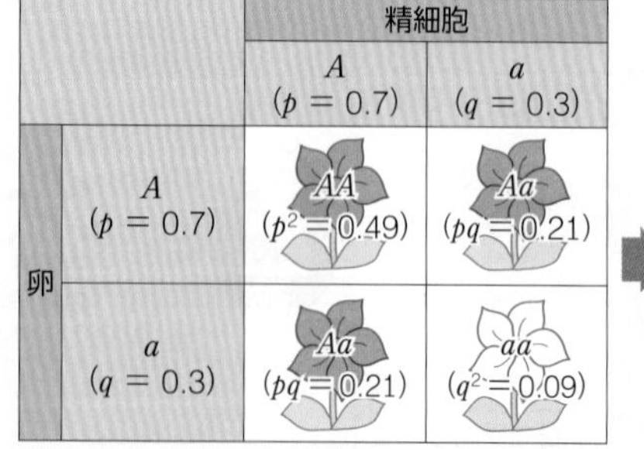

		精細胞	
		A ($p=0.7$)	a ($q=0.3$)
卵	A ($p=0.7$)	AA ($p^2=0.49$)	Aa ($pq=0.21$)
	a ($q=0.3$)	Aa ($pq=0.21$)	aa ($q^2=0.09$)

[子の遺伝子型とその頻度]
$AA\cdots0.49(p^2)$
$Aa\cdots0.42(2pq)$
$aa\cdots0.09(q^2)$

[子世代の遺伝子頻度]

$p' : q' = 0.49\times2+0.21\times2 : 0.21\times2+0.09\times2$
$=1.4:0.6$
$=0.7:0.3$　　……　**遺伝子頻度は不変**
(この状態を遺伝的平衡にあるという)

ハーディ・ワインベルグの法則が成り立たない生物集団では，遺伝子頻度の変化が起き，進化が起こる。

Keywords　進化(evolution)，小進化(microevolution)，大進化(macroevolution)，遺伝子プール(gene pool)，遺伝子頻度(gene frequency)

D 突然変異

変異には，環境の違いによって生じる環境変異と，遺伝子の違いによって生じる**遺伝的変異**がある。DNA の塩基配列に起こる変化を**突然変異**といい，突然変異による遺伝的変異が進化のきっかけとなる。

■突然変異の発見(1901 年)

オオマツヨイグサ
コシベマツ
ヨイグサ
オニマツ
ヨイグサ
オオマツ
ヨイグサ
アカスジマ
ツヨイグサ
ナガバマツ
ヨイグサ

ド フリースはオオマツヨイグサの遺伝の研究の過程で，遺伝性のある変異が突然に現れることを発見し，この現象を突然変異と名づけた。

■さまざまな突然変異

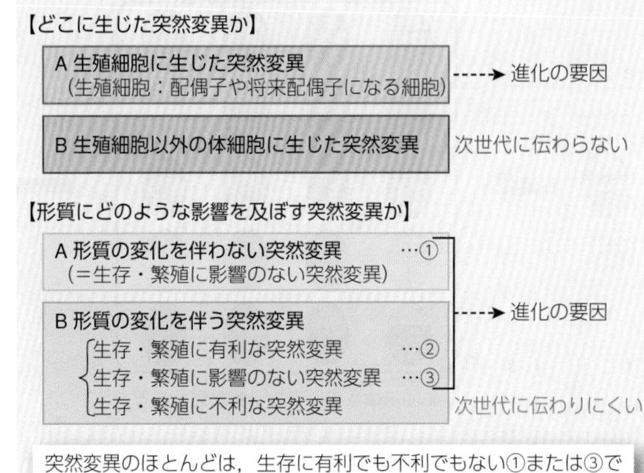

【どこに生じた突然変異か】
A 生殖細胞に生じた突然変異
（生殖細胞：配偶子や将来配偶子になる細胞）
進化の要因
B 生殖細胞以外の体細胞に生じた突然変異
次世代に伝わらない
【形質にどのような影響を及ぼす突然変異か】
A 形質の変化を伴わない突然変異 …①
（＝生存・繁殖に影響のない突然変異）
B 形質の変化を伴う突然変異
生存・繁殖に有利な突然変異 …②
生存・繁殖に影響のない突然変異 …③
生存・繁殖に不利な突然変異
進化の要因
次世代に伝わりにくい

突然変異のほとんどは，生存に有利でも不利でもない①または③である。②のような，生存に有利な突然変異はめったに起こらない。

※突然変異には，染色体突然変異(▶ *p*.279)も含まれる。

E 遺伝子の重複と進化

突然変異によって，染色体上の遺伝子が**重複**することがある。この遺伝子の重複が，進化のきっかけとなることがある。

■染色体の不均等な乗換えと遺伝子の重複

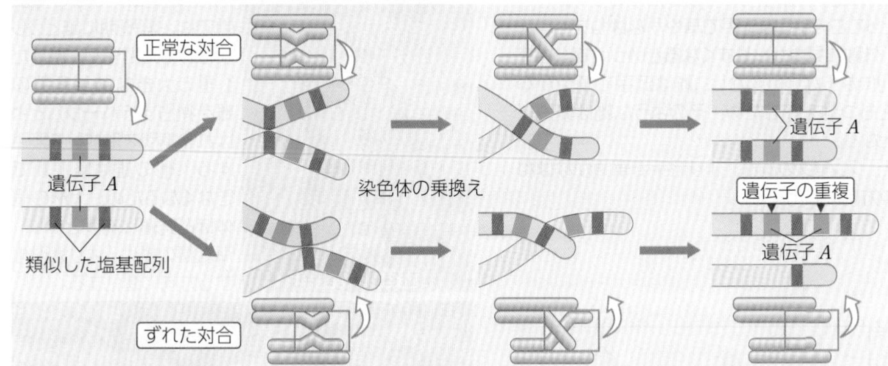

正常な対合
遺伝子 *A*
類似した塩基配列
ずれた対合
染色体の乗換え
遺伝子 *A*
遺伝子の重複
遺伝子 *A*

減数分裂の第一分裂前期に，相同染色体どうしが対合し，染色体の乗換えが起こる(▶ *p*.119)。このとき，類似した塩基配列が染色体上に複数並んでいると，相同染色体どうしがずれて対合し，不均等な乗換えが起こることがある(不等交さ)。その結果，一部の遺伝子(図の例では遺伝子 *A*)が重複した染色体が生じるが，その染色体を含む配偶子を受け継いだ個体は生存できることが多い。一方，その遺伝子を欠失した染色体を含む配偶子を受け継いだ個体は，ふつう生存できない。

■遺伝子の重複と進化

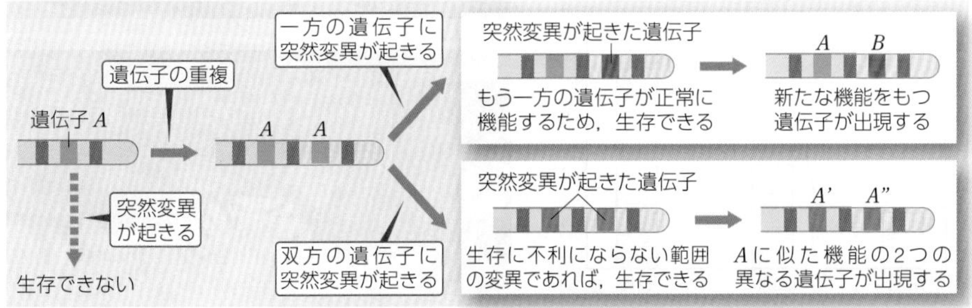

遺伝子の重複
遺伝子 *A*
突然変異が起きる
生存できない
A *A*
一方の遺伝子に突然変異が起きる
双方の遺伝子に突然変異が起きる
突然変異が起きた遺伝子
A *B*
もう一方の遺伝子が正常に機能するため，生存できる
新たな機能をもつ遺伝子が出現する
突然変異が起きた遺伝子
A' *A"*
生存に不利にならない範囲の変異であれば，生存できる
A に似た機能の2つの異なる遺伝子が出現する

遺伝子の機能が変化するような突然変異は，生存に不利なものも少なくない。しかし，遺伝子が重複すると，一方の遺伝子に突然変異が起きてはたらきが変化しても，他方の遺伝子が正常に機能しているため生存できることが多い。また，生存に不利にならない範囲で双方の遺伝子に突然変異が起きて，もとの遺伝子とは異なる 2 つの新たな遺伝子が出現する可能性もある。

Zoom up 視物質の進化

ヒトには，光の波長によって感度の異なる 3 種類の錐体細胞(赤，緑，青；▶ *p*.181)があり，それぞれ異なる視物質(オプシン)をもっている。視物質はヒト以外の脊椎動物にも複数見られ，それらは進化の過程で，祖先物質から遺伝子の重複と突然変異によって形成されたと考えられている。

ヒトの緑の視物質の遺伝子は，赤の視物質の遺伝子が重複することで形成されたと考えられている。2 つの遺伝子は分岐からの時間が短く，X 染色体上に隣接して存在する。

ヒト視物質遺伝子の形成過程

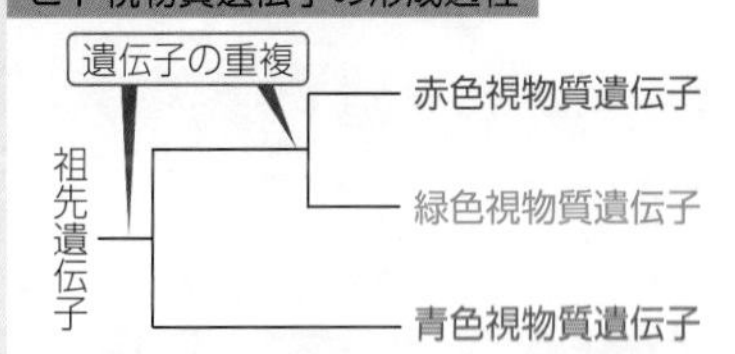

遺伝子の重複
祖先遺伝子
赤色視物質遺伝子
緑色視物質遺伝子
青色視物質遺伝子

ヒト視物質遺伝子の染色体上の位置

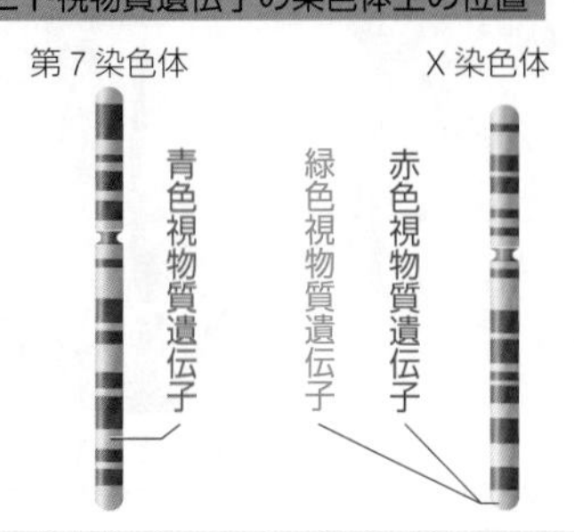

第 7 染色体
X 染色体
青色視物質遺伝子
緑色視物質遺伝子
赤色視物質遺伝子

ハーディ・ワインベルグの法則(Hardy-Weinberg's law)，遺伝的変異(genetic variation)，突然変異(mutation)，遺伝子重複(gene duplication)

16 自然選択

生物基礎
生物

A 自然選択

環境に適応した個体ほど多くの子孫を残すため，その個体がもっている形質が集団内に蓄積する傾向がある。環境への適応度の違いが進化の方向を決める。

■生存競争と自然選択

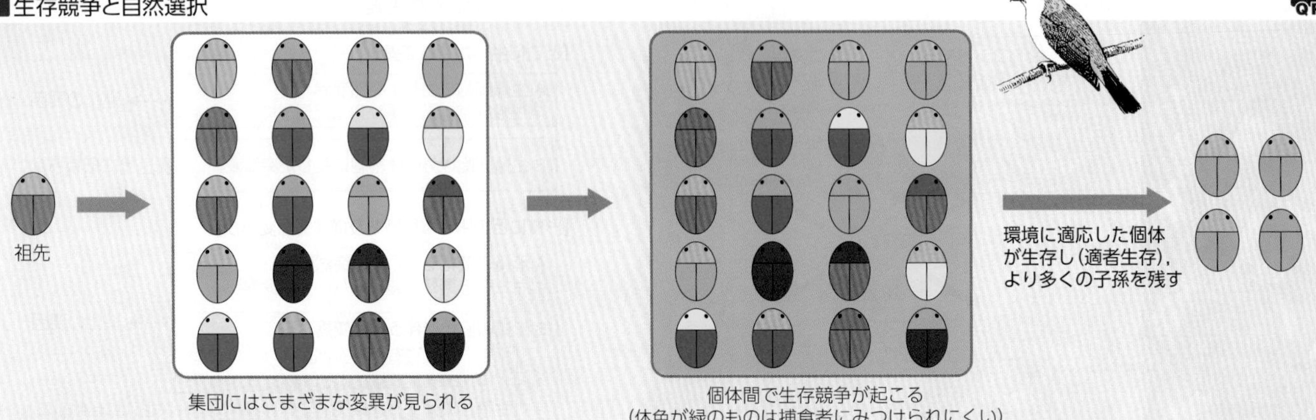
祖先
集団にはさまざまな変異が見られる
個体間で生存競争が起こる
(体色が緑のものは捕食者にみつけられにくい)
環境に適応した個体
が生存し(適者生存),
より多くの子孫を残す

生物は通常複数の子をつくり，生じた子にはさまざまな変異が見られる。しかし，長い時間で見ると生物の数が急激に増加することはめったにない。これは，同種個体間で激しい生存競争が起こっているためである。その結果，生息環境に適応した個体のほうが生き残り，子孫を残す可能性が高くなる。

図では，緑色の背景(環境)において，捕食者にみつかりにくい形質である緑色の体色をもった個体が，ほかの個体に比べ生存に有利である。このような自然選択のくり返しが進化の方向を決める要因となっている。

B 性選択

異性をめぐる種内競争を通じて起こる自然選択を**性選択**という。
性選択には，異性間で起こるものと同性間で起こるものの大きく２つのパターンがある。

■選り好みによる異性間の性選択

クジャク
雄
雌

クジャクの雄は，派手で華やかなはねをもつ。
雄にとってこのような派手で華やかなはねをもつことは，外敵に見つかりやすくなるという点で，生存に有利にならない。しかし，雌は派手で華やかなはねをもつ雄を好むため，そのような雄は繁殖に有利となる。
すると，クジャクの雄は，より派手で華やかなはねをもつ方向に進化する。

コクホウジャク
雄

雌

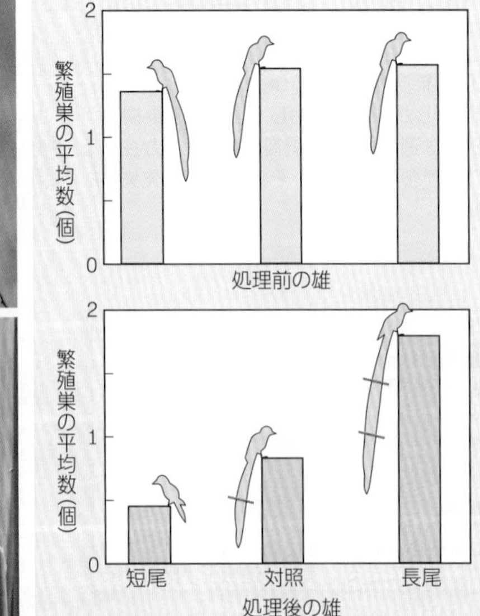
2
1
0
繁殖巣の平均数(個)
処理前の雄
2
1
0
繁殖巣の平均数(個)
短尾
対照
長尾
処理後の雄

コクホウジャクの雄は長い尾羽をもち，繁殖期には縄張り内に平均１～1.5 個体の雌と繁殖巣をつくる。尾羽を切り短尾にした雄，切った尾羽をもとにもどした雄(対照)，切った尾羽を２羽分つないだ雄(長尾)について，繁殖巣の数を調べたところ，「長尾」が最も多くの繁殖巣をつくっていた。

■競争による同性間の性選択

ゾウアザラシ
雄どうしの闘争

トドやアザラシなどの海獣類では，繁殖期に雄どうしがはげしく闘争し，勝った１頭の大きな雄が多数の雌を独占するハーレムとよばれる集団を形成して繁殖する。他の雄は繁殖ができなくなるため，大形の個体ほど繁殖に有利となり，海獣類の雄は，より大形化する方向に進化する。

1頭の雄
たくさんの雌

アカシカ
雄どうしの闘争

アカシカの雄は，大きい角をもち，1 m をこえるものもある。大きい角をもつほうが雌をめぐる雄どうしの闘争に有利になると考えられる。

Keywords 自然選択(natural selection)，性選択(sexual selection)

C 共進化

相互に作用し合って生活する複数の種が互いに影響を及ぼしながらともに進化することを**共進化**という。

■イチジクとイチジクコバチ

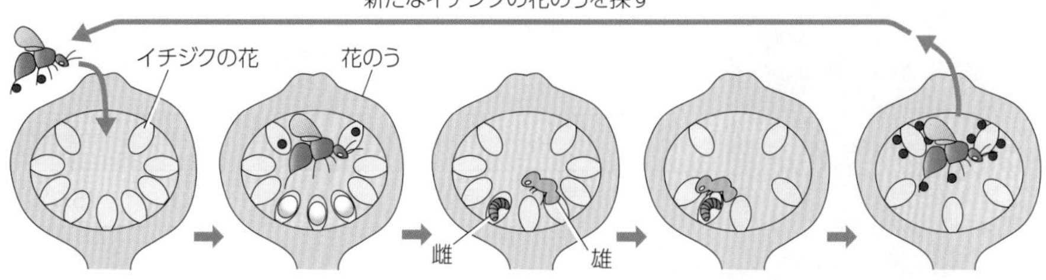
新たなイチジクの花のうを探す
イチジクの花
花のう
雌
雄

花粉をつけたコバチがイチジクの花のうの中に進入する。 → イチジクの受粉が起こる。コバチはイチジクの花に産卵する。 → コバチが花のうの中でふ化する。 → コバチはイチジクの種子を食べて成長し，交尾する。 → 羽化した雌のみがからだに花粉をつけて花のうの外に出る。

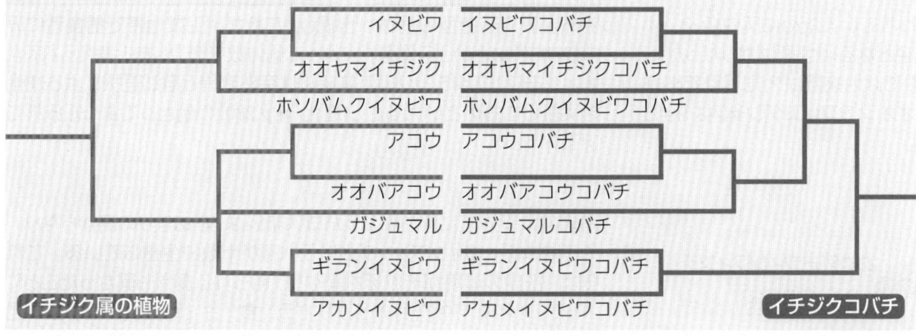
イヌビワ
イヌビワコバチ
オオヤマイチジク
オオヤマイチジクコバチ
ホソバムクイヌビワ
ホソバムクイヌビワコバチ
アコウ
アコウコバチ
オオバアコウ
オオバアコウコバチ
ガジュマル
ガジュマルコバチ
ギランイヌビワ
ギランイヌビワコバチ
アカメイヌビワ
アカメイヌビワコバチ
イチジク属の植物
イチジクコバチ

イチジクの花は花のうとよばれる袋の内側にできる。イチジクの受粉にはイチジクコバチという昆虫が必要であり，これらは相利共生(▶ p.228)の関係にある。この共生関係には1種対1種の対応が見られる。これは2種が密接に影響し合って，互いに適応して同じような分岐をたどって進化した結果であると考えられる。

Column 古生代の共進化

約5億4千万年前に三葉虫などの硬い殻をもつ動物が多数出現し始めた。これに続いて，アノマロカリスなどの動物食性動物の出現により，被食者の動物が殻をもつようになり，これが動物食性動物の口器の硬化を促し，さらに被食者の動物の体表の硬化を促すという相互適応によって，急激に硬い殻をもつ動物が多様化していったとの説がある。これも，捕食者と被食者の間に起きた共進化の一例である。

アノマロカリス

■捕食-被食の関係と共進化

トムソンガゼル

チーター

草原で生活する草食動物は一般に逃げ足が速く，周囲の状況に敏感に反応する。一方，草食動物を捕食する肉食動物は，するどいかぎ爪や犬歯をもつなど，よりすばやく確実に獲物をとらえる能力を高めている。このような関係性も共進化と考えられているが，1種対1種の関係ではなく，複数種どうしの対抗の場合が多い。

Column 進化説の歴史

19世紀はじめ，フランスのラマルクは，よく使う器官は発達するが，あまり使わない器官は退化すると考え，この形質が代々積み重ねられて進化が起こると提唱した(**用不用説**)。しかし，今日では，用不用などの経験などによって生後獲得した形質は遺伝しないことがわかっており，この考え方は否定されている。
19世紀半ばになると，イギリスのダーウィンが新たな進化説を提唱した。彼の説は，さまざまな変異をもつ個体のなかで，生育環境に適したものだけが生き残り，そのくり返しで進化が起こるというものである(**自然選択説**)。
ダーウィンのいう変異には遺伝しないものも含んでいたなど問題点はあるものの，ダーウィンの考えた自然選択は今日の進化の考え方にも大きく反映されている。
なお，現在では，キリンの長い首は雄どうしの闘争に有利であると考えられている。

用不用説

キリンの祖先は，木の葉を食べるために，首や足を伸ばしていた。 → 木の葉に届くように，首や足が伸びてきた。 → この獲得された形質が代々積み重ねられ，現在のキリンに進化した。

自然選択説

キリンの祖先では，木の葉に届く個体が生存に有利。

木の高いところの葉に届く個体ほど生き残り，子孫を残した。

この選択が代々積み重ねられ，現在のキリンに進化した。

17 適応と進化 生物基礎 生物

A 適応

生物が環境に対して，形態的，生理的あるいは行動的に有利な形質を備えていることを**適応**しているという。

■オオシモフリエダシャクの工業暗化

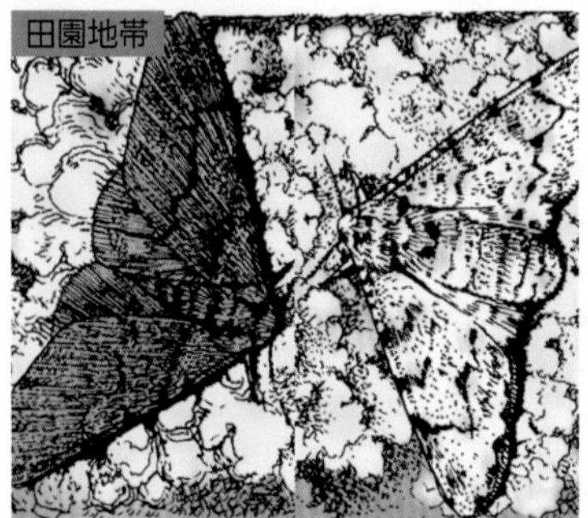

田園地帯

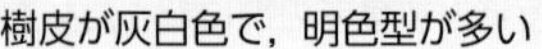
樹皮が灰白色で，明色型が多い

工業地帯

樹皮が暗色で，暗色型が多い

イギリスの田園地帯では，樹木の樹皮は地衣類におおわれているために灰白色で，オオシモフリエダシャク(ガの一種)はその色に対して保護色となる明色型ばかりだった。1848 年に暗色型(突然変異体)が発見された。工業地帯では地衣類が大気汚染で枯れて，樹皮の色は暗色となり，19 世紀末には工業地帯のオオシモフリエダシャクは 99％の個体が黒い樹皮に対して保護色となる暗色型になった。

オオシモフリエダシャクの再捕獲率(再捕獲数／標識数)

工業地帯と田園地帯でオオシモフリエダシャクを捕獲し，標識をつけて放す。数日後に標識をつけた個体を再捕獲したところ，表現型ごとの再捕獲率に，明らかな地域による差が見られた。

	表現型	標識数	再捕獲数	再捕獲率
工業地帯 バーミンガム	明色型	64	16	25.0％
	暗色型	154	82	53.2％
田園地帯 ドルセー	明色型	496	62	12.5％
	暗色型	473	30	6.3％

突然変異で暗色型の個体が出現し，これが，工業地帯で捕食者にみつかりにくいという自然選択によって個体数を増やしたと考えられる。オオシモフリエダシャクの工業暗化は突然変異と自然選択による進化を実証したものといえる。小進化(▶ *p.*280)の例としてよく知られている。

■ダーウィンフィンチ類に見られる適応

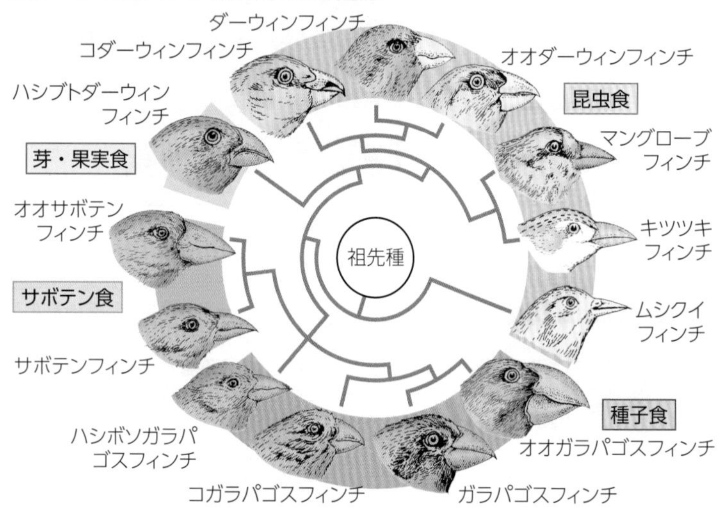

ダーウィンフィンチ
コダーウィンフィンチ
オオダーウィンフィンチ
昆虫食
ハシブトダーウィンフィンチ
芽・果実食
マングローブフィンチ
オオサボテンフィンチ
キツツキフィンチ
祖先種
サボテン食
ムシクイフィンチ
サボテンフィンチ
種子食
ハシボソガラパゴスフィンチ
オオガラパゴスフィンチ
コガラパゴスフィンチ
ガラパゴスフィンチ

南米の太平洋上に浮かぶガラパゴス諸島は 20 あまりの島からなり，そこにはダーウィンフィンチという小鳥が十数種生息している。これらは，各島の環境がそれぞれ異なり，得られる食物も異なったことによって，1 種類の祖先種から，サボテン食，芽・果実食，種子食，昆虫食などに変化し，それぞれの島の食物に適応して生じたと考えられている。

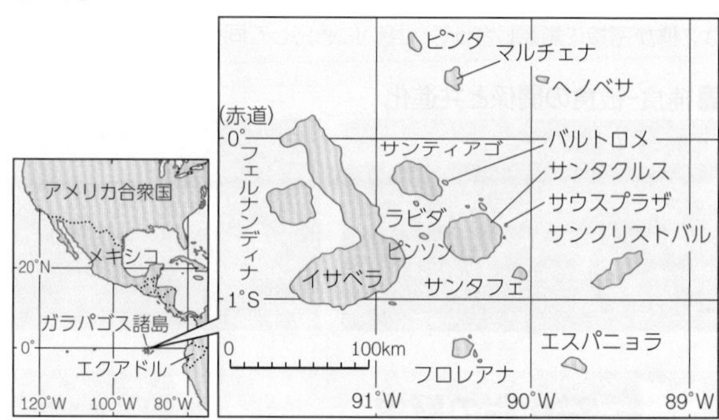

アメリカ合衆国
20°N
メキシコ
ガラパゴス諸島
0°
エクアドル
120°W
100°W
80°W
ピンタ
マルチェナ
ヘノベサ
(赤道)
0°
フェルナンディナ
サンティアゴ
バルトロメ
サンタクルス
サウスプラザ
サンクリストバル
ラビダ
ピンソン
イサベラ
サンタフェ
1°S
0
100km
エスパニョラ
フロレアナ
91°W
90°W
89°W

■化石から見られるウマの草原への適応

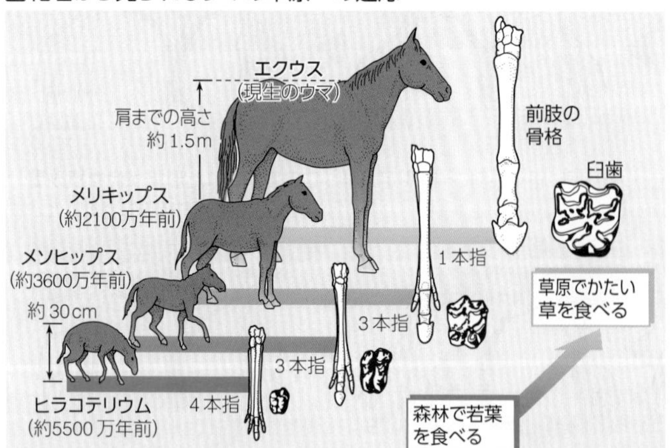

エクウス
(現生のウマ)
肩までの高さ
約 1.5m
前肢の骨格
臼歯
メリキップス
(約2100万年前)
メソヒップス
(約3600万年前)
1 本指
約 30cm
3 本指
草原でかたい草を食べる
3 本指
ヒラコテリウム
(約5500 万年前)
4 本指
森林で若葉を食べる

出土しているウマの化石から，ウマが森林から，新生代に拡大した草原へと適応していくようすがわかる。からだの大形化，前肢・後肢の伸長，指の減少により，広い草原を速く走ることができるようになった。

Jump 隔離と種分化 ▶ *p.*287

ガラパゴス諸島では，それぞれの島が他の島と地理的に隔離された状態で長期間経過した結果，ダーウィンフィンチ類がそれぞれの島の環境に適応するように変化し，やがて生殖的隔離にいたったと考えられる。異所的種分化の例である。

Jump 適応度 ▶ *p.*226

1 個体が残す繁殖可能な子の数を適応度という。1 組のつがい(雌雄 2 個体)が卵や子を産み，繁殖可能な段階まで育った子が 2 個体だった場合，適応度は 1 である(雌雄 2 個体から 2 個体の繁殖可能な子が残った)。進化の過程で，より環境に適応するよう変化していくという進化の方向性は，適応度を高めるはたらきであると考えられている。このような視点に立つと，繁殖で有利になる形質がきわだっていく性選択(▶ *p.*282)も，生物が適応度を高めるようにして起こった進化であるということがわかる。

 Keywords 適応(adaptation)，工業暗化(industrial melanism)

B 保護色・擬態

生物が，自身を取り巻く環境や生物に対して，似た色彩や模様，形状をもつことで自身の存在を隠ぺいする保護色や擬態は，適応の一例である。

シャクガの幼虫

コノハムシの若虫

キイロスズメバチ
毒をもつ

キアシナガバチ
毒をもつ

ハナアブ
毒をもたない

環境に似た体色を**保護色**(隠ぺい色)といい，色だけでなく形態まで環境や他の生物に似ていることを，**擬態**という。保護色や擬態は，生物が環境に適応した結果である。

有害・有毒な生物は鮮やかで目立つ色調や模様をしていることがあり，これを**警告色**という。警告色には，捕食者に対して有害であることを警告する効果があり，互いに似ることで警告の効果が高まると考えられている。一方で，有害でない生物が有害な生物に擬態することもある。

C 適応による構造の変化

現生生物の形態を比較すると，環境への適応によるからだの構造や機能の変化が見られることがある。

■相同器官と相似器官

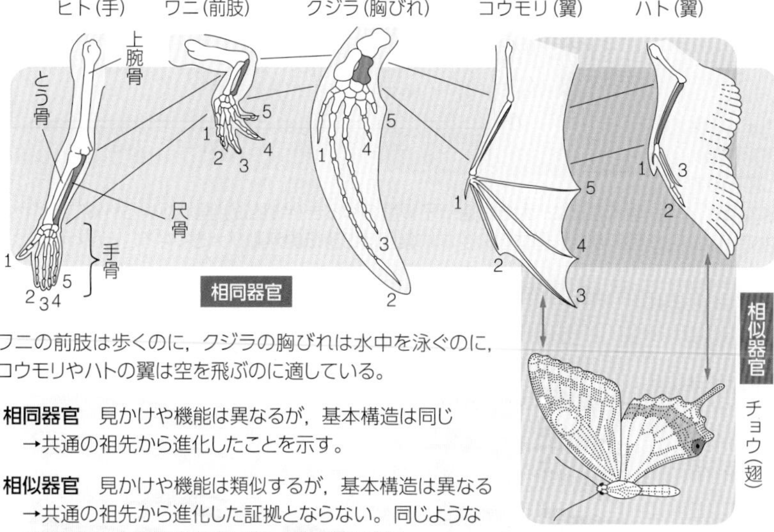
ヒト(手)
ワニ(前肢)
クジラ(胸びれ)
コウモリ(翼)
ハト(翼)
上腕骨
とう骨
尺骨
手骨
相同器官
相似器官
チョウ(翅)

ワニの前肢は歩くのに，クジラの胸びれは水中を泳ぐのに，コウモリやハトの翼は空を飛ぶのに適している。

相同器官　見かけや機能は異なるが，基本構造は同じ
→共通の祖先から進化したことを示す。

相似器官　見かけや機能は類似するが，基本構造は異なる
→共通の祖先から進化した証拠とならない。同じような環境に適応(空を飛ぶなど)した結果といえる。

■痕跡器官

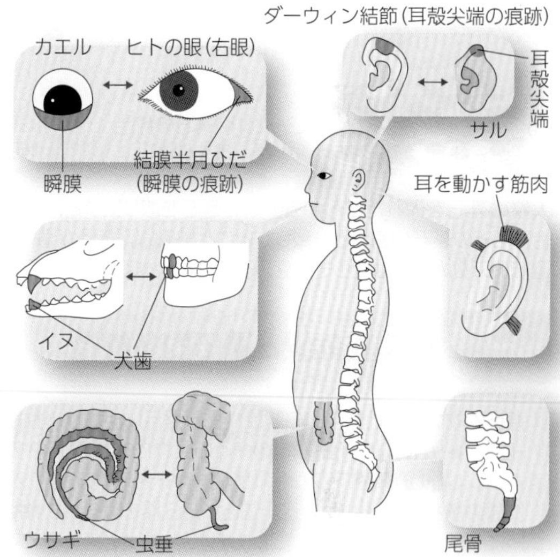
ダーウィン結節(耳殻尖端の痕跡)
カエル
ヒトの眼(右眼)
瞬膜
結膜半月ひだ(瞬膜の痕跡)
耳殻尖端
サル
耳を動かす筋肉
イヌ
犬歯
ウサギ
虫垂
尾骨

現在は使われておらず，痕跡だけが残っている器官を**痕跡器官**といい，祖先生物のなごりと考えられる。

D 適応放散と収れん

多様な環境では，それぞれに適応した多様な生物が出現する。
一方，異なる場所でも似た環境があると，似た形態をもつ生物が出現する。

■分布からわかる生物の進化

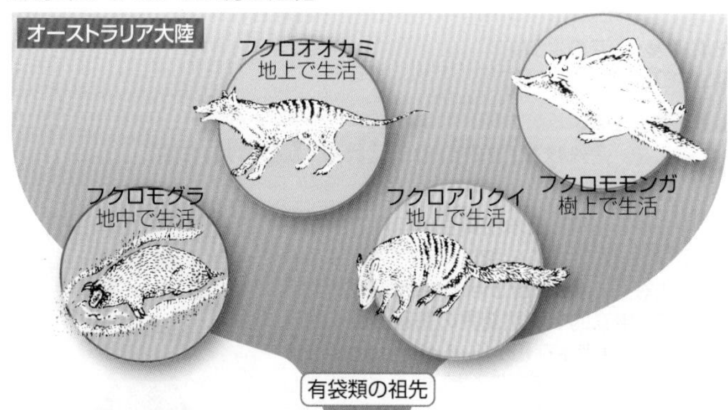
オーストラリア大陸
フクロオオカミ
地上で生活
フクロモモンガ
樹上で生活
フクロモグラ
地中で生活
フクロアリクイ
地上で生活
有袋類の祖先

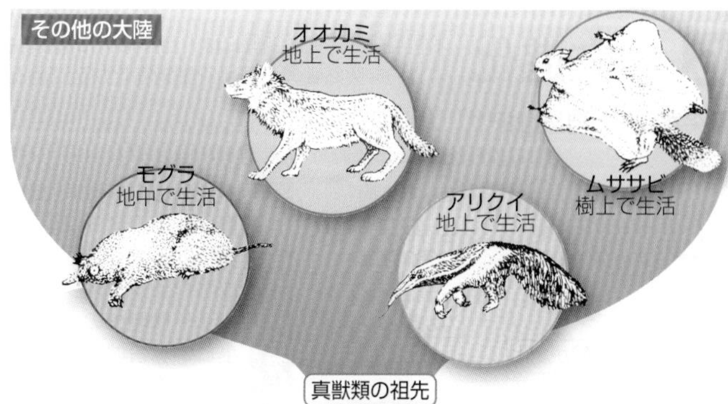
その他の大陸
オオカミ
地上で生活
モグラ
地中で生活
アリクイ
地上で生活
ムササビ
樹上で生活
真獣類の祖先

原始的な哺乳類である有袋類は中生代に現れ，世界各地に分布を広げたが，真獣類(有胎盤類)との生存競争に負け，ほぼ絶滅した。しかし，真獣類出現の前に他の大陸から離れたオーストラリア大陸では，有袋類は絶滅を免れ，さまざまな環境に適応して，多くの種に分化した(**適応放散**)。現存の有袋類の形態は，他の大陸の真獣類とよく似ている。これは系統の異なる生物でも同じような環境に適応すると，類似した形質に進化していく現象で，**収れん**とよばれる。

相同(homology)，**相似**(analogy)，**痕跡器官**(vestigial organ)，**適応放散**(adaptive radiation)，**収れん**(convergence)

18 遺伝的浮動と中立進化

生物基礎
生物

A 遺伝的浮動

世代をこえて遺伝子が受け継がれる際に，自然選択とは無関係に，偶然によって**遺伝子頻度**が変化することがある。

■遺伝的浮動

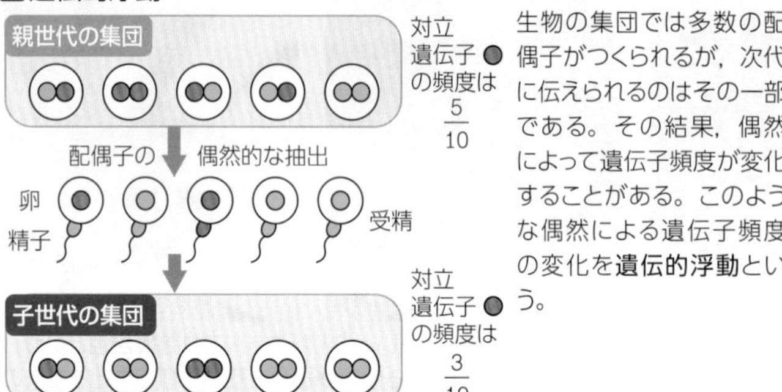
親世代の集団
対立遺伝子●の頻度は 5/10
配偶子の偶然的な抽出
卵
精子
受精
子世代の集団
対立遺伝子●の頻度は 3/10

生物の集団では多数の配偶子がつくられるが，次代に伝えられるのはその一部である。その結果，偶然によって遺伝子頻度が変化することがある。このような偶然による遺伝子頻度の変化を**遺伝的浮動**という。

■びん首効果

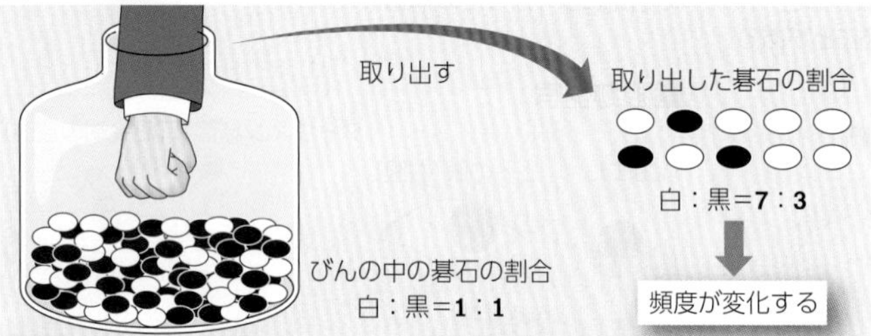
取り出す
取り出した碁石の割合
白：黒=7：3
びんの中の碁石の割合
白：黒=1：1
頻度が変化する

大量の碁石を入れたびんから少数の碁石を取り出すと，取り出した碁石の割合はもとの碁石の割合と一致しないことが多い。集団が急激に小さくなると，遺伝的浮動が強くはたらき，遺伝子頻度が大きく変化する可能性が大きい。

■遺伝的浮動のシミュレーション実験

100 個体からなる生物集団と 10 個体からなる生物集団で，自然選択が起こらない条件で 50 世代を重ねたときに，1 対の対立遺伝子 A，a の遺伝子頻度がどのように変化するかをシミュレーションした。最初の遺伝子頻度を A，a それぞれ 0.5 として各 10 回の試行を行った。1 本の線は 1 回の試行を示す。

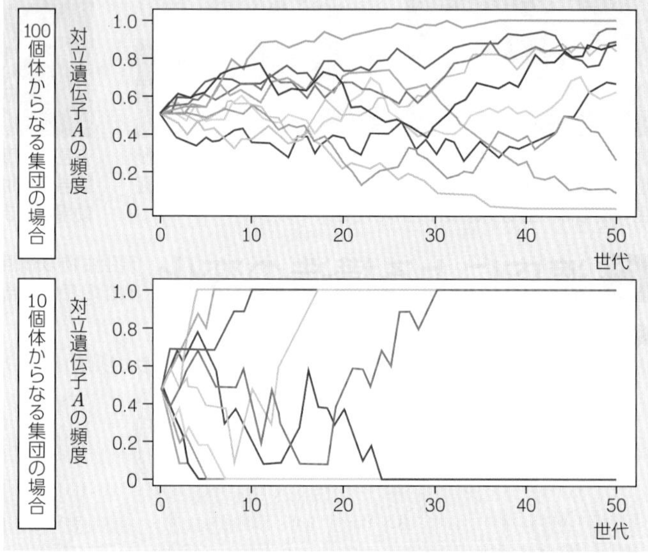
100個体からなる集団の場合
対立遺伝子Aの頻度
1.0
0.8
0.6
0.4
0.2
0
0
10
20
30
40
50
世代
10個体からなる集団の場合
対立遺伝子Aの頻度
1.0
0.8
0.6
0.4
0.2
0
0
10
20
30
40
50
世代

世代ごとに，大きな遺伝子頻度のゆらぎ(=遺伝的浮動)が見られることがわかる。また，個体数の少ない集団ほど遺伝的浮動が大きくなることがわかる。

Zoom up びん首効果と遺伝的多様性

脊椎動物の自己と非自己の認識や抗原提示にかかわる MHC 抗原(ヒトでは HLA，▶ *p*.172)は，ヒトなどの多くの動物では個体間の多様性がきわめて高い。しかし，現在アフリカのサバンナで生活するチーターの場合，MHC 抗原の多様性がきわめて低いことが知られている。これは，過去のある時期にチーターの個体数が急激に減少したためと考えられており，びん首効果により遺伝的浮動が強くはたらき，遺伝的多様性が低下したと考えられている。

現在では，個体数はある程度にまで回復したものの，遺伝的多様性の回復にまでは至っていない。今後，さまざまな突然変異が生じ，それが集団内に蓄積していけば，徐々に遺伝的多様性も回復していくものと考えられる。

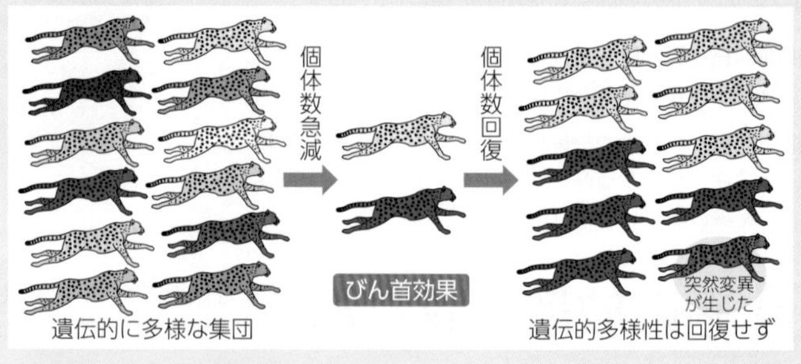
個体数急減
個体数回復
びん首効果
突然変異が生じた
遺伝的に多様な集団
遺伝的多様性は回復せず

B 中立進化

木村資生は，突然変異には，自然選択に影響しないものが多く，このような中立的な突然変異の蓄積で生物進化が起こると考えた(中立説，1968 年)。

■突然変異と自然選択

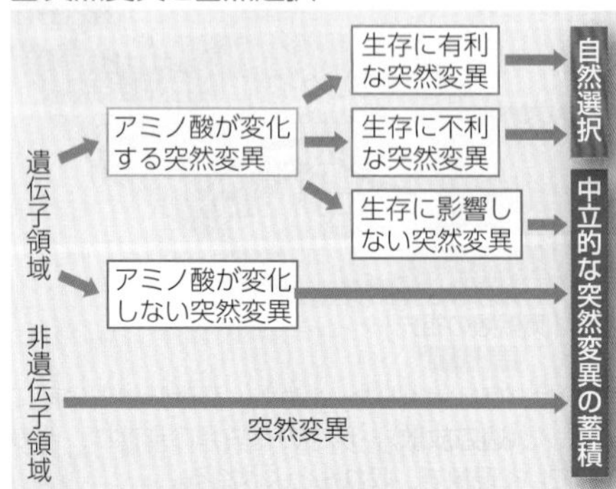
遺伝子領域
アミノ酸が変化する突然変異
生存に有利な突然変異
生存に不利な突然変異
生存に影響しない突然変異
アミノ酸が変化しない突然変異
非遺伝子領域
突然変異
自然選択
中立的な突然変異の蓄積

突然変異のうち，アミノ酸の変化を伴わない突然変異は自然選択に影響しない。アミノ酸が変化する場合でも，合成されるタンパク質の構造や機能への影響が小さい場合は自然選択の影響を受けないことも多い。このような中立的な突然変異の蓄積と遺伝的浮動によって進化が起こると考えた。

Column Survival of the Luckiest

中立説を提唱した木村資生(もとお)は自然選択を否定したわけではない。彼は，自然選択による適者生存(Survival of the Fittest)を認めたうえで，中立的な突然変異の蓄積と遺伝的浮動による運者生存(Survival of the Luckiest)によっても進化が起こるという考えを提唱した。発表当初は強い批判も受けたが，現在では 2 つは併存できると考えられ，進化のしくみの一部として認められている。

木村資生

Keywords 遺伝的浮動(genetic drift)，びん首効果(bottleneck effect)，中立説(neutral theory)

19 隔離と種分化

生物基礎 生物

A 隔離

生物集団の**隔離**には，地理的な障壁により交配が起こらなくなる**地理的隔離**(①)と，遺伝的な差異によって，交配ができない，もしくは交配しても生殖能力のある子ができない**生殖的隔離**(②〜⑤)がある。

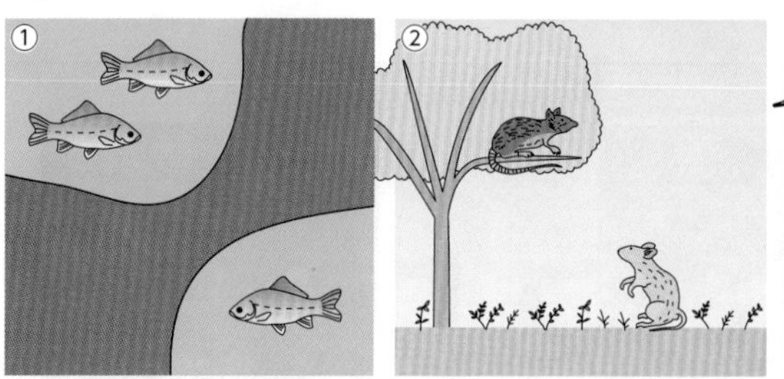

① 山や海など地理的要因により，個体どうしが出会わない

② 生息環境や繁殖時期・時刻が異なり，生殖が起こらない

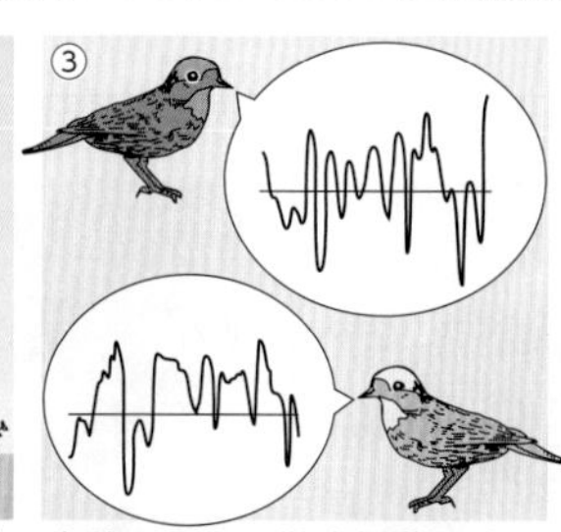

③ 生殖のための儀式行動に違いがあり，生殖が起こらない

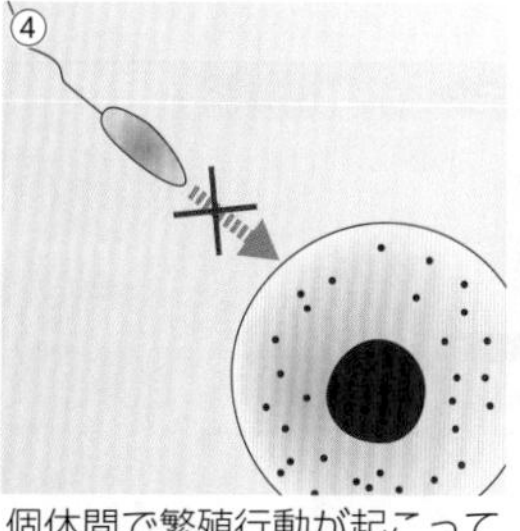

④ 個体間で繁殖行動が起こっても配偶子の受精が起こらない

ライガー(ライオンとトラの子で生殖能力はない)

⑤ 生じた子が生存しない，もしくは生殖能力がない

B 種分化

進化によって新しい種ができたり，1 つの種が複数の種に分かれたりすることを**種分化**という。種分化は隔離によって引き起こされると考えられている。

■異所的種分化

地理的隔離がきっかけとなって生殖的隔離が生じて起こる種分化を，異所的種分化という。種分化のほとんどは異所的種分化と考えられる。ある集団に地理的隔離が生じると，それぞれの集団の遺伝子プールは分断される。突然変異・自然選択・遺伝的浮動によって遺伝子頻度が変化すると，それぞれの集団が交配できない，もしくは交配しても生殖能力のある子ができない状態(生殖的隔離)になることがある。生殖的隔離が成立した状態が種分化である。

種a

広い環境に，ある種(種 a)の生物の集団が生息していた。集団内では，遺伝子の交流が行われている。

突然変異体
地理的隔離
突然変異体
島 A
島 B

海面の上昇などで集団が地理的に隔離され交配できなくなり，遺伝子プールが分断された。島AとBで異なる突然変異が起こった。

種分化
種b
種c

突然変異によって生じた変異が，自然選択や遺伝的浮動によって，それぞれの遺伝子プールに広がり，別の種になった。

■同所的種分化

地理的隔離なしに起こる種分化

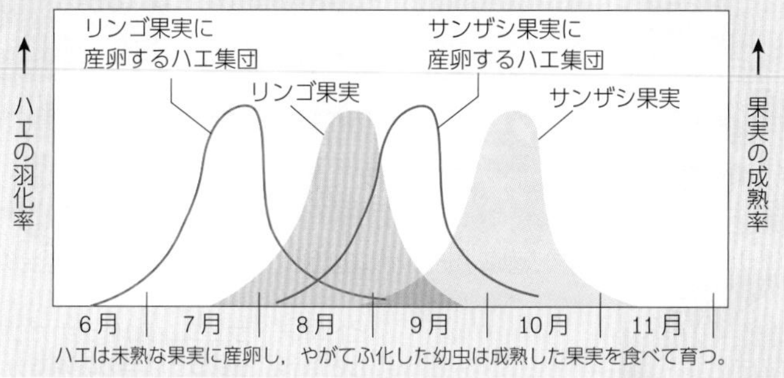
リンゴ果実に産卵するハエ集団
サンザシ果実に産卵するハエ集団
リンゴ果実
サンザシ果実
ハエの羽化率
果実の成熟率
6月
7月
8月
9月
10月
11月
ハエは未熟な果実に産卵し，やがてふ化した幼虫は成熟した果実を食べて育つ。

サンザシの果実に産卵するサンザシミバエのなかに，リンゴの果実に産卵する集団が現れた。リンゴ果実はサンザシ果実より早く熟すため，リンゴ果実に産卵する集団とサンザシ果実に産卵する集団で生殖時期がずれ，両者の間で交配が行われなくなった結果，地理的隔離なしに種分化が起こった。

■側所的種分化

隣接する同種の生物集団の中で起こる種分化

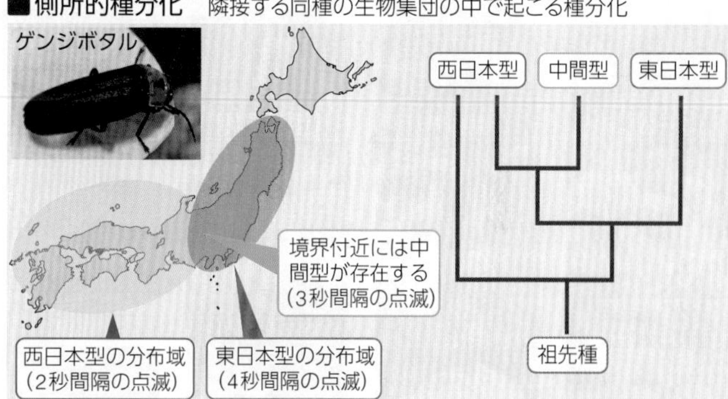
ゲンジボタル
西日本型
中間型
東日本型
祖先種
境界付近には中間型が存在する(3秒間隔の点滅)
西日本型の分布域(2秒間隔の点滅)
東日本型の分布域(4秒間隔の点滅)

ゲンジボタルでは交尾のための明滅パターンが 4 秒間隔の東日本型と 2 秒間隔の西日本型が見られる(ただし，2 つのタイプの中間型にも生殖能力があるため，完全な種分化には至っていない)。

■倍数化による種分化

染色体の数が変化する倍数化などによって，短期間で新しい種が誕生することがある。このような現象は植物でよく見られる。

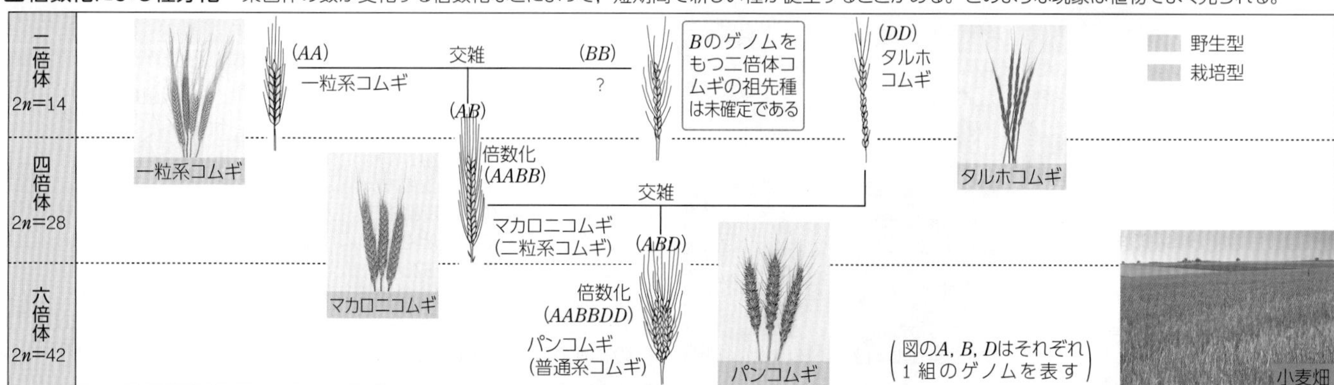
二倍体 $2n=14$
四倍体 $2n=28$
六倍体 $2n=42$
一粒系コムギ
(AA)
交雑
(BB)
一粒系コムギ
?
Bのゲノムをもつ二倍体コムギの祖先種は未確定である
(DD) タルホコムギ
タルホコムギ
野生型
栽培型
(AB)
倍数化 (AABB)
交雑
マカロニコムギ (二粒系コムギ)
マカロニコムギ
(ABD)
倍数化 (AABBDD)
パンコムギ (普通系コムギ)
パンコムギ
図のA, B, Dはそれぞれ1組のゲノムを表す
小麦畑

Keywords 隔離(isolation)，地理的隔離(geographical isolation)，生殖的隔離(reproductive isolation)，種分化(speciation)，倍数化(polyploidization)

20 生物の系統と分類 生物基礎 生物

A 分類の基本単位ー種

生物を，共通性に基づいてグループ分けすることを**分類**といい，同じグループに分けられた生物の集まりを**分類群**という。分類の基本単位は**種**である。

■形態と生殖

イノシシとブタの交配
イノシシ
ブ タ
交 配
イノブタ
ウマとロバの交配
ウ マ
ロ バ
交 配
ラ バ

家畜であるブタと野生動物で形態にも違いがあるイノシシの交配によって，イノブタがつくられた。イノブタは，イノブタどうしはもちろん，イノシシともブタとも交配して子をつくることができる。

形態的に違いがある雄のロバと雌のウマの交配によって，労役に適したラバがつくられた。ラバは，ロバとウマの中間的な形質を示すが，生殖が不可能なため，一代限りで子孫を残せない。

生物は古典的には形態的特徴によって区分されていた(形態種=リンネ種)。今日ではその生殖可能性を重視して区分するようになってきた(生物学的種)。したがって，ロバとウマはラバに生殖能力がないため別の種と考え，ブタとイノシシはイノブタに生殖能力があるため 1 つの種と考えられている。

B 分類の体系

生物の分類の基本単位は種であるが，すでに知られているだけで種の数は 190 万以上にものぼるため，種の上にいくつかの種をまとめて 1 つのなかまとした属や科・目・綱・門・界・ドメインなどの段階が設けられている。

ドメイン
界
門
綱
目
科
属
種
真核生物
(ユーカリア)
アーキア
(古細菌)
細菌
(バクテリア)
動物界
菌 界
植物界
原生生物界
脊索動物門
棘皮動物門
節足動物門
軟体動物門
環形動物門
哺乳綱
鳥綱
は虫綱
両生綱
硬骨魚綱
霊長目
真無盲腸目
翼手目
ヒト科
テナガザル科
ヒト属
ゴリラ属
ホモ・サピエンス
(ヒト)
ホモ・エレクトス

ヒト(ホモ・サピエンス)はテナガザルとは科，モグラとは目の段階で分けられる。つまり，ヒトとテナガザルの差はヒトとモグラの差よりも小さく，共通点が多いことを示している。

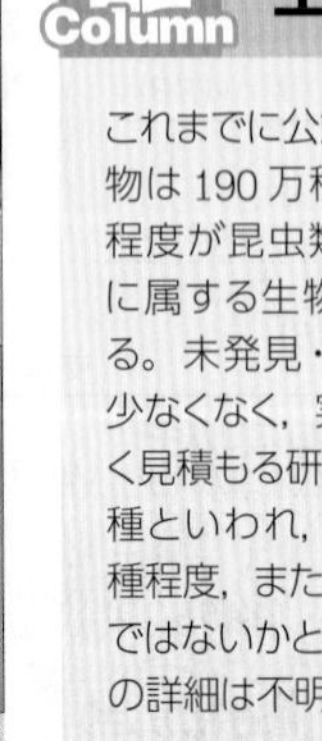

同一の祖先に由来するすべての子孫からなる生物群を**単系統群**という。ここに示した分類群には現在では単系統群ではないとされているものもある。また，必要に応じて，各階層の間に「亜」をつけた階層や，「上」，「下」をつけた階層を設ける場合もある。

Column 生物の種の数

これまでに公式に記載された生物は 190 万種以上おり，半数程度が昆虫類という 1 つの綱に属する生物で占められている。未発見・未記載の生物も少なくなく，実際の種の数は多く見積もる研究者によると 2 億種といわれ，実際には 870 万種程度，または 1400 万種程度ではないかといわれているがその詳細は不明のままである。

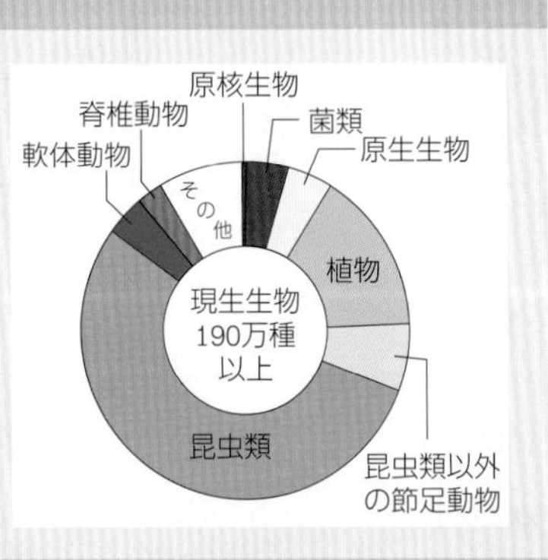

原核生物
脊椎動物
菌類
原生生物
軟体動物
その他
植物
現生生物
190万種
以上
昆虫類
昆虫類以外
の節足動物

Keywords 分類(classification)，分類群(taxon)，種(species)，単系統群(monophyletic group)

C 生物の命名法

生物の名前(呼び名)は，国や地方によって大きく異なる。生物の名前を混同しないように，世界共通の生物の種の名前(**学名**)が，一定の規則に従ってつけられている。

■リンネ

「植物の種 第1版」(1753年)，「自然の体系 第10版」(1758年)で，当時知られていた生物を体系づけたうえで生物種の命名法(**二名法**)を提唱した。

■二名法　リンネはそれまで不統一だった種の命名法を，一定の規則に従って2つの単語で表す二名法に統一した。

<和名>	<属名>	<種小名>	命名者
セイヨウミツバチ	*Apis* (ミツバチ属)	*mellifera* (蜂蜜を運ぶ)	Linné
イ　ネ	*Oryza* (イネ属)	*sativa* (栽培された)	Linné

(属名＋種小名＝学名)

* 学名には，ラテン語あるいはラテン語化した言葉を用いる。
* 学名では，種の名前は属名(名詞形)と種小名(形容詞形)の二名で表し，属名の先頭は大文字とする。
* 種小名のあとに命名者名を書き加えることもある。なお，標準的な日本名を**和名**(標準和名)という。

Column 生物の名前

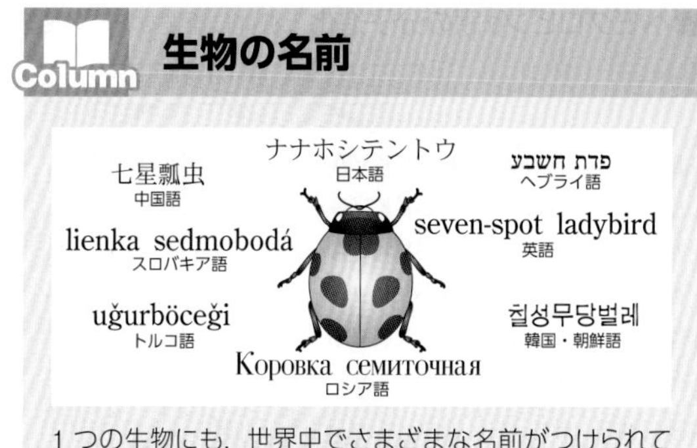
ナナホシテントウ
日本語
七星瓢虫
中国語
פרת חשבע
ヘブライ語
lienka sedmobodá
スロバキア語
seven-spot ladybird
英語
uğurböceği
トルコ語
칠성무당벌레
韓国・朝鮮語
Коровка семиточная
ロシア語

1つの生物にも，世界中でさまざまな名前がつけられており，生物を体系的に分類する際の障害になる。

D 生物の系統と分類体系

生物の進化の過程にもとづく類縁関係を**系統**といい，生物の系統を図に表すと，樹木が枝分かれしていくように描ける。これを**系統樹**という。

■過去に考えられた分類の例

二界説

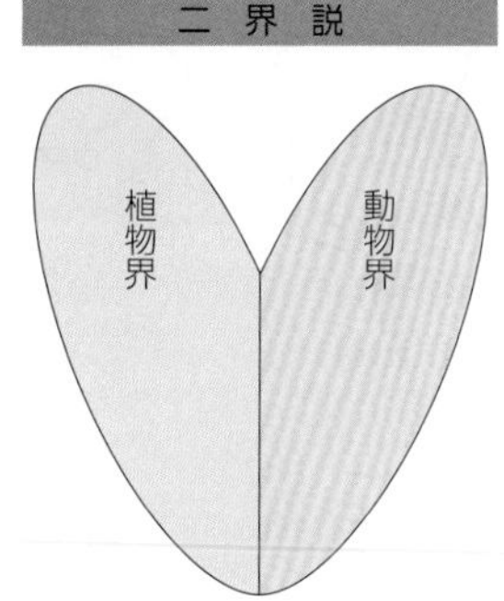
植物界
動物界

細胞壁の有無などで，生物を植物界と動物界の2界に分ける。

三界説

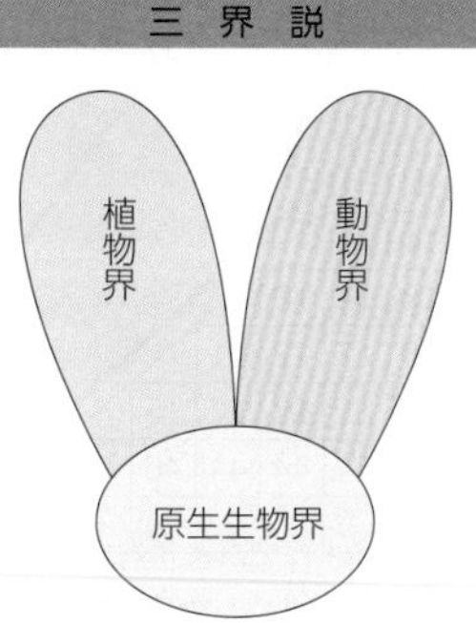
植物界
動物界
原生生物界

単細胞生物を原生生物として3界に分ける。

四界説

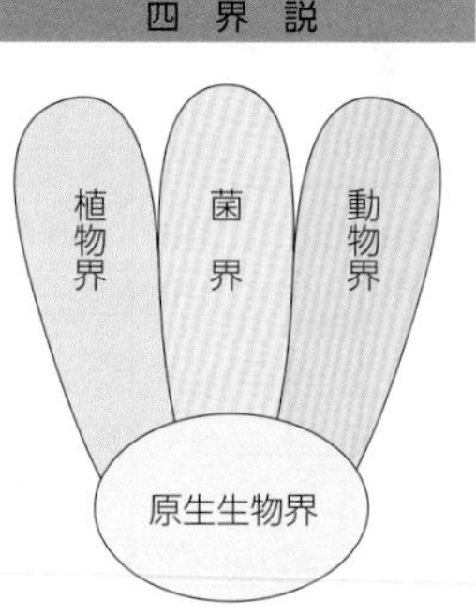
植物界
菌界
動物界
原生生物界

光合成能力の有無で植物界と菌界に分離し，4界に分ける。

五界説

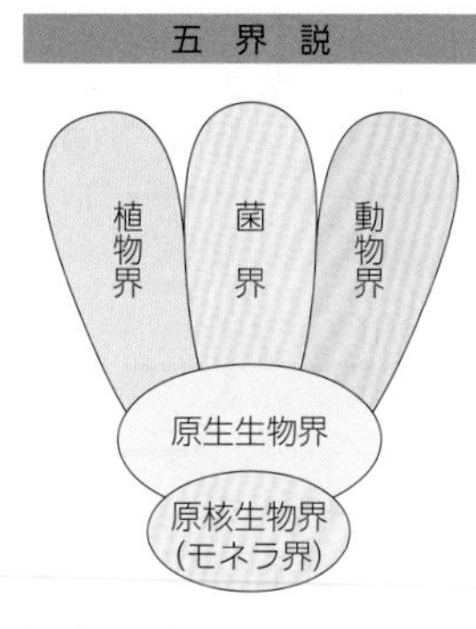
植物界
菌界
動物界
原生生物界
原核生物界
(モネラ界)

核膜の有無で原生生物界と原核生物界に分離し,5界に分ける。

古くから行われてきた分類法は，生物を大きく動物と植物の2つの界に分ける二界説であった。20世紀後半になると，単細胞真核生物や原核生物の研究が進み，ホイッタカーやマーグリスなどが提唱した五界説が支持を集めた。しかし，タンパク質やDNAの解析などが進んだ結果，この考えにも問題点が多いことが明らかになっている。

■ 3ドメイン説

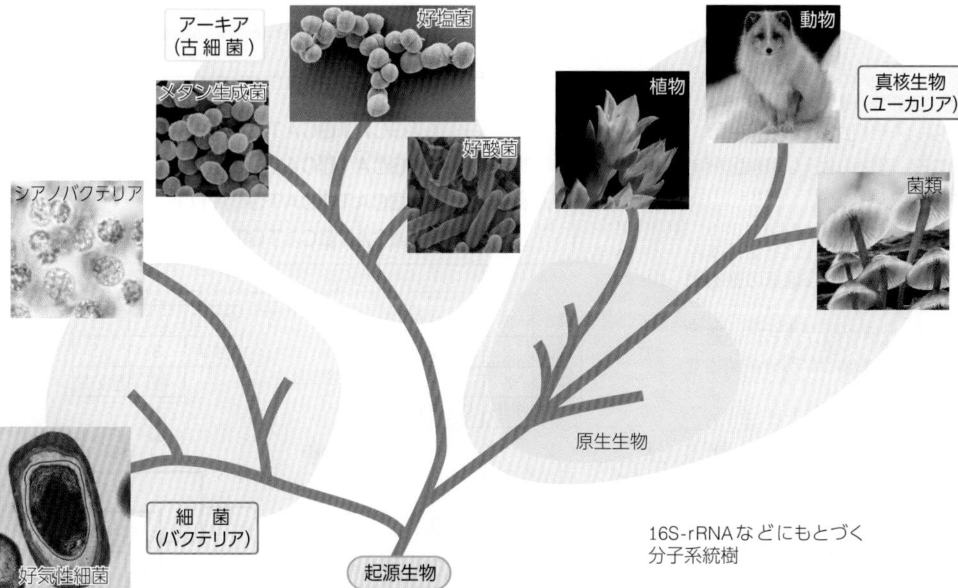
アーキア
(古細菌)
好塩菌
メタン生成菌
好酸菌
シアノバクテリア
動物
植物
真核生物
(ユーカリア)
菌類
原生生物
好気性細菌
細菌
(バクテリア)
起源生物
16S-rRNAなどにもとづく
分子系統樹

16S-rRNAはリボソームを構成するrRNA(▶ *p*.89)の一種で，リボソームはすべての生物がもつ構造体である。動物と植物など形質が大きく異なる生物の系統推定を行う際には，このような分子の遺伝情報を比較する必要がある。

細胞レベルや分子レベルでの研究の発展により，これまで単純とされてきた原核生物や原生生物にきわめて高い多様性があることがわかってきた。

ウーズらは，リボソームを構成するある種のRNAの塩基配列などの研究から分子系統樹を描くと，原核生物が2つの系統に分かれること，真核生物の系統はそのうちの一方の系統に近いことを明らかにし，すべての生物を「界」より上の3つのドメイン(超界)に分ける**3ドメイン説**を提唱した。これによると，原核生物は**細菌**(バクテリア)と**アーキア**(古細菌)のドメインに分類され，**真核生物**(ユーカリア)のドメインはアーキアにより近縁であるとされる。また，真核生物のミトコンドリアと葉緑体にある独自のリボソームのRNAは，細菌のそれに近いことがわかり，共生説(▶ *p*.254)を裏付ける結果にもなっている。

二名法(binomial nomenclature)，系統(lineage)，系統樹(phylogenetic tree)，五界説(5 kingdom system)，3ドメイン説(3 domain system)

21 分子情報に基づいた生物の系統 生物基礎 生物

A 分子進化と分子系統樹

生物間で DNA の塩基配列やタンパク質のアミノ酸配列などの変化が蓄積することを**分子進化**といい，これらの分子情報をもとに作成された系統樹を**分子系統樹**という。

■ヘモグロビンα鎖の分子進化

機能に重要なアミノ酸配列ほど，よく保存されている。

陸生脊椎動物間での相同部位

ヒト …AQVKGHGKKVA…ALSDLHAHKLR…
ウマ …AQVKAHGKKVG…NLSDLHAHKLR…
ハト …SQVKAHGKKVA…KLSDLHAQKLR…
カエル …KQISAHGKKVV…KLSDLHAYDLR…
マグロ …GPVKAHGKKVM…DLSELHAFKMR…
サメ …PSIKAHGAKVV…KLATFHGSELK…

ヘムとの結合部位

A, Q, Vなどのアルファベットはアミノ酸の種類を表す。Hはヒスチジン

β_2　β_1　α_2　α_1　ヘム（酸素分子と結合する）

ヘモグロビン

■タンパク質を構成するアミノ酸の変化速度

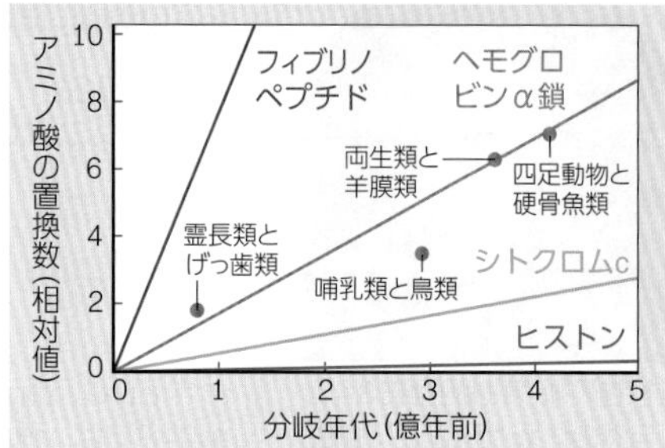

アミノ酸の置換数（相対値）
10
8
6
4
2
0
0 1 2 3 4 5
分岐年代（億年前）
フィブリノペプチド
ヘモグロビンα鎖
両生類と羊膜類
四足動物と硬骨魚類
霊長類とげっ歯類
哺乳類と鳥類
シトクロムc
ヒストン

タンパク質の種類によってアミノ酸の変化速度が異なる。機能を失うことが個体にとって致命的なタンパク質（重要なタンパク質）ほど，変化速度が遅い。

■ヘモグロビンα鎖の類似度と分子時計

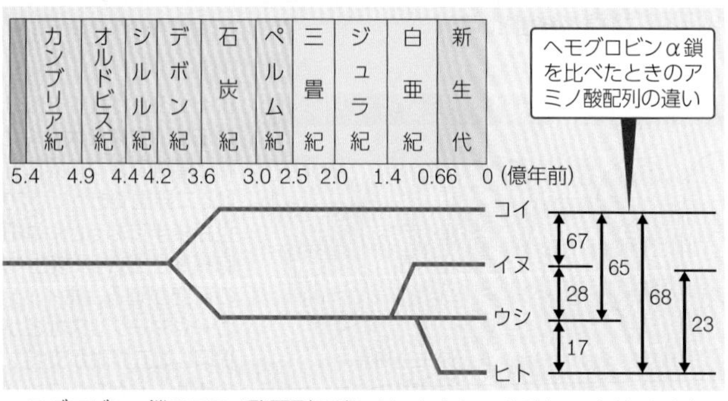

カンブリア紀
オルドビス紀
シルル紀
デボン紀
石炭紀
ペルム紀
三畳紀
ジュラ紀
白亜紀
新生代
5.4 4.9 4.4 4.2 3.6 3.0 2.5 2.0 1.4 0.66 0（億年前）
ヘモグロビンα鎖を比べたときのアミノ酸配列の違い
コイ
イヌ
ウシ
ヒト
67
28
17
65
68
23

ヘモグロビンα鎖のアミノ酸配列の違いは，ヒトとコイでは 68 あり，ヒトとコイの祖先が分岐したのは 4 億年前といわれている。この値を使うと，アミノ酸配列の変化数から生物が分岐したおおよその時間を推定できる。このような，分子進化における塩基配列やアミノ酸配列の変化の速度は，遺伝子やタンパク質ごとに総じて一定となる。この変化の一定性を**分子時計**という。

■シトクロム c の類似度から見た生物の進化と系統

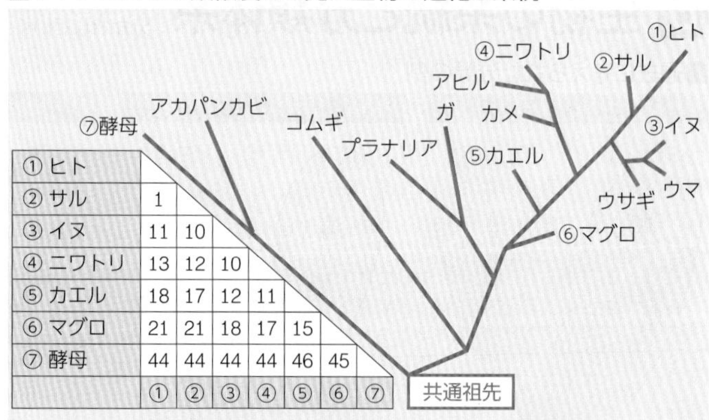

① ヒト							
② サル	1						
③ イヌ	11	10					
④ ニワトリ	13	12	10				
⑤ カエル	18	17	12	11			
⑥ マグロ	21	21	18	17	15		
⑦ 酵母	44	44	44	44	46	45	
	①	②	③	④	⑤	⑥	⑦

①ヒト
②サル
③イヌ
ウマ
ウサギ
④ニワトリ
アヒル
ガ
カメ
⑤カエル
⑥マグロ
プラナリア
コムギ
アカパンカビ
⑦酵母
共通祖先

シトクロム c は電子伝達系（▶ p.57）にかかわり，すべての真核生物がもつタンパク質である。表の数字はシトクロム c のアミノ酸配列の違いで，2 種間で，変化している数が多いほど，早い時期に分かれたと考えることができる。

Zoom up 分子系統樹の作成

分子系統樹の作成方法は複数あり，ここでは平均距離法と最節約法を紹介する。DNA の一領域の塩基配列だけで正しい系統樹が描けるとは限らず，実際には複数の分子データをもとに，より正しい系統樹がつくられている。

近縁な 4 種の DNA のある領域を調べたところ，図(ア)のような塩基配列であることがわかった。この情報を用いて系統樹を作成する。

■平均距離法

❶ (ア)の塩基配列の比較から，1 種でも塩基配列が違っているところを探す。この場合①～⑤の 5 か所で，それぞれの種間で相違する塩基の数を調べて(イ)のような比較表をつくる。

❷ (イ)の比較表において，最も塩基の相違数の少ない 2 種が最も近い過去に分岐したと考える。この場合，種Ⅱと種Ⅲで，(ウ)のような部分系統樹を作成する。

❸ 次に，「種Ⅱ・種Ⅲ」と，種Ⅰおよび種Ⅳの間の塩基の相違数に注目する。このとき，「種Ⅱ・種Ⅲ」と種Ⅰの相違数は，種Ⅰと種Ⅱの相違数 3 と，種Ⅰと種Ⅲの相違数 2 の平均である 2.5 と考える。このようにして，(エ)のような比較表を作成する。

❹ (エ)の比較表から，「種Ⅱ・種Ⅲ」と種Ⅰの相違数のほうが，「種Ⅱ・種Ⅲ」と種Ⅳの相違数より少ないので，種Ⅰは種Ⅳより近い過去に「種Ⅱ・種Ⅲ」の共通祖先と分岐したと考える。

❺ この結果，図(オ)のような系統樹が描かれる。

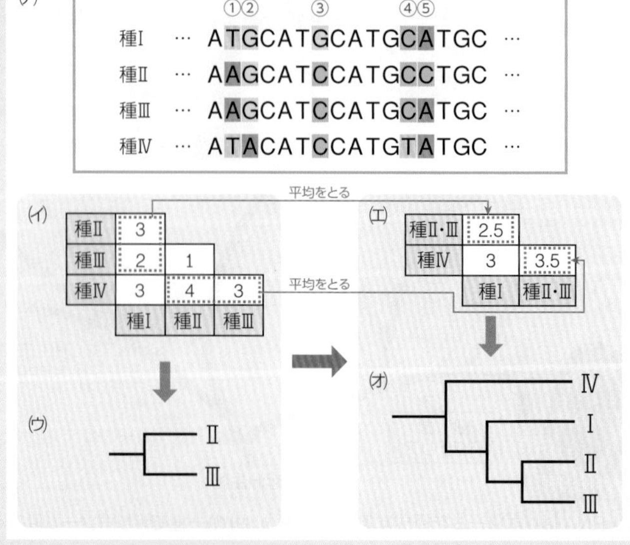

(ア)

	①② ③ ④⑤
種Ⅰ	… ATGCATGCATGCATGC …
種Ⅱ	… AAGCATCCATGCCTGC …
種Ⅲ	… AAGCATCCATGCATGC …
種Ⅳ	… ATACATCCATGTATGC …

(イ)

種Ⅱ	3		
種Ⅲ	2	1	
種Ⅳ	3	4	3
	種Ⅰ	種Ⅱ	種Ⅲ

(エ)

種Ⅱ・Ⅲ	2.5	
種Ⅳ	3	3.5
	種Ⅰ	種Ⅱ・Ⅲ

平均をとる
平均をとる
(ウ)
Ⅱ
Ⅲ
(オ)
Ⅳ
Ⅰ
Ⅱ
Ⅲ

Keywords 分子進化（molecular evolution），分子系統樹（molecular phylogenetic tree），分子時計（molecular clock）

B 分子情報に基づいた系統

DNA の塩基配列解析技術の進歩などにより，分子レベルの情報から生物の系統を明らかにする研究が急速に進展している。

■スーパーグループ（真核生物の系統）

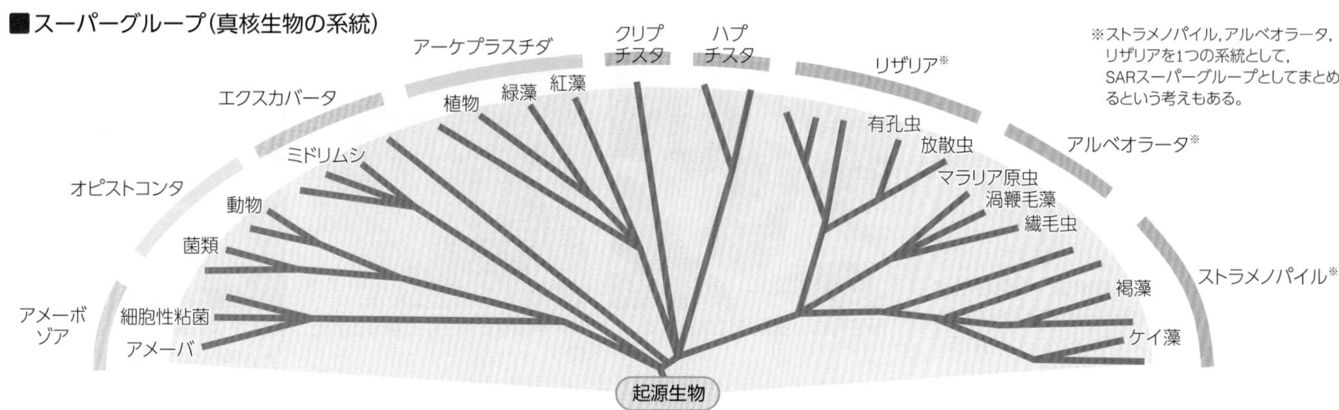

アーケプラスチダ
クリプチスタ
ハプチスタ
リザリア※
エクスカバータ
植物
緑藻
紅藻
有孔虫
放散虫
アルベオラータ※
ミドリムシ
マラリア原虫
渦鞭毛藻
繊毛虫
オピストコンタ
動物
菌類
ストラメノパイル※
褐藻
アメーボゾア
細胞性粘菌
アメーバ
ケイ藻
起源生物
※ストラメノパイル，アルベオラータ，リザリアを1つの系統として，SARスーパーグループとしてまとめるという考えもある。

タンパク質や DNA の研究成果から，真核生物の多様性も極めて高いことがわかり，真核生物をいくつかの大きな系統に分けようとする**スーパーグループ**の考え方が提唱されるようになってきた。スーパーグループについては複数の説が提唱されており，図はアドルら（2019）とブルキら（2020）の研究をもとにつくられた一例である。真核生物の系統については，現在も日々研究が進められており，より正確で新たな説が提唱される可能性がある。

Column 遺伝子の水平伝播

親から子への遺伝情報の移動だけでなく，個体間や異なる系統間の遺伝情報の移動も確認されており，このような水平方向の遺伝情報の移動を，**遺伝子の水平伝播**という。系統を越えての遺伝子の水平伝播は，特に原核生物の進化に影響を与えている。

細胞内共生によるミトコンドリアや葉緑体の誕生に伴う一部遺伝子の核への移動は，遺伝子の水平伝播の代表例ではあるが，それ以外にもいくつもの水平伝播が示唆されている。一部のシロアリに見られるセルラーゼ生成能の獲得が，ある種のスピロヘータ（細菌）からの遺伝子の水平伝播であることがわかっているほか，動物間ではアフリカにすむある種のマダニに脊椎動物にしかない血圧降下ホルモンの遺伝子が水平伝播していることも知られている。

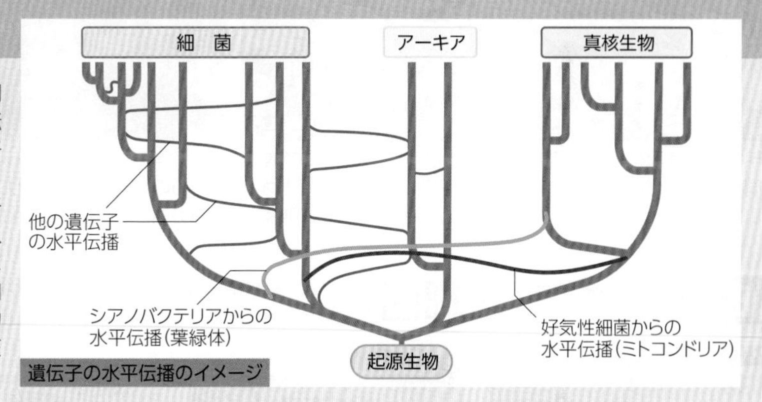

細　菌
アーキア
真核生物
他の遺伝子の水平伝播
シアノバクテリアからの水平伝播（葉緑体）
好気性細菌からの水平伝播（ミトコンドリア）
起源生物

遺伝子の水平伝播のイメージ

■最節約法

最節約法は，全体で塩基の置換が最も少なくなる系統樹が最も適切な系統樹であると考える方法である。同じ㋐の塩基配列から系統樹を考える。

❶ 種Ⅳが最も早く分岐した種であるとすると，図㋕に示したＸ～Ｚの３種類の系統樹を描くことができる。この中から適切な系統樹を選択する。

❷ まず，系統樹Ｘについて考える。塩基①に注目すると，種Ⅰと種ⅣはＴで，種Ⅱと種ⅢがＡである。これは，「種Ⅱ・Ⅲの共通祖先が，種Ⅰと分岐した後にＴがＡに置換した」とすると，１回の塩基置換で説明できる。
塩基②の場合，種Ⅰ・Ⅱ・ⅢはＧで種ⅣがＡなので，「種Ⅰ・Ⅱ・Ⅲの共通祖先が，種Ⅳと分岐した後にＡがＧに置換した」とすると，１回の塩基置換で説明できる。同様にして，塩基③では，「種Ⅰが，種Ⅱ・Ⅲの共通祖先と分岐した後にＣがＧに置換した」，塩基④では，「種Ⅰ・Ⅱ・Ⅲの共通祖先が，種Ⅳと分岐した後にＴがＣに置換した」，塩基⑤では，「種Ⅱが，種Ⅲと分岐した後にＡがＣに置換した」とすると，すべて１回の塩基置換で説明することができ，系統樹全体で５回の塩基置換で説明できる（図㋖Ｘ）。

❸ 同様に系統樹Ｙ，Ｚについて考えると，図㋖Ｙ，Ｚに示したように，塩基①について，１回の塩基置換では説明できず，「種Ⅱと種Ⅲが，他種と分岐後にそれぞれでＴがＡに置換した」と２回の塩基置換が必要となり，系統樹全体では６回の塩基置換が必要となる。

❹ この結果，塩基の置換が最も少なくなる系統樹はＸとなる。

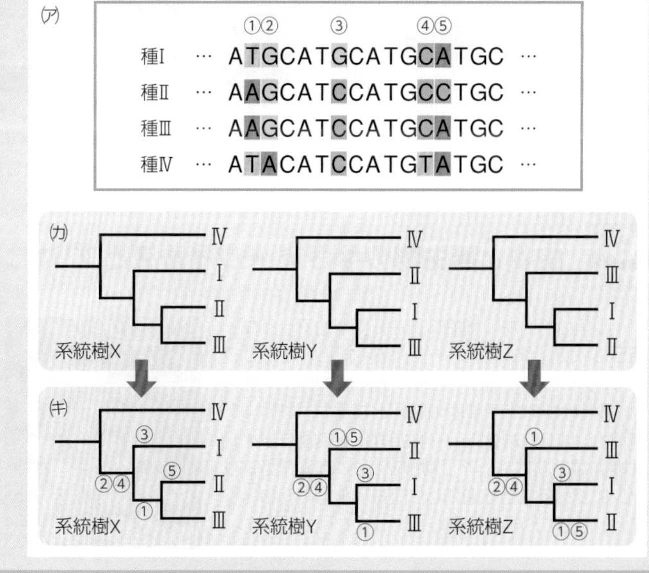

㋐
①②　③　④⑤
種Ⅰ　…　ATGCATGCATGCATGC　…
種Ⅱ　…　AAGCATCCATGCCTGC　…
種Ⅲ　…　AAGCATCCATGCATGC　…
種Ⅳ　…　ATACATCCATGTATGC　…
㋕
系統樹X
系統樹Y
系統樹Z
㋖
系統樹X
系統樹Y
系統樹Z

22 細菌とアーキア

生物基礎 生物

A 細菌（バクテリア）

ペプチドグリカンという成分からなる細胞壁をもつ原核生物。真正細菌ともいう。細胞膜はエステル脂質からなる。

■原核生物の構造

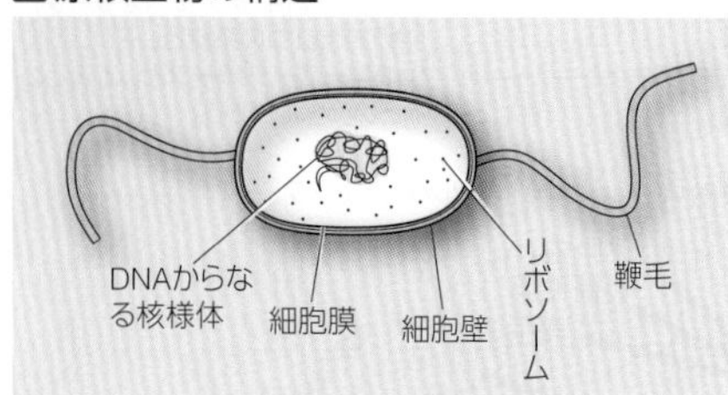

DNAからなる核様体
細胞膜
細胞壁
リボソーム
鞭毛

原核生物は細胞膜や細胞壁の組成，リボソームの構造の違いなどから大きく細菌（バクテリア）とアーキア（古細菌）の２つのドメインに分けられる。

■いろいろな細菌

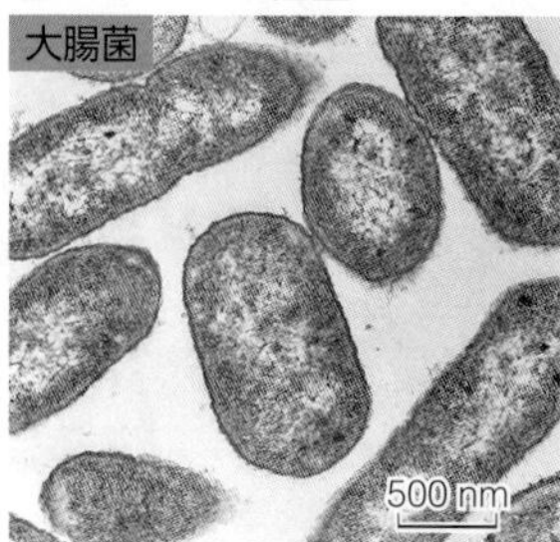

大腸菌
500 nm

恒温動物の腸管内に常在する。

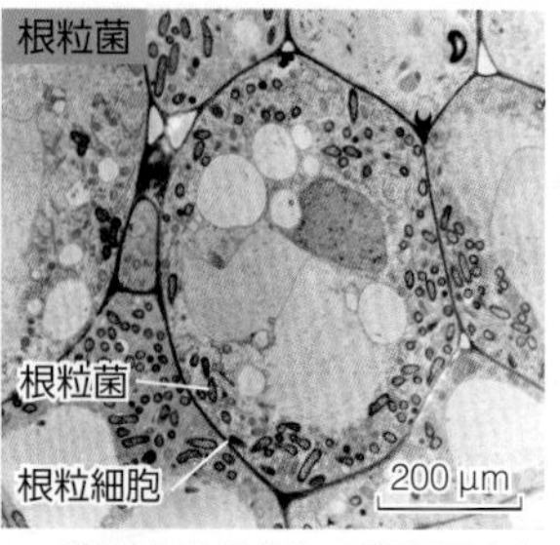

根粒菌
根粒菌
根粒細胞
200 µm

マメ科植物と共生して窒素固定を行う。

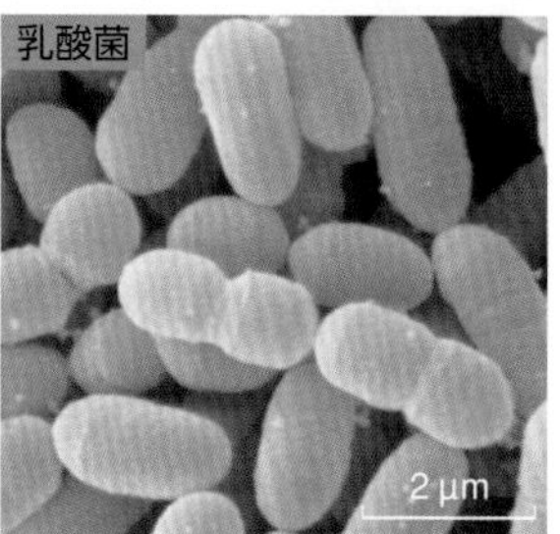

乳酸菌
2 µm

酸素がない条件下で乳酸発酵（▶ *p*.60）を行う細菌の総称。

■炭素同化を行う細菌

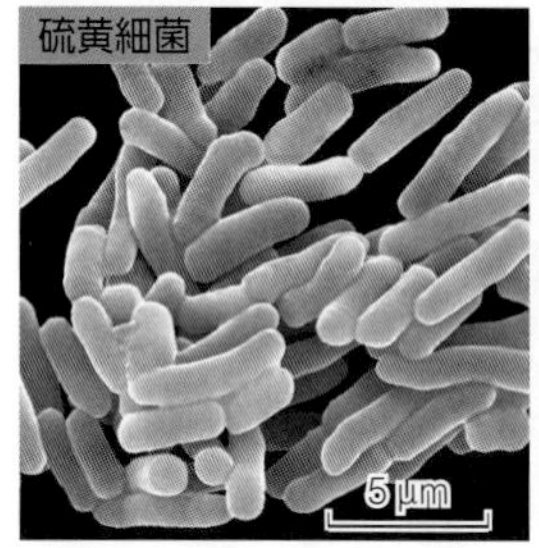

硫黄細菌
5 µm

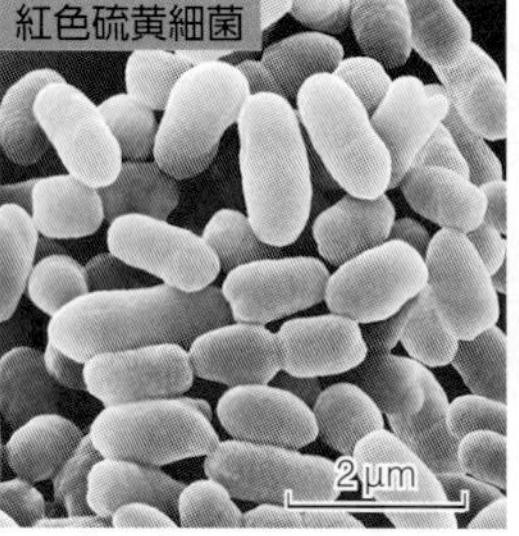
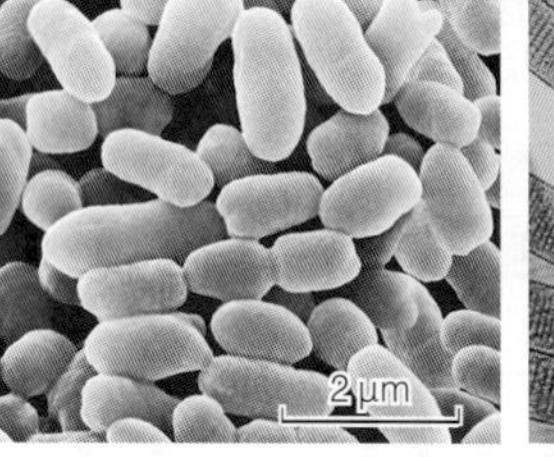

紅色硫黄細菌
2 µm

ユレモ

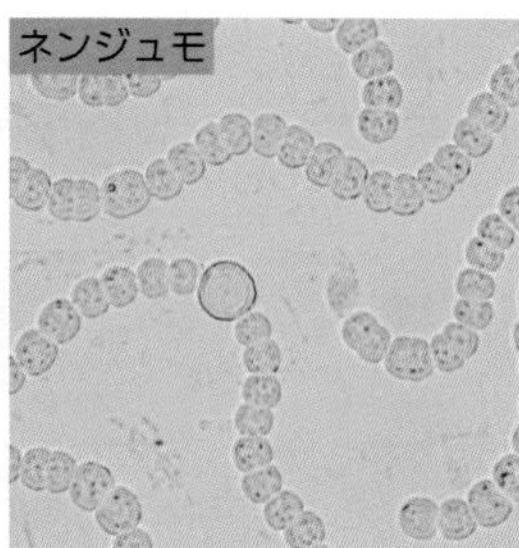

ネンジュモ

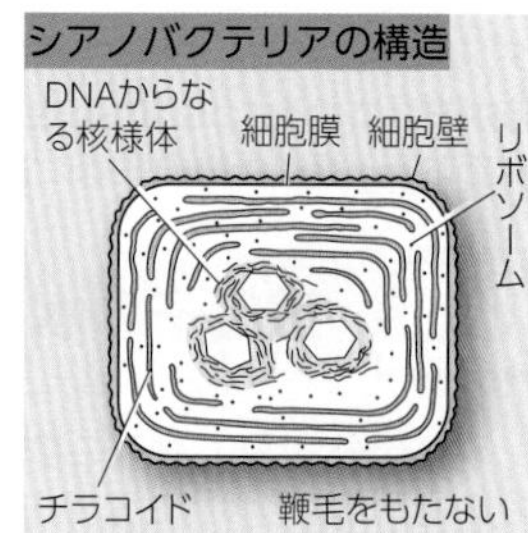

シアノバクテリアの構造
DNAからなる核様体
細胞膜
細胞壁
リボソーム
チラコイド
鞭毛をもたない

硫黄細菌は硫化水素や硫黄の酸化で生じたエネルギーで炭素同化を行う化学合成細菌の一種。紅色硫黄細菌はバクテリオクロロフィルをもち，酸素の生じない光合成を行う光合成細菌。

細菌の中で，細胞内にチラコイド構造をもち，クロロフィルなどのはたらきで酸素発生型光合成を行うものを**シアノバクテリア**という。単細胞だが，ユレモやネンジュモのように群体で生活をするものも少なくない。

B アーキア（古細菌）

細菌や真核生物と異なり，エーテル脂質という特殊な成分の細胞膜をもつ原核生物。

■いろいろなアーキア

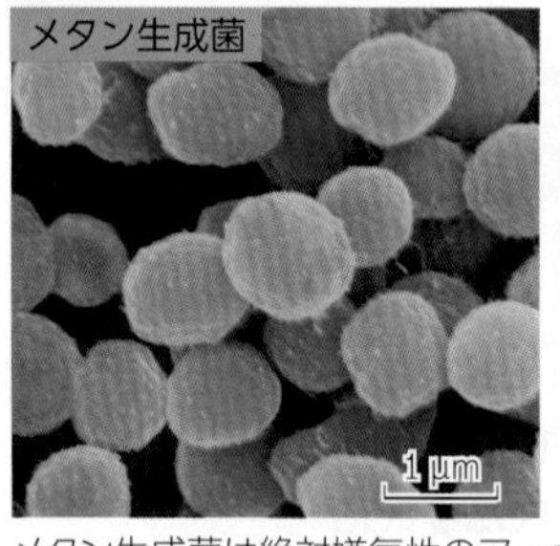

メタン生成菌
1 µm

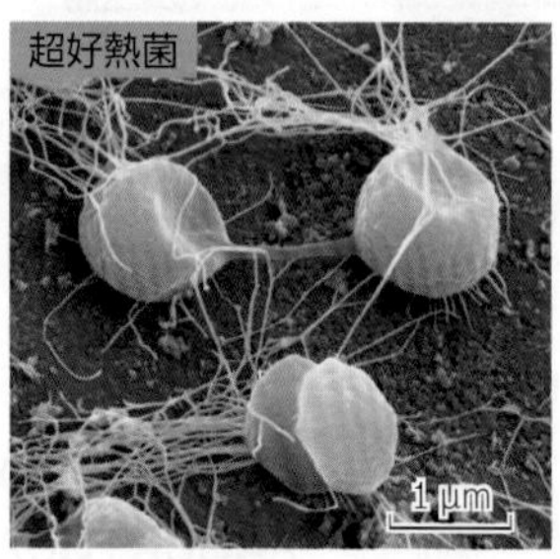

超好熱菌
1 µm

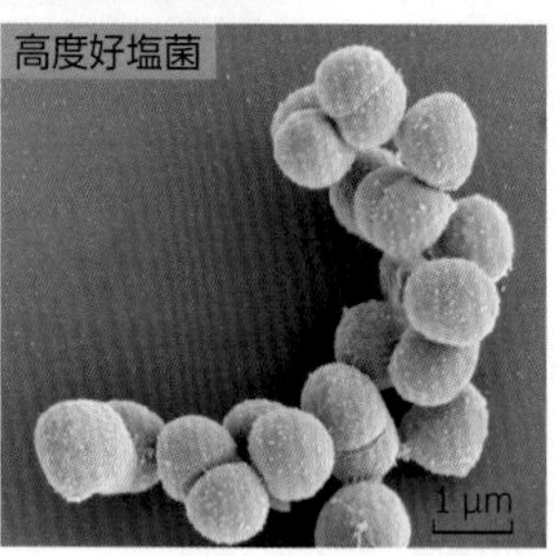

高度好塩菌
1 µm

メタン生成菌は絶対嫌気性のアーキアで，代謝によってメタンガスを発生する。超好熱菌は生育の最適温度が 80℃を超えるアーキア。高度好塩菌は 10％以上の濃度の食塩水で生存するアーキア。このような極限環境で生息するものが多いと考えられてきたが，身近な環境で見られる種も多いことがわかっている。

Point 細菌とアーキアの違い

	細菌	アーキア
核膜	なし	なし
細胞膜の脂質	エステル脂質	エーテル脂質
細胞壁のペプチドグリカン	あり	なし
ヒストン	なし	あり

アーキアはヒストンをもつことや，スプライシング（▶ *p*.90）が起こることなど，真核生物と共通する性質をもつ。

Zoom up 生物と無生物のはざま ーウイルスとプリオン

ウイルスは，ほかの細胞に寄生して増殖できるが，自らは代謝系も増殖系ももたない。DNA をもつ DNA ウイルスと RNA をもつ RNA ウイルスがあり，多くのものが感染症の原因となる。
プリオンはタンパク質の一種だが，異常型プリオンは哺乳類の脳内などで正常型プリオンを異常型プリオンに変えることで増殖し，BSE やヒトのクロイツフェルト・ヤコブ病などのプリオン病を引き起こす。

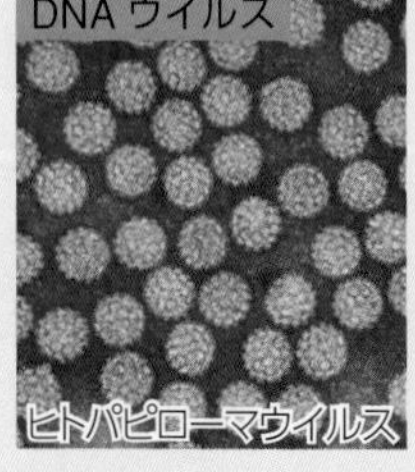

DNA ウイルス
ヒトパピローマウイルス

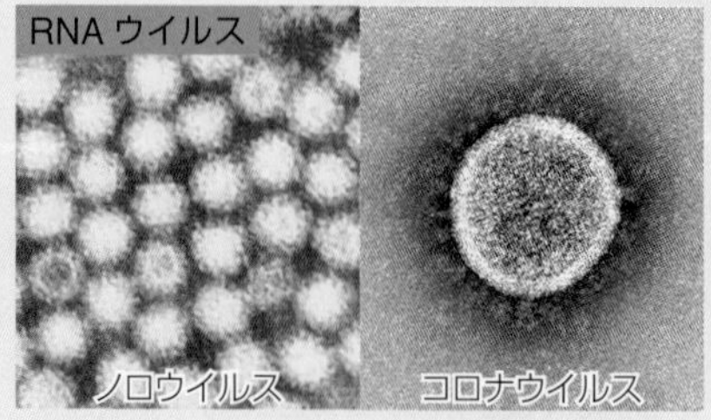

RNA ウイルス
ノロウイルス
コロナウイルス

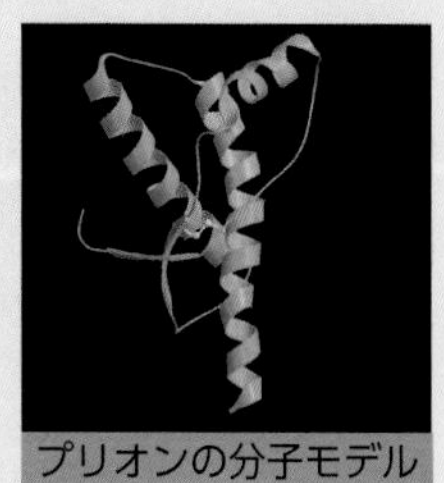

プリオンの分子モデル

Keywords 原核生物（prokaryotes），細菌（bacteria），シアノバクテリア（cyanobacteria），アーキア（archaea）

23 真核生物ー原生生物

生物基礎　生物

A 原生動物

単細胞あるいはからだのつくりが単純な多細胞の真核生物を**原生生物**と総称することがある。原生生物には多系統にわたる生物が含まれる。運動性があり，細胞壁をもたない原生生物をまとめて原生動物とよぶことがある。

アメーバ類

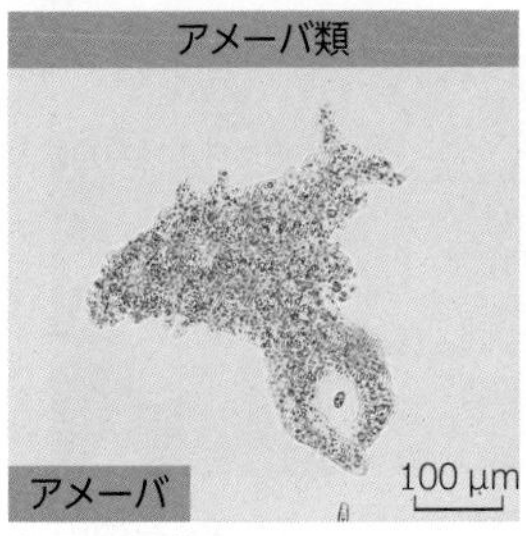
アメーバ　100 μm
仮足で運動する。

繊毛虫類

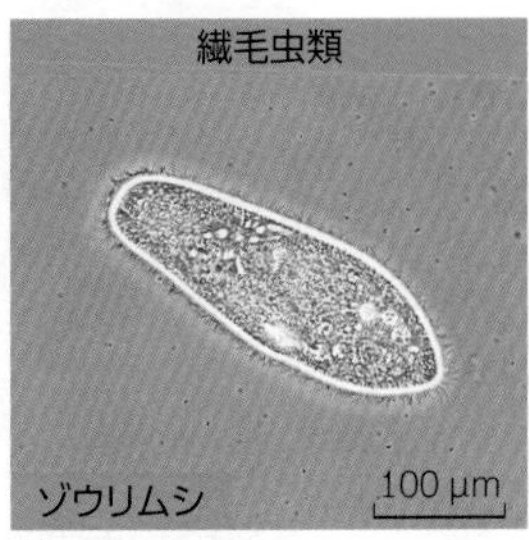
ゾウリムシ　100 μm
繊毛で運動する。

鞭毛虫類

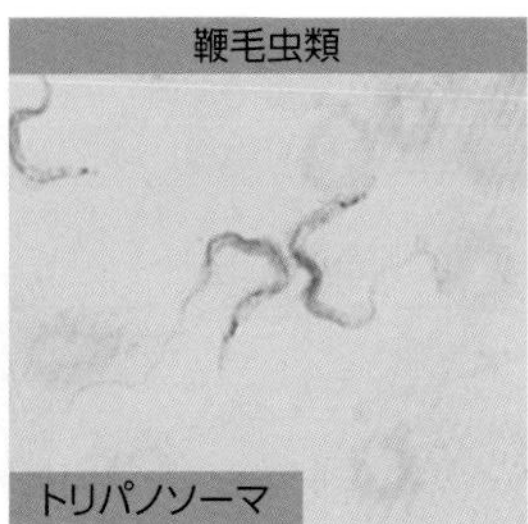
トリパノソーマ
鞭毛で運動する。

胞子虫類

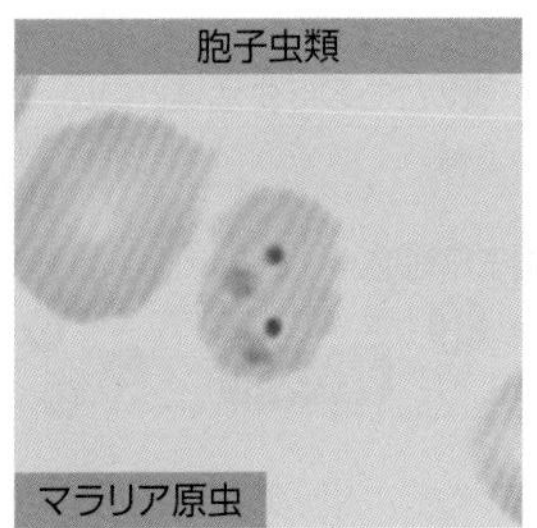
マラリア原虫
寄生性。

ミドリムシ類

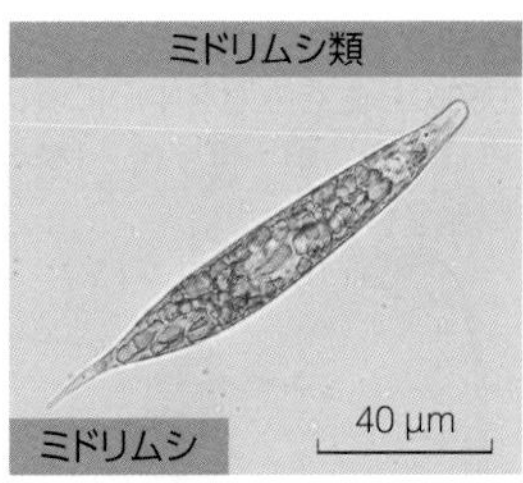
ミドリムシ　40 μm
クロロフィル a と b をもち，細胞壁がない。藻類に含めることもある。

B 藻類

独立栄養生物で，単細胞生物と多細胞生物の両方を含む。

単細胞藻類　一生を単細胞ですごす。

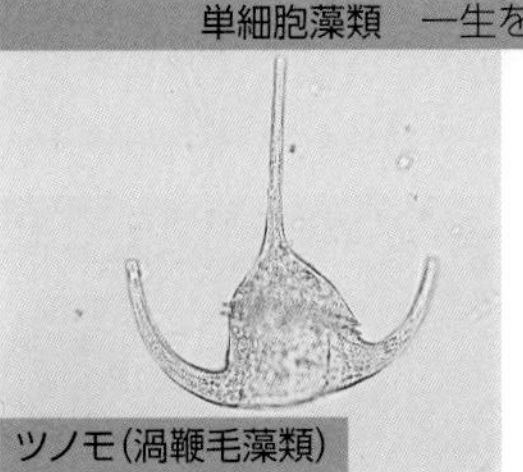
ツノモ(渦鞭毛藻類)
クロロフィル a と c をもち，セルロースの殻をもつ。

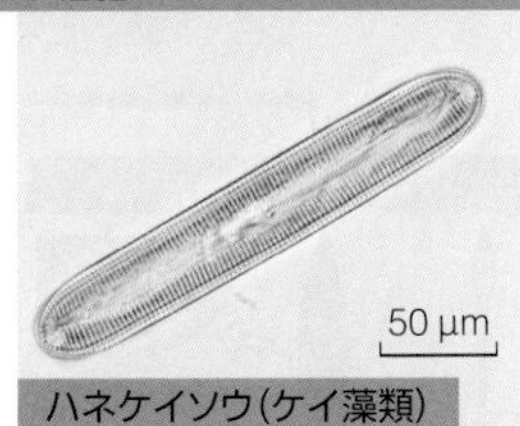
ハネケイソウ(ケイ藻類)　50 μm
クロロフィル a と c をもち，ケイ酸質の殻をもつ。

Column 多細胞生物への進化

多細胞生物の起源については，次の2通りの考え方がある。単細胞生物→細胞群体→多細胞生物と進化したという細胞群体起源説と，単細胞生物→多核細胞生物→多細胞生物と進化したとする多核細胞起源説である。緑藻類の生活は前者を，変形菌類の生活は後者を支持する例といえる。

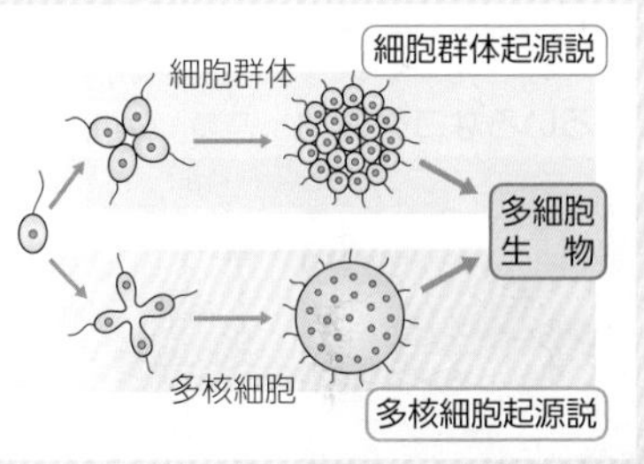
細胞群体
細胞群体起源説
多細胞
生　物
多核細胞
多核細胞起源説

紅藻類　クロロフィル a をもつ。

テングサ

アサクサノリ

褐藻類　クロロフィル a と c をもつ。

ヒジキ

マコンブ

ワカメ

緑藻類　クロロフィル a と b をもつ。一生を単細胞で生活するものから，細胞群体を形成するもの，多細胞生活をするものまである。

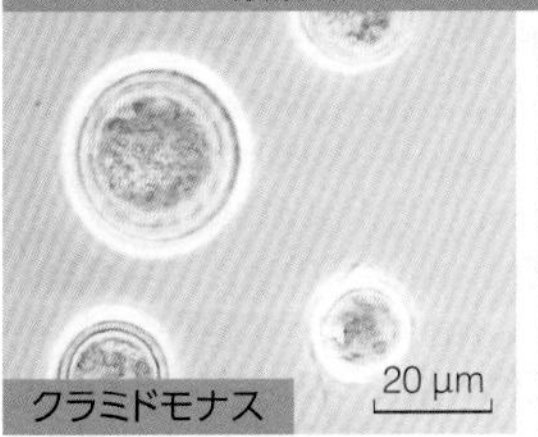
クラミドモナス　20 μm
一生単細胞生活を送る。

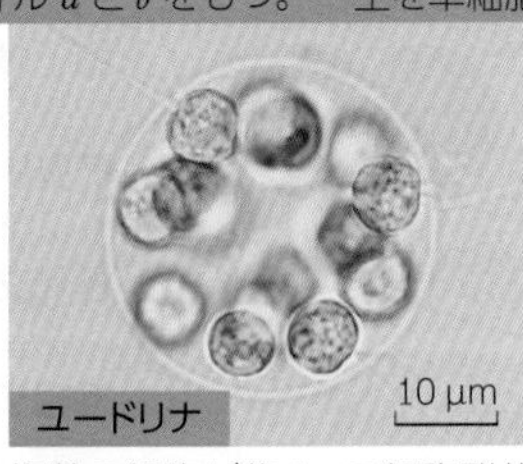
ユードリナ　10 μm

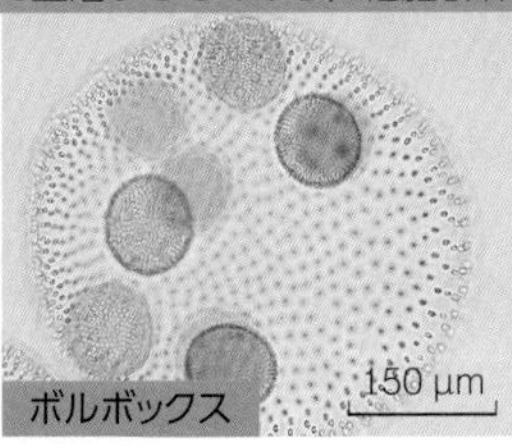
ボルボックス　150 μm
複数の細胞が集まって細胞群体を形成する。

ミル
多核の巨大な単細胞からなる。

アオサ
多細胞生活を送る。

C 粘菌類と卵菌類

菌類(カビ)に似た外見をもつ原生生物で，多細胞体や多核細胞体を形成する。

■粘菌類　従属栄養生物で胞子で増える。

細胞性粘菌類

キイロタマホコリカビ

変形菌類

ムラサキホコリ

胞子が発芽するとアメーバ状細胞となり，単細胞生活を送る。細胞性粘菌類では，その後，細胞が集まって多細胞の集合体となり，さらに移動能力のある移動体を形成し，やがてそれが子実体を形成して胞子をつくる。変形菌類では，核分裂により多核の細胞からなる変形体となり，子実体をつくる。

■卵菌類

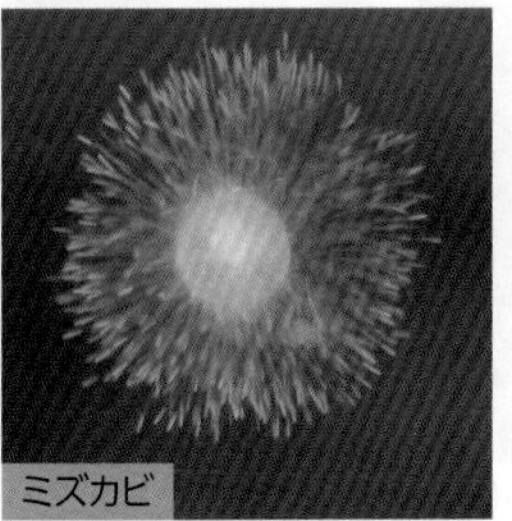
ミズカビ

単核または多核で，菌類の菌糸体に似ている。細胞壁にはセルロースを含む。

Keywords　真核生物(eukaryotes)，原生生物(protista)，原生動物(protozoa)，藻類(algae)，粘菌類(slime molds)

24 真核生物ー植物 生物基礎 生物

A コケ植物

真核生物のうち，多細胞性で光合成を行う陸生生物を植物という。植物のうち維管束をもたないものを**コケ植物**という。

■コケ植物の生活環

生物の一生を生殖を中心に環状に表したものを**生活環**といい，植物の分類に重要である。

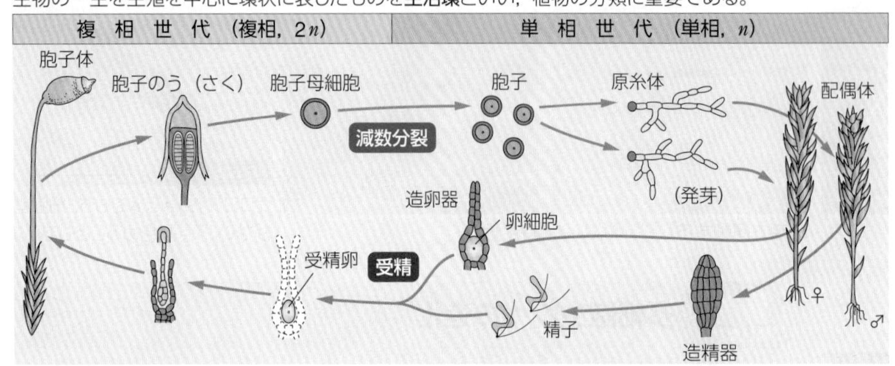
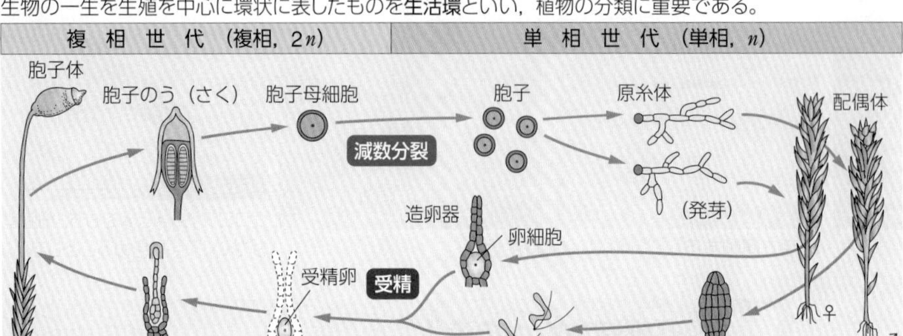

複相世代（複相，$2n$）
単相世代（単相，n）
胞子体
胞子のう（さく）
胞子母細胞
減数分裂
胞子
原糸体
（発芽）
配偶体
♀
♂
造卵器
卵細胞
受精卵
受精
精子
造精器

スギゴケ（蘚類）の生活環を示す。コケ植物の生活の主体は単相(n)の配偶体。

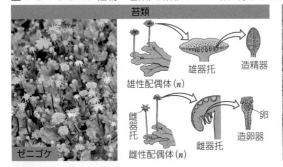

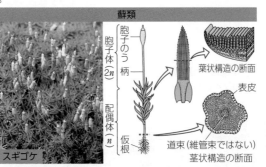

Column 植物の祖先

雌性生殖器官
シャジクモ

シャジクモ類は多細胞で維管束を欠く有節の藻類で，緑藻類に近縁の原生生物に分類される。雌性生殖器官はコケ植物の造卵器に類似する。シャジクモ類は，細胞分裂の際に細胞板ができること，精子の鞭毛基部の構造が植物と同じであることなどから，植物の祖先に近いと考えられている。

■いろいろなコケ植物

苔(たい)類，蘚(せん)類，ツノゴケ類に分けられる。

苔類
ゼニゴケ
雄器托
造精器
雄性配偶体(n)
雌器托
卵
造卵器
雌性配偶体(n)
蘚類
スギゴケ
胞子体($2n$)
胞子のう
柄
配偶体(n)
仮根
葉状構造の断面
表皮
道束（維管束ではない）
茎状構造の断面
ツノゴケ類

ツノゴケ

B シダ植物

コケ植物を除く植物は維管束をもつので，**維管束植物**と総称される。維管束植物のうち，おもに胞子で増え，配偶体（前葉体）が独立生活を営むものを**シダ植物**という。

■シダ植物の生活環

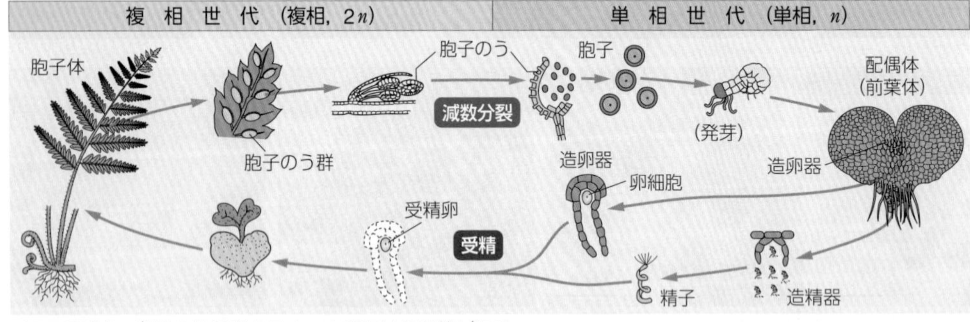

複相世代（複相，$2n$）
単相世代（単相，n）
胞子体
胞子のう群
胞子のう
減数分裂
胞子
（発芽）
配偶体（前葉体）
造卵器
卵細胞
受精卵
受精
精子
造精器

イヌワラビ（シダ類）の生活環を示す。木部には仮道管がある。

Point 生活環で使う用語

核相　染色体のセットで表される細胞の染色体構成。

胞子体　胞子をつくって生殖を行うからだ。核相は $2n$（複相）。

配偶体　配偶子をつくって生殖を行うからだ。核相は n（単相）。

世代交代　生活環の中で，生殖法の異なる世代が交互に現れること。

核相交代　生活環の中で，核相の異なる世代が交互に現れること。

■いろいろなシダ植物

小葉類ともよばれるヒカゲノカズラ類とそれ以外のさまざまなシダのなかまがある。

ヒカゲノカズラ類

ヒカゲノカズラ

茎に緑色の小葉を生じる。

シダ類

マツバラン

根も葉ももたない。

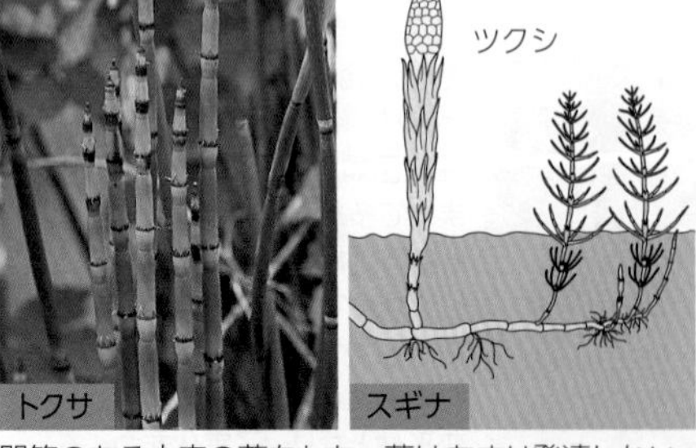

トクサ
ツクシ
スギナ

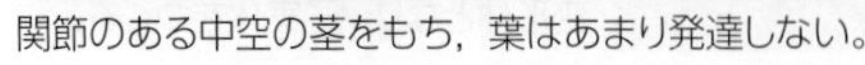
関節のある中空の茎をもち，葉はあまり発達しない。

イヌワラビ

イヌワラビの前葉体

大葉とよばれる種子植物と相同の葉をもつ。

Keywords コケ植物(bryophytes)，胞子(spore)，シダ植物(pteridophytes)，前葉体(prothallium)，維管束植物(vascular plants)

C 種子植物ー裸子植物

種子で増える維管束植物は**種子植物**と総称される。種子植物のうち，胚珠が子房で包まれないものを**裸子植物**といい，その木部には仮道管がある(グネツム類では道管も発達する)。

■いろいろな裸子植物

ソテツ類

ソテツ

イチョウ類

イチョウ

ソテツ・イチョウ類は受精の際に精子を生じる。

グネツム類

キソウテンガイ
(ウェルウィッチア)

キソウテンガイは砂漠植物。

球果類(マツ類)

ハイマツ

スギやマツなど裸子植物の多くが属し，大きな球果(松かさ)をもつ。

D 種子植物ー被子植物

種子植物のうち，胚珠が子房で包まれるものを**被子植物**という。一般に，木部には仮道管のほかに道管もある。

■被子植物の生活環

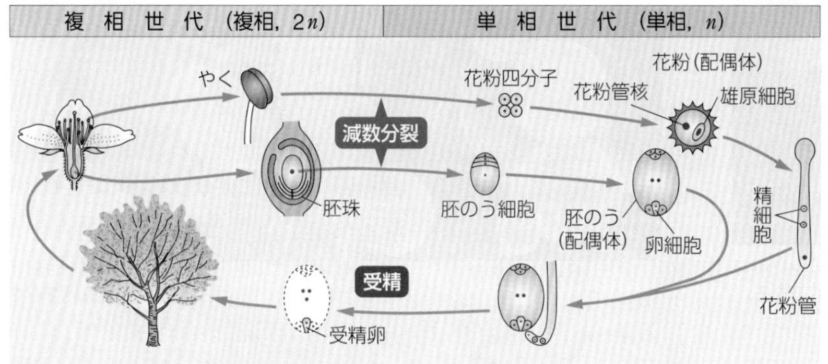
複相世代 (複相，2n)
単相世代 (単相，n)
やく
花粉四分子
花粉(配偶体)
花粉管核
雄原細胞
減数分裂
胚珠
胚のう細胞
胚のう
(配偶体)
卵細胞
精細胞
花粉管
受精
受精卵

ヤマザクラの生活環を示す。

Point 胞子体と配偶体の比較

コケ植物では，核相 n の配偶体が発達している。シダ植物や種子植物では，核相 $2n$ の胞子体が発達している。

	胞子体($2n$)	配偶体(n)
コケ植物(スギゴケ)	胞子のう 約5 mm	雌株　雄株 約4 cm
シダ植物(イヌワラビ)	約50 cm	前葉体 約5 mm
被子植物(ヤマザクラ)	約5 m	胚のう 約1 mm 花粉 約40 µm

■いろいろな被子植物

被子植物は子葉が1枚の単子葉類と子葉が2枚の双子葉類に大別される。

単子葉類

コチョウラン

ヤマユリ

トウモロコシ

子葉は1枚，維管束は散在し，形成層がない。

双子葉類(合弁花類)

アサガオ

ツツジ

タンポポ

双子葉類(離弁花類)

ヤマザクラ

エンドウ

スイレン

子葉は2枚，維管束は環状に配列し，形成層がある(肥大成長する)。便宜的に1つの花の花弁が互いに合着する合弁花類と，分離する離弁花類に分けられる。

種子植物(spermatophytes, seed plants)，**裸子植物**(gymnosperms)，**被子植物**(angiosperms)

25 真核生物ー菌類

生物基礎
生 物

A 菌類

真核生物のうち，多細胞性で胞子生殖を行う(一部単細胞のものもある)。従属栄養で体外消化によって栄養分を吸収する。細胞壁の組成は植物とは異なり，主成分はキチン質である。

■子のう菌類

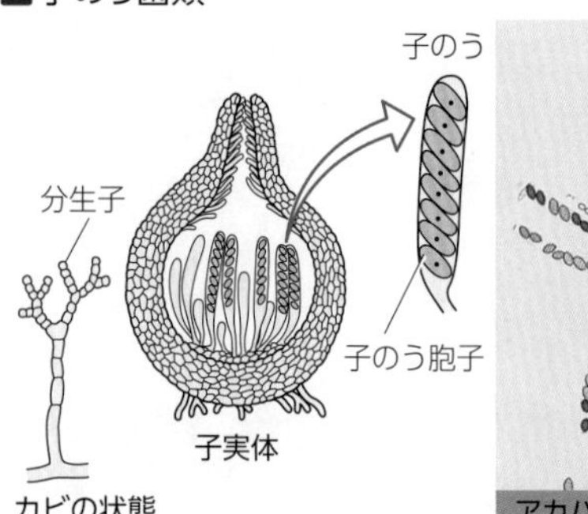
子のう
分生子
子のう胞子
子実体
カビの状態

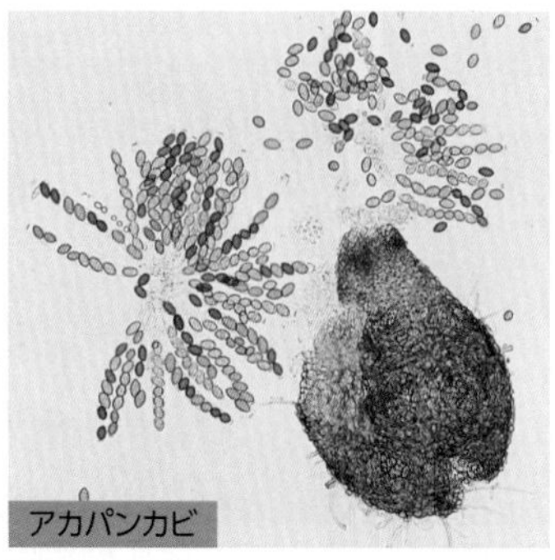
アカパンカビ

菌糸は２核性の細胞からなり，子のう胞子をつくる。

■担子菌類

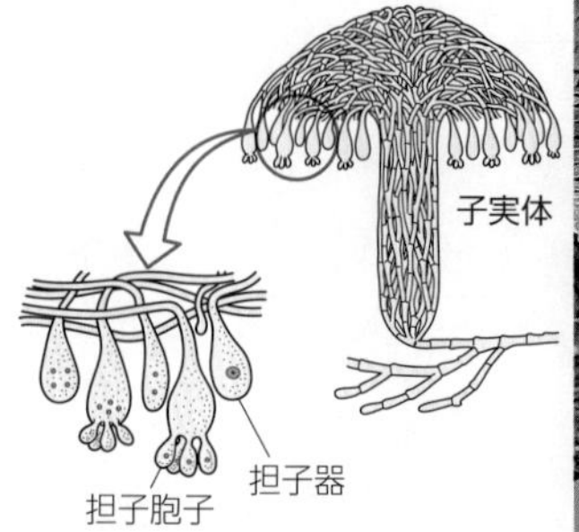
子実体
担子器
担子胞子

マツタケ

菌糸は２核性の細胞からなり，担子胞子をつくる。「きのこ」とよばれる子実体を形成する種が多い。

■ツボカビ類

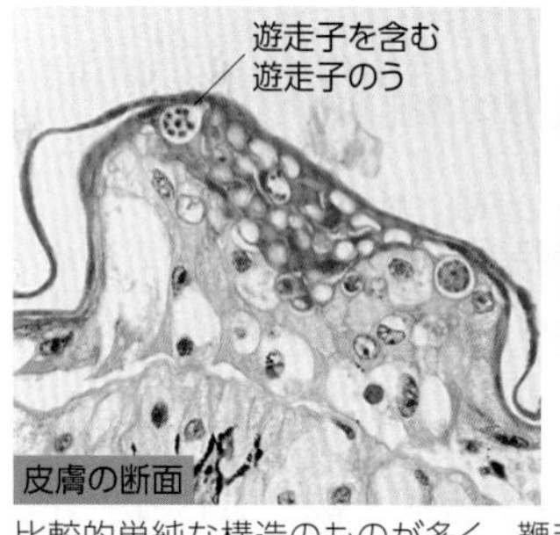
遊走子を含む
遊走子のう
皮膚の断面

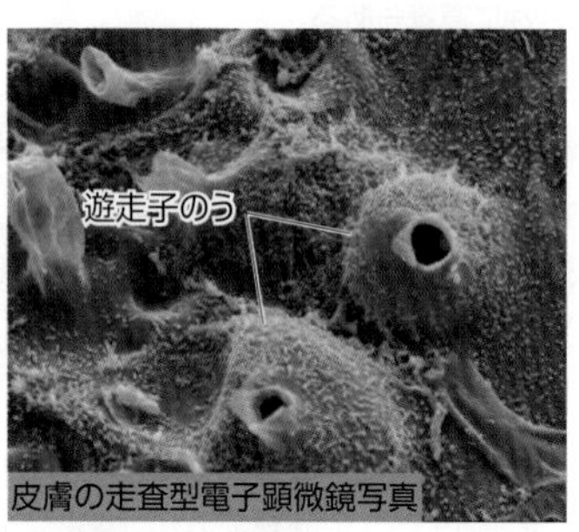
遊走子のう
皮膚の走査型電子顕微鏡写真

比較的単純な構造のものが多く，鞭毛のある遊走子を生じる。カエルツボカビは両生類に感染し，感染すると皮膚に遊走子を含む遊走子のうができる。写真はカエルツボカビに感染したカエルの皮膚。

■接合菌類

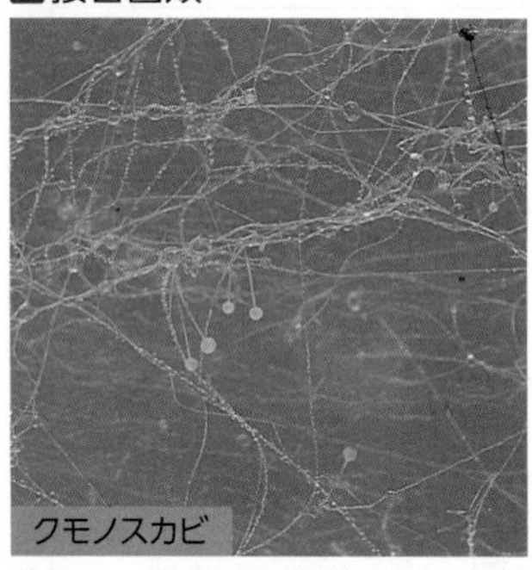
クモノスカビ

菌糸は，細胞間に隔壁のない多核体。

■不完全菌類

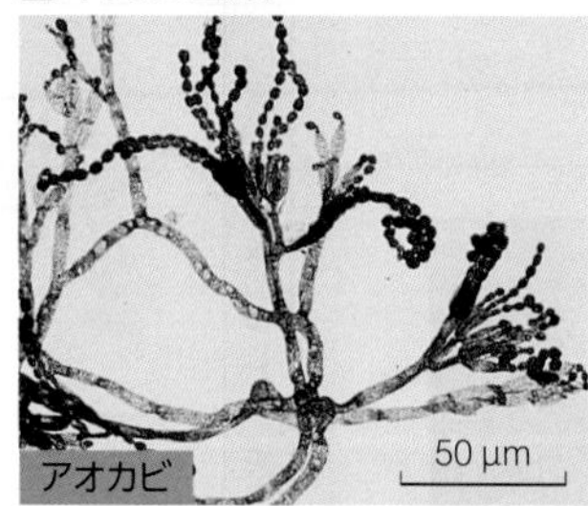
50 μm
アオカビ

有性生殖が未観察のため分類困難な菌類を不完全菌類とよぶ。多くは子のう菌類で，担子菌類に含まれるものもあると考えられている。

Zoom up 酵母

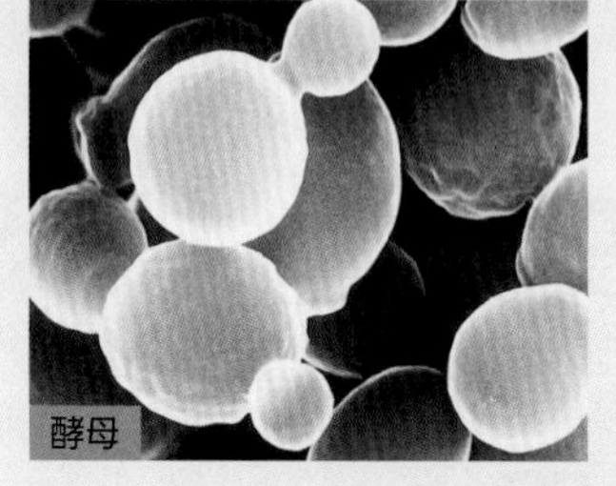
酵母

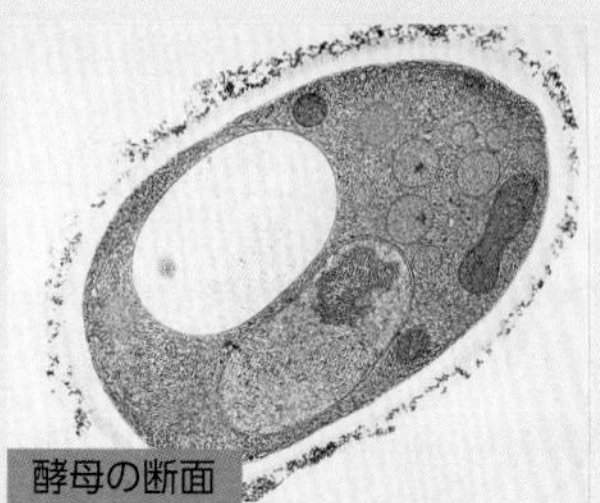
酵母の断面

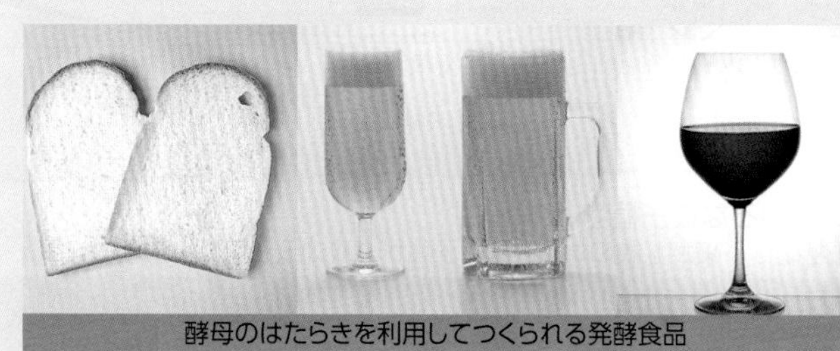
酵母のはたらきを利用してつくられる発酵食品

酵母は一生を単細胞で過ごすことから，原核生物の細菌と間違えられやすいが，菌類に含まれる真核生物である。酵母とは，一生を単細胞で過ごす菌類の総称で，生物の種名ではない。パンコウボ，ビールコウボなど多くの種類があり，パンや酒類といった私たちの生活に身近な発酵食品などの製造には欠かすことができない。酵母は分類学上も１つの生物群ではなく，その多くは子のう菌類に属すものの，担子菌類に属すものもある。

Zoom up 地衣類

ウメノキゴケ・リトマスゴケなど，名前だけ聞くとコケ植物と間違えそうなものに地衣類がある。古くは地衣植物として約 20000 種ほど記載されていたが，菌類と緑藻類あるいは菌類とシアノバクテリアが共生体を形成したもので，１つの生物とはいいがたい。菌類の発達した菌糸でほかの生物が付着できないような環境に定着し，緑藻類・シアノバクテリアの光合成によって両者の生存に必要な物質やエネルギーを得ている相利共生の一例である。現在では，地衣類を構成する菌類の系統群に合わせていくつかの菌類に分類して扱うこともあるが，異なる考え方も多い。

ウメノキゴケ

サルオガセ

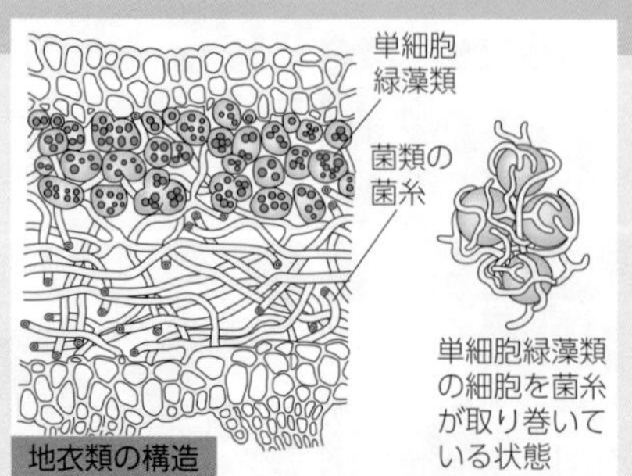
単細胞
緑藻類
菌類の
菌糸
単細胞緑藻類
の細胞を菌糸
が取り巻いて
いる状態
地衣類の構造

Keywords 菌類(fungi)，菌糸(mycelium)，子のう菌類(ascomycota)，担子菌類(basidiomycetes)，接合菌類(zygomycetes)，地衣類(lichens)

26 真核生物ー動物(1)

生物基礎
生 物

A 動物の分類

真核生物のうち，多細胞性で，おもに摂食によって栄養分をとる従属栄養生物を動物とよぶ。動物には比較的単純な構造のものから，複雑な構造をもつものまであり，おもに発生過程や形態によって分類される。

■胚葉の分化

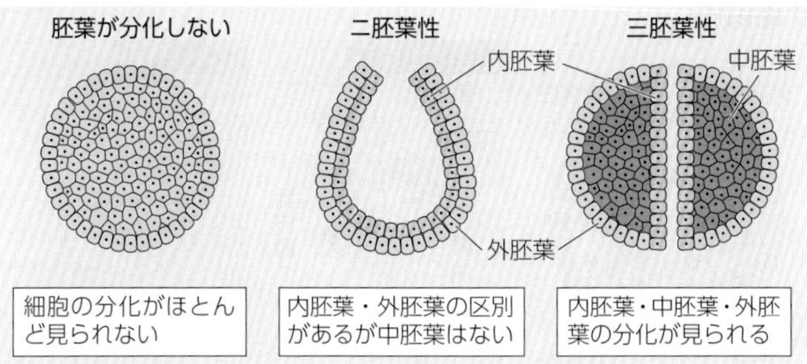
胚葉が分化しない
二胚葉性
三胚葉性
内胚葉
中胚葉
外胚葉
細胞の分化がほとんど見られない
内胚葉・外胚葉の区別があるが中胚葉はない
内胚葉・中胚葉・外胚葉の分化が見られる

動物は胚葉の分化の程度によって大別される。

■原口と体軸

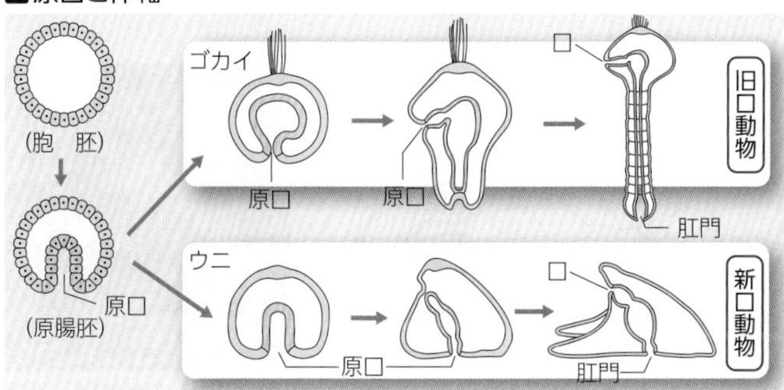
(胞 胚)
ゴカイ
原口
口
肛門
旧口動物
ウニ
新口動物
(原腸胚)

三胚葉性動物は，発生の初期に生じる原口の位置に口ができる**旧口動物**と，原口の位置に肛門ができる**新口動物**に分けられる。

■脊索と脊椎

脊索は1本の硬い棒状。脊椎は多数の脊椎骨からなる。

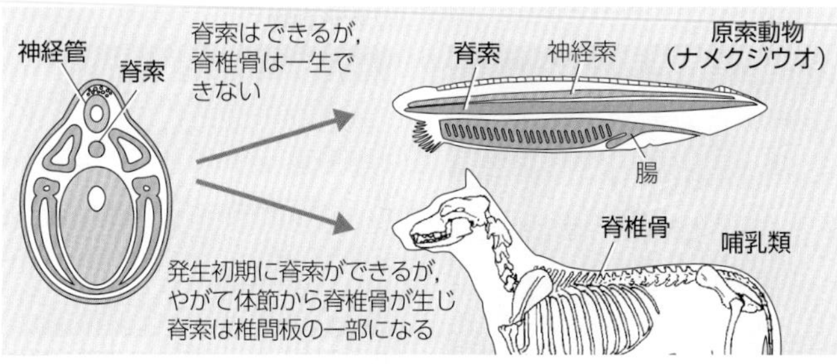
神経管
脊索
脊索はできるが，脊椎骨は一生できない
脊索
神経索
原索動物(ナメクジウオ)
腸
脊椎骨
哺乳類
発生初期に脊索ができるが，やがて体節から脊椎骨が生じ脊索は椎間板の一部になる

■体腔の有無と種類

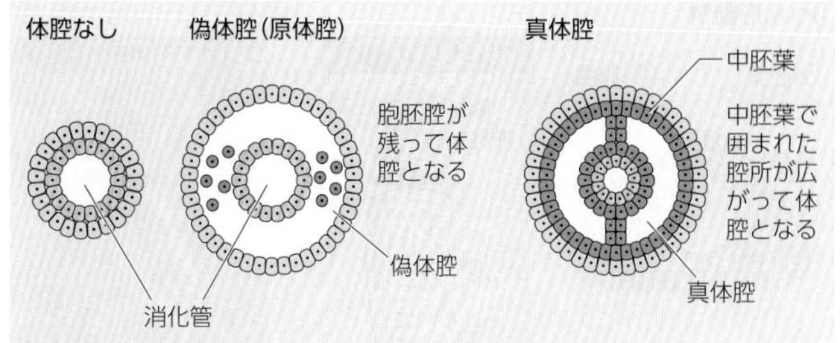
体腔なし
偽体腔(原体腔)
真体腔
胞胚腔が残って体腔となる
偽体腔
消化管
中胚葉
中胚葉で囲まれた腔所が広がって体腔となる
真体腔

体内の腔所(**体腔**：消化管は体内の腔所とはみなさない)の有無やそれをおおう細胞層が何であるかは，動物の分類上重要である。

■体腔のでき方

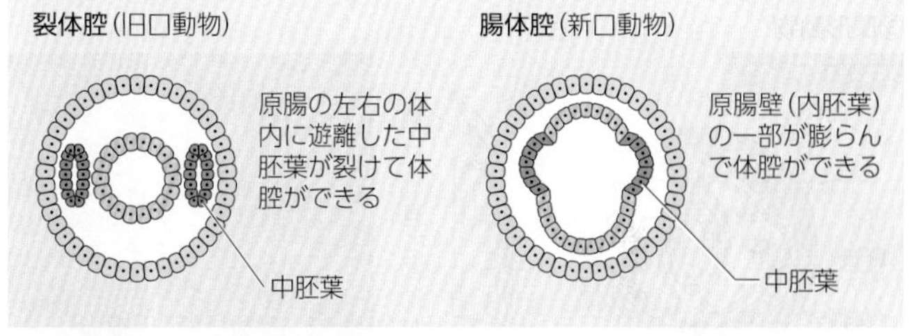
裂体腔(旧口動物)
原腸の左右の体内に遊離した中胚葉が裂けて体腔ができる
中胚葉
腸体腔(新口動物)
原腸壁(内胚葉)の一部が膨らんで体腔ができる
中胚葉

■幼生形態とその類似性

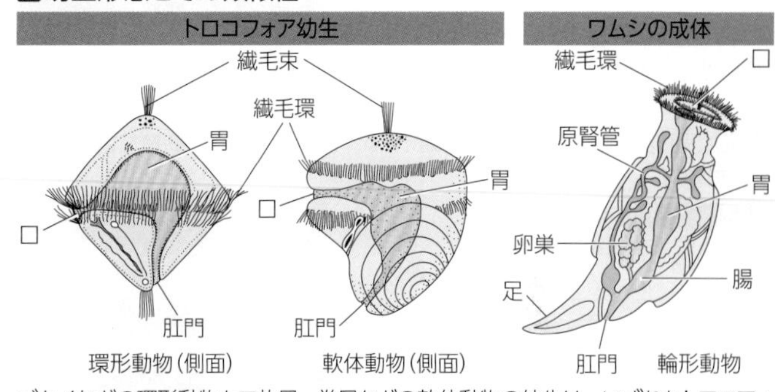
トロコフォア幼生
ワムシの成体
繊毛束
繊毛環
胃
口
肛門
環形動物(側面)
軟体動物(側面)
繊毛環
原腎管
卵巣
足
腸
肛門
輪形動物

ゴカイなどの環形動物と二枚貝・巻貝などの軟体動物の幼生は，いずれも**トロコフォア**とよばれ，ワムシなどの輪形動物の成体と類似した形態を示す。環形動物と軟体動物は共通の祖先をもち，それは現在の輪形動物に近いものであると考えられる。

B 無胚葉・二胚葉性の動物

動物のうち，胚葉の分化がなく，からだの構造が単純なものに海綿動物がある。また，刺胞動物などには，外胚葉と内胚葉の区別はあるが，中胚葉が形成されない。

■無胚葉の動物(胚葉が分化しない)

①海綿動物

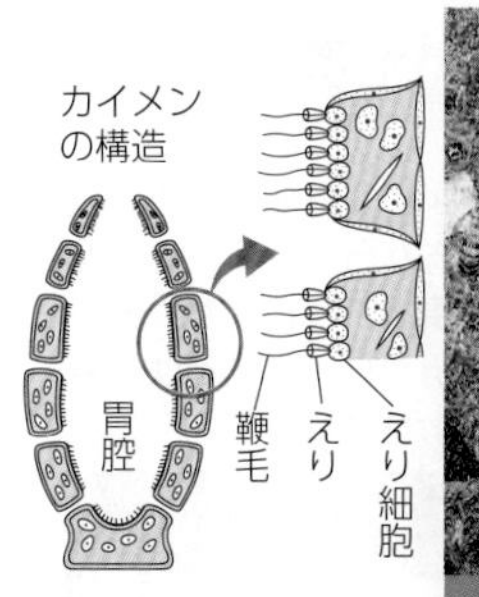
カイメンの構造
胃腔
鞭毛
えり
えり細胞

ダイダイイソカイメン

左右がなく，組織・器官の分化もない。骨片をもつ，えり細胞があるなど若干の細胞分化が見られる。

■二胚葉性の動物

外胚葉・内胚葉の2つの胚葉性の器官からなる。口と肛門の区別がなく，分裂や出芽などで増える。

②刺胞動物

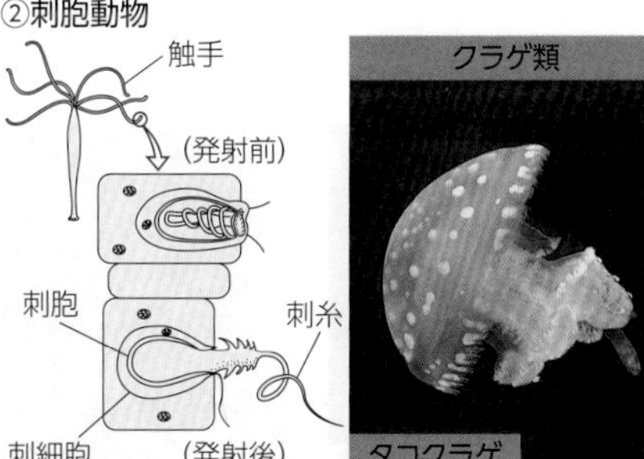
触手
(発射前)
刺胞
刺糸
刺細胞
(発射後)
クラゲ類
ヒドロ虫類

タコクラゲ　ヒドラ

刺細胞とよばれる特殊な細胞をもち，プランクトンや小動物を捕食する。イソギンチャク・サンゴもこの仲間。

③有櫛動物

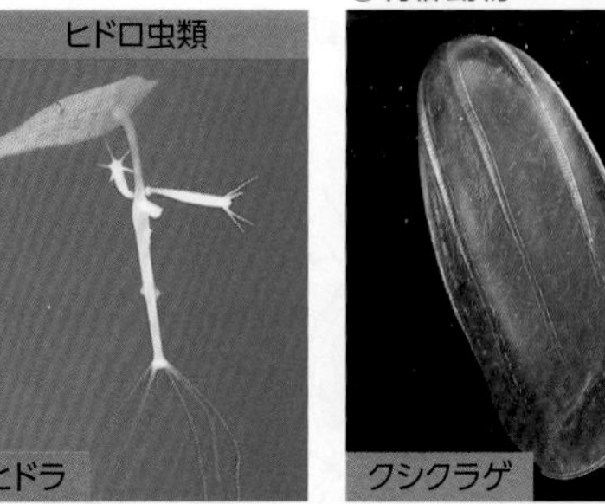
クシクラゲ

刺胞がなく，8列のくし板を使って泳ぐ。

Keywords 胚葉(germ layer)，海綿動物(sponges)，刺胞動物(cnidarians)，有櫛動物(ctenophores)

27 真核生物ー動物(2)

生物基礎
生物

A 旧口動物

内・中・外胚葉の区別がある三胚葉性の動物のうち，原口が成体の口になる動物を**旧口動物**という。旧口動物は**冠輪動物**と**脱皮動物**に大別することができる。

■冠輪動物

へん形動物・輪形動物・環形動物・軟体動物を含む系統群で，多くは発生の過程でトロコフォア幼生を経る。

①へん形動物

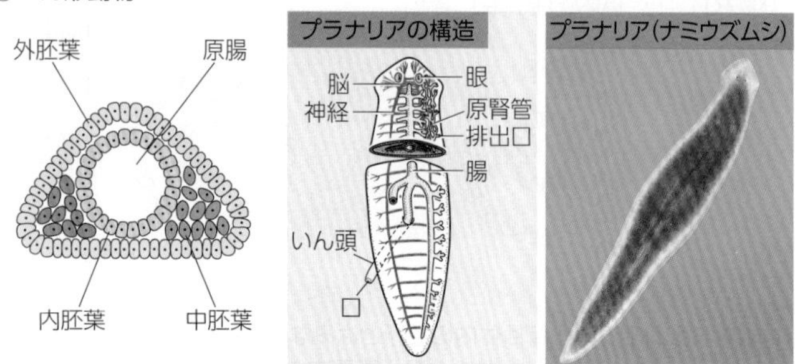
外胚葉
原腸
内胚葉
中胚葉
プラナリアの構造
脳
神経
眼
原腎管
排出口
腸
いん頭
口
プラナリア(ナミウズムシ)

からだはへん平で体腔はない。消化管は肛門を欠く。排出器(原腎管)にほのお細胞という特殊な細胞がある。冠輪動物に属さない単純な旧口動物とする説もある。

②輪形動物

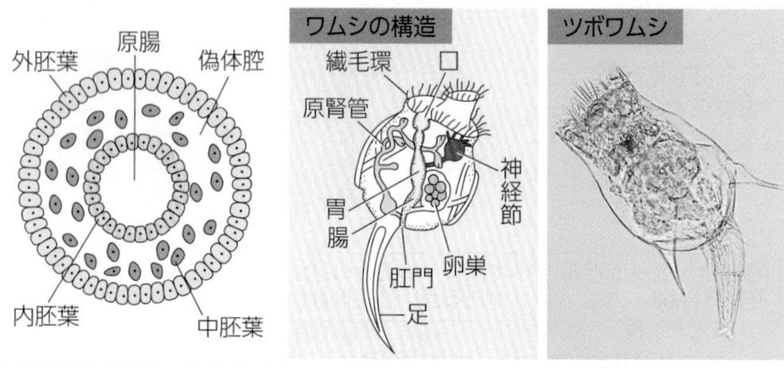
外胚葉
原腸
偽体腔
内胚葉
中胚葉
ワムシの構造
繊毛環
口
原腎管
神経節
胃
腸
肛門
卵巣
足
ツボワムシ

からだは円筒形で偽体腔をもつ。消化管には口と肛門が備わる。多くが淡水産の動物プランクトン。

③環形動物

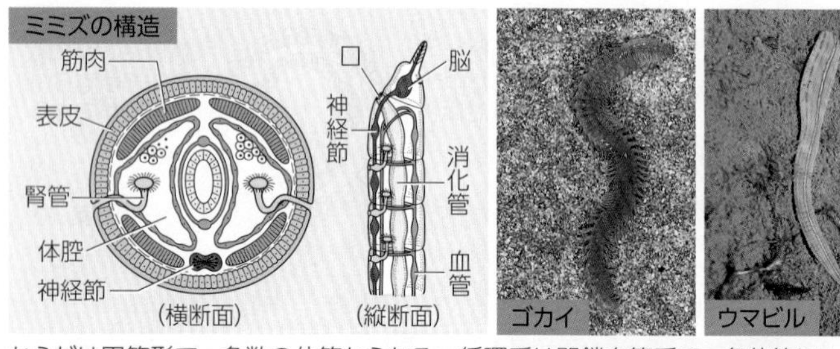
ミミズの構造
筋肉
表皮
腎管
体腔
神経節
(横断面)
口
脳
神経節
消化管
血管
(縦断面)
ゴカイ
ウマビル

からだは円筒形で，多数の体節からなる。循環系は閉鎖血管系で，各体節に 1 対の神経節のあるはしご形神経系をもつ。

④軟体動物

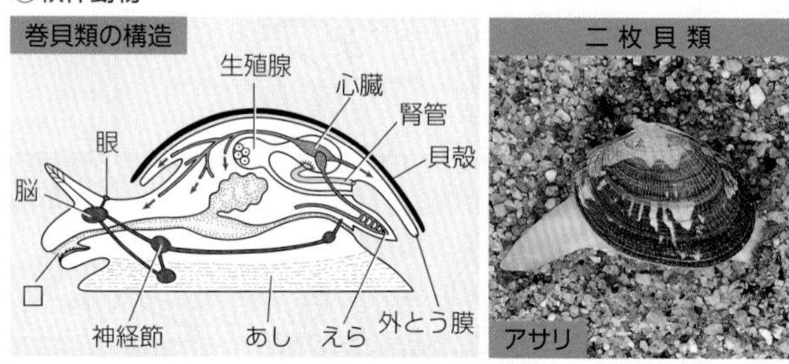
巻貝類の構造
生殖腺
心臓
腎管
貝殻
眼
脳
口
神経節
あし
えら
外とう膜
二枚貝類
アサリ

からだは柔らかく，外とう膜に包まれる。貝殻をもつものが多い。循環系は開放血管系(イカ・タコなどの頭足類は閉鎖血管系)。

■脱皮動物

脱皮をすることで成長する。節足動物と線形動物が含まれる。

①節足動物

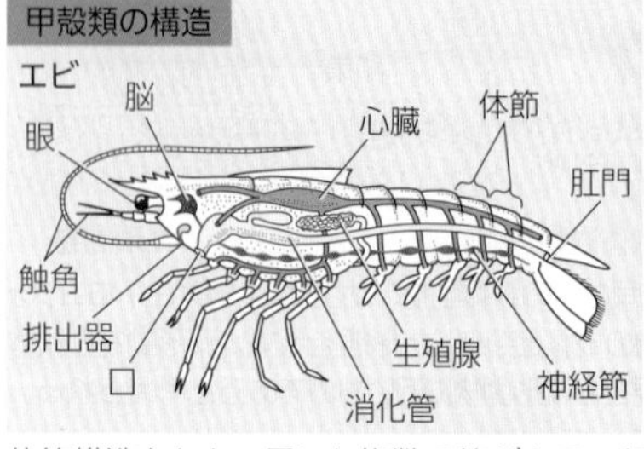
甲殻類の構造
エビ
脳
眼
心臓
体節
肛門
触角
排出器
口
生殖腺
消化管
神経節

昆虫類
キアゲハ

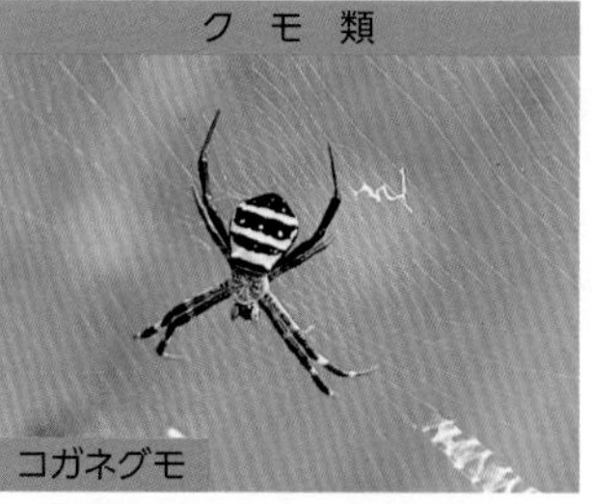
クモ類
コガネグモ

体節構造をもち，足にも複数の節がある。循環系は開放血管系。各体節に 1 対ずつ神経節のあるはしご形神経系をもち，頭部の神経節は左右が融合して脳を形成している。すべての生物の中で最も種の数が多い。

②線形動物

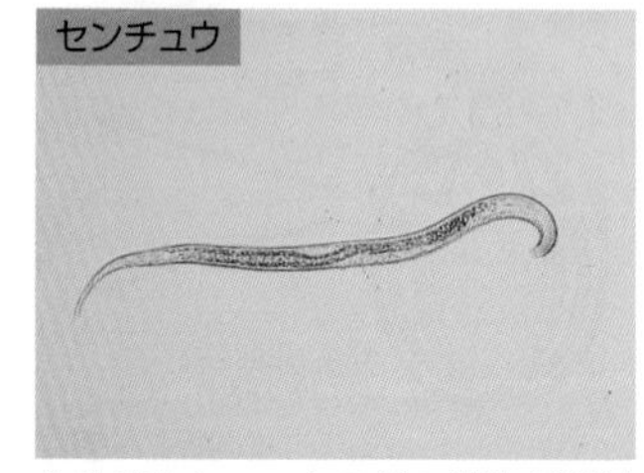
センチュウ

偽体腔をもつ。からだの構造が単純化しており，体節構造をもたない。からだはクチクラでおおわれている。

B 新口動物

三胚葉性で，原口またはその近くに肛門ができ，口は原口の反対側に新しくできる動物を**新口動物**という。脊索をつくらない**棘皮動物**などと，一生のどの時期かに脊索をつくる**脊索動物**がある。

■脊索のできない新口動物

①棘皮動物

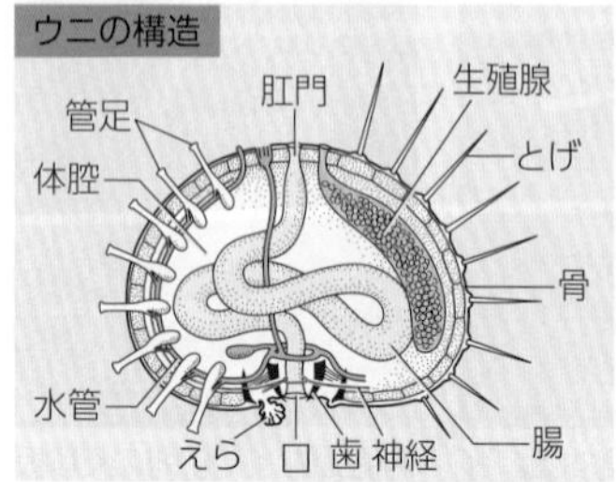
ウニの構造
管足
肛門
生殖腺
体腔
とげ
骨
水管
えら
口
歯
神経
腸

クモヒトデ

マナマコ

からだは五放射相称で，石灰質の骨片をもつ。水管系が発達し，呼吸や排出などに関与している。

Column 毛顎動物

ヤムシなどの毛顎動物は，口のでき方から，従来，新口動物に分類されていたが，分子系統解析から，現在では冠輪動物と考えられている。

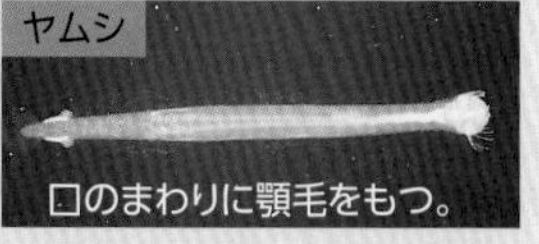
ヤムシ

口のまわりに顎毛をもつ。

Keywords へん形動物(flatworms)，環形動物(annelids)，軟体動物(molluscs)，棘皮動物(echinoderms)，毛顎動物(chaetognaths)

C 脊索動物ー脊椎動物以外

新口動物で，一生のどの時期かに脊索ができるものを**脊索動物**という。脊索動物のうち，脊索をもつが脊椎骨ができない頭索動物・尾索動物を，原索動物と総称することがある。

■頭索動物

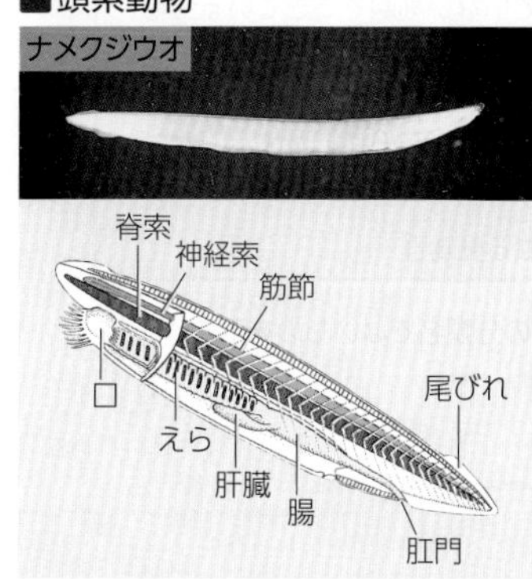
ナメクジウオ
脊索
神経索
筋節
口
尾びれ
えら
肝臓
腸
肛門

一生，からだの全長に脊索をもつ。

■尾索動物

マボヤ

一生のうち少なくとも一時期(幼生期)に尾部に脊索をもつ。

Zoom up いろいろな動物たち

高校で学習しない動物(門)には，ユニークな形や生活様式のものが少なくない。

平板動物　海底の石の表面などにすむ体長 0.5mm 程度のセンモウヒラムシは，平盤状で軟体質。背腹２層の細胞層の間は中空で遊離性の細胞が存在するが，器官の分化は見られない。近年，二胚葉性であることがわかってきた。

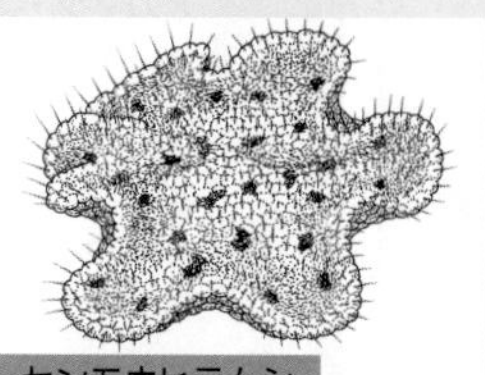
センモウヒラムシ

緩歩動物　陸地や海藻の間などに見られる体長 1mm 以下のクマムシは４対の短い足をもつ。乾燥するとからだを丸めて仮死状態となるが，湿らせると蘇生する。また，150℃や－200℃の条件下に数分放置しても死なない。現在，脱皮動物に分類されると考えられている。

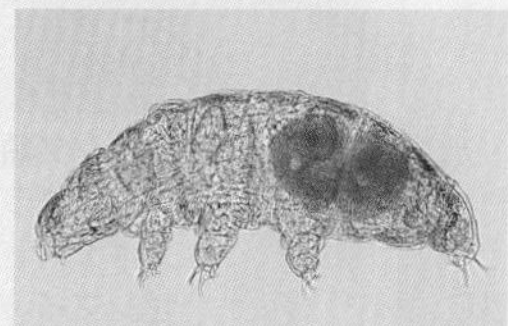
クマムシ

D 脊索動物ー脊椎動物

脊索動物のうち，脊椎骨ができるものを**脊椎動物**という。脊索は，発生初期にのみ見られ，脊椎骨ができると椎間板の一部になる。循環系は閉鎖血管系。神経管由来の管状神経系をもち，その前方は脳，後方は脊髄に分化している。

■水生脊椎動物　軟骨魚類と硬骨魚類を合わせて魚類とよぶこともある。

無顎類(円口類)

スナヤツメ

あごがなく，口は吸盤状。肺・うきぶくろもない。

軟骨魚類

メジロザメ

骨格のほとんどが軟骨でできている。肺･うきぶくろはない。

硬骨魚類

カワムツ

キンブナ　マダイ

脊椎骨などほとんどの骨は硬骨で，うきぶくろがある。硬質のうろこをもつ。

■陸生脊椎動物　四肢をもつ脊椎動物で，**四足類**ともいう。初期発生が水中で起こる両生類と，初期発生を陸上で行う羊膜類に分けられる。

羊膜類：成体は四肢をもち，乾燥に耐える皮膚あるいはその付属器をもつ。胚には羊膜などの胚膜があり，乾燥に耐えるため，陸上で初期発生を行うことができる。

両生類

タゴガエル

アカハライモリ

成体は四肢をもち，体表から粘液を分泌して乾燥から身を守る。体外受精で胚は胚膜をもたず，水中で発生する。

は虫類

サキシマキノボリトカゲ

アオウミガメ

角質のうろこまたは甲羅でおおわれる。卵生または卵胎生で，体内受精。

鳥類

ペンギン

キジ

体表には羽毛が発達し，前肢は翼となる。体内受精で卵生。恒温動物。

哺乳類

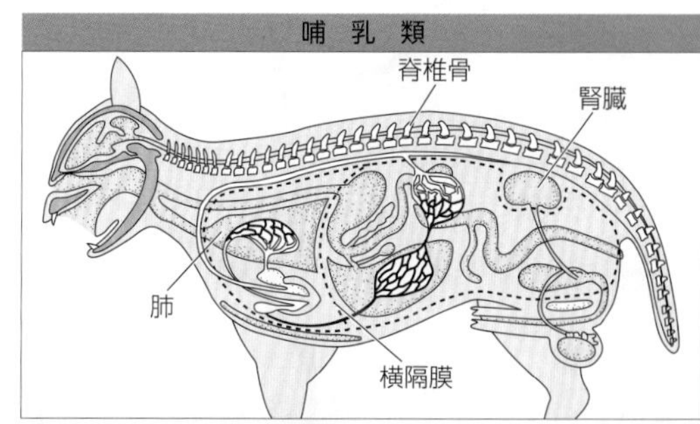
脊椎骨
腎臓
肺
横隔膜

カモノハシ(単孔類)

クロサイ(有胎盤類)

体表には毛が密生する。卵生の単孔類(カモノハシなど)，胎生だが胎盤が不完全な有袋類(カンガルーなど)，胎盤の発達する真獣類(有胎盤類)に分かれる。

脊索動物(chordates)，頭索動物(cephalochordates)，尾索動物(urochordates)，脊椎動物(vertebrates)

28 生物の系統樹 生物基礎 生物

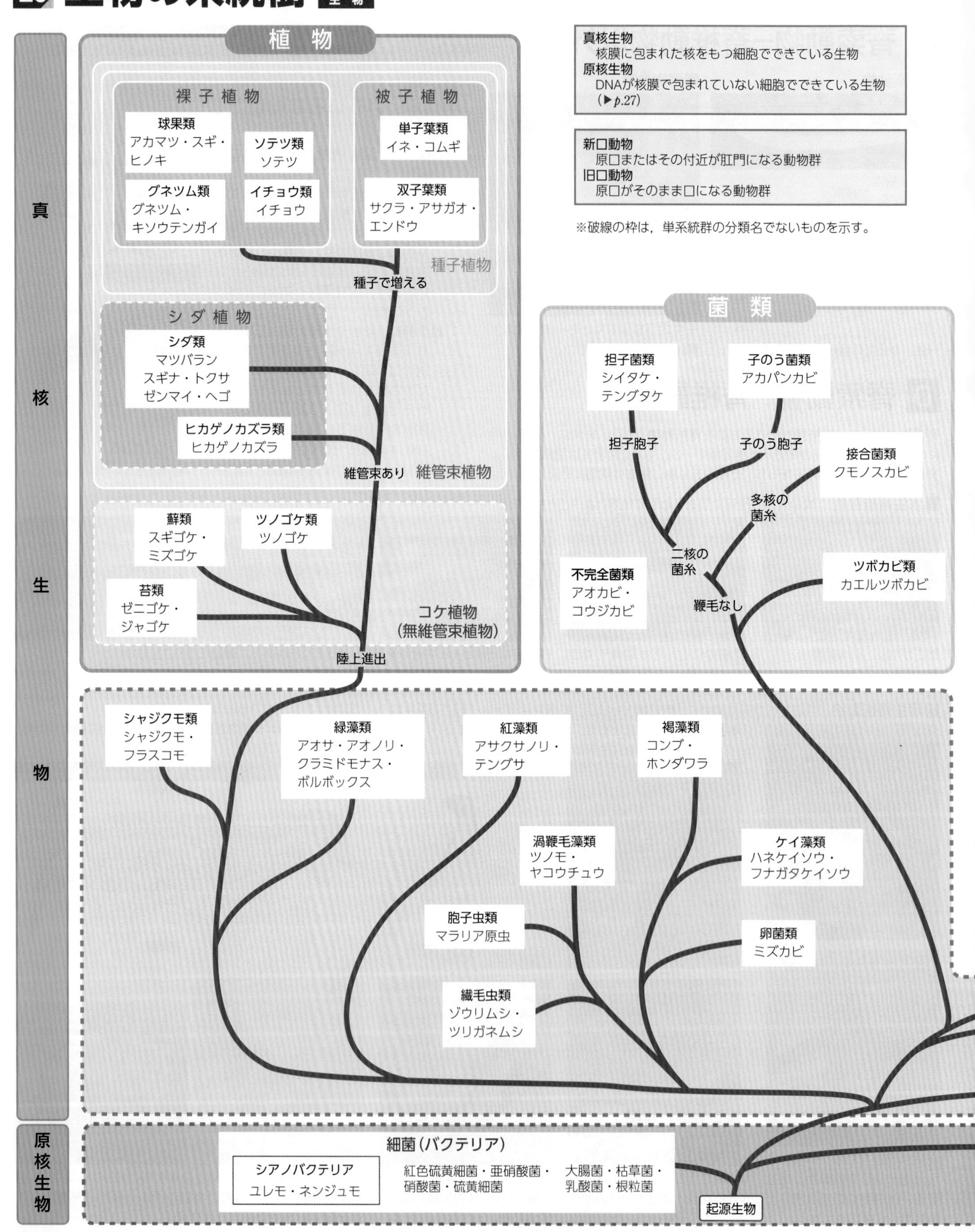

植物
裸子植物
球果類
アカマツ・スギ・ヒノキ
ソテツ類
ソテツ
グネツム類
グネツム・キソウテンガイ
イチョウ類
イチョウ
被子植物
単子葉類
イネ・コムギ
双子葉類
サクラ・アサガオ・エンドウ
種子植物
種子で増える
シダ植物
シダ類
マツバラン
スギナ・トクサ
ゼンマイ・ヘゴ
ヒカゲノカズラ類
ヒカゲノカズラ
維管束あり
維管束植物
蘚類
スギゴケ・ミズゴケ
ツノゴケ類
ツノゴケ
苔類
ゼニゴケ・ジャゴケ
コケ植物
(無維管束植物)
陸上進出
真核生物
核膜に包まれた核をもつ細胞でできている生物
原核生物
DNAが核膜で包まれていない細胞でできている生物
(▶p.27)
新口動物
原口またはその付近が肛門になる動物群
旧口動物
原口がそのまま口になる動物群
※破線の枠は，単系統群の分類名でないものを示す。
菌類
担子菌類
シイタケ・テングタケ
子のう菌類
アカパンカビ
担子胞子
子のう胞子
接合菌類
クモノスカビ
多核の菌糸
二核の菌糸
不完全菌類
アオカビ・コウジカビ
ツボカビ類
カエルツボカビ
鞭毛なし
シャジクモ類
シャジクモ・フラスコモ
緑藻類
アオサ・アオノリ・クラミドモナス・ボルボックス
紅藻類
アサクサノリ・テングサ
褐藻類
コンブ・ホンダワラ
渦鞭毛藻類
ツノモ・ヤコウチュウ
ケイ藻類
ハネケイソウ・フナガタケイソウ
胞子虫類
マラリア原虫
卵菌類
ミズカビ
繊毛虫類
ゾウリムシ・ツリガネムシ
真核生物
原核生物
細菌(バクテリア)
シアノバクテリア
ユレモ・ネンジュモ
紅色硫黄細菌・亜硝酸菌・硝酸菌・硫黄細菌
大腸菌・枯草菌・乳酸菌・根粒菌
起源生物

Keywords 新口動物(deuterostomes)，旧口動物(protostomes)，真体腔(eucoelom)，偽体腔(pseudocoel)

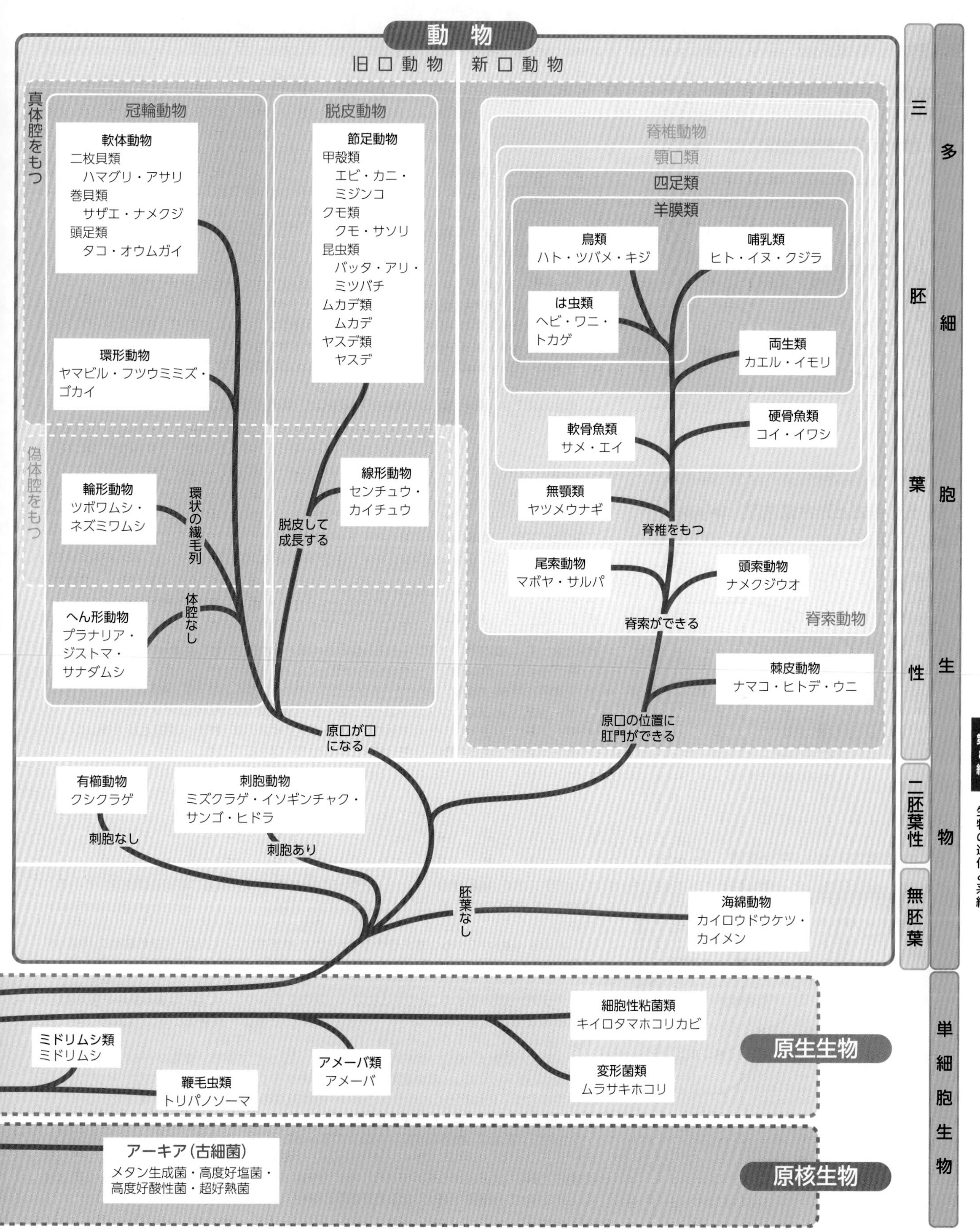

動物
旧口動物
新口動物
真体腔をもつ
偽体腔をもつ
冠輪動物
脱皮動物
軟体動物
二枚貝類
ハマグリ・アサリ
巻貝類
サザエ・ナメクジ
頭足類
タコ・オウムガイ
環形動物
ヤマビル・フツウミミズ・ゴカイ
輪形動物
ツボワムシ・ネズミワムシ
環状の繊毛列
へん形動物
プラナリア・ジストマ・サナダムシ
体腔なし
節足動物
甲殻類
エビ・カニ・ミジンコ
クモ類
クモ・サソリ
昆虫類
バッタ・アリ・ミツバチ
ムカデ類
ムカデ
ヤスデ類
ヤスデ
線形動物
センチュウ・カイチュウ
脱皮して成長する
原口が口になる
脊椎動物
顎口類
四足類
羊膜類
鳥類
ハト・ツバメ・キジ
哺乳類
ヒト・イヌ・クジラ
は虫類
ヘビ・ワニ・トカゲ
両生類
カエル・イモリ
軟骨魚類
サメ・エイ
硬骨魚類
コイ・イワシ
無顎類
ヤツメウナギ
脊椎をもつ
尾索動物
マボヤ・サルパ
頭索動物
ナメクジウオ
脊索ができる
脊索動物
棘皮動物
ナマコ・ヒトデ・ウニ
原口の位置に肛門ができる
有櫛動物
クシクラゲ
刺胞なし
刺胞動物
ミズクラゲ・イソギンチャク・サンゴ・ヒドラ
刺胞あり
胚葉なし
海綿動物
カイロウドウケツ・カイメン
三胚葉性
二胚葉性
無胚葉
多細胞生物
細胞性粘菌類
キイロタマホコリカビ
ミドリムシ類
ミドリムシ
アメーバ類
アメーバ
変形菌類
ムラサキホコリ
鞭毛虫類
トリパノソーマ
原生生物
アーキア(古細菌)
メタン生成菌・高度好塩菌・高度好酸性菌・超好熱菌
原核生物
単細胞生物

巻末特集 グラフを深く読む

解答▶

A 本書に掲載されている図版のうち，グラフに着目して，グラフから読み取れることを考えてみよう。

1 酵素反応と無機触媒反応 (▶ *p*.51)

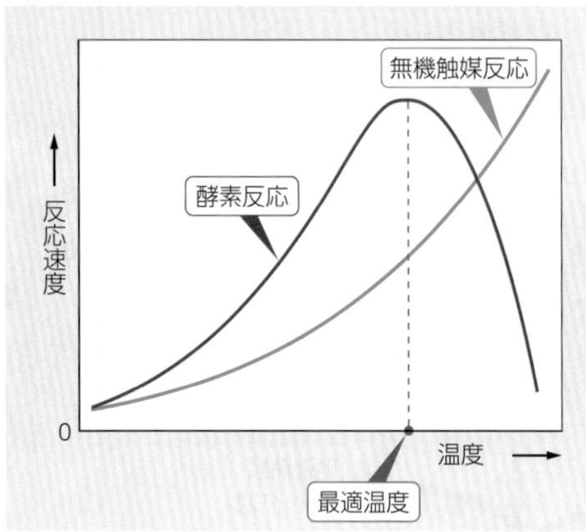

無機触媒反応
酵素反応
↑反応速度
0
温度 →
最適温度

このグラフでは，横軸が(㋐　　　)，縦軸が(㋑　　　　)となっている。
したがって，このグラフは，(㋐　　　)が変化したとき，酵素反応と無機触媒反応の(㋑　　　　)が，それぞれどのように変化するかを示している。
「温度が高くなったときに反応速度がどうなるか」については，右へ行くほど，グラフがどうなっているかを見るとよい。

問　次の①～⑤のうち，グラフから読み取れる内容として正しいものをすべて選べ。

① 酵素反応は，無機触媒反応よりも反応速度が大きい。
② 無機触媒反応は，酵素反応よりも反応速度が大きい。
③ 酵素反応では，温度が高くなるほど反応速度が大きくなる。
④ 酵素反応では，最適温度より温度が高くなると，温度が高くなるにつれ反応速度が小さくなる。
⑤ 酵素反応では，最適温度より温度が高くなると，無機触媒反応より反応速度が小さくなる。

2 光の強さと光合成速度 (▶ *p*.68)

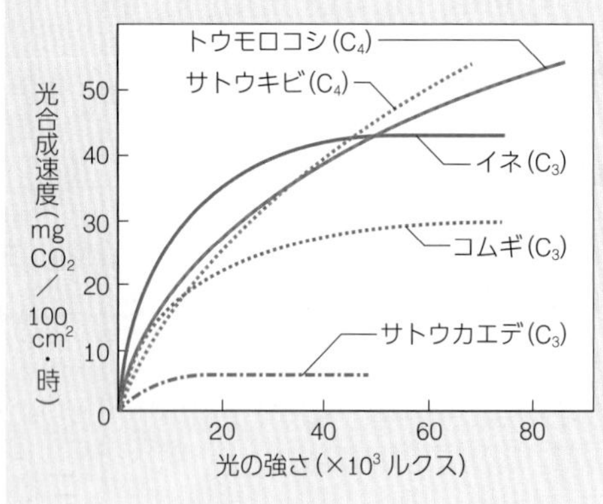

トウモロコシ(C4)
サトウキビ(C4)
イネ(C3)
コムギ(C3)
サトウカエデ(C3)
光合成速度(mg CO2／100 cm2・時)
50
40
30
20
10
0
20
40
60
80
光の強さ(×10³ ルクス)

このグラフでは，横軸が(㋐　　　　)，縦軸が(㋑　　　　)となっている。
したがって，このグラフは，(㋐　　　　)が変化したとき，(㋑　　　　)がどのように変化するかを示している。
横軸には，「$\times 10^3$ ルクス」と書かれているので，例えば，横軸が 40 の場合には，
40 $\times 10^3$ ルクス＝ 40000 ルクス　と読み取る。

問　次の①～⑤のうち，グラフから読み取れる内容として正しいものをすべて選べ。

① 光が強くなればなるほど，光合成速度は大きくなる。
② 光の強さが60000ルクスのとき，トウモロコシよりもコムギのほうが，光合成速度が大きい。
③ 光の強さが 40000 ルクス以下のとき，最も光合成速度が大きいのはイネである。
④ サトウキビとイネでは，光の強弱にかかわらず常にイネのほうが光合成速度が大きい。
⑤ 光合成速度が最も大きいのは，トウモロコシとサトウキビである。

3 血糖濃度とホルモン濃度 (▶ *p*.152)

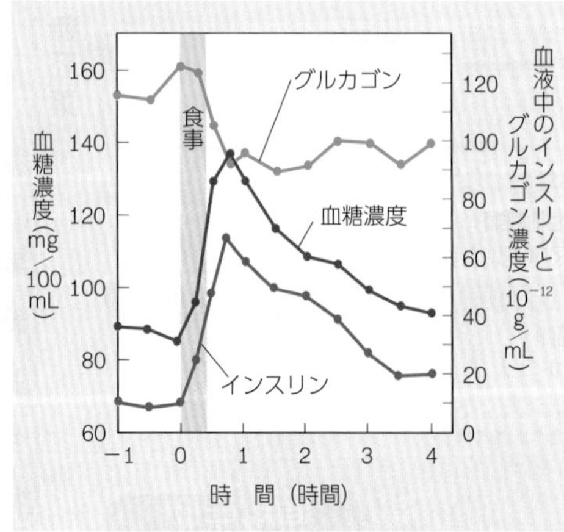

グルカゴン
食事
血糖濃度
インスリン
血糖濃度(mg／100 mL)
血液中のインスリンとグルカゴン濃度(10^{-12} g／mL)
160
140
120
100
80
60
120
100
80
60
40
20
0
−1
0
1
2
3
4
時　間（時間）

このグラフでは，横軸が(㋐　　　)となっており，数字は食事後の経過時間を表している。
縦軸は，左側と右側に目盛りがあり，左側の目盛りは(㋑　　　　)，右側の目盛りは血液中の(㋒　　　　)と(㋓　　　　)濃度となっている。
したがって，描かれている 3 本のグラフのうち，血糖濃度については，左側の縦軸の目盛りを参照し，インスリンとグルカゴンについては，右側の縦軸の目盛りを参照する。

問　グラフから読み取れることをもとに述べた次の文章中の(　)に当てはまる語句を答えよ。

　血糖濃度は，食前には約(㋔　　　)mg/100mL である。食事をとると，約(㋕　　　)mg/100mL まで上昇するが，その後，徐々に(㋖　　　)する。
　インスリン濃度は，食前には約(㋗　　　　)g/mL である。食事をとると上昇し，その後，徐々に低下しており，血糖濃度とよく似た形のグラフとなっている。これは，インスリンが血糖濃度の低下にはたらくホルモンであり，血糖濃度の上昇に伴って分泌量が(㋘　　　)し，血糖濃度の低下に伴って分泌量が(㋙　　　)したためであると考えられる。
　グルカゴン濃度は，食事直前には高めで，食事後に低下し，食事開始から約 1 時間後以降は，(㋚　　　)～(㋛　　　)g/mL で推移している。これは，グルカゴンが血糖濃度の上昇にはたらくホルモンであり，食前の空腹時には多く分泌され，食事による血糖濃度の上昇に伴って分泌量が減少したためであると考えられる。

4 酸素解離曲線（母体と胎児） （▶ p.157）

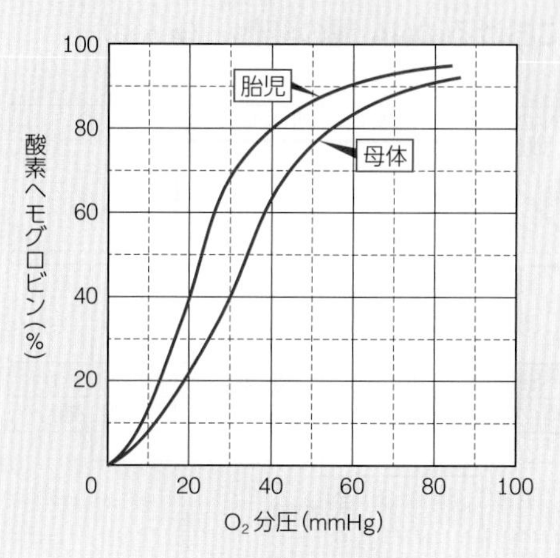
胎児
母体
酸素ヘモグロビン（%）
100
80
60
40
20
0
20
40
60
80
100
O_2分圧（mmHg）

このグラフは，ヒトの母体と胎児の酸素解離曲線である。横軸は酸素分圧で，縦軸は血液中の全ヘモグロビンに対する酸素ヘモグロビンの割合を示している。
胎児の場合と母体の場合の2つの酸素解離曲線が描かれており，両者を比べることで，母体から胎児へと酸素が供給されることがわかるグラフとなっている。なお，組織での酸素分圧は約30mmHg※である。
※ mmHgは圧力の単位で，「水銀柱ミリメートル」などとよばれる。国際単位系(SI)では，圧力の単位としてPa（パスカル）が用いられるが，血圧などの単位として現在も使われている。
1mmHg＝133.322Pa

問　グラフから読み取れることをもとに述べた次の文章中の（　）に当てはまる語句を答えよ。
酸素分圧30mmHgのときの酸素ヘモグロビンの割合を読み取ると，母体では約（㋐　　　）%であるのに対し，胎児では約（㋑　　　）%となっている。このことから，（㋒　　　）のヘモグロビンのほうが，（㋓　　　）のヘモグロビンよりも酸素と結びつきやすいことがわかる。つまり，同じ酸素分圧で両者のヘモグロビンが存在すると，（㋓　　　）のヘモグロビンから離れた酸素の一部が，（㋒　　　）のヘモグロビンに受け渡されることになる。
このようにして，（㋓　　　）から（㋒　　　）へと酸素の供給が行われると考えられる。

5 海洋のケイ藻の季節変動 （▶ p.239）

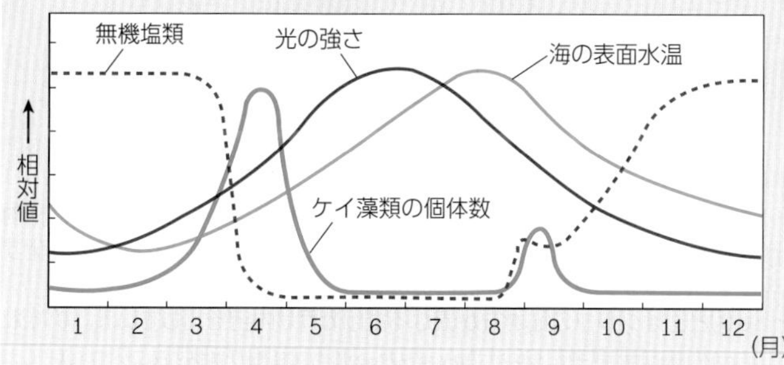
無機塩類
光の強さ
海の表面水温
相対値
ケイ藻類の個体数
1
2
3
4
5
6
7
8
9
10
11
12
(月)

このグラフでは，横軸が1年の各月，縦軸がケイ藻類の個体数や無機塩類の量，海の表面水温，光の強さの相対値を示している。
したがって，このグラフは，季節変化に伴って，ケイ藻類の個体数などがそれぞれどのように変化するかを示している。

問　グラフから読み取れることをもとに述べた次の文章中の（　）に当てはまる語句を答えよ。
冬から春になると，光の強さが（㋐　　　）なり，海表面の水の温度も（㋑　　　）するため，光合成が活発に行われるようになって，ケイ藻類の個体数が（㋒　　　）する。ケイ藻類が（㋒　　　）すると，それに伴ってケイ藻類の成長に必要な（㋓　　　）が減少する。
（㋓　　　）が減少すると，ケイ藻類の個体数も（㋔　　　）する。
秋から冬になるときには，光の強さが（㋕　　　）なって，海表面の水の温度も（㋖　　　）するため，ケイ藻類の個体数は（㋗　　　）していく。これに伴い，無機塩類の量は（㋘　　　）する。

6 地球の年平均気温の変化 （▶ p.249）

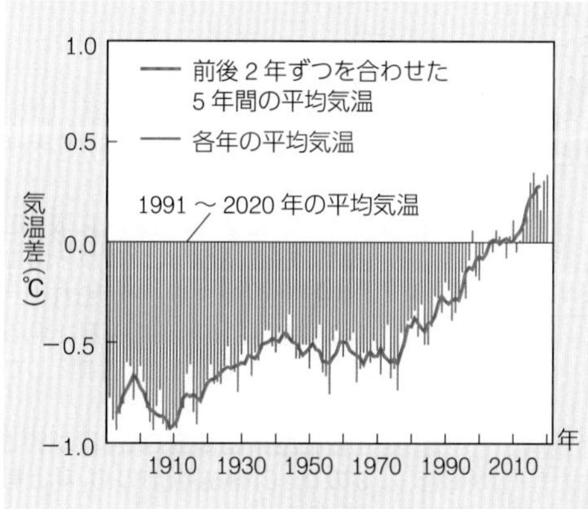
前後2年ずつを合わせた
5年間の平均気温
各年の平均気温
1991～2020年の平均気温
気温差（℃）
1.0
0.5
0.0
−0.5
−1.0
1910
1930
1950
1970
1990
2010
年

このグラフでは，横軸が1890年～2020年までの各年であり，縦軸は（㋐　　　）となっている。縦軸の値の0.0℃については，「1991～2020年の平均気温」と書かれている。
また，棒グラフと折れ線グラフの2つのグラフが描かれている。
棒グラフについては，各年の平均気温を示している。例えば，2010年の棒グラフの気温差の値を読み取ると，約＋0.1℃である。つまり，2010年の平均気温は，1991～2020年の平均気温よりも約0.1℃（㋑　　　）ということである。
折れ線グラフについては，「前後2年ずつを合わせた5年間の平均気温」と書かれている。例えば，2010年の折れ線グラフの気温差の値を読み取ると，約（㋒　　　）℃である。したがって，（㋓　　　）～（㋔　　　）年の（㋕　　　）年間の平均気温は，1991～2020年の平均気温とほぼ同じだったということである。

問　次の①～⑤のうち，グラフから読み取れる内容として正しいものをすべて選べ。
① 1991～2020年の平均気温は0℃であった。
② 1910年の平均気温は，1970年より高い。
③ 1910年と2020年とでは，平均気温に1℃以上の違いがある。
④ 縦軸の値について，1961～1990年の平均気温を基準（縦軸の値の0.0℃）にしてこのグラフを描くと，縦軸の値が0.0をこえる年はもっと多くなる。
⑤ 1910～1940年と1990～2020年を比べると，1910～1940年のほうが平均気温の上昇率が大きい。

B 細胞周期に関しては，さまざまなグラフが描かれる。よく見るグラフをまとめて見てみよう。

1 細胞数の増加曲線

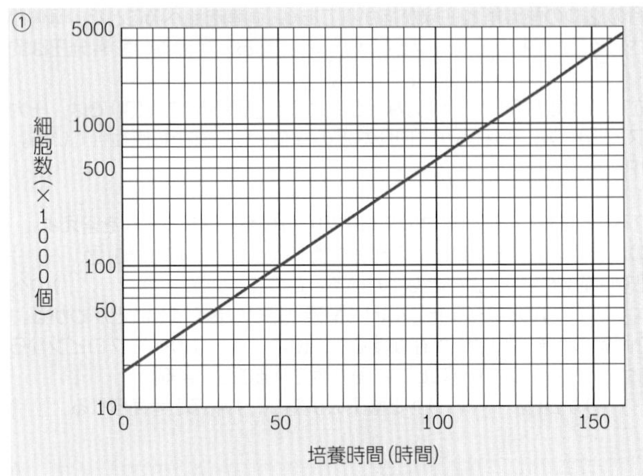

①
5000
1000
500
100
50
10
細胞数（×1000個）
0
50
100
150
培養時間（時間）

問　グラフから，細胞周期は何時間と読み取れるか。

・①の図は，横軸が培養時間，縦軸が細胞数となっており，体細胞分裂をくり返す細胞を培養したとき，培養時間の経過に伴って細胞数がどのように増加したかを示すグラフである。
・横軸は目盛り間隔が一定であるのに対し，縦軸は対数目盛りとなっている。縦軸の値の変化が非常に大きい場合，目盛りに対数が用いられる。一方の軸に対数目盛りを用いたものを片対数グラフという。
・縦軸を対数目盛りとしない場合，グラフは右の②のようになる。
・細胞分裂では，細胞数は，1個→2個，2個→4個，4個→8個，…というように，1細胞周期ごとに細胞数が2倍になる。よって，細胞周期の時間は，グラフから細胞数が2倍になるのにかかる時間を読み取ればよい。

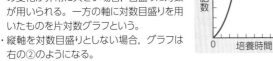

②
細胞数
0　培養時間

2 細胞周期における DNA 量の変化　（▶ p.87）

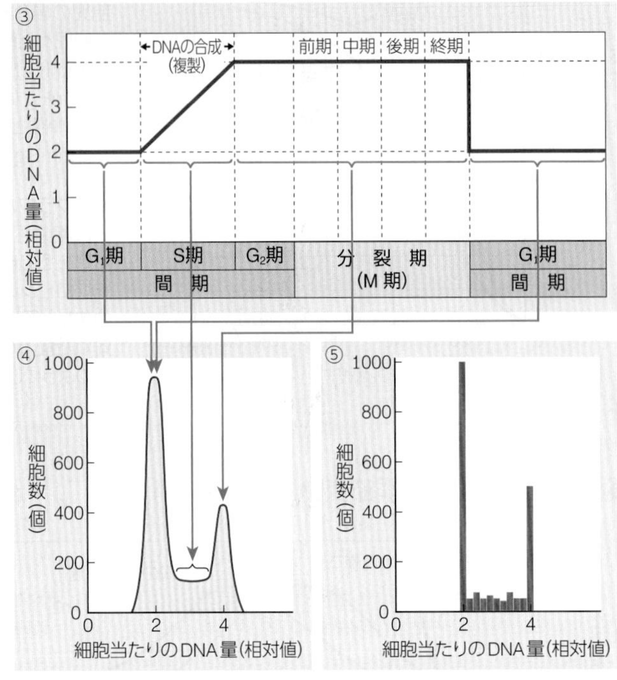

③
細胞当たりのDNA量（相対値）
4
3
2
1
0
DNAの合成（複製）
前期
中期
後期
終期
G_1期
S期
G_2期
分裂期（M期）
G_1期
間期
間期
④
1000
800
600
400
200
0
細胞数（個）
0
2
4
細胞当たりのDNA量（相対値）
⑤
1000
800
600
400
200
0
細胞数（個）
0
2
4
細胞当たりのDNA量（相対値）

・③では，横軸が細胞周期の各期，縦軸が細胞当たりの DNA 量の相対値となっており，細胞周期の経過に伴って DNA 量がどのように変化するかを示すグラフとなっている。
・④と⑤はグラフの描き方が異なるだけで同じ内容を示している。いずれも横軸が細胞当たりの DNA 量の相対値，縦軸が細胞数となっていて，ある細胞集団において，ある DNA 量を示す細胞がどれくらいあるかを示すグラフとなっている。

3 大学入学共通テストで出題された図　（令和5年度 本試験 生物基礎 第1問Bより）

問　細胞周期がばらばらで同調していない多数の培養細胞を含む培養液に，細胞内に入り複製中の DNA に取り込まれる物質 A を加えて，短時間培養した後に細胞を固定した。細胞ごとに物質 A の量と全 DNA 量を測定したところ，図1の結果が得られた。図中の**エ**～**カ**の三つの細胞集団のうち，**カ**の細胞集団における細胞周期の時期として最も適当なものを，後の①～⑧のうちから一つ選べ。ただし，物質 A は，複製中の DNA に取り込まれるだけでなく，細胞周期のどの時期においても細胞質に少量残存する。また，物質 A を加えて培養する時間は細胞周期に比べて十分に短いものとする。

① G_1 期
② G_2 期
③ S 期
④ M 期
⑤ G_1 期と S 期
⑥ G_1 期と M 期
⑦ G_2 期と S 期
⑧ G_2 期と M 期

注：●は一つ一つの細胞の測定値を示す。
また，全 DNA 量については**オ**の細胞集団の平均値を 1 とする。

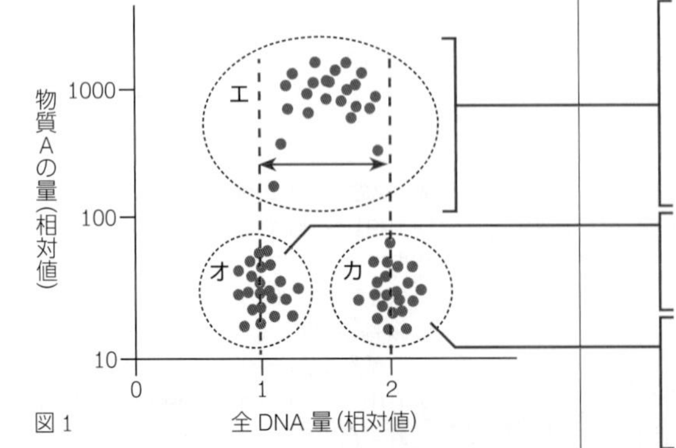

物質Aの量（相対値）
1000
100
10
エ
オ
カ
0
1
2
全DNA量（相対値）

図1

【図の見方】
ⓐ横軸が全 DNA 量の相対値，縦軸が物質 A の量の相対値を示している。
ⓑ物質 A は複製中の DNA に取りこまれるので，物質 A の量が多い**エ**の細胞集団は，S 期と考えられる。この細胞集団の全 DNA 量を見ると，1～2の間にあり，S 期として矛盾しない。
ⓒ**オ**の細胞集団は全 DNA 量が約1なので，DNA 複製前の G_1 期と考えられる。
ⓓ**カ**の細胞集団は全 DNA 量が約2なので，DNA が複製した後から細胞が2つに分裂するまでの，G_2 期と M 期と考えられる。

1 生物学の歴史

A 生物学史

表中の国名の略記号は以下の通り
(米)アメリカ　(英)イギリス　(伊)イタリア　(印)インド　(豪)オーストラリア　(オ)オーストリア　(蘭)オランダ　(ギ)ギリシア　(ス)スイス
(スウ)スウェーデン　(西)スペイン　(デ)デンマーク　(独)ドイツ　(日)日　本　(ハ)ハンガリー　(仏)フランス　(ベ)ベルギー　(露)ロシア

年代		人名と業績
	前4世紀	ヒポクラテス(ギ)　まじないを排し，合理的な医術を始めた。
		アリストテレス(ギ)　動物の分類・観察を行い，生物学の最初の体系化を行った。生物学の創始，動物学の祖。
		テオフラストス(ギ)　植物の分類・観察を行った。植物学の祖。
	2世紀	ガレノス(ギ)　古代医学の体系化。近世に至るまでの医学の権威。循環系について誤った考えをもつ。
	15世紀	レオナルド ダ ヴィンチ(伊)　人体解剖や化石の研究を行った。
16世紀	1543	ベサリウス(ベ)　『人体の構造』を著し，ガレノスの誤りを指摘し，解剖学を一新。
16世紀	1590ごろ	ヤンセン父子(蘭)　はじめて顕微鏡を製作。
17世紀	1628	ハーベイ(英)　血液の循環を実験的に証明。〔1651：『動物発生論』を著し，後成説を提唱〕
17世紀	1648	ファン ヘルモント(ベ)　植物の成長の実験を行い，成長の原因は水であると結論(死後出版された著書に記載)。
17世紀	1661	マルピーギ(伊)　カエルの肺で，毛細血管内の血液循環を発見。
17世紀	1665	フック(英)　『ミクログラフィア』を著し，細胞(cell)の発見と命名。〔1660：弾性力に関するフックの法則〕
17世紀	1668	レディ(伊)　ウジの自然発生を否定する実験を行った。
17世紀	1674	レーウェンフック(蘭)　原生動物を発見。〔1676：細菌を発見。1677：ヒトの精子を発見〕
17世紀	1694	カメラリウス(独)　植物にも雌雄があり，花が生殖器官であることを発見。
18世紀	1735	リンネ(スウ)　『自然の体系』を著し，近代分類学を創始。〔1758：『自然の体系 第10版』で二名法を確立〕
18世紀	1749	ビュフォン(仏)　『博物誌』を著して，生物進化を示唆した。
18世紀	1759	ウォルフ(独)　『発生論』を著し，後成説を主張。近代発生学を創始。
18世紀	1765	スパランツァーニ(伊)　自然発生説を否定。〔1780：イヌの人工授精。1783：胃液の消化作用についての実験〕
18世紀	1772	プリーストリー(英)　植物体から酸素が発生することを確認。
18世紀	1777	ラボアジェ(仏)　呼吸が燃焼と同じ現象であることを発見。
18世紀	1779	インゲンホウス(蘭)　光合成を研究し，植物の緑色部が光を受けたとき，酸素を発生することを発見。
18世紀	1780	ガルバーニ(伊)　カエルの筋肉の実験で，動物電気を発見。
18世紀	1789	ジュシュー(仏)　種子植物の分類を行い，現在も使われている多くの科を定義した。
18世紀	1790	ゲーテ(独)　『植物の変態』を著し，植物の器官はすべて原始的な1つの器官から変化(変態)して生じたと考えた。
18世紀	1796	ジェンナー(英)　種痘法を発見。
19世紀	1804	ソシュール(ス)　光合成に二酸化炭素が利用されることを発見。
19世紀	1805	キュビエ(仏)　比較解剖学を確立。〔1812：天変地異説を唱えた〕
19世紀	1809	ラマルク(仏)　『動物哲学』を著し，用不用説を唱えた。
19世紀	1827	ド カンドル(ス)　植物の新しい分類体系をつくった。
19世紀	1828	フォン ベーア(独)　ヒトの卵を発見。
19世紀	1831	ブラウン(英)　細胞の核を発見。
19世紀	1838	シュライデン(独)　植物体について，細胞説を唱えた。
19世紀	1839	シュワン(独)　動物体について，細胞説を唱えた。〔1837：発酵や腐敗の原因は微生物であると主張〕
19世紀	1840	リービッヒ(独)　『植物化学』を著し，植物が無機栄養で育つことを発見。〔1842：『動物化学』を著し，有機化学を動物生理と結合した〕
19世紀	1850	ヘルムホルツ(独)　神経の興奮伝導速度を測定。〔1852：色覚の三原色説を唱えた〕
19世紀	1855	ベルナール(仏)　肝臓がグリコーゲンをつくることを発見。〔1865：『実験医学序説』を著し，生物学の実験的研究の方法論を記述〕
19世紀	1858	フィルヒョー(独)　『細胞病理学』を著し，細胞は細胞分裂によって生じることを解明。
19世紀	1859	ダーウィン(英)　世界周航(1831 ～ 36)のときの知見などから，『種の起源』を著し，自然選択説を唱えて進化説を確立。〔1880：植物の屈性の実験〕
19世紀	1860	パスツール(仏)　発酵の研究。〔1861：微生物の自然発生説を実験的に否定。1885：狂犬病ワクチンを完成〕
19世紀	1863	ハクスリ(英)　人間の起源と進化についての説を唱えた。
19世紀	1865	メンデル(オ)　遺伝の因子を発見。
19世紀	1869	ミーシャー(ス)　ヒトの白血球の核からヌクレイン(核酸)を発見。
19世紀	1876	コッホ(独)　炭そ病の病原菌を発見。伝染病の原因を解明。〔1882：結核菌を発見。1883：コレラ菌を発見〕
19世紀	1883	メチニコフ(露)　白血球による細菌などの食作用を発見。
19世紀	1887	パブロフ(露)　イヌの胃液分泌の研究開始。胃液分泌神経(迷走神経)の存在を証明。〔1903：条件反射の研究〕
19世紀	1888	ルー(独)　カエル卵の2細胞期の一方の割球を焼き殺す実験。実験発生学の創始。
19世紀	1889	北里柴三郎(日)　破傷風菌の純粋培養に成功。〔1894：ペスト菌を発見〕
19世紀	1891	ドリーシュ (独)　ウニ卵の割球分離の実験(調節卵)。

年代		人名と業績
19世紀	1892	ワイスマン(独)　生殖質説を唱え，獲得形質の遺伝を否定。
	1896	平瀬作五郎(日)　イチョウの精子を発見。
	1896	池野成一郎(日)　ソテツの精子を発見。
	1897	ブフナー(独)　チマーゼを抽出。細胞なき発酵に成功。
	1898	志賀潔(日)　赤痢菌を発見。
	1899	カハール(西)　ニューロンを確認。
	1899	ロイブ(米)　ウニ卵を用い，人為的に単為発生に成功。
	1900	ド フリース(蘭)，コレンス(独)，チェルマク(オ)　それぞれ独立にメンデルの功績を再発見し，メンデルの法則と名づけた。
20世紀	1901	ド フリース(蘭)　突然変異説を唱えた。
	1901	ラントシュタイナー(オ)　ABO式血液型を発見。
	1901	高峰譲吉(日)　アドレナリンの抽出に成功。
	1902	ベイリス(英)，スターリング(英)　セクレチンを発見。〔1905:セクレチンのような物質をホルモンと名づけた〕
	1903	ヨハンセン(デ)　純系説を唱えた。
	1903	サットン(米)　染色体の行動とメンデルの遺伝の法則を結びつけた染色体説を唱えた。
	1905	ブラックマン(英)　光合成が明反応と暗反応からなることを推論。
	1907	ラウンケル(デ)　植物の生活形を分類。
	1910	鈴木梅太郎(日)　脚気の原因を研究し，オリザニン(ビタミンB_1)を発見。
	1910	ボイセン イェンセン(デ)　マカラスムギの幼葉鞘で光屈性の実験。〔1918：現存量のピラミッドを考案。1935：根の重力屈性の実験〕
	1912	カレル(仏)　ニワトリの心臓の細胞を用いて，組織培養法を確立。
	1912	フンク(英)　オリザニンをビタミンとよんだ。
	1916	クレメンツ(米)　『植物の遷移』を著し，遷移説を体系化。
	1919	パール(ハ)　植物体内にもつ成長促進物質が光屈性の原因であることを証明。
	1921	レーウィ(独)　交感神経と迷走神経の末端から分泌される化学物質の存在を解明。
	1924	シュペーマン(独)　イモリの胚の移植実験で，形成体を発見。
	1924	ワールブルク(独)　阻害剤を利用した呼吸の研究により呼吸酵素を発見。〔1926：血液ガス検圧計を改良し，ワールブルク検圧計を考案〕
	1925	マイヤーホフ(独)　解糖の経路を解明。
	1926	モーガン(米)　キイロショウジョウバエの遺伝の研究で，遺伝子説を確立。〔1895：カエル卵が調節卵であることを確認〕
	1926	黒沢英一(日)　イネのばか苗病の原因物質としてジベレリンを発見。
	1927	マラー(米)　X線を用いて，人為的に突然変異体をつくった。

年代		人名と業績
20世紀	1927	エルトン(英)　食物連鎖を研究し，動物生態学を確立。
	1928	ウェント(蘭)　オーキシンを発見。
	1928	グリフィス(英)　肺炎球菌の形質転換の前駆的研究。
	1929	フォークト(独)　局所生体染色法によりイモリの原基分布図(予定運命図)をつくった。
	1929	フレミング(英)　ペニシリンを発見。
	1929	ローマン(独)　ATP(アデノシン三リン酸)を発見。
	1930	木原均(日)　各生物の生活機能の調和を保つのに欠かせない染色体の1組をゲノムとし，ゲノム間の相同性を判定するゲノム分析の方法を確立。
	1932	キャノン(米)　『からだの知恵』を著し，恒常性の概念を唱えた。
	1932	ルスカ(独)　電子顕微鏡をはじめて製作。
	1934	ケーグル(独)　オーキシンを抽出。
	1935	スタンリー(米)　タバコモザイクウイルスの結晶化に成功。
	1935	タンスレー(英)　生態系の概念を唱えた。
	1936	オパーリン(露)　『生命の起源』を著し，生命の起源の道すじを唱えた。
	1937	クレブス(英)　クエン酸回路の研究。
	1938	藪田貞治郎(日)　ジベレリンを精製し，結晶化に成功。
	1939	ヒル(英)　光合成の最初の反応は水の分解であり，この分解によって水素を受けとった物質と酸素が生じることを解明。
	1942	セント ジェルジ(ハ)　筋収縮のしくみを生化学的に研究。
	1944	エイブリー(米)ら　肺炎球菌の形質転換によって，DNAが遺伝子であることを証明。
	1944	ワクスマン(米)　ストレプトマイシンを発見。
	1945	ビードル(米)，テイタム(米)　アカパンカビの研究により，一遺伝子一酵素説を提唱。
	1949	今西錦司(日)　空間的すみわけの理論を確立。
	1951	ティンバーゲン(蘭)　本能行動の研究。
	1952	ハーシー(米)，チェイス(米)　T_2ファージの大腸菌内での増殖によって，DNAが遺伝子であることを証明。
	1953	ホジキン(英)　神経興奮について，Na^+とK^+の出入りを研究。
	1953	ワトソン(米)，クリック(英)　DNAの化学構造を解明し，DNAの分子構造模型を発表。
	1953	ミラー(米)　原始地球におけるアミノ酸生成の研究。
	1954	ハクスリ(英)　筋収縮の滑り説を提唱。
	1955	サンガー(英)　インスリンのアミノ酸配列を解明。
	1955	デューブ(ベ)　リソソームを発見。
	1956	コーンバーグ(米)　DNAの人工合成に成功。
	1957	カルビン(米)，ベンソン(米)　放射性同位体を使って，光合成の暗反応の過程(カルビン回路)を解明。
	1958	メセルソン(米)，スタール(米)　DNAの半保存的複製を証明。
	1958	スチュワード(米)　ニンジンのカルスを再分化させ，新個体をつくることに成功。
	1960	ペルーツ(英)　ヘモグロビンの立体的な構造を解明。

年代		人名と業績
20世紀	1961	ジャコブ(仏)，モノー（仏） 遺伝形質発現を調節するしくみに関する説(オペロン説)を唱えた。
	1962	モスコーナ(米) 動物組織細胞の組織再構築の実験。
	1962	カーソン(米) 『沈黙の春』を著し，農薬禍を警告。
	1962	下村脩(日) 緑色蛍光タンパク質(GFP)を発見。
	1965	ニーレンバーグ(米)，コラナ(印，米) 遺伝情報のトリプレット暗号の解読に成功。
	1966	岡崎令治(日)，岡崎恒子(日) 岡崎フラグメントを発見。
	1967	マーグリス(米) 細胞内共生説を唱えた。
	1968	木村資生(日) 遺伝子の中立説を唱えた。
	1973	フリッシュ(オ)，ローレンツ(オ)，ティンバーゲン(蘭) 動物の行動解析の体系化により，ノーベル生理学・医学賞を受賞。
	1973	コーエン(米) 基本的な遺伝子操作技術を確立。
	1977	利根川進(日) 抗体をつくる遺伝子の構造を解明。
	1978	ボイヤー(米) 遺伝子組換えにより，大腸菌によるインスリン合成に成功。
	1978	エドワーズ(英)，ステプトー(英) ヒトの体外受精に成功。

年代		人名と業績
20世紀	1979	大村智(日) エバーメクチンの殺虫活性を発見。
	1981	エバンス(英) ES 細胞の樹立に成功。
	1983	キャリー マリス(米) PCR 法の発明。
	1983	モンタニエ(仏)，バレシヌシ(仏) エイズのウイルス(HIV)の単離に成功。
	1983	ツアハウゼン(独) ヒトパピローマウイルス(HPV)を発見。
	1992	ピーター アグレ(米) アクアポリンを発見。
	1993	大隅良典(日) 酵母におけるオートファジー関連遺伝子の発見。
	1997	ウィルマット(英)ら 分化したヒツジの体細胞を用いて，クローンヒツジの作製に成功。
	1998	ファイアー(米)，メロー(米) RNA 干渉を発見。
	2006	山中伸弥(日) iPS 細胞(人工多能性幹細胞)の作製に成功。

B ノーベル生理学・医学賞

ノーベル生理学・医学賞は「生理学および医学の分野で最も重要な発見を行った」人物に与えられる。下表には最近の受賞一覧をまとめている。表以前についても調べてみよう。

受賞年	人名と業績
2000	カールソン(スウ)，グリーンガード(米)，カンデル(米) 神経系における情報伝達に関する発見。
2001	ハートウェル(米)，ハント(英)，ナース(英) 細胞周期の主要な制御因子の発見。
2002	ブレナー（英)，ホロビッツ(米)，サルストン(英) 器官発生と，プログラムされた細胞死の遺伝制御に関する発見。
2003	ラウターバー(米)，マンスフィールド(英) 磁気共鳴映像法(MRI)の原理発見，高速映像化の開発。
2004	アクセル(米)，バック(米) 匂いの受容体遺伝子の発見，嗅覚感覚の分子メカニズムの解明。
2005	マーシャル(豪)，ウォーレン(豪) 胃炎や 胃・十二指腸潰瘍の要因となるヘリコバクター・ピロリの発見。
2006	ファイアー(米)，メロー(米) RNA 干渉(2 本鎖 RNA による遺伝子の抑制)の発見。
2007	カペッキ(米)，エバンス(英)，スミシーズ(米) 胚性幹細胞(ES 細胞)を使用した，ノックアウトマウスの作製方法の発見。
2008	ツアハウゼン(独) 子宮頸がんの原因がヒトパピローマウイルス(HPV)であることを明らかにした。
	バレシヌシ(仏)，モンタニエ(仏) エイズを引き起こすヒト免疫不全ウイルス(HIV)の発見。
2009	ブラクバーン(米)，グライダー(米)，ショスタク(米) 染色体を保護するテロメアとテロメラーゼ酵素のしくみの発見。
2010	エドワーズ(英) 体外受精技術の確立。
2011	ボイトラー(米)，ホフマン(仏) 自然免疫の活性化に関する発見。
	スタインマン(カナダ) 適応免疫(獲得免疫)における樹状細胞のはたらきの解明。
2012	ガードン(英)，山中伸弥(日) 分化した細胞に全能性があることを発見(ガードン)。iPS 細胞(人工多能性幹細胞)の作製(山中)。
2013	ロスマン(米)，シェックマン(米)，スドフ(米) 細胞における物質輸送のシステムの解明。
2014	オキーフ(米)，モーザー夫妻(ノルウェー) 空間を把握するメカニズムの解明。
2015	キャンベル(米)，大村智(日) 寄生虫による感染症に対する新しい治療物質(エバーメクチン)の発見。
	ト(中国) マラリアに対する新しい治療薬(アーテミシニン)の発見。
2016	大隅良典(日) オートファジーのメカニズムの発見。
2017	ホール(米)，ロスバシュ（米)，ヤング(米) 概日リズム(サーカディアンリズム)を制御する分子メカニズムの発見。
2018	アリソン(米)，本庶佑(日) 免疫のはたらきを抑える物質の発見(免疫でがん細胞を攻撃する新しいがん治療法の発見)。
2019	ケーリン(米)，ラトクリフ(英)，セメンザ(米) 酸素濃度が低い環境下でも細胞が恒常的にはたらくしくみの発見。
2020	オルター(米)，ホートン(英)，ライス(米) C 型肝炎ウイルスの発見。
2021	ジュリアス(米)，パタプティアン(米) 温度受容体と触覚受容体の発見。
2022	ペーボ(スウ) 絶滅したヒト族のゲノムと人類の進化に関する発見。

2 生物の種類と比較

A 原核生物

原核細胞よりなる。
単細胞あるいは群体で生活する。

分類	からだのつくり	生活		光合成色素	生物例
細菌（バクテリア）	単細胞で，分裂で増殖する 繊維状の鞭毛で運動する （鞭毛をもたないものもある） 細胞膜はエステル脂質	従属栄養		なし	大腸菌，乳酸菌，肺炎球菌
		独立栄養	化学合成		亜硝酸菌，硝酸菌，硫黄細菌
			光合成	バクテリオクロロフィル	緑色硫黄細菌，紅色硫黄細菌
				クロロフィル a，フィコシアニン，フィコエリトリン，カロテン	シアノバクテリア：ネンジュモ，ユレモ
アーキア（古細菌）	細胞膜はエーテル脂質	おもに従属栄養		なし	メタン生成菌，超好熱菌，高度好塩菌

B 原生生物

真核細胞で，単細胞生物あるいは単純な構造の多細胞生物。
（※多系統で，現状は便宜上の分類に過ぎない。）

分類		からだのつくり		生活	光合成色素		鞭毛	生物例
原生動物	アメーバ類	発達した細胞小器官をもつ	仮足で運動	従属栄養	なし		なし	アメーバ
	繊毛虫類		繊毛で運動					ゾウリムシ
	鞭毛虫類		鞭毛で運動				尾形	トリパノソーマ
	胞子虫類		寄生性				なし	マラリア原虫
	ミドリムシ類	鞭毛で運動する		独立栄養 光合成	クロロフィル $a+b$	カロテン，キサントフィル	片羽形	ミドリムシ，トックリヒゲムシ
藻類	渦鞭毛藻類	セルロースの殻をもつ			クロロフィル $a+c$		片羽形＋両羽形	ツノモ，ヤコウチュウ
	ケイ藻類	ケイ酸質の殻をもつ					尾形＋両羽形	ハネケイソウ，フナガタケイソウ
	紅藻類	単細胞・多細胞で生活			クロロフィル a，カロテン，キサントフィル，フィコシアニン，フィコエリトリン		なし	アサクサノリ，テングサ，フノリ，トサカノリ，カワモズク
	褐藻類	多細胞で生活			クロロフィル $a+c$，キサントフィル（フコキサンチンが多い），カロテン		尾形＋両羽形	コンブ，ワカメ，ヒジキ，モズク，ホンダワラ，ウミウチワ
	緑藻類	単細胞・群体・多細胞で生活			クロロフィル $a+b$，カロテン，キサントフィル		尾形	クラミドモナス，アオサ
	シャジクモ類	単細胞・多細胞で生活						シャジクモ，フラスコモ

分類		からだのつくり		生殖	栄養	生物例
粘菌類	変形菌類	アメーバ状で単細胞生活の時期，アメーバ状細胞が多核細胞あるいは多数の細胞の集合体となる時期，子実体を形成する時期をもつ	変形体は多核の細胞体	胞子生殖，分裂，接合	従属栄養 捕食・吸収	ムラサキホコリ，ケホコリ
	細胞性粘菌類		集合体は多細胞性			タマホコリカビ，アクラシス
卵菌類		単核または多核。細胞壁にセルロースを含む		胞子生殖，接合	従属栄養，吸収	ミズカビ

C 植物

真核細胞，多細胞生物で，光合成を行う独立栄養。基本的には陸上生活をする。
多細胞藻類のすべて，あるいは一部を植物に分類する考え方もある。

分類			からだのつくり			光合成色素	その他		生物例
コケ植物			維管束なし	葉状体または茎葉体・仮根	胞子で増える	クロロフィル a クロロフィル b カロテン キサントフィル	本体は配偶体 胞子体は配偶体に寄生		苔類：ゼニゴケ，ジャゴケ 蘚類：スギゴケ，ミズゴケ ツノゴケ類：ツノゴケ
維管束植物	シダ植物		維管束あり	根・茎・葉の区別あり			本体は胞子体 配偶体は胞子体から独立		ヒカゲノカズラ，マツバラン，スギナ，トクサ，ワラビ，ゼンマイ
	種子植物	裸子植物			種子で増える		本体は胞子体 配偶体は胞子体に寄生	胚珠はむき出し	ソテツ，イチョウ 球果類：アカマツ，スギ，ヒノキ
		被子植物						胚珠は子房に包まれる	双子葉類：スミレ，バラ，ヤナギ 単子葉類：イネ，ヤシ，ラン

D 菌類

真核細胞で，多くは多細胞生物。多核の細胞からなるものが多い。従属栄養で，体外消化によって栄養を吸収する。粘菌類を菌類に含む考え方もある。接合様式や減数分裂が未発見のため，正確な分類ができない種（コウジカビ，アオカビなど）は不完全菌類という。

分類	からだのつくり		生殖	栄養	生物例
接合菌類	からだは菌糸でできている	菌糸は細胞間に細胞壁の隔壁がない多核体	接合・胞子	従属栄養 寄生・腐生による吸収	クモノスカビ，ケカビ
子のう菌類		菌糸は隔壁があり多細胞	接合 子のう胞子・分生子		アカパンカビ，チャワンタケ，酵母※
担子菌類			接合 担子胞子・分生子		マツタケ，シイタケ，キクラゲ，エノキタケ，サビキン
ツボカビ類	単細胞から発達した菌糸体まである。鞭毛をもつ胞子を生じる		受精・遊走子		カエルツボカビ，フクロカビ

※単細胞の菌類の総称。ほとんどが子のう菌類だが，担子菌類に属すものも知られている。

E 動物

真核細胞で多細胞生物。従属栄養で，摂食によって栄養分を吸収する。おもに発生過程の比較などによって分類される(近年はDNAの塩基配列の比較による分類も行われている)。

分類	形態						循環系	神経系		呼吸	排出器	その他		生物例
海綿動物	胚葉分化なし	体腔なし				組織や器官の分化なし	なし	なし		体表	体表		えり細胞や骨片をもつ	クロイソカイメン，ムラサキカイメン，カイロウドウケツ
刺胞動物	二胚葉(内＋外)					口と肛門の区別なし おもに分裂・出芽で増殖		散在神経系					刺胞細胞をもつ	ミズクラゲ，イソギンチャク，サンゴ，ヒドラ
有櫛動物													くし板をもつ	クシクラゲ
へん形動物	三胚葉性(内＋中＋外)		旧口動物(原口が口になる)	端細胞幹		からだはへん平 口と肛門の区別なし		集中神経系	かご形神経系		原腎管	冠輪動物	原腎管にほのお細胞	プラナリア(ナミウズムシ)，サナダムシ，コウガイビル
輪形動物		偽体腔			口と肛門の区別がある	からだは袋形			神経節をもつ				多くは淡水産	ツボワムシ，ネズミワムシ，ヒルガタワムシ
環形動物		真体腔				からだは円筒形 体節構造をもつ	閉鎖血管系		はしご形神経系		腎管		頭と胴の区別がある	ミミズ，イトミミズ，ゴカイ，ケヤリムシ，ヒル
軟体動物						からだは筋肉質 外とう膜をもつ 殻をもつものが多い	開放血管系※		神経節が発達	えら			頭・胴・足の区別がある	二枚貝類：ハマグリ，シジミ
														腹足類：サザエ，タニシ
														頭足類：タコ，イカ
線形動物		偽体腔				からだは円筒形	なし		神経節をもつ	体表	側線管	脱皮動物	陸上や水中で生活するもの，寄生性のものなど	センチュウ，カイチュウ，ギョウチュウ，ハリガネムシ
節足動物		真体腔				キチン質の外骨格をもち，体節構造。足にも節がある	開放血管系		はしご形神経系	えら	腎管		頭・胴・足の区別がある	甲殻類：ミジンコ，エビ，カニ
										気管	マルピーギ管		陸上生活	ムカデ類：オオムカデ，ゲジ
														クモ類：ジョロウグモ，ダニ
														昆虫類：バッタ，カブトムシ
毛顎動物			？	原腸体腔幹		口のまわりに顎毛がある	なし		放射状神経系	体表			海産で浮遊生活	オオヤムシ
棘皮動物			新口動物(原口が肛門になる)			放射相称 骨片・とげあり	水管系			水管系			海産で底生生活	ウミユリ，ウミシダ，ナマコ，ウニ，ヒトデ
脊索動物 頭索動物						一生のどの時期かに脊索をもつ 脊椎骨なし	閉鎖血管系		管状神経系	えら	腎管		脳と脊髄の分化なし	ナメクジウオ
脊索動物 尾索動物							開放血管系							ホヤ，ウミタル
脊索動物 脊椎動物						脊椎骨をもつ	閉鎖血管系				腎臓	水生 羊膜なし 変温	あごの骨なし	無顎類：ヤツメウナギ
													脊椎は軟骨	軟骨魚類：サメ，エイ
													脊椎は硬骨 体表はうろこ	硬骨魚類：コイ，サンマ
										肺		陸上生活	体表は裸出	両生類：カエル，イモリ
												羊膜あり	体表はうろこ	は虫類：トカゲ，ヘビ，カメ
												恒温	体表は羽毛	鳥　類：スズメ，ニワトリ
													体表は毛	哺乳類：ライオン，ヒト

※頭足類は閉鎖血管系

F 非生物段階

細胞を形成しない。生体高分子あるいはその複合体よりなる。寄生性。

分類	成分	増え方	大きさ	例
ウイルス	核酸(DNAまたはRNA)およびタンパク質(脂質の膜をもつものもある)	ほかの細胞に寄生して増殖する	電子顕微鏡レベル	DNAウイルス：T_2ファージ，肝炎ウイルス RNAウイルス：ヒト免疫不全ウイルス(HIV)
プリオン	異常な折りたたみ構造をもつタンパク質 核酸(DNA・RNA)は含まない	接触した正常なタンパク質をプリオンに変える	高分子化合物レベル	スクレイピー病原体(ヒツジ)，BSE病原体(ウシ) クロイツフェルト・ヤコブ病病原体(ヒト)

3 生物学習のための化学

A 元素とその周期表

元素

物質を構成する最も基礎的な成分で，化学的にはそれ以上分解できない基本成分を**元素**という。元素は約 120 種類が知られている。そのうち炭素・酸素・窒素・水素が，生体に多く含まれている(▶ *p.*22)。元素の種類を示す記号を**元素記号**という。

> 例　水素：H，炭素：C，酸素：O

元素の周期表

元素の周期表とは，元素を原子番号の順に並べ，性質のよく似た元素が縦の列に並ぶようにした表である。周期表の横の行を周期，縦の列を族とよぶ。

凡例：原子番号 元素記号／元素名／原子量　　非金属元素・金属元素（枠の形で区別）　　単体の常温での状態：固体・液体・気体（色で区別）

（　）の値はその元素に安定同位体がないため，同位体の質量数の一例を示す。※をつけた元素は人工的につくられたもので，天然には存在しない。$_{104}$Rf 以降の元素についてくわしいことはわかっていない。

周期＼族	1	2	3	4	5	6	7	8	9	10	11	12	13	14	15	16	17	18
1	1 H 水素 1.008																	2 He ヘリウム 4.003
2	3 Li リチウム 6.94	4 Be ベリリウム 9.012											5 B ホウ素 10.81	6 C 炭素 12.01	7 N 窒素 14.01	8 O 酸素 16.00	9 F フッ素 19.00	10 Ne ネオン 20.18
3	11 Na ナトリウム 22.99	12 Mg マグネシウム 24.31											13 Al アルミニウム 26.98	14 Si ケイ素 28.09	15 P リン 30.97	16 S 硫黄 32.07	17 Cl 塩素 35.45	18 Ar アルゴン 39.95
4	19 K カリウム 39.10	20 Ca カルシウム 40.08	21 Sc スカンジウム 44.96	22 Ti チタン 47.87	23 V バナジウム 50.94	24 Cr クロム 52.00	25 Mn マンガン 54.94	26 Fe 鉄 55.85	27 Co コバルト 58.93	28 Ni ニッケル 58.69	29 Cu 銅 63.55	30 Zn 亜鉛 65.38	31 Ga ガリウム 69.72	32 Ge ゲルマニウム 72.63	33 As ヒ素 74.92	34 Se セレン 78.97	35 Br 臭素 79.90	36 Kr クリプトン 83.80
5	37 Rb ルビジウム 85.47	38 Sr ストロンチウム 87.62	39 Y イットリウム 88.91	40 Zr ジルコニウム 91.22	41 Nb ニオブ 92.91	42 Mo モリブデン 95.95	43 Tc テクネチウム (99)※	44 Ru ルテニウム 101.1	45 Rh ロジウム 102.9	46 Pd パラジウム 106.4	47 Ag 銀 107.9	48 Cd カドミウム 112.4	49 In インジウム 114.8	50 Sn スズ 118.7	51 Sb アンチモン 121.8	52 Te テルル 127.6	53 I ヨウ素 126.9	54 Xe キセノン 131.3
6	55 Cs セシウム 132.9	56 Ba バリウム 137.3	57～71 ランタノイド	72 Hf ハフニウム 178.5	73 Ta タンタル 180.9	74 W タングステン 183.8	75 Re レニウム 186.2	76 Os オスミウム 190.2	77 Ir イリジウム 192.2	78 Pt 白金 195.1	79 Au 金 197.0	80 Hg 水銀 200.6	81 Tl タリウム 204.4	82 Pb 鉛 207.2	83 Bi ビスマス 209.0	84 Po ポロニウム (210)	85 At アスタチン (210)	86 Rn ラドン (222)
7	87 Fr フランシウム (223)	88 Ra ラジウム (226)	89～103 アクチノイド	104 Rf ラザホージウム (267)※	105 Db ドブニウム (268)※	106 Sg シーボーギウム (271)※	107 Bh ボーリウム (272)※	108 Hs ハッシウム (277)※	109 Mt マイトネリウム (276)※	110 Ds ダームスタチウム (281)※	111 Rg レントゲニウム (280)※	112 Cn コペルニシウム (285)※	113 Nh ニホニウム (278)※	114 Fl フレロビウム (289)※	115 Mc モスコビウム (289)※	116 Lv リバモリウム (293)※	117 Ts テネシン (293)※	118 Og オガネソン (294)※

B 原子の構造と原子量

原子とその構造

物質を構成する基本粒子を**原子**という。原子は，化学的な方法ではそれ以上分割できない。原子の半径はきわめて小さく，例えば水素原子では 0.05 nm である。

原子は，**原子核**とそのまわりをまわる**電子**とからできている。原子核は**陽子**と**中性子**からなるが，原子核に含まれている陽子の数は元素によって決まっていて，この数を**原子番号**という。

陽子は 1 単位の正の電気(1 ＋で表す)をもち，中性子は電気をもたない。電子は 1 単位の負の電気(1 －で表す)をもっており，原子は陽子と同数の電子をもつので，原子は全体として電気的に中性である。

原子の質量数

陽子と中性子の質量はほぼ等しいが，電子の質量はこれらの約 1840 分の 1 であるので，原子の質量はその原子核だけの質量とみなしてよい。原子核内の陽子と中性子の数の和を**質量数**という。

同位体(アイソトープ)

同じ元素の原子(陽子の数が等しい)であっても，中性子の数が違うために質量数が異なるものがある。これを互いに**同位体**(アイソトープ)という。同位体は質量数は異なるが，化学的性質は同じである。また，同位体の中で放射能をもつものを，放射性同位体(ラジオアイソトープ)という。

原子量

原子の質量はきわめて小さいので，原子の質量を比べるときには，質量数 12 の炭素原子($^{12}_{6}C$)の質量を 12 と定めた相対質量を用いる。元素を構成する同位体の存在比に基づく相対質量の平均値を，その元素の**原子量**という。

原子からなる物質

鉄・カリウムなどの金属はそれぞれの原子が，また，ダイヤモンドは炭素原子が規則正しく配列してできている。

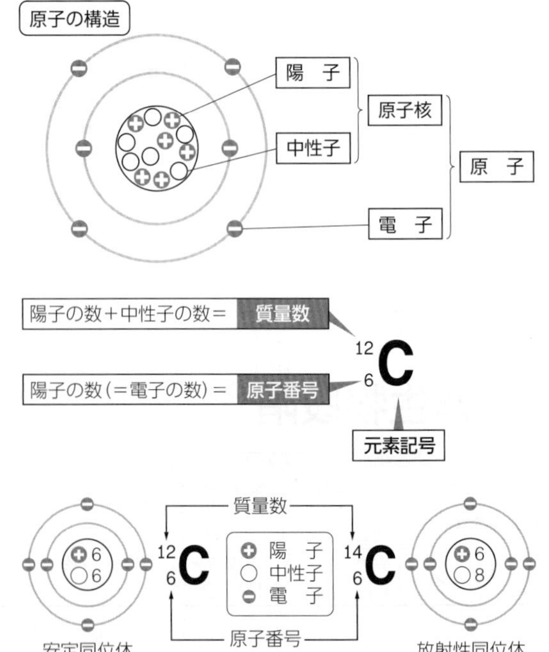

原子の構造
陽子
中性子
電子
原子核
原子
陽子の数＋中性子の数＝ 質量数
陽子の数(＝電子の数)＝ 原子番号
$^{12}_{6}C$
元素記号
質量数
原子番号
陽子
中性子
電子
6
6
8
$^{12}_{6}C$
$^{14}_{6}C$
安定同位体
放射性同位体

C 分子と分子量

分子は，その物質固有の化学的性質をもつ最小の粒子で，ふつう 2 個以上の原子からできている。1 つの分子内の各元素の原子量の総和を**分子量**といい，分子の相対質量を示している。分子を構成する原子の種類と各原子の数を示した式を**分子式**という。

※原子量は H＝1，C＝12，O＝16

分子量=分子を構成する元素の原子量の総和

例　H_2O の分子量
　＝1(水素の原子量)×2+16(酸素の原子量)×1
　＝2＋16＝18

物　質	分子式	分子量を求める計算	分子量	1 mol 当たりの質量
酸　素	O_2	16×2＝32	32	32 g
水	H_2O	1×2＋16×1＝18	18	18 g
二酸化炭素	CO_2	12×1＋16×2＝44	44	44 g
エタノール	C_2H_6O	12×2＋1×6＋16×1＝46	46	46 g
グルコース	$C_6H_{12}O_6$	12×6＋1×12＋16×6＝180	180	180 g

元素の原子量や分子量に g をつけた質量の中には，6.02×10^{23} 個(アボガドロ数)の原子や分子が含まれる。このアボガドロ数個の粒子の集団を 1 **モル**(記号 mol)といい，mol 単位で表した物質の量を**物質量**という。また，1 mol の気体が占める体積は，気体の種類に関係なく，0℃，1 気圧(1.013×10^5 Pa)で 22.4 L である。

D イオン

電気的に中性の原子，または，2 個以上の原子が結合した原子団が，1 ～数個の電子を失ったり得たりして，電気を帯びたものを**イオン**という。

①**陽イオン**　電子(−)を失って正(＋)の電気を帯びたもの。

例　水素イオン：H^+　ナトリウムイオン：Na^+
　カリウムイオン：K^+　カルシウムイオン：Ca^{2+}

②**陰イオン**　電子(−)を得て，負(−)の電気を帯びたもの。

例　塩化物イオン：Cl^-　水酸化物イオン：OH^-
　硝酸イオン：NO_3^-　炭酸イオン：CO_3^{2-}

E 構造式と示性式

分子内の原子どうしの結合状態を示した式を**構造式**という。また，構造式を略式化し，分子内の官能基(化合物に特有な性質を与える原子団。-OH など)を示した式を**示性式**という。有機化合物は，示性式で示すことが多い。

物質名	酸素	水	二酸化炭素	アンモニア	エタノール	グルコース	アラニン(アミノ酸の一種)
分子式	O_2	H_2O	CO_2	NH_3	C_2H_6O	$C_6H_{12}O_6$	$C_3H_7NO_2$
構造式	O=O	H-O-H	O=C=O	H-N-H H	H H H-C-C-O-H H H	CH_2-OH C—O H H H C C OH OH H OH C—C H OH	CH_3 H_2N-CH-COOH
示性式	−	−	−	−	C_2H_5OH	−	NH_2CHCH_3COOH
立体構造	酸素	水	二酸化炭素	アンモニア	エタノール		アラニン

F 溶液の濃度

■質量パーセント濃度(%)

溶液に溶けている溶質の質量を百分率(%)で表した濃度。

$$\text{質量パーセント濃度(\%)}=\frac{\text{溶質の質量(g)}}{\text{溶液の質量(g)}}\times100$$

※溶液の質量=溶質の質量+溶媒(溶質を溶かす液)の質量

例　水 90 g にスクロース 10 g を溶かしたスクロース水溶液

$$\text{質量パーセント濃度：}\frac{10\,\text{g}}{10\,\text{g}+90\,\text{g}}\times100=10\,\%$$

■モル濃度(mol/L)

溶液 1 L 中に溶けている溶質の量を，物質量(mol)で表した濃度。

$$\text{モル濃度(mol/L)}=\frac{\text{溶質の物質量(mol)}}{\text{溶液の体積(L)}}$$

例　スクロース 0.1 mol を水に溶かして全量を 0.2 L にした溶液

$$\text{モル濃度：}\frac{0.1\,\text{mol}}{0.2\,\text{L}}=0.5\,\text{mol/L}$$

G 酸・塩基・塩とpH

酸・塩基・塩

①酸

水に溶けるとイオンに分かれ(電離し)，水素イオン(H^+)を生じる物質を**酸**という。酸の水溶液はすっぱい味で，青色リトマス紙を赤変させる。これは，酸が生じるH^+の性質で，**酸性**という。

二酸化炭素(CO_2)は水に溶けると，

$CO_2 + H_2O \rightarrow H^+ + HCO_3^-$

の反応によりH^+を生じるので，酸のはたらきをする。

例　硝酸：$HNO_3 \rightarrow H^+ + NO_3^-$

②塩基

水に溶けると電離して，水酸化物イオン(OH^-)を生じる物質を**塩基**という。塩基の水溶液は赤色リトマス紙を青変させる。これは，塩基が生じるOH^-の性質で，**塩基性**(またはアルカリ性)という。

アンモニア(NH_3)は水に溶けると，

$NH_3 + H_2O \rightarrow NH_4^+ + OH^-$

の反応によりOH^-を生じるので，塩基と考えてよい。

例　水酸化カリウム：$KOH \rightarrow K^+ + OH^-$

③塩

酸と塩基の水溶液を混ぜると，

H^+(酸から)＋OH^-(塩基から)$\rightarrow H_2O$

の反応が起こり，酸の性質も塩基の性質もうち消される。これを**中和**といい，このとき生成されるのが**塩**である。無機物の塩が**無機塩類**である。

例　$HNO_3 + KOH \rightarrow KNO_3 + H_2O$
(酸)　(塩基)　(塩)

pH(水素イオン指数)

液体の純粋な水は，水素イオンH^+と水酸化物イオンOH^-にわずかに電離している。水素イオンのモル濃度$[H^+]$と水酸化物イオンのモル濃度$[OH^-]$はともに，

$$[H^+] = [OH^-] = 10^{-7}\,\mathrm{mol/L}$$

である。純粋な水に，酸または塩基が溶けると，$[H^+]$，$[OH^-]$のどちらかが増すが，その積 $[H^+]\times[OH^-]$の値は，純粋な水の場合と同じである。この値$K\mathrm{w}$を，**水のイオン積**という。

$$K\mathrm{w} = [H^+][OH^-] = 1.0\times10^{-14}(\mathrm{mol/L})^2$$

また，この$[H^+]$を下の式に代入して得られる値を**pH(水素イオン指数)**といい，酸性・塩基性を表す指標として用いられる。

$$\mathrm{pH} = \log\frac{1}{[H^+]} = -\log[H^+]$$

すなわち，$[H^+]$が$1\times10^{-n}\,\mathrm{mol/L}$のとき，$n$がこの水溶液のpHとなる。

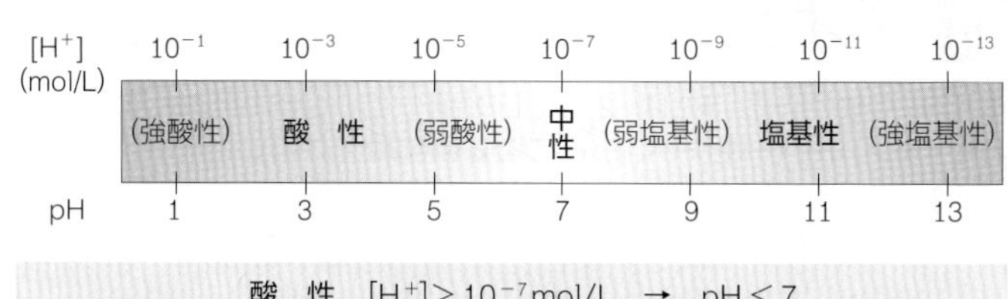

[H+](mol/L)
10−1
10−3
10−5
10−7
10−9
10−11
10−13
(強酸性)
酸　性
(弱酸性)
中性
(弱塩基性)
塩基性
(強塩基性)
pH
1
3
5
7
9
11
13

酸　性　$[H^+] > 10^{-7}\,\mathrm{mol/L} \rightarrow \mathrm{pH} < 7$
中　性　$[H^+] = 10^{-7}\,\mathrm{mol/L} \rightarrow \mathrm{pH} = 7$
塩基性　$[H^+] < 10^{-7}\,\mathrm{mol/L} \rightarrow \mathrm{pH} > 7$

H 化学反応

化学反応式

ある物質が別の物質に変化することを**化学反応**といい，これを化学式で表したものを**化学反応式**という。

化学反応式では，左辺に反応物の化学式，右辺に生成物の化学式を書き，係数をつけて両辺の各原子の数を等しくする。

化学反応式が示す量的な関係

	例1　窒素と水素からアンモニアができる場合					例2　光合成で二酸化炭素と水からグルコースができる場合(生体内での反応例)								
反応式	N_2	＋	$3H_2$	→	$2NH_3$	$6CO_2$	＋	$12H_2O$	→	$C_6H_{12}O_6$	＋	$6H_2O$	＋	$6O_2$
物質名(分子量)	窒素(28)		水素(2)		アンモニア(17)	二酸化炭素(44)		水(18)		グルコース(180)		水(18)		酸素(32)
物質量の関係	1mol		3mol		2mol	6mol		12mol		1mol		6mol		6mol
質量の関係	28g	＋	3×2g	＝	2×17g	6×44g	＋	12×18g	＝	180g	＋	6×18g	＋	6×32g
体積の関係(0℃，1気圧)	22.4L		3×22.4L		2×22.4L	6×22.4L		−		−		−		6×22.4L

加水分解反応

水による分解反応を加水分解という。消化における炭水化物・タンパク質・脂肪の加水分解は重要で，これらは消化酵素(加水分解酵素)によって行われる。ATPがADPに分解される反応も，加水分解反応である。

例　$ATP + H_2O \rightarrow ADP + H_3PO_4$
(リン酸)
タンパク質＋H_2O→アミノ酸

酸化還元反応

①酸化と還元の定義　次のような場合を酸化，還元という。

	酸　化	還　元
酸素との反応	物質が酸素と結合	物質が酸素を失う
水素との反応	物質が水素を失う	物質が水素と結合
電子との関係	物質が電子を失う	物質が電子と結合

生体内では，水素を失ったり，水素と結合したりする酸化，還元の反応が多い。

②酸化還元反応

一方の物質が酸化されるとき，他方の物質は還元される。このように酸化と還元は同時に起こるので，この反応は酸化還元反応といわれる。

例　$CuO + H_2 \rightarrow Cu + H_2O$
(CuO→Cu：還元された，H_2→H_2O：酸化された)

索引　用語・人物名

太文字のページ数：最初に参照すべきページ。

さ

し

索引 生物名

便宜上，ウイルス名は生物名索引で掲載。

巻末資料・索引

ISBN978-4-410-28168-6

改訂版 フォトサイエンス

生物図録

■監修

嶋田正和　産業技術総合研究所／東京大学名誉教授
坂井建雄　順天堂大学特任教授
園池公毅　早稲田大学教授
田村実　京都大学教授
中野賢太郎　筑波大学教授
成川礼　東京都立大学准教授
湯本貴和　京都大学名誉教授
和田洋　筑波大学教授

■編集協力者

繁戸克彦　兵庫県立神戸高等学校教諭
田中秀二　京都府立洛北高等学校附属中学校首席副校長
中井一郎　元大阪教育大学附属高等学校教諭
中垣篤志　神戸大学附属中等教育学校教諭
鍋田修身　東京大学大学総合教育研究センター研究支援員
矢嶋正博　元京都市立紫野高等学校教諭

■写真・資料提供(敬称略，五十音順)

青森県産業技術センター りんご研究所　赤根敦　浅香勲　アーテファクトリー　アフロ
amanaimages　有泉高史　安藤敏夫　石井象二郎　一戸猛志　植田勝巳　宇根有美
大阪大学免疫学フロンティア研究センター　小川順　オスカープロモーション
小畑秀一　家畜改良センター　学研　加藤和人　加納圭　川上雅弘　気象庁※
木下政人　共同通信社　京都科学標本(株)　京都大学 iPS 細胞研究所
京都大学野生動物研究センター　協和発酵キリン株式会社　久保田洋　桑原知子
結核研究所　gettyimages　「玄武洞ミュージアム」/ タナカスタジオ　郷通子
五箇公一　古賀隆一　小林弘　コーベット・フォトエージェンシー　佐藤拓哉
塩川光一郎　時事通信フォト　静岡県農林技術研究所　篠田謙一　島津理化
島本功　清水清　清水芳孝　砂川徹　高野和敬　東京医科歯科大学病理学教室
東京工業大学 科学技術創成研究院 細胞制御工学研究センター 大隅研究室
永井健治　中川繭　長野県水産試験場　中村和弘　NASA
難波啓一　ニコンソリューションズ　仁田坂英二
ニッポンジーン　日本電子株式会社　日本微生物クリニック
農研機構食品研究部門　農研機構生物機能利用研究部門　農研機構畜産研究部門
バイオサイエンスデータベースセンター　東山哲也　深津武馬
福岡県農林業総合試験場　福原達人　富士フイルム和光純薬　本間義治
溝口史郎　村上聡　室井かおり　明治製菓　森雅司　森山実　(株)ヤクルト本社
山田重人(京都大学大学院医学研究科附属先天異常標本解析センター)　吉崎悟朗
理化学研究所 環境資源科学研究センター　理化学研究所 生命機能科学研究センター
理化学研究所 バイオリソース研究センター　ロイター　渡辺昌和　数研出版写真部

※ NASA のデータを元にして気象庁が作成

p.63「光合成色素の吸収スペクトル」日本光合成学会「光合成色素のスペクトルデータ」小林正美
p.259「エオゾストロドン」のイラスト 菊谷詩子 小学館の図鑑 NEO『大むかしの生物』より

■表紙デザイン
株式会社クラップス

■本文デザイン
株式会社ウエイド

■イラスト
カモシタハヤト
木下真一郎

■表紙写真
(c) koike yasuyuki /Nature Production /amanaimages
(c) YUHEI KIRYU /a.collectionRF /amanaimages
(c) Don Johnston /All Canada Photos /amanaimages
(c) arc image gallery /amanaimages
Ed Reschke /gettyimages

初 版
第 1 刷　2000 年 2 月 1 日 発行
第 14 刷　2003 年 2 月 1 日 発行
新制版
第 1 刷　2003 年 2 月 1 日 発行
第 19 刷　2006 年 5 月 1 日 発行
改訂版
第 1 刷　2007 年 2 月 1 日 発行
第 22 刷　2011 年 5 月 1 日 発行
新制版
第 1 刷　2011 年 11 月 1 日 発行
第 8 刷　2013 年 4 月 1 日 発行
改訂版
第 1 刷　2013 年 11 月 1 日 発行
第 16 刷　2016 年 5 月 1 日 発行
三訂版
第 1 刷　2016 年 11 月 1 日 発行
第 14 刷　2021 年 4 月 1 日 発行
新課程
第 1 刷　2021 年 11 月 1 日 発行
第 5 刷　2023 年 4 月 1 日 発行
改訂版
第 1 刷　2023 年 11 月 1 日 発行
第 2 刷　2024 年 2 月 1 日 発行

編　者　数研出版編集部
発行者　星野泰也
発行所　**数研出版株式会社**
〒101-0052　東京都千代田区神田小川町 2 丁目 3 番地 3
〔振替〕00140-4-118431
〒604-0861　京都市中京区烏丸通竹屋町上る大倉町 205 番地
〔電話〕代表　(075)231-0161
ホームページ　https://www.chart.co.jp
印刷所　岩岡印刷株式会社

231102

やりたいこと別にまとめた！

生物にかかわる学問分野

自然界の謎を解き明かしたい！

生物学

理学分野の一つ。個々の「生き物」のあらゆる構造や性質について，その特性や機構を明らかにすることを目指す。また，種々の生物間の関係，人間とその他の生物とのかかわりなども研究する。「遺伝学」，「発生学」，「生態学」，「生理学」などが含まれる。

将来の進路例
食品，製薬，農林水産関係企業の研究所 など

飛来経路の観察のためマーキングされたアサギマダラ

生命科学

理学分野の一つ。生命現象を分子レベルで学び，研究する。バイオサイエンスともいう。動植物のもつ機能をヒトの生活に役立たせる技術（バイオテクノロジー）の基礎となる。「分子生物学」，「応用化学」，「生命情報科学」などが含まれる。

将来の進路例
食品，化粧品等の技術職・研究職，バイオ技術者 など

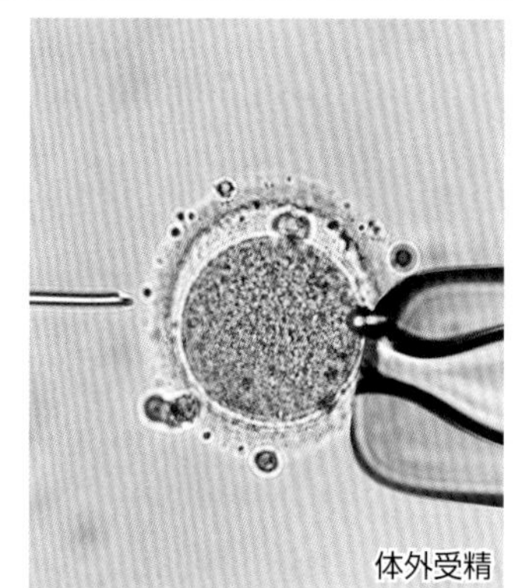
体外受精

病気を治したい！

医学

人体や病気などの本態を明らかにし，病気の予防や治療に関する研究を進める。患者への接し方についても学びの対象である。基礎的な理論を学ぶ「基礎医学」，治療の実践的な技術を学ぶ「臨床医学」，医学と法律との関係などを学ぶ「社会医学」などに分かれている。

将来の進路例
医師，大学や研究所での基礎医学研究者 など

看護学

看護により人から苦痛・苦悩を取り除き，健康維持の手助けをする方法を研究する。医学に関する知識だけではなく，「人」を相手とする看護の意義や，その目的についても学びの対象である。「基礎看護学」，「精神看護学」，「地域看護学」などが含まれる。

将来の進路例
看護師，保健師，医薬品の研究者 など

獣医学

人間の生活にかかわりがある家畜やペットなどの動物の診断や病気の予防，治療のあり方などを研究する。バイオテクノロジーを駆使した動物の繁殖なども研究の対象としている。「基礎獣医学」，「臨床獣医学」，「応用獣医学」などが含まれる。

将来の進路例
獣医師，動物園職員，国家・地方公務員（食品衛生管理）など

薬学

薬の効果・効能，製造方法や，その管理，供給などについても学び，研究する。「基礎薬学」と「医療薬学」に大別される。「基礎薬学」では，おもに新薬の開発などを目指して研究する。「医療薬学」では，おもに効果的な薬の使用法について研究する。

将来の進路例
薬剤師，製薬開発技術者，医薬品情報担当者（MR）など

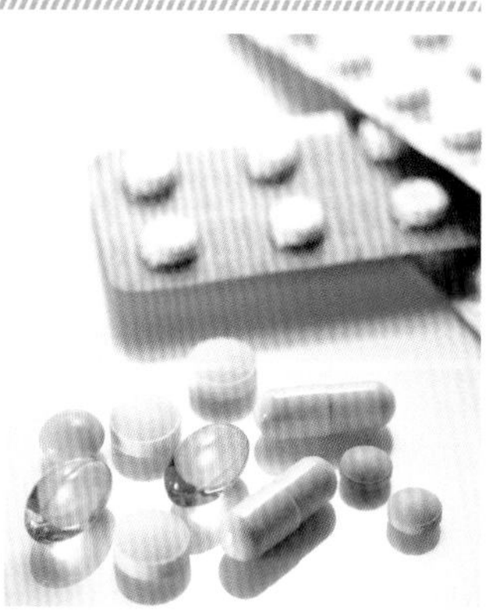

将来の進路に迷っているあなたへ，生物にかかわるおもな学問分野や将来の進路をやりたいこと別にまとめました。
あなたにぴったりの進路を見つけてみてください。

人間生活の問題の解決方法を探りたい!

農　学

農作物の栽培技術から流通まで幅広い分野を研究して，収穫量の増加・作業の効率性の向上などの側面から農業全体の発展をめざす。優れた特性をもつ品種の開発のため，遺伝子組み換え技術を利用した研究なども行われる。「育種学」，「農芸化学」などが含まれる。

将来の進路例
農業従事者，農業技術者，食品や化粧品の研究者 など

稲刈りのようす

水産学

海洋や河川・湖沼など，水中に生息する動植物を対象にしている。養殖，加工・製造などの理論や方法を研究する。また，水辺の環境や，水棲の生物が周囲の環境から受ける影響についても調査・研究する。「漁業学」，「養殖学」，「水産利用学」などが含まれる。

将来の進路例
水産技術者，漁業従事者，水族館職員 など

カキの養殖

森林科学

樹木の生態系の分析や森林の役割の研究などから，森林を利用・再生する技術や知識を習得し，森林と生活の関係を考える。生物学的分野から経済学的分野まで幅広く研究する。生物学的分野では「森林生態学」など，経済学的分野では「森林保護学」などを学ぶ。

将来の進路例
林業従事者，農林水産省（林野庁）など

杉の切り出し

環境学

地球環境をはじめとする環境について，持続可能な発展を目指す。地球環境と人とのかかわりを考えるという視点から，自然科学のほかに人文科学や社会科学の視点も求められる。「環境保全学」，「地理学」，「環境経済学」などが含まれる。

将来の進路例
環境コンサルタント，環境計量士 など

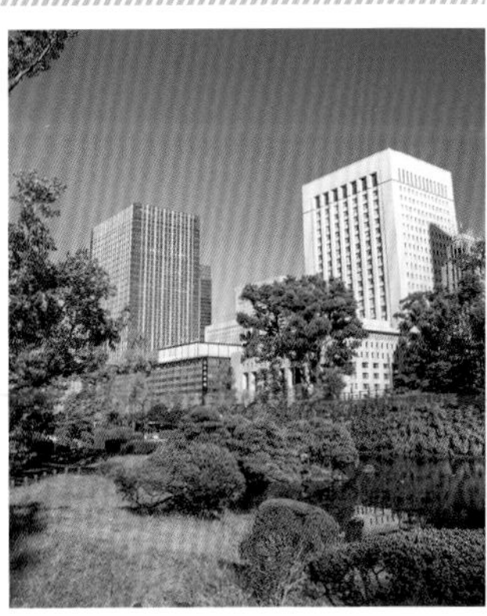

役立つものをつくりたい!

生物工学

工学分野の一つ。生物学で得られた知見を利用して，産業や医療といった方面への実践的な応用をめざす。遺伝子組換えやクローンなどの「遺伝子工学」，細胞の機能を改変する「細胞工学」などの技術を中心として研究が進められる。

将来の進路例
食品，化粧品等の技術職・研究職，バイオ技術者 など

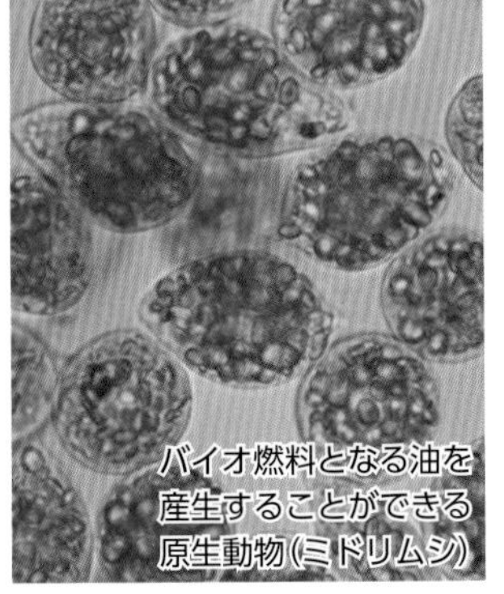
バイオ燃料となる油を産生することができる原生動物（ミドリムシ）

生物の楽しさを教えたい!

教育学

教育に関する理論や思想，目的などを総合的に学び，理想的な教育について研究する。学校教育だけではなく，キャリア教育，企業内教育，カルチャー教育なども研究対象となる。「心理学」，「人間関係学」，「教育方法学」などが含まれる。

将来の進路例
教師，保育士，臨床心理士 など

※生物にかかわる学問分野・進路は，ここにあげたもの以外にもあります。ほかにどのような分野・進路があるか，調べてみましょう。